ANALYSE DER FETTE UND WACHSE SOWIE DER ERZEUGNISSE DER FETTINDUSTRIE

ERSTER BAND

METHODEN

VON

DR. ADOLF GRÜN
CHEFCHEMIKER DER GEORG SCHICHT A. G. AUSSIG

MIT 77 ABBILDUNGEN

BERLIN
VERLAG VON JULIUS SPRINGER
1925

ISBN-13:978-3-642-89780-1 e-ISBN-13:978-3-642-91637-3
DOI: 10.1007/978-3-642-91637-3

SOFTCOVER REPRINT OF THE HARDCOVER 1ST EDITION 1925

DEM BESTEN KENNER UND FÖRDERER DES GEBIETES

HERRN DR. h. c. ING. HEINRICH SCHICHT

PRÄSIDENT DES DEUTSCHEN HAUPTVERBANDES DER INDUSTRIE IN DER TSCHECHOSLOWAKISCHEN REPUBLIK

GEWIDMET VOM VERFASSER

Vorwort.

Der Pionierarbeit RUDOLF BENEDIKTS, dessen erste „Analyse der Fette und Wachsarten“ vor fast 40 Jahren erschien, folgte bald eine ganze Reihe einschlägiger Werke. Seit geraumer Zeit stehen aber bloß einige Anleitungen von geringerem Umfang zur Verfügung, die nur die wichtigeren Methoden beschreiben, ebenso wie die Sammelwerke über allgemeine Chemie, Analyse und Technologie der Fette keinen Anspruch auf eine vollständige Darstellung der Fettanalyse erheben wollen. Deshalb hatte ich in dieser Hinsicht kein Bedenken, den Antrag der Verlagsbuchhandlung zur Abfassung eines Lehrbuches der Fettanalyse anzunehmen. Andere Bedenken, daß mich eine solche Arbeit in eine Pflichtenkollision bringen könnte, zerstreute die Geschäftsleitung des Unternehmens, in dessen Diensten ich stehe; ihrem großen Entgegenkommen, mit dem sie mir jede Zeit- und Arbeitseinteilung überließ und die Mittel zur Verfügung stellte, um nicht nur strukturchemische Probleme von allgemeinem Interesse experimentell zu bearbeiten, sondern auch analytische Arbeiten ohne spezielles technisches Interesse auszuführen und viele Untersuchungen dieser Art kontrollieren zu lassen, verdanke ich die Möglichkeit, das vorliegende Buch zu schreiben.

Die Anordnung des Stoffes ist zum guten Teil die althergebrachte, wie sie BENEDIKT schuf und die von allen späteren Autoren mehr oder weniger beibehalten wurde bzw. beibehalten werden mußte. Man kann zwar heute bereits darüber diskutieren, ob nicht ein ganz anderes System möglich wäre, ich habe mich aber nach sorgfältiger Erwägung des Für und Wider entschlossen, die bisher bewährte Einteilung im Prinzip beizubehalten. Im übrigen hielt ich mich großenteils an meine Darstellung der Fettanalyse im 3. Band von LUNGE-BERLS chemisch-technischen Untersuchungsmethoden (7. Auflage, Berlin 1923); namentlich auch in bezug auf die dort neu aufgenommenen Abschnitte: Untersuchung technischer Fette, technische Fettsäuren, Speisefette und Speiseöle u.a.m. Selbstverständlich konnte ich diese kürzere Zusammenfassung meistens nur als eine Art Gerüst benutzen. Sehr angelegen ließ ich es mir sein, das Buch nicht zu sehr anschwellen zu lassen, ich trachtete deshalb zwar alle brauchbaren oder wenigstens entwicklungsfähigen Methoden aufzunehmen, nahm aber keine veralteten oder sonst entbehrlichen Methoden auf; ebenso wurde die Einleitung über die Chemie der Fette und ihrer Bestandteile auf das m. E. allernotwendigste beschränkt und vom Technologischen bis auf einige Erläuterungen in Fußnoten überhaupt abgesehen. — Wie der Untertitel des vorliegenden Bandes ankündigt, umfaßt er nur die Methoden der Analyse; eine Zusammenstellung ihrer Ergebnisse, die Beschreibung der einzelnen Fett- und Wachsarten bildet den Inhalt eines zweiten in Vorbereitung befindlichen Bandes. Schon bei den Vorarbeiten für diesen, der Sammlung des Materials bis 1918, mußte ich feststellen, daß mich die Ausarbeitung viel mehr Zeit kosten würde, als ich für diesen Zweck aufwenden könnte. Die Verlagsbuchhandlung hat meine Bitte, mich von diesem Teil meiner Verpflichtung zu entheben, insofern erfüllt, daß sie sich mit meiner Mitarbeit an dem beschreibenden Teil begnügt. Ich danke ihr auch an dieser Stelle für das freundliche Entgegenkommen. Herrn Dr. Fr. Winter habe ich für gute Ratschläge betreffend die Auswahl der Methoden zum Nachweise von Riechstoffen in Seifen zu danken. Insbesondere danke ich aber Herrn Dr. Wilh. Halden für seine ausgezeichnete Hilfeleistung, der ich mich bei der vollständigen Überarbeitung des Manuskriptes in den beiden letzten Jahren erfreute.

Schreckenstein b. Aussig, Neujahr 1925.

Ad. Grün.

Inhaltsverzeichnis.

Verzeichnis der Abkürzungen bei Literaturangaben.

Am. Ch. J.	The American Chemical Journal.
Analyst	The Analyst.
Ann.	Liebigs Annalen der Chemie.
Ann. Chim. anal.	Annales de Chimie analytique appliquée.
Ann. di Chim. appl.	Annali di Chimica applicata.
Ann. Chim. Phys.	Annales de Chimie et de Physique.
Ann. Falsif.	Annales des Falsifications.
Ann. Lab. Gabelle	Annali del Laboratorio chimico centrale delle Gabelle.
Arb. Ges. Amt	Arbeiten aus dem Reichsgesundheitsamt.
Arch. Pharm.	Archiv der Pharmacie.
Ber.	Berichte der Deutschen Chemischen Gesellschaft.
Ber. Pharm. Ges.	Berichte der Deutschen Pharmazeutischen Gesellschaft.
Bioch. J.	The Biochemical Journal.
Bioch. Z.	Biochemische Zeitschrift.
Bull. Soc. Chim.	Bulletin de la Société Chimique de Paris.
C.	Chemisches Zentralblatt.
Ch. News	Chemical News.
Ch. Umschau (Ch. Revue)	Chemische Umschau (früher Chemische Revue) auf dem Gebiete der Fette, Öle, Wachse und Harze.
Ch. Weekblad	Chemisch Weekblad.
Ch. Ztg.	Chemiker-Zeitung.
Codex a. A.	Codex alimentarius Austriacus.
Compt. rend.	Comptes rendus hebdomadaires des séances de l'Académie des Sciences.
Compt. rend. Soc. Biol.	Comptes rendus de la Société de Biologie.
Dingl. Polyt. J.	Dinglers Polytechnisches Journal.
Eng.	The Journal of Industrial and Engineering Chemistry.
Gazz. chim.	Gazzetta chimica Italiana.
Helv.	Helvetica chimica acta.
Hofm. Beitr.	Hofmeisters Beiträge.
J. Am. Ch. Soc.	The Journal of the American Chemical Society.
J. Am. Leather Ch. Assoc.	The Journal of the American Leather Chemists Association.
J. Biol. Ch.	The Journal of Biological Chemistry.
J. Ch. Soc.	The Journal of the Chemical Society.
J. Pharm. Chim.	Journal de Pharmacie et de Chimie.
J. pr.	Journal für praktische Chemie.
J. Soc. Ch. Ind.	The Journal of the Society of Chemical Industry.
Kolloid-Z.	Kolloid-Zeitschrift.
Landw. Vers. Stat.	Die landwirtschaftlichen Versuchsstationen.
Lewkowitsch, Ch. Technol.	Chemical Technology and Analysis of Oils, Fats and Waxes by J. Lewkowitsch.
Mat. grasses	Les Matières grasses.
Mitt. Mat. Prüf.	Mitteilungen aus dem Materialprüfungsamt zu Berlin-Lichterfelde.
Monatsh.	Monatshefte für Chemie.
Monit. scient.	Moniteur scientifique.
Öl- u. Fettind., Wien	Die Öl- und Fettindustrie.
Öst. Ch. Ztg.	Österreichische Chemikerzeitung.
Pharm. Centralh.	Pharmazeutische Zentralhalle.
Pharm. J.	The Pharmaceutical Journal.
Pharm. Z.	Pharmazeutische Zeitung.
Pogg. Ann.	Annalen der Physik und Chemie, herausgegeben von Poggendorf (neue Folge herausgegeben von Wiedemann).

Proc. Roy. Soc.	The Proceedings of the Royal Society.
R. Accad. Linc.	Rendiconti della Reale Accademia dei Lincei.
Rec. trav. chim.	Recueil des traveaux chimiques des Pays-Bas.
Sffbr.	Der Seifenfabrikant.
Sfsz.	Seifensiederzeitung und Revue über die Harz-, Fett- und Ölindustrie.
Z. anal. Ch.	Fresenius' Zeitschrift für analytische Chemie.
Z. ang.	Zeitschrift für angewandte Chemie.
Z. anorgan. Ch.	Zeitschrift für anorganische und allgemeine Chemie.
Z. D. Öl- u. Fettind.	Zeitschrift der Deutschen Öl- und Fettindustrie (Fortsetzung des „Seifenfabrikant").
Z. Elektroch.	Zeitschrift für Elektrochemie.
Z. Farbenind.	Zeitschrift für Farbenindustrie.
Z. Nahrgsm.	Zeitschrift für Untersuchung der Nahrungs- und Genußmittel, sowie der Gebrauchsgegenstände.
Z. öff. Ch.	Zeitschrift für öffentliche Chemie.
Z. physik. Ch.	Zeitschrift für physikalische Chemie.
Z. physiol. Ch.	Hoppe-Seyler's Zeitschrift für physiologische Chemie.

Berichtigung.

Seite 14, Zeile 8 und Seite 177, Fußnote [2]), statt „Haller" lies „Halla".
„ 48, Fußnote [2]), statt „Sclndider" lies „Schneider",
„ 185, Zeile 18, statt „superoxydierende" lies „superoxydische",
„ 201, Zeile 11, statt „D" lies „D_f",
„ 251, letzte Zeile, statt „Glycerinverbindung" lies „Glycerinbindung",
„ 286, Zeile 27 (18 von unten), statt „Untersuchung" lies „Unterscheidung",
„ 294, Zeile 20, die Worte „mit Jod und Kaliumlösung" sind zu streichen,
„ 331, Zeile 26, statt „unverseifte" lies „unverseifbare",
„ 342, Zeile 27, statt „q Prozent" lies „w Prozent",
„ 366, Zeile 8 von unten, statt „Waltranöl" lies „Waltran",
„ 418, Tabelle Zeile 1, Spalte 4, die Zahl 81,7 ist zu streichen,
„ 418, Fußnote [1]), statt „Kohlenwasserstoff" lies „Chlorwasserstoff",
„ 445, Zeile 11, statt „unverseiften" lies „verseiften",
„ 499, Zeile 1, statt „bringt das Filtrat" lies „bringt das Filter",
„ 533, Zeile 8 von unten, statt „Sulfit" lies „Sulfid".

Einleitung.

Die Analyse der Fette und Wachse umfaßt den Nachweis und die Bestimmung der natürlichen Fette und Wachse, ihrer Bestandteile und Bausteine, die Analyse synthetischer Verbindungen aus der Gruppe der Fette und Wachse, ihrer Komponenten, sowie die Untersuchung von Erzeugnissen der Fettindustrie. Zur technischen Fettanalyse zählt auch der Nachweis und die Bestimmung der Fremdstoffe, die den natürlichen Fetten beigemengt sind, der zur Streckung oder Verfälschung von Fetten dienenden Stoffe und der nichtfetten Bestandteile, die in den gewerblichen Produkten neben Fetten, Wachsen oder Bestandteilen derselben enthalten sind.

Die Erkenntnis der chemischen Natur der Fette verdanken wir vornehmlich SCHEELE, durch den die Erforschung der organischen Verbindungen aus Naturprodukten überhaupt so mächtig gefördert wurde, und CHEVREUL, dem Begründer der Konstitutionserforschung organischer Verbindungen. Sie hatten einen Vorläufer in dem hervorragenden Naturforscher des 17. Jahrhunderts, TACHENIUS (TACKE), der bereits erkannte, daß „im Öl oder Fett eine verborgene Säure enthalten ist“[1]). Die grundlegende Bedeutung dieser Entdeckung — mehr als 100 Jahre vor der Entdeckung der nichtflüchtigen Pflanzensäuren! — wurde aber von den Zeitgenossen des TACHENIUS nicht gewürdigt, seine Arbeiten überhaupt wenig beachtet[2]). Auch die viel spätere Beobachtung GEOFFROYs (1741), daß die nach Verseifung eines Fettes aus der Seifenlösung mittels Säuren abgeschiedene „Fettmasse“ ganz andere Eigenschaften aufweist als das ursprüngliche Fett, übte keinen Einfluß auf die damals herrschende Ansicht, daß die Verseifung nur in der Vereinigung des Fettes mit dem Alkali bestehe; die Fettsäuren blieben noch fast 60 Jahre lang im doppelten Sinne der TACHENIUSschen Bezeichnung „verborgene Säuren“. Dagegen entdeckte im Jahre 1783 SCHEELE im Olivenöl, kurz darauf in der Butter und im Schweinefett das Glycerin[3]), das sich, wie er voraussah, in der Folge als der allen Fetten gemeinsame Baustein erwies[4]). Freilich wurde auch die Entdeckung des Glycerins nicht nach Gebühr, d. h. als der Ausgangspunkt für die Erforschung der Fette, gewürdigt. Nicht einmal in späterer Zeit; z. B. schrieb sogar der ausgezeichnete Kenner der Fette SCHAEDLER noch vor 30 Jahren, daß SCHEELE die große Bedeutung seiner Entdeckung selbst nicht erkannte, sonst hätte er ja nicht seine Ansicht von der Zusammensetzung der Öle aus Kohlensäure, Wasser und Phlogiston aufrecht erhalten. Diese Schlußfolgerung

---

[1]) SCHAEDLER: Technologie der Fette und Öle. 2. Aufl., S. 4. Berlin 1892.

[2]) TACHENIUS blieb, von kurzen Erwähnungen wie bei SCHAEDLER abgesehen, unbekannt oder verkannt. Erst in neuerer Zeit hat W. NORMANN, der Schöpfer der technischen Fetthärtung — wie TACHENIUS aus Herford in Westfalen stammend — seinen engeren Landsmann in ehrende Erinnerung gebracht. (Herforder Kreisblatt vom 27. April 1907.)

[3]) „Versuche über eine besondere Zuckermaterie.“ Crells Chem. Journ. Bd. 4, S. 190.

[4]) Crells Chem. Annal. Bd. 1, S. 99. 1784.

ist sicher unberechtigt; wir wissen ja auch längst, daß alle Fette Glycerin und Fettsäuren enthalten und sagen trotzdem, sie bestehen aus Kohlenstoff, Wasserstoff und Sauerstoff. Dasselbe sagt SCHEELE in der Sprache der Phlogistik; jedenfalls erkannte er, daß die Fette bzw. ihre Bestandteile: Glycerin und der übrige Rest, Sauerstoff enthalten. Dagegen hat wenig später LAVOISIER, auf Grund fehlerhafter Resultate bei der Verbrennung des Olivenöls, dieses Öl für einen Kohlenwasserstoff erklärt, ein Irrtum, der wohl geeignet war, die von SCHEELE so glücklich begonnene Erforschung der Fette aufzuhalten. Erst durch die glänzenden, für die Erforschung der Struktur anderer organischer Naturprodukte beispielgebenden Untersuchungen von CHEVREUL[1]) wurde endgültig bewiesen, daß die wesentlichen Bestandteile der Fette Verbindungen des Glycerins mit bestimmten organischen Säuren, nach unserer heutigen Ausdrucksweise Glyceride der Fettsäuren, sind. CHEVREULs Leistung ist um so bewundernswerter, als er gewissermaßen von vorn beginnen mußte; war doch, wie erwähnt, SCHEELE wenig zur Geltung gekommen und hatte die Untersuchung LAVOISIERs (bei der dieser, anders als sonst, die Anlehnung an SCHEELE unterließ) einen Rückschlag gebracht. — Auch die chemische Erforschung der Wachse wurde von CHEVREUL, ungefähr gleichzeitig, mit der Untersuchung des Walrats und des Cholesterins begründet.

CHEVREUL hat auch bereits den Alkaliverbrauch der einzelnen Fettsäuren zu ihrer Unterscheidung verwendet und damit die rein analytische Untersuchung der Fette eingeleitet, die aber lange auf die für diesen Zweck unzulängliche Elementaranalyse und auf vorwiegend qualitative Reaktionen, wie die Elaidinierung nach BOUDET, die Thermalprobe von MAUMENÉ, die Autoxydation trocknender Öle (MULDER), Farbenreaktionen u. dgl. mehr beschränkt blieb. Die Fettanalyse wurde erst verhältnismäßig spät auf Grund der vornehmlich von österreichischen Chemikern (wie HAZURA, v. HÜBL, BENEDIKT, ZEISEL, MEISSL) geschaffenen Methoden, neben denen insbesondere auch die von HEHNER und KÖTTSTORFER zu nennen sind, durch BENEDIKT zum System ausgestaltet.

Die Bestandteile der Fette und Wachse.

Die Bezeichnung: Bestandteile eines Fettes oder eines Wachses ist doppelsinnig. Man kann darunter einerseits die chemischen Verbindungen verstehen, die, wie die Glyceride und die freien Säuren, im Fett als solche vorhanden sind, andererseits aber auch das Glycerin und die an dieses gebundenen Fettsäuren, die nicht als freie chemische Individuen vorkommen. Diese sind somit nicht Bestandteile des Fettes selbst, sondern seiner Bestandteile und werden deshalb besser als „Bausteine" bezeichnet.

Die natürlichen Fette sind Mischungen von Triglyceriden der Fettsäuren — Fettsäuren im weiteren Sinne des Wortes, d. h. auch der ungesättigten Säuren und Oxysäuren sowie vielleicht cyclischer Säuren —, die als Begleitstoffe meistens geringe, selten größere Mengen freier Säuren, Phosphatide, Wachsalkohole (einschließlich Sterine), Kohlenwasserstoffe, spezifische Farbstoffe (Lipochrome) und akzessorische Bestandteile wie Riechstoffe und Harze, gewisse Fette auch sog. Vitamine, Ergänzungsstoffe unbekannter Natur, enthalten. Nach dem Sprachgebrauch bezeichnet man die bei gewöhnlicher Temperatur flüssigen Fette von Pflanzen als Öle, die von Seetieren, namentlich See-Säugetieren, als Trane und nur die festen Schmalze und Talge schlechthin als Fette; andererseits werden oft

[1]) Recherches chimiques sur les corps-gras d'origine animale. Paris 1813—1815.

auch ätherische Öle und Erdöl kurz als Öle bezeichnet. Zur Unterscheidung von diesen nennt man die flüssigen Fette deshalb auch „fette Öle". Die Unterscheidung von Fetten und fetten Ölen ist unzweckmäßig; im folgenden sind unter der allgemeinen Bezeichnung „Fette" solche von jeder Konsistenz und jeder Herkunft verstanden.

Die meisten Wachse sind Gemische von Estern hochmolekularer Säuren mit hochmolekularen Alkoholen, freien Säuren, freien Alkoholen und Kohlenwasserstoffen, unter denen die Ester gewöhnlich überwiegen und die typische Beschaffenheit bedingen. Es gibt auch Wachse — die der Coniferen —, die innere Ester von Oxyfettsäuren enthalten, so wie andererseits auch Substanzen — wie Balanaphorin —, die wenig oder gar keine Säuren enthalten, doch zu den Wachsen gezählt werden. Nach dem Sprachgebrauch wird auch ein in der äußeren Beschaffenheit den Wachsen ähnliches Fett, wie der Japantalg, fälschlich als „Japanwachs" und umgekehrt das äußerlich fettartige Wollwachs als „Wollfett" bezeichnet.

Den Fetten und Wachsen wird eine Anzahl von Naturstoffen angereiht bzw. gegenübergestellt, die ihnen, namentlich in histologischer Beziehung, vielfach, aber doch nicht vollkommen gleichen und die man deshalb — in nicht ganz sinngemäßer Beschränkung einer von Overton eingeführten Bezeichnung — Lipoide nennt[1]). Es sind dies die Phosphatide oder Phospholipoide und die Sterine, hochmolekulare hydroaromatische Alkohole mit ihren Estern. Die Zusammenfassung dieser beiden konstitutionell ganz verschiedenen Verbindungsklassen ist nicht gerechtfertigt[2]), um so weniger, als sich die Phosphatide leichter in das System der Glyceride bzw. in das der Ester mehrwertiger Alkohole, und die Sterine mit ihren Estern ebenso in das der Wachse einfügen lassen. Zur Unterscheidung der Glyceridfette von anderen, im biologischen Sinne fettartigen Stoffen, werden sie auch als „Lipine" oder als „Lipoine"[3]) bezeichnet; für Lipoine und Lipoide wurde die gemeinschaftliche Benennung „Liposen" vorgeschlagen[3]).

Der kennzeichnende Unterschied zwischen Fetten und Wachsen ist der, daß nur die ersteren Glycerin bzw. Glyceride enthalten. Alle anderen Bausteine sind beiden gemeinsam. Allerdings finden sich nur wenige Säuren, wie z. B. die Palmitinsäure, sowohl in Fetten als auch in Wachsen, auch sind die Alkohole der meisten Wachse andere als jene, die sich, zudem nur in ganz geringen Mengen, in den Fetten vorfinden. Eine scharfe Grenzlinie läßt sich aber zwischen den Bausteinen der Fette einerseits und der Wachse andererseits nicht ziehen. (Übrigens ist die Verschiedenheit der nur in Fetten vorkommenden Bausteine, z. B. der Säuren, von den nur in Wachsen enthaltenen nicht größer als die Verschiedenheit der Säuren mancher Fette untereinander, z. B. der Säuren des Leinöls auf der einen und der des Cocosfettes auf der anderen Seite.) Auch verschiedene zusammengesetzte Bestandteile sind Fetten und Wachsen gemeinsam, wie z. B. gewisse Sterinester. Die nachfolgende Aufzählung und Beschreibung der Bausteine und Bestandteile ist deshalb nicht nach deren Vorkommen, sondern systematisch in 2 Gruppen geordnet: 1. die einfachen Bestandteile oder Bausteine: Glycerin, Säuren, Alkohole (mit Ausnahme des Glycerins, das eine Sonder-

[1]) Vierteljahrsschr. d. naturforsch. Ges. in Zürich Bd. 44. 1899. Andere Forscher fassen den Begriff Lipoide noch weiter als Overton. So nennt z. B. Czapek (Ber. d. Dtsch. bot. Ges. Bd. 37, S. 207. 1919) alle bei gewöhnlicher Temperatur flüssigen Stoffe des Zellinhalts, die im Gegensatz zu seinen wasserlöslichen „Hydroiden" nicht in Wasser, dagegen in organischen Solventien mehr oder weniger leicht löslich sind, Lipoide.

[2]) Auf die Unzweckmäßigkeit dieser Gruppierung und die Begriffsverwirrung bezüglich der Benennung Lipoide haben schon verschiedene Chemiker und Biologen, zuletzt mit besonderem Nachdruck Escher (Corr.-Blatt f. Schweiz. Ärzte 1919, Nr. 43) hingewiesen.

[3]) Fournier: Compt. rend. Soc. Biol. Bd. 76, S. 446. 1914.

stellung einnimmt) und Kohlenwasserstoffe; 2. die Ester, nämlich Glyceride, Phosphatide und Wachsester. Zum Schluß werden die Lipochrome angeführt.

I. Die einfachen Bestandteile oder Bausteine.

A. Glycerin.

Im merkwürdigen Gegensatz zu der Vielfältigkeit der in Fetten vorkommenden Säuren ist die alkoholische Komponente aller Fette dieselbe. Zahlreiche Untersuchungen, die von A. W. HOFMANN zum Abschluß gebracht wurden[1]), ergaben, daß die aus den verschiedensten Fetten abgeschiedenen Glycerine identisch sind.

Die Zusammensetzung des Glycerins wurde bereits von PELOUZE festgestellt[2]), seine chemische Natur als dreiwertiger Alkohol — größtenteils auf Grund der Untersuchungen BERTHELOTS[3]) — von WURTZ erkannt[4]). ERLENMEYER stellte die heute geltende Konstitutionsformel auf, derzufolge das Glycerin das symmetrische Propantriol (—1, 2, 3) ist[5]):

$$CH_2(OH)-CH(OH)-CH_2(OH),$$

welche Formel durch die Teilsynthese von LINNEMANN[6]) (Aceton → Isopropylalkohol → Isopropyljodid → Propylen → Propylenchlorid → Trichlorhydrin) und die Vollendung der Synthese durch FRIEDEL und SILVA[7]) (Trichlorhydrin → Glycerin) bestätigt wurde.

Das Glycerin ist farblos, nur in sehr dicker Schicht erscheint es bläulich, es ist geruchlos und schmeckt rein süß. Bei gewöhnlicher Temperatur ein dicker Sirup, erstarrt es in völlig reinem Zustande bei 0° sehr langsam zu rhombischen, zerfließlichen Krystallen, die bei 17° schmelzen.

$$Kp_{760} = 290°$$
$$Kp_{0,05} = 115-116°$$
$$d_{15}^{15} = 1{,}2653$$
$$n_D^{15} = 1{,}4742.$$

Das Glycerin ist eminent hygroskopisch, es mischt sich mit Wasser und Alkoholen, ist aber in den gebräuchlichen organischen Solventien, mit Ausnahme von Aceton, unlöslich. Dagegen löst es viele organische Verbindungen, auch viele anorganische Salze usw., indem es mit ihnen komplexe Additionsverbindungen, Glycerinate, bildet[8]), in denen die monomeren Glycerinmoleküle sich koordinativ zweiwertig [bimere Moleküle anscheinend auch nur zweiwertig[9])] verhalten:

$$\left[\overset{n}{Me}\left(\begin{matrix}\cdots HO-CH-CH_2OH \\ | \\ \cdots HO-CH_2\end{matrix}\right)_3\right]X_n .$$

Von den Wasserstoffatomen der drei Hydroxylgruppen läßt sich durch Einwirkung von Alkalimetallen eines sehr leicht, ein zweites schon schwieriger substi-

---

1) Ann. Bd. 115, S. 276. 1860.

2) Ann. Bd. 20, S. 46. 1836; Compt. rend. Bd. 21, S. 718. 1845.

3) Compt. rend. Bd. 38, S. 668. 1854; Ann. Chim. Phys. (3) Bd. 41, S. 216. 1854.

4) Ann. Chim. Phys. (3) Bd. 43, S. 492. 1855; Ann. Bd. 102, S. 339. 1857.

5) Ann. Bd. 139, S. 211. 1866.

6) Ann. Bd. 136, S. 37. 1865.

7) Compt. rend. Bd. 74, S. 805. 1872; ebenda Bd. 76, S. 1594. 1873. Über die zweite Synthese aus Nitromethan und Formaldehyd siehe PILOTY: Ber. Bd. 30, S. 3161. 1897 und SCHMIDT und WILKENDORF: Ber. Bd. 52, S. 389. 1919.

8) GRÜN und BOCKISCH: Ber. Bd. 41, S. 3465. 1908.

9) GRÜN und HUSMANN: Ber. Bd. 43, S. 1291. 1910.

tuieren; es bilden sich Glycerate wie (α-)Mononatriumglycerat[1]), $CH_2OH \cdot CHOH \cdot CH_2ONa$, und Dinatriumglycerat[2]), $C_3H_6O_3Na_2$. Durch Einwirkung von Erdalkali-, Blei-, Manganoxyden werden direkt zwei Wasserstoffatome substituiert und Glycerate wie $C_3H_6O_3Ca$, $C_3H_6O_3Ba$, $C_3H_6O_3Pb$, gebildet[3]). Basisches Bleiacetat soll das Glycerat $(C_3H_5O_3)_2Pb_3$ geben[4]), Mangansuperoxydhydrat und Natronlauge die Verbindung $(C_3H_5O_3)_2MnNa_2$[5]). Ebenso sollen bei Einwirkung von Kupferhydroxyd und Alkalien alle Wasserstoffatome der drei Hydroxylgruppen substituiert werden[6]); die Verbindungen, $2\,C_3H_5O_3CuNa + 3\,H_2O$, $C_3H_5O_3CuNa + 3\,H_2O$ und $C_3H_5O_3CuLi + 6\,H_2O$, dürften aber als Glycerinate zu formulieren sein.

Das Glycerin bildet mit einwertigen Alkoholen drei Reihen von Alkyläthern, Mono-, Di- und Trialkyläther, die am besten aus den Glycerinhalogenhydrinen und den Natriumalkoholaten erhalten werden[7]). — Beim längeren Sieden des Glycerins tritt Wasserabspaltung, und zwar eine intramolekulare Ätherbildung ein, es entstehen die sog. Polyglycerine wie Diglycerin $C_3H_5(OH)_2—O—C_3H_5(OH)_2$ und Triglycerin[8]), die natürlich auch aus den Halogenhydrinen und Glycerin bzw. Glyceraten erhalten werden können.

Mit anorganischen und organischen Säuren bildet das Glycerin drei Verbindungsreihen: Mono-, Di- und Triester. Mit Chlor- und Bromwasserstoff erhält man je nach den Bedingungen Mono- oder Diester, Mono- bzw. Dihalogenhydrine[9]); mittels der Halogenide des Phosphors und des Schwefels können alle drei Hydroxyle substituiert werden. — Jodwasserstoffsäure gibt dagegen — unter intermediärer Bildung von Trijodpropan, das „rückwärts substituiert" wird — Isopropyljodid[10]). Schwefelsäure gibt primär den Monoester[11]), bei genügendem Überschuß praktisch nur Glycerindischwefelsäureester[12]); mit Chlorsulfonsäure erhält man den Trischwefelsäureester[13]). — Die Einwirkung von Salpetersäure bzw. Salpeterschwefelsäure (Nitriersäure) geht über die faßbaren Zwischenstufen der Mono- und Diester zum Glycerintrinitrat, dem Nitroglycerin[14]). — Phosphorsäure und Phosphorpentoxyd geben eine große Zahl von Mono-, Di- und Triestern der Ortho-, Meta- und Pyrophosphorsäure. Analog verhalten sich die übrigen anorganischen Säuren, Säureanhydride und -haloide.

Das System der Ester des Glycerins mit den aliphatischen Säuren, der Glyceride im engeren Sinne des Wortes, ist auf S. 50 dargestellt.

---

1) LETTS: Ber. Bd. 5, S. 159. 1872; BELOHOUBEK: Ber. Bd. 12, S. 1872. 1879.

2) LÖBISCH und LOOS: Monatsh. Bd. 2, S. 842, 1881.

3) DESTREM: Ann. Chim. Phys. (5) Bd. 27, S. 20. 1882. Die von LEWKOWITSCH: Chemical Technology and Analysis of Oils, Fats and Waxes 5. ed., Bd. I, S. 252. 1913 geäußerte Vermutung, daß GRÜN und HUSMANN die Glycerate aus Glycerin und Erdalkalioxyden mit den Glycerinaten aus Glycerin und Erdalkalihydroxyden identifizieren, trifft nicht zu.

4) MORAWSKI: J. pr. (2) Bd. 22, S. 408. 1880.

5) SCHOTTLÄNDER: Ann. Bd. 155, S. 230. 1870.

6) BULLNHEIMER: Ber. Bd. 31, S. 1453. 1898; Bd. 32, S. 2347. 1899; BULLNHEIMER und SEITZ: Ber. Bd. 33, S. 817. 1900.

7) REBOUL: Ann. Suppl. Bd. 1, S. 239. 1861; REBOUL und LOURENÇO: Ann. Bd. 119, S. 237. 1861; ZUNINO: R. Accad. Linc. (5) Bd. 6, II, S. 348. 1897; (5) Bd. 9, I, S. 309. 1900.

8) WILL: C. 1906, II, S. 1000; CLAESSON: C. 1907, II, S. 199; 1908, II, S. 120; LOURENÇO: Ann. Chim. Phys. (3) Bd. 67, S. 300. 1863; NEF: Ann. Bd. 335, S. 239. 1904.

9) BERTHELOT: Ann. Chim. Phys. (3) Bd. 41, S. 297. 1854; BERTHELOT und LUCA: ebenda Bd. 52, S. 459. 1858; TRUCHOT: Ann. Bd. 138, S. 297. 1866.

10) ERLENMEYER: Ann. Bd. 126, S. 305. 1863; Bd. 139, S. 211. 1866.

11) PELOUZE: Ann. Bd. 19, S. 211. 1836; Bd. 20, S. 48. 1836.

12) GRÜN: Ber. Bd. 38, S. 2285. 1905; GRÜN und SCHACHT: Ber. Bd. 40, S. 1781. 1907.

13) CLAESSON: J. pr. (2) Bd. 20, S. 4. 1879.

14) SOBRERO: Ann. Bd. 64, S. 398. 1848.

Die außerordentlich mannigfaltigen Oxydationsreaktionen des Glycerins, die je nach dem Mittel Glycerinaldehyd, diesen und Dioxyaceton (Glycerose), Glycerinsäure, Essigsäure, Oxalsäure, Ameisensäure, Formaldehyd, Kohlensäure usw. ergeben, kommen für die Fettanalyse wenig oder gar nicht in Betracht.

Die für den Nachweis des Glycerins wichtigste Reaktion: Abspaltung von Wasser unter Bildung von Akrolein, ist S. 209 beschrieben.

B. Säuren.

Unsere Kenntnis der in Fetten und Wachsen enthaltenen Säuren ist noch sehr lückenhaft. Eine größere Anzahl von Säuren ist bereits längst bekannt, die Mehrzahl derselben auch konstitutionell aufgeklärt, von nicht wenigen ist aber bloß die Bruttoformel sichergestellt, während die Struktur noch zweifelhaft oder überhaupt unbekannt ist. Bei vielen Säuren ist es selbst fraglich, ob sie chemische Individuen sind. Ohne Zweifel enthalten viele Fette und Wachse auch völlig unbekannte Säuren, deren Isolierung oder Identifizierung bisher noch nicht gelang oder überhaupt noch nicht versucht wurde. Namentlich die Säuren der Wachse und die ungesättigten Säuren der Fette sind noch auf unbekannte Homologe und Isomere zu durchforschen.

Von den in Fetten und Wachsen sicher vorkommenden Säuren wurden bis jetzt die folgenden als einheitliche chemische Verbindungen erkannt:

Tabelle 1[1]).

Name	Bruttoformel	Vorkommen
Essigsäure[2])	$C_2H_4O_2$	Spillbaumöl, Makassaröl u. a. m.
n-Buttersäure[3])	$C_4H_8O_2$	Butterfett u. a. m.
n-Valeriansäure[4])	$C_5H_{10}O_2$	Delphintran
n-Capronsäure[5])	$C_6H_{12}O_2$	Butterfett, Cocos- und Palmkernöl u. a.m.
Caprylsäure[6])	$C_8H_{16}O_2$	ebenda
Caprinsäure[7])	$C_{10}H_{20}O_2$	Ulmensamenöl, Butterfett, Cocosöl u.a.m.
Laurinsäure[8])	$C_{12}H_{24}O_2$	Lorbeeröl, Cocos- und Palmkernöl u. a. m.
Myristinsäure[9])	$C_{14}H_{28}O_2$	Muscatbutter, Cocosöl u. a. m.
Palmitinsäure[10])	$C_{16}H_{32}O_2$	In vielen Fetten und Wachsen
Daturinsäure[11])	$C_{17}H_{34}O_2$	Stechapfelsamenöl
Stearinsäure[12])	$C_{18}H_{36}O_2$	In den meisten Fetten
Arachinsäure[13])	$C_{20}H_{40}O_2$	Rüböl, Rambutantalg usw.
Behensäure[14])	$C_{22}H_{44}O_2$	Behen-Öl u. a. m.
Isobehensäure[15])	$C_{22}H_{44}O_2$	Erdnußöl
Lignocerinsäuren[16])	$C_{24}H_{48}O_2$	Erdnußöl, Buchenholzteer

[1]) Die Fußnoten beziehen sich auf die Entdeckung der Säuren.
[2]) SCHWEIZER: Ann. Bd. 80, S. 288. 1851.
[3]) CHEVREUL: Recherches sur les corps gras, S. 115.
[4]) CHEVREUL: ebenda.
[5]) CHEVREUL: ebenda.
[6]) LERCH: Ann. Bd. 49, S. 214. 1844; FEHLING: Ann. Bd. 53, S. 399. 1845.
[7]) CHEVREUL: Recherches S. 143; LERCH: Ann. Bd. 49, S. 223. 1844.
[8]) MARSSON: Ann. Bd. 41, S. 330. 1843; GÖRGEY: Ann. Bd. 66, S. 295. 1848; KRAFFT: Ber. Bd. 12, S. 1664. 1879.
[9]) PLAYFAIR: Ann. Bd. 37, S. 155. 1842; URICOECHEA: Ann. Bd. 91, S. 369. 1854.
[10]) FRÉMY: Ann. Bd. 36, S. 44. 1840; BORCK: Jahresber. 1850, S. 404; MASKELYNE: ebenda 1855, S. 519.
[11]) GÉRARD: Compt. rend. Bd. 111, S. 305. 1890.
[12]) CHEVREUL: Recherches S. 32.
[13]) HEINTZ: Poggendorfs Ann. Bd. 90, S. 146. 1854; GÖSSMANN: Ann. Bd. 89, S. 1. 1854.
[14]) VÖLCKER: Ann. Bd. 64, S. 342. 1847.
[15]) EHRENSTEIN und STUEWER: J. pr. (2) 105, 199; C. 1923, III, 366.
[16]) HELL, HERMANNS: Ber. Bd. 13, S. 1713. 1880; KREILING: Ber. Bd. 21, S. 880. 1888.

Tabelle 1 (Fortsetzung).

Name	Bruttoformel	Vorkommen
Gingkosäure[1]	$C_{24}H_{48}O_2$	Früchte von Gingko biloba
Neocerotinsäure[2]	$C_{25}H_{50}O_2$	Bienenwachs
Cerotinsäuren[3]	$C_{26}H_{52}O_2$ ($C_{27}H_{54}O_2$)	Bienenwachs, Carnaubawachs, Gheddawachs, Farnkrautwurzelfett, Wollfett
Carbocerinsäure[4]	$C_{27}H_{54}O_2$	Montanwachs
Montansäure[5]	$C_{29}H_{58}O_2$	ebenda
Melissinsäure des Carnaubawachses [Myricinsäure[6]]	$C_{30}H_{60}O_2$	Carnaubawachs u. a. m.
Melissinsäure[6]	$C_{31}H_{62}O_2$	Bienenwachs u. a. m.
Gheddasäure[7]	$C_{34}H_{68}O_2$	Gheddawachs (Ostindisches Wachs)
—	—	—
ϑ, ι-Decensäure[8]	$C_{10}H_{18}O_2$	Butterfett
Unbenannte Säure[9]	$C_{10}H_{18}O_2$	Pollen von Ambrosia artemisifolia
Dodecensäure[10]	$C_{12}H_{22}O_2$	Öl von Lindera obstiroba; Butterfett[11]
Tetradecensäure[12]	$C_{14}H_{26}O_2$	Spermöl, Delphintran; Butterfett[11]
Hexadecensäure[13]	$C_{16}H_{30}O_2$	Butterfett
Lycopodiumsäure[14]	$C_{16}H_{30}O_2$	Lycopodiumsporenöl
Zoomarinsäure[15]	$C_{16}H_{30}O_2$	Lebertran
Ölsäure[16]	$C_{18}H_{34}O_2$	In den meisten Fetten
Petroselinsäure[17]	$C_{18}H_{34}O_2$	Petersiliensamen- und Efeusamenöl
Gadoleinsäure[18]	$C_{20}H_{38}O_2$	Dorschlebertran, Waltran, Heringstran
Erucasäure[19]	$C_{22}H_{42}O_2$	Rüböl, Senföle
—	—	—
Linolsäure[20]	$C_{18}H_{32}O_2$	Leinöl, Mohnöl, Hanföl u. a. m.
Telfairiasäure[21]	$C_{18}H_{32}O_2$	Koëmiöl
α-Eläostearinsäure[22]	$C_{18}H_{32}O_2$	Chinesisches Holzöl
—	—	—
(α-)Linolensäure[23]	$C_{18}H_{30}O_2$	Besonders in trocknenden Ölen
γ-Linolensäure[24]	$C_{18}H_{30}O_2$	Nachtkerzenöl
Jekorinsäure[25]	$C_{18}H_{30}O_2$	Fischtrane
—	—	

[1] SCHWARZENBACH: Jahresber. 1857, S. 529.
[2] GASCARD und DAMOY: Compt. rend. Bd. 177, S. 1222. 1923.
[3] JOHN, s. LEWKOWITSCH: Ch. Technol. 5. ed. Bd. I, S. 168. 1913.
[4] TROPSCH und KREUTZER: Brennstoffchemie Bd. 3, S. 49. 1922.
[5] VON BOYEN: Z. ang. Bd. 12, S. 64. 1899; HELL: Z. ang. Bd. 13, S. 556. 1900.
[6] NAFZGER: Ann. Bd. 224, S. 249. 1884.
[7] LIPP und CASIMIR: J. pr. (2) Bd. 99, S. 256. 1919.
[8] GRÜN und WIRTH: Ber. Bd. 55, S. 2197. 1922.
[9] HEYL: J. Am. Pharm. Assoc. Bd. 12, S. 669; C. 1923, III, S. 1577.
[10] IWAMOTO: J. Ch. Ind., Tokyo Bd. 24, S. 1143. 1921.
[11] GRÜN und WINKLER, Z. ang. Bd. 37, S. 228. 1924.
[12] TSUJIMOTO: Ch. Umschau Bd. 30, S. 33. 1923.
[13] GRÜN und WINKLER: Unveröff. Untersuchung.
[14] LANGER: Arch. Pharm. Bd. 227, S. 625. 1889.
[15] SCHMIDT-NIELSEN: Ch. Umschau Bd. 29, S. 54. 1922.
[16] CHEVREUL: Recherches S. 75.
[17] VONGERICHTEN und KÖHLER: Ber. Bd. 42, S. 1638. 1909.
[18] BULL: Ber. Bd. 39, S. 3570. 1906.
[19] DARBY: Ann. Bd. 69, S. 1. 1849; WEBSKY: J. pr. Bd. 58, S. 443. 1853.
[20] SACC: Ann. Bd. 51, S. 213. 1844; SCHÜLER: Ann. Bd. 101, S. 252. 1857; BAUER und HAZURA: Monatsh. Bd. 7, S. 217. 1886.
[21] THOMS: Arch. Pharm. Bd. 238, S. 48. 1900.
[22] CLOËZ: Ber. Bd. 9, S. 1934. 1876; Bull. Soc. Chim. (2) Bd. 26, S. 286. 1876.
[23] HAZURA: Monatsh. Bd. 8, S. 268. 1887; HAZURA und FRIEDREICH: ebenda S. 158.
[24] HEIDUSCHKA und LÜFT: Arch. Pharm. Bd. 257, S. 33. 1919.
[25] FAHRION: Ch.-Ztg. Bd. 17, S. 521. 1893.

Tabelle 1 (Fortsetzung).

Name	Bruttoformel	Vorkommen
Therapinsäure[1]	$C_{18}H_{28}O_2$	Dorschlebertran
Unbenannte Säure[2], früher Clupanodonsäure	$C_{18}H_{28}O_2$	In den meisten Tranen
Clupanodonsäure[3]	$C_{22}H_{34}O_2$	Hauptsächlich japanisches Sardinenöl; vielleicht allgemein in Seetierfetten, Reptilien, Amphibien
Taririnsäure[4]	$C_{18}H_{32}O_2$	Taririfett
Unbenannte Säure	$C_{14}H_{24}O_2$	Hydnocarpusöl
Hydnocarpussäure[5]	$C_{16}H_{28}O_2$	Hydnocarpusöl, Chaulmoograöl, Makulöl
Chaulmoograsäure[6]	$C_{18}H_{32}O_2$	ebenda
Sabininsäure[7]	$C_{12}H_{24}O_3$	Coniferenwachs
Juniperinsäure[7]	$C_{16}H_{32}O_3$	ebenda
Natürliche Dioxystearinsäure[8]	$C_{18}H_{32}O_4$	Ricinusöl
Aleuritinsäure[9]	$C_{16}H_{32}O_5$	Schellack
Ricinolsäure[10]	$C_{18}H_{34}O_3$	Ricinusöl
Thapsiasäure[11]	$C_{14}H_{28}(COOH)_2$	Coniferenwachs
Unbenannte Säure[12]	$C_{17}H_{34}(COOH)_2$	Japanwachs
„ „ [12]	$C_{18}H_{36}(COOH)_2$	„
Japansäure[12]	$C_{19}H_{38}(COOH)_2$	„

Die Säuren, deren Einheitlichkeit zweifelhaft ist und solche, deren Vorkommen in Fetten oder Wachsen nicht sichergestellt ist, sind in Tabelle 2 zusammengestellt.

Tabelle 2.

Name	Bruttoformel	Angebliches Vorkommen
Ameisensäure[13]	CH_2O_2	Ascaridenfett, Gheddawachs
Propionsäure[14]	$C_3H_6O_2$	In Gingko biloba-Früchten, in Pilzfetten. Ascaridenfett

[1]) Heyerdahl: Cod Liver Oil and its Chemistry. London 1895.
[2]) Tsujimoto: J. Coll. of Eng., Tokyo, Bd. 4, Nr. 1. 1906.
[3]) Tsujimoto: J. Ch. Ind., Tokyo, Bd. 23, Nr. 272. 1920; Ch. Umschau Bd. 29, S. 261. 1922.
[4]) Arnaud: Bull. Soc. Chim. (3) Bd. 7, S. 233. 1892.
[5]) Power und Barrowcliff: J. Ch. Soc. Bd. 87, S. 895. 1905.
[6]) Power und Gornall: Proc. Ch. Soc. Bd. 20, S. 135. 1904.
[7]) Bougault und Bourdier: Compt. rend. Bd. 147, S. 1311. 1908.
[8]) Farner: Arch. Pharm. Bd. 237, S. 40. 1899.
[9]) Juillard: Bull. Soc. Chim. (3) Bd. 13, S. 238. 1895.
[10]) Bussy und Lecanu: J. Pharm. Bd. 13, S. 57; Saalmüller: Ann. Bd. 64, S. 108. 1847.
[11]) Bougault: J. Pharm. Chim. (7) Bd. 3, S. 101. 1911.
[12]) Eberhardt: Diss. Straßburg 1888.
[13]) Flury: Arch. exp. Pathol. Pharmak. Bd. 67, S. 275. 1912.
[14]) Béchamp: Ann. Bd. 130, S. 364. 1864.

Tabelle 2 (Fortsetzung).

Name	Bruttoformel	Angebliches Vorkommen
Isobuttersäure[1]	$C_4H_8O_2$	Sesamöl, Japanwachs
Isovaleriansäure[2]	$C_5H_{10}O_2$	Delphintran
Isobutylessigsäure[3]	$C_6H_{12}O_2$	Kuhbutter
Pelargonsäure[4]	$C_9H_{18}O_2$	Japanwachs
Umbellulsäure[5]	$C_{11}H_{22}O_2$	Amerikanisches Lorbeeröl
Ficocerylsäure[6]	$C_{13}H_{26}O_2$	Gondangwachs
Isocetinsäure[7]	$C_{15}H_{30}O_2$	Curcasöl, Hefefett
Lactarsäure[8]	$C_{15}H_{30}O_2$	Im Lactarius piperatus
Margarinsäure[9]	$C_{17}H_{34}O_2$	Gheddawachs
Neurostearinsäure[10]	$C_{18}H_{36}O_2$	Gehirnsubstanz
Pisangcerylsäure[11]	$C_{24}H_{48}O_2$	Pisangwachs
Carnaubasäure[12]	$C_{24}H_{48}O_2$	Carnaubawachs, Kaffeebohnenöl, Wollwachs
Hyänasäure[13]	$C_{25}H_{50}O_2$	Nur im Analdrüsenfett der Hyäne
Unbenannte Säure[14]	$C_{25}H_{50}O_2$	Montanwachs
Laccersäure[15]	$C_{32}H_{64}O_2$	Stocklackwachs
Psyllostearylsäure[16]	$C_{33}H_{66}O_2$	Psyllawachs
—	—	—
Akrylsäure[17]	$C_3H_4O_2$	Ascaridenfett
Dekacrylsäure[18]	? $C_{10}H_{18}O_2$	Im Kork
Unbenannte Säure[19]	$C_{11}H_{20}O_2$	Cochenillefett
„ „ [20]	$C_{12}H_{22}O_2$	Hefefett (Lorbeeröl?)
„ „ [19]	$C_{14}H_{26}O_2$	Cochenillefett
Cimicinsäure[21]	$C_{15}H_{28}O_2$	In der grauen Blattwanze, wahrscheinlich als freie Säure
Hypogäasäure[22]	$C_{16}H_{30}O_2$	Erdnußöl, Maisöl
Physetölsäure[23]	$C_{16}H_{30}O_2$	Seehundstran, Potwalkopf-Fett
Palmitoleinsäure[24]	$C_{16}H_{30}O_2$	Dorschlebertran
Asellinsäure[25]	$C_{17}H_{32}O_2$	Sardinentran

[1]) ENGELHARDT, s. LEWKOWITSCH: Ch. Technol. 4. ed. Bd. II, S. 530. 1909.
[2]) CHEVREUL: Recherches sur les corps gras, S. 99.
[3]) CHEVREUL: Recherches, S. 134; FEHLING: Ann. Bd. 53, S. 406. 1845.
[4]) BERGMANN: Arch. Pharm. Bd. 22, S. 331. 1884; s. a. TASSILY: Mat. grasses Bd. 3, S. 2285. 1911.
[5]) STILLMANN und O'NEILL: Am. Ch. J. Bd. 4, S. 206. 1882/83.
[6]) GRESHOFF und SACK: Rec. trav. chim. Bd. 20, S. 65. 1901.
[7]) BOUIS: Jahresber. 1854, S. 462.
[8]) BISSINGER: Arch. Pharm. Bd. 221, S. 321. 1883; CHODAT und CHUIT: C. 1889, II, S. 144.
[9]) CHEVREUL: Recherches, S. 77; GÉRARD: Compt. rend. Bd. 111, S. 305. 1890.
[10]) THUDICHUM: J. pr. (2) Bd. 25, S. 22. 1882.
[11]) GRESHOFF und SACK: a. a. O.
[12]) DARMSTAEDTER und LIFSCHÜTZ: Ber. Bd. 29, S. 619. 1896; HANS MEYER und ECKERT: Monatsh. Bd. 31, S. 1227. 1910.
[13]) CARIUS: Ann. Bd. 129, S. 168. 1864.
[14]) TROPSCH und KREUTZER: Brennstoffchemie Bd. 3, S. 49ff. 1922.
[15]) GASCARD: Compt. rend. Bd. 159, S. 258. 1914.
[16]) SUNDWICK: Z. physiol. Ch. Bd. 32, S. 355. 1901.
[17]) FLURY: a. a. O.
[18]) SIEWERT: Zeitschr. f. d. ges. Naturwissensch. Bd. 30, S. 129. 1867.
[19]) RAIMAN: Monatsh. Bd. 6, S. 895. 1885.
[20]) HINSBERG und ROOS: Z. physiol. Ch. Bd. 38, S. 1. 1903.
[21]) CARIUS: Ann. Bd. 114, S. 147. 1860.
[22]) GÖSSMANN und SCHEWEN: Ann. Bd. 94, S. 230. 1855.
[23]) HOFSTÄDTER: Ann. Bd. 91, S. 177. 1854.
[24]) BULL: Ber. Bd. 39, S. 3570. 1906; der Name ist von LEWKOWITSCH: Ch. Technol. 5. ed. Bd. I, S. 177, 1913 vorgeschlagen.
[25]) FAHRION: Ch.-Ztg. Bd. 17, S. 685. 1893.

Tabelle 2 (Fortsetzung).

Name	Bruttoformel	Angebliches Vorkommen
Gynocardiasäure[1]	? $C_{18}H_{34}O_2$ ($C_{21}H_{40}O_2$)	Gynocardiaöl
Leberlecithinölsäure[2]	$C_{18}H_{34}O_2$	Lecithin aus Leberölen
Cheiranthussäure[3]	$C_{18}H_{34}O_2$	Nur im Cheiranthusöl
Unbenannte Säure[4]	$C_{18}H_{34}O_2$	Nur im Südsee-Waltran
Döglingsäure[5]	$C_{19}H_{36}O_2$	Döglingstran
Jecoleinsäure[6]	$C_{20}H_{38}O_2$	Dorschlebertran
—	—	—
Unbenannte Säure[7]	$C_{14}H_{24}O_2$	Hydnocarpusöl, Pilzfette (Polyporus off.)
Isolinolsäure[8]	$C_{18}H_{32}O_2$	Chrysalisöl, Reisöl, Sojabohnenöl (Sandbeerenöl?) u. a. m.
Kephalinsäure[9]	$C_{18}H_{32}O_2$	Kephalin
Hirseölsäure[10]	$C_{18}H_{32}O_2$	Nur im Hirseöl
—	—	—
β-Linolensäure[11]	$C_{18}H_{30}O_2$	In verschiedenen trocknenden Ölen (Chrysaliden-, Johannisbeeröl), aber nicht im Leinöl
Unbenannte Säure[12]	$C_{18}H_{30}O_2$	Leinöl
—	—	—
Isansäure[13]	$C_{14}H_{20}O_2$	Isanosamenöl
Unbenannte Säure[14]	$C_{18}H_{28}O_2$	Trane
„ „ [15]	$C_{19}H_{30}O_2$	Dorschlebertran
Arachidonsäure[16]	$C_{20}H_{32}O_2$	Lecithin aus Leberölen, Gehirn, Trane
Unbenannte Säure[17]	$C_{24}H_{40}O_2$	Heringstran
—	—	—
Unbenannte Säure[18]	$C_{20}H_{30}O_2$	Heringstran
„ „ [18]	$C_{21}H_{32}O_2$	„
„ „ [18]	$C_{22}H_{34}O_2$	„
„ „ [19]	$C_{23}H_{36}O_2$	„
Lanopalminsäure[20]	$C_{16}H_{32}O_3$	Wollwachs
Oxymargarinsäure F. 58° „ F. 72°	$C_{17}H_{34}O_3$	Gheddawachs[21]
Unbenannte Säure[22]	$C_{21}H_{42}O_3$	Carnaubawachs

[1]) PETIT: J. Pharm. Chim. (5) Bd. 26, S. 445; SCHINDELMEISER: Ber. Pharm. Ges. Bd. 14, S. 164. 1904.
[2]) HARTLEY: J. of Physiol. Bd. 38, S. 367. 1909.
[3]) MATHES und BOLTZE: Arch. Pharm. Bd. 250, S. 211. 1912.
[4]) MOORE: Sfsztg. Bd. 46, S. 682. 1919.
[5]) SCHARLING: J. pr. Bd. 43, S. 257. 1848.
[6]) HEYERDAHL: Cod Liver Oil and its Chemistry, S. 98.
[7]) POWER und BARROWCLIFF: J. Ch. Soc. Bd. 87, S. 884. 1905; SCHMIEDER: Arch. Pharm. Bd. 224, S. 641. 1886.
[8]) HAZURA: a. a. O.
[9]) COUSIN: J. Pharm. Chim. Bd. 24, S. 101. 1906.
[10]) KASSNER: Arch. Pharm. (3) Bd. 25, S. 1081. 1887.
[11]) HAZURA: Monatsh. Bd. 9, S. 180. 1888 bzw. ERDMANN, BEDFORD und RASPE: Ber. Bd. 42, S. 1334. 1909.
[12]) SALWAY: J. Ch. Soc. Bd. 109, S. 138. 1916.
[13]) HÉBERT: Bull. Soc. Chim. (3) Bd. 15, S. 941. 1896.
[14]) MEIGEN und CAMINECI: Ch. Umschau Bd. 24, S. 35. 1917.
[15]) MEIGEN und ELLMER: Ch. Umschau Bd. 24, S. 34. 1917.
[16]) HARTLEY: a. a. O.
[17]) BULL: Ch.-Ztg. Bd. 23, S. 996. 1899.
[18]) SVENDSEN: Ch. Umschau Bd. 24, S. 35. 1917.
[19]) BULL: a. a. O.
[20]) DARMSTÄDTER und LIFSCHÜTZ: Ber. Bd. 29, S. 2890. 1896.
[21]) LIPP und CASIMIR: J. pr. (2) Bd. 99, S. 243, 256. 1919.
[22]) STÜRCKE: Ann. Bd. 223, S. 310. 1884.

Tabelle 2 (Fortsetzung).

Name	Bruttoformel	Angebliches Vorkommen
Phellonsäure[1]	? $C_{22}H_{44}O_3$	Kork
d-Cerebronsäure[2, 3] . . .	$C_{25}H_{50}O_3$	Cerebrin
i-Cerebronsäure[4]	$C_{25}H_{50}O_3$	Phrenosin?
Säure des Carnaubons . .	$C_{25}H_{50}O_3$	Carnaubon
Oxycerotinsäure[5]	$C_{27}H_{54}O_3$	Cocablätterwachs
Coccerinsäure[6]	$C_{31}H_{62}O_3$	Cochenillewachs
—	—	—
Lanocerinsäure[7]	$C_{30}H_{60}O_4$	Wollwachs
Anhydrid derselben[8] . .	$C_{30}H_{58}O_3$	Wollfett, Candelillawachs
Trioxystearinsäure[9] . . .	$C_{18}H_{36}O_5$	Traubenkernöl
Isoricinolsäure[10]	$C_{18}H_{34}O_3$	Ricinusöl
Quittenölsäure[11]	$C_{18}H_{34}O_3$	Quittensamenöl
Unbenannte Säure[12] . . .	$C_{18}H_{34}O_3$	Im Polyporus officinalis
„ „ [13] . . .	$C_{20}H_{38}O_3$	Haarbienenwachs
—	—	—
Lactarinsäure[14]	$C_{18}H_{34}O_3$	In Milchpilzen (wahrscheinlich frei)
—	—	—
Phloionsäure[15]	$C_{25}H_{46}O_6$	Im Kork

Konstitution der natürlichen Säuren. Die Säuren der Fette und der Wachse sind mit Ausnahme dreier zweibasischer Säuren, die aber nur vereinzelt und auch nur in geringer Menge vorkommen, einbasische Säuren, Monocarbonsäuren, die aus zwei Atomgruppen, einer Alkylgruppe und der Carboxylgruppe CO_2H bestehen.

Carboxyl: Die Carboxylgruppe steckte verkappt schon in den Fettsäureformeln von Kolbe, zu denen er auf Grund der Essigsäuresynthese und durch die schematische Ableitung der Fettsäuren von der Kohlensäure: Ersetzen eines Hydroxyls durch ein Alkyl, gelangte[16]; sie wurde aber erst von Baeyer[17]) als selbständiges Radikal erkannt und als Vereinigung von Carbonyl mit Hydroxyl formuliert: $-\mathrm{C}\begin{matrix}\nearrow\!\!\!\!/\ \mathrm{O}\\ \searrow \mathrm{OH}\end{matrix}$, die Carbonsäuren entsprechend als $\mathrm{R-C}\begin{matrix}\nearrow\!\!\!\!/\ \mathrm{O}\\ \searrow \mathrm{OH}\end{matrix}$. Diese Formel reicht jedoch zur Erklärung des Säurecharakters, der jonogenen Bindung des Wasserstoffs nicht aus und ist nach den Forschungen von Hantzsch[18]) durch die Koordinationsformel: $\mathrm{R-C}\begin{matrix}\nearrow \mathrm{O}\\ \searrow \mathrm{O}\end{matrix}\Big\}\mathrm{H}$ zu ergänzen, welche ausdrückt, daß im

[1]) v. Schmidt: Monatsh. Bd. 25, S. 277. 1904.
[2]) Levene und Jacobs: J. Biol. Ch. Bd. 12, S. 381. 1912; C. 1912, II, S. 1671.
[3]) Identisch mit Phrenosinsäure.
[4]) Identisch mit Neurosäure.
[5]) Hesse: Ann. Bd. 271, S. 222. 1892.
[6]) Liebermann: Ber. Bd. 18, S. 1980. 1885.
[7]) Darmstädter und Lifschütz: Ber. Bd. 29, S. 1479. 2893. 1896.
[8]) Röhmann: Bioch. Z. Bd. 77, S. 298. 1916; Hans Meyer und Soyka: Monatsh. Bd. 34, S. 1159. 1913.
[9]) Ulzer und Zumpfe: Öst. Ch.-Ztg. Bd. 8, S. 121. 1905.
[10]) Hazura und Grüssner: Monatsh. Bd. 9, S. 476. 1888.
[11]) Herrmann: Arch. Pharm. Bd. 237, S. 366. 1899.
[12]) Schmieder: a. a. O.
[13]) Gadamer und Hinderer: Arch. Pharm. Bd. 255, S. 425. 1917.
[14]) Bougault und Charaux: C. 1912, I, S. 23; Compt. rend. Bd. 153, S. 572. 1911.
[15]) Flückiger: Arch. Pharm. Bd. 228, S. 690. 1890; betr. neue Bruttoformel, s. Scurti und Tommasi: Gazz. chim. (46) II, S. 159. 1916.
[16]) Ann. Bd. 113, S. 293. 1860.
[17]) Ann. Bd. 135, S. 307. 1865.
[18]) Ber. Bd. 50, S. 1422. 1917.

Anion ein Affinitätsausgleich zwischen den beiden Sauerstoffatomen und dem Reste stattfindet, so daß beide Sauerstoffatome koordiniert und der Wasserstoff an beide bzw. an das ganze Anion gebunden ist. Die freien Fettsäuren sind Gleichgewichte von echten, der Koordinationsformel entsprechenden Formen, von denen sich die Salze ableiten, und von Pseudosäuren, die — ebenso wie die sich von diesen ableitenden Ester — den Carboxylformeln entsprechen.

Alkyle: Die Säuren der Fette und Wachse sind Derivate von Kohlenwasserstoffen mit offener Kohlenstoffkette. Für die gesättigten Säuren geht dies schon aus der Bruttoformel $C_nH_{2n}O_2$ hervor, für die ungesättigten Säuren $C_nH_{2n-2}O_2$, $C_nH_{2n-4}O_2$, $C_nH_{2n-6}O_2$, $C_nH_{2n-8}O_2$ und $C_nH_{2n-10}O_2$ daraus, daß sie das Verhalten ungesättigter Verbindungen mit einer, bzw. 2, 3, 4 und 5 Lückenbindungen (in einem Falle auch eine dreifache Bindung) zeigen. Eine Ausnahme bilden drei vielleicht cyclische Verbindungen, die Chaulmoograsäure und ihre Homologen. Die offene Kohlenstoffkette ist für die Fettsäuren typisch, weshalb ja nach dem Vorschlag von A. W. HOFMANN überhaupt alle nichtcyclischen organischen Verbindungen als „Verbindungen der Fettreihe" oder „aliphatische Verbindungen" bezeichnet werden.

Die Untersuchungen über die Aneinanderkettung der Kohlenstoffatome der Alkyle und die Bindung derselben an das Carboxyl ergaben, daß die Alkyle der in den Fetten enthaltenen Säuren mit wenigen Ausnahmen aus einer unverzweigten Kette von Kohlenstoffatomen aufgebaut sind und daß die Carboxylgruppe in allen Verbindungen endständig mit dem Alkyl verbunden ist (primäre Säuren). Die meisten Säuren der Fette besitzen somit die möglichst einfache normale Struktur. Hingegen scheinen Säuren der Wachse verzweigte Kohlenstoffketten zu enthalten.

Von den ungesättigten Säuren zeigen mehrere, und zwar die wichtigsten, eine merkwürdige konstitutionelle Eigentümlichkeit: die Zahl der Kohlenstoffatome in den durch Doppelbindungen getrennten Molekülteilen ist 3 oder ein Vielfaches von 3. So besteht die C-Kette der Ölsäure und der Ricinolsäure in diesem Sinne aus 9 + 9 Gliedern, die der Petroselinsäure aus 6 + 12, der Linol- und der Eläostearinsäure aus 9 + 3 + 6, der Linolensäure aus 9 + 3 + 3 + 3 Atomen[1]).

Aus den Bruttoformeln ist ferner ersichtlich, daß die Fette und Wachse fast ausschließlich Säuren mit einer paaren Anzahl von Kohlenstoffatomen enthalten.

Bisher wurden in Fetten und Wachsen Säuren aus folgenden Reihen nachgewiesen:

$C_nH_{2n}O_2 = C_mH_{2m+1}COOH$	$C_nH_{2n}O_3 = C_mH_{2m}(OH)COOH$
$C_nH_{2n-2}O_2 = C_mH_{2m-1}COOH$	$C_nH_{2n}O_4 = C_mH_{2m-1}(OH)_2COOH$
$C_nH_{2n-4}O_2 = C_mH_{2m-3}COOH$	$C_nH_{2n}O_5 = C_mH_{2m-2}(OH)_3COOH$
$C_nH_{2n-6}O_2 = C_mH_{2m-5}COOH$	$C_nH_{2n-2}O_3 = C_mH_{2m-2}(OH)COOH$
$C_nH_{2n-8}O_2 = C_mH_{2m-7}COOH$	$C_nH_{2n-2}O_4 = C_mH_{2m}(COOH)_2$
$C_nH_{2n-10}O_2 = C_mH_{2m-9}COOH$	$C_nH_{2n-4}O_6 = C_mH_{2m-1}(COOH)_3$

Säuren der Reihe $C_nH_{2n}O_2$. Die Ameisensäure kann schon nach der Bruttoformel nur Methansäure $H{-}C\langle{}^{O}_{OH}$ sein; damit stimmen ihre Reaktionen als Säure und als Oxyformaldehyd, sowie alle Synthesen überein[2]). Ihr Vorkommen in Fetten ist übrigens sehr zweifelhaft, bisher höchstens auf einen Fall beschränkt.

---

[1]) GRÜN: Ch. Ztg. Bd. 47, S. 859. 1923.

[2]) DUMAS: Ann. Chim. Phys. (2) Bd. 56, S. 120. 1834; BERTHELOT: ebenda (3) Bd. 61,

Die Konstitution der Essigsäure ergibt sich aus der FRANKLAND-KOLBEschen Synthese[1]) aus dem Methylalkohol nach dem Schema:

$$CH_3OH \rightarrow CH_3Cl \rightarrow CH_3CN \rightarrow CH_3COOH\,.$$

In analoger Weise wurde die Propionsäure aus dem Äthylalkohol synthetisiert.

Nachdem CHANCEL[2]) die Überführung der Propionsäure in ihren Aldehyd und ROSSI[3]) die des Aldehyds in den Propylalkohol gezeigt hatte, konnte durch Verknüpfung dieser Reaktionsfolge mit der von FRANKLAND und KOLBE aus der Propionsäure die Buttersäure [LINNEMANN[4])], aus dieser die Valeriansäure [LIEBEN und ROSSI[5])], aus dieser die Capronsäure [LIEBEN und ROSSI[6])] und aus dieser die Önanthsäure [LIEBEN und JANECZEK[7])] aufgebaut werden, wodurch die normale Struktur dieser Säuren bewiesen ist. Die Capronsäure des Cocosöls ist entgegen früheren Annahmen nicht Isobutylessigsäure, sondern die normale Säure, denn sie läßt sich in Methylamylketon überführen[8]).

Für die höheren Säuren, von der Caprylsäure angefangen, wurde der Aufbau nicht mehr lückenlos ausgeführt.

Die Caprylsäure wurde durch Oxydation von n-Octylalkohol erhalten[9]); nachdem dieser bei der FRANKLAND-KOLBEschen Synthese Pelargonsäure gibt[10]), ist er und folglich auch die Caprylsäure normal.

Die Pelargonsäure synthetisierte JOURDAN[11]) aus dem n-Heptylalkohol über das Jodid mittels der Acetessigestersynthese:

$$C_7H_{15}OH \rightarrow C_7H_{15}J \rightarrow C_7H_{15} - CH\langle{}^{COCH_3}_{COOC_2H_5} \rightarrow C_7H_{15}CH_2COOC_2H_5\,;$$

sie ist folglich normal.

Ebenso beweist die analoge Synthese der Caprinsäure aus Octylalkohol[12]) ihre normale Struktur.

Die Konstitution der Umbellulsäure $C_{11}H_{22}O_2$ ist nicht bekannt, ebensowenig die der Ficocerylsäure $C_{13}H_{26}O_2$; übrigens ist die Existenz beider Säuren sehr fraglich.

Die normale Struktur der Säuren bis zur Pelargonsäure wurde auch von A. W. HOFMANN durch seine Abbaumethode bewiesen[13]): Umwandlung der Säure in ihr Amid, Abspaltung der Carbonylgruppe desselben mittels Bromlauge unter Bildung des um ein C-Atom ärmeren Amins, das über das Nitril in das Amid der entsprechenden (um 1 C-Atom ärmeren) Säure oder in die Säure selbst verwandelt wird:

$$R-CH_2-CO-NH_2 \rightarrow R-CH_2-NH_2 \rightarrow R-CN \rightarrow \begin{array}{c} R-CONH_2 \\ \downarrow \\ R-COOH \end{array}.$$

S. 463. 1861; s. a. GEUTHER: Ann. Bd. 202, S. 317. 1880; MERZ und TIBIRICA: Ber. Bd. 13, S. 23. 1891; KOLBE und SCHMITT: Ann. Bd. 119, S. 251. 1861; s. a. MALY: Ann. Bd. 135, S. 118. 1865; VOGEL: Ber. Bd. 12, S. 2271. 1879.

1) Ann. Bd. 65, S. 297. 1848.

2) Ann. Bd. 151, S. 301. 1869.

3) Ann. Bd. 159, S. 80. 1871.

4) Ann. Bd. 161, S. 175. 1872; SCHÖYEN: Synthese aus Butan. Ann. Bd. 130, S. 233 1864.

5) Ann. Bd. 159, S. 58. 1871.

6) Ann. Bd. 159, S. 70. 1871.

7) Ann. Bd. 187, S. 139, s. a. FRANCHIMONT: Ann. Bd. 165, S. 237. 1873.

8) ROCHUSSEN: J. pr. (2) Bd. 105, S. 120. 1922.

9) ZINCKE: Ann. Bd. 152, S. 8. 1869.

10) ZINCKE und FRANCHIMONT: Ann. Bd. 164, S. 333. 1873.

11) JOURDAN: Ann. Bd. 200, S. 107. 1879.

12) GUTHZEIT: Ann. Bd. 204, S. 5. 1880.

13) Ber. Bd. 14, S. 2725. 1881; ebenda Bd. 15, S. 407, 725, 762. 1882.

Durch diesen lückenlosen Abbau, bei dem immer nur eine Methylengruppe eliminiert wird, gelangten dann auch LUTZ[1]) von der Myristinsäure zur Laurinsäure, EHESTÄDT[2]) von dieser bis zur Pelargonsäure, womit für die beiden ersteren die normale Struktur erwiesen ist.

Die Konstitution der Säuren $C_{15}H_{30}O_2$, Isocetinsäure und Lactarsäure, ist nicht bekannt. Ihre Schmelzpunkte (56° bzw. 69/70°) stimmen jedenfalls nicht mit der normalen Pentadecansäure-(1) überein, die von KRAFFT durch Abbau aus der Palmitinsäure[3]), von ECKERT und HALLER[4]) durch Synthese aus dem Tetradecylcyanid erhalten wurde. Die Existenz der Pentadecansäure des Hefefettes ist sehr zweifelhaft.

Die normale Struktur der Palmitinsäure und der Stearinsäure wurde durch stufenweisen Abbau von KRAFFT bewiesen: Überführung der Säure in das entsprechende Alkylmethylketon, aus dem durch Oxydation mit Chromsäure unter Abspaltung der Acetylgruppe die um eine Methylengruppe ärmere Säure entsteht:

$$R{-}CH_2{-}COOH \rightarrow R{-}CH_2COCH_3 \rightarrow RCOOH + CH_3COOH\,.$$

Durch Fortsetzung des Abbaus bis zur Pelargonsäure hat KRAFFT auch die normale Struktur der niedrigeren Säuren sichergestellt.

Die Daturinsäure des Daturaöls ist mit der normalen Heptadecansäure(-1) identisch[5]), die KRAFFT durch Abbau aus der Stearinsäure, RUTTAU durch Aufbau aus der Palmitinsäure (über das Cetyljodid nach GRIGNARD) synthetisierte. Einige vermeintliche Heptadecylsäuren (z. B. die des Pferdefettes und die Margarinsäure des Gänsefettes) haben sich als Gemische von Stearin- und Palmitinsäure erwiesen[6]).

Für die Arachinsäure folgt die normale Struktur aus dem Aufbau aus der Stearinsäure über den Aldehyd, den Alkohol und das Jodid mittels der Acetessigestersynthese[7]) (durch welche übrigens auch die Palmitinsäure mit der Stearinsäure genetisch verbunden wurde[8]), für die Behensäure daraus, daß sie durch Reduktion der Erucasäure entsteht, deren Kohlenstoffkette unverzweigt ist. Die früher als Arachinsäure $C_{20}H_{40}O_2$ angesprochene Säure des Erdnußöls ist nach EHRENSTEIN und STUEWER[9]) eine Isobehensäure $C_{22}H_{44}O_2$, identisch mit der Verbindung, die beim Abbau der Lignocerinsäure des Erdnußöls entsteht (s. unten). E. u. ST. wollen den Namen Arachinsäure auf diese Verbindung übertragen.

Die Lignocerinsäure des Buchenholzteeres $C_{24}H_{48}O_2$ besteht[10]) aus zwei isomeren Tetrakosansäuren vom Schmelzp. 74 bzw. 85°; die letztere ist identisch mit der n-Tetrakosansäure, deren Konstitution durch Synthese aus Behensäure bewiesen ist[11]). Die Lignocerinsäure des Erdnußöls ist keine normale Fettsäure, denn sie gibt beim Abbau eine Isobehensäure[12]); die Pisangcerylsäure und die Carnauba-

---

1) Ber. Bd. 19, S. 1433. 1886.
2) ebenda.
3) Ber. Bd. 12, S. 1664, 1668. 1879; ebenda Bd. 15, S. 1678, 1711. 1882.
4) Monatsh. Bd. 34, S. 1815. 1913.
5) HANS MEYER und BEER: Monatsh. Bd. 33, S. 311. 1912.
6) HEIDUSCHKA und STEINRÜCK: J. pr. (2) Bd. 102, S. 241. 1921; BÖMER und MERTEN: Z. Nahrgsm. Bd. 43, S. 101. 1922.
7) SCHWEIZER: Ber. 17, S. 569. 1884.
8) GUTHZEIT: Ann. Bd. 206, S. 354. 1881.
9) J. pr. (2) 105, 199; C. 1923, III, 366.
10) BRIGL und FUCHS: Z. physiol. Ch. Bd. 119, S. 280. 1922.
11) BRIGL: Z. physiol. Ch. Bd. 95, S. 161. 1915.
12) HANS MEYER, BROD und SOYKA: Monatsh. Bd. 34, S. 1124. 1913; LEVENE und WEST: J. Biol. Ch. Bd. 18, S. 477. 1914; C. 1914, II, S. 1160.

säure aus dem „Carnaubon" scheinen mit ihr identisch zu sein[1]). Die Carnaubasäure des Wollwachses und des Carnaubawachses dürfte vermutlich ein Gemisch von Cerotinsäure mit C-ärmeren Säuren sein[2]).

Die Konstitution der Säuren von höherem Molekulargewicht als Tetrakosansäure ist noch unbekannt.

Von der Hyänasäure ist nicht bewiesen, daß sie ein chemisches Individuum ist.

Die Cerotinsäure des chinesischen Wachses ist mit der gleichnamigen Säure aus Bienenwachs nicht identisch[3]); letztere wird durch schmelzendes Alkali zu Sebacin-, Laurin- und Stearinsäure abgebaut[4]); bei der Oxydation mit Salpetersäure soll sie aber neben normalen Mono- und Dicarbonsäuren auch Isovaleriansäure, 2-Methylbutansäure-(4), geben[5]), enthält demnach eine verzweigte Kohlenstoffkette. Dasselbe gilt für die Montansäure aus dem fossilen Montanwachs[6]), wie auch andere Wachssäuren „Isofettsäuren" zu sein scheinen[7]). Für die Montansäure wurde[8]) durch Aufbau zu Melissinsäure bzw. Abbau zu Cerylameisen- und Cerylessigsäure die Formel $C_{29}H_{58}O_2$ bewiesen.

Die Melissinsäure des Bienenwachses und die des Carnaubawachses sind nach neueren Feststellungen[9]) nicht identisch, sondern Homologe. Genetische Beziehung: aus dem Melissylalkohol des Carnaubawachses entsteht durch Kalischmelze die entsprechende Melissinsäure, durch Aufbau über Jodid und Nitril die Bienenwachsmelissinsäure.

Die Laccersäure soll eine (die normale ?) Dotriakontansäure sein[10]): Die sog. Psyllostearylsäure ist vermutlich kein chemisches Individuum. — Die Konstitution der Gheddasäure ist unbekannt.

Ungesättigte Säuren: Die Anordnung der Kohlenstoffatome, normale Struktur oder verzweigte Kette, kann häufig durch Reduktion zu einer gesättigten Säure von bekannter Konstitution ermittelt werden. Die Zahl der Doppelbindungen bestimmt man durch Additionsreaktionen: Anlagerung von Halogenen, besonders von Brom, Oxydation zu Polyoxyfettsäuren von gleicher Anzahl der Kohlenstoffatome usw.[11]). Die Lage der Doppelbindungen bestimmt man durch oxydative Aufspaltung (früher mit Permanganat und Chromsäure, auch — unzuverlässiger — mit Salpetersäure ausgeführt, heute am besten mittels der Ozonmethode) oder durch Überführung in Ketofettsäuren, Umlagerung der Oxime derselben und Spaltung der Umlagerungsprodukte (s. S. 17 bei Ölsäure).

---

1) Ultée: Pharm. Weekblad Bd. 52, S. 1097; C. 1915, II, S. 794; Rosenheim und Maclean: Bioch. J. Bd. 9, S. 103. 1916; C. 1916, I, S. 1253; Sullivan: Eng. Bd. 8, S. 1027. 1916.

2) Röhmann: Bioch. Z. Bd. 77, S. 298. 1916.

3) Gascard: Compt. rend. Bd. 170, S. 1326. 1920.

4) Fileti und Ponzio: Gazz. chim. Bd. 24 (II), S. 296. 1861.

5) Marie: Ann. Chim. Phys. (7) Bd. 7, S. 181. 1896.

6) Hans Meyer und Brod: Monatsh. Bd. 34, S. 1143. 1913.

7) Marcusson: Mitt. Mat.-Prüf. Bd. 33, S. 415. 1916.

8) Kliegl, Schmid und Merkel: Ch. Ztg. Bd. 45, S. 201. 1921; vgl. auch Tropsch und Kreutzer: Brennstoffchemie Bd. 3, S. 49, 177, 193, 212. 1922.

9) Heiduschka und Gareis: J. pr. (2) Bd. 99, S. 293. 1919.

10) Gascard: Compt. rend. Bd. 159, S. 258. 1914.

11) Die Methode wurde von Tanatar (Ber. Bd. 12, S. 2293. 1879; ebenda Bd. 13, S. 1383. 1880) entdeckt und auf Malein- und Fumarsäure angewendet, von Kekulé und Anschütz (Ber. Bd. 13, S. 2150. 1880; ebenda Bd. 17, S. 713. 1884) erklärt, von Fittig (Ber. Bd. 21, S. 919, 1878. 1888) und Saytzew (J. pr. (2) Bd. 31, S. 541. 1885; Bd. 33, S. 300. 1886; Bd. 34, S. 304. 1887) auf die olefinischen Monocarbonsäuren übertragen.

Einfach-ungesättigte Säuren, $C_nH_{2n-2}O_2$: Die Akrylsäure, nach der offiziellen Nomenklatur[1]) Propensäure, $CH_2 = CH—COOH$, kommt wahrscheinlich gar nicht als Glycerid vor. Ebenso findet sich die Tiglinsäure [2-Methylbuten-(2)-säure-(1)] anscheinend überhaupt nicht in Fetten, sie ist wenigstens entgegen der bisherigen Annahme kein Bestandteil des Crotonöles, sondern des Crotonharzes[2]).

Die Konstitution der ϑ, ι-Decensäure ergibt sich aus der Spaltung mit Ozon sowie durch Permanganat in Ameisen- und Azelaïnsäure, sowie durch die Synthese nach der Reaktionsfolge: Undecensäure → Undecenol → Oxycaprinsäure → Stearyloxycaprinsäure → Decensäure[3]).

Die angeblich in Fetten vorkommende Undecensäure ist nicht mit dem Spaltungsprodukt der Ricinolsäure identisch. Die Struktur der Dodecensäuren ist noch unbekannt. Die Tetradecensäure der Trane ist wahrscheinlich die $\Delta^{9.10}$—Verbindung; sie hat eine unverzweigte Kette, da sie bei der Hydrierung Myristinsäure gibt[4]); die Macilensäure, Tetradecen-(2)säure-(1), kommt nicht als Glyceridkomponente vor[5]).

Daß die Hypogäasäure bei der Oxydation mit Salpetersäure Korksäure und Korkaldehyd gibt[6]), spricht für zentrale Lage der Doppelbindung, beweist sie aber noch nicht, auch stimmen ihre Eigenschaften mit jenen der synthetisch dargestellten Hexadecen-(7)säure-(1)

$$CH_3-(CH_2)_7-CH = CH-(CH_2)_5-COOH$$

überein[7]). Das Vorkommen der Hypogäasäure im Erdnußöl wird übrigens bestritten[8]).

Die Lycopodiumölsäure gibt bei der Spaltung mit Permanganat Isocapronsäure und eine Oxycaprinsäure[9]), sollte demnach die 2-Methylpentadecen-(5)-säure-(15) sein. (Bei der Kalischmelze entsteht Isobuttersäure und Laurinsäure, nach anderen Angaben[10]) Essigsäure, Buttersäure und Laurinsäure, weshalb man sie als 2-Methyl-tetradecen-(3)säure-(5)

$$\begin{matrix}CH_3\\CH_3\end{matrix}\!\!>CH-CH = C\!<\!\begin{matrix}COOH\\(CH_2)_9-CH_3\end{matrix}$$

formuliert hat. Aber die Kalischmelze ist für die Konstitutionsbestimmung nicht maßgebend.)

---

[1]) Die offiziellen (rationellen) Namen der Säuren, die ihre Konstitution ausdrücken, sind nach den geltenden Genfer Nomenklaturvorschriften angeführt bzw. gebildet. Nach diesen Vorschriften wird die Zählung der Kohlenstoffkette bei nichtsubstituierten Säuren vom Carboxylkohlenstoff begonnen, bei hydroxylierten und ungesättigten Säuren aber von dem Ende der Kette, das einem hydroxylierten oder einem „doppelt-gebundenen" C-Atom am nächsten ist, ob dies nun das Carboxyl- oder das Methylende der Kette ist. Z. B. Petroselinsäure = Octadecen-(6)säure-(1), Erucasäure = Dokosen-(9)säure-(22). Das hat den Übelstand zur Folge, daß beim Ausdrücken genetischer Beziehungen (z. B. Reaktionsfolgen) mit der Zählung gewechselt wird, z. B. Erucasäure → Behensäure = Dokosen-(9)säure-(22) → Dokosansäure-(1).

[2]) Böhm: Ch. Umschau Bd. 23, S. 36. 1916.

[3]) Grün und Wirth: Ber. Bd. 55, S. 2206. 1922.

[4]) Tsujimoto: Ch. Umschau Bd. 30, S. 33. 1923.

[5]) Tschirch und Schklowsky: Arch. Pharm. Bd. 253, S. 102. 1915.

[6]) Schröder: Ann. Bd. 143, S. 22. 1867.

[7]) Bodenstein: Ber. Bd. 27, S. 3400. 1894.

[8]) Schön: Ber. Bd. 21, S. 878. 1888.

[9]) Langer: Ber. Bd. 22, S. 341, 835. 1889.

[10]) Arch. Pharm. (3) Bd. 27, S. 625.

Die Physetölsäure und die Palmitoleinsäure sind konstitutionell nicht aufgeklärt, aber jedenfalls von den beiden ersten Isomeren verschieden, weil sie andere Dioxypalmitinsäuren geben. Die Palmitoleinsäure des Dorschleberöls ist identisch mit der „unbenannten Säure" von BULL[1]), die später Zoomarinsäure[2]) genannt wurde, möglicherweise[3]) auch mit der Physetölsäure des Spermöls[4]); dagegen dürfte die entsprechende Säure aus dem kaspischen Seehundsöl[5]) von den genannten verschieden sein[6]).

Die Asellinsäure wurde überhaupt nicht isoliert, sondern nur ein Oxydationsprodukt, eine Dioxyheptadecansäure[7]).

Die Konstitution der am meisten verbreiteten Ölsäure[8]) als Octadecen-(9)-säure-(1):

$$CH_3-(CH_2)_7-CH = CH-(CH_2)_7-COOH\,,$$

wurde zuerst durch die Spaltung mit Permanganat oder Chromsäure in Azelain- und Pelargonsäure bewiesen[9]), durch die Spaltung mit Ozon, die Azelainsäure, Azelainhalbaldehyd, Nonylsäure und Nonylaldehyd ergibt[10]), bestätigt.

Ebenso stimmt damit das Ergebnis einer glänzend durchgeführten, aber an sich nicht absolut beweiskräftigen Reaktionsfolge überein: Umwandlung über Stearolsäure (I) in das Oxim (III) bzw. die beiden stereoisomeren Oxime der 10-Ketostearinsäure (II) und Spaltung der nach BECKMANN umgelagerten Produkte (IV, V) in Octylamin, Sebacinsäure, Pelargonsäure und 9-Aminononansäure[11]).

$$\text{I.}\quad CH_3-(CH_2)_7-C{\equiv}C-(CH_2)_7-COOH$$

$$\downarrow$$

$$\text{II.}\quad C_8H_{17}-CO-(CH_2)_8-COOH$$

$$\downarrow$$

$$\text{III.}\quad C_8H_{17}-C(=NOH)-(CH_2)_8-COOH$$

$$\swarrow \qquad \searrow$$

$$\text{IV.}\quad C_8H_{17}-NH-CO-(CH_2)_8-COOH \qquad \text{V.}\quad C_8H_{17}-CO-NH-(CH_2)_8-COOH$$

Petroselinsäure ist auf Grund der analogen Umwandlung in das Oxim einer Ketostearinsäure, Umlagerung desselben und Spaltung der Umlagerungsprodukte in Undecylamin, Laurin- und Pimelinsäure, als Octadecen-(6)säure-(1)

$$CH_3-(CH_2)_{10}-CH = CH-(CH_2)_4-COOH$$

anzusehen[12]). Die sog. „Leber-Lecithin-Ölsäure" gibt bei der Spaltung Capronsäure und ist vielleicht mit der Petroselinsäure identisch, obwohl sie im Gegensatz zu dieser nicht elaidiniert werden konnte[13]). Die Rapinsäure des Rüböls erwies sich als mit der gewöhnlichen Ölsäure identisch[14]). Die Gynocardiasäure ist ein Gemenge, dessen Hauptbestandteil ein hochschmelzendes (Schmelzp.

[1]) Ber. Bd. 39, S. 3570. 1906.
[2]) Vgl. SCHMIDT-NIELSEN: Ch. Umschau Bd. 29, S. 54. 1922.
[3]) TSUJIMOTO: Ch. Umschau Bd. 29, S. 261. 1922.
[4]) HOFSTÄDTER: Ann. Bd. 91, S. 177. 1854.
[5]) LJUBARSKY: J. pr. Bd. 57, S. 26. 1898.
[6]) Vgl. BULL: a. a. O.
[7]) FAHRION: Ch. Ztg. Bd. 17, S. 685. 1893; Ch. Umschau Bd. 24, S. 6. 1917.
[8]) Für die Säuren der Bruttoformel $C_{18}H_{34}O_2$ aus etwa 20 bis 30 verschiedenen Fetten aller Art (Olivenöl, Palmöl, Leinöl, Talg usw.) ist die Identität mit der gewöhnlichen Ölsäure, meistens durch Überführung in die 9, 10-Dioxystearinsäure, bereits nachgewiesen (besonders durch Arbeiten des Wellcome-Research-Laboratoriums).
[9]) EDMED: J. Ch. Soc. Bd. 73, S. 627. 1898.
[10]) HARRIES: Ber. Bd. 39, S. 3728. 1906; MOLINARI und SONCINI: ebenda S. 2735.
[11]) BARUCH: Ber. Bd. 27, S. 172. 1895.
[12]) VONGERICHTEN und KÖHLER: Ber. Bd. 42, S. 1638. 1909.
[13]) HARTLEY: J. of Physiol. Bd. 38, S. 367. 1909.
[14]) GRABNER: Monatsh. Bd. 42, S. 287. 1921.

67,5—68,5°) Isomeres der Ölsäure ist[1]). Auch die sog. Cheiranthussäure ist, wie die Kennzahlen zeigen, nicht einheitlich, ihre Existenz überhaupt zweifelhaft. Ebenso ist es nicht sicher, ob die aus dem Südseewaltran abgeschiedene Ölsäure von der gewöhnlichen Ölsäure verschieden ist. Bisher ist nur ein Unterschied in den Schmelzpunkten der aus ihr und der aus normaler Ölsäure dargestellten Dioxystearinsäurepräparate (124—125° bzw. 136,5°) konstatiert[2]).

Eine Oleinsäure des Wollfettes soll[3]) Iso-Octadecen-(13)säure-(1) sein, denn sie ergab bei der oxydativen Aufspaltung Isovaleriansäure und Undekamethylendicarbonsäure; die Lücke wäre demnach in gleicher Entfernung vom Carboxyl wie in der Erucasäure.

Die sog. Döglingsäure ist wahrscheinlich ein Gemenge von Öl- und Gadoleinsäure[4]).

Die Jecoleinsäure ist ein Gemenge von Isomeren, unter welchen eine oder mehrere Säuren mit mehrfach verzweigter Kohlenstoffkette vorwiegen. (Bei der Spaltung entstehen nämlich Isomere der Caprin- und der Sebacinsäure.) Ein kleiner Teil ist normale Säure mit zentraler Lückenbindung[5]): Eikosen-(10)-säure-(1)

$$CH_3-(CH_2)_8-CH=CH-(CH_2)_8-COOH\,.$$

Die Konstitution der Gadoleinsäure ist unbekannt.

Die Konstitution der Erucasäure als Dokosen-(9)säure-(22):

$$CH_3-(CH_2)_7-CH=CH-(CH_2)_{11}-COOH\,,$$

ergab sich aus der oxydativen Spaltung mit Salpetersäure in Pelargonsäure und Brassylsäure [n-Tridecandisäure][6]), bestätigt durch die zuverlässigere Oxydation mit Permanganat, durch die Reaktionsfolge: Erucasäure → Behenolsäure → Ketobehensäure → Oxim, BECKMANNsche Umlagerung und Spaltung der Umlagerungsprodukte[7]), sowie dadurch, daß bei der Abspaltung von Kohlendioxyd Heneikosen, $C_{21}H_{42}$, entsteht, das sich zu n-Heneikosan reduzieren läßt[8]).

Die Konfiguration der olefinischen Säuren ist noch nicht festgestellt. WISLICENUS glaubte, daß die Hypogäasäure, die Ölsäure und die Erucasäure cis-Formen wären, weil sie bei niedrigerer Temperatur schmelzen als die entsprechenden alloisomeren Formen Gaidin-, Elaidin- und Brassidinsäure[9]). Später hat aber PFEIFFER für so viele andere Verbindungen gezeigt, daß die Konfigurationsbestimmungen unzureichend und die bisher zugeteilten Formeln vielfach zu vertauschen sind[10]), so daß man sie auch für die genannten Säuren nicht als endgültig ansehen kann. Nach den Ergebnissen der meisten neueren Untersuchungen sind denn auch die ursprünglich zugeteilten Formeln zu vertauschen: die natürlich vorkommenden, niedriger schmelzenden Verbindungen sind trans-Formen, die elaidinierten Verbindungen cis-Formen[11]).

---

[1]) OSTROMYSSLENSKI: J. Russ. Phys. Ch. Ges. Bd. 47, S. 318. 1915; C. 1916, I, S. 695.

[2]) MOORE: J. Soc. Ch. Ind. Bd. 38, S. 320. 1919; Ref. Sfsz. Bd. 46, S. 682. 1919.

[3]) LIFSCHÜTZ: Z. physiol. Ch. Bd. 114, S. 28. 1921.

[4]) BULL: Ber. Bd. 39, S. 3570. 1906; s. LEWKOWITSCH: Ch. Technol. 5. ed., Bd. I, S. 194. 1913.

[5]) MEIGEN und CAMINECI: Ch. Umschau Bd. 24, S. 34. 1917.

[6]) FILETI: J. pr. (2) Bd. 48, S. 72. 1893.

[7]) HOLT und BARUCH: Ber. Bd. 26, S. 838. 1893; BARUCH: ebenda. 1867; Ber. Bd. 27, S. 176. 1894.

[8]) SCHAAL: Ber. Bd. 40, S. 4787. 1907.

[9]) WISLICENUS: Über die räumliche Anordnung der Atome (2. Aufl.) S. 47.

[10]) Z. physik. Ch. Bd. 48, I, S. 40. 1904.

[11]) v. AUWERS und WISSEBACH: Ber. Bd. 56, S. 715. 1923; NICOLET und PELC: J. Am. Ch. Soc. Bd. 44, S. 1145. 1922; BECKER und JANCKE: Z. physik. Ch. Bd. 99, S. 242, 267. 1921; vgl. dagegen ADAM: Nature Bd. 107, S. 522. 1921.

Doppelt ungesättigte Säuren, $C_nH_{2n-4}O_2$: Die Verbindungen dieser Reihe werden, wie die grundlegenden Arbeiten von BAUER und HAZURA[1]) ergaben, durch die Überführung in Tetrabrom- und Tetraoxyfettsäuren,

$$C_nH_{2n-4}Br_4O_2 \quad \text{bzw.} \quad C_nH_{2n-4}(OH)_4O_2$$

charakterisiert.

Die Konstitution der Säure $C_{14}H_{24}O_2$ ist unbekannt, ihre Existenz fraglich. Linolsäure: Die α-Linolsäure gibt bei der Reduktion Stearinsäure[2]), bei der Einwirkung von Permanganat primär eine Tetraoxystearinsäure, die Sativinsäure, welche bei weiterer Oxydation in Azelainsäure, Oxalsäure und in eine Hexylsäure gespalten wird[3]); das Linolsäuretetrabromid kann durch Abspaltung von 2 Molekülen Bromwasserstoff und nachfolgende Behandlung mit Schwefelsäure in ein Pyrrolderivat verwandelt werden[4]); diese Reaktionen sprechen für die Konstitution einer Octadecadien-(6, 9)säure-(18) [Octadecadien-(9, 12)säure-(1)]:

$$CH_3-(CH_2)_4-CH=CH-CH_2-CH=CH-(CH_2)_7-COOH\,.$$

(Die ebenfalls mögliche Formel:

$$CH_3-(CH_2)_5-CH=CH-CH=CH-(CH_2)_7-COOH$$

ist nicht wahrscheinlich, denn sie stimmt nicht mit den Refraktions- und Dispersionswerten, die sonst höher sein müßten[5]), auch weder mit den Produkten der Spaltung von Sativinsäure[6]) noch mit dem Verhalten bei der Einwirkung einfach-molekularer Mengen von Brom und von Schwefelsäure auf Linolsäure[7]) überein. Dasselbe gilt für eine später aufgestellte zweite Formel mit konjugierten Doppelbindungen[8]):

$$CH_3-(CH_2)_3-CH=CH-CH=CH-(CH_2)_9-COOH\,.\,)$$

Iso-Linolsäure (β-Linolsäure): Die Linolsäurepräparate aus verschiedenen Ölen geben bei der Bromierung wenigstens 2 isomere Tetrabromstearinsäuren vom Schmelzp. 114°[9]) bzw. 57—58°[10]), neben einem flüssigen Produkt, in dem vielleicht auch noch andere Isomere enthalten sind. Ebenso erhält man bei der Oxydation neben oder statt der bei 171—173° schmelzenden Sativinsäure, auch bei 152—169° schmelzende Präparate[11]), aus denen wenigstens eine zweite, bei 162—163° schmelzende Tetraoxystearinsäure rein isoliert werden konnte[12]) (nach HANS MEYER und BEER: β-Sativinsäure). Man hat daraus vorschnell auf das Vorkommen einer isomeren Linolsäure geschlossen[13]), tatsächlich kann aber eine jede doppelt-ungesättigte Säure, weil bei den Additionen 4 C-Atome asymmetrisch

[1]) BAUER und HAZURA: Monatsh. Bd. 7, S. 216. 1886; HAZURA: ebenda Bd. 9, S. 180. 1888; BAUER und HAZURA: ebenda S. 459; HAZURA: Monatsh. Bd. 10, S. 190; HAZURA und GRÜSSNER: ebenda S. 242. 1889; s. a. DIËFF und REFORMATZKY: Ber. Bd. 20, S. 1211. 1887.

[2]) PETERS: Monatsh. Bd. 7, S. 553. 1886; s. a. FOKIN: Z. Elektroch. 1906, S. 759.

[3]) GOLDSOBEL: Ch. Ztg. Bd. 30, S. 825. 1906.

[4]) GOLDSOBEL: a. a. O.

[5]) GOLDSOBEL: J. Russ. Phys. Ch. Ges. Bd. 38, S. 182. 1906.

[6]) ECKERT: Monatsh. Bd. 38, S. 1. 1916.

[7]) GRÜN und SCHÖNFELD, s. SCHÖNFELD: Dissert. Zürich 1912.

[8]) FOKIN: J. Russ. Phys. Ch. Ges. Bd. 45, S. 283. 1913.

[9]) HAZURA: Monatsh. Bd. 8, S. 260. 1887. TAKAHASHI: J. Tokyo Ch. Soc. Bd. 40, S. 233. 1919.

[10]) MATTHES und BOLTZE: Arch. Pharm. Bd. 250, S. 225. 1919.

[11]) FAHRION: Z. ang. Bd. 17, S. 1483. 1904; POWER und BARROWCLIFF: J. Ch. Soc. Bd. 87, S. 896. 1905; KRZIZAN: Ch. Revue Bd. 15, S. 7. 1908; Bd. 16, S. 1. 1909; TSUJIMOTO: Ch. Revue Bd. 18, S. 111. 1911.

[12]) HANS MEYER und BEER: Monatsh. Bd. 33, S. 326. 1912; FAHRION: Ch. Umschau Bd. 28, S. 6. 1921.

[13]) BEDFORD: Dissert. Halle a. S. 1906; vgl. dagegen ROLLETT: Z. physiol. Ch. Bd. 62, S. 410, 421. 1909.

werden, allein 8 racemische Tetrabromsäuren und Tetraoxysäuren geben. Nachdem jedoch Säuren von der Zusammensetzung $C_{18}H_{32}O_2$ aus verschiedenen Ölen nur die tieferschmelzende Tetrabromstearinsäure bzw. nur α-Sativinsäure geben, ist es doch möglich, daß jene Öle, aus deren Säuren man sowohl die höherschmelzenden als auch die tieferschmelzenden Derivate erhält, zwei verschiedene Linolsäuren enthalten. Die aus der Tetrabromstearinsäure vom Schmelzp. 114° durch Entbromung zurückgewonnene Linolsäure gibt bei neuerlicher Bromierung nicht mehr quantitativ die höchschmelzende Tetrabromstearinsäure, sondern nur zu etwa $^1/_4$; den Rest bilden tiefschmelzende Tetrabromide. Ebenso wird das flüssige, in Petroläther lösliche Tetrabromid durch Entbromung zum Teil in α-Linolsäure verwandelt, die bei der neuerlichen Bromierung das unlösliche, hochschmelzende Tetrabromid gibt[1]). Daraus könnte man schließen, daß die Iso-Linolsäure mit der Linolsäure strukturidentisch, im Verhältnis der geometrischen Isomerie steht und die stabilere Form ist. Die eine Linolsäure soll die trans-trans-Form (I), die andere die cis-trans-Form (II) sein[2]).

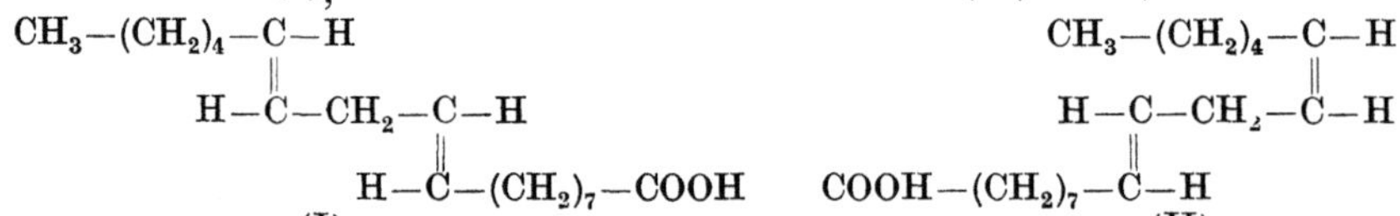

(I) (II)

Die Telfairiasäure gibt eine bei 57—58° schmelzende Tetrabromstearinsäure[3]). Gegen ihre Identität mit Isolinolsäure wird eingewendet, daß man bei der Permanganatoxydation eine Tetraoxystearinsäure erhält, die bei 177° schmilzt, also noch höher als die Säure aus Linolsäure. Fast den gleichen Schmelzpunkt 177,8° zeigt eine aus dem Luzernensamenöl erhaltene Tetraoxystearinsäure[4]).

Die α-Eläostearinsäure gibt bei der Spaltung mit Ozon n-Valeraldehyd, Azelainhalbaldehyd, n-Valerian-, Bernstein- und Azelainsäure[5]) [letztere wird auch mit Permanganat erhalten[6])], so daß, obwohl noch ein Bruchstück fehlt, auf die Konstitution einer Octadecadien-(9, 13)säure-(1) [Octadecadien-(5, 9)säure-(18)] geschlossen wurde. Ihr Tetrabromid schmilzt wie das der Linolsäure bei 114—115°, ist aber entgegen der früheren Annahme[7]) mit demselben der chemischen Probe zufolge nicht identisch[8]). Die β-Eläostearinsäure ist eine geometrisch-isomere Form der α-Säure, die durch Belichtung, Erwärmen mit Schwefel, beim Destillieren ihrer Ester[9]), z. T. auch beim Verestern und beim Entbromen ihres Tetrabromids entsteht[10]).

Die Kephalinsäure gibt bei der Hydrierung Stearinsäure; sie ist mit Linolsäure identisch oder durch die Lage der Doppelbindungen verschieden.

Ob die sog. Hirseölsäure ein chemisches Individuum ist, scheint sehr zweifelhaft. Die ihr auf Grund der oxydativen Spaltung von Isobutylessigsäure und der Produkte der Kalischmelze[11]) zugeschriebene Formel:

$$(CH_3)_2{-}CH{-}CH_2{-}CH_2{-}CH = CH{-}CH = CH{-}(CH_2)_{10}{-}COOH$$

---

[1]) Rollett, a. a. O. Erdmann, Z. physiol. Ch. Bd. 74, S. 179. 1911.
[2]) Nicolet und Cox: J. Am. Ch. Soc. Bd. 44, S. 144. 1922.
[3]) Thoms: Arch. Pharm. Bd. 238, S. 48. 1900.
[4]) Jacobson und Holmes: J. Am. Ch. Soc. Bd. 37, S. 480. 1915.
[5]) Majima: Ber. Bd. 42, S. 674. 1909.
[6]) Maquenne: Compt. rend. Bd. 135, S. 696. 1902.
[7]) Kametaka: J. Ch. Soc. Bd. 83, S. 1042. 1903.
[8]) Nicolet: J. Am. Ch. Soc. Bd. 43, S. 938. 1921.
[9]) Morell: J. Soc. Ch. Ind. Bd. 37, T. 181. 1918; ebenda Bd. 41, T. 328. 1922.
[10]) Bauer und Herberts: Ch. Umschau Bd. 29, S. 229. 1922.
[11]) Kassner: Ber. Bd. 21, S. 142. 1888.

einer (2)-Methylheptadecadien-(5, 7)säure-(17) ist jedenfalls ganz ungenügend begründet.

Dreifach-ungesättigte Säuren, $C_nH_{2n-6}O_2$: Zur Charakterisierung dienen die klassischen Reaktionen von HAZURA[1]): Überführung in Hexabromide $C_nH_{2n-6}Br_6O_2$ und in Hexaoxyfettsäuren $C_nH_{2n-6}(OH)_6O_2$, die als schwerlösliche, hochschmelzende Verbindungen leicht isoliert und identifiziert werden können.

α-Linolensäure gibt eine bei 203—205° (204,5°) schmelzende Hexaoxystearinsäure[2]), die Linusinsäure, mit Brom quantitativ eine bei 179° schmelzende Hexabromstearinsäure; bei der katalytischen Reduktion des Äthylesters wird Stearinsäureester erhalten[3]); die Spaltung des Esters nach der Ozonmethode ergibt Propionaldehyd, Malonsäure und Azelainsäuremonoäthylester bzw. die Aldehyde beider Säuren; folglich ist die Verbindung Octadecatrien-(9, 12, 15) säure-(1) [Octadecatrien-(3, 6, 9) säure-(18)[4])]:

$$CH_3-CH_2-CH=CH-CH_2-CH=CH-CH_2-CH=CH-(CH_2)_7-COOH\,.$$

Die β-Linolensäure unterscheidet sich von der α-Säure dadurch, daß sie eine bei 173° schmelzende Hexaoxysäure[5]), die Isolinusinsäure, kein festes Hexabromid und schließlich ein anderes, stabileres Ozonid gibt. Man erhält aber aus diesem dieselben Spaltungsprodukte wie von der α-Säure, ferner entsteht beim Entbromen des α-Linolenhexabromids vorwiegend die β-Säure, so daß beide Säuren strukturidentisch und stereoisomer sein müssen[6]). Die Existenz der β-Linolensäure wird bestritten, weil ja auch bei der Bromierung der α-Linolensäure mehrere Hexabromstearinsäuren, 4 racemische Verbindungen, entstehen könnten[7]). Es ist richtig, daß eine Linolensäure mehrere racemische Hexabromide geben könnte, und zwar nicht nur 4, sondern nach der Theorie nicht weniger als 32 (weil 6 C-Atome asymmetrisch werden); nachdem aber die ursprüngliche Linolensäure des Leinöls bei der Bromierung kein Gemisch isomerer Hexabromide, sondern quantitativ die bei 179° schmelzende Verbindung gibt, darf man schließen, daß jene Öle, die flüssige Hexabromide geben, und die aus festem Hexabromid wieder abgeschiedene Säure eine isomere (β-)Linolensäure enthalten[8]).

Die Konstitution der γ-Linolensäure[9]), die sich von den Isomeren schon durch ihre Konsistenz, übrigens auch durch die Verschiedenheit ihres Hexabromids F. 196° und der entsprechenden Hexaoxystearinsäure F. 245° unterscheidet, ist nicht bekannt. Dasselbe gilt für die Jekorinsäure[10]).

Die Behauptung, daß es auch eine strukturisomere Linolensäure mit 3 konjugierten Lückenbindungen gäbe[11]), ist vorläufig noch ganz ungenügend begründet.

Vierfach-ungesättigte Säuren, $C_nH_{2n-8}O_2$: Von der Isansäure[12]) ist selbst die Bruttoformel noch zweifelhaft.

---

[1]) Monatsh. Bd. 8, S. 147, 156, 260. 1887; ebenda Bd. 9, S. 180, 198. 1888.

[2]) HAZURA: Monatsh. Bd. 8, S. 156. 1887; KRZIZAN: Ch. Revue Bd. 15, S. 7. 1908; Bd. 16, S. 1. 1909.

[3]) ERDMANN und BEDFORD: Ber. Bd. 42, S. 1332. 1909.

[4]) ERDMANN, BEDFORD und RASPE: ebenda S. 1343. Die Formel wurde bestätigt durch GOLDSOBEL: J. Russ. Phys. Ch. Ges. Bd. 42, S. 55. 1910 und durch ECKERT: Monatsh. Bd. 38, S. 1. 1917.

[5]) HAZURA: Monatsh. Bd. 9, S. 180. 1888.

[6]) ERDMANN, BEDFORD und RASPE: a. a. O.

[7]) ROLLETT: Z. physiol. Ch. Bd. 62, S. 410. 1909; Bd. 70, S. 404. 1910.

[8]) S. a. EIBNER und SCHMIDINGER: Ch. Umschau Bd. 30, S. 298. 1923.

[9]) HEIDUSCHKA und LÜFT: Arch. Pharm. Bd. 257, S. 33. 1919.

[10]) FAHRION: Ch.-Ztg. Bd. 17, S. 521, 684. 1893; Ch. Umschau Bd. 24, S. 4. 1917.

[11]) SALWAY: J. Ch. Soc. Bd. 109, S. 138. 1916.

[12]) J. Soc. Ch. Ind. Bd. 15, S. 660, 1896.

Die Therapinsäure soll nicht $C_{17}H_{26}O_2$ entsprechen[1]), sondern mit der unbenannten Säure $C_{18}H_{28}O_2$ (früher Clupanodonsäure[2])) identisch sein[3]). Diese Verbindung ist eine normale Octadecatetraënsäure, denn sie gibt mit Wasserstoff bei Gegenwart von Katalysatoren Stearinsäure, mit Brom ein über 200° schmelzendes Octobromid, aus dem sie durch Entbromung zurückgewonnen werden kann[4]). Die Stellung der Lückenbindungen ist noch nicht bekannt.

Außer der Octadecatetraënsäure mit normaler Struktur, bzw. neben derselben, scheint es auch eine isomere Säure oder mehrere Isomere mit verzweigter C-Kette zu geben, weil bei der Hydrierung gewisser „Clupanodonsäure"-Präparate neben Stearinsäure auch niedriger schmelzende Produkte erhalten werden[5]).

Auf das Vorkommen der „Arachidonsäure" wurde bisher nur aus der Isolierung eines Oxydationsproduktes $C_{20}H_{32}(OH)_8O_2$ sowie eines Bromderivates $C_{20}H_{32}Br_8O_2$ geschlossen[6]); in letzter Zeit wurde die Verbindung isoliert. Die Existenz der Säure $C_{24}H_{40}O_2$[7]) ist noch fraglich.

Fünffach-ungesättigte Säuren, $C_nH_{2n-10}O_2$: Die „neue Clupanodonsäure" $C_{22}H_{34}O_2$ enthält eine unverzweigte Kohlenstoffkette, denn sie gibt bei der Hydrierung Behensäure[8]); die Lage der Lückenbindungen ist nicht bekannt. Eine sechsfach-ungesättigte Säure, Docosahexensäure, soll im Maifischöl enthalten sein[9]).

Propiolsäurereihe, $C_nH_{2n-4}O_2$: Die Taririnsäure, die einzige bisher in Fetten gefundene Säure dieser Reihe, wird auf Grund der Reduktion zu Stearinsäure[10]), der Addition von nur einem Molekül Chlorjod, aber 4 Atomen Brom[11]) und der Permanganatoxydation, bei der vorwiegend Laurin- und Glutarsäure neben weniger Undecan- und Adipinsäure entsteht[12]), als Octadecin-(6)säure-(1) ($T^{6,7}$-Octadecinsäure) angesehen:

$$CH_3-(CH_2)_{10}-C\equiv C-(CH_2)_4-COOH\,.$$

Die Taririnsäure steht demnach im gleichen Verhältnis zur Petroselinsäure, wie die Stearolsäure zur Ölsäure. (Die Schmelzpunkte stimmen allerdings nicht ganz überein: Taririnsäure, Schmelzp. 50,5°, $T^{6,7}$-Octadecinsäure aus Petroselinsäure, Schmelzp. 54°.)

Diese Schmelzpunktsdepression dürfte der beigemengten $T^{7,8}$-Modifikation zuzuschreiben sein. Durch Sättigen von Taririnsäure mit trockenem Jodwasserstoff und Behandeln des Reaktionsproduktes mit 30 prozentiger, siedender, alkoholischer Kalilauge wurde außer der $T^{6,7}$-Verbindung das $T^{5,6}$-Isomere (Schmelzp. 52,5°) und das $T^{7,8}$-Isomere (Schmelzp. 49,25°) erhalten[13]).

Cyclische Säuren, $C_nH_{2n-4}O_2$: Die Säuren dieser Reihe, Hydnocarpus-, Chaulmoograsäure und die optisch-aktive, daher vermutlich zur gleichen Reihe

[1]) Heyerdahl: Cod Liver Oil and chemistry, S. 95.

[2]) Tsujimoto: J. Coll. of Eng. Tokyo Bd. 4, Nr. 1. 1906.

[3]) Meigen und Ellmer: Ch. Umschau Bd. 24, S. 34. 1917.

[4]) Tsujimoto: a. a. O. und Nr. 5. 1908.

[5]) J. D. Riedel A.-G.: Riedels Berichte 1914, S. 23; s. a. Meigen und Camineci: Ch. Umschau Bd. 24, S. 34. 1917.

[6]) Hartley: J. of Physiol. Bd. 38, S. 367. 1909; s. a. Levene und Ingvaldsen: J. Biol. Ch. Bd. 43, S. 359. 1920; Levene und Simms: ebenda Bd. 48, S. 185. 1921; C. 1921, III, S. 1328; Wesson: J. Biol. Ch. Bd. 60, S. 183. 1924.

[7]) Bull: Ch.-Ztg. Bd. 23, S. 996. 1899.

[8]) Tsujimoto: J. Ch. Ind. Tokyo Bd. 23, Nr. 272. 1920; Ch. Umschau Bd. 29, S. 261. 1922; s. a. Majima und Okada: J. Tokyo, Ch. Soc. 1914, S. 13.

[9]) Brown und Beal: J. Am. Ch. Soc. Bd. 45, S. 1289. 1923; C. 1923, III, S. 632.

[10]) Arnaud: Compt. rend. Bd. 114, S. 79. 1892.

[11]) Arnaud: Compt. rend. Bd. 122, S. 1000. 1896; Grützner: Ch.-Ztg. Bd. 17, S. 879, 1851. 1893.

[12]) Arnaud und Hasenfratz: Compt. rend. Bd. 152, S. 1603. 1911.

[13]) Posternak: Compt. rend. Bd. 162, S. 944. 1916.

gehörende Säure des Hydnocarpusöles $C_{14}H_{24}O_2$, sollen Cyclopentenylfettsäuren sein (I), die auch tautomer als bicyclische Verbindungen (II) reagieren[1]):

(n = 10 bzw. 12).

Die Hydnocarpussäure wäre somit Δ^2-c-Pentenyl-(1)undecansäure-(11) und die Chaulmoograsäure Δ^2-c-Pentenyl-(1)tridecansäure-(13).

Durch Permanganatoxydation erhält man tatsächlich aus der Hydnocarpussäure n-Dodecandisäure und eine Tricarbonsäure, die wahrscheinlich Pentadecandisäure-4-Methylsäure ist, so wie aus Chaulmoograsäure u. a. die n-Tetradecandisäure erhalten wird. Die cyclische Struktur ist trotzdem zweifelhaft.

Monooxyfettsäuren, $C_nH_{2n}O_3$: Sabininsäure und Juniperinsäure[2]) sind Derivate der Laurin- bzw. der Palmitinsäure mit endständigem Hydroxyl,d. h. Dodecanol-(12)säure-(1):

$$CH_2(OH)-(CH_2)_{10}-COOH\ ,$$

bzw. Hexadecanol-(16)säure-(1):

$$CH_2(OH)-(CH_2)_{14}-COOH\ .$$

Der Konstitutionsbeweis für die letztere wurde durch Oxydation zu Tetradekamethylendicarbonsäure (Thapsiasäure) erbracht[3]).

Die Konstitution der Lanopalminsäure ist unbekannt, ihre Einheitlichkeit überhaupt zweifelhaft[4]). Die Oxymargarinsäure — Schmelzp. 58° — gibt mit Jodwasserstoff normale Margarinsäure.

Die Säure $C_{21}H_{42}O_3$ aus dem Carnaubawachs und die Oxycerotinsäure, deren Formel unwahrscheinlich ist, bedürfen weiterer Untersuchungen.

Die Phellonsäure soll α-Oxybehensäure, Dokosanol-(2)säure-(1) sein[5]): CH_3—$(CH_2)_{19}$—CH(OH)—COOH .

[Als zweite, im Kork enthaltene Oxysäure wird mitunter auch heute noch die Cerinsäure angeführt[6]), für welche zuletzt (im Jahre 1843!) die Formel $C_{42}H_{34}O_3$ aufgestellt wurde[7]). Nachdem dieser Formel wahrscheinlich Äquivalentgewichte zugrunde liegen, deren Umrechnung die unmögliche Verbindung $C_{42}H_{68}O_3$ ergibt, war die Analyse fehlerhaft; es ist zweifelhaft, ob die Verbindung besteht.]

Die optisch-aktive (d-)Cerebronsäure ist nach BRIGL[8]) Pentakosanol-(2)-säure-(1): CH_2—$(CH_2)_{22}$—CH(OH)—COOH; nach LEVENE und WEST[9]) ist sie aber das nächsthöhere Homologe der Lignocerinsäure, enthielte also eine verzweigte Kohlenstoffkette. Mit der d-Cerebronsäure soll die Phrenosinsäure (trotz des höheren Schmelzpunkts, 105—106° gegen 99—100°) identisch sein[10]). Dagegen ist die Säure gleicher Zusammensetzung vom Schmelzp. 93—94° aus dem Carnaubon angeblich isomer. — Auch die inaktive Cerebronsäure oder Neurosäure (Schmelzp. 84°) soll mit der d-Cerebronsäure nicht strukturidentisch, also kein Racemat derselben sein.

---

1) BARROWCLIFF und POWER: J. Ch. Soc. Bd. 91, S. 577. 1907.
2) BOUGAULT und BOURDIER: a. a. O.
3) STOSIUS und WIESLER: Bioch. Z. Bd. 108, S. 75. 1920.
4) Siehe auch RÖHMANN: Bioch. Z. Bd. 47, S 298. 1916.
5) SCURTI und TOMMASI: Gazz. chim. Bd. 46, II, S. 159. 1916; vgl. FILETI: ebenda Bd. 27, II, S. 298; C. 1897, II, S. 1101.
6) BOUSSINGAULT: Compt. rend. Bd. 2, S. 77. 1836.
7) DOEPPING: Ann. Bd. 45, S. 286. 1843.
8) Z. physiol. Ch. Bd. 95, S. 161. 1915.
9) J. Biol. Ch. Bd. 26, S. 115. 1916; LEVENE und TAYLOR: ebenda Bd. 52, S. 227. 1922.
10) ROSENHEIM: Bioch. J. Bd. 10, S. 142. 1916.

Von der Coccerinsäure ist nur bekannt, daß in ihrer Kohlenstoffkette mindestens 15 Glieder linear, d. h. unverzweigt, angeordnet sind, denn sie gibt bei der Oxydation mit Chromsäure n-Pentadecansäure[1]).

Dioxyfettsäuren, $C_nH_{2n}O_4$: Die natürlich vorkommende Dioxystearinsäure ist mit keiner der synthetisch dargestellten isomeren Säuren von bekannter Konstitution identisch. Die Existenz der Lanocerinsäure, die als Dioxyfettsäure angesehen wird, ist zweifelhaft[2]).

Trioxyfettsäuren, $C_nH_{2n}O_5$: Die Aleuritinsäure galt zeitweilig als Dioxylaurinsäure; ihre Konstitution als Trioxypalmitinsäure wurde von HARRIES und NAGEL[3]) bewiesen.

Eine andere Trioxystearinsäure, die natürlich vorkommen soll, ist mit einer durch Oxydation von Ricinusölsäure dargestellten Octadecantriol-(9, 10, 12)-säure-(1)

$$CH_3-(CH_2)_5-CH(OH)-CH_2-CH(OH)-CH(OH)-(CH_2)_7-COOH$$

identisch.

Ungesättigte Oxyfettsäuren, $C_nH_{2n-2}O_3$: Für die Ricinolsäure wurde erst nach vielen Untersuchungen, die nicht zum Ziele führten[4]), auf Grund der Substituierbarkeit des Hydroxyls durch Halogen und Reduktion einer so erhaltenen Jodölsäure zu Stearinsäure[5]), des Zerfalls bei der destruktiven Destillation in Undecylensäure und Önanthol[6]), der optischen Aktivität[7]) und schließlich der Überführung in Ricinstearolsäure, deren Konstitution analog wie die der Stearolsäure durch Umlagerung des Oxims und Spaltung der Umlagerungsprodukte nachgewiesen wurde[8]), die Formel einer Octadecen-(9)ol-(12)säure-(1):

$$(d)CH_3-(CH_2)_5-CH(OH)-CH_2-CH=CH-(CH_2)_7-COOH$$

aufgestellt. Die Richtigkeit derselben wird bestätigt durch die Spaltung in Azelainsäure und Oxynonansäure mittels Permanganat und Chromsäure[9]), noch zuverlässiger durch die Spaltung in dieselben Bruchstücke mittels Ozon[10]), sowie durch verschiedene andere Reaktionen.

Auf das Vorkommen einer mit der Ricinolsäure strukturisomeren Isoricinolsäure (Ricinisolsäure) wurde nur deshalb geschlossen, weil bei der Oxydation der Säuren aus Ricinusöl 2 isomere Trioxystearinsäuren, Schmelzp. 140—142° bzw. 110—111°, entstehen[11]). Eine Isoricinolsäure konnte aber bisher nicht gefunden werden[12]), andererseits wurde auch darauf hingewiesen, daß auch bei der Oxydation reiner Ricinolsäure infolge des Asymmetrischwerdens zweier C-Atome zwei stereoisomere (9, 10, 12)-Trioxystearinsäuren entstehen können, wie auch bei der Oxydation

[1]) LIEBERMANN und BERGAMI: Ber. Bd. 20, S. 962. 1887.

[2]) RÖHMANN: a. a. O.

[3]) Ch. Umschau Bd. 29, S. 135. 1922; Ber. Bd. 55, S. 3833. 1922; vgl. ENDEMANN: Z. ang. Bd. 20, S. 1776. 1907.

[4]) Eine kritische Zusammenstellung der Untersuchungen über die Konstitution der Ricinolsäure s. GRÜN: Über die Konstitution der Fette. Habil.-Schrift Zürich 1908, S. 31—38.

[5]) CLAUS und HASENKAMPF: Ber. Bd. 9, S. 1016. 1876; ULRICH: Z. f. Ch. N. F. Bd. 3, S. 545. 1867.

[6]) STÄDELER: Jahresber. 1857, S. 359; SCHORLEMMER und GRIMSHAW: Ann. Bd. 170, S. 137. 1873; KRAFFT: Ber. Bd. 10, S. 2034. 1877; Ber. Bd. 21, S. 2730. 1888.

[7]) WALDEN: Ber. Bd. 27, S. 3471. 1894.

[8]) GOLDSOBEL: Ber. Bd. 27, 3121. 1894; s. a. BEHRENDT: Ber. Bd. 28, S. 2248. 1895; Bd. 29, S. 806. 1896.

[9]) GRÜN: a. a. O., S. 63—70.

[10]) HALLER und BROCHET: Compt. rend. Bd. 150, S. 503. 1910; NOORDUYN: Rec. trav. chim. Bd. 38, S. 317; C. 1920, I, S. 731.

[11]) HAZURA und GRÜSSNER: Monatsh. Bd. 9, S. 475. 1888; s. a. DIEFF: J. pr. (2) Bd. 39, S. 339. 1889.

[12]) HALLER: Compt. rend. Bd. 144, S. 462. 1907.

der Ricinelaidinsäure (s. unten) 2 Isomere erhalten werden[1]). Nach der Theorie müßten sogar 2 aktive und 4 racemische Trioxystearinsäuren entstehen können.

Die Suberinsäure, der Hauptbestandteil der im Kork vermutlich als Ester enthaltenen Fettsäuren (nicht zu verwechseln mit der früher auch als Suberinsäure bezeichneten Korksäure) soll nicht $C_{17}H_{30}O_3$[2]), sondern angeblich Ricinolsäure (?) oder eine isomere Säure sein[3]).

Die Quittenölsäure unterscheidet sich von der Ricinol- und der Ricinelaidinsäure in charakteristischer Weise durch Bildung eines festen, bei 108° schmelzenden Dibromids[4]). Über ihre Konstitution ist gar nichts bekannt, ebensowenig von der Säure aus Polyporus officinalis.

Die Lactarinsäure, die vermutlich nicht an Glycerin gebunden vorkommt, ist eine mit den oben angeführten Säuren isomere ε-Ketostearinsäure[5]).

Dicarbonsäuren, $C_nH_{2n-2}O_4$: Die Konstitution der Thapsiasäure als n-Hexadecandisäure wurde durch ihre Elektrosynthese aus dem Kaliumsalz des Azelainmonoäthylesters sichergestellt[6]). Die Japansäure $C_{21}H_{40}O_4$; gibt bei der Destillation mit Baryumhydroxyd n-Nonadecan und ist folglich n-Heneikosandisäure[7]):

$$COOH-(CH_2)_{19}-COOH\,.$$

Analog wurden ihre beiden niedrigeren Homologen $C_{19}H_{36}O_4$ und $C_{20}H_{38}O_4$ als n-Nonadecandisäure bzw. n-Eikosandisäure erkannt[7]).

Eine Tricarbonsäure soll die Phloionsäure des Korks sein[8]): $C_{22}H_{43}(COOH)_3$. Nachdem die neben ihr vorkommende Phellonsäure eine Oxybehensäure sein dürfte, ist die Phloionsäure wahrscheinlich auch ein Behensäurederivat.

Eine größere Anzahl von Säuren, die nicht in den natürlichen Fetten vorkommen, ist trotzdem für die Fettanalyse von großer Bedeutung, weil diese Säuren zum Teil in Produkten der Fettindustrie enthalten sind, zum Teil zur Charakterisierung natürlicher Säuren (ungesättigter und Oxy-Fettsäuren) dargestellt werden. Die Darstellung erfolgt durch deren Umlagerung oder Spaltung, Oxydation, Dehydrierung, Kondensation usw.

Tabelle 3[9]).

Name	Bruttoformel	Konstitution	Darstellung
Spaltungsprodukte $C_nH_{2n-2}O_2$:			
Undecylensäure[10]) .	$C_{11}H_{20}O_2$	Undecen-(1)säure-(11)	Destillation von Ricinusöl
Stereo-isomere Umlagerungsprodukte (Elaidinformen der Säuren $C_nH_{2n-2}O_2$):			
Gaidinsäure[11]) . . .	$C_{16}H_{30}O_2$	Allo-isomere (trans?-) Form der Hypogäasäure	Umlagerung mittels salpetriger Säure
Elaidinsäure[12]) . . .	$C_{18}H_{34}O_2$	Allo-isomere (trans?-) Form der Ölsäure	ebenso (sog. Elaidinierung s. S. 239)

1) Mangold: Monatsh. Bd. 13, S. 326. 1892.

2) Flückiger: Arch. Pharm. Bd. 228, S. 690. 1890.

3) Scurti und Tommasi: Gazz. chim. (46) II, S. 159. 1916. 4) Herrmann: a. a. O.

5) Bougault und Charaux: Compt. rend. Bd. 153, S. 572, 880. 1911.

6) Stosius und Wiesler: Bioch. Z. Bd. 108, S. 75. 1920; Carmichael: J. Ch. Soc. Bd. 121, S. 2545. 1922.

7) Krafft und Schaal: Ber. Bd. 40, S. 4784. 1907.

8) Gilson, La cellule Bd. 6, S. 63. 1890; Scurti und Tommasi: a. a. O.

9) Die Fußnoten beziehen sich auf die erste Darstellung bzw. die Auffindung der Verbindungen.

10) Krafft: Ber. Bd. 10, S. 2035. 1877.

11) Caldwell und Gössmann: Ann. Bd. 99, S. 307. 1856.

12) Boudet: Ann. Bd. 4, S. 11. 1832.

Tabelle 3 (Fortsetzung).

Name	Bruttoformel	Konstitution	Darstellung
Stereo-isomere Umlagerungsprodukte (Elaidinformen der Säuren $C_nH_{2n-2}O_2$):			
Petroselaidinsäure[1])	$C_{18}H_{34}O_2$	Allo-isomere (trans?-) Form der Petroselinsäure	Umlagerung mittels salpetriger Säure (sog. Elaidinierung s. S. 239)
Jecolidinsäure[2]) . .	$C_{20}H_{38}O_2$	Allo-isomere Form der Jecoleinsäure	ebenso
Brassidinsäure[3]) . .	$C_{22}H_{42}O_2$	Allo-isomere (trans?-) Form der Erucasäure	ebenso
Elaidinformen $C_nH_{2n-4}O_2$:			
β-Eläostearinsäure[4])	$C_{18}H_{32}O_2$	Allo-isomere Form der α-Eläostearinsäure	Belichtung der α-Säure oder Einwirkung von S in CS_2
Elaidinformen $C_nH_{2n-2}O_3$:			
Ricinelaïdinsäure[5]) .	$C_{18}H_{34}O_3$	Allo-isomere (trans?-) Form der Ricinolsäure	Elaidinierung
Andere Umlagerungsprodukte:			
Sog. Isoölsäure[6]) .	$C_{18}H_{34}O_2$	Nicht einheitlich[7])	Destillation von 10-Oxystearinsäure; Hydrierung von Ölsäure
Isoerucasäure[8]) . .	$C_{22}H_{42}O_2$	Struktur-isomere od. zweite Transform der Erucasäure[9])	Aus Jodbehensäure mit Alkali; Destillation von Acetyloxybehensäuremethylester[10])
Ricinsäure[11]) . . .	$C_{18}H_{34}O_3$	unbekannt	Destillation von Baryumricinoleat
Dehydrierungsprodukte:			
Palmitolsäure[12]) . .	$C_{16}H_{28}O_2$	Hexadecin-(7)säure-(1)	Aus Hypogäasäure über die Dibromverbindung mit alkoholischem Kali
Stearolsäure[13]) . . .	$C_{18}H_{32}O_2$	Octadecin-(9)säure-(1)	Analog aus Ölsäure
Petrosinolsäure[14]) .	$C_{18}H_{32}O_2$	Octadecin-(6)säure-(1)	„ „ Petroselinsäure
Behenolsäure[15]) . .	$C_{22}H_{40}O_2$	Dokosin-(9)säure-(1)	„ „ Erucasäure
Ricinstearolsäure[16]).	$C_{18}H_{32}O_3$	Octadecin-(9)ol-(12)-säure-(1)	„ „ Ricinolsäure

[1]) Vongerichten und Köhler: Ber. Bd. 42, S. 1639. 1909.

[2]) Meigen und Camineci: Ch. Umschau Bd. 24, S. 35. 1917.

[3]) Haussknecht: Ann. Bd. 143, S. 54. 1867; vgl. Websky: J. pr. (1) Bd. 58, 459. 1853.

[4]) Cloëz: Bull. Soc. Chim. (2) Bd. 26, S. 286. 1876.

[5]) Playfair: Ann. Bd. 60, S. 322. 1846.

[6]) Saytzew, M., C. und A.: J. pr. (2) Bd. 35, S. 369. 1887.

[7]) Die früher als Isoölsäure bezeichnete Substanz vom Schmelzp. 44—45° ist ein Gemenge von Isomeren der Ölsäure mit Oxystearinsäure (Arnaud und Posternak: Compt. rend. Bd. 150, S. 1520. 1910). Die Säure vom Schmelzp. 34—36° (Moore: J. Ch. Soc. Bd. 38, T. 320. 1919) soll ein Gemenge von Elaidinsäure mit fester „$\Delta^{11(12)}$-Ölsäure", das ist Octadecen-(11)säure-(1) sein, das vielleicht auch noch feste „$\Delta^{10(11)}$-Ölsäure", das ist Octadecen-(10)säure-(1), enthält. Siehe auch Jegorow: J. pr. (2) Bd. 86, S. 539. 1912.

[8]) Saytzew, M., C. und A.: J. pr. (2) Bd. 50, S. 65. 1894.

[9]) Mascarelli und Sanna: Gazz. chim. Bd. 45, II, S. 208, 335. 1915; C. 1916, I, S. 143, 555.

[10]) Grün und Janko: Ch. Umschau Bd. 23, S. 15, 33. 1916.

[11]) Krafft: Ber. Bd. 21, S. 2734. 1888.

[12]) Schröder: Ann. Bd. 143, S. 27. 1867.

[13]) Overbeck: Ann. Bd. 140, S. 49. 1866.

[14]) Vongerichten und Köhler: a. a. O.

[15]) Otto: Ann. Bd. 135, S. 226. 1865.

[16]) Ulrich: Z. f. Ch., N. F. Bd. 3, S. 547. 1867.

Tabelle 3 (Fortsetzung).

Name	Bruttoformel	Konstitution	Darstellung
		Oxyfettsäuren (Hydratations- und Oxydationsprodukte) $C_nH_{2n}(OH)COOH$:	
ι-Oxystearinsäure[1]) (fälschlich β-Säure)	$C_{18}H_{36}O_3$	Octadecanol-(10)säure-(1)	Aus Ölsäure und aus Elaidinsäure mittels Schwefelsäure oder über die Jodstearinsäure
κ-Oxystearinsäure[2]) (fälschlich α-Säure)	,,	Octadecanol-(11)säure-(1)	Analog aus Isoölsäure
λ-Oxystearinsäure[3])	,,	Octadecanol-(12)säure-(1)	Hydrierung von Ricinolsäure bzw. deren Ester
? Stearolacton[4]) . . (Lacton der γ-Oxystearinsäure)	$C_{18}H_{34}O_2$	Octadecanolid-(4, 1)	Aus Ölsäure mittels Schwefelsäure oder Chlorzink
Oxybehensäure[5])	$C_{22}H_{44}O_3$	Dokosanol-(13 oder 14)-säure-(1)	Aus Brassidinsäure über Brombehensäure mit Alkali; aus Erucasäure mittels Schwefelsäure[6])
? Behenolacton[7]) (γ-Oxybehensäurelacton)	$C_{22}H_{42}O_2$	Dokosanolid-(4, 1)	Aus Erucasäure mit Schwefelsäure
		$C_nH_{2n-1}(OH)_2COOH$:	
ζ, η-Dioxypalmitinsäure[8]), Schmelzpunkt 115°	$C_{16}H_{32}O_4$	Hexadecandiol-(7, 8)-säure-(1)	Aus Hypogäasäure-Dibromid mit Silberoxyd und aus Physetölsäure mit Permanganat
Dioxypalmitinsäure[9]), Schmelzpunkt 105—106°	,,	Unbekannt	Aus Hypogäasäure mittels CAROschem Reagens
Dioxypalmitinsäure[10]), Schmelzpunkt 126°	,,	,,	Aus Palmitoleinsäure mit Permanganat
Dioxyheptadecansäure[11])	$C_{17}H_{34}O_4$	Unbekannt	Aus Asellinsäure mit Permanganat
ϑ, ι-Dioxystearinsäure[12]) Schmelzpunkt 136,5°	$C_{18}H_{36}O_4$	Octadecandiol-(9, 10)-säure-(1)	Alkalische Oxydation der Ölsäure mit Permanganat oder saure Oxydation der Elaidinsäure mit CAROschem Reagens u. a. m.
d-Form dies. Säure[13])	,,	,,	Spaltung des Racemats mit Strychnin
Dioxystearidinsäure[14]), Schmelzpunkt 100°	,,	Octadecandiol-(9, 10)-säure-(1) diastereomere Form	Aus Elaidinsäure mit Permanganat (alkalisch); aus Ölsäure mit CAROschem Reagens (sauer) u. a. m.

1) FRÉMY: Ann. Chim. Phys. (2) Bd. 65, S. 113.
2) SAYTZEW, M., C. und A.: J. pr. (2) Bd. 37, S. 284. 1888.
3) GRÜN und WOLDENBERG: J. Am. Ch. Soc. Bd. 31, S. 490. 1909.
4) GEITEL: J. pr. (2) Bd. 37, S. 53. 1888.
5) EPIFANOW: J. Russ. Phys. Ch. Ges. Bd. 40, S. 133. 1908.
6) GRÜN und JANKO: a. a. O.
7) SHUKOFF und SCHESTAKOFF: J. Russ. Phys. Ch. Ges. Bd. 40, S. 830. 1908.
8) LJUBARSKY: J. pr. (2) Bd. 57, S. 26. 1898.
9) SIMOWSKI: J. Russ. Phys. Ch. Ges. Bd. 47, S. 2121. 1915.
10) BULL: Ber. Bd. 39, S. 3574. 1906.
11) FAHRION: Ch.-Ztg. Bd. 17, S. 685. 1893.
12) SAYTZEW: J. pr. (2) Bd. 33, S. 300. 1886.
13) FREUNDLER: Bull. Soc. Chim. (3) Bd. 13, S. 1053. 1895.
14) SAYTZEW: J. pr. (2) Bd. 34, S. 315. 1886.

Tabelle 3 (Fortsetzung).

Name	Bruttoformel	Konstitution	Darstellung
Dioxystearinsäure[1]), Schmelzp. 120 bis 123°	$C_{18}H_{36}O_4$	Octadecandiol-(9, 10)-säure-(1) diastereomere Form	Aus Elaidinsäure mit CAROschem Reagens
Para-dioxystearinsäure[2]), Schmelzpunkt 77—78°	„	„	Aus Isoölsäure mit Permanganat
ε, ζ-Dioxystearinsäure[3]), Schmelzpunkt 122°	„	Octadecandiol-(6, 7)-säure-(1)	Aus Petroselinsäure mit Permanganat
ε, ζ-Dioxystearinsäure[1]), Schmelzpunkt 96—99°	„	„ diastereomere Form	Aus Petroselinsäure und aus Petroselaidinsäure mit CAROschem Reagens
ϑ, λ-Dioxystearinsäure[4]), Schmelzpunkt 90°	„	d-Octadecandiol-(9, 12) säure-(1)	Aus Ricinolsäure mittels Schwefelsäure
ϑ, λ-Dioxystearinsäure[4]), Schmelzpunkt 69,5°	„	d, l-Octadecandiol-(9, 12) säure-(1)	ebenso
Dioxystearinsäure[4]), Schmelzp. 108°	„	—	ebenso
Dioxystearinsäure[5]), Schmelzp. 126°	„	—	ebenso
d-Dioxychaulmoograsäure [α-Säure[6])], Schmelzpunkt 105°	$C_{18}H_{34}O_4$	Unbekannt	Aus Chaulmoograsäure mit Permanganat
l-Dioxychaulmoograsäure [β-Säure[6])], Schmelzp. 93°	„	—	ebenso
Dioxygadinsäure[7]) .	$C_{20}H_{40}O_4$	Unbekannt	Aus Gadoleinsäure mit Permanganat
μ, ν-Dioxybehensäure[8]), Schmelzpunkt 133,5°	$C_{22}H_{44}O_4$	Dokosandiol-(13, 14)-säure-(1)	Aus Erucasäure mit Permanganat oder aus Brassidinsäure über die Chloroxybehensäure[9])
Isodioxybehensäure[10]), Schmelzpunkt 98—99°	„	„	Aus Brassidinsäure mit Permanganat oder aus Erucasäure über die Chloroxybehensäure[9])
Para-dioxybehensäure[11]), Schmelzpunkt 86—88°	„	—	Aus Isoerucasäure mit Permanganat
		$C_nH_{2n-2}(OH)_3COOH$:	
Trioxystearinsäure[12]), Schmelzp. 140 bis 142°	$C_{18}H_{36}O_5$	Octadecantriol-(9, 10, 12)-säure-(1)	Aus Ricinolsäure mit Permanganat

1) AFANASSJEWSKI: J. Russ. Phys. Ch. Ges. Bd. 47, S. 2124. 1916.
2) SAYTZEW, M., C. und A.: J. pr. (2) Bd. 37, S. 276. 1888.
3) VONGERICHTEN u. KÖHLER: B r. 42, 1639 (1909).
4) GRÜN: Ber. Bd. 39, S. 4400. 1906.
5) GRÜN: Ber. Bd. 42, S. 3763. 1909.
6) BARROWCLIFF und POWER: J. Ch. Soc. Bd. 91, S. 557. 1907.
7) BULL: a. a. O.
8) HAZURA und GRÜSSNER: Monatsh. Bd. 9, S. 948. 1888.
9) ALBITZKY: J. Russ. Phys. Ch. Ges. Bd. 31, S. 76. 1899.
10) HAZURA und GRÜSSNER: Monatsh. Bd. 9, S. 475. 1888.
11) ALEXANDROFF und SAYTZEW: J. pr. (2) Bd. 49, S. 63. 1894.
12) HAZURA und GRÜSSNER: a. a. O.

Tabelle 3 (Fortsetzung).

Name	Bruttoformel	Konstitution	Darstellung
α-Isotrioxystearinsäure[1]), Schmelzpunkt 110°	$C_{18}H_{36}O_5$	Octadecantriol-(9, 10, 12)-säure-(1)	Aus Ricinolsäure und aus Ricinelaidinsäure mit Permanganat
β-Isotrioxystearinsäure[2]), Schmelzpunkt 114—115°	„	„	Analog aus Ricinelaidinsäure
		$C_nH_{2n-3}(OH)_4COOH$:	
β-Sativinsäure[3]), Schmelzp. 174°	$C_{18}H_{36}O_6$	Octadecantetrol-(9, 10, 12, 13)säure-(1)	Aus Linolsäure mit Permanganat
α-Sativinsäure[3]), Schmelzp. 163°	„	Stereomere Form	ebenso
Tetraoxystearinsäure[4]), Schmelzpunkt 177°	„	„	Aus Telfairiasäure mit Permanganat und aus dem Öl der Luzernensamen[5])
Tetraoxystearinsäure[6]), Schmelzpunkt 152°	„	„	Aus Baumwollsamenöl-Linolsäure und Schweineschmalz-Linolsäure
		$C_nN_{2n-5}(OH)_6COOH$:	
Linusinsäure[7]), Schmelzpunkt 203 bis 205°	$C_{18}H_{36}O_8$	Octadecahexol-(9, 10, 12, 13, 15, 16)säure-(1)	Aus Linolensäure mit Permanganat
Isolinusinsäure[8]), Schmelzpunkt 173 bis 175°	„	„	ebenso
Hexaoxystearinsäure[8]), Schmelzpunkt 165°	„	—	Oxydation der Säuren des Perillaöls
γ-Hexaoxystearinsäure[9]), Schmelzpunkt 245° (Zers.)	„	—	Oxydation von Linolensäure aus dem Öl von Oenothera biennis
		$C_nH_{2n-7}(OH)_8COOH$:	
Octaoxyarachinsäure[10])	$C_{20}H_{40}O_{10}$	—	Oxydation von Arachidonsäure
	Dicarbonsäuren (Spaltungsprodukte):		
Adipinsäure[11])	$C_6H_{10}O_4$	n-Hexandisäure	Aus verschiedenen Fetten bzw. deren Säuren mit Salpetersäure
Pimelinsäure[12])	$C_7H_{12}O_4$	n-Heptandisäure	Aus Petroselinsäure über die Ketosäure und das Oxim, Umlagerung und Spaltung (s. S. 17)
Korksäure[13]) (Suberinsäure)	$C_8H_{14}O_4$	n-Octandisäure	Oxydation von Ölsäure u. a. m. mit Salpetersäure

1) Mangold: Monatsh. Bd. 13, S. 326. 1892.
2) Hazura: Monatsh. Bd. 9, S. 187. 1888.
3) Hans Meyer und Beer: Monatsh. Bd. 33, S. 326. 1912.
4) Thoms: Arch. Pharm. Bd. 238, S. 48. 1900.
5) Jacobson und Holmes: J. Am. Ch. Soc. Bd. 37, S. 480. 1915.
6) Fahrion: Ch. Umschau Bd. 28, S. 6. 1921.
7) Hazura: a. a. O.
8) Bauer und Hardegg: Ch. Umschau Bd. 29, S. 301. 1922.
9) Heiduschka und Lüft, Arch. Pharm. Bd. 257, S. 33. 1919.
10) Hartley: J. of Physiol. Bd. 38, S. 367. 1909.
11) Laurent: Ann. Chim. Phys. (2) Bd. 66, S. 166. 1837.
12) Vongerichten und Köhler: a. a. O.
13) Laurent: Ann. Bd. 28, S. 258. 1838.

Tabelle 3 (Fortsetzung).

Name	Bruttoformel	Konstitution	Darstellung
Azelainsäure[1])	$C_9H_{16}O_4$	n-Nonandisäure	Oxydation von Ölsäure, Linol-, Linolen-, Ricinolsäure u. a. m. mit Chromsäure, Ozon usw.
Sebacinsäure[2])	$C_{10}H_{18}O_4$	n-Decandisäure	Trockene Destillation von Ölsäure u. a. m. und von Kaliumricinoleat[3])
Unbenannte Säure[4]), Schmelzp. 114°	$C_{11}H_{20}O_4$	Undecandisäure	Oxydation von Isoölsäure mit Ozon ?
Brassylsäure[5])	$C_{13}H_{24}O_4$	n-Tridecandisäure	Oxydation von Erucasäure oder Behenolsäure
Estolide (innere Ester, „polymerisierte Säuren"):			
Sog. Bi-undecylensäure[6])	$C_{22}H_{40}O_4$	Undecylensäure-Oxyundecansäureester: $C_{10}H_{19}CO-O-C_{10}H_{20}COOH$	Destillation von Ricinolsäure
Sog. Tri-undecylensäureanhydrid[8])	$C_{33}H_{58}O_5$	Unbekannt[7])	Destillation von Ricinusöl oder Ricinolsäure
Di-oxystearinsäure[9])	$C_{36}H_{70}O_5$	$C_{17}H_{34}(OH)COO-C_{17}H_{34}-COOH$	Sulfurierung der Ölsäure
Oxystearinsäure-Ölsäureester[10])	$C_{36}H_{68}O_4$	$C_{17}H_{33}COO-C_{17}H_{34}COOH$	ebenso
Di-dioxystearinsäure[11])	$C_{36}H_{70}O_6$	$C_{17}H_{33}(OH)COO-C_{17}H_{33}(OH)COOH$	Sulfurierung der Ricinolsäure; Erhitzen der 9, 12-Dioxystearinsäure[12])
Tri-trioxystearinsäure[13])	$C_{54}H_{104}O_{13}$	$C_{17}H_{32}(OH)_3COO-C_{17}H_{32}(OH)_2COO-C_{17}H_{32}(OH)_2COOH$	Hydrolyse des Trioxystearintrischwefelsäureesters; Erhitzen der freien Säure[14])
? Trioxystearinsäurelactid[13])	$C_{36}H_{68}O_8$?	$(C_{18}H_{34}O_2)_n$ (n = 2 ?)	Erhitzen der Säure
Di-ricinolsäure[15])	$C_{36}H_{66}O_5$	$C_{17}H_{32}(OH)COO-C_{17}H_{32}COOH$	Sulfurierung der Ricinolsäure; Hydrolyse ihres Schwefelsäureesters[16])
Di-ricinelaidinsäure[13])	„	„	Analog aus Ricinelaidinsäure
Tri-ricinolsäure[17])	$C_{54}H_{98}O_7$	$C_{17}H_{32}(OH)-(COOC_{17}H_{32})_2-COOH$	Sulfurierung der Ricinolsäure; aus Ricinusöl mit HCl-Gas[18])

[1]) LAURENT: Ann. Chim. Phys. (2) Bd. 66, S. 166. 1837; Arppe: Ann. Bd. 124, S. 86. 1862.
[2]) REDTENBACHER: Ann. Bd. 35, S. 188. 1840.
[3]) BOUIS: Ann. Bd. 80, S. 303. 1851.
[4]) MOORE: J. Soc. Ch. Ind. Bd. 38, S. 320. 1919.
[5]) HAUSSKNECHT: Ann. Bd. 143, S. 45. 1867.
[6]) KRAFFT und BRUNNER: Ber. Bd. 17, S. 2985. 1884.
[7]) Vielleicht Anhydrid der Tri-oxyundecansäure: $C_{10}H_{20}(OH)COO-C_{10}H_{20}COO-C_{10}H_{20}COOH$ oder eines Estolids aus Undecylensäure und Oxyundecansäure: $C_{10}H_{19}COO-C_{10}H_{20}COO-C_{10}H_{20}COOH$.
[8]) KRAFFT und BRUNNER: a. a. O.; FENDLER und THOMS: Arch. Pharm. Bd. 239, S. 1. 1901.
[9]) SAYTZEW, M., C. und A.: J. pr. (2) Bd. 35, S. 369. 1887.
[10]) Unveröffentlichte Beobachtung.
[11]) JUILLARD: Bull. Soc. Chim. (3) Bd. 11, S. 280. 1894.
[12]) GRÜN: Ber. Bd. 39, S. 4401. 1906.
[13]) GRÜN und WETTERKAMP: Z. Farbenind. Bd. 8, S. 279. 1909.
[14]) WETTERKAMP: Inaug.-Diss. Zürich 1909.
[15]) JUILLARD: Bull. Soc. Chim. (3) Bd. 13, S. 238. 1895.
[16]) GRÜN und WETTERKAMP: Z. Farbenind. Bd. 7, S. 375. 1908.
[17]) JUILLARD: Bull. Soc. Ind. Mulhouse 1892, S. 409.
[18]) GRÜN: Öl- und Fettind. Wien, Bd. 1, S. 3. 1919.

Tabelle 3 (Fortsetzung).

Name	Bruttoformel	Konstitution	Darstellung
Tetra- und Penta-ricinolsäure[1])	$C_{72}H_{130}O_9$ bzw. $C_{90}H_{162}O_{11}$	$C_{17}H_{32}(OH)-(COOC_{17}H_{32})_n$ $-COOH$ (n = 3 bzw. 4)	Analog; evtl. durch Kondensation der Di-ricinolsäure
? Ricinolsäure-lactid[2])	$C_{36}H_{64}O_4$?	$(C_{18}H_{32}O_2)_n$ (n = 2 ?)	Kondensation der Di-ricinolsäure
Polyoxybehensäure[3])	$nC_{22}H_{44}O_3$ $-mH_2O$	$C_{21}H_{42}(OH)$ $-(COOC_{21}H_{42})_2-COOH$	Erhitzen von Oxybehensäure
Oxybehen-Erucasäureester, flüss.[3])	$C_{44}H_{84}O_4$	$C_{21}H_{41}-COOC_{21}H_{42}COOH$	Sulfurieren von Erucasäure oder von Oxybehensäure
		Äthersäuren:	
Zweibasische Di-ricinolsäure[4]) (Ricinolsäureäther)	$C_{36}H_{66}O_5$	$O(C_{17}H_{32}COOH)_2$	Bei der Türkischrotölerzeugung, auch aus Ricinolsäure und Zinkchlorid

Eigenschaften der Säuren. (Allgemeine Reaktionen.) Wie die Gleichgewichtsformel der Säuren zum Ausdruck bringt:

$$\underset{\text{I.}}{R-C\left\langle\begin{matrix}O\\O\end{matrix}\right\rbrace H} \rightleftarrows \underset{\text{II.}}{R-C\left\langle\begin{matrix}{=}O\\OH\end{matrix}\right.}$$

zeigen die Säuren alle Reaktionen, die durch das ionogen gebundene Wasserstoffatom der echten Säureform (I) und durch die reaktive Hydroxyl- und Carbonylgruppe der Pseudosäurenform (II) bedingt werden.

Die Fett- und Wachssäuren sind schwache Säuren, deren Dissoziationsgrade untereinander wenig verschieden sind (die elektrolytischen Dissoziationskonstanten (k) liegen zwischen 1 bis 2×10^{-5}; bei den gesättigten Säuren von niedrigem Molekulargewicht, sowie bei den ungesättigten und hydroxylierten Säuren sind sie höher, bei den Fettsäuren im engeren Sinne des Wortes niedriger, um 1×10^{-5}). Sie reagieren gegen die Phthaleinindicatoren (Phenol-, Thymol-, α-Naphtholphthalein), gegen Alkaliblau-, Lackmus- und Alkannatinktur sauer, aber nicht gegen Methylorange und Kongo.

Reaktionen: a) Substitution des ionogenen Wasserstoffs. Bei der Einwirkung von Alkali- und Erdalkalimetallen — bei der anderer Metalle meistens nur in Gegenwart von Sauerstoff — sowie mit anorganischen und organischen Basen geben die Säuren Salze vom Typus

$$RCOO\overset{\text{I}}{Me} \quad \text{bzw.} \quad (RCOO)_n\overset{\text{n}}{Me}.$$

Die Verschiedenheit der Löslichkeit der Salze in den einzelnen Lösungsmitteln ist für die analytische Bestimmung der Säuren wichtig (s. S. 241). Die Löslichkeit in Wasser bzw. das Wasserbindungsvermögen fällt im allgemeinen in der Reihe: K, NH_4, Na, Li, Mg, Ca. Die Alkalisalze sind in Wasser und in Alkoholen löslich; die Salze der höheren Fettsäuren, die eigentlichen Seifen, sind bei gewöhnlicher Temperatur fast vollständig kolloidal gelöst, die wässerigen Lösungen enthalten neben den Alkaliionen fast nur kolloide Anionen, das sind Micellen aus Fettsäureionen, Seifenmolekülen und Wassermolekülen. Die Alkalisalze dissoziieren in wässeriger Lösung oder in wässerig-alkoholischen Lösungen, die wenigstens 60% Wasser enthalten, hydrolytisch in freies Alkali und saure Seifen: Z. B.

$$2\,RCOOK + H_2O \rightleftarrows (RCOO)_2KH + KOH.$$

[1]) Juillard: a. a. O., bzw. Scheurer-Kestner: Compt. rend. Bd. 112, S. 158, 395. 1891.

[2]) Krafft und Brunner: a. a. O.; Fendler und Thoms: Arch. Pharm. Bd. 239, S. 1. 1901.

[3]) Grün u. Janko: Ch. Umschau Bd. 23, S. 15, 33 (1916).

[4]) Juillard: a. a. O.

(Die Hydroxylionenkonzentration reiner Seifenlösungen schwankt je nach der Art der Säure, der Konzentration und Temperatur der Lösung zwischen $^n/_{300}$ bis $^n/_{3000}$; bei $^n/_{10}$-Lösungen beträgt sie etwa $^n/_{1000}$; $p_H \cong 11$.) Freie Fettsäuren werden dabei höchstens in Spuren gebildet. Dagegen zersetzen sich Ammoniumseifen schon beim langen Liegen an der Luft — schneller beim Erhitzen — in Ammoniak, das entweicht, und freie Säuren.

Der Ersatz des sauren Wasserstoffatoms durch Alkyl, die Bildung von Estern, geht bei den fetten Säuren, nachdem sie ohne Ausnahme primäre Säuren sind, sehr leicht vonstatten. Die Alkylester entsprechen konstitutionell den Pseudosäureformen, mit denen sie optisch identisch sind. Die nach dem Schema

$$RCOOH + R'OH \rightleftarrows H_2O + RCOOR'$$

verlaufende reversible Reaktion wird durch Mineralsäuren, Sulfosäuren, verschiedene Salze, sowie durch Fermente katalytisch befördert. Die Ester können natürlich auch nach den allgemeinen präparativen Methoden mit Hilfe der Salze, Chloride, Anhydride usw. erhalten werden. (Angaben über die Veresterung und über die Umesterung s. S. 87.)

b) Substitution der Hydroxylgruppe. Die Hydroxylgruppe kann durch saure, neutrale und durch basische Atome bzw. Atomgruppen ersetzt werden. Ersatz durch ein Acyl führt zu Säureanhydriden, einfachen oder gemischten. Zu letzteren gehören schematisch auch die Säurechloride und -bromide; vielleicht bilden sich auch beim Lösen der Fettsäuren in Schwefelsäure Säuresulfate: $R—COOSO_3H$, es könnten aber auch Additionsverbindungen, Oxoniumsalze, entstehen.

Der (schematische) Ersatz des Hydroxyls durch Wasserstoff gibt Aldehyd, der durch Alkyl führt zum Keton. Die Ketonisierung

$$2\,R-COOH = R-CO-R + CO_2 + H_2O$$

verläuft bei den Fettsäuren im engeren Sinne des Wortes schon beim bloßen Erhitzen in Metallgefäßen praktisch vollständig, bei den Säuren von niedrigerem Molekulargewicht wird sie durch Leiten der Dämpfe über Kontaktsubstanzen befördert; einfache Ketone können auch durch Einwirkung von Phosphorpentoxyd auf die Säuren oder durch Erhitzen gewisser Salze (des Calciums, Baryums usw.) erhalten werden, gemischte Ketone durch Einwirkung von Zinkalkylen oder besser Alkyl-Magnesiumhalogeniden auf die Chloride, Ester oder auch Anhydride der Säuren.

Von den durch Substitution des Hydroxyls durch basische, stickstoffhaltige Atomgruppen entstehenden Säurederivaten sind die wichtigsten die Amide, $CH_3C{\Large\langle}^{O}_{NH_2}$, erhalten durch Erhitzen der Ammoniumsalze:

$$R-C\Big\langle^{O}_{ONH_4} = R-C\Big\langle^{O}_{NH_2} + H_2O$$

oder glatter aus den Säurechloriden und Ammoniak; ferner die alkylierten Amide, insbesondere die Anilide, Toluidide, Naphthalide

$$R-C\Big\langle^{O}_{NHC_6H_5},\quad R-C\Big\langle^{O}_{NHC_6H_4CH_3},\quad R-C\Big\langle^{O}_{NH-C_{10}H_7},$$

die in analoger Weise wie die Amide beim Erhitzen der entsprechenden Aminsalze der Fettsäuren oder aus den Estern der Säuren mit Aminen entstehen.

Weniger wichtig sind für die eigentlichen Fettsäuren die Hydrazide, $R—C{\Large\langle}^{O}_{NH—NH_2}$ und die Alkylhydrazide, sowie die Hydroxylaminderivate, die Hydroximsäuren (tautomer Hydroxamsäuren):

$$R-C\Big\langle^{O}_{NHOH}\left(\rightleftarrows R-C\Big\langle^{OH}_{NOH}\right).$$

c) Substitution des Carbonylsauerstoffs. Rein schematisch erscheint die Reduktion der Säuren zu primären Alkoholen:

$$R-C(=O)-OH + 4\,H = R-CH_2OH + H_2O$$

als Substitution des Carbonylsauerstoffs. Bei der praktischen Ausführung der Reaktion, der Einwirkung von Natrium und Alkohol auf die Ester, seltener auf die Amide oder Anhydride der Säuren, ist der Reaktionsverlauf aber jedenfalls weniger einfach (intermediäre Bildung von Orthosäureestersalzen).

d) Substitution von Hydroxyl- und Carbonyl: Zahlreich sind die durch Substitution der Hydroxylgruppe und des Carbonylsauerstoffs abgeleiteten Verbindungsklassen wie die Amid- und Imidchloride, Thioamide, Amidoxime, Iminoäther, Amidine, Nitrile usw. In der Chemie der höheren Fettsäuren spielen sie aber bisher keine große Rolle; ebensowenig der Austausch beider Sauerstoffatome gegen Wasserstoff, das ist die bei der Einwirkung von Jodwasserstoff und Phosphor eintretende Reduktion der Carboxyl- zur Methylgruppe, der Fettsäure zum Paraffinkohlenwasserstoff:

$$R-COOH \rightarrow R-CH_3\,.$$

e) Abspaltung der Carboxylgruppe bzw. von Kohlendioxyd erfolgt: 1. Bei der Elektrolyse der Säuren oder ihrer Salze in wässeriger Lösung; sie verläuft vornehmlich nach der Gleichung:

$$2\,R-COO^- \cdots H^+ = R-R + 2\,CO_2 + H_2\,,$$

infolge von Nebenreaktionen der Ionen mit dem Wasser — Bildung von Sauerstoff bzw. Alkali — entstehen auch die nächstniedrigen Alkohole und deren Ester.

2. Durch Glühen der Alkalisalze mit starken Basen, z. B.:

$$R-COONa + NaOH = R-H + Na_2CO_3\,.$$

3. Beim Erhitzen mit konzentrierter Schwefelsäure, mit Ausnahme der Ameisensäure und der tertiären Säuren, die statt CO_2 nur CO abspalten.

4. Durch Erhitzen der Silbersalze mit Jod:

$$2\,RCOOAg + J_2 = 2\,AgJ + CO_2 + RCOO-R\,.$$

Bei der Destillation unter Druck erfolgt zum Teil Abspaltung der Carboxylgruppe mit Kern-Wasserstoff unter Bildung von Olefinen, Naphthenen usw.

C. Alkohole.

Eine Abgrenzung der Wachsalkohole von den bisher nur als Begleitstoffen von Fett festgestellten Alkoholen ist nicht möglich, weil nicht wenige sowohl als Wachskomponenten als auch in Fetten vorkommen. Es läßt sich auch voraussehen, daß bei genauerer Erforschung der Wachse und des „Unverseifbaren" der Fette noch manche Alkohole, die bisher nur in den einen nachgewiesen wurden, auch in den anderen aufgefunden werden. Das Gebiet der Wachsalkohole läßt sich auch insofern nicht scharf abgrenzen, als das der Wachse chemisch — namentlich gegen das der Harze — nicht scharf begrenzt ist.

Gewisse Harzalkohole, die mit fetten Säuren verestert Bestandteile von Wachsen bilden (z. B. Kaffeebohnenwachs), müßten eigentlich auch unter den Wachsalkoholen angeführt werden. Andererseits bezeichnen manche die Blattüberzüge, die aus Estern von Alkoholen und Harzsäuren bestehen (z. B. die von Erlenblättern usw.) nicht als Blattwachse, sondern als Blattlacke oder -firnisse, so daß die betreffenden Alkohole, sofern sie nicht auch in anderen unzweifelhaften Wachsen nachgewiesen werden, keine Wachsalkohole sind.

In der folgenden Tabelle sind die Alkohole der Blattwachse mit angeführt, die Harzalkohole sind dagegen nicht aufgenommen.

Tabelle 4.
Aliphatische Alkohole:

Name	Bruttoformel	Schmelzpunkt	Vorkommen
	$C_nH_{2n+1}OH$:		
Dodecanol[1]	$C_{12}H_{26}O$	24–26°	Rindenwachs von Cascara sagrada
Cetylalkohol[2]	$C_{16}H_{34}O$	49,5°	Walrat, Döglingtran u. a. m.
Octadecylalkohol[3]	$C_{18}H_{38}O$	59°	Walrat, Bürzeldrüsensekret, gehärtete Trane
? Unbenannter Alkohol[4]	$C_{19}H_{40}O$	65°	Japantalg
Arachylalkohol[5]	$C_{20}H_{42}O$	71°	Ovarial-Dermoidcystenfett
Medicagol[6]	$C_{20}H_{42}O$	80°	Blattwachs der Luzerne
Raphiaalkohol[7]	$C_{20}H_{42}O$	80°	Raphiawachs
Unbenannter Alkohol[8]	$C_{20}H_{42}O$	83°	Weizenkorn
Carnaubylalkohol[9]	$C_{24}H_{50}O$	68–69°	Wollfett
? Unbenannter Alkohol[10]	? $C_{24}H_{50}O$	—	Angeblich im Bienenwachs
Neocerylalkohol	$C_{25}H_{52}O$	75,5°	Bienenwachs
Unbenannter Alkohol[11]	$C_{24}H_{50}O$	83°	Montanwachs
Lignocerinalkohole[12]	$C_{24}H_{50}O$	73–76°	Buchenholzteer
Cerylalkohol[13]	$C_{26}H_{54}O$	80°	Bienenwachs, Wollfett u. a. m.
? Isocerylalkohol[14]	? $C_{27}H_{56}O$	62°	Angeblich im Carnaubawachs
Cerylalkohol[15]	$C_{27}H_{56}O$	80°	Chinesisches Wachs
? Unbenannter Alkohol[16]	? $C_{27}H_{56}O$ ($+ 6\ H_2O$)	69–70°	Angeblich im Wollfett
Hippokoprosterin[17]	$C_{27}H_{56}O$	74—75°	Im Kot von Herbivoren
Dimyristylcarbinol[18]	$C_{27}H_{56}O$	81,5—82°	Im Apfelschalenwachs
Montanalkohol[15]	$C_{29}H_{60}O$	84°	Bienenwachs
Myricylalkohol[19] (Melissylalk. d. Carnaubawachses)	$C_{30}H_{62}O$	87,5°	Carnaubawachs, Unverseifbares verschiedener Fette
Melissylalkohol des Bienenwachses[19]	$C_{31}H_{64}O$	87°	Bienenwachs usw.
Laccerol[20]	$C_{32}H_{66}O$	88°	Stocklackwachs
Psyllostearylalkohol[21]	$C_{33}H_{68}O$	69,5°	Psyllawachs u. a. m.
Hummelalkohol[22] (Incarnatylalkohol)	$C_{34}H_{70}O$	75°	Hummelwachs, in Kleearten (spez. Trifol. incarnatum)

1) Dohme und Engelhardt: J. Am. Ch. Soc. Bd. 20, S. 539. 1898.
2) Chevreul: Ann. Chim. Phys. Bd. 7, S. 157. 1817.
3) Heintz: Ann. Bd. 84, S. 306. 1852.
4) Matthes und Heintz: Arch. Pharm. Bd. 247, S. 656. 1909.
5) Ameseder: Z. physiol. Ch. Bd. 52, S. 121. 1907.
6) Étard: Compt. rend. Bd. 114, S. 364. 1892.
7) Haller: Compt. rend. Bd. 144, S. 594. 1907.
8) Ellis: Bioch. J. Bd. 12, S. 160. 1918.
9) Darmstädter und Lifschütz: Ber. Bd. 29, S. 2898. 1896.
10) Schwalb: Ann. Bd. 235, S. 145. 1886.
11) Pschorr und Pfaff: Ber. Bd. 53, S. 2147. 1920.
12) Brigl und Fuchs: Z. physiol. Ch. Bd. 119, S. 280. 1922.
13) Brodie: Ann. Bd. 67, S. 201. 1848.
14) Kessel: Ber. Bd. 11, S. 2113. 1878.
15) Gascard: Compt. rend. Bd. 170, S. 1326. 1920; ebenda Bd. 177, S. 1442. 1923.
16) Darmstädter und Lifschütz: a. a. O.
17) Bondzynski und Humnicki: Z. physiol. Ch. Bd. 22, S. 409. 1896.
18) Sando: J. Biol. Ch. Bd. 56, S. 457; C. 1923, III, S. 1283.
19) Brodie: Ann. Bd. 71, S. 144. 1849; Heiduschka und Gareis: J. pr. (2) Bd. 99, S. 293. 1919; Gascard und Damoy: Compt. rend. Bd. 177, S. 1442. 1923.
20) Gascard: Compt. rend. Bd. 159, S. 258. 1914.
21) Sundwik: Z. physiol. Ch. Bd. 32, S. 355. 1901.
22) Sundwik: Z. physiol. Ch. Bd. 26, S. 56. 1898.

Tabelle 4 (Fortsetzung).

Name	Bruttoformel	Schmelzpunkt	Vorkommen
? Tarchonylalkohol[1] . .	$C_{50}H_{102}O$	82°	Blattwachs von Tarchonanthus camphoratus
	$C_nH_{2n-1}OH$:		
Unbenannter Alkohol[2] . .	$C_{16}H_{32}O$	flüssig	Walratöl
Oleïnalkohol[3]	$C_{18}H_{36}O$	2—3°	Trane, Walratöl, Rabukazameöl[4] (von Chlamydoselachus Garman)
Phytol[5]	$C_{20}H_{40}O$	flüssig	Komponente des Chlorophylls, in allen grünen Pflanzenteilen
? Cerosin[6]	? $C_{24}H_{48}O$	82°	Rindenwachs des Zuckerrohrs
? Unbenannter Alkohol[7] .	$C_{36}H_{72}O$	66,6°	Cochenillewachs
	$C_nH_{2n-3}OH$:		
Unbenannter Alkohol[8] . .	$C_{11}H_{20}O$	flüssig	Ovarial-Dermoidcystenfett
Unbenannter Alkohol[9] . .	$C_{15}H_{28}O$	51°	Tuberkelbacillenwachs
Unbenannter Alkohol[9] . .	$C_{19}H_{36}O$	37°	„
Mykol[10]	$C_{29}H_{56}O$ (? $C_{24}H_{36}O$)	66°	„
Unbenannter Alkohol[11] .	$C_{35}H_{68}O$	70°	Olivenrinde
	$C_nH_{2n-5}OH$:		
Unbenannter Alkohol[12] . .	$C_{15}H_{26}O$	Handwärme	Cochenillewachs
	$C_nH_{2n+2}O_2$: [$C_nH_{2n}(OH)_2$:]		
Unbenannter Alkohol[13] . .	$C_{25}H_{52}O_2$	103,5—104°	Carnaubawachs
Coccerylalkohol[14]	$C_{30}H_{62}O_2$	101—104°	Cochenillewachs (Haarbienenwachs?)
	Einwertige (?) Alkohole $C_nH_{2n+2}O_2$:		
Rhamnosterin[15]	$C_{13}H_{28}O_2$	83—85°	Rindenwachs des Kreuzdorns
Drimol[16]	? $C_{28}H_{58}O_2$	73—74°	Blattwachs von Drimys granatensis, Baumwollwachs
	$C_nH_{2n}O_4$:		
Ascarylalkohol[17]	? $C_{32}H_{64}O_4$	83°	Ascaridenfett
	$C_nH_{2n}O_2$:		
? Sphingol[18]	? $C_{18}H_{36}O_2$	—	Komponente des Sphingomyelins
Vitoglykol[19]	$C_{23}H_{44}O_2$	—	Weinblätterwachs

[1]) Canzoneri und Spica: Gazz. chim. Bd. 12, S. 227. 1882.
[2]) Unveröffentlicht.
[3]) Grün: Ch.-Ztg. Bd. 43, S. 759. 1919.
[4]) Toyama: Ch. Umschau Bd. 29, S. 237. 1922; s. a. Tsujimoto: J. Ch. Ind. Japan Bd. 24, Nr. 275. 1921; Ch. Umschau Bd. 28, S. 71. 1921.
[5]) Willstätter und Hocheder: Ann. Bd. 354, S. 205. 1907.
[6]) Avequin: Ann. Bd. 37, S. 170. 1841.
[7]) Raiman: Sitzungsber. Wiener Akad. Bd. 92, II, S. 1128. 1886.
[8]) Muck: Z. physiol. Ch. Bd. 122, S. 125. 1922.
[9]) Bürger: Bioch. Z. Bd. 78, S. 155. 1917.
[10]) Tamura: Z. physiol. Ch. Bd. 87, S. 84. 1913.
[11]) Power und Tutin: J. Ch. Soc. Bd. 93, S. 904. 1908.
[12]) Raiman: a. a. O.
[13]) Stürcke: Ann. Bd. 223, S. 299. 1884.
[14]) Liebermann: Ber. Bd. 18, S. 1981. 1885.
[15]) Tschirch und Bromberger: Arch. Pharm. Bd. 249, S. 218. 1911.
[16]) Hesse: Ann. Bd. 286, S. 373. 1895.
[17]) Flury: Arch. exp. Pathol. u. Pharmak. Bd. 67, S. 275. 1912.
[18]) Rosenheim und Tebb: Quart. J. exp. Physiol. Bd. 1, S. 297. 1908.
[19]) Étard: a. a. O.

Tabelle 4 (Fortsetzung).

Aliphatische Glykole oder cyclische Alkohole:

Name	Bruttoformel	Schmelzpunkt	Vorkommen
	$C_nH_{2n}O$ oder $(C_nH_{2n}O)_2$:		
Unbenannter Alkohol[1])	? $C_{10}H_{20}O$	105—109°	Angeblich im Wollfett
Unbenannter Alkohol[1])	? $C_{11}H_{22}O$	82—87°	„ „ „
Lanolinalkohol[2])	? $C_{12}H_{24}O$	102—104°	„ „ Lanolin
Glutinol[3])	$C_{14}H_{28}O$	70—71°	Erlenblätterwachs
? Unbenannter Alkohol[4])	$C_{15}H_{30}O$	73°	Carnaubawachs
Vitol[5])	$C_{17}H_{34}O$	74°	Weinblätterwachs
	$C_nH_{2n-2}O$:		
Unbenannter Alkohol[6])	$C_{29}H_{56}O$	230° (?)	Tuberkelbacillenwachs
	$C_nH_{2n-2}O_2$:		
Glutanol[3])	? $C_{14}H_{26}O_2$	76°	Erlenblätterwachs
	$C_nH_{2n+2}O_3$:		
Chimylalkohol[7])	$C_{19}H_{40}O_3$	60—60,5°	Haifisch- und Rochenleberöle
Batylalkohol[7])	$C_{21}H_{42}O_3$	69°	„ „ „
	$C_nH_{2n}O_3$:		
Selachylalkohol[7])	$C_{21}H_{40}O_3$	66°	Haifisch- und Rochenleberöle

Cyclische Alkohole:

Name	Bruttoformel	Schmelzpunkt	Acetat-Schmelzp.	Vorkommen
		$C_nH_{2n-5}OH$:		
Unben. Alkohol[8])	$C_{21}H_{38}O$	196—197°	—	Illipebutter
		$C_nH_{2n-7}OH$:		
Verbasterol[9])	? $C_{17}H_{28}O$ ($C_{18}H_{30}O$)	142—144°	169—171°	Wollkraut (Verbascum Thapsus)
Kupreol, Quebrachol Cinchol[10])	$C_{20}H_{34}O$ (+ H_2O)	—	—	Chinarinden
Unben. Alkohol[11])	$C_{20}H_{34}O$	130—133°	—	Samen von Brucea sumatrana
Rhamnol[12])	$C_{20}H_{34}O$	134°	—	Ko-sam-Früchte; Blattwachs vom Wegdorn (Rhamnus Purshiana)
Citrullus-Phytosterin[13])	$C_{20}H_{34}O$	158—160°	167—170°	Koloquinten (Citrullus colocynthis Schrader)
Oleasterol[14])	$C_{20}H_{34}O$	174°	—	Olivenblätter

[1]) Darmstädter und Lifschütz: Ber. Bd. 28, S. 3133. 1895.
[2]) Marchetti: Gazz. chim. Bd. 25, S. 45. 1895.
[3]) Euler: Ber. Bd. 40, S. 4760. 1907. [4]) Kessel: a. a. O.
[5]) Étard: Compt. rend. Bd. 114, S. 364. 1892.
[6]) Bürger: Bioch. Z. Bd. 78, S. 155. 1917.
[7]) Tsujimoto und Toyama: Ch. Umschau Bd. 29, S. 27, 35, 43. 1922; Toyama: ebenda S. 245. Ch. Umschau Bd. 31, S. 61. 1924.
[8]) Kobayashi: J. Ch. Jnd. Jap. Bd. 25, S. 1188. 1922.
[9]) Klobb: Ann. Chim. Phys. (8) Bd. 24, S. 410. 1911.
[10]) Hesse: Ann. Bd. 228, S. 288. 1885.
[11]) Power und Lees: Pharm. J. Bd. 17, S. 183. 1903.
[12]) Power und Lees: Year Book of Pharmacy 1903, S. 503. Tutin und Clewer: J. Ch. Soc. Bd. 97, S. 1. 1910.
[13]) Power und Moore: J. Ch. Soc. Bd. 97, S. 108. 1910; s. a. ebenda, S. 1.
[14]) Power und Tutin: J. Ch. Soc. Bd. 93, S. 891. 1908.

Tabelle 4 (Fortsetzung).

Name	Brutto-formel	Schmelz-punkt	Acetat-Schmelz-punkt	Vorkommen
Unben. Alkohol[1]) .	$C_{21}H_{36}O$	125—135°	—	Illipebutter
? Unben. Alkohol[2]) .	? $C_{22}H_{38}O$	172°	—	Rindenwachs von Stechpalmen (Ilex Integra Thunb.)
Mochylalkohol[3]) . .	? $C_{26}H_{46}O$	234°	167—170°	Rindenwachs von Stechpalmen (Ilex Integra Thunb.)
Koprosterin[4]) . . .	$C_{27}H_{48}O$	? 95—96°	114—115° (Benzoat) (88° ?)	In den Faeces
Spongosterin[5]) . .	? $C_{27}H_{48}O$	119—120°	124,5°	Suberites domuncula
Unben. Alkohol[1]) .	$C_{27}H_{48}O$	159—160°	—	Illipebutter
„ „ [1]) .	$C_{31}H_{56}O$	186—186,5°		„
		$C_nH_{2n-9}OH$: Zoosterine:		
Cholesterin[6]). . . .	$C_{27}H_{46}O$	148,4—150,8° (unkorr.: 146°)	114,3-114,8°	In fast allen tierischen Fetten, Wollwachs, u. a. m.
? Isocholesterin[7]). .	„	137—138°	—	Angeblich im Wollfett
Bombycesterin[8]) . .	„	148°	129°	Chrysalidenfett
Clionasterin[9]) . . .	„	—	134—135°	In Schwämmen
		Phytosterine[10]):		
Sitosterin[11])	$C_{27}H_{46}O$	141° (unkorr.: 137,5°)	125,6 bis 137° (!)	Getreidekeime u. a. m. fast in allen Pflanzenfetten
Unben. Sterin[12]) . .	$C_{27}H_{46}O$	186—187°	223—224°	Öl des Schneeballs
Paraphytosterin[13]) . (Parasitosterin)	? $C_{24}H_{40}O$ ($C_{25}H_{42}O$)	149—150°	—	Phaseolus vulgaris
Scillisterin[14]) . . .	„	163—164°	133—134°	Meerzwiebel (Bulbus Scillae)
Verosterin[15]). . . .	$C_{27}H_{46}O$	135—136°	119—120°	Rhizom von Veronica virginica
Unben. Alkohol[16]) .	$C_{28}H_{48}O$	127—129°	117—119°	Huflattichblütenwachs (Tussilago farfara)
„ „ [17]) .	$C_{32}H_{54}O$	99°	123—124°	Brechnußöl

[1]) KOBAYASHI: J. Ch. Ind. Jap. Bd. 25, S. 1188. 1922.
[2]) DIVERS u. KAWAKITA: C. 1888, I, S. 368.
[3]) DIVERS und KAWAKITA: a. a. O.
[4]) BONDZYNSKI: Ber. Bd. 29, S. 476. 1896.
[5]) HENZE: Z. physiol. Ch. Bd. 41, S. 109. 1903.
[6]) CONRADI (1775), GREEN (1788): zit. nach LEWKOWITSCH: Ch. Technol. 5. ed. Bd. I, S. 264. 1913.
[7]) SCHULZE: J. pr. (2) Bd. 7, S. 172. 1873.
[8]) MENOZZI und MORESCHI: R. Accad. Linc. (5) Bd. 17, I, S. 95, 126, 1908; (5) Bd. 19, I, S. 127, 1910.
[9]) DORÉE: Bioch. J. Bd. 4, S. 92. 1909.
[10]) HESSE: Ann. Bd. 192, S. 175. 1878.
[11]) BURIAN: Monatsh. Bd. 18, S. 551. 1897.
[12]) HEYL und BARKENBUS: J. Am. Ch. Soc. Bd. 42, S. 1744; C. 1920, III, S. 847; HEYL: J. Am. Pharm. Assoc. Bd. 11, S. 329. 1922; C. 1923, I, S. 1515.
[13]) LIKIERNIK: Ber. Bd. 34, S. 187. 1891.
[14]) BUSCHMANN: Arch. Pharm. Bd. 257, S. 79. 1919.
[15]) POWER und ROGERSON: J. Ch. Soc. Bd. 97, S. 1944. 1910.
[16]) KLOBB: Ann. Chim. Phys. (8) Bd. 22, S. 5. 1911.
[17]) HEIDUSCHKA und WALLENREUTER: Arch. Pharm. Bd. 253, S. 202. 1915.

Tabelle 4 (Fortsetzung).

Name	Bruttoformel	Schmelzpunkt	Acetat-Schmelzpunkt	Vorkommen
Unben. Alkohol[1]) .	($C_{35}H_{58}O$?) $C_{35}H_{60}O$	188°	223°	Brechnußöl
„ „ [2]) .	$C_{38}H_{68}O$	99°	121°	
		$C_nH_{2n-11}OH$:		
Cluytiasterin[3]) . .	$C_{27}H_{44}O$	159°	139°	Cluytia similis
Brassicasterin[4]) . .	$C_{28}H_{46}O$ ($+H_2O$)	148°	157—158°	Rüböl
Stigmasterin[5]) . . .	$C_{30}H_{50}O$	169—170°	141°	Calabarbohnen
Fungisterin[6]) . . .	? $C_{25}H_{40}O$	144°	158,5°	Pilzfette
		$C_nH_{2n-13}OH$:		
Unben. Alkohol[7]) .	$C_{26}H_{40}O$	159° ?	—	In Pilzen (Hypholoma fasc., Amanita muscaria)
Ergosterin[8])	$C_{26}H_{40}O$ oder ? $C_{27}H_{42}O$	154° ?	180,5°	Pilzfette
Lupeol[9])	$C_{31}H_{50}O$	212—213°	212—213°	Samenschalen von Lupinus luteus
		$C_nH_{2n-4}O_2$:		
Unbenannte Verbindung[10])	$C_{31}H_{58}O_2$	155°	—	Zuckerrübenfett
		$C_nH_{2n-8}O_2$:		
Vitin[11])	$C_{20}H_{32}O_2$	250—255°	—	Amerikanisches Weinbeerenwachs
Balanophorinalkohol[12])	$(C_{12}H_{20}O)_n$ n = 2 ?	56—57°	—	Stengelparenchym von Balanophorenarten
Olestranol[13]) . . .	$C_{25}H_{42}O_2$	217°	—	Olivenblätter
Homoolestranol[13]) .	$C_{27}H_{46}O_2$	210°	—	Olivenblätter
Dipterocarpol[14]) . .	$C_{27}H_{46}O_2$	134—135°	—	Dipterocarpus trinervis Blume
Oxycholesterin[15]) . .	? $C_{27}H_{46}O_2$	107—113°	—	Neben Cholesterin besonders im Blut

[1]) HEIDUSCHKA und WALLENREUTER: Arch. Pharm. Bd. 253, S. 202. 1915.
[2]) HEIDUSCHKA und WALLENREUTER: Arch. Pharm. Bd. 250, S. 398. 1912.
[3]) TUTIN und CLEWER: J. Ch. Soc. Bd. 101, S. 2221. 1912; POWER und BROWNING: ebenda, S. 2411.
[4]) WINDAUS und WELSCH: Ber. Bd. 42, S. 612. 1909.
[5]) WINDAUS und HAUTH: Ber. Bd. 39, S. 4378. 1906; HEIDUSCHKA und GLOTH: Arch. Pharm. Bd. 253, S. 415. 1915.
[6]) TANRET: Compt. rend. Bd. 147, S. 75. 1908.
[7]) ZELLNER: Monatsh. Bd. 32, S. 133, 1057. 1911.
[8]) TANRET: a. a. O.
[9]) LIKIERNIK: Z. physiol. Ch. Bd. 15, S. 415. 1891.
[10]) NEVILLE: J. Ch. Soc. Bd. 101, S. 1101. 1912.
[11]) SEIFERT: Monatsh. Bd. 14, S. 719. 1894.
[12]) SIMON: Monatsh. Bd. 32, S. 89. 1911.
[13]) POWER und TUTIN: J. Ch. Soc. Bd. 93, S. 891. 1908.
[14]) VAN ITALLIE: Pharm. Weekblad, Bd. 49, S. 314. 1912; C. 1912, I, S. 1666.
[15]) LIFSCHÜTZ: Ber. Bd. 41, S. 253. 1908.

Tabelle 4 (Fortsetzung).

Name	Bruttoformel	Schmelzpunkt	Acetat-Schmelzpunkt	Vorkommen
		$C_nH_{2n-10}O_2$:		
? Arnisterin[1] . . .	$C_{28}H_{46}O_2$ ($+H_2O$)	249—250°	—	Blüten von Arnica montana
Phellylalkohol[2] (Cerin)	$C_{27}H_{44}O_2$[3]	249°	—	Verkorkte Pflanzenteile
Betulin[4]	$C_{30}H_{50}O_2$	251—252°	214°	Birkenrinde
Unben. Alkohol[5] .	$C_{32}H_{54}O_2$	221°	—	Brechnußöl
		$C_nH_{2n-12}O_2$:		
Prosol[6]	$C_{24}H_{36}O_2$	279°	—	Öl der Prosohirse (Panicum miliaceum)
		$C_nH_{2n-13}O_2$?,:		
Unben. Alkohol[7] .	? $C_{29}H_{45}O_2$	120—122°	—	Zuckerrübenfett
		$C_nH_{2n-16}O_2$:		
Friedelin[8]	$C_{43}H_{70}O_2$	263,5° korr.	—	Verkorkte Pflanzenteile
		$C_nH_{2n-18}O_2$:		
? Mycosterin[9] . . .	$C_{32}H_{48}O_2$	159—160°	169°	Angeblich in Pilzfetten vermutlich identisch mit Ergosterin
		$C_nH_{2n-10}O_3$:		
Oenocarpol[10] . . .	$C_{26}H_{39}(OH)_3$ ($+H_2O$)	304°	—	Weinbeerenwachs
		$C_nH_{2n-12}O_3$:		
Malol[11]	$C_{30}H_{48}O_3$	280—282°	Diacetylverb. 199—200° Monoacetylverb. 279—281°	Apfelschalenwachs
Oleanol[12]	$C_{31}H_{50}O_3$ ($+H_2O$)	303—304°	Diacetylverb. ca. 208° Monoacetylverb: 258°	Olivenblätter
Prunol[13]	$C_{31}H_{50}O_3$ ($+H_2O$)	275—277°	Diacetylverb. 181° Monoacetylverb. 290°	Blätter von Prunusarten (P. serotina)

[1] Klobb: Compt. rend. 138, S. 763. 1904.
[2] Chevreul: Ann. de Chimie Bd. 96, S. 141. 1815.
[3] Oder $C_{30}H_{50}O_2$ oder $C_{32}H_{54}O_2$.
[4] Lowitz: Crells Chem. Ann. Bd. 2, S. 312. 1788.
[5] Heiduschka u. Wallenreuter: Arch. Pharm. Bd. 250, S. 398. 1912.
[6] Dunbar und Binnewies: J. Am. Ch. Soc. Bd. 42, S. 658. 1920.
[7] Neville: J. Ch. Soc. Bd. 101, S. 1101. 1912.
[8] Istrati und Ostrogovich: Compt. rend. Bd. 128, S. 1583. 1899.
[9] Ikeguchi: J. Biol. Ch. Bd. 40, S. 175. 1919; C. 1920, III, S. 669.
[10] Étard: Compt. rend. Bd. 114, S. 231. 1892.
[11] Sando: J. Biol. Ch. Bd. 56, S. 457; C. 1923, III, S. 1283.
[12] Power und Tutin: J. Ch. Soc. Bd. 93, S. 891. 1908.
[13] Power und Moore: ebenda Bd. 97, S. 1099. 1910.

Tabelle 4 (Fortsetzung).

Name	Brutto-formel	Schmelz-punkt	Acetat-Schmelz-punkt	Vorkommen
		$C_nH_{2n-6}O_4$:		
Ipuranol[1])	$C_{23}H_{40}O_4$	285—290°	Diacetylverb. 160°	Ipomoea purpurea, Olivenrinde
		$C_nH_{2n-20}O_4$:		
Otobit[2])	? $C_{20}H_{20}O_4$	138°	—	Otobabutter
Isootobit[2])	? „	108°	—	ebenda
		$C_nH_{2n-10}O_6$:		
Phytosterolin[3]) ..	$C_{33}H_{56}O_6$	—	—	Öl des Schneeballs

Konstitution. Die Komponenten der typischen Wachse (Insektenwachse u. a. m.) sind vorwiegend oder ausschließlich primäre aliphatische Alkohole, die der Blattwachse und die alkoholischen Begleitstoffe der Fette scheinen dagegen vorwiegend sekundäre, cyclische (hydroaromatische) Alkohole zu sein. Konstitutionell vollständig aufgeklärt sind von den vielen oben angeführten Verbindungen kaum ein halbes Dutzend. Von den übrigen ist bei manchen selbst noch fraglich, ob sie zur Gruppe der aliphatischen oder der cyclischen Alkohole gehören, von vielen ist sogar die Bruttoformel unsicher. Ohne Zweifel sind mehrere nicht einheitlich, keine chemischen Individuen.

a) Aliphatische Wachsalkohole. Das natürliche Dodecanol ist jedenfalls ein primärer, wahrscheinlich normaler Alkohol, n-Dodecanol-(1), CH_3—$(CH_2)_{10}$-CH_2OH. Der als nächsthöheres Homologes $C_{13}H_{28}O$, Schmelzp. 78° (!) beschriebene sog. Pisangcerylalkohol existiert nicht.

Der Cetylalkohol gibt bei der Oxydation Palmitinsäure[4]) und kann durch Reduktion derselben synthetisch dargestellt werden, er ist folglich n-Hexadecanol-(1), CH_3—$(CH_2)_{14}$—CH_2OH.

Analog wurde die Konstitution des Octadecylalkohols als n-Octadecanol-(1), CH_3—$(CH_2)_{16}$—CH_2OH, ermittelt und die des Arachylalkohols als n-Eikosanol-(1), CH_3—$(CH_2)_{18}$—CH_2OH.

Medicagol soll mit dem Arachylalkohol nicht identisch sein, ebensowenig — trotz Übereinstimmung der Schmelzpunkte — mit dem Raphiaalkohol. Beider Konstitution ist nicht bekannt; ebensowenig die des im Weizenkorn enthaltenen Alkohols $C_{20}H_{42}O$.

Carnaubylalkohol wird durch Chromsäure zu Carnaubasäure oxydiert; nachdem die Carnaubasäure wahrscheinlich nicht einheitlich ist, dürfte es auch der Alkohol nicht sein, wofür auch andere Anzeichen sprechen[5]).

Von den Lignocerinalkoholen ist nur festgestellt, daß sie primäre Alkohole sind, die bei der Kalischmelze die niedrigerschmelzende Lignocerinsäure geben und daß keiner mit dem n-Tetrakosanol identisch ist.

Cerylalkohol gibt bei der Kalischmelze Cerotinsäure und ist folglich der entsprechende primäre Alkohol. Seine Konstitution ist wie die der Säure un-

[1]) Power und Tutin: J. Ch. Soc. Bd. 93. S. 891. 1908.
[2]) Baughman, Jamieson und Brauns: J. Am. Ch. Soc. Bd. 43, S. 201. 1921.
[3]) Heyl und Barkenbus: J. Am. Ch. Soc. Bd. 42, S. 1744; C. 1920, III, S. 847: Heyl: J. Am. Pharm. Assoc. Bd. 11, S. 329. 1922; C. 1923, I. S. 1515.
[4]) Dumas und Stas: Ann. Bd. 35, S. 210. 1840; Claus und von Dreden: J. pr. (2) Bd. 43, S. 148. 1891.
[5]) Matthes und Sander: Arch. Pharm. Bd. 246, S. 169. 1908.

bekannt. Dagegen ist der Cerylalkohol des chinesischen Wachses durch die Reduktion zu n-Heptakosan, Schmelzp. 59,5°, als normale Verbindung $C_{27}H_{56}O$ charakterisiert.

Die Konstitution des Isocerylalkohols ist unbekannt. Der isomere Alkohol aus dem Wollfett ist jedenfalls nicht mit Cerylalkohol, neben dem er vorkommt, identisch; durch Chromsäure wird nur dieser zu Cerotinsäure oxydiert.

Die Bruttoformel des Hippokoprosterins oder Chortosterins (nicht zu den Sterinen gehörig!) ist $C_{27}H_{56}O$ oder $C_{27}H_{54}O$. Im zweiten Falle müßte eine cyclische Verbindung vorliegen, weil sie sicher keine Lückenbindung enthält. Das Hydroxyl läßt sich nur schwer, nich mittels Thionylchlorid, durch Chlor substituieren und scheint folglich nicht endständig zu sein.

Die Myricyl- oder Melissylalkohole aus Carnaubawachs und Bienenwachs wurden ursprünglich für identisch gehalten und beiden die Formel $C_{30}H_{62}O$ zugeschrieben[1]). Später wurde der Melissylalkohol des Bienenwachses als $C_{31}H_{64}O$ erkannt[2]). Diese Formel wurde dann auch auf den vermeintlich identischen Carnaubawachs-Melissylalkohol übertragen[3]), doch ist dieser nach neueren Feststellungen[4]) das niedere Homologe des Bienenwachs-Melissylalkohols; es empfiehlt sich, ihn fortan als Myricylalkohol zu bezeichnen. Beide Alkohole sind normal und primär: Triakontanol-(1) bzw. Hentriakontanol-(1). Die genetischen Beziehungen zwischen ihnen sind über Myricyljodid und -nitril hergestellt. Ebenso die Beziehung zum nächsthöheren Homologen, dem Laccerol: CH_2—$(CH_2)_{30}$—CH_2OH, Dotriakontanol-(1).

Psyllostearylalkohol gibt beim Schmelzen mit Natronkalk Psyllostearylsäure und ist somit primär; nachdem der Hummelalkohol mit Natronkalk tieferschmelzende Spaltungsprodukte gibt, ist er mit ersterem nicht identisch[5]).

Der Tarchonylalkohol ist gegen schmelzende Alkalien beständig, ist demnach kein primärer Alkohol.

Die ungesättigten Alkohole sind noch wenig erforscht; bisher ist nur von einem die Konstitution ermittelt.

Über die angeblich im Wollfett enthaltenen Alkohole $C_{10}H_{20}O$, $C_{11}H_{22}O$ und $C_{12}H_{24}O$ (Lanolinalkohol) siehe unter b).

Die Alkohole $C_{16}H_{32}O$ und $C_{18}H_{36}O$ des Walratöls sind sicher primäre olefinische Alkohole normaler Struktur, weil sie bei der Hydrierung Cetyl- bzw. Octadecylalkohol geben[6]). Der im Spermöl und in gewissen Haifischleberölen vorwaltende Alkohol $C_{18}H_{36}O$ ist das der Ölsäure entsprechende Octadecen-(9)-ol-(1)[7]).

Das Phytol ist durch seine Additionsreaktionen, durch die Bildung eines Diolefins $C_{20}H_{38}$ bei der Abspaltung von Wasser sowie sonstige Reaktionen als primärer olefinischer Alkohol charakterisiert[8]). Wie schon die Tatsache der optischen Aktivität beweist und durch den Abbau bestätigt wird, enthält es eine verzweigte Kohlenstoffkette, deren Struktur noch nicht endgiltig bewiesen ist.

---

[1]) Brodie: Ann. Bd. 71, S. 144. 1849.

[2]) Schwalb: Ann. Bd. 235, S. 106. 1886.

[3]) Gascard: J. Pharm. Chim. 1893, S. 49.

[4]) Heiduschka und Gareis: a. a. O.; Gascard: Compt. rend. Bd. 170, S. 886. 1920.

[5]) Sundwik: Z. physiol. Ch. Bd. 72, S. 455. 1911.

[6]) Unveröffentlichte Beobachtung.

[7]) Tsujimoto: J. Ch. Ind. Japan Bd. 24, Nr. 275. 1921; Ch. Umschau Bd. 28, S. 71, 1921; Toyama: ebenda Bd. 29, S. 237. 1922; Bd. 31, S. 13. 1924.

[8]) Willstätter und Hocheder: a. a. O.; Willstätter und Stoll: Untersuchungen über Chlorophyll. Berlin 1913, S. 11.

Die Formel des Cerosins ist, wenn die Verbindung überhaupt existiert, sicher unrichtig; nach dem hohen Schmelzpunkt und der Überführung in die bei 93,5 ° schmelzende „Cerosinsäure“ (mittels Natronkalkschmelze) ist sie ein gesättigter, primärer Alkohol. Der Schmelzpunkt des Alkohols $C_{36}H_{72}O$ aus Cochenillewachs ist für den eines normalen Hexatriakontanols zu niedrig.

Bei den Alkoholen $C_nH_{2n-3}OH$ aus Tuberkelwachs stimmen die Schmelzpunkte — wenigstens jener der Verbindung $C_{15}H_{28}O$ — nicht mit den Bruttoformeln. Es ist übrigens nicht bewiesen, daß einwertige Alkohole und nicht Glykole von doppeltem Molekulargewicht vorliegen.

Von den Alkoholen $C_nH_{2n+2}O_2$ ist die Verbindung $C_{25}H_{52}O_2$ aus dem Carnaubawachs als diprimäres Glykol charakterisiert, denn sie gibt bei der Natronkalkschmelze die zweibasische Säure $C_{25}H_{48}O_4$. Vom Coccerylalkohol ist nur bekannt, daß er bei der Oxydation mit Chromsäure eine Pentadecylsäure gibt.

Rhamnosterin und Drimol, die als einwertige Alkohole bezeichnet werden, müssen nach ihren Bruttoformeln ebenfalls aliphatische Glykole sein. Bei der ersten Verbindung weist auch der Schmelzpunkt auf ein Polymethylenglykol.

Sphingol dürfte im Sphingomyelin sowohl mit der Stearinsäure als auch mit der Phosphorsäure verestert, also ein Glykol sein.

Die Konstitution des Ascarylalkohols sowie die des Vitoglykols ist völlig unbekannt.

b) Verbindungen $C_nH_{2n}O$ oder $(C_nH_{2n}O)_2$, cyclische Alkohole oder Glykole. Die angeblichen Wollfettalkohole $C_{10}H_{20}O$, $C_{11}H_{22}O$ und $C_{12}H_{24}O$, der Alkohol $C_{15}H_{30}O$ des Carnaubawachses und das Vitol $C_{17}H_{34}O$, die sonst als olefinische einwertige Alkohole registriert werden, können schon, nach den hohen Schmelzpunkten zu schließen, keine solchen sein. Sie sind entweder Glykole (so daß ihre Bruttoformeln zu verdoppeln wären) oder cyclische Alkohole. Die meisten dürften übrigens keine chemischen Individuen sein. Das Glutinol ist eine gesättigte, folglich sicher cyclische Verbindung. Daher ist auch für das neben ihm vorkommende und vermutlich verwandte Glutanol cyclische Struktur wahrscheinlich. Im Chimyl-, Batyl- und Selachylalkohol sind nur zwei Hydroxyle acetylierbar, die Verbindungen sind also Glykole. Die Funktion des dritten Sauerstoffatoms ist noch unbekannt. Der Selachylalkohol $C_{20}H_{40}O_3$ ist einfachungesättigt, er gibt bei der Hydrierung den Batylalkohol $C_{20}H_{42}O_3$.

c) Cyclische Alkohole. Die Alkohole $C_nH_{2n-7}OH$ sind schon durch ihre hohen Schmelzpunkte als cyclische Verbindungen gekennzeichnet. Der sog. Ficocerylalkohol ist mit β-Amyrin identisch[1]).

Dem Namen nach sind nur Verbasterol, Citrullus-Phytosterin, Koprosterin und Spongosterin sog. Sterine, doch gehören allem Anschein nach auch das Rhamnol, der Mochylalkohol und der Alkohol $C_{22}H_{38}O$ zu den Sterinen, die eine besondere Klasse bilden.

Sterine: Man unterscheidet nach dem Vorkommen Zoosterine und Phytosterine, beide Protoplasmabestandteile, und Metasterine, Exkretions- und Sekretionsprodukte pflanzlicher und tierischer Organe[2]).

Die Sterine sind polycyclische, hydroaromatische, einfach- oder doppeltungesättigte Verbindungen. Die Alkoholnatur des namengebenden ersten Sterins, des Cholesterins, wurde schon von CHEVREUL erkannt, seine Konstitution ist aber erst auf Grund vieler Untersuchungen von MAUTHNER und SUIDA[3]), DIELS und

---

[1]) ULTÉE: Pharm. Weekblad Bd. 52, S. 1097; C. 1915, II, S. 794.

[2]) DOREE: Bioch. J. Bd. 7, S. 616. 1913.

[3]) Monatsh. Bd. 15, S. 85, 362. 1894; Bd. 17, S. 29, 579. 1896; Bd. 24, S. 175, 648, 664. 1903; MAUTHNER: Monatsh. Bd. 27, S. 312, 1906; Bd. 28, S. 1114. 1907.

ABDERHALDEN[1]), insbesondere aber von WINDAUS und seinen Schülern[2]) durch WINDAUS weitgehend aufgeklärt worden. Die Formel ist höchstwahrscheinlich[3]):

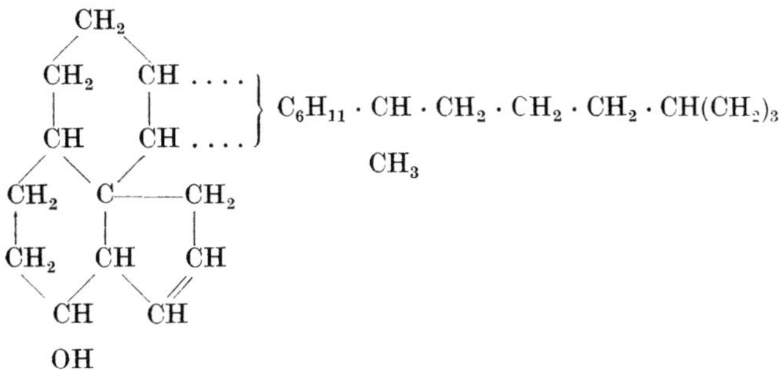

Das Cholesterin mit seinen Isomeren und Homologen steht in engster genetischer Beziehung zu den Gallensäuren sowie in konstitutioneller Beziehung zu den Harzsäuren.

Die übrigen Sterine der Bruttoformel $C_{27}H_{46}O$ sind auch einfach-ungesättigte sekundäre Alkohole. Ihre Isomerie mit dem Cholesterin ist durch sterische Verschiedenheit bedingt. Das Cholesterin enthält jedenfalls soviel asymmetrische Kohlenstoffatome, daß noch viel mehr isomere Sterine bestehen könnten, als bisher aufgefunden wurden[4]).

Das Sitosterin des Maisöls ist höchstwahrscheinlich ein solches Stereoisomeres des Cholesterins. Mit dem Sitosterin ist das Sojasterin vermutlich identisch, während das sog. Hydrocarotin ein mit dem homologen Stigmasterin vermengtes Sitosterin ist. Das Mycosterin[5]) ist möglicherweise ein Oxydationsprodukt des Stigmasterins; nach MAC LEAN und THOMAS[6]) ist es mit Ergosterin identisch, das für die Fette aller Kryptogamen spezifisch sein soll.

Das Koprosterin, ein bakterielles Reduktionsprodukt des Cholesterins (in den Faeces der Fleischfresser), ist von dem durch Hydrierung des Cholesterins neben anderen Produkten entstehenden Pseudokoprosterin verschieden, und zwar stereoisomer. Die homologen und die mehrfach ungesättigten Sterine sind weniger durchforscht. Manche sind wohl keine chemischen Individuen. Konstitutionell stehen sie jedenfalls in nahen Beziehungen zu den Sterinen $C_{27}H_{46}O$. Für Lupeol wurde ursprünglich die Formel $C_{26}H_{42}O$ aufgestellt[7]); nach COHEN[8]) hat diese Verbindung jedoch die Zusammensetzung $C_{31}H_{50}O$, die auch von DIETERLE[9]) bestätigt wird. Das „Lupeol" von GOODSON[10]) soll mit dem Xanthosterin

---

1) Ber. Bd. 36, S. 3177. 1903; Bd. 37, S. 3102, 1904; Bd. 39, S. 884. 1906.

2) Ber. Bd. 36, S. 3702. 1903; Bd. 37, S. 2027, 4753. 1904; Bd. 39, S. 518, 2010, 2252, 4378. 1906; Bd. 40, S. 257, 2637, 3682. 1907; Bd. 41, S. 614, 3771. 1908; Bd. 42, S. 238, 612, 3771. 1909; Bd. 49, S. 1724. 1916. Eine zusammenfassende Darstellung der Arbeiten zur Bestimmung der Konstitution des Cholesterins s. WINDAUS: Nachr. K. Ges. Wiss. Göttingen 1919, S. 237; C. 1920, I, S. 82.

3) WINDAUS: Z. ang. Bd. 36, S. 309. 1923. WINDAUS, ROSENBACH und RIEMANN: Z. physiol. Ch. Bd. 130, S. 113. 1923.

4) WINDAUS und RAHLEN: Z. physiol. Ch. Bd. 101, S. 223. 1918.

5) IKEGUCHI: J. Biol. Ch. Bd. 40, S. 175. 1919; C. 1920, III, S. 669.

6) Bioch. J. Bd. 14, S. 483. 1920.

7) LIKIERNIK: Z. physiol. Ch. Bd. 15, S. 415. 1891.

8) Arch. Pharm. Bd. 245, S. 236. 1907; Rec. trav. chim. Bd. 28, S. 368. 1909.

9) Arch. Pharm. Bd. 261, S. 89. 1923.

10) Bioch. J. Bd. 15, S. 123; C. 1921, III, S. 232.

$C_{23}H_{39}OH$ von DIETERLE[1]) und einem von OESTLING[2]) beschriebenen Phytosterin identisch sein[3]).

Noch weniger bekannt ist das im Blut enthaltene Oxycholesterin; seine Einheitlichkeit wird bestritten. Es gibt keine Carbonylreaktionen, dagegen ein Dibenzoat. Auch die Konstitution der anderen Alkohole mit zwei Sauerstoffatomen ist völlig unbekannt. Vitin, sowie Dipterocarpol sollen nur eine (alkoholische?) Hydroxylgruppe enthalten; Vitin ist schwach sauer, in alkoholischer Lauge löslich, also ein Phenolalkohol oder ein Lakton. Das dem Phytosterin ähnliche Prosol $C_{24}H_{36}O_2$ scheint ein Ketoalkohol zu sein[4]). Dipterocarpol und Betulin geben bei der Oxydation nur Monoketone, könnten daher — wenn nicht etwa eine alkoholische Hydroxylgruppe tertiär ist — ebenfalls Phenolalkohole sein. Nach TRAUBENBERG gehört das Betulin zur Steringruppe und enthält vier hydroaromatische Ringe[5]). — Vitin gibt die Cholestolreaktion; auch Phellylalkohol (früher $C_{20}H_{32}O$ formuliert) und Friedelin, sowie die Verbindung $C_{31}H_{58}O_2$ sollen den Sterinen nahestehen.

Das Balanophorin $(C_{12}H_{20}O)_n$, vielleicht $C_{24}H_{40}O_2$, zerfällt bei der Kalischmelze, ebenso beim Destillieren im Vakuum in Palmitinsäure und eine harzartige (cyclische?) Substanz. Nachdem es gegen siedende, konzentrierte Laugen beständig ist, dürfte die Säure nicht in irgendwelcher Form vorgebildet sein; wenn sich die Beständigkeit gegen Alkalien bestätigt, müßte ein Glykol, Phenol-, Keto- oder Ätheralkohol vorliegen. Von Oleanol, Prunol und deren nächstniederem Homologen, dem Malol, konnten die Monoacetyl-, Diacetyl-, Monomethyl- und Acetylmethylverbindung dargestellt werden. Von den beiden Hydroxylgruppen des Oleanols hat die eine Phenolcharakter; das dritte Sauerstoffatom ist wahrscheinlich ätherartig gebunden.

Eigenschaften. Die gesättigten aliphatischen Wachsalkohole sind feste, krystallisierbare Substanzen, deren Schmelzpunkte ungefähr zwischen 50 und 100° liegen; von den Isomeren schmelzen die Verbindungen mit verzweigter C-Kette höher als die normalen, weil die Anhäufung von Methylgruppen eine Erhöhung des Schmelzpunktes bedingt. Noch viel mehr wird der Schmelzpunkt durch Ringschluß erhöht, die cyclischen Alkohole, besonders die gut krystallisierenden Sterine, schmelzen fast alle weit über 100°. Die normalen olefinischen Alkohole sind ölige Flüssigkeiten.

In den chemischen Eigenschaften zeigen sie soweit Übereinstimmung, als durch die allen gemeinsame Hydroxylfunktion bedingt wird, sonst gleichen sie sich aber, wie die Wachse selbst, mehr vom biologischen als vom chemischen Standpunkte. Die wichtigste Reaktion ist die Veresterung mit organischen Säuren, die durch die üblichen katalytischen Mittel wie Chlorwasserstoff (auch durch Fermente, Esterasen) unterstützt, am leichtesten aber mit den Säureanhydriden oder Halogeniden ausgeführt wird. Z. B.

$$C_{15}H_{31}CH_2OH + (CH_3CO)_2O = C_{15}H_{31}{-}CH_2OCOCH_3 + CH_3COOH\,.$$

Ebenso werden mit anorganischen Säuren Ester gebildet, z. B. beim Auflösen in konzentrierter Schwefelsäure Alkylschwefelsäureester; als analoge Veresterung

[1]) Arch. Pharm. Bd. 257, S. 260; C. 1920, I, S. 83.

[2]) Ber. Pharm. Ges. Bd. 24, S. 308; 1914. C. 1914, IV, S. 941.

[3]) ULTÉE: C. 1922, III, S. 1050.

[4]) DUNBAR und BINNEWIES: J. Am. Ch. Soc. Bd. 42, S. 658. 1920.

[5]) J. Russ. Phys. Ch. Ges. Bd. 44, S. 132. 1912; Z. ang. Bd. 36, S. 515. 1923; s. a. SCHULZE und PIEROH: Ber. Bd. 55, S. 2332. 1922; DISCHENDORFER: ebenda S. 3692; VESTERBERG: ebenda Bd. 56, S. 845. 1923; insbes. DISCHENDORFER: Monatsh. Bd. 44, S. 123. 1923.

mit Halogenwasserstoffsäure kann auch die Substitution des Hydroxyls durch Chlor oder Brom aufgefaßt werden, die praktisch durch Einwirkung von Phosphorhalogeniden, bei den primären Alkoholen auch leicht mit Thionylchlorid, bewerkstelligt wird.

Durch Wasserabspaltung — direkt mit Schwefelsäure, Phosphorpentoxyd usw., indirekt durch Destillation der Ester mit hochmolekularen Säuren — erhält man die entsprechenden ungesättigten Kohlenwasserstoffe.

Die primären Alkohole werden durch Oxydationsmittel, z. B. Chromsäure, in Carbonsäuren von gleicher Kohlenstoffzahl übergeführt. Oxydiert man durch Schmelzen mit Alkali (Erhitzen mit Natron- oder Kalikalk), so wird dabei der Wasserstoff in elementarer Form quantitativ abgespalten. Z. B.

$$C_{15}H_{31}CH_2OH + NaOH = C_{15}H_{31}COONa + 2\,H_2\,.$$

(Natrium und Alkohol reduzieren umgekehrt Säuren resp. Ester zu den Alkoholen.) Die Verwendung dieser Reaktionen für die Analyse der Wachsalkohole sowie weitere analytisch wichtige Reaktionen sind bei den betreffenden Bestimmungsmethoden angeführt.

Die charakteristische Reaktion der cyclischen Alkohole (Sterine) ist die Bildung unlöslicher Additionsprodukte mit Digitonin[1]). Von den übrigen Alkoholen unterscheiden sie sich auch durch die sonst nicht absolut charakteristischen Farbenreaktionen mit Essigsäureanhydrid und Schwefelsäure u. a. m. (s. Nachweis und Bestimmung S. 259).

D. Kohlenwasserstoffe.

Obwohl die meisten, vielleicht alle Fette und Wachse wenigstens geringe Mengen von Kohlenwasserstoffen enthalten, wurden bisher nur die nachstehend verzeichneten isoliert.

Tabelle 5.

Name	Bruttoformel	Schmelzpunkt	Vorkommen
		C_nH_{2n+2}:	
Isooctadecan[2]) (Pristan)	$C_{18}H_{38}$	flüssig $Kp_{760} = 296°$	Haifischleberöle
n-Eikosan[3]) (Lauran, Bryonan, Petrosilan).	$C_{20}H_{42}$	69°	Lorbeerfett, Petersilienöl, versch. Blätterwachse
Pentakosan[4])	$C_{25}H_{52}$	54—54,5°	Bienenwachs
? Hexakosan[5])	$C_{26}H_{54}$	58°	Gheddawachs ?
n-Heptakosan[6]) . . .	$C_{27}H_{56}$	59,5°	Bienenwachs, Gheddawachs, Tabakblätterwachs u.a.m.
Octakosan[7])	$C_{28}H_{58}$	62,5°	Chrysalidenfett
Nonakosan[4])	$C_{29}H_{60}$	63,5°	Bienenwachs
Triakontan[5])	$C_{30}H_{62}$	70° (63,5—64°)	Gheddawachs, Apfelschalenwachs[8])

[1]) WINDAUS: Ber. Bd. 42, S. 238. 1909; Z. physiol. Ch. Bd. 65, S. 110. 1910.
[2]) TSUJIMOTO: Eng. Bd. 8, S. 889. 1916; s. a. Eng. Bd. 9, S. 1098. 1917; TOYAMA: Ch. Umschau Bd. 30, S. 181. 1923.
[3]) ÉTARD: Ber. Bd. 25, R. 287. 1892; MATTHES und SANDER: Arch. Pharm. Bd. 246, S. 173. 1908; MATTHES und HEINTZ: C. 1909, II, S. 1137.
[4]) GASCARD und DAMOY: Compt. rend. Bd. 177, S. 1442. 1923.
[5]) LIPP und KUHN: J. pr. (2) Bd. 86, S. 184. 1912.
[6]) SCHWALB: Ann. Bd. 235, S. 117. 1886; POWER und TUTIN: Arch. Pharm. Bd. 245, S. 340. 1907; THORPE und HOLMES: J. Ch. Soc. Bd. 79, S. 982. 1901.
[7]) MENOZZI und MORESCHI: R. Accad. Linc. (5) Bd. 17, I, S. 100. 1908.
[8]) SANDO: J. Biol. Ch. Bd. 56, S. 457. 1923; C. 1923, III, S. 1283. S. a. POWER und CHESNUT: J. Am. Ch. Soc. Bd. 42, S. 1509; C. 1920, III, S. 554.

Tabelle 5 (Fortsetzung).

Name	Bruttoformel	Schmelzpunkt	Vorkommen
n-Hentriakontan[1]	$C_{31}H_{64}$	68—68,5°	Gheddawachs, angeblich Bienenwachs, u. a. m.
n-Dotriakontan[2]	$C_{32}H_{66}$	71°	Candelillawachs
n-Pentatriakontan[3]	$C_{35}H_{72}$	74—75°	In verschiedenen Blätter- und Rindenwachsen
		C_nH_{2n}:	
Ceroten[4]	$C_{26}H_{52}$	57—58°	Gramineenwachs
		C_nH_{2n-6}:	
Unbenannter Kohlenwasserstoff[5]	$(C_{11}H_{18})x$	über 196°	Angeblich im Blattwachs von Phlox Caroliniana und Rhamnus Purshiana
		C_nH_{2n-8}:	
Unbenannter Kohlenwasserstoff[6]	$C_{27}H_{48}$	79,5—80,5°	Reiskleienfett
Illipen[7]	$C_{32}H_{56}$	64,5°	Illipebutter
		C_nH_{2n-12}:	
? Spinacen[8]	? $C_{29}H_{48}$	$Kp_9 = 260°$	In Haifischleberölen (Fam. Spinacidae)
Squalen[9]	$C_{30}H_{50}$	—75° $Kp_{10} = 262—264°$	In Haifischleberölen (Fam. Squalidae)
Ilicen[10]	$C_{35}H_{60}$	?	Im Rindenwachs der Frühjahrstriebe von Ilex Aquifolium

Konstitution: Das Isooctadecan muß ein Kohlenwasserstoff mit verzweigter Kette sein, weil das normale Octadecan fest ist. Dagegen scheinen die gesättigten Kohlenwasserstoffe der Wachse normale Paraffine zu sein.

Der Kohlenwasserstoff $C_{27}H_{48}$ steht jedenfalls in naher Beziehung zu einem Phytosterin. Er ist isomer mit dem Dihydrophytosten und dem β-Cholestan; mit dem letzteren stimmt auch der Schmelzpunkt überein, doch ist damit die Identität der beiden nicht erwiesen.

Spinacen[11] und Squalen[12] sind durch Überführung in Hexahydrohalogenide als sechsfach ungesättigte aliphatische Kohlenwasserstoffe charakterisiert; bei der Hydrierung geben sie flüssige Paraffine (Squalen ein bis —80° flüssiges Triakontan), deren Kohlenstoffkette stark verzweigt sein muß. Nach den Ergebnissen der Spaltung mittels Ozon ist Squalen ein Dihydrotriterpen ohne konjugierte Doppelbindungen. Spinacen ist mit ihm vielleicht identisch oder isomer.

---

1) SCHWALB: a. a. O.; POWER und TUTIN: J. Ch. Soc. Bd. 93, S. 894. 1908; THORPE und HOLMES: a. a. O.
2) HANS MEYER und SOYKA: Monatsh. Bd. 34, S. 1159. 1913.
3) POWER und TUTIN: J. Am. Ch. Soc. Bd. 27, S. 1467. 1905.
4) KÖNIG und KIESOW: Ber. Bd. 6, S. 500. 1873; s. a. HENRIQUES: Ber. Bd. 30, S. 1418. 1897.
5) ABBOT und TRIMBLE: Ber. Bd. 21, S. 11, 2598. 1888.
6) WEINHAGEN: Z. physiol. Ch. Bd. 100, S. 164. 1917.
7) KOBAYASHI: J. Ch. Ind. Jap. Bd. 25, S. 1188. 1922.
8) MASTBAUM: Ch.-Ztg. Bd. 39, S. 889. 1915; CHAPMAN: J. Ch. Soc. Bd. 111, S. 56. 1917; Analyst Bd. 42, S. 161. 1917.
9) TSUJIMOTO: Eng. Bd. 8, S. 889. 1916; ebenda Bd. 12, S. 63. 1920.
10) SCHNEEGANS und BRONNERT: Arch. Pharm. Bd. 231, S. 582. 1894; Bd. 232, S. 532. 1895.
11) CHAPMAN: J. Ch. Soc. Bd. 113, S. 458. 1918; ebend. Bd. 123, S. 769. 1923; C. 1923, III, S. 18.
12) TSUJIMOTO: a. a. O. MAJIMA und KUBOTA: Japan. Journ. of Chem. Bd. 1, S. 19. 1922; C. 1923, III, S. 734.

II. Die Ester der Fette, Wachse und Lipoide.

A. Glyceride.

Man glaubte lange Zeit, daß beim Aufbau eines Fettmoleküls bloß eine Fettsäure beteiligt ist, so daß es nur soviel Triglyceride als Fettsäuren gäbe und mit dem Nachweis der in einem bestimmten Fett vorhandenen Säuren auch die Zahl und Art der dieses Fett zusammensetzenden Glyceride (Tristearin, Triolein usw.) bestimmt sei. Erst verhältnismäßig spät fand man, daß neben den einfachen „einsäurigen" Triglyceriden auch — wie schon BERTHELOT vorausgesehen hat[1]) — sog. gemischte oder mehrsäurige Triglyceride vorkommen, die meisten Fette sogar vorwiegend, wenn nicht ausschließlich, aus gemischtsäurigen Triglyceriden bestehen. Nachdem die gemischtsäurigen Glyceride nur durch Isolierung nachgewiesen werden können, die Trennung der einzelnen Triglyceride voneinander aber wegen der Ähnlichkeit ihrer Eigenschaften in den meisten Fällen erhebliche Schwierigkeiten macht, kennt man von den vielen Glyceriden, die ohne Zweifel in den verschiedenen Fetten enthalten sind, erst verhältnismäßig wenige. Diese sind nachstehend angeführt.

Tabelle 6.

Name	Schmelzpunkt[2])	Vorkommen
	A. Einsäurige Triglyceride. $C_3H_5(OCOC_nH_{2n+1})_3$:	
Triacetin[3])	Kp_{760} = 258—259°	Spindelbaumöl
? Tributyrin[4])	Kp_{760} = 287—288°	Butterfett
? Triisovalerin[4])		Delphin- und Meerschweintran
? Tricaprin[5])	?	Ulmensamenöl
Trilaurin[6])	45—46,5° Kp_1 = 260—275°	Lorbeeröl[6]), Cocosfett[7]) u. a. m.
Trimyristin[8])	56° Kp_1 = 290—300°	Muskatbutter[8]), Virolafett[9]) u. a. m.
Tripalmitin[10])	65° Kp_1 = 310—320°	Palmöl, Japantalg, Hasenfett und in vielen anderen Fetten
Tristearin[11])	71,6—73,2° (55,5°)	In vielen Fetten
	$C_3H_5(OCOC_nH_{2n-1})_3$:	
Triolein[12])	—4 bis —5° Kp_0 = 230° ?	In vielen flüssigen Fetten, im Pferdefett u. a. m.
Tripetroselin[13])	32°	Petersiliensamenöl
Trierucin[14])	31°	Kapuzinerkressenöl

1) Chimie organique fondée sur la synthèse 1860, Bd. II, S. 33.
2) Die Zahlen in Klammern bedeuten den „zweiten Schmelzpunkt" oder „Umwandlungspunkt", vgl. S. 109.
3) SCHWEITZER: Jahresber. 1851, S. 444.
4) CHEVREUL: Recherches sur les corps gras., S. 115.
5) PAWLENKO: Ch. Revue Bd. 19, S. 43. 1912.
6) MARSSON: Ann. Bd. 41, S. 330. 1840.
7) GÖRGEY: Ann. Bd. 66, S. 290. 1848.
8) PLAYFAIR: Ann. Bd. 37, S. 153. 1841.
9) THOMS und MANNICH: Ber. Pharm. Ges. 1901, S. 264.
10) STENHOUSE: Ann. Bd. 36, S. 54. 1839.
11) BOUIS und PIMENTEL: Compt. rend. Bd. 44, S. 1357. 1857; DUFFY: Quart. J. Ch. Soc. Bd. 5, S. 197; HEINTZ: J. pr. (1) Bd. 3, S. 49. 1855.
12) CHEVREUL: Ann. Chim. Phys. (2) Bd. 2, S. 366. 1816.
13) VONGERICHTEN und KÖHLER: Ber. Bd. 42, S. 1639. 1909.
14) GADAMER: Arch. Pharm. Bd. 237, S. 472. 1899.

Tabelle 6 (Fortsetzung).

Name	Schmelzpunkt	Vorkommen
	$C_3H_5(OCOC_nH_{2n-2}OH)_3$:	
Triricinolein[1])	—	Ricinusöl
	B. Zweisäurige Triglyceride.	
	$C_3H_5(OCOC_nH_{2n+1})_2(OCOC_mH_{2m+1})$:	
(β-?)Myristodilaurin[2]) . . .	33,4°	Cocosfett, Palmkernöl
(β-?)Laurodimyristin[2]) . .	40°	Cocosfett, Palmkernöl
Palmitodimyristin[2]) . . .	45°	Cocosfett, Palmkernöl
Myristodipalmitin[3])	51°	Palmkernöl
Stearodipalmitin[4])	a) u. c) 55°	a) Rindertalg[4])
	b) 57,3°	b) Rinder- und Hammeltalg[5]), Gänsefett[6])
		c) Cocosfett[2])
	d) 58,5° (48°)	d) Schweinefett[5])
	e) 63,5°	e) Gänsefett[6])
(β-)Palmitodistearin[7]) . .	korr. 68,5° (52,2°)	Schweinefett
(α-)Palmitodistearin[8]) . .	63,5° (52,1°)	Rindertalg, Hammeltalg, Gänsefett[9])
	$C_3H_5(OCOC_nH_{2n+1})_2(OCOC_mH_{2m-1})$:	
Oleodipalmitin[10])	a) 48° ?	a) Talg[10])
	b) 33—34° (28—29°)	b) Borneotalg, Kakaobutter u. a. m.[11]), Butterfett[12]), Gänsefett[13])
? Oleodimargarin[14]) . . .	?	Olivenöl
Oleodistearin[15])	44,5° (27—28°)	Kokumbutter, Mkanifett[15]), Kakaobutter[16]), Borneotalg[17])
(α-)Oleodistearin	42°	Schweinefett[18])
	$C_3H_5(OCOC_nH_{2n+1})(OCOC_mH_{2m-1})_2$:	
Palmitodiolein[19])	flüssig	Talg, Gänsefett[20]), Leinöl[21])
(α-)Palmitodiolein	flüssig	Schweinefett[18])

1) Playfair: Ann. Bd. 60, S. 322. 1846.
2) Bömer: Ch.-Ztg. Bd. 38, S. 844. 1914; Bömer und Baumann: Z. Nahrgsm. Bd. 40, S. 97. 1920; Bömer und Sclndider: ebenda Bd. 47, S. 61. 1924.
3) Bömer: Ch. Umschau, Bd. 30, S. 202. 1923.
4) Hansen: Arch. Hyg. Bd. 42, S. 1. 1902; C. 1902, I, 1116.
5) Bömer: Z. Nahrgsm. Bd. 17, S. 391. 1909.
6) Amberger und Bromig: Pharm. Centralh. Bd. 62, S. 547. 1921; Bioch. Z. Bd. 130, S. 252. 1922.
7) Bömer: Z. Nahrgsm. Bd. 25, S. 354. 1913. Amberger und Wiesehahn: Z. Nahrgsm. Bd. 46, S. 291. 1923.
8) Bömer: a. a. O.
9) Bömer und Merten: Z. Nahrgsm. Bd. 43, S. 101. 1922.
10) Hansen: a. a. O.
11) Klimont: Monatsh. Bd. 24, S. 408. 1903; Bd. 25, S. 557, 931. 1904; Bd. 26, S. 565. 1905.
12) Amberger: Ch. Umschau Bd. 25, S. 138. 1918.
13) Amberger und Bromig: a. a. O.
14) Tomow: Ch. Umschau Bd. 25, S. 52. 1918.
15) Heise: Arb. Ges. Amt Bd. 12, S. 540. 1896; Bd. 13, S. 302. 1897.
16) Fritzweiler: ebenda Bd. 18, S. 371. 1902.
17) Klimont: a. a. O.
18) Amberger und Wiesehahn: Z. Nahrgsm. Bd. 46, S. 276, 291. 1923.
19) Seidenberg: Eng. Bd. 9, S. 855. 1917; C. 1918, I, S. 1193.
20) Amberger und Bromig: Pharm. Centralh. Bd. 62, S. 547. 1921; Bioch. Z. Bd. 130, S. 252. 1922.
21) Eibner und Schmidinger: Ch. Umschau, Bd. 30, S. 300. 1923. Indirekter Nachweis durch Isolierung von Palmitodielaidin aus einem elaidinierten Leinöl.

Tabelle 6 (Fortsetzung).

Name	Schmelzpunkt	Vorkommen
Stearodiolein[1]	flüssig	Menschenfett[1], Leinöl[2], Gambogebutter, Gänsefett[3]
	$C_3H_5(OCOC_nH_{2n+1})_2(OCOC_nH_{2n-3})$:	
Linoleodistearin[2]	?	Leinöl
	$C_3H_5(OCOC_nH_{2n-3})(OCOC_nH_{2n-5})_2$:	
Linoleodilinolenin[4] ...	?	Leinöl
	$C_3H_5(OCOC_nH_{2n-1})(OCOC_mH_{m2-1})_2$:	
Oleodierucin	?	Rüböl[5]
	$C_3H_5(OCOC_nH_{2n-3})(OCOC_mH_{2m-1})_2$:	
Linoleodierucin	?	Rüböl[5]
	C. Dreisäurige Triglyceride[6].	
	$C_3H_5(OCOR_1)(OCOR_2)(OCOR_3)$:	
Caprylolauromyristin[7] .	13—15°	Hauptbestandteil des Cocosfettes
Caprylomyristoolein[8] ..	14°	Hauptbestandteil des Palmkernöls
Butyropalmitoolein[9] ..	15,5°	Butterfett
? Myristopalmitoolein[10] .	25—27°	Kakaobutter
Palmitostearoolein[11] ...	42°	Talg[11], Kakaobutter[12], Schweinefett[13]
Palmito-oleo-linolein[14] ..	flüssig	Leinöl

Konstitution: Die Konstitution der einfachen Triglyceride ist schon durch die des Glycerins eindeutig bestimmt, für eine Verbindung dieser Gruppe muß folglich, sofern die Konstitution der Säure bekannt ist, kein Konstitutionsbeweis erbracht werden. Sog. gemischte (mehrsäurige, gemischtsäurige) Triglyceride treten in stellungsisomeren Formen auf, ebenso die Mono- und Diglyceride; die Konstitution einer solchen Verbindung ist daher nicht von vornherein gegeben, sie kann nur durch Vergleich mit den synthetischen Verbindungen gleicher Zusammensetzung und bestimmter Konstitution (später vielleicht auch durch stufenweisen Abbau) ermittelt werden. Für die Konstitutionsbestimmung der aus den Fetten isolierten gemischten Glyceride ist folglich die Synthese aller Isomeren nötig.

Die Zahl der Isomeren und die Beziehungen der Glyceride verschiedener Typen zueinander zeigt das folgende System der Glyceride[15]:

[1] PARTHEIL und FERIÉ: Arch. Pharm. Bd. 241, S. 545. 1903.
[2] Labor. der GEORG SCHICHT A.-G.: Sffbr. Bd. 26, S. 718. 1914.
[3] BÖMER und MERTEN: Z. Nahrgsm. Bd. 43, S. 101. 1922.
[4] DAVIDSON: Eng. Bd. 13, S. 801. 1921. EIBNER und SCHMIDINGER, a. a. O. Indirekter Nachweis durch Isolierung eines krystallisierten Bromderivates aus einem bromierten Leinöl. Ber. f. $C_{57}H_{94}O_6Br_{16}$: 59,42% Brom. Gef. 59,24% (DAVIDSON); 59,39% (EIBNER und SCHMIDINGER).
[5] AMBERGER: Z. Nahrgsm. Bd. 40, S. 192. 1920. Indirekter Nachweis durch Isolierung von Stearodibehenin als Hauptbestandteil des gehärteten Rüböls.
[6] Die Namen der dreisäurigen Triglyceride sind in der Weise gebildet, daß die niedrigste Fettsäure zuerst, die höchste zuletzt genannt wird; über die Konstitution der Verbindungen soll damit nichts ausgesagt werden.
[7] BÖMER: Ch.-Ztg. Bd. 38, S. 844. 1914; BÖMER und BAUMANN: Z. Nahrgsm. Bd. 40, S. 97. 1920.
[8] BÖMER: Ch. Umschau, Bd. 30, S. 202. 1923.
[9] BLYTH und ROBERTSON: Ch.-Ztg. Bd. 13, S. 128. 1889.
[10] KLIMONT: Monatsh. Bd. 23, S. 51. 1902.
[11] HANSEN: Arch. Hyg. Bd. 42, S. 1. 1902; C. 1902, I, 1116.
[12] KLIMONT: Monatsh. Bd. 24, S. 408. 1903; Bd. 25, S. 557, 931. 1904; Bd. 26, S. 565. 1905.
[13] AMBERGER und WIESEHAHN: a. a. O.
[14] Labor. der GEORG SCHICHT A.-G.: Sffbr. Bd. 26, S. 718. 1914.
[15] Vgl. GRÜN: Habil.-Schrift, S. 40. Zürich 1908.

a) Stellungsisomere Glyceride:

Monoglyceride:

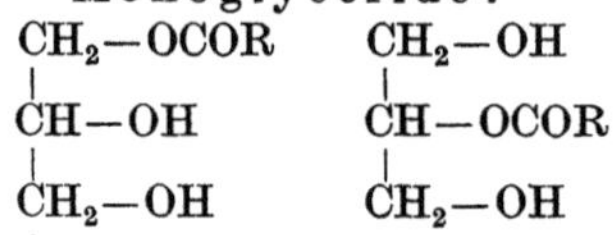

Diglyceride:

einsäurig — zweisäurig

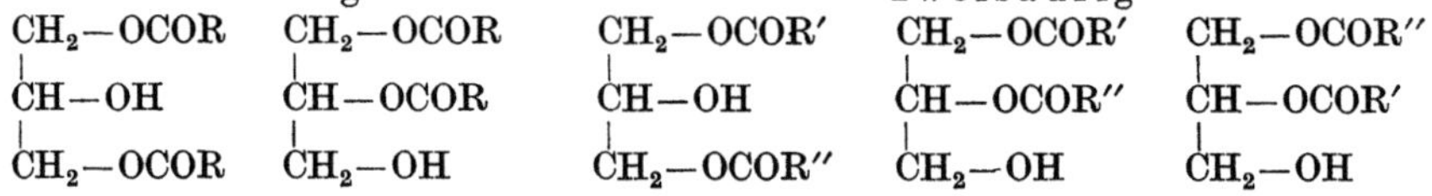

Triglyceride:

einsäurig — zweisäurig — dreisäurig

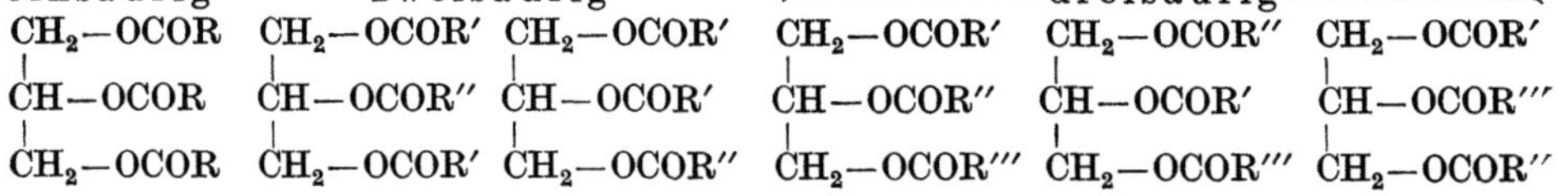

b) Stereoisomere Glyceride: Von den Glyceriden enthalten die folgenden ein asymmetrisches Kohlenstoffatom und sind daher in optische Antipoden spaltbar bzw. durch die Synthese aus inaktivem oder aus aktivem Ausgangsmaterial in drei stereoisomeren (d-, l-, dl-)Formen erhältlich:

die α-Monoglyceride,
die einsäurigen α, β-Diglyceride,
alle zweisäurigen Diglyceride,
die zweisäurigen unsymmetrisch-substituierten Triglyceride,
alle dreisäurigen Triglyceride.

Selbstverständlich treten auch Glyceride eines jeden anderen Typus, die wenigstens ein Radikal einer asymmetrischen, optisch-aktiven Säure enthalten, in stereoisomeren Formen auf; ebenso kann — bei gemischten Glyceriden optisch-aktiver bzw. racemischer Säuren — Asymmetrie der Säureradikale und Asymmetrie des Glycerinradikals, das ist seines β-Kohlenstoffatoms, zusammentreffen. In den natürlichen Fetten wurden aber bisher keine solchen Isomeren gefunden. Vom Tririzinolein, das drei asymmetrische Kohlenstoffatome enthält und folglich in acht stereoisomeren Formen bestehen könnte, ist nur eine rechtsdrehende Form bekannt. Glyceride anderer optisch-aktiver Säuren wurden überhaupt noch nicht isoliert.

c) Glyceride, deren Isomerie durch die ihrer Fettsäuren bedingt ist. Es gibt voraussichtlich eine große Zahl solcher Glyceride, doch ist erst ein Paar von Strukturisomeren: Triolein und Tripetroselin, aufgefunden worden. Einige Paare wurden synthetisiert, wie Trivalerin und Triisovalerin usw.

Im Verhältnis der Alloisomerie stehende Glyceride, wie die der Linolsäure und der Eläostearinsäure — z. B. Trilinolein und Trieläostearin oder entsprechende gemischte Glyceride — finden sich auch ohne Zweifel in den diese Säuren enthaltenden Ölen, wurden aber noch nicht isoliert. Dagegen hat man bereits verschiedene Glyceride in die alloisomeren Formen umgewandelt, z. B.

Triolein — Trielaidin,
Trierucin — Tribrassidin usw.

Die Konfiguration der einzelnen Isomeren ist unsicher.

d) Metamere Glyceride. Solche Glyceride, deren Isomerie auf der Homologie ihrer Säureradikale beruht, müssen sich ebenfalls in großer Zahl in den Fetten finden. Aber auch von diesen wurden erst zwei Paare beschrieben und noch nicht einmal einwandfrei festgestellt:

$$C_3H_5(OCOC_{15}H_{31})_2OCOC_{17}H_{35} = C_3H_5(OCOC_{16}H_{33})_2OCOC_{15}H_{31} = C_{53}H_{102}O_6$$
(Stearodipalmitin) (P. lmitodimarg rin)

$$C_3H_5(OCOC_{17}H_{35})_2OCOC_{17}H_{31} = C_3H_5(OCOC_{17}H_{33})_2OCOC_{17}H_{35} = C_{57}H_{106}O_6 .$$
(Linoleodistearin) (Stearodiolein)

Eine größere Anzahl von Metameren wurden synthetisch erhalten, z. B.

Myristodistearin — Stearodipalmitin,
Acetodistearin — Myristodilaurin.
Acetodimyristin — Tricaprin.

e) Polymere Glyceride. Tri-α-eläostearinmoleküle können sich unter Auflösung je einer Doppelbindung in jedem Säureradikal zu bimeren Molekülen polymerisieren[1]). Durch weitere Polymerisation entstehen noch höhere Molekülkomplexe. Analog verhalten sich Glyceride anderer mehrfach-ungesättigter Säuren in trocknenden Ölen (besonders Leinöl) und Tranen[2]).

f) Nicht völlig aufgeklärte Isomerieerscheinungen. Glyceride bestimmter Konstitution können in je zwei nach Schmelzpunkt, Löslichkeit und Beständigkeit verschiedenen Modifikationen auftreten, deren Verschiedenheit auf keine der bekannten Isomerieerscheinungen zurückgeführt werden kann. Das Bestehen solcher isomerer Formen wurde schon vor ihrer Auffindung nach gewissen Anzeichen vermutet[3]), aber von anderen bestritten, bis es gelang, die Modifikationen zu isolieren, und zwar sowohl beim Triglycerid der Salpetersäure, dem Nitroglycerin[4]), als auch bei den eigentlichen Triglyceriden[5]): β-Laurodistearin, β-Myristodistearin, β-Myristodilaurin und Trilaurin, sowie bei einem Diglycerid, α, α-Dilaurin[6]). [Unabbängig davon wurde die Existenz solcher Modifikationen fast gleichzeitig auch indirekt nachgewiesen[7]).]

Von einigen der isomeren Paare erwiesen sich bei der kryoskopischen Molekulargewichtsbestimmung die labilen Formen als monomer, die stabilen als bimer, bei anderen aber beide Modifikationen als monomer[6]). Von Dilaurin und von Trilaurin sind wieder die stabilen Formen monomer, während die labilen Formen nur das halbe Molekulargewicht zeigen, als ob sie dissoziiert wären[8]). Einfache Polymerie liegt deshalb jedenfalls auch in den anderen Fällen nicht vor, wenn auch Polymerisation mit in Betracht kommen könnte. Nach

1) SCHUMANN: Eng. Bd. 8, S. 5. 1916.

2) Vielleicht entstehen aber auch cyclische Verbindungen. MORELL: J. Soc. Ch. Ind. Bd. 34, S. 105. 1914; SEATON und SAWYER: Eng. Bd. 8, S. 490. 1916. Gut definierte polymere Glyceride wurden überhaupt noch nicht isoliert.

3) HEINTZ (Jahresber. 1849, S. 342; s. a. 1854, S. 447) nahm bereits an, daß in erstarrten Schmelzflüssen von Glyceriden, die wie der des Tristearins „doppeltes Schmelzen" zeigen, isomere Modifikationen enthalten sind; ähnlich DUFFY (Jahresber. 1852, S. 507). LEHMANN (Molekularphysik Bd. I, S. 198) hat angenommen, daß die Verbindungen in diesem Zustande Gemische von stabilen und labilen Modifikationen seien. KNOEVENAGEL (Ber. Bd. 40, S. 515. 1907) vermutete, daß Motoisomerie vorliegen könnte; diese Hypothese wurde jedoch nicht experimentell geprüft. Die rein physikalischen Erklärungen des „doppelten Schmelzens" von GUTH, JÄGER usw. (s. Schmelzpunktsbestimmung) reichen jedenfalls nicht aus, das Bestehen der labilen, umkrystallisierbaren Modifikationen, die nur einen Schmelzpunkt zeigen, zu erklären.

4) KAST: Z. ges. Schieß- u. Sprengstoffwesen Bd. 1, S. 252. 1906.

5) GRÜN und SCHACHT: Ber. Bd. 40, S. 1778. 1907; GRÜN: Ber. Bd. 45, S. 3691. 1912.

6) Die eine Modifikation ist leicht löslich und schmilzt niedriger, die andere ist viel schwerer löslich und zeigt höheren bzw. doppelten Schmelzpunkt, d. h. sie schmilzt bei einer Temperatur, die dem Schmelzpunkt der ersten Modifikation sehr nahe liegt, erstarrt schnell wieder und schmilzt erst bei entsprechender Temperaturerhöhung vollkommen. Die tieferschmelzenden Modifikationen können an sich beliebig oft umkrystallisiert werden, ohne sich zu verändern; sie wandeln sich aber nach dem Impfen ihrer Lösungen mit Keimen der höherschmelzenden Modifikationen oder auch schon beim sehr langen Lagern allmählich in diese um, sind also labil, während die höherschmelzenden Formen stabil sind.

7) BÖMER: Z. Nahrgsm. Bd. 14, S. 97. 1907; Bd. 17, S. 362. 1909.

8) GRÜN: Öl- u. Fettind. Wien, Bd. 1, S. 253. 1919; Ber. Bd. 54, S. 290. 1921; s. a. EMIL FISCHER: Ber. Bd. 53, S. 1634. 1920; SALWAY: nach Mat. grasses Bd. 14, S. 6147. 1922.

GRÜN wäre sog. Koordinationsisomerie möglich, die eine Modifikation wäre ein Pseudoester mit ionogener Bindung eines oder mehrerer Acyle[1]).

Das System zeigt, daß die Zahl der isomeren Glyceride, die in einem Fett enthalten sein können, sehr groß ist. Enthält das Fett auch nur drei Säuren, so können allein 18 stellungsisomere Triglyceride, von welchen neun Racemate sind, vorkommen, außerdem die optisch-aktiven Glyceride.

Für die Berechnung der Zahl der isomeren Mono-, Di- und Triglyceride, die sich von einer bestimmten Anzahl von Fettsäuren ableiten, hat HAHN[2]) folgende „stereochemische Gleichung" aufgestellt:

$$N = 4n + \left[4n + \frac{9n(n-1)}{1\cdot 2}\right] + \left[n + 4n(n-1) + \frac{9n(n-1)(n-2)}{1\cdot 2\cdot 3}\right].$$

In dieser Formel bedeutet n die Zahl der Säuren; die einzelnen Glieder auf der rechten Seite der Gleichung beziehen sich der Reihenfolge nach auf: Monoglyceride, einsäurige Diglyceride, zweisäurige Diglyceride, einsäurige, zweisäurige und dreisäurige Triglyceride. Für die Kombination aus Stearin-, Palmitin- und Ölsäure ($n = 3$) berechnen sich so z. B.: 12 Monoglyceride, 39 Diglyceride und 36 Triglyceride.

Enthält wenigstens ein Säureradikal ein asymmetrisches Kohlenstoffatom, so vervielfacht sich die Zahl der möglichen Isomeren. Das Auftreten labiler und stabiler Modifikationen kann eine weitere Vervielfachung bedingen. Freilich werden niemals alle möglichen Isomeren nebeneinander vorkommen, dafür enthalten aber die meisten Fette mehr als drei Fettsäuren, so daß, weil die Zahl der Glyceride in geometrischer Progression wächst, die Zusammensetzung des Fettes noch komplizierter sein könnte. — Jedenfalls ergibt sich daraus, daß der verhältnismäßig geringen Zahl von Säuren, die Bausteine der Fette bilden, viele tausende Glyceride als Bestandteile der Fette gegenüberstehen müssen.

Die Bestimmung der Konstitution der aus den Fetten isolierten Glyceride durch Vergleichung mit den synthetischen Verbindungen gleicher Zusammensetzung (von denen eine mit dem Naturprodukt identisch sein muß, die anderen isomer sind) ist schwierig, weil sich die Isomeren wenig voneinander unterscheiden. Die Schmelzpunktsdifferenzen betragen nur einige Grade und sind, wenn labile Modifikationen vorliegen, vollends unzuverlässig. Teilweise Abhilfe schafft die Bestimmung der Differenz zwischen dem Schmelzpunkt (bzw. Erstarrungspunkt) des Triglycerids und dem des Gemisches der aus ihm abgeschiedenen Fettsäuren (s. Differenzmethode von BÖMER, S. 256). Die vergleichsweise Bestimmung anderer physikalischer Konstanten ist noch ausständig. — Eine Konstitutionsbestimmung nach allen Regeln der Kunst wäre möglich, wenn es gelänge, den stufenweisen Abbau so exakt auszuführen, daß dabei nicht auch ein Teil der Substanz vollständig gespalten wird. Die Möglichkeit einer solchen Spaltung ist durch die Spaltung mittels Bromwasserstoff in Eisessig nach DE LA ACEÑA oder besser (wegen der Vermeidung von Umesterungen) mittels Chlor- oder Bromwasserstoff nach GRÜN (s. unten) gegeben.

Eigenschaften der Glyceride. Der großen Verschiedenheit der Fettsäuren entsprechend zeigen auch die aus ihnen aufgebauten Glyceride mehr oder weniger große Verschiedenheit in der Beschaffenheit, in ihren physikalischen Eigenschaften und in den chemischen Reaktionen. Nachdem die Triglyceride die integrierenden Bestandteile der Fette sind, bedingen ihre Eigenschaften die der Fette. Für die Charakterisierung der Glyceride als solche kommen jedoch nicht die unterscheidenden Eigenschaften in Betracht, sondern jene, die allen gemeinsam sind.

In der äußeren Beschaffenheit zeigen die Glyceride zwar große Verschieden-

[1]) a. a. O.

[2]) Dissert. Leipzig 1904; s. a. BERTHELOT, Chimie organique fondée sur la synthèse, Paris 1860.

heit — die Anfangsglieder der Reihe sind dünne Flüssigkeiten, die Endglieder sehr harte, feste Körper — bei vergleichbaren Temperaturen zeigen aber doch alle dieselbe typische Konsistenz, wenige Grade unter dem Erstarrungspunkt bilden sie krystallinische, geschmeidige „fettige" Massen, während sie wenigstens unmittelbar nach dem Schmelzen typisch „ölig" sind. Alle Glyceride, selbst die Anfangsglieder, sind verhältnismäßig schwer flüchtig, doch lassen sie sich bis zum Trimyristin unter stark vermindertem Druck — die letzten allerdings nur im Kathodenlichtvakuum — unzersetzt destillieren. Alle Glyceride der natürlichen Fette sind leichter als Wasser, in Wasser unlöslich, dagegen in vielen organischen Flüssigkeiten, die deshalb Fettlösungsmittel heißen, löslich. In den übrigen physikalischen Eigenschaften zeigen sie je nach der chemischen Natur ihrer Fettsäuren und nach dem Molekulargewicht solche Unterschiede, daß die zahlenmäßigen Bestimmungen wichtige Hilfsmittel zur Unterscheidung einzelner Glyceride oder Gruppen von Glyceriden bzw. der Fette, deren Hauptbestandteile sie bilden, sind (s. Abschnitt physikalische Untersuchungsmethoden).

Die physikalischen Eigenschaften der Mono- und Diglyceride sind von denen der Triglyceride nur dem Grade nach verschieden.

Die allen Glyceriden gemeinsame, spezifische [Ester-]Reaktion oder richtiger Gruppe von Reaktionen, ist die bei höherer Temperatur eintretende Spaltung mit Wasser bzw. Alkalien, Erdalkalien und anderen Metallbasen, Ammoniak, Aminen, Säuren und Alkoholen. Auf der quantitativen Verseifung beruht auch die wichtigste Methode der Fettanalyse.

Die Spaltung mit Wasser, die reine Hydrolyse im Sinne der Gleichung

$$C_3H_5(OCOR)_3 + 3\,H_2O = C_3H_5(OH)_3 + 3\,RCOOH$$

geht nur bei sehr hohen Temperaturen, also bei erheblichem Druck glatt vonstatten. Durch Lösungsmittel oder durch kleine Zusätze von Erdalkalien, Zinkstaub (Zink und Zinkoxyd), Säuren, insbesondere auch durch gewisse cyclische Sulfosäuren (sog. fett-aromatische Sulfosäuren, das ist Kondensationsprodukte aromatischer Kohlenwasserstoffe mit Fettsäure und Schwefelsäure, ferner Naphthensulfosäuren) wird die Hydrolyse katalytisch beschleunigt und die Reaktionstemperatur erniedrigt. Am wirksamsten sind in dieser Beziehung die fettspaltenden Fermente, die Lipasen[1]). Die Lipasen der Pflanzensamen spalten in saurem Medium[2]), die der tierischen Organe in alkalischem Medium[3]) auch außerhalb des Organismus schon bei gewöhnlicher Temperatur.

Durch eine große Anzahl physiko-chemischer Untersuchungen[4]), deren Ergebnisse technische Versuche bestätigten[5]), wurde einwandfrei festgestellt, daß die hydrolytische Spaltung und die Verseifung im engeren Sinne:

$$C_3H_5(OCOR)_3 + 3\,MeOH = C_3H_5(OH)_3 + 3\,RCOOMe$$

---

1) Pelouze: Ann. Chim. Phys. Bd. 45, S. 319. 1855; Sigmund: Monatsh. Bd. 11, S. 272. 1890; Green: Proc. Roy. Soc. Bd. 48, S. 370. 1890; Hanriot: Compt. rend. Soc. Biol. Bd. 48, S. 925. 1896; Bd. 49, S. 377. 1897; Poulain: ebenda Bd. 53, S. 462. 1901; Neuberg: Berl. klin. Wochenschr. Bd. 44, S. 54. 1907; insbes. siehe Willstätter: Ber. Bd. 55, S. 3601. 1922.

2) Connstein, Hoyer und Wartenberg: Ber. Bd. 35, S. 3988. 1902; Hoyer: Ber. Bd. 37, S. 1436. 1904; vgl. dagegen Mastbaum: Ch. Revue Bd. 14, S. 5, 31, 44. 1907.

3) Fokin: Ch. Revue Bd. 11, S. 91, 118, 139, 167. 1904; Willstätter, Waldschmidt-Leitz und Memmen: Z. physiol. Ch. Bd. 125, S. 93. 1923; Willstätter und Waldschmidt-Leitz: ebenda, S. 132.

4) Wright: Animal and vegetable fats and oils. London: 1894, S. 10; Geitel: J. pr. (2) Bd. 55, S. 429. 1897; Bd. 57, S. 113. 1898; s. dazu Pinnow: Z. Elektroch. Bd. 24, S. 270. 1918; Lewkowitsch: J. Soc. Ch. Ind. Bd. 17, S. 1107. 1898; Ber. Bd. 33, S. 89. 1900; Bd. 36, S. 175. 1903; Bd. 39, S. 3766. 1906; Goldschmidt: Z. Elektroch. Bd. 10, S. 221. 1904; insbesondere Kremann: Monatsh. Bd. 26, S. 794. 1905; Bd. 27, S. 606. 1906; Meyer: Z. Elektroch. Bd. 13, S. 485. 1907; Abel: ebenda, S. 603.

5) Kellner: Ch.-Ztg. Bd. 33, S. 453, 662. 1909.

entgegen früheren Annahmen[1]), keine quadrimolekulare Reaktion ist, sondern sowohl im homogenen als auch im heterogenen System[2]), stufenweise, in einer Folge von bimolekularen Reaktionen, denen vermutlich Additionen von H_2O (Wegscheider) bzw. H_2O und $H^{\oplus}$ vorangehen, verläuft:

$$C_3H_5(OCOR)_3 \xrightarrow{H_2O} C_3H_5(OH)(OCOR)_2 \xrightarrow{H_2O} C_3H_5(OH)_2(OCOR) \xrightarrow{H_2O} C_3H_5(OH)_3 .$$

Die Geschwindigkeitskonstanten der Hydrolyse von Estern mit einer und derselben Säure sind nahezu gleich für primäre, sekundäre und tertiäre Alkohole, sofern man diesen Schluß aus der stufenweisen Hydrolyse des Triacetins ziehen darf[3]). Die Mono- und Diglyceride werden jedoch schneller gespalten als die Triglyceride; ebenso werden bei der üblichen Spaltung in Emulsionen bei neutraler und saurer Reaktion die Monoglyceride, bei alkalischer Reaktion auch die Diglyceride an der Grenzfläche stärker adsorbiert und infolgedessen schneller weitergespalten als neu gebildet[4]). In jedem Stadium des Prozesses finden sich daher neben mehr oder weniger Triglycerid und Alkali einerseits, fettsauren Salzen und Glycerin andererseits, nur sehr geringe Mengen der Zwischenprodukte; das Verhältnis zwischen der Konzentration der abgespaltenen Fettsäuren (f) und der des abgespaltenen Glycerins (g) in jedem Stadium der Verseifung wird ausgedrückt durch die allgemeine Gleichung[4]):

$$f = \frac{1}{3}(g + g^{2/3} + g^{1/3}) .$$

Bei gemischtsäurigen Glyceriden soll die Abspaltung des β-ständigen Acyls angeblich am schnellsten erfolgen[5]).

Die Spaltung durch Alkohole, die Alkoholyse oder Umesterung, ist der Hydrolyse völlig analog. Die Reaktion:

$$C_3H_5(OCOR)_3 + 3\,R'OH = C_3H_5(OH)_3 + 3\,RCOOR'$$

wird ebenfalls durch Lösungsmittel begünstigt und durch Alkali oder Alkoholat katalysiert[6]) (sie tritt daher auch bei der Verseifung mit alkoholischer Lauge intermediär ein), ebenso katalysieren geringe Mengen Mineralsäure[7]); bei hoher Temperatur — über 300° — geht die Alkoholyse aber ebenso wie die Hydrolyse auch ohne Zusätze vonstatten[8]). Auch die Umesterung erfolgt sowohl bei Gegenwart von Alkali[9]) als auch von Säure[10]) stufenweise.

Glycerin wirkt energischer als die einwertigen Alkohole; bei höherer Temperatur führt es auch ohne katalytische Zusätze Triglyceride in Diglyceride und diese in Monoglyceride über[11]):

---

1) Povis: J. pr. (1) Bd. 52, S. 308. 1857; s. bes. Balbiano: Gazz. chim. Bd. 32 (1), S. 265. 1902; Ber. Bd. 36, S. 1571. 1903; Bd. 37, S. 155. 1904; Fanto: Monatsh. Bd. 25, S. 919. 1904; Marcusson: Ber. Bd. 39, S. 3466. 1907; Bd. 40, S. 2905. 1908.

2) Wegscheider: Monatsh. Bd. 29, S. 83, 100, 126, 233. 1908.

3) De Hemptine: Z. physik. Ch. Bd. 13, S. 561. 1894; Löwenherz: ebenda Bd. 15, S. 389. 1894; Yamasaki: J. Am. Ch. Soc. Bd. 42, S. 1455; C. 1920, III, S. 473.

4) Treub: Ch. Umschau Bd. 24, S. 104, 122, 145. 1917.

5) Abderhalden und Weil: Fermentforschung Bd. 4, S. 76. 1920.

6) Bouis: Compt. rend. Bd. 45, S. 35. 1857; Allen: Ch. News Bd. 64, S. 179. 1891; Henriques: Z. ang. Bd. 11, S. 338, 697. 1898; Kremann: Monatsh. Bd. 26, S. 786. 1905; Bd. 29, S. 23. 1908.

7) Haller: Compt. rend. Bd. 143, S. 657. 1906; Bd. 144, S. 462. 1907; Bd. 146, S. 259. 1908.

8) Grün, Wittka und Scholze: Ber. Bd. 54, S. 290. 1921.

9) Indirekt nachgewiesen durch Stritar und Fanto: Monatsh. Bd. 28, S. 383. 1907; Bd. 29, S. 299. 1908.

10) Durch Isolierung der Zwischenstufen nachgewiesen von Grün, Wittka und Kunze: Ch. Umschau Bd. 24, S. 15, 31. 1917.

11) D. R. P. 122 145. Ch.-Ztg. Rep. 1901, S. 594; s. Grün: Öl- u. Fettind. Wien, Bd. 1, S. 255. 1919; Grün, Wittka und Scholze: a. a. O.

$$2\, C_3H_5(OCOR)_3 + C_3H_5(OH)_3 = 3\, C_3H_5(OH)(OCOR)_2$$
$$C_3H_5(OH)(OCOR)_2 + C_3H_5(OH)_3 = 2\, C_3H_5(OH)_2OCOR\,.$$

Die Fettspaltung durch wasserfreie Mineralsäuren ist ebenfalls als eine stufenweise verlaufende Umesterung anzusehen, bei der ein Fettsäurerest nach dem andern durch je ein Mineralsäureradikal verdrängt wird[1]). Schwefelsäure vermag vollständig zu spalten; intermediär bilden sich Mono- und (α, β-)Diglyceride bzw. deren Schwefelsäureester[2]). Mit Bromwasserstoffsäure[3]) und Chlorwasserstoffsäure[4]) verläuft die Spaltung unvollständig, die Endprodukte sind Dihalogenhydrinester, z. B.:

$$C_3H_5(OCOR)_3 \rightarrow C_3H_5Br(OCOR)_2 \rightarrow (CH_2Br)_2CHOCOR\,,$$

bei Gegenwart von Alkoholen (infolge Alkoholyse) freie Dihalogenhydrine[1]). Jodwasserstoffsäure spaltet vollständig, verwandelt aber das intermediär abgeschiedene Glycerin in Isopropyljodid[5]).

Der Verlauf der Ammonolyse und der Aminolyse, die einfache bzw. substituierte Amide ergibt, z. B. die Spaltung mit Anilin:

$$C_3H_5(OCOR)_3 + 3\, C_6H_5NH_2 = C_3H_5(OH)_3 + 3\, C_6H_5NH{-}COR\,,$$

ist noch nicht aufgeklärt.

Die Mono- und Diglyceride unterscheiden sich von den Triglyceriden durch die Reaktionen der freien Hydroxylgruppe: Veresterung mit organischen Säuren, Substitution durch Halogen usw. Voneinander sind sie durch den Charakter als einwertige bzw. zweiwertige Alkohole verschieden (s. Bestimmung der Acetyl- und Hydroxylzahl).

Zur Unterscheidung der stellungsisomeren α- und β-Monoglyceride läßt man nach dem Vorgang von Emil Fischer, Bergmann und Bärwind[6]) verdünnte acetonische Salzsäure einwirken. Die α-Monoglyceride geben Acetonylverbindungen. Es ist noch nicht einwandfrei erwiesen, ob nicht auch β-Monoglyceride mit Aceton reagieren, bis zum Beweis des Gegenteils darf dies aber als wenig wahrscheinlich angesehen werden.

Die stellungsisomeren Diglyceride unterscheiden sich chemisch im Verhalten gegen milde Halogenierungsmittel, indem die unsymmetrischen Verbindungen als primäre Alkohole, z. B. durch Thionylchlorid leicht und quantitativ substituiert werden, die symmetrischen Verbindungen als sekundäre Alkohole dagegen schwieriger[7]).

Vielleicht wird sich auch eine Differenzierung symmetrischer und unsymmetrischer Diglyceride, wie Grün und Wittka[8]) bereits versuchten, durch Oxydation mittels Permanganat durchführen lassen. Nach den bisher vorliegenden Beobachtungen geben die α, α-Diglyceride Dioxyacetonderivate, die α, β-Verbindungen Glycerinsäureester.

---

[1]) Grün und Theimer: Ber. Bd. 40, S. 1801. 1907; Grün und Corelli: Z. ang. Bd. 25, S. 665. 1912.

[2]) Grün: a. a. O.; van Eldik Thieme: J. pr. (2) Bd. 85, S. 300. 1912; dessen Angabe, Lewkowitsch Ch. Technol., 5. ed., Bd. 1, S. 75, daß nach Grün und Corelli keine Monoglyceride gebildet würden, beruht auf einem Mißverständnis. G. und C. gaben an, daß unter den von ihnen eingehaltenen Versuchsbedingungen keine Monoglyceride isoliert werden konnten, d. h. also nicht erhalten blieben. Tatsächlich konnte auch van Eldik Thieme (a. a. O.) nur eine ganz geringe, selbst zur Analyse ungenügende Menge Monoglycerid isolieren. Durch Spaltung größerer Mengen Tristearin konnten später Grün und Wittka (Ber. Bd. 54, S. 281. 1921) einige Prozente Monostearin erhalten.

[3]) de la Aceña: Compt. rend. Bd. 139, S. 867. 1904.

[4]) Grün: Öl- u. Fettind. Wien, Bd. 1, S. 3. 1919.

[5]) Willstätter und Madinaveitia: Ber. Bd. 45, S. 2827. 1912.

[6]) Ber. Bd. 53, S. 1589. 1920; s. a. Emil Fischer, und Pfähler: ebenda, S. 1606.

[7]) Grün und Corelli: a. a. O. [8]) Ber. Bd. 54, S. 273. 1921.

Die übrigen chemischen Reaktionen der meisten Glyceride, wie das Verhalten gegen Halogene, Schwefel, Salpeter- und salpetrige Säure, Wasserstoff, Sauerstoff, Ozon, Atmosphärilien usw., sind keine spezifischen Glyceridreaktionen. Es sind vielmehr Reaktionen einzelner Säuren bzw. bestimmter Atomgruppen wie der Doppelbindungen u. a. m., durch welche diese Säuren und ihre Derivate, also auch jene Glyceride, die ein Radikal oder mehrere Radikale einer solchen Säure enthalten, charakterisiert werden. Für die Differenzierung der Glyceride und damit der Fette sind aber selbstverständlich diese nicht-allgemeinen Reaktionen besonders wichtig. Sie werden bei den betreffenden analytischen Methoden angeführt.

B. Phosphatide (Phospholipoide).

Die Phosphatide von bekannter Konstitution sind gemischtsäurige Triglyceride. Sie unterscheiden sich jedoch in charakteristischer Weise von den übrigen Glyceriden, stehen übrigens auch anderen, (vielleicht) glycerinfreien Phosphatiden näher, so daß sie als eigene Verbindungsklasse betrachtet werden müssen. Sie sind primäre Bestandteile aller Zellen und finden sich in großen Mengen bzw. als Hauptstoffe in der Gehirn- und Nervensubstanz[1]), besonders auch — wie der Name Lecithin besagt — im Eidotter[2]), in Pflanzensamen[3]) usw., vielfach neben Fetten und werden, weil sie sich in denselben und in den meisten Fettlösungsmitteln lösen, oft in den abgeschiedenen Fetten gefunden. Für die Fettanalyse kommen sie daher nicht nur an sich, sondern auch als Begleitstoffe der eigentlichen Fette in Betracht.

Die einfachen Phosphatide sind (mit Ausnahme des Phytins, das eine Klasse für sich bildet) Derivate der Phosphorsäure, in welchen dieselbe einerseits an den Fettsäureester eines mehrwertigen Alkohols, andererseits an einen Aminoalkohol gebunden ist[4]). Nach der Art dieses Alkohols kann man die Phosphatide einteilen in Glycerinverbindungen, „Glycerophosphatide", zu denen die meisten bekannten Phosphatide gehören, in Galaktophosphatide, von denen nur ein Vertreter beschrieben ist, Glykophosphatide bzw. Glykosaminophosphatide, usw. Nach dem Verhältnis von Stickstoff und Phosphor unterscheidet man[5]):

Monoamino-monophosphatide,
Monoamino-diphosphatide,
Diamino-monophosphatide usw.

Die komplexen Phosphatide sind glykosidische Derivate der einfachen. Auch unter den komplexen Phosphatiden sind wieder Untergruppen von einfacherer und komplizierterer Zusammensetzung zu unterscheiden. Die ersteren scheinen die von WINTERSTEIN entdeckten und von ihm und seinen Schülern in

---

[1]) Der Phosphorsäuregehalt des Gehirns wurde 1719 von HENSING (Dissert. Gießen) entdeckt. VAUQUELIN (Ann. Mus. d'Hist. Nat. 1811, S. 212) isolierte das „phosphorsäurehaltige Fett", das COUERBE (Ann. Chim. Phys. (2) Bd. 56, S. 160. 1834) quantitativ analysierte.

[2]) FRÉMY: J. Pharm. Bd. 27, S. 453 und GOBLEY: Compt. rend. Bd 21., S. 766. 1845; Bd. 22, S. 464. 1846; Bd. 23, S. 654. 1847. Sie fanden die von ihnen als „Acide cerebrique", „Oleophosphorsäure" und „Matière visqueuse" bezeichneten Substanzen auch in allen daraufhin untersuchten tierischen Zellen und Geweben.

[3]) LIEBREICH: Ann. Bd. 134, S. 29. 1865; HOPPE-SEYLER: Med. chem. Untersuch. 1866, S. 162; SCHULZE und STEIGER: Z. physiol. Ch. Bd. 13, S. 365. 1889; SCHULZE: ebenda Bd. 17, S. 207. 1892; Bd. 20, S. 225. 1894; Bd. 55, S. 338. 1908.

[4]) Der Name wurde von THUDICHUM für die phosphorhaltigen Gehirnsubstanzen eingeführt, von WINTERSTEIN auf die pflanzlichen Verbindungen ausgedehnt, welche Glyceridphosphorsäuren, Cholin oder eine andere organische Base und Kohlehydrate enthalten (Z. physiol. Ch. Bd. 58, S. 500. 1909).

[5]) Nach ERLANDSEN: Z. physiol. Ch. Bd. 51, S. 71. 1907.

allen daraufhin untersuchten Pflanzenteilen gefundenen Verbindungen[1]) zu sein.— In den komplexen Phosphatiden höherer Ordnung ist das mit dem Phosphatidmolekül verbundene Zuckermolekül — vorwiegend oder ausschließlich Galaktose — zugleich auch mit Fettsäureradikalen und organischen Basen verbunden; die Verbindungen aus Galaktose, Fettsäuren und Basen heißen Cerebroside, die aus Cerebrosiden und Phosphatiden aufgebauten Verbindungen höchster Ordnung Phospho-cerebroside. Sie bilden das Protagon.

Glycerophosphatide. a) Lecithine. Die Lecithine sind Triglyceride mit zwei Radikalen Fettsäure und einem Phosphorsäurecholinester-Radikal[2]). Die beiden Fettsäureradikale können gleich oder voneinander verschieden sein[3]). Die bisher untersuchten Lecithine sind entweder ausschließlich Gemische von Derivaten der (optisch-aktiven) α-Glycerinphosphorsäure[4]) oder Gemische von α- und β-Derivaten[5]):

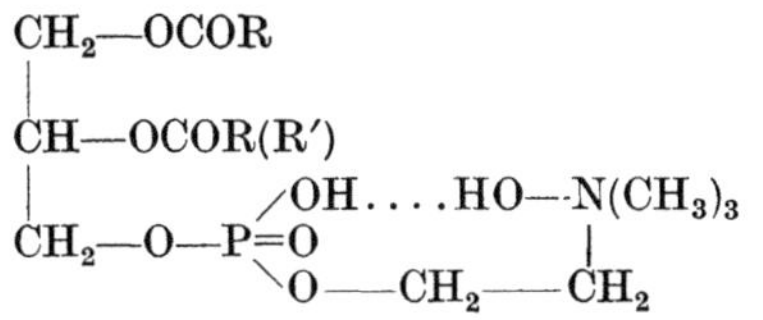

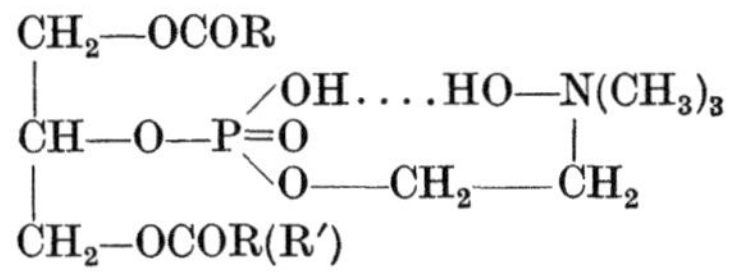

Inwieweit die basische und die saure Hydroxylgruppe sich unter Bildung eines inneren Salzes aneinanderlagern oder betainartig anhydrisieren, ist noch zweifelhaft[6]).

Die in den Fetten vorwiegenden Säuren wie Palmitin-, Stearin-, Öl-, Linol- und Linolensäure finden sich auch in den Lecithinen — vermutlich in jeder Kombination — am häufigsten, doch kommen auch andere Fettsäuren als Bau-

---

[1]) Winterstein und Hiestand: Z. physiol. Ch. Bd. 47, S. 496. 1906; Bd. 54, S. 288 1908; Winterstein und Smolenski: Z. physiol. Ch. Bd. 58, S. 506. 1909; s. a. Smolenski: ebenda, S. 522; Winterstein und Stegmann: ebenda, S. 527; Winterstein und Wünsche: Z. physiol. Ch. Bd. 95, S. 310. 1915; Fritsch: Z. physiol. Ch. Bd. 107, S. 165. 1919.

[2]) Die Bindung der Phosphorsäure an das Glycerin und den Fettsäuregehalt hat Gobley (a. a. O.), der auch den Namen Lecithin einführte, festgestellt. Strecker (Ann. Bd. 123, S. 353. 1862) fand Übereinstimmung des von ihm in der Galle aufgefundenen Cholins mit dem von Liebreich (a. a. O.) im Protagon entdeckten „Neurin". Dybkowsky [J. pr. (1) Bd. 100, S. 153. 1867] zeigte auf Grund der Synthese des wahren Neurins durch Baeyer (Ann. Bd. 140, S. 306, 1866; Bd. 142, S. 322. 1867) die Identität des Liebreichschen Neurins mit dem Cholin Streckers, dessen Synthese Wurtz (Ann. Suppl. Bd. 6, S. 116. 1868) ausführte. Auf Grund des Verhaltens bei der Spaltung, der Fällung mit Platinchlorwasserstoffsäure usw. schloß Strecker (Ann. Bd. 148, S. 77. 1868), daß die erste, von Diakonow (Centralbl. f. med. Wissensch. 1868, S. 197ff.) aufgestellte Formel eines „Neurinsalzes der Distearyl-glycerin-phosphorsäure" unrichtig sei und daß Lecithine Cholinester von Diglycerid-phosphorsäuren sein müssen, welche Konstitution von Hundeshagen [J. pr. (2) Bd. 28, S. 219. 1883] durch die Synthese des mit dem Stearinsäurelecithin isomeren Cholinsalzes indirekt, von Grün und Limpächer (Z. ang. Bd. 36, S. 514. 1923) durch Synthese des Lecithins direkt bewiesen wurde.

[3]) Strecker: a. a. O.; Henriques und Hansen: Skand. Arch. Physiol. Bd. 14, S. 390 1903; Cousin: Compt. rend. Bd. 137, S. 68. 1903; Serono und Palozzi: C. 1911, II, S. 772.

[4]) Ulpiani: R. Accad. Linc. (5) Bd. 10, I, S. 368, 421. 1901; insbesondere Willstätter und Lüdecke: Ber. Bd. 37, S. 3753. 1904.

[5]) Nach Bailly (Compt. rend. Bd. 160, S. 395. 1915; J. Ph. Ch. Bd. 11, S. 204. 1915) stehen in den Lecithinen des Eigelbs und des Gehirns α- und β-Phosphorsäurederivate im Verhältnis 1 : 3.

[6]) Die Anhydroform wurde synthetisiert, s. Grün u. Limpächer: Fußnote[2]). Von den Cobralecithiden — den durch Abspaltung von einem Molekül Fettsäure mittels Cobragift entstehenden Cholinestern der Monoglyceridphosphorsäuren — erwies sich eines als Anhydrid. Delezenne und Fourneau: Bull. Soc. Chim. (4) Bd. 15, S. 421; C. 1914, II, S. 52.

steine der Lecithine vor[1]). So enthält hydrogenisiertes Eilecithin neben Palmitin- und Stearinsäure sicher eine niedrigere Säure: Myristin-, Laurin- oder Caprinsäure[1]); Leberlecithin enthält außer Stearin- und Ölsäure auch geringe Mengen von Arachidonsäure[2]).

b) Kephaline[3]). Die Kephaline sind Analoga der Lecithine, die als basische Komponente statt Cholin dessen Stammsubstanz, den Aminoäthylalkohol, das Colamin, enthalten[4]):

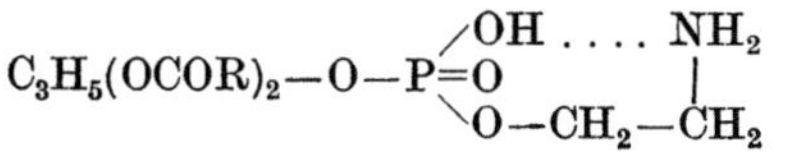

Die Kephalinpräparate aus sehr verschiedenen Organen zeigen ziemlich gleiche Zusammensetzung[5]). Von gesättigten Fettsäuren wurden bisher nur Stearinsäure und Palmitinsäure mit Sicherheit nachgewiesen[6]); von ungesättigten Säuren Ölsäure, Linolensäure und die mit der Linolsäure identische oder isomere Kephalinsäure[7]).

Lecithine und Kephaline sind einander sehr ähnlich: äußerlich wachsartige, undeutlich krystallisierende, hygroskopische, schleimig quellende Substanzen, mit Metallsalzen — insbesondere Platin-, Gold- und Kadmiumchlorid-Doppelsalze gebend, mit Säuren und Laugen leicht spaltbar in den basischen Bestandteil und in die Säuren — Fettsäuren, freie Phosphorsäure neben Glycerinphosphorsäure und Glyceridphosphorsäuren; alle sind optisch-aktiv. Viele Phosphatide nehmen durch Autoxydation Sauerstoff auf; diese Eigenschaft ist — wie verschiedene andere — nicht charakteristisch, sie ist allen Derivaten mehrfach-ungesättigter Säuren, insbesondere den entsprechenden Glyceriden (trocknende Öle) eigentümlich. Manche als chemische Individuen beschriebene Phosphatide dürften Mischungen von Verbindungen beider Gruppen sein[8]). So erwies sich das sog. „Cuorin" als ein Gemisch aus Lecithin und Kephalin mit Sphingomyelin[9]).

c) Von den übrigen Monoamino-monophosphatiden: Myelin, Paramyelin und Vesalthin ist nicht nur die Zusammensetzung, sondern auch die Existenz als chemische Individuen oder wenigstens Typen fraglich. Paramyelin soll die dem Lecithintypus analoge Neurinverbindung sein (?).

Andere Phosphatide. Bisher ist nur ein Galaktophosphatid beschrieben, das Carnaubon, $C_{74}H_{150}N_3PO_{13}$ (?)[10]). Seine Spaltungsprodukte sind Phosphor-

---

[1]) PAAL und OEHME: Ber. Bd. 46, S. 1297. 1913.

[2]) LEVENE und INGVALDSEN: J. Biol. Ch. Bd. 43, S. 359. 1920; C. 1921, I, S. 98; LEVENE und SIMMS: ebenda Bd. 48, S. 185. 1921; C. 1921, III, S. 1328.

[3]) THUDICHUM: Die chemische Konstitution des Gehirns der Menschen und der Tiere. Tübingen 1901; DIMITZ: Bioch. Z. Bd. 21, S. 343. 1909. Die Synthese eines Kephalins wurde von GRÜN und LIMPÄCHER ausgeführt. Ch. Ztg. Bd. 48, S. 726. 1924.

[4]) Das Colamin wurde von THUDICHUM (a. a. O.) unter den Zersetzungsprodukten des Gehirnkephalins gefunden, aber erst von TRIER als primäres Spaltungsprodukt des Phosphatids der Bohnensamen erkannt und identifiziert. Z. physiol. Ch. Bd. 75, S. 383. 1911; s. besonders auch LEVENE und WEST: J. Biol. Ch. Bd. 35, S. 285; C. 1919, I, S. 349; LEVENE und KOMATSU: ebenda Bd. 39, S. 83. 1919; C. 1920, III, S. 671; LEVENE und INGVALDSEN: a. a. O.

[5]) LEVENE und WEST: J. Biol. Ch. Bd. 24, S. 111. 1916; C. 1916, I, S. 1152.

[6]) PARNAS: Bioch. Z. Bd. 22, S. 411. 1909; LEVENE und WEST: C. 1914, I, S. 1091.

[7]) COUSIN: J. Pharm. Chim. Bd. 24, S. 101. 1906; PARNAS: a. a. O.

[8]) TRIER: Z. physiol. Ch. Bd. 86, S. 141, 153. 1913; s. a. MACLEAN: ebenda Bd. 57, S. 304. 1908; Bioch. J. Bd. 9, S. 351. 1915. Die Ansicht von DARRAH und MAC ARTHUR (J. Am. Ch. Soc. Bd. 38, S. 922. 1916), daß Komplexverbindungen von Cholin- und Colaminphosphatiden vorlägen, ist unbewiesen.

[9]) LEVENE und WEST: J. Biol. Ch. Bd. 39, S. 91. 1919; MACLEAN und GRIFFITHS: Bioch. J. Bd. 14, S. 615; C. 1921, I, S. 98.

[10]) DUNHAM: J. Biol. Ch. Bd. 4, S. 297. 1907; DUNHAM und JACOBSON: Z. physiol. Ch. Bd. 64, S. 303. 1910; ROSENHEIM und MACLEAN: Bioch. J. Bd. 9, S. 103. 1915; s. a. SULLIVAN: Eng. Bd. 8, S. 1027. 1916.

säure, Cholin, „Carnaubasäure" (identisch mit einer Lignocerinsäure), Stearin- und Palmitinsäure, angeblich auch eine Säure $C_{25}H_{50}O_3$ und schließlich Galaktose. Es wird deshalb als Analogon eines Glycerophosphatids angesehen, in dem Glycerin durch Galaktose vertreten ist. (Nachdem Glycerin bei Gegenwart von Zucker dem Nachweis leichter als sonst entgehen und es auch bei der Hydrolyse eines Galaktosids mit Mineralsäure stark angegriffen werden kann, ist die Zusammensetzung des Carnaubons noch unsicher).

Ein zweites, angeblich glycerinfreies Phosphatid ist das Sphingomyelin, $C_{52}H_{104}N_2PO_9 + H_2O$ (?)[1]). Seine Spaltungsprodukte sind Phosphorsäure, Stearinsäure, Neurin mit einer zweiten Base, dem Sphingosin, und schließlich der Alkohol Sphingol $C_9H_{18}O$ oder $C_{18}H_{36}O_2$ (?).

Zu einem anderen Typus gehört das Dilignoceryl-N-diglykosamin-monophosphatid $C_{60}H_{117}O_{14}N_2P$, aus 1 Mol. Phosphorsäure, 2 Mol. Glykosamin und 2 Mol. Lignocerinsäure. Die beiden Glykosaminreste sind zur Biose vereinigt, die einerseits mit der Phosphorsäure verestert, andererseits durch die Aminogruppen mit den Lignocerinsäureresten verbunden ist[2]).

Verbindungen der einfachen Phosphatide mit Zuckern und substituierten Zuckern: Die verschiedensten Pflanzenteile, Samen, insbesondere Cerealien, Knollen, Pollen, Blätter usw. enthalten komplexe Verbindungen, in welchen einfache Phosphatide an Zucker gebunden sind[3]). Die Phosphatidkomponente kann, soweit die Beobachtungen reichen, ein Lecithin oder ein Kephalin sein, der Zucker Hexose (Galaktose, d-Glykose), Pentose, auch Methylpentose, vielleicht auch in Form von Disaccharid. Wenigstens einige dieser Verbindungen enthalten neben der Base der Phosphatidkomponente (Cholin, Colamin), auch noch andere Basen, wie das Trigonellin[4]) (Nicotinsäuremethylbetain), manche anscheinend auch Fettsäure, die nicht aus der Diglyceridkomponente stammt; es ist deshalb nicht ausgeschlossen, daß es auch unter den pflanzlichen Phosphatiden Verbindungen gibt, die als Analoga der Phosphocerebroside (s. unten) aufgefaßt werden könnten.

Die Phosphocerebroside sind Verbindungen aus Phosphatiden und Cerebrosiden; in Verbindung mit (an Zucker gebundener) Schwefelsäure bauen sie die Phospho-sulfo-cerebroside, die Protagone, auf[5]). Die Cerebroside sind schon an sich komplizierte Verbindungen von Fettsäuren (Cerebronsäure, Neurosäure, Lignocerinsäure, Stearinsäure, Neurostearinsäure), Basen (Sphingosin, $C_{17}H_{35}NO_2$, und Homologe derselben) und Galaktose.

Cerebroside, die mit ziemlicher Sicherheit als chemische Individuen angesehen werden können, sind das Cerebron[6]) $C_{48}H_{93}NO_9$ [identisch mit dem Pseudocerebrin[7])], das Cerebrin[8]) (identisch mit Homocerebrin und Kerasin) und viel-

---

[1]) Von THUDICHUM aus dem Gehirn abgeschieden, vielleicht auch in der Nebenniere. ROSENHEIM und TEBB: Quart. J. exp. Physiol. Bd. 1, S. 297. 1908; Bioch. Z. Bd. 25, S. 151. 1910.

[2]) FRÄNKEL und KAFKA: Bioch. Z. Bd. 101, S. 159. 1920.

[3]) Siehe die Arbeiten von WINTERSTEIN und seinen Schülern: a. a. O. Das Bestehen glucosidischer Lecithinverbindungen, sog. Glykophosphatide, wurde schon von HENRIQUES (Z. physiol. Ch. Bd. 23, S. 244. 1897) angenommen.

[4]) WINTERSTEIN und SMOLENSKI: a. a. O.

[5]) Das von LIEBREICH (Ann. Bd. 134, S. 29. 1865) in der weißen Substanz des Gehirns entdeckte, auch im Rückenmark, in den Nerven, vielleicht auch noch in vielen anderen Organen enthaltene „Protagon" ist wahrscheinlich nicht einheitlich, sondern ein Gemisch von homologen Protagonen. KOSSEL und FREYTAG: Z. physiol. Ch. Bd. 17, S. 431. 1893; CRAMER: J. of Physiol. Bd. 31, S. 36. 1904.

[6]) TIERFELDER: Z. physiol. Ch. Bd. 14, S. 209. 1890.

[7]) In der Gehirnsubstanz gefunden von GAMGEE: Textbook Physiol. Chem. London 1880, I, S. 441.

[8]) Im markhaltigen Nervengewebe gefunden von PARCUS: J. pr. (2) Bd. 24, S. 310. 1881.

leicht noch das Phrenosin[1]); sie unterscheiden sich anscheinend nur durch die Fettsäurekomponenten, und zwar geben sie bei Spaltung mit Schwefelsäure neben Sphingosin und Galaktose: das Cerebron die Cerebronsäure, das Cerebrin die Stearinsäure [und eine Lignocerinsäure[2])] und das Phrenosin die sog. Neurostearinsäure.

C. Wachsester.

Die bisher isolierten oder indirekt nachgewiesenen Wachsester sind in der folgenden Tabelle zusammengestellt. Ein Vergleich mit der Liste der Wachsalkohole und der in Wachsen enthaltenen Säuren zeigt, daß der weitaus größte Teil der Wachsester, die sich in den Naturprodukten finden müssen, noch unbekannt ist.

Tabelle 7[3]).

Name	Formel	Schmelzpunkt
	$C_nH_{2n+1}OCOR$:	
Dodecylpalmitat	$C_{12}H_{23}OCOC_{15}H_{31}$	41°
Dodecylstearat	$C_{12}H_{23}OCOC_{17}H_{35}$	—
Dodecyldöglingat	$C_{12}H_{23}OCOC_{18}H_{35}$	—
Cetylpalmitat	$C_{16}H_{31}OCOC_{15}H_{31}$	53,5°
? Octadecylpalmitat	$C_{18}H_{37}OCOC_{15}H_{31}$	59°
Octadecyloleat	$C_{18}H_{37}OCOC_{17}H_{33}$	—
Carnaubylester	$C_{24}H_{49}OCOR$	?
Lignoceryllignocerat[4])	$C_{24}H_{49}OCOC_{23}H_{47}$	79°
Cerylmyristinat	$C_{26}H_{53}OCOC_{13}H_{27}$	—
Cerylpalmitat	$C_{26}H_{53}OCOC_{15}H_{31}$	79°
Cerylstearat[5])	$C_{26}H_{53}OCOC_{17}H_{35}$	—
Ceryloleat[5])	$C_{26}H_{53}OCOC_{17}H_{33}$	—
Cerylcerotat	$C_{26}H_{53}OCOC_{25}H_{51}$	82°
Cerylmelissinat	$C_{26}H_{53}OCOC_{30}H_{61}$	—
Myricylpalmitat (Myricin)	$C_{30}H_{61}OCOC_{15}H_{31}$	72°
Myricylstearat[5])	$C_{30}H_{61}OCOC_{17}H_{35}$	—
Myricyloleat[5])	$C_{30}H_{61}OCOC_{17}H_{33}$	—
Myricylcerotat	$C_{30}H_{61}OCOC_{25}H_{51}$	—
Myricylmelissinat	$C_{30}H_{61}OCOC_{30}H_{61}$	92°
Melissylpalmitat	$C_{31}H_{63}OCOC_{15}H_{31}$	—
Lacceryllaccerat	$C_{32}H_{65}OCOC_{31}H_{63}$	94°
Psyllostearylpsyllostearat	? $C_{33}H_{67}OCOC_{32}H_{65}$	—
	$C_nH_{2n-3}OCOR$:	
Mykollaurinat[6])	$C_{29}H_{55}OCOC_{11}H_{23}$	44° (unrein)
	$C_nH_{2n-7}OCOR$:	
Mochylpalmitat	$C_{26}H_{45}OCOC_{15}H_{31}$	—
	$C_nH_{2n-9}OCOR$:	
Cholesterinpalmitat[7])	$C_{27}H_{45}OCOC_{15}H_{31}$	79—80°
Phytosterinpalmitat[8])	$C_{27}H_{45}OCOC_{15}H_{31}$	88—88,5°
Cholesterinstearat[9])	$C_{27}H_{45}OCOC_{17}H_{35}$	82°
Cholesterinoleat[10])	$C_{27}H_{45}OCOC_{17}H_{33}$	—46°

1) THUDICHUM: a. a. O. 2) ROSENHEIM: Bioch. J. Bd. 10, S. 142. 1916.

3) Bezüglich Vorkommen s. Tabelle der Wachsalkohole.

4) BRIGL und FUCHS: Z. physiol. Ch. Bd. 119, S. 280. 1922.

5) Nicht isoliert, aus der Zusammensetzung des Schellackwachses geschlossen, BENEDIKT und ULZER: Monatsh. Bd. 9, S. 579. 1888.

6) GORIS: Ann. Inst. Past. Bd. 34, S. 497. 1920; C. 1921, I, S. 580.

7) HÜRTHLE: Z. physiol. Ch. Bd. 21, S. 342. 1896; ROSENHEIM und TEBB: J. of Physiol. Bd. 38, Proc. 2. 1909.

8) ANDERSON: J. Biol. Ch., Bd. 55, S. 611. 1923; C. 1923, III, S. 159.

9) ROSENHEIM und TEBB: a. a. O.

10) HÜRTHLE: a. a. O.; PANZER: Z. physiol. Ch. Bd. 48, S. 519. 1906; Bd. 54, S. 239. 1907.

Tabelle 7 (Fortsetzung).

Name	Formel	Schmelzpunkt
	$C_nH_{2n}(OCOR)_2$:	
Coccerylcoccerylat	$C_{30}H_{60}(OCOC_{30}H_{60}OH)_2$	106°
Önocarpolpalmitat	—	272°
	Estolide:	
Sabininsäureestolid . . .	$C_{11}H_{22}(OH)COO-(C_{11}H_{22}COO)n-C_{11}H_{22}COOH$	—
Juniperinsäureestolid . . .	$C_{15}H_{30}(OH)COO-(C_{15}H_{33}COO)n-C_{15}H_{30}COOH$	—

Die typischen Wachsester sind fest, krystallisiert, zeigen aber ein ganz anderes Gefüge als die krystallisierten Glyceride, charakteristischen muscheligen Bruch. Das spezifische Gewicht ist meistens geringer als das der Fette. Die meisten sind härter und schmelzen höher als die härtesten Triglyceride, zeigen aber die Eigentümlichkeit, schon ziemlich weit unter ihrem Schmelzpunkt zu plastischen, knetbaren Massen zu erweichen. Ausnahmen bilden die (wenigen) flüssigen Wachsester und das in der äußeren Beschaffenheit fettartige Wollwachs.

Von den Fetten unterscheiden sie sich ferner dadurch, daß sie wesentlich schwerer verseift werden, gewöhnlich erst mit Lösungen von Alkali in höher siedenden Alkoholen oder unter Druck. Auch durch wachsspaltende Fermente werden sie zerlegt. Bei der Destillation zerfallen sie in die freien Säuren und die den Alkoholen entsprechenden ungesättigten Kohlenwasserstoffe. In den Fettlösungsmitteln sind sie weniger leicht löslich als die Glyceride, in Wasser sind sie unlöslich, werden aber leicht emulgiert.

Korkester.

Die Bestandteile des Suberins, mit welchem Ausdrucke CHEVREUL[1]) die in Wasser und Alkohol unlösliche Substanz des Korks und v. HÖHNEL[2]) den Stoff in der verkorkten Membran und in der Kutikula bezeichnet, der die Korkreaktion gibt, sind Ester hochmolekularer Fettsäuren. Nach KÜGLER[3]) liegen eigentliche, bloß schwer extrahierbare Fette vor, nach GILSON[4]) nicht Fette, sondern Mischungen von anderen Estern, v. SCHMIDT[5]) nimmt an, daß neben Glyceriden auch andere Ester von Fettsäuren (Polymerisationsprodukte und sog. Anhydride, also wohl Estolide) vorkommen. Von mehreren Autoren wurde die Ansicht geäußert, daß die Korksubstanz Ester aus hochmolekularen Säuren und Kohlehydraten, z. B. Cellulose, enthält[6]). Fettsäureester der Cellulose, in denen die ursprüngliche Zellstoffstruktur unverändert erhalten blieb, haben GRÜN und WITTKA bereits synthetisch dargestellt[7]).

Lipochrome.

Als Lipochrome bezeichnet man die gelben und roten Farbstoffe, die in der Zelle gemeinschaftlich mit Fetten auftreten, die Färbung vieler pflanzlicher und tierischer Gewebe und damit der aus ihnen abgeschiedenen Fette (soweit diese nicht auch durch Verunreinigungen oder Oxydationsprodukte gefärbt sind) bedingen. Je nach dem Vorkommen nennt man die einzelnen Lipochrome oder Gruppen derselben auch Luteine (= Fettfarbstoffe der Säugetiere, abgeleitet von Corpus luteum), Lipochrine (Farbstoffe von Amphibien), Coleopterin (Insek-

[1]) Ann. Chim. Phys. Bd. 96, S. 141. 1815.
[2]) Sitzungsber. Akad. Wiss. Wien Bd. 76, S. 517. 1877.
[3]) Arch. Pharm. Bd. 22, S. 217. 1884.
[4]) La cellule Bd. 6, S. 63. 1890. [5]) a. a. O.
[6]) HESS und MESSMER: Ber. Bd. 54, S. 504. 1921; GRÜN und WITTKA: Z. ang. Bd. 34, S. 145. 1921; vgl. KARRER: Helv. Bd. 5, S. 853. 1922. [7]) a. a. O.

ten), Diaptomin, Crustaceorubin, Tetronerythrin (Crustaceen) usw.; sie wurden aber mit wenigen Ausnahmen noch nicht in reinem Zustande erhalten, so daß man weder ihre genaue Zusammensetzung kennt, noch weiß, welche verschieden und welche identisch sind. Als chemische Individuen sind erst zwei Lipochrome aus der Klasse der Carotine, das Carotin und das Xanthophyll, charakterisiert[1]).

Das rote Carotin und das gelbe Xanthophyll sind die Pigmente des Unterhautfettes der Vögel, des Rinderfettes, der Milchfette[2]), des Eieröls (bzw. Eidotters), wie ohne Zweifel vieler anderer Pflanzen- und Tierfette.

Carotin [Caroten[3])] ist ein Kohlenwasserstoff der Zusammensetzung $C_{40}H_{56}$[4]). Es ist ungesättigt, sehr leicht substituierbar und außerordentlich autoxydabel[5]). Schmelzpunkt 168°.

Xanthophyll, $C_{40}H_{56}O_2$[6]), ist ebenfalls ungesättigt und autoxydabel; die Funktion des Sauerstoffs ist nicht bekannt, es gibt weder Alkohol- noch Ketonreaktionen. Schmelzpunkt 172°. Nach der von ZOPF[7]) vorgeschlagenen Einteilung gehört das Xanthophyll in die Untergruppe der Eucarotine, das Carotin zu den Carotininen.

Der mehrfach vermutete genetische oder doch konstitutionelle Zusammenhang zwischen Carotinen und Sterinen ist nicht bewiesen. Gegenteilige Angaben beruhen auf Untersuchung unreiner Präparate oder auf Verwechslung mit Sterinen, wie z. B. das sog. Hydrocarotin tatsächlich Phytosterin (Sitosterin und Stigmasterin) ist[8]). Ebenso muß die Angabe, daß Carotin optisch-aktiv sei, auf einer solchen Verwechslung beruhen.

Neben Carotin findet sich in manchen Pflanzenölen auch der wichtigere Blattfarbstoff, das Chlorophyll.

Die Lipochrome sind in allen Fetten und Fettlösungsmitteln löslich, in Wasser und Laugen und verdünnten Säuren unlöslich, in Lösung sehr lichtempfindlich, geben mit konzentrierter Salpeter- oder Schwefelsäure, Jodkalium usw. Farbenumschläge.

In Fetten, die der Luft und dem Licht ausgesetzt sind, erfolgt auch Neubildung färbender Substanzen. Es sind dies Säuren, die sich von allen Säuren der Fette durch die eminente Löslichkeit ihrer Natronsalze in Salzlösungen und Laugen unterscheiden und so durch „Aussalzen" der Seifen angereichert werden können. In den noch nicht isolierten Verbindungen liegen Oxydationsprodukte der mehrfach-ungesättigten Säuren, vermutlich ungesättigte Ketosäuren, vor[9]).

Auch geringe Mengen Metall bedingen verhältnismäßig intensive Färbung. Metalle, besonders Eisen, sollen sich organisch gebunden in allen daraufhin untersuchten Fetten und Lipoiden finden[10]).

[1]) Wie der Name besagt, wurde das Carotin zuerst in der Möhrenwurzel gefunden; WACKENRODER: Dissert. Göttingen 1826. Carotin und Xanthophyll finden sich überhaupt in den verschiedensten, auch fettfreien Organen von Tieren aller Ordnungen, in verschiedenen Pflanzenteilen, insbesondere aber als Begleiter des Chlorophylls in den Chloroplasten.

[2]) PALMER und ECKLER: J. Biol. Ch. Bd. 17, S. 191, 211, 223, 237, 245. 1915.

[3]) Nach ARNAUD; andere Namen sind nach THUDICHUM „Lutein", nach KÜHNE „Lipochrom", nach TSCHIRCH „Xanthocarotin", nach MOLISCH „Xanthophyll", nach E. und A. C. SCHUNCK „Chrysophyll", nach BOUGAREL „Erythrophyll".

[4]) WILLSTÄTTER und MIEG: Ann. Bd. 355, S. 1. 1907.

[5]) WILLSTÄTTER und ESCHER: Z. physiol. Ch. Bd. 64, S. 54. 1910.

[6]) WILLSTÄTTER und MIEG: a. a. O. [7]) Biol. Centralbl. Bd. 15, S. 417. 1895.

[8]) ARNAUD: Compt. rend. Bd. 102, S. 1319. 1886; BESCHKE: Ber. Bd. 47, S. 1853. 1914.

[9]) BOUCHARD: Mat. grasses Bd. 6, S. 2598. 1914,

[10]) GLIKIN: Ber. Bd. 41, S. 910. 1908.

System der Fett- und Wachsanalyse.

Die Methoden der Fett- und Wachsanalyse lassen sich in folgender, einigermaßen übersichtlicher Weise ordnen:

I. Qualitativer Nachweis und quantitative Bestimmung von Fett und Wachs (ohne Differenzierung).

II. Untersuchung der Fette und Wachse, d. i. Nachweis und Bestimmung einzelner Fette und Wachse (Unterscheidung der verschiedenen Fette und Wachse voneinander) sowie Nachweis und quantitative Bestimmung der Bestandteile.

III. Die Untersuchung aller technischen Erzeugnisse, die Fette oder Wachse oder Bestandteile derselben enthalten.

Zu I. Die Methoden zum Nachweis und zur Bestimmung von Fett an sich sind gering an Zahl und wenig voneinander verschieden; ihre Anordnung ergibt sich von selbst: Bestimmung von Fett in Pflanzenteilen, in tierischen Organen, Geweben, Sekreten, Exkreten u. dgl.

Zu II. Die Untersuchung der Fette, Wachse und ihrer Bestandteile, d. i. die Fettanalyse im engeren Sinne des Wortes, umfaßt viele Methoden verschiedenster Art. Diese Methoden könnten systematisch in folgender Weise geordnet werden:

A. Methoden zum Nachweis und zur Bestimmung der Bausteine von Fetten und Wachsen:

a) Fettsäuren,
b) Glycerin,
c) Wachsalkohole,
d) andere unverseifbare Bestandteile,
e) spezifische Begleitstoffe (Träger von Farbenreaktionen u. dgl.).

B. Nachweis und Bestimmung zusammengesetzter Bestandteile:

a) Glyceride,
b) Wachsester,
c) Phosphatide,
d) andere Ester.

C. Erkennung und Bestimmung der einzelnen Fette und Wachse.

Die Aneinanderreihung der Methoden streng nach diesem System wäre aber unpraktisch. Viele Methoden, namentlich die physikalischen, aber auch eine größere Zahl chemischer Bestimmungsmethoden werden sowohl zur Erkennung oder zur quantitativen Bestimmung von einzelnen Bestandteilen verschiedener Art verwendet, als auch direkt zum Nachweis oder zur quantitativen Bestimmung (z. B. zur Reinheitsprüfung) von Fetten. Infolgedessen teilt man die Methoden seit jeher zunächst in 1. physikalische Methoden und 2. chemische Methoden. Von den chemischen Methoden nehmen einige eine Sonderstellung ein: die Verfahren zur Bestimmung der sog. Kennzahlen.

Eine Kennzahl ist das Maß für eine bestimmte Atomgruppe (z. B. Carboxylgruppe, Hydroxylgruppe, Doppelbindung usw.), eine bestimmte Verbindung (z. B. Buttersäure, Linolensäure), oder eine bestimmte Gruppe von Verbindungen (z. B. freie Säuren, unlösliche Säuren, flüchtige Säuren); sie ist oft auch für bestimmte Klassen von Fetten und Wachsen charakteristisch. Man bestimmt Kennzahlen sowohl direkt von Fetten und Wachsen als auch von Bestandteilen, wie den Gesamtfettsäuren, oder den flüssigen Säuren allein; schließlich werden auch einzelne Fettsäuren und Derivate derselben durch die Bestimmung ihrer Kennzahlen charakterisiert. Aus diesem Grunde, und weil man bei der Untersuchung von Fetten häufig einzig und allein Kennzahlen bestimmt, werden diese Methoden aus den übrigen herausgehoben und vor ihnen beschrieben.

Auf die Kennzahlen folgen die übrigen Methoden, und zwar:

Die Bestimmung der Bestandteile eines Fettes nach Gruppen, nämlich der Gehalt an

freien Fettsäuren,
Neutralfett,
Gesamtfettsäuren,
unverseifbaren Bestandteilen,
Glycerin.

Daran schließt sich die Untersuchung der einzelnen Gruppen:

die Methoden zur Differenzierung der Fettsäuregruppen und der einzelnen Fettsäuren;

die Methoden zur Differenzierung (Bestimmung) der einzelnen unverseifbaren Bestandteile;

die Methoden zur Bestimmung einzelner Glyceride;

die Methoden zur Unterscheidung der Fette nach Gruppen;

die Methoden zur Unterscheidung einzelner Fette (Farbenreaktionen u. dgl.);

die Methoden zur Bestimmung von Fremdstoffen.

Zu III. Die Methoden zur Untersuchung technischer Fette und Erzeugnisse aus Fetten sind nach den betreffenden Industrien geordnet.

Allgemeine Methoden der Fett- und Wachsanalyse.

Qualitativer Nachweis von Fett.

(Allgemeine Erkennungsmethoden.)

a) Makrochemischer Nachweis.

Die ersten Anhaltspunkte zur Identifizierung einer Untersuchungsprobe als Fett geben (abgesehen vom charakteristischen Geruch und Geschmack einzelner Fette): die ölige, schmalzige oder talgige Konsistenz, die Löslichkeit in Äther, in Schwefelkohlenstoff, in Benzol und seinen Homologen, in den Chlorkohlenwasserstoffen, von wenigen Ausnahmen abgesehen auch in Petroläther, die Unlöslichkeit aller Fette in Wasser, der meisten in kaltem Alkohol, Eisessig und wässeriger Chloralhydratlösung (während sich die meisten ätherischen Öle in diesen lösen), das geringe spezifische Gewicht (die Probe schwimmt auf Wasser), schließlich die Bildung eines durchscheinenden Fleckens auf Papier, der weder beim Waschen mit Wasser noch beim Trocknen vergeht. Charakteristisch ist die Probe von LIGHTFOOD[1]): Ein kleines Stückchen Campher (das man nicht mit mit den Fingern berührt haben darf) rotiert bekanntlich auf Wasser. Bringt man auch nur eine Spur des Untersuchungsmaterials, z. B. mit einer Stecknadelspitze, auf die Oberfläche des Wassers, so wird die Rotation, wenn das

[1]) Z. anal. Ch. Bd. 2, S. 409. 1863.

Material fetthaltig ist, sofort zum Stillstand gebracht. [Auf Zusatz von Alkali tritt die Bewegung wieder ein[1])].

Zur Unterscheidung von Stoffen, die nach ihrer äußeren Beschaffenheit und den angeführten Kennzeichen mehr oder weniger fettähnlich sind (wie zähere Mineralöle, salbige Emulsionen, Wachse u. dgl.) dienen folgende Reaktionen:

Erhitzungsprobe: Im Gegensatz zu Mineralölen sind fette Öle nicht unzersetzt flüchtig. Beim Überhitzen zersetzen sie sich, wobei ein charakteristischer Geruch nach Akrolein und den Zersetzungsprodukten der Fettsäuren auftritt.

Absolut zuverlässig ist die Akroleinprobe: Man erhitzt im Reagensglas (kleine Mengen im Glühröhrchen) mit der doppelten Menge Kaliumbisulfat bis zum lebhaften Aufschäumen. Bei Gegenwart von Glyceriden tritt der unverkennbare, stark stechende und zu Tränen reizende Akroleingeruch auf. Schärfer ist der Nachweis, wenn man 1 g Substanz mit 10 g Sand erhitzt und die Dämpfe in 3 ccm Schiffsches Reagens (220 ccm gesättigte SO_2-Lösung + 3 ccm konz. Schwefelsäure + 30 ccm 0,1 proz. Fuchsinlösung) einleitet, die bald rot werdende Lösung 15 Minuten im Wasserbad erwärmt und 5 Minuten abkühlen läßt[2]). Akrolein bewirkt Auftreten einer indigoblauen Färbung. Ferner reduziert Akrolein ammoniakalische Silberlösung schon in der Kälte und gibt mit Piperidin und Nitroprussidnatrium eine Blaufärbung; mit Eiweißlösungen, die „nitrose Salzsäure" enthalten, gibt es beim Erwärmen auf 50° eine Grünfärbung, die, wenn die Akroleinkonzentration kleiner als 0,2‰ ist, später nach blau umschlägt. (Hydracrylaldehyd gibt zwar auch eine Grünfärbung, aber in Konzentrationen unter 1‰ eine Rosafärbung[3]).

Verseifungsprobe: Man erhitzt einige Tropfen Substanz mit einigen Kubikzentimetern alkoholischer Lauge und kocht den Alkohol weg. War die Probe reines Fett, so löst sich der Rückstand in Wasser; beim Übersättigen mit Mineralsäure fällt ein klumpiger Niederschlag von höheren Fettsäuren aus, der beim Erwärmen zu einem klaren Öl schmilzt und sich in Ammoniak wieder löst. Durch Lösungen von Schwermetallsalzen werden die Fettsäuren aus ihrer alkalischen oder ammoniakalischen Lösung gefällt.

b) Mikrochemischer Nachweis.

(Histologische Methoden.)

Die mikrochemischen Reaktionen der Fette (Fette im biologischen Sinne) dienen einerseits zur Identifizierung minimaler Mengen in Substanz vorliegenden Fettes, hauptsächlich aber als histochemische Reaktionen zum Nachweis von Fett in Geweben; speziell werden geeignete, sog. „lokale Reaktionen" zur Bestimmung der örtlichen Anordnung des Fettes in der Zelle verwendet. Die direkte mikroskopische Erkennung von Fett im Zellinhalt ist nämlich oft sehr schwierig. Leicht zu erkennende Fettkrystalle finden sich nur in wenigen Fettgeweben. Einzelne fettglänzende Tröpfchen sind wieder schwer von Tröpfchen anderer Flüssigkeiten des Zellinhalts mit ähnlicher Lichtbrechung zu unterscheiden. In vielen Geweben ist das Fett überhaupt maskiert, d. h. im Protoplasma emulgiert, und wird erst durch Entwässern der die Emulsion stabilisierenden Kolloide oder durch Abbau der einschließenden Eiweißstoffe frei und damit nachweisbar.

Ist nur das Vorkommen von Fett, nicht auch dessen Lokalisation im Untersuchungsmaterial nachzuweisen, so wird dieses, nötigenfalls nach entsprechender

[1]) Carrière: Ch. Weekblad Bd. 20, S. 206. 1923; C. 1923, III, S. 422.
[2]) François: Ann. Chim. anal. Bd. 22, S. 96. 1917.
[3]) Voisenet: Ann. Inst. Past. Bd. 28, S. 807. 1914.

Vorbehandlung[1]), wenn möglich mit Äther oder Petroläther usw., extrahiert und die Lösung oder der Verdunstungsrückstand geprüft.

Nach ALTMANN bringt man die Lösung zu diesem Zweck auf Papier und prüft die zurückbleibenden Fettflecke mit den histologischen Reagentien (s. unten). Besonders praktisch ist die Modifizierung dieses Verfahrens von ESCHER[2]), nach welcher man ein kleines Tröpfchen der Fettlösung auf Blättchen von feinem, zähem Zigarettenpapier (2 $\times$ 2 cm) oder auf die rauhe Seite eines Mattglasplättchens bringt; nach dem Verdunsten des Lösungsmittels kann man die so erhaltenen „künstlichen Mikrotom- oder Gefrierschnitte" wie wirkliche Schnitte härten, beizen, wässern und färben, wobei man noch bei Verwendung von 1 cmm einer 1proz. Fettlösung, also mit $^1/_{100\,000}$ g Fett einen sehr intensiven Farbfleck erhält.

Kleinste Mengen von Fett können auch nephelometrisch nachgewiesen (jedoch nicht identifiziert) werden. Nach KOBER[3]) zieht man die Probe mit Alkoholäther (3 : 1) aus, gießt 5 ccm der Lösung in 100 ccm Wasser (nach MURLIN und RICHE in 0,05proz. Gelatinelösung) und setzt 10 ccm Salzsäure (1 : 4) zu. Zur Darstellung einer Vergleichslösung gibt man 5 ccm einer 2 mg Fett enthaltenden Alkohol-Ätherlösung zu 100 ccm Wasser und versetzt wie oben mit Salzsäure. An der auftretenden Trübung erkennt man noch 1 Teil „Fett" in 1 Million Teilen Was er[4]).

Zum Nachweise von Fett in mikroskopischen Präparaten[5]) dienen, abgesehen von den nicht zuverlässigen, nur als Vorproben verwendbaren Bestimmungen der Löslichkeit unter Deckglas (bzw. der Unlöslichkeit in Chloralhydrat, Eisessig, Alkohol u. dgl.) die Verseifung und die Färbemethoden.

Mikrochemische Verseifung nach MOLISCH[6]): Man bringt auf den Objektträger einen Tropfen einer Lösung aus gleichen Raumteilen konzentrierter Kalilauge und Ammoniaklösung, legt den zu untersuchenden Gewebeschnitt in die Flüssigkeit, bedeckt mit einem Deckglas, umrandet es zur Abhaltung der Luftkohlensäure (am besten mit der Harz-Terpentinmischung von MOLISCH) und läßt einen oder besser mehrere Tage stehen. Nach HARTWICH und UHLMANN[7]) verwendet man als Verseifungsflüssigkeit eine Lösung von gleichen Raumteilen gesättigter Kalilauge und 20proz. Ammoniak, nach CZAPEK[8]) wird noch besser mit Natriumalkoholat verseift. Die Öltropfen werden allmählich vom Rande aus verseift; nach mehreren — spätestens 24 — Stunden sind manche schon voll-

[1]) Z. B. kann man nach NOLL (Archiv f. Anat. u. Physiol., Physiol. Abt. 1913, S. 35) eine histologische Trennung des Protoplasmafettes von einschließendem Eiweiß durchführen, indem man das Muskelgewebe künstlich verdauen läßt oder das Eiweiß des Muskelplasmas durch Neutralsalzlösungen herauslöst (vgl. die Aufschließung bei der quantitativen Fettbestimmung nach DORMEYER, S. 77). Man läßt Pepsinsalzsäure (0,3% HCl und 0,1% Pepsin enthaltend) oder 15proz. Salmiaklösung oder 5proz. Magnesiumsulfatlösung einwirken. Nach 24 Stunden sind die Fetttröpfchen unter dem Mikroskop deutlich sichtbar und können durch Anfärben (s. unten) identifiziert werden.

[2]) Grundlagen einer exakten Histochemie der Fettstoffe. Korr.-Blatt f. Schweiz. Ärzte 1919, Nr. 43.

[3]) J. Soc. Ch. Ind. Bd. 37, S. 75. 1918; C. 1919, II, 470. Über die nephelometrische Bestimmung von Fett im Blut s. a. BLOOR: J. Biol. Ch. Bd. 17, S. 377. 1914; C. 1914, I, S. 1854.

[4]) Über die Verschiedenheit der nephelometrischen Werte einzelner Verbindungen der Fettreihe s. a. CZONKA: J. Biol. Ch. Bd. 34, S. 577. 1918; C. 1919, II, S. 323.

[5]) Über die Herstellung der Schnitte s. die einschlägigen Werke, insbesondere auch MOLISCH: Mikrochemie der Pflanze. Jena 1913; TUNMANN: Pflanzenmikrochemie. Berlin 1913.

[6]) MOLISCH: a. a. O. S. 108; s. a. Grundriß einer Histochemie der pflanzlichen Genußmittel. Jena 1891. S. 10.

[7]) Arch. Pharm. Bd. 241, S. 111. 1903.

[8]) Biochemie der Pflanzen. Halle 1905, I, S. 105.

ständig in Aggregate von Seifenkrystallen verwandelt, bei anderen umgibt nur ein Kranz von Seifennadeln einen noch stark lichtbrechenden Kern. Es ist unbedingt nötig, mehrere Tage lang, sowie auch im polarisierten Licht zu beobachten. Die Salze der Laurin-, Palmitin- und Stearinsäure erscheinen (nach Versuchen mit den freien Säuren selbst) als kurze Nadeln, Arachinsäure gibt dicke Nadeln, Ölsäure kurze Nadeln und Sphärite[1]) (Abb. 1 u. 2). Die Umwandlung von öligen Tropfen in feste, scharfe Krystalle gelingt fast bei jedem Fett; sie ist kein absoluter Beweis, daß Fett vorhanden, macht es aber höchst wahrscheinlich.

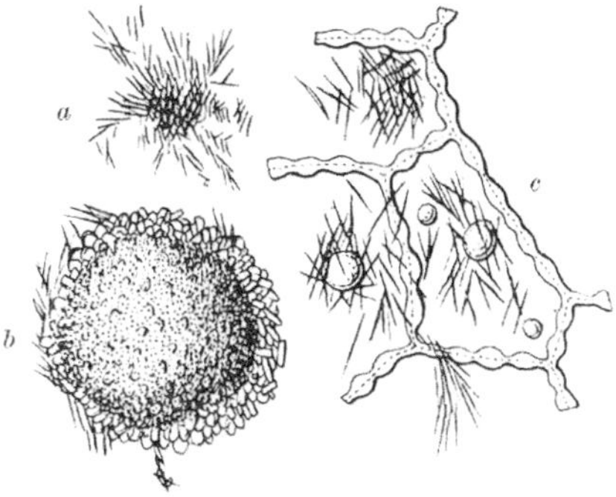

Abb. 1. Verseifung von Fettropfen mit Kalilauge-Ammoniak. (Aus Molisch, Mikrochemie der Pflanze.)
a und *b* von Cucurbita Pepo. *a* kleiner Fettropfen in einen Krystallbrei verwandelt. Vergr. 150. *b* großer Tropfen an der Peripherie in Krystalle umgewandelt. Vergr. 80. *c* Fettropfen im Endosperm von Coffea arabica in Krystalle übergehend. Vergr. 180.

Weniger allgemein ist die Bildung von Myelinformen der Seifen, das sind flüssige Krystalle, die aus den Fettropfen bei Berührung mit Laugen oder Ammoniak als Kugeln, Schläuche, Ketten — sozusagen medusenhauptförmig — hervorquellen; die Erscheinung ist vermutlich an die Gegenwart tiefer schmelzender Fettsäuren gebunden[2]), zeigt sich auch kaum beim Fett in der Zelle. Man setzt deshalb die Öltröpfchen durch Zerzupfen der Präparate, wenn möglich schon durch Drücken auf das Deckglas oder — bei genügender Größe des Tröpfchens — durch Herausheben mit der Nadel in Freiheit und behandelt mit mehr oder weniger verdünnter Lauge oder Ammoniak (bei manchen Fetten genügt sogar sekundäres Phosphat). Die Myelinformen speichern Anilinfarben — besonders leicht aus ammoniakalischer Safranin- oder Methylenblaulösung —, bei Zusatz von Essigsäure oder konz. Kochsalzlösung schrumpfen sie, sind auch sonst nur wenige Stunden (bloß in der feuchten Kammer länger) beständig und trocknen dann undeutlich krystallinisch ein (Abb. 3).

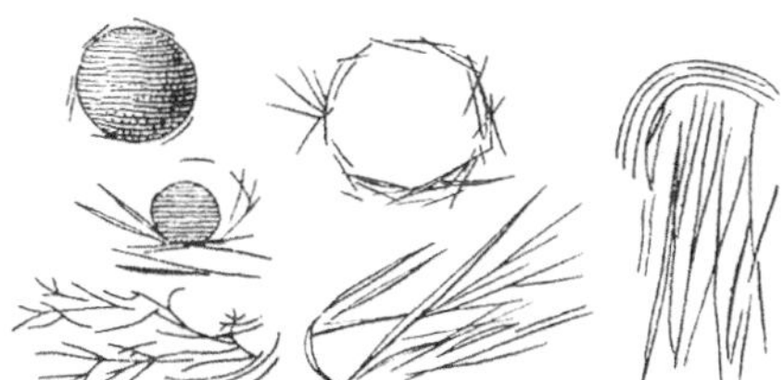

Abb. 2. Elaeis guineensis, Öltropfen, 20 Stunden in Kalilauge-Ammoniak, die verschiedenen Stadien der Verseifung zeigend. (Aus Tunmann, Pflanzenmikrochemie.)

Bleibt die Myelinbildung aus, so schaltet man nach Tunmann zuerst eine Mikrosublimation der zu identifizierenden Substanz ein[3]). Selbstverständlich sublimieren nur freie bzw. durch Zersetzung des Neutralfettes unter Bildung von Akrolein abgespaltene Fettsäuren, die man so rein und zur Myelinbildung besonders befähigt erhält (Abb. 4). Gerbstoffsublimate, die mit Laugen ähnliche Myelinformen geben, erkennt man leicht an der Eisenchloridreaktion.

Färbemethoden: Als klassische Farbenreaktion der Fette galt lange Zeit die Schwärzung beim Behandeln mit verdünnten (gewöhnlich 0,1 bis 1 proz.)

[1]) Hartwich und Uhlmann: a. a. O.; Tunmann: a. a. O.; Rosenthaler: Schweiz. Apoth.-Ztg. Bd. 58, Nr. 44, 45, 46. 1920.

[2]) Vgl. Nestler: Sitzgsber. Wiener Akad. Bd. 115, I, S. 477. 1906; Senft: Pharm. Post 1907, S. 40.

[3]) Über die zweckmäßigste Ausführung der Mikrosublimation s. Tunmann: a. a. O., S. 23—31.

Lösungen von Osmiumtetroxyd[1]), die infolge der Reduktion des Tetroxyds zum Dioxyd eintritt. Das Osmiumtetroxyd wirkt aber nicht spezifisch, einerseits schwärzt es nur solche Fette, die ungesättigte Säuren enthalten[2]) (andere kommen allerdings praktisch nicht in Betracht), andererseits reagiert es aber auch mit allen anderen ungesättigten Verbindungen[3]), ferner mit Tyrosin, sogar mit Leucin usw.[4]). Ebenso verhält sich das noch reaktionsfähigere Rutheniumtetroxyd[5]).

Nunmehr verwendet man zum histologischen Färben nur organische Farbstoffe, die vornehmlich von Fetten gelöst werden und sie in charakteristischer, von der Färbung anderer Zellbestandteile möglichst verschiedener Weise anfärben. [Die Vorgänge sind zum Teil physikalisch, indem bei der Verteilung des Farbstoffes zwischen Farblösung, Fett und anderen Gewebebestandteilen das Fett durch sein größeres Lösungsvermögen begünstigt wird[6]), zum Teil auch chemisch, durch Bildung von fettsauren Salzen basischer Farbstoffe; die Färbung fixierter Präparate, die ja infolge der Behandlung mit den oxydierend wirkenden Fixiermitteln — Müllersche, Erlickische Flüssigkeit usw. — sowohl Oxyfettsäuren als auch Schwermetallsalze enthalten, beruht auf der Bildung von Farblacken[7]).] Am meisten verwendet man Alkannin, Hämatoxylin, Nilblau, Naphtholblau,

Abb. 3. Myelinformen und Krystalle (von Capsaicin?), entstanden aus einem Sekrettröpfchen einer Drüse der Fruchtscheidewand von Capsicum annuum L. nach Zusatz von Ammoniak. Vergr. etwa 100. Nach NESTLER (VI). (Aus MOLISCH, Mikrochemie der Pflanze.)

Abb. 4. Sublimationstropfen mit Fettsäurekrystallen nebst zugehörigen Myelinformen, *a* von Areca catechu, *b* von Illicium religiosum, *c* von Elaeis guineensis. (Aus TUNMANN, Pflanzenmikrochemie.)

---

[1]) BRAUELL: De acidi osmici etc. Kasan 1849.
[2]) ALTMANN: Die Elementarorganismen. 1894.
[3]) NEUBAUER: Ch.-Ztg. Bd. 26, S. 944. 1902.
[4]) BOKORNY: C. 1916, I, S. 377.
[5]) RENAUT: J. de l'Anat. et de la Physiol. Bd. 46, S. 343. 1910.
[6]) EISENBERG: Arch. f. path. Anat. u. Physiol. Bd. 9, S. 502. 1910.
[7]) Über die Fällung von Schwermetallseifen zum histochemischen Fettnachweis s. BENDA: Neurol. Centralbl. Bd. 19, S. 786. 1900; Arch. f. path. Anat. u. Physiol. Bd. 159,

Neutralrot, besonders wichtig sind Sudan III (Azobenzolazo-β-Naphthol), Biebricher Scharlach (Disulfosäure des Sudan III) und Fettponceau (Toluolazotoluolazo-β-Naphthol). Wie MICHAELIS zeigte[1]), wirken nämlich nur diese spezifisch (wie alle „indifferenten" Azofarbstoffe, d. h. solche, deren Hydroxylgruppe in ortho-Stellung zu einer Azogruppe steht oder ätherifiziert ist). Sie diffundieren aus Lösungen in 70proz. Alkohol (stärkerer kann Fette zum Teil lösen) spontan in das Fett. Vollkommen neutrale Fette und andere Fettsäureester färben sich übrigens überhaupt nur mit diesen Farbstoffen und mit Alkannin; andererseits werden aber nicht nur Fette, Wachse und Lipoide, sondern auch manche Harze und ätherische Öle durch Sudan und Alkannin gefärbt, so daß diese Reaktionen nicht vollkommen eindeutig sind.

Zur Färbung mit Sudan III verwendet man Lösungen von 0,01 bis 0,05 g Farbstoff in 5 g 96proz. Alkohol und 5 ccm Glycerin. Zum Nachweis höher schmelzender Glyceride und Wachsester, die erst bei 60 bis 80° genügend Sudan aufnehmen, bereitet man eine Lösung des Farbstoffes in einem Gemisch aus gleichen Teilen technischem Propylalkohol und Wasser, die bei etwa 90° siedet[2]). Man läßt die Lösung je nach Bedarf mehr oder weniger lang, bis 24 Stunden, auf die Schnitte einwirken, wäscht mit 50proz. Alkohol aus und untersucht in Glycerin. Fette färben sich strohgelb bis intensiv rot. Bemerkenswert, wenn auch für histologische Untersuchungen unwesentlich, ist die sehr geringe Anfärbung von Monoglyceriden, die hingegen von Fettsäure anfärbenden Farbstoffen sehr stark gefärbt werden. Diglyceride nehmen eine Mittelstellung zwischen Mono- und Triglyceriden ein.

Alkannatinktur (durch Auflösen von käuflichem Alkannin in absolutem Alkohol, Verdünnen mit dem gleichen Volumen Wasser und Filtrieren bereitet) läßt man 1 bis 24 Stunden auf die eingelegten Schnitte wirken. Je höher die Temperatur, um so rascher erfolgt die Anfärbung des Fettes. Man wäscht mit 50proz., dann mit 30- bis 40proz. Alkohol und untersucht in konzentriertem oder verdünntem Glycerin. — Alkannin wirkt als Indicator; vollkommen neutrale Fette werden blauviolett angefärbt, Fettsäuren rot. Nachdem die Fettropfen immer wenigstens Spuren von freien Säuren enthalten, färben sie sich durchwegs intensiv rot.

Das Eintreten der Farbenreaktionen ist noch nicht beweisend, die Färbungen sollen zunächst nur die fraglichen Gewebeteile, besonders kleinste Tröpfchen, deutlicher erkennen lassen. Man kontrolliere unbedingt durch Prüfung des Verhaltens gegen Lösungsmittel, wobei man namentlich beobachte, ob alle gefärbten Tröpfchen beim Durchsaugen von Eisessig oder Chloralhydratlösung ungelöst bleiben.

Zum Nachweis von freien Fettsäuren [wie z. B. beim Studium des Aufbaus und der Spaltung von Fett in tierischen Geweben[3])] behandelt man die Gewebe erst mit einer konzentrierten Lösung von Kupferacetat — Bildung der Kupferseifen —, dann mit Weigertschem Hämatoxylin; es bilden sich Lacke, die in Weigertscher Differenzierungsflüssigkeit (2,5 g rotes Blutlaugensalz und 2 g Borax in 100 ccm Wasser) praktisch unlöslich sind. — Zum Nachweis fettsaurer Salze (Seifen) fixiert man die Gewebestücke mit einer gesättigten Lösung von

S. 194. 1900; FISCHLER: Zentralbl. f. allgem. Pathol. Bd. 15, S. 913. 1904; LORRAIN-SMITH und MAIR: J. of path. and bact. Bd. 12, S. 134. 1908; FAURÉ-FREMIER, MAYER und SCHAEFFER: Archive d'Anatomie Microscop. Bd. 12, I, S. 19. 1910.

[1]) Dtsch. med. Wochenschr. Bd. 27, S. 183. 1901.

[2]) ESCHER: a. a. O.

[3]) FISCHLER: a. a. O.

salicylsaurem Kalk in 10proz. Formalin, wobei unlösliche Kalkseifen entstehen, die weiterhin wie oben in Lacke verwandelt werden. Bei der Präparierung der Gewebestücke mit wässeriger, gesättigter Zinkacetatlösung, Auswaschen mit Wasser, Trocknen mit Alkohol und Behandlung mit den üblichen histologischen Lösungsmitteln bleiben die Zinksalze der gesättigten Fettsäuren ungelöst zurück und lassen sich durch Anfärbung nachweisen; die Zinkverbindungen der ungesättigten Säuren, sowie die Sterine, Phosphatide und Cerebroside werden bei dieser Behandlung ausgewaschen[1]).

Nach BÖMINGHAUS[2]) färbt Nilblau nur die ungesättigten Verbindungen, wie Ölsäure und Erucasäure und deren Ester; die freien Säuren färben sich blau, die neutralen Substanzen rot.

Die epidermalen Pflanzenwachse, die als Ausscheidungen der Cuticula an die Oberfläche treten, lassen sich schon an sich an Schnitten leichter erkennen. Man beobachtet in 70—90proz. Alkohol. Auf Zusatz alkoholischer Lösungen von Sudan III, Alkannin usw. färben sich sowohl die Wachse wie auch die Cuticula, doch sind die Färbungen deutlich verschieden. Erhitzt man gefärbte Schnitte in heißem Wasser, so schmilzt das Wachs zu Tropfen zusammen und diese speichern Farbstoff. — Die Löslichkeitsverhältnisse sind denen der Fette ähnlich, Äther und Chloroform lösen leicht, Alkohol löst meistens nur Teile heraus. — Alle daraufhin untersuchten Pflanzenwachse geben krystallinische Sublimate von charakteristischem Aussehen. Zur Unterscheidung der Wachse von Fetten ist die bedeutend schwierigere Verseifbarkeit von Nutzen, anscheinend auch das Ausbleiben einer Myelinbildung.

Abscheidung und quantitative Bestimmung von Fett.

Die Abscheidung des Fettes aus Organen oder Organteilen und anderen Materialien zum Zwecke der analytischen Untersuchung oder zur Darstellung von Präparaten erfolgt ausschließlich durch erschöpfende Extraktion. Andere, rein technische Methoden der Fettgewinnung, wie Auspressen, Ausschmelzen und Auskochen, kommen nicht in Betracht.

Eine Durchschnittsprobe der Substanz wird zur Vermeidung von Fettverlusten zunächst nur grob zerkleinert. Sehr fettreiches Material zerkleinert man überhaupt nicht oder nur soweit, als zur Wägung und Einfüllung in den Apparat nötig ist. Stehen bloß geringe Mengen zur Verfügung, so verreibt man in der Reibschale. In diesem Falle bleibt relativ viel mehr Öl an der Gefäßwandung haften als beim Zerkleinern größerer Mengen in einer Mühle. Man darf deshalb nicht bloß einen Teil des zerkleinerten Materials extrahieren, sondern muß den ganzen Schaleninhalt in den Extraktor bringen, die Schale mit Watte auswischen und die Watte mitextrahieren. Bei quantitativen Bestimmungen wird in diesem Fall vor dem Zerkleinern gewogen.

Man extrahiert häufig genau 10 g Substanz; meistens genügen aber Einwagen von 5 g, während von sehr fettarmem Material natürlich auch mehr als 10 g eingewogen werden. Wird die Extraktion nicht sofort vorgenommen, so muß man das Material in einem Glas mit eingeschliffenem Stopfen verschließen,

---

[1]) CIACCIO: Pathologica Bd. 13, S. 183; Ber. ges. Physiol. Bd. 8, S. 109, Ref. WOLFF; C. 1921, IV, S. 842.

[2]) Beitr. z. pathol. Anat. u. z. allg. Pathol. Bd. 67, S. 533; Ber. ges. Physiol. Bd. 6, S. 349, Ref. GUTHERZ; C. 1921, IV, S. 3.

damit nicht Wasser verdunsten oder eine Oxydation des Öles eintreten kann. Pflanzenteile, wie Samen, Keime und Fruchtfleisch, sollen übrigens nach der Zerkleinerung ohne Verzögerung extrahiert werden, weil nach dem Zerreißen der Ölzellen eine fermentative Spaltung des Fettes einsetzt, die zwar bei vielen kaum merkbar wird, aber bei lipasenreichen Organen sehr schnell fortschreitet.

Als Extraktionsmittel verwendet man im allgemeinen am besten bis 60° siedenden Petroläther[1]). Äther, Äther-Petroläthermischung[2]), Chloroform, Tetrachlorkohlenstoff[3]) u. dgl. lösen zwar die meisten Fette schneller, sie lösen aber auch mehr Nichtfette, wie Farbstoffe, Alkaloide, Harze usw. Zur Extraktion von Fetten, die in Petroläther unlösliche Bestandteile enthalten (z. B. oxydierte Öle), muß man reinen, namentlich mit Wasser von etwaigem Alkoholgehalt befreiten und dann getrockneten Äther anwenden. Übrigens wird auch sonst häufig mit Äther extrahiert. Vor der Extraktion mit Äther, Chloroform oder Schwefelkohlenstoff ist vorsichtig bei 95—100° unter Ausschluß von Sauerstoff 2—3 Stunden lang zu trocknen. Extrahieren mit Petroläther oder Tetra erfordert keine Vortrocknung[4]).

In den meisten Fällen läßt sich das Fett aus dem genügend zerkleinerten Untersuchungsmaterial durch bloße Digestion mit Lösungsmitteln vollständig extrahieren, manchmal schon in der Kälte (Perkolation), oder wenigstens in der Wärme (Infusion). Substanzen, in denen das Fett „maskiert" ist, müssen jedoch vor der Extraktion erst aufgeschlossen werden. Die Aufschließung, im wesentlichen ein Abbau das Fett einhüllender Kohlehydrate und Eiweißstoffe, erfolgt bei verschiedenen Materialien, fettreichen und fettarmen Pflanzenteilen, tierischen Geweben, Sekreten, Exkreten usw. in zum Teil verschiedener Weise. Die eigentliche Extraktion ist aber in allen Fällen dieselbe, sie wird kontinuierlich vorgenommen, und zwar gewöhnlich im Apparat von Soxhlet (s. unten).

Zur Orientierung über den Fettgehalt eines Materials genügt mitunter eine Schnellmethode, die Näherungswerte gibt. Man digeriert oder schüttelt die eingewogene Probe des nötigenfalls vorher aufgeschlossenen Materials mit einem bestimmten Volumen eines intensiv wirkenden Lösungsmittels, wie Chloroform, Tetrachlorkohlenstoff, Trichloräthylen[5]), Äthylenbromid oder dgl.[6]). Hierauf bestimmt man das spez. Gewicht oder den Brechungsindex oder den Gefrierpunkt[7]) der Lösung; aus dem so gefundenen Wert und dem Volumen der Lösung ergibt sich die Menge des Gelösten. Das Volum der Lösung ergibt sich wiederum aus dem Volum des Lösungsmittels und dem spez. Gewicht des gelösten Fettes: ein Lösungsmittelvolum v gibt durch Aufnehmen einer Fettmenge F vom spez. Gewicht d ein Lösungsvolum

$$v_L = v + \frac{F}{d}.$$

---

[1]) Glikin: Arch. f. Physiol. Bd. 95, S. 107. 1903; s. a. Vorschrift des Verbandes deutscher Ölmühlen. Ch. Revue Bd. 18, S. 195. 1911; ferner Allen und Auerbach: Ch.-Ztg. Bd. 37, S. 250. 1913.

[2]) Hoepfner und Burmeister: Ch.-Ztg. Bd. 36, S. 333. 1912.

[3]) Bryant: J. Am. Ch. Soc. Bd. 26, S. 568. 1904; ferner Harding und Nye: Eng. Bd. 4, S. 895. 1912; C. 1913, I, 965.

[4]) Ist die zu extrahierende Probe sehr feucht, so verreibt man sie mit der genügenden Menge entwässertem Natriumsulfat zu einem trockenen Pulver. Biazzo empfiehlt Zusatz des dreifachen Volumens wasserfreien Kupfersulfats. Ann. di Chim. appl. Bd. 10, S. 130. 1918. Über das Beimengen von Sand s. unten.

[5]) Neumann: Ch.-Ztg. Bd. 35, S. 1025. 1911.

[6]) Die Verwendung von Petroläther, namentlich bei bloß eine Minute langem Schütteln (Hasse: Ch.-Ztg. Bd. 47, S. 766. 1923) ist nicht zu empfehlen.

[7]) Danckwortt: Z. ang. Bd. 36, S. 359. 1923.

Anstatt eine physikalische Konstante zu bestimmen, kann man auch einen aliquoten Teil der Fettlösung nach Vertreibung des Lösungsmittels zur Wägung bringen und aus der ausgewogenen Menge a, dem Gesamtvolum des Lösungsmittels v, dem des aliquoten Teiles p und dem mittleren spez. Gewicht d der in Betracht kommenden Fette die Gesamtfettmenge F ermitteln auf Grund der Beziehung[1]):

$$F = \frac{a\,v}{p - \frac{a}{d}}.$$

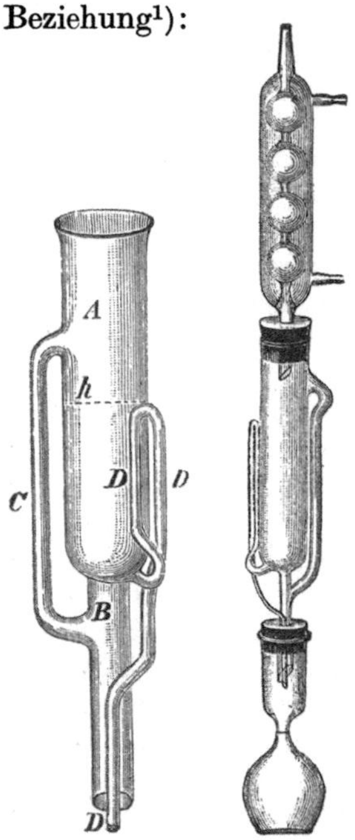

Abb. 5. Abb. 6.
SOXHLETsche Extraktionsapparate.

Nach GROSSFELD[2]) werden 10 g Substanz — eventuell nach vorhergehender Aufschließung — mit genau 100 ccm Trichloräthylen ausgezogen, 25 ccm der erhaltenen Lösung eingedampft und der Rückstand gewogen; die dieser Auswage entsprechende Gesamtfettmenge kann direkt Tabellen entnommen werden, die GROSSFELD für Fette vom spez. Gewicht 0,9 bis 1,0 ausgearbeitet hat[3]).

Extraktionsapparate.

Zur Extraktion, insbesondere für quantitative Bestimmungen, verwendet man fast ausschließlich den Apparat von SOXHLET[4]). Die einfachste Ausführung (s. Abb. 5) besteht aus einem geschlossenen Glaszylinder A, an dessen runden Boden ein weites, unten abgeschrägtes Rohr B angesetzt ist, das mit dem Zylinder A einerseits durch das Dampfleitungsrohr C, andererseits durch das Heberrohr D verbunden ist; A ist durch Kork oder Schliff mit einem Rückflußkühler (am besten nach DIMROTH) verbunden, B in derselben Weise mit einem 100 bis 250 ccm fassenden weithalsigen Kölbchen (Abb. 6). Der Apparat wird auf ein Wasserbad oder ein elektrisch geheiztes, auf niedrigere Temperaturen einstellbares Sandbad montiert. Die übliche Anordnung mehrerer zu einer Batterie vereinigter Extraktionssysteme zeigt Abb. 7. Von den zahlreichen Abänderungen und Ausgestaltungen des SOXHLETschen Apparates haben sich manche gut bewährt[5]), der einfache Apparat genügt aber fast in allen Fällen.

Andere einfache Extraktionsvorrichtungen:

Am einfachsten ist die zuerst zur Extraktion von Bitumen angewendete Vorrichtung von GRAEFE[6]), deren Anordnung Abb. 8 zeigt. Das zur Aufnahme

[1]) MONHAUPT: Ch.-Ztg. Bd. 35, S. 1305. 1911; Bd. 46, S. 881, 1922; Z. Nahrgsm. Bd. 45, S. 120, 1923.

[2]) Z. D. Öl- u. Fettind. Bd. 43, S. 150, 1923; Z. Nahrgsm. Bd. 44, S. 193; Bd. 45, S. 147, 1923; s. a. PHILLIPS; Analyst Bd. 41, S. 122, 1916.

[3]) Verlag J. Springer, Berlin 1923.

[4]) SZOMBATHY und SOXHLET: Dingl. Polyt. J. Bd. 232, S. 461. 1879.

[5]) Z. B. die Verlegung des Heberröhrchens in das Innere des Extraktionszylinders (FRÜHLING: Z. ang. Bd. 2, S. 242. 1889; PHILIPPS: Ber. Bd. 28, S. 1475. 1895; v. D. HEIDE: Z. Nahrgsm. Bd. 17, S. 315. 1909); die Einschaltung eines Siphons zwischen Kühler und Extraktor (SELECTOR: Eng. Bd. 7, S. 871. 1915); der Apparat mit auswechselbaren Einsätzen für die Extraktion fester und flüssiger Stoffe (ARON: Bioch. Z. Bd. 50, S. 386. 1913); s. a. den Extraktionsapparat von BESSON, S. 73. Weniger zweckmäßig ist das Anbringen eines Hahns am Heberrohr zum Probenehmen (LEWKOWITSCH: J. Ch. Soc. Bd. 55, S. 360. 1889).

[6]) Braunkohle 1904, S. 242; Laboratoriumsbuch f. d. Braunkohlenteer-Ind. Halle 1908, S. 25.

der Papierhülse dienende Körbchen aus Drahtgeflecht ist mittels Drahtschlingen an dem Kork, der Siedekölbchen und Rückflußkühler verbindet, befestigt. Die Wirkungsweise des Apparates versteht sich von selbst. Eine feinere Ausführungsform ist die von MEYERHEIM: an den Erlenmeyerkolben ist ein Kühler angeschliffen, der am unteren, in das Kölbchen ragenden Ende zwei Glashäkchen trägt, in welche das Körbchen mit Faden oder Drahthaken eingehängt wird. Im Prinzip ähnlich ist auch der Apparat von NOLL[1]), mit in den Siedekolben eingeschliffenem Extraktor.

Sehr zweckmäßig ist eine Kombination von SOXHLETschem und GRAEFEschem Extraktor nach Abb. 9. Der etwa 50 ccm fassende Glaszylinder *A* mit Heberrohr *h* wird mittels der Ohren *o o* in die, im Kork des Siedekölbchens steckenden Drahtösen eingehängt. Diese Vorrichtungen haben den Vorteil, daß man bei der Siedetemperatur des Lösungsmittels, folglich viel schneller — 10 g Einwage in $^1/_2$ bis 1 Stunde — erschöpfend extrahiert.

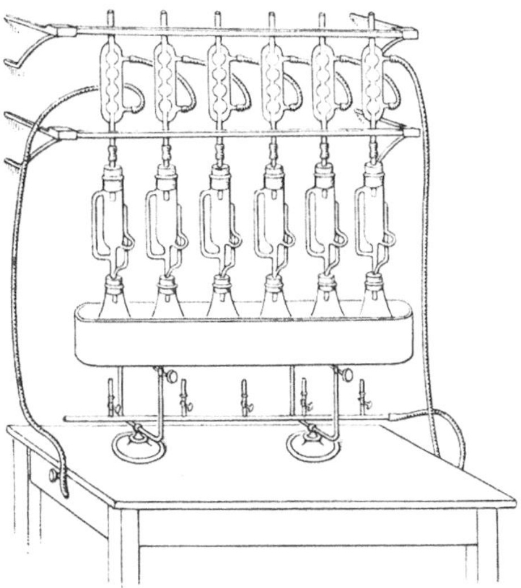

Abb. 7. Extraktionsbatterie.

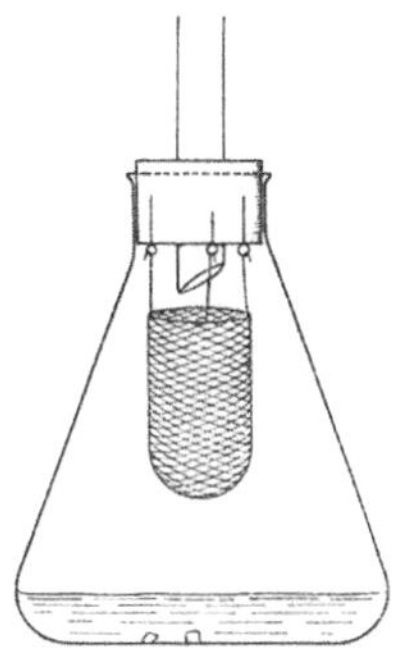

Abb. 8. Extraktionsapparat von GRAEFE.

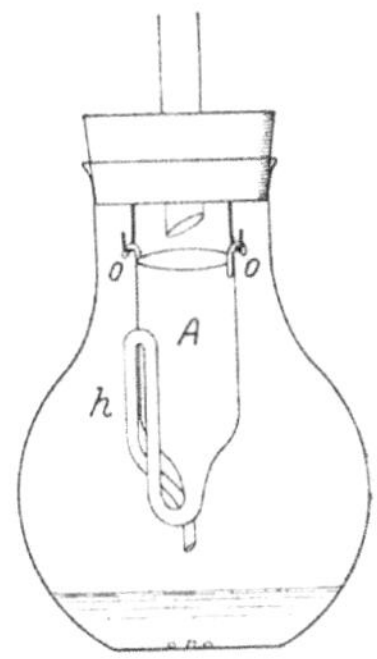

Abb. 9. Kombination von SOXHLETschem und GRAEFEschem Extraktor.

Bei den Apparaten von HAGEN[2]) und SIMION[3]) befinden sich die zu extrahierenden Substanzen in einem Goochtiegel-ähnlichen Gefäß im Extraktor und werden infolgedessen auch kontinuierlich von frischem Lösungsmittel berieselt. Ebenso kann nach PRAUSNITZ[4]) ein Glasfiltriertiegel in den Extraktionsapparat eingesetzt werden. Noch zweckmäßiger scheint die Abänderung des Soxhletschen Apparates von PRAUSNITZ, darin bestehend, daß in den Zylinder *A* (Abb. 5) eine poröse Glasplatte eingeschmolzen ist. TWISSELMANN[5]) hat am Kühler seines Apparates ein Ätherreservoir angebracht, wodurch die Lösungsmittelverluste beim Auseinandernehmen verringert werden. Das zerbrechliche Heberröhrchen wird bei den letzten vier Apparaten vermieden.

Einfache Extraktionsapparate sind auch die von PERKINS[6]) und von BESSON[7]). Der Apparat nach QUINCKE[8]) ist komplizierter, hat aber den Vorteil des Fehlens jedes Schliffes und jeder Kork- oder Kautschukverbindung. — Die vielen

[1]) Ch.-Ztg. Bd. 42, S. 260. 1918. [2]) Ch.-Ztg. Bd. 45, S. 19. 1921.
[3]) Ebenda, S. 592. [4]) Z. ang. Bd. 36, S. 514. 1923.
[5]) Ch.-Ztg. Bd. 47, S. 506, 598. 1923; s. a. FRASCHINA, ebenda, S. 873.
[6]) Eng. Bd. 5, S. 148. 1913. [7]) Ch.-Ztg. Bd. 39, S. 860. 1915.
[8]) Bezugsquelle Paul Altmann, Berlin NW 6, Luisenstraße 47.

anderen Apparate, wie der von GRASSER und ALLEN[1]) oder die „Kugelmühle" von LEHMANN und VÖLTZ[2]) bieten keine besonderen Vorteile. Auch die Vorrichtung von GERBER[3]), eine Art Kombination seines Butyrometers mit einem Extraktor ist noch nicht genügend erprobt.

Zur Extraktion größerer Mengen von Ölsamen u. dgl. kann man sich einen Apparat nach SOXHLETschem Prinzip, wie ihn Abb. 10 zeigt, leicht aus den in jedem Laboratorium vorhandenen Bestandteilen zusammenstellen. Z. B. verwendet man den übriggebliebenen Oberteil eines KIPPschen Gasentwicklers, der etwa infolge Beschädigung der anderen Teile sonst unbrauchbar wurde und schneidet das Rohr bis auf 5 cm Länge ab. Dann gipst man ein 3 mm weites Heberrohr und ein 8 mm weites Dampfleitungsrohr ein, legt auf den Gipspfropfen eine Schicht Glasscherben, auf diese eine Lage Watte und verbindet mittels Korken mit einem Rückflußkühler und einem Rundkolben von $^3/_4$—1 l Inhalt. Die Kugel kann mit $^1/_4$—$^1/_2$ kg Extraktionsgut beschickt werden; die Extraktion geht so glatt wie die im kleinen Apparat.

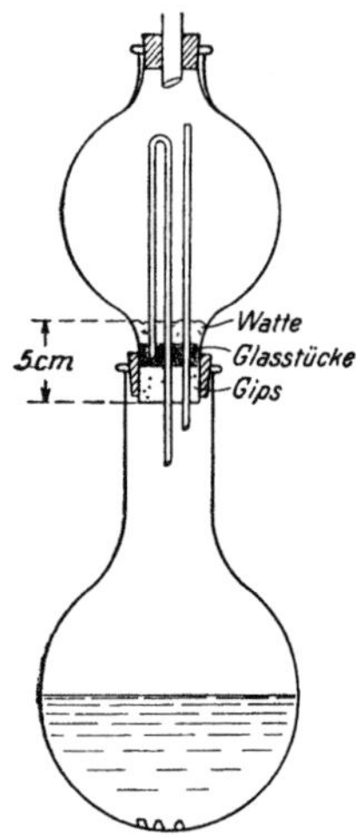

Abb. 10. Apparat zur Extraktion größerer Mengen.

Ausführung der Fettbestimmung.

1. Pflanzenteile.

a) Fettreicher Samen, Fruchtfleisch u. dgl. Die Substanz wird in eine Hülse aus Filtrierpapier gebracht; bei quantitativen Bestimmungen wird sie in dieselbe direkt eingewogen. Man verwendet die käuflichen, in die Apparate passenden Hülsen, sog. Soxhletpatronen[4]), oder fertigt sich kleinere Hülsen recht einfach folgendermaßen an: Man legt ein Rundfilter (Durchmesser 11 cm) auf eine Holzform, einen Zylinder von etwa 3 cm Durchmesser mit abgerundetem Ende und faltet das Papier der Zylinderwand entlang, so daß ein Körbchen, eine Art Faltenfilter mit flachem Boden entsteht. Eine solche Hülse ist billiger und beim Einwägen bequemer als eine fertige Patrone. Die Hülsen werden nicht vollständig angefüllt, so daß man obenauf noch ein Stückchen entfettete Baumwolle legen kann, um das Wegschwemmen kleinster Substanzteilchen zu verhindern. Verwendet man die selbst angefertigten, kleinen Hülsen, so legt man ihnen im Extraktionszylinder eine mehrere Zentimeter hohe Schicht von Glasperlen oder Watte unter, so daß der Rand der Hülse, wie bei Verwendung der größeren Patronen, etwa 1 cm unter dem höchsten Punkt des Heberrohrs (Abb. 5*h*) ist.

Man beschickt das — bei quantitativen Bestimmungen vorher gewogene — Kölbchen, in das man 1—2 Siedesteinchen gegeben hat, mit 50—150 ccm Lösungsmittel, setzt den Extraktor auf, füllt ihn mit der Flüssigkeit, bis sie durch das Heberrohr abläuft, verbindet nun mit dem Kühler und heizt an. Man erhält die Flüssigkeit in schwachem Sieden (Wasserbadtemperatur ca. 75°). Die Dämpfe kondensieren sich im Kühler, das Kondensat fließt in den Extraktor, durchdringt die Substanz und löst das Fett; ist der Extraktor bis zum Knie des Heberrohrs gefüllt, so hebert sich die Lösung ab und fließt in das Siedekölbchen.

---

1) Ch. Revue Bd. 18, S. 219. 1911. 2) Arch. f. Physiol. Bd. 97, S. 419, 606. 1903.
3) Dr. N. GERBERS Co. M. B. H.: Ch.-Ztg. Bd. 44; Ch. techn. Übers. Bd. 41. 1920.
4) Z. B. SCHLEICHER und SCHÜLL, Nr. 603.

Das Abhebern wiederholt sich, je nach dem Sieden, alle 3—5 Minuten. Nach 2—4 Stunden wird die Extraktion unterbrochen. Man läßt den Inhalt des Extraktors in das Siedekölbchen ablaufen, drückt etwa auch die Hülse mit einem abgeplatteten Glasstab vorsichtig aus, nimmt sie mit der Pinzette heraus, legt sie in eine Schale und läßt das noch zurückgehaltene Lösungsmittel im Trockenschrank verdunsten. Dann entleert man die Hülse in eine Reibschale und verreibt ihren Inhalt mit etwa der Hälfte bis zwei Drittel seines Gewichtes an grießförmigem Quarzsand. (Fettarmes Material kann man direkt mit Quarzsand verreiben, länger — bis 12 Stunden — extrahieren und so die Unterbrechung der Extraktion und die zweite Zerkleinerung ersparen). Hierauf bringt man die nunmehr staubfeine Masse quantitativ in die Hülse zurück, wischt die Reibschale mit Watte aus, legt die Watte in die Hülse, bringt die Extraktion wieder in Gang und läßt sie noch 2 Stunden gehen. Dann wird abgestellt und die im Extraktor befindliche Flüssigkeit wie oben in das Siedekölbchen gebracht. Nunmehr wird das Lösungsmittel aus der Fettlösung abdestilliert. Die letzten Reste entfernt man am besten durch Einblasen von trockenem Kohlendioxyd, trocknet den Kolbeninhalt bei höchstens 85° (nach Vorschrift des Verbandes der deutschen Ölmühlen bei 60°) bis zum konstanten Gewicht und wägt[1]). Wenn genau 10 g Substanz eingewogen wurden, ergibt das Gewicht des Rückstandes, multipliziert mit 10, direkt den Prozentgehalt.

Der Rückstand wird gewöhnlich als Fett angesprochen, ist auch in den meisten Fällen praktisch reines Fett, richtiger ist aber doch die Bezeichnung Petrolätherextrakt (bzw. Ätherextrakt usw.), weil er je nach dem Untersuchungsmaterial außer Fett auch noch merkliche Mengen anderer Extraktivstoffe enthalten kann. Diese Beimengungen wie Harze, Alkaloide, ätherische Öle, Farbstoffe u. a. m., sind vor der qualitativen Untersuchung des Fettes zu entfernen (s. Vorbereitung zur Analyse, S. 83) und auch bei genauen quantitativen Bestimmungen zu berücksichtigen. Die Ausschaltung dieser Fehlerquelle ist u. a. auch unerläßlich bei der Bestimmung des Fettes im Kakao: während der zur vollständigen Entfettung nötigen 16 Stunden langen Extraktion mit Äther lösen sich bereits größere Mengen Theobromin und eine zweite Base. Zur Abscheidung derselben wird der Extrakt am einfachsten getrocknet, worauf die Basen fest am Glas haften, das Fett wird dann mit wenig Äther aufgenommen, die Lösung nochmals eingeengt, der Rückstand getrocknet und gewogen[2]).

b) Fettarme Pflanzenteile (Getreidemehl, Kleie, Kartoffeln u. dgl.). Die Substanz muß zuerst durch Kochen mit verdünnter Salzsäure aufgeschlossen werden. Dadurch werden die dicken Zellwände zermürbt, Kohlehydrate und Eiweißstoffe abgebaut, so daß das Lösungsmittel zum Fett gelangen kann. Z. B. kocht man 1 g Mehl mit Salzsäure (1 : 1) einige Minuten lang und schüttelt nach dem Abkühlen mit einem Gemisch aus gleichen Teilen Äther und Petroläther aus. Selbstverständlich kann die aufgeschlossene Substanz nach dem Trocknen oder Vermengen mit wasseraufsaugenden Stoffen im Soxhletapparat extrahiert werden. Massenbestimmungen werden lediglich wie bei der Untersuchung von Käse (s. unten) mit Hilfe der Zentrifuge ausgeführt[3]); (s. a. Fett in Backwaren, S. 366).

---

[1]) Das von Hoepfner und Burmeister (a. a. O.) vorgeschlagene Verfahren, die Fettlösung auf ein bestimmtes Volumen aufzufüllen, mit Chlorcalcium zu trocknen und den Fettgehalt in einem aliquoten Teil zu bestimmen, ist wegen der Gefahr ungleichmäßiger Absorption und ungenauen Abpipettierens nicht zu empfehlen.

[2]) Keller: Apoth.-Ztg. Bd. 31, S. 330. 1916.

[3]) Vautier: Mitt. Lebensmittelunters. u. Hyg. Bd. 10, S. 40. 1919.

Die Aufschließung mit Salzsäure ist namentlich vor der Entfettung verholzter Pflanzenteile, Abfällen von Spinnfasern (sog. Flachs- und Hanfschäben) unbedingt nötig, weil sonst nur ein Bruchteil des Fettes in Lösung geht[1]).

Bei der Extraktion von Holz u. dgl. wird häufig statt Äther auch Benzolalkohol verwendet. Selbstverständlich sind weder die einen noch die anderen Extrakte reines Fett und müssen mit Hilfe der unten beschriebenen Trennungsmethoden zerlegt werden.

Es ist zu beachten, daß die Fette bei der Aufschließung des Untersuchungsmaterials mit Salzsäure mehr oder weniger weit gespalten werden und unter Umständen auch andere chemische Veränderungen erleiden können. Soll das Fett nach der Isolierung untersucht werden, so empfiehlt es sich, die Aufschließung schonender vorzunehmen, z. B. nach dem Verfahren von STREET[2]):

5 g Substanz werden mit einer Mischung von 10 ccm 95proz. Alkohol, 2 ccm konz. NH_3 und 3 ccm Wasser 2 Minuten mit Steigrohr zum Kochen erhitzt. Nach dem Erkalten wird die Mischung zerdrückt und dreimal mit je 25 ccm Äther durchgeschüttelt. Der Rückstand der ätherischen Lösung wird in Petroläther aufgenommen, eingedampft, bei 100° getrocknet und gewogen.

2. Tierische Gewebe.

In den Zellen der meisten tierischen Gewebe ist das Fett im allgemeinen fester gebunden als in denen der Pflanzen; in den gewöhnlichen Geweben ist das Fett im Protoplasma emulgiert, die Emulsionen sind so stabil, daß in der lebenden Zelle bis 25% Fett vollständig maskiert sein können. In den Fettgeweben und in den fettigen Sekreten liegen Emulsionen vom Typus „Wasser in Fett“ vor, die ebenfalls verhältnismäßig beständig sind[3]). Um das Fett vollständig frei zu machen, so daß es quantitativ extrahiert werden kann, müssen die stabilisierenden Eiweißkolloide dehydratisiert oder durch Einwirkung von Säure oder Alkali abgebaut werden.

a) Fettreiche Gewebe (Fettgewebe). Bei den fettreichen Geweben genügt im allgemeinen eine Vorbehandlung mit Alkohol, wodurch die Eiweißstoffe entwässert werden und das emulgierte Fett freigeben. Die darauffolgende Extraktion mit Äther oder dgl. wird im SOXHLETschen Apparat vorgenommen.

Fettgewebe von Schlachttieren, wie Rohtalge, werden mit dem Messer vorsichtig in Stücke geschnitten, wobei man Fettverluste durch vorhergehendes Abkühlen möglichst vermeidet. Größere Mengen kann man dann ohne Verlustgefahr durch eine Fleischhackmaschine schicken, worauf das zerkleinerte Material gut durchgemischt und eine Probe gezogen wird. Man digeriert oder kocht die Einwage mit Alkohol, zieht den alkoholischen Auszug ab, extrahiert den Rückstand mit Äther oder Petroläther im Soxhletapparat, vereinigt beide Auszüge, dampft ein, trocknet und wägt.

b) Fettarme, eiweißreiche Gewebe (Muskeln, drüsige Organe u. dgl.). Das emulgierte Fett wird entweder wie bei der Untersuchung von Fettgeweben durch Entwässern der Eiweißkolloide in Freiheit gesetzt oder, wenn dies nicht genügt, durch Aufschließen mit Säure, Alkali oder durch künstliche Verdauung.

---

1) SCHWALBE und SCHULZ, s. SCHWALBE: Z. ang. Bd. 32, I, S. 125. 1919; s. a. LINDNER: Z. ang. Bd. 32, I, S. 56. 1919.

2) Connecticut Bulletin Bd. 200. Dez. 1917; zitiert nach RIECHELMANN: Z. öff. Ch. Bd. 26, S. 283. 1920.

3) Siehe insbesondere M. H. FISCHER und HOOKER: Kolloidz. Bd. 18, S. 129. 1916.

α) Entwässerung. Die feinzerkleinerte Masse wird mit Alkohol verrührt, bis sie krümelig ist; dann wird auf dem Wasserbade unter häufigem Umrühren bei ca. 70° getrocknet, die trockene Masse gepulvert und mit Äther oder Petroläther extrahiert. Nach ROSENFELD[1]) kocht man die Substanz erst $^1/_2$ Stunde mit absolutem Alkohol auf dem Wasserbad, extrahiert dann 6 Stunden mit Chloroform und dampft beide Auszüge ein; der Rückstand wird getrocknet, in Äther aufgenommen, die ätherische Lösung filtriert, eingeengt und der Rückstand derselben nochmals getrocknet und gewogen.

β) Aufschließung mit Säure. Nach HISSINK[2]) kocht man z. B. von Fleischmehl, Fischmehl u. dgl. 5 g mit 100 ccm 10proz. Salzsäure und 50 ccm Wasser, filtriert, wäscht und trocknet. Die Substanz wird dann direkt mit einem Lösungsmittel ausgeschüttelt oder kontinuierlich extrahiert. Zur Ausschüttlung eignet sich Trichloräthylen[3]) (5 g Substanz mit 100 ccm eine Stunde geschüttelt, nach einstündigem Stehen im Dunkeln filtriert und in 50 ccm Filtrat der Rückstand bestimmt).

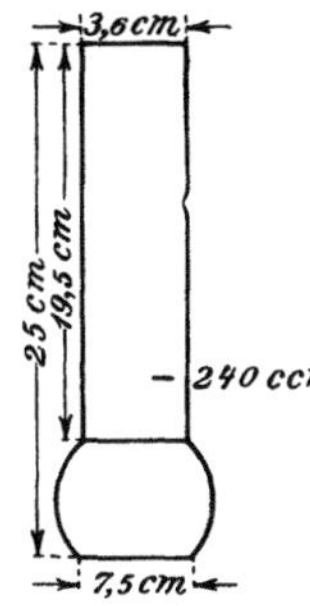

Abb. 11. Kolben nach LIEBERMANN.

γ) Aufschließung mit Alkali. Wie FAHRION[4]) zeigte, kann die Aufschließung z. B. von tierischer Haut, Horn u. dgl. auch mit alkoholischer Lauge erfolgen. Nach der Vorschrift von LIEBERMANN[5]) kocht man in einem Kolben (nach Abb. 11) 5 g Substanz mit 30 ccm 50proz. Kalilauge (spez. Gewicht 1,54) $^1/_2$ Stunde lang auf dem Drahtnetz, setzt nach dem Abkühlen 30 ccm 90—94proz. Alkohol zu, erwärmt nochmals 10 Minuten und säuert nach dem Abkühlen mit 100 ccm 20proz. Schwefelsäure vorsichtig an. Man versetzt nun mit 50 ccm Petroläther, Siedepunkt 60°, verschließt mit einem weichen Kork und schüttelt 30mal gut durch, füllt dann mit gesättigter Kochsalzlösung auf 240 ccm (wässerige Schicht), schüttelt nochmals durch und titriert 20 ccm der Fettlösung nach Zusatz von 40 ccm Alkohol und 1 ccm 1proz. Phenolphthaleinlösung. Die so erhaltene Seifenlösung wird eingedunstet, der Rückstand bei 100° getrocknet und gewogen. Aus dem Gewicht der Seife S, des Phenolphthaleins 0,01, der Einwage a und dem verbrauchten Volumen Lauge K berechnet sich der Prozentgehalt an Fett nach der Formel:

$$\% = \left(\frac{S - 0{,}01 - 0{,}002547\,K}{a}\right) 250.$$

Die Methode ist offiziell zur Bestimmung von Fett in Fleisch anerkannt (Codex alimentarius austr.), ist aber ungenau, sowohl wegen der Umrechnung, als auch wegen der Ausführung. Das Ausschütteln und das Abmessen sollte wenigstens in einem geeigneteren Gefäß, wie z. B. im Sapometer (S. 485) vorgenommen werden.

δ) Aufschließung durch künstliche Verdauung[6]). Etwa 30 g der bei 50 bis 60° getrockneten und so gut als möglich gepulverten Substanz werden zunächst 6 Stunden lang im Soxhletapparat entfettet. Aus der ätherischen Lösung wird das Fett wie üblich isoliert. Der extrahierte Rückstand wird getrocknet, gewogen und wieder gepulvert. Zu je 2—4 g desselben gibt man nun 100 ccm Verdauungs-

---

[1]) Centralbl. f. inn. Med. Bd. 21, S. 833. 1900.

[2]) Landw. Vers.-Stat. Bd. 40, S. 125. 1904.

[3]) NEUMANN: Ebenda Bd. 79/80, S. 701.

[4]) Z. ang. Bd. 8, S. 529. 1895; Bd. 22, S. 2096. 1909.

[5]) Arch. f. Physiol. Bd. 72, S. 360. 1898; s. a. KUMAGAWA und SUTO: Bioch. Z. Bd. 8, S. 212. 1908; SHIMIDZU: ebenda Bd. 28, S. 237; C. 1910, II, S. 1689.

[6]) DORMEYER: Arch. f. Physiol. Bd. 61, S. 341. 1895; Bd. 65, S. 90. 1896; BERGER: Ch.-Ztg. Bd. 26, S. 112. 1902; KUMAGAWA und SUTO: Hofmeist. Beitr. Bd. 4, S. 185. 1903.

flüssigkeit, die durch Digerieren von Schweinemagen mit 0,5 proz. Salzsäure erhalten wird. (Pepsinpräparate wirken weniger schnell.) Man läßt längstens 2 Stunden bei 37—38° stehen und filtriert dann die nunmehr verdaute Flüssigkeit durch ein Faltenfilter. Das Filter mit dem Rückstand wird nach Trocknen im Vakuum bei 35—45° im Soxhletapparat 15—24 Stunden lang mit Äther extrahiert, ebenso wird das Filtrat vorsichtig mit Äther ausgeschüttelt. Beide Ätherauszüge werden vereinigt, der Äther vertrieben, der Rückstand getrocknet und gewogen. Die so gefundene Fettmenge gibt mit der direkt extrahierten den Gesamtfettgehalt.

3. Seröse Flüssigkeiten (Blutplasma, Serum, Lymphe usw.)

Bestimmung des Fettes und der Lipoide im Blutplasma[1]: Die von körperlichen Elementen befreite Flüssigkeit schüttelt man entweder direkt mit Äther unter Zusatz von 2—3% Alkohol aus, oder nach dem Trocknen mit Natriumsulfat oder -phosphat[2]) mit Äther, Aceton u. dgl. Der Ätherauszug wird zur Entfernung etwa vorhandener Milchsäure, β-Oxybuttersäure, Oxalsäure, Gallensäuren, mit Sodalösung ausgeschüttelt. Aus der ätherischen Lösung erhält man wie üblich das Rohfett (Glyceride und Lipoide). Es ist noch mit ein wenig gallensauren Salzen verunreinigt. Zur Abtrennung derselben verseift man das Fett mit Natriumalkoholat, neutralisiert sehr genau mit Essigsäure, verdampft und zieht mit heißem Äther aus. Die ungelöst bleibenden Seifen werden mit Barytlösung gefällt, die Barytseifen wäscht man zur Entfernung der gallensauren Baryumsalze gut mit Wasser aus, zerlegt sie mit Schwefelsäure oder Phosphorsäure, sammelt die Fettsäuren mit Äther, dampft die Lösung ein, trocknet und wägt die Fettsäuren. Zur Isolierung der bei der Reinigung des ersten Extrakts in die Sodalösung übergegangenen freien Fettsäuren neutralisiert man die Lösung mit Salzsäure, fällt mit heißer Barytlösung, wäscht die Barytseifen gründlich aus, scheidet die Fettsäuren mit Mineralsäure ab, worauf sie gesammelt, getrocknet und gewogen werden.

Die Bestimmung des Fettes in anderen eiweißhaltigen Gewebsflüssigkeiten wie Lymphe, Cystenflüssigkeiten, Transsudaten, Eiter, erfolgt in derselben Weise oder durch Extraktion der von einer porösen Masse aufgesaugten und mit dieser getrockneten Substanz im Soxhletapparat. Man läßt die Flüssigkeit von fettfreiem Filtrierpapier, von Watte, Asbest, Bimssteinpulver oder dgl. aufsaugen[3]), dampft — am besten in einem HOFMEISTERschen Glasschälchen — unter häufigem Umrühren ein, zerkleinert mitsamt dem Schälchen und behandelt wie unter 1a) angegeben im Extraktionsapparat.

4. Milch.

Zur Bestimmung des Fettgehaltes von Milch und Milchprodukten liegt eine überaus große Zahl von physikalischen und chemischen Methoden vor. Physikalische Methoden sind: die optische Bestimmung mit dem sog. Laktoskop von FESER, die aber höchstens als orientierende Probe dienen kann, das aräometrische Verfahren von SOXHLET, eine sehr genaue aber etwas umständliche und teuere

---

[1]) Siehe TANDLER: Laboratoriumsbuch f. d. klinischen Chemiker. Halle 1910. S. 108. Über die mikrochemische Bestimmung von Fett in Blut s. BANG: Methoden zur Mikrobestimmung einiger Blutbestandteile; ferner GRIMBERT und LAUDAT: J. Pharm. Chim. (7) Bd. 9, S. 97. 1914; Compt. rend. Bd. 155, S. 974. 1912.

[2]) KLEIN und DINKIN: Z. physiol. Ch. Bd. 92, S. 302. 1914.

[3]) Der früher verwendete Gips ist nicht brauchbar, weil er einerseits Extraktivstoffe abgeben soll, andererseits hartnäckig Fett zurückhält. GEBECK: Landw. Vers.-Stat. Bd. 43, S. 193. 1894.

Methode, ferner das refraktometrische Verfahren von WOLLNY, das ebenfalls sehr genau und auch für Massenbestimmungen geeignet ist, aber einen teueren Apparat erfordert[1]). Die chemischen Verfahren sind teils gravimetrische, teils volumetrische. Von den ersteren sind die von HOPPE-SEYLER, LIEBERMANN und SZEKELY, die sog. Gipsmethode von SOXHLET, das Verfahren von ADAMS u. a. m. veraltet; zuverlässig sind das Verfahren von GOTTLIEB-RÖSE[2]) und das von SCHMID und BONDZYNSKI[3]).

Probenahme: Die einzelnen Partien werden bei Zimmertemperatur jede für sich gut durchmischt, dann werden aliquote Teile genommen und vereinigt. Die Durchschnittsprobe ist unter dichtem Verschluß aufzubewahren oder zu konservieren. Für die Bestimmung des Fettgehaltes konserviert man am besten mit Kaliumbichromat [1 g auf das Liter[4])]; noch besser soll sich Quecksilberchlorid eignen[5]) (0,03—0,04%).

a) Gravimetrische Bestimmung. Methode von GOTTLIEB-RÖSE, Ausführung nach EICHLOFF und GRIMMER[6]).

Abb. 12. Apparat zur Fettbestimmung nach RÖSE-GOTTLIEB. (Aus KÖNIG, Chemie der Nahrungs- u. Genußmittel.)

In den Schüttelkolben mit zylindrischem Unterteil, Abb. 12, werden 10 ccm Milch eingewogen. Von Rahm wägt man 2—3 ccm ab und verdünnt mit 8 bzw. 7 ccm Wasser, von Trockenmilch 1 g mit 9 ccm Wasser. Man setzt 1 ccm Ammoniak zu, schüttelt leicht um, versetzt mit 10 ccm Alkohol und schüttelt wieder um. Nun setzt man 25 ccm trockenen Äther zu, schüttelt kräftiger, versetzt mit 25 ccm bis 60° siedendem Petroläther und läßt nach leichtem Durchmischen mindestens 6 Stunden bis zum völligen Klären und Absetzen der Fettlösung stehen. Hierauf ersetzt man den Stopfen durch die Hebervorrichtung und drückt die Fettlösung in einen Philippsbecher. Das Schüttelkölbchen wird noch zweimal mit je 25 ccm Äther ausgespült. Aus der Fettlösung wird der Äther und Petroläther abdestilliert, der Rückstand bei ungefähr 105° gewichtskonstant getrocknet und gewogen. Aus der Einwage m und der ausgewogenen Fettmenge F berechnet sich der Prozentgehalt f der Milch an Fett[7]) nach der Formel:

$$f = \frac{100\,F}{m}.$$

Die Methode gibt sehr genaue Werte und dient als „Standardmethode". Für Massenuntersuchungen ist sie aber nicht geeignet, solche werden nur volumetrisch ausgeführt.

---

[1]) TEICHERT: Die Analyse der Milch und Milcherzeugnisse. Berlin 1911.

[2]) Landw. Vers.-Stat. Bd. 40, S. 1. 1892; Z. anal. Ch. Bd. 32, S. 252. 1893.

[3]) Z. anal. Ch. Bd. 30, S. 728. 1891.

[4]) Codex Alimentarius Austr. Bd. II, S. 293.

[5]) TILLMANNS, SPLITTGERBER, RIFFART: Z. Nahrgsm. Bd. 27, S. 893. 1914.

[6]) Milchwirtsch. Centralbl. Bd. 6, S. 114. 1910; C. 1910, II, S. 1457. Andere ebenfalls brauchbare Ausführungsformen bzw. Apparate wurden angegeben von RÖHRIG: Z. Nahrgsm. Bd. 9, S. 531. 1905; BREMER und GREIFENHAGEN: Z. Nahrgsm. Bd. 24, S. 580. 1912; RIETER: Ch.-Ztg. Bd. 30, S. 531. 1906; RICHMOND: Analyst Bd. 33, S. 389. 1908; u. a. m.

[7]) Der Fettgehalt von Kuhmilch beträgt durchschnittlich 3,5%, er schwankt aber beträchtlich, im allgemeinen von 2,8 bis 4,5%, doch kommen auch noch größere Abweichungen vor. Einerseits kann auch unverfälschte Milch abnorm niedrige Gehalte, bis auf 1% herunter, aufweisen, andererseits können Milchen, z. B. von altmelkenden Kühen beträchtlich fettreicher sein. — Der Fettgehalt von durch Aufrahmen gewonnener Magermilch beträgt etwa 0,6 bis 1%, von zentrifugierter Magermilch nur 0,05 bis 0,2%. — Bei Ziegenmilch liegt der Fettgehalt zwischen 3,1 und 7,6%, durchschnittlich um 4,8%.

b) Volumetrische Bestimmungen (Butyrometrie). α) Acidbutyrometerverfahren von GERBER[1]). Prinzip: Die Nichtfette werden in Schwefelsäure gelöst, das mit Amylalkohol verdünnte Fett wird durch Schleudern von der Säurelösung abgetrennt und sein Volumen direkt abgelesen. Ausführung: Abb. 13 und Abb. 14 zeigen die gebräuchlichsten Ausführungsformen des Butyrometers für Vollmilch, ein Normal- und ein Flach-Butyrometer[2]). In das Rohr werden 10 ccm Schwefelsäure [spez. Gewicht = 1,820—1,825, frei von Salpeter- und salpetriger Säure[3]),], 11 ccm Milch und 1 ccm Amylalkohol[4]) vom spez. Gewicht 0,815 (Siedep. 128—130°) pipettiert. Für Massenbestimmungen bedient man sich dazu automatischer Pipetten. Das Rohr wird durch Einschrauben eines Gummistopfens fest verschlossen und dann geschüttelt. Man läßt 10 Minuten in einem Wasserbad von 60—70° stehen und zentrifugiert dann, z. B. auf der kleinen „Perplexzentrifuge“. Bei Vollmilch wird 3 Minuten lang geschleudert, bei Magermilchproben wird 2—3 Minuten erst schwach, dann mäßig stark geschüttelt, hierauf zweimal je 5 Minuten zentrifugiert. Man erwärmt nochmals etwa 5 Minuten im Wasserbad auf 65° und liest ab. Zu diesem Zweck hält man das Butyrometer senkrecht, mit der Spitze nach oben, gegen das Licht und beobachtet erst, ob die Fettschicht klar und scharf abgegrenzt ist, widrigenfalls nochmals geschleudert werden muß. Dann stellt man die Trennungsschicht zwischen Fett und Säure mit Hilfe des Stopfens auf einen großen Teilstrich der Skala und liest den Skalenpunkt am unteren Meniskus der Fettschicht ab. Die Skalenteile geben ganze Prozente Fett an, die Unterteilungen Zehntelprozente, doch lassen sich bei einiger Übung auch Zweihundertelprozente schätzen. Man wiederholt die Ablesung und kontrolliert namentlich, ob nicht der Einstellungspunkt durch Verschieben des Stopfens verändert wurde. Stimmen die Ablesungen nicht überein, so erwärmt man nochmals und liest wieder ab. Selbstverständlich muß die Temperatur von 65°, bei welcher die Skala geeicht wird, möglichst genau eingehalten werden.

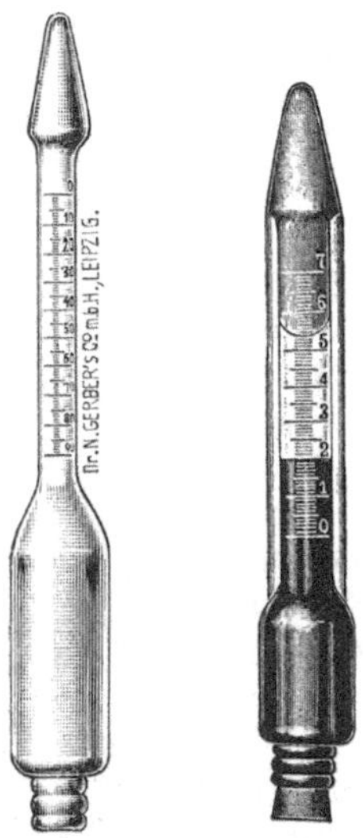

Abb. 13. Abb. 14.
Butyrometer.

Die Methode gibt konstante, für Massenbestimmungen hinreichend genaue Vergleichswerte, die aber immer ein wenig zu niedrig sind. Das Milchfett wird nämlich durch die Schwefelsäure und den Amylalkohol stark angegriffen, zum Teil umgeestert, zum Teil gespalten, so daß sich gewisse Teile in der Säure lösen können. Nach SIEGFELD[5]) enthält das Butyrometerfett über 12% freie Fettsäuren und über 17% Amylester, [so daß, wenn die Fettspaltung nur bis zur Diglyceridstufe ginge, fast alles Fett gespalten wäre]. Diese Nachteile sollen vermieden werden bei den

[1]) Praktische Milchprüfung. Bern 1900. S. 44.

[2]) Für Magermilch, Rahm, Käse sowie für Präzisionsbestimmungen gibt es eigene Ausführungsformen.

[3]) REISS: Ch.-Ztg. Bd. 44, S. 577. 1920.

[4]) Der Amylalkohol muß durch Blindversuch geprüft werden. — Über die Regenerierung desselben zur Wiederverwendung s. KREIS: Schweiz. Apoth.-Ztg. Bd. 53, S. 402. 1915.

[5]) Milchwirtsch. Centralbl. Bd. 4, S. 351. 1908; C. 1908, II, S. 909.

β) Sal- und Sinacidmethoden. Bei der Salmethode von GERBER[1]) wird der Amylalkohol durch Isobutylalkohol ersetzt und die Schwefelsäure durch die „Sal"-Lösung, die man durch Auflösen des käuflichen „Sal", einer Mischung von Kaliumnatriumtartrat und Ätznatron, erhält; beim „Neusal"-Verfahren wird eine vollkommen neutrale Lösung von Salicylaten und Citraten angewendet. Die Ausführung ist ähnlich wie beim Schwefelsäureverfahren, die einzuhaltende Temperatur ist 45°.

Auch das „Sinacid"-Verfahren von SICHLER bedient sich einer alkalischen Tartratlösung und des Butylalkohols. Es soll ziemlich gleiche Werte wie das acidbutyrometrische Verfahren g ben[2]), bietet aber jedenfalls keine nennenswerten Vorteile. Dasselbe dürfte für die sog. Babcockmethode zutreffen, eine andere Modifikation des GERBERschen Verfahrens bzw. des ursprünglichen Zentrifugalverfahrens von THÖRNER[3]) und des „Laktokrit"-Verfahrens von DE LAVAL (Anwendung von Eisessig neben Schwefelsäure u. dgl.), deren verschiedene Modifikationen namentlich in Amerika zur Analyse von Schlagsahne, gesüßten Molkereiprodukten, Speiseeis usw. angewendet werden[4]).

Bei der Untersuchung von Rahm verdünnt man Proben mit weniger als 30% Fett auf das Vierfache, fettreichere Proben auf das Zehnfache ihres Volumens. Die Butyrometeranzeige ist dann nicht nur mit dem Verdünnungsfaktor, sondern auch mit dem Korrektionsfaktor 1,03 zu multiplizieren. Der größte Fehler beträgt 0,5%.

Zur Bestimmung des Fettgehaltes von kondensierter Milch und Trockenmilch wird die Methode von GOTTLIEB-RÖSE, von anderen das Verfahren von SCHMIDT-BONDZYNSKI (vgl. oben) empfohlen[5]).

5. Käse.

Prinzip: Man schließt durch Behandeln mit Mineralsäure auf und bestimmt das Fett in der erhaltenen Lösung durch Extraktion oder butyrometrisch. Um eine gute Durchschnittsprobe zu erhalten, stanzt man von Laibkäsen mit Hilfe eines passenden Bohrers 2 Stück aus der Mitte zwischen Zentrum und Rand, von kleineren Hartkäsen schneidet man einen Sektor aus; man zerkleinert die Proben auf dem Reibeisen und mischt gut durch, von Weichkäsen nimmt man ein ganzes Stück oder auch 2 Stücke und verarbeitet sie in der Reibschale zu einer homogenen Masse[6]).

a) Gravimetrische Bestimmung nach BONDZYNSKI-RATZLAFF[7]): 3 bis 5 g Substanz, je nach dem Fettgehalt mehr oder weniger[8]), werden in einem mit Kork lose verschlossenen Rundkolben von etwa 30—50 ccm Inhalt mit 10 ccm Salzsäure (1,125) auf kleiner Flamme unter Umschwenken, vorsichtig bis zur

---

1) TEICHERT: Die Analyse der Milch. S. 21.
2) BLANCK: C. 1914, II, S. 437.
3) Ch.-Ztg. Bd. 16, S. 1101. 1892.
4) HALVERSON: Eng. Bd. 5, S. 403, 409. 1913; C. 1913, II, S. 88; Eng. Bd. 5, S. 480; C. 1913, II, S. 718; LICHTENBERG: Eng. Bd. 5, S. 786; C. 1913, II, S. 1521; UTT: Eng. Bd. 7, S. 773. 1915; Ch.-Ztg. Rep. Bd. 41, S. 170. 1917.
5) BIESTERFELD und EVENSON: Eng. Bd. 9, S. 1111. 1917. C. 1918, I, S. 1192; s. a. EICHLOFF und GRIMMER: a. a. O.; s. Ch.-Ztg. Bd. 41; Chem. Techn. Übers. S. 270. 1917.
6) Codex alimentarius Austr. Bd. 3, S. 186.
7) Milch-Ztg. Bd. 32, S. 65. 1903.
8) Magerkäse enthalten etwa 2 bis 8% Fett, von den Fettkäsen enthalten ungefähr: Brie 26%, Edamer, Emmenthaler, Gervais und Limburger rund 30%. Roquefort ca. 34%. (Beim Reifen des Käses geht der Fettgehalt um 1 bis 1,5% zurück. TIJMSTRA und KAUFMANN: Ch. Weekbl. Bd. 12, S. 1052. 1915.)

vollständigen Auflösung erhitzt. Die klare, braungefärbte Lösung bringt man noch warm (nicht heiß) in den EICHLOFFschen Kolben oder in den RÖHRIGschen Meßzylinder, Abb. 15, füllt mit wenig heißem Wasser nach und kühlt die Flüssigkeit im Rohr ab. Das Lösungskölbchen und der Kork werden zuerst mit 10 ccm Alkohol, dann wiederholt mit kleinen Mengen, zusammen 25 ccm Äther, zuletzt mit 25 ccm Petroläther in das Meßgefäß abgespült. Nach zweistündigem Stehen läßt man die Fettlösung in ein gewogenes Kölbchen ab, wiederholt die Ausschüttlung mit den gleichen Mengen Lösungsmittel und verfährt weiter wie bei der Milchfettbestimmung nach GOTTLIEB-RÖSE.

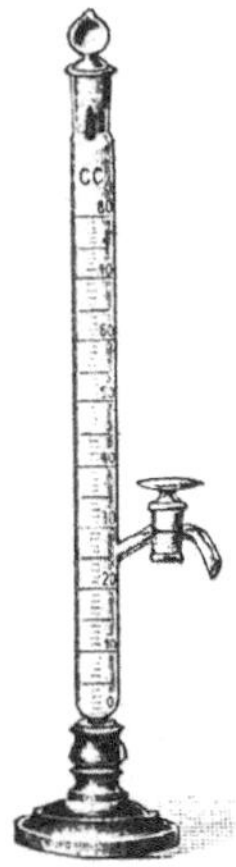

Abb. 15. RÖHRIGscher Meßzylinder.

Die Methode wird vielfach als die genaueste angesehen[1]). Sie wird am meisten angewendet, doch wird ihr von manchen die von ALLEMANN[2]) vorgezogen (Lösen des Käses in heißer Salzsäure, Extrahieren nach dem alten SOXHLETschen Verfahren).

b) Butyrometrische Bestimmung. Die Analyse ist im großen ganzen dieselbe wie die acidbutyrometrische Bestimmung des Milchfettes. Bei der Ausführungsform nach GERBER-SIEGFELD[3]) bedient man sich des gewöhnlichen Milchbutyrometers. Praktischer ist, besonders für Massenbestimmungen, die Verwendung des ein wenig abgeänderten Käse-Butyrometers von VAN GULIK[4]). Die Fehler betragen bis ± 0,3%. Eine Abänderung des Butyrometers ist der Käseprüfer von HAMMERSCHMIDT, der auch vielfach angewendet wird. Die Bestimmungen sollen mit denen nach BONDZYNSKI-RATZLAFF auf 0,5%, also für den praktischen Zweck genügend, übereinstimmen[5]).

6. Faeces[6]).

Eine Tagesmenge wird in eine tarierte Schale eingewogen, mit alkoholischer Salzsäure befeuchtet, eingedampft und bei 110—115° getrocknet. [Bei exakten Bestimmungen trocknet man bei niedrigerer Temperatur nach PODA[7]).] Der Trockenrückstand wird gepulvert und mit Äther extrahiert. Dabei können auch sehr große Mengen Nichtfette gelöst werden[8]). Von diesen entfernt man die Aminosäuren, Phenole, Indol, Skatol usw. durch zweimaliges gründliches Ausblasen mit Wasserdampf, wobei nach dem ersten Male schwach angesäuert wird.

Aus der ätherischen Lösung des Rückstandes wird die Cholalsäure mit Sodalösung ausgeschüttelt. Die freien Fettsäuren, die auch in die Sodalösung gehen, können wie bei der Untersuchung seröser Flüssigkeiten isoliert und gewogen werden. Die Ätherlösung dampft man ein, trocknet bei 110° und löst den Rückstand wieder in trockenem Äther, wobei noch ein wenig Salze zurückbleiben. Die ätherische Lösung enthält nunmehr das Neutralfett und das Unverseifbare (oft über 10% des Fettes, besonders Koprosterin), die nach dem Eindampfen

[1]) KOOPER: Milchwirtsch. Centralbl. Bd. 42, S. 353. 1913; C. 1913, I, 458; DONSELT: ebenda S. 33; C. 1913, I, S. 850; UTZ: ebenda S. 457; C. 1913, II, S. 905.

[2]) Mitt. Lebensmittelunters. u. Hyg. Bd. 4, S. 253; C. 1913, II, S. 1337; WENGER: Milchwirtsch. Centralbl. Bd. 44, S. 324. 1915; C. 1916, I, S. 121; BRODRICK-PITTARD: Z. Nahrgsm. Bd. 29, S. 112. 1915; Bd. 32, S. 354. 1916.

[3]) Milch-Ztg. Bd. 33, S. 433. 1904.

[4]) Z. Nahrgsm. Bd. 23, S. 99. 1912. Bezugsquelle: Dr. N. Gerber u. Co., Leipzig.

[5]) REUCHLIN und RACHEL: Z. Nahrgsm. Bd. 26, S. 20. 1913. Über die Anwendung des Traganthverfahrens als Schnellmethode zur Bestimmung des Fettes in aufgeschlossenem Käse s. KROPATH: Arch. Pharm. Bd. 252, S. 76. 1914.

[6]) Siehe besonders TANDLER: Laboratoriumsbuch f. d. klinischen Chemiker, S. 94.

[7]) Z. physiol. Ch. Bd. 25, S. 355. 1898. [8]) Siehe a. INABA: Bioch. Z. Bd. 8, S. 348. 1908.

zusammen getrocknet und gewogen werden können, meistens aber getrennt bestimmt werden.

Sollen die ursprünglich in freiem Zustande und als Seifen vorhandenen Fettsäuren mit bestimmt werden, so verseift man das mit Wasserdampf gereinigte Rohfett mit Natriumalkoholat, setzt durch Erwärmen mit Barytlösung um, zieht die wasserlöslichen Baryumsalze der Cholsäure und der Glycerinphosphorsäure aus und zerlegt die zurückbleibenden Barytseifen. Durch Ausäthern, Trocknen des Ätherrückstandes und Wägen findet man die Gesamtfettsäuren[1]).

Technische Bestimmung des Gesamtfettes in Saaten, Ölkuchen u. dgl. s. S. 316, Bestimmung in Leder s. S. 439, in zubereiteten Nahrungsmitteln S. 366.

Vorbereitung zur Analyse.

(Reinigung des Fettes, Abscheidung der Fettsäuren, Umwandlung in Alkylester.)

Reinigung: Vor der Analyse muß das Fett von mechanisch beigemengten Verunreinigungen befreit und getrocknet werden. (Über den Nachweis und die quantitative Bestimmung von Beimengungen in der technischen Fettanalyse s. S. 323.)

Suspendierte feste Stoffe, z. B. Samenreste usw., entfernt man durch Abfiltrieren im Heißwassertrichter bei einer höchstens 20° über dem Schmelzpunkt des Fettes liegenden Temperatur. Sehr feine Suspensionen oder Emulsionen von Pflanzenschleim, wie solche namentlich in Leinölen und Rübölen vorkommen, sind oft kaum filtrierbar. Man erhitzt solche Öle kurz auf 250°, wodurch die Schleimstoffe ausgeflockt werden, läßt abkühlen, verdünnt dann soweit als nötig mit Petroläther und filtriert. Bei kältebeständigen Ölen kann man das Koagulieren und Absetzen der Schleimstoffe besser durch längeres Abkühlen auf 0° und darunter erreichen.

Wasserlösliche Beimengungen werden durch Ausschütteln mit warmem Wasser entfernt, mit Wasserdämpfen flüchtige Stoffe, wie ätherische Öle (z.B. ätherisches Senföl in Rüböl und fettem Senföl) durch Destillation mit Wasserdampf (allenfalls auf 120—130° überhitzt), wobei darauf zu achten ist, daß nicht etwa wasserlösliche und flüchtige Fettbestandteile, niedrige Fettsäuren, mit den nichtfetten löslichen bzw. flüchtigen Beimengungen entfernt werden.

Harzsäuren lassen sich von Neutralfetten durch Ausziehen mit Alkalicarbonatlösungen trennen. Das Ausschütteln muß sehr vorsichtig geschehen, am besten verdünnt man das harzhaltige Fett mit Petroläther und schüttelt mit einer Lösung von Alkali oder Alkalicarbonat in 50proz. Alkohol. Läßt sich auch auf diese Art die Bildung von Emulsionen nicht vermeiden, so neutralisiert man die ätherisch-alkoholische Lösung des Fettes vorsichtig mit Alkali, vertreibt die Lösungsmittel, verreibt den Rückstand von Fett und Harzseifen mit trockenem Natriumsulfat oder dgl. und extrahiert das Fett mit Petroläther. Dabei ist jedoch zu berücksichtigen, daß die meisten Fette wenigstens eine kleine Menge freier Fettsäuren enthalten, die mit den Harzsäuren abgetrennt werden, während anderer-

---

[1]) Über die nephelometrische Bestimmung höherer Fettsäuren und Seifen in Faeces s. Sharpe: Bioch. J. Bd. 11, S. 96. 1917; C. 1917, II, S. 835. Über Entfettung der Faeces s. a. Sonntag: Arb. Ges.-Amt Bd. 51, S. 25. 1918; C. 1919, II, S. 398; Lambling und Vallée: Compt. rend. Soc. Biol. Bd. 82, S. 1060. 1919; C. 1920, II, S. 162.

seits den Harzsäuren immer unverseifbare Begleitstoffe beigemengt sind, die im Fett gelöst bleiben. Die etwa bei den Harzsäuren verbliebenen Fettsäuren lassen sich aber leicht nach S. 303 abtrennen, das aus dem Harz stammende Unverseifbare im Fett nach S. 204 bestimmen.

Das Bleichen dunkler Fette vor der Untersuchung ist im allgemeinen nicht üblich, in manchen Fällen kann es sich aber doch empfehlen, besonders dunkel gefärbte Fette zu bleichen. Man bleicht natürlich nicht mit chemischen Mitteln, sondern nach der Adsorptionsmethode, indem man das Öl mit 5—10% seines Gewichtes an Bleichpulver $^1/_2$ Stunde bei möglichst niedriger Temperatur intensiv verrührt und die Behandlung allenfalls wiederholt. Am besten wirken bei den meisten Ölen die Bleicherden, zum Beispiel Frankonit, Tonsil u. dgl., bei anderen wiederum gewisse Entfärbungskohlen usw. Die Wahrscheinlichkeit einer chemischen Einwirkung oder einer teilweisen Fraktionierung des Fettes bei der Adsorptionsbleiche ist zwar gering, aber immerhin in Betracht zu ziehen und zu kontrollieren, indem man den im Bleichpulver verbliebenen Anteil extrahiert und prüft.

Das Trocknen ist mit besonderer Sorgfalt vorzunehmen, weil sich anderenfalls freie niedrige Fettsäuren verflüchtigen, mehrfach ungesättigte Fettsäuren oxydieren und Oxyfettsäuren anhydrisieren können. Wurde das Fett durch Extraktion abgeschieden, so trocknet man am besten die Lösung vor dem Abdestillieren des Lösungsmittels mit wasserfreiem Natrium- oder Magnesiumsulfat. Dieselben Mittel können auch für ungelöste flüssige Fette verwendet werden. Gewöhnlich trocknet man wie bei der quantitativen Bestimmung des Wassers (s. Untersuchung technischer Fette, S. 320), in einem zur genauen Einstellung der Temperatur zweckmäßig mit Thermoregulator versehenen Kohlendioxydtrockenschrank bei höchstens 100—105°.

Abscheidung der Fettsäuren: Bei der systematischen Untersuchung eines Fettes müssen auch die aus demselben abgeschiedenen Fettsäuren analysiert werden. Auch bei der Analyse technischer Fette ist es meistens nötig, das Gemisch der Fettsäuren oder der wasserunlöslichen Fettsäuren zur Ausführung der einen oder der anderen Bestimmung (Erstarrungspunkt usw.) abzuscheiden.

a) Ausführungsform für feste Fette und nichttrocknende Öle. 50—100 g Fett werden in eine Schale oder tiefe Kochpfanne, am besten aus Nickel, eingewogen und nötigenfalls geschmolzen. Dann setzt man auf je 10 g Fett 6—8 ccm Kalilauge[1]), spez. Gewicht 1,4 (ca. 550 g KOH im Liter) sowie etwa 5 ccm Alkohol zu und erwärmt anfänglich auf dem Wasserbade, später auf dem Sandbade oder einem Asbestteller unter konstantem Rühren mit einem breiten Spatel oder Kochlöffel so lange, bis die Masse ganz eingedickt ist und nicht mehr nach Alkohol riecht. (Man kann auch bloß so lange erhitzen, bis die Masse vollständig homogen geworden ist und sie dann längere Zeit, z. B. über Nacht, stehen lassen. Bei leicht verseifbaren Fetten wie Ricinusöl oder Cocosfett ist auch der Zusatz von Alkohol überflüssig.) Dann löst man die Seife in der ungefähr zehnfachen Menge Wasser und kocht zur Vertreibung der letzten Alkoholreste bzw. zur Zerlegung etwa vorhandener kleiner Mengen Fettsäureäthylester $^1/_2$ Stunde lang. Nach einigem Abkühlen wird mit einem Überschuß verdünnter Schwefelsäure (1:4) angesäuert und wieder gekocht, bis die zuerst in weißen undurchsichtigen Klumpen ausgeschiedenen Fettsäuren zu einem klaren Öl geschmolzen sind. Nun prüft man auf etwa unverseift gebliebenes Fett

[1]) 10 Teile Fett brauchen keinesfalls mehr als 3 Teile KOH.

durch die GEITELsche Probe: Etwa 2 g Fettsäuren werden in 15 ccm heißem Alkohol gelöst und die Lösung mit 15 ccm Ammoniak vesetzt. Sind noch wenigstens mehrere Prozente Neutralfett vorhanden, so trübt sich die Lösung. Bleibt sie klar, so überschichtet man vorsichtig mit kaltem Methylalkohol, wobei, wenn selbst nur Spuren von Fett vorhanden sind, an der Berührungsstelle der Schichten eine Trübung entsteht. In diesem Falle muß die Verseifung wiederholt werden. Bei sehr stark gefärbten Fetten versagt die Probe; bei Fetten mit größeren Mengen an Unverseifbarem ist die GEITELsche Probe überhaupt nicht anwendbar, weil sie immer positiv ausfällt. — Erstarren die Fettsäuren beim Abkühlen zu einer festen Scheibe, so durchsticht man dieselbe und gießt die wässerige Unterschicht, die das gesamte Glycerin enthält, ab; im anderen Falle wird abgehebert. Man schmilzt die zurückbleibenden Fettsäuren auf frischem Wasser unter tüchtigem Durchrühren um, trennt wieder Fettsäure und Wasserschicht durch Abgießen oder, in allen Fällen schneller, durch Abhebern und wiederholt dies, bis das ablaufende Wasser gegen Methylorange neutral reagiert.

Die Fettsäuren werden in derselben Weise und ebenso vorsichtig wie die Neutralfette getrocknet. Feste Fettsäurekuchen werden, bevor man sie in den Trockenschrank bringt, vom anhaftenden Wasser befreit, indem man sie behutsam — um nicht etwa flüssige Säuren abzupressen, zwischen Filterpapier drückt.

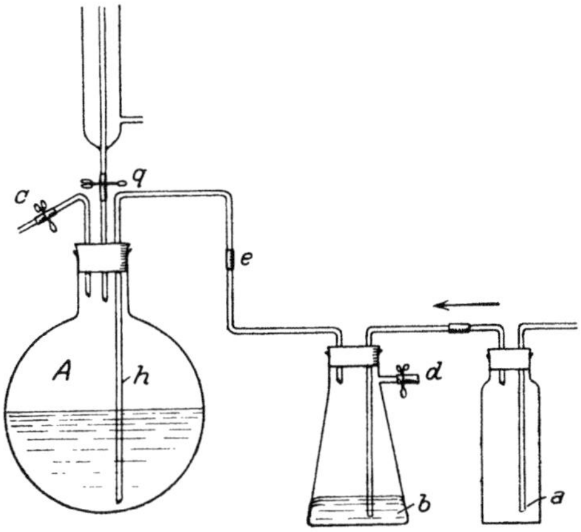

Abb. 16. Anordnung zum Abscheiden von Fettsäuren unter Luftabschluß.

Man erhält auf diese Weise die unlöslichen Fettsäuren mit den nichtflüchtigen unverseifbaren Begleitstoffen. Bei einer vollständigen Untersuchung dürfen selbstverständlich die wasserlöslichen Säuren nicht vernachlässigt werden, wenn auch die meisten Fette davon nur ganz geringe Mengen enthalten. Man gewinnt sie aus dem Sauerwasser von der Zerlegung der Seife und aus den Waschwässern durch Ausschütteln mit Äther oder Petroläther, trocknet die vereinigten Auszüge, destilliert das Lösungsmittel ab und fügt den Rückstand zu den unlöslichen Säuren oder untersucht ihn für sich.

b) Ausführungsform für trocknende Öle. Die Abscheidung der Fettsäuren aus trocknenden Ölen ist im Prinzip dieselbe wie bei anderen Fetten, doch soll sie wegen der Empfindlichkeit der mehrfach-ungesättigten Säuren unter Ausschluß von Luftsauerstoff vorgenommen werden. Diese Vorsichtsmaßregel ist bei stark trocknenden Ölen unter allen Umständen nötig, bei schwach trocknenden wenigstens für exakte Untersuchungen. Eine zweckmäßige Arbeitsweise haben GRÜN und SCHÖNFELD[1]) angegeben. Abb. 16 zeigt die sehr einfache Anordnung.

In den Rundkolben A, dessen Größe je nach der zu verarbeitenden Fettmenge zwischen 1—3 l Inhalt zu wählen ist, werden z. B. 250 g Öl und 150 bis 250 ccm Alkohol eingefüllt und durch das Heberrohr h Wasserstoff (oder Leuchtgas, Wassergas, Stickstoff) eingeleitet, der vorher in a durch Wasser und in b

[1]) Z. ang. Bd. 29, I, S. 38. 1916.

durch Quecksilber passierte. Nach $^1/_4$stündigem Einleiten läßt man durch den Kühler eine Lösung von 100 g Kaliumhydroxyd in 125 ccm Wasser einfließen und erhitzt unter ständigem Einleiten von Wasserstoff im Dampfbad. Nach etwa 20 Minuten wird der Dampf abgestellt und der Kolben durch Berieseln mit Wasser gekühlt. Sobald die Reaktion erlahmt, wird wieder, im ganzen etwa 2 Stunden, erhitzt. Hierauf wird die Rückflußkühlung durch Schließen des Quetschhahnes *q* abgestellt, Quetschhahn *c* geöffnet und der Alkohol durch einen absteigenden Kühler abdestilliert. Nachdem die Seifenlösung einigermaßen abgekühlt ist, läßt man unter Öffnung von *q* durch den Kühler einen kleinen Überschuß 10proz. Schwefelsäure einfließen und leitet dann, um den Kolbeninhalt gründlich durchzumischen, gleichzeitig mit dem von *a* kommenden Wasserstoff auch Wasserdampf durch *d* ein. (Um zu verhindern, daß der Wasserstoffstrom durch den höheren Druck des Wasserdampfes abgestellt wird, leitet man ersteren unter geringem Überdruck ein, was eben durch Beschicken der Saugflasche *b* mit Quecksilber bewerkstelligt wird.) Sobald sich die Fettsäuren als klares Öl über der wässerigen Schicht sammeln, stellt man den Dampfstrom bei *d* ab, löst die Verbindung des Heberrohres mit *b* bei *e* und drückt die wässerige Schicht mittels eines schwachen, bei *c* eintretenden Dampfstromes durch das Heberrohr aus dem Kolben. Darauf stellt man wieder die ursprünglichen Verbindungen her, stellt den Wasserstoffstrom wieder an, läßt durch den Kühler luftfreies, heißes Wasser einfließen und verrührt es mit den Fettsäuren durch einen kräftigen Dampfstrom. Dann läßt man wieder absitzen, hebert das Wasser wie oben ab und wiederholt das Auswaschen, bis das letzte Wasser neutral reagiert. Die Fettsäuren werden durch Erhitzen im Wasserstoffstrom, der auch das Verdampfen des Wassers befördert, getrocknet. — Etwa vorhandene wasserlösliche und flüchtige Fettsäuren müssen wie bei der Ausführungsform a) in den Waschwässern, etwa auch in den Kondensaten des Dampfstroms, gesucht werden.

c) Ausführung bei schwer verseifbaren Fetten und Wachsen. Einige wenige Fette wie Japantalg und die Wachsarten (früher glaubte man auch das sog. Wollfett) werden durch wässerig-alkoholische Lauge, manche selbst durch rein alkoholische Lauge bei 100° nicht vollständig verseift, dagegen nach folgenden Verfahren:

Nach Becker[1]) verseift man mit einem großen Überschuß an alkoholischer Lauge unter Druck, indem man die Probe mit der zwölffachen Menge $^n/_1$ oder $^n/_2$ alkoholischer Kalilauge $^1/_2$ Stunde auf dem Wasserbad in einem Kolben erhitzt, der durch Vorlegen einer mit Quecksilber gefüllten Sicherheitsröhre unter einen Druck von ca. 5 cm Hg gesetzt ist. — Dieselbe Wirkung läßt sich einfacher durch Erhöhung der Temperatur erzielen. Man erhitzt mit alkoholischer Lauge und einem höhersiedenden Kohlenwasserstoff wie Toluol oder Xylol auf dem Sandbade zum Sieden der Lösung. Man kann auch einfach statt Äthylalkohol die zwischen 130 und 140° siedenden Amylalkohole verwenden. Nach der Verseifung werden die hochsiedenden Lösungsmittel mit auf 130° überhitztem Dampf abgetrieben und im übrigen wie unter a) verfahren.

Nach Kossel und Obermüller[2]) verseift man mit Natriumalkoholat bzw. mit einer Lösung desselben in überschüssigem Alkohol. Nachdem aber diese Reaktion in einer Umesterung, Bildung von Natriumglycerat und Fettsäureäthylestern besteht[3]) und letztere erst auf Zusatz von Wasser zum Reaktions-

[1]) Correspondenzbl. d. Vereins anal. Chem. Bd. 2, S. 57.

[2]) Z. physiol. Ch. Bd. 15, S. 321. 1891.

[3]) Über die Verwendung dieser Reaktion zur Bestimmung von Glycerin nach Bull: s. Glycerin, S. 210.

gemisch verseift werden, bietet diese Methode keinen Vorteil gegenüber der Verwendung alkoholischer Lauge.

Nach HENRIQUES[1]) gelingt die Zerlegung selbst schwer verseifbarer Wachse mit normaler alkoholischer Kalilauge bei Gegenwart von Petroläther selbst bei Zimmertemperatur; nur ist lange Einwirkungsdauer, bis 24 Stunden, erforderlich.

Umwandlung in Alkylester: Zur Ausführung verschiedener analytischer Trennungs- und Bestimmungsmethoden ist die Umwandlung des Fettes in das Gemisch der Alkylester (Methyl- oder Äthylester) seiner Fettsäuren durchzuführen. Neutralfette werden zu diesem Zwecke nach dem Vorgange von HALLER[2]) direkt umgeestert, freie Fettsäuren nach bekannten Methoden verestert.

a) Umesterung (Alkoholyse). Das trockene Fett wird mit dem gleichen bis doppelten Volumen absolutem Alkohol, dem man 1—2% seines Gewichts an konzentrierter Schwefelsäure zugesetzt hat[3]), unter Rückflußkühlung auf dem Wasserbad oder besser auf einem Sandbade, dessen Temperatur man erst auf 100°, später etwas höher einstellt, erhitzt. Die Fette lösen sich zwar, von wenigen Ausnahmen abgesehen, nicht in Alkohol, es genügt aber, die beiden Schichten durch einen kräftigen Strom von Kohlendioxyd zu vermischen. Nach 2—3 Stunden ist die Alkoholyse soweit vorgeschritten, daß der Kolbeninhalt homogen ist und ohne Rühren weitergekocht werden kann. Nur bei sehr hochschmelzenden Fetten ist es nötig, von Anfang ein Lösungsmittel wie Benzol zuzusetzen, wodurch eine homogene Lösung erhalten wird. Die Umesterung ist nach längstens 8—12 Stunden, bei Anwendung größerer Alkoholmengen schon in kürzerer Zeit beendigt. Man neutralisiert die Schwefelsäure, am besten mit alkoholischer Lauge, und destilliert hierauf den unverbrauchten Alkohol und etwa zugesetztes Lösungsmittel ab. Läßt man dann den Kolbeninhalt absitzen, bis er auf etwa 30—40° abgekühlt ist, so trennt er sich in eine Esterschicht und eine Glycerinschicht, die je nach der Konzentration mit Alkalisulfat durchsetzt ist. Das Glycerin wird abgezogen und der Ester durch wiederholtes Waschen mit Wasser von den letzten Resten Glycerin und Sulfat befreit, worauf man ihn trocknet. Bei Verwendung von absolutem Alkohol erhält man einen praktisch neutralen Ester, im anderen Fall enthält der Ester mehr oder weniger freie Säure, z. B. bei 96proz. Alkohol wenigstens 1%. — Man prüft den Ester auf einen etwaigen Gehalt an unverändertem Neutralfett durch die Reaktionen auf Glycerin (s. S. 516) und wiederholt erforderlichenfalles die Umesterung.

b) Veresterung freier Fettsäuren: Die trockenen Fettsäuren werden im gleichen bis doppelten Volumen absolutem Alkohol, der mit 1—3% konzentrierter Schwefelsäure oder Chlorwasserstoff versetzt ist, gelöst und die Lösung unter Rückflußkühlung erhitzt[4]), bis eine Probe nach dem Auswaschen der Mineralsäure mit Wasser gegen Phenolphthalein neutral reagiert. Dann wird wie bei der Umesterung weiterverfahren. — Statt Mineralsäure kann auch vorteilhaft β-Naphthalinsulfosäure als Katalysator verwendet werden.

Zur Veresterung kleiner Fettsäuremengen nimmt man zweckmäßig einen größeren Überschuß an Alkohol und mehr Schwefelsäure, z. B. auf 10 Teile

[1]) Z. ang. Bd. 8, S. 721. 1895.

[2]) Compt. rend. Bd. 143, S. 657. 1901.

[3]) Bei Verwendung von Chlorwasserstoff als Katalysator bleibt die Umesterung in manchen Fällen plötzlich stehen. Die Ursache dürfte eine Nebenreaktion sein: direkte Spaltung des Fettes in freie Fettsäuren und Glycerinchlorhydrine, bei der aller Chlorwasserstoff verbraucht wird, s. GRÜN: Öl- u. Fettind. Wien Bd. 1, S. 6. 1919.

[4]) Die alte Methode, Fettsäuren durch Sättigen ihrer in Eis gekühlten alkoholischen Lösung mit Chlorwasserstoff zu verestern, ist nicht zu empfehlen.

Fettsäure 50 Teile Alkohol und 2 Teile Schwefelsäure; bei solchem Ansatz ist die Veresterung schon nach einigen Minuten vollzogen.

Abwägen für die Analyse. Die festen Fette und Fettsäuren, die zur Untersuchung gelangen, sind in den meisten Fällen Gemische von höher und tiefer schmelzenden Verbindungen, die beim langsamen ungestörten Abkühlen ihrer Schmelzen ungleichmäßig erstarren bzw. krystallisieren. Die zu untersuchenden Proben sind folglich oft nicht durchaus homogen. Man schmilzt deshalb am besten die ganze Probe auf, mischt gut durch und läßt unter fortwährendem Umrühren erstarren, worauf man die zur Analyse nötige Substanzmenge entnimmt, oder man entnimmt sie noch besser dem geschmolzenen Fett. Zu diesem Zwecke bedient man sich, wie beim Abwägen von Ölen, der kleinen ausgebauchten, mit einer Kautschuktute versehenen Pipette von MANGOLD[1]). Ist das Gefäß, in dem die analytische Operation vorgenommen wird, leicht genug, wie z. B. die zum Verseifen, Acetylieren usw. benützten Kolben, so wägt man es wie üblich und wägt dann die mit der Pipette eingetropfte Substanz dazu. Ist das Gefäß zu groß und zu schwer, wie z. B. die bei der Jodzahlbestimmung nötige Halbliterflasche, so wägt man die Substanz am besten in einem Miniaturbecherglas, Abb. 17, das etwa $^1/_2$—2 ccm faßt und bringt das Gläschen mittels der Pinzette in das Reaktionsgefäß[2]). — Man kann natürlich auch die Differenzwägung anwenden. Für flüssige Fette ist zu diesem Zweck das Wägefläschchen von BUSCHMANN[3]) gut verwendbar, dessen Einrichtung Abb. 18 zeigt (*a* Rinne im Flaschenhals, *e* Bohrung im Hohlstopfen, *g* Gummiball).

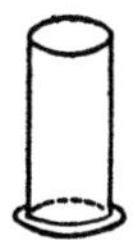

Abb. 17. Miniaturbecherglas, natürl. Größe.

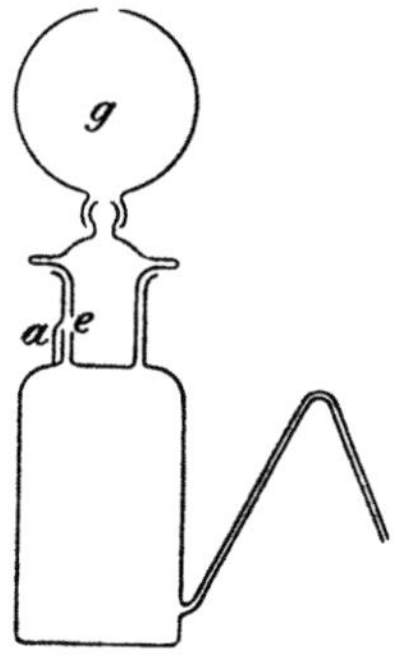

Abb. 18. Wägefläschchen von BUSCHMANN.

Physikalische Methoden.

Spezifisches Gewicht.

(Dichte.)

Die Bestimmung des spezifischen Gewichts ist bei der systematischen Untersuchung eines jeden Fettes auszuführen; sie ist auch für die Reinheitsprüfung von Fetten und Fettsäuren, sowie zur Gehaltsbestimmung von Glycerinen wichtig.

Flüssige Fette und Glycerine werden gewöhnlich bei 15—20°, feste Fette und Fettsäuren je nach dem Schmelzpunkt bei 40—100° untersucht und die Dichte auf Wasser von der Untersuchungstemperatur bezogen (d_{15}^{15}, d_{20}^{20} usw.); häufig bezieht man aber auch die Dichte der Substanz bei 15°, bzw. bei höherer Temperatur auf Wasser von 4°, mitunter auch die Dichte bei 40—100° auf

---

1) Eine ähnliche Vorrichtung ist die von HEFELMANN: Ch.-Ztg. Bd. 15, S. 989. 1891. Eine Wägepipette, die mit ihrem hakenförmig gebogenen Ende an der Wage aufgehängt werden kann, schlägt MERTES vor: Eng. Bd. 7, S. 236. 1915; C. 1915, I, S. 1353.

2) Solche Gläschen haben auch den Vorteil, daß man die einzuwägende Menge schon nach dem Augenmaß ziemlich genau schätzen kann.

3) Ch.-Ztg. Bd. 30, S. 1060. 1906.

Wasser von 15°[1]). Diese Regellosigkeit ist sehr unpraktisch, sie bedingt häufig Umrechnungen; ist die Bezugstemperatur nicht angegeben, so daß nicht umgerechnet werden kann, so hat die Angabe der Dichte geringen oder überhaupt gar keinen Wert. Es ist deshalb dringend nötig, die Bestimmungen oder wenigstens die Angabe der Resultate zu vereinheitlichen, und zwar entweder nach dem offiziellen Vorschlag zur Untersuchung von Speiseölen und -fetten[2]): Angabe der Dichte bei 15°, bezogen auf Wasser von 4° als Einheit; bei festen Fetten evtl. Dichte bei 100°, bezogen auf Wasser von 4°; oder: Dichte bei 15°, bezogen auf Wasser von 15° C. In allen Fällen ist ausdrücklich die Bezugstemperatur in der oben angegebenen Weise (z. B. d_4^{15}) oder nach dem Vorschlage von Goeckel $\left(\text{z. B. } \frac{15^\circ\,\text{C}}{4^\circ\,\text{C}}\right)$ anzugeben. Die Reduktion auf Normalluftdruck $\left(\text{Angabe z. B. } \frac{15^\circ\,\text{C}}{4^\circ\,\text{C}}\right)$ (76) oder auf den luftleeren Raum $\left(\text{Angabe z. B. } \frac{15^\circ\,\text{C}}{4^\circ\,\text{C}}\right)$ (0) ist nur bei ganz besonders exakten Untersuchungen nötig.

Selbstverständlich muß nicht genau bei 15° bestimmt werden, es ist nur unbedingt erforderlich, den bei einer anderen — jedoch am besten nahe bei 15° liegenden — Temperatur gefundenen Wert mit Hilfe eines Korrektionsfaktors umzurechnen. Dieser ist das Produkt aus Dichte und Wärmeausdehnungskoeffizient; der Faktor beträgt bei neutralen Fetten zwischen 15 und 100° für je 1° rund 0,0007, nämlich etwa 0,00065—0,00077, bei Wachsen 0,00081 bis 0,00084 und ebensoviel bei den höheren gesättigten Säuren und beim Paraffin[3]).

Die Umrechnung von der Dichte d^t bei der Beobachtungstemperatur t auf die Dichte bei 15° geschieht nach der Näherungsformel:

$$d^{15} = d^t + 0{,}0007\,(t - 15)\,.$$

Beispiel: Spez. Gewicht bei 19°, gefunden	= 0,8887
0,0007 × 4	= 0,0028
Spez. Gewicht bei 15°, berechnet	= 0,8915.

Für Präzisionsbestimmungen, insbesondere für Bestimmungen bei hoher Temperatur, rechnet man genauer nicht mit dem durchschnittlichen Ausdehnungskoeffizienten bzw. dem mittleren Korrektionsfaktor, sondern speziell mit dem der zu untersuchenden Substanz. Man bestimmt denselben mit Hilfe des Dilatometers von Holde[4]) oder berechnet ihn aus zwei, bei verschiedener Temperatur bestimmten Dichten. Aus der Dichte d bei $t°$ und der Dichte d_1 bei $t_1°$ ergibt sich der Ausdehnungskoeffizient α nach der Formel:

$$\alpha = \frac{d - d_1}{d_1\,(t_1 - t)}\,.$$

Ausdehnungskoeffizient mal Dichte gibt den Korrektionsfaktor für je 1° Temperaturdifferenz.

---

[1]) Infolge der Umrechnung von Fahrenheit- auf Celsiusgrade finden sich auch häufig Angaben wie Dichte bei 15,5°, 37,75° usw.

[2]) Entwürfe zu Festsetzungen über Lebensmittel, herausgegeben vom Gesundheitsamt. Berlin 1912.

[3]) Allen (Comm. Organ. Analysis, London 1896) gibt für alle nicht trocknenden Öle 0,00064 an, Wolfbauer (Österr. Zeitschr. Zuckerind. 1897) 0,00065.

[4]) Siehe Holde: Untersuchung der Kohlenwasserstofföle und Fette. 5. Aufl., S. 8. Berlin 1918.

Zur Umrechnung der auf Wasser von der Bestimmungstemperatur (15°) als Volumeneinheit bezogenen Dichte auf Wasser von 4° dividiert man den Wert durch 1,00087.

Beispiel:
$$d_{15}^{15} = 0{,}8915$$
$$d_{4}^{15} = \frac{0{,}8915}{1{,}00087} = 0{,}8907$$

Die auf normalen Luftdruck bezogenen Werte sind um $\frac{1{,}2}{d} \cdot 10^{-4}$ niedriger als die auf den leeren Raum bezogenen.

Bestimmt man die Dichte im Pyknometer, so ist bei höherer Temperatur — für genauere Bestimmungen schon von 30° aufwärts — auch die Ausdehnung des Glases in Rechnung zu stellen. Der kubische Ausdehnungskoeffizient des Glases ist 0,000025. Aus dem Volumen v_1 des Pyknometers bei t_1° ergibt sich folglich sein Volumen v_2 bei t_2° nach der Formel:
$$v_2 = v_1\,[1 + 0{,}000025\,(t_2 - t_1)]\,.$$

Ausführung: Die Dichte von Ölen und Glycerinen bzw. Glycerinlösungen bestimmt man annähernd — für viele Zwecke genügend genau — mit der Senkspindel, genau mit dem Pyknometer, wohl auch noch mit der WESTPHALschen Wage; feste Fette werden mittels der sog. Alkoholschwimmethode oder genauer im geschmolzenen Zustand mit dem SPRENGELschen Pyknometer oder der WESTPHALschen Wage geprüft. Man kann aber auch eine gewogene kleine Menge des festen Fettes in einem Öl von bekannter Dichte auflösen, die Dichte der Mischung bestimmen und nach der Mischungsregel (s. S. 130) die Dichte des untersuchten Fettes berechnen. Man findet so die Dichten der festen Fette in flüssigem Zustande, also von der Kontraktion unabhängige Werte, die unmittelbar untereinander und mit den Dichten flüssiger Fette verglichen werden können. — Die Fette müssen selbstverständlich absolut trocken sein.

Dichtenbestimmung von flüssigen Fetten[1].

Bestimmung mit der Senkspindel (Aräometer). Man füllt die zu untersuchende Probe in einen 5—6 cm weiten und etwa 50 cm hohen Standcylinder, läßt die Spindel langsam hineingleiten, achtet darauf, daß sie frei schwebt und liest etwa nach einer Viertelstunde die Skala und das Thermometer ab. Bei hellen Ölen liest man den Skalenteil in der Höhe des ebenen Flüssigkeitsspiegels ab, bei dunklen am oberen Wulstrande, in welchem Falle die Ablesung zu korrigieren ist, und zwar schlägt man, wenn die Papierskala kürzer als 16 cm ist, 0,0015, und wenn sie länger ist, 0,0010 zum abgelesenen Wert[2]).

Man verwendet meistens Aräometer, die direkt das spezifische Gewicht angeben, von anderen höchstens BAUMÉ-Spindeln oder die sog. FISCHERsche Ölwage[3]). Die Umrechnung von BAUMÉ Graden (n) in spezifische Gewichte (d) geschieht bei Ölen nach den Formeln:

$$\text{für alte Grade}\left(\frac{15°\,\text{C}}{15°\,\text{C}}\right): d = \frac{144{,}3}{144{,}3 + n}$$
$$\text{für neue Grade}\left(\frac{17{,}5°\,\text{C}}{17{,}5°\,\text{C}}\right): d = \frac{146{,}78}{146{,}78 + n}$$

---

[1]) Über die Dichtenbestimmung von Glycerin s. a. S. 518.
[2]) HOLDE: Untersuchung der Kohlenwasserstofföle und Fette. 5. Aufl., S. 3.
[3]) Für die zollamtliche Untersuchung fetter Pflanzenöle vorgeschrieben. Erster Hersteller: Mechaniker KARL FISCHER, Leipzig; s. FISCHER, ERNST: Ch.-Ztg. Bd. 39, S. 975. 1915.

bei Glycerin und dessen Lösungen, nachdem diese schwerer als Wasser sind, nach den Formeln:

$$\text{für alte Grade: } d = \frac{144{,}3}{144{,}3 - n} \quad \text{für neue Grade: } d = \frac{146{,}78}{146{,}78 - n}.$$

Die Umrechnung von Graden der FISCHERschen Ölwagenskala, die mit der BRIXschen Aräometerskala übereinstimmt, erfolgt nach der Formel $d = \frac{400}{400 + n}$. Die Bestimmungen sind nur bis zur dritten Dezimale genau.

Bestimmung mit dem Pyknometer. Man verwendet am besten solche mit eingeschliffenem Thermometer *b* und capillarem Steigrohr *a* nach Abb. 19. Für zähflüssige Öle benützt man auch das BRÜHLsche Flaschenpyknometer[1]), Abb. 20. Die Pyknometer von SPRENGEL u. a. m. verwende man nur zu Bestimmungen bei höherer Temperatur (s. unten).

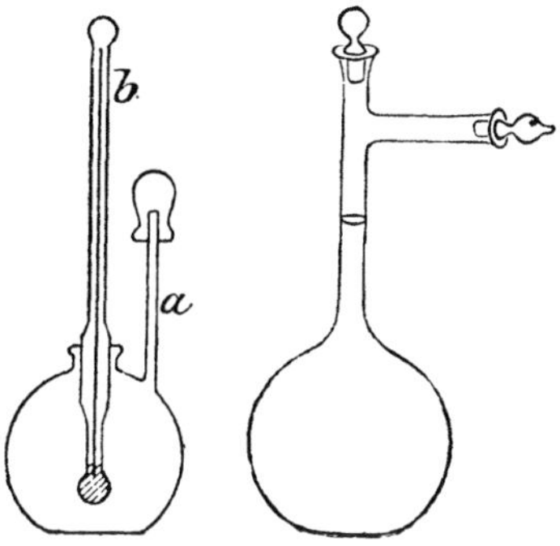

Abb. 19. Abb. 20.
Pyknometer.

Bei Verwendung von Präzisionspyknometern[2]), die bei 15° genau 10 ccm fassen, ergibt sich die Dichte einfach durch Division der ausgewogenen Substanzmenge durch 10. Sonst bestimmt bzw. kontrolliert man den Rauminhalt des Pyknometers in üblicher Weise und dividiert dann das Substanzgewicht durch das gefundene Volumen: Man wägt das Pyknometer leer, d. h. richtiger mit Luft gefüllt; hierauf wägt man es gefüllt mit reinem luftfreien Wasser von 4° C. Die Differenz ergibt das Gewicht des Wassers und damit das Volumen des Pyknometers. Natürlich kann man auch Wasser von gewöhnlicher, aber genau bestimmter Temperatur wägen und von dieser Temperatur auf 4° umrechnen, indem man das ermittelte spez. Gewicht mit der Dichte des Wassers bei der Beobachtungstemperatur multipliziert (vgl. Tabelle).

Dichte des Wassers.

(Nach LANDOLT-BÖRNSTEIN: Physikalisch-chemische Tabellen, 4. Aufl., S. 42. Berlin 1912.)

t	Dichte	*t*	Dichte	*t*	Dichte
0°	0,999868	11°	0,999632	22°	0,997797
1°	927	12°	525	23°	565
2°	968	13°	404	24°	323
3°	992	14°	271	25°	071
4°	1,000000	15°	126	26°	0,996810
5°	0,999992	16°	0,998970	27°	539
6°	968	17°	801	28°	259
7°	929	18°	622	29°	0,995971
8°	876	19°	432	30°	673
9°	808	20°	230	31°	367
10°	727	21°	019	32°	052

[1]) Ber. Bd. 24, S. 182. 1891.
[2]) Bezugsquelle Firma Dr. H. Goeckel, Berlin N.

Das geeichte Pyknometer wird mit der Substanz, deren Temperatur unter 15° liegen soll, gefüllt und mit dem Thermometer versehen, worauf man es in ein — am besten mit Filz isoliertes — Wasserbad von Zimmertemperatur setzt. Zähflüssige Öle saugt man in eine Pipette mit weitem Ausflußrohr, die man in das Pyknometer einführt und durch Saugen an der Capillare in dieses entleert. Nach dem Temperaturausgleich (wenigstens eine Viertelstunde) entfernt man das etwa bei der Capillare ausgetretene Tröpfchen Substanz oder füllt nötigenfalls die Capillare vollständig an, verschließt sie mit der Kappe, hebt das Pyknometer am Halse aus dem Bad, trocknet es sorgfältig und wägt.

Die Bestimmungen sind auf 1—4 Einheiten in der vierten Dezimale genau. Ein weiterer Vorteil gegenüber dem Abspindeln ist die Anwendung viel kleinerer Substanzmengen.

Ist die Substanzmenge so gering, daß sie selbst zur Füllung des kleinsten Pyknometers nicht langt, so verfährt man folgendermaßen: Man füllt das Gefäß fast bis zum Steigrohr mit Wasser, wägt, füllt mit der Substanz auf, setzt das Thermometer vorsichtig ein, so daß kein Wasser aus dem Hals oder der Capillare austreten kann und verfährt weiter wie oben. Wenn die Substanz schwerer als Wasser ist (wie geblasene und gewisse nichtfette Öle), so wägt man einfach eine kleine Menge Substanz in das Pyknometer, füllt dieses dann mit Wasser vollständig an, läßt die Temperatur ausgleichen, trocknet und wägt. Das Volumen des Wassers, das sich aus seinem Gewicht und der Temperatur ergibt, wird vom Rauminhalt des Pyknometers abgezogen; im übrigen rechnet man wie sonst.

Die früher als Präzisionsmethode geltende Bestimmung mittels der hydrostatischen — z. B. WESTPHALschen — Wage erfordert mehr Substanz als die Pyknometerbestimmung und ist zudem weniger genau. Man verwende sie höchstens für die Untersuchung fester, d. h. geschmolzener Fette bei höherer Temperatur.

Dichtenbestimmung von festen Fetten und Wachsen.

Diese untersucht man sowohl im festen Zustande in verdünntem Alkohol — Volummessung oder Schwimmethode — als auch viel genauer in geschmolzenem Zustande und zwar mittels Pyknometer oder mit der hydrostatischen Wage.

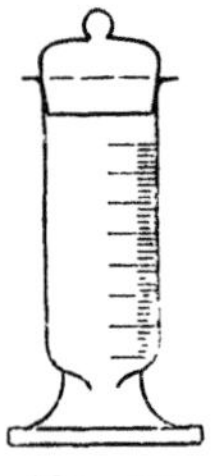

Abb. 21. Volumenmessung n. RAKUSIN.

Volummessung[1]). Ein leichter, graduierter Zylinder mit eingeschliffenem Stopfen, Abb. 21, wird mit 60—70 proz. Alkohol aus einer Pipette vorsichtig und nur zum Teil gefüllt, gewogen und das Volumen abgelesen. Hierauf läßt man etwa 1—2 g des in bohnengroße Stücke geschnittenen Wachses oder Fettes vorsichtig in den Alkohol gleiten, verschließt das Gefäß wieder, liest das Volumen ab und wägt wieder. Die Differenz der beiden Wägungen (Substanzgewicht), geteilt durch die Differenz der Volumina (Substanzvolumen) ist das spezifische Gewicht der Substanz. Die Bestimmung gibt besonders bei Wachsen annähernd genügende Resultate[2]).

[1]) RAKUSIN: Ch.-Ztg. Bd. 29, S. 122. 1905.

[2]) Man kann auch — wie bei der Untersuchung kleiner Ölmengen — ein Pyknometer verwenden, das nach dem Einwägen der Substanz mit Wasser aufgefüllt wird, am besten das UBBELOHDEsche, bei dem die Capillare nahe dem Boden angesetzt ist. UBBELOHDE: Handbuch der Chemie u. Technologie der Öle u. Fette Bd. I, S. 316.

Alkoholschwimmethode[1]). Man schmilzt die Probe bei möglichst niedriger Temperatur und läßt Tropfen von einem Glasstab aus geringer Höhe in Alkohol fallen. Die so erhaltenen ganz runden Perlen werden 24 Stunden auf Fließpapier an der Luft liegen gelassen. Dann bringt man einige Perlen der Reihe nach in vorbereitete Mischungen von Wasser und Alkohol (spez. Gewicht 0,960 und höher), die so lange gestanden haben, daß sie frei von Luftbläschen sind, beobachtet in welcher Mischung die Perlen verhältnismäßig am leichtesten schweben und setzt derselben allmählich soviel Wasser oder verdünnten Alkohol zu, daß luftfreie Perlen (andere sind auszuscheiden) vollkommen frei schweben. Dann ist das spezifische Gewicht der Flüssigkeit gleich dem der untersuchten Substanz; man bestimmt das erstere, selbstverständlich unter Berücksichtigung der Temperatur, im Pyknometer. — Die Methode ist nicht genau, sie genügt aber für Bestimmungen, bei denen nur festzustellen ist, ob das spezifische Gewicht des Untersuchungsmaterials innerhalb bestimmter Grenzen liegt, wie z. B. das von weißem Wachs laut Vorschrift des Arzneibuches zwischen 0,968 und 0,973 bei 15°. Man kann auch weiche oder flüssige Fette, soweit sie in verdünntem Alkohol vollkommen unlöslich sind, nach der Schwimmethode untersuchen, es ist aber nicht zu empfehlen.

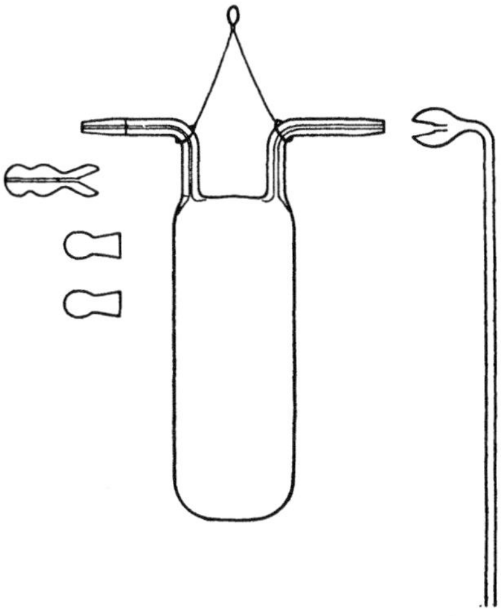
Abb. 22. SPRENGELsches Pyknometer.

Bestimmung bei höherer Temperatur. Diese ist namentlich dann vorzunehmen, wenn sie zur Identifizierung oder Reinheitsprüfung der Substanz dienen soll. Besonders zu empfehlen ist die

Bestimmung mit dem SPRENGELschen Pyknometer[2]). Von den verschiedenen Formen desselben ist, wegen des leichteren Füllens und Entleerens, die nach Abb. 22 am praktischsten. Zum Füllen wird das eine Rohrende mit dem eingeschliffenen Heberröhrchen verbunden, dieses in die geschmolzene Probe (deren Temperatur unter der Bestimmungstemperatur liegen soll) getaucht und das andere Rohrende mit Hilfe des aufgeschliffenen Ansatzstückes mit der Saugpumpe verbunden. Hierauf wird das Pyknometer soweit in ein Wasserbad von sorgfältig konstant gehaltener Temperatur gesenkt, daß nur die Rohrenden herausragen. Ist Temperaturausgleich eingetreten, so tupft man das weitere Rohrende an, bis die Flüssigkeit im engeren Rohr bis zur Marke steht, setzt dann die Kappen auf, läßt erkalten, reinigt das Pyknometer außen und wägt. Ebenso wird bei der Eichung des Pyknometers verfahren. Zur Ausführung der Bestimmung bei 100° wird häufig die Benutzung eines Dampfbades vorgeschlagen. Z. B. von ARCHBUTT ein Halbliterkolben mit 2 Einkerbungen am Rande, in die man die Pyknometerarme einhängt. Es ist aber zu berücksichtigen, daß das Wasser je nach dem Barometerstand, also auch schon nach der örtlichen Lage, einige Grade unter 100

[1]) Offizielle Methode zur Untersuchung von Wachs. Deutsches Arzneibuch, V. Ausgabe, S. 102. Die Methode wurde zuerst von FRESENIUS und SCHULZE vorgeschlagen, von HAGER (Pharm. Centralh. Bd. 20, S. 132. 1879) verbessert; s. a. DIETERICH: Helfenberger Annalen 1886. Über die Ausführungsformen s. a. UTZ: Farbenztg. Bd. 29, S. 645. 1924.

[2]) SPRENGEL: Pogg. Ann. Bd. 150, S. 459. 1873. — Die pyknometrische Bestimmung bei höherer Temperatur wurde von SKALWEIT vorgeschlagen. Repert. anal. Ch. 1887, S. 6.

sieden kann. Man verwendet deshalb besser ein Salzbad, dessen Temperatur genau auf 100° eingestellt wird. Im anderen Falle ist die Temperatur des Dampfes zu messen und der erhaltene Wert umzurechnen. Bei der Umrechnung eines bei hoher Temperatur bestimmten spezifischen Gewichtes auf 15 oder 4° ist auch die Ausdehnung des Glases zu berücksichtigen.

An Stelle des SPRENGELschen Pyknometers kann man auch die WESTPHALsche Wage verwenden, und zwar am besten in der Versuchsanordnung nach Abb. 23, bei der die Wage gegen einseitige Erwärmung und daher ungleichmäßige Ausdehnung am besten geschützt ist.

Die Substanz befindet sich in einem 2 cm weiten Reagensglas, das in einem geschlossenen, mit Ableitungsrohr versehenen Dampfbad erhitzt wird. Um den Wagebalken vor der strahlenden Wärme zu schützen, befestigt man unter demselben eine Asbestplatte mit 2 kleinen Öffnungen, durch welche das Thermometer und der Faden des Senkkörpers gehen. Die Einstellung der Wage und die Ablesung nach erreichter Konstanz der Temperatur erfolgt natürlich in derselben Weise wie bei gewöhnlicher Temperatur.

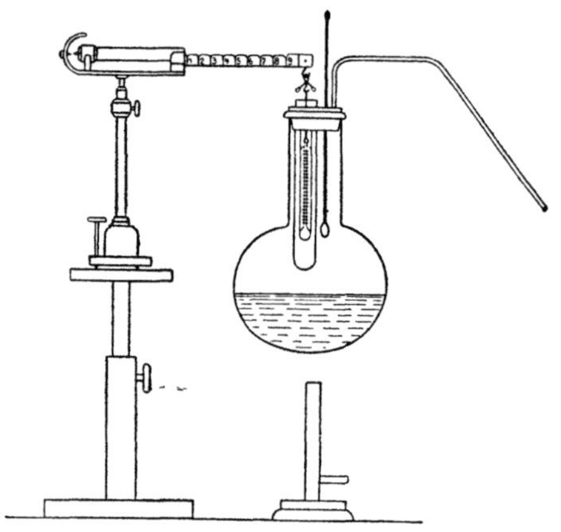

Abb. 23. WESTPHALsche Wage.

Auswertung: In der Reihe der aliphatischen Säuren nimmt das spezifische Gewicht mit steigendem Molekulargewicht ab, dagegen wird es durch Lückenbindungen und — in noch viel höherem Maße — durch Hydroxylgruppen erhöht. Die spezifischen Gewichte der Glyceride sind natürlich von der Beschaffenheit der gebundenen Säuren abhängig, doch treten die Gesetzmäßigkeiten, wenigstens bei den festen Fetten, wenig deutlich hervor. Im allgemeinen läßt sich aussagen: die spezifischen Gewichte sind um so höher, je größer der Gehalt an Glyceriden der niedrigen Säuren, Oxysäuren, ungesättigten Säuren, und je stärker ungesättigt die Säuren sind; dementsprechend wird das spezifische Gewicht eines Fettes durch Oxydation — proportional der Bildung niedriger und oxydierter Säuren — wesentlich erhöht[1]), dagegen durch Eintritt einer Spaltung — proportional dem Gehalt an freien Säuren — erniedrigt.

Die Dichte eines reinen Fettes ist zwar innerhalb verhältnismäßig enger Grenzen konstant, aber doch wenig charakteristisch. Nachdem sie von so vielen Faktoren abhängt, deren Wirkungen sich mehr oder weniger kompensieren können, sind zufällige Übereinstimmungen der Dichten von Fetten ganz verschiedener Zusammensetzung möglich. Man kann deshalb aus der Dichte eines Fettes allein nicht auf seine Reinheit und nur in Ausnahmsfällen auf seine Art schließen. — Was die einzelnen Gruppen natürlicher Fette anbelangt, so lassen sich bei den pflanzlichen eher Grenzwerte erkennen als bei den tierischen Fetten. Die Grenzwerte sind ungefähr[2]):

---

[1]) Infolgedessen nimmt die Dichte von Ölen beim Lagern unter Zutritt von Luft, namentlich im Lichte, zu; bei nichttrocknenden Ölen natürlich am wenigsten, bei trocknenden am meisten, z. B. bei Olivenöl nach mehreren Monaten bis um 0,006, bei Leinöl bis um 0,03; SHERMAN und FALK: J. Am. Ch. Soc. Bd. 25, S. 711. 1903; s. a. THOMSON und BALLANTYNE: J. Soc. Ch. Ind. Bd. 10, S. 30. 1891.

[2]) Vgl. auch HOLDE: Untersuchung usw. S. 2.

	Spez. Gew. bei 15°
Nichttrocknende Pflanzenöle	0,913—0,925
Halbtrocknende „	0,921—0,936
Trocknende „	0,923—0,943
Ricinusöl, Traubenkernöl, Crotonöl	0,955—0,974
Pflanzentalge	0,915—0,975
Tierische Fette	0,915—0,964
Trane	0,915—0,938

Die Dichte eines neutralen Fettes ist größer als die des entsprechenden Fettsäuren-Gemisches, und zwar ist die Differenz beider Werte der Verseifungszahl proportional. Nach LUND[1]) besteht zwischen dem Litergewicht eines Fettes Dg, dem Litergewicht seiner Fettsäuren Df und der Verseifungszahl V die Beziehung: $Dg - Df = K_d\, V$. Hierbei bedeutet K_d den Proportionalitätsfaktor, der zu 0,109—0,115, meist 0,112 bestimmt wurde. Man kann somit aus der Dichte des Fettes die der freien Fettsäuren berechnen oder aus der Dichte der Fettsäuren die des Fettes. Größere Abweichungen vom Mittelwert zeigen nur Fette mit einem Gehalt an Oxysäuren (Ricinusöl), cyclischen Säuren (Chaulmoograöl usw.) und Holzöl. Bei Wachsen ist die Differenz der physikalichen Konstanten negativ, was zur Erkennung eines Wachszusatzes in Fetten dienen kann.

Die spezifischen Gewichte der Alkohole, speziell auch der Wachsalkohole, sind niedriger als die der Säuren von gleicher Kohlenstoffzahl. Ebenso sind die spezifischen Gewichte der flüssigen Wachse niedriger als die der flüssigen Fette, bei 15° etwa 0,876—0,884. Die spezifischen Gewichte der festen Wachse sind dagegen wesentlich höher und erreichen bei einigen Pflanzenwachsen das des Wassers.

Konsistenz.

Die Fette und Wachse zeigen bei gewöhnlicher Temperatur, je nach ihrer Zusammensetzung, sehr verschiedene Konsistenz: dünnflüssig, dickflüssig, salbig, schmalzartig, talgartig, wachsartig, stearinartig. Der Konsistenzgrad ist für die Erkennung und für die Bewertung vieler fester Fette wichtig, wird aber trotzdem, weil ein exaktes Maß fehlt, gewöhnlich nur ganz roh geprüft: durch Verstreichen, bei genußfähigen Fetten durch Zerdrücken zwischen Gaumen und Zunge, bei härteren Fetten durch Eindrücken eines Fingernagels, Kneten, Schneiden. In der allgemeinen Fettanalyse und bei der Untersuchung fast aller technischen Fette tritt an Stelle der zahlenmäßigen Bestimmung des Konsistenzgrades die Bestimmung der Temperatur, bei welcher eine sprunghafte Änderung der Konsistenz bzw. des Aggregatzustandes erfolgt: Schmelzpunkt, Erstarrungspunkt, Tropfpunkt, Kältepunkt; als Schmiermittel dienende flüssige Fette werden auf ihre Viscosität geprüft. Nur einige technische Produkte, wie die Starrschmieren, bei denen die betreffenden Methoden nicht anwendbar sind oder zur Bewertung nicht genügen, wird die Konsistenz bzw. die Härte nach einem konventionellen Verfahren direkt bestimmt.

Sehr verbreitet ist der speziell zur Prüfung von Starrschmieren dienende, aber auch sonst gut anwendbare Konsistenzmesser von KISSLING[2]) (Abb. 24).

Prinzip: Man bestimmt die Zeit, welche verstreicht, bis ein Maßstab von bestimmter Form bei bestimmter Belastung eine bestimmte Strecke weit in das Untersuchungsmaterial einsinkt.

---

[1]) Z. Nahrgsm. Bd. 44, S. 137 ff., 177; 1922.

[2]) Ch.-Ztg. Bd. 15, S. 298. 1891. Bezugsquellen: Julius Schober, Berlin SO; Franz Hugershoff, Leipzig.

Der Maßstab A ist aus Aluminium, hat 300 mm Länge und — bis auf die letzten 55 mm am unteren zugespitzten Ende — 9 mm Dicke. Am oberen Ende trägt er eine Messingplatte $a\,b$, an deren Unterseite ein 10 mm langer Aufschlagstift s seitlich angebracht ist, während die Oberseite in der Mitte einen 40 mm langen Stift t zum Aufstecken der zentral durchlochten Gewichte trägt. Der Stab gleitet in dem von dem Stativ B gehaltenen gläsernen Führungsrohr g (150 mm Länge, 9,5 mm lichte Weite), das oben einen Metall- oder Hornrand w zum Aufschlagen des Stiftes s trägt. Der ganze Stab wiegt 50 g und kann durch Auflegen der Gewichte von 10, 25, 50 und 200 g beschwert werden.

Ausführung: Das Material wird — am besten schon einige Zeit vor der Bestimmung — unter Vermeidung der Bildung von Hohlräumen 125 mm hoch in das Becherglas C eingefüllt (Temperatur 20° C). Der Stab wird so justiert, daß er genau in der Mitte vertikal steht und gerade 100 mm einsinkt, daß also bei Berührung der Fettoberfläche durch die Spitze des Stabes die Entfernung zwischen Anschlagstift s und Rand w gerade 100 mm beträgt. Die Belastung wählt man — evtl. auf Grund von Vorversuchen — möglichst so, daß das Einsinken mindestens 20 und höchstens 100 Sekunden dauert.

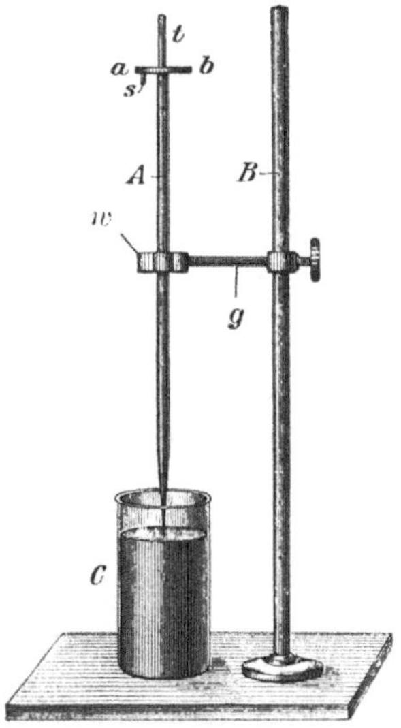

Abb. 24. Konsistenzmesser von KISSLING.

Die gefundenen Werte werden durch die empirische Formel

$$K = \frac{b + S}{10}$$

auf „Konsistenzzahlen“ umgerechnet.

$b = \frac{p}{2}$; p = Gesamtgewicht;

$s = \frac{t}{d}$;

t = Zeit in Sekunden;

d = Divisor, das ist eine festgesetzte, für jede der 9 Klassen von Produkten salbiger Konsistenz verschiedene Zahl (s. Tabelle).

Konsistenzzahlen	unter 3	3—5	4—7	7—10	10—13	13—17	17—22	22—28	über 28
Konsistenzklasse	I	II	III	IV	V	VI	VII	VIII	IX
Divisor	20	10	5	4	3	2	1,5	1	1

Fehlerquellen sind insbesondere die Schwierigkeit, das Untersuchungsmaterial gleichmäßig einzufüllen, ungenaue Stabeinstellung, Temperaturschwankungen, bei manchen Starrschmieren auch die ungleichmäßige Beschaffenheit, einzelne härtere Teilchen. Bei Vermeidung solcher Fehler erhält man jedoch in Apparaten von gleichem Durchmesser, bei derselben Temperatur, vergleichbare, für die Bewertung der untersuchten Proben brauchbare Werte.

Im Prinzip mehr oder weniger ähnlich sind verschiedene Versuchsanordnungen zur Bestimmung der Härte durch Abkühlung auf —20°[1]) oder durch Elaidinierung[2]) verfestigter Öle, die keine praktische Bedeutung erlangten. Auf einem anderen Prinzip beruht der Konsistenzmesser für Starrschmieren von

[1]) SERRA CARPI: Z. anal. Ch. Bd. 23, S. 566. 1884.
[2]) LEGLER: Ch.-Ztg. Bd. 8, S. 1657. 1884.

Künkler[1]): Das Fett wird aus einem Rohr mit enger Ausflußöffnung durch Belastung eines Kolbens herausgepreßt und die Zeit, in welcher der Kolben einen bestimmten Weg zurücklegt, gemessen. Beim Konsistenzmesser von Karns und Maag[2]) wird durch Öffnen einer Sperrvorrichtung eine Kugel von definiertem Gewicht und Durchmesser aus einer bestimmten Höhe in die Mitte eines Zylinders fallen gelassen, in dem sich die zu untersuchende Substanz befindet; bei Materialien, die zu hart sind, als daß die Kugel einsinken kann, läßt man die Kugel auf eine Nadel fallen, die im Deckel des das Fett enthaltenden Gefäßes zentriert ist. Als Maß für den Konsistenzgrad dient die in Millimetern ausgedrückte Tiefe des Eindringens der Kugel oder der Nadel bei einer bestimmten Temperatur.

Zähigkeit.

(Viscosität.)

Die Bestimmung der Zähigkeit (Viscosität, inneren Reibung) wird in der Fettanalyse vorwiegend zur Wertbestimmung von Ölen, die als Schmiermittel oder Bestandteile von Schmiermitteln dienen, ferner zur Untersuchung von Seifenlösungen usw. verwendet.

Als Maßeinheiten dienen die absolute Reibung, die relative Reibung oder spezifische Zähigkeit, ferner empirische Maßeinheiten, Viscositätsgrade, wie der Englergrad, Sayboltgrad usw.

Die absolute innere Reibung ist die im absoluten Maß (c-g-s-System) ausgedrückte Arbeit, welche nötig ist, um zwei Flüssigkeitsschichten von je 1 cm^2 Oberfläche in 1 Sekunde um 1 cm Abstand parallel aneinander zu verschieben. Die Einheit dieser Größe wird nach Poiseuille 1 Poise ($cm^{-1}\,g\,sek^{-1}$), der hundertste Teil 1 Centi-Poise genannt[3]). Man kann die absolute innere Reibung direkt ermitteln durch Bestimmung der Geschwindigkeit, mit welcher die Flüssigkeit unter einem bestimmten Überdruck durch Capillaren von bestimmten Abmessungen fließt. Ist der Druck in Dyn/$cm^2 = p$, der Halbmesser der Capillare $= r$, deren Länge in cm $= l$, das in t Sekunden ausfließende Volumen $= v$, so ergibt sich die absolute innere Reibung $[\eta]$ aus der empirischen Näherungsformel von Poiseuille[4]):

$$[\eta] = \frac{\pi\, p\, r^4}{8\, v\, l}\, t\,.$$

Die relative innere Reibung oder spezifische Zähigkeit ist die Zähigkeit einer Flüssigkeit, bezogen auf die absolute Zähigkeit von Wasser bestimmter Temperatur. Früher bezog man vorwiegend auf Wasser von 0° ($[\eta] = 0{,}01797$), aus praktischen Gründen empfiehlt es sich aber, dem Vorschlage von Holde gemäß, ausschließlich auf Wasser von 20 oder 20,2° zu beziehen[5]). Die absolute Zähigkeit des Wassers ist nämlich bei 20° zufällig 0,01004 oder abgerundet 0,01; wählt man diese Zahl als Bezugseinheit, so ist die spezifische Zähigkeit (η) praktisch das Hundertfache der absoluten Zähigkeit. Für genauere Berechnungen multipliziert man statt mit 100 mit $\frac{100}{1{,}004}$. Man kann auch, um durch die ein-

[1]) Künkler: Die Schmiermittel und ihre Untersuchung. Mannheim 1893.
[2]) Eng. Bd. 15, S. 716. 1923.
[3]) Deeley und Parr, nach Archbutt: J. Soc. Ch. Ind. Bd. 40, S. 287. 1921.
[4]) Ann. Chim. Pharm. [3] Bd. 7, S. 50. Pogg. Ann. Bd. 58, S. 424. Eine zwar genauere, aber noch nicht ganz richtige Werte gebende Formel hat Hagenbach Bischoff ausgearbeitet; s. a. Ubbelohde: Theorie der Reibung, Leipzig; Ubbelohde: Handbuch usw. Leipzig 1908. Bd. I, S. 340.
[5]) Petroleum Bd. 13, Nr. 14. 1918; Holde: Untersuchung usw., S. 20.

fachere Umrechnung — Multiplikation mit 100 — ganz genaue Werte zu erhalten, die absolute Zähigkeit des Wassers bei 20,2° als Bezugseinheit benutzen, denn diese ist gerade 0,01000 (=1 Centi-Poise).

Die Viscosimetergrade geben an: das Verhältnis der Ausflußzeit eines bestimmten Volumens Öl unter genau bestimmten Bedingungen zur Ausflußzeit des gleichen Volumens Wasser unter denselben Bedingungen. Es sind empirische, auch vom spezifischen Gewicht und der Oberflächenspannung abhängige Maßeinheiten, die in keinem einfachen Verhältnis zur wahren Zähigkeit stehen, weil das POISEUILLEsche Gesetz für das Fließen aus den Viscosimetern nicht gilt[1]). Die verschiedenen Viscosimetergrade nach ENGLER, SAYBOLT usw. differieren auch bei derselben Flüssigkeit bis zum Mehrfachen des Wertes, weil die Ausflußzeiten von den Abmessungen der Apparate — die untereinander ganz verschieden sind — abhängen; sie lassen sich jedoch durch Näherungsformeln ineinander umrechnen. Ebenso können die Englergrade durch eine empirische Formel in spezifische Zähigkeiten umgerechnet werden (s. unten). Zur Orientierung über die Größenordnung diene die auch sonst interessante Feststellung, daß ein Öl vom Englergrad 15 bei 20° und der Dichte 0,91 bei dieser Temperatur die absolute Zähigkeit = 1 aufweist.

Ausführung: Man kann drei Gruppen von Ausführungsformen bzw. Apparaten für Zähigkeitsbestimmungen unterscheiden: die Bestimmung mittels Glascapillaren — Capillarzähigkeitsmesser von UBBELOHDE-HOLDE u. a. —, welche die genauesten Resultate gibt, für technische Analysen aber zu umständlich, auch nicht nötig ist; die Bestimmung mittels Auslaufviscosimeter, das gebräuchlichste und für alle Flüssigkeiten, mit Ausnahme sehr zähflüssiger Substanzen wie der Lacke, anwendbare Verfahren; die Bestimmungen nach der Luftblasenmethode, der Ölprüfer- und der Kugelfallmethode für zäheste Flüssigkeiten u. a. m.

1. Bestimmung der Viscosität sehr zäher Öle (Standöle, Lacke usw.). Für solche Flüssigkeiten, deren Untersuchung im Viscosimeter zu langwierig ist, verwendet man die folgenden Methoden.

Vorprobe: Von zwei gleichdimensionierten Röhrchen füllt man das eine mit der zu untersuchenden Flüssigkeit, das andere mit einem Vergleichsmuster bis zur gleichen Höhe, nimmt beide Röhrchen zwischen Daumen und Zeigefinger, kippt sie und beobachtet das Aufsteigen der Luftblasen in beiden Röhrchen. Ist die Probe konsistenter als das Vergleichsmuster, so steigt die Luftblase in ihr langsamer, im anderen Falle schneller auf. Zum bequemeren Vergleich hat man oft auch mehrere solche Röhrchen, mit Flüssigkeiten verschiedener Konsistenz beschickt, in einem Rahmen eingespannt, in dem sie gemeinsam und gleichmäßig gekippt werden können.

Auf dem gleichen Prinzip beruhen eigene Meßapparate. Von diesen ist am einfachsten[2]) das Viscosimeter von COCHIUS[3]), Abb. 25, eine Glasröhre von 10—20 mm Weite, an beiden Enden mit eingeschliffenen Stopfen verschließbar, mit 2 Einschnürungen, durch einen Hahn in der Nähe des einen Endes in einen langen (25—50 cm) und einen kurzen Teil geteilt. Zur Prüfung sehr viscoser Lacke kann das Rohr natürlich auch mit einem Heizmantel umgeben werden.

---

[1]) Es gilt nur für das Fließen aus genügend engen Capillaren, bei denen Durchmesser und Länge in ganz bestimmten — je nach dem Durchmesser der Capillare, der Viscosität der Flüssigkeit und der Versuchstemperatur verschiedenen — Verhältnissen stehen. Bei allen Viscosimetern sind die Capillaren zu weit und zu kurz.

[2]) Über Apparate für rasche Näherungsbestimmungen s. a. MALLISON: Ch.-Ztg. Bd. 45 S. 135. 1921; ferner GARDNER und HOLDT: J. Soc. Ch. Ind. Bd. 42 A, S. 905. 1922; Ch. Umschau Bd. 30, S. 49. 1923.

[3]) Bezugsquelle Firma Franz Hugershoff, Leipzig.

Das Rohr wird mit dem Hahn nach oben gerichtet und bis zu einer Marke im kurzen Teil, welche die Größe der Luftblase bestimmt, gefüllt. Dann dreht man das Rohr um, öffnet den Hahn und läßt die Luftblase aufsteigen; man bestimmt die Zeit, die sie zum Zurücklegen des Weges zwischen den beiden Einschnürungen braucht („Viscosimeterzeit"). Die Geschwindigkeit des Aufsteigens ist proportional der vierten Potenz des Rohrdurchmessers, dagegen ist die Größe der Luftblasen, entgegen der früheren Annahme, von geringem Einfluß auf die Strömungsgeschwindigkeit[1]). Etwaige Neigung des Rohres beeinflußt die Resultate. Dasselbe gilt für den komplizierten Apparat von STAHL[2]).

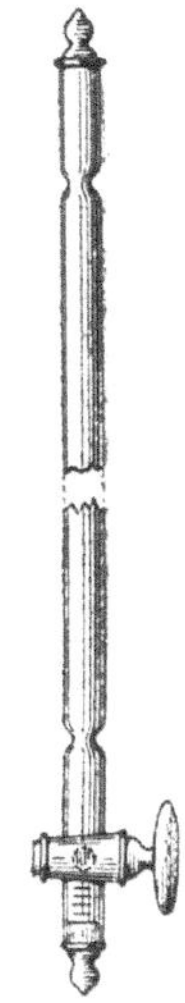

Abb. 25. Viscosimeter von COCHIUS.

Eine Reihe von Apparaten beruht auf Messung der Geschwindigkeit, mit der eine Kugel durch die Flüssigkeit fällt[3]) oder eine geeichte Spindel, der sog. Ölprüfer von LUNGE[4]), bis zu einer bestimmten Marke in die Flüssigkeit einsinkt[5]). Speziell für Firnisuntersuchungen dient der

Kugelfallapparat von VALENTA[6]). Der Apparat, Abb. 26, besteht aus dem 63 cm langen und etwa 13 mm weiten Glasrohr F, das unten durch einen Glashahn G mit 10—11 mm weiter Bohrung abgeschlossen ist. Das Rohr kann mittels der federnden Messinghülse H, die zwei Stahlschneiden S trägt, in zwei bewegliche Ringe A genau lotrecht eingehängt werden. Neben das Rohr hängt man ein Thermometer t. Man prüft z. B. bei 20°, doch kann man das Rohr A auch mit einem Glasmantel umgeben und mit heißem Wasser oder Dampf auf höhere Temperatur bringen.

Das Rohr wird blasenfrei mit der Substanz gefüllt und ein Metronom auf 120 Schläge in der Minute eingestellt. Dann wird eine Silberkugel von 9 mm Durchmesser in das Rohr fallen gelassen und die Fallzeit gemessen. — Die Fallzeit in Sekunden ist direkt das Maß der Zähflüssigkeit. Als Bezugseinheit dient die Fallzeit in Wasser oder — bei künstlich verdickten Ölen — die in Ricinusöl.

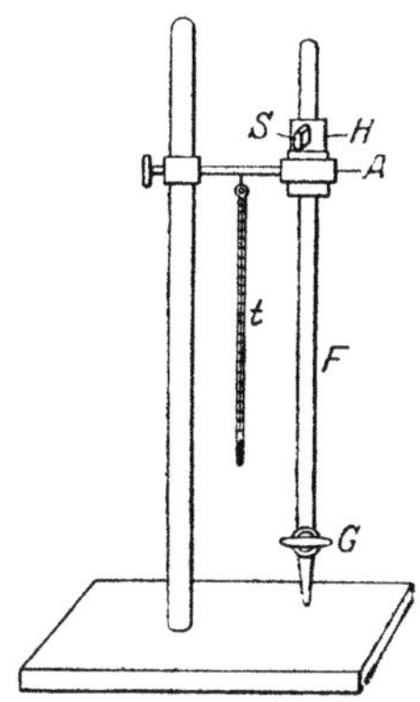

Abb. 26. Kugelfallapparat von VALENTA.

Beispiele:

Wasser	1
Ricinusöl	33
Lithographenfirnis, dünn	70
„ mittel	340
„ streng	2000
Blattgoldfirnis	2600

Auf dem Prinzip des Kugelfalls beruhen auch die Apparate von STANGE[7]), ROB. FISCHER[8]) und WOLFF und IRINEU[9]); der erste gibt genauere Resultate (Kontrollbestimmungen weichen voneinander um weniger als 1% ab), ist aber sehr kompliziert, nur für Massenbestimmungen geschaffen; für solche ist er

[1]) FAUST: Z. physik. Ch. Bd. 93, S. 758. 1919.
[2]) STAHL: D. R. P. 34, S. 163.
[3]) JONES: Ch.-Ztg. Bd. 18, S. 292. 1894.
[4]) Z. ang. Bd. 8, S. 189. 1895.
[5]) Über die Theorie des Kugelfallviscosimeters s. GIBSON und JACOBS: J. Ch. Soc. Bd. 117, S. 473. 1920; C. 1921, II, S. 93.
[6]) Ch.-Ztg. Bd. 30, S. 583. 1906; Bezugsquelle Firma J. Rohrbecks Nachfolger, Wien I.
[7]) STANGE: Ch.-Ztg. Bd. 30, S. 643. 1906.
[8]) Ch.-Ztg. Bd. 44, S. 622. 1920; Seife Bd. 7, S. 385. 1921.
[9]) Ch. Umschau Bd. 29, S. 373. 1922.

in der Reichsdruckerei im Gebrauch. FISCHER verwendet je nach dem Zähigkeitsgrade der zu untersuchenden Substanz Aluminium- oder Messingkugeln als Fallkörper. Sehr zweckmäßig ist die behelfsmäßige Vorrichtung von WOLFF und IRINEU, bei der ein tropfenförmiger Fallkörper mit tiefliegendem Schwerpunkt verwendet wird. In England und Amerika werden für die Zähigkeitsbestimmung hochviscoser Öle und Kohleölsuspensionen meistens Torsionsviscosimeter benutzt, besonders in der Ausführung von DOOLITTLE[1]) bzw. MC. MICHAEL[2]).

2. Bestimmung mittels Auslaufviscosimeter. Es gibt viele, voneinander mehr oder weniger abweichende Viscosimeter — fast in jedem Lande ist ein anderer Apparat amtlich eingeführt. Am besten ist das in Deutschland für amtliche Untersuchungen vorgeschriebene und auch sonst vielfach verwendete Viscosimeter von ENGLER, insbesondere in den verbesserten Ausführungsformen nach UBBELOHDE und nach HOLDE.

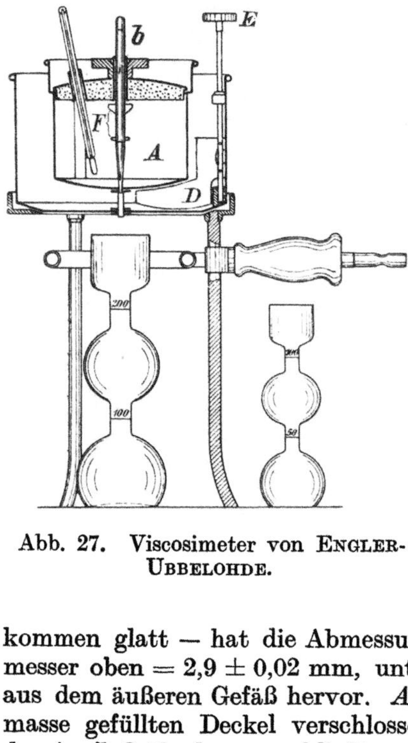

Abb. 27. Viscosimeter von ENGLER-UBBELOHDE.

Apparatur: Abb. 27 zeigt den Apparat von ENGLER, modifiziert von UBBELOHDE[3]). Der Apparat nach ENGLER-UBBELOHDE hat die Abmessungen des ursprünglichen ENGLERschen Apparates, die durch Vereinbarungen der zuständigen Stellen festgelegt sind[4]). Der Ölbehälter A — aus Messing, innen vergoldet — hat einen inneren Durchmesser von 106 ± 1 mm, auf seiner Innenwand sind drei hakenförmige Füllmarken angebracht, deren Spitzen 25 ± 1 mm vom unteren Zylinderrand, das ist 52 ± 0,5 mm von der unteren Mündung des Ausflußröhrchens entfernt sind. Dieses Röhrchen — aus Platin oder mit starker Platineinlage versehen, vollkommen glatt — hat die Abmessungen: Länge = 20 ± 0,1 mm, innerer Durchmesser oben = 2,9 ± 0,02 mm, unten 2,8 ± 0,02 mm; es ragt 3 ± 0,3 mm weit aus dem äußeren Gefäß hervor. A ist durch einen doppelwandigen, mit Isoliermasse gefüllten Deckel verschlossen. Durch diesen geht der Holzstift b, der das Ausflußröhrchen verschließt, sowie ein (geprüftes) Thermometer. Das äußere Gefäß wird mit der Badflüssigkeit — gewöhnlich Wasser, bei höherer Versuchstemperatur mit Mineralöl[5]) — bis zum Deckel des Ölbehälters gefüllt; die Badflüssigkeit kann durch Drehen von E mittels Rührflügel D bewegt werden. Das Bad kann durch einen verschiebbaren Kranzbrenner geheizt werden.

Eichung des Apparates: Jeder Apparat muß vor der ersten Benutzung und dann auch später von Zeit zu Zeit geeicht werden. Die Eichung besteht in der Bestimmung der Ausflußzeit von 200 ccm Wasser bei 20°.

Das innere Gefäß und das Ausflußröhrchen werden sorgfältigst entfettet und mit filtriertem, destilliertem Wasser ausgewaschen. Bei schon benutzten

[1]) J. Am. Ch. Soc. Bd. 15, S. 173. 1893; s. FRYER und WESTON: Technical Handbook of Oils, Fats and Waxes, Bd. II, S. 73. Cambridge 1920.
[2]) V. St. A. Pat. 1 281 042; s. HERSCHEL: Eng. Bd. 12, S. 282. 1920.
[3]) Ch.-Ztg. Bd. 31, S. 38. 1907.
[4]) Ch.-Ztg. Bd. 31, S. 441. 1907.
[5]) Bei Apparaten mit geschlossenem Heizbad und Steigrohr verwendet man besser Xylol, Anilin oder dgl.

Apparaten wird ein fettfreier Verschlußstift, der nur zu Eichungen mit Wasser benutzt wurde, eingeführt. — Man justiert den Apparat, so daß die Markenspitzen in einer Horizontalebene liegen, füllt ihn bis zu denselben mit Wasser von 20°, läßt Wasser ausfließen, damit das Ausflußröhrchen ganz angefüllt wird und läßt einen Tropfen hängen, der den ganzen Querschnitt des Röhrchens bedeckt. Dann stellt man wieder das Niveau auf die Markenspitzen ein (das Gefäß enthält dann 240 ccm Wasser) und regelt die Temperatur im inneren und äußeren Gefäß auf genau 20°. Ist die Wasseroberfläche vollkommen ruhig, so hebt man den Verschlußstift (der dann durch die einfache Klammer F am Herabfallen verhindert wird) und setzt im gleichen Augenblick die Meßuhr — die noch Fünftelsekunden zeigen soll — in Gang. Wenn der Meßkolben, der auf Ausfluß geeicht und selbstverständlich vollkommen trocken sein soll, bis zur Marke 200 gefüllt ist, stoppt man die Uhr und liest die Zeit ab. Der Versuch wird noch zweimal wiederholt. Die beobachteten Zeiten müssen auf wenigstens 0,5 Sekunden übereinstimmen und die mittlere Auslaufzeit muß zwischen 50 und 52 Sekunden liegen. Für sehr sorgfältige Untersuchungen ist der Apparat zu entleeren, zu reinigen und die Eichung von Anbeginn zu wiederholen.

Bestimmung der Ausflußzeit des Untersuchungsmaterials: Das Viscosimeter wird sorgfältig gereinigt und getrocknet. Für Versuche bei höherer Temperatur wird das Bad vorher angeheizt, damit die zu untersuchende Substanz (Öl, Seifenlösung usw.) schnell erwärmt wird. Dann wird wie bei der Eichung verfahren: Das Ausflußröhrchen gefüllt, das Niveau eingestellt, die Temperatur im inneren und äußeren Gefäß so reguliert, daß beide möglichst gleich sind, worauf man 200 ccm unter genauer Messung der Zeit ausfließen läßt. Der Versuch wird wenigstens einmal wiederholt.

Berechnung: Man dividiert die Ausflußzeit der Substanz durch den Eichwert (die Ausflußzeit von Wasser bei 20°). Der Quotient ist der Englergrad (die Englerzahl), konventionell mit E bezeichnet. — Bei 20° Beobachtungstemperatur liegen die Englergrade der natürlichen Fette ungefähr zwischen 5 und 15, mit Ausnahme des Ricinusöls, das etwa $E = 140$ aufweist.

Aus dem Englergrad und dem spez. Gewicht s kann man mit Hilfe der Formel von Ubbelohde[1]) die spezifische Zähigkeit, bezogen auf Wasser von 0°, annähernd berechnen:

$$(\eta) = \left(4{,}072\,E - \frac{3{,}513}{E}\right) s\,.$$

Der Ausdruck in der Klammer, das ist der Quotient aus spezifischer Zähigkeit und spezifischem Gewicht, auch als „Zähigkeitsfaktor" Z bezeichnet, dient ebenfalls als Maß für die Zähigkeit; aus der spezifischen Zähigkeit ergibt sich durch Multiplikation mit dem Faktor 0,001797 die absolute Zähigkeit im c-g-s System. Die nach der obigen Formel berechneten Werte für (η) sind im allgemeinen zu niedrig, und zwar müssen sie nach Holde[2]) für Viscositäten von 7 bis 615 Englergraden um rund 4,2% vom Wert erhöht werden. Die so korrigierten Werte sind dann auf $\pm 1\%$ genau. Bei weniger viscosen Ölen ist jedoch der Fehler trotz Korrektur wesentlich größer, z. B. beim Englergrad $= 5$ schon 4%.

Temperatureinfluß: Die Zähigkeit fetter Öle nimmt mit steigender Temperatur lange nicht in demselben Maße ab wie die von Kohlenwasserstoffölen (doch ist die Abnahme unverhältnismäßig größer als die der Zähigkeit von

[1]) Tabellen zum Englerschen Viscosimeter, I. Aufl. Leipzig 1907.
[2]) Untersuchung der Kohlenwasserstofföle und Fette, 5. Aufl., S. 21. 1918.

Wasser). Die Beziehung zwischen Zähigkeit und Temperatur wird nach ÖLSCHLÄGER[1]) für den Bereich von 20—100° C durch folgende Formel definiert:

$$\log Z = \log Z_{20} \cdot \frac{2 \cdot 267 - \log t}{0{,}966};$$

Z = Zähigkeitsfaktor.

Diese empirische Formel soll nicht nur für Mineralöle, sondern auch für die meisten fetten Öle gelten, doch zeigen Rüböl, Leinöl und Tran größere Abweichungen.

Tabelle[2]).

		Absolute Zähigkeit				
	D^{15}	20°	30°	40°	50°	60°
Wasser	0,999126	0,01004	0,00802	0,00657	0,00553	0,00510
Rüböl, gereinigt	0,914	0,928	0,589	0,405	0,281	0,207
Senföl	0,916	0,897	0,580	0,386	0,261	0,187
Baumöl	0,915	0,920	0,593	0,405	0,240	0,197
Ricinusöl	0,967	9,6	4,6	2,3	—	—

Die Zähigkeit einer Mischung verschiedener Öle ist dem Mischungsverhältnis nicht proportional, sondern relativ geringer und kann daher nicht nach der Mischungsregel berechnet werden[3]). Hingegen ist eine Berechnung mit Hilfe der Erfahrungsformel von ÖLSCHLÄGER[4]) möglich:

Ist die Zähigkeit des viscoseren Öles E_1, die des dünnflüssigeren E_2, der Anteil des ersteren n_1, des zweiten n_2, so ist die Zähigkeit der Mischung

$$E_{1+2} = \frac{n_1 E_1 + K n_2 E_2}{n_1 + K n_2}$$

$$K = \sqrt{E_1 E_2}.$$

Abgekürzte Versuchsausführungen: Bei sehr zähen Flüssigkeiten dauert das Ausfließen von 200 ccm zu lange. Manchmal ist auch die zu prüfende Probe zu klein. In solchen Fällen verwendet man geringere Ölmengen zur Bestimmung, wobei man das gewöhnliche Viscosimeter verwenden kann oder eigene Apparate für kleinere Mengen — das Zehntelgefäß von UBBELOHDE oder das Viscosimeter von HOLDE — benutzt.

Die Ausflußzeit der aus einem gewöhnlichen ENGLERschen Viscosimeter bei normaler Auffüllung ausfließenden kleineren Ölmenge wird durch Multiplikation mit einem, für jedes Volumen bestimmten Faktor auf die Ausflußzeit von 200 ccm umgerechnet[5]). Die Faktoren sind für alle Öle mit einem Englergrad über 5 gleich, und zwar ist der

Faktor für 20 ccm = 11,95,
„ „ 50 „ = 5,03.
„ „ 100 „ = 2,353.

[1]) Z. Ver. d. Ing. Bd. 62, S. 422. 1918; C. 1919, II, S. 73; s. a. SCHWEDHELM: Ch.-Ztg. Bd. 45, S. 41. 1921; HERSCHEL: Eng. Bd. 14, S. 715. 1922; bes. a. VOGEL: Physik. Z. Bd. 22, S. 645. 1922. Z. ang. Bd. 35, S. 561. 1922; s. a. KÖNIG: ebenda Bd. 37, S. 8. 1924.

[2]) Auszug aus der Tabelle 2 von HOLDE: Untersuchung usw., 5. Aufl., S. 17.

[3]) Nach WHITE und THOMAS: (Eng. Bd. 4, S. 878. 1912) ist die Viscosität von Ölmischungen, speziell auch von Mischungen aus Fischölen und Pflanzenölen additiv.

[4]) a. a. O. Über die Ermittlung der Zähigkeit einer Mischung aus den Zähigkeiten der Bestandteile s. a. SHERMAN, GRAY und HAMMERSCHLAG: Eng. Bd. 1, S. 12. 1909; Z. ang. Bd. 22, S. 653. 1909; SCHWEDHELM: Ch.-Ztg. Bd. 44, S. 638. 1920; HERSCHEL: Chem. Met. Eng. Bd. 22, S. 1109. 1920.

[5]) Die Tabellen für das ENGLERsche Viscosimeter von UBBELOHDE, 2. Aufl., Leipzig 1918, gestatten für jede Auslaufzeit von 50, 100 und 200 ccm den Englergrad ohne jede Umrechnung direkt abzulesen. Ebenso können aus denselben die entsprechenden Zähigkeitsfaktoren direkt abgelesen werden.

Hat man zu wenig Substanz, um das Viscosimeter vollständig aufzufüllen, so kann man nach HOLDE auch andere, kleinere Volumina für die Anfangsfüllung wählen[1]). Die Faktoren zur Umrechnung der beobachteten Auslaufzeiten auf die Auslaufzeit von 200 ccm sind dann andere, je nach der Anfangsfüllung und dem ausgelaufenen Volumen verschiedene:

Anfangsfüllung in ccm . . .	25	45	45	50	60	120
Ausflußmenge „ „ . . .	10	20	25	40	50	100
Faktor	13,00	7,25	5,55	3,62	2,79	1,65

Ein eigener Apparat für Zähigkeitsbestimmungen mit kleinen Substanzmengen ist das Zehntelgefäß von UBBELOHDE[2]): ein zylindrischer, oben trichterförmig erweiterter Ölbehälter, dessen Durchmesser $^1/_{10}$ von dem des normalen ENGLERschen Auslaufgefäßes ist; es wird durch Gewinde in den Boden des Ölbehälters eines ENGLERschen Viscosimeters, Bauart UBBELOHDE, der eine entsprechende, mit Gewinde versehene Vertiefung hat, eingeschraubt. Die Abmessungen des Gefäßes sind solche, daß die Ausflußzeit für 20 ccm dieselbe ist, wie die Ausflußzeit von 200 ccm beim Hauptgefäß.

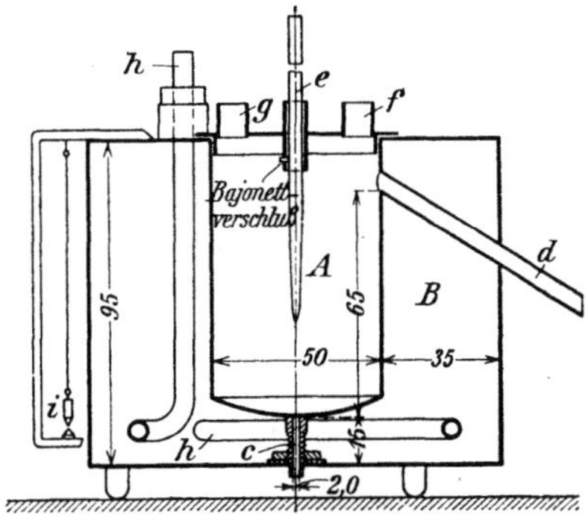

Abb. 28. Metallviscosimeter von HOLDE (Querschnitt).

Das ENGLERsche Viscosimeter zeigt verschiedene Nachteile, wie die lange Auslaufzeit, den langsamen Temperaturausgleich infolge der Form des Ölbehälters, die unbequeme und zeitraubende Einstellung des Ölniveaus auf die drei Marken u. a. m. Diese und andere Mängel sind ausgeschaltet beim Viscosimeter von HOLDE[3]):

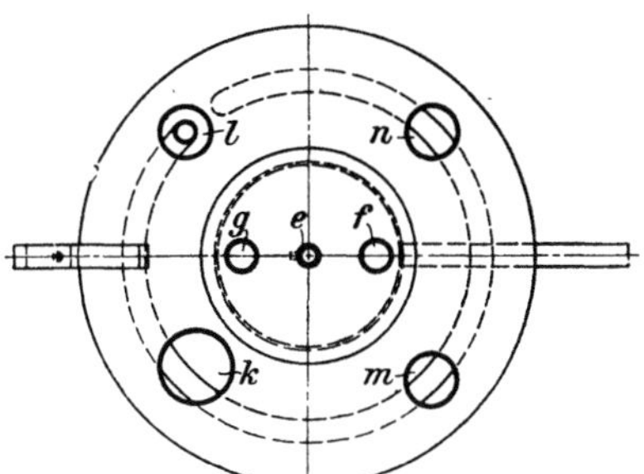

Abb. 29. Dasselbe (Grundriß).

Der Apparat, Abb. 28, 29, enthält ein Auslaufgefäß A, das im Gegensatz zu dem ENGLERschen Viscosimeter schmal und hoch ist, dagegen ist das Bad B breiter. Die Niveaueinstellung erfolgt durch das Überlaufrohr d. Die Badflüssigkeit wird mit Luft gerührt, die durch ein Handgebläse dem Kranz h zugeführt wird. Für Versuche bei 100°, bei welchen siedendes Wasser als Badflüssigkeit dient, wird das Rohr n mit einem in Quecksilber tauchenden Heberrohr verbunden, so daß ein Überdruck entsteht, dessen Höhe man je nach dem Barometerstand so einstellt, daß das Wasser in B ein wenig über 100° siedet. Damit bei etwaiger Druckverminderung nicht Quecksilber nach B gesaugt werden kann, ist ein Rückschlagventil eingeschaltet. Der Ölbehälter wird durch die Tülle im Deckel gefüllt.

Man bestimmt die Ausflußzeiten von 25 und 50 ccm oder von 50 und 100 ccm Öl, bei sehr dünnen Ölen auch nur von 100 ccm. Zur Umrechnung der Aus-

[1]) Zur Messung der Auslaufzeit kleinerer Mengen — 100 bzw. 50 ccm — hat EISENSTEIN die Anbringung zweier Ringmarken vorgeschlagen, welche der Auffüllung auf 140 bzw. 90 ccm entsprechen. Öst. Ch.-Ztg. Bd. 17, S. 31. 1914.

[2]) Petroleum Bd. 12, S. 873. 1917. Bezugsquelle Firma Sommer & Runge, Berlin-Friedenau.

[3]) Petroleum Bd. 13, S. 14. 1918.

flußzeit von 25 ccm auf die von 100 ccm multipliziert man mit dem Faktor 5,91; zur Umrechnung von 50 auf 100 ccm mit 2,65. Die Ausflußzeit von 100 ccm in Sekunden wird mit s bezeichnet.

Die Umrechnung von s (sec/100 ccm HOLDE) auf Englergrade, spezifische und absolute Zähigkeiten (bezogen auf Wasser von 20°) geschieht durch die folgenden Formeln von SCHEEL:

$$E = 0{,}114 + 0{,}015714\, s\,,$$
$$(\eta) = [\eta] \cdot 10^2 = -2{,}73 + 0{,}110704\, s\,.$$

Der Fehler beträgt bei Ölen mit einer absoluten Zähigkeit über 0,24 höchstens 2,4—2,7%. Bei dünneren Ölen, die aber praktisch nicht in Betracht kommen, kann er — wie auch bei sonstigen Umrechnungen dieser Art — bedeutend größer werden.

Andere Viscosimeter. Abgesehen von speziellen Ausführungsformen des Englerschen Apparates, wie z. B. den Abänderungen von KÜNKLER[1]) (zur Prüfung bei konstanten Temperaturen), von RAGOSINE[2]) u. a. m., gibt es noch eine große Zahl Apparate anderer Systeme. In Rußland wird neben dem Viscosimeter von ENGLER auch das von LAMANSKY-NOBEL angewendet, in den Vereinigten Staaten der Apparat von SAYBOLT, in England der von REDWOOD[3]), in Frankreich das „Ixomètre“ von BARBEY[4]). Ihre Anwendung bietet keinen Vorteil. Ein direktes Ablesen der Zähigkeit in absolutem Maß gestattet das Duffing-Viscosimeter[5]) und das Glasviscosimeter von BAUMÉ und VIGNÉRON[6]).

Für Vergleichszwecke können Saybolt- und Redwoodgrade nach von MEISSNER[7]) angegebenen Formeln in absolute Zähigkeiten umgerechnet werden.

Die Umrechnung des auf normale Apparatabmessungen reduzierten Englergrades E auf die Ausflußzeiten des Saybolt-Viscosimeters (τ_s) und des Redwood-Viscosimeters (τ_r) erfolgt nach den Formeln von MEISSNER[8]):

$$\tau_s = 228{,}7\, k \left(1 + \sqrt{1 + \frac{0{,}01309}{k^2}}\right)$$
$$\tau_r = 192{,}2\, k \left(1 + \sqrt{1 + \frac{0{,}01624}{k^2}}\right)$$
$$k = 0{,}08019\, E - 0{,}07013\; 1/E\,.$$

Das Verhältnis von Redwoodgrad zu Englergrad nimmt mit wachsender Zähigkeit bis etwa $E = 15$ zu und wird dann wieder etwas kleiner; es ist bei 20° 1,038 bis 1,109, bei 50° 1,148—1,180.

Auswertung: Die Zähigkeiten der meisten natürlichen Fette, mit Aus nahme jener der Ricinusölgruppe, schwanken innerhalb verhältnismäßig enger Grenzen. Die Zähigkeitsbestimmungen sind daher nur in beschränktem Maße zur Charakterisierung von fetten Ölen verwendbar. Die gesetzmäßigen Beziehungen zur Zusammensetzung der Öle, der Konstitution ihrer Glyceride und der Nebenbestandteile, sind noch nicht genügend klargelegt. Immerhin ergibt sich, daß die Zähigkeit im allgemeinen mit steigendem Molekulargewicht wächst[9]). Auch zeigen die Brassicaceenöle, die Glyceride der Erucasäure ent-

[1]) Dingl. Polyt. J. Bd. 290, S. 281. 1893.
[2]) Ch.-Ztg. Bd. 25, S. 628. 1901.
[3]) Beschreibung der Apparate und ihrer Handhabung s. insbesondere HOLDE: Untersuchung usw. S. 33ff.
[4]) RICHE und HALPHEN: Le Petrole 1896, zit. nach UBBELOHDE: Handbuch, S. 346.
[5]) FRANK: Z. ang. Bd. 32, S. 378. 1919.
[6]) Mat. grasses Bd. 12, S. 5453. 1920.
[7]) Ch. Revue Bd. 19, S. 30, 44. 1912; Bd. 20, S. 123. 1913; Bd. 21, S. 28. 1914.
[8]) Ch. Revue Bd. 19, S. 48. 1912.
[9]) Siehe a. DUNSTAN: J. Ch. Soc. Bd. 107, S. 667. 1915; C. 1915, II, S. 317.

halten, größere Zähigkeiten als die meisten gewöhnlichen Öle, während die Öle der Cocosgruppe die geringsten Zähigkeiten aufweisen. — Was den Einfluß der Doppelbindungen anbelangt, so ergibt sich bei den in dieser Beziehung am besten vergleichbaren Ölen: Olivenöl, Mohnöl und Leinöl, daß die Zähigkeit mit wachsender Jodzahl sinkt. Ebenso zeigten Vergleichsbestimmungen an Rübölen und an Erdnußölen die gleiche Beziehung zwischen Zähigkeit und Jodzahl[1]):

Beispiele:

Fett	Englergrade[2]), bezogen auf Wasser von 50° C	Redwoodgrade, bezogen auf Wasser von 70° F
Leinöl	2,9	8,3
Cocosöl	3,1	2,8 ?
Butterfett	3,4	—
Kokumbutter	—	4,4 ?
Nußöl	—	9,1
Mohnöl	—	10,0
Olivenöl	4,0	12,3
Rüböl	4,0	15,4—16,3
Senföle	—	15,8—16,8

In anderen Fällen ließen sich aber streng gesetzmäßige Beziehungen nicht erkennen. Nach Raffo und Adanti[3]) empfiehlt es sich, nicht die Viscosität der Öle selbst, sondern die der Fettsäuren zu bestimmen; die Unterschiede seien prägnanter und ermöglichen den Nachweis von Fremdölen. Man sollte zunächst systematische Untersuchungen anstellen, Zähigkeiten bzw. Koeffizienten der molekularen Reibung von Glyceriden wie Triolein, Tristearin, Oleodistearin usw. bestimmen.

Am sichersten erkannt und am wesentlichsten ist der Einfluß alkoholischer Hydroxylgruppen, bzw. des Gehaltes der Öle an Oxysäuren und der Einfluß der Polymerisation und Kondensation auf die Zähigkeit. So ist die Zähigkeit des Ricinusöles ein Vielfaches von der aller anderen natürlichen Öle, ebenso sind die geblasenen Öle und die gekochten Öle (Standöle) ausnehmend zähflüssig. Während z. B. Rüböl bei 20° höchstens den Englergrad 12, bei 50° etwa $E = 5$ aufweist, können geblasene Rüböle bei 50° noch $E = 30$ und darüber aufweisen. — Durch bloßes Erhitzen, wobei keine chemische Veränderung eintritt, werden Öle wieder derart beeinflußt, daß sie nach dem Abkühlen weniger zähe sind. Umgekehrt werden sie durch vorangehendes starkes Kühlen zäher, und zwar um so mehr, je langsamer diese Abkühlung vorgenommen wurde[4]). Das ist bei der Auswertung der Bestimmungen — namentlich von Ölen unbekannter Herkunft — zu berücksichtigen.

Die Alkylester der Fettsäuren sind sehr dünnflüssig, ihre Zähigkeiten betragen nur Bruchteile jener der entsprechenden Fettsäuren. Z. B. zeigt Ölsäureäthylester $E_{20} < 2$, bei Erucasäureäthylester liegt E wenig über 2, bei Ricinussäureäthylester wenig über 4.

Die Zähigkeit von Seifenlösungen ist nicht nur von der Art und der Konzentration der fettsauren Salze abhängig, sondern auch besonders vom Gehalt an anorganischen Elektrolyten, freien Alkalien und Alkalisalzen. Die Auswertung der Bestimmungen ist daher sehr schwierig. Exakte Messungen wurden bisher nur im Zuge systematischer technologischer Untersuchungen ausgeführt. Für

[1]) Crossley und Le Sueur: J. Soc. Ch. Ind. Bd. 17, S. 990. 1898.
[2]) Normann: Ch. Umschau Bd. 27, S. 216. 1920.
[3]) Boll. Chim. Farm. Bd. 53, S. 33. 1914; C. 1914, II, S. 171.
[4]) Über den Einfluß der Vorbehandlung auf die Viscosität vgl. Clulow und Taylor: J. Soc. Ch. Ind. Bd. 39, T. 291. 1920; C. 1921, II, S. 517.

technische Zwecke begnügt man sich mit einem ganz roh empirischen Verfahren: Bestimmung der Temperatur, bei welcher die 10proz. Lösung der Seife eben zähflüssig, fadenziehend wird (s. „Spinnprobe", S. 510) Über die Verwendung der Zähigkeitsmessung zur Qualitätsprüfung in der Glycerinanalyse s. S. 543.

Oberflächenspannung.

Als Maß für die Energie (A), mit der eine Flüssigkeit der Vergrößerung ihrer Oberfläche (ω) widerstrebt, dient der Quotient aus dieser Energie und der Oberfläche, die „Oberflächenspannung" oder Capillaritätskonstante (γ):

$$\gamma = \frac{A}{\omega}.$$

γ ist von der Natur der Flüssigkeit und der des umgebenden Mediums abhängig und nimmt mit steigender Temperatur ab.

Die Oberflächenspannung bedingt das Aufsteigen von Flüssigkeiten in Capillaren, und zwar ist die Steighöhe h der Capillaritätskonstante γ direkt, der Dichte d der Flüssigkeit und dem Radius r der Capillare umgekehrt proportional.

$$h = \frac{2\gamma}{r\,d}.$$

Wird r und h in Zentimetern angegeben, so erhält man die Oberflächenspannung in Grammen pro Zentimeter. Zur Umrechnung auf das absolute Maßsystem multipliziert man noch mit der Erdbeschleunigung, so daß

$$\gamma = \frac{1}{2}\,h\,r\,d \ \text{g/cm} = \frac{981}{2}\,h\,r\,d \ \text{dyn/cm}$$

ist [1]). Ferner besteht eine direkte Proportionalität zwischen den Oberflächenspannungen zweier Flüssigkeiten und den Gewichten ihrer unter bestimmten, gleichen Bedingungen fallenden Tropfen[2]); ebenso ist das Volumen eines jeden fallenden Tropfens der Oberflächenspannung der Flüssigkeit proportional; je geringer diese ist, um so kleiner ist natürlich der einzelne Tropfen, und um so größer ist die Zahl der Tropfen, in die sich eine bestimmte Flüssigkeitsmenge beim Fallen zerlegt. Darauf beruhen die stalagmometrischen oder Tropfenzahlmethoden[3]). Die Oberflächenspannungen zweier Flüssigkeiten (γ_1, γ_2) verhalten sich wie die Quotienten aus ihren Dichten (d_1, d_2) und den Tropfenzahlen (n_1, n_2)

$$\gamma_1 : \gamma_2 = \frac{d_1}{n_1} : \frac{d_2}{n_2}.$$

Für Wasser betragen die Oberflächenspannungen nach RAMSAY und SHIELDS[4]):

Temp.	γ
14°	71,40 dyn/cm
43°	67,14 „
61°	64,00 „
78°	61,18 „

[1]) Über die Ausführung dieser nur bei nicht besonders viscosen Flüssigkeiten anwendbaren Methode s. ARNDT: Handbuch der physik.-chem. Technik. Stuttgart 1915. S. 513; KOHLRAUSCH: Lehrb. d. prakt. Physik, 14. Aufl., S. 252. Leipzig 1923; LUNGE-BERL: Chem.-techn. Untersuchungsmeth., 7. Aufl., III. Bd., S. 470. Berlin 1923.

[2]) TATE: Philosophical Magazine (4) Bd. 27, S. 176. 1864.

[3]) Siehe bes. J. TRAUBE: Ber. Bd. 17. S. 2294, 1884; Ann. Bd. 265, S. 27, 1891; Arch. f. d. ges. Physiol. Bd. 105, S. 541, 559. 1904; LEWIS: Z. physik. Ch. Bd. 74, S. 622. 1910, u. a.

[4]) Z. physik. Ch. Bd. 12, S. 433. 1893.

Holde und Singalowsky[1]) empfehlen, statt die Tropfen eines bestimmten Volumens Flüssigkeit auszuzählen, nach dem Vorgange Eschbaums eine bestimmte Tropfenzahl zu wägen. Aus diesem Gewichte g läßt sich die gesuchte Oberflächenspannung γ mit Hilfe der Formel $\gamma = g \frac{\gamma_w}{g_w}$ berechnen. Der Ausdruck $\frac{\gamma_w}{g_w}$, in dem γ_w die Oberflächenspannung des Wassers ist, wird ein für allemal durch Bestimmung des Gewichtes g_w der festgesetzten Tropfenzahl von Wasser für jedes Rohr als Konstante ermittelt.

Ausführung: Das einfache Stalagmometer von Traube (Abb. 30) besteht aus einem oben zu einer Kugel erweiterten, unten capillaren Glasrohr mit plangeschliffener Mündung[2]). Vor Ausführung der Bestimmung wird es mit Bichromatschwefelsäure gereinigt. Zur Eichung saugt man Wasser bis zur oberen Marke auf, spannt das Rohr genau lotrecht ein und läßt eine bestimmte Anzahl Tropfen (z. B. 20) in ein tariertes Gefäß fließen; die Ausflußgeschwindigkeit wird mittels aufgesetztem Gummischlauch und Schraubenquetschhahn so geregelt, daß jeder Tropfen wenigstens 2 Sekunden zu seiner Bildung braucht. Nach der Bestimmung des Wasserwertes trocknet man das Rohr sorgfältigst, läßt in gleicher Weise das zu untersuchende Öl ausfließen und bestimmt das Gewicht der gleichen Tropfenzahl wie bei Wasser.

Abb. 30. Stalagmometer von Traube.

Tabelle.

Oberflächenspannungen einiger Öle.

Öl	γ in g pro cm	
	nach Grunmach und Bein[3])	nach Holde und Singalowsky[4])
Olivenöl	0,0337	—
Mandelöl	0,0335	—
Pfirsichkernöl	0,0340	—
Erdnußöl	0,0334	—
Sesamöl	0,0324	—
Baumwollsamenöl	—	0,0323
Olein	—	0,0318
Knochenöl	—	0,0329
Walnußöl	0,0337	—
Hanföl	0,0351	—
Leinöl	—	0,0327 und 0,0332
Leindotteröl	0,0336	—
Ricinusöl	0,0371	—

Wie die Tabelle zeigt, sind die Oberflächenspannungen der Fette, von wenigen Ausnahmen abgesehen, sehr wenig verschieden[5]). Auch bei Glyceriden, wie Tristearin, Tripalmitin und Trilaurin wurden die Oberflächenspannungen gegen Wasser fast gleich groß gefunden[6]).

[1]) Z. ang. Bd. 33, S. 267. 1920.

[2]) Siehe auch die verfeinerte Ausführungsform des Traube'schen Stalagmometers, Z. ang. Bd. 35, S. 675. 1922.

[3]) Abhandl. d. Normaleichungs-Kommission, 9. Heft, S. 1. 1917; C. 1918, I, S. 875 s. a. Grunmach: Physik. Z. Bd. 11, S. 980. 1910. [4]) a. a. O.

[5]) Siehe bes. Ernst Fischer: Ch.-Ztg. Bd. 39, S. 975. 1915.

[6]) Treub: Koninkl. Akad. Wetensch. Amsterdam, Proceed. Bd. 20, Nr. 1, S. 35, 1916.

Außer den erwähnten Methoden, die bei zäheren Flüssigkeiten nicht angewendet werden können, ist noch das speziell für die Untersuchung der Benetzungsfähigkeit von Schmiermitteln brauchbare sog. Bügelverfahren (Filmabreißmethode von PROCTER HALL) zu nennen; als besonders empfehlenswerte Ausführungsform derselben gilt die von v. DALLWITZ-WEGENER[1]).

Von erheblicherer Bedeutung ist die Messung der Oberflächenspannung von Seifenlösungen; für technische Bestimmungen liegt eine spezielle Ausführungsform der stalagmometrischen Methode, das Verfahren von HILLYER, vor (s. Seifenuntersuchung S. 507).

Schmelzpunkt.

Die Bestimmung des Schmelzpunktes, das ist des Temperaturgrades, bei dem die Substanz in den vollständig durchsichtigen, tropfbar flüssigen Zustand übergeht, soll vornehmlich zur Reinheitsprüfung und Identifizierung einheitlicher Verbindungen dienen. Die natürlichen Fette schmelzen unscharf, weil sie Gemische von Glyceriden sind, deren Schmelzpunkte oft ziemlich weit auseinander liegen, so daß sich die Zustandsänderung vom Erweichen bis zum Klarwerden über ein mehr oder minder großes Temperaturintervall erstrecken kann.

Bei den Fettsäuren zeigt sich von der Caprylsäure wenigstens bis zur Arachinsäure eine sehr wichtige Regelmäßigkeit: die Schmelzpunkte steigen sowohl in der Reihe der Säuren mit paarer Anzahl der Kohlenstoffatome als auch in der unpaaren Reihe, doch schmilzt eine Säure mit paarer Kohlenstoffzahl immer höher als die nächste, um ein Kohlenstoffatom reichere, aber unpaare Säure; daraus ergibt sich für die Gesamtreihe der Säuren ein regelmäßiges Steigen und Sinken der Schmelzpunkte. Die Differenzen werden mit steigendem Molekulargewicht natürlich geringer. Möglicherweise ist der oszillierende Anstieg durch die Verschiedenheit der Krystallstrukturen der Glieder mit gerader und ungerader Anzahl der Kohlenstoffatome bedingt[2]); oder es könnte von den paarigen Fettsäuren noch zweite, labile Modifikationen geben, deren Schmelzpunkte in die Kurve der niedriger schmelzenden unpaarigen Säuren fallen[3]). — Verzweigung der Kohlenstoffkette erniedrigt den Schmelzpunkt. Bei den ungesättigten Säuren ist weniger das Vorhandensein einer Doppelbindung an sich, als der Ort der Doppelbindung und die Konfiguration für die Beeinflussung des Schmelzpunktes maßgebend. Von den ungesättigten Säuren mit niedrigem Molekulargewicht schmelzen z. B. manche Isomere höher, andere tiefer als die entsprechende gesättigte Säure; in praktischer Hinsicht ist nur wichtig, daß die höheren ungesättigten Säuren der natürlichen Fette durchwegs tiefer schmelzen als die gesättigten Säuren von gleicher Kohlenstoffzahl. Hydroxylgruppen erhöhen im allgemeinen den Schmelzpunkt.

Alle binären Gemische von Fetten und Fettsäuren schmelzen selbstverständlich tiefer als die höherschmelzende Komponente, oft in einem großen Bereiche aber auch wesentlich tiefer als der niedriger schmelzende Bestandteil, da die beiden Äste der Schmelzkurve einem Minimum, dem „eutektischen" Punkt, zustreben, der im Schmelzdiagramm stets unterhalb der tieferschmelzenden Komponente liegt. Gemische, deren Zusammensetzung diesem Gleichge-

---

[1]) Über neue Wege zur Untersuchung von Schmiermitteln. München und Berlin 1919; Z. ang. Bd. 34, S. 433. 1921.

[2]) HERZOG und JANCKE: Z. ang. Bd. 34, S. 385. 1921; BECKER und JANCKE: Z. physik. Ch. Bd. 99, S. 242, 267. 1921; s. a. BEUTLER: Z. anorg. Ch. Bd. 121, S. 67. 1922.

[3]) TAMMANN: Z. anorg. Ch. Bd. 109, S. 221. 1920; C. 1920, III, S. 125.

wichtspunkte entspricht, können durch Umkrystallisieren nicht zerlegt werden und zeigen konstanten Schmelz- und Erstarrungspunkt. Hierdurch können unter Umständen einheitliche Verbindungen vorgetäuscht werden, wie im Falle einer ungefähr äquimolekularen Mischung von Stearinsäure und Palmitinsäure die Margarinsäure.

Der Schmelzpunkt einer Substanz kann durch Hinzufügen einer anderen scheinbar eine Erhöhung erfahren, wenn beide im festen Zustande eine höherschmelzende Verbindung — entsprechend einem Maximum der Schmelzkurve — bilden und eines der Eutektika dem Schmelzpunkt der einen Systemkomponente sehr nahe liegt. Fallen beide Punkte praktisch zusammen, so entgeht das anfängliche Absinken der Schmelzpunktskurve der experimentellen Beobachtung, und es wird ein sofortiges Ansteigen vorgetäuscht; das kommt allerdings nur selten vor. Häufiger ist das Auftreten einer lückenlosen Reihe von Mischkrystallen, wodurch die Voraussetzungen für die Bildung eines Eutektikums wegfallen und eine Erhöhung des Schmelzpunktes der tiefer schmelzenden Verbindung durch Hinzufügen der anderen bewirkt werden kann. Mischkrystalle oder „feste Lösungen“ in den verschiedensten Variationen sind überhaupt bei Fettgemischen nichts Seltenes und bedingen oft die Schwierigkeit oder Unmöglichkeit ihrer Zerlegung durch fraktionierte Krystallisation. Bei Gemischen von mehr als zwei Komponenten, wie solche in den natürlichen Fetten und in den Fettsäuregemischen vorliegen, sind die Verhältnisse selbstverständlich noch weit komplizierter. Die Untersuchungen von Kremann, auf die hier nicht eingegangen werden kann, geben darüber Aufschluß[1]).

Die einfachen (einsäurigen) Glyceride schmelzen durchwegs höher als ihre Säure, die Anhydride schmelzen wieder höher als die zugehörigen Fettsäuren und — soweit die Beobachtungen reichen — deren Glyceride. Von den einfachen Glyceriden einer bestimmten Säure zeigen, wie zu erwarten, die Monoglyceride den höchsten, die Triglyceride den niedrigsten (nahe bei dem der Säure liegenden) Schmelzpunkt. Unter den Mono- und den Diglyceriden schmelzen wieder die symmetrischen Verbindungen ein wenig höher als ihre unsymmetrischen Isomeren.

Die gemischten (mehrsäurigen) Glyceride schmelzen verhältnismäßig tiefer als die einfachen Glyceride; bei manchen liegt der Schmelzpunkt tiefer als der Schmelzpunkt des einfachen Glycerids seiner niedriger schmelzenden Säure, z. B. Stearodipalmitine: 57,3 und 60°, Tripalmitin: 65°.

Die meisten Fette sind Gemische von vorwiegend mehrsäurigen Glyceriden, und die Gemische schmelzen wieder niedriger als die einzelnen Bestandteile. Das Zusammenwirken dieser Umstände hat zur Folge, daß der Schmelzpunkt eines natürlichen Fettes oft sehr tief unter dem des Gemisches seiner Fettsäuren liegt, z. B. Öle mit einem nicht unbeträchtlichen Gehalt an festen Fettsäuren noch weit unter 0° flüssig bleiben[2]).

Ganz besondere Aufmerksamkeit fordert die Erscheinung des „doppelten Schmelzens“, die man bei — nach gewissen Verfahren dargestellten oder in bestimmter Weise vorbehandelten — Glyceriden findet. Z. B. schmilzt das aus einem Lösungsmittel oder durch langsames Erstarren der Schmelze krystallisierte Tristearin bei (71,6—73,2°); bringt man aber geschmolzenes Tristearin durch

---

[1]) Kremann: Öl- und Fettind. Wien Bd. 2, S. 108ff. 1920; s. bes. Kremann und Klein: Monatsh. Bd. 34, S. 1291. 1913; Kremann und Kropsch: ebenda Bd. 35, S. 561, 823, 841. 1914; s. a. Carlinfanti und Malvano, Gazz. 29. II, 313. 1909.

[2]) Vgl. Holde: Ber. Bd. 35. S. 4307. 1902; Bd. 45. S. 3701. 1912; Kremann und Schoulz: Monatsh. Bd. 33, S. 1063. 1912; s. a. Eisenstein: Öl- u. Fettind. Wien Bd. 1, S. 499, 527, 548, 573. 1919; Lund: Z. Nahrgsm. Bd. 44, S. 182. 1922.

Kühlen schnell zum Erstarren, so schmilzt es beim Wiedererwärmen schon bei 55,5°, wird beim weiteren Erwärmen wieder fest und schmilzt erst bei 71,6° zum zweitenmal. (In einer genügend engen Capillare wird es bei 55,5° vollständig flüssig, in einer weiteren bloß weich und durchscheinend.) Ebenso schmilzt krystallisiertes bzw. langsam erstarrtes Oleodistearin bei 42°, sehr rasch erstarrtes bei 28—30° und 42°. Ein unmittelbar nach dem Umkrystallisieren bei 42° schmelzendes Oleodistearin zeigte aber wiederum nach einjährigem Lagern die Schmelzpunkte 42 und 55°. Diese Erscheinungen werden in ganz verschiedener Weise zu erklären versucht. Die rein physikalische Erklärung besteht in der Annahme, daß die Substanz bei der raschen Abkühlung noch nicht krystallisiert, sondern eine unterkühlte Schmelze bildet; erst bei der zweiten Schmelzpunktsbestimmung träte infolge der Bewegung Krystallisation ein, wodurch so viel gebundene Wärme frei wird, daß kleine Mengen geschmolzen werden, infolge Abkühlung aber wieder erstarren müssen und erst bei genügender Wärmezufuhr von außen zum zweitenmal schmelzen[1]).

Die chemische Erklärung führt das doppelte Schmelzen eines Glycerids auf das Bestehen zweier isomerer Modifikationen zurück, von denen die eine, labile Form tieferen, die andere, stabile Form höheren bzw. doppelten Schmelzpunkt aufweist[2]) [s. S. 47]. Jedenfalls sind außer den doppelt schmelzenden Glyceriden auch Isomere derselben, die nur den tieferen Schmelzpunkt zeigen, in verschiedenen Fällen synthetisch dargestellt und auch in natürlichen Fetten gefunden worden, ferner unterkühlte Schmelzen von Glyceriden, die — vielleicht infolge analytisch kaum nachweisbarer Verunreinigungen — selbst 30—40° unter dem Schmelzpunkt flüssig bleiben[3]).

Die Verhältnisse werden zudem dadurch kompliziert, daß auch krystallisierte Glyceride schon beim bloßen Lagern ihren Schmelzpunkt verändern oder doppelten Schmelzpunkt annehmen. (Die Veränderung ist keinesfalls bloß auf vollständiges Trocknen — Abgabe der letzten Spuren Lösungsmittel — zurückzuführen.) Ebensowenig lassen sich die Schwankungen der Schmelzpunkte von Glyceriden bloß durch Beobachtungs- und andere Arbeitsfehler erklären, wenn auch solche oft unterlaufen mögen.

Mit Rücksicht auf die Schmelzpunktsanomalien sind bei der Untersuchung von Glyceriden nach Möglichkeit nur aus Lösungsmitteln krystallisierte, sorgfältigst getrocknete und wenigstens einige Tage alte Präparate zu verwenden. Man bestimme den Schmelzpunkt der Verbindung in diesem Zustand, dann sowohl den des rasch erstarrten als auch den eines langsam abgekühlten und abgelagerten Schmelzflusses. Auf jeden Fall ist immer die Vorbehandlung des untersuchten Präparates, Krystallisation aus Lösungsmitteln oder aus dem Schmelzfluß, sowie das Alter der Probe anzugeben.

Die Bestimmung wird am besten im Capillarröhrchen ausgeführt, bei einheitlichen Verbindungen nach dem allgemein üblichen Verfahren, bei natürlichen Fetten nach einer konventionellen Ausführungsform.

---

[1]) Guth: Z. Biol. Bd. 44, N. F. Bd. 26, S. 109. 1903.

[2]) Nach Jäger: Rec. trav. chim. Bd. 25, S. 346. 1906, ist die labile Form eine Art anisotroper flüssiger Phase. Ein chemischer Erklärungsversuch ist auch der von Hansen: Arch. Hyg. Bd. 42. 1902; demzufolge gemischte Triglyceride beim Schmelzen in Gemische der einsäurigen Glyceride umgelagert werden sollen. Diese Erklärung ist jedoch nicht ausreichend.

[3]) Grün: Ber. Bd. 45, S. 3691. 1912; vgl. a. die phasentheoretische Behandlung dieser „pseudobinären" Systeme Smits und Bockhorst: Versl. K. Akad. Wet. Amsterdam Bd. 21, S. 667. 1912; Bockhorst: Dissert. Amsterdam 1915; Roozeboom-Aten: Die heterogenen Gleichgewichte, II/3, S. 160. Braunschweig 1918.

Allgemeine Ausführungsform. Die Substanz wird in ein etwa 1 mm weites Capillarröhrchen ungefähr 10 mm hoch eingefüllt — bei nicht pulvrigem, z. B. talgähnlichem Material durch Einstechen des Röhrchens an verschiedenen Stellen in die gut durchgemischte Probe und Nachschieben mit einem Glashaar oder durch das übliche Einsaugen der geschmolzenen Masse in das erwärmte, abkühlende Röhrchen. In letzterem Falle läßt man wenigstens 24 Stunden liegen. Das Röhrchen wird mittels Kautschukringes am Thermometer befestigt (Substanz in der Höhe der Quecksilberkugel!), dieser durch einen Kork mit zentraler Bohrung und seitlichem Schlitz in einem Reagensglas zentriert, das wieder in ein mit Wasser oder Glycerin genügend hoch angefülltes Bechergläschen eingesetzt wird[1]). (Bei sehr niedrig schmelzenden Substanzen läßt man das Bechergläschen leer und setzt es in ein zweites, mit einer Badflüssigkeit gefülltes Becherglas; das als äußeres Luftbad dienende Becherglas muß dann natürlich mit einer Korkscheibe, durch die das Reagensglas gesteckt wird, verschlossen werden.) Man erwärmt unter Rühren in dem Maße, daß die Temperatur in einer Minute höchstens um einen Grad ansteigt. Als Endpunkt des Schmelzens ist nicht das Erweichen, Sintern oder die Meniscusbildung, sondern das vollständige Klarwerden anzusehen. Bei genauen Temperaturmessungen ist die Anbringung einer Fadenkorrektur erforderlich, wenn keine „abgekürzten" Thermometer (s. S. 114) zur Verfügung stehen. Der Schmelzpunkt wird für den aus der Heizflüssigkeit herausragenden Quecksilberfaden nach folgender Gleichung korrigiert:

$$S = T + n(T - t) \cdot 0{,}000154.$$

Hierbei bedeutet:

S = korrig. Schmelzpunkt,
T = beobacht. Schmelzpunkt,
n = Länge des aus der Heizflüssigkeit herausragenden Quecksilberfadens in Temperaturgraden,
t = mittlere Lufttemperatur, gemessen mittels eines zweiten Thermometers, das man gegen die Mitte des herausragenden Quecksilberfadens hält.

Konventionelle Ausführungsform[2]). Das geschmolzene filtrierte Fett wird in eine an beiden Enden offene $^1/_2$—1 mm weite Capillare von U-Form so eingesogen, daß es in beiden Schenkeln gleich — etwa 5—10 mm — hoch steht. Nach zweistündigem Liegen auf Eis oder 24 Stunden bei 10° wird die Capillare an einem Thermometer befestigt und in einem etwa 3 cm weiten mit Glycerinlösung (4 : 1) beschickten Reagensglase unter ständigem Rühren sehr langsam erwärmt. Als Schmelzpunkt gilt die Temperatur, bei der die Fettsäule vollständig klar und durchsichtig wird.

Ein wenig abweichend ist die für Speisefette vorgeschlagene Vorschrift zur Bestimmung nach POLENSKE[3]): lichte Weite der Capillare 1,4—1,5 mm, 24stündiges Liegenlassen auf Eis, Mitverwendung einer zweiten, gleichgeformten Capil-

---

[1]) Die vielfach vorgeschlagenen, zum Teil recht komplizierten Gefäße zur Aufnahme der Badflüssigkeit, wie die von OLBERG, THIELE u. a. m. bieten gegenüber dem einfachen Becherglas keine nennenswerten Vorteile. Die Apparate von ANSCHÜTZ, ROTH, LANDSIEDL usw. sind wegen des niedrigen Schmelzpunkts der Fette und Wachse entbehrlich.

[2]) Deutsches Arzneibuch, 5. Ausgabe, XXXI. 1910 und 1917; s. a. Vereinbarungen zur einheitlichen Untersuchung und Beurteilung von Nahrungs- und Genußmitteln sowie Gebrauchsgegenständen für das Deutsche Reich, Heft I, S. 83.

[3]) Entwürfe zu Festsetzungen über Lebensmittel. Berlin 1912.

lare, die mit hellem, klarem Öl beschickt ist und zum Vergleich dient. Man läßt die Temperatur anfangs um etwa 2° in der Minute, bei Annäherung an die Schmelztemperatur nur um $^3/_4$° ansteigen.

Eine eigenartige Abänderung stellt das Verfahren von BOULEZ[1]) dar: Ein Glasröhrchen, dessen Ende capillar ausgezogen und mit dem zu untersuchenden Fett (als Pfropfen) verschlossen ist, befestigt man in einem Korkring von solchen Abmessungen, daß die Vorrichtung, in ein Becherglas mit Wasser gebracht, eben noch schwimmt. Man erwärmt das Wasserbad wie üblich. Im Augenblick des Schmelzens tritt in die Capillare Wasser ein, füllt fast sofort das Rohr und bringt es zum Sinken; die hierbei abgelesene Wassertemperatur ist der Schmelzpunkt (wobei zu berücksichtigen ist, daß nur das Schmelzen der Randpartien des Pfropfens den Wassereintritt bewirkt).

Von den sonst noch speziell für Fette vorgeschlagenen Verfahren ist am geeignetsten das von KUHARA und CHIKASHIGÉ[2]): ein wenig Substanz wird zwischen den beiden Hälften eines Deckgläschens zerdrückt, die Glasplättchen spannt man in eine Art Rahmen, den man sich durch Ausschneiden und Zusammenbiegen eines Blechplättchens herstellt. Man hängt die Vorrichtung neben ein Thermometer in ein leeres Bechergläschen, setzt dieses in ein größeres, mit einer Badflüssigkeit gefülltes Glas und erwärmt wie üblich. — In vereinzelten Fällen bestimmt man den Schmelzpunkt der Substanz auf Wasser (im Aluminiumschälchen) oder unter Wasser in einer Platinöse.

Schmelzpunkte der wichtigsten Säuren.

	°C		°C		°C
Caprinsäure	31,4	Melissinsäure	89—90	Lanopalminsäure	87—88
Undecansäure	29—30	Gheddasäure	94,5—95	*d*-Cerebronsäure	99—100
Laurinsäure	44			Coccerinsäure	92—93
Tridecansäure	50—51	Hypogäasäure	33—34	Dioxystearin-	
Myristinsäure	54	Petroselinsäure	33—34	säure[5])	141—143
Pentadecansäure	53—54	Gadoleinsäure	24,5	Aleuritinsäure	100—101
Palmitinsäure	62,6	Erucasäure	34		
Daturinsäure	60			Adipinsäure	148—149
Stearinsäure	70—71,5	α-Eläostearinsäure	48—49	Pimelinsäure	105,5—106
Arachinsäure	77	β-Eläostearinsäure	72	Korksäure	140
Behensäure	84			Azelainsäure	106,5
Isobehensäure	75	Palmitolsäure	47	Sebacinsäure	133—133,5
Lignocerinsäure	80,5	Stearolsäure	48	Undecandisäure	110
n-Tetracosansäure	85	Behenolsäure	57,5	Dodecandisäure	126,5
Carnaubasäure	74			Brassylsäure	114
Cerotinsäure[3])	77,8	Hydnocarpussäure	59—60	Tetradecandi-	
Cerotinsäure[4])	82—82,5	Chaulmoograsäure	68,5	säure	124
Carbocerinsäure	82			Thapsiasäure	123—124
Montansäure	86,5	Sabininsäure	84	Japansäure	118
Myricinsäure	91	Juniperinsäure	95		

Schmelzpunkte der synthetischen Oxysäuren s. S. 27—29.
„ „ Alkohole „ „ 34—40.
„ „ Kohlenwasserstoffe „ „ 45—46.
„ „ Glyceride „ „ 47—49.

Erstarrungspunkt.

Bei einheitlichen Fettsäuren und Glyceriden stimmen, wie bei anderen chemischen Individuen, die Erstarrungspunkte mit den Schmelzpunkten überein. Bei Fetten und den aus ihnen abgeschiedenen Fettsäuren dagegen nicht. Diese erstarren wie andere Gemische nicht auf einmal vollständig,

---

[1]) Bull. soc. chim. Nord de la France Bd. 4, S. 133. 1893; nach Mat. grasses Bd. 14, S. 6250. 1922.

[2]) J. Am. Ch. Soc. Bd. 23, S. 230. 1900.

[3]) Aus Bienenwachs. [4]) Aus chines. Wachs. [5]) Natürlich vorkommend.

sondern ganz allmählich; zuerst tritt infolge Ausscheidung der höchstschmelzenden Bestandteile nur eine Trübung ein, die nach Maßgabe weiterer Ausscheidungen immer stärker wird, bis die ganze Masse fest geworden ist. Den Endpunkt dieses kontinuierlichen Erstarrens kann man nicht erkennen, andererseits ist auch die Temperatur beim Beginn des Erstarrens wegen der oft eintretenden Unterkühlung nicht konstant, sie ist überdies für ein Gemisch von Verbindungen mit verschiedenen Erstarrungspunkten nicht kennzeichnend. Charakteristisch und konstant ist dagegen der Temperaturgrad, bei welchem sich die erstarrende Substanz infolge des Freiwerdens der latenten Schmelzwärme entweder eine Zeitlang nicht weiter abkühlt, sondern ihre Temperatur beibehält, oder bis zu welchem sie sich — im Falle weiterer Abkühlung (also Unterkühlung) wieder von selbst erwärmt[1]).

Nach Übereinkommen definiert man daher als Erstarrungspunkt den Temperaturgrad, den erstarrende Fette oder Fettsäuren bei Wärmefortführung von außen eine Zeitlang unverändert beibehalten, bzw. die Höchsttemperatur, welche das wieder ansteigende Thermometer anzeigt[2]).

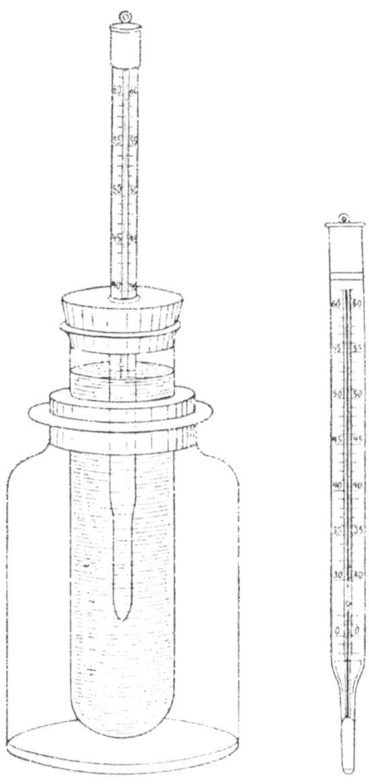

Abb. 31. Apparat nach WOLFBAUER.

Die Erstarrungspunkte und die Schmelzpunkte rasch abgekühlter Fette liegen mehr oder weniger weit auseinander. Je langsamer die Temperaturänderungen sind, um so näher rücken sie[3]). Die Erstarrungspunkte sind im allgemeinen viel zuverlässiger als die Schmelzpunkte.

Manche Fette, wie Rinder- und Hammeltalg, zeigen allerdings keinen scharfen Erstarrungspunkt; die Temperatur bleibt nur ganz kurze Zeit konstant und steigt höchstens vorübergehend, um sofort wieder zu fallen. In der technischen Analyse bestimmt man deshalb nie den Erstarrungspunkt des Fettes, sondern den seines Fettsäuregemisches, den „Talgtiter“. Dadurch vermeidet man auch folgende Fehlerquelle: die Fette enthalten oft mehr oder weniger freie Säuren, die den Erstarrungspunkt beeinflussen, so daß verschiedene Proben der gleichen Fettart ziemlich verschiedene Erstarrungspunkte aufweisen können.

Ausführung: Die verschiedenen Ausführungsformen unterscheiden sich fast nur durch Form und Größe der Apparate.

a) Bestimmung nach WOLFBAUER[4]). Das Verfahren hat vor allen den Vorteil, daß man den Apparat aus den in jedem Laboratorium vorhandenen Bestandteilen selbst zusammensetzen kann, s. Abb. 31. In ein Pulverglas oder starkes Becherglas, auf dessen Boden zweckmäßig eine Watteschicht gelegt wird, setzt man mittels Kork oder Korkscheibe ein Reagensglas von $3^1/_2$ cm Weite

---

1) RÜDORFF: Dingl. Polyt. J. Bd. 198, S. 531. 1870.

2) Ausgenommen ist der „Erstarrungspunkt nach POLENSKE“, bei welchem auf einen bestimmten Grad der Trübung abgestellt wird.

3) Siehe a. LE CHATELIER und CAVAIGNAC: Compt. rend. Bd. 156, S. 589. 1913.

4) Mitt. Techn. Gewerbe-Museum Wien 1894, S. 57.

und 15 cm Länge, in dieses mittels Kork das Thermometer. Man verwende in Fünftel- oder Zehntelgrade geteilte „abgekürzte" Thermometer, deren Skala nur einen Bereich von 20—30 Graden umfaßt, z. B. — 10° bis + 20°, 10° bis 30 oder 40° usw. Dadurch vermeidet man in jedem Falle ein zu weites Herausragen des Quecksilberfadens, der Apparat ist handlicher und man erspart die Fadenkorrektur.

Das Reagensglas wird bis 1—2 cm vom Rande mit der filtrierten, sorgfältig getrockneten Substanz[1]), deren Temperatur 15—20° über dem erwarteten Erstarrungspunkt liegen soll, gefüllt. Man setzt nun das Thermometer so ein, daß sein Gefäß etwa in die Mitte des Luftbades kommt, und rührt solange um, bis die Substanz undurchsichtig geworden ist und die Temperatur nicht mehr fällt. Man beobachtet dann, ohne weiter zu rühren, das meistens sofort einsetzende Ansteigen der Temperatur und liest den höchsten, gewöhnlich mehrere Minuten anhaltenden Thermometerstand als Erstarrungspunkt ab. Erreichbare Genauigkeit: 0,05°. Erlaubte Differenz bei Parallelbestimmungen 0,2°.

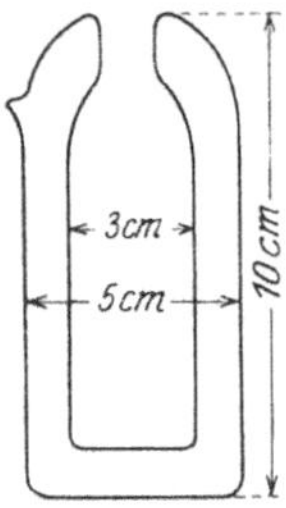

Abb. 32. Apparat nach SHUKOFF.

b) Das sog. modifizierte Dalican-Verfahren[2]) unterscheidet sich vom WOLFBAUERschen nur durch die Abmessungen des Apparates. Das verwendete Reagensglas ist $2^1/_2$ cm weit und 10 cm lang, das Pulverglas 7 cm weit und 15 cm hoch, das Thermometer 36 cm lang (Gefäß 3 cm lang, 6 mm dick), von 10—60° in Zehntelgrade geteilt und mit Hilfsreservoiren über 0° und über 60° versehen. Die Resultate sind bei Fettsäuren (im Vergleich zu den zuverlässigen Wolfbauer-Werten) etwa um 1° zu niedrig[3]), wovon ca. 0,2° auf die andere Rohrweite, die restliche Differenz auf die vorgeschriebene, ganz ungenügende Trocknung (20 Minuten bei 100°) zurückzuführen sind.

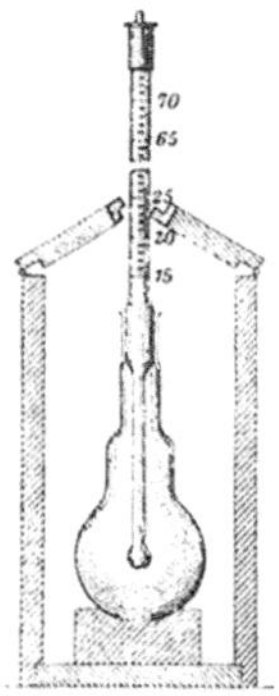

Abb. 33. Apparat nach FINKENER.

c) Die Bestimmung nach SHUKOFF[4]) ist wegen der Handlichkeit des Gefäßes und der Anwendung kleinerer Substanzmengen sehr zu empfehlen[5]). Das sog. Shukoffkölbchen, Abb. 32, ist eine Art Flasche mit WEINHOLDschem (fälschlich DEWARschem) Vakuummantel, die man sich in beliebiger Größe — meistens für 10—50 ccm Inhalt — herstellen kann.

Man füllt das Gefäß fast vollständig an, befestigt das Thermometer so, daß die Kugel in die Mitte des Gefäßes kommt und läßt auf etwa 5° über den erwarteten Erstarrungspunkt abkühlen. Nun faßt man das Gefäß in der Weise, daß es auf dem Daumen sitzt, während Mittel- und Zeigefinger auf den Kork drücken, schüttelt bis zur deutlichen Trübung des Fettes, stellt das Gefäß ab und beobachtet das Ansteigen der Temperatur wie oben. Die Resultate stimmen mit den nach WOLFBAUER erhaltenen vollkommen überein.

---

[1]) Für zu untersuchende Fettsäuren wurde von WOLFBAUER (a. a. O.) und anderen die Art der Abscheidung auf das genaueste vorgeschrieben. Es ist aber nur darauf zu achten, daß das Fett vollständig verseift, der bei der Verseifung angewendete Alkohol vor dem Zerlegen der Seife restlos verjagt und die abgeschiedene Fettsäure richtig getrocknet wird.

[2]) In Amerika als offizielle Methode anerkannt.

[3]) Siehe a. BOHRISCH und KÜRSCHNER: Pharm. Ztg. Bd. 60, S. 361. 1915.

[4]) Ch. Revue Bd. 6, S. 11. 1899.

[5]) Die von SHUKOFF später vorgeschlagene Apparatur (Ch.-Ztg. Bd. 25, S. 1111. 1901) — von der WOLFBAUERschen nur durch eine Einschnürung des inneren Rohres verschieden — ist weniger bequem.

d) Bestimmung nach Finkener[1]). Der Apparat, Abb. 33, besteht aus einem Kolben von 49—51 mm Kugeldurchmesser mit unten 25 mm, oben 12 mm weitem Hals, in den ein bis 75° in Fünftelgrade geteiltes Thermometer (Rohr 5 mm, Kugel 9 mm Durchmesser) eingeschliffen ist. Man füllt den Kolben bis zur Marke mit dem geschmolzenen Fett, setzt ihn auf eine Korkschale in den Holzkasten, klappt den Deckel zu und notiert, sobald die Temperatur auf 50° gefallen ist, alle zwei Minuten den Thermometerstand.

Diese Bestimmung ist langwieriger als die anderen — die Abkühlung auf 50° dauert allein etwa $^3/_4$ Stunden — und gibt ein klein wenig niedrigere Werte als die nach Wolfbauer und nach Shukoff, sie ist aber für die zollamtliche Bestimmung zur Unterscheidung von Schmalz, Talg und Kerzenfetten vorgeschrieben (Fette mit Erstarrungspunkten unter 30° gelten als Schmalze, von 30 bis 45° als Talge, über 45° als Kerzenstoffe, ausgenommen Preßtalg, der auch mit einem Erstarrungspunkt von 50°, wenn er nicht mehr als 50% freie Fettsäure enthält, als Talg verzollt wird).

e) Bestimmung nach Polenske[2]). Die Anordnung des Apparates ist an Abb. 34 ersichtlich.

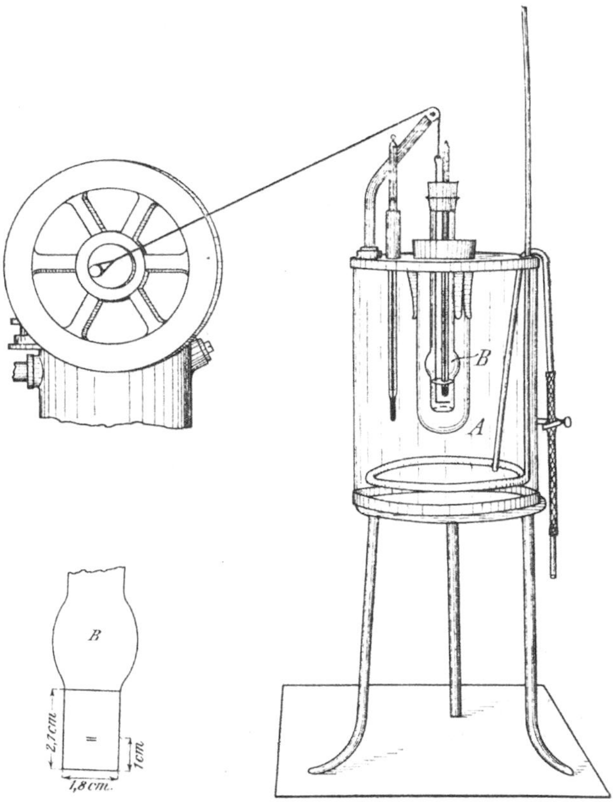

Abb. 34. Apparat nach Polenske.

Das Erstarrungsgefäß *B* aus 1 mm dickem Glas, 17 cm Höhe und 1,8 cm lichter Weite hat eine 2,9 cm über dem flachen Boden beginnende kugelförmige Erweiterung, deren Durchmesser etwa 2,5 cm beträgt. 1 cm oberhalb des Bodens sind zwei geschwärzte parallele Striche von 2 mm Länge und 0,5 mm Breite in 0,25 mm Entfernung voneinander eingeritzt, 2,7 cm vom Boden noch eine schwarze Strichmarke. Man füllt mit dem klar filtrierten, etwa $^1/_2$ Stunde bei 102—103° im trockenen Kohlendioxydstrom erhitzten und dann auf 15° über den Schmelzpunkt abgekühlten Fett bis zur Strichmarke und setzt den Stopfen ein. In demselben ist ein in Fünftelgrade geteiltes Anschütz-Thermometer so befestigt, daß die Quecksilberkugel in die Mitte des Fettes kommt; durch eine seitliche Bohrung geht der Rührer aus Nickeldraht, der durch

[1]) Mitt. techn. Versuchsanst. Berlin Bd. 7, S. 24. 1889; Ch.-Ztg. Bd. 20, S. 132. 1896.
[2]) Entwürfe zu Festsetzungen über Lebensmittel. Berlin 1912, S. 30.

eine Exzentervorrichtung etwa 200 mal in der Minute auf und ab bewegt wird, ohne auf den Boden oder über die Fettoberfläche zu gelangen. Das Erstarrungsgefäß befindet sich in einem Luftbad *A* aus 1 mm starkem Glas von 5 cm lichter Weite und 5 cm Höhe (Entfernung der Böden 3 cm), dieses in einem starkwandigen Glasgefäß von 15 cm lichter Weite und etwa 20 cm Höhe, mit Deckel, Thermometer und Heber versehen, das mit Kühlwasser von 16° beschickt wird. An die Außenwand des Kühlgefäßes wird ein kartenblattgroßes Stück mit Glycerin durchtränkten Filtrierpapiers so angeklebt, daß das Fett sich gerade vor dem Papier befindet. Ist der Apparat zusammengesetzt und gefüllt, so wird der Rührer in Gang gebracht und unter Kontrolle seiner Geschwindigkeit und der Kühlwassertemperatur die Abkühlung und Trübung des Fettes beobachtet. — Als „Erstarrungspunkt nach POLENSKE" gilt die Temperatur, bei der das Fett eben so trüb wird, daß die beiden Parallelstriche am Erstarrungsgefäß, das so eingesetzt wird, daß sie sich an der vom Beobachter abgekehrten Seite befinden, nicht mehr getrennt, sondern verschwommen zusammenhängend erscheinen. — Bei Untersuchung von unter 19° erstarrenden Fetten wird die Temperatur des Kühlwassers entsprechend niedriger gehalten, so daß sie schließlich noch 4—5° unter der des erstarrenden Fettes liegt.

Das Verfahren gibt absolut zuverlässige Resultate. Es ist zwar außerordentlich umständlich, muß aber, als offiziell empfohlene Methode zur Untersuchung von Speisefetten, insbesondere wegen der „Differenzzahl"-Bestimmung (s. S. 358) verwendet werden. Man soll übrigens mit der Vorrichtung auch dann die besten Resultate erzielen, wenn in der sonst üblichen Weise bis zum höchsten Thermometerstand gerührt wird[1]).

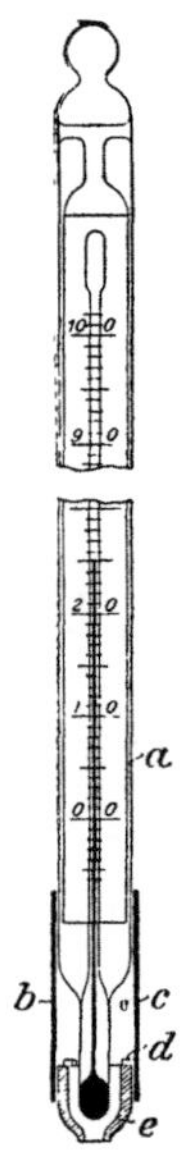

Abb. 35. Tropfpunktapparat nach UBBELOHDE.

Tropfpunkt.

Der Tropfpunkt ist jener Wärmegrad, bei dem ein Tropfen unter seinem eigenen Gewicht von einer gleichmäßig erwärmten Masse des tropfenbildenden Stoffes abfällt, deren Menge oder Gewicht den Tropfen nicht beeinflußt.

Man bestimmt den Tropfpunkt nur bei Fetten, die keinen scharfen Schmelzpunkt oder Erstarrungspunkt aufweisen, bei Substanzgemischen, die sich beim Schmelzen entmischen oder bei welchen wegen sehr dunkler Färbung der Schmelzpunkt nicht beobachtet werden kann.

Man verwendet fast ausschließlich die Ausführungsform von UBBELOHDE[2]):

Der Teil *e* des Apparates, Abb. 35, eine 10 mm lange Glashülse mit einer 3 mm weiten unteren Öffnung, wird mit dem Untersuchungsmaterial vorsichtig,

[1]) HARTING und VAN DOUGEN: Pharm. Weekblad Bd. 51, S. 1415. 1914. C. 1915, I, S. 275.

[2]) UBBELOHDE: Mitt. Mat.-Prüf. 1904, S. 203; Z. ang. Bd. 18, S. 1220. 1905. Bezugsquelle: Bleckmann & Burger, Berlin, Auguststr. 3a. Die früher allgemein angewendete, auch heute noch nicht ganz ausgeschaltete Bestimmung des „Schmelzpunktes nach POHL" (Sitzungsber. Wiener Akad. Bd. 6, S. 587), ist eigentlich eine Art primitiver Tropfpunktsbestimmung. Zur Ausführung derselben taucht man die angewärmte Kugel eines Thermometers einen Augenblick in das wenig über seinen Schmelzpunkt erhitzte Fett, so daß sie nach dem Herausziehen von einer sehr dünnen Fettschicht überzogen ist; nach längerem Liegenlassen befestigt man das Thermometer in einem weiten, langen, reagensglasförmigen Rohr so, daß die Kugel etwa 1 cm vom Boden entfernt ist und erwärmt etwa 3 cm über einer geheizten Asbest- oder Metallplatte, bis sich ein klarer Tropfen bildet (nicht fällt). Die Methode gibt fehlerhafte, besonders bei härteren Fetten viel zu niedrige Werte und ist höchstens zu einer notdürftigen Betriebskontrolle brauchbar.

unter Vermeidung des Einschließens von Luftblasen, angefüllt. Weiche Massen streicht und drückt man hinein, feste werden in geschmolzenem Zustand in die auf eine Glasplatte gestellte Hülse pipettiert. Die überschüssige Masse wird glatt abgestrichen. Hierauf (bei festen Proben natürlich vor völligem Erstarren) wird das mit der Metallhülse *b* fest verbundene Thermometer *a* so weit in die Masse gesteckt, als drei Sperrstifte *d* gestatten. Der untere federnde Teil der Hülse schiebt sich dabei über das Gefäß *e* und hält es fest; die Luft kann bei *c* zirkulieren. Man streicht das unten austretende Fett glatt ab, befestigt den Apparat mittels eines Korkringes in einem etwa 4 cm weiten Reagensglas und erhitzt in einem mit Wasser oder Paraffinöl gefüllten Becherglas in der Weise, daß die Temperatur um 1° in der Minute steigt.

Man notiert zuerst den Fließbeginn, das ist diejenige Temperatur, bei welcher sich an der Öffnung eine Kuppe von austretender Substanz zeigt; er liegt gewöhnlich 5° unter dem Tropfpunkt, bei sehr weichen oder sehr harten, insbesondere bei lang gelagerten Substanzen kann der Unterschied aber auch 50° und darüber betragen.

Die Temperatur, bei welcher der erste Tropfen fällt, ist der Tropfpunkt. Die Ablesung ist nicht genau, weil die innere Schicht um das Thermometer etwas kälter ist als die äußere, tropfende Schicht. Man schlägt als Korrektur + 0,5° zu. Schwerer wiegende Nachteile sind, daß die Substanz das Thermometer berührt, wodurch eine — je nach der Beschaffenheit der Probe größere oder kleinere — Adhäsionswirkung entsteht, und daß bei härteren Stoffen das Thermometer nicht direkt eingeführt werden kann, sondern vorgebohrt werden muß, was oft ungleichmäßig geschieht. Diese Nachteile vermeidet der Tropfpunktprüfer nach Dupré[1]), dessen Aufnahmegefäß aus einem kleinen Metallnippel besteht, der mittels einer Metallhülse unmittelbar unter dem Thermometer an diesem befestigt ist.

Kältepunkt und Kältebeständigkeit.

Für die praktische Verwendung verschiedener Öle, besonders als Schmiermittel, mitunter auch für die Lagerung und die Versendung, ist festzustellen, bei welcher Temperatur das Öl so fest ist, daß es nicht mehr fließt (Kältepunkt, Stockpunkt), bzw. ob es bei einer bestimmten niedrigen Temperatur schon fest wird oder noch flüssig bleibt (Kältebeständigkeit). Für die allgemeine Fettanalyse kommen diese konventionellen Bestimmungen nicht in Betracht.

Die fetten Öle sowie ihre Mischungen mit Mineralölen können, je nachdem, ob sie vor dem Abkühlen erhitzt oder schon einmal auf den Erstarrungspunkt abgekühlt wurden, ziemlich verschiedene Kältebeständigkeit zeigen. Man muß deshalb alle Proben gleichmäßig vorbehandeln; das geschieht, indem man sie mit Chlorcalcium schüttelt und filtriert (wasserhaltige Öle werden leichter unterkühlt) und dann im Rohr, in dem später die Abkühlung vorgenommen wird, erstarren oder — wenn sie flüssig bleiben — 4 bis 10 Stunden auf die Prüfungstemperatur abkühlen läßt, und zwar eine Probe ohne jede Bewegung und eine zweite unter alle Viertelstunden wiederholtem Umrühren mit einem Glasstabe (manche Öle geben beim Rühren eher Ausscheidungen).

Für genauere Bestimmungen muß auch der Einfluß vorherigen Erhitzens berücksichtigt werden. Man prüft zwei nichterhitzte und zwei vorher 10 Minuten auf 50° erwärmte Proben. Bei ganz exakten Messungen prüft man auch noch

---

[1]) Ch.-Ztg. Bd. 42, S. 398. 1918.

eine Probe, die erst 10 Minuten auf 50° erwärmt, dann 1 Stunde auf die vorgeschriebene Prüfungstemperatur oder auf —25° abgekühlt und zuletzt wieder auf Zimmertemperatur gebracht wird.

Ausführung: Um die jeweilig gewollten Temperaturen zwischen 0° und —20° längere Zeit konstant zu halten, verwendet man als Kühlbad destilliertes Wasser bzw. eine Salzlösung, deren Gefrierpunkt ungefähr mit der Prüfungstemperatur übereinstimmt und kühlt erst diese Lösung mit der Mischung von 2 Teilen Kochsalz und 1 Teil Eis oder Schnee, die —21° gibt, oder zur Erzeugung noch tieferer Temperaturen mit der üblichen Mischung von Alkohol und fester Kohlensäure. Die als inneres Kältebad dienende Salzlösung wird auf ihren Gefrierpunkt abgekühlt; man wirft nun ein Stückchen Eis und ein wenig von dem Salz, das zur Bereitung der Lösung verwendet wurde, in die Lösung; diese beginnt zu gefrieren, scheidet dabei Eis und Salz im Verhältnis der Lösung aus und behält deshalb die Temperatur des Gefrierpunktes so lange, bis die ganze Masse erstarrt ist. Um das vollständige Gefrieren der Lösung zu verhindern, wird sie einfach zeitweise aus der Kältemischung gehoben; auch das Überkalten der gefrorenen Salzlösung an der Gefäßwand muß durch häufiges Abstoßen der Krusten vermieden werden.

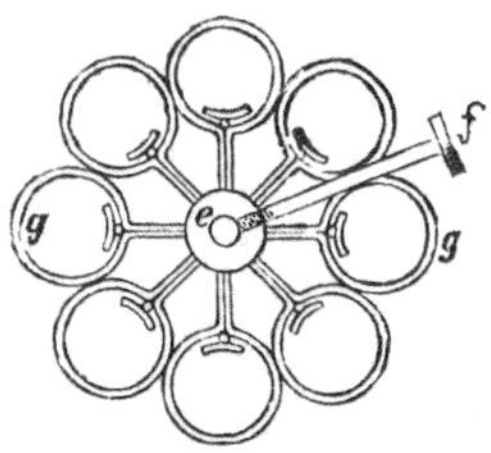

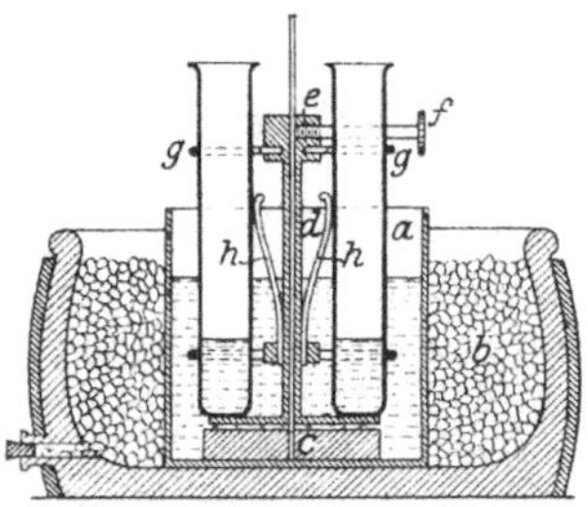

Abb. 36. Abb. 37.
Apparat zur Kälteprüfung.

Als Salzlösungen sind vor allem geeignet:

				Gefrierpunkt
13	Teile	Kaliumnitrat	in 100 Teilen Wasser	— 3°
13 2	„ „	Kaliumnitrat Kochsalz	in 100 Teilen Wasser.	— 4°
13 3,3	„ „	Kaliumnitrat Kochsalz	in 100 Teilen Wasser.	— 5°
35,8	„	Chlorbaryum	„ 100 „ „	— 8,7°
22,5	„	Chlorkalium	„ 100 „ „	—10°
20	„	Salmiak	„ 100 „ „	—14°
25	„	Salmiak	„ 100 „ „	—15,4°

Meistens genügt die Feststellung der Konsistenz des Öles bei der Versuchstemperatur durch den bloßen Augenschein. Nur die Temperatur muß genau bestimmt werden. Diesen Zweck erfüllt das Reagensglasverfahren[1]):

Der Apparat setzt sich zusammen: aus einem Gestell zur Aufnahme der Reagensgläser (in Aufsicht Abb. 36), einem 12 cm breiten, vernickelten oder emaillierten Gefäß für die Salzlösung (*a* in Abb. 37) und einem irdenen, mit Filz isolierten Topf *b*, der mit der Kältemischung gefüllt wird. Das Reagensglasgestell besteht aus einem Stativ, welches an dem verschiebbaren, durch die Klemmschraube *f* befestigten Rohr *d* eine Scheibe zum Aufsetzen der Gläser, 2 Ringreihen *g* zum Halten und Federn *h* zum Andrücken der Reagensgläser trägt.

a und *b* werden mit Salzlösung bzw. Kältemischung beschickt, dann werden die 15 mm weiten Reagensgläser bis zu ihrer 3 cm hohen Marke mit dem vorbehandelten klaren trockenen Öl gefüllt, in das Gestell gebracht und dieses in das Gefäß *a* eingesetzt.

[1]) Hofmeister: Mitt. Techn. Vers.-Anst., Berlin Bd. 7, S. 24. 1889.

Nach 1 Stunde nimmt man jedes Glas auf kurze Zeit heraus und beobachtet, ob beim Neigen eine Veränderung des Flüssigkeitsspiegels erfolgt, das Öl also noch fließt.

Fließt es nicht mehr, so setzt man das Glas wieder in den Apparat ein und prüft nach $^1/_4$ Stunde durch Einsenken eines Glasstabes auf seine Konsistenz. Läßt sich der Glasstab noch herausziehen, ohne das Reagensglas mitzuheben, so nennt man das Öl dünnsalbig, läßt er sich aber nurmehr schwer bewegen und wird das Reagensglas mitgehoben, so ist das Öl dicksalbig. Die Zwischenstufen in der Konsistenz eines halbflüssigen Öles benennt man: schwerfließend, fadenziehend, dünnsalbig, dicksalbig, schmalzartig, butterartig, talgartig.

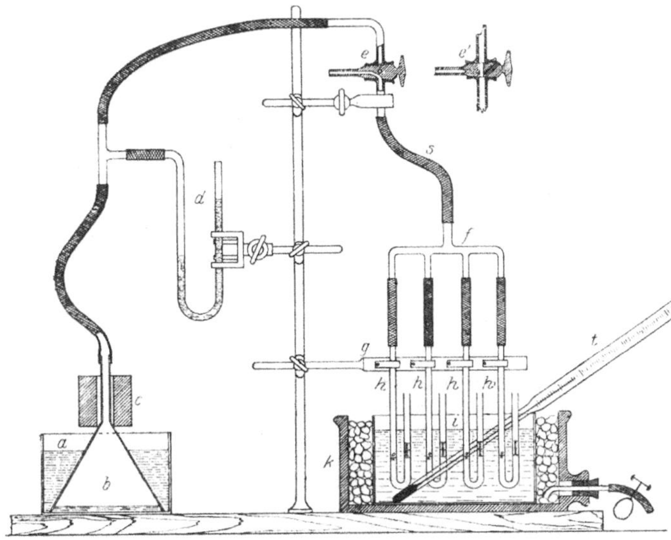

Abb. 38. Apparat zur Bestimmung des Fließvermögens.

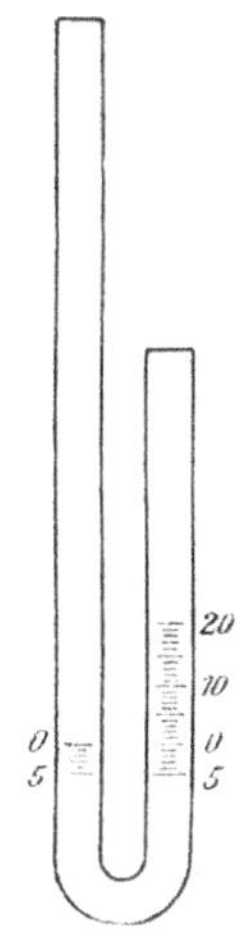

Abb. 39. U-Röhrchen.

Zur genaueren zahlenmäßigen Bestimmung der Kältebeständigkeit mißt man das Fließvermögen in der Kälte nach der U-Rohrmethode. Abb. 38 zeigt die in den Laboratorien der preußischen Eisenbahnverwaltung gebräuchliche Versuchsanordnung[1]), jedoch abgeändert durch den von Dittrich[2]) vorgeschlagenen Dreiwegehahn. Die nach S. 117 vorbehandelten Öle werden in U-Röhrchen nach Abb. 39 eingefüllt.

Die Röhrchen müssen einen Schenkelabstand von 7 mm und auch an den Biegungsstellen eine lichte Weite von $6 \pm 0{,}3$ mm zeigen. (Man prüft darauf, indem man kleine Stahlkugeln von 5,7 und 6,3 mm Durchmesser durchrollen läßt; die schwächere Kugel muß gerade noch durchkommen, die stärkere muß steckenbleiben.) Der kürzere Schenkel trägt eine Millimeterteilung. Die Röhrchen *h* werden durch den langen Schenkel bis zu den Nullmarken mit dem klaren Öl gefüllt, vertikal eingespannt und in das mit der Gefrierlösung gefüllte Gefäß *i*, das im Topf *k* steht, soweit eingesenkt, daß das Ölniveau etwa 10 mm unter dem der Lösung steht. Inzwischen wird noch keine Verbindung mit dem anderen

[1]) Bezugsquelle: Fa. G. A. Schultze, Berlin, Köpenicker Str. 128 zit. n. Benedikt, Analyse, 3. Aufl. S. 287.

[2]) Z. D. Öl- u. Fettind. Bd. 43, S. 617. 1923. Im käuflichen Apparat kann man das T-Rohr und die beiden Quetschhähne durch einen beliebigen Dreiweghahn ersetzen.

Teil des Apparates hergestellt. Zur Erzeugung des Überdruckes taucht man den mit einem Gewicht *c* beschwerten Glastrichter *b* in das mit Wasser halbgefüllte Gefäß *a*. Ist der am Manometerrohr *d* abgelesene Druck kleiner als 50 mm Wassersäule, so wird noch Wasser in das Gefäß *a* nachgegossen, ist er größer, so entlüftet man vorsichtig durch Öffnen, bis der Druck genau 50 mm ist. Nach einstündiger Abkühlung des Öles auf die gewollte, durch Thermometer *t* kontrollierte Temperatur, wird der Schlauch *s* bei Hahnstellung *e* mit dem Verteilungsrohr *f* verbunden. (Der Einfachheit halber ist in Abb. 38 ein rechenförmiges Verteilungsrohr für 4 gleichzeitige Bestimmungen eingezeichnet. Man verwendet aber auch mehrgliedrige Verteilungsrohre, gewöhnlich in Sternform, mit bis zu 10 Gliedern.) Hierauf zieht man die U-Röhrchen aus der Gefrierlösung, liest das Niveau ab und senkt wieder in die Lösung. Nun dreht man den Dreiweghahn in Stellung *e'*, wodurch die Verbindung der U-Röhrchen mit dem Druckgefäß hergestellt wird und läßt den Druck genau 1 Minute lang auf die Ölproben einwirken; das Öl wird in den kürzeren Schenkel gedrückt. Hierauf dreht man den Hahn wieder nach *e*, nimmt die U-Röhrchen aus der Gefrierlösung und liest die Höhe des Aufstieges an der Skala ab. Die erreichte Steighöhe ist trotz des Abfließens des Öles an der Benetzung der Wand deutlich zu erkennen. Die Kältebeständigkeit eines fetten Öles steigt proportional der Jodzahl, sie ist natürlich vom Gehalt an gesättigten Säuren, insbesonders aber auch von deren Bindung abhängig (vgl. Schmelzpunkt S. 109); mit zunehmendem Molekulargewicht nimmt sie ab[1]).

Flammpunkt.

Die Bestimmung des Flammpunktes dient ausschließlich zur Wertprüfung; sie gibt einen Anhalt für die Beurteilung der Feuergefährlichkeit. Bei der Untersuchung von fetten Ölen kommt die Bestimmung hauptsächlich wegen der Möglichkeit der Verfälschung mit Kohlenwasserstoffölen, eines Gehaltes an Extraktionsbenzin oder anderer flüchtiger Lösungsmittel in Betracht.

Der Flammpunkt eines Öles ist die niedrigste Temperatur, bei welcher die aus der Flüssigkeit tretenden Dämpfe in ihrer Mischung mit Luft bei Berührung mit einer Flamme unmittelbar über der Flüssigkeitsoberfläche explosiv abbrennen. Er ist keine physikalische Konstante, weil er vom Luftzug, von der Geschwindigkeit des Erhitzens, von der Apparatur (verschiedene Wärmeleitung usw.) beeinflußt wird, ist aber jedenfalls ein zuverlässiges Maß für die Feuergefährlichkeit eines Öles.

a) Bestimmung im offenen Tiegel[2]). Ein Porzellantiegel der Größe 4×4 cm, 3 cm hoch mit dem Öl gefüllt, wird bis zur Höhe des Ölniveaus in ein Sandbad gebettet. Ein Thermometer, wie das beim PENSKY-MARTENSschen Apparat (s. unten, b) verwendete, wird so justiert, daß das kugelförmige Quecksilbergefäß sich gerade in der Mitte der Ölmenge befindet. Man erwärmt in der Weise, daß das Thermometer höchstens um 6° in der Minute steigt. Wenigstens 20° unter der vorgeschriebenen Entflammungstemperatur beginnt man mit den Zündungsproben, die in folgender Weise ausgeführt werden: Man läßt aus einer Lötrohrspitze ein 3 mm langes Leuchtgasflämmchen oder nach Anbringen eines Dochtes ein ebensolches Petroleum- oder Gasolinflämmchen brennen, führt dasselbe langsam bis zur Oberfläche des Öles und entfernt es wieder ebenso.

---

[1]) Siehe a. LUND: Z. Nahrgsm. Bd. 44, S. 184. 1922.

[2]) Nach den „Grundsätzen für die Prüfung von Mineralschmierölen" des Deutschen Verbandes für die Materialprüfungen der Technik.

Diese Bewegung wird, so oft die Temperatur um 2° gestiegen ist, wiederholt, bis schließlich die Dämpfe beim Nähern des Flämmchens über die ganze Öloberfläche hin entflammen und gleich wieder verlöschen. Erhitzt man weiter, so tritt bei jedem weiteren Nähern der Zündflamme eine immer stärker und stärker werdende Entflammung ein. Als Flammpunkt ist jene Temperatur, die unmittelbar vor der ersten Entflammung abgelesen wurde, anzugeben. Dabei ist stets zu bemerken, ob mit oder ohne Fadenkorrektion (Berücksichtigung des aus dem Öl herausragenden Teiles des Quecksilberfadens) gearbeitet wurde. Auf diese Weise werden nur Näherungswerte erhalten, obwohl die Resultate von Parallelversuchen untereinander auf 2—5° übereinstimmen. Zur Erhöhung der Genauigkeit können Schutzvorrichtungen gegen den Luftzug[1]) oder Deckelverschlüsse angebracht werden, z.B. ein ringförmiger Verschluß, ähnlich dem Deckel des Rosetiegels[2]).

Zur Bestimmung des Flammpunktes im offenen Tiegel sind auch eigene Apparate mit mechanischer Zuführung des Zündflämmchens konstruiert worden[3]), die genauere Resultate ergeben. Wenn die Bestimmung aber schon in einem Spezialapparat vorgenommen wird, so ist der Apparat von PENSKY-MARTENS jedem anderen vorzuziehen.

b) Flammpunktsprüfer von PENSKY-MARTENS[4]). Abb. 40a stellt die Außenansicht des Apparates, Abb. 40b einen Schnitt durch die Mitte desselben dar.

Die vollkommen trockene Untersuchungsprobe wird in den Ölbehälter E bis zu der in 35 mm Höhe angebrachten Marke M eingefüllt. Der Behälter E sitzt in dem eisernen Heizkörper H, der von dem mit Asbest isolierten Messingmantel L umgeben ist. Der Deckel wird geschlossen, das Zündflämmchen Z mit dem Sicherheitsflämmchen S erbsengroß angezündet und hierauf angeheizt. Die Temperatur soll bis 120° in der Minute um 6—10° ansteigen, darüber hinaus nurmehr um 4—6°. Sobald das Thermometer T 100° zeigt, wird der Handrührer J fortwährend bewegt. Bei 120° wird das Zündflämmchen durch Drehen des Griffes G etwa 2 Sekunden lang unter Aussetzen der Rührung in den Dampfraum von E getaucht. Dies wird nun nach jeder Temperatursteigerung von 2° wiederholt, später, wenn das Zündflämmchen beim Eintauchen größer erscheint, wird es von Grad zu Grad wiederholt, bis deutliches Aufflammen der Dämpfe eintritt. Man wiederholt die Bestimmung mit frischem Öl (gebrauchtes kann natürlich einen höheren Flammpunkt zeigen). Die Resultate sollen auf 1—2° übereinstimmen, die größte Abweichung, die noch geduldet werden kann, ist 3°.

Die im offenen Tiegel bestimmten Flammpunkte lassen sich mit den im geschlossenen Apparate bestimmten nicht vergleichen; diese werden, weil sich die entzündlichen Dämpfe ansammeln können, immer höher gefunden; bei schwer entflammbaren Ölen ist der Unterschied 5—40°, bei solchen mit niedrigen Flammpunkten noch größer, besonders wenn sie nur sehr kleine Mengen niedrigsiedender Kohlenwasserstoffe enthalten. So drückte $^1/_2$% Benzin den Flammpunkt einzelner Öle im PENSKY-MARTENS-Apparat von 180 auf unter 80° herab, während dieselben im offenen Tiegel mit und ohne Zusatz bei 200° entflammten. Nachdem so geringe Mengen leichtflüchtiger Bestandteile unschädlich sind, ist für die Wertbestimmung solcher Öle, z. B. als Heißdampfschmiermittel, die Prüfung im offenen Tiegel vorzuziehen[5]).

---

[1]) KISSLING: Ch.-Ztg. Bd. 23, S. 800. 1899.
[2]) HERBIG: Ch. Revue Bd. 12, S. 26. 1905.
[3]) Siehe bes. MARCUSSON: Mitt. Mat. Prüf. 1906, S. 218.
[4]) Mitt. Techn. Vers.-Anst. Berlin 1889, S. 64. Bezugsquelle: Sommer u. Runge, Berlin W, Friedenau, Bennigsenstr. 23.
[5]) Siehe a. DONATH und KARPINSKI: a. a. O. S. 127.

Die Flammpunkte der neutralen fetten Öle, im offenen Tiegel bestimmt, liegen meist nicht unter 300°. Z. B. wurden gefunden: Cocosöl 298°, Rüböl 323°. Die Flammpunkte der Fettsäuren liegen bedeutend tiefer, etwa von 160—210°. Z. B. zeigten Proben von verschiedenen Elainen bei der Bestimmung im PENSKY-MARTENSschen Apparat Flammpunkte um 170—180°, im offenen Tiegel mit automatischer Flammenführung nach MARCUSSON bestimmt, um etwa 10 Einheiten höhere Werte.

Ebenso entflammen die Fettsäureester bei niedrigerer Temperatur, z. B. zeigte das Äthylestergemisch aus Rübölfettsäuren den Flammpunkt 215°, Ricinol-

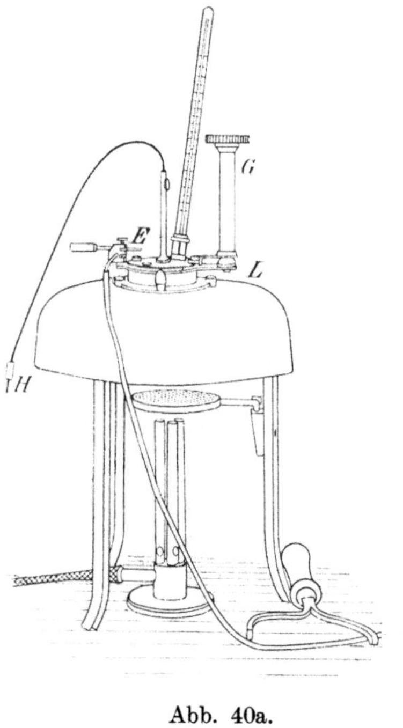

Abb. 40a.

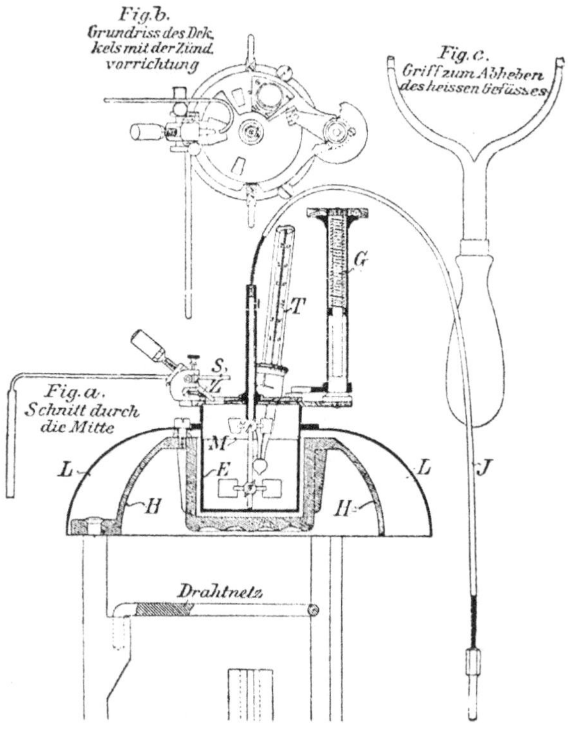

Abb. 40b.

Abb. 40. Flammpunktsprüfer von Pensky-Martens.

säure-Äthylester 186°. — Werden die in den rohen Estergemischen enthaltenen Ester der flüchtigen Säuren entfernt, so steigt der Flammpunkt beträchtlich, z. B. bei Estern aus Tran auf 230—240°.

Brennpunkt.

(Zündpunkt.)

Der Brennpunkt ist die niedrigste Temperatur, bei welcher die Oberfläche des Öles nach kurzer Annäherung einer Flamme dauernd brennt. Seine Bestimmung, die übrigens nur in besonderen Fällen nötig ist, erfolgt dann gewöhnlich im Anschluß an die Bestimmung des Flammpunktes im offenen Tiegel, sie kann aber auch im PENSKY-MARTENSschen Apparat nach Entfernung des Deckels ausgeführt werden.

Man steigert die Temperatur nach Erreichung des Flammpunktes noch weiter um etwa 4°, höchstens 6°, in der Minute und nähert das Zündflämmchen unter horizontaler Führung periodisch auf 1—2 Sekunden dem Öl, jedoch ohne dasselbe zu berühren.

Der Brennpunkt liegt häufig 20—60° über dem Flammpunkt, die Differenz kann aber auch gegenüber dem im geschlossenen Apparat bestimmten Flammpunkt auf über 100° steigen. Die Brennpunkte neutraler Fette, im offenen Tiegel mit mechanischer Flammenführung bestimmt, liegen etwa zwischen 330° (Cocosöl) und 350° (Rüböl). Die Brennpunkte der Fettsäuren liegen ungefähr zwischen 170° (Cocosöl) und 240° (Rüböl).

Farbe.

(Colorimetrische und spektroskopische Bestimmung.)

Die Farben der Fette sind, abgesehen von wenigen Ausnahmen, wie z. B. der intensiven Färbung des Palmöls, nicht charakteristisch; als analytisches Hilfsmittel kommt die Bestimmung der Farbe oder der Farbintensität schon aus dem Grunde nicht in Betracht, weil die farbgebenden Begleitstoffe der natürlichen Fette (fast bei allen pflanzlichen und vielen tierischen Fetten dieselben, s. Lipochrome S. 61), leicht entfernt oder zerstört werden können und andererseits jedes Fett beliebig gefärbt werden kann. Die Bestimmung der Farbe bzw. der Farbintensität ist aber für die Wertprüfung verschiedener Öle und Produkte, wie Firnisse, Lacke usw. nützlich oder nötig.

Häufig begnügt man sich mit der Beobachtung der Farbe einer wenn möglich 10 ccm dicken Schicht im Reagensglas von 15 mm Weite, die man mit einem Muster vergleicht. Für genauere Messungen verwendet man ein Colorimeter.

Colorimetrische Bestimmung: Sie beruht meistens auf der Ermittlung derjenigen Schichtendicke der Substanz, bei welcher diese gleich gefärbt erscheint wie eine Vergleichssubstanz oder eine Glasplatte von bestimmter Dicke und Färbung, eine Vergleichslösung oder dgl. Das bekannte Colorimeter von Stammer, das zur Untersuchung von Leuchtpetroleum bestimmt ist, und die ähnlichen Colorimeter von Dubosq, Saybolt, Hellige, Wilson u. a. m. werden kaum für die Prüfung fetter Öle verwendet. Ein Colorimeter, das speziell zur Untersuchung fetter Öle (namentlich in Amerika für Baumwollsamenöl) dient, ist das sog. Tintometer von Lovibond[1]). Zum Vergleich dient eine Farbenskala aus vielen gefärbten Gläsern, deren Farbintensität in bestimmtem Verhältnis abgestuft ist. Die Bestimmungen sind aber nicht durchaus zuverlässig, weil die Gläser verschiedener Apparate nicht ganz gleich sind[2]). Bessere Resultate sollen Auflösungen anorganischer Salze als Farbenvergleichsmittel geben (sog. Kobalt-Chrom-Kupferflüssigkeit: Lösung von Kobaltamminsalz + Ammoniumchromat + Kupferammonsulfat in verdünntem Ammoniak, oder sog. Kobalt-Eisen-Kupferflüssigkeit: Lösung von Kobaltochlorid + Eisenchlorid + Kupfersulfat in verdünnter Salzsäure; die Farben bleiben jahrelang unverändert). Praktische Prüfungsmethoden s. a. S. 320.

Fette Öle fluorescieren im allgemeinen nicht; Ausnahmen bilden das warmgepreßte Kürbiskernöl, das im durchfallenden Lichte grünlich, im reflektierten

---

[1]) Z. anal. Ch. Ref. Bd. 28, S. 686. 1889; s. a. Mansbridge: Z. ang. Bd. 30, II, S. 411. 1917.

[2]) Arny, Kish und Newmark: Eng. Bd. 11, S. 950. 1919; zit. nach Sfsz. Bd. 47, S. 139. 1920; C. 1920, IV, S. 688.

tiefpurpurrot erscheint; angeblich auch manche Lein- und Baumwollsamenöle[1]; wird sonst an einem Öl Fluorescenz beobachtet — Reagensglas auf schwarzem Glanzpapier, Betrachtung in der Aufsicht — so enthält es wahrscheinlich Kohlenwasserstofföle, Mineralöl oder Zersetzungsprodukte von der Destillation der Fettsäuren. Solche Öle prüfe man unbedingt auf den Gehalt an Unverseifbarem.

Spektroskopische Bestimmung: Verschiedene Fette pflanzlicher Herkunft zeigen charakteristische Absorptionsspektren, durch welche sie von anderen Fetten, namentlich von tierischen Fetten, leicht zu unterscheiden sind[2]. Es sind nicht Spektren der Fette selbst, sondern farbiger Begleitstoffe, insbesondere des Chlorophylls. (Der Chlorophyllgehalt eines Öles ist oft auch schon an der grünen Farbe desselben — sofern diese nicht durch Kupferseifen oder dgl. hervorgerufen wird — direkt wahrnehmbar.)

Das zu untersuchende Öl muß selbstverständlich klar sein; man füllt es in ein Rohr von je nach der erforderlichen Schichtdicke (4—20 cm) größeren oder kleineren Dimensionen — chlorophyllarme Öle z. B. in das 200 mm-Rohr eines Polarisationsapparates — und führt die Beobachtung wie üblich unter Verwendung einer Metallfadenbirne oder von Gasglühlicht als Lichtquelle aus.

Nach DOUMER[3] kann man spektroskopisch 4 Gruppen pflanzlicher Öle unterscheiden:

1. Chlorophyllspektrum, z. B. Olivenöl, Hanföl, Nußöl.
2. Keine Absorption, z. B. Mandelöl, Ricinusöl.
3. Absorption aller chemisch wirksamen Strahlen — das Spektrum geht nur bis zur Mitte des Grün, z. B. Leinöl, Rüböl, Senföl.
4. Absorptionsbanden im chemisch wirksamen Teil des Spektrums, z. B. Mohnöl, Erdnußöl, Sesamöl, Baumwollsamenöl.

Nach CHAUTARD[4] kann man dagegen nur zwischen Ölen, die absorbieren, und solchen, die nicht absorbieren, unterscheiden; nach MARCILLE[5] kommt praktisch überhaupt nur eine Unterscheidung zwischen chlorophyllfreien und chlorophyllhaltigen Ölen in Betracht.

Beispiele: Am deutlichsten zeigen das Chlorophyllspektrum Olivenöle, dann Leinöle: Bei Beobachtungen im 200 mm-Rohr findet man ein sehr starkes Band im Rot — Mitte bei 665 Wellenlänge —, ein sehr schwaches im Orange bei 605 und ein stärkeres im Grün bei 535. Wird Olivenöl mit siedendem Wasser 10—15 Minuten behandelt, so zeigt sich darauf das Absorptionsband bei 535 überhaupt nicht mehr, das im Rot nach 652 verlegt und nur 605 unverändert[6]. — Bei Baumwollsamenöl findet man keine Absorption oder ein sehr schwaches Band um die Linie 652, dasselbe bei Rüböl, wenn die Öle mit heißem Wasser gereinigt sind. Pharmazeutisches Ricinusöl zeigt keine Absorption, dagegen das technische Öl und ebenso Sesamöl ein Band von 665—652[7].

Die Bestimmung wird hauptsächlich zum Nachweis von Olivenöl empfohlen, es sollen sich auf diese Weise noch 10% in anderen Ölen nachweisen lassen; HALPHEN konnte dagegen selbst 15% in Sesamöl usw. nicht mehr nachweisen[8]. Öle verschiedener Herkunft zeigen eben verschieden großen Chlorophyllgehalt, z. B. tunesische größeren als französische und italienische.

[1] Tompkins, Cotton Oil Press, Bd. 5, Nr. 2, S. 123. 1923. C. 1923, IV, S. 738.
[2] MÜLLER: Dingl. polyt. J. Bd. 198, S. 529. 1870.
[3] Ch.-Ztg. Bd. 9, S. 534. 1885.
[4] ZUNE: Analyse des beurres, Bd. 2, S. 48.
[5] Ann. Falsif. Bd. 3, S. 423. 1910.
[6] MARCILLE: a. a. O.; s. a. VOGEL: Praktische Spektralanalyse, S. 279. 1877.
[7] HALPHEN: Huiles et Graisses Végétales. Paris 1912, S. 98.
[8] Ebenda, S. 99.

Die spektroskopische Untersuchung ist auch zur Erkennung und Bestimmung von Cholesterin[1]) und Oxycholesterin[2]) anwendbar.

Mikroskopische Untersuchung.

Die mikroskopische Untersuchung ist hauptsächlich für den qualitativen Nachweis von Fett in Geweben usw. wichtig und daher bereits in dem betreffenden Abschnitt (S. 76) beschrieben. In besonderen Fällen wird sie auch zur Unterscheidung fester Fette, die mehr oder weniger charakteristische Krystallisationen geben, herangezogen[3]). — Man löst das Fett in Äther, Petroläther, Aceton, Schwefelkohlenstoff, in den meisten Fällen am besten in Chloroform, und läßt einen Tropfen auf dem Objektglas verdunsten. Zum Vergleich prüft man ein reines Präparat der betreffenden Fettart. Die mikroskopische Reinheitsprüfung kommt bisher nur bei Nahrungsfetten wie Butterfett, Schweinefett, Rinder- und Hammeltalg in Betracht (s. S. 349 und S. 358).

Von größerer Bedeutung ist das Mikroskopieren der unverseifbaren Bestandteile, von denen sich Cholesterin und Phytosterin durch sehr charakteristische Krystallgestalten auszeichnen, so daß sie leicht voneinander zu unterscheiden sind. Nähere Angaben s. S. 264.

Auch die Prüfung unter dem Polarisationsmikroskop wurde für Zwecke der technischen Fettanalyse vorgeschlagen, wird aber wenig benützt.

Lichtbrechungsvermögen.

Die Bestimmung des Lichtbrechungsvermögens ist ein sehr wichtiges Hilfsmittel für die Identifizierung und die Reinheitsprüfung vieler Fette sowie für die Gehaltsbestimmung von Glycerinlösungen[4]). Für diese Zwecke werden meistens die ZEISSschen Apparate, das Refraktometer von ABBE und das Butterrefraktometer verwendet, neuerlich auch der Apparat von GOERZ. Man kann mit einer minimalen Substanzmenge in kürzester Zeit sehr genaue Bestimmungen ausführen. Die Apparate beruhen auf der Beobachtung der Totalreflexion, welche die zu untersuchende Flüssigkeit in sehr dünner Schicht zwischen Prismen aus Flintglas bei streifendem Lichteintritt aufweist[5]).

Eine Orientierung über den Brechungsindex kann man sich ohne Refraktometer in der Weise verschaffen, daß man das Öl in eine kleine Glaskugel schmilzt und diese in Öl von bekannter Refraktion hängt. Erscheint diese improvisierte Linse verkleinert, so ist auch das Brechungsvermögen des eingeschmolzenen Öles kleiner als die des umgebenden Vergleichsöles. Durch Wiederholung des Versuches in verschiedenen Medien von bekannter Brechung läßt sich der Bereich der in Betracht kommenden Exponenten entsprechend einengen[6]).

---

[1]) UNNA und GOLODETZ: Bioch. Z. Bd. 20, S. 484. 1909.

[2]) LIFSCHÜTZ: Bioch. Z. Bd. 48, S. 373. 1913.

[3]) HUSSON: Pharm. Centralh. Bd. 19, S. 9. 1878; MYLIUS: Ber. Bd. 12, S. 270. 1879; AMBÜHL: Ber. Bd. 14, S. 1124. 1881; HEHNER und ANGELL: Ch.-Ztg. Bd. 19, S. 1035. 1895.

[4]) Die Anwendung des Refraktometers wurde zuerst zur Untersuchung von Butterfett empfohlen von A. MÜLLER: Arch. Pharm. 1886, S. 210, und von SKALWEIT: Repert. analyt. Chem. 1886, S. 181 u. 235; zur Reinheitsprüfung von Olivenöl durch LEONE und LONGI: Gazz. chim. Bd. 16, S. 393. 1886; später besonders gefördert durch WOLLNY, ferner AMAGAT und JEAN: Compt. rend. 1889, S. 109, 616 u. a. m.

[5]) Siehe a. „Über die optischen Grundlagen der Refraktometrie und die wichtigsten Konstruktionen von Refraktometern".

[6]) SIMMS: Eng. Bd. 13, S. 546. 1921; C. 1921, IV, S. 683; s. a. SMART und HOCKING: Pharm. J. Bd. 106, S. 286; C. 1921, IV, S. 223.

Präzisionsbestimmungen.

1. Refraktometer von ABBE. Dieser Apparat gestattet die direkte Ablesung der Brechungsindices, er hat den größten Meßbereich und ist im allgemeinen jedem anderen vorzuziehen.

Abb. 41 zeigt das ABBEsche Refraktometer mit heizbaren Prismen. Die Prismen befinden sich in doppelwandigen Metallgehäusen A und B, durch welche mit Hilfe einer besonderen Vorrichtung[1]) Wasser von bestimmter Temperatur geleitet wird (Eintritt bei D, Austritt bei E), so daß die Untersuchung bei beliebiger konstanter Temperatur ausgeführt werden kann. Beim Aufeinanderliegen der Gehäuse, die dann durch den Verschluß v zusammengehalten werden, sind die Prismenflächen einander auf etwa 0,05 mm genähert, wodurch die Dicke der zwischen die Prismen gebrachten Flüssigkeitsschicht automatisch geregelt wird. Das so gebildete Doppelprisma ist mit der Alhidade J verbunden und mit ihr um eine horizontale Achse drehbar. Ebenso der das Beobachtungsfernrohr F tragende Sektor S, auf dem die Teilung nach Brechungsexponenten angebracht ist. a ist einer der Anschlagstifte des Sektors, b einer der Alhidade. Zwischen dem Objektiv des Fernrohrs und dem Doppelprisma ist ein Kompensationssystem T aus zwei AMICIschen Prismen zur Achromatisierung der Grenzlinie der Totalreflexion angebracht; es kann durch M gedreht und die Drehung an der geteilten Trommel abgelesen werden. — An der Sektorteilung wird der Brechungsindex im Bereiche von 1,30—1,70 direkt bis auf die dritte Dezimale abgelesen, durch Schätzung der Intervalle mit Hilfe der Lupe L noch auf zwei Einheiten in der vierten Dezimale genau bestimmt. Aus der Ablesung an der Trommel T wird, wie unten angegeben, die Dispersion berechnet.

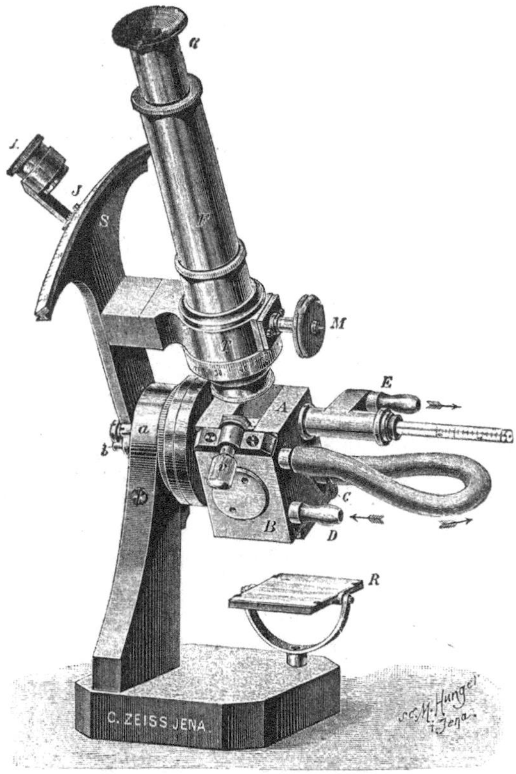

Abb. 41. ABBEsches Refraktometer.

Die Eichung des Refraktometers erfolgt mit Hilfe eines dem Apparate beigegebenen Normalplättchens oder mit Wasser. Dieses muß bei 18° im Mittel zweier Bestimmungen $n_D = 1{,}3330$ zeigen.

Ausführung: Man öffnet das Doppelprisma durch Drehen um C, reinigt beide Flächen sehr vorsichtig mit Hilfe eines in Äther oder dgl. getauchten Wattebausches (was auch nach der Benutzung des Apparates geschehen muß),

[1]) Die Handhabung der von WOLLNY angegebenen sehr praktischen Heizvorrichtung ist aus der jedem Apparat beigegebenen Beschreibung zu ersehen.

bringt nach entsprechender Neigung des Refraktometers auf die Fläche von A 1—2 Tropfen der Substanz und schließt wieder. Dann wird der Apparat wieder aufgerichtet und justiert (vgl. Abb. 41), ebenso der Spiegel R. Man stellt sorgfältig auf die gewollte Beobachtungstemperatur ein, gewöhnlich 20 oder 25°, bei festen Fetten 40, 60, 70°. Auch bei der Untersuchung flüssiger Fette empfiehlt es sich, nicht bei der zufälligen Tagestemperatur zu beobachten — besonders wenn diese nicht nahe bei 20° liegt —, sondern auf eine bestimmte Temperatur einzustellen.

Das Fernrohr wird nun auf das Fadenkreuz eingestellt und die Alhidade langsam aufwärts bewegt, bis die untere Hälfte des Gesichtsfeldes dunkel ist. Im Tageslicht und im Lampenlicht sieht man zuerst keine scharfe Grenzlinie, sondern einen farbigen Streifen. Durch Drehung des Kompensationssystems mittels M erhält man eine scharfe, farblose Grenzlinie, die man auf den Schnittpunkt des Fadenkreuzes einstellt. Man liest nun am Sektor den Brechungsindex, darauf das Thermometer ab, dreht jetzt die Trommel um 180°, wiederholt die Einstellung und Ablesung und nimmt das Mittel.

Die Ablesung am Sektor ergibt direkt den Brechungsexponenten für die D-Linie bei der Beobachtungstemperatur: n_D^{20}, n_D^{40} usw. — Die genaue Temperaturbestimmung ist wesentlich. Der Brechungsindex von Fettsäuren, Fetten und Paraffinen nimmt für 1° Temperatursteigerung durchschnittlich um 0,0004 ab. Für neutrale Öle beträgt die Temperaturkorrektion zwischen 15 und 70° für 1°: 0,000364, für Cocos- und Palmfett 0,00037[1]). Für jede beliebige Temperatur (t) ist dann:

$$n_D^{40} = n_D^{t} - (40 - t) \times \text{Korrektionsfaktor}.$$

Aus der Ablesung am Kompensator ergibt sich die mittlere Dispersion: Man sucht in der dem Apparat beigegebenen Dispersionstafel den zugehörigen Dispersionsfaktor ς und die Konstanten A und B. Die Dispersion ist dann

$$n_F - n_C = A + B\varsigma .$$

Ist die abgelesene Zahl größer als 30, so ist ς mit negativem Vorzeichen einzusetzen.

2. Butterrefraktometer[2]). Der Apparat unterscheidet sich vom ABBEschen Refraktometer in erster Linie dadurch, daß die Achromasie der Grenzlinie der Totalreflexion nicht durch ein Kompensationssystem erreicht wird, sondern durch die Prismen selbst, die so konstruiert sind, daß die bei der totalen Reflexion zwischen Glas und Butterfett auftretende Dispersion durch die Dispersion an der Austrittsfläche des Doppelprismas gerade kompensiert wird. Die Grenzlinie erscheint also, wenn die untersuchte Substanz reines Butterfett ist, farblos, sonst mehr oder weniger blau oder rot gefärbt. Man kann aber auch in solchen Fällen die Lage der Grenzlinie mit Sicherheit bestimmen und die untersuchten Fette — soweit es der Meßbereich gestattet — sowohl nach der Lage als auch nach dem Aussehen der Grenzlinie unterscheiden. Eine zahlenmäßige Bestimmung der Dispersion ist nicht möglich. — Die Ablesung erfolgt nicht auf einem Kreissektor, sondern mit Hilfe einer empirischen 100teiligen Okularskala im Fernrohr.

Abb. 42 zeigt den Apparat. Das Gehäuse A ist mit dem Fernrohr K fest verbunden; es wird mit B durch Drehen um C mittels Verschluß F vereinigt.

[1]) BACKER: Ch. Weekbl. Bd. 13, S. 954. 1916; s. a. HARVEY: J. Soc. Ch. Ind. Bd. 24, S. 717. 1905.

[2]) Siehe bes. PULFRICH: Zeitschr. f. Instrumentenkunde 1898, S. 107.

Das Heizwasser tritt bei *D* ein, geht über *B* zum Prisma bzw. Gehäuse *A* und tritt von dort bei *E* aus. Mittels des Spiegels *J* werden die Prismen und die Skala beleuchtet. *M* ist ein Spezialthermometer mit einer besonderen, eigens für die Prüfung von Butter bzw. von Schweineschmalz eingerichteten Einteilung. An Stelle der Wärmegrade sind auf letzterem diejenigen höchsten Refraktometerzahlen aufgezeichnet, welche normales Butterfett bzw. Schweineschmalz erfahrungsgemäß bei den betreffenden Temperaturen zeigt. Da die Refraktometerzahlen der Fette bei steigender Temperatur kleiner werden, so nehmen die Gradzahlen des besonderen Thermometers von oben nach unten zu.

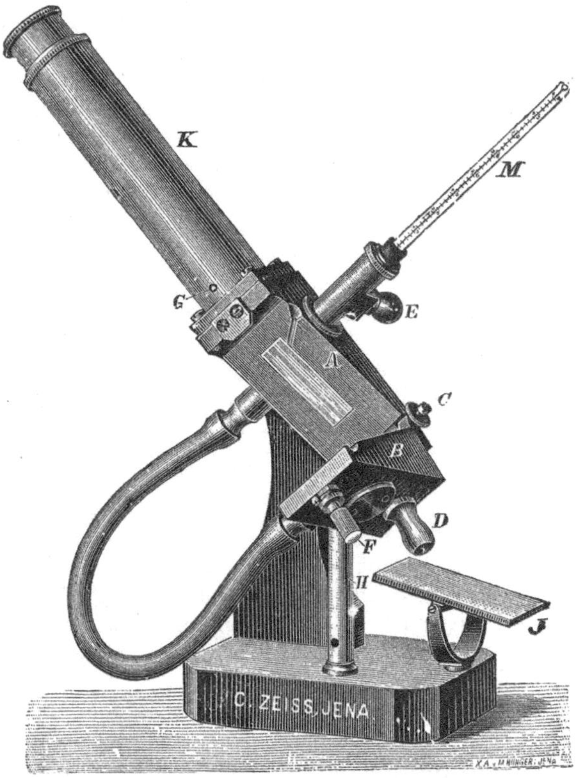

Abb. 42. Butterrefraktometer.

Zur Prüfung auf richtige Einstellung der Refraktometerskala bedient man sich der dem Apparate beigegebenen Normalflüssigkeit. Man schraubt das zu dem Refraktometer gehörige gewöhnliche Thermometer auf, läßt Wasser von Zimmertemperatur durch das Prismengehäuse fließen, bestimmt die Refraktometerzahl der Normalflüssigkeit und liest gleichzeitig den Stand des Thermometers ab. Wenn die Skala richtig eingestellt ist, muß die Normalflüssigkeit bei verschiedenen Temperaturen folgende Refraktometerzahlen zeigen:

Bei einer Temperatur von	Skalenteile	Bei einer Temperatur von	Skalenteile
25° C	71,2	16° C	76,7
24°	71,8	15° C	77,3
23°	72,4	14° C	77,9
22°	73,0	13° C	78,6
21°	73,6	12° C	79,2
20°	74,3	11° C	79,8
19°	74,9	10° C	80,4
18°	75,5	9° C	81,0
17°	76,1	8° C	81,6

Weicht die Refraktometerzahl bei der Versuchstemperatur von der in der Tabelle angegebenen Zahl ab, so ist die Skala bei der seitlichen kleinen Öffnung mit Hilfe des dem Instrument beigegebenen Uhrschlüssels wieder richtig einzustellen.

Zur Ausführung einer Bestimmung verfährt man im großen und ganzen wie beim ABBEschen Refraktometer, achtet besonders auf vollständige Ausfüllung des Raumes zwischen den Prismen, stellt die Grenzlinie möglichst scharf ein und liest an der Skala und am Thermometer ab.

Bei der Prüfung von Butterfett und anderen Speisefetten werden gewöhnlich die abgelesenen Skalenteile (Abkürzung: Sk.-T.) direkt angegeben. Bei einer anderen Beobachtungstemperatur als 40° sind — für Butterfett — für jeden Grad über 40° 0,55 Skalenteile zu addieren, für jeden Grad unter 40° ebensoviel zu subtrahieren.

Wenn auch der Apparat vorwiegend für die Reinheitsprüfung von Butterfett bestimmt ist, so kann er doch, soweit es der enge Meßbereich ($n_D = 1{,}42 - 1{,}49$) gestattet, zur Untersuchung anderer Fette verwendet werden.

Die Umrechnung der Skalenteile (a) des Butterrefraktometers in Brechungsindices erfolgt am einfachsten nach der Formel von RICHMOND[1]):

$$287{,}2 - a = 839{,}4 \cdot \sqrt{1{,}5395 - n_D}\,.$$

Die Zahlen können auch direkt der folgenden Tabelle entnommen werden:

Sk.-T.	n_D	Sk.-T.	n_D	Sk.-T.	n_D	Sk.-T.	n_D	Sk.-T.	n_D
0	1,4220	21	1,4385	42	1,4538	63	1,4679	84	1,4807
1	1,4228	22	1,4392	43	1,4545	64	1,4685	85	1,4812
2	1,4236	23	1,4400	44	1,4552	65	1,4691	86	1,4818
3	1,4244	24	1,4408	45	1,4559	66	1,4698	87	1,4824
4	1,4252	25	1,4415	46	1,4566	67	1,4704	88	1,4829
5	1,4260	26	1,4423	47	1,4573	68	1,4710	89	1,4835
6	1,4268	27	1,4430	48	1,4580	69	1,4717	90	1,4840
7	1,4276	28	1,4438	49	1,4587	70	1,4723	91	1,4846
8	1,4284	29	1,4445	50	1,4593	71	1,4729	92	1,4851
9	1,4292	30	1,4452	51	1,4600	72	1,4736	93	1,4857
10	1,4300	31	1,4460	52	1,4607	73	1,4742	94	1,4862
11	1,4308	32	1,4467	53	1,4613	74	1,4748	95	1,4868
12	1,4316	33	1,4474	54	1,4620	75	1,4754	96	1,4873
13	1,4324	34	1,4481	55	1,4626	76	1,4760	97	1,4879
14	1,4331	35	1,4488	56	1,4633	77	1,4766	98	1,4884
15	1,4339	36	1,4495	57	1,4640	78	1,4772	99	1,4890
16	1,4347	37	1,4502	58	1,4646	79	1,4778	100	1,4895
17	1,4354	38	1,4510	59	1,4653	80	1,4783	101	1,4901
18	1,4362	39	1,4517	60	1,4659	81	1,4789	102	1,4906
19	1,4370	40	1,4524	61	1,4666	82	1,4795	103	1,4912
20	1,4377	41	1,4531	62	1,4672	83	1,4801	104	1,4917

3. Das Eintauchrefraktometer nach Pulfrich („Neukonstruktion 1895") ist viel genauer, bei Präzisionsbestimmungen also von hohem Wert, für analytische Zwecke aber unnötig. Es hat auch einen zu geringen Meßbereich: 1,325 bis 1,367; durch eine Verbesserung von STANLEY[2]) soll der Meßbereich bis 1,55 ausgedehnt worden sein.

Das in Deutschland kaum je verwendete, aber in anderen Ländern viel benutzte sog. Oleorefraktometer von AMAGAT und JEAN[3]) bietet nur einen ge-

[1]) Analyst Bd. 44, S. 167. 1919; C. 1919, II, S. 503. Die Formeln von ROBERTS und LIVERSIDGE (Analyst Bd. 44, S. 48; 1919) sind unnötig kompliziert.

[2]) Z. ang. Bd. 32, II, S. 214. 1919.

[3]) Beschreibung der Refraktometer von AMAGAT-JEAN und FÉRY: Umrechnung der Ablesungen in die des ABBEschen Apparates und des Butterrefraktometers: UTZ: Farbenztg. Bd. 22, S. 672 (1917).

ringen Vorteil — Prüfung zweier Öle bzw. der Untersuchungsprobe und einer Vergleichssubstanz nebeneinander —, dagegen hat es mehrere schwerer wiegende Nachteile. Die Refraktometer von FÉRY, EYKMAN u. a. m. sind entbehrlich.

Zur Umgehung der die Refraktometer schädigenden Bestimmungen hochschmelzender Fette und Wachse bei hohen Temperaturen (über 70°) wurde vorgeschlagen, solche Substanzen in ätherischen Ölen, insbesondere Pfefferminzöl, zu lösen und den Brechungsindex der Substanz aus dem der Mischung zu berechnen[1]): Der Brechungsexponent n_D der Mischung ist nämlich zufolge der Mischungsregel

$$= \frac{n_D a + n_D b}{2}.$$

Hat man z. B. n_D der Mischung zu 47 gefunden und beträgt der eine Exponent $n_D a = 50$, so ist

$$47 = \frac{50 + n_D b}{2}; \quad \text{also} \quad n_D b = 94 - 50 = 44° .$$

Auswertung: Bei der Untersuchung organischer Verbindungen pflegt man die Brechungsindices nicht unmittelbar auszuwerten, sondern sie in die besser vergleichbaren spezifischen Brechungsvermögen oder in molekulare Refraktionen umzurechnen. Nach der Formel von LORENTZ-LORENZ ergibt sich aus dem Index n und der Dichte d das spezifische Brechungsvermögen[2])

$$R = \frac{n^2 - 1}{n^2 + 2} \cdot \frac{1}{d},$$

aus diesem durch Multiplikation mit dem Molekulargewicht das Molekularbrechungsvermögen[3]). — Die Brechungsindices von Fetten und Fettsäuren werden jedoch herkömmlich fast immer direkt verglichen; selbstverständlich sind nur auf dieselbe Temperatur bezogene Werte vergleichbar.

Das Lichtbrechungsvermögen ist eine Funktion des Molekulargewichts; die Brechungsindices der Fettsäuren und ihrer Derivate nehmen mit steigender Anzahl der Kohlenstoff- und Wasserstoffatome zu. Von den in Betracht kommenden reaktiven Atomgruppen üben besonders die Doppelbindung, dann die Hydroxylgruppe einen großen Einfluß aus; sie erhöhen die Brechungsindices. — Die Brechungsindices der Glyceride sind höher als die der entsprechenden freien Säuren (umgekehrt sind die spezifischen Brechungsvermögen niedriger). Die Refraktion wächst im allgemeinen in der Reihe: freie Säure → Triglycerid → Diglycerid → Monoglycerid.

Beispiele[4]):

Caprinsäure	$n_D^{40} = 1{,}42855$	Tricaprin	$n_D^{40} = 1{,}44461$
Laurinsäure	$n_D^{60} = 1{,}42665$	Trilaurin	$n_D^{60} = 1{,}44039$
Myristinsäure	$n_D^{60} = 1{,}43075$	Trimyristin	$n_D^{60} = 1{,}44285$

Die gleichen Gesetzmäßigkeiten lassen sich, wenn auch wegen häufiger Kompensation bzw. Überkompensation entgegengesetzter Einflüsse weniger deutlich, bei den Fetten und Fettsäuregemischen erkennen. Zwischen dem „Brechungswert“ (Brechungsindex × 1000) eines neutralen Fettes Rg, dem des

[1]) MARPMANN: Ch. Revue Bd. 8, S. 65. 1901.

[2]) Zur Auswertung in der Fettanalyse speziell von PROCTER, leider mit wenig Erfolg, vorgeschlagen. J. Soc. Ch. Ind. Bd. 17, S. 1025. 1898; KLIMONT: Z. ang. Bd. 24, S. 254. 1911.

[3]) Über Molekular-Brechungsvermögen der höheren Säuren der Fettreihe siehe bes. EYKMANN: Rec. trav. chim. Bd. 12, S. 163. 1893.

[4]) SCHEY: Rec. trav. chim. Bd. 18, S. 186. 1899.

daraus abscheidbaren Gemisches von freien Fettsäuren *Rf* und der Verseifungszahl des Fettes *V* besteht eine analoge Beziehung wie zwischen der Dichte eines Fettes und der seiner Säuren: $Rg - Rf = K_r \cdot V$. Der Proportionalitätsfaktor K_r liegt nach LUND für die meisten Fette bzw. Fettsäuren zwischen 0,049 und 0,052; als Mittelwert darf 0,051 angesehen werden[1]). (Damit stimmen auch die oben angegebenen Beispiele überein, während andere Parallelbestimmungen der Brechungsindices von höher molekularen Fettsäuren und den entsprechenden Triglyceriden, die PASCAL[2]) ausführte, keine Übereinstimmung aufweisen.) Größere Abweichungen von diesem Durchschnittswert zeigen hauptsächlich Ricinusöl, Chaulmoograöl sowie andere Fette dieses Typus und chinesisches Holzöl.

Wie zu erwarten, zeigen Fette mit viel flüchtigen Fettsäuren — z. B. Cocosöl, Butterfett — die niedrigsten Werte, Fette mit sehr hochmolekularen Säuren, stärker ungesättigten Säuren und Oxysäuren — z. B. Rüböl, Leinöl, Ricinusöl, Harze und Harzöl — die höchsten Werte[3]). Durch einen Gehalt an freien Säuren wird der Brechungsindex eines Fettes erniedrigt, saure Fette sollen deshalb vor der Untersuchung entsäuert werden. Das Ansteigen der Brechungskoeffizienten beim Erhitzen der Fette[4]) scheint hauptsächlich auf der mehr oder weniger weitgehenden Oxydation zu beruhen; die Zunahme ist offenbar von der Oxydationsfähigkeit des Öles abhängig[5]). — Das Brechungsvermögen eines Öles ist von dessen Alter abhängig, es nimmt besonders bei stark trocknenden Ölen, auch wenn sie wohlverschlossen aufbewahrt werden, ganz allmählich zu. Selbstverständlich ist auch die Art der Gewinnung des Öles je nach seiner Empfindlichkeit von Einfluß[6]). — Über die Bestimmung des Glycerins aus dem Brechungsexponenten s. S. 519.

Dispersion: Bei der Auswertung zum Zwecke der Identifizierung oder Reinheitsprüfung eines Öles ist zu berücksichtigen, daß geschickt gewählte Zusätze fremder Öle, deren Brechungsindices gleich groß sind oder sich gegenseitig ausgleichen, durch die Bestimmung des Brechungsindex nicht nachgewiesen werden können. (Ein abnormer Brechungskoeffizient ist wohl ein Beweis dafür, daß die untersuchte Probe nicht rein ist, dagegen ist Übereinstimmung mit dem normalen Wert kein Beweis für die Reinheit.) In manchen Fällen kann die Bestimmung der Dispersion helfen. (Bestimmung s. oben.) Im allgemeinen folgen die Dispersionswerte der Fette mit wenigen Ausnahmen den Refraktionswerten, so daß ersteren keine besondere analytische Bedeutung zukommt[7]), immerhin sind sie bei Cocosfett, Leinöl und insbesondere Holzöl verwendbar — vielleicht auch noch bei anderen Ölen, die auch spezifische Säuren mit besonderer Anordnung der Substituenten enthalten. Über die Verwendbarkeit in der Lack-Analyse s. S. 400.

[1]) Z. Nahrgsm. Bd. 44, S. 141 ff., 177. 1922.

[2]) Bull. Soc. Chim. (4) Bd. 15, S. 360. 1914.

[3]) Bei den Fetten mit hochmolekularen oder mit mehrfach-ungesättigten Säuren sind auch die spezifischen Brechungsvermögen hoch, bei Fetten mit Oxysäuren wie Ricinusöl und geblasenen Ölen, sind die spezifischen Brechungsvermögen dagegen trotz der hohen Indices besonders niedrig.

[4]) UTZ: Ch. Revue Bd. 10, S. 77. 1903; Arb. Ges.-Amt 1906, S. 567.

[5]) Z. B. beträgt die Zunahme des Brechungsquotienten während zweistündiger Erhitzung auf 145° bei Baumwollsamenöl und Dorschlebertran je 0,0045, bei Olivenöl und bei Cocosöl nur 0,001 bzw. 0,0008.

[6]) Über die Auswertung von Brechungsindices s. a. TRIM: J. Soc. Ch. Ind. Bd. 39, S. 307 T. 1920; vgl. Ch.-Ztg. Bd. 45, S. 26. 1921 und besonders UTZ: Z. ang. Bd. 33, S. 264, 268. 1920.

[7]) Siehe a. SZALAGYI: Bioch. Z. Bd. 66, S. 149. 1914; C. 1915, I, S. 170.

Im ZEISS-PULFRICHschen Refraktometer mit H-Rohr von ca. 2 mm Druck und einem Prisma von $n_D = 1{,}62197$ bei 40° bestimmt, ist die Dispersion

$$\frac{n_D - 1}{N_F - N_C}\ ^{1)}$$

bei trocknenden und Seetierölen im allgemeinen . . . . = 47,8—51,7
„ nichttrocknenden Ölen im allgemeinen . . . . . . = 49,8—55,4
speziell bei Cocosfett . . . . = 59,8
„ „ Leinöl . . . . = 45,8
„ „ Holzöl . . . . = 26,9

(für 1° Temperaturerhöhung beträgt die Abnahme 0,00002).

Freie Säure erhöht die Dispersion, Oxydation erhöht die Dispersion und Refraktion, Polymerisation vermindert die Dispersion und erhöht die Refraktion, mit Ausnahme von Holzöl, bei dem beide Werte abnehmen. Im Holzöl lassen sich schon 5% fremdes Öl durch deutliche Dispersionsänderung erkennen[2]).

Brechungsexponenten von Fetten[3]).

Oel oder Fett	Brechungsexponenten bei 60° C		Bei 40° C[4]) flüssige Fettsäuren
	Öl oder Fett	gesamte Fettsäuren	
Leinöl	1,4660	1,4546	—
Mohnöl	1,4586	1,4506	—
Sonnenblumenöl	1,4611	1,4531	—
Baumwollsamenöl	1,4570	1,4460	1,4604—1,4625
Sesamöl	1,4561	1,4461	—
Rüböl (roh)	1,4667	1,4491	—
Ricinusöl	1,4636	1,4546	—
Mandelöl	1,4555	1,4461	—
Erdnußöl	1,4545	1,4461	—
Olivenöl	1,4548	1,4410	1,4543
Dorschleberöl	1,4621	1,4521	—
Palmöl	1,4510	1,4441	—
Kakaobutter	1,4496	1,4420	—
Palmkernöl	1,4431	1,4310	—
Cocosnußöl	1,4431	1,4295	—
Schweinefett	1,4410	1,4395	—
„ (europäisches)	—	—	1,4544—1,4553
„ (amerikanisches)	—	—	1,4540—1,4557
Rindstalg	1,4539	1,4375	—
Hammeltalg	1,4510	1,4374	—
Butterfett	1,445—1,448	1,437—1,439	—
Margarine	1,443—1,453	1,443—1,444	—

Optisches Drehungsvermögen.

Die Bestimmung des optischen Drehungsvermögens von Fetten, Wachsen und ihren Bestandteilen wird in derselben Weise ausgeführt wie die irgendwelcher anderer flüssiger oder löslicher Substanzen. Für Näherungsbestimmungen genügen die einfachen Apparate, die in der technischen Zuckeranalyse verwendet

[1]) FRYER und WESTON: Analyst Bd. 43, S. 311. 1918; C. 1919, II, S. 868.
[2]) WARE: Eng. Bd. 8, S. 126. 1915; C. 1916, II, S. 202.
[3]) Aus UBBELOHDE: Handbuch der Chemie und Technologie der Öle und Fette, Bd. I., S. 338.
[4]) Um die bei 40° angestellten Beobachtungen dieser Spalte mit den beiden anderen (60°) vergleichen zu können, sind die Werte der letzten Spalte um 0,0073 zu verkleinern.

werden, wie das Saccharimeter von LAURENT[1]), das Polaristrobometer von WILD[2]) usw., für genauere Messungen — insbesondere schwachdrehender Substanzen — hat sich der LANDOLT-LIPPICHsche Apparat mit dreiteiligem Gesichtsfelde bewährt. — Wenig gefärbte Öle können in anderen Polarisationsapparaten (Farbenapparaten), wie z. B. in dem von SOLEIL-VENTZKE-SCHEIBLER, geprüft werden. Dunkle Fette muß man mit Tierkohle entfärben, trübe Öle selbstverständlich durch Filtration klären. — Flüssige Fette untersucht man am besten unverdünnt im 200 mm-Rohr, weil die Drehungen meistens sehr klein sind. Die Ausführung der Bestimmungen weicht in keiner Beziehung von der üblichen Arbeitsweise ab[3]).

Auswertung: Zeigt das untersuchte Fett eine stärkere — einen Bogengrad übersteigende — Drehung, so ist es voraussichtlich entweder an sich optisch-aktiv, d. h. es enthält optisch-aktive Triglyceride, oder es sind ihm optisch-aktive Fremdstoffe beigemengt[4]). Von letzteren kommen insbesondere Harzsäuren und Harzöle in Betracht, die leicht als solche erkannt und abgetrennt werden können (s. S. 301 und 305). Wird die Abwesenheit aktiver Fremdstoffe und damit das Vorliegen aktiver Triglyceride festgestellt, so enthält das Fett optisch-aktive Fettsäuren bzw. Glyceride solcher Säuren. (Die Theorie läßt zwar das Vorkommen optisch-aktiver Glyceride aus nicht-aktiven Fettsäuren voraussehen — alle gemischten Triglyceride mit Ausnahme der zweisäurigen symmetrischen Triglyceride enthalten ein asymmetrisches C-Atom und können somit in stereoisomeren *d*- und *l*-Formen auftreten — in natürlichen Fetten wurden solche aktive Triglyceride bisher jedoch nicht aufgefunden. Übrigens könnten die Drehungswerte dieser Art aktiver Glyceride nach den synthetischen Verbindungen zu schließen[5]), sehr gering sein.)

Die Zahl der Fette, die infolge der Aktivität ihrer Säuren (bzw. wenigstens einer ihrer Säuren) optisch-aktiv sind, ist so gering, daß die Identifizierung eines solchen Fettes bzw. der Gruppennachweis auf Grund der Drehungsbestimmung sehr zuverlässig ist. Zur Kontrolle kann man das Drehungsvermögen der aus den Fetten abgeschiedenen Säuren bestimmen; das Drehungsvermögen dieser Säuren stimmt in der Größenordnung mit dem der Fette überein.

Ricinusöl	$[\alpha]_D$	$= +\ 6{,}4^\circ$[6])
Stillingiaöl		$= -6^\circ 45'$
Chaulmoograöl	$[\alpha]_D^{15}$	$= +52^\circ$
Hydnocarpusöl, gepreßt		$= +57{,}7^\circ$
„ extrahiert		$= +56{,}2^\circ$
Lukraboöl, gepreßt . .		$= +42{,}5^\circ$
„ extrahiert .		$= +51^\circ$
Krebaoöl		$= +51{,}8^\circ$
Tamanafett		$= +54-64{,}5^\circ$
Morattifett	$[\alpha]_D^{30}$	$= +74{,}8-79{,}1^\circ$
Moratattifett	$[\alpha]_D^{20}$	$= +49^\circ$
Gorlisamenöl	$[\alpha]_D^{17}$	$= +48{,}8^\circ$
Ricinolsäure	$[\alpha]_D$	$= +6{,}67^\circ$[7])
Chaulmoograsäure . .		$= +62{,}1^\circ$
Hydnocarpussäure . .		$= +68{,}1^\circ$
Homologe Säure $C_{14}H_{24}O_2$		$= +56{,}1^\circ$

Zeigt das untersuchte Fett nur schwache Drehung, so ist dieselbe auf die optisch-aktiven Begleitstoffe zurückzuführen, vor allem — namentlich bei

[1]) PÉTER: Bull. Soc. Chim. Bd. 48, S. 483. 1887; BISHOP: J. Pharm. Chim. Bd. 16, S. 300. 1887.

[2]) THOERNER: J. Soc. Ch. Ind. Bd. 14, S. 43. 1895.

[3]) Siehe insbesondere LANDOLT: „Das optische Drehungsvermögen", 2. Aufl. Braunschweig 1898.

[4]) Über stärkere Drehungen, die bei einigen wenigen Ölen durch aktive Begleitstoffe, nicht Zusätze, hervorgerufen werden, s. unten.

[5]) ABDERHALDEN und EICHWALD: Ber. Bd. 48, S. 1847. 1915.

[6]) Nach TORTELLI (Analisi dei Grassi, Torino 1901, S. 569) +8,8 bis +9,15.

[7]) Für flüssige Säure; in Acetonlösung + 6,25 bis + 7,50°; WALDEN: Ber. Bd. 27, S. 3472. 1894.

Fisch- und Leberölen — auf die Sterine, bei manchen Pflanzenfetten auf spezifische Begleiter, wie beim Sesamöl auf das hochaktive Sesamin, bei Cocosöl auf Methylheptylcarbinol usw. — Die Drehungen betragen meistens nur Bruchteile von Saccharimetergraden (bei Fetten von Landtieren praktisch Null), bloß Rüböl und namentlich Sesamöl sowie manche Trane drehen stärker, noch mehr Wollfett bzw. Lanolin.

Beispiele:

	Drehung in Saccharimetergraden[1]) (200 mm-Rohr, 13—15°)	In Bogengraden[2]) (200 mm-Rohr)
Leinöl, Nußöl	—0,3	+6′
Erdnußöl	—0,4	—7′ bis +24′
Olivenöl	+0,6	—
Mandelöl	—0,7	—
Rüböl	—1,6 bis —2,1	—5′ bis —10′
Crotonöl	—	+14,5 „ —16,4°
Lorbeeröl	—	+14,4°
Sesamöl	+3,1 bis +9,0	+ 1,03 „ + 1,42°[3])
Lebertrane[4]), weiße	—0,2 „ —0,4	— 4′ „ —8′
„ gelbe	—2,8 „ —3,6	— 1° „ —1°16′
Spermacetöl[4])	+1,4	—
Lanolin[5])		Schmelze b. 35° +6,7° in Chlorof. b. 25° +8,55°

Die Drehung ist gering, weil der Gehalt an optisch-aktiven Begleitstoffen in den meisten Fällen nur sehr klein ist; diese Substanzen selbst drehen aber beträchtlich, z. B.:

Unverseifbares des Sesamöles	$[\alpha]_D = +52°$	(MARCUSSON und MEYERHEIM)
Unverseifbares des Sesamöles nach Abtrennung der Sterine	$[\alpha]_D = +102°$	
Unverseifbares des Mowrahfettes	$[\alpha]_D = +27°$	[BERG und ANGERHAUSEN[6])]
Unverseifbares des Mowrahfettes nach Abtrennung der alkoholunlöslichen, optisch-inaktiven Bestandteile	$[\alpha]_D = +34°$	(BERG und ANGERHAUSEN)
Unverseifbares von Sheabutter, befreit von Alkoholunlöslichem und Sterinen	$[\alpha]_D = +38{,}5-39{,}5°$	
Cholesterin	$[\alpha]_D^{15} = -34{,}3-35{,}8°$	(in Chloroform, MENOZZI)
	$[\alpha]_D^{20} = -25{,}6°$	(in Essigester, DIELS und LINN)
Isocholesterin	$[\alpha]_D^{17} = +59{,}1°$	(in Chloroform, MORESCHI)
Sitosterin	$[\alpha]_D^{15} = -23{,}14°$	(MATTHES und HEINTZ)
Brassicasterin	$[\alpha]_D^{18} = -64°\,25'$	(in Chloroform, WINDAUS)
Stigmasterin	$[\alpha]_D^{11} = -45{,}01°$	(in Chloroform)
Koprosterin	$[\alpha]_D^{20} = +24°$	
Sesamin	$[\alpha]_D^{22} = +68°\,36'$	(in Chloroform, VILLAVECCHIA und FABRIS).

[1]) Nach BISHOP: a. a. O.

[2]) CROSSLEY und LE SUEUR: J. Soc. Ch. Ind. Bd. 17, S. 992. 1898. Weitere Beobachtungen s. RAKUSIN: Ch.-Ztg. Bd. 30, S. 143. 1906; LEWKOWITSCH: Ber. Bd. 40, S. 4161. 1907; LINDNER: Dissert. Halle 1909.

[3]) SPRINGMEYER und WAGNER: Z. Nahrgsm. Bd. 10, S. 347. 1905.

[4]) RAKUSIN: Ch.-Ztg. Bd. 30, S. 1248. 1906. WALDEN fand bei gelbem Lebertran $[\alpha]_D^{18} = -0{,}25$.

[5]) WALDEN, zit. nach RAKUSIN: a. a. O.

[6]) Z. Nahrgsm. Bd. 27, S. 723. 1914; Bd. 28, S. 73. 1914.

Die optische Prüfung der stark aktiven Fette der Chaulmoogragruppe ist besonders wegen der Giftigkeit, die ihre Verwendung in der Speisefettindustrie ausschließt, wichtig.

Die polarimetrische Untersuchung der schwach aktiven Fette ist dagegen ohne analytischen Wert, doch könnte die Bestimmung der Drehung ihrer unverseifbaren Bestandteile, in denen die optisch-aktiven Begleitstoffe angereichert sind, noch mehr als bisher geschieht, herangezogen werden.

Von größerer Bedeutung ist die polarimetrische Untersuchung bei den Phosphatiden. Die Glycerophosphatide (Lecithine, Kephaline), die sich von der α-Glycerinphosphorsäure ableiten, sind optisch-aktiv.

Elektrische Leitfähigkeit.

Die Bestimmung der elektrischen Leitfähigkeit ist für die analytische Untersuchung von Fetten bisher ohne Bedeutung. Für die Unterscheidung von Fetten kommt sie nicht in Betracht, sie hängt ja selbstverständlich in erster Linie vom Gehalt des Fettes an freier Säure ab, dann wird sie durch das Ranzigwerden und noch mehr durch Oxydation an der Luft erhöht[1]). Palmieri[2]) hat die Prüfung von Ölen, insbesondere Olivenöl mit Hilfe eines Spezialapparates, des sog. Diagometers, vorgeschlagen. Dieser hat sich anscheinend nicht bewährt. Die elektrometrische Bestimmung der Säurezahl von Fettsäuren und Fetten wurde von Kremann und Schöpfer ausgearbeitet[3]); s. Kapitel Säurezahl, S. 142. — Die analytische Verwendung der Leitfähigkeitsbestimmung verseifter Fette bzw. der Kaliseifen aus bestimmten Fetten wurde von Herlant vorgeschlagen[4]).

Löslichkeit.

Alle Fette lösen sich in Äther, Schwefelkohlenstoff, Tetrachlorkohlenstoff, Trichloräthylen u. dgl., sowie in Benzol und seinen Homologen. Sie sind in diesen Lösungsmitteln bei jeder Temperatur und in jedem Verhältnis löslich, d. h. mit ihnen mischbar. Diese typische Fettlöslichkeit wird zum qualitativen Nachweis von Fett benutzt (s. S. 64), zur Unterscheidung einzelner Fette ist sie natürlich unbrauchbar. Die meisten Fette lösen sich auch in aliphatischen Kohlenwasserstoffen, bzw. Gemischen derselben wie Petroläther und Leuchtöl bei jeder Temperatur; Ausnahmen sind einerseits Fette mit Glyceriden von Oxysäuren, wie namentlich Ricinusöl: sie nehmen Petroläther u. dgl. auf und bilden so konzentrierte Lösungen von Öl in Petroläther bzw. von Petroläther in Öl, die aber bei Zusatz weiterer Mengen Lösungsmittel nicht verdünnt, sondern entmischt werden; andererseits sind auch sehr hochschmelzende Fette, ferner Mono- und Diglyceride in Petroläther selbst bei höherer Temperatur nur in geringem Maße löslich. Die Fette lösen sich ferner in der Kälte oder wenigstens bei mäßiger Temperaturerhöhung in Schwefelsäure, ferner in Anilin, die meisten auch in anderen höher siedenden organischen Verbindungen.

Für die analytische Unterscheidung einzelner Fette oder einzelner Gruppen von Fetten voneinander kommen selbstverständlich nur Lösungsmittel in Betracht, die ein beschränktes, für die einzelnen Fette bzw. Fettgruppen verschie-

---

1) Bartoli: Il nuovo Cimento Bd. 28, S. 25. 1890.
2) Rend. Accad. di Napoli 1881; Ch.-Ztg. Rep. Bd. 6, S. 1157, 1882.
3) Seife Bd. 7, S. 612, 656. 1922.
4) J. Soc. Ch. Ind. Bd. 15, S. 562. 1896.

denes Lösungsvermögen zeigen. Von diesen sind der Äthylalkohol und der Eisessig am wichtigsten.

Die praktische Prüfung der Löslichkeit kann nach zwei ganz verschiedenen Methoden erfolgen. 1. Man bestimmt, wie üblich, welche Menge Substanz ein bestimmtes Volumen Lösungsmittel bei einer bestimmten Temperatur (gewöhnlich Zimmertemperatur) aufzunehmen vermag. 2. Man bestimmt die Temperatur, bei der sich das Fett oder Wachs unter gegebenen Bedingungen eben noch vollständig löst, mit dem Lösungsmittel mischt bzw. bei welcher sich die abkühlende Lösung entmischt, die sog. kritische Lösungstemperatur.

1. Bestimmung der Löslichkeit. a) Löslichkeit in Äthylalkohol. In kaltem Alkohol ist nur das Ricinus- und Traubenkernöl vollständig löslich. Die übrigen Fette lösen sich (wenn neutral) in der Kälte schwer oder gar nicht; es werden bloß einzelne Anteile gelöst. Die Löslichkeit ist um so größer, je höher der Gehalt an Glyceriden der niedrig-molekularen Fettsäuren (Cocosfettgruppe, Butterfett, Meerschweintran) und der ungesättigten Säuren ist[1]). Größere Mengen von freien Säuren, namentlich ungesättigten, erhöhen die Löslichkeit beträchtlich. Im allgemeinen ist jedes Fett mit etwa 50% freien Säuren in kaltem Alkohol vollständig löslich (z. B. die meisten Olivenkernöle, denen ein hoher Spaltungsgrad eigentümlich ist). Bei der teilweisen Lösung findet eine teilweise Entmischung des Fettes statt, aber keine glatte Fraktionierung, weil die alkoholische Lösung natürlich Fettbestandteile, die an sich in Alkohol nicht löslich sind, zu lösen vermag. — Die Löslichkeit nimmt selbstverständlich mit zunehmendem Wassergehalt des verwendeten Alkohols ab.

Nach einer Ausführungsform[2]) turbiniert man zunächst 5 g rohes Fett oder Wachs mit 40 ccm absolutem Alkohol 1 Stunde lang, läßt 12—15 Stunden absitzen, pipettiert 10 ccm der klaren Lösung in ein gewogenes Schälchen, dampft den Alkohol auf einem zuerst nicht kochenden Wasserbad ab, trocknet den Rückstand $2^1/_2$ Stunden bei 100° und wägt. Durch Multiplikation mit 100 ergibt sich die von 1 l Alkohol gelöste Menge des rohen Fettes. — Zur Bestimmung der Löslichkeit des neutralen Fettes wird der ungelöst gebliebene Teil nach Abdekantieren der überstehenden alkoholischen Lösung dreimal mit je 20 ccm Alkohol vollkommen säurefrei gewaschen, dann setzt man 40 ccm Alkohol zu und verfährt wieder wie oben.

Die Bestimmungen sind unzuverlässig, bei der Prüfung roher Fette wegen der Gegenwart von mehr oder weniger freier Säure, bei der neutraler Fette wegen der Entmischung beim Entsäuern. Ferner stimmen die Löslichkeiten frischer und alter Fette gleicher Art oft — auch bei gleichem Säuregehalt bzw. bei Neutralität beider Proben — wenig überein, während andererseits manche Öle verschiedenster Art fast die gleiche Löslichkeit zeigen.

Beispiele:

				1 l abs. Alkohol löst bei 13—15° rohes Öl	neutrales Öl
Olivenöl,	frisch,	mit 1,29%	freier Säure	17,38 g	14,80 g
„	3 Jahre alt,	„ 16,80%	„ „	47,60 g	17,36 g
Sesamöl,	frisch	„ 0,21%	„ „	17,43 g	16,29 g
„	2 Jahre alt	„ 3,28%	„ „	22,60 g	18,90 g
Leinöl,	frisch,	„ 0,90%	„ „	24,94 g	19,73 g
„	$3^1/_2$ Jahre alt,	„ 3,15%	„ „	33,66 g	19,72 g

Die Säuren eines Fettes sind leichter löslich als das Neutralfett. Die flüssigen Säuren lösen sich unbeschränkt, bei den festen Säuren nimmt die Löslichkeit mit steigendem Molekulargewicht ab.

[1]) Vgl. dagegen Davidsohn und Wrage: Ch. Revue Bd. 22, S. 11. 1915.

[2]) Tortelli: Metodi Generali etc. Turin 1901. S. 574.

Beispiele[1]):

Fettsäuren aus:	1 l abs. Alkohol löst bei 0°	10°
Hammeltalg	2,48 g	5,02 g
Rindertalg	2,51 g	6,05 g
Schweinefett	5,63 g	11,23 g
Butterfett	10,61 g	24,81 g

b) Löslichkeit in Eisessig[2]). Nach der Löslichkeit im gleichen Volumen Eisessig vom spez. Gewicht 1,0562 (bei 15°) unterscheiden sich die Fette in drei Gruppen: 1. Bei gewöhnlicher Temperatur (14—20°) vollkommen löslich: Ricinusöl.

2. Nur im Temperaturintervall von 23° bis zum Siedepunkte des Eisessigs vollkommen oder fast vollkommen löslich: Alle Fette, mit Ausnahme des Ricinusöls und der Cruciferenöle.

3. Auch bei der Siedetemperatur des Eisessigs nur unvollständig löslich: Cruciferenöle (Rübölgruppe). (Die Unterscheidung der einzelnen Fette der zweiten Gruppe untereinander durch Bestimmung der zur Lösung erforderlichen Temperatur s. unten.)

Die übliche Löslichkeitsbestimmung wird bei Eisessig nicht angewendet. Dagegen wurde die Bestimmung des Lösungsvermögens der einzelnen Fette für Eisessig vorgeschlagen[3]), die aber keinen praktischen Wert hat (z. B. lösen bei 50° Maisöl, Palmöl, Cocosnußöl ebenso wie Ricinusöl 100% Eisessig; Olivenöl, Nußöl, Leindotteröl u. a. m. ca. 35—37%).

2. Bestimmung der kritischen Lösungstemperatur. Die Bestimmung der Temperatur, bei der sich ein Fett unter gegebenen Bedingungen mit einem Lösungsmittel eben noch mischt, bzw. bei welcher sich die auskühlende Lösung entmischt, wurde von VALENTA (a. a. O.), der für diesen Zweck Eisessig verwendete, in die Fettanalyse eingeführt. CRISMER hat die Methode auf Alkohol übertragen und die Bezeichnung „kritische Lösungstemperatur" vorgeschlagen, statt welcher auch die Bezeichnung „Crismerzahl" gebraucht wird.

a) Kritische Temperatur der Lösung in Eisessig. Gleiche Volumina Fett und Eisessig ($d_{15} = 1{,}0562$) werden im Reagensglas unter Schütteln bis zur Auflösung erwärmt, dann führt man ein Thermometer in die Lösung ein, läßt abkühlen und beobachtet, bei welchem Temperaturgrad eine Trübung auftritt. Die von verschiedenen Beobachtern gefundenen Werte stimmen zum Teil schlecht überein (s. Tab. S. 138). Die Schwankungen dürften hauptsächlich auf den verschiedenen Gehalt der Fette gleicher Art an freien Fettsäuren zurückzuführen sein. Zum Teil zeigte ein Olivenöl mit 23,9% freier Säure die Lösungstemperatur 42°, Olivenöle mit 5,2 bzw. 3,9% Säure zeigten dagegen 78° bzw. 85°. Eine exaktere Ausführung hat GRIMME[4]) angegeben: Entsäuerung der zu untersuchenden Öle, Verwendung eines doppelwandigen Luftbades, schließlich Festlegung des Trübungsgrades wie bei der WEINWURMschen Probe (S. 549):

Die Lösungstemperatur wird natürlich schon durch einen geringen Wassergehalt der Essigsäure erhöht[5]). Es soll aber vorteilhaft sein, eine Essigsäure von 99% anzuwenden, der man, um die Verringerung des Lösungsvermögens auszugleichen, 10% Propion- oder Buttersäure zusetzt[6]).

---

[1]) DUBOIS und PADÉ: Bull. Soc. Chim. Bd. 44, S. 189. 1885.

[2]) VALENTA: Dingl. Polyt. J. Bd. 252, S. 297. 1884.

[3]) JEAN: Les corps gras ind. Bd. 19, S. 4. 1892.

[4]) Sfsz. Bd. 46, S. 358, 379. 1919.

[5]) Vergleichende Bestimmungen über die Abhängigkeit der Lösungstemperatur vom Wassergehalt des Lösungsmittels und vom Fettsäuregehalt des zu untersuchenden Fettes hat VAN KREGTEN mit Cocos- und Palmkernfett vorgenommen: Olien en Vetten Bd. 4, S. 185. 1919; C. 1921, IV, S. 665; s. a. FRYER und WESTON: Analyst Bd. 43, S. 4. 1918.

[6]) PARKES: Analyst Bd. 43, S. 82. 1918; C. 1919, IV, S. 91.

Kritische Lösungstemperaturen von Fetten in Eisessig (1,0562).

	Nach VALENTA	Nach ALLEN[1])	Nach GRIMME[2]) (Mittelwerte)
Aprikosenkernöl	114°	—	92°
Erdnußöl	112°	87°	91,2°
Olivenöl, gelb	111°	—	73,5°
„ grün, von der zweiten Pressung	85°	—	—
Mandelöl, aus süßen Mandeln	110°	—	100,5°
Baumwollsamenöl	110°	90°	96,7°
Kürbiskernöl	108°	—	—
Sesamöl	107°	87°	95°
Kakaobutter	105°	Unlöslich	65—68°
Palmöl	23° (?)	83°	85,5°
Bassiafett (Illipeöl)	64,5°	—	—
Leinöl	—	57—74°	102°
Nigeröl	—	49°	—
Palmkernöl	48°	32°	—
Muskatbutter	27°	39°	—
Cocosnußöl	40° (?)	7,50°	60°
Lorbeeröl	26—27°	40°	61,5°
Preßtalg (Schmelzp. 55,8° C)	114°	—	—
Rindertalg	95°	—	97,5°
Oleomargarin	—	96,5°	—
Schweinefett	—	96,5°	95°
Knochenfett	90—95°	—	—
Butterfett	—	61,5°	68°
Ochsenklauenöl	—	102°	—
Haifischtran	—	105°	—
Spermacetöl	—	98—103°	—
Walfischtran	—	38 (?) bis 86°	—
Lebertran	101°	79°	86,5°
Robbentran	—	72°	—
Menhadentran	—	64°	—
Meerschweintran	—	40°	—

Bei der Untersuchung von Fettsäuren ist die Verwendung verdünnterer Essigsäure zweckmäßig[3]). Nach PAULMYER[4]) verwendet man 81,18 proz. Säure; 10 g derselben werden mit 5 g Fettsäuren erwärmt, bis vollständige Mischung eingetreten ist, und dann wie oben die Temperatur, bei welcher Trübung eintritt, beobachtet.

Kritische Lösungstemperaturen von Fettsäuren in Essigsäure von 81,18%.

Rübölsäuren	107°	Mafuratalgsäuren	88°
Technische Ölsäure	98° (?)	Nigerölsäuren	85°
Technische Stearinsäure	94° (?)	Cottonölsäuren	82,5°
Olivenölsäuren	93°	Leinölsäuren	72°
Erdnußölsäuren	90°	Palmkernölsäuren	49°
Sesamölsäuren	89°	Cocosölsäuren	33°
		Ricinusölsäuren	13,5°

[1]) ALLEN: J. Soc. Ch. Ind. Bd. 5, S. 282. 1886. [2]) a. a. O.

[3]) Die Prüfung der Fettsäuren an Stelle der Neutralfette wurde schon von BACH: Ch.-Ztg. Bd. 7, S. 356. 1883, vorgeschlagen.

[4]) La Savonnerie Marseillaise Bd. 6, Nr. 62. 1906; Sfsz. Bd. 33, S. 286. 1906.

b) Kritische Temperatur der Lösungen in Alkohol[1]) (Crismerzahl). α) Bestimmung im offenen Gefäß. An einem Reagensglas von 8 cm Länge und 1 cm Durchmesser werden 2 Marken zur Bezeichnung von 1 ccm bzw. 3 ccm Füllung angebracht. Man füllt das sorgfältig getrocknete Glas bis zur unteren Marke mit der Substanz, dann bis zur oberen mit (2 ccm) Alkohol. Die Stärke des Alkohols wird in den verschiedenen Vorschriften ziemlich verschieden angegeben, absoluter[2]) bis 90 vol.-proz.[3]), in Ausnahmefällen — speziell für Ricinusöl — selbst 85 proz. Alkohol[4]). Natürlich sind nur solche Zahlen vergleichbar, zu deren Bestimmung Alkohol gleicher Stärke verwendet wurde.

Nach der Beschickung des Rohres setzt man ein in Fünftelgrade geteiltes Thermometer mit möglichst kleiner Kugel ein. Das Rohr wird nun an der Sparflamme eines Bunsenbrenners unter vorsichtiger Bewegung in vertikaler Richtung erwärmt, bis der Inhalt homogen und klar geworden ist, dann wird die Flamme entfernt und weiter bewegt, bis sich der Rohrinhalt trübt, in welchem Moment abgelesen wird. In den meisten Fällen findet unmittelbar nach der Trübung die völlige Entmischung statt. Man erwärmt nochmals bis zur Lösung und wiederholt die Bestimmung des Trübungspunktes[5]).

β) Bestimmung im geschlossenen Gefäß. In ein 9 cm langes Röhrchen von 6—8 mm Durchmesser werden mit Hilfe einer Mikropipette 1—2 Tropfen der Substanz und darauf ungefähr das doppelte Volumen Alkohol eingefüllt, dann wird das Röhrchen zugeschmolzen und mit einem Kautschukring am Thermometer so befestigt, daß sich die Substanz in der Höhe der Quecksilberkugel befindet. Man erwärmt in einem Wasser- oder Glycerinbad. Der Meniscus zwischen beiden Flüssigkeiten plattet sich allmählich ab; wenn er eine gerade Linie ist, bewegt man in vertikaler Richtung, bis vollständige Mischung eingetreten ist, läßt dann unter Umrühren des Bades mit dem Thermometer erkalten und liest beim Auftreten der Trübung das Thermometer ab. Hierauf erwärmt man wieder bis zur Lösung des Rohrinhalts und wiederholt die Bestimmung.

Kritische Lösungstemperaturen von Fetten und Wachsen[6]).

(Alkohol vom spez. Gewicht 0,8195 bei 15,5°.)

Ricinusöl	0°	Sesamöl	120—121°
Cocosnußöl	71—74°	Olivenöl, Erdnußöl	123°
Rinderklauenöl	95°	Schweinefett	124°
Hammelklauenöl	102°	Kakaobutter	126°
Hanföl	97°	Rüböl	132,5°
Nußöl	100,5°	Walrat	117°
Schmalzöl	104°	Bienenwachs, gebleicht	125—126°
Butterfett	99—101°	„ ungebleicht	129—131.5°
Japantalg	100°	Carnaubawachs	154,5°
Hammeltalg	116°	Paraffin (Schmelzp. 42—44°)	144°
Baumwollsamenöl	116°	„ („ 60—61°)	159,2°
Mandelöl	119,5°	Ozokerit	167—180°

[1]) Crismer: Bull. Assoc. Belg. Chim. Bd. 9, S. 145. 1895; Bd. 10, S. 312. 1896.

[2]) Crismer, Halphen, Cesaro: a. a. O.; Fryer und Weston: Analyst Bd. 43, S. 3. 1918; Z. ang. Bd. 31, II, S. 400. 1918; schlagen neben absolutem Alkohol auch die Verwendung von Amylalkohol vor.

[3]) Asboth: Ch.-Ztg. Bd. 20, S. 685. 1896.

[4]) Chercheffsky: Ann. Chim. anal. Bd. 23, S. 75. 1918.

[5]) Zur Ausführung der Bestimmung s. a. Olivari: Staz. sperim. agrar. Bd. 50, S. 365. 1917. C. 1918, II, S. 866.

[6]) Crismer und Motteu: J. Soc. Ch. Ind. Bd. 15, S. 300. 1896; Herlant: ebenda S. 562.

Kritische Lösungstemperaturen von Glyceriden[1]).

(Alkohol vom spez. Gewicht 0,792 bei 20°.)

Butyrin	unter —10°
Laurin	30,0°
Myristin	40,5°
Palmitin	56,0°
Stearin	66,0°
Olein	70,0°

Die kritische Lösungstemperatur ist um so niedriger, je höher der Gehalt des Fettes an Glyceriden der Oxysäuren und der niedrig-molekularen Säuren ist. Selbstverständlich erniedrigt auch ein Gehalt an freier Fettsäure die Lösungstemperatur, so daß nur Fette von gleichem Säuregehalt oder besser nur neutrale Fette verglichen werden können. (Über die Entsäuerung s. oben.)

Die kritische Lösungstemperatur von Mischungen ist annähernd gleich dem arithmetischen Mittel der Lösungstemperaturen ihrer Komponenten.

c) Mischbarkeits-Kurven. Nach LOUISE[2]) bestimmt man die Löslichkeit von Fetten in Gemischen zweier Lösungsmittel; z. B. löst man 10 g Fett in 10 ccm „Typpetroleum", versetzt mit steigenden Mengen Anilin und bestimmt nach jedem Zusatz die kritische Temperatur der Mischung. Durch Verbindung der so erhaltenen Punkte ergibt sich eine für das betreffende Fett oder Fettgemisch charakteristische Kurve. Das Verfahren hat sich bisher nicht eingebürgert.

Chemische Methoden[3]).

Die Säurezahl.

(Neutralisationszahl.)

Die Säurezahl gibt an, wieviel Milligramme Kaliumhydroxyd zur Neutralisation der in 1 g Substanz enthaltenen freien Säuren verbraucht werden.

Prinzip: Die Substanz wird vollständig gelöst oder mit einem Lösungsmittel behandelt, das die freien Säuren herauslöst, dann wird in der Kälte mit wässeriger oder alkoholischer Lauge bei Gegenwart eines passenden Indicators (meist Phenolphthalein) titriert[4]).

Ausführung: Von schwach-sauren Fetten werden 10—12 g der nötigenfalls mineralsäurefrei gewaschenen Substanz in einen weithalsigen 150—300-ccm-Kolben eingewogen; von stärker sauren entsprechend weniger, von Proben, die mehr freie Säure als Neutralfett enthalten, genügen 1—3 g. Man löst in einer neutralisierten Mischung von 1 bis 2 Teilen Äther und 1 Teil Alkohol, setzt 1 ccm einer 1proz. alkoholischen Lösung von Phenolphthalein zu und titriert

[1]) CESARO: Bull. Acad. Roy. Belgique 1907, S. 1004.
[2]) Ann. Falsif. Bd. 4, S. 193, 302. 1911.
[3]) Über die Vorbereitung der Substanz zur Analyse s. S. 83—88.
[4]) MERZ: Z. anal. Ch. Bd. 17, S. 390. 1878; GRÖGER: Dingl. Polyt. Journ. Bd. 224, S. 307; MAYER: ebenda Bd. 247, S. 305.

mit wässeriger $^{n}/_{2}$-Kalilauge zur bleibenden Rosafärbung. (Die nach längerem Stehen immer eintretende Entfärbung kommt natürlich nicht in Betracht.) Die Menge des Lösungsmittels ist so zu bemessen, daß die Lösung schließlich mindestens 40% Alkohol enthält, sonst wird die entstehende Seife teilweise hydrolysiert und zu wenig Alkali verbraucht[1]).

Die Ausführung wird je nach der Beschaffenheit der Substanz und nach der erforderlichen Genauigkeit vielfältig abgeändert.

a) Bei technischen Analysen muß das Fett gewöhnlich nicht gelöst werden. Öle werden einfach mit neutralem Alkohol übergossen, feste Fette mit Alkohol bis zum Sieden desselben erhitzt, wobei die Fettsäuren gelöst werden, und nach einiger Abkühlung unter Umschütteln titriert. Die Trübung der Lösung durch ausgeschiedenes Fett stört bei der Beobachtung des Farbenumschlages durchaus nicht; es darf nur nicht Fettsäure eingehüllt werden. Zur Kontrolle kann man die Mischung nach dem Austitrieren nochmals bis zum Aufschmelzen des Fettes erhitzen, kräftig durchschütteln und, falls Entfärbung eintrat, feststellen, ob ein Tropfen Lauge wieder Rotfärbung hervorruft.

Statt Äthylalkohol kann man auch Methyl- oder Amylalkohol verwenden, oder eine Mischung von 1 Teil Äthyl- und 2 Teilen Amylalkohol[2]); auch Benzol, Toluol oder Xylol werden je nach der Löslichkeit des zu untersuchenden Fettes oder Wachses verwendet, ebenso Mischungen von Kohlenwasserstoffen und Alkohol[3]).

b) Je nach der eingewogenen Menge und nach ihrem Säuregehalt verwendet man stärkere und schwächere $^{n}/_{1}$- bis $^{n}/_{10}$-Lauge; hat man nur eine Titrierlauge, so bemißt man die Einwage nach der Stärke dieser Lauge und nach dem vermuteten oder dem nach der qualitativen Probe geschätzten Säuregehalt der Probe so, daß nicht zuviel Lauge verbraucht wird (sonst braucht man zuviel Alkohol) und auch nicht zu wenig (mindestens 10—20 ccm, sonst fällt der Ablesungsfehler ins Gewicht).

Die Verwendung alkoholischer Lauge ist nur in Ausnahmefällen nötig, z. B. wenn die Probe sehr schwer lösliche Wachssäuren enthält. Der sonstige geringe Vorteil, den der Ausschluß von Wasser bietet, wird dadurch aufgewogen, daß die Ablesung alkoholischer Lösungen in der Bürette ungenau und die Verwendung alkoholischer Laugen unbequem ist; man soll sie nicht in der Nachflußbürette stehen lassen und muß sie öfters kontrollieren.

c) Bei der Titration dunkler Fette ist der Farbenumschlag des Phenolphthaleins schwer zu erkennen, man verwendet deshalb nach dem Vorschlage von Holde als Indicator Alkaliblau, und zwar am besten 2 ccm einer 2 proz. Lösung von Alkaliblau 6 B in Alkohol. Der Farbenumschlag von Blau (sauer) über Violett (neutral) nach Rot (alkalisch) ist auch bei künstlich gefärbten Substanzen deutlich. Ist die Probe ausnehmend tief gefärbt, so kann man die freien Säuren nach Holde mit Alkohol ausschütteln und die nach längerem Stehen abgetrennte alkoholische Schicht gegen Alkaliblau titrieren. Enthält aber ein Fett viel freie Säure, so bringt gewöhnlich diese die Farbstoffe in alkoholische Lösung. Ein vorzüglicher Indicator ist auch das Thymolphthalein[4]); sauer: farblos, alkalisch: blau, bei dunkeln Fetten blaugrüne bis schmutziggrüne Misch-

---

1) Kanitz: Ber. Bd. 36, S. 401. 1903.
2) Swoboda: Ch.-Ztg. Bd. 24, S. 285. 1900.
3) Siehe a. Loebell: Ch.-Ztg. Bd. 35, S. 276. 1911.
4) Holde: Ch. Umschau Bd. 25, S. 73. 1918.

farbe. Es eignet sich deshalb besonders für rot- und braunstichige Fette. Man verwendet es in 1 proz. alkoholischer Lösung.

d) Die Säurezahl kann auch nach der elektrometrischen Methode bestimmt werden[1]). Die Genauigkeit ist dieselbe wie bei der gewöhnlichen Titration, bei sehr dunkel gefärbten Fetten dürften die Resultate sogar genauer sein. Die Ausführung ist aber etwas umständlicher und, weil absoluter Alkohol verwendet werden muß, nicht billiger, so daß sie sich, wenigstens in der technischen Fettanalyse, nicht eingebürgert hat.

Berechnung: Man multipliziert die Zahl der verbrauchten Kubikzentimeter Lauge mit deren Titer, ausgedrückt in Milligrammen Kaliumhydroxyd, und dividiert durch die Einwage in Grammen.

Z. B. 9,8300 g Fett verbrauchten 10,25 ccm $^{n}/_{10}$-Lauge.

$$1 \text{ ccm } ^{n}/_{10}\text{-Lauge} = 5{,}61 \text{ mg KOH}^{2)},$$
$$\text{Säurezahl} = \frac{10{,}25 \times 5{,}61}{9{,}8300} = 5{,}85\,.$$

Bei der Angabe analytischer Daten von Fetten ist die übliche Abkürzung für Säurezahl *S.* oder *S.-Z.*; bei freien Säuren bezeichnet man die Zahl meistens als Neutralisationszahl, abgekürzt *N.* oder *N.-Z.*

Auswertung: a) Bei Fettsäuren: Die Säure- oder Neutralisationszahl einer reinen Fettsäure ist eine Konstante, sie kann deshalb zur Identifizierung bzw. zur Prüfung des Reinheitsgrades von Fettsäurepräparaten dienen. Sie ist eine Funktion des Molekulargewichts; aus der Säurezahl S berechnet man das Molekulargewicht M (entsprechend der Definition der Säurezahl) nach der Formel:

$$M = \frac{56\,108}{S}\,.$$

Bei der Auswertung ist natürlich zu beachten, daß durch eine Beimengung von unverseifbaren Bestandteilen die Neutralisationszahl der Fettsäure erniedrigt, das Molekulargewicht somit zu hoch gefunden wird. Zur genauen Bestimmung des Molekulargewichtes muß man deshalb, wenn die untersuchte Fettsäure nicht vom Unverseifbaren befreit war, aus der gefundenen Neutralisationszahl der Probe und ihrem Gehalt an Unverseifbarem die Neutralisationszahl der reinen Fettsäure berechnen, z. B.:

Neutralisationszahl der Fettsäure N . . = 192,1,
Unverseifbares . . . . = 2,5%,
folglich reine Fettsäure . . . . = 97,5%.

$$X : 100 = 192{,}1 : 97{,}5$$

$$X \text{ (Neutralisationszahl der reinen Fettsäure)} = \frac{192{,}1 \times 100}{97{,}5} = 197{,}0\,.$$

Bei Gemischen von Fettsäuren ergibt sich auf dieselbe Weise das durchschnittliche oder mittlere Molekulargewicht. Aus dem mittleren Molekulargewicht eines Gemisches zweier Fettsäuren, dessen qualitative Zusammensetzung bekannt ist, kann man selbstverständlich die quantitative Zusammensetzung des Gemisches berechnen (s. S. 226).

[1]) Kremann und Muss: Seife Bd. 7, S. 161, 612. 1921; Kremann und Schöpfer: ebenda S. 656; s. a. Bishop, Kittredge und Hildebrand: J. Am. Ch. Soc. Bd. 44, S. 135. 1922. Ch. Umschau, Bd. 29, S. 82. 1922.

[2]) Die Differenz gegen den genauen Wert 5,6108 beträgt wenig mehr als 0,01%, kommt somit gegenüber den Beobachtungsfehlern nicht in Betracht.

Neutralisationszahlen von Fettsäuren.

		Mol.-Gew.	Neutralisationszahl
Ameisensäure	CH_2O_2	46,01	1219,30
Essigsäure	$C_2H_4O_2$	60,03	934,52
Propionsäure	$C_3H_6O_2$	74,05	757,58
Buttersäure	$C_4H_8O_2$	88,06	637,05
Valeriansäure	$C_5H_{10}O_2$	102,08	549,57
Capronsäure	$C_6H_{12}O_2$	116,09	483,28
Önanthsäure	$C_7H_{14}O_2$	130,11	431,17
Caprylsäure	$C_8H_{16}O_2$	144,13	389,23
Pelargonsäure	$C_9H_{18}O_2$	158,14	354,75
Caprinsäure	$C_{10}H_{20}O_2$	172,16	325,86
Undecansäure	$C_{11}H_{22}O_2$	186,17	301,34
Laurinsäure	$C_{12}H_{24}O_2$	200,19	280,23
Tridecansäure	$C_{13}H_{26}O_2$	214,21	261,89
Myristinsäure	$C_{14}H_{28}O_2$	228,22	245,81
Pentadecansäure	$C_{15}H_{30}O_2$	242,24	231,59
Palmitinsäure	$C_{16}H_{32}O_2$	256,25	218,92
Daturinsäure	$C_{17}H_{34}O_2$	270,27	207,57
Stearinsäure	$C_{18}H_{36}O_2$	284,29	197,33
Nonadecansäure	$C_{19}H_{38}O_2$	298,30	188,07
Arachinsäure	$C_{20}H_{40}O_2$	312,32	179,63
Heneicosansäure	$C_{21}H_{42}O_2$	326,33	171,92
Behensäure	$C_{22}H_{44}O_2$	340,35	164,83
Lignocerinsäure	$C_{24}H_{48}O_2$	368,38	152,29
Hyaenasäure	$C_{25}H_{50}O_2$	382,40	146,70
Cerotinsäure	$C_{26}H_{52}O_2$	396,41	141,52
Myricinsäure	$C_{30}H_{60}O_2$	452,48	123,98
Undecylensäure	$C_{11}H_{20}O_2$	160,16	350,36
Hypogaeasäure	$C_{16}H_{30}O_2$	254,24	220,66
Asellinsäure	$C_{17}H_{32}O_2$	268,26	209,12
Ölsäure	$C_{18}H_{34}O_2$	282,27	198,75
Döglingsäure	$C_{19}H_{36}O_2$	296,29	189,34
Jecoleinsäure	$C_{20}H_{38}O_2$	310,30	180,79
Erucasäure	$C_{22}H_{40}O_2$	338,34	165,81
Linolsäure	$C_{18}H_{32}O_2$	280,26	200,20
Linolensäure	$C_{18}H_{30}O_2$	278,24	201,62
Isansäure	$C_{14}H_{20}O_2$	220,16	254,81
Therapinsäure	$C_{17}H_{26}O_2$	262,21	213,95
Unbenannte Säure, früher Clupanodonsäure	$C_{18}H_{28}O_2$	276,22	203,10
Clupanodonsäure	$C_{22}H_{34}O_2$	330,27	169,88
Hydnocarpussäure	$C_{16}H_{28}O_2$	252,22	222,45
Chaulmoograsäure	$C_{18}H_{32}O_2$	280,26	200,20
Lanopalminsäure	$C_{16}H_{32}O_4$	272,25	206,06
Cerebronsäure	$C_{25}H_{50}O_3$	398,4	140,81
Ricinolsäure	$C_{18}H_{34}O_3$	298,27	187,70

b) Auswertung bei Fetten: Die Säurezahlen der Fette sind nicht konstant und nicht charakteristisch, können also nicht zur Identifizierung herangezogen werden. Einige Fette aus lipasenreichen Pflanzen bzw. pflanzlichen Organen, z. B. Palmöl, Traubenkernöl usw., zeigen allerdings im rohen Zustande regelmäßig hohe Säurezahlen. Zur Kennzeichnung ist aber die Säurezahl doch nicht brauchbar. Die Bestimmung der Säurezahl von Fetten dient nur zur Ermittlung des Gehaltes an freien Fettsäuren, des Spaltungsgrades der Fette.

Aus der Säurezahl eines Fettes (S) und der Säurezahl (Neutralisationszahl) des aus dem Fette abgeschiedenen reinen Fettsäurengemisches (N) ergibt sich der Prozentgehalt des Fettes an freien Fettsäuren (X) einfach aus der Proportion bzw. aus der Formel:

$$X : S = 100 : N;$$

$$X = \frac{100\,S}{N}.$$

Die Differenz von 100 ergibt den Neutralfettgehalt:

$$\text{Prozente Neutralfett} = 100 - \frac{100\,S}{N}.$$

Diese Berechnung ist nur dann genau, wenn sich die Neutralisationszahl auf die reinen Fettsäuren bezieht. Man bestimmt aber gewöhnlich nicht die Neutralisationszahl der reinen Fettsäuren, sondern die des Gemisches von Fettsäuren und Unverseifbarem („Hehnerzahlfettsäuren“); deren Neutralisationszahl ist natürlich kleiner als die der reinen Fettsäuren (vgl. oben, Auswertung bei Fettsäuren), folglich ist der mit Hilfe dieser Zahl berechnete Gehalt an freien Fettsäuren zu groß. Nachdem aber die meisten Fette nur wenig Unverseifbares enthalten, fällt der Fehler praktisch meistens nicht ins Gewicht. Bei exakten Berechnungen ist selbstverständlich der Prozentgehalt an Unverseifbarem abzuziehen.

Der Säuregehalt technischer Fette ist manchmal in Prozenten freier Ölsäure anzugeben, bei Schmierölen auch in Prozenten Schwefelsäureanhydrid. In solchen Fällen rechnet man die Säurezahl mit Hilfe folgender Formeln bzw. durch Multiplizieren mit den aus den Formeln resultierenden Faktoren um:

$$\text{Prozente Ölsäure} = \frac{S \times 282{,}27}{56{,}1 \times 10} = S \times 0{,}5031\,,$$

$$\text{Prozente } SO_3 = \frac{S \times 80}{112{,}2 \times 10} = S \times 0{,}0713\,.$$

Der Faktor zur Umrechnung der Säurezahl in Prozente freier Ölsäure ist rund 0,5, weil die Säurezahl der Ölsäure nahe bei 200 liegt. Die Säurezahlen der Linolsäure und der Linolensäure, die mit der Ölsäure die Hauptbestandteile fast aller Öle bilden, liegen sogar noch näher zu 200. Man kann deshalb den Säuregehalt der Öle mit einer für viele Zwecke genügenden Genauigkeit nach der Faustregel berechnen: Der Säuregehalt ist gleich der halben Säurezahl. Diese Berechnung ist selbstverständlich nur angängig, wenn die untersuchte Probe nicht merklich viel Fettsäuren von wesentlich niedrigerem oder höherem Molekulargewicht als Ölsäure enthält.

Säuregrad.

Der Säuregehalt eines Fettes wird mitunter auch in Säuregraden angegeben. Ursprünglich bezeichnete man als Säuregrad die Zahl der Kubikzentimeter Normallauge, die zur Neutralisation von 100 ccm Öl verbraucht werden [BURSTYNsche Säuregrade[1])]. Heute versteht man unter Säuregrad wohl allgemein die Anzahl Kubikzentimeter $^{n}/_{1}$-Lauge, die 100 Gramm Fett oder Öl verbrauchen (KÖTTSTORFERsche Säuregrade). Demzufolge berechnet man den Säuregrad *S.-G.* eines Fettes aus seiner Säurezahl *S* nach der Formel:

$$S.\,G. = \frac{100\,S}{56{,}1}.$$

Die Verseifungszahl.

(Köttstorferzahl.)

Die Verseifungszahl gibt an, wieviel Milligramme Kaliumhydroxyd zur Sättigung der in 1 g Substanz enthaltenen freien und gebundenen Säuren er-

1) Die experimentelle Bestimmung des Säuregrades mit Hilfe des „Ölsäuremessers“ von BURSTYN besteht darin, daß man 100 ccm Öl mit 100 ccm Alkohol schüttelt und das spezifische Gewicht des Alkohols, das durch die aufgenommenen freien Fettsäuren erhöht wird, durch Spindeln mißt. Die Methode ist längst veraltet.

forderlich sind, das ist die zur Neutralisation der freien Säuren und zur Verseifung der Ester nötige Menge Kaliumhydroxyd in Promillen[1]).

Prinzip: Man läßt die Substanz mit einem gemessenen Überschuß von ungefähr halbnormaler alkoholischer Lauge bis zur vollständigen Verseifung reagieren und titriert das unverbrauchte Alkali mit Säure zurück.

Ausführung: a) Gewöhnliche, leicht verseifbare Fette. Zur Bereitung der alkoholischen Kalilauge löst man ungefähr 30 g mit Alkohol gereinigtes Kaliumhydroxyd durch Kochen unter Rückfluß in 1 l reinem Alkohol (nötigenfalls destilliert man den Alkohol nach Zusatz von wenig Permanganat und Calciumcarbonat), läßt einen Tag stehen, filtriert und bewahrt die Lösung in einer dunkeln, mit Natronkalkrohr verschlossenen Flasche auf. Nachdem die Lauge unter 10% Wasser enthalten darf, kann man das Kaliumhydroxyd auch einfach in der gleichen Gewichtsmenge Wasser lösen (zweckmäßig rührt man in die Lösung 1 g Baryumhydroxyd), mit Alkohol zum Liter auffüllen und nach eintägigem Stehen filtrieren[2]). Diese wasserhaltige Lauge verseift aber langsamer. Die Lauge soll auch nach monatelangem Stehen klar und farblos bleiben[3]).

Die wesentlichste Reaktionsbedingung ist selbstverständlich Anwendung eines genügenden Laugenüberschusses, es soll nicht mehr als die Hälfte bis zwei Drittel des Alkalis verbraucht werden (Kontrolle beim Zurücktitrieren).

1,5—2 g der filtrierten, selbstverständlich mineralsäurefreien Substanz (je nach dem Gehalt an niedrigeren Fettsäuren mehr oder weniger) werden in einen weithalsigen, 150—300 ccm fassenden Kolben eingewogen und 25 oder 30 ccm Lauge zugefügt. Daneben werden zum Blindversuch 25 resp. 30 ccm Lauge in einen zweiten Kolben aus gleichem Glas, am besten Wiener Normalgeräteglas oder Jenenser Glas, abgemessen. Es kommt nicht darauf an, daß genau 25 ccm oder ein anderes bestimmtes Volumen verwendet wird, wohl aber, daß die beiden Volumina, das für die Verseifung und das für den blinden Versuch, vollkommen gleich sind, indem man die Pipette bei jeder Abmessung genau in derselben Weise entleert.

Die beiden Kölbchen werden mit Steigrohren versehen, wobei darauf zu achten ist, daß nicht etwa Stäubchen von Kork- oder Kautschuksurrogatstopfen in die Lösung fallen. Für Präzisionsbestimmungen sind Kölbchen mit eingeschliffenen Steigrohren oder Kühlern zu empfehlen. Es genügt gewöhnlich, bis zur vollständigen Auflösung des Fettes in der Lauge und dann noch einige Minuten

[1]) Köttstorfer: Z. anal. Ch. Bd. 18, S. 109. 1879; Bd. 21, S. 394. 1882. Zur Definition des Alkaliverbrauchs von Fetten wurden außer der Verseifungszahl auch noch andere Maße vorgeschlagen. Das eine ist das „Verseifungsäquivalent“, das ist die durch ein Äquivalent Alkali, 56,1 g Kaliumhydroxyd, verseifbare Menge Fett. (Allen: Commercial Organic Analysis Bd. II, S. 40.) Die Beziehung zur Verseifungszahl ergibt sich aus der Formel: $\text{Verseifungsäquivalent} = \frac{56\,108}{VZ}$. Noch unpraktischer als dieses Maß ist die sog. Ferriersche Zahl, das ist die Anzahl Kubikzentimeter normale Natronlauge, die zur Neutralisation von 5 g der wasserunlöslichen Fettsäuren benötigt werden. Es wurde zwar behauptet, daß die Ferriersche Zahl konstanter sei als die Verseifungszahl (Rivals: Monit. scient. (4) Bd. 22, I, S. 189. 1908), das ist aber ein Irrtum, die Werte sind viel kleiner als die Verseifungszahlen — die Ferrierzahl normaler Fette liegt um 18 —, deshalb sind die Differenzen zwischen den Einzelresultaten bzw. die Fehler absolut kleiner, aber relativ natürlich ebenso groß, wie bei den Verseifungszahlen.

[2]) Henriques, s. a. Gaze: Apoth.-Ztg. Bd. 28, S. 174. 1913; C. 1913, I, S. 1361.

[3]) Sehr beständige, aber ebenfalls wasserreichere Lauge erhält man durch Umsetzen von 43,5 g reinem Kaliumsulfat mit 110—120 g Baryumhydroxyd in 110 ccm Wasser, Zufügen von 800 ccm Alkohol und 100 ccm Wasser, Ausfällen der letzten Baryumhydroxydreste mit etwas Kaliumsulfatlösung, Absitzenlassen und Abhebern. Thiele und Marc: Z. öff. Ch. Bd. 10, S. 386.

auf freier Flamme weiter zu erhitzen, zur Sicherheit läßt man aber meistens $^1/_2$ Stunde bis 1 Stunde auf dem Wasserbad oder Sandbad kochen. Dann wird Phenolphthalein oder bei dunklen Fetten und solchen, die mit Alkali braunrote Seifen geben, Alkaliblau zugesetzt und mit Säure zurücktitriert, gewöhnlich mit $^n/_2$-Salzsäure (es muß aber weder gerade halbnormale Säure, noch Salzsäure sein; die bei Verwendung von Schwefelsäure durch ausfallendes Sulfat verursachte Trübung der Lösung erschwert die Erkennung des Neutralpunktes durchaus nicht). Die alkoholische Lauge kann von Anfang an ein wenig Carbonat enthalten oder während des Verseifens Kohlensäure angezogen haben, man setzt deshalb einige Tropfen überschüssige Säure zu, kocht die Lösung nochmals mehrere Minuten lang auf, um etwa vorhandene Carbonat-Kohlensäure auszutreiben, verdünnt nötigenfalls und titriert dann erst mit Lauge auf den Neutralpunkt. Selbstverständlich ist darauf zu achten, daß der Wassergehalt der Lösung schließlich nicht über 40% beträgt. Der blinde Versuch wird in derselben Weise austitriert.

Bei sehr dunklen Proben (fast schwarzes Rohmontanwachs, Abfallharz u. dgl.) ist auch der Farbenumschlag des Alkaliblau nicht deutlich zu erkennen. Nach DONATH[1]) versetzt man in solchen Fällen die verseifte Lösung mit Chlorbaryumlösung, worauf die Barytseifen ausfallen und die färbenden Verunreinigungen mitreißen; man füllt dann mit Wasser auf ein bestimmtes Volumen und titriert in einem aliquoten Teil den Alkaliüberschuß gegen Phenolphthalein zurück. Dabei kann aber, wahrscheinlich infolge Bildung von basischem Baryumchlorid, etwas Alkali der Titration entgehen. Dies vermeidet die Ausführungsform nach PSCHORR, PFAFF und BERNDT[2]): Man versetzt die verseifte Lösung mit einem gemessenen Überschuß an $^n/_{10}$ alkoholischer Essigsäure, fällt dann mit alkoholischer Chlorcalciumlösung, kocht auf und füllt nach dem Erkalten mit Wasser auf ein bestimmtes Volumen und titriert den Überschuß an Essigsäure zurück. Dieses Verfahren ist genauer und unvergleichlich einfacher als die Methode von MC. ILHINEY[3]): Man fällt das überschüssige Alkali mittels Kohlendioxyd, destilliert die filtrierte Lösung mit Chlorammonium, titriert im Destillat das Ammoniak und rechnet auf Kaliumhydroxyd um.

b) Schwer verseifbare Fette und Wachse. Man verwendet eine möglichst wasserarme alkoholische Lauge und setzt dem Reaktionsgemisch ungefähr das gleiche Volumen eines höher siedenden Lösungsmittels zu, wie Petroleumbenzin (Siedebeginn 100°), Toluol, Xylol, Propylalkohol[4]), Butylalkohol[5]), Amylalkohol u. dgl. Auch wenn Mischungen von Fett mit in Alkohol schwerlöslichen unverseifbaren Stoffen wie Paraffin vorliegen, setzt man ebenfalls ein Lösungsmittel, am besten reines Benzol, zu. Statt einen höher siedenden Alkohol zuzusetzen, kann man auch direkt mit propyl- oder amylalkoholischer Lauge, sogar mit benzylalkoholischer Lauge[6]) (Siedepunkt des Benzylalkohols 205°) verseifen.

Manche Fettprodukte, z. B. solche, die innere Ester von Oxyfettsäuren in größeren Mengen enthalten, ferner gewisse Wachsarten, wie Wollfett, müssen zur Verseifung mit alkoholischer Lauge viele Stunden lang gekocht werden, selbst bei Zusatz höhersiedender Lösungsmittel ist manchmal mehrstündiges Verseifen erforderlich. Für solche Substanzen empfiehlt sich die dritte Ausführungsform.

---

[1]) Ch. Revue Bd. 12, S. 74. 1905; s. a. STIEPEL: Z. D. Öl- u. Fettind. Bd. 29, S. 509, 534. 1909.

[2]) Z. ang. Bd. 34, S. 334. 1921. [3]) J. Am. Ch. Soc. Bd. 16, S. 408. 1894.

[4]) Siehe a. PRESCHER: Pharm. Zentr. Bd. 58, S. 456. 1917.

[5]) PARDEE, HASCHE und REID: Eng. Bd. 12, S. 481. 1920.

[6]) SLACK: Chemist and Druggist Bd. 87, S. 673. 1915; Z. ang. Bd. 29, II, S. 463. 1916.

c) Verseifung mit Natriumalkoholat[1]. 11,5 g Natrium werden in $^1/_2$ l absolutem Alkohol unter Kühlung gelöst, die Lösung wird auf 1 l aufgefüllt. Die eingewogene Substanz — von Wachsen etwa 5 g, von Fetten ungefähr die Hälfte — wird in 20 ccm höher siedendem Benzin gelöst und 25 ccm Natriumalkoholatlösung zugefügt; die Mischung wird 1 Stunde lang gekocht und dann wie üblich mit Säure gegen Phenolphthalein zurücktitriert. Während der Titration stellt man das Kölbchen in ein Becherglas mit 80° warmem Wasser, weil die Seifenlösung sonst erstarrt.

d) Kalte Verseifung[2]. Die Einwage von etwa 3 g wird in 25 ccm Petroläther gelöst, 25 ccm $^n/_1$ alkoholische, möglichst wasserarme Lauge zugemischt, 12 Stunden verschlossen stehengelassen und zurücktitriert. Wachse muß man unter Erwärmen auflösen und 24 Stunden reagieren lassen.

Die kalte Verseifung ist nur in Ausnahmefällen anzuwenden, z. B. bei Fetten, die beim Kochen mit Alkali sehr dunkle Lösungen geben oder Bestandteile enthalten, die beim Kochen mit Alkalien tiefergreifende Zersetzungen erleiden. Zu diesen gehören z. B. Faktis, ferner die Tranfettsäuren mit sehr hoher Jodzahl, die nach FAHRION[3] bei intensiver Laugeneinwirkung infolge der Bildung von niedrigen Fettsäuren zu hohe Verseifungszahlen geben. Für sehr schwer verseifbare Substanzen ist die kalte Verseifung nicht ratsam.

Die von ERNST[4] und GILL und SIMMS[5] vorgeschlagene Ausführung der üblichen Verseifungszahlbestimmung als sog. Mikroverfahren ist noch nicht genügend erprobt.

Berechnung: Die Differenz der beim blinden Versuch und der zum Zurücktitrieren nach der Verseifung verbrauchten Kubikzentimeter Säure, multipliziert mit dem Titer der Säure, ausgedrückt in Milligrammen Kaliumhydroxyd, wird durch die Gramme Einwage dividiert.

2,4005 g Fett wurden mit 25 ccm Lauge verseift.

Zum blinden Versuch verbraucht	. . . . . .	26,50 ccm	Salzsäure,
„ Zurücktitrieren „	. . . . . .	10,40 „	„

1 ccm Salzsäure äquivalent 29,20 mg KOH

$$26{,}50 - 10{,}40 = 16{,}1 \text{ ccm.}$$

$$\text{Verseifungszahl } [VZ^{6)}] = \frac{16{,}1 \times 29{,}20}{2{,}4005} = 195{,}84\,.$$

Bei einer sachgemäß ausgeführten Verseifungszahl beträgt der Fehler höchstens 0,5 Einheiten, das ist etwa $^1/_4$% vom Gesamtwert.

Auswertung: a) Bei chemischen Individuen (Verbindungen). Die Verseifungszahl einer reinen Fettsäure ist eine Funktion ihres Molekulargewichts; die Beziehung zwischen dem Molekulargewicht M und der Verseifungszahl V wird dargestellt durch die Formel:

$$M = \frac{56\,108}{V}$$

(vgl. die Formel zur Berechnung des Molekulargewichts aus der Säurezahl, welche bei reinen Fettsäuren mit der Verseifungszahl identisch ist).

---

[1] BEYTHIEN: Pharm. Zentralh. Bd. 38, S. 850. 1897; s. a. KOSSEL und OBERMÜLLER: Z. physiol. Ch. Bd. 14, S. 599. 1890; KOSSEL und KRÜGER: ebenda Bd. 15, S. 321. 1891.

[2] HENRIQUES: Z. ang. Bd. 4, S. 721. 1891; s. a. HERBIG: Z. öff. Ch. Bd. 4, Heft 5. 1897.

[3] Ch.-Ztg. Bd. 17, S. 453. 1893; Ch. Revue Bd. 6, S. 25. 1899; Ch. Umschau Bd. 24, S. 57. 1917.

[4] Seife Bd. 6, S. 462. 1921.

[5] Eng. Bd. 13, S. 547. 1921.

[6] Man benützt auch die Abkürzung „K“ (Köttstorferzahl).

Auch bei reinen Glyceriden und anderen Estern ist die Verseifungszahl nur eine Funktion des Molekulargewichts bzw. des mittleren Molekulargewichts der in den Glyceriden, bzw. in den Estern enthaltenen Fettsäuren. Die Beziehungen zwischen Molekulargewicht und Verseifungszahl werden durch folgende Gleichungen dargestellt:

Bei Fettsäureestern einwertiger Alkohole (Methyl-, Äthyl-, Amylestern usw.), bei Lactonen sowie bei Monoglyceriden durch dieselbe Formel wie bei freien Säuren:

$$M_E = \frac{56\,108}{V},$$

bei Diglyceriden durch die Formel:

$$M_D = \frac{56\,108 \times 2}{V} = \frac{112\,216}{V},$$

bei Triglyceriden durch die Formel:

$$M_T = \frac{56\,108 \times 3}{V} = \frac{168\,324}{V}.$$

Aus dem Molekulargewicht des Triglycerids läßt sich wiederum ohne weiteres das mittlere Molekulargewicht seiner Fettsäuren (M_S) berechnen; man vermehrt um das dreifache Molekulargewicht des Wassers = 54,05, vermindert um das Molekulargewicht des Glycerins = 92,06, d. h. man zieht die Differenz beider Zahlen = 38,01, ab und dividiert durch 3; die einfache Formel ist also

$$M_S = \frac{M_T - 38{,}01}{3}.$$

Aus dem Molekulargewicht der Säuren berechnet sich wieder, wie auf Seite 142 angegeben, ihre Neutralisationszahl. Man kann somit aus der Verseifungszahl eines Glycerides die Neutralisationszahl seiner Fettsäuren berechnen. LUND[1]) gelangt auf Grund einer anderen Ableitung zu einer Näherungsformel, nach welcher aus der Verseifungszahl V eines Glycerids bzw. eines neutralen Fettes die Neutralisationszahl N oder jene aus dieser berechnet werden kann:

$$N - V = 0{,}000\,236\, V^2.$$

b) Auswertung bei Fetten: Die Formeln zur Berechnung des mittleren Molekulargewichts eines Triglycerids und des mittleren Molekulargewichtes seiner Fettsäuren aus der Verseifungszahl gelten annähernd auch für sehr reine Fette, weil diese ja praktisch nur aus Triglyceriden bestehen. Bei technischen Analysen solcher Fette wird das mittlere Molekulargewicht der Fettsäuren gewöhnlich gar nicht erst berechnet, sondern bloß geschätzt. Der praktische Analytiker geht sogar noch weiter und schätzt nicht sowohl auf das mittlere Molekulargewicht der Säuren, als direkt auf das Vorliegen bestimmter Säuren und klassifiziert danach die untersuchten Fette. Z. B. Verseifungszahl um 190: das Fett enthält fast ausschließlich Stearinsäure, Ölsäure, Linolsäure usw.; *VZ* um 175: Glyceride derselben Säuren und der Erucasäure; *VZ* um 200 bis 210: Glyceride der Säuren mit 18 Kohlenstoffatomen und der Palmitinsäure; *VZ* um 240—250: vorwiegend Glyceride der Laurin- und Myristinsäure usw. Diese Schätzung ist erfahrungsgemäß bei neutralen Fetten, sofern sie nur nicht stark verunreinigt sind, zulässig, mit Ausnahme derer, die, wie z. B. das Butterfett, neben hochmolekularen Fettsäuren solche von ausnehmend niedrigem Molekulargewicht enthalten. — Die Verseifungszahlen der Wachse liegen viel niedriger, meistens zwischen 80 und 140.

[1]) Z. Nahrgsm. Bd. 44, S. 134. 1922.

Wenn auch die Verseifungszahl eines Fettes in erster Linie vom mittleren Molekulargewicht der Fettsäuren abhängt, so wird sie doch auch von anderen Faktoren wesentlich beeinflußt, nämlich vom Gehalt an unverseifbaren Bestandteilen, vom Spaltungsgrad, das ist vom Gehalt an freien Fettsäuren und etwa an Mono- und Diglyceriden und schließlich von der etwaigen Anwesenheit anderer Ester.

α) Der Gehalt an Unverseifbarem erniedrigt die Verseifungszahl und zwar, nachdem die Verseifungszahlen der Fette mit wenigen Ausnahmen zwischen 170 und 250 liegen, für je 1% Unverseifbares um etwa $1^1/_2$ bis $2^1/_2$ Einheiten. Die Klassifizierung eines Fettes bloß auf Grund seiner Verseifungszahl, die Schlußfolgerung auf das Vorliegen bestimmter Fettsäuren, ist deshalb nur dann zulässig, wenn das Fett nur den normalen, geringen Gehalt an Unverseifbarem (das ist 1%, oft noch weniger) enthält. Andernfalls rechne man erst die beobachtete Verseifungszahl auf die der reinen verseifbaren Fettsubstanz um, in derselben Weise, wie man die Neutralisationszahl einer Unverseifbares enthaltenden Fettsäure auf die Kennzahl der reinen Fettsäure umrechnet.

Z. B.	Verseifungszahl des Fettes	= 182,5
	Unverseifbares	= 4,3%
	folglich verseifbares Fett	= 95,7%;

$$X = \frac{18\,250}{95{,}7} = 190{,}7\,.$$

Dasselbe gilt für die Auswertung der Verseifungszahlen von freien Fettsäuren.

β) Die Verseifungszahl einer Fettsäure ist größer als die des entsprechenden Triglycerids (z. B. Stearinsäure = 197,5, Tristearin = 189,1); je höher der Gehalt eines Fettes an freien Säuren ist, desto höher ist seine Verseifungszahl. Die Verseifungszahlen verschiedener Proben desselben Fettes (derselben Fettart) können aus diesem Grunde je nach dem Säuregrad der Proben beträchtlich voneinander abweichen. Man vergleiche deshalb niemals die Verseifungszahlen saurer Fette von verschiedenem Spaltungsgrad miteinander oder die Verseifungszahl eines sauren — mit der eines vollkommen neutralen Fettes[1]). Aus der Verseifungszahl eines sauren Fettes berechne man vielmehr erst die des neutralen Fettes. Ist die Verseifungszahl des sauren Fettes V, die Säurezahl S, so ergibt sich die Verseifungszahl des neutralen Fettes V_N aus der Formel[2]):

$$V_N = \frac{168\,324 \times V}{168\,324 + 38{,}01 \times S}\,.$$

γ) Die Verseifungszahlen der Mono- und Diglyceride sind kleiner als die der entsprechenden Triglyceride. Z. B. Tristearin: 189,1, Distearin: 180, Monostearin: 156. Ein Gehalt an Diglyceriden oder Monoglyceriden bewirkt folglich eine Erniedrigung der Verseifungszahl[3]). Bei teilweise gespaltenen Fetten

---

[1]) EISENSTEIN: Öl- u. Fettind. Wien Bd. 1, S. 24. 1919.

[2]) Über die Ableitung der Formel s. EISENSTEIN: a. a. O. Die in der dort angegebenen Umrechnungsformel eingesetzte Zahl 168480 ist, entsprechend den neueren Atomgewichten, durch die Zahl 168 324 ersetzt.

[3]) Mono- und Diglyceride können vor allem vorkommen: kleinere Mengen in sauren, d. h. unvollständig gespaltenen Fetten, weil ja die Fettspaltung stufenweise, über die Di- und Monoglyceride verläuft; ferner in neutralen Fetten, die aus den sauren Fetten durch die übliche Entsäuerung, Abtrennung der Fettsäuren in Form von Seifen, erhalten werden; gewisse Mengen könnten sich auch in Fetten finden, die durch die sog. Glyceridregenerierung erhalten werden, das ist das Neutralisieren der freien Säuren durch Erhitzen der sauren Fette mit Glycerin, wobei je nach dem Überschuß an Glycerin auch Mono- und Diglyceride gebildet werden.

könnte folglich die durch den Gehalt an freien Säuren bedingte Erhöhung der Verseifungszahl durch einen mehr oder weniger großen Gehalt an Mono- oder Diglyceriden zum Teil oder ganz kompensiert, sogar überkompensiert werden. Die sauren Fette enthalten aber meistens nicht so viel Diglyceride oder gar Monoglyceride, als daß die Erhöhung der *VZ* kompensiert, geschweige überkompensiert würde.

δ) In Fetten, die Oxyfettsäuren (einschließlich der sog. oxydierten Fettsäuren) enthalten, können auch Anhydrisierungsprodukte dieser Säuren vorkommen, innere Ester (Estolide) vom Typus $C_nH_m-(OH)-[CO-O-C_nH_m]^x$ $-COOH$ oder auch Lactone $C_nH_m\genfrac{}{}{0pt}{}{\diagup O}{\diagdown CO}$ (fälschlich auch als „Anhydride" bezeichnet). Die Verseifungszahlen der „Anhydride" von Oxysäuren sind selbstverständlich wesentlich höher als die der Triglyceride solcher Säuren, sogar höher als die der freien Oxysäuren, zum Beispiel:

VZ der Ricinolsäure	187,7
„ des Triricinolein	180,4
„ der Diricinolsäure	193,9
„ des (hypothetischen) Ricinolsäurelactons	198,7

Die Auswertung der Verseifungszahl eines oxyfettsäurehaltigen Fettes, d. h. die Berechnung oder Schätzung des mittleren Molekulargewichts der Fettsäuren, ist deshalb nur dann zulässig, wenn festgestellt wurde, daß die untersuchte Probe keine „Anhydride" enthält. Im anderen Falle würde das Molekulargewicht der Säuren zu niedrig gefunden.

Einem technischen Fett können auch Methyl- oder Äthylester (derselben Fettsäuren) beigemengt sein. Methylester beeinflussen die Verseifungszahl eines Neutralfettes nicht; die Äquivalentgewichte von Triglyceriden einerseits und Methylestern andererseits differieren nämlich so wenig (z. B.: Methylstearat = 298,3, $^1/_3$ Tristearin = 297,0), daß die Kennzahlen dieser Verbindungen praktisch identisch sind.

Die Verseifungszahlen der Fettsäure-Äthylester sind dagegen um etwa 10 Einheiten kleiner als die der entsprechenden Triglyceride. Berechnung der Verseifungszahl eines Äthylesters (V_E) aus der Verseifungszahl des Neutralfettes (V):

$$V_E = \frac{56\,108}{\dfrac{\left(\dfrac{168\,324}{V} - 38\right)}{3} + 28}.$$

c) Auswertung bei Fettsäuren (s. auch b, α). Enthält eine Fettsäure bzw. ein Fettsäurengemisch Neutralfett beigemengt, so wird dadurch nicht nur die Säurezahl, sondern in geringerem Maße auch die Verseifungszahl erniedrigt; für 1% Neutralfett[1]) um rund 0,1. Der Neutralfettgehalt ist aber selbst bei technischen Fettsäuren kaum höher als 10%, die Verminderung der Verseifungszahl beträgt somit höchstens eine Einheit und kann bei der Auswertung einer technischen Analyse vernachlässigt werden.

Durch eine Beimengung von sog. Anhydriden, d. h. Lactonen oder Estoliden, wird die Verseifungszahl einer Fettsäure erhöht, folglich das aus der Verseifungszahl berechnete Molekulargewicht zu niedrig gefunden. Man kann aber aus Verseifungszahl und Säurezahl der anhydridhaltigen Fettsäure die „wahre"

---

[1]) Unter der Voraussetzung, daß das Neutralfett nur aus Triglyceriden besteht.

Verseifungszahl und das wahre Molekulargewicht der anhydridfreien Säure auf Grund folgender Ableitung berechnen[1]):

Ist die beobachtete Säurezahl $= s$, die Verseifungszahl $= v$, so ist die Menge Kaliumhydroxyd, die zur Aufspaltung der Anhydride in 1 g Fettsäure nötig ist $= 0{,}001\ (v - s)$ Gramm; die Menge Wasser, die bei der Anhydridbildung abgespalten wurde, verhält sich zu dieser Alkalimenge wie $\frac{H_2O}{KOH} = \frac{18{,}016}{56{,}108} = 0{,}3211$. Bei der Bildung der in 1 g Fettsäure enthaltenen Anhydride wurde folglich $0{,}0003211\ (v - s)$ Gramm Wasser abgespalten. 1 g anhydridhaltige Fettsäure entstanden somit aus $[1 + 0{,}0003211\ (v - s)]$ Gramm ursprünglicher, anhydridfreier Säure. Daraus ergibt sich die „wahre" Verseifungszahl, das ist die der anhydridfreien Säuren:

$$VZ = \frac{v}{1 + 0{,}0003211\ (v - s)}$$

und das wahre Molekulargewicht dieser Säuren:

$$MG = \frac{56\,108}{\left(\frac{v}{1 + 0{,}0003211\ (v - s)}\right)} = \frac{56\,108 + 18{,}016\ (v - s)}{v}.$$

Die Esterzahl.

[Ätherzahl[2]).]

Die Esterzahl gibt an, wieviel Milligramme Kaliumhydroxyd zur Verseifung der in 1 g Substanz enthaltenen Ester nötig sind. Bei neutralen Fetten und Wachsen ist folglich die Esterzahl mit der Verseifungszahl identisch. Bei Fetten und Wachsen, welche freie Säure enthalten, ist die Esterzahl die Differenz von Verseifungs- und Säurezahl.

In den meisten Fällen wird die Esterzahl nicht eigens bestimmt, sondern durch Subtraktion der Säurezahl von der Verseifungszahl berechnet. Zur direkten Bestimmung wägt man 2—4 g Substanz ab, löst in Alkohol bzw. in einem der oben angegebenen Lösungsmittelgemische, neutralisiert vorsichtig mit $^n/_2$ alkoholischer Lauge, setzt dann wie bei der Bestimmung der Verseifungszahl einen gemessenen Überschuß $^n/_2$ alkoholischer Lauge zu, kocht und titriert wie üblich mit Säure zurück.

Die Berechnung ist dieselbe wie bei der Verseifungszahl: die zur Verseifung verbrauchten Milligramme Kaliumhydroxyd werden durch das Gewicht der Substanz in Grammen dividiert. Die übliche Abkürzung für Esterzahl ist *E* oder *EZ*.

Auswertung: Die Esterzahl hängt weit mehr von der relativen Menge des in der untersuchten Probe enthaltenen Neutralfettes ab als von dessen Eigenart, man kann sie daher nicht direkt zur Identifizierung oder Kennzeichnung eines sauren Fettes benützen. Für diesen Zweck muß man erst aus Esterzahl und Neutralfettgehalt die Esterzahl des reinen, d. h. 100proz. Neutralfettes berechnen; diese Zahl sei als „Glyceridesterzahl" bezeichnet.

[1]) Browne: Eng. Bd. 7, S. 30. 1915; C. 1915, I, S. 1020.

[2]) Diese nicht korrekte Bezeichnung stammt noch aus der Zeit, in der man die Ester auch „zusammengesetzte Äther" nannte; sie ist ebenso wie dieser Ausdruck längst veraltet und sinngemäß durch die Bezeichnung Esterzahl zu ersetzen.

Die „Glyceridesterzahl" (G) verhält sich selbstverständlich zur Esterzahl wie 100 zum Prozentgehalt an Neutralfett

$$G : E = 100 : \%\ \text{Neutralfett}.$$

Die Prozente Neutralfett berechnet man, wie oben angegeben wurde, aus der Säurezahl S und der Neutralisationszahl der Fettsäuren N nach der Formel: $100 - \frac{100\,S}{N}$; dieser Ausdruck wird in die obige Proportion eingesetzt, es ergibt sich

$$G : E = 100 : \left(100 - \frac{100\,S}{N}\right);$$

$$G = \frac{100\,E}{100 - \frac{100\,S}{N}} = E \cdot \frac{N}{N - S}.$$

Die so berechnete „Glyceridesterzahl" kann nun genau in derselben Weise ausgewertet werden, wie die direkt bestimmte Verseifungszahl eines neutralen Fettes; dabei ist wieder der Gehalt an Unverseifbarem und eventuell an inneren Estern zu berücksichtigen. Über die „konstante Esterzahl" s. S. 250.

Zur Kontrolle, ob das Neutralfett bloß aus Triglyceriden besteht, berechne man sich nach den unten abgeleiteten Formeln aus der Neutralisationszahl der freien Fettsäuren die Verseifungszahl der Triglyceride (d. h. des dem Fettsäuregemisch entsprechenden Gemisches von Triglyceriden); stimmt diese Zahl mit der „Glyceridesterzahl" praktisch überein, so besteht das Neutralfett nur aus Triglyceriden. Ist die Zahl geringer, so können (abgesehen von inneren Estern und Alkylestern) Mono- und Diglyceride vorhanden sein. In diesem Falle berechne man sich aus der Neutralisationszahl der freien Fettsäuren die Verseifungszahlen für Mono- und Diglyceride. Durch Vergleich dieser Zahlen mit der „Glyceridesterzahl" kann man feststellen, ob das Neutralfett etwa aus Mono- oder Diglyceriden besteht. Liegt die „Glyceridesterzahl" zwischen den für Tri-, Di- und Monoglycerid berechneten Werten, so läßt sich durch Interpolation berechnen, in welchem Verhältnis Tri- und Diglyceride oder Tri- und Monoglyceride im Neutralfett enthalten sind. Das Verhältnis von Mono-, Di- und Triglyceriden kann man nicht berechnen.

Molekulargewicht der Säure bzw. des Säuregemisches: $M_S = \frac{56108}{N}$;

Molekulargewicht des Triglycerids: $M_T = 3 \cdot M_S + 38{,}01 = \frac{168324}{N} + 38{,}01$;

Verseifungszahl des Triglycerids: $V_T = \frac{168324}{M_T} = \frac{168324}{\frac{168324}{N} + 38{,}01}$;

Molekulargewicht des Diglycerids: $M_D = 2\,M_S + 56{,}03 = \frac{112216}{N} + 56{,}03$;

Verseifungszahl des Diglycerids: $V_D = \frac{112216}{N} = \frac{112216}{\frac{112216}{N} + 56{,}03}$;

Molekulargewicht des Monoglycerids: $M_M = M_S + 74{,}05 = \frac{56108}{N} + 74{,}05$;

Verseifungzahl des Monoglycerids: $V_M = \frac{56108}{M_M} = \frac{56108}{\frac{56108}{N} + 74{,}05}$;

Esterzahlen (Verseifungszahlen) von Glyceriden.

	Mol.-Gew.	Esterzahl
Monoglyceride:		
Monoformin	120,02	466,34
Monoacetin	134,04	418,53
Monobutyrin	162,08	346,12
Monovalerin	176,10	318,56
Monocaproin	190,12	295,07
Monocaprylin	218,16	257,15
Monocaprin	246,20	227,86
Monolaurin	274,24	204,56
Monomyristin	302,28	185,59
Monopalmitin	330,31	169,84
Monodaturin	344,33	162,92
Monostearin	358,34	156,55
Monoarachin	386,37	145,20
Monobehenin	414,40	135,36
Monocerotin	470,47	119,24
Monomyricin	526,55	106,74
Monoolein	356,32	157,44
Monoerucin	412,40	136,03
Monolinolin	354,32	158,33
Monolinolenin	352,29	159,24
Monoricinolein	372,32	150,68
Einsäurige Diglyceride:		
Diformin	148,06	757,80
Diacetin	176,10	637,13
Dibutyrin	232,18	483,24
Divalerin	260,22	431,17
Dicaproin	288,26	389,24
Dicaprylin	344,34	325,84
Dicaprin	400,42	280,20
Dilaurin	456,41	245,83
Dimyristin	512,48	218,94
Dipalmitin	568,54	197,34
Didaturin	596,58	188,07
Distearin	624,60	179,63
Diarachin	680,66	164,84
Dibehenin	736,72	152,30
Dicerotin	848,87	132,17
Dimyricin	960,99	116,75
Diolein	620,56	180,80
Dierucin	732,72	153,12
Dilinolin	616,56	181,98
Dilinolenin	612,50	183,18
Diricinolein	652,50	171,95
Einsäurige Triglyceride:		
Triformin	176,06	955,91
Triacetin	218,11	771,62
Tributyrin	302,21	556,90
Trivalerin	344,26	488,87
Tricaproin	386,31	435,66
Tricaprylin	470,41	357,77
Tricaprin	554,51	303,50
Trilaurin	638,61	263,54

Esterzahlen (Verseifungszahlen) von Glyceriden. (Fortsetzung.)

	Mol.-Gew.	Esterzahl
Einsäurige Triglyceride:		
Trimyristin	722,71	232,87
Tripalmitin	806,81	208,60
Tridaturin	848,86	198,26
Tristearin	890,91	188,90
Triarachin	975,01	172,62
Tribehenin	1059,11	158,91
Tricerotin	1227,26	137,13
Trimyricin	1395,46	120,60
Triolein	884,83	190,20
Trierucin	1053,02	159,82
Trilinolin	878,78	191,51
Trilinolenin	872,73	192,84
Triricinolein	932,83	180,41
Trioxystearin	938,88	179,28
Tridioxystearin	986,88	170,93
Tritrioxystearin	1034,88	162,64
Trisativin	1082,88	153,16
Trilinusin	1178,88	142,78

Die Hehnerzahl.

Die Hehnerzahl gibt an, welche Menge wasserunlösliche Fettsäuren und nichtflüchtige unverseifbare Bestandteile aus 100 Teilen Fett erhalten werden. (Man definiert die Hehnerzahl häufig auch schlechthin als den Prozentgehalt an wasserunlöslichen Fettsäuren; diese Definition ist aber nicht korrekt, denn einerseits enthält jedes Fett unverseifbare Bestandteile, die bei der Hehnerzahlbestimmung mit den Fettsäuren abgeschieden und gewogen werden und andererseits ist, auch abgesehen vom Unverseifbaren, die aus 100 Teilen Fett abgeschiedene Menge freier unlöslicher Fettsäuren nicht identisch mit der in 100 Teilen Fett enthaltenen Menge unlöslicher Fettsäuren bzw. Fettsäureradikale.)

Prinzip: Das Fett wird verseift, die Lösung der Seife mit Mineralsäure zerlegt, die unlösliche Abscheidung gesammelt, gewaschen, getrocknet und gewogen.

a) Ausführungsform nach Hehner, modifiziert von Dalican[1]). 10 g Fett werden in einem Viertelliterkolben (man kann aber auch eine Schale verwenden) mit einer Lösung von 6 g Ätznatron in 6—8 ccm Wasser und ca. 80 ccm Alkohol $^1/_2$—$^3/_4$ Stunde lang verseift, der Alkohol abdestilliert oder verdampft, der Rückstand in 150 ccm Wasser gelöst und die Lösung mit Salzsäure 1:4 versetzt. Man erhitzt noch etwa $^1/_2$ Stunde auf dem Wasserbad, bis die Fettsäureschicht klar auf dem Wasser schwimmt, und läßt dann erkalten. Der erstarrte Fettsäurekuchen wird im Kolben zerkleinert und das Sauerwasser durch ein angefeuchtetes Filter abgegossen. Die Fettsäure wird mit siedendem Wasser — je $^1/_4$ l in 2 Anteilen — durchgeschüttelt, 40 Minuten stehen gelassen, dann abgekühlt und nach dem Wiedererstarren der Säuren das Sauerwasser durch das Filter dekantiert. Man wiederholt dieses Auswaschen

[1]) Hehner: Z. anal. Bd. 16, S. 145. 1877; Dalican: Monit. scient. Bd. 12, S. 989.

so oft, bis das Waschwasser gegen Lackmus neutral reagiert. Hierauf wird die Hauptmenge der Fettsäuren aus dem Kolben und die kleine auf dem Filter befindliche Menge in ein Schälchen gebracht und zusammengeschmolzen; wenn sich dabei noch einige Wassertröpfchen sammeln, gießt man sie ab, setzt einige Tropfen Alkohol (aber nicht mehr) zu und erhitzt kurze Zeit auf dem Wasserbad. Dann trocknet man im Kohlensäuretrockenschrank oder in einer Wasserstoffatmosphäre bei 100° zur Gewichtskonstanz und wägt.

Die Bestimmung ist genauer als die nach der ursprünglichen Vorschrift von HEHNER, bei der nur 3—4 g Fett angewendet und die Fettsäuren auf dem Filter getrocknet werden, aber sie weist immer noch wenigstens eine beträchtliche Fehlerquelle auf: zur Erreichung vollständiger Gewichtskonstanz muß mitunter ziemlich lange getrocknet werden, wobei sich schon merkliche Mengen Fettsäuren verflüchtigen, besonders wenn solche von mittlerem Molekulargewicht (z. B. von Fetten der Cocosölgruppe) zugegen sind. Zur Ausschaltung dieser Fehlerquelle verfahre man bei Präzisionsanalysen wie bei der exakten Bestimmung der Gesamtfettsäuren eines Fettes oder einer Seife: man wägt die Fettsäuren in Form ihrer Alkalisalze oder in Form ihrer Bleisalze. (Ausführung und Auswertung s. S. 209.)

Abänderung bei der Analyse von schwer verseifbaren Fetten: man verseift nach KOSSEL und OBERMÜLLER[1]) mit Natriumalkoholat; im übrigen wird wie sonst verfahren.

Zur raschen Bestimmung der Hehnerzahl besonders für technische Massenanalysen eignet sich die

b) Wachskuchenmethode[2]). Eine tiefe, am besten halbkugelförmige Porzellanschale wird mitsamt einem Glasstab tariert; hierauf werden 10—20 g Fett eingewogen, wie bei a) verseift, die Seife in Wasser gelöst und mit 50 bis 100 ccm $^{n}/_{1}$-Schwefelsäure erwärmt, bis die Fettsäuren klar geworden sind; wenn die Fettsäuren beim Erkalten nicht erstarren, so erhitzt man nochmals und rührt etwa 15 g Wachs, Ceresin oder Stearin (genau gewogen) ein. Nach dem Erkalten hebt man den am Glasstab haftenden Kuchen hoch, spült ihn ab und schmilzt ihn auf frischem Wasser in der Schale so oft um, bis das Wasser neutral reagiert. Wenn einzelne Fettsäureteilchen nicht am Kuchen oder an der Schale festhaften, so gießt man das Wasser durch ein kleines Filter ab, löst die auf demselben zurückgehaltenen Teilchen in ein wenig Äther, gibt die Ätherlösung in die Schale und dampft ein. Die Schale mit dem Kuchen wird im Kohlensäure-Trockenschrank eine Stunde auf 70°, dann nach Zusatz von ein wenig Alkohol eine zweite Stunde auf 100° erwärmt und nach dem Erkalten gewogen. Von der Auswage wird das Gewicht der zugesetzten Wachs- oder Stearinmenge abgezogen.

c) Ausführung nach WEST-KNIGHTS[3]). Dieses Verfahren ist von dem HEHNERschen prinzipiell verschieden, die Resultate stimmen aber ziemlich gut überein. Man verseift 1—3 g Fett mit alkoholischer Kalilauge, verdünnt auf 300 ccm, fällt mit Chlorbaryumlösung, filtriert die Barytseifen ab, wäscht sie mit warmem Wasser und zerlegt mit Salzsäure. Dann werden die Fettsäuren mit 100 ccm Äther ausgeschüttelt, aus einem aliquoten Teil der Lösung wird der Äther vertrieben und der Rückstand gewogen.

Berechnung: Die ausgewogene Fettsäuremenge mal 100, dividiert durch die Einwage, ergibt direkt die Hehnerzahl. Übliche Abkürzung = *HZ.*

---

[1]) Z. physiol. Ch. Bd. 14, S. 599. 1890.

[2]) HAGER: Pharm. Centralbl. Bd. 9; s. a. KRÜGER: Ch. Ztg. Bd. 30, S. 123. 1905.

[3]) Z. anal. Ch. Bd. 20, S. 466. 1881.

Fehlerquellen: 1. Ungenügendes Auswaschen der löslichen Fettsäuren; der Fehler ist schwer zu vermeiden, wenn das untersuchte Fett Säuren wie Caprinsäure und Laurinsäure enthält, die gerade an der Grenze der Löslichkeit stehen; dann können nämlich die Resultate je nach der Art des Auswaschens ziemlich verschieden ausfallen; von solchen Fetten bestimmt man deshalb statt der Hehnerzahl besser die ätherlöslichen Gesamtfettsäuren[1]). 2. Oxydation mehrfach-ungesättigter Säuren durch den Luftsauerstoff. Durch die Sauerstoffaufnahme wird erst eine Gewichtsvermehrung der Säuren, also eine Erhöhung der Hehnerzahl bedingt. Bei weitergehender Oxydation könnte aber auch eine partielle Spaltung von Fettsäuren eintreten, bei der wasserlösliche, flüchtige Säuren entstehen, die verloren gehen, so daß die Hehnerzahl erniedrigt wird. 3. Anhydrisierung von Oxysäuren beim Auskochen oder beim Trocknen der Fettsäuren, wodurch deren Gewicht und damit die Hehnerzahl erniedrigt wird.

Die Oxydation läßt sich durch Luftabschluß bei der Abscheidung und beim Trocknen der Säuren hintanhalten; die Anhydrisierung ließe sich wenigstens zum Teil vermeiden, wenn man die Säuren in Form ihrer Alkali- oder Bleisalze wägt. Eine solche Maßnahme wird aber nur höchst selten, in ganz besonderen Fällen, nötig sein.

Auswertung: Der Definition entsprechend hängt die Hehnerzahl eines Fettes nur vom Gehalt an wasserunlöslichen Säuren ab und läßt unmittelbar auf deren Menge bzw. auf die der löslichen Säuren schließen. Die meisten Fette enthalten nur sehr wenig lösliche Säuren, ihre Hehnerzahlen liegen um 95. Die wenigen Fette mit größeren Mengen löslicher Säuren, wie Butterfett, Cocos- und Palmkernfett, zeigen Hehnerzahlen zwischen 80 und 90. Für die Untersuchung von reinen Wachsen kommt die Bestimmung der Hehnerzahl nicht in Betracht, weil ja beide Spaltungsprodukte der Wachse, Säuren wie Alkohole, in Wasser vollkommen unlöslich sind und die Hehnerzahl eines Wachses somit immer über 100 liegt.

Abgesehen vom Gehalt an wasserunlöslichen Säuren, der für die Art des Fettes charakteristisch ist, sind die Hehnerzahlen der einzelnen Fette in geringerem Maße auch von anderen Faktoren abhängig:

1. Vom mittleren Molekulargewicht der unlöslichen Säuren. Je höher dasselbe ist, um so höher ist die Hehnerzahl.

2. Vom Gehalt an nichtflüchtigen unverseifbaren Bestandteilen. Dieser kommt praktisch nur bei Fetten und Wachsen mit viel Unverseifbarem zur Geltung, bei reinen natürlichen Fetten ist er sehr gering, die Hehnerzahl dieser Fette ist praktisch identisch mit dem Fettsäurengehalt.

3. Vom Spaltungsgrad. Durch freie Säure wird die Hehnerzahl proportional erhöht. Diese Erhöhung kann so beträchtlich sein, daß sie bei der Auswertung der Hehnerzahl zum Zwecke des Vergleiches bzw. der Identifizierung des untersuchten Fettes irreführt.

Man rechne deshalb die Hehnerzahl eines sauren Fettes stets auf die des neutralen Fettes um. Nach Eisenstein[2]) berechnet man aus der Hehnerzahl h des sauren Fettes und seiner Säurezahl s die Hehnerzahl des neutralen Fettes h_n nach der Formel:

$$h_n = \frac{168\,324\,h}{168\,324 + 38{,}01\,s}.$$

[1]) Goldschmidt: Z. D. Öl- u. Fettind. Bd. 40, S. 406. 1920.

[2]) Öl- u. Fettind. Wien Bd. 1, S. 24. 55. 1919.

Eine genügend genaue Umrechnung läßt sich auch folgendermaßen leicht ausführen: Die Hehnerzahl jeder unlöslichen Fettsäure sowie jedes Gemisches unlöslicher Fettsäuren ist 100. Bei einem sauren Fett ist folglich der auf die freien Säuren entfallende Anteil der Hehnerzahl gleich dem Prozentgehalt an freier Säure. Die Differenz zwischen der Hehnerzahl und dem auf die freien Fettsäuren entfallenden Anteil gibt den Anteil des Neutralfettes an der Hehnerzahl. Aus diesem Anteil und dem Prozentgehalt der Probe an Neutralfett, ergibt sich die Hehnerzahl des reinen (100 proz.) Neutralfettes. Z. B.:

Hehnerzahl des sauren Fettes gefunden	96,5%
Gehalt an freien Fettsäuren (nach S. 202 berechnet) .	30,0%
Neutralfettgehalt folglich	70,0%

$$96{,}5 - 30{,}0 = 66{,}5;$$

$$x : 66{,}5 = 100 : 70$$

$$x \text{ (Hehnerzahl des Neutralfettes)} = \frac{6655}{70} = 95{,}0\,.$$

Die Acetylzahl.

Die Acetylzahl gibt an, wieviel Milligramme Kaliumhydroxyd erforderlich sind, um die Essigsäure, die bei Verseifung von 1 g acetylierter Substanz abgespalten wird, zu binden; sie ist ein Maß für den Gehalt an freien alkoholischen Hydroxylgruppen. Von den Bestandteilen der Fette und Wachse enthalten die Alkohole (Wachsalkohole, Sterine), die Oxyfettsäuren, sowie die Mono- und Diglyceride freie alkoholische Hydroxylgruppen, die beim Erhitzen mit Essigsäureanhydrid acetyliert werden. Man kann deshalb aus der Acetylzahl eines Fettes oder Wachses nicht ohne weiteres schließen, ob und wieviel es von einer hydroxylhaltigen Verbindung der einen oder der anderen Art enthält; zu diesem Zwecke muß vielmehr einerseits die Acetylzahl des Fettes selbst bestimmt werden, andererseits die Acetylzahl der abgeschiedenen Fettsäuren, evtl. auch die der unverseifbaren Bestandteile (s. unten).

Prinzip: Man verestert die freien alkoholischen Hydroxylgruppen durch Kochen der Substanz mit Essigsäureanhydrid, entfernt den Überschuß an Essigsäureanhydrid und die freie Essigsäure, zerlegt evtl. die etwa entstandenen Fettsäureanhydride und bestimmt in der acetylierten Substanz direkt oder indirekt die gebundene Essigsäure.

Z. B.:

$$C_{15}H_{31}CH_2OH + (CH_3CO)_2O = C_{15}H_{31}CH_2OCOCH_3 + CH_3COOH$$
$$C_{15}H_{31}CH_2OCOCH_3 + KOH = C_{15}H_{31}CH_2OH + CH_3COOK;$$

oder:

$$C_3H_5(OCOC_{17}H_{32}\,OH)_3 + 3\,(CH_3CO)_2O = C_3H_5(OCOC_{17}H_{32}OCOCH_3)_3 + 3\,CH_3COOH$$
$$C_3H_5(OCOC_{17}H_{32}OCOCH_3)_3 + 6\,KOH = 3\,C_{17}H_{32}(OH)COOK + 3\,CH_3COOK + C_3H_5(OH)_3.$$

Aus diesen Gleichungen ergibt sich die Berechnung der theoretischen Acetylzahlen reiner Hydroxylverbindungen: man multipliziert 56 108 mit der Anzahl der freien Hydroxylgruppen in der ursprünglichen Verbindung und dividiert durch das Molekulargewicht des Acetylproduktes.

Z. B. für Triricinolein:

$$\text{Acetylzahl} = \frac{56\,108 \times 3}{1\,058{,}88} = 158{,}96\,.$$

Die übliche Abkürzung der Bezeichnung Acetylzahl ist *AZ*. Die Acetylzahl von Alkoholen ist selbstverständlich identisch mit der Verseifungszahl ihrer Essigsäureester.

Ausführung nach der offiziellen Methode[1]):

Acetylierung: Etwa 10 g gereinigte und (unter Vermeidung der Anhydrisierung freier Oxyfettsäuren) sorgfältig getrocknete Substanz werden in einem Rundkölbchen mit der doppelten Menge Essigsäureanhydrid 2 Stunden lang unter Rückfluß gekocht. Man verwendet am besten Kölbchen mit eingeschliffenem Kühlrohr oder eingeschliffenem Liebigkühler, sonst befestigt man Kühlrohr oder Kühler mittels Stopfen aus reinem Kautschuk. (Stopfen aus Kautschuksurrogat (Faktis) sind unbedingt zu vermeiden, weil die Dämpfe von Essigsäureanhydrid oxydiertes Öl herauslösen können.) Das Reaktionsgemisch wird in einen Literkolben oder dgl. gespült, 500—600 ccm siedendes Wasser zugesetzt und die Flüssigkeit, auf der die acetylierte Substanz schwimmt, eine halbe Stunde lang zum Sieden erhitzt, wobei man zur Vermeidung des Stoßens aus einem Capillarrohr Kohlendioxyd auf den Boden des Gefäßes leitet. Dann wird absitzen gelassen, das Sauerwasser abgehebert und die Ölschicht noch dreimal in derselben Weise mit Wasser ausgekocht[2]). Wenn das letzte Waschwasser gegen Lackmus neutral reagiert, wird die Substanz durch trockenes Papier filtriert und im Trockenschrank getrocknet. Man kann auch in Äther aufnehmen, die Lösung trocknen, filtrieren und das Lösungsmittel abdestillieren.

Bestimmung der gebundenen Essigsäure: 1. Destillationsmethode[3]): Man verseift etwa 5 g Acetylprodukt, genau gewogen, wie bei der Bestimmung einer Verseifungszahl mit einem Überschuß methylalkoholischer Lauge[4]) am Rückflußkühler, dampft den Alkohol ab und löst den Rückstand in ausgekochtem, kohlensäurefreiem Wasser. Die Seifenlösung wird mit einem Überschuß 10 proz. Schwefelsäure angesäuert, worauf die Flüssigkeit im Dampfstrom destilliert wird, bis die zuletzt übergegangenen 100 ccm Destillat nicht mehr als 0,1 ccm $^n/_{10}$-Kalilauge verbrauchen. Gewöhnlich muß man 6—700 ccm abdestillieren. Die gesamten Destillate werden mit $^n/_{10}$-Lauge gegen Phenolphthalein titriert.

2. Filtrationsmethode: Eine gewogene Menge Acetylprodukt, etwa 5 g, wird mit einem genau gemessenen Überschuß an alkoholischer Lauge verseift und die nach dem Abdampfen des Alkohols und Zugabe von kohlensäurefreiem Wasser erhaltene Seifenlösung genau mit der dem verwendeten Alkali äquivalenten Menge verdünnter Schwefelsäure oder einem genau gemessenen Überschuß versetzt. Man erwärmt gelinde, so daß sich die Fettsäuren als Ölschicht auf der Kaliumsulfatlösung sammeln, filtriert durch ein feuchtes Filter, auf dem die unlöslichen Fettsäuren zurückbleiben und wäscht, wie bei Bestimmung der Hehnerzahl, so lange mit heißem Wasser, bis dieses neutral reagiert. Dann titriert man das Filtrat mit $^n/_{10}$-Lauge.

Berechnung: Die zur Neutralisation des Destillates (nach 1.), bzw. für das Filtrat (nach 2.) verbrauchten ccm $^n/_{10}$-Kalilauge, evtl. abzüglich der zur Sättigung des Schwefelsäureüberschusses verbrauchten Laugenmenge, multipliziert mit 5,61 und dividiert durch das Gewicht des Acetylprodukts, ergeben die Acetylzahl.

Bei der Analyse eines Neutralfettes, das wasserlösliche Fettsäuren enthält, werden diese Säuren nach dem Filtrationsverfahren (zum Teil auch nach dem

[1]) Nach Benedikt und Ulzer: Monatsh. Bd. 8, S. 40. 1887, modifiziert von Lewkowitsch: J. Soc. Ch. Ind. Bd. 9, S. 846. 1890; ebenda Bd. 16, S. 503. 1897. Vom 6. internat. Kongreß für angewandte Chemie angenommen (Kongreßbericht Rom 1907, Bd. 7, S. 488).

[2]) Man kann beim ersten Abkochen auch eine gewogene Menge Ceresin zusetzen, so daß die Masse beim Abkühlen zu einem festen Kuchen erstarrt. Dann wird, wie bei der Bestimmung der Hehnerzahl, nach der Wachskuchenmethode verfahren. Holland: Eng. Bd. 6, S. 482. 1914; C. 1914, II, 354.

[3]) S. a. Henriques: Ch.-Ztg. Bd. 17, S. 673. 1893; Milliau: Sfsz. Bd. 31. S. 77. 1904.

[4]) Äthylalkoholische Lauge kann nämlich Acetat enthalten bzw. bilden.

Destillationsverfahren) mitbestimmt. Man erhält so die sog. scheinbare Acetylzahl. Von dieser muß erst der Alkaliverbrauch der flüchtigen Säuren abgezogen werden, den man durch Ausführung des Filtrationsverfahrens mit einer Probe nicht acetylierter Substanz feststellt. Die Differenz ergibt die wahre Acetylzahl. (Enthält das untersuchte Fett freie wasserlösliche Säuren, so werden diese beim Abkochen der acetylierten Substanz wenigstens zum Teil ausgezogen. Beim Parallelversuch mit nichtacetylierter Substanz wird aber die Gesamtmenge der löslichen Säuren bestimmt und ihr Alkaliverbrauch von der scheinbaren Acetylzahl in Abzug gebracht. Die „wahre" Acetylzahl wird somit zu niedrig gefunden, es sei denn, daß die Substanz vor der Acetylierung auf Wasser abgekocht wurde.

3. Nach dem ursprünglichen Verfahren von BENEDIKT und ULZER wird die gebundene Essigsäure indirekt bestimmt: Man bestimmt die Säurezahl und die Verseifungszahl der acetylierten Fettsäuren (dabei ist ein reichlicherer Überschuß alkoholischer Lauge anzuwenden). Die Differenz der beiden Zahlen, der „Acetylsäurezahl" und der „Acetylverseifungszahl" ist die Acetylzahl. Die Berechnung gilt selbstverständlich nur für die Analyse von Fettsäuren, die nicht schon an sich eine Esterzahl aufweisen (die Methode von BENEDIKT und ULZER sollte ursprünglich auch nur zur Analyse von Säuren zwecks Bestimmung des Oxyfettsäurengehaltes dienen). Wird diese Ausführungsform auf Fette oder Wachse angewendet, so muß natürlich die ursprüngliche Esterzahl der Substanz in Anschlag gebracht werden. Dabei kann man nicht einfach die Esterzahl (resp. Verseifungszahl) der ursprünglichen Substanz von der Verseifungszahl der acetylierten Substanz abziehen, man muß vielmehr die bei der Acetylierung erfolgende Gewichtsvermehrung berücksichtigen. Nach COOK[1]) ergibt sich die Acetylzahl A eines Fettes aus seiner Verseifungszahl V und der Verseifungszahl V' des acetylierten Produktes aus der Beziehung:

$$A = \frac{V' - V}{1 - \lambda V \cdot 10^{-3}}.$$

In dieser Formel bedeutet λ das Gewichtsverhältnis des bei der Acetylierung aufgenommenen Restes C_2H_2O zum Gewicht des Kaliumhydroxyds: $\frac{42{,}016}{56{,}108} = 0{,}7488$ oder rund 0,75.

Die größten Fehlerquellen bei der Analyse neutraler Fette sind

a) allzulanges Abkochen der acetylierten Substanz, wobei hydrolytische Spaltung der Essigsäureester einsetzen kann, so daß die Acetylzahl zu niedrig gefunden wird, andererseits können bei zu kurzem Abkochen etwa entstehende echte Anhydride der höheren Fettsäuren ungespalten bleiben;

b) Umesterung der Triglyceride gesättigter Fettsäuren beim Erhitzen mit Essigsäureanhydrid, z. B.

$$C_3H_5(OCOC_{17}H_{35})_3 + (CH_3CO)_2O = C_3H_5(OCOCH_3)(OCOC_{17}H_{35})_2 + C_{17}H_{35}COOCOCH_3,$$

die u. U. eine sehr beträchtliche Erhöhung der Acetylzahl bedingen kann[2]).

---

[1]) J. Am. Ch. Soc. Bd. 44, S. 392. 1922. s. a. ANDRÉ: Compt. rend. Bd. 172, S. 984. 1921; C. 1921, IV, S. 454.

[2]) WILLSTÄTTER und MADINAVEITIA: Ber. Bd. 45, S. 2827. 1912; LEWKOWITSCH (Ch. Technol. 5. ed. Bd. I, S. 430) behauptete, daß die „kleinen" Acetylzahlen, die WILLSTÄTTER und MADINAVEITIA bei der Untersuchung hydroxylfreier Substanzen infolge der angegebenen Nebenreaktion fanden, auf Versuchsfehlern beruhen konnten. Das ist nicht richtig. W. u. M. fanden in den Acetylierungsprodukten 4,1 und 4,2 Prozente Acetyl; das entspricht Acetylzahlen von 53,5 bzw. 54,8, also keine kleinen, sondern sehr beträchtliche Zahlen. LEWKOWITSCH verwechselte offenbar die Angabe „Prozente Acetyl" mit „Acetylzahl".

Bei der Analyse saurer Fette oder freier Fettsäuren ist eine noch beträchtlichere Fehlerquelle die Tendenz der Oxysäuren, in der Wärme (also schon beim Trocknen vor dem Einwägen) und noch mehr bei Gegenwart wasserentziehender Mittel (also auch beim Acetylieren) innere Ester (Estolide, Lactone) zu bilden, wodurch die Acetylzahl erniedrigt wird; zur möglichsten Vermeidung dieser Fehler acetyliere man nicht die freien Säuren, sondern die Ester[1]), die man sich nach S. 87 leicht darstellt. Auch neutrale Fette führt man, wenn es sich nur um die Bestimmung ihres Gehaltes an Oxyfettsäuren handelt, besser zuerst in die Methylester ihrer Fettsäuren über und bestimmt deren Acetylzahl. Dadurch wird auch der infolge Umesterung der Glyceride sonst mögliche Fehler ausgeschaltet. Eine Umrechnung ist nicht erforderlich, weil die Acetylzahl eines Methylesters mit der Acetylzahl des entsprechenden Triglycerids zufällig fast genau übereinstimmt.

Nach BROWNE[2]) läßt sich der durch die Gegenwart von „Lactonen" bedingte Fehler rechnerisch ausschalten. Bedeutet:

s = die Säurezahl der nicht acetylierten Substanz
v = die Verseifungszahl der nicht-acetylierten Substanz
e = die Esterzahl der nicht-acetylierten Substanz
a = die Acetylzahl der nicht-acetylierten Substanz
σ = die Säurezahl der acetylierten Substanz
φ = die Verseifungszahl der acetylierten Substanz
ε = die Esterzahl der acetylierten Substanz
α = die Acetylzahl der acetylierten Substanz

so berechnet sich die Acetylzahl α nach den Näherungsformeln

$$\alpha = \varepsilon - \frac{e\,s}{\sigma} \quad \text{und} \quad \alpha = \varphi - \frac{v\,s}{\sigma}.$$

Nun ist aber (wie schon oben angegeben) zu berücksichtigen, daß das Gewicht von 1 g Substanz bei der Acetylierung um $a \cdot \frac{42{,}016}{56{,}108} \cdot 10^{-3} = 0{,}0007488\,a$ Gramm zunimmt. Daraus ergibt sich zwischen der gefundenen Acetylzahl α und der wahren Acetylzahl a die Beziehung:

$$\alpha = \frac{a}{1 + 0{,}0007488\,a} \quad \text{und} \quad a = \frac{\alpha}{1 - 0{,}0007488\,\alpha}.$$

Zur Bestimmung von Mono- oder Diglyceriden acetyliert man das neutrale bzw. das entsäuerte Fett und bestimmt den Essigsäuregehalt indirekt nach 3. Dabei fällt der Fehler, der durch eine etwa erfolgende Umesterung bedingt werden könnte, schon an sich wenig ins Gewicht. Überdies wird bei solcher Umesterung eine der eingetretenen Menge Essigsäure äquivalente Menge gesättigter Fettsäure von höherem Molekulargewicht frei; der Fehler läßt sich somit bestimmen und korrigieren. Daneben bestimmt man die Acetylzahl der Fettsäureester, rechnet sie auf die des Neutralfettes um und zieht diese Zahl von der Acetylzahl des Neutralfettes ab. Enthält das Fett nennenswerte Mengen unverseifbarer Substanzen, unter welchen Wachsalkohole sein können, so empfiehlt es sich, auch deren Acetylzahl gesondert zu bestimmen und von der des Gesamtfettes abzuziehen.

Die Bestimmung der Acetylzahl gilt als wenig zuverlässig[3]). Tatsächlich dürften auch die meisten in der Fachliteratur angegebenen Acetylzahlen, ab-

---

1) GRÜN: Öl- und Fettind. Wien Bd. 1, S. 339 u. 364. 1919.
2) Eng. Bd. 7, S. 30. 1915; C. 1915, I, S. 1021.
3) S. a. CARCANO: Boll. Chim. Farm. Bd. 58, S. 121. 1919; C. 1919, IV, S. 396.

gesehen von der des Rizinusöles und einiger weniger anderer Öle, falsch sein. Gewöhnlich läßt sich auch nicht erkennen, ob die Acetylzahl (vorausgesetzt, daß sie nicht überhaupt bloß vorgetäuscht ist) durch einen Gehalt des Fettes an Oxyfettsäuren oder durch Mono- oder Diglyceride bedingt ist. Durch die oben angegebene Differenzierung läßt sich diese Unsicherheit fortan beheben.

Größere und konstante Acetylzahlen zeigen nur einige wenige Fette, die zum Teil oder praktisch vollständig aus Glyceriden von Oxyfettsäuren bestehen, also von natürlichen Fetten nur Rizinus- und Traubenkernöl, dann die künstlich oxydierten (geblasenen) Öle. Kleinere Acetylzahlen weisen dagegen viele Fette auf, die infolge teilweiser Oxydation ungesättigter Säuren oxydierte Säuren oder infolge partieller Spaltung Mono- oder Diglyceride enthalten. Diese Glyceride kommen in Fetten und Fettprodukten, wenn auch gewöhnlich nur in sehr kleinen Mengen, viel häufiger vor, als bisher angenommen wurde.

Für die Alkohole (Wachsalkohole, Sterine), die Oxyfettsäuren und die Mono- und Diglyceride sind die Acetylzahlen die wichtigsten charakteristischesten Konstanten.

Acetylzahlen.

Name und Formel		Mol.-Gew.	Mol.-Gew. d. Acetylproduktes	Acetylzahl
	Alkohole:			
Cetylalkohol	$C_{16}H_{33}OH$	242,27	284,29	197,33
Octodecylalkohol	$C_{18}H_{37}OH$	270,30	312,32	179,62
Arachylalkohol	$C_{20}H_{41}OH$	298,34	340,35	164,83
Carnaubylalkohol	$C_{24}H_{49}OH$	354,40	396,42	141,52
Cerylalkohol	$C_{26}H_{53}OH$	382,43	424,45	132,17
Myricylalkohol	$C_{30}H_{61}OH$	438,50	480,51	116,75
Sterine	$C_{27}H_{45}OH$	386,37	428,38	130,96
	Säuren:			
Ricinolsäure	$C_{17}H_{32}(OH)COOH$	298,27	340,29	164,88
Oxystearinsäuren	$C_{17}H_{34}(OH)COOH$	300,29	342,31	163,91
Dioxystearinsäuren	$C_{17}H_{33}(OH)_2COOH$	316,29	400,32	280,31
Trioxystearinsäuren	$C_{17}H_{32}(OH)_3COOH$	332,29	458,34	367,24
Tetraoxystearinsäuren	$C_{17}H_{31}(OH)_4COOH$	348,29	516,35	434,64
Hexaoxystearinsäuren	$C_{17}H_{29}(OH)_6COOH$	380,29	632,38	532,33
	Monoglyceride:			
Monolaurin	$C_3H_5(OH)_2OCOC_{11}H_{23}$	274,24	358,27	313,22
Monomyristin	$C_3H_5(OH)_2OCOC_{13}H_{27}$	302,28	386,30	290,49
Monopalmitin	$C_3H_5(OH)_2OCOC_{15}H_{31}$	330,31	414,33	270,84
Monostearin	$C_3H_5(OH)_2OCOC_{17}H_{35}$	358,34	442,37	253,67
Monoarachin	$C_3H_5(OH)_2OCOC_{19}H_{39}$	386,37	470,40	238,56
Monobehenin	$C_3H_5(OH)_2OCOC_{21}H_{43}$	414,40	498,43	225,14
Monoolein	$C_3H_5(OH)_2OCOC_{17}H_{33}$	356,32	440,35	254,84
Monoerucin	$C_3H_5(OH)_2OCOC_{21}H_{41}$	412,38	496,41	226,06
Monolinolein	$C_3H_5(OH)_2OCOC_{17}H_{31}$	354,30	438,33	256,01
Monolinolenin	$C_3H_5(OH)_2OCOC_{17}H_{29}$	352,28	436,31	257,19
Monoclupanodin				
alte Formel (s. S. 22)	$C_3H_5(OH)_2OCOC_{17}H_{27}$	350,28	434,40	258,29
neue Formel	$C_3H_5(OH)_2OCOC_{21}H_{33}$	404,32	488,35	229,78
Monoricinolein	$C_3H_5(OH)_2OCOC_{17}H_{32}OH$	372,32	498,37	337,74

Acetylzahlen (Fortsetzung).

Name und Formel		Mol.-Gew.	Mol.-Gew. d. Acetylprodukts	Acetylzahl
	Diglyceride:			
Dilaurin	$C_3H_5(OH)(OCOC_{11}H_{23})_2$	456,41	498,42	113,57
Dimyristin	$C_3H_5(OH)(OCOC_{13}H_{27})_2$	512,48	554,50	101,18
Dipalmitin	$C_3H_5(OH)(OCOC_{15}H_{31})_2$	568,54	610,56	91,89
Distearin	$C_3H_5(OH)(OCOC_{17}H_{35})_2$	624,60	666,62	84,16
Diarachin	$C_3H_5(OH)(OCOC_{19}H_{39})_2$	680,66	722,68	77,64
Dibehenin	$C_3H_5(OH)(COOC_{21}H_{43})_2$	736,74	778,76	72,05
Diolein	$C_3H_5(OH)(OCOC_{17}H_{33})_2$	620,58	662,60	84,68
Dierucin	$C_3H_5(OH)(OCOC_{21}H_{41})_2$	732,71	774,73	72,42
Dilinolein	$C_3H_5(OH)(OCOC_{17}H_{31})_2$	616,55	658,57	85,19
Dilinolenin	$C_3H_5(OH)(OCOC_{17}H_{29})_2$	612,51	654,53	85,72
Diclupanodin				
alte Formel (s. S. 22)	$C_3H_5(OH)(OCOC_{17}H_{27})_2$	608,58	650,60	86,24
neue Formel	$C_3H_5(OH)(OCOC_{21}H_{33})_2$	716,58	758,60	73,96
Diricinolein	$C_3H_5(OH)(OCOC_{17}H_{32}OH)_2$	652,58	778,64	216,17
	Triglycerid:			
Triricinolein	$C_3H_3(OCOC_{17}H_{32}OH)_3$	932,83	1058,88	158,95

Die Hydroxylzahl[1]).

Die Hydroxylzahl gibt an, wieviel Milligramme Kaliumhydroxyd erforderlich sind, um die Essigsäure zu binden, die in der aus 1 g Substanz erhaltenen Menge Acetylprodukt enthalten ist. — Die Bestimmung der Hydroxylzahl beruht auf dem gleichen Prinzip wie die der Acetylzahl, auch die Berechnung ist analog, nur bezieht man die Menge des verbrauchten Alkalis statt auf die acetylierte Substanz auf das ursprüngliche Produkt.

Ausführung: Etwa 2 g Substanz werden in einem kleinen Rundkölbchen mit sehr kurzem Halse (am besten Kugelkölbchen mit Schliff) wie bei Ausführung einer Acetylzahlbestimmung mit 4—6 ccm Essigsäureanhydrid gekocht. Dann entfernt man das Steigrohr, taucht das Kölbchen bis an den Hals in ein Wasser- oder Dampfbad und leitet einen kräftigen Strom von Luft oder besser Kohlendioxyd, Wasserstoff, Leuchtgas usw. auf die Oberfläche der Flüssigkeit. Das Essigsäureanhydrid wird so schnell, längstens in einer halben Stunde, vertrieben. Im Notfalle kann man auch mit Benzol oder Äther in ein Schälchen spülen, das Anhydrid sowie die freie Essigsäure auf dem Wasserbad abdampfen und den Rückstand wieder in das Kölbchen bringen. Dann verdünnt man mit ein wenig Äther, gibt etwa 5 ccm Wasser zu, neutralisiert noch vorhandene Spuren Anhydrid und Essigsäure mit wässeriger Lauge, verseift mit 50 ccm $^{n}/_{2}$ alkoholischer Lauge und titriert mit $^{n}/_{2}$ Säure zurück. — Das verbrauchte Alkali wird in Milligrammen Kaliumhydroxyd auf 1 g Substanz ausgedrückt. Die so erhaltene Zahl gibt an, wieviel Alkali zur Bindung der bereits in der ursprünglichen Substanz enthaltenen Fettsäuren und zur Bindung der bei der Acetylierung aufgenommenen Essigsäure verbraucht wurden. Zieht man von dieser „Gesamtesterzahl“ die Esterzahl der nicht acetylierten Substanz ab, so erhält man die Hydroxylzahl. Bei unverseifbaren Verbindungen (Wachsalkoholen) ist die Gesamtesterzahl natürlich mit der Hydroxylzahl identisch.

[1]) Normann: Ch. Revue Bd. 19, S. 205. 1912.

Die Bestimmung der Hydroxylzahl geht bedeutend schneller von statten als die der Acetylzahl, man erspart das umständliche Abkochen, Trocknen und Wägen des acetylierten Produktes, wodurch die Bestimmung auch genauer wird. Allerdings können durch unvollständiges Neutralisieren der etwa gebildeten Fettsäureanhydride (die nach LEWKOWITSCH selbst in alkoholischer Lösung gegen Lauge in der Kälte relativ beständig sind) Fehler entstehen; ebenso könnten auch bei Gegenwart flüchtiger Säuren diese beim Abblasen zum Teil verloren gehen. Es empfiehlt sich deshalb, auch bei der Bestimmung der Hydroxylzahl nach Möglichkeit die neutralen Fette oder die neutralen Methylester anzuwenden. Enthält das Fett flüchtige Fettsäuren, so ist allerdings die Verwendung der Ester nicht ratsam, es sei denn, daß die flüchtigen Säuren oder ihre Ester vor der Analyse entfernt werden und die Hydroxylzahl des nicht flüchtigen Teiles entsprechend umgerechnet wird.

Nach einem Vorschlag von ELSBACH[1]) bestimmt man die Hydroxylzahl ohne Titration in folgender Weise: die Einwage wird unter Durchleiten von Kohlendioxyd bei 100° bis zum konstanten Gewicht von flüchtigen Bestandteilen befreit, wie üblich acetyliert, das acetylierte Produkt wieder unter Durchleiten von CO_2 bei 100° zur Gewichtskonstanz gebracht und gewogen. Man drückt die Gewichtszunahme in Prozenten der Einwage (p) aus und berechnet daraus die Hydroxylzahl nach der Formel:

$$\text{Hydroxylzahl} = p \cdot \frac{56108}{42{,}016 \cdot 100} = 13{,}354\, p$$

oder die Acetylzahl nach der Formel

$$A = p \cdot \frac{13{,}354}{1 + 0{,}01 \cdot p} .$$

Die Reichert-Meißlsche Zahl.

Die REICHERT-MEISSLsche Zahl gibt an, wieviel Kubikzentimeter zehntelnormaler Lauge erforderlich sind, um die flüchtigen wasserlöslichen Fettsäuren, die aus 5 g Substanz unter bestimmten Bedingungen erhalten werden, zu neutralisieren[2]).

Prinzip: Das eingewogene Fett wird verseift, die Seifenlösung mit verdünnter Schwefelsäure angesäuert und aus der sauren Lösung ein bestimmtes Volumen Wasser abdestilliert, wobei der größte Teil der flüchtigen Fettsäuren mit übergeht; man filtriert aus dem Destillat die unlöslichen Fettsäuren ab und titriert im Filtrat die löslichen Säuren.

Theorie: Zwischen den flüchtigen und den nicht flüchtigen, den löslichen und den nicht löslichen Fettsäuren lassen sich keine scharfen Grenzen ziehen. Die Anfangsglieder der Fettsäurenreihe sind mit Wasserdampf sehr leicht flüchtig; die Flüchtigkeit ist schon bei der Laurinsäure sehr gering, immerhin gehen aber auch noch von Myristin- und Palmitinsäure, sogar noch von Stearinsäure, Spuren über. Bei den Fettsäuren mit einem Gehalt von 1—10 Kohlenstoffatomen gilt die Regel, daß die unlöslicheren Säuren auch die flüchtigeren sind; destilliert

[1]) Ch. Umschau Bd. 30, S. 235. 1923.

[2]) Der Urheber der Methode REICHERT (Z. anal. Ch. Bd. 18, S. 68. 1879) verwendete nur 2,5 g Fett; nach dem Vorschlage von MEISSL (Dingl. Polyt. J. Bd. 233, S. 229) werden 5 g angewendet. Die REICHERT-MEISSLsche Zahl eines Fettes ist aber nicht das Zweifache der ursprünglichen REICHERT-Zahl, sondern etwa das 2,2fache.

man z. B. eine Säure-Wassergemisch mit weniger als 2% Säure auf die Hälfte ab, so gehen über[1]):

von der	Ameisensäure	22,7%
	Essigsäure	36,6%
	Propionsäure	58,5%
	n-Buttersäure	72,8%
	n-Valeriansäure	82,4%
	n-Capronsäure	88,2%
	n-Caprylsäure	94,8%
	n-Caprinsäure	97,7%

Daß die an sich höhersiedenden Säuren mit Wasserdämpfen leichter flüchtig sind, haben bereits FITZ[2]) und HECHT[3]) gefunden. Diese Zunahme der Flüchtigkeit in der homologen Reihe ist unter der Annahme verständlich, daß sich Hydrate der Säuren bilden, die um so beständiger sind, je kleiner das Molekulargewicht der betreffenden Säure ist[4]).

Was die Löslichkeit anbelangt, so sind die Anfangsglieder der Reihe bis einschließlich Buttersäure mit Wasser mischbar, von Capronsäure lösen sich 0,872 g, von Caprylsäure 0,079 g in 100 ccm Wasser von 15° C, Caprinsäure löst sich in kaltem Wasser nur spurenweise. Sind, wie in den natürlichen Fetten immer, mehrere Säuren nebeneinander vorhanden, so beeinflussen sie ihre Löslichkeit gegenseitig in beträchtlichem Maße.

Die flüchtigen Fettsäuren, die bei der Untersuchung der natürlichen Fette hauptsächlich in Betracht kommen, sind: Buttersäure, Valeriansäure (insbesondere in gewissen Tranen), Capron-, Capryl- und Caprinsäure. Bei genauer Einhaltung der Bedingungen geht von einem Fett bestimmter Zusammensetzung immer dieselbe Menge flüchtiger Fettsäuren über, aber niemals die Gesamtmenge. Deshalb erhält man nur bei peinlichster Einhaltung genau festgelegter Arbeitsvorschriften konstante, für Vergleichszwecke brauchbare Werte.

Offizielle Ausführungsformen: a) Ausführung nach MEISSL, modifiziert von WOLLNY[5]) und SENDTNER[6]): Genau 5 g Fett werden in ein etwa 300—350 ccm fassendes Kölbchen eingewogen, auf dem Wasserbad geschmolzen und mit 10 ccm einer carbonatfreien Lösung von 20 g Kaliumhydroxyd in 100 ccm reinem 70-volumprozentigen Alkohol (frei von Essigsäure und Aldehyd) verseift, wobei man den Kolben zeitweilig kurz vom Wasserbad nimmt und seinen Inhalt durchschüttelt. Ist der Alkohol zum größten Teil entfernt und die Seifenlösung zähflüssig geworden, so nimmt man so lange je zweimal in der Minute den Kolben vom Wasserbad und bläst unter Schütteln kohlendioxydfreie Luft oder dgl. ein, bis der Alkoholgeruch verschwunden ist. Auf diese Weise durchgeführt, dauert die Verseifung kaum mehr als $^1/_4$, höchstens $^1/_2$ Stunde. Dann löst man die Seife in 100 ccm Wasser. Wird die Lösung nicht ganz klar, so ist die Masse nur unvollständig verseift und zur weiteren Durchführung der Analyse unbrauchbar. (Ein solcher Fall wird vermieden, wenn man die Temperatur bei der Verseifung zuletzt auf 215° steigert[7]).

Nachdem sich die Seifenlösung auf 50° abgekühlt hat, gibt man einige erbsengroße Stückchen Bimstein zu [nach anderen ist Bimstein pulver unbedingt vor-

[1]) WIEGNER und MAGASANIK: Ch.-Ztg. Bd. 43, S. 656. 1919.
[2]) Ber. Bd. 11, S. 46. 1878.
[3]) Ann. Bd. 209, S. 319. 1881.
[4]) WITZEMANN: J. Am. Ch. Soc. Bd. 41, S. 1946. 1919; C. 1920, I, S. 730; s. a. ARNOLD: Z. Nahrgsm. Bd. 42, S. 345. 1921.
[5]) Z. anal. Ch. Bd. 28, S. 721. 1889.
[6]) Arch. f. Hyg. Bd. 8, S. 422. 1888.
[7]) GOSKE: Z. Nahrgsm. Bd. 26, S. 651. 1913.

zuziehen[1])] und versetzt mit 40 ccm verdünnter Schwefelsäure [aus 1 Volumen konz. Säure und 10 Volumen Wasser[2])]. Der Kolben wird dann sofort durch ein Knierohr mit einem absteigenden Kühler verbunden. Das Knierohr muß 6 mm lichte Weite und 20 cm Steighöhe haben, die Enden müssen abgeschrägt sein. Zu empfehlen ist ein Kugelknierohr (Kugeldurchmesser ca. 5 cm). Der vom Wasser umspülte Teil des Kühlrohrs soll wenigstens 50 cm lang sein. Als Vorlage dient ein geeichter Kolben mit 2 Marken, um 100 und 110 ccm Flüssigkeit abzumessen.

Man erhitzt auf einem Asbestteller mit Kreisausschnitt (6,5 cm Durchmesser) in der Weise, daß nur der Kolben von der Flamme berührt wird, bis das Destillat genau 110 ccm beträgt. Die Destillation dauert nicht mehr als $^1/_2$ Stunde. Dann mischt man das Destillat durch Umschütteln, filtriert von den mitübergegangenen, in Wasser unlöslichen Säuren durch ein trockenes Filter und mißt vom Filtrat 100 ccm ab. Diese werden mit 3—4 Tropfen Phenolphthaleinlösung versetzt und mit $^n/_{10}$ Lauge titriert. Der Alkaliverbrauch der 100 ccm Destillat wird durch Zuschlag von 10% auf das Gesamtdestillat umgerechnet.

Wegen der Fehler, die durch die Beimengungen des Alkohols (Säuren, Aldehyd, Ester) hervorgerufen werden können, soll parallel ein blinder Versuch ausgeführt werden. Man versetzt 10 ccm der alkoholischen Lauge mit ungefähr soviel verdünnter Schwefelsäure, als beim Hauptversuch ungesättigt bleiben, destilliert und titriert 100 ccm Destillat, wie oben angegeben. Die auf den Verbrauch von 110 ccm Destillat umgerechneten Kubikzentimeter Lauge [zulässige Höchstmenge 0,4 ccm[3])] werden von der beim Hauptversuch verbrauchten Anzahl Kubikzentimeter $^n/_{10}$-Lauge abgezogen. Die Differenz ist die Reichert-Meisslsche Zahl der untersuchten Probe. Die übliche Abkürzung ist R.M.Z. Bei peinlich genauer Einhaltung der Versuchsbedingungen werden sehr genaue Resultate erhalten.

Durch die Verwendung alkoholischer Lauge zur Verseifung kann außer dem oben erwähnten Fehler, zu dessen Ausschaltung der umständliche Parallelversuch ausgeführt werden muß, noch ein zweiter Fehler, die Bildung von Estern der flüchtigen Säuren, hervorgerufen werden. Man hat deshalb einerseits Verseifung mit wässeriger Kalilauge, die niedriger schmelzende Seifen gibt[4]), andererseits Spaltung des Fettes mit konzentrierter Schwefelsäure[5]) vorgeschlagen; diese Abänderungen, besonders die zweite, sind ungeeignet[6]).

Dagegen hat sich die Verwendung von Glycerin an Stelle von Alkohol bewährt[7]), am besten in der offiziellen

b) Ausführungsform von Polenske[8]): Genau 5 g Fett werden in einem 300 ccm-Kölbchen mit 20 g Glycerin[9]) und 2 ccm klarer Natronlauge [aus

---

[1]) Vgl. Ausführungsform b), ferner: Hesse: Z. Nahrgsm. Bd. 11, S. 58. 1906; Paal und Amberger: ebenda Bd. 17, S. 22. 1901; Arnold: ebenda Bd. 23, S. 389. 1912.

[2]) Das Ansäuern mit Phosphorsäure (Munier: Z. anal. Ch. Bd. 21, S. 394. 1882) hat sich nicht bewährt (Cornwall: Ch. News Bd. 53, S. 20).

[3]) S. a. Schweissinger: Pharm. Centralh.Bd. 8, S . 320; Ch.-Ztg. Rep. Bd. 11, S. 174. 1887.

[4]) Siegfeld: Ch.-Ztg. Bd. 32, S. 1128. 1908; Kreis: Ch.-Ztg. Bd. 35, S. 1053. 1911.

[5]) Kreis: Ch.-Ztg. Bd. 16, S. 1394. 1892; Bunte: Ch.-Ztg. Bd. 18, S. 204. 1894.

[6]) S. a. Thieme: Proc. K. Akad. Wetenschap. Amsterdam 1908, S. 855.

[7]) Leffmann und Beam: Analyst. 1891, S. 153; 1896, S. 251; J. Am. Ch. Soc. Bd. 16, S. 673. 1894; Juckenack und Pasternack: Z. Nahrgsm. Bd. 7, S. 193. 1904.

[8]) Polenske: Arb. Ges. Amt Bd. 20, S. 545. 1904.

[9]) Nach Kreis (a. a. O.) verwendet man besser 2 ccm Kalilauge (1 + 1) und nur 2 bis 4 ccm Glycerin, weil das käufliche Glycerin oft flüchtige Fettsäuren enthält, so daß bei Verwendung von 20 g dadurch Reichert-Meisslsche Zahlen bis 1,5 bedingt werden. S. a. Siegfeld: a. a. O.; Heuser und Ranft: Z. Nahrgsm. Bd. 23, S. 16. 1912.

gleichen Gewichtsteilen Natriumhydroxyd und Wasser[1])] unter ständigem Umschwenken über einer kleinen Flamme erhitzt, bis das Wasser verdampft und die Mischung klar ist, was höchstens 5—10 Minuten dauert. Man erhitzt dann noch kurze Zeit und spült dabei durch häufiges Umschwenken des Kölbchens die etwa an seiner Wandung haftenden Teilchen ab. Ist der Kolbeninhalt auf 80—90° abgekühlt, so wägt man 90 g Wasser von gleicher Temperatur dazu. Es muß sofort eine klare Lösung entstehen. Dann wird Bimssteinpulver und 50 ccm Schwefelsäure (25 ccm konzentrierte Säure auf 1000 ccm verdünnt) zugesetzt und das Kölbchen sofort in die bereitstehende übrige Apparatur eingefügt. Die Formen und Abmessungen der Apparatenteile müssen genau den Angaben laut Abb. 43 entsprechen.

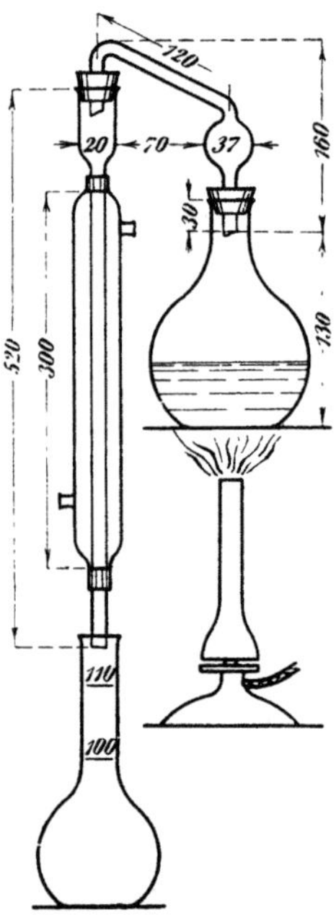

Abb. 43. Apparat zur Bestimmung der REICHERT-MEISSLschen Zahl.

Der Kolben steht auf einem Asbestteller von 12 cm Durchmesser mit einem kreisförmigen Ausschnitt, Durchmesser 5 cm[2]). Das Erhitzen bzw. der Kühlwasserzufluß wird so geregelt, daß die 110 ccm in 19—20 Minuten übergehen und mit einer Temperatur von 20—23° abtropfen. Sind 110 ccm abdestilliert, so entfernt man die Vorlage, stellt an ihre Stelle einen 20 ccm-Meßzylinder unter den Kühler und löscht die Flamme. Das Kölbchen mit dem Destillat wird ohne Umschütteln in 15° warmes Wasser gestellt und nach 5 Minuten Stehen leicht bewegt, damit die an der Kolbenwand haftenden Fettsäuretröpfchen in die Höhe steigen und sich an der Oberfläche sammeln; nach weiteren 10 Minuten Stehen wird das Kölbchen verschlossen und der Inhalt durch 4—5 maliges Umkehren ohne Schütteln gemischt. Dann werden 100 ccm durch ein trockenes Filter von 8 cm Durchmesser filtriert und das Filtrat mit $^{n}/_{10}$-Kalilauge titriert[3]).

Die so erhaltenen Werte stimmen mit den nach Ausführungsform a) erhaltenen sehr gut überein[4]); die Ausführungsform b) ist vorzuziehen, weil der blinde Versuch entfällt.

Berechnung: z. B. Einwage = 5 g; zur Neutralisation von 100 ccm des Destillats wurden 24,80 ccm $^{n}/_{10}$-Lauge verbraucht, zum blinden Versuch 0,13 ccm.

Daraus berechneter Verbrauch für 110 ccm = 27,28 ccm $^{n}/_{10}$-Lauge. REICHERT-MEISSLsche Zahl (R.M.Z.) = 27,28 — 0,13 = 27,15.

Über die „halbmikrochemische" Bestimmung der R.M.Z. (und der Polenskezahl) nach LÜHRIG[5]) liegen noch keine Erfahrungen vor.

---

[1]) Wenn das Natriumhydroxyd nicht fast 100 proz. ist, so reichen die 2 ccm Lauge nicht aus, um 5 g eines Fettes mit hoher Verseifungszahl, z. B. Cocosöl, zu verseifen. Man nähme besser soviel Ätznatron, als der bei der Ausführungsform a) verwendeten Ätzkalimenge äquivalent ist, nämlich $\frac{2 \times 40}{56}$ = ca. 1,4 g, gelöst auf 3 ccm Lauge.

[2]) Nach ARNOLD soll der Durchmesser des Ausschnittes 6,5 cm betragen (Z. Nahrgsm. Bd. 23, S. 389. 1912).

[3]) Läuft das Filtrat auch bei wiederholtem Filtrieren trüb ab, so schüttelt man mit ein wenig Kieselgur, welche die geringe Menge von emulgierten festen Säuren aufnimmt, worauf man die Kieselgur (durch ein zweites Filter) abfiltriert. Weiteres siehe bei Polenskezahl.

[4]) Nach KAUFFMANN: Ch. Weekbl. Bd. 14, S. 364. 1917 sollen nach der einen wie nach der anderen Art zu niedrige Werte erhalten werden.

[5]) Pharm. Centralh. Bd. 63, S. 218. 1922; Ch. Umschau Bd. 29, S. 152. 1922.

Anwendung und Auswertung: Die REICHERT-MEISSLsche Zahl dient vorwiegend zur Untersuchung von Speisefetten, insbesondere zur Prüfung bzw. zum Nachweis von Butter bzw. Butterfett. Genaue obere und untere Grenzen für die REICHERT-MEISSL-Zahlen der Fette, z. B. des Butterfettes, lassen sich nicht angeben, der Gehalt der Butter an flüchtigen Fettsäuren und deren Eigenart ist von vielen Umständen: Rasse, Laktationsperiode, Körperbefinden, Viehhaltung, Weide- oder Stallfütterung (bei dieser namentlich mit fetthaltigen Ölkuchen), Klima, Jahreszeit usw. abhängig. In Deutschland dürfte als Minimum die Zahl 24, als Maximum 34 anzusehen sein. Man kann daher mit Hilfe der REICHERT-MEISSLschen Zahl allein bloß größere Zusätze (über 20%) an fremden Fetten in der Butter mit Sicherheit feststellen. Aus diesem Grunde ist auch die Berechnung des Butterfettgehaltes einer Probe aus der REICHERT-MEISSLschen Zahl auf Grund einer bestimmten Formel nicht statthaft[1]). Genauere Angaben s. Abschnitt Speisefette; Butterfett.

Auch bei der Untersuchung von anderen Fetten und Fettprodukten bestimmt man häufig die REICHERT-MEISSLsche Zahl und schätzt aus derselben den Gehalt des Fettes an flüchtigen, löslichen Säuren.

Die REICHERT-MEISSLschen Zahlen der meisten Fette sind klein; außer Butterfett enthalten nur die Fette der Cocosölgruppe, einige Trane und von Fettprodukten die oxydierten Öle nennenswerte Mengen flüchtiger Säuren und zeigen dementsprechend größere REICHERT-MEISSL-Zahlen; z. B. Cocosöle 6—8,5, Palmkernöle 4—7.

Bei der Auswertung der Zahlen zur Identifizierung oder Reinheitsprüfung von Fetten ist selbstverständlich zu berücksichtigen, daß die Zahlen durch Verunreinigungen und Beimengungen flüchtiger Säuren oder deren Salzen und Estern, insbesondere durch Zusätze von Triacetin, von Konservierungsmitteln wie Benzoesäure usw. erhöht werden.

Über die Bestimmung der Gesamtmenge an flüchtigen und an wasserlöslichen Säuren s. S. 216 und S. 219.

Die Polenskezahl[2]).

Die Polenskezahl gibt an, wieviel Kubikzentimeter $^{n}/_{10}$-Lauge erforderlich sind, um die flüchtigen wasserunlöslichen Fettsäuren, die aus 5 g Substanz unter bestimmten Bedingungen erhalten werden, zu neutralisieren.

Prinzip: Die bei der Bestimmung der Reichert-Meißl-Zahl von den gelösten flüchtigen Säuren abgetrennten ungelösten flüchtigen Säuren werden gesammelt und titriert.

Ausführung: Die Bestimmung wird im Anschluß an die der Reichert-Meißlschen Zahl, Ausführungsform von POLENSKE, vorgenommen[3]). Bei der Bestim-

---

[1]) S. a. SENDTNER: Rep. d. anal. Ch. Bd. 3, S. 345.

[2]) POLENSKE: Arb. Ges. Amt Bd. 20, S. 545. 1904; Z. Nahrgsm. Bd. 7, S. 273. 1904.

[3]) Die Bestimmung des unlöslichen Teiles der flüchtigen Säuren, die beim REICHERT-MEISSL-Verfahren überdestillieren, hat zuerst SALKOWSKI vorgeschlagen: Z. anal. Ch. Bd. 26, S. 581. 1887, seine Methode ist aber zu umständlich. Auf dem gleichen Prinzip beruhen auch noch andere, aber weniger zweckmäßige Vorschriften zur Bestimmung der unlöslichen flüchtigen Säuren: REYCHLER: Bull. Soc. Chim. (3) Bd. 25, S. 142. 1901; VANDAM: Ann. Pharm. Louvain 1901, S. 142; s. a. FENDLER: Arb. pharm. Inst. Berlin 1908; MUNTZ und COUDON: Rev. gén. du lait Bd. 3, S. 352. 1903; Les corps gras ind. Bd. 30, S. 307. 1904; s. a. RANWEZ: Ann. Pharm. 1901, S. 241; VAN LEENT: Ch. Weekbl. Bd. 1, S. 17. 1903; s. a. C. 1903, II, S. 1193; WAUTERS: Arch. Pharm. Bd. 242, S. 441. 1904; s. a. JEAN: Ann. Chim. anal. Bd. 8, S. 441. 1903.

mung der Reichert-Meißl-Zahl wird schon der größte Teil der überdestillierenden wasserunlöslichen Säuren (sog. Polenskesäuren) auf dem Filter gesammelt (s. S. 165) ein Teil bleibt im 110 ccm-Meßkölbchen im Meßzylinder, in dem man die letzten übergehenden Tropfen auffängt, ein wenig bleibt auch im Kühlrohr hängen. Die Konsistenz der unlöslichen Säuren gibt schon einen Anhaltspunkt; bei Butterfett sind sie fest oder halbweich, bei Cocosfett ein klares Öl. Man wäscht zunächst die noch anhaftenden wasserlöslichen Säuren weg, indem man 15 ccm Wasser nacheinander erst durch das Kühlrohr laufen läßt, dann den Meßzylinder und das Meßkölbchen damit ausspült und sie zuletzt auf das Filter gießt. Hierauf sammelt man die unlöslichen Säuren folgendermaßen: man spült dreimal mit je 15 ccm neutralem 90proz. Alkohol nacheinander das Kühlrohr, den Meßzylinder und das Meßkölbchen aus. Dabei lösen sich die „Polenskesäuren". Man filtriert die Lösung durch das Filter, auf welchem sich die Hauptmenge der Polenskesäuren befindet, wobei man das Filter immer erst wieder auffüllt, wenn die vorhergehende Füllung vollkommen abgelaufen ist. Auf diese Weise werden die auf dem Trichter befindlichen Säuren vollständig gelöst. Das Filtrat wird mit $^n/_{10}$-Lauge titriert[1]).

Die Anzahl der verbrauchten Kubikzentimeter Lauge ist die Polenskezahl (übliche Abkürzung: Pol.-Z.).

Die Bestimmung gibt nur bei peinlichster Einhaltung aller Vorschriften richtige Werte. Z. B. erhält man bei Anwendung einer geringeren Menge Fett eine viel höhere Polenskezahl als bei Anwendung von 5 g[2]). Eine Kontrollanalyse mit reinem Schweinefett muß eine Pl.-Z. nahe 0,5, keinesfalls über 0,65 geben[2]).

Die Übereinstimmung von Doppelbestimmungen sei wenigstens annähernd[3]):

bei Werten bis 2	10%
bei Werten von 2 bis 5	8%
bei Werten von 5 bis 10	5%
bei Werten über 10	4%.

Wie KIRKHAM[4]) zeigte, ist die Polenskezahl und ebenso die R.-M.-Zahl von dem bei der Destillation herrschenden Druck abhängig, in dem Sinne, daß bei höherem Druck die Zahlen größer werden; und zwar ist der Einfluß des Druckes auf die R.-M.-Zahl geringer und kann praktisch vernachlässigt werden, während die Pol.-Z. schon durch verhältnismäßig kleine Druckänderungen merklich beeinflußt wird. Die Umrechnung einer beim Druck p gefundenen Pol.-Z. v auf die Pol.-Z. V beim normalen Druck P kann nach KIRKHAM nach der empirischen Formel

$$V = \frac{v(P-K)}{p-K}$$

erfolgen. ($K = 45$ für Butter.) Nach derselben ergibt sich z. B. für eine Druckdifferenz von 60 mm bei einer Pol.-Z. um 5 schon eine Abweichung um 10% vom Wert. (Der Einfluß des Druckes auf die Zahlen ist ohne weiters verständlich, nachdem ja durch Druckerhöhung die Siedetemperatur des Wassers erhöht wird und im heißeren Dampf mehr Fettsäure destilliert. Ebenso ist die viel

---

[1]) Mußte man zur Klärung des Filtrats mit Kieselgur schütteln (s. S. 166, Fußnote), so extrahiert man auch die Gur auf dem zweiten Filter mit 90proz. Alkohol und titriert die Lösung für sich. Der Alkaliverbrauch der von der Gur aufgenommenen festen Säuren betrug bei mehreren Versuchen übereinstimmend ungefähr 0,5 ccm (unveröffentlichte Beobachtungen).

[2]) KREIS: Ch. Umschau Bd. 25, S. 42. 1918; s. a. ARNOLD: Z. Nahrgsm. Bd. 14, S. 151. 1907.

[3]) ARNOLD: Z. Nahrgsm. Bd. 23, S. 389. 1912.

[4]) Analyst Bd. 45, S. 293. 1920; C. 1920, IV, S. 543.

größere Beeinflussung der Pol.-Z. verständlich, weil die Dampftemperatur auf die Destillation der in Wasser unlöslichen „Polenskesäuren" einen ungleich größeren Einfluß hat als auf die der wasserlöslichen „Reichert-Meißl-Säuren").

Auswertung: Die Pol.-Z. wird vorwiegend bei der Untersuchung von Speisefetten bestimmt und dient hauptsächlich zum Nachweis von Cocosöl und Palmkernöl. Die Polenskezahlen von Cocosölen sind etwa 17 bis 18, von Palmkernölen 8,5 bis 11, die von Butterfett etwa 1,5 bis 3,5, so daß sich schon Zusätze von 10% Cocosöl durch die Erhöhung der Pol.-Z., bzw. durch Änderung des Verhältnisses zwischen R.-M.-Z. und Pol.-Z. bemerkbar machen. (Weitere Angaben s. Abschnitt Speisefette.) Neuerdings wird die Bestimmung der Pol.-Z. auch bei technischen Fetten und Fettsäuren, z. B. in der Seifenanalyse, zum Nachweis von Cocos- und Palmkernöl herangezogen (s. S. 486).

Über die Auswertung der R.-M.-Z. und Pol.-Z. zur quantitativen Bestimmung einzelner Fette in Fettmischungen s. Abschnitt Speisefette.

Zur Differenzierung der in einem Fett enthaltenen leichter flüchtigen und leichter löslichen Säuren von der Buttersäure bis zur Laurinsäure und damit zur Unterscheidung der betreffenden Fette (Butterfett und Palmfette) wurde eine ganze Reihe von Kennzahlen vorgeschlagen.

Auf der Trennung über die Silbersalze beruhen:

die Caprylsäurezahl und
die Caprinsäurezahl von JENSEN[1]),
die Kirschnerzahl[2]),
die „erste und zweite" Silberzahl von WIJSMAN[3]),
die „erste und zweite" Caprylsäurezahl von DONS[4]);

auf der Überführung in andere Metallsalze beruhen:

die Cadmiumzahl von PAAL und AMBERGER[5]),
die Magnesiumzahl von EWERS[6]),
die Kupferzahl von BELLIER[7]),
die Barytzahl, Ausführungsformen von FIRTSCH[8]), AVÉ-LALLEMENT[9]) und EWERS[10]),
die A-Zahl von BERTRAM und
die B-Zahl von BERTRAM[11]).

Auf der fraktionierten Lösung bzw. Destillation beruhen:

die Alkohollöslichkeitszahl von FENDLER[12]), ursprüngliche Ausführung von VANDAM[13]), spätere von ROBIN[14]),

---

1) Z. Nahrgsm. Bd. 10, S. 265. 1905.
2) KIRSCHNER: ebenda Bd. 9, S. 65. 1905.
3) WIJSMAN und REIJST: ebenda Bd. 11, S. 267. 1906.
4) ebenda Bd. 14, S. 333. 1907.
5) ebenda Bd. 17, S. 1, 23. 1909.
6) ebenda Bd. 19, S. 529. 1910.
7) Ann. Chim. anal. Bd. 11, S. 42. 1906; Z. Nahrgsm. Bd. 14, S. 713. 1907.
8) Dingl. Polyt. J. Bd. 278, Heft 9.
9) Z. Nahrgsm. Bd. 14, S. 317. 1907.
10) ebenda Bd. 19, S. 529. 1910.
11) BERTRAM, BOS und VERHAGEN: Ch. Weekblad Bd. 20, S. 610. 1923.
12) Z. Nahrgsm. Bd. 19, S. 544. 1910.
13) Ann. Pharm. Bd. 7, S. 201. 1901; Z. Nahrgsm. Bd. 5, S. 221. 1902.
14) Ann. Chim. anal. Bd. 11, S. 454. 1906; Z. Nahrgsm. Bd. 14, S. 714. 1907; Bd. 26, S. 213. 1913.

die Destillatzahl von FENDLER[1]),
die Äthylesterzahl von HANUS[2]) und
die SHREWSBURY-KNAPP-Zahl[3]).

Die meisten dieser (und noch eine größere Zahl ähnlicher) Methoden sind zu wenig oder mit nicht befriedigendem Ergebnis geprüft, mehrere verhältnismäßig zu kompliziert, auf jeden Fall entbehrlich[4]). Brauchbar sind die Kirschnerzahl und die Äthylesterzahl, unentbehrlich die A- und B-Zahlen.

Die Kirschnerzahl[5]).

Die Kirschnerzahl gibt an, wieviel Kubikzentimeter $^n/_{10}$-Alkali erforderlich sind, um einen unter bestimmten Bedingungen erhaltenen aliquoten Teil derjenigen „Reichert-Meißl-Säuren", deren Silbersalze in neutralen wässerigen Lösungen löslich sind, zu neutralisieren. Die Zahl hängt demnach im wesentlichen vom Gehalt des untersuchten Fettes an Buttersäure ab, in zweiter Linie macht sich ein höherer Capronsäuregehalt geltend, Caprylsäure und noch höhere Homologe sind ohne Einfluß.

Ausführung[6]): Die Bestimmung wird im Anschluß an die der Reichert-Meißl- und Polenskezahl im Polenskeapparat vorgenommen; s. S. 166. Nachdem vorschriftsmäßig 100 ccm des Destillates mit $^n/_{10}$-Barytlauge neutralisiert wurden, gibt man 0,5 g feingepulvertes Silbersulfat zu und läßt unter wiederholtem Umschütteln 1 Stunde lang stehen. Dann filtriert man, bringt 100 ccm des Filtrats wieder in den Polenskeapparat, gibt 35 ccm Wasser, 10 ccm Schwefelsäure (20—25 ccm H_2SO_4 zum Liter verdünnt) und ein langes Stück Aluminiumdraht zu und destilliert 110 ccm binnen 20 Minuten ab. 100 ccm des Destillates werden mit $^n/_{10}$-Natronlauge gegen Phenolphthalein titriert. Daneben wird ein Blindversuch ohne Fett ausgeführt, das dabei verbrauchte Volumen $^n/_{10}$-Lauge vom Verbrauch beim Hauptversuch abgezogen und der so korrigierte Wert auf 5 g Fett umgerechnet; ist *a* die Anzahl der zur Neutralisation der 100 ccm Reichert-Meißl-Destillat verbrauchten Kubikzentimeter Barytlösung und *b* die Zahl der bei der Endtitration verbrauchten Kubikzentimeter Natronlauge (beide Werte korrigiert), so ergibt sich die Kirschnerzahl (K.-Z.) aus der Formel:

$$\text{K.-Z.} = b\,\frac{121\ (100 + a)}{10000}\,.$$

Die Kirschnerzahlen sind im allgemeinen den Reichert-Meißl- und Polenskezahlen proportional[7]); sie liegen bei reinen Butterfetten zwischen 19 und 26, bei Cocosölen unter 2, bei Palmkernölen um 1, bei allen anderen Fetten betragen sie nur 0,1 bis 0,2. Das Verfahren ist somit zum Nachweis von Butterfett neben Cocos- und Palmkernöl geeignet[8]). Ein Nachteil der Methode ist, daß

[1]) Z. Nahrgsm. Bd. 19, S. 544. 1910.

[2]) Z. Nahrgsm. Bd. 13, S. 19. 1907. HANUS und STECKL: ebenda Bd. 15, S. 577. 1908; HANUS und THIAN: ebenda Bd. 20, S. 745. 1910.

[3]) Analyst Bd. 35, S. 385. 1910; s. a. ELSDON und BAGSHAWE: ebenda Bd. 42, S. 72. 1917.

[4]) Eine kritische Besprechung sämtlicher Methoden gab BERTRAM: a. a. O. Die Abhandlung enthält auch ein vollständiges Verzeichnis der einschlägigen Literatur.

[5]) Z. Nahrgsm. Bd. 9, S. 65. 1905.

[6]) Mit Berücksichtigung der Vorschläge von REVIS und BOLTON: Analyst Bd. 36, S. 333. 1911 und Z. Nahrgsm. Bd. 23, S. 357. 1912. Über eine andere Ausführungsform siehe MONHAUPT: Ch.-Ztg. Bd. 33, S. 305. 1909.

[7]) BOLTON, RICHMOND und REVIS: Analyst Bd. 37, S. 183. 1912. MONHAUPT: a. a. O.

[8]) S. z. B. JENSEN: Z. Nahrgsm. Bd. 10, S. 265. 1905; MONHAUPT: a. a. O.; REVIS und BOLTON: a. a. O.

vom Reichert-Meißl-Destillat ausgegangen werden muß, dessen Zusammensetzung durch die Versuchsbedingungen stark beeinflußt wird. Die bei Gegenwart von mehr oder weniger Cocosöl erreichbare Genauigkeit zeigt folgende Zusammenstellung der Analysenergebnisse verschiedener Fettmischungen mit steigendem Gehalt an Butterfett[1]):

Cocosölzusatz in Prozenten	Butterfett in Prozenten	
	zugesetzt	aus der K.-Z. berechnet
10	0	0,08—0,19
7,5	2,5	2,26
10	5	4,85—5,30
0—20	10	9,71—10,35
16	14	13,22

Die A-Zahl und die B-Zahl[2]).

Die A-Zahl ist ein Maß für den Gehalt einer Fettmischung an den für die Öle der Cocos- und Palmkerngruppe charakteristischen Säuren, die B-Zahl ein Maß für den Gehalt an Buttersäure und damit an Butterfett. Die beiden in der Ausführung kombinierten Methoden enthalten Verfahrenselemente der Kirschnerzahl- und der Magnesiumzahlbestimmung, sind aber einfacher als die letztere und weitaus zuverlässiger; sie beruhen im wesentlichen darauf, daß man aus dem zu untersuchenden Fett, bzw. aus dem Gemisch der durch seine Verseifung erhaltenen fettsauren Salze erst die höheren Fettsäuren abtrennt, indem man die Lösung mit Magnesiumsulfat fällt, und dann im Filtrat einerseits die Buttersäure, andererseits die übrigen noch vorhandenen Säuren auf Grund der Löslichkeit des buttersauren Silbers in Wasser voneinander trennt bzw. nebeneinander bestimmt.

Ausführung: Die erste Phase, Abscheidung der höheren Fettsäuren als Magnesiumsalze, ist für beide Bestimmungen gemeinsam. Man wägt genau 25 g Substanz in einem 300 ccm-Erlenmeyerkolben ab, versetzt mit 50 ccm chlorfreier Glycerin-Kalilauge[3]) (aus 3 Raumteilen Glycerin und 1 Raumteil einer 750 g KOH im Liter enthaltenden Lauge) und verseift vorsichtig über freier Flamme, bis die Flüssigkeit vollkommen homogen ist und nicht mehr stark schäumt. Nach dem Abkühlen wird mit 100 ccm Wasser verdünnt, die Lösung in einen 500 ccm Meßkolben gespült, zur Marke aufgefüllt und gut durchgemischt.

Man pipettiert 400 ccm der Lösung in einen 750 ccm-Erlenmeyerkolben, setzt einen seitlich eingekerbten Kork mit Thermometer, das in die Flüssigkeit eintaucht, auf und erhitzt auf 80°. Dann stellt man das Gefäß in ein auf 80° erwärmtes Wasserbad, ersetzt das Thermometer durch eine oben mit Kautschukschlauch und Quetschhahn verschlossene 200 ccm-Pipette, die mit 80° warmer Magnesiumsulfatlösung (150 g $MgSO_4$. 7aq im Liter) gefüllt ist und läßt die Lösung in der Zeit von etwa 5 Minuten unter Schütteln des Kolbens in diesen eintropfen. (Unter diesen Bedingungen fallen die Niederschläge gut filtrierbar und ohne Einschlüsse aus, während sie bei niedrigerer Temperatur zu fein werden, bei höherer sich leicht zusammenballen.) Hierauf ersetzt man die Pipette wieder

[1]) Kirschner: a. a. O.
[2]) Bertram, Bos und Verhagen: Ch. Weekblad, Bd. 20, S. 610. 1923.
[3]) Nach der ursprünglichen Vorschrift werden nur 40 ccm verwendet.

durch das Thermometer, kühlt den Kolben unter kräftigem Schütteln auf 20° ab, verschließt mit einem Kork, schüttelt 5 Minuten lang intensiv durch, läßt ihn 1 Stunde bei 20° (in welcher Zeit das Löslichkeitsgleichgewicht erreicht ist) stehen und nutscht den Niederschlag ab (beim einfachen Filtrieren hält er zuviel Flüssigkeit zurück, so daß oft weniger als die erforderlichen 400 ccm Filtrat ablaufen). Daneben wird ein blinder Versuch ohne Fett in genau gleicher Weise angestellt. Dieser gilt für alle Bestimmungen, die mit derselben Glycerin-Kalilauge ausgeführt werden und zeigt sowohl für die A- als auch für die B-Zahl Werte unter 1.

A-Zahl: 200 ccm Filtrat werden in einem 250 ccm-Meßkolben mit $^n/_2$-Schwefelsäure gegen Phenolphthalein neutralisiert, dann werden 20 g chlorfreies Natriumnitrat zugefügt und unter Schütteln langsam 22,5 ccm $^n/_5$-Silbernitratlösung zufließen gelassen. Man füllt mit Wasser zur Marke auf, verschließt den Kolben, schüttelt ihn 5 Minuten lang kräftig und läßt 1 Stunde in einem Wasserbad von 20° stehen. Dann filtriert man, versetzt 200 ccm Filtrat mit 6 ccm kaltgesättigter Eisenalaunlösung und 4 ccm etwa 40proz. Salpetersäure und titriert das überschüssige Silbernitrat mit $^n/_{10}$-Rhodanammoniumlösung zurück. Die zur Fällung verbrauchten Kubikzentimeter $^n/_{10}$-Silberlösung, vermindert um das beim Blindversuch verbrauchte Volumen Silberlösung, sind die A-Zahl.

B-Zahl: 200 ccm Filtrat werden in einem 300 ccm-Erlenmeyerkolben mit $^n/_2$-Schwefelsäure neutralisiert, durch Wasserzusatz auf ca. 250 ccm gebracht und bei 20° unter Schütteln 2 g Silbersulfat in kleinen Anteilen zugegeben. (Der Zusatz ist so bemessen, daß die Lösung auf alle Fälle mit Silbersulfat gesättigt ist, somit alles Silberbutyrat gelöst bleibt, während von den Silbersalzen der höheren Homologen praktisch nichts gelöst wird.) Man verkorkt den Kolben, schüttelt 5 Minuten lang kräftig durch, läßt 1 Stunde im Wasserbad von 20° stehen und filtriert. 200 ccm dieses Filtrats werden mit 50 ccm verdünnter Schwefelsäure (aus 13 ccm konz. Säure auf 500 ccm Wasser) versetzt und daraus im Polenskeapparat, nach Zugabe einiger Körnchen Bimsstein, genau 200 ccm abdestilliert. (Dabei sollen von der Buttersäure — andere Säuren sind praktisch nicht zugegen — regelmäßig etwa 98% übergehen.) Das Destillat wird mit $^n/_{10}$-Natronlauge gegen Phenolphthalein titriert. Die verbrauchten Kubikzentimeter Lauge, vermindert um den Verbrauch beim Austitrieren des Blindversuchs, sind die B-Zahl.

Auswertung: Reines Cocosfett zeigt eine A-Zahl von rund 27,5 und eine B-Zahl von rund 2,7, Palmkernöl eine A-Zahl über 16, Butterfett A-Zahlen um 6,7 und B-Zahlen über 33. Bei ranzigen Butterfetten werden höhere B-Zahlen gefunden, bisher im äußersten Fall, bei australischer Butter, über 43. Die A- und B-Zahlen aller anderen in Betracht kommenden Fette liegen unter 1. Die den A- und B-Zahlen von Fettmischungen entsprechenden Prozentgehalte an Cocos- bzw. Butterfett können direkt aus den Schaulinien (Abb. 44), die auf Grund zahlreicher Analysenergebnisse konstruiert wurden, abgelesen werden. Enthält die untersuchte Probe Palmkernöl, so muß man nur den an der A-Linie abgelesenen Prozentgehalt Cocosöl mit dem Faktor $\frac{100}{59}$ (= 1,695) multiplizieren, um den Prozentgehalt an Palmkernöl zu finden. Der Gehalt an Butterfett wird bei Gemischen bis 10% auf einige Zehntelprozente genau gefunden; bei an Butterfett reicheren Mischungen fallen die Bestimmungen manchmal weniger genau aus, weil der Gehalt der verschiedenen Buttersorten an Buttersäure schwankt. Cocosöle werden, unabhängig von der Herkunft der Öle, auf ungefähr 2% genau bestimmt. Auch bei Mischungen von Cocosöl, Butterfett und anderen Fetten,

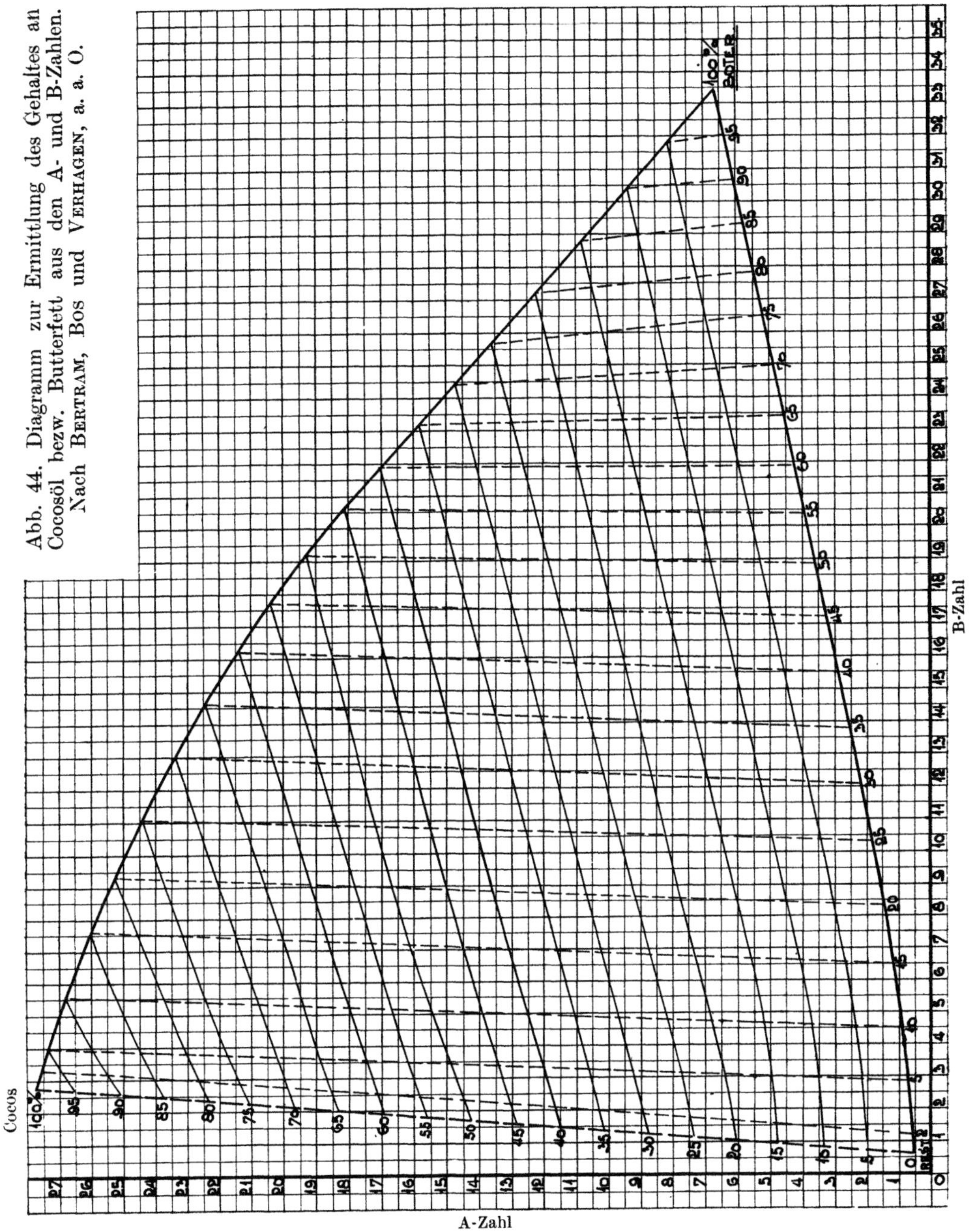

Abb. 44. Diagramm zur Ermittlung des Gehaltes an Cocosöl bezw. Butterfett aus den A- und B-Zahlen. Nach Bertram, Bos und Verhagen, a. a. O.

läßt sich der Gehalt an den beiden ersten Bestandteilen und dem „Restfett“ aus der A- und der B-Zahl, in Verbindung mit der Verseifungszahl, meistens sicher berechnen. Enthält eine Mischung nur wenig Butterfett, so ergibt sich der Gehalt an Cocosöl aus der Näherungsformel:

$$\% \text{ Cocosöl} = 3{,}80\,A - 1{,}13\,B - 1{,}90\,.$$

Beispiele:

Zusammensetzung der Mischung in Prozenten			Gefunden		Daraus berechnet	
Butterfett	Cocosöl	Andere Fette	A-Zahl	B-Zahl	% Butterfett	% Cocosöl
0	35	Gehärt. Öl . . . . . 43 Rüböl 22	10,15	1,41	0	35
2	5	Baumwollsamenöl . . 35 Jus 58	2,05	1,35	2	5
10	66	Erdnußöl 24	19,27	5,22	10	64,4
2	98	—	27,70	3,32	2	98,8
9	16,5	Schmalz . . . . . . 32,5 Sesamöl . . . . . . 10 Jus und Oleomargarin 32	5,54	4,36	8,9	16,3
2	29	Mischung von Baumwollsamenöl, Sesamöl, Sojaöl, Schmalz, Jus und gehärtetem Öl 69	9,18	1,96	2,2	31

Die Jodzahl[1]).

Die Jodzahl gibt an, wieviel Halogen, berechnet als Prozente Jod, eine Substanz anzulagern vermag.

Prinzip: Man läßt die in einem indifferenten Mittel gelöste Substanz mit einem Überschuß titrierter Halogenlösung so reagieren, daß bloß Anlagerung, aber keine Substitution durch Halogen erfolgt, setzt hierauf durch Zusatz von Jodkalium die dem unverbrauchten Halogen äquivalente Menge Jod in Freiheit und titriert zurück.

Theorie: Die ungesättigten aliphatischen Verbindungen verbinden sich, von wenigen Ausnahmen abgesehen, sehr leicht mit den Halogenen, indem sich an jede sog. Doppelbindung ein Molekül Halogen anlagert. Dabei wirkt Chlor am energischesten, substituiert aber auch am stärksten, Brom lagert sich zwar genügend schnell an, substituiert aber auch noch, Jod allein reagiert zu träge. Zur quantitativen Durchführung der Anlagerung unter möglichster Vermeidung gleichzeitiger Substitution eignen sich am besten die Verbindungen der Halogene untereinander, Chlorjod und Bromjod; ferner die unterhalogenigen Säuren. Man verwendet deshalb fast ausschließlich Lösungen dieser Verbindungen, seltener Bromlösungen. Der Schöpfer der Methode, v. HÜBL, fand zuerst, daß eine alkoholische Lösung von Jod und Quecksilberchlorid besonders wirksam ist[2]). Später zeigte EPHRAIM, daß der wirksame Bestandteil der HÜBLschen Lösung Jodmonochlorid ist, das sich im Sinne folgender Gleichung bildet[3]).

$$HgCl_2 + J_2 = HgJCl + JCl$$

oder

$$HgCl_2 + 2\,J_2 = HgJ_2 + 2\,JCl\,.$$

EPHRAIM schlug vor, die Lösung direkt durch Auflösen von Jodchlorid in Alkohol zu bereiten. Die Lösungen von Jodchlorid bzw. ebenso die von Queck-

[1]) v. HÜBL: Dingl. Polyt. J. Bd. 253, S. 281. 1884.

[2]) a. a. O. Über die Wirkungsweise des Quecksilberchlorids s. bes. MARGOSCHES und HINNER: Ch. Ztg. Bd. 48, S. 389. 1924.

[3]) Z. ang. Bd. 8, S. 254. 1895.

silberchlorid und Jod in (nicht vollständig wasserfreiem) Alkohol sind aber sehr unbeständig; in denselben verlaufen folgende Reaktionen[1]):

$$JCl + H_2O \rightleftharpoons JOH + HCl$$
$$2\,JOH + CH_3CH_2OH = J_2 + 2\,H_2O + CH_3CHO\,.$$

Durch die zweite Reaktion wird das Gleichgewicht der ersten gestört und aufs neue JOH gebildet. (Die unterjodige Säure lagert sich auch zum Teil um, zu Jodsäure und Jod:

$$5\,JOH = JO_3H + 2\,H_2O + 2\,J_2\,,$$

die Jodsäure kann mit Jod und Chlorwasserstoff Jodchlorid zurückbilden:

$$JO_3H + 2\,J_2 + 5\,HCl \rightleftharpoons 5\,JCl + 3\,H_2O\,,$$

die Jodlösung enthält folglich freies Jod, Jodmonochlorid, unterjodige Säure, Jodsäure, miteinander bzw. mit den übrigen Bestandteilen im Gleichgewicht; diese Reaktionen haben aber an sich auf die Beständigkeit der Jodlösung, bzw. auf den stetigen Rückgang des Jodtiters keinen Einfluß, weil beim Umsatz mit Jodkalium aus Jodmonochlorid, unterjodiger Säure und aus Jodsäure äquivalente Mengen Jod freigemacht werden.)

Die alkoholische Lösung von Jodchlorid bzw. Quecksilberchlorid und Jod ist um so beständiger, je weniger Wasser und je mehr Chlorwasserstoff sie enthält[2]). WALLER hat deshalb Zusatz von Chlorwasserstoff bzw. konzentrierter Salzsäure zur Hüblschen Lösung vorgeschlagen[3]). Die Wallersche Lösung ist tatsächlich beständiger als irgendeine andere, sie gibt aber niedrigere Jodzahlen. Das beruht darauf, daß sich bei höherer Konzentration des Chlorwasserstoffs auch ein wenig von diesem anlagert, so daß entsprechend weniger Halogen addiert wird[4]). Viel geeigneter als alkoholische Lösungen von Jodchlorid ist die Lösung von Jodchlorid in Eisessig, die zuerst von HENRIQUES vorgeschlagen[5]), von WIJS erprobt und in die analytische Praxis eingeführt wurde[6]). Die Essigsäure drängt die Substitution genügend zurück; die Wijssche Lösung reagiert ferner am schnellsten, zwölfmal schneller als die von HÜBL-WALLER. Während der kurzen Einwirkungsdauer ändert sich der Titer weniger als sich der Titer der an sich beständigeren Wallerschen Lösung während der soviel längeren Einwirkungsdauer ändert; die Wijssche Lösung ist somit die relativ beständigste[7]). — Dieselben Vorzüge hat die von HANUS eingeführte Lösung von Bromjod in Eisessig[8]).

Bei der Einwirkung der Lösungen von HÜBL, WIJS usw. auf eine ungesättigte Verbindung besteht die Hauptreaktion, wie schon v. HÜBL angab, in der Anlagerung von Chlorjod an die Doppelbindung. Z. B. reagiert die Ölsäure vorwiegend im Sinne der Gleichung:

$$C_{17}H_{33}COOH + JCl = C_{17}H_{33}JClCOOH.$$

---

[1]) WIJS: Z. ang. Bd. 11, 291. 1898; Z. anal. Ch. Bd. 37, S. 277. 1898; Ber. Bd. 31, S. 750. 1898.

[2]) WALLER: Ch.-Ztg. Bd. 19, S. 1786. 1831. 1895.

[3]) a. a. O. Siehe auch DIETERICH: Ch. Revue Bd. 4, S. 94. 1897; PELGRY: ebenda S. 78.

[4]) MEIGEN und WINOGRADOFF: Z. ang. Bd. 27, S. 241. 1914.

[5]) Ch. Revue Bd. 5, S. 120. 1898.

[6]) a. a. O.

[7]) MEIGEN und WINOGRADOFF: a. a. O.

[8]) Z. Nahrgsm. Bd. 4, S. 913. 1901. BELLIER (Ann. Chim. anal. Bd. 5, S. 128. 1900) hat bereits eine Lösung von Jod und Brom in mit Quecksilberchlorid gesättigtem Eisessig vorgeschlagen, die aber zu hohe Werte gibt.

LIEBERMANN sah voraus, MEIGEN und WINOGRADOFF bewiesen später, daß auch Chlormoleküle addiert würden[1]), z. B.:

$$C_{17}H_{33}COOH + Cl_2 = C_{17}H_{33}Cl_2COOH.$$

Nach WIJS wird auch unterjodige Säure addiert und das Additionsprodukt sekundär durch Chlorwasserstoff in das Hauptprodukt der Reaktion verwandelt[2]), z. B.:

$$C_{17}H_{33}COOH + JOH = C_{17}H_{33}J(OH)COOH$$
$$C_{17}H_{33}J(OH)COOH + HCl \rightarrow C_{17}H_{33}JClCOOH + H_2O\,.$$

Nach INGLE soll umgekehrt durch Einwirkung von Wasser auf das Chlorjod-Additionsprodukt Chlorwasserstoff abgespalten werden, wobei Chlor durch Hydroxyl ersetzt würde[3]). Danach wäre die letzte Gleichung von rechts nach links zu lesen. Vielleicht liegt ein Gleichgewicht vor. In praktischer Beziehung kommt es natürlich nicht in Betracht, ob nur Chlorjod oder auch Chlor und JOH addiert werden[4]). Dagegen muß die Addition von Chlorwasserstoff unbedingt unterbleiben.

Die störendste Nebenreaktion ist die Substitution von Wasserstoff durch Halogen[5]). Wie schon angegeben, reagiert Chlor am stärksten; selbst bie Verwendung von Chlorjod reagiert das in dieser Verbindung enthaltene Chlor zum Teil wie freies Chlor, lagert sich als solches an und substituiert auch. Man kann die Substitution durch Zugabe von Chlorwasserstoff zurückdrängen; viel besser ist aber die Vermeidung der Substitution durch Verwendung eines kleinen Überschusses von Jod nach dem Vorgange von MEIGEN und WINOGRADOFF (a. a. O.). Zu große Jodüberschüsse sind wegen der sonst eintretenden Verlangsamung der Reaktion zu vermeiden.

Bei der Substitution wird bekanntlich für jedes Atom Halogen, das in das organische Molekül eintritt, ein Molekül Halogenwasserstoff entbunden. In wasserfreien Halogenlösungen wird Halogenwasserstoff nur durch Substitution gebildet. Man kann daher die Menge des zur Substitution verbrauchten Halogens durch Bestimmung des Halogenwasserstoffs ermitteln und aus der Differenz vom Gesamthalogenverbrauch die Menge des angelagerten Halogens feststellen. Zu diesem Zwecke verwendet man bei der Jodzahlbestimmung eine neutrale wasserfreie Halogenlösung, entweder die MEIGENsche Lösung von Chlorjod in Tetrachlorkohlenstoff[6]) oder die Bromlösung von Mc. ILHINEY (s. unten).

Bei richtiger Ausführung der Methode, namentlich bei Ausschaltung bzw. Berücksichtigung etwaiger Substitution, lassen sich von fast allen ungesättigten aliphatischen Verbindungen die Jodzahlen auf mindestens wenige Zehntelprozente genau bestimmen. Die bisher bekannten Ausnahmen sind die Verbindungen mit dreifacher (Acetylen-) Bindung (s. auch unten) und die ungesättigten Säuren, deren Doppelbindungen den Karboxylgruppen benachbart sind[7]). Säuren, welche

---

[1]) Ber. Bd. 24, S. 4117. 1891.

[2]) Bezüglich der Addition von JOH siehe auch VAN LEENT: Z. anal. Ch. Bd. 43, S. 661. 1904.

[3]) J. Soc. Ch. Ind. Bd. 21, S. 587. 1902; Bd. 23, S. 422. 1904; Bd. 27, S. 314. 1908.

[4]) Aus wässeriger Jod-Jodkaliumlösung und alkoholischer Jodlösung nehmen die ungesättigten Säuren JOH auf, während eine äquivalente Menge von freiem JH auftritt. MARGOSCHES und HINNER: Ch. Umschau, Bd. 31, S. 41. 1924.

[5]) SCHWEITZER und LUNGWITZ: J. Soc. Ch. Ind. Bd. 13, S. 616. 1894.

[6]) Vgl. auch HILDT: Rev. prod. chim. Bd. 21, S. 254. 1918; C. 1919, II, S. 722.

[7]) LEWKOWITSCH: Ch. Technol. 2. ed., S. 176; FAHRION: Z. ang. Bd. 14, S. 1226. 1901; BAUER: Ber. Bd. 37, S. 3317. 1904; WAKE und INGLE: J. Soc. Ch. Ind. Bd. 27, S. 315. 1908.

die Doppelbindung in α-, β-Stellung enthalten, wie Crotonsäure, Fumar- und Maleinsäure, Zimtsäure, 2, 3-Ölsäure usw., addieren kaum 10% der theoretisch berechneten Menge Halogen[1]); β-, γ-ungesättigte Säuren, wie 3, 4-Ölsäure, etwa ein Fünftel, γ-, δ-ungesättigte Säuren etwa ein Viertel der theoretischen Menge[2]).

Wie die olefinischen Verbindungen, reagieren auch die ungesättigten hydroaromatischen Verbindungen (Terpene und Terpadiene), von einigen Ausnahmen abgesehen, normal. Die Ausnahmen betreffen Verbindungen, deren Konstitution nicht völlig aufgeklärt ist, so die Harzsäuren und die Sterine (s. daselbst). Bei der Bestimmung der Jodzahlen hydroaromatischer Verbindungen ist auch zu beachten, daß sich Halogen nicht nur an sog. Doppelbindungen, sondern auch an Brückenbindungen (unter Aufspaltung der Brücke) anlagert. So addiert z. B. das eine Doppelbindung und eine Brückenbindung enthaltende Pinen des Terpentinöles vier Atome Halogen. Die Säuren mit einer dreifachen (Acetylen-) Bindung, wie die Stearol- und Behenolsäure usw., addieren nur ein Molekül Halogen. Z. B.

$$CH_3(CH_2)_7C \equiv C(CH_2)_{11}COOH + JCl \longrightarrow CH_3(CH_2)_7CJ = CCl(CH_2)_{11}COOH\,.$$

Die einzelnen Ausführungsformen unterscheiden sich voneinander nur durch die Zusammensetzung der verwendeten Halogenlösung und durch die Verschiedenheit der einzuhaltenden Einwirkungsdauer.

a) Bestimmung der Jodzahl mittels Chlorjod-Lösungen:

Bereitung der Halogenlösungen: 1. v. Hüblsche Jodlösung. Man löst einerseits 25 g Jod, andererseits 30 g Quecksilberchlorid in je 500 ccm reinem, aldehydfreiem 95 proz. Alkohol. Die Lösungen werden getrennt aufbewahrt und, nach Maßgabe des Bedarfs, bloß Anteile im Verhältnis 1:1 vermischt[3]). Die Gesamtlösung soll erst 48 Stunden nach dem Vermischen verwendet werden. (Nach der ursprünglichen Vorschrift werden die Teillösungen sofort vereinigt; die Gesamtlösung darf nach 24 Stunden verwendet werden.) Die Hüblsche Lösung ist anfangs ungefähr $^n/_5$, der Titer geht aber sehr rasch zurück[4]). Die Lösung darf nur so lange benützt werden, als der Titer noch wenigstens $^n/_7$ ist, d. h. 25 ccm Lösung etwa 35 ccm $^n/_{10}$-Thiosulfatlösung verbrauchen.

2. Wallersche Jodlösung. Man löst 25 g Jod in 250 ccm starkem Alkohol, dann 25 g Quecksilberchlorid in 200 ccm Alkohol, fügt zur letzten Lösung 25 g Salzsäure (1,19), vermischt beide Lösungen und füllt mit Alkohol auf 500 ccm. Die Lösung ist natürlich doppelt so stark als die v. Hüblsche Lösung, so daß bei ihrer Anwendung doppelte Mengen der zu untersuchenden Substanzen einzuwägen sind.

---

[1]) Ponzio und Gastaldi: Gazz. chim. Bd. 42, S. 92. 1912; nach anderen Angaben sollen nur die Ester von Croton- und Zimtsäure zu niedrige Werte geben, während die freien Säuren, wenigstens aus Winklerscher Lösung im Dunkeln, die berechnete Menge Halogen addieren.

[2]) Eckert und Haller: Monatsh. Bd. 34, S. 1815. 1913.

[3]) Fahrion: Ch.-Ztg. Bd. 15, S. 1791. 1891.

[4]) Abänderungsvorschläge: Nach Welmans soll als Lösungsmittel anstatt Alkohol ein Gemisch aus gleichen Raumteilen Essigsäure und Äther oder Essigsäureester verwendet werden (Pharm. Ztg. Bd. 38, S. 222. 1893); nach Fahrion ist Methylalkohol vorzuziehen (Ch.-Ztg. Bd. 16, S. 862, 1472. 1892; Bd. 17, S. 1100. 1893); auch Gill und Adams (J. Am. Ch. Soc. Bd. 22, S. 12. 1900) empfehlen Methylalkohol als Lösungsmittel und Quecksilberjodid anstatt -chlorid, während Saytzeff Quecksilberbromid benutzte. Kitt gab an, daß der Titer der Hüblschen Jodlösung nach fünfstündigem Kochen am Rückflußkühler konstant wird, er geht aber dabei auf ein Drittel des Anfangswertes zurück (Ch.-Ztg. Bd. 25, S. 540. 1901). Diese Abänderungen kommen heute praktisch nicht mehr in Betracht.

3. WIJSsche Jodlösung. Zur Herstellung einer $^{n}/_{5}$-JCl-Lösung muß man 7,8 g Jodtrichlorid und 8,5 g Jod in einem Liter reinem, wasserfreien Eisessig lösen[1]). Nachdem das käufliche Jodtrichlorid ein wenig Jodmonochlorid enthält, sollte man davon etwas mehr und dafür entsprechend weniger Jod nehmen[2]). Wie oben angegeben, ist es aber vorteilhafter, wenn die Lösung einen kleinen Überschuß an Jod, am besten 2%, enthält. In Ermanglung von Jodtrichlorid kann man auch die entsprechende Menge (rund 13 g) Jod in Eisessig lösen und Chlor einleiten, bis sich der Titer verdoppelt hat. Die Lösung ist sofort verwendbar und bleibt monatelang unverändert.

4. HANUSsche Lösung. Man löst 20 g Jodmonobromid in 1 l reinem Eisessig. (Zur Darstellung des Jodbromids verrührt man 20 g gepulvertes Jod allmählich unter Kühlen auf etwa 5° mit 13 g Brom und treibt nach 10 Minuten das überschüssige Brom mittels Kohlendioxyd ab.) Man kann auch einfach 13 g fein zerriebenes Jod mit ein wenig Eisessig übergießen, 8 g Brom dazuwägen, mit Eisessig zum Liter füllen und bis zur vollständigen Auflösung schütteln[3]).

5. ASCHMANN-MARGOSCHESsche Lösung. Neuerdings haben MARGOSCHES und BARU[4]) für die Darstellung und Verwendung einer wässerigen Chlorjodlösung, die bereits früher von ASCHMANN[5]) versucht wurde, die günstigsten Bedingungen ermittelt: In die Lösung von 15 g Jodkalium in 50 ccm Wasser wird Chlor bis zur Wiederauflösung des intermediär abgeschiedenen Jods eingeleitet, nach 5stündigem Stehenlassen wird vom abgeschiedenen Kaliumbijodat abgegossen und die Lösung auf 500 ccm gefüllt. Die Lösung wird in der gleichen Weise verwendet wie die anderen Jodlösungen (s. unten), nur wird mehrmals (nach dem Ansetzen der Probe, dann dreimal in der ersten Hälfte der Einwirkungsdauer) sehr vorsichtig umgeschwenkt.

Ausführung der Bestimmung[6]): Man wägt die Proben am besten in kleinen becherförmigen Gläschen von 5—10 mm Durchmesser und 10—15 mm Höhe. Von stark ungesättigten Substanzen — trocknenden Ölen, Präparaten von mehrfach ungesättigten Säuren u. dgl. — nimmt man 0,1—0,2 g, von festen Fetten 0,5—1 g, von halbtrocknenden Ölen, Ölsäurepräparaten u. dgl. eine dazwischen liegende Menge. Die Gläschen werden in 300—500 ccm fassende Flaschen mit gut passenden eingeschliffenen Stopfen gleiten (nicht fallen) gelassen. Wenn die zu untersuchende Substanz in der angewendeten Jodlösung nicht löslich ist, was bei den meisten Fetten zutrifft, so setzt man etwa 10 ccm — nötigenfalls auch mehr — Tetrachlorkohlenstoff zu[7]). Hierauf läßt man aus einer Pipette, oder besser aus einer

---

1) S. a. DUBOVITZ: Ch.-Ztg. Bd. 38, S. 1111. 1914.

2) NIEGEMANN und KAYSER: Ch.-Ztg. Bd. 39, S. 491. 1915.

3) RUPP: Apoth.-Ztg. Bd. 34, S. 269. 1919.

4) Ch.-Ztg. Bd. 45, S. 898. 1921; Ch. Umschau Bd. 28, S. 229, 245. 1921; MARGOSCHES, BARU und WOLF: Z. anal. Ch. Bd. 62, S. 178. 1922.

5) Ch.-Ztg. Bd. 22, S. 59, 71. 1898.

6) Über „Mikroverfahren" zur Bestimmung der Jodzahl vgl. GILL und SIMMS: Eng. Bd. 13, S. 547. 1921; C. 1922, IV, S. 686; s. a. ERNST: Seife Bd. 6, S. 462. 1921. Ferner LÜHRIG: „Über eine halbmikrochem. Abänderung der HANUS-Methode", Pharm. Centralh. Bd. 63, S. 218. 1922; Ch. Umschau Bd. 29, S. 152, 285. 1922.

7) Zur Prüfung des Tetrachlorkohlenstoffs auf einen Gehalt an Chlorwasserstoff versetzt man 5 bis 10 ccm mit einer Spur ($^{1}/_{100}$ mg) von festem para-Dimethylaminoazobenzol; in neutralem Tetra löst es sich gelb, sonst violettrot (VORLÄNDER: Ber. Pharm. Ges. Bd. 28, S. 337. 1918). Nach der ursprünglichen Vorschrift von HÜBL verwendet man als Lösungsmittel Chloroform, das aber weniger zu empfehlen ist. (Vgl. dagegen BANKSTON und VILBRANDT: Eng. Bd. 16, S. 707. 1924.) Prüfung auf Chlorwasserstoff und Phosgen ist unbedingt nötig. Noch weniger ist die Verwendung von Benzol (FARNSTEINER: Z. Nahrgsm. Bd. 1, S. 729. 1898) zu empfehlen. Äther ist wegen des möglichen Gehaltes an Äthylperoxyd unverwendbar (BRUNNER: Ch.-Ztg. Rep. Bd. 13, S. 46. 1889).

Nachfüllbürette mit automatischer Einstellung, 25 ccm Jodlösung zufließen[1]). Die Menge der Jodlösung ist so zu bemessen, daß wenigstens die Hälfte des Halogens unverbraucht bleibt[2]). (Sollte sich die Reaktionsmischung in kurzer Zeit stark entfärben, so muß deshalb nochmals Jodlösung zugesetzt werden. Ebenso kann von vornherein ein größeres Volumen angewendet werden.) Gleichzeitig wird ein Blindversuch angesetzt, in dem dieselbe Menge Jodlösung und dieselbe Menge Lösungsmittel wie beim Hauptversuch in eine Titrierflasche eingebracht werden. Der Inhalt der Flaschen wird durch vorsichtiges Schwenken (nicht Schütteln) vermischt; dann werden die Flaschen während der gewollten Reaktionszeit bei Zimmertemperatur[3]) im Dunkeln stehen gelassen. Die Reaktionszeit ist je nach der Jodlösung verschieden. Die v. HÜBLsche und die WALLERsche Lösung erfordern wenigstens 6—12stündige Einwirkungsdauer, die mitunter zur Sicherheit auf 18—24 Stunden ausgedehnt wird; bei WIJSscher Lösung genügt für Substanzen, deren Jodzahl unter 100 liegt, viertel- bis halbstündige Einwirkung, bei anderen 1, höchstens 2 Stunden Stehenlassen; die HANUSsche Lösung reagiert schon in 15 Minuten quantitativ[4]).

Nach Ablauf der Reaktionszeit setzt man 20 ccm einer 10proz. Lösung von reinem, jodatfreiem Jodkalium und 150—300 ccm Wasser zu (bei Verwendung HÜBLscher Lösung scheidet sich manchmal ein roter Niederschlag von Quecksilberjodid aus, der durch einen weiteren Jodkaliumzusatz gelöst werden muß). Hierauf wird mit $^{n}/_{10}$-Natriumthiosulfatlösung zurücktitriert[5]). Man läßt unter häufigem Umschwenken solange Thiosulfatlösung zufließen, bis die wässerige Flüssigkeit und die Öllösung nur mehr ganz schwach gefärbt sind. Dann wird ein wenig Stärke- oder Jodzinkstärkelösung[6]) zugesetzt und vorsichtig auf Farblos titriert.

In derselben Weise wird der blinde Versuch austitriert. Die Differenz der beim Austitrieren des Hauptversuches und des blinden Versuches verbrauchten Kubikzentimeter Thiosulfatlösung, multipliziert mit dem Jodtiter derselben, ergibt die verbrauchte Halogenmenge, ausgedrückt in Grammen Jod, die auf Prozente der eingewogenen Substanzmenge umgerechnet werden.

---

[1]) Bei Verwendung WIJSscher Lösung ist eine automatische Nachfüllbürette unbedingt vorzuziehen; KELBER und RHEINHEIMER: Arch. Pharm. Bd. 255, S. 417. 1917.

[2]) FAHRION: Ch.-Ztg. Bd. 16, S. 862,1472. 1892; HOLDE: Z. ang. Bd. 9, S. 29. 1896.

[3]) Nach SCHWEITZER und LUNGWITZ soll man die Reaktion bei 45° vor sich gehen lassen; sie erfordert dann kürzere Zeit, bei HÜBLscher Lösung nur $^{3}/_{4}$ Stunden. Diese Maßnahme ist trotzdem nicht zu empfehlen.

[4]) BOHRISCH und KÜRSCHNER: Apoth.-Ztg. Bd. 33, S. 247. 1918; C. 1918, II, S. 222.

[5]) Die Thiosulfatlösung wird bereitet durch Lösen von 24,8 g Salz auf 1 l ausgekochtes, kohlensäurefreies Wasser. Zusätze von Ammoniumcarbonat oder Essigsäure zum Stabilisieren sind überflüssig (PAGNIELLO: Giorn. Farm. Chim. Bd. 63, S. 505. 1914; C. 1915, I, S. 335).

Der Titer wird meistens nach VOLHARD mittels Kaliumbichromat gestellt: 20 ccm einer Vorratslösung von 3,8663 g reinem, umkrystallisiertem, getrocknetem, nicht umgeschmolzenem Salz werden in eine Titrierflasche zu 10 ccm 10proz. Jodkaliumlösung (jodatfrei) und 5 ccm konz. Salzsäure fließen gelassen; es werden 0,5 g Jod frei, die wie üblich titriert werden. — Nachdem Bichromat nicht so leicht, als bisher angenommen, rein zu erhalten ist (BRUHNS: J. pr. (2), Bd. 93, S. 73. 1916), empfiehlt es sich, den Titer mit Jod einzustellen: Etwa 0,2 g resublimiertes Jod werden in einem Wägegläschen, das etwa 1 g angefeuchtetes Jodkalium enthält, genau gewogen und das Gläschen unter schwachem Lüften des Deckels in Jodkalium gleiten gelassen; nach erfolgter Lösung wird titriert.

[6]) Zur Darstellung einer monatelang haltbaren Stärkelösung ist das Verfahren von PAINTER (Analyst Bd. 47, S. 166. 1922) vorzüglich geeignet: Man kocht gleiche Teile Reisstärke und Soda in 50 Teilen Wasser, setzt nach dem Abkühlen konz. Salzsäure bis zur deutlich sauren Reaktion und ein wenig granuliertes Zinn zu. Nach 24 Stunden wird die neutrale, farblose oder schwach gelbstichige Lösung klar filtriert.

Beispiel:

0,6140 g Talg wurden mit 25 ccm WIJSscher Lösung reagieren gelassen;
zum Austitrieren des Blindversuchs verbraucht . . . . 51,55 ccm Thiosulfat
zum Austitrieren der Analyse verbraucht . . . . 33,25 ccm Thiosulfat
Differenz: 18,30 ccm Thiosulfat

1 ccm Thiosulfat = 0,01258 g Jod,

18,3 ccm Thiosulfat = 0,23021 g Jod,

$$\text{Jodzahl} = \frac{0{,}2302 \cdot 100}{0{,}6140} = 37{,}50\,.$$

Der stetige Rückgang des Titers bedingt besonders bei der HÜBLschen Jodlösung einen Fehler; zur Vermeidung desselben hat man vorgeschlagen, statt einen Blindversuch anzusetzen, die Jodlösung vor und nach Anstellung des Hauptversuchs zu titrieren und das Mittel zu nehmen; genauere Resultate werden erhalten durch Berechnung der Jodzahl mit Hilfe der von SCHMIDT-NIELSEN und OWE[1]) angegebenen Formel:

$$\text{J.-Z.} = \frac{127\,f}{100\,i}\left[(b_o - a) - \left(\frac{a}{b_t}\right)^2 \cdot (b_o - b_t)\right],$$

worin bedeutet:

f = Faktor der Thiosulfatlösung,
i = verwendete Substanzmenge,
a = Thiosulfatverbrauch der Probe nach 24stündiger Einwirkung,
b_o = Thiosulfatverbrauch der Jodlösung (Anfangstiter),
b_t = Thiosulfatverbrauch der blinden Probe am Ende des Versuchs.

b) Bestimmung mittels alkoholischer Jodlösung.

Schnellmethode von MARGOSCHES[2]).

Dieses Verfahren ist von den anderen prinzipiell verschieden, es beruht darauf, daß alkoholische Jodlösung mit Wasser unterjodige Säure bildet, die weitaus schneller als Halogen reagiert. Man löst 0,1—0,15 g Substanz in etwa 10 ccm Alkohol, am besten absolutem, versetzt mit 25 ccm $^{n}/_{5}$ alkoholischer Jodlösung, fügt etwa 200 ccm Wasser zu und schüttelt kräftig um, wobei sich eine stabile Emulsion bildet. Man läßt 5 Minuten stehen, in welcher Zeit noch keine Substitution erfolgt, und titriert direkt, ohne Zusatz von Jodkalium, mit $^{n}/_{10}$ Thiosulfatlösung zurück. Infolge der Beständigkeit der alkoholischen Jodlösung ist höchstens alle 14 Tage ein Blindversuch auszuführen. Die Resultate stimmen mit den mittels HÜBLscher Lösung erhaltenen überein. Die Methode ist sowohl die schnellste als auch die weitaus billigste. Über die Ausführung bei Fetten, die sich in kaltem Alkohol nicht genügend leicht (d. i. wenigstens zu $1^0/_0$) lösen, siehe Nachtrag S. 552.

c) Bestimmung mittels Bromlösungen.

Schon lange vor der Ausbildung der klassischen Jodzahlmethode mittels Jodchloridlösungen wurde die Bestimmung des Halogenbindungsvermögens ungesättigter Substanzen durch Bromierung mittels Bromsäure-Bromwasserstofflösung vorgeschlagen[3]). Spätere Verfahren beruhen darauf, daß man Lösungen

[1]) „Die Bestimmung der Jodzahl", Kristiania, 1923; s. HALDEN: Z. D. Öl- u. Fettind. Bd. 44, S. 124. 1924.

[2]) MARGOSCHES, HINNER und FRIEDMANN: Z. ang. Bd. 37, S. 334. 1924; s. a. Ber. Bd. 57, S. 996. 1924.

[3]) KNOP: Ch. Pharm. Centralblatt 1854, Nr. 21, S. 321.

von Brom in Tetrachlorkohlenstoff[1]) oder Chloroform[2]), sogar wässerige Bromlösungen[3]) der Fettlösung zufließen läßt, bis sie gelb gefärbt ist, worauf das unverbrauchte Brom entweder mit Thiosulfat (SCHLAGDENHAUFFEN), β-Naphthol (MILLS) usw. zurücktitriert oder mit dem Lösungsmittel verjagt und die Bromaufnahme durch Auswägen der Substanz ermittelt wird[4]). Die späteren Verfahren sind mit Ausnahme eines einzigen, das zugleich die Bestimmung des substituierenden Broms bezweckt (s. unten Methode von MC. ILHINEY), gegenüber den Chlorjodverfahren sozusagen nicht wettbewerbfähig geblieben; dagegen ist gerade das älteste, grundlegende Verfahren von KNOP in neuerer Zeit wieder zu Ehren gekommen, in Gestalt der

Bromatmethode[5]).

Prinzip: Aus einer Kaliumbromid-Kaliumbromatlösung wird durch Salzsäure Brom in Freiheit gesetzt, das nach Beendigung der Reaktion mit der ungesättigten Substanz unverbraucht gebliebene Brom mit Jodkalium zu Jod umgesetzt und dieses in üblicher Weise zurücktitriert[6]).

Ausführung[7]): Die eingewogene Substanz (je nach der zu erwartenden Jodzahl 0,1—0,5 g) wird in 10 ccm Tetrachlorkohlenstoff gelöst und mit 25 ccm $^{n}/_{5}$-Bromatlösung, enthaltend 5,568 g $KBrO_3$ und 40 g KBr im Liter, versetzt. [Nach anderer Vorschrift werden 50 ccm $^{n}/_{10}$-Kaliumbromatlösung, enthaltend 2,784 g $KBrO_3$ im Liter, und 1—1,5 g KBr verwendet[8]).] Man fügt 10 ccm 10proz. Salzsäure zu, schüttelt die Titrierflasche vorsichtig um, läßt 2—4 Stunden (je nach der Jodzahl) im Dunkeln stehen, setzt unter raschem, vorsichtigem Lüften des Stopfens 10—15 ccm 10proz. Jodkaliumlösung und 150 ccm Wasser zu und titriert das ausgeschiedene Jod mit Thiosulfat.

Nach anderen Ausführungsformen bestimmt man direkt die Prozente angelagertes Brom,

die Bromzahl.

Eine sehr einfache und besonders auch sehr billige Methode nach Art des Glastafelverfahrens zur Bestimmung der Sauerstoffzahl (vgl. S. 284) hat BECKER[9]) vorgeschlagen. Man bestreicht eine gewogene Glasplatte (etwa 5 × 15 cm) mit

[1]) Zuerst (1857) vorgeschlagen von CAILLETET (erwähnt bei LEWKOWITSCH: Ch. Technol., VI. ed., Bd. 1, S. 402. 1921); ausgearbeitet von MILLS und SNODGRASS: J. Soc. Ch. Ind. Bd. 2, S. 435. 1883; MILLS und AKITT: ebenda Bd. 3, S. 366. 1884; s. a. ALLEN: ebenda Bd. 3, S. 65. 1884.

[2]) SCHLAGDENHAUFFEN und BRAUN: Monit. Scient. (4) Bd. 5, S. 581. 1891.

[3]) LEVALLOIS: J. Pharm. Chim. Bd. 1, S. 333. 1887; HALPHEN: ebenda Bd. 20, S. 247. 1889; TELLE: J. Chim. Phys. Bd. 111, S. 183. 1905; C. 1905, I, S. 1116.

[4]) KNOP: a. a. O.; HEHNER: Ch.-Ztg. Bd. 19, S. 264. 1895; s. a. LEWKOWITSCH: J. Soc. Ch. Ind. Bd. 15, S. 859. 1896. Neuerdings haben ROSENMUND und KUHNHENN (Z. Nahrgsm. Bd. 46, S. 151. 1923) die Verwendung einer Lösung von 8 g Brom, 8 g Pyridin und 10 g Schwefelsäure im Liter Eisessig vorgeschlagen. Man läßt 5 Min. einwirken, versetzt mit $^{n}/_{10}$ Arsenit im Überschuß und titriert diesen bis zur Entfärbung von Methylorange mit der Bromlösung zurück.

[5]) WINKLER: Pharmacopoea Hungarica Bd. III, S. 11. 1909; Z. Nahrgsm. Bd. 32, S. 358. 1916; Bd. 43, S. 201. 1922.

[6]) Ähnliche Vorschläge siehe GAEBEL: Arch. Pharm. Bd. 250, S. 561; C. 1912, II, S. 1988; SERGER: Nahrungsmittelchem. Taschenbuch (1913) S. 34. Nach einem neueren Vorschlag WINKLERS: Z. Nahrgsm. Bd. 43, S. 201. 1922 wird das überschüssige Brom durch Zusatz eines Überschusses an arseniger Säure gebunden, worauf man mit Kaliumbromat zurücktitriert.

[7]) DUBOVITZ: Ch.-Ztg. Bd. 39, S. 744. 1915; ARNOLD: Z. Nahrgsm. Bd. 31, S. 382. 1916.

[8]) WEISER und DONATH: Z. Nahrgsm. Bd. 28, S. 65. 1914.

[9]) Z. ang. Bd. 36, S. 539. 1923.

3—4 Tropfen des zu prüfenden Öles, wägt, läßt darauf in einer Bromatmosphäre $^1/_2$—1 Stunde stehen, entfernt das überschüssige Brom durch kurzes Erwärmen auf 50—60° und wägt wieder. Die in Prozent Brom ausgedrückte Gewichtszunahme ist die Bromzahl des Öles. Zur Umrechnung auf die Jodzahl multipliziert man mit dem Faktor $\frac{126,92}{79,92} = 1,588$. Nach einigen Beleganalysen stimmen die so gefundenen Bromzahlen mit den nach WIJS bestimmten Jodzahlen sehr gut überein. Jedenfalls muß die Methode aber noch erprobt werden.

Vergleichung der verschiedenen Halogenlösungen; Fehlerquellen.

Die Bestimmung mittels WIJSscher Lösung wird für die Untersuchung von Fetten am meisten empfohlen[1]; sie ist schnell auszuführen und gibt bei Einhaltung der von MEIGEN ausgearbeiteten Vorschrift durchaus zuverlässige Resultate. Zur Bestimmung der Jodzahlen hydroaromatischer Verbindungen ist die WIJSsche Lösung dagegen weniger brauchbar; gewisse Verbindungen dieser Klasse, wie die Harzsäuren, und namentlich Verbindungen mit alkoholischen Hydroxylgruppen, wie die Sterine, zeigen keine konstanten, meistens viel zu hohe Werte. Die WIJSsche Lösung wirkt — besonders auf die Hydroxylverbindungen — substituierend; vielleicht spielt auch die Aufspaltung von Brückenbindungen eine Rolle[2].

Die HANUSsche Lösung ist der von WIJS ungefähr gleichwertig[3] und wird sogar von verschiedenen Autoren[4] jeder anderen vorgezogen; sie reagiert noch schneller und ist noch beständiger, was aber praktisch kaum in Betracht kommt, weil ein blinder Versuch schon wegen der beträchtlichen Änderungen des spezifischen Gewichtes der Eisessiglösung bei geringen Temperaturschwankungen doch nicht zu entbehren ist.

Die WINKLERsche Bromatlösung hat zwar den Vorzug bequemerer Darstellung und unbegrenzter Haltbarkeit[5], soll aber bei Substanzen mit hohen Jodzahlen zu niedrige Werte geben[6].

Die meisten Mängel zeigt die v. HÜBLsche Lösung. Ihre Herstellung ist umständlich, sie ist am unbeständigsten und erfordert namentlich eine viel zu lange Einwirkungsdauer. Die nach HÜBL erhaltenen (nicht korrigierten) Jodzahlen sind auch gewöhnlich zu niedrig, meistens um 1—2 Einheiten, manchmal, besonders bei Verwendung zu alter Lösungen, um beträchtlich mehr [vergleichende Bestimmungen nach HÜBL und nach WIJS, an chemisch reinen Verbindungen ausgeführt, zeigen, daß die WIJSschen Zahlen die brauchbarsten sind[7]]. Trotzdem kann die HÜBLsche Lösung vorläufig noch nicht völlig entbehrt werden. Einerseits sind die in der Sammelliteratur angegebenen Jodzahlen von Fetten vielfach mit HÜBLscher oder WALLERscher Lösung bestimmt worden, so daß

---

1) MARSHALL: Ch.-Ztg. Bd. 24, S. 267. 1900; HARVEY: J. Soc. Ch. Ind. Bd. 21, S. 1437. 1902; TOLMAN und MUNSON: J. Am. Ch. Soc. Bd. 25, S. 244. 1903; C. 1903, I, S. 1001; TOLMAN: J. Am. Ch. Soc. Bd. 26, S. 826. 1904; Ch.-Ztg. Bd. 28, Rep. S. 270. 1904; MEIGEN und WINOGRADOFF: Z. ang. Bd. 27, S. 241. 1914.

2) Vgl. GRÜN und JANKO: Ch. Umschau Bd. 26, S. 20, 35. 1919.

3) HUNT: J. Soc. Ch. Ind. Bd. 21, S. 454. 1902; JUNGCLAUSSEN: Apoth.-Ztg. 1901, S. 798; siehe besonders auch BOHRISCH und KÜRSCHNER: Apoth.-Ztg. Bd. 33, S. 247. 1918.

4) RUPP: a. a. O.; SUNDBERG und LUNDBORG: Z. Nahrgsm. Bd. 39, S. 87. 1919; DEVRIENT: Ber. Pharm. Ges. Bd. 30, S. 361. 1920; HOLDE: Ch. Umschau, Bd. 29, S. 185. 1922; ebenda Bd. 30, S. 199. 1923.

5) ARNOLD: Z. Nahrgsm. Bd. 31, S. 382. 1916.

6) KELBER und RHEINHEIMER: Arch. Pharm. Bd. 255, S. 417. 1917.

7) WIJS: Ch. Revue Bd. 6, S. 1. 1899.

man bei Analysen zum Zwecke der Identifizierung eines Fettes auf Grund des Vergleiches der Kennzahlen mit den in der Literatur angegebenen ebenfalls die Vorschrift von Hübl oder besser die von Waller einhalten muß. Andererseits gibt die Hüblsche Lösung bei Harzsäuren, Cholesterin usw. (vgl. oben) halbwegs konstante Grenzwerte. Übrigens ist sie auch für die zolltechnische Untersuchung fetter Öle vorgeschrieben.

Die Margosches-Aschmannsche Lösung gab verschiedenen Beobachtern[1]) gut übereinstimmende Resultate, die zwischen den nach v. Hübl bzw. Wijs erhaltenen Werten liegen.

Sonstige Fehlerquellen: Abgesehen von den Fehlern, die durch Mängel bei der Herstellung der Jodlösungen, durch zu kurze oder zu lange Einwirkung usw. bedingt werden, kann auch die Beschaffenheit der Substanz Fehler hervorrufen. Daß ungesättigte Säuren, bei welchen die Doppelbindung in der Nähe der Karboxylgruppe ist, überhaupt nicht äquimolekulare Mengen Halogen anlagern, wurde schon oben angegeben. Was etwaige Beimengungen von Fetten anbelangt, so beeinflußt ein Gehalt an Schwermetallen, wie sie z. B. die Firnisse enthalten, die Jodzahl. Bei geblasenen Ölen könnten superoxydische Verbindungen durch Freimachen von Jod Fehler bedingen. (Der Rückgang der Jodzahlen geblasener oder gekochter Öle infolge Auflösung der Doppelbindungen durch Oxydation und Polymerisation ist natürlich nicht als Fehler anzusehen.) Diese Fehlerquellen sind aber im großen ganzen von geringer Bedeutung, wesentlich ist nur die Substitution. Diese erfolgt natürlich besonders leicht bei Verbindungen mit tertiär gebundenem Wasserstoff, also namentlich cyclischen Verbindungen[2]), kann aber auch bei Fettsäuren und ihren Estern, wenn auch in geringerem Maße eintreten. Außer dieser Substitution nach dem Schema $>CH_2 + X_2 = >CHX + HX$ kann bei Hydroxylverbindungen, wie den Oxyfettsäuren, durch Einwirkung von Halogenwasserstoff Substitution im Sinne des folgenden Schemas erfolgen: $>CHOH + HX = >CHX + H_2O$. Bei sehr exakten Untersuchungen, insbesonders von Substanzen unbekannter Zusammensetzung, genügt deshalb nicht die einfache Jodzahlbestimmung; es muß nach einer der unten angegebenen Methoden (s. S. 186) der Gesamthalogenverbrauch, das substituierende Halogen und aus der Differenz erst das angelagerte Halogen bestimmt werden.

Auswertung: Für ungesättigte Verbindungen (chemische Individuen) ist die Jodzahlbestimmung ein meistens sehr zuverlässiges Kriterium der Reinheit. Man berechnet die theoretische Jodzahl einer Verbindung, der Definition dieser Kennzahl entsprechend, indem man das Molekulargewicht des Jods mit 100 und mit der Anzahl der Doppelbindungen multipliziert und das Produkt durch das Molekulargewicht der Verbindung dividiert. Z. B. für Ölsäure:

$$\text{Jodzahl} = \frac{253{,}84 \cdot 100 \cdot 1}{282{,}27} = 89{,}93\,.$$

In analoger Weise kann man die Zahl der Doppelbindungen einer nicht bekannten bzw. zu identifizierenden Verbindung aus ihrer Jodzahl und ihrem Molekulargewicht berechnen: Man multipliziert die Jodzahl mit dem Molekulargewicht der Substanz und dividiert durch das Hundertfache vom Molekulargewicht des Jods.

---

[1]) S. bes. Herbig: Z. D. Öl- u. Fettind. Bd. 42, S. 495. 1922.

[2]) Siehe bes. Grün und Janko: Ch. Umschau Bd. 26, S. 20, 35. 1919; Margosches: Öl- und Fettind. Wien Bd. 1, S. 470. 1919; Röderer: Z. ang. Bd. 33, I, S. 235. 1920; Grün und Ulbrich: ebenda S. 295; Mc Lean und Thomas: Bioch. J. Bd. 15, S. 319. 1921; C. 1922, II, S. 236.

Jodzahlen.

	Bruttoformel	Mol.-Gew.	Jodzahl
	$C_{11}H_{20}O_2$	184,16	137,81
	$C_{14}H_{26}O_2$	226,21	112,21
	$C_{16}H_{30}O_2$	254,24	99,84
	$C_{17}H_{32}O_2$	268,26	94,62
$C_nH_{2n-2}O_2$	$O_{18}H_{34}C_2$	282,27	89,93
	$C_{19}H_{36}O_2$	296,29	85,67
	$C_{20}H_{38}O_2$	310,30	81,81
	$C_{21}H_{40}O_2$	324,32	78,27
	$C_{22}H_{42}O_2$	338,34	75,03
$C_nH_{2n-4}O_2$ [1]	$C_{18}H_{32}O_2$	280,25	181,12
$C_nH_{2n-6}O_2$	$C_{18}H_{30}O_2$	278,24	273,70
$C_nH_{2n-8}O_2$	$C_{18}H_{28}O_2$	276,22	367,60
	$C_{20}H_{32}O_2$	304,26	333,71
	$C_{20}H_{30}O_2$	302,24	419,86
$C_nH_{2n-10}O_2$	$C_{21}H_{32}O_2$	316,26	401,25
	$C_{22}H_{34}O_2$	330,27	384,23
Hydnocarpussäure	$C_{16}H_{28}O_2$	252,22	100,64
Chaulmoograsäure	$C_{18}H_{32}O_2$	280,26	90,57
Cholesterin	$C_{27}H_{46}O$	386,37	65,70
Squalen	$C_{30}H_{50}$	410,40	371,10

Auch in der praktischen Fettanalyse ist die Jodzahl von größter Bedeutung, einerseits um Fette von bekannter Art auf Reinheit zu prüfen, andererseits um Fette und Fettprodukte zu identifizieren oder wenigstens zu klassifizieren. Aus der Höhe der Jodzahl eines Öles kann man nämlich einigermaßen auf seine Fähigkeit, zu trocknen, d. h. sich an der Luft zu oxydieren, schließen. Vegetabilische Öle von der Jodzahl 200 bis etwa 130 herab, wie Leinöl, Perillaöl usw., sind trocknende Öle; liegt die Jodzahl ungefähr zwischen 130 und 100, wie z. B. beim Sesamöl, Baumwollsamenöl usw., so bezeichnet man das Öl als halb- oder schwachtrocknend; Öle mit Jodzahlen unter 95—100 trocknen kaum. Auch die festen Fette werden nach der Höhe der Jodzahl in Gruppen oder Untergruppen eingeteilt. — Im allgemeinen weisen die flüssigen Fette der Seetiere bedeutend höhere Jodzahlen (etwa 100—170) auf als die der Landtiere (meistens unter 80), so daß auch bei den animalischen Ölen eine Unterscheidung auf Grund der Jodzahl bis zu einem gewissen Grade möglich ist.

Bei der Auswertung der Jodzahlen zum Zwecke der Identifizierung ist der Zustand des untersuchten Materials, die Art der Gewinnung, der Reinigung, die etwaige Vorbehandlung, das Alter usw. zu berücksichtigen. So zeigen oft extrahierte Öle niedrigere Jodzahlen als die aus den gleichen Samen gepreßten Öle, weil die Entölung der Samen durch Extraktion vollständiger ist und auch die höher schmelzenden Glyzeride der gesättigten Fettsäuren, die beim Pressen zum Teil im Ölkuchen verbleiben können, praktisch quantitativ extrahiert werden. — Der Spaltungsgrad ist von Einfluß, indem freie Fettsäuren höhere Jodzahlen aufweisen als die entsprechenden Glyzeride. Man vergleiche deshalb nur Fette von gleichem Säuregrad oder besser: man rechne die Jodzahl eines sauren Fettes auf die des neutralen Fettes mit Hilfe der Formel von EISENSTEIN[2]) um:

$$J_n = \frac{168324\,J}{168324 + 38{,}01\,S}.$$

J_n = J.-Z. des neutralen Fettes, J = J.-Z. des sauren Fettes, S = S.-Z.

---

[1]) Die Jodzahl gilt nur für die Säuren dieser Formel mit zwei Doppelbindungen, aber nicht für die Isomeren mit einer dreifachen Bindung.

[2]) Öl- und Fettind. Wien Bd. 1, S. 24, 55. 1919. Die in die Originalformel eingesetzte Konstante 168480 ist den jetzt geltenden Atomgewichten entsprechend durch 168324 ersetzt.

Durch einen höheren Gehalt an unverseifbaren Bestandteilen wird die Jodzahl eines Öles gewöhnlich erniedrigt. Von den natürlichen unverseifbaren Begleitstoffen der Fette zeigen die Sterine HÜBLsche Jodzahlen, die unter 100, und WIJSsche Jodzahlen, die wenig über 100 liegen, die Kohlenwasserstoffe noch niedrigere Zahlen; es gibt aber auch Ausnahmen, stark ungesättigte Begleitstoffe, z. B. im Lorbeeröl. Die Jodzahlen unverseifbarer Bestandteile, die als Verunreinigungen (z. B. Extraktionsmittel) oder absichtliche Zusätze im Öl enthalten sein können, sind sehr klein, häufig Null, erniedrigen die Jodzahl des Öles also noch mehr. Andere Fremdstoffe, wie z. B. in Firnissen die Salze oder Seifen von Schwermetallen, beeinflussen die Jodzahl ebenfalls, aber nicht sehr wesentlich.

Ältere Öle können wesentlich niedrigere Jodzahlen aufweisen, als sie im frischen Zustande zeigen, wenn sie beim Lagern dem Einfluß von Licht und Luft ausgesetzt sind[1]; sie werden ein wenig oxydiert, die trocknenden Öle natürlich am meisten, die nicht trocknenden am wenigsten. — Durch eine absichtliche, weitgehende Oxydation wird die Jodzahl eines Öles selbstverständlich bedeutend erniedrigt, gewöhnlich auf einen Bruchteil des Anfangswertes. Bei der Untersuchung solcher (geblasener) Öle können superoxydierende Verbindungen, die Jodwasserstoff zu Jod oxydieren, fehlerhafte Jodzahlen bedingen. — Die Polymerisation trocknender Öle, bei der die Jodzahl ebenfalls außerordentlich erniedrigt wird, kommt als Fehlerquelle bei der Auswertung kaum in Betracht, weil polymerisierte Öle auf Grund ihrer Beschaffenheit als solche kenntlich sind. — Bei Bestimmung der Jodzahl von Fettsäuren ist zu beachten, daß durch längeres Erhitzen die Jodzahl infolge von Kondensationsprozessen (Bildung von Estoliden) sinken kann.

Bei der Auswertung der Jodzahl eines Fettes, Öles oder einer Fettsäure unbekannter Herkunft ist selbstverständlich zu bedenken, daß ein durch teilweise Hydrogenisierung gewonnenes Fett, bzw. ein aus solchem Fett durch Pressen abgeschiedenes Öl, bzw. die aus dem Fett oder aus dem Öl abgeschiedene Fettsäure vorliegen könnte. Die zufällige Übereinstimmung der Kennzahlen mit einem natürlichen Fett oder Öl kann dieses vortäuschen. Tatsächlich sind viele, wenn nicht die meisten Jodzahlen der Fettsäuren aus den natürlichen Ölen, die in die Sammelliteratur aufgenommen wurden, um einige Einheiten zu niedrig angegeben. Der Vorschlag von MORAWSKI und DEMSKI[2]) zur Ausschaltung der Schwankungen, die ein mehr oder minder hoher Gehalt an freien Fettsäuren bewirkt (weil ja die Jodzahl der freien Säuren höher ist als die der entsprechenden Glyceride), von vornherein nur die Jodzahlen der freien Fettsäuren zu bestimmen, ist deshalb nicht zu empfehlen.

Die Beziehung zwischen der Jodzahl eines Fettes J_g, der des Gemisches aus seinen Fettsäuren J_f und der Verseifungszahl des Fettes V wird nach LUND[3]) ausgedrückt durch die Formel:

$$J_f - J_g = 0{,}000\,236 \cdot V \cdot J_g \,.$$

Innere Jodzahl.

Unter innerer Jodzahl versteht man die Jodzahl der flüssigen Fettsäuren eines Fettes. Die flüssigen Fettsäuren werden nach einem der S. 220—223 angegebenen Verfahren abgetrennt und ihre Jodzahl in der üblichen Weise be-

[1]) Siehe z. B. BALLANTYNE: J. Soc. Ch. Ind. Bd. 10, S. 31. 1891; RICHTER: Z. ang. Bd. 20, S. 1605. 1907.

[2]) Dingl. Polyt. J. Bd. 258, S. 41. [3]) Z. Nahrgsm. Bd. 44, S. 136. 1922.

stimmt[1]). Die Trennung der flüssigen und festen Fettsäuren läßt sich aber nicht quantitativ durchführen, sie hängt — ganz abgesehen von der Methode — in hohem Maße von der Art und dem Mengenverhältnis der vorhandenen Säuren ab, so daß die flüssigen Säuren immer mehr oder weniger, oft beträchtlich viel feste Säuren enthalten. Die inneren Jodzahlen sind deshalb keine exakten, mit den wahren Jodzahlen der reinen flüssigen Fettsäuren identischen Werte; sie sind aber trotzdem in der technischen Analyse ganz gut verwendbar, weil man aus ihnen auf die Art und nach der Größenordnung auch auf das Mengenverhältnis der im untersuchten Material enthaltenen ungesättigten Säuren schließen kann.

Die Bestimmung der inneren Jodzahl ist namentlich bei der Untersuchung von Fettmischungen, von gehärteten Ölen (s. daselbst) usw. von Nutzen. Ist z. B. die Jodzahl eines Fettgemisches aus einem hydrierten Fett und einem Öl etwa 30, so kann das Gemisch einige 30% eines nicht trocknenden Öles (innere Jodzahl unter 100), oder an die 20% halbtrocknendes Öl (innere Jodzahl bis 150), oder schließlich gegen 15% trocknendes Öl (innere Jodzahl bis ca. 210) enthalten. Die Bestimmung der inneren Jodzahl gibt Aufschluß. Dabei ist jedoch zu beachten, ob das untersuchte Fett Fettsäuren von niedrigem Molekulargewicht enthält. Diese Säuren sind zwar flüssig, aber gesättigt, so daß durch ihre Anwesenheit die innere Jodzahl stark erniedrigt wird. Z. B. ist die innere Jodzahl des Cocosfettes, das von ungesättigten Säuren nur Ölsäure enthält, infolge des hohen Gehaltes an flüssigen gesättigten Säuren nur etwa 60.

Bestimmung des addierten und des substituierenden Halogens.

(Genaue Jodzahl.)

Bei der Bestimmung der Jodzahlen oder des Bromadditionsvermögens ungesättigter Verbindungen erfolgt häufig eine Substitution von Wasserstoff durch Halogen. Die ungesättigten Fettsäuren und somit die Fette zeigen zwar eine so geringe Tendenz zur Substitution, daß diese Fehlerquelle — wenigstens bei Verwendung Wijsscher Lösung mit einem kleinen Überschuß von Jod — vernachlässigt werden kann; bei der Analyse hydroaromatischer Verbindungen wie der Harzsäuren, Sterine usw., sowie bei der Analyse von Verbindungen noch unbekannter Konstitution (insbesonders auch Hydroxyl- und Ketoverbindungen) ist es unumgänglich notwendig, neben dem Gesamtverbrauch an Halogen auch die Menge des bei der Substitution verbrauchten Halogens zu bestimmen. Die Differenz ergibt die Menge des angelagerten Halogens, die, in Prozenten der eingewogenen Substanz ausgedrückt, als „genaue Jodzahl" bezeichnet wird[2]).

Prinzip: Bei der Substitution von Wasserstoff durch Halogen wird bekanntlich für jedes Atom Halogen, das in das organische Molekül eintritt, ein Molekül Halogenwasserstoff frei. Man bestimmt somit einfach den entstandenen Halogenwasserstoff acidimetrisch oder jodometrisch.

[1]) Tolman und Munson (J. Am. Ch. Soc. Bd. 25, S. 954. 1903) berechnen die innere Jodzahl, die sie „wirkliche J.-Z." nennen, aus der Jodzahl J und dem Prozentgehalt an flüssigen Säuren L nach der Formel $A = \frac{100\,J}{L}$. Die Größe L ergibt sich durch Subtraktion des Prozentgehaltes an festen Säuren von 95,5 (d. i. der durchschnittliche Gesamtgehalt eines Öles an Fettsäuren).

[2]) Schweitzer und Lungwitz: J. Soc. Ch. Ind. Bd. 14, S. 130. 1895.

a) Bestimmung mittels Chlorjodlösung[1]).

Man bestimmt die Jodzahl in üblicher Weise, aber unter Verwendung einer $^1/_5$ normalen Lösung von Chlorjod in Tetrachlorkohlenstoff statt in Eisessig. Statt einer Titrierflasche verwendet man einen 500 ccm Meßkolben. Nach dem Austitrieren des unverbrauchten Halogens mit Thiosulfat wird der Kolben mit Wasser bis zur Marke gefüllt. Die entstandene Halogenwasserstoffsäure geht in die wässerige Lösung über und kann in einem aliquoten Teil derselben entweder direkt mit $^n/_{10}$-Kalilauge oder nach Zusatz von Kaliumjodat indirekt, jodometrisch, bestimmt werden. Auf jeden Fall drückt man den Verbrauch an Lauge oder Thiosulfat direkt in Grammen Jod aus und rechnet die gefundene Menge auf das Gesamtvolumen der wässerigen Lösung (500 ccm minus Volumen des Tetrachlorkohlenstoffes) um. Die so gefundene Jodmenge entspricht dem bei der Substitution freigewordenen Halogenwasserstoff, durch Verdoppeln findet man die bei der Substitution insgesamt verbrauchte Halogenmenge. Zieht man sie vom Gesamtverbrauch an Halogen ab (der wie üblich bei der ersten Titration mit Thiosulfat gefunden wird), so bleibt die Menge des angelagerten Halogens, ausgedrückt in Grammen Jod, übrig. Durch Multiplikation dieser Zahl mit 100 und Division durch die Gramme Einwage ergibt sich die genaue Jodzahl.

b) Bestimmung mittels Bromlösung nach Mc. Ilhiney[2]).

Je nach der Jodzahl der Substanz werden 0,25—1 g eingewogen. Man bringt die Einwage in eine Titrierflasche von gleicher Form und Größe, wie sie für die Jodzahlbestimmungen üblich sind, in deren Hals aber ein Hohlstopfen mit Geißlerhahn und einem im rechten Winkel abgebogenen Ansatzrohr eingeschliffen ist[3]). Man setzt 10 ccm Tetrachlorkohlenstoff, hierauf 20 ccm einer $^1/_3$ normalen Lösung von Brom in Tetrachlorkohlenstoff zu und läßt die verschlossene Flasche 18 Stunden im Dunkeln stehen. Daneben führt man einen blinden Versuch aus. Hierauf wird die Flasche in eine Kältemischung gestellt, wodurch partielles Vakuum erzeugt wird. Taucht man nun das Ansatzrohr in ein Schälchen mit Wasser und öffnet den Hahn, so wird Wasser in die Flasche eingesaugt und der entstandene Bromwasserstoff gelöst. Man läßt etwa 25 ccm Wasser eintreten, verschließt den Hahn und schüttelt gut um. Dann werden 20—30 ccm 10 proz. Jodkaliumlösung und 75 ccm Wasser zugesetzt und das ausgeschiedene Jod mit $^1/_{10}$ normaler Thiosulfatlösung in üblicher Weise titriert. In derselben Weise wird der blinde Versuch aufgearbeitet. Die Differenz der beiden Titrationen ergibt den Gesamtverbrauch an Brom.

Nunmehr setzt man zu beiden austitrierten Lösungen je 5 ccm einer 2 proz. Kaliumjodatlösung. Der bei der Substitution entstandene Bromwasserstoff setzt die äquivalente Menge Jod in Freiheit. Ebenso wird beim blinden Versuch durch den in der Bromlösung schon ursprünglich enthaltenen oder während der Aufarbeitung in geringer Menge entstandenen Bromwasserstoff Jod in Freiheit

---

[1]) Meigen und Winogradoff: Z. ang. Bd. 27, S. 241. 1914. Schweitzer und Lungwitz haben bereits früher gezeigt, daß man die Menge des substituierten Halogens durch Bestimmung des freiwerdenden Halogenwasserstoffs ermitteln kann. Sie verwendeten Hüblsche Lösung, die schon an sich sauer ist, so daß Halogenwasserstoffbestimmungen (vor und nach der Jodzahlbestimmung) nötig waren.

[2]) J. Am. Ch. Soc. Bd. 16, S. 275. 1894; Bd. 21, S. 1087. 1899; Bd. 24, S. 1109. 1902; s. a. Remington und Lancaster: Pharm. J. (4) Bd. 29, S. 146. 1909; Erdmann und Bedford: Ber. Bd. 42, S. 1393. 1909; Klimont und Neumann: Pharm. Post Bd. 44, S. 587. 1911.

[3]) Hans Meyer: Analyse organischer Verbindungen, 3. Aufl., Berlin 1916, S. 960. Crossley und Renouf: J. Ch. Soc. Bd. 93, S. 648. 1908 schlugen eine andere Apparatur vor, die aber eine ganz andere und weniger empfehlenswerte Arbeitsweise bedingt.

gesetzt. Man titriert den Hauptversuch und den Blindversuch mit Thiosulfat aus; die Differenz beider Titrationen ergibt die bei der Substitution freigewordene Menge Bromwasserstoff. Die Umrechnung des Bromwasserstoffs auf die bei der Substitution verbrauchte Brommenge und die Berechnung des angelagerten Broms aus der Differenz vom Gesamtbromverbrauch und dem bei der Substitution verbrauchten Brom geschieht analog wie bei der Bestimmung der genauen Jodzahl mittels Chlorjodlösung (s. oben).

Die Methode von Mc. Ilhiney ist zwar den übrigen Bromierungsmethoden vorzuziehen, ist aber doch nicht absolut zuverlässig. Brom wird aus verdünnten Lösungen nur dann quantitativ angelagert, wenn es in sehr beträchtlichen Überschüssen einwirkt. Dann geht aber auch die Substitution sehr weit, es entsteht viel Bromwasserstoff und dieser vermag sich bei Überschreitung einer gewissen Konzentration ebenfalls anzulagern. Eine weitere Fehlerquelle, die bis jetzt nur bei der Bromierung von Harzsäuren erkannt wurde (aber nicht auf diese Verbindungsklasse beschränkt sein muß) ist die, daß Bromwasserstoff nicht nur durch die Substitutionsreaktion entstehen kann, sondern auch durch Abspaltung aus den durch die Additionsreaktion gebildeten Bromiden. Dadurch wird eine größere Substitution und geringere Addition vorgetäuscht; bei gewissen Harzsorten findet scheinbar überhaupt keine Addition von Brom an die Doppelbindungen statt, die Differenz vom gesamten Bromverbrauch und dem für die Substitution verbrauchten Brom kann sogar scheinbar negativ ausfallen[1]).

Ein kleinerer technischer Mangel ist, daß die Konzentrationen der Lösungen insofern nicht gut aufeinander abgestimmt sind, als die vorgeschriebenen 20 ccm $^{n}/_{3}$-Bromlösung mehr als eine Bürette voll $^{n}/_{10}$-Thiosulfatlösung verbrauchen.

Die Hydrierzahl[2]).

(Die „Wasserstoffzahl" der Fette.)

Die Hydrierzahl ist ein Maß für den Gehalt einer Verbindung oder eines Substanzgemisches an doppelten oder dreifachen Bindungen. In der Fettanalyse soll sie insbesonders zur Bestimmung jener ungesättigten Säuren und Säurederivate dienen, die infolge sterischer oder anderer Hinderungen nicht quantitativ Halogen anlagern und bei welchen deshalb die Jodzahlmethode versagt, das sind die olefinischen Säuren, deren Doppelbindung der Carboxylgruppe benachbart ist und die Säuren mit dreifacher Bindung.

Die katalytische Hydrierung ungesättigter Verbindungen wurde zuerst von Erdmann und Bedford[3]) zu einer quantitativen analytischen Methode ausgebildet. Ihr Verfahren besteht darin, daß man den Katalysator, mit metallischem Nickel präparierten Bimsstein, in einem vertikalen Glasrohr auf 170 bis 200° erhitzt, eine gewogene Menge der zu untersuchenden Substanz auftropfen läßt, ein gemessenes Volumen Wasserstoff durchleitet und den unverbrauchten Wasserstoff durch Verbrennen und Wägen des gebildeten Wassers bestimmt. Die von 100 Teilen Substanz aufgenommene Gewichtsmenge Wasserstoff wurde die „Wasserstoffzahl" genannt. Diese ist also rund $^{1}/_{127}$ der Jodzahl; man erhält folglich Werte, die hinsichtlich der Größenordnung ganz aus der Reihe der übrigen Kennzahlen fallen, was bei der Auswertung, der Schätzung der Genauigkeit bzw. der Fehler usw. stört. Die Methode wurde übrigens nicht in die ana-

[1]) Grün und Janko: Ch. Umschau Bd. 26, S. 20, 35. 1919.
[2]) Grün und Halden: Z. D. Öl- u. Fettind. Bd. 44, S. 2. 1924. [3]) Ber. Bd. 42, S. 1326. 1909.

lytische Praxis eingeführt (sie ist auch bloß an einer nicht allgemein zugänglichen Stelle beschrieben[1]). Später haben PAAL[2]), WILLSTÄTTER[3]) und SKITA[4]) ganz andere Verfahren und Vorrichtungen zum quantitativen Hydrieren unter Messung des verbrauchten Wasserstoffs angegeben (Verteilung der feinpulverigen oder kolloidgelösten Katalysatoren im flüssigen oder gelösten Substrat durch Schütteln). Diese Methoden sind aber nicht für die praktische Analyse bestimmt, man hat wenigstens nicht versucht, sie zur Bestimmung von „Wasserstoffzahlen" zu verwenden oder sie diesem Zweck anzupassen. Dementsprechend wurde auch der Ausdruck „Wasserstoffzahl" nur vereinzelt im Sinne von ERDMANN und BEDFORD angewendet, dagegen hat er sich inzwischen zur Bezeichnung der Wasserstoffionenkonzentration $[H^{\cdot}]$ eingebürgert[5]). Zuletzt haben GRÜN und HALDEN eine Methode zur Bestimmung der Kennzahl ausgearbeitet, für die sie zur Vermeidung von Verwechslungen die Bezeichnung „Hydrierzahl" und zwecks Vermeidung zu kleiner Werte eine andere Berechnungsweise bzw. Definition vorschlugen, nämlich: Die Hydrierzahl ist die von 10 000 Teilen Substanz aufgenommene Gewichtsmenge Wasserstoff (oder: die Gewichtsprozente Wasserstoff, die von der Substanz bei quantitativer Hydrierung aufgenommen werden, multipliziert mit 100).

Die theoretische Hydrierzahl einer olefinischen Verbindung (Hy.-Z.) berechnet sich aus dem Molekulargewicht M, der Zahl der Doppelbindungen n und dem Molekulargewicht des Wasserstoffs 2,016 nach der Formel

$$\text{Hy.-Z.} = \frac{2{,}016 \cdot n \cdot 100}{M} \cdot 100\,.$$

Für die Berechnung der Hydrierzahl von Körpern mit dreifacher (Acetylen-) Bindung ist die Formel in der Weise zu ändern, daß statt 2,016 das doppelte Molekulargewicht des Wasserstoff 4,032 eingesetzt wird.

Prinzip: Man bringt die unverdünnte oder in einem genügend hochsiedenden Verdünnungsmittel gelöste Substanz und den Katalysator getrennt in ein mit Glockenverschluß und Vorrichtung zur Aufnahme des Katalysators versehenes Rührwerk, verbindet mit einer Gasbürette, füllt das Gefäß mit Wasserstoff und entfernt die letzten Reste von Sauerstoff. Dann wird der Katalysator zur Substanz gebracht und die Hydrierung vorgenommen, bis keine Volumenabnahme mehr erfolgt. Die Differenz der Niveauablesungen vor und nach der Hydrierung ergibt die Menge des verbrauchten Wasserstoffs.

Apparat: Der Hydrierapparat (Abb. 45) besteht aus 4 Teilen. A ist ein Kölbchen für ungefähr 5—10 ccm Füllung mit eingeschmolzenem Einleitungsrohr und seitlich schräg angesetztem Stutzen; dieser wird durch den eingeschliffenen Stopfen B, der in ein Schiffchen zur Aufnahme des Katalysators endigt, verschlossen. Der Stutzen und der Stopfen sind im Schliffteil gelocht; durch Drehen des Stopfens kann man seine Lochung (b) mit der des Stutzens (a) zur Deckung bringen, so daß Kommunikation mit der Außenluft hergestellt und

---

[1]) BEDFORD: „Über die ungesättigten Säuren des Leinöls". Inaug.-Diss. Halle 1906.

[2]) PAAL und GERUM: Ber. Bd. 41, S. 813. 1908; s. a. ELFER in ZSIGMONDY: Kolloidchemie, Leipzig 1912, S. 137.

[3]) WILLSTÄTTER und WASER: Ber. Bd. 43, S. 1176. 1910; WILLSTÄTTER und HATT: Ber. Bd. 45, S. 1471. 1912; s. a. WILLSTÄTTER und SONNENFELD: Ber. Bd. 46, S. 2952. 1913; Bd. 47, S. 2801. 1914.

[4]) „Über katalytische Reduktionen organischer Verbindungen". Stuttgart 1912, S. 26.

[5]) Vorgeschlagen von MICHAELIS: „Die Wasserstoffionenkonzentration", Berlin 1914, S. 4.

der Druck im Innern des Gefäßes ausgeglichen werden kann. In den Hals des Kölbchens ist der Aufsatz C eingeschliffen, an den der oben blumenkelchförmig erweiterte Napf D angeschmolzen ist. Der Napf wird etwa zu einem Drittel mit Quecksilber gefüllt, das man mit einer $^1/_2$ cm hohen Schicht Paraffinöl bedeckt. Der Rührer E trägt die in den Napf tauchende Glocke F, die entweder an ihn angeschmolzen oder durch ein Stück Druckschlauch gasdicht mit ihm verbunden ist. Am Ende des Rührers werden Führungsrohr und Seilscheibe in der üblichen Weise befestigt. Um den Auftrieb des Rührers durch das Quecksilber auszugleichen, beschwert man die Seilscheibe, z. B. durch Auflegen eines etwa 20 bis 30 g schweren Metallringes. Zur Sicherung des gasdichten Verschlusses der mittels Schliffen verbundenen Apparatenteile sind an den betreffenden Stellen Ohren angeschmolzen, in die Gummibänder oder Drahtspiralen eingehängt werden. Als Meßgefäß dient eine Gasbürette oder auch einfach ein kalibriertes Meßrohr G, das mit einem Niveaugefäß verbunden wird. Die Meßvorrichtung soll zweckmäßig wenigstens 120—150 ccm fassen. Man füllt sie mit Wasserstoff aus einem Vorratsgefäß, einer 10 Literflasche, die einerseits durch ein T-Rohr mit der Gasbombe und der Bürette verbunden ist, andererseits durch ein Heberrohr mit einer Niveauflasche. Als Sperrflüssigkeit dient 50 proz. Lauge. Durch das Knierohr mit Hahn c wird die Verbindung der Bürette zum Hydriergefäß, durch das mit Hahn d die Verbindung mit dem Wasserstoffbehälter hergestellt.

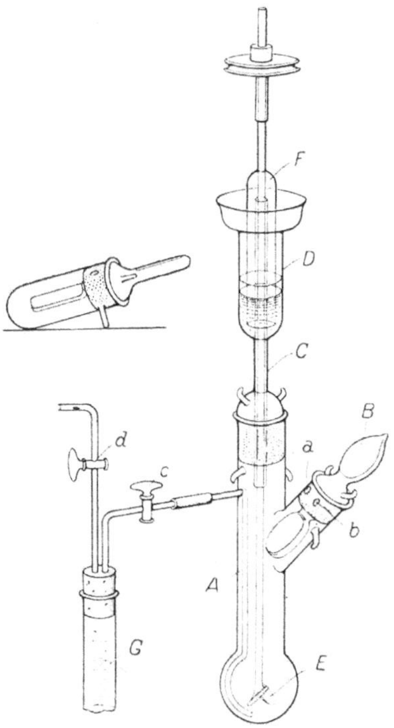

Abb. 45. Hydrierapparat von Grün und Halden.

Bemessung der Einwage: Man verwendet zweckmäßig so viel Substanz, daß ungefähr 50—80 ccm Wasserstoff verbraucht werden. Die entsprechende Einwage läßt sich höchst einfach berechnen, indem man die Zahl der Kubikzentimeter Wasserstoff, die man verbrauchen will, durch die theoretische Jodzahl dividiert[1]).

Ableitung: Ist die Jodzahl der Substanz J, d. h. lagert sie J % Jod an, so addiert sie $J \cdot \frac{2{,}016}{253{,}84} = 0{,}007942 \cdot J$ oder rund $0{,}008 \cdot J$ % Wasserstoff. a gr Substanz verbrauchen folglich $\frac{a}{100} \cdot 0{,}008\,J$ gr $= (8 \cdot 10^{-5} \cdot a \cdot J)$ gr Wasserstoff. Dividiert man durch das Gewicht eines Kubikzentimeter Wasserstoff bei der Ablesungstemperatur von ungefähr 15—20°, d. i. rund $8 \cdot 10^{-5}$, so erhält man das von a gr Substanz verbrauchte Volumen Wasserstoff v in Kubikzentimetern:

$$v = \frac{8 \cdot 10^{-5} \cdot a \cdot J}{8 \cdot 10^{-5}} = a \cdot J\,,$$

$$a = \frac{v}{J}\,.$$

[1]) Dabei ist zu beachten, daß die theoretische Jodzahl von Verbindungen mit dreifacher (Acetylen-)Bindung 4 Atomen Jod pro Molekül entspricht, während praktisch nur 2 Atome angelagert werden.

Man wägt ungefähr die so berechnete Menge Substanz ein, oder von gewöhnlichen einfach ungesättigten Fettsäuren, Estern oder Glyceriden ungefähr $^1/_2$ bis 1 g, von mehrfach ungesättigten entsprechend weniger, ebenso von einfach ungesättigten Verbindungen mit kleinerem Molekulargewicht. Bei Verbindungen mit dreifacher Bindung wie Stearolsäure u. a. m., die doppelt so viel Wasserstoff anlagern als die entsprechenden olefinischen Verbindungen, wägt man selbstverständlich nur die Hälfte ein. Man setzt so viel einer gesättigten, nicht hydrierbaren Substanz zu, daß der Gesamtinhalt des Kölbchens wenigstens 5—6 ccm beträgt. Als solche verwendet man beim Hydrieren von Säuren oder Estern am besten reinstes, nicht fluoreszierendes Paraffinöl; man kann es nämlich, falls die hydrierte Säure isoliert werden soll, leicht von dieser oder dem betreffenden Ester abtrennen, indem man das Gemisch verseift und weiterhin wie bei der Isolierung des Unverseifbaren aus einem Fett verfährt. Beim Hydrieren von ungesättigten Alkoholen o. dgl. ist wiederum der Ester einer gesättigten Säure das geeignete, vom Reaktionsprodukt in analoger Weise leicht abtrennbare Verdünnungsmittel, namentlich ein bei Zimmertemperatur flüssiger Ester, wie z. B. Äthyllaurat. Ist das Untersuchungsmaterial ein Gemisch von gesättigten und ungesättigten Verbindungen mit kleiner Jodzahl, so unterbleibt natürlich das Verdünnen mit inerter Substanz.

Katalysator: Die Methode ist nicht auf die Anwendung bestimmter Katalysatoren, namentlich nicht auf die von Organosolen, beschränkt. Man kann Platin-, Palladium- oder sehr aktive Nickelpräparate verwenden, oder diese Metalle auf Trägersubstanzen. Sehr gut bewährt sich der Palladium-Kohle-Katalysator von MANNICH[1]). Zur Darstellung schüttelt man z. B. 5 g reinste, ausgeglühte Tierkohle 10—15 Minuten mit 25 ccm einer 0,2—0,6 proz. wässerigen Lösung von Palladiumchlorür unter Einleiten von Wasserstoff, nutscht das Adsorbat ab, wäscht es mit Wasser aus, trocknet über Phosphorpentoxyd im Hochvakuum und zieht dann Wasserstoff ein, so daß sich der Katalysator sättigt. Von diesem Katalysator genügt eine viel geringere Menge, als im allgemeinen für Hydrierungen vorgeschrieben wird; für eine Beschickung aus 0,5 g ungesättigter Verbindung und 5—6 g Paraffinöl reichen z. B. vollauf 0,06 g des 3% Pd enthaltenden Katalysators, d. s. 0,03% Pd. Man wägt den Katalysator selbstverständlich nicht genau — höchstens auf einige Milligramm — aber möglichst schnell oder unter Luftabschluß. Für diesen Zweck dient ein Wägeglas mit Füßchen (Abb. 45 links), dessen mit einer Lochung versehener Schliff auf den des Stopfens *B* paßt. Während des Wägens hält man das Wägeglas verschlossen, nachher bringt man durch eine kleine Drehung des gut gefetteten Stopfens die beiden Lochungen zur Deckung, setzt das Gefäß in einen Exsiccator, evakuiert und läßt dann Wasserstoff einströmen, so daß sich der Katalysator möglichst vollständig sättigt.

Ausführung: Man wägt die Substanz — $^1/_4$ bis 1 g (s. o.) — in das Kölbchen *A* und spült etwa an den Wänden des Gefäßes hängen gebliebene Teilchen mit dem Verdünnungsmittel ab, das man aus einer Pipette einfließen läßt. Das so beschickte Kölbchen wird einerseits nach sorgfältiger Fettung des Schliffes mit dem Aufsatz verbunden, andererseits mittels eines gut passenden gasdichten Schlauches (Glas an Glas) mit dem Knierohr der Bürette. Dann leitet man, um den größten Teil der Luft zu verdrängen, durch *c* etwa 5 Minuten lang einen kräftigen Strom von Wasserstoff ein, der durch den offenen Stutzen austritt, setzt schnell den wie oben vorbereiteten Stopfen *B* mit gefülltem Katalysatorschiffchen so in den

[1]) D.R.P.-Anm. M 49927, Abt. IV, Kl. 12o, vom 21. Dezember 1912; siehe auch MANNICH und THIELE: Ber. Pharm. Ges. Bd. 26, S. 36. 1916.

Stutzen ein, daß die Lochungen a und b sich decken und der jetzt zu verlangsamende Gasstrom nurmehr durch diese kleine Öffnung austreten kann. Nach weiteren 5 Minuten schließt man den Stutzen vollständig durch eine kleine Drehung von B und spült die letzten Luftreste aus dem Apparat; zu diesem Zwecke wird der Wasserstoffstrom wieder verstärkt, so daß er den Druck des Quecksilbers überwindet und durch die Glocke austritt.

Nun wird Hahn c geschlossen, die Bürette mit Wasserstoff gefüllt und dann auch der Hahn d geschlossen. Die Luft muß vollständig verdrängt sein, weil sonst auch zur Reduktion des im Apparate verbliebenen Sauerstoffs eine merkliche Menge Wasserstoff verbraucht wird. Zur Kontrolle stellt man nach entsprechendem Hochheben der Birne die Kommunikation des Hydriergefäßes mit der Bürette wieder her, schließt dann Hahn c und beobachtet einige Zeit, ob nicht das Niveau des Quecksilbers im Kelch gegenüber dem Niveau des Quecksilbers unter der Glocke sinkt, also eine Volumverminderung durch Verbrauch von Wasserstoff eintritt. In diesem Falle wird die Durchspülung wiederholt. Ist die Entlüftung praktisch vollkommen, so stellt man den Druck im Hydrierkölbchen auf den Außendruck ein, zweckmäßig in der Weise, daß nach dem Öffnen von c durch Heben des Niveaugefäßes ein kleiner Überdruck erzeugt, hierauf Hahn c geschlossen und a, b für einen Augenblick geöffnet wird[1]); die erfolgte Ausgleichung des Druckes wird durch die Gleichstellung der beiden Quecksilberniveaus angezeigt. Hierauf stellt man auch den Druck in der Gasbürette durch Handhabung des Niveaugefäßes in bekannter Weise auf den Außendruck ein, stellt die Verbindung zwischen beiden Apparatenteilen durch Öffnen von Hahn c her und liest ab.

Jetzt erzeugt man einen Überdruck von etwa 10 cm Wassersäule und dreht den Stopfen B so weit, daß der Katalysator aus dem Schiffchen in die Flüssigkeit fällt. Dann bestreicht man Schliff und Lochung mit Kollodium, bringt an der Unterseite des seitlichen Stutzens einen Asbestschirm als Wärmeschutz an, setzt das Rührwerk in Gang und heizt das Ölbad an. Bevor die Reaktion in vollen Gang kommt, wird die durch den Wasserstoffverbrauch bedingte Abnahme des Gasvolumens infolge der Ausdehnung des Gases und der Flüssigkeit beim Erwärmen überkompensiert und die Flüssigkeit beginnt im Einleitungsrohr zu steigen; man drängt sie zurück, indem man jeweilig durch vorsichtiges Heben des Niveaugefäßes in der Gasbürette den nötigen Überdruck erzeugt (höchstens 15—20 cm Wassersäule, während nach der Höhe des Quecksilbers in der Glocke etwa 30 cm zulässig wären). Die Temperatur wird allmählich auf 120—140° erhöht. Während der Absorption, die zwischen 70 und 80° energisch einsetzt, hält man den Druck konstant, indem man das Niveaugefäß nach Maßgabe des Wasserstoffverbrauches von Zeit zu Zeit immer höher setzt. Die Hydrierung schreitet gleichmäßig fort, bis etwa $^9/_{10}$ des Wasserstoffs verbraucht sind; bis dahin werden ungefähr 1—2 ccm in der Minute aufgenommen. Dann verlangsamt sich die Absorption; ihre Gesamtdauer ist unter den eingehaltenen Bedingungen etwa 1 Stunde. Wenn bei konstant gehaltener Temperatur die Flüssigkeit im Einleitungsröhrchen hochzusteigen beginnt, so ist die Reaktion zu Ende. Man entfernt darauf das Ölbad und senkt das Niveaugefäß entsprechend der durch die Abkühlung bedingten Volumkontraktion vorsichtig immer tiefer, bis schließlich das System wieder vollständig im Gleichgewicht ist. Sobald Temperatur und Druck ausgeglichen sind, nimmt man die Endablesung vor.

---

[1]) Hierbei etwa eindringende Spuren von Luftsauerstoff werden von dem aktiven Katalysator in der Wasserstoffatmosphäre sogleich reduziert.

Beispiel:

0,4653 g Stearolsäure, in 8 ccm Paraffinöl unter Zusatz von 0,06 g Palladiumkohle hydriert, verbrauchten 81,5 ccm (15° C, 742 mm) = 0,006668 g Wasserstoff = 1,433% der Einwage. Hydrierzahl gefunden 143,3, berechnet 143,8.

Auswertung: Die Hydrierzahlen der ungesättigten Säuren und ihrer Derivate können in derselben Weise ausgewertet werden wie die Jodzahlen; die Hydrierzahl einer olefinischen Verbindung ist rund $^4/_5$ der Jodzahl. Die Methode ist nützlich bei der Untersuchung von ungesättigten Säuren mit der Doppelbindung in α, β-, in β, γ-Stellung usw. und von Verbindungen mit Acetylenbindung, z. B. Taririnsäure, Stearolsäure, Behenolsäure u. a. m. Der Umstand, daß Säuren mit dreifacher Bindung gerade die Hälfte der theoretisch berechneten Jodzahl zeigen, weil sie nur 2 Atome Halogen statt 4 Atomen addieren, während sie quantitativ 4 Atome Wasserstoff anlagern, kann auch dazu dienen, um sie ohne Isolierung in einem Substanzgemisch nachzuweisen.

Die Thermozahl.

[MAUMENÉsche Probe[1]).]

Die Thermozahl ist die Temperaturerhöhung, die beim Vermischen eines Fettes mit Schwefelsäure unter ganz bestimmten Bedingungen eintritt.

Die Fette reagieren mit Schwefelsäure unter mehr oder weniger weitgehender Spaltung der Glyceride, Anlagerung von Schwefelsäure an die Doppelbindungen der ungesättigten Säuren unter Bildung der Schwefelsäureester von Oxysäuren, die sekundär in innere Ester verwandelt werden können, ferner werden Oxysäuren verestert. Diese Reaktionen verlaufen exothermisch, und zwar ist der kalorische Effekt hauptsächlich durch die Additionsreaktion bedingt. Während die sogenannten nicht trocknenden Öle nur mäßige Temperaturerhöhung geben, erhitzen sich die trocknenden Öle so stark, daß sie auf Kosten der Schwefelsäure, also unter Abspaltung von SO_2, partiell oxydiert werden[1]). Die Temperaturerhöhung ist im allgemeinen der Zahl der Doppelbindungen in den Molekülen der Fette und Fettsäuren proportional, so daß sie als Maß für den Sättigungszustand benutzt wird.

Ausführungsform nach TORTELLI[2]). Der Apparat, das sog. Thermoleometer[3]), besteht aus einem kleinen Glasgefäß mit Vakuummantel und einem Thermometer, an dem zwei Flügel aus Platinblech angebracht sind (Abb. 46, 47).

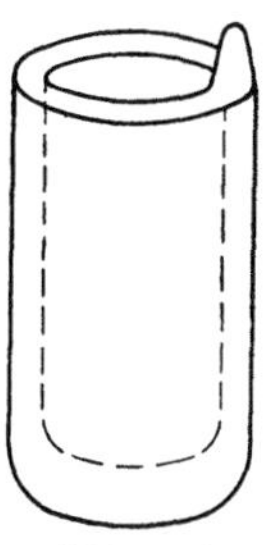

Abb. 46.

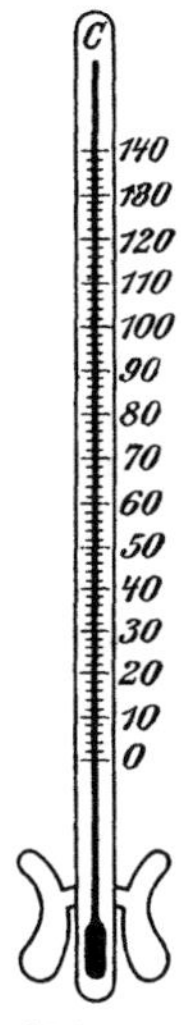

Abb. 47.

Thermoleometer.

Um vergleichbare Werte zu erhalten, muß man selbstverständlich immer Schwefelsäure derselben Konzentration verwenden, nach TORTELLI solche von der Dichte 1,8413 (99,5%). Die Kontrolle kann auch im Apparat selbst erfolgen: 20 ccm Wasser müssen mit 5 ccm Säure eine Temperaturerhöhung von 50,3° ± 0,3° ergeben. Die Schwefelsäure und das zu prüfende Öl müssen auf die gleiche Anfangstemperatur, etwa 20°, gebracht werden. Man pipettiert in das Reaktionsgefäß 20 ccm Öl, rührt eine Minute lang und

[1]) MAUMENÉ: Compt. rend. Bd. 35, S. 572. 1882.

[2]) Ind. olii e grassi, II. Nr. 2; Ch. Umschau Bd. 29, S. 122. 1922.

[3]) TORTELLI: Boll. Chim. Farm. Bd. 43, S. 193. 1904; Ch.-Ztg. Bd. 29, S. 530. 1905; Bd. 33, S. 125. 1909; s. a. JEAN: J. Soc. Ch. Ind. Bd. 9, S. 1139. 1890.

liest die Anfangstemperatur ab. Hierauf läßt man 5 ccm Schwefelsäure zufließen und mischt durch abwechselndes Rechts- und Linksdrehen des Rührthermometers, bis die Höchsttemperatur erreicht ist. Die Differenz zwischen dieser und der Anfangstemperatur ist die Thermozahl (Schwefelsäure-Thermozahl).

Nach EIBNER[1]) verwendet man besser verdünntere Schwefelsäure von 92,5 bis 96,2% in größerer Menge und bestimmt durch Vorversuche die Ölmenge, welche mit 10 ccm Säure die größte Temperaturerhöhung gibt, z. B. bei Olivenöl 18 g. Diese Ölmenge rührt man im Thermogefäß zwei Minuten lang, läßt unter weiterem Rühren 10 ccm Schwefelsäure (1,8321) in der Zeit von 40 Sekunden zufließen und rührt, bis das Temperaturmaximum erreicht ist.

Die Thermozahl eines Öles ist selbstverständlich von den Reaktionsbedingungen abhängig, also je nach der eingehaltenen Vorschrift verschieden groß. Weniger abhängig von den Versuchsbedingungen[2]) ist, wie THOMSON und BALLANTYNE[3]) fanden, die spezifische Reaktionstemperatur (Ts), d. i. der Quotient aus der Thermozahl des Öles (To) und der unter den gleichen Bedingungen bestimmten Thermozahl des Wassers (Tw), multipliziert mit 100:

$$Ts = \frac{100\,To}{Tw}.$$

Z. B. wurde bei einem Olivenöl gefunden[3]):

Konzentration der Schwefelsäure	Thermozahl des Öles	Thermozahl des Wassers	Spezifische Reaktionstemperatur
95,4 %	36,5	38,6	95
96,8 %	39,4	41,4	95
99,0 %	44,8	46,5	96

Die Thermozahl T_m eines Gemisches zweier Öle ergibt sich aus den Thermozahlen der beiden Bestandteile T_1 und T_2 und den Mengen G_1 und G_2 mittels der Beziehung

(1) $$T_1 G_1 + T_2 G_2 = T_m (G_1 + G_2)$$

aus der Formel

(2) $$T_m = \frac{T_1 G_1 + T_2 G_2}{G_1 + G_2}.$$

Man kann demnach auch aus der Thermozahl einer Mischung von bekannter Zusammensetzung und der Thermozahl des einen Bestandteiles die des zweiten berechnen nach Formel

(3) $$T_2 = \frac{T_m (G_1 + G_2) - T_1 G_1}{G_2}.$$

Auf Grund dieser Beziehung kann man auch bei der Bestimmung der Thermozahlen stark ungesättigter Öle zur Vermeidung allzuhoher Temperaturen die zu untersuchende Probe mit einer gemessenen Menge eines schwächer oder nicht reagierenden Öles verdünnen (am besten im Verhältnis 1 : 1) und aus der gefundenen Thermozahl die des reinen Öles berechnen. Nach dem ursprünglichen Vorschlag von MAUMENÉ verwendet man als Zusatz Olivenöl. BISHOP sowie ELLIS[4]) fanden Mineralöl geeigneter, MITCHELL[5]) versuchte Tetrachlorkohlenstoff

[1]) EIBNER und WILISCH: Farbenztg. Bd. 19, S. 861. 1914; C. 1914, I, S. 1608; s. a. EIBNER: Ch. Umschau Bd. 29, S. 159, 168. 1922.

[2]) Insbes. von der Konzentration der Schwefelsäure, sofern dieselbe nicht unter 95% liegt.

[3]) J. Soc. Ch. Ind. Bd. 10, S. 234. 1891; s. a. JENKINS: ebenda Bd. 16, S. 194. 1897.

[4]) BISHOP: J. Pharm. Chim. Bd. 20, S. 302; ELLIS: J. Soc. Ch. Ind. Bd. 5, S. 150, 361. 1886.

[5]) Analyst 1901, S. 169.

als Verdünnungsmittel; auch WILISCH sowie EIBNER[1]) betonen, daß die Thermozahlen der Olivenöle verschiedener Herkunft zu sehr differieren[2]) und schlagen Paraffinöl vor, das mit Schwefelsäure absolut nicht reagiert[3]). (Es ist selbstverständlich, daß sowohl von einem fetten Öl als auch von einem Mineralöl nur eine bestimmte „Standardmarke" anzuwenden ist.)

Auswertung: Die Thermozahl ist im allgemeinen um so höher, je ungesättigter das Öl ist, doch läßt sich für das Verhältnis der Jodzahl zur Thermozahl kein allgemein gültiger Faktor ermitteln[4]). Nicht trocknende Öle zeigen Thermozahlen von etwa 40—80, trocknende Öle etwa von 80—140, Trane von 90—130. Die Gegenwart von Oxysäuren bzw. ihren Glyceriden, wie in den geblasenen Ölen und im Ricinusöl bedingt eine Erhöhung der Thermozahl; so wurden für das Ricinusöl, obwohl die Ricinolsäure nur einfach ungesättigt ist, Thermozahlen von 46—73 angegeben. Die Thermozahlen freier Fettsäuren sind merklich höher als die der entsprechenden Glyceride. Z. B. fand JEAN[5]):

	Neutralöl	Fettsäuren
Französ. Rüböl	37	44
Indisches Rüböl . . .	37	46
Olivenöl	41,5	45

Dementsprechend sind auch die Thermozahlen saurer und namentlich ranziger Öle höher als die der normalen Öle; z. B. beobachtete BALLANTYNE[6]) bei Ölen, bevor und nachdem sie dem Licht und der Luft ausgesetzt wurden, die folgenden Thermozahlen:

Art des Öles	Rein	Ranzig
Olivenöl	44	67
Ricinusöl	73	78,5
Rüböl.	61,5	72,5
Baumwollsamenöl . . .	75,5	100
Erdnußöl	73,5	90
Leinöl	113,5	131

Saure und ranzige Öle müssen demnach vor der Bestimmung entsäuert und gereinigt werden.

Über die Thermozahlen von Ölen und Fetten liegen zahlreiche Bestimmungen verschiedener Beobachter vor; die Werte lassen sich jedoch nicht unmittelbar

---

1) WILISCH: Inaug.-Diss. Augsburg 1912; s. a. EIBNER u. WILISCH: a. a. O.

2) Vgl. dagegen TORTELLI: Ch.-Ztg. Bd. 33, S. 125, 134. 1909; s. a. SUZZI: Boll. Chim. Farm. Bd. 44, S. 301. 1905.

3) Die obige Beziehung (3) vereinfacht sich dann zu:

$$T_2 = \frac{T_m (G_1 + G_2)}{G_2},$$

da für Paraffinöl $T_1 = 0$ ist. Durch Einführung eines Faktors, der sich aus den spezifischen Wärmen der Komponenten ergibt, sollen die Thermozahlen des zu untersuchenden Öles frei von den Fehlern der Verdünnung berechenbar sein (EIBNER: Ch. Umschau Bd. 29, S. 159, 168. 1922); dabei wird anscheinend vorausgesetzt, daß die spezifische Wärme des Reaktionsproduktes der des ursprünglichen Öles gleich ist.

4) HEHNER und MITCHELL: Analyst 1895, S. 147; TORTELLI und RUGGERI: Ann. Lab. Chim. Gab. 1900, S. 203; TORTELLI: Boll. Chim. Farm., Fasc. 6. 1904; EIBNER a. a. O. Der Faktor zur Berechnung der Jodzahl aus der Thermozahl ist nicht nur von der Ausführungsform, d. h. von den Versuchsbedingungen abhängig, sondern auch von der Art des Öles. Die angegebenen Faktoren variieren von 0,33 (Cocosöl) bis 1,84 (Olivenöl).

5) J. Soc. Ch. Ind. Bd. 9, S. 1139. 1890.

6) Siehe LEWKOWITSCH: Ch. Technol., 6. ed., Bd. I., S. 495. 1921.

vergleichen und für Identifizierungszwecke verwenden, weil nicht unter gleichen Bedingungen gearbeitet wurde und zudem sicher oft Öle von verschiedenem Reinheitsgrad geprüft wurden. Hingegen ist die Methode gut brauchbar für die regelmäßig wiederkehrende Prüfung bestimmter, bekannter Öle. ARCHBUTT empfiehlt, daß sich jeder Beobachter die Standardwerte der in Betracht kommenden Öle in Materialien von bekannter Reinheit selbst bestimmt. Die in der nachstehenden Tabelle angeführten Zahlen haben nur den Zweck, über die Größenordnung zu unterrichten.

Thermozahlen[1]).

Art des Fettes	Thermozahl	Beobachter
Stillingiaöl	136,5	TORTELLI
Perillaöl	127	WILISCH
Leinöl	104—111	ALLEN
	109—110	DEL TORRE
	125	TORTELLI
Nußöl	106	TORTELLI
Hanföl	97—98	MAUMENÉ
Sojabohnenöl	91	WILISCH
Mohnöl	86—88	ARCHBUTT
Baumwollsamenöl	75—76	ARCHBUTT
	74—75	ALLEN
	59—68	TORTELLI
Sesamöl	65	ARCHBUTT
	64	DE NEGRI und FABRIS
Rüböl	57—58	MAUMENÉ
	55—64	ARCHBUTT
	51—60	ALLEN
	59	DEL TORRE
	53	TORTELLI
Erdnußöl	47—60	ARCHBUTT
Olivenöl	41—45	ARCHBUTT
	41—43	ALLEN
	34—37	TORTELLI
Ricinusöl	47	MAUMENÉ
	46	ARCHBUTT
	51	TORTELLI
	73	BALLANTYNE
Ochsenklauenöl	43	ARCHBUTT
Menhadentran	123—128	ARCHBUTT
	126	ALLEN
Dorschlebertran	113	ALLEN
Seehundstran	92	ALLEN
Walfischtran	91	ALLEN
	92	ARCHBUTT
Schweinefett	30—36	TORTELLI
Butter	23	JEAN

Einen völlig neuen Vorschlag machten MARDEN und DOVER[2]), dahingehend daß an Stelle der Reaktionstemperatur neben der spezifischen Wärme die Reaktionswärme gemessen wird. Es liegen noch keine Angaben vor, ob diese Bestimmung Vorteile bietet gegenüber der üblichen Bestimmung der Thermo- oder MAUMENÉ-

[1]) Auszug aus den Tabellen von TORTELLI: Metodi Generali di Analisi dei Grassi Torino 1901, S. 603.

[2]) Eng. Bd. 9, S. 858. 1917; C. 1918, I, S. 1193.

zahl. Jedenfalls ist die Bezeichnung der so gefundenen, in Calorien pro Gramm ausgedrückten Werte als MAUMENÉzahl unzweckmäßig.

Ebenso wie die Anlagerung von Schwefelsäure an die Doppelbindungen der ungesättigten Fettsäuren verläuft auch die Addition von Brom exothermisch. Die maximale Temperaturerhöhung bei der Bromierung mißt man in gleicher Weise wie bei der Verwendung von Schwefelsäure und bezeichnet sie als

Bromthermozahl[1]).

Nach der ersten Ausführungsform von HEHNER und MITCHELL beschickt man das Thermogefäß mit der Lösung von 1 g Öl in 10 ccm Chloroform bzw. 1 g Fettsäure in 10 ccm Eisessig und läßt 1 ccm Brom zufließen.

Die Brom-Thermozahlen korrespondieren mit den Jodzahlen, die aus ihnen durch Multiplikation mit einem Faktor berechnet werden können. Bei Verwendung des Faktors 5,5 ergeben sich, wenigstens bei festen Fetten und nicht trocknenden Ölen, Werte, die mit den nach v. HÜBL bestimmten Jodzahlen auf 1—2 Einheiten übereinstimmen[2]). Bei trocknenden Ölen können sich allerdings um bis 20 Einheiten zu hohe Jodzahlen ergeben. Eine sorgfältigere Ausführungsform beschrieben HEIDUSCHKA und RHEINBERGER[3]): Man montiert das Thermogefäß mit dem Thermometer und einer Abmeßvorrichtung für das Brom, wie sie ähnlich bei der GERBERschen Milchfettbestimmung verwendet wird und läßt eine verdünnte Lösung, 1 g in 20 ccm Chloroform, mit 1 ccm Brom reagieren. So werden auch bei stark trocknenden Ölen brauchbare Werte erhalten.

Die Methode wird mehrfach[4]) für zuverlässiger angesehen als die Schwefelsäure-Thermozahl und kann vorteilhaft zur raschen Orientierung über den Sättigungsgrad eines Öles verwendet werden.

Beispiele:

	Brom-Thermozahl	Jodzahl		Abweichung
		berechnet [5])	gefunden	
Hammeltalg	8,1	44,50	44,48	+ 0,02
Olivenöl	15,0	82,50	80,76	+ 1,74
Mandelöl	17,6	96,68	96,64	+ 0,04
Baumwollsamenöl . . .	19,4	106,70	107,13	— 0,43
Leinöl	30,4	167,20	160,70	+ 6,50

Es wurde auch vorgeschlagen[6]), die bei der Reaktion der Öle mit Chlorschwefel eintretende, je nach dem Sättigungsgrad mehr oder minder große Temperaturerhöhung zu messen. Die Bestimmung einer solchen Chlorschwefel-Thermozahl bietet aber keinen Vorteil gegenüber den mittels Schwefelsäure oder Brom bestimmten Thermozahlen.

---

1) HEHNER und MITCHELL: Analyst 1895, S. 148; Ch.-Ztg. Bd. 19, S. 1186. 1895.

2) HEHNER und MITCHELL: a. a. O.; JENKINS: (J. Soc. Ch. Ind. Bd. 16, S. 194. 1897) gibt den Faktor 5,7 an. Nach ARCHBUTT: ebenda, S. 310, ist der Umrechnungsfaktor von der Art des Fettes abhängig, er variiert von 5,7 (Talg) bis 6,2 (Leinöl).

3) Pharm. Centralh. Bd. 50, S. 213, 544. 1909; Bd. 53, S. 303. 1912. Einen Apparat zur Bestimmung der Schwefelsäure- oder Brom-Thermozahl beschrieb auch MARDEN: Eng. Bd. 8, S. 121. 1915; C. 1916, II, S. 201.

4) Z. B. FRYER und WESTON: Technical Handbook of Oils, FATS and WAXES, Cambridge 1920, Bd. 1, S. 82.

5) Aus der Brom-Thermozahl durch Multiplikation mit 5,5.

6) FAWSITT: J. Soc. Ch. Ind. Bd. 7, S. 552. 1888.

Die Hexabromidzahl.

Die Hexabromidzahl gibt an, welche Menge Hexabromstearinsäure unter bestimmten Bedingungen aus 100 g Fettsäuren erhalten werden. Sie ist ein Maß für den Gehalt der Öle an Linolensäure. Die Methode wurde auf Grund des HAZURAschen Bromierungsverfahrens von HEHNER und MITCHELL[1]) ausgearbeitet und von EIBNER und MUGGENTHALER[2]) verfeinert.

Abscheidung der Fettsäuren: 3 Proben von je 3,5 g Öl werden mit je 45 ccm $^{n}/_{2}$-alkoholischer Kalilauge vorsichtig verseift, die Seifenlösungen eingedampft und die Trockenrückstände in je 50 ccm warmem Wasser gelöst, wobei man immer das Waschwasser der einen Schale zum Lösen der Seife in der nächsten Schale verwendet. Die vereinigten Lösungen (höchstens 180 ccm) werden noch lauwarm in einen Scheidetrichter gespült, nach dem Abkühlen mit 20 ccm $^{n}/_{5}$-Schwefelsäure zersetzt, 100 ccm Äther zugegeben und ausgeschüttelt. Die nach dem Absitzen abgelassene wässerige Schicht wird nochmals mit 40 ccm ausgeäthert, die Ätherauszüge werden vereinigt und mit 70 g entwässertem Natriumsulfat wenigstens 4—5 Stunden getrocknet. Man filtriert die Lösung, destilliert den Äther ab, wäscht das Glaubersalz 5—6 mal mit je 100 ccm Äther und destilliert den Waschäther aus dem gleichen Kolben ab. Aus dem Rückstand vertreibt man die letzten Ätherreste durch zweistündiges Einleiten von Wasserstoff bei Wasserbadwärme, evakuiert den Kolben und wägt bis zum konstanten Gewicht. Die Fettsäuren (9—10 g) werden mit trockenem Äther auf 100 ccm gelöst.

Bromierung: 20 ccm der ätherischen Fettsäurenlösung werden in einem weithalsigen 100 ccm-Erlenmeyerkolben auf — 10° abgekühlt, dann läßt man 0,5 ccm Brom in Tropfen, hierauf noch 0,5 ccm Brom in Doppeltropfen an der Wand des Kölbchens einfließen und schüttelt nach jedem Zusatz um. Die Bromierung muß mindestens eine halbe Stunde dauern, dann schüttelt man noch 2 Minuten lang um, verkorkt und läßt 2 Stunden bei —5 bis —10° stehen. Die Ätherlösung wird vom Niederschlag vorsichtig durch ein bei 110° getrocknetes Asbestsiebröhrchen nach DANIEL abdekantiert, der Niederschlag mit 5 ccm auf —10° abgekühltem Äther aufgeschüttelt, wieder absitzen gelassen und dekantiert, hierauf mit 5 ccm kaltem Äther auf das Filter geschlämmt und 3 mal mit 5 ccm nachgewaschen, wobei der Niederschlag zeitweilig mit einem Glasstäbchen aufgerührt wird. Es ist zu beachten, daß das Filter nie trocken werde. Man saugt hierauf eine Minute lang scharf ab, trocknet das Röhrchen 2 Stunden bei 80—85° und wägt. Die ausgewogene Menge wird auf 100 g Fettsäuren bezogen. Eine Vereinfachung der Methode ist die Ausführung sämtlicher Operationen im Zentrifugengläschen: Man fällt die Bromide in demselben nach Vorschrift, läßt 2 Stunden in der Kälte stehen, zentrifugiert, gießt den Äther ab, setzt 2 ccm frischen eiskalten Äther zu, rührt den Niederschlag mit einem Draht auf, zentrifugiert nochmals, wiederholt diese Reinigung, trocknet und wägt.

Die Hexabromide müssen rein weiß sein und bei 177—178° schmelzen. (Bei 200—210° schwärzen sich die Hexabromide, was die Gegenwart von Octobromiden vortäuschen kann.) Zur Kontrolle prüft man auf die vollständige Löslichkeit in siedendem Benzol und bestimmt allenfalls den Bromgehalt; Theorie = 63,3% Brom. Die Ausführung ist sehr umständlich, gibt aber viel genauere, höhere Werte als die anderen Vorschriften. Abänderungsvorschläge, wie der

---

[1]) Analyst Bd. 23, S. 313. 1898.

[2]) Farbenztg. Bd. 18, S. 131. 1912; C. 1913, I, S. 567.

des Zusetzens von Eisessig bei der Fällung[1]), oder das Fällen aus Chloroformlösung[2]), erwiesen sich als unzweckmäßig, man erhält zu niedrige Werte[3]).

Durch Multiplizieren der Hexabromidzahl mit dem Faktor 0,367 ergeben sich die Prozente Linolensäure.

Hexabromidzahlen (Höchstwerte):

Baltisches Leinöl	59,1	entsprechend	21,7%	Linolensäure
La Plata-Leinöl	54,3	„	19,9%	„
Perillaöl	64,1	„	23,9%	,
Sojabohnenöl	7,8	„	2,9%	„
Rüböl	7,6	„	2,8%	„
Mohnöl, Holzöl	0,0			

Die Hexabromidzahl ist nur für frische Öle der Leinölgruppe charakteristisch, beim Erhitzen der Öle geht sie infolge Polymerisation der Linolensäure schnell zurück und sinkt schließlich auf Null.

Die Sauerstoffzahl, die Differenzzahl und die Oxydationszahl werden im allgemeinen nicht zu den Kennzahlen gerechnet. Die Sauerstoffzahl dient zur Beurteilung der Trockenfähigkeit eines Öles, die Differenzzahl zum qualitativen Nachweis einiger Fette, die Oxydationszahl zur Bestimmung des Grades der Ranzigkeit. Sie werden in den betreffenden Abschnitten, S. 283, S. 358 und S. 337 beschrieben.

Beziehungen der Kennzahlen untereinander und zu physikalischen Konstanten.

Zwischen jenen Kennzahlen einer Substanz, welche stetige und lineare Funktionen der Zusammensetzung sind (wie V.-Z., J.-Z., Ac.-Z., angenähert auch Dichte und Mol.-Refraktion) bestehen natürlich geregelte Beziehungen[4]). Die absoluten Änderungen der Kennzahlen, die durch Einführung irgendwelcher Atomgruppen in eine Verbindung hervorgerufen werden, sind in der Größenordnung sehr verschieden, weil ja die Maßeinheiten der Kennzahlen verschieden gewählt sind, aber die Änderungen stehen in gesetzmäßigem Zusammenhang.

Man hat verschiedentlich versucht, die wichtigsten dieser Zusammenhänge bei Fettsäuren und Glyceriden mathematisch zu definieren[5]). Nun hängen aber nicht nur immer mehrere Kennzahlen von einem und demselben konstitutionellen Faktor ab, sondern eine bestimmte Kennzahl ist auch von mehreren konstitutiven Einflüssen abhängig (z. B. die Refraktion vom Sättigungszustand, dem Molekulargewicht usw.). Die Zahl der wertbestimmenden Faktoren ist groß, ihre Wirkungen können in bezug auf die einzelnen Kennzahlen sowohl nach der Richtung als auch nach dem Grade ganz verschieden sein; dieselben Einflüsse können sich daher bei den einen Kennzahlen summieren, bei anderen

---

[1]) Bailey und Baldsiefen: Eng. Bd. 12, S. 1189. 1920.

[2]) Steele und Washburn: Eng. Bd. 12, S. 52. 1920.

[3]) Wolff: Farbenztg. Bd. 25, S. 1213. 1920; Eibner: ebenda Bd. 26, S. 1314. 1921.

[4]) Diese Beziehungen sind nicht zu verwechseln mit den ziemlich konstanten aber nicht gesetzmäßigen, sondern zufälligen Verhältnissen zwischen irgendwelchen Kennzahlen, die für ein bestimmtes Fett (oder eine Gruppe von Fetten) charakteristisch sind, wie z. B. für das Rüböl charakteristisch ist, daß bei einer Verseifungszahl um 175 die Jodzahl um 100 liegt und für das Cocosöl bei einer Jodzahl um 10, die Verseifungszahl um 250.

[5]) Zuerst hat Richter (Milchwirtsch. Centralbl. Bd. 42, S. 7. 1913; C. 1913, I, 746) darauf hingewiesen, daß die Beziehungen zwischen der Verseifungszahl, der Jodzahl und dem Brechungsindex mathematisch formuliert werden können zum Zweck der Berechnung einer dieser Kennzahlen aus den beiden übrigen.

mehr oder weniger kompensieren. Eine besondere Schwierigkeit ergibt sich noch dadurch, daß der Einfluß einer Atomgruppe (z. B. der Doppelbindung) auf eine Kennzahl bzw. eine Konstante, z. B. auf die Refraktion, je nach ihrer Stellung im Molekül verschieden groß sein kann (z. B. Exaltation des Brechungsindex bei Konjugation von Doppelbindungen). Der Einfluß einer Atomgruppe läßt sich also nicht durch einen allgemeingültigen Faktor ausdrücken; infolgedessen kann man auch keine für alle Fette und Fettsäuren gültigen Beziehungsformeln ableiten. Dies ist nur für Verbindungen von bekannter Konstitution bzw. Gemische solcher Verbindungen nach bestimmten Verhältnissen möglich. Nun ist aber einerseits die Konstitution vieler Bestandteile von Fetten noch nicht bekannt (z. B. die einer größeren Zahl ungesättigter Säuren wie der Transäuren), andererseits kennt man von den meisten Fetten noch nicht den Gehalt an den einzelnen Säuren bzw. ihren Glyceriden. Es ist aber immerhin gelungen, die Beziehungen zwischen einigen Kennzahlen auf empirischem Wege, durch Auswertung eines größeren experimentellen Materials, wenigstens für einen beschränkten Geltungsbereich zu formulieren.

Zwischen dem Brechungsindex n_D^{40} und der Jodzahl J besteht nach PICKERING und COWLISHAW[1]) die einfache Beziehung:

$$n_D^{40} = 1{,}415 + 0{,}0001171 \cdot J\,.$$

Der Geltungsbereich dieser Formel ist aber auf neutrale Fette beschränkt, die weder niedrige Fettsäuren, noch oxydierte oder cyclische Säuren enthalten.

Speziell für gehärtete Pflanzenöle, mit Ausnahme von Ricinus- und Pongamiaöl, leiteten SUDBOROUGH, WATSON und ATHAWALE[2]) eine kompliziertere Gleichung ab, nach der man aus der Jodzahl den Brechungsindex angeblich mit einer Genauigkeit von $\pm$ 0,0005 bestimmen kann:

$$n_D^{60} = 1{,}4468 + 1{,}03 \cdot 10^{-4} \cdot J + 7{,}3 \times 10^{-8} \cdot J^2.$$

Die Beziehungen zwischen Brechungsindex n_D, Jodzahl J, Verseifungszahl V und Säurezahl S sind nach PICKERING und COWLISHAW[3]) bei frischen Ölen durch folgende Gleichung geregelt:

$$n_D = 1{,}4643 + 0{,}000066 \cdot S - 0{,}0096 \cdot S \cdot V + 0{,}0001171 \cdot J\,.$$

Den Zusammenhang zwischen Dichte, Brechungsindex, Jodzahl und Verseifungszahl formuliert BACKER[4]):

$$n_t^2 = \frac{1}{n_t^2} + 2\,\frac{100}{d_4^t} = 33{,}07 + 0{,}00075\,J - 0{,}01375\,V + 0{,}002\,(t - 15)\,.$$

Einen weiteren Geltungsbereich haben die von LUND[5]) auf Grund zahlreicher neuer Bestimmungen von Kennzahlen aufgestellten Beziehungsgleichungen. Die Kennzahlen sind zweckmäßig normiert, insbesondere ist nicht nur der Einfluß der Temperatur auf die Dichte und die Refraktion ausgeschaltet, sondern auch der Einfluß des Aggregatzustandes auf die Dichte (vgl. S. 90).

In den nachstehenden Gleichungen bedeuten:

D = Dichte der Glyceride bei 15°, bezogen auf Wasser von 15°,
R = Brechungswert (= Br.-Index · 1000) bei 40°,
J = Jodzahl,
V = Verseifungszahl,
N = Neutralisationszahl,
Ac = Acetylzahl,
$[\alpha]_D$ = Drehungsvermögen.

---

[1]) J. Soc. Ch. Ind. Bd. 41, S. 74 T. 1922. [2]) J. Soc. Ch. Ind. Bd. 42, S. 103 A. 1923.
[3]) a. a. O. [4]) Ch. Weekblad Bd. 13, S. 954. 1916; C. 1916, II, 703.
[5]) Z. Nahrgsm. Bd. 44, S. 113. 1922.

b, c, b_1 und c_1 sind Konstanten, und zwar ist nach LUND:

$$b = 0{,}15 \pm 0{,}01,$$
$$c = 0{,}105 \pm 0{,}005,$$
$$b_1 = 0{,}145 \pm 0{,}01,$$
$$c_1 = 0{,}10 \pm 0{,}005.$$

Die Kennzahlen der neutralen Fette bzw. Glyceride sind mit dem Index g, die der Fettsäuren mit dem Index f versehen.

Beziehungsgleichungen:

1. Fette ohne Oxysäuren, cyclische und polymerisierte Säuren:

neutrale Fette	Fettsäuren
$D_g = 847{,}5 + 0{,}3\ V + b\, J_g,$	$D_f = 847{,}5 + 0{,}18\ N + b_1\, J_f,$
$R_g = 1468{,}8 - 0{,}08\ V + c\, J_g.$	$R_f = 1468{,}8 - 0{,}125\, N + c_1\, J_f.$

2. Fette mit einem Gehalt an Oxysäuren:

$$D_{15} = 847{,}5 + 0{,}3\ V + 0{,}14\, J + 0{,}32\, Ac$$
$$R_{40} = 1468{,}8 - 0{,}08\ V + 0{,}11\, J + 0{,}06 \cdot Ac$$

3. Fette mit einem Gehalt an cyclischen Säuren:

$$D_{15} = 847{,}5 + 0{,}3\ V + 0{,}14\, J + 0{,}50 \cdot [\alpha]_D$$
$$R_{40} = 1468{,}8 - 0{,}08\ V + 0{,}10\, J + 0{,}16 \cdot [\alpha]_D.$$

4. Polymerisierte Öle:

$$D_{15} = 847{,}5 + 0{,}3\ V + 0{,}14\ J_g + 0{,}44\,(J_g - J_f),$$
$$R_{40} = 1468{,}8 - 0{,}08\ V - 0{,}105\, J_g + 0{,}11\,(J_g - J_f).$$

Die Konstanten 0,32, 0,06, 0,50, 0,16, 0,44 und 0,11 sind nur Näherungswerte.

Die unter 1. angegebenen Gleichungen gelten für die Säuren von C_{12} bis C_{22} bzw. ihre Glyceride. Bei den extremen Gliedern der Reihe ergeben sich Abweichungen von etwa 0,1% D. Bei den ungesättigten Verbindungen bedingen Isomerien Abweichungen in den physikalischen Konstanten, die im Korrektionsfaktor zur Geltung kommen. Für verschiedene Sorten von Olivenöl, Sojabohnenöl, Baumwollsamenöl und Leinöl wurden Werte für $b_1 = 0{,}132$ bis 0,142; für $b = 0{,}137$ bis 0,152 gefunden. Für die verschiedenen Transorten (Glyceride von Säuren mit 16—24 Kohlenstoffatomen und bis 6 Doppelbindungen) liegen die b-Werte auch zwischen 0,140—0,160; hierbei sind die hohen b-Werte der stark ungesättigten Verbindungen kompensiert durch die niedrigeren der hochmolekularen Verbindungen (vgl. Rüböl $b = 0{,}132$). Holzöl fällt ganz aus der Reihe, $b = 0{,}232$.

Die Werte von c nehmen, wie oben die b-Werte, mit der Erhöhung des Molekulargewichtes ab, mit der Zahl der Doppelbindungen zu. Mit Ausnahme des Holzöls zeigen alle untersuchten Fette normale c-Werte. Zweifelhafte Werte können bei gespaltenen, oxydierten, extrahierten oder irgendwie veränderten Ölen vorkommen.

Wie oben hervorgehoben wurde, lassen sich keine allgemeingültigen Beziehungsgleichungen aufstellen, weil die Kennzahlen nicht nur von der Zahl und Art der Atomgruppen, sondern auch von ihrer gegenseitigen Lage abhängen; bei einer größeren Zahl von Fetten kommt dieser letzte Einfluß aber praktisch kaum in Betracht. Es sind dies die gewöhnlichen Fette, die keine Oxysäuren enthalten, keine cyclischen Säuren und keine mehrfach-ungesättigten Säuren mit konjugierten oder kumulierten Doppelbindungen. Für diese Fette hat WOLFF[1]) folgende Beziehungsgleichung zwischen Brechungsindex, Dichte,

[1]) Ch. Umschau Bd. 30, S. 253. 1923; s. a. LUND: ebenda, S. 285.

Verseifungszahl und Jodzahl mathematisch abgeleitet und experimentell bestätigt:

$$n = 1 + d\,(0{,}5557 - 0{,}00022\,V + 0{,}000035\,J)\,.$$

Die nachstehende Tabelle zeigt die Übereinstimmung der experimentell gefundenen Werte mit den nach den Formeln von LUND und von WOLFF berechneten.

Tabelle.

Fettsäurengemisch aus:	d_4^{40}	V	J	Brechungsindex gef.	ber. (Wolff)	(n_D^{40}) ber. (Lund)
Leinöl	0,8960	198	206	1,4655	1,4653	1,4647
Gehärtetes Leinöl	0,8665	197	4,5	1,4445	1,4442	1,4446
Olivenöl	0,8782	199,5	84	1,4521	1,4520	1,4523
Rindstalg	0,8733	203,5	43	1,4478	1,4475	1,4477

Wenn durch zwei Kennzahlen eine dritte bereits festgelegt ist und aus den beiden ersten mit Hilfe einer mathematischen Beziehung berechnet werden kann, so wird die experimentelle Bestimmung dieser Kennzahl überflüssig; man kann also mit Hilfe einer Beziehungsgleichung in manchen Fällen sog. „Überbestimmungen" vermeiden. Andererseits kann die Gleichung auch einen Anhaltspunkt für die Gruppenzugehörigkeit des untersuchten Fettes oder der Fettsäuren geben. Die Konstanten der Beziehungsgleichungen sind für die verschiedenen Gruppen von Fetten verschieden. Wenn man also mit Hilfe der für eine gewisse Gruppe von Fetten gültigen Konstante eine Kennzahl berechnet und dieser Wert stimmt mit dem experimentell gefundenen überein, so gehört das Fett in die betreffende Gruppe.

Bestimmung der Gruppen von Fettbestandteilen:

Freie Fettsäuren,
Neutralfett,
Unverseifbare Bestandteile,
Gesamtfettsäuren,
Glycerin.

Bestimmung der freien Fettsäuren.

Man berechnet den Prozentgehalt, wie S. 143 angegeben, aus der Säurezahl des Fettes und der Neutralisationszahl der Gesamtfettsäuren nach der Formel $\frac{100\,S}{N}$. Enthält das Fett Oxyfettsäuren, die sich im freien Zustand anhydrisieren und deshalb zu niedrige Neutralisationszahlen geben können, so setzt man in die Formel an Stelle von N besser die Verseifungszahl der Fettsäuren ein. (Siehe auch Abschnitt: Technische Fettsäuren, S. 461.)

Bei dieser Berechnung wird vorausgesetzt, daß die freien Fettsäuren und die an Glycerin gebundenen gleiche Zusammensetzung zeigen; sie ist also nur dann richtig, wenn keine selektive Fettspaltung eingetreten ist, z. B. relativ mehr Säuren von höherem Molekulargewicht abgespalten wurden, und wenn nicht etwa das Gemisch eines bestimmten neutralen Fettes mit freien Säuren aus irgendeinem andersartigen Fett vorliegt (was ja bei technischen Produkten nicht unmöglich ist). Im anderen Falle, wenn die freien Säuren von anderer Beschaffenheit sein könnten als die gebundenen Säuren, muß man sie vom Neutralfett abtrennen und dann entweder quantitativ sammeln und wägen oder ihre Neutralisationszahl bestimmen und diese bei der Berechnung in die obige Formel einsetzen.

Die Isolierung erfolgt z. B. durch Neutralisieren des Fettes in petrolätherischer Lösung mit alkoholischer Lauge, Ausziehen der Seifen mit Wasser bzw. 50proz. Alkohol, Ansäuern der abgetrennten wässerigen Lösung, Ausäthern der freien Säuren, Einengen des Extrakts, Trocknen und Wägen. Enthält das Gemisch flüchtige Säuren, so führt man es, wie bei Bestimmung der Gesamtsäuren S. 209 angegeben, in die Alkalisalze über und wägt diese.

In vereinzelten Fällen soll der Gehalt eines Fettes an freien Säuren ohne Titration oder Wägung nur nach der Größenordnung bestimmt werden. Dann kann das folgende rohe, volumetrische Verfahren benutzt werden: In einem 100-ccm-Meßzylinder mit Stopfen werden 50 ccm Öl mit 50 ccm einer Mischung, bereitet aus 80 Raumteilen 96proz. Alkohol, 10 Raumteilen käuflicher Ammoniaklösung und 10 Raumteilen Wasser, durch 15—20maliges Kippen vermischt und hierauf bei mindestens 20° C stehen gelassen. Die Schichten trennen sich meistens in einigen — längstens 15 — Minuten glatt voneinander. Die Verminderung des Ölvolumens in Kubikzentimetern, multipliziert mit 2, ergibt direkt den Prozentgehalt an freien Säuren. Die Bestimmung ist von vereinzelten Ausnahmefällen, in denen sich eine schwer trennbare Mittelschicht bildet, auf mindestens 3—5%, häufig sogar auf Zehntelprozente genau. Sie eignet sich z. B. für die zollamtliche Prüfung, ob eine Ware noch in die Tarifklasse Fette oder in die der Fettsäuren gehört.

Bestimmung des Neutralfettgehaltes.

Das Maß für den Neutralfettgehalt ist die Esterzahl. Kennt man die Esterzahl des reinen Neutralfettes (identisch mit dessen Verseifungszahl), so ergibt sich der Gehalt des sauren Fettes an Neutralfett aus der Formel:

$$\% \text{ Neutralfett} = \frac{100\,E}{V}\,.$$

In der praktischen Fettanalyse wird in allen Fällen zunächst der Prozentgehalt an freien Säuren bestimmt. Ist dieser einmal bekannt, so berechnet man den Neutralfettgehalt selbstverständlich einfach durch Abziehen dieses Wertes von 100 (s. a. S. 144).

Eine direkte gravimetrische Bestimmung des Neutralfettgehalts wird sehr selten vorgenommen. Allenfalls verbindet man sie mit der oben angegebenen Bestimmung der freien Säuren. Man neutralisiert die petrolätherische Lösung von etwa 5—10 g Substanz mit alkoholischer Lauge, setzt mindestens soviel Wasser zu als Alkohol zugegen ist, schüttelt, zieht die Seifenlösung ab und schüttelt sie wiederholt mit Petroläther aus, vereinigt die Auszüge, vertreibt das Lösungsmittel und wägt den getrockneten Fettrückstand.

Ein Fett ist im allgemeinen um so wertvoller, je weniger freie Fettsäuren es enthält, es ist aber zu berücksichtigen, daß im Neutralfett auch die gesamten unverseifbaren Bestandteile enthalten sind. Erst die Differenz von Neutralfett und Unverseifbarem, die bei Abwesenheit anderer Ester (auch innerer Ester) den Gehalt an Glyceriden darstellt, ist für die Bewertung maßgebend. (Vgl. Abschnitt: Technische Fette, S. 332.)

Bestimmung des Unverseifbaren.

Unter Unverseifbarem versteht man die Gesamtmenge der nichtsauren, in Wasser unlöslichen, aber in Fettlösungsmitteln löslichen Bestandteile und Beimengungen des Fettes oder Wachses.

Die unverseifbaren Bestandteile von Fetten können sein: 1. Die regelmäßigen natürlichen Begleitstoffe, und zwar Sterine und andere Wachsalkohole, Kohlenwasserstoffe, darunter Farbstoffe wie Carotin usw., auch andere spezifische Begleitstoffe, von denen manche den charakteristischen Geschmack, den Geruch (wie die Ketone des Cocosöles), spezifische Farbenreaktionen usw. bedingen. 2. Beimengungen bzw. Verfälschungen, wie Mineralöl, Harzöl, Teeröl, Paraffin, Ceresin. 3. Technische Erzeugnisse, wie destillierte Fettsäuren, können auch Zersetzungsprodukte, Kohlenwasserstoffe und Ketone enthalten. Die unverseifbaren Bestandteile der Wachse sind höhere Alkohole und Kohlenwasserstoffe, in einzelnen Fällen (Montanwachs) auch Ketone. — Die meisten natürlichen Fette enthalten nur geringe Mengen unverseifbarer Bestandteile, gewöhnlich weniger als 1%; einige Seetierfette (Trane) bestehen aber zum größeren Teil aus Kohlenwasserstoffen.

Qualitative Prüfung: Nach HOLDE[1]) werden 3—4 Tropfen Öl mit der Lösung eines erbsengroßen Stückes Kaliumhydroxyd in 5 ccm absolutem Alkohol 1 Minute gekocht und darauf 3—4 ccm Wasser zugesetzt. Bei Gegenwart von mehr als 1% unverseifbaren Zusätzen, mit Ausnahme von niedrigsiedenden Mineralölen, entsteht eine Trübung.

Kleine Mengen der unverseifbaren Begleitstoffe können bei dieser Prüfung ebenfalls unbemerkt bleiben, z. B. stark ungesättigte Kohlenwasserstoffe, die in wässerig-alkoholischer Seifenlösung löslich sind.

Quantitative Bestimmung in Fetten.

Prinzip: Das Fett wird verseift, die Seifenlösung oder die getrocknete Seife mit Äther oder Petroläther extrahiert, aus den vereinigten Auszügen das Lösungsmittel abdestilliert und der Rückstand gewogen.

Näherungsmethode[2]): 10 g Substanz werden mit 50 ccm etwa doppeltnormaler alkoholischer Natronlauge verseift, dann setzt man zur Überführung des Ätznatrons in Carbonat etwa 5 g trockenes Natriumbicarbonat in kleinen Anteilen und 50—70 g ausgeglühten Sand zu und trocknet 20 Minuten auf dem Wasserbade. Der Zusatz von Sand und das Trocknen läßt sich vermeiden, wenn man das Wasser durch Zumischen von trockenem Natriumsulfat — auf 5 g Fett etwa 50 g — bindet[3]). Die noch warme Masse wird, am besten in einem Extraktionsapparat, mit bis 60° siedendem Petroläther ausgezogen, die Lösung eingeengt, der Rückstand getrocknet und gewogen.

Präzisionsmethoden: Von den zahlreichen Ausführungsformen[4]) ist besonders für Fette, die größere Mengen Sterine oder andere schwerer lösliche Begleitstoffe enthalten, am zuverlässigsten die

Petroläthermethode von HÖNIG und SPITZ[5]), am besten in der verfeinerten Ausführungsform von SCHICHT und HALPERN[6]): Etwa 5 g Fett werden

---

[1]) Mitt. Techn. Vers.-Anst. Berlin Bd. 7, S. 75.

[2]) ALLEN und THOMSEN: Ch. News Bd. 43, S. 267. 1881; FINKENER: Mitt. Techn. Vers.-Anst. Berlin Bd. 4, S. 13.

[3]) THIEME: Sfsz. Bd. 43, S. 897. 1916.

[4]) Siehe bes. NITSCHE: Dingl. Polyt. J. Bd. 251, S. 335; MORAWSKI und DEMSKI: ebenda Bd. 258, S. 39; GAWALOWSKI: Z. anal. Ch. Bd. 26, S. 330. 1887.

[5]) Z. ang. Bd. 4, S. 565. 1891. [6]) Ch. Ztg. Bd. 31, S. 297. 1907.

mit 25 ccm absolutem Alkohol und einer Lösung von 3 g Ätzkali in möglichst wenig Wasser $^1/_2$ Stunde am Rückflußkühler gekocht. Nach dem Erkalten wird die Seifenlösung nach dem Vorgange von WOLFBAUER[1]) mit 25 ccm 10 proz. Chlorkaliumlösung versetzt und 4 mal mit je 200 ccm Petroläther (frei von olefinischen und aromatischen Kohlenwasserstoffen, Siedegrenze 60°) ausgeschüttelt. Zur Vermeidung wiederholten Umfüllens ist es praktisch, den Petroläther abzupipettieren oder wie folgt zu verfahren: Nach jedem Durchschütteln wird, sobald Trennung der Schichten eingetreten, auf den Scheidetrichter ein mit zweischenkligem Heber versehener Kork (Spritzflaschenaufsatz) aufgesetzt und die Petrolätherschicht abgehebert. Dabei bleibt aber immer eine gewisse Menge Petrolätherlösung im Scheidetrichter. Eine vollständigere Trennung der beiden Schichten erreicht man durch Verwendung des von WOLFBAUER angegebenen Schüttelkolbens[2]); die Handhabung ergibt sich aus der Abb. 48. Etwaige Emulsionen zerstört man durch Aufspritzen von Alkohol. Die Petrolätherauszüge werden ungewaschen eingeengt, der Rückstand wird in 25 ccm absolutem Alkohol gelöst, unter Zusatz von etwas Phenolphthalein mit Normallauge schwach alkalisch gemacht, worauf man die Flüssigkeit durch Zusatz von 25 ccm 10 proz. Chlorkaliumlösung verdünnt und mit 200 ccm Petroläther ausschüttelt. Zur Entfernung der letzten Reste Seife aus der Petrolätherlösung wird sie noch einigemal mit je 100 ccm 50 proz. Alkohol gewaschen. Die Waschwässer werden nacheinander mit 100 ccm Petroläther ausgeschüttelt, wozu man immer denselben Petroläther verwenden kann. Nachdem man zum Schlusse auch diese Lösung mit dem Waschalkohol gewaschen hat, vereinigt man die Petrolätherauszüge, engt sie im gewogenen Kölbchen ein und trocknet bis zur Gewichtskonstanz bei 100°. — Manche unverseifbaren Bestandteile, z. B. Cholesterin, lösen sich in Petroläther zwar nur sehr wenig, während sie in Äther leicht löslich sind[3]); beim Einhalten obiger Vorschrift wird aber auch aus sterinreichen Fetten, wenn nicht mehr als 5 g eingewogen werden, das Unverseifbare vollständig extrahiert. Das Verfahren ist allerdings umständlich, es hat aber gegenüber der Äthermethode (s. unten) den Vorteil, daß der Petroläther weniger Seife löst als der Äther und daß sie ihm durch einmaliges Schütteln mit halbverdünntem Alkohol wieder entzogen werden kann. Bei Fetten mit wenig Unverseifbarem genügt es übrigens zur ersten Ausschüttlung 100 ccm, zur zweiten 50 ccm Petroläther zu verwenden und höchstens ein drittes und ein viertes Mal mit je 25 ccm auszuschütteln. Wenn sich der Petroläther auch bei der dritten und vierten Ausschüttlung färbt, so beweist das noch nicht, daß noch nennenswerte Mengen Unverseifbares in der Lösung waren[4]). Die Bestimmungen sind bei richtiger Ausführung auf wenige Hundertstelprozente genau; für alle Fälle ist es aber ratsam, die ausgeschüttelte Seifenlösung bis zum Wägen des Unverseifbaren aufzubewahren und, falls mehr als 5% gefunden werden, nochmals zu extrahieren. Zur Kontrolle verascht man das Unverseifbare nach dem Wägen und prüft, ob es seifenfrei war.

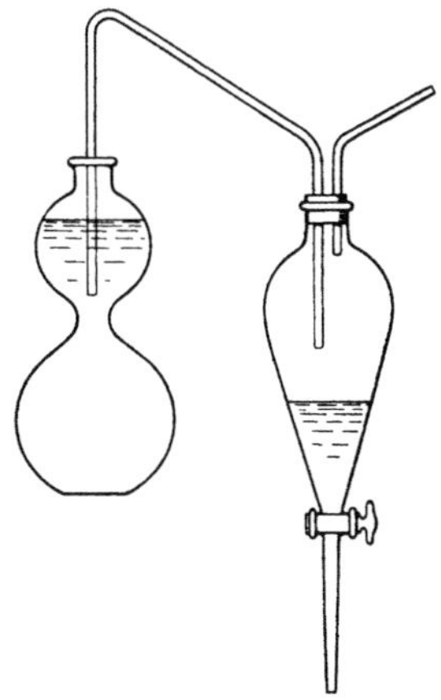

Abb. 48. Ausführung der Petroläthermethode. nach Wolfbauer.

---

1) Mitt. Technol. Gewerbemuseum Wien, 1894, S. 57. 2) Codex alimentarius Austr. III, S. 154.
3) SHUKOFF und SCHESTAKOFF: Ch. Revue Bd. 5, S. 21. 1898.
4) HERBIG: Sffbr. Bd. 39, S. 174. 1919.

Eine beachtenswertere Fehlerquelle ist, daß Bestandteile des Unverseifbaren gewisser Fette, z. B. von Döglingtran, vielleicht auch von anderen Fettarten, in 50proz. Alkohol löslich sind[1]). In solchen Fällen, oder wenn man keinen einwandfreien Petroläther hat, erfolgt die

Extraktion mit Äther. Ausführungsform nach FAHRION[2]): Man verseift für diesen Zweck nicht unter Rückfluß, sondern erhitzt 2—3 g Fett mit 10 ccm mindestens doppeltnormaler alkoholischer Kalilauge oder mit 1 g KOH und 10 ccm Alkohol in einer außen nicht glasierten Porzellanschale über kleiner Flamme bis zum vollständigen Verdampfen des Alkohols, nimmt in wenig Alkohol auf und dampft nochmals ein. Den Rückstand löst man in 50 ccm Wasser und setzt 10 ccm Alkohol zu. Die Seifenlösung muß zur Zurückdrängung der Dissoziation Alkohol enthalten, aber höchstens 20%, weil sie sonst zuviel Äther löst; sie wird erst mit 50 ccm, dann mit 25 ccm Äther, im Zweifelsfalle nochmals mit 25 ccm ausgeschüttelt. Die vereinigten Ätherauszüge schüttelt man mit einigen Kubikzentimetern normaler Salzsäure und 10 ccm Wasser, zieht nach der Klärung die Ätherschicht ab und schüttelt sie mit einer Mischung von 7 ccm Wasser, 2 ccm Alkohol, 1 ccm Normalkalilauge und einigen Tropfen Phenolphthaleinlösung. Nach längerem Stehen, am besten über Nacht, hebt man die ätherische Lösung ab, läßt sie auf dem Wasserbad eindunsten, nimmt den Rückstand in 10 ccm heißem Alkohol auf (wenn das Unverseifbare Mineralöl enthält, so tritt hierbei eine Trübung ein), füllt mit möglichst wenig Alkohol in eine Porzellan- oder Platinschale und dampft auf dem kochenden Wasserbad bis zur Gewichtskonstanz ein.

Abänderungen: Die vereinigten Ätherauszüge werden, nachdem sie zur Zerlegung der Seifen mit verdünnter Salzsäure geschüttelt und dann mit Wasser gewaschen wurden, direkt eingedunstet, der Rückstand bei 110° getrocknet und gewogen. Hierauf titriert man die Fettsäure, rechnet den Alkaliverbrauch auf Ölsäure um und zieht die berechnete Menge von der Auswage ab[3]). Nach DAVIDSOHN[4]) nimmt man den nicht gewaschenen Ätherextrakt nach dem Trocknen und Wägen mit Wasser auf, setzt Methylorange zu und titriert das Alkali der Seife direkt mit $^{n}/_{10}$-Säure; für je 1 ccm verbrauchter Säure zieht man 33,8 mg (für Kaliseife, oder 32,2 mg für Natronseife) vom Gewicht des Unverseifbaren ab. Bei dieser Umrechnung wird das mittlere Molekulargewicht der Fettsäuren mit rund 300 angenommen. Um genauer zu korrigieren, kann man selbstverständlich an Stelle des Faktors 33,8 den aus dem jeweilig experimentell bestimmten Molekulargewicht der Fettsäuren bzw. ihrer Kalisalze berechneten Faktor einsetzen.

Enthält das Fett merkliche Mengen von flüchtigen unverseifbaren Bestandteilen, z. B. ätherisches Öl oder (wie bei technischen Fetten möglich) Lösungsmittel, so können dieselben beim Trocknen des Extrakts bei 100° zum Teil oder vollständig verloren gehen. In solchen Fällen bestimmt man erst das Flüchtige nach S. 274 und hierauf im Rückstand die nichtflüchtigen Bestandteile wie oben.

Bestimmung in Wachsen.

Bei diesen Bestimmungen ist zu berücksichtigen: die geringe Löslichkeit der Kalisalze hochmolekularer Wachssäuren in kaltem Wasser und in verdünntem Alkohol, die Löslichkeit der Kalisalze einzelner Säuren, z. B. der des Wollwachses

---

[1]) FAHRION: Ch. Umschau Bd. 27, S. 147. 1920. [2]) Ebenda S. 134, 146.

[3]) TWITCHELL: Eng. Bd. 7, S. 217. 1915; C. 1915, I, S. 1284; FAHRION: Ch. Umschau Bd. 26, S. 66. 1919.

[4]) Ch. Umschau Bd. 23, S. 130. 1916.

in Petroläther[1]) und die geringe Löslichkeit mancher Wachsalkohole in Petroläther. Man kann deshalb für feste Wachse die für die Untersuchung von Fetten geeignete Präzisionsmethode nicht anwenden. In den meisten Fällen erhält man die besten Resultate mit der ursprünglich für die Bestimmung von Paraffin in Stearin ausgearbeiteten

Methode von DONATH[2]): Die eingewogene Substanz — höchstens etwa 6 g — wird mit alkoholischer Lauge verseift. Man verwendet zweckmäßig amylalkoholische Lauge oder setzt Xylol zu. Der Alkohol wird vertrieben, der Rückstand in Wasser gelöst, die Lösung nach Zusatz von Phenolphthalein mit Essigsäure neutralisiert und bei höchstens 60° unter intensivem Rühren mit Calcium- oder Baryumchlorid gefällt. (Man kann auch mittels Bleiacetat die Bleiseifen oder in analoger Weise andere Schwermetallseifen fällen.) Setzt man vor der Fällung ein wenig Natriumcarbonat zur Lösung, was besonders bei vermuteter Anwesenheit von Paraffin ratsam ist, so erhält man einen leichter filtrierbaren Niederschlag. Er wird auf dem Filter mit heißem Wasser gewaschen, bei 100° getrocknet, fein gepulvert, allenfalls mit Sand vermischt und im Soxhletschen Apparat extrahiert. Als Lösungsmittel kann oft Petroläther verwendet werden, vorteilhafter ist meistens die Verwendung von Aceton, mitunter die von Chloroform oder eines anderen intensiver wirkenden Lösungsmittels. Bei der Wahl desselben muß aber nicht nur sein Lösungsvermögen für das Unverseifbare berücksichtigt werden, sondern auch die etwaige Löslichkeit der Wachsseifen. In zweifelhaften Fällen prüft man das extrahierte Unverseifbare nach dem Trocknen und Wägen durch Veraschen und Wägen des dabei erhaltenen Metalloxyds. Aus der Menge des Oxyds kann man das Gewicht der in Lösung gegangenen Seife berechnen und dasselbe von der Auswage abziehen.

Die bekannteren Wachse enthalten an Unverseifbarem:

Bieneuwachs	52,0—55,6%
Carnaubawachs	55,0%
Wollfett	43,0—52,0%
Walrat	51,0%
Döglingtran	31,7—42,6%
Spermacetiöl	37,0—41,0%.

Über die Untersuchung des Unverseifbaren, die Unterscheidung und Bestimmung einzelner Bestandteile siehe S. 258.

Bestimmung der Gesamtfettsäuren.

Schnellmethode: Zur annähernden, aber für manche Zwecke genügend genauen Bestimmung hat SCHLÜTER[3]) die ursprünglich für die Untersuchung von Seifen ausgearbeitete volumetrische Methode von LÜRING[4]) vorgeschlagen.

Die LÜRINGsche Bürette[5]), Abb. 49, besteht aus einem Kölbchen mit engem, graduierten Hals, der in einen Schnabel endigt, und einem Trichter, der in einen Tubus des Kölbchens beweglich eingesetzt ist; durch Seitwärtsbiegen des Trichterrohres kann das Niveau der Flüssigkeit im Kolben eingestellt werden.

Man verseift 8—10 g Fett mit der genügenden Menge Lauge und 50 ccm Alkohol (vgl. S. 84), destilliert den Alkohol ab, nimmt die eingedickte Seifen-

[1]) Siehe z. B. MARCUSSON und v. SKOPNIK: Z. ang. Bd. 25, S. 2577. 1912.
[2]) Dingl. Polyt. J. Bd. 208, S. 305. [3]) Sfsz. Bd. 47, S. 907. 1920.
[4]) LÜRING: Sfsz. Bd. 33, S. 509. 1906.
[5]) Bezugsquelle: Carl Matthaei, Hannover. Eine Abänderung beschrieb HEBER: Z. D. Öl- u. Fettind. Bd. 41, S. 729. 1921.

lösung in Wasser auf, spült in einen Scheidetrichter und äthert das Unverseifbare aus. Aus der Seifenlösung wird durch vorsichtiges Erwärmen in einer offenen Schale der Äther vertrieben, wobei man das Schäumen durch Aufblasen vermindern kann. Die heiße Lösung wird in die Bürette gespült, zur Abscheidung der Fettsäuren mit 20—25 ccm verdünnter Schwefelsäure versetzt und auf einem Asbestteller zum Sieden erhitzt, bis die Säuren klar geschmolzen sind und das Meßrohr so weit erwärmt ist, daß der Wasserdampf, ohne sich zu kondensieren, hindurchgeht. Dann wird die Flamme entfernt und sofort siedendes Wasser durch den Trichter eingegossen, bis die Fettsäureschicht über den Nullpunkt der Teilung gestiegen ist. Nun stellt man durch Abbiegen des Trichters das untere Ende der Fettsäule genau auf den Nullpunkt ein und liest ihr Volumen ab. Mit der Fettsäure füllt man ein 5-ccm-Pyknometer und bestimmt das spezifische Gewicht bei 99°. Durch Multiplizieren des abgelesenen Volumens mit dem spezifischen Gewicht der Fettsäuren bei der Beobachtungstemperatur von 99° erhält man das Gewicht der Fettsäuren, das in Prozente der Einwage umgerechnet wird.

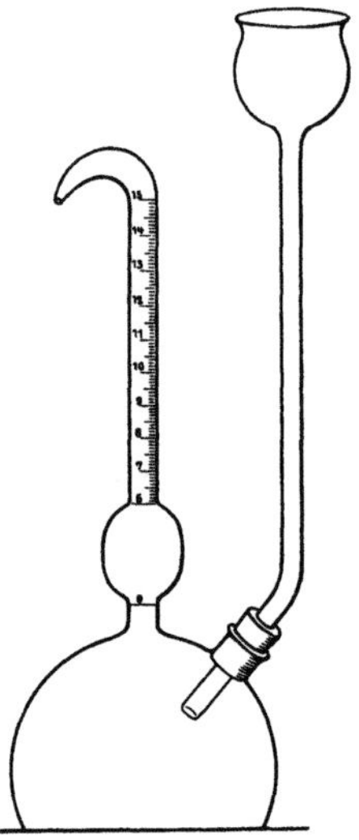

Abb. 49. Lüring'sche Bürette

Die spezifischen Gewichte der am meisten verwendeten Fettsäuren sind aus folgender Tabelle zu entnehmen; die von anderen Säuren oder Mischungen sind bei 99° pyknometrisch zu bestimmen oder nach LUND zu berechnen (siehe Seite 95).

Fettsäuren von	Spez.-Gew. bei 99°
Talg	0,8348
Schweinefett	0,8445
Palmöl	0,8269
Baumwollsamenöl	0,8467
Erdnußöl	0,8460
Olivenöl	0,8430
Cocosöl	0,8354
Palmkernöl	0,8350
Leinöl	0,8612

Fehlerquellen: Die Löslichkeit der Fettsäuren von niedrigem Molekulargewicht in Wasser, die Verringerung des Volumens bei etwaigem Sinken der Beobachtungstemperatur unter 99°, das Hängenbleiben von Fettsäuretröpfchen an der Kolbenwand, schließlich die Aufnahme von Wasser durch die Fettsäuren bei 100°. Diese Fehlerquelle wird aber durch Bestimmung des spezifischen Gewichtes der Fettsäuren in gleich feuchtem Zustand ziemlich ausgeschaltet. Die Methode gibt bei Fetten ohne viel wasserlösliche Säuren brauchbare, bis auf etwa 0,2% genaue Werte; für andere Fette, wie Cocosöl, ist sie nicht zu verwenden, bei solchen ergeben sich Differenzen um mehr als $^1/_2$%.

Präzisionsmethode: Die genaue Bestimmung der Gesamtmenge an Fettsäuren, insbesondere bei Fetten, die Säuren von niedrigem Molekulargewicht enthalten, verbindet man am besten mit der Bestimmung des Unverseifbaren. Nachdem das Fett, wie auf S. 204 angegeben, verseift und das Unverseifbare ausgeschüttelt wurde, säuert man nach Vertreiben des Alkohols die alkalische Seifenlösung an, schüttelt mehrmals mit Äther aus und wäscht die vereinigten ätherischen Auszüge mit möglichst wenig Wasser, z. B. 3 mal mit je $^1/_{10}$ des Volumens der Ätherlösung. Die ätherische Lösung wird nach dem Trocknen über Natriumsulfat im gewogenen Kölbchen eingeengt, der Rückstand auf 85° bis zum konstanten Gewicht erhitzt und gewogen.

Fehlerquellen und Verbesserungen: Bei Gegenwart mehrfach-ungesättigter Säuren tritt beim Trocknen an der Luft infolge von Autoxydation Gewichtsvermehrung ein[1]). Zur Vermeidung dieses Fehlers trocknet man die Fettsäuren im Wasserstoff- oder Kohlendioxydstrom, der mit konz. Schwefelsäure gewaschen wird. Sind flüchtige oder wasserlösliche Fettsäuren zugegen, so wäscht man zur Vermeidung von Verlusten mit 10proz. Kochsalzlösung; beim Trocknen des Ätherrückstandes geht man dann vorsichtshalber[2]) nur bis 55° oder man wägt die Fettsäuren als Alkali-, Kalk- oder Bleisalze.

Wägung in Form der Alkalisalze[3]): Die gewaschene ätherische Lösung wird in einem Philippsbecher, der vorher mit 20 g Bimsstein in hirsekorngroßen Stücken und einem Glasstab getrocknet und gewogen wurde, auf die Hälfte eingeengt, 50 ccm absoluter neutraler Alkohol und 1 Tropfen Phenolphthalein zugesetzt und mit alkohol. Lauge, am besten Natronlauge auf Rot titriert. Die Seifenlösung dampft man auf dem Wasserbad ein und trocknet den Rückstand unter zeitweiliger Auflockerung bei 105° zur Konstanz. Aus dem Verbrauch an Normalalkali ($= v$ ccm) und der ausgewogenen Kaliseife (s g) bzw. Natronseife (s'g) berechnet sich die Menge der Fettsäuren (als Hydrate) nach den Formeln:

$$F = s - 0{,}038\,v;\quad F = s' - 0{,}022\,v.$$

Schneller, aber nicht ganz genau, ist die Wägung in Form der Bleisalze nach Bosshard und Comte[4]):

In einen mit eingeschliffenem Glashahn versehenen Erlenmeyerkolben, der mit 5 g trockenem Bleioxyd und etwas Bimsstein beschickt ist, wird die ätherische Lösung oder ein aliquoter, etwa 1 g Fettsäure enthaltender Teil derselben eingebracht, einige Minuten geschüttelt, der Äther vorsichtig abgetrieben und der Rückstand unter Evakuieren getrocknet. Die Gewichtszunahme, gegebenenfalls auf das Gesamtvolumen umgerechnet, gibt den Gehalt an Fettsäureanhydriden; dividiert man diesen Wert durch 96,75, so erhält man die Menge der Fettsäuren selbst. Die Umrechnung ist natürlich nicht genau.

Enthält das Fett keine Mono- und Diglyceride oder andere (z. B. innere) Ester außer Triglyceriden, so kann man den Prozentgehalt an Gesamtfettsäuren (also die bei der Spaltung zu erwartende Fettsäurenausbeute) direkt aus der Verseifungszahl berechnen. Nach der Relation $C_3H_5(OCOR)_3 \rightarrow 3\,RCOOH$ ist die Summe der Molekulargewichte der aus einem Molekül Triglycerid abgespaltenen Fettsäuren um 38 Einheiten (C_3H_2) kleiner als das Molekulargewicht des Triglycerids. Ein Mol Triglycerid verbraucht $3 \cdot 56{,}1 = 168{,}3$ g KOH, die Gewichtsabnahme pro Mol Triglycerid beträgt 38 g, also für je 1 g verbrauchtes KOH: $\frac{38}{168{,}3} = 0{,}2258$ g. 1 Einheit Verseifungszahl entspricht 1 mg KOH, also 0,0002258 g Abnahme. Der Fettsäuregehalt in 1 g Neutralfett (Triglycerid) ergibt sich somit aus der Verseifungszahl V nach der Formel:

$$F = 1 - 0{,}0002258 \cdot V.$$

Bestimmung des Glyceringehaltes.

Der Glyceringehalt eines Fettes kann bestimmt werden: 1. Durch Berechnung aus der Esterzahl; 2. direkt, d. h. ohne vorhergehende Spaltung des Fettes,

[1]) Hefelmann und Steiner: Z. öff. Ch. Bd. 4, S. 389. 1898.

[2]) Hefelmann und Steiner (a. a. O.) fanden z. B. nach $^3/_4$stündigem Trocknen der Fettsäuren aus Cocosöl bei 98/100° einen Verlust von fast 10% der Gesamtfettsäuren.

[3]) Hefelmann und Steiner: a. a. O.; Fendler und Frank: Z. ang. Bd. 22, S. 255. 1909; s. a. Simmich: Z. Nahrgsm. Bd. 21, S. 38. 1911.

[4]) Helv. Bd. 1, S. 251. 1918; Sfsz. Bd. 46, S. 32. 1919.

durch Überführung des gebundenen Glycerins in ein geeignetes Derivat; 3. durch Spaltung des Fettes und Bestimmung des freien Glycerins in seiner wässerigen Lösung.

1. Berechnung des Glyceringehaltes aus der Esterzahl.

Enthält das Fett keine anderen Ester als Triglyceride, so läßt sich der Prozentgehalt an Glycerin G aus der Esterzahl E auf Grund der Relation $\frac{C_3H_8O_3}{3\,KOH} = \frac{92{,}06}{168{,}32} = 0{,}5470$ nach der Formel $G = 0{,}0547\,E$ berechnen[1]). Nachdem aber die Fette Mono- und Diglyceride sowie andere Ester (bei gewissen Seetierölen: Ester von Wachsalkoholen, bei geblasenen Ölen: innere Ester usw.) enthalten können, ist diese indirekte Glycerinbestimmung nicht allgemein anwendbar.

2. Bestimmung des Glycerins im ungespaltenen Fett.

Für die direkte Bestimmung des Glycerins in Fetten stehen zwei Methoden zur Verfügung.

a) Natriumglyceratmethode von BULL[2]).

Prinzip: Man verseift unter Ausschluß von Wasser mit Natriumalkoholat, wobei das Glycerin in Mononatriumglycerat[3]) übergeführt wird und bestimmt dieses titrimetrisch:

$$C_3H_5(OCOR)_3 + C_2H_5ONa + 2\,C_2H_5OH = C_3H_5(OH)_2ONa + 3\,RCOOC_2H_5$$
$$C_2H_5(OH)_2ONa + HCl = C_3H_5(OH)_3 + NaCl.$$

Ausführung: Zunächst entfernt man etwa vorhandene freie Fettsäuren durch Glycerinkalilauge, die durch Vermischen von 20 ccm 50proz. Kalilauge mit 240 ccm Glycerin und 240 ccm Wasser bereitet wird: 10 g Substanz werden in einen 100 ccm-Meßzylinder eingewogen, der Zylinder bis zur Marke mit Petroläther gefüllt und der Inhalt durch Schütteln gemischt, hierauf mit 10 ccm der Glycerinkalilauge versetzt und durch 10—12maliges Drehen des Zylinders um 180° wieder gemischt. Nach einigem Stehen, am besten über Nacht, hat sich die Seifenlauge vollkommen abgesetzt und die überstehende klare Lösung ist trocken und frei von Fettsäure. 30 ccm Lösung pipettiert man in eine etwa 2 cm weite Meßröhre, die im oberen, verjüngten Teil eine Marke für 50 ccm trägt, setzt 2 oder 3 ccm Doppeltnormal-Natriumalkoholat zu, füllt mit Petroläther zur Marke auf, vermischt den Inhalt der Röhre, der sich sofort trübt, und läßt einige Stunden stehen, in welcher Zeit sich das Natriumglycerat vollständig ausscheidet. Spätere flockige Ausscheidungen bestehen nicht aus Glycerat und sind zu vernachlässigen. Von der über dem Bodensatz von krystallisiertem Natriumglycerat stehenden Lösung mißt man die Hälfte = 25 ccm ab, setzt wenigstens 10 ccm Alkohol und Phenolphthalein zu und titriert mit $^n/_{10}$-Säure. Der in der Meßröhre verbleibende Rest wird in einen 200-ccm-Erlenmeyerkolben gebracht, die Röhre 2mal mit 10 ccm Alkohol nachgespült und dann sofort (damit nicht Verseifung der vorhandenen Fettsäureester durch das Alkali eintritt) mit Säure titriert. Am besten setzt man von vornherein 5 ccm $^n/_2$-Salzsäure zu und titriert dann mit $^n/_{10}$-Säure aus. Die Differenz der bei diesen beiden Titrationen verbrauchten Mengen $^n/_{10}$-Säure ergibt die vom Natriumglycerat

---

[1]) Vgl. ZULKOWSKY: Ber. Bd. 16. S. 1140 u. 1315. 1883.
[2]) Ch. Ztg. Bd. 24, S. 845. 1900; Bd. 40, S. 690. 1916.
[3]) Es ist fraglich, ob tatsächlich Natriumglycerat vorliegt oder eine Komplexverbindung aus Glycerin und Natriumäthylat: $[C_3H_5(OH)_3 + C_2H_5ONa]$.

verbrauchte Säure in Kubikzentimetern $^{n}/_{10}$-Säure; durch Multiplikation dieser Zahl mit 0,009206 ergibt sich die in 3 g Öl enthaltene Gewichtsmenge Glycerin.

Fehlerquellen: Bei der Entfernung der Fettsäuren könnten, abgesehen von der Möglichkeit einer selektiven Verseifung, Teile des Fettes gespalten werden, und zwar nur bis zur Mono- oder Diglyceridstufe, so daß das entsäuerte Fett mehr Glycerin enthält als das ursprüngliche. Andererseits könnten aber auch, wenn das saure Fett bereits Mono- und Diglyceride enthält, diese unter Umständen leichter verseifbaren Bestandteile gespalten werden, in welchem Falle das entsäuerte Fett weniger Glycerin enthielte als das rohe Fett. Nach Beobachtungen bei der technischen Entsäuerung von Ölen kann, je nach den Versuchsbedingungen, die eine oder die andere Nebenreaktion eintreten, vielleicht verlaufen auch beide nebeneinander. Nach Vergleichsversuchen dürfte die erste Fehlerquelle überwiegen, es wurde in allen Fällen — um mehrere Zehntelprozente bis über 1% — zuviel Glycerin gefunden. Andere Fehlerquellen sind: Die Reaktionsflüssigkeit verfärbt sich mitunter, selbst wenn das untersuchte Fett fast farblos ist, wodurch die Erkennung des Endpunktes der Titration erschwert wird. Das Abmessen petrolätherischer Lösungen ist wegen ihrer Beweglichkeit weniger genau als das von wässerigen Lösungen. Spuren von Feuchtigkeit bedingen selbstverständlich große Fehler. Diese Mängel sind aber von geringerer Bedeutung, die Fehler lassen sich vermeiden und die Methode wenigstens zur Untersuchung praktisch neutraler Fette, die nicht entsäuert werden müssen, verwenden. Was die Untersuchung saurer Fette anbelangt, so würde es sich empfehlen, die Entsäuerung auf andere Weise als vorgeschrieben zu versuchen, z. B. durch Verestern der freien Säuren mit Alkohol unter sorgfältig gewählten, eine Umesterung ausschließenden Bedingungen.

b) Jodidmethode von WILLSTÄTTER[1]).

Prinzip: Die Fette werden durch Jodwasserstoff verseift; auf das intermediär entstehende 1, 2, 3-Trijodpropan wirkt der Jodwasserstoff unter sog. Rückwärtssubstitution ein und führt es in Isopropyljodid über (vgl. S. 5).

$$C_3H_5(OCOR)_3 + 5\,JH = 3\,RCOOH + 2\,J_2 + (CH_3)_2CHJ.$$

Isopropyljodid reagiert mit Silbernitrat unter Umsetzung und Bildung eines Doppelsalzes: $[JAg_2]NO_3$ oder $[JAg_3](NO_3)_2$, das beim Kochen mit Wasser in Silbernitrat und Jodsilber zerfällt.

Ausführung: Man verwendet den von STRITAR vereinfachten ZEISEL-FANTOschen Methoxylbestimmungsapparat[2]), Abb. 50.

Der Apparat besteht aus 6 Teilen: *A* ist ein etwa 40 ccm fassendes Rundkölbchen mit seitlichem, an der Mündung stark verengten Gaseinleitungsrohr *a* und geschliffenem Hals. Der Mittelteil *B* besteht aus einem kurzen Steigrohr, das unten gekropft und in das Kölbchen eingeschliffen ist und oben ein zylindrisches, zur Aufnahme der Waschflüssigkeit bestimmtes Gefäß mit einem Ableitungsrohr *b* trägt. *B* wird durch die eingeschliffene Glocke *C* verschlossen. In den Schliff am Ende des kropfartig erweiterten Rohres *b* wird der einem Waschflascheneinsatz ähnliche Teil *D* eingeschoben; *E* ist ein Erlenmeyer-

---

1) WILLSTÄTTER und MADINAVEITIA: Ber. Bd. 45, S. 2825. 1912. ZEISEL und FANTO hatten auch bereits versucht, ihre Jodidmethode (s. S. 214) zu vereinfachen, das Glycerin in einer Operation abzuspalten und in Isopropyljodid überzuführen. Infolge der Verwendung schwächerer Jodwasserstoffsäure waren sie aber von den Resultaten nicht befriedigt. Zeitschr. f. landw. Versuchsw. in Österreich Bd. 4, S. 977. 1901; Bd. 5, S. 729. 1902.

2) Z. anal. Ch. Bd. 42, S. 579. 1903. Der Apparat wird von der Firma Paul Haack, Wien IX, hergestellt.

Kölbchen mit einer Marke für 45 ccm, *F* ein Miniaturkölbchen mit 5 ccm-Marke. Die Verbindungen von *A* mit *B* und von *b* mit *D* werden durch federnde Drahtspiralen gesichert.

Bei der Analyse müssen selbstverständlich alle für Alkoxylbestimmungen gegebenen Vorschriften eingehalten werden.

In *B* wird, um Jod und Jodwasserstoff zurückzuhalten, eine Aufschlämmung von etwa 0,5 g rotem Phosphor in etwa 5 ccm Wasser gefüllt. Der Phosphor soll sorgfältig gereinigt sein; man kocht ihn nötigenfalls 2 Stunden mit verdünnter Natronlauge, wäscht mit heißem Wasser, dann mit Alkohol, Äther, Schwefelkohlenstoff, wieder mit Alkohol und Wasser und trocknet an der Luft. Eine Beschickung genügt für mehrere Analysen. [Die ebenfalls als Waschflüssigkeit vorgeschlagene Lösung von Kaliumarsenit[1]) oder Aufschlämmung von Phosphor oder 10proz. Arsenitlösung ist nicht empfehlenswert, weil sie einerseits nach jeder Bestimmung erneuert werden muß, andererseits eine konzentriertere Arsenitlösung einiges Isopropyljodid zersetzen könnte[2]).] Die Kölbchen *E* und *F* werden bis zur Marke mit Silbernitratlösung gefüllt, die man durch Lösen von 40 g $AgNO_3$ in 100 ccm Wasser und Auffüllen mit absolutem Alkohol zum Liter darstellt. Man setzt einige Tropfen verdünnte Salpetersäure zu.

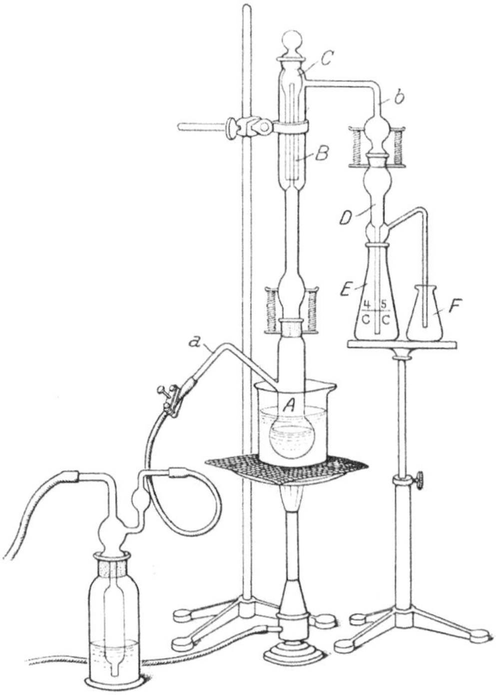

Abb. 50. Apparat nach ZEISEL und FANTO, modifiziert von STRITAR.

Man wägt in das Kölbchen *A* 0,2—0,3 g Substanz, gibt 10 ccm Jodwasserstoffsäure, spez. Gewicht mindestens 1,8, und einige Siedesteinchen zu, setzt das Kölbchen rasch an den Teil *B* und schließt sein Einleitungsrohr *a* an die mit verdünnter Sodalösung beschickte Waschflasche, durch welche Kohlendioxyd eingeleitet wird. Der Gasstrom ist schon vorher auf den Durchgang von 3 Blasen in der Sekunde einzustellen. Man erwärmt, am besten mittels Glycerinbad, auf 100—115° Badtemperatur, bis die Reaktion im wesentlichen zu Ende ist, was sich am Zusammenballen und manchmal an der Verfärbung des weißen Niederschlages und Wiederklarwerden der Lösung in der Vorlage zeigt. (Die zweite kleinere Vorlage dient nur zur Kontrolle, ob in der ersten vollständige Absorption eintritt; ihr Inhalt soll sich nicht trüben.) Dann wird noch wenigstens 1 Stunde auf 130—140°, also im ganzen 2—3 Stunden erhitzt.

Ist man im Zweifel, ob die Reaktion zu Ende, so läßt man abkühlen, stellt den Gasstrom ab und wechselt die Vorlage samt Einleitungsrohr gegen eine

[1]) GREGOR: Monatsh. Bd. 19, S. 325. 1898.

[2]) Vgl. das Verhalten von Methyljodid. MOLL VON CHARENTE: Rec. trav. chim. Bd. 21, S. 38. 1902.

neue aus, worauf man die Reaktion wieder für eine Weile in Gang bringt. Hierauf entleert man den Inhalt der ersten Vorlage nach Entfettung der Schliffstelle in ein Becherglas, entfernt den im Einleitungsrohr *D* haftenden Niederschlag mit Hilfe einer gestutzten Federfahne, spült ihn in das Becherglas und spült ebenso beide Apparatenteile mit soviel Wasser ab, daß das Gesamtvolumen etwa 450 ccm beträgt. Der Inhalt des kleineren Erlenmeyerkölbchens wird mit dem 10fachen Volumen Wasser verdünnt und, wenn er sich dabei infolge Jodsilberabscheidung trübt, mit dem Inhalt der Hauptvorlage vereinigt. Man setzt noch einige Kubikzentimeter verdünnte Salpetersäure zu und erhitzt wenigstens 1 Stunde auf dem Wasserbad, wobei sich das Doppelsalz zersetzt und etwa vorhandene Spuren von Silberphosphid gelöst werden.

Das Jodsilber wird in einem Gooch-Tiegel, einem Filtrierröhrchen mit Platinnetz und Asbestschicht oder am besten in einem Glasfiltertiegel gesammelt, sorgfältig gewaschen, bei 120° zur Konstanz getrocknet und gewogen.

Berechnung: $\frac{C_3H_8O_3}{AgJ} = \frac{92,06}{234,80} = 0,3921$.

Eingewogen: *a* g Substanz; ausgewogen: *b* g AgJ.

$$\text{Glyceringehalt in } \% = \frac{39,21\, b}{a}.$$

Fehlerquellen: Ungenügende Reinigung des Phosphors, ungenügende Konzentration der Jodwasserstoffsäure und ungenügende Einwirkungsdauer; Anwesenheit von Schwefel- und Halogenverbindungen, Spuren von Alkohol, Aldehyd, sowie überhaupt von Beimengungen, die mit Jodwasserstoff flüchtige Alkyljodide abspalten, schließlich auch von Mono- und Diglyceriden.

WILLSTÄTTER und MADINAVEITIA erhielten bei 3 Analysen von Triolein einen mittleren Fehler von — 0,09% Glycerin, d. i. weniger als 1% vom Wert; bei Tristearinanalysen war der entsprechende Fehler — 0,46% Glycerin, d. s. über 4% vom Wert. Noch größer waren die Differenzen bei Analysen natürlicher Fette. Vielleicht sind die Differenzen zum Teil darauf zurückzuführen, daß die Einwage zu klein ist; man verwendet ja nur 0,2—0,3 g Fett, entsprechend etwa 0,02—0,03 g Glycerin, während bei der Analyse von freiem Glycerin nach der ursprünglichen Ausführungsform des Verfahrens (S. 214) gegen 0,10 g Glycerin zur Reaktion gebracht werden. Der Verf. erhielt bei Analysen von Triglyceriden sehr gute, von Diglyceriden gute und schlechte, von Monoglyceriden nur ungenügende Resultate. Ebenso wurden bei Versuchen, die Methode auf die Bestimmung von Halogenhydrinestern zu übertragen, nur schlechte Resultate erhalten.

3. Bestimmung des Glycerins nach vorhergegangener Spaltung des Fettes.

Von den zahlreichen Methoden kommen vor allem in Betracht: Das Extraktionsverfahren, die Jodidmethode und die Bichromatmethode.

a) Extraktionsverfahren von SHUKOFF und SCHESTAKOFF[1]).

Man verseift etwa 10 g Fett mit Kalilauge und Methylalkohol, verjagt diesen, löst die Seife in Wasser, zersetzt sie mit verdünnter Schwefelsäure, hebt die Fettsäuren, nötigenfalls nach Zusatz von Paraffin ab und wäscht anhaftendes Glycerinwasser durch mehrmaliges Umschmelzen der Fettsäuren auf Wasser aus. Die vereinigten Wässer werden filtriert, mit Pottasche schwach alkalisch gemacht und bei höchstens 80° zur Sirupdicke eingedampft. Dieser Rückstand wird mit 20 g geglühtem Natriumsulfat vermischt und das erhaltene, fast trockene Pulver in einem SOXHLETschen Apparat mit Schliffen (Kork- und Kautschukverbindungen sind absolut zu vermeiden) mit durch ausgeglühte Pottasche getrocknetem Aceton 4 Stunden lang extrahiert. Sollten sich nach dem Ab-

[1]) Z. ang. Bd. 18, S. 294. 1905.

destillieren des Acetons auf der Oberfläche des zurückbleibenden Glycerins Fettröpfchen zeigen, so kann man sie leicht durch Abspülen mit Petroläther entfernen. Das Glycerin wird bei 75 bis höchstens 80° getrocknet. Die Temperatur ist sorgfältig einzuhalten, zu welchem Zweck man das Thermometer des Luftbades in das Extraktionskölbchen bis nahe an die Oberfläche des Glycerins senkt. Dauer etwa 4 Stunden. Nach dem Erkaltenlassen verschließt man das Extraktionskölbchen mit einem eingeschliffenen Stopfen und wägt.

Das so abgeschiedene Glycerin ist oft durch kleine Mengen von acetonlöslichen Fremdstoffen bräunlich gefärbt, aber aschenfrei und über 99 proz. Die Methode ist natürlich für Präzisionsbestimmungen nicht geeignet, sonst aber recht brauchbar, besonders weil sie nur wenig manuelle Arbeit erfordert. Ein Vorzug des Verfahrens ist in manchen Fällen, daß man das Glycerin in Substanz erhält.

b) Jodidmethode von Zeisel und Fanto[1]).

Nach der ursprünglichen Ausführungsform dieser Methode, deren Ausgestaltung zur direkten Bestimmung des Glycerins im ungespaltenen Fett auf S. 211 beschrieben wurde, wird das Fett verseift und ein aliquoter Teil der Lösung des freien Glycerins analysiert.

Man verseift 20 g Fett, wie oben angegeben, mit alkoholischer Lauge oder, wenn man besonders vorsichtig sein will, ohne Alkohol mit konzentrierter Kalilauge, scheidet die Fettsäuren mittels Eisessig ab (Schwefelsäure und Salzsäure dürfen nicht verwendet werden) und wiederholt das Verseifen und Zerlegen der Seife. Die Glycerinlösung und die Waschwässer werden auf ein Volumen von nicht weniger als 50 ccm eingedampft, die Flüssigkeit wird in einen Meßkolben gespült und auf 100 ccm aufgefüllt. 5 ccm dieser Lösung werden in das Siedekölbchen des Apparates, den man nach Vorschrift auf S. 212 vorbereitet, pipettiert; man versetzt mit 15 ccm höchstkonzentrierter Jodwasserstoffsäure (1,90 bis 1,96), fügt das Kölbchen in den Apparat ein und verfährt genau in der schon angegebenen Weise[2]).

Berechnung: Eingewogen *a* g Substanz; ausgewogen *b* g AgJ.

$$\% \text{ Glycerin} = \frac{b \cdot 0{,}3921 \cdot 20 \cdot 100}{a} = \frac{784{,}2\, b}{a}.$$

Die Methode gilt ziemlich allgemein für sehr zuverlässig und wird vielfach auch bei Schiedsanalysen verwendet. Farkas[3]) gibt allerdings an, daß bei Blindversuchen 5,6—5,8 mg Jodsilber gebildet wird, was bei der üblichen Einwage einen Fehler von etwa + 0,2% (etwa 2% vom Wert) bedingen würde. Größere Fehler sind möglich, wenn Trimethylenglykol zugegen ist (s. S. 541); diese Fehlerquelle spielt aber bei der Bestimmung des Glycerins in Fett nicht dieselbe Rolle wie bei der Untersuchung von Handelsglycerinen. Der allgemeinen Anwendung des Verfahrens stehen nur die wegen der Verwendung großer Mengen von Jodwasserstoffsäure verhältnismäßig hohen Kosten entgegen. Diesen Nachteil vermeidet eine praktische Modifizierung der Methode, das sog.

Halbmikrojodidverfahren[4]). Es wird in einem verkleinerten Stritarschen Apparat ausgeführt, dessen Rauminhalt etwa $^1/_8$ des normalen Apparates ist[5]). Das Siedekölbchen ist durch einen in den Schliff passenden Stöpsel und

---

[1]) a. a. O.; s. a. Fanto: Z. ang. Bd. 16, S. 413. 1903; Bd. 17, S. 420. 1904.
[2]) Über die Abänderung der Ausführung durch Klemenc s. Monatsh. Bd. 34, S. 901. 1903.
[3]) Bioch. Z. Bd. 66, S. 115. 1914. [4]) Neumann: Z. ang. Bd. 30, I. S 234. 1917.
[5]) Bezugsquelle: Paul Haack, Wien IX.

eine auf das Gaseinleitungsrohr geschliffene Kappe verschließbar, so daß konzentrierte Glycerine direkt eingewogen werden können. Von 10—15 proz. Glycerinlösungen wägt man ungefähr 0,2—0,04 g, von 80—100 proz. Glycerinen etwa 0,02 g ein; von verdünnteren Lösungen werden 0,5 ccm mit einer sorgfältigst geeichten Pipette abgemessen. Zur Zersetzung genügen 1,5 ccm Jodwasserstoffsäure (1,9), zum Waschen des Isopropyljodids 0,03—0,05 g Phosphor in 0,5 ccm Wasser, zur Absorption etwa 5 ccm Silbernitratlösung[1]). Selbstverständlich muß die verwendete Wage besonders genau sein. Die Analyse kann in längstens 3 Stunden vollständig durchgeführt werden; sie gibt ebenso genaue Resultate wie das ursprüngliche Verfahren und kostet nur etwa $^1/_{10}$ an Chemikalien.

c) Bichromatmethode von Hehner[2]).

Das Verfahren beruht darauf, daß das Glycerin durch einen gemessenen Überschuß von Bichromat in schwefelsaurer Lösung zu Kohlendioxyd und Wasser oxydiert und der Überschuß des Oxydationsmittels zurückgemessen wird. Dabei ist selbstverständlich jede Spur von oxydierbaren Beimengungen auszuschließen. Diese Methode wird meistens zur Gehaltsbestimmung der Glycerine des Handels verwendet; ihre Ausführung ist im Abschnitt Glycerin, S. 526 beschrieben. Im Nachstehenden ist deshalb nur die Abscheidung des Glycerins aus dem Fett und die erforderliche, sorgfältige Reinigung angegeben.

Vorbereitung: Man verseift etwa 10 g Fett (genau gewogen) wie oben angegeben mit Ätzkali, löst die Seife in etwa 250 ccm Wasser, zersetzt sie mit verdünnter Schwefelsäure und dekantiert die Fettsäuren in der Kälte durch ein Filter ab. Die Fettsäuren werden nochmals verseift, die Seife wird wieder zerlegt und die wässerige Lösung durch dasselbe Filter zur ersten Lösung filtriert. Die vereinigten Filtrate und Waschwässer werden eingeengt und die Lösung in einen 250 ccm Meßkolben gespült (nötigenfalls filtriert und nachgewaschen). Man versetzt nun mit aufgeschlämmtem Silbercarbonat (aus 140 ccm 0,5 proz. Silbersulfatlösung durch Fällen mit 5 ccm Sodalösung und 2 maliges Dekantieren bereitet), schüttelt wiederholt um und setzt nach 10 Minuten carbonatfreie basische Bleilösung vorsichtig zu (dargestellt durch 1 stündiges Kochen von 1 l 10 proz. Bleiacetatlösung mit 100 g Bleioxyd, Abkühlen und Filtrieren), bis kein weiterer Tropfen einen Niederschlag erzeugt und füllt auf 250 ccm auf. Zur Kompensierung des Volumens der Silber- und Bleisalze läßt man noch aus einer Bürette 0,15 ccm plus je 0,15 ccm Wasser für je 10 ccm verbrauchter Bleilösung zufließen, schüttelt kräftig um und filtriert nach 10 Minuten durch ein trockenes Filter. Die ersten, oft noch trüben Anteile werden verworfen, vom klaren Filtrat pipettiert man 25 ccm (= $^1/_{10}$ der Einwage) in einen mit Bichromatschwefelsäure gereinigten 250—300 ccm fassenden Erlenmeyerkolben, setzt zur Ausfällung von Silber- und Bleispuren je einige Tropfen verdünnter Schwefelsäure und 10 proz. Kochsalzlösung zu und verfährt weiter wie auf S. 528 unter „Oxydation des Glycerins" angegeben.

Fehlerquellen der Methode sind: Die Gegenwart von Trimethylenglykol, von gewissen Oxysäuren und von Stickstoffverbindungen aus Abbauprodukten von Eiweißkörpern, hauptsächlich cyclischen Basen, aber auch Säureamiden, die ebenfalls Bichromat verbrauchen. Diese Beimengungen finden sich in Rohglycerinen aus Abfallfetten, besonders aus minderwertigen Fischölen. Genauere Angaben darüber siehe Abschnitt „Glycerin", S. 525 ff.

[1]) Bei Anwesenheit größerer Schwefelmengen wird vor dem Absorptionsgefäß noch eine mit 40 proz. saurer $CdSO_4$-Lösung beschickte Miniaturwaschflasche eingeschaltet.

[2]) J. Soc. Ch. Ind. Bd. 8, S. 4. 1889.

Untersuchung der Fettsäuren.

Häufig geben bereits die äußere Beschaffenheit, die physikalischen Eigenschaften und die chemischen Kennzahlen genügend Aufschluß über die Art einer Säure oder über die Zusammensetzung eines Fettsäuregemisches. Wichtig sind vor allem der Erstarrungspunkt, die Neutralisationszahl bzw. das aus ihr berechnete mittlere Molekulargewicht und die Jodzahl, dann die Acetylzahl und bei flüssigen Fetten die Hexabromidzahl. Im übrigen müssen die Fettsäuren nach Gruppen getrennt oder bestimmte Säuren (als solche oder in Form von Derivaten) isoliert werden. — Häufig untersucht man nicht die reinen Fettsäuren, sondern das Gemisch von Fettsäuren und Unverseifbarem, was aber nur bei sehr geringem Gehalt an Unverseifbarem zulässig ist.

Von den nachstehend angeführten Trennungs- und Bestimmungsmethoden werden, je nach der Beschaffenheit des Untersuchungsmaterials, die einen oder die anderen angewendet. Bei der Auswahl der im bestimmten Falle anzuwendenden Methoden sind die Kennzahlen wegleitend.

Bestimmung der leichtflüchtigen Säuren.
Trennung der leichtflüchtigen Säuren voneinander.
Bestimmung der wasserlöslichen Säuren.
Bestimmung der wasserunlöslichen Säuren.
Trennung der festen von den flüssigen Säuren.
Trennung der gesättigten von den ungesättigten Säuren.
Bestimmung einzelner gesättigter Säuren.
Trennung der ungesättigten Säuren voneinander.
Bestimmung der Oxyfettsäuren.
Nachweis polymerisierter Säuren.
Bestimmung der Lactone und Estersäuren.

Bestimmung der leicht flüchtigen Säuren.

Zwischen sog. flüchtigen und nichtflüchtigen oder richtiger: leicht- und schwerflüchtigen Säuren läßt sich keine scharfe Grenze ziehen. Soweit die Flüchtigkeit der Säuren an sich in Betracht kommt, ist dies selbstverständlich. Was die Flüchtigkeit mit Wasserdampf anbelangt, so wirken mehrere Einflüsse gegeneinander: In der homologen Reihe wird mit dem Molekulargewicht der Siedepunkt erhöht, andererseits nimmt aber sowohl die Fähigkeit der Säuren zur Bildung beständiger Hydrate als auch die Mischbarkeit mit Wasser ab, wodurch die Flüchtigkeit mit Wasserdampf erhöht wird. Im allgemeinen versteht man unter flüchtigen Säuren die mit 1—10 Kohlenstoff-Atomen, bei der Wasserdampfdestillation gehen aber auch kleine Mengen höherer Säuren, unter Umständen selbst Spuren von Stearinsäure über.

Die Reichert-Meißl-Zahl gibt nur einen Teil der flüchtigen, wasserlöslichen Säuren an[1]), die Polenske-Zahl nur einen Teil der flüchtigen unlöslichen Säuren. Man kann die Gesamtmenge der flüchtigen Säuren bzw. ihr Alkaliäquivalent bestimmen, indem man die Reichert-Meißl-Destillation mehrmals, nach jeweiligem Ersatz des abdestillierten Wassers, wiederholt oder besser die Säuren durch Einleiten von Wasserdampf abtreibt. Dieses Verfahren kann aber infolge teilweiser Zersetzung gewisser nichtflüchtiger Säuren falsche Resultate geben. Geeigneter ist das Verfahren von GOLDMANN[2]):

Man verseift 5 g Fett mit alkoholischer Natronlauge, vertreibt den Alkohol — die letzten Reste mit Wasserdampf —, säuert mit 20 volumproz. Schwefel-

[1]) Zum Beispiel ist der Verbrauch an $^n/_{10}$-Lauge beim Titrieren der Gesamtmenge flüchtiger Säuren aus Butterfett (s. unten) um 5—6 ccm größer als die R.-M.-Zahl.

[2]) Ch. Ztg. Bd. 12, S. 308. 1888.

säure an und destilliert unter Einleiten von Wasserdampf. Das Destillat — — wenigstens $1^1/_2$—2 l — wird in Fraktionen von je 100 ccm aufgefangen und jede Fraktion mit $^n/_{10}$-Baryumhydroxyd gegen Phenolphthalein titriert, bis die letzte Fraktion nurmehr 0,05 ccm Lauge verbraucht. Der Gehalt der Fraktionen an flüchtigen Säuren nimmt rasch ab und bleibt dann lange fast konstant. (Zum Beispiel verbrauchte bei einem Versuch die erste Fraktion 24,45 ccm Lauge, die folgenden verbrauchten: 1,40, 0,55, 0,35, 0,25, 0,20, 0,15, 0,15, 0,20, 0,10, 0,10, 0,10, 0,05.) Die austitrierten Lösungen dampft man ein, trocknet den Rückstand, wägt und berechnet aus dem Gewicht der Barytsalze und dem Gewicht des verbrauchten Baryumhydroxyds die Menge der Säuren und ihr mittleres Molekulargewicht. (Vgl. Bestimmung der Gesamtfettsäuren durch Wägen der Salze, S. 209.) Nach WRAMPELMEYER[1]) verseift man mit Glycerin-Natronlauge, zersetzt mit Schwefelsäure und destilliert in etwa $1^1/_2$ Stunden ungefähr $1^1/_2$ l Flüssigkeit mit Wasserdampf ab. Die Verfahren sind langwierig und werden, namentlich in der technischen Analyse, kaum angewendet. Wichtiger ist die Bestimmung der wasserlöslichen Säuren, die bei vielen Fetten ohnehin die einzigen flüchtigen sind.

Trennung der leicht flüchtigen Säuren voneinander.

Prinzip: Man fraktioniert das Säuregemisch, titriert die einzelnen Fraktionen, dampft die neutralisierten Lösungen ein und wägt die Salze. Aus dem Gewicht eines jeden Salzes und der Menge der zur Titration verbrauchten Base berechnet man wie üblich die Menge und das Molekulargewicht der Säure.

Fraktionierung nach LIEBIG[2]): Man neutralisiert die Hälfte des Wasserdampfdestillats mit Kalilauge, setzt die andere Hälfte zu und destilliert, wobei die niedriger siedenden Säuren übergehen, die höhersiedenden zurückbleiben. Sowohl das Destillat als auch der Rückstand werden in derselben Weise behandelt und die erhaltenen Destillate und Rückstände immer wieder so zerlegt, bis zuletzt die reinen Fraktionen vorliegen.

BOEKHOUT und DE VRIES[3]) haben ein späteres Verfahren von DUCLAUX[4]) zweckmäßig abgeändert: Man destilliert 110 ccm Säurelösung aus einem Fraktionierkolben von 250—300 ccm, fängt je 10 ccm auf und läßt dann jedesmal durch einen Nachfülltrichter 10 ccm Wasser zufließen, so daß bei konstantem Volumen destilliert wird[5]). Jede Fraktion wird für sich titriert. — Nach DYER[6]) destilliert man die wässerige Säurelösung unter Einleiten eines gleichmäßigen Dampfstromes in der Weise, daß das ursprüngliche Volumen von 150 ccm erhalten bleibt, fängt je 10 ccm Destillat (oder ein Vielfaches) auf und titriert die Anteile. Wenn mehr als 2 Säuren vorliegen, versagt das Verfahren[7]).

Anhaltspunkte zur Schätzung des Gehaltes an bestimmten Säuren geben übrigens auch schon einige Kennzahlen, so orientieren die Kirschner-Zahl und

---

[1]) Landwirtschaftl. Versuchsstat. Breslau Bd. 49, S. 215; s. a. SEILER und HEUSS: Schweiz. Wochenschr. f. Chemie u. Pharmazie Bd. 32, S. 285 u. 297. 1894.

[2]) Ann. Bd. 71, S. 355. 1849.

[3]) Zentralbl. f. Bakteriol. u. Parasitenkunde Bd. 46, II, S. 505. 1916; C. 1917, I, S. 135.

[4]) Ann. Inst. Past. 1895, S. 265.

[5]) Bei der ursprünglichen Ausführung nach DUCLAUX wird die Konzentration der Säuren während der Destillation geändert, so daß keine aliquoten Teile übergehen und dadurch fehlerhafte Resultate erhalten werden. Siehe auch UPSON, PLUM und SCHOTT: J. Am. Ch. Soc. Bd. 39, S. 731. 1917; vgl. dagegen LAMB: ebenda S. 746. C. 1921, II, S. 3.

[6]) J. Biol. Ch. Bd. 28, S. 445. 1917.

[7]) WOLF und TELFER: Bioch. J. Bd. 11, S. 197. 1917.

die B-Zahl über den Gehalt an Buttersäure, die Polenske-Zahl und die A-Zahl über die nächsthöheren Homologen, aber diese Kennzahlen können nicht zur quantitativen Bestimmung dienen, ebensowenig die Capryl- und die Caprinsäurezahl (S. 169).

Nachweis einzelner flüchtiger Säuren: Die quantitative Trennung der flüchtigen Säuren wird in der systematischen Analyse höchst selten, in der technischen Fettanalyse überhaupt nicht ausgeführt. Man begnügt sich meistens damit, die einzelnen Säuren (allenfalls nach einer Anreicherung in Fraktionen) durch Spezialreaktionen nachzuweisen.

Ameisensäure ist durch ihre reduzierende Wirkung (Reaktion als Oxyformaldehyd) charakterisiert. Man verwendet meistens — auch zur quantitativen Bestimmung — Quecksilberchlorid oder Bichromatschwefelsäure.

Essigsäure wird, abgesehen vom Eigengeruch, durch die Eisenchloridreaktion und die Kakodylreaktion erkannt.

Für Propionsäure sollen die Krystallformen des Baryumsalzes und die seines Doppelsalzes mit Baryumacetat charakteristisch sein[1]).

Buttersäure zeigt charakteristischen Geruch, der in Lösungen besonders nach Zusatz konzentrierter Schwefelsäure hervortritt. Im Zweifelsfalle setzt man auch noch Äthylalkohol zu, um den intensiveren Geruch des Äthylesters hervorzurufen. Man kann die Buttersäure auch mittels Wasserstoffsuperoxyd bei Gegenwart von Ferroammonsulfat zu Acetessigsäure oxydieren, deren essigsaure Lösung sich mit Nitroprussidnatrium rosa bis rot färbt[2]).

Isobuttersäure und normale Buttersäure unterscheiden sich durch das Verhalten der Kalksalze: Das normale Butyrat ist im Gegensatz zum Isobutyrat in heißem Wasser schwerer löslich als in kaltem; ferner wird die Isosäure durch alkalisches Permanganat zu α-Oxyisobuttersäure oxydiert, während die normale Säure verbrannt wird (Isolierungsmethode).

Valeriansäure gibt, z. B. beim Erhitzen mit Kaliumäthylsulfat[3]), den charakteristisch riechenden Äthylester.

Zur Unterscheidung der Homologen von der Ameisen- bis zur Capronsäure hat man auch die Verschiedenheit der Löslichkeit gewisser Salze, besonders der Kupfer- und Eisensalze in organischen Lösungsmitteln, wie Äther, Chloroform, Essigester, Benzol u. a. m., herangezogen[4]). Der Nachweis ist aber, wenn Mischungen vorliegen, wegen der gegenseitigen Beeinflussung der Löslichkeit prekär, auch verhalten sich die Salze isomerer Säuren qualitativ gleich.

Die höheren Homologen müssen in Ermangelung spezifischer Reaktionen nötigenfalls isoliert und durch die Bestimmung der physikalischen Konstanten und die Analyse charakterisiert werden.

Capryl- und Caprinsäure können allenfalls noch auf Grund der Löslichkeit ihrer Seifen in Kochsalzlösung, die bedeutend größer ist als jene der Laurin- und Myristinsäure, erkannt werden: Man verseift 5—6 g wie zur Bestimmung der Reichert-Meißl-Zahl, vertreibt den Alkohol, löst in 100 ccm Wasser, schüttelt mit 100 ccm 40proz. Kochsalzlösung, saugt nach $^1/_4$ Stunde ab, schüttelt das Filtrat nochmals mit 100 ccm Salzlösung und versetzt mit 2 ccm Salzsäure 1,12. Die zunehmende Trübung beobachtet man am besten über schwarzem oder beschriebenem weißen Papier.

---

[1]) Fitz: Ber. Bd. 17, S. 1191. 1884.
[2]) Denigès: Ann. Chim. anal. Bd. 23, S. 27; C. 1918, I, S. 1073.
[3]) Castellana: Gazz. chim. Bd. 36, I, S. 106. 1906.
[4]) Agulhon: Bull. Soc. Chim. (4) Bd. 13, S. 404. 1913; C. 1913, II, S. 86.

Bestimmung der wasserlöslichen Säuren.

Die sogen. löslichen, richtiger in Wasser löslichen Säuren sind bei vielen Fetten mit den leichter flüchtigen Säuren identisch, aber gerade bei den wichtigsten Fetten ist es nicht der Fall. So ist von Butterfett nur etwa die Hälfte der flüchtigen Säuren in Wasser leicht löslich, bei den Ölen der Cocosgruppe nur ein kleinerer Teil; in stark oxydierten Ölen können die flüchtigen und die wasserlöslichen Spaltungsprodukte der ungesättigten Säuren ganz verschieden sein, z. B. niedrigere Fettsäuren, wie Pelargonsäure einerseits und Dicarbonsäuren wie Azelainsäure andererseits. Manche Wachse und ein Fett, der Japantalg, enthalten auch natürliche, in Wasser lösliche, aber nicht flüchtige Dicarbonsäuren. Man bestimmt die löslichen Säuren gewöhnlich aus der Differenz von Gesamtfettsäuren und wasserunlöslichen Säuren oder man ermittelt auch nur ihr Alkaliäquivalent. Die Bestimmung wird übrigens nur dann vorgenommen, wenn eine hohe Verseifungs- oder Reichert-Meißl-Zahl oder eine auffällig niedrige Hehner-Zahl auf einen nennenswerten Gehalt an wasserlöslichen Säuren schließen läßt.

Bestimmung des Alkaliäquivalents. Indirektes Verfahren[1]): 4—5 g Fett werden wie bei der Bestimmung einer Verseifungszahl mit überschüssiger alkoholischer Lauge verseift, worauf durch Zurücktitrieren die zur Sättigung der Gesamtfettsäuren erforderliche Menge Kaliumhydroxyd bestimmt wird; dann dampft man den Alkohol ab, zerlegt die Seife mit Salzsäure, wäscht die löslichen Fettsäuren wie bei Bestimmung der Hehner-Zahl mit heißem Wasser aus und bestimmt den Alkaliverbrauch der zurückbleibenden unlöslichen Säuren durch Titration ihrer Lösung in Alkohol. Die Differenz im Alkaliverbrauch der Gesamtsäuren und der unlöslichen Säuren ergibt den Verbrauch der löslichen Säuren. Man rechnet denselben auf Kubikzentimeter $^{n}/_{10}$-Lauge um und bezieht häufig zum Vergleich mit der Reichert-Meißl-Zahl auf 5 g Einwage.

Direktes Verfahren[2]): 5 g Fett werden mit einem gemessenen Volumen alkoholischer Lauge verseift, dem Reaktionsgemisch wird nach Entfernung des Alkohols die der angewandten Lauge entsprechende Menge Schwefelsäure zugefügt, die sich ausscheidenden unlöslichen Fettsäuren werden abfiltriert, gewaschen und das Filtrat samt den Waschwässern mit $^{n}/_{10}$-Lauge titriert. Der Laugenverbrauch, bezogen auf 5 g Einwage, wurde auch als „Reichert-Meißlsche Zahl" bezeichnet, was aber nicht zulässig ist, denn man erhält so zwar ziemlich konstante Werte, die aber um eine bis mehrere Einheiten niedriger sind als die wahren R.-M.-Zahlen und sich daher mit diesen nicht direkt vergleichen lassen[3]).

Auf demselben Prinzip beruhen Vorschriften von Zega[4]), Robin und Marion[5]), Kauffman[6]) u. a. m.

An die direkte Bestimmung des Alkaliäquivalents läßt sich auch die gravimetrische Bestimmung der Säuren anschließen: Die neutralisierte Lösung wird eingedampft, die zurückbleibenden Salze werden getrocknet und gewogen. Aus diesem Gewicht und dem des verbrauchten Alkalis läßt sich die Menge der Fettsäuren und ihr mittleres Molekulargewicht berechnen. (Vgl. Bestimmung der flüchtigen Säuren, S. 217.)

[1]) Bondzyński und Rufi: Z. anal. Ch. Bd. 29, S. 1. 1890.

[2]) Morse und Burton: J. Am. Ch. Soc. Bd. 10, S. 322. 1888; Planchon: Monit. scient. 1888, S. 1096; Bondzyński und Rufi: a. a. O.

[3]) Siehe z. B. Prescher: Z. Nahrgsm. Bd. 36, S. 67. 1918; Fahrion: Ch. Umschau Bd. 24, S. 146. 1917.

[4]) Ch.-Ztg. Bd. 19, S. 504. 1895.

[5]) Ann. Chim. anal. Bd. 12, S. 14. 1907; Bd. 17, S. 256. 1912; Ann. Falsif.. Bd. 5, S. 180. 1912.

[6]) Ch. Weekblad Bd. 14, S. 364. 1917

Wenn von dem Untersuchungsmaterial bereits der Prozentgehalt an Gesamtfettsäuren und der an wasserunlöslichen Säuren bestimmt wurde, so entfällt die Bestimmung der löslichen Säuren (insofern es sich um keine Kontrolle handelt), da sich der Gehalt aus der Differenz ergibt. Häufig wird aber der Prozentgehalt an löslichen Säuren durch Abziehen der Hehner-Zahl von dem Prozentgehalt an „Gesamtfettsäuren" berechnet. Nun ist aber die Hehner-Zahl nicht — wie oft unrichtig definiert wird — der Prozentgehalt an wasserunlöslichen Säuren eines Fettes, sondern der an wasserunlöslichen Säuren und an Unverseifbarem. Die Berechnung der wasserlöslichen Säuren aus der Differenz von Gesamtfettsäuren und Hehner-Zahl ist deshalb nur dann richtig, wenn auch bei der Bestimmung der Gesamtfettsäuren der Gehalt an Unverseifbarem vernachlässigt, also die Säuren mitsamt dem Unverseifbaren gewogen wurden.

Bestimmung der wasserunlöslichen Säuren.

Die meisten Fette und fast alle Wachse enthalten nur sehr geringe, oft kaum nachweisbare Mengen wasserlöslicher Säuren; die Menge der sog. unlöslichen Säuren, genauer ausgedrückt der in Wasser unlöslichen Säuren ist bei diesen mit der Menge der Gesamtfettsäuren praktisch identisch. Häufig wird auch der Prozentgehalt an unlöslichen Säuren mit der Hehner-Zahl identifiziert, was aber unrichtig ist, er ist vielmehr gleich der Differenz aus der Hehner-Zahl und dem Prozentgehalt an Unverseifbarem.

Trennung der festen von den flüssigen Säuren.

Von den in Fetten und Wachsen enthaltenen Säuren sind bei gewöhnlicher Temperatur fest: die gesättigten Säuren von der Caprinsäure aufwärts, einige stereoisomere Formen der einfach- und der zweifach-ungesättigten Säuren und die Säuren mit dreifacher Bindung von höherem Molekulargewicht, schließlich die gesättigten Oxysäuren und alle Dicarbonsäuren. Flüssig sind die niederen Homologen der Caprinsäure, die meisten einfach- und doppelt-ungesättigten Säuren und alle bisher bekannten stärker-ungesättigten. Die Methoden zur Trennung der einen von den anderen beruhen auf den Unterschieden in der Löslichkeit ihrer Salze in bestimmten Lösungsmitteln. Meistens verwendet man die Bleisalze, seltener Alkalisalze.

Trennung über die Bleisalze. Die Methode wurde schon vor fast 100 Jahren von GUSSEROW[1]) angeregt, lange Zeit in der ihr von VARRENTRAPP[2]) gegebenen Form — Extraktion der aus wässeriger Lösung gefällten Bleisalze mit Äther — ausgeführt, später verschiedentlich abgeändert[3]), insbesondere durch FARNSTEINER[4]), der den Äther vorteilhaft durch Benzol ersetzte. Trotz aller Verbesserungen blieb das Verfahren ganz unzulänglich, bis TWITCHELL[5]) die folgende Ausführungsform angab:

---

[1]) Ann. Bd. 27, S. 153. 1828. [2]) Ann. Bd. 35, S. 197. 1840.

[3]) OUDEMANS: J. pr. Bd. 99, S. 407. 1866; RÖSE: Repert. analyt. Ch. 1886, S. 684; MUTER DE KONINGH: Analyst Bd. 14, S. 61. 1889; KREMEL: Pharm. Centralbl. Bd. 5, S. 337. 1890; LANE: J. Am. Ch. Soc. Bd. 15, S. 110. 1893; WALLENSTEIN und FINK: Ch.-Ztg. Bd. 18, S. 1190. 1894; FAHRION: Ch.-Ztg. Bd. 30, S. 268. 1906; KREIS und ROTH: Ch.-Ztg. Bd. 37, S. 58. 1913.

[4]) Z. Nahrgsm. Bd. 1, S. 390. 1898.

[5]) Eng. Bd. 13, S. 806. 1921. Ungefähr gleichzeitig mit TWITCHELL hat SEIDENBERG (J. Am. Ch. Soc. Bd. 43, S. 1323. 1921) eine einigermaßen ähnliche Ausführungsform vorgeschlagen. Ein späterer Vorschlag von BAUGHMAN und JAMIESON [Cotton Oil Press (Washington) Bd. 6, Nr. 1, S. 41; Z. D. Öl- u. Fettind. Bd. 43, S. 629. 1923] bedeutet dagegen einen Rückschritt.

Bleisalz-Alkohol-Methode. Vom Fettsäurengemisch löst man eine Menge, die etwa 1—1,5 g feste Fettsäuren enthält, das sind von festen Fetten höchstens 2—3 g, von flüssigen höchstens 10 g, in heißem 95 proz. Alkohol und setzt eine heiße Lösung von ca. 1,5 g Bleiacetat in 95 proz. Alkohol zu. Das Gemisch, dessen Volumen etwa 100 ccm betragen soll, wird langsam erkalten, dann noch mehrere Stunden, am besten über Nacht, bei 15° C stehen gelassen. Wenn sich die über den ausgeschiedenen Bleisalzen stehende klare Lösung bei der Prüfung mit Schwefelsäure als bleifrei erweist, so muß das Fällen wiederholt werden. Im anderen Fall wird der Niederschlag abgesaugt und mit 95 proz. Alkohol gewaschen, bis das Filtrat auf Zusatz von Wasser klar bleibt; dann spült man ihn mit ca. 100 ccm Alkohol in das Becherglas zurück, versetzt mit 0,5 ccm Eisessig, erhitzt zum Sieden, läßt auf 15° abkühlen, filtriert und wäscht die umkrystallisierten Bleiseifen wieder wie oben. Der so gereinigte Niederschlag wird wiederum in das Becherglas gebracht und das Filter mit Äther in dasselbe abgespült. Man zerlegt die Bleisalze mit verdünnter Salpetersäure, trennt die Schichten im Scheidetrichter, wäscht die Fettsäurenlösung mit Wasser, bis dieses gegen Methylorange neutral reagiert, vertreibt den Äther, trocknet das zurückbleibende Säurengemisch und wägt es. Die alkoholischen Filtrate enthalten die flüssigen Säuren zum Teil in Form ihrer Bleisalze, aus denen man die freien Säuren abscheiden kann. Aus dem Filtrat der ersten Fällung erhält man so fast reine flüssige Säuren. Die festen Säuren enthalten höchstens 1—2%, gewöhnlich noch weniger flüssige Säuren beigemengt. Nachdem für die Löslichkeit der Bleisalze die Konsistenz bzw. der Schmelzpunkt der Säuren maßgebend ist, bleiben bei dieser Trennung etwa vorhandene feste ungesättigte Säuren bei den gesättigten Säuren.

Eine Jodzahl von mehreren Einheiten — wahrscheinlich schon eine solche von über 1—2 (wie z. B. bei denen aus Talg) zeigt also an, daß die untersuchte Substanz eine feste ungesättigte Säure enthält.

Beispiele:

Fett	Feste Säuren	
	Prozent	Jodzahl
Olivenöl	10,9	1,7
Sojaöl	17,0	0,8
Baumwollsamenöl	23,1—24,3	0,6—0,7
„ halbgehärtet .	50,6	42,2[1])
Schmalz	40,0	0,6
Talg	53,6	4,4!

Trennung über die Kalisalze. Nach NIEGEMANN ließen sich die festen Säuren am einfachsten durch Krystallisation ihrer Kalisalze aus Alkohol gewinnen[2]). Man müßte nur die bei der üblichen quantitativen Verseifung mit halbnormaler alkoholischer Lauge erhaltene, nach dem Austitrieren schwach alkalisch gemachte, verdünnte Seifenlösung krystallisieren lassen. Dieses primitive Verfahren ist aber doch nicht genügend[3]). Dagegen wird eine leidliche Trennung erzielt, wenn man statt Alkohol nach dem Vorgang von FACHINI und DORTA[4]) Aceton verwendet:

[1]) Entspricht einem Isoölsäuregehalt des hydrierten Fettes von rund 23%.
[2]) Z. ang. Bd. 30, S. 206. 1917.
[3]) MEIGEN und NEUBERGER: Ch. Umschau Bd. 29, S. 342. 1922.
[4]) Ch.-Ztg. Bd. 38, S. 18. 1914.

Nach der durch DE WAELE[1]) abgeänderten Vorschrift löst man 10 g Fettsäuren (entsprechend etwa 1 g festen Säuren) in 90 ccm wasserfreiem Aceton, versetzt die Lösung bei 25° C (nach der ursprünglichen Vorschrift bei Siedehitze) mit 10 ccm $^n/_1$-Kalilauge und läßt sie in verschlossenem Gefäß 3—4 Stunden in Eiswasser stehen. Die auskrystallisierten Salze der festen Säuren werden abfiltriert, mit trockenem Aceton von 0° gewaschen, dann in Wasser gelöst und durch Mineralsäure zerlegt. Aus der acetonischen Lösung werden die — zum Teil als Kalisalze enthaltenen — flüssigen Säuren nach Verdünnen mit Wasser und Ansäuern ausgeäthert.

Die Trennung ist weit unvollkommener als nach TWITCHELL, gibt aber immerhin in manchen Fällen bessere Resultate als die älteren Ausführungsformen der Bleisalzmethode. Auch unter je nach Umständen geänderten Bedingungen, z. B. wenn die Substanz viel gesättigte Säuren enthält, Verwendung einer zur vollständigen Neutralisation ausreichenden Menge Alkali[2]), kann man einen Teil der flüssigen Säuren fast rein erhalten. Über die in jüngster Zeit erfolgte Ausgestaltung dieser Methode, sowie über die Trennung der freien Säuren mittels Petroläther und Aceton s. Nachtrag S. 552.

Trennung über die Ammoniumsalze. Ausführung nach DAVID[3]): Sie beruht darauf, daß die Salze der festen Säuren bei 13—14° C in einem großen Überschuß von wässerigem Ammoniak vollkommen unlöslich, die der flüssigen Säuren löslich sind. Man löst 2 g des Fettsäurengemisches unter mäßigem Erwärmen in 5 ccm 95proz. Alkohol, setzt 50 ccm Ammoniak von 22° (= 20,5proz. Lösung) zu, erhitzt bis zum Auftreten der ersten Gasblasen und läßt einige Stunden oder besser über Nacht bei 14° C stehen. Dann filtriert man die Abscheidung, wäscht mit Ammoniak, bis das Filtrat durch Barytwasser nicht mehr getrübt wird und zerlegt die zurückbleibenden Ammoniumsalze der festen Säuren mit verdünnter Salzsäure. (Ist die Zersetzung unvollständig, so gibt die mit Ammonsalz verunreinigte Fettsäurenfraktion eine zu hohe Jodzahl.) Die Fettsäuren werden gesammelt, getrocknet und gewogen. Der Fehler soll nicht mehr als 0,2—0,3% betragen.

Man hat auch fraktionierte Krystallisation der Ammonsalze aus alkoholischer Lösung[4]) und aus Aceton[5]) vorgeschlagen.

Trennung über die Thalliumsalze. MEIGEN und NEUBERGER haben die Thallosalze der Stearin- und der Ölsäure dargestellt, die großen Löslichkeitsunterschiede dieser Salze beobachtet und auf Grund derselben eine Trennungsmethode ausgearbeitet[6]), die von HOLDE, SELIM und BLEYBERG wesentlich verfeinert und allgemein anwendbar gemacht wurde[7]). Nach deren Vorschrift verfährt man folgendermaßen: 0,5—1 g Substanz werden in ca. 50 cm 96-volum-proz. Alkohol gelöst und mit ungefähr $^n/_{10}$ bis $^n/_2$ alkoholischer Kalilauge neutralisiert. Die Lösung wird auf etwa 125 cm aufgefüllt und bei Raumtemperatur mit 65 cm Wasser und 35 cm 4 proz. wässeriger Thalliumsulfatlösung versetzt. Den Niederschlag von Thallosalzen der gesättigten Säuren läßt man bei 15° absitzen, filtriert ohne Saugen durch ein Faltenfilter, wäscht mit möglichst wenig 50 proz. Alkohol, der einige Tropfen Thallosulfatlösung enthält, zerlegt ihn mit verdünnter Schwefelsäure, nimmt die Fettsäuren in Äther auf, trocknet die ätherische Lösung mittels Natriumsulfat, filtriert, wäscht das Natriumsulfat erschöpfend

---

[1]) Analyst Bd. 39, S. 389. 1914; C. 1915, I, S. 509. [2]) MEIGEN und NEUBERGER: a. a. O.
[3]) Compt. rend. Bd. 151, S. 756. 1910; C. 1911, I, S. 41.
[4]) FALCIOLA: Gazz. chim. Bd. 40, II, S. 217 u. 227. 1910; C. 1911, I, S. 383.
[5]) BULL und FJELLANGER: Apoth.-Ztg. Bd. 31, S. 55. 1916.
[6]) Ch. Umschau Bd. 29, S. 342. 1922. [7]) Z. D. Öl- u. Fettind. Bd. 44, S. 277, 298. 1924.

mit heißem, trockenem Äther aus, verjagt den Äther und wägt den Rückstand. Das alkoholische Filtrat enthält die Thallosalze der ungesättigten Säuren, die nach dem Vertreiben des Alkohols in gleicher Weise wie die gesättigten Säuren in Freiheit gesetzt, gesammelt und gewogen werden.

Beispiel: Stearin- und Palmitinsäure ber. 34,5 %, gef. 33,9 %,
Ölsäure . . . . ber. 65,5 %, gef. 64,9 %.

Die Trennung mittels der Lithiumsalze[1]) hat sich nicht bewährt. Eine nicht quantitative, aber für manche Untersuchungszwecke ausreichende Trennung soll sich auf Grund der verschiedenen Löslichkeit der Fettsäureäthylester in Alkohol durchführen lassen. LEVENE und WEST[2]) geben an, daß die Ester der gesättigten Säuren (womit wohl nur die festen Säuren gemeint sind) bei 0° auskrystallisieren, während die übrigen in Lösung bleiben.

Trennung der gesättigten von den ungesättigten Säuren.

Bei der Untersuchung eines Fettes genügt in vielen Fällen die Trennung der Fettsäuren in feste und flüssige. Man muß sich aber im Klaren sein, daß die festen Säuren nicht mit den gesättigten identisch sind und die flüssigen Säuren nicht mit den ungesättigten. Die erstere Fraktion kann feste ungesättigte Säuren, wie Isoölsäure, Erucasäure u. a. m. enthalten, die andere wiederum flüssige gesättigte Säuren, wie die niederen Homologen der Fettsäurenreihe. Zur systematischen erschöpfenden Untersuchung eines Fettes ist auch eine Trennung der gesättigten Säuren von den ungesättigten erforderlich. Diesem Zwecke dient die sog.

Bromestermethode[3]). Prinzip: Man verwandelt das Fett oder die Fettsäuren in die Methyl- oder Äthylester, behandelt diese mit Brom, destilliert das Estergemisch oder fraktioniert auch bloß die bromfreien Ester ab und regeneriert die ungesättigten Verbindungen aus ihren Bromderivaten. Die Siedepunkte der Ester gesättigter Säuren liegen weit unter den Siedepunkten der Bromadditionsprodukte ungesättigter Säureester, so daß die Estergemische durch Destillation praktisch vollständig getrennt werden können[4]).

---

[1]) PARTHEIL und FERIÉ: Arch. Pharm. Bd. 241, S. 561. 1903.

[2]) J. Biol. Ch. Bd. 16, S. 419. 1913.

[3]) GRÜN und JANKO: Z. D. Öl- u. Fettind. Bd. 41, S. 553 u. 572. 1921. Man hat auch bereits vorgeschlagen, die ungesättigten Säuren auf Grund ihrer Reaktion mit Schwefelsäure: Bildung der in Petroläther unlöslichen Oxysäuren, von den gesättigten Säuren zu trennen (TWITCHELL: J. Soc. Ch. Ind. Bd. 16, S. 1002. 1897; V. St. A.-Pat. 918 612. 1909). Dieses Verfahren ist aber, wie auch LEWKOWITSCH (Analyst 1900, S. 64) nachwies, höchstens zum qualitativen Nachweis brauchbar.

[4]) Die Bromadditionsverbindungen der Ester ungesättigter Säuren von niedrigen Molekulargewichten sieden allerdings nur wenig oder nicht höher als die Ester der hochmolekularen gesättigten Säuren. Einerseits kommen aber ungesättigte Säuren von niedrigem Molekulargewicht (wie die Decylen- und die Dodecylensäure) nur in wenigen Fetten und in äußerst geringen Mengen vor, andererseits läßt sich die hier mögliche Fehlerquelle nötigenfalls leicht ausschalten, indem man einfach vor der Bromierung eine Fraktionierung des Estergemisches vornimmt oder auch nur die leichter siedenden Ester abfraktioniert. Diese Modifizierung der Methode hat sich gerade besonders bewährt; mit Hilfe derselben gelang es, selbst minimale Mengen niedriger Olefinsäuren aus Fetten zu isolieren. Man erhält dabei die ursprünglichen Säuren, ohne sterische Veränderung. So wird Ölsäure, wie NICOLTE (J. Am. Ch. Soc. Bd. 43, S. 2122. 1921) zeigte, weder bei der Bromierung, noch beim Entbromen elaidiniert, andererseits fand HALDEN (unveröffentlichte Beobachtung), daß auch Elaidinsäure nicht in Ölsäure umgelagert wird.

Ausführung: a) Darstellung der Ester. Sie wird in der auf S. 87 angegebenen Weise ausgeführt; wenn ein Fettsäurengemisch zu untersuchen ist, durch Verestern, wenn ein neutrales Fett vorliegt, durch Umestern.

b) Bromierung. Man verwende wenigstens 15—20 g Ester; wenn mehrere Kontrollanalysen ausgeführt werden sollen, entsprechend mehr. Der Ester wird in der ungefähr 5fachen Menge Chloroform, Tetrachlorkohlenstoff oder Petroläther gelöst und die Lösung durch Einstellen in Eiswasser auf 0° oder wenig darüber abgekühlt. Dann läßt man tropfenweise unter Umschwenken Brom zufließen. Man berechnet die nötige Menge Brom aus der Jodzahl durch Multiplizieren derselben mit dem Faktor 0,63 $\left(= \frac{159{,}84}{253{,}84}\right)$ und wägt ein wenig mehr ab; oder man mißt das entsprechende Volumen in Kubikzentimetern ab, das sich durch Division der berechneten Grammenge durch das spezifische Gewicht des Broms = 3,1 ergibt. Ist das Esterpräparat rein, d. h. nicht dunkel gefärbt, so erkennt man den Endpunkt schon am Farbenumschlag nach hellbraun; im anderen Falle prüft man mit Jodkalium-Stärkepapier. Man läßt dann noch $^1/_2$ Stunde in der Kälte stehen, destilliert das Lösungsmittel im Kohlensäurestrom auf dem Wasserbade ab, wäscht den Rückstand erst mit Bicarbonatlösung, dann mit Wasser und trocknet ihn im Kohlensäuretrockenschrank oder im Vakuumexsiccator über warmem Öl.

Die bromreichen Additionsprodukte der mehrfach-ungesättigten Säuren erleiden bei höherer Temperatur eine teilweise Zersetzung. Enthält das Untersuchungsmaterial solche Säuren, so müssen sie vor der Destillation zum größten Teil entfernt werden, was leicht durchzuführen ist, wenn bloß die Reihenfolge der beiden ersten Operationen geändert wird. Man bromiert direkt das Gemisch der freien Fettsäuren und entfernt die Bromide der stärker ungesättigten Säuren wie auf S. 244 angegeben, mittels Petroläther, in dem sie unlöslich sind. Die Hexa- und Octobromide werden so vollständig, die Tetrabromide zum großen Teil abgetrennt; die in Lösung gebliebenen Säuren werden nach dem Vertreiben des Petroläthers mit Alkohol und ein wenig Bromwasserstoff verestert.

c) Destillation. Die Apparatur ist am besten die allereinfachste, ein Fraktionierkölbchen von höchstens 4—5 cm Durchmesser und 10—12 cm Halslänge mit tief — z. B. 1—$1^1/_2$ cm über der Kugel — angesetztem Ableitungsrohr, das mit Thermometer und Capillare versehen wird. Bei Verwendung eines größeren Kolbens könnte eine teilweise Zersetzung der bromierten Ester eintreten und z. B. aus Ölsäuredibromid unter Abspaltung von 1 Molekül Bromwasserstoff Monobromölsäure oder durch Abspaltung von 2 Molekülen Stearolsäure entstehen. Als Vorlage dient z. B. ein Destillierkölbchen mit hoch angesetztem Ableitungsrohr. Das Zwischenschalten eines Kühlers ist überflüssig. Das Haupterfordernis ist ein genügend hohes Vakuum; der Druck soll nicht mehr als 2—3 mm, höchstens 4—5 mm Quecksilbersäule betragen. Man vertreibt die Luft aus der Apparatur mittels Kohlendioxyd, evakuiert, heizt das Ölbad an und leitet während der Destillation eine dem niedrigen Druck entsprechende, geringe Menge Kohlendioxyd ein.

Unter den eingehaltenen Bedingungen gehen die Ester der gesättigten Fettsäuren bei Temperaturen über, die weit unter den Siedepunkten und auch genügend tief unter den Zersetzungstemperaturen der Bromadditionsprodukte jener ungesättigten Säuren liegen, die praktisch in Betracht kommen. So siedet der Stearinsäureäthylester unter 2 mm Druck bei 172°, während die Zersetzung des Dibromstearinsäureesters erst bei etwa 190° beginnt. Die Dampftemperatur steigt natürlich während der Destillation in dem Maße, als Ester höherer Fettsäuren übergehen, erst schneller, dann langsamer. Bei 20 g Einwage dauert die Destillation ungefähr $^1/_2$ Stunde. Mehr Substanz einzuwägen, ist von Nachteil. Der Endpunkt ist am Sinken der Temperatur im Dampfraum leicht zu erkennen. Die Destillate sind bei richtiger Versuchsausführung farblos und enthalten nur sehr wenig freie Säuren. Das Destillat und der Rückstand werden gewogen. Stimmt die Summe der Gewichte mit der Einwage überein, so ist die Destillation ohne Bromwasserstoffabspaltung verlaufen.

d) Entbromung. Die Abspaltung der an die ungesättigten Säuren bzw. ihre Ester angelagerten Bromatome kann durch Zinn oder Zink in neutraler oder in saurer alkoholischer Lösung ausgeführt werden. Gut bewährt ist die Behandlung mit alkoholischer Salzsäure und Zink.

Eine Grundbedingung für das Gelingen der Entbromung ist, daß der zu entbromende Destillationsrückstand vorher mit Bicarbonatlösung, hierauf selbstverständlich mit Wasser gewaschen und sorgfältig getrocknet wird. Unterläßt man das Waschen mit Bicarbonatlösung, so treten Nebenreaktionen ein. Für die glatte Entbromung ist ferner wesentlich, daß das Metall keine Verunreinigungen enthält und eine große Oberfläche besitzt, wie z. B. das schaumige Zink, das man sich leicht selbst herstellen kann. Man erhitzt 10 g bromierten Ester mit 15 ccm Alkohol und 10 g Zink zum Sieden, läßt 15 ccm 5 fach-normale alkoholische Salzsäure langsam zutropfen, so daß das Zufließen ungefähr 20 Min. dauert, erhitzt dann noch weitere 20 Min., im ganzen höchstens 1 Stunde lang. Hierauf gießt man das Reaktionsgemisch in Wasser, das den Alkohol, den Chlorwasserstoff und die entstandenen Salze löst und nimmt das entbromte Produkt mit Äther auf. Die ätherische Lösung wird eingeengt, der Rückstand getrocknet und gewogen. Bei richtiger Versuchsausführung enthält er höchstens Spuren von Brom (Prüfung mittels Kupferoxyd). Im anderen Falle muß die Entbromung wiederholt werden. In gleicher Weise prüft man das Destillat auf einen etwaigen Bromgehalt, unterwirft es nötigenfalls einer Entbromung und bestimmt die Jodzahl. Wenn die untersuchte Substanz nicht mehr als zur Hälfte aus ungesättigten Säuren besteht, so liegt die Jodzahl des entbromten Destillats unter 4, es gehen somit höchstens 4% ungesättigte Ester bzw. deren Bromide über; eine ungefähr gleich große Menge gesättigter Ester bleibt im Rückstand. Wenn die qualitative Zusammensetzung des Fettsäurengemisches bekannt ist, kann man aus dem Mengenverhältnis von Destillat und Rückstand und den Jodzahlen dieser beiden Fraktionen das Verhältnis von gesättigten und ungesättigten Säuren in der ursprünglichen Mischung noch genauer, auf $\pm\, ^1/_2\%$, berechnen.

Besteht die Untersuchungsprobe zum größeren Teil aus ungesättigten Säuren, so geht die Fraktionierung weniger glatt von statten. Man kann aber auch in solchen Fällen eine schärfere Trennung erzielen, indem man dem bromierten Estergemisch vor der Destillation eine gewogene Menge (z. B. das gleiche Gewicht) des Esters einer gesättigten Säure (z. B. Stearinsäureäthylester oder ein Gemisch gesättigter Ester) zusetzt und dieses Gewicht später von dem des Destillats abzieht.

Die Methode hat sich auch bei der präparativen Aufarbeitung von Fettsäuregemischen, namentlich zur Isolierung von Säuren aus Fetten, in denen sie nur in sehr geringen Mengen enthalten sind, bewährt[1]).

[1]) Grün und Wirth: Ber. Bd. 55, S. 2197. 1922; Fricke: Z. D. Öl- u. Fettind. Bd. 42, S. 297. 1922; Tsujimoto: Ch. Umschau Bd. 30, S. 33. 1923. Toyama, ebenda Bd. 31, S. 244. 1924.

Trennung gesättigter Säuren voneinander.

Für die Trennung der einzelnen gesättigten Säuren voneinander gibt es keine allgemein brauchbare analytische Methode. Liegt ein Gemisch von nur 2 Säuren oder 2 Estern vor, so ermittelt man die Zusammensetzung indirekt aus der Neutralisations- bzw. Verseifungszahl. Sonst verwendet man fallweise eine der präparativen Isolierungsmethoden: fraktionierte Krystallisation, fraktionierte Fällung von Salzen, Überführung in Derivate, fraktionierte Destillation der freien Säuren oder der Ester; einzelne Säuren können nach technischen Methoden bestimmt werden.

a) ***Indirekte Bestimmung.*** Ist das Untersuchungsmaterial ein Säuregemisch, so bestimmt man die Neutralisationszahl, ist es ein Estergemisch, so wird die Verseifungszahl bestimmt. Aus dem gefundenen Wert berechnet man nach S. 147 das mittlere Molekulargewicht (M). Das Gemisch enthalte $x\%$ einer Säure mit dem Molekulargewicht m_1 und $y\%$ einer Säure mit dem Molekulargewicht m_2; dann ist

$$x + y = 100 \text{ und } \frac{x}{m_1} + \frac{y}{m_2} = \frac{100}{M}.$$

Daraus ergibt sich:

$$x = 100 \frac{m_1 (M - m_2)}{M (m_1 - m_2)},$$

$$y = 100 \frac{m_2 (m_1 - M)}{M (m_1 - m_2)}.$$

Die Berechnung gilt natürlich nur unter der Voraussetzung, daß die untersuchte Substanz nicht mehr als 2 Säuren bzw. 2 Ester und keine unverseifbaren Bestandteile enthält. In diesem Falle ist die indirekte Bestimmung sehr zuverlässig, und zwar sind die erhaltenen Werte um so genauer, je weiter die beiden Säuren in der homologen Reihe auseinanderliegen.

b) ***Fraktionierte Krystallisation.*** Eine vollständige Trennung mehrerer Fettsäuren durch fraktionierte Krystallisation ist nur unter besonders günstigen Umständen möglich. Die Fettsäuren haben nämlich eine ausgesprochene Tendenz, sich zu assoziieren, und zwar können sich sowohl je 2 gleiche Moleküle zu bimeren Verbindungen vereinigen, als auch 2 verschiedene Säuren zu Heterokomplexen, Oxoniumverbindungen vom Typus[1]):

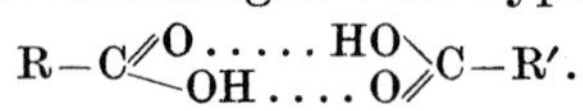

Diese Komplexverbindungen sind auch in Lösung beständig und scheiden sich als sog. Mischkrystalle aus, die sich durch Umkrystallisieren nicht zerlegen lassen. Die Heterokomplexe sind um so beständiger, je näher ihre Komponenten in der homologen Reihe stehen, wie z. B. Palmitin- und Stearinsäure, so daß sie häufig einheitliche Verbindungen vortäuschen, wie z. B. die Doppelverbindung ($C_{16}H_{32}O_2 + C_{18}H_{36}O_2$) eine Säure $C_{17}H_{34}O_2$[2]). Gemische von Fettsäuren lassen sich infolgedessen nur unvollständig trennen, namentlich wenn die Säuren in der homologen Reihe nicht weit auseinanderliegen, wenn das Gemisch mehr als 2 Säuren enthält und wenn das Lösungsmittel die Bildung bimerer Formen begünstigt, wie aromatische Kohlenwasserstoffe, aliphatische Chlorverbindungen usw.

---

[1]) Pfeiffer: Organische Molekülverbindungen, S. 93. Stuttgart 1922.

[2]) Dasselbe gilt für die Krystallisation der fettsauren Salze. Chevreul hielt die Margarinsäure für ein chemisches Individuum, weil auch nach fünfmaligem Umkrystallisieren des Kaliumsalzes aus kochendem Alkohol der Schmelzpunkt der Säure des auskrystallisierten Salzes mit dem der Säure des gelöst gebliebenen Teiles übereinstimmte. Recherches, S. 408; s. a. Graebe: Geschichte der organischen Chemie, S. 32. Berlin 1922.

Immerhin ist die fraktionierte Krystallisation in manchen Fällen vorteilhaft, besonders wenn das Mischungsverhältnis der Säuren günstig ist[1]). Z. B. kann man die durch fraktionierte Fällung der Magnesiumseifen erhaltenen Anteile (s. unten), namentlich die Endglieder der Fällung, in denen eine bestimmte Säure weitaus überwiegt, durch fraktionierte Krystallisation vollständig reinigen.

c) ***Fraktionierte Fällung von Salzen***[2]). Das Verfahren beruht darauf, daß die Löslichkeit der Erdalkali- und Magnesiumsalze der Fettsäuren in der homologen Reihe mit steigendem Molekulargewicht abnimmt. Fügt man zur Lösung des Fettsäurengemisches eine zur vollständigen Umsetzung nicht ausreichende Menge des Acetats der betreffenden Base, so fallen daher zuerst Salze der Säuren vom höchsten Molekulargewicht aus.

Vorprobe: Zur Orientierung, ob eine Säure einheitlich oder ein Gemisch mehrerer Homologen ist, löst man ungefähr 1 g in einer auch zur Lösung in der Kälte genügenden Menge Alkohol und versetzt heiß mit der Lösung von etwa $^2/_7$ des Gewichtes der angewendeten Substanz an Baryumacetat in möglichst wenig Wasser. Liegt der Schmelzpunkt der Substanz über 53°, so fällt man mit Magnesiumacetat, von dem etwa $^1/_5$ bis $^1/_4$ des Substanzgewichtes, gelöst in Alkohol, verwendet wird. Aus dem nach einigem Stehen abgesaugten Niederschlag wird die Fettsäure abgeschieden. Ebenso scheidet man aus dem nach Zusatz von etwas Natronlauge eingedampften Filtrat die Fettsäuren ab und bestimmt von beiden Fraktionen Schmelzpunkt und Molekulargewicht. Stimmen diese Werte bei beiden vollkommen überein, so liegt eine einheitliche Säure vor.

Ausführung des Hauptversuchs: Man löst ungefähr 1—2 g Substanz in so viel heißem Alkohol, daß die Lösung auch beim Abkühlen auf Zimmertemperatur nichts ausscheidet und versetzt dann heiß mit der alkoholischen Lösung von $^1/_{40}$ bis $^1/_{30}$ der Einwage an Magnesiumacetat. Bevor das Reaktionsgemisch soweit abgekühlt ist, daß auch freie Säure abgeschieden werden könnte, filtriert man den Niederschlag ab, neutralisiert im Filtrat die freigewordene Essigsäure mittels Ammoniak und wiederholt die Fällung, bis 6—7 mal. Sollte keine Abscheidung erfolgen, so wird die Lösung ein wenig eingeengt. Aus den einzelnen Fällungen und aus dem Rest der Lösung scheidet man die Fettsäuren ab — z. B. durch Erwärmen mit verdünnter Salzsäure und Petroläther unter häufigem Schütteln —, trocknet sie und bestimmt die Schmelzpunkte. Die Anteile vom gleichen Schmelzpunkt werden vereinigt, dann werden die Neutralisationszahlen bestimmt und aus ihnen die mittleren Molekulargewichte berechnet.

Die Trennung ist unvollständig; sie wird durch dieselben Umstände beeinträchtigt, wie die Fraktionierung der freien Säuren, dazu kommt noch, daß sich gemischte „zweisäurige" Salze bilden können, wie Magnesium-stearo-palmitat. Die Trennung ist natürlich um so schwieriger, je mehr Säuren das Gemisch enthält. Wenn 3 oder mehr Säuren vorliegen, kann man, namentlich bei gewissen Mischungsverhältnissen, leicht irregeführt werden, indem hintereinander mehrere Fraktionen von anscheinend konstant bleibendem Mischschmelzpunkt und ungefähr gleichem Molekulargewicht ausfallen, auch können die ersten Anteile niedriger schmelzen als die folgenden (weil zuerst ternäre Gemische ausfallen).

Immerhin läßt sich die fraktionierte Fällung häufig so weit treiben, daß man aus den Endgliedern der Fällung durch fraktionierte Krystallisation der freien Säuren die reinen Verbindungen z. T. isolieren kann. Andererseits kann man, wenn die Fraktionen nicht mehr als je 2 Säuren enthalten, aus dem mittleren Molekulargewicht nach a) die Zusammensetzung berechnen.

---

[1]) S. a. Nachtrag S. 553.

[2]) Heintz: Ann. Bd. 92, S. 295. 1854; J. pr. Bd. 66, S. 1. 1855.

Die fraktionierte Fällung wird statt mit Magnesium- auch mit Baryumacetat ausgeführt, besonders dann, wenn das zu trennende Säurengemisch unter 53° schmilzt. Zum gleichen Zweck hat man auch Bleiacetat verwendet[1]), ohne damit einen Vorteil zu erzielen. Ferner wurde die fraktionierte Fällung bzw. Krystallisation verschiedener anderer Salze der Fettsäuren vorgeschlagen, wie die der Lithiumsalze[2]), die aber zur Isolierung reiner einheitlicher Säuren nicht brauchbar ist[3]). Ebenso wurden Trennungen auf Grund der verschiedenen Löslichkeit der Schwermetallsalze in organischen Solventien versucht[4]).

d) ***Überführung in Derivate, Färbemethoden.*** Zur Trennung der Säuren und zur Identifizierung führt man sie mitunter in solche Derivate über, die sich durch Schmelzpunkt, Löslichkeit u. dgl. charakterisieren lassen, z. B. in höherschmelzende Ester, wie Menthylester[5]), p-Halogenphenyl-acylester[6]), in Amide und deren Substitutionsprodukte[7]), wie Anilide[8]), alkylierte und bromierte Anilide, Phenylhydrazide[5]) usw. In den weitaus meisten Fällen bietet aber dieser Weg keinen Vorteil gegenüber den Methoden zur Trennung der freien Säuren, der Salze oder flüssigen Ester. Für einige Derivate der Säuren von niedrigem Molekulargewicht sind die Schmelzpunkte noch einigermaßen charakteristisch, bei den höheren Homologen liegen sie aber zu nahe beieinander. Man identifiziert einfacher die Säuren bzw. ihre Methyl- oder Äthylester, abgesehen von der Bestimmung einiger Kennzahlen, durch den Schmelzpunkt bzw. den Siedepunkt. Die Bestimmung des Siedepunktes nimmt man am einfachsten nach Emich im Capillarröhrchen vor, in besonderen Fällen nach Schleiermacher (vgl. Glycerin, S. 523).

Kleinste Säuremengen lassen sich manchmal durch die mikrochemischen Färbemethoden (s. S. 67) charakterisieren. Gesättigte Fettsäuren färben sich mit Scharlach und mit Säurefuchsin sehr stark, mehr oder weniger auch mit Anilinblau und Eosin. Ungesättigte Säuren werden von diesen Farbstoffen überhaupt nicht angefärbt, von allen anderen dagegen sehr stark und zeigen dabei oft charakteristische Farbenumschläge. Z. B. färbt sie Methylgrün rötlichblau und selbst violett; ebenso wird Erukasäure von Magentarot blau bis violett gefärbt. — Bei den gesättigten Fettsäuren wächst die Intensität der Färbung im allgemeinen mit dem Molekulargewicht bis zu den bei gewöhnlicher Temperatur festen und sich daher schwach anfärbenden Säuren. Ausnahmen bilden gewisse auswählende Reaktionen zwischen Säuren und Farbstoffen: so wird Buttersäure nur durch Bismarckbraun und Azur gefärbt, Valerian- und Capronsäure durch diese und Dahliaviolett, Capryl- und Laurinsäure außerdem durch Malachitgrün, Methylgrün, Methylenblau und Neutralrot. Die Brauchbarkeit der Färbemethoden ist leider sehr eingeschränkt, weil in Gemischen der positiv reagierende Bestandteil derart dominiert, daß die Reaktion auch bei Gegenwart bloßer Spuren desselben eintritt; sie ist also nur bei reinen Verbindungen zuverlässig.

---

[1]) Pebal: Ann. Bd. 91, S. 138. 1854.

[2]) Partheil und Ferié: Arch. Pharm. Bd. 241, S. 545. 1903; Jacobson und Holmes: J. Biol. Ch. Bd. 25, S. 55. 1916.

[3]) S. a. Farnsteiner: Z. Nahrgsm. Bd. 8, S. 29. 1904; Fahrion: Z. ang. Bd. 17, S. 1482. 1904.

[4]) Angaben über die Löslichkeit der Stearate und Palmitate s. Koenig: J. Am. Ch. Soc. Bd. 36, S. 951. 1914; C. 1914, II, S. 129.

[5]) Brauns: J. Am. Ch. Soc. Bd. 42, S. 658, 1478. 1920.

[6]) Judefind und Reid: J. Am. Ch. Soc. Bd. 42, S. 1043. 1920.

[7]) S. z. B. Asano: J. Pharm. Soc. Japan Nr. 480. 1922; C. 1922, I, S. 1227.

[8]) de Conno: J. Soc. Ch. Ind. Bd. 36, S. 311. 1917.

e) ***Fraktionierte Destillation***[1]). Die fraktionierte Destillation gibt, von Einzelfällen abgesehen, genauere Resultate als die anderen Trennungsmethoden, vorausgesetzt, daß man genügend große Substanzmengen anwendet und die Fraktionen wiederholt rektifiziert.

Wenn es sich um die systematische Untersuchung eines Fettes handelt, so ist es vorteilhaft, nicht die gesättigten Säuren allein zu fraktionieren, sondern die Gesamtfettsäuren bzw. das aus denselben dargestellte Methyl- oder Äthylestergemisch. Allerdings lassen sich die einzelnen gesättigten Säuren von den entsprechenden ungesättigten durch fraktionierte Destillation nicht vollständig trennen, weil die Siedepunkte der Säuren ebenso wie die der Ester (z. B. bei Stearin-, Öl- und Linolsäure) zu nahe beieinander liegen. Aber man erhält schließlich doch Fraktionen mit nur einer gesättigten Säure und einer oder mehreren ungesättigten Säuren von gleicher Kohlenstoff-Zahl. Die gesättigten und die ungesättigten Säuren können voneinander leicht nach der Bromestermethode (s. S. 223), allenfalls auch über die Bleisalze (s. S. 220) getrennt werden, so daß man schließlich nicht nur die gesättigten Säuren, sondern auch die homologen ungesättigten Säuren voneinander getrennt erhält. Dagegen lassen sich aus dem Gemisch aller ungesättigten Säuren die einzelnen, oft nur in äußerst geringen Mengen vorliegenden Homologen (wie Decensäure, Dodecensäure usw.) auf andere Weise nicht isolieren.

Die Destillation der freien Säuren ist in mancher Beziehung bequemer als die der Ester, auch ist die analytische Kontrolle der Fraktionen durch Bestimmung des Schmelzpunktes und der Neutralisationszahl einfacher als die von Esterfraktionen. Trotzdem ist im allgemeinen die Fraktionierung der Ester wegen ihrer niedrigeren Siedepunkte und der größeren Beständigkeit vorzuziehen. (Über die Darstellung der Ester s. S. 87).

Die Methyl- und Äthylester der Fettsäuren lassen sich auch bei Atmosphärendruck[2]) destillieren, es ist aber, namentlich bei den höheren Gliedern, nicht ratsam. Zum Beispiel sieden die Methylester der Palmitin- und der Stearinsäure unter 747 mm erst bei 415/18° bzw. 442/43°, übrigens nicht ohne einige Zersetzung[3]). Andererseits ist aber auch kein Hochvakuum nötig, bei der Fraktionierung ist es nicht einmal wünschenswert, weil dann die Siedepunkte der Homologen zu nahe aneinanderliegen. Die Säuren bis zur Caprinsäure bzw. ihre Ester destilliert man am besten unter einem Druck von 10 bis 40 mm, die höhersiedenden unter 2 bis 3 mm Druck.

Zur Ausführung der Vakuumdestillation liegt eine große Zahl Versuchsanordnungen vor, speziell für das Destillieren im absoluten Vakuum die von Krafft[4]), von Ubbelohde[5]), der Apparat zur ununterbrochenen Fraktionierung bei Drucken bis unter $^1/_{1000}$ mm von Heiduschka und Rheinberger[6]) u. a. m.[7]); eine kompendiöse Apparatur für die Wasserdampfdestillation im Vakuum haben auch Harries und Haarmann[8]) angegeben.

Apparat: Am zweckmäßigsten ist eine möglichst einfache Apparatur. Für kleine Mengen genügt ein Kölbchen, dessen Aufsatz mit Perlen gefüllt und mit einem Rückleitungsrohr zum Dephlegmieren der Dämpfe versehen ist, ein

---

[1]) S. insbes. Krafft: Ber. Bd. 15, S. 1692. 1882; Bd. 22, S. 816. 1889.
[2]) Haller: Compt. rend. Bd. 143, S. 694. 1906; ebenda Bd. 146, S. 250. 1908.
[3]) Hans Meyer und Eckert: Monatsh. Bd. 31, S. 1227. 1910.
[4]) Krafft und Weilandt: Ber. Bd. 29, S. 1316, 2240. 1896; Bd. 36, S. 4339. 1903.
[5]) Z. ang. Bd. 19, S. 753ff. 1906. [6]) J. pr. (2) Bd. 90, S. 354. 1914.
[7]) S. bes. Houben: Bd. 1 von Weils „Methoden der organischen Chemie". Leipzig 1921.
[8]) Ber. Bd. 51, S. 788. 1918.

kleiner Kühler (sog. Schweinchen) und eine Zweikugelvorlage oder auswechselbare Vorlagen, hinter welche das Manometer und das „Vakuumreservoir“ geschaltet werden. Für die Destillation größerer Mengen kann die Apparatur nach Abb. 51 mit Vorteil verwendet werden. Sie bewährt sich z. B. bei der systematischen Untersuchung eines Fettes, wobei auch die nur in kleinsten Mengen enthaltenen Säuren quantitativ herausfraktioniert werden müssen. Die Versuchsanordnung wurde im Laboratorium der Firma Georg Schicht A.-G. z. T. durch Kombinieren, z. T. durch zweckmäßige Änderung der bekannten Bestandteile insbesondere von F. SCHWARZ allmählich ausgebildet und bei tausenden Einzeldestillationen erprobt.

A ist ein Fraktionierkolben von 1000 ccm Fassung mit WILLSTÄTTERschem Tubus zur Einführung des Capillarrohrs und mit einem Verbindungsrohr zwischen Hals und Bauch für Druckausgleich und Überlauf, der Kropf ist nach HANTZSCH mit gläsernen Raschigringen gefüllt, das Ableitungsrohr nach EMERY erst aufwärts gerichtet, dann schwach abwärts gebogen; es wird mit einem Schweinchen überzogen und mit dem Kühler verbunden. An diesen schließt sich die Vorlage *B* (eine wesentliche Vereinfachung der von FUGETTI beschriebenen) mit den beiden 600 ccm bzw. 400 ccm fassenden Kugeln *1* und *2* und den Hähnen h_1 und h_2, verbunden mit der Vorrichtung zum Umschalten des Vakuums auf *1*, auf *2* oder auf *1* und *2*, bestehend aus einem T-Rohr mit dem schon von ALBER verwendeten Dreiwegehahn *d* und einem T-Rohr mit einfachem Hahn h_3. *C* ist eine Kühlvorrichtung zur Kondensation leichtflüchtiger Bestandteile, welche die Dämpfe bei geschlossenem Hahn h_4 passieren müssen. Das (nicht immer nötige) Adsorptionsrohr *D* wird mit aktiver Kohle beschickt und in Eis gekühlt. Neben das Quecksilbermanometer schaltet man zur Messung kleiner Drucke allenfalls noch ein Ölmanometer nach LAUCK von 15 mm Rohrweite. Man füllt es z. B. mit Spermöl; 1 mm Quecksilbersäule = 15 mm Ölsäule. Zur genauen Messung niedrigster Drucke dient der Mc LEOD sche „Kompressionsdruckmesser für hohe Vakua“ z. B. in der verfeinerten Ausführungsform von UBBELOHDE[1]); der Meßbereich richtet sich nach der Größe der Apparatur und soll z. B. Drucke zwischen 0,2 und 0,00001 mm genau zu bestimmen gestatten. Zur Einstellung bzw. Regulierung des Druckes dienen die WOHLschen Hähne h_5 und h_6, die auf der mit Watte gefüllten Saugflasche *E* montiert sind und der das übliche „Vakuumreservoir“ ersetzende, 40 l fassende Windkessel *F*, der mit der Pumpe verbunden wird. Als solche dient z. B. die zweistufige rotierende Ölpumpe von Siemens-Schuckert [Modell L 96/40 K mit Vorpumpe[2])]. Besonders zu beachten ist: das Dampfleitungsrohr des Destillierkolbens, wenigstens der aufsteigende Teil, darf nicht zu eng sein; z. B. ist bei einem Halbliterkolben ca. 7 mm lichte Weite nötig. Auch die Einschnürung im unteren Kolbenhals soll so weit sein, als mit Rücksicht auf die Füllung des Kropfes möglich ist, dagegen soll der obere Kolbenhals verhältnismäßig (2—3 cm) eng sein; die Bohrungen der Hähne seien möglichst weit. — Kolben der angegebenen Form und Größe sind für alle Fettsäureester verwendbar, die unter 1 mm Druck nicht wesentlich über 170° sieden. Für die (wenigen) höher siedenden Ester bzw. zum Abfraktionieren der

---

[1]) Z. ang. Bd. 19, S. 753, 1906. Über die Mängel der wahren Druckbestimmungen siehe v. RECHENBERG: J. pr. (2) Bd. 79, S. 475. 1909.

[2]) Auch ohne energisch wirkende Hochvakuumpumpen kann man hohe Vakua erzielen, indem man nach dem Evakuieren mit einer Wasserstrahlpumpe den verbleibenden Luftrest mit Kohlendioxyd verdrängt, mehrmals nachspült und schließlich das Kohlendioxyd durch Kalilauge absorbieren läßt. S. bes. KRAFFT: Ber. Bd. 37, S. 95. 1904; WITTENSTEIN: Dissert. Heidelberg 1903.

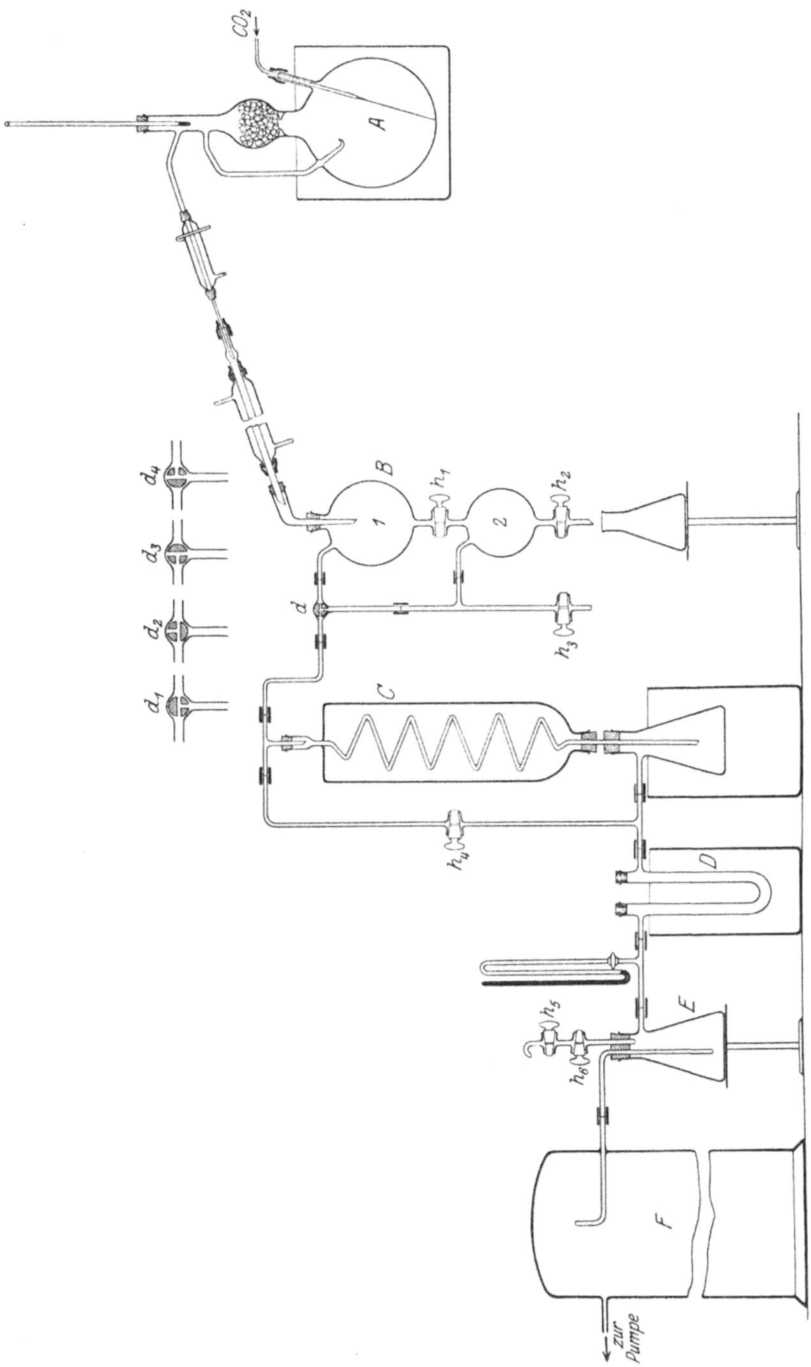

Abb. 51. Versuchsanordnung zur fraktionierten Destillation.

letzten Anteile des Estergemisches aus einem Fett, das Säuren von sehr hohem Molekulargewicht enthält, verwendet man einfache Rundkolben mit heizbarem Aufsatz.

Ausführung der Destillation: Man beschickt den Kolben A zu höchstens $^3/_4$ mit dem Destillationsgut, füllt den Mantel der Kühlschlange von C mit Eis und kühlt die Vorlage, sowie bei Verwendung des Adsorptionsrohres D auch dieses, durch Einsetzen in Kältemischung, worauf das Ölbad angeheizt wird. Nun leitet man trockenes Kohlendioxyd in schwachem Strom ein, schließt die Hähne h_2, h_3 und h_4, bringt den Dreiwegehahn in die Stellung d_1, evakuiert und verlangsamt den Gasstrom bis auf schwaches Durchperlen. Den gewollten Druck stellt man durch Handhabung von Hahn h_5 annähernd, dann mittels h_6 genau ein. Das Destillat sammelt sich in der Kugel *2*, etwa vorhandene, sehr leicht flüchtige Säuren oder Ester kondensieren sich in C, ganz geringe Mengen niedrigst siedender Bestandteile werden allenfalls in D zurückgehalten. Wenn eine Fraktion abgetrennt werden soll, so wird h_1 geschlossen und der Dreiwegehahn in Stellung d_2 gebracht. Dann wird die Fraktion abgelassen, indem man zuerst h_3 und hierauf h_2 öffnet. Ist die Kugel *2* entleert, so schließt man h_2 und h_3, öffnet h_4 und gibt dem Dreiwegehahn die Stellung d_3, so daß *2* evakuiert wird[1]). Darauf dreht man den Dreiwegehahn nach d_1 und öffnet h_1. Falls die leicht flüchtigen Anteile noch nicht vollständig überdestilliert sind, schließt man jetzt wieder h_4, im anderen Falle bleibt dieser Hahn während der weiteren Destillation geöffnet[2]). Man setzt die Destillation solange fort, bis der Kolben nur mehr etwa 80 ccm, mindestens aber noch 50 ccm Substanz enthält; dann wird der Dreiwegehahn in die Stellung d_4 gebracht, die Heizung abgestellt, der Kohlendioxydstrom verstärkt und die letzte Fraktion abgelassen. Was die Zahl und Größe der Fraktionen anbelangt, die man jeweilig in der oben beschriebenen Weise abtrennt, so läßt sich keine allgemein gültige Vorschrift geben.

Nachdem jede Änderung der Zusammensetzung der flüssigen Phase eine Änderung des Siedepunktes zur Folge hat, so ist, wenigstens bei der ersten Destillation eines Gemisches, keine scharfe Abgrenzung einheitlicher Fraktionen möglich. Man trennt deshalb bis zu einem gewissen Grade willkürlich, meistens in Siedeintervallen von 5°. Dann werden, wie üblich, die einzelnen Fraktionen weiter fraktioniert, die Unterfraktionen von annähernd gleichen Siedepunkten vereinigt, wieder destilliert und dies wiederholt, bis die einzelnen Fraktionen nicht weiter zerlegbar sind.

Liegt ein einfaches Substanzgemisch vor, so kann man durch drei- bis viermaliges Fraktionieren die Bestandteile zum größeren Teil rein erhalten. Viele Fette sind jedoch ziemlich kompliziert zusammengesetzt, in den meisten überwiegen zwar einige wenige Fettsäuren, aber daneben enthalten sie häufig noch andere Säuren, wenn auch nur in manchmal verschwindend geringer Menge.

Zum Zwecke der systematischen Untersuchung eines Fettes ist deshalb ein oft wiederholtes Durchfraktionieren nötig, bis von jeder einzelnen Säure der größte Teil isoliert ist und nur mehr geringe Mengen in Form von Mischfraktionen vorliegen. Man kann allerdings die Zusammensetzung einer Mischfraktion, wie S. 226 angegeben, aus der Neutralisations- oder Verseifungszahl ermitteln, aber selbstverständlich nur bei binären Gemischen. Man erhält aber selbst nach wiederholtem Umkrystallisieren häufig noch Mischfraktionen mit drei und mehr

---

[1]) Durch die Öffnung von h_4 wird erreicht, daß die aus *2* abgesaugte Luft nicht oder doch nur zum kleinsten Teile durch C strömt und kein leicht flüchtiges Kondensat mit sich reißt.

[2]) Wenn nämlich der Gasstrom nicht größtenteils durch h_4 abgeleitet wird, sondern durch C gehen muß, nimmt er kontinuierlich Anteile des leicht flüchtigen Kondensates mit.

Bestandteilen. Manchmal täuschen die Analysenwerte sogar eine reine Säure vor, während tatsächlich ein Gemisch der betreffenden Verbindung mit äquimolekularen Mengen der nächst niederen und der nächst höheren Säure vorliegt.

In manchen Fällen empfiehlt es sich, die Mischfraktionen durch Umkrystallisieren unter Wechsel des Lösungsmittels oder durch fraktionierte Fällung von Salzen zu zerlegen bzw. zu reinigen, worauf man die isolierten Verbindungen durch Bestimmung des Schmelzpunktes und einiger Kennzahlen identifiziert. Andererseits genügt mitunter eine rohe Fraktionierung, um Säuren einer bestimmten Gruppe nachzuweisen. Zum Beispiel kann festzustellen sein, ob ein Fett oder Fettsäurengemisch sehr kleine, nicht direkt nachweisbare Mengen Säuren von höherem Molekulargewicht als Stearinsäure enthält. Man reichert dann die hochmolekularen Säuren einfach in der Weise an, daß man von dem Gemisch den größten Teil, $^3/_4$ bis $^9/_{10}$, nötigenfalls noch mehr, abfraktioniert und vom Rückstand nach Entfernung des Unverseifbaren die Verseifungszahl bestimmt. Handelt es sich um den Nachweis von niederen Homologen der Stearinsäure (oder der Palmitinsäure, wie zur Unterscheidung von gehärtetem Rüböl und gehärteten Tranen, vgl. S. 338), so genügt selbstverständlich Abfraktionieren eines Bruchteiles des Untersuchungsmaterials, in welchem dann die Säuren von niederem Molekulargewicht angereichert und leichter bestimmbar sind.

Siedepunkte[1]).

Name	Freie Säure	Methylester	Äthylester
Ameisensäure .	bei 760 mm 100,8°	bei 760 mm 32,5°	bei 760 mm 54,4°
Essigsäure . .	„ 760 „ 118,1°	„ 760 „ 57,5°	„ 760 „ 77,1°
Propionsäure .	„ 760 „ 141,0°	„ 760 „ 79,9°	„ 760 „ 98,8°
n-Buttersäure .	„ 748,7 „ 163,2°	„ 760 „ 102,3°	„ 760 „ 119,9°
	„ 25 „ 75°*)	„ 40 „ 45°*)	—
i-Buttersäure .	„ 760 „ 155,5°	„ 760 „ 93,0°	„ 760 „ 110,1°
n-Valeriansäure	„ 760 „ 185,4°	„ 760 „ 127,3°	„ 736,5 „ 144,6°
	„ 15 „ 86—88°	—	—
i-Valeriansäure	„ 724 „ 174,1°	„ 760 „ 116,7°	„ 760 „ 134,3°
n-Capronsäure	„ 746 „ 205°	„ 760 „ 150,0°	„ 738 „ 166,9-167,3°
	„ 25 „ 113-114°*)	„ 40 „ 70—71,5°*)	—
n-Caprylsäure .	„ 761,7 „ 236—237°	„ 760 „ 192—194°	„ 760 „ 205,8°
	„ 25 „ 139°*)	„ 25 „ 95—98°*)	—
n-Caprinsäure .	„ 753 „ 267—269°	„ 760 „ 223—224°	„ 758,3 „ 244,6°
	„ 10 „ 146°*)	„ 15 „ 114,5-116°	—
Umbellulsäure .	„ 760 „ 275—280°	„ 760 „ 244—246°	„ 760 „ 253—255°
Laurinsäure . .	„ 15 „ 176°	„ 10 „ 134-136°*)	„ 760 „ 269°
	„ 2 „ 146°*)	—	„ abs.Vak. 79° (25 mm Steighöhe)
	„ abs. Vak. 102°	—	—
Myristinsäure .	—	bei 751 mm 295°	bei 760 mm 295°
	„ 15 mm 196,5°	„ 15 „ 167—168°	—
	„ 2 „ 162,5-163,5°*)	„ 5 „ 146-146,5°*)	bei abs.Vak. 102° (25 mm Steighöhe)
	„ abs.Vak. 121—122°	—	—
Palmitinsäure .	„ 760 mm 339—356° ? (Zersetzung)	bei 747 mm 415—418°	—
	„ 15 mm 215°	„ 15 „ 196°	bei 10 mm 184,5-185,5°
	„ abs.Vak. 138—139°	„ 2 „ 152,5-153°*)	„ abs. Vak.122° (25 mm Steighöhe)

[1]) Die Angaben sind zum größten Teile dem Handbuch der organischen Chemie von Beilstein, 4. Aufl., Bd. 2 entnommen. Eigene Beobachtungen sind mit *) bezeichnet.

Siedepunkte[1]) (Fortsetzung).

Name	Freie Säure	Methylester	Äthylester
Daturinsäure .	bei 15 mm 223—225°	—	—
Stearinsäure .	„ 760 „ 359—383°? (Zersetzung)	bei 747 mm 442—443°	
	„ 15 mm 232°	„ 15 „ 214—215°	bei 10 mm 199—201°
	„ abs.Vak.154,5-155,5°	„ 2 „ um 172°*)	„ 0 „ 139° (25 mm Steighöhe)
Arachinsäure .	„ 760 mm 328°? (Zersetzung)	„ 100 „ 284°	bei 100 mm 295—297°
	—	„ 10 „ 215—216°	—
Behensäure . .	bei 60 mm 306°	—	—
	„ 15-16 „ 262—265°	„ 5 „ 224—225°	bei 5 mm 230—231°
Lignocerinsäuren aus Buchenholzteer . .	—	—	„ 15-20 „ 305—310°

Bei Benützung der voranstehenden Vergleichstabelle zur Identifizierung von Fraktionen ist wohl zu beachten: Wenn beim Destillieren eines Gemisches eine einheitliche Fraktion, eine reine Verbindung, übergeht, so muß der beobachtete Siedepunkt nicht mit dem übereinstimmen, den man beim Destillieren der betreffenden Verbindungen für sich allein beobachtet. Nur im letzten Fall, in welchem die flüssige Phase einheitlich ist, kann man — vorausgesetzt, daß keine Zersetzung eintritt — den genauen, scharfen Siedepunkt der Substanz beobachten. Ferner ist der Einfluß der Größe und Form des Destillierkolbens in Betracht zu ziehen; namentlich die Steighöhe, die insbesondere bei sehr niedrigen Drucken den Siedepunkt wesentlich beeinflußt.

f) ***Technische Methoden.*** Der Nachweis bestimmter gesättigter Fettsäuren hat in der technischen Fettanalyse nicht mehr dieselbe Bedeutung wie früher. Sonst konnte man aus der Isolierung von Arachinsäure auf Erdnußöl, von Behensäure auf Behenöl usw. schließen, jetzt können diese Säuren auch aus gehärteten Tranen oder Rüböl, Senföl u. dgl. stammen.

Stearinsäure: Eine wenigstens annähernd genaue quantitative Bestimmung wurde von Hehner und Mitchell[2]) für solche Fette und Säurengemische, die keine höheren Homologen der Stearinsäure enthalten, ausgearbeitet. Das Verfahren besteht darin, daß das Fettsäurengemisch mit einer bei 0° gesättigten alkoholischen Lösung von reiner Stearinsäure behandelt wird, wobei alle niederen Homologen der Stearinsäure in Lösung gehen, während die Stearinsäure ungelöst bleibt. Es beruht also auf der Voraussetzung, daß die Löslichkeit der Stearinsäure durch die übrigen Säuren des Gemisches nicht beeinflußt wird. Das ist aber nicht der Fall; die niederen Homologen können die Löslichkeit so weit vermehren, daß kleine Mengen Stearinsäure der Bestimmung entgehen[3]). Daß andererseits höhere Homologe wiederum eine Löslichkeitsverminderung bewirken können (vermutlich durch Bildung schwerer löslicher Heterokomplexe), kann außer Betracht bleiben, denn das Fettsäurengemisch darf selbstverständlich keine Arachin-, Behensäure usw. enthalten, bzw. diese Säuren müssen vor der Ausführung der Bestimmung entfernt werden.

[1]) Die Angaben sind zum größten Teile dem Handbuch der organischen Chemie von Beilstein, 4. Aufl., Bd. 2 entnommen. Eigene Beobachtungen sind mit *) bezeichnet.
[2]) Analyst Bd. 21, S. 316. 1896.
[3]) Hans Meyer und Beer: Monatsh. Bd. 34, S. 1203. 1913.

Nach der ursprünglichen Vorschrift löst man 3 g Stearinsäure in 1 l Methylalkohol, spez. Gew. 0,8183, besser aber 7 g Stearinsäure in 1 l 95proz. Äthylalkohol[1]), läßt über Nacht im Eisschrank stehen und zieht dann die Lösung in eine Saugflasche ab. Man bedient sich dazu eines Hebers, dessen kürzerer Schenkel mit einem Saugtrichter verbunden ist, dessen Öffnung mit feiner Leinwand bespannt wird. — Zur Bestimmung werden von festen Säuregemischen 0,5 bis 1 g, von flüssigen 5 g in einem Kolben genau abgewogen und in 100 ccm Stearinsäurelösung aufgelöst, worauf man über Nacht in Eiswasser stehen läßt. Dann wird der Kolben noch in Eiswasser umgeschüttelt, damit sich die Krystalle von der Wand loslösen. Nach einer halben Stunde hebert man die Lösung wie oben angegeben ab, wäscht die im Kolben zurückgebliebenen Krystalle dreimal mit je 10 ccm eiskalter Stearinsäurelösung, spült schließlich die am Trichterchen haftenden Krystalle mit heißem Alkohol in den Kolben zurück, destilliert den Alkohol ab, trocknet den Rückstand bei 100° und wägt. Für die durch die Stearinsäurelösung eingeführte Menge Stearinsäure sind 0,0050 g von der Auswage abzuziehen. Ist der Schmelzpunkt der isolierten Säure unter 68°, so muß das Verfahren wiederholt werden. — Zum Absaugen der Stearinsäure von der Mutterlauge hat SERGER eine zweckmäßige Vorrichtung angegeben: ein Goochtiegel, der in einen Eistrichter eingesetzt ist[2]). Für den gleichen Zweck kann auch der Apparat zum Filtrieren bei konstanter Temperatur von EISENSTEIN und ZIFFER[3]) benutzt werden. Wenn die Einwage wenigstens 0,1 g Stearinsäure enthält, so gibt die Methode in vielen Fällen genügend genaue Werte[4]); sie ist aber nicht durchaus zuverlässig, sondern offenbar sowohl von der qualitativen Zusammensetzung des Untersuchungsmaterials wie auch vom Mischungsverhältnis der Säuren in demselben abhängig. Fehlerquellen sind besonders die Bildung übersättigter Stearinsäurelösungen, die Bildung eutektischer Gemische, wie von Palmitin-Stearinsäure, schließlich können sich auch Äthylester bilden, die dann natürlich gelöst bleiben[5]).

Höhere Homologe der Stearinsäure: Man führt das Fett oder die Fettsäuren in das Methylestergemisch über und fraktioniert von demselben im Vakuum etwa $^3/_4$ bis $^9/_{10}$ ab (vgl. S. 233). Der Rückstand wird verseift und das Unverseifbare ausgeschüttelt, dann werden die Fettsäuren abgeschieden und aus verschiedenen Lösungsmitteln umkrystallisiert, bis wenigstens ein Schmelzpunkt von etwa 72° erreicht ist (vgl. Tabelle der Schmelzpunkte S. 112). Durch Bestimmung der Neutralisations- oder Verseifungszahl wird kontrolliert, ob eine Säure von höherem Molekulargewicht als Stearinsäure bzw. ein Gemisch der einen mit der anderen vorliegt. Das Verfahren dient zum Nachweis von gehärtetem Rüböl und gehärteten Tranen (s. S. 372).

Vor der Einführung der Fetthärtung war das Vorkommen höherer Homologer der Stearinsäure in Fetten auf einige wenige Öle beschränkt. Praktisch kamen nur die Arachin- und die Lignocerinsäure des Erdnußöles in Betracht. Infolgedessen konnte zur Identifizierung des Erdnußöles bzw. zum Nachweis desselben in anderen Ölen, die Isolierung des Gemisches der beiden spezifischen Säuren dienen: Abscheidung der festen Säuren nach der Bleisalzmethode und Trennung von den niederen Homologen durch fraktionierte Krystallisation oder dgl. Die

---

[1]) EMERSON: J. Am. Ch. Soc. Bd. 29, S. 1751. 1907.
[2]) Pharm. Centralh. Bd. 50, S. 641. 1909. [3]) Ch. Ztg. Bd. 33, S. 1330. 1909.
[4]) KREIS und HAFNER: Z. Nahrgsm. Bd. 6, S. 22. 1903; SERGER: a. a. O.; HEIDUSCHKA und BURGER: Z. öff. Ch. Bd. 19, S. 87. 1913.
[5]) BERG: Ch. Ztg. Bd. 32, S. 777. 1908.

Isolierung wurde auch zur quantitativen Bestimmungsmethode ausgebildet und diese vielfach modifiziert von RENARD[1]), DE NEGRI und FABRIS[2]), KREIS[3]), TORTELLI und RUGGERI[4]), ARCHBUTT[5]), TOLMAN[6]), EVERS[7]) u. a. m. Einfacher und anscheinend auch zuverlässiger als diese Methoden ist die von HEIDUSCHKA und FELSER[8]) ausgearbeitete

Bestimmung der Arachin- und Lignocerinsäure: Das Verfahren beruht auf der Schwerlöslichkeit der Kalisalze beider Säuren in Alkohol[9]). 10 g Öl werden verseift, aus der Seifenlösung die Fettsäuren abgeschieden und mittels Äther isoliert. Hierauf löst man sie in 100 ccm 96 proz. Alkohol und titriert mit $^{n}/_{10}$ alkoholischer Kalilauge. Als Indicator dient eine bei Zimmertemperatur mit Arachinsäure und arachinsaurem Kalium gesättigte alkoholische Lösung. Der Endpunkt ist erreicht, wenn ein der Flüssigkeit mittels einer Capillarröhre entnommener Tropfen in 1—2 ccm der Indicatorlösung keine Trübung durch Ausfällen von Arachat hervorruft.

Trennung ungesättigter Fettsäuren voneinander.

Wichtige Anhaltspunkte dafür, welche ungesättigten Säuren das untersuchte Fett enthält, geben die Jodzahl des Fettes oder der Gesamtfettsäuren und die Jodzahl des nach S. 220 abgetrennten flüssigen Säuregemisches, die sog. innere Jodzahl.

Liegt die Jodzahl eines Öles nicht über 80 bis 90, so enthält es von ungesättigten Säuren voraussichtlich fast nur einfach-ungesättigte, wie Ölsäure und deren Isomere, Erucasäure usw. Es ist aber zu beachten, daß flüssige Fette auch nicht geringe Mengen gesättigter Säuren (in mehrsäurigen Glyceriden mit ungesättigten Säuren vergesellschaftet) enthalten können, und daß je 1% gesättigter Säure hinsichtlich der Jodzahl 1% Linolsäure oder $^2/_3$% Linolensäure kompensiert. Zuverlässiger und namentlich zur Beurteilung fester Fette, besonders gehärteter Öle wichtig ist die innere Jodzahl. Liegt die innere Jodzahl um 90 bis 100 oder höher, so sind sicher mehrfach ungesättigte Säuren vorhanden.

Eine quantitative Trennung der ungesättigten Säuren voneinander ist nicht möglich. Die Siedepunkte liegen zu nahe, auch die Salze lassen sich durch fraktioniertes Lösen nur höchst unvollkommen trennen. Die wichtigsten Säuren können aber durch zuverlässige Reaktionen nachgewiesen und auch durch quantitative Methoden annähernd genau bestimmt werden.

Qualitativer Nachweis ungesättigter Säuren.

Die Methoden zum qualitativen Nachweis der ungesättigten Säuren beruhen auf der Oxydation (Hydroxylierung), auf der Anlagerung von Brom, der Umlagerung in stereoisomere Formen (Elaidinierung) und auf der Überführung in Salze von bestimmter Löslichkeit.

a) ***Oxydation (Hydroxylierung) nach Hazura.*** Bei vorsichtiger Oxydation liefern die ungesättigten Säuren charakteristische Polyoxyfettsäuren von gleicher

---

1) Compt. rend. Bd. 73, S. 1330. 1871; Z. anal. Ch. Bd. 23, S. 97. 1884.
2) Z. anal. Ch. Bd. 33, S. 553. 1894. 3) Ch. Ztg. Bd. 19, S. 451. 1895.
4) Gazz. chim. Bd. 28, II, S. 1. 1898. 5) J. Soc. Ch. Ind. Bd. 17, S. 1124. 1898.
6) s. SMITH: J. Am. Ch. Soc. Bd. 29, S. 1756. 1907.
7) Analyst, Bd. 37, S. 487. 1912.
8) Z. Nahrgsm. Bd. 38, S. 250. 1919; s. a. JEAN: Les corps gras ind. Bd. 24, S. 353. 1898.
9) Eine gravimetrische Bestimmung auf Grund der Schwerlöslichkeit der Salze in Aceton haben PRITZKER und JUNGKUNZ beschrieben: Z. D. Öl- u. Fettind. Bd. 42, S. 63. 1922.

Kohlenstoffzahl wie das Ausgangsprodukt, indem an jede Doppelbindung 2 Hydroxylgruppen angelagert werden. (Eine beträchtliche Aufspaltung erfolgt — abgesehen von der Clupanodonsäure — erst bei energischer Oxydation.) Die Reaktion wurde zuerst von SAYTZEW[1]) und insbesondere von HAZURA[2]) mit Erfolg zum Nachweis und zur Konstitutionsbestimmung von Ölsäure und anderen ungesättigten Säuren herangezogen, nachdem sie schon früher auf Säuren von bekannter Struktur angewendet worden war[3]). Das geeignetste Oxydationsmittel ist Kaliumpermanganat in alkalischer Lösung. Auch CAROsches Reagens, Persulfat in saurer Lösung, ist gut brauchbar, doch ist zu beachten, daß bei dieser Oxydation Stereoisomere der durch Permanganatoxydation erhaltenen Polyoxysäuren entstehen. So erhält man mittels Permanganat aus der Ölsäure die bei 137° schmelzende Dioxystearinsäure und aus der Elaidinsäure die bei 100° schmelzende Dioxystearidinsäure; dagegen führt CAROsches Reagens umgekehrt die Ölsäure in Dioxystearidinsäure über und die Elaidinsäure in Dioxystearinsäure. Analog verhalten sich andere geometrisch-isomere Paare, wie z. B. Erucasäure-Brassidinsäure u. a. m. Die Isolierung der Oxysäuren und ihre Trennung voneinander erfolgt auf Grund ihrer Lösungseigenschaften: in Petroläther sind alle unlöslich, die Dioxysäuren lösen sich noch relativ gut in Äther, die Tetraoxysäuren nur in der Hitze, die Hexaoxysäuren sind wiederum durch ihre Löslichkeit in kaltem Wasser ausgezeichnet. Für die Identifizierung der einzelnen Polyoxysäuren ist wichtig, daß sie durchwegs hohe, genügend weit auseinander liegende Schmelzpunkte zeigen.

Ausführung: 30 g der von Unverseifbarem befreiten flüssigen Säuren werden mit 36 ccm Kalilauge (spez. Gew. 1,27) neutralisiert; zu der mit 2 l Wasser verdünnten Seifenlösung läßt man unter Rühren 2 l einer $1^1/_2$proz. Kaliumpermanganatlösung in dünnem Strahl einfließen. Transäuren behandelt man mit $^1/_2$proz. Permanganatlösung unter Kühlung auf 0°. Nach 10 Minuten wird wieder unter Rühren wässerige schweflige Säure bis zur völligen Auflösung des entstandenen Braunsteins eingetragen, wobei die Lösung saure Reaktion annehmen muß. Dioxystearinsäure und Tetraoxystearinsäure (Sativinsäure) werden hierbei gefällt, während die Hexaoxystearinsäuren (Linusin- und Isolinusinsäure) in Lösung bleiben.

Statt die ungesättigten Säuren zu isolieren, kann man zur Not das aus dem Fett abgeschiedene Gemisch von gesättigten und ungesättigten Säuren direkt oxydieren, weil die gesättigten Säuren praktisch nicht angegriffen werden und die Oxydationsprodukte des Glycerins nicht stören. 10 g Fett werden mit 10 g Natronlauge verseift, nach dem Verjagen des Alkohols wird auf 1 l gefüllt und je nach der Jodzahl mit 10—25 g Permanganat in 5proz. Lösung oxydiert. Nach dem Ansäuern extrahiert man mit Petroläther, wobei nur die Oxydationsprodukte zurückbleiben[4]).

---

[1]) J. pr. (2) Bd. 31, S. 541. 1885; Bd. 33, S. 300. 1886; Bd. 34, S. 304. 1887; SAYTZEW und URWANZOFF: ebenda (2) Bd. 39, S. 334. 1889.

[2]) Monatsh. Bd. 8, S. 147ff. 1887; Bd. 9, S. 180ff. 1888; Bd. 10, S. 190. 1889; BAUER und HAZURA: ebenda Bd. 7, S. 216. 1886; HAZURA und GRÜSSNER: ebenda Bd. 10, S. 242. 1889.

[3]) TANATAR: Ber. Bd. 12, S. 2293. 1879; Bd. 13, S. 1383. 1880; KEKULÉ und ANSCHÜTZ: Ber. Bd. 13, S. 2150. 1880; Bd. 17, S. 713. 1884; FITTIG: Ber. Bd. 21, S. 919, 1878. 1888.

[4]) FAHRION: Ch. Ztg. Bd. 17, S. 610. 1893; s. a. FAHRION: Ch. Umschau Bd. 27, S. 204. 1920.

Die wasserunlöslichen Oxydationsprodukte werden abfiltriert, getrocknet und zunächst zwecks Entfernung der nicht-oxydierten Säuren mit bis 50° siedendem Petroläther behandelt; hierauf extrahiert man mit Äther, und zwar im Soxhletapparat[1]), wobei die Dioxystearinsäure in Lösung geht. Sie wird nach dem Vertreiben des Lösungsmittels durch mehrfaches Umkrystallisieren aus 96proz. Alkohol gereinigt (Schmp. 136,5°). Die bei der Extraktion ungelöst gebliebene Sativinsäure wird aus heißem Wasser oder besser[2]) aus 30proz. Alkohol umkrystallisiert (Schmp. 174°). Ein etwaiger Rückstand zeigt Dioxystearinsäure an, die bei der Ätherextraktion nicht in Lösung gegangen war.

Das saure Filtrat, welches die Linusinsäuren enthält, wird mit Kalilauge neutralisiert, auf $^1/_{12}$ bis $^1/_{14}$ des ursprünglichen Volums eingedampft und mit Schwefelsäure angesäuert. Den flockigen, braungefärbten Niederschlag extrahiert man lufttrocken mit Äther, welcher Dicarbonsäuren und Ketonsäuren, hauptsächlich Azelainsäure, herauslöst. Die ätherunlöslichen Säuren werden zunächst aus absolutem Alkohol, dann aus Wasser, in dem die Isolinusinsäure leichter löslich ist, umkrystallisiert (Linusinsäure: Schmp. 203—205°; Isolinusinsäure: Schmp. 173—175°). Man identifiziert die Säuren durch Bestimmung der Schmelzpunkte, der Verseifungs- und Acetylzahlen (s. Tabelle S. 161) und unter dem Mikroskop (Linusinsäure bildet abgestumpfte, rhombische Tafeln, Isolinusinsäure Nadeln).

In analoger Weise werden die anderen ungesättigten Säuren durch Überführung in die entsprechenden Polyoxysäuren nachgewiesen; die Schmelzpunkte derselben sind in der Tabelle 3 (S. 27ff) angegeben.

b) ***Bromierung nach Hazura*** [3]). Die ungesättigten Säuren lagern an jede Doppelbindung ein Molekül Brom an, so gibt Ölsäure eine Dibromstearinsäure, aus Linolsäure entstehen bei der Bromierung Tetrabromstearinsäuren, die dreifach-ungesättigten Säuren liefern Hexabromstearinsäuren.

Man bezeichnet die Bromadditionsprodukte der ungesättigten Säuren meistens als deren „Bromide", also z. B. das Ölsäurederivat als Ölsäuredibromid, analog das Linolsäurederivat als -tetrabromid usw. Diese Bezeichnungsweise ist unkorrekt, aber so eingebürgert, daß sie auch im folgenden zum Teil beibehalten wurde.

Unter den bromierten Fettsäuren sind speziell die Di-, Tetra-, Hexa- und Octobromstearinsäuren charakteristisch verschieden; im allgemeinen nimmt die Löslichkeit in der Reihe ab, der Schmelzpunkt zu. Folglich können die „Bromide" mit Hilfe verschiedener Lösungsmittel voneinander getrennt, also die einzelnen ungesättigten Säuren in Form ihrer Bromide isoliert und so nachgewiesen werden. Die Trennung ist fast vollständig und wird zur quantitativen Bestimmung der Säuren verwendet. (Siehe unten, S. 243.) Der qualitative Nachweis erfolgt in derselben Weise. Zur Identifizierung der so isolierten Bromide bestimmt man ihren Schmelzpunkt, allenfalls auch den Bromgehalt und vergleicht mit den in der Tabelle angegebenen Werten. Man kann die Bromide auch entbromen (Vorschrift s. S. 225) und die regenerierten ungesättigten Säuren durch ihre Kennzahlen, in erster Linie durch die Jodzahl, charakterisieren.

---

[1]) Matthes und Rath: Ch. Umschau Bd. 22, S. 15. 1915; Arch. Pharm. Bd. 252, S. 699. 1914.

[2]) Hans Meyer und Eckert: Monatsh. Bd. 31, S. 1243. 1910.

[3]) Monatsh. Bd. 8, S. 463, 472. 1887; s. a. Hehner und Mitchell: Analyst Bd. 23, S. 313. 1898; Farnsteiner: Z. Nahrgsm. Bd. 2, S. 1. 1899.

Tabelle[1]).

Bromderivate von ungesättigten Fettsäuren.

<table>
<tr><th rowspan="2">Säure</th><th rowspan="2">Bromderivat</th><th rowspan="2">Schmp.</th><th rowspan="2">Bromgeh.</th><th colspan="7">Löslichkeit in</th></tr>
<tr><th>Alkohol</th><th>Äther</th><th>Chloroform</th><th>Petroläther</th><th>Benzol</th><th>Eisessig</th><th>Tetra</th></tr>
<tr><td>Hypogäasäure</td><td>Dibrompalmitinsäure</td><td>29°</td><td>38,66%</td><td colspan="7">leicht löslich</td></tr>
<tr><td>Ölsäure . . .</td><td>9, 10-Dibromstearinsäure-(1)</td><td>flüssig</td><td>36,18%</td><td colspan="7">sehr leicht löslich</td></tr>
<tr><td>Elaidinsäure .</td><td>„Elaidinsäuredibromid“</td><td>27°</td><td>36,18%</td><td colspan="7">sehr leicht löslich</td></tr>
<tr><td>Erucasäure .</td><td>13, 14-Dibrombehensäure-(1)</td><td>46—47°</td><td>32,26%</td><td colspan="7">leicht löslich</td></tr>
<tr><td>Brassidinsäure</td><td>„Brassidinsäuredibromid“</td><td>54°</td><td>32,26%</td><td colspan="7">leicht löslich</td></tr>
<tr><td>α-Linolsäure .</td><td>9,10,12,13-Tetrabromstearinsäure-(1)</td><td>114°</td><td>53,33%</td><td colspan="3">leicht löslich</td><td>schwer löslich</td><td colspan="3">leicht löslich</td></tr>
<tr><td>β-Linolsäure .</td><td>Tetrabromstearinsäure</td><td>57—58°</td><td>53,33%</td><td>—</td><td colspan="3">löslich</td><td>—</td><td>—</td><td>—</td></tr>
<tr><td>Eläostearinsäure[2]) . .</td><td>9, 10, 13, 14 (?)-Tetrabromstearinsäure</td><td>114,5°</td><td>53,33%</td><td colspan="3">leicht löslich</td><td>schwer löslich</td><td colspan="3">leicht löslich</td></tr>
<tr><td>α-Linolensäure</td><td>9,10,12,13,15,16-Hexabromstearinsäure-(1)</td><td>179°</td><td>63,32%</td><td>sehr schwer löslich</td><td>sehr schwer lösl. i. d. Kälte</td><td>löslich</td><td>fast unlöslich</td><td>löslich</td><td>sehr schwer löslich</td><td>löslich in der Wärme</td></tr>
<tr><td>γ-Linolensäure</td><td>„γ-Linolensäurehexabromid“</td><td>195-196°</td><td>63,32%</td><td>—</td><td colspan="3">löslich</td><td>—</td><td>—</td><td>—</td></tr>
<tr><td>„Clupanodonsäure“ . .</td><td>vorwiegend Octobromstearinsäure und Decabrombehensäure</td><td>bei 200° Schwärzung, nachf. Zers.</td><td>69,85%
70,76%</td><td colspan="7">sehr schwer löslich in der Wärme</td></tr>
<tr><td>Ricinolsäure .</td><td>„Ricinolsäuredibromid“</td><td>flüssig</td><td>34,91%</td><td colspan="3">löslich</td><td>schwer löslich</td><td>—</td><td>—</td><td>—</td></tr>
</table>

c) ***Elaidinierung.*** Unter Elaidinierung versteht man die durch verschiedene Agentien, besonders durch salpetrige Säure, hervorgerufene Umlagerung ungesättigter Säuren oder ihrer Glyceride in allo-isomere Formen von höherem Schmelzpunkt und geringerer Löslichkeit (vgl. S. 25). Von der α-Eläostearinsäure des Holzöles abgesehen, sind nur einfach-ungesättigte Säuren bzw. deren Glyceride elaidinierbar, so daß diese Umlagerung zum Nachweis solcher Säuren, wie Ölsäure, Erucasäure u. dgl., benützt werden kann. Die Reaktion wurde im Jahre 1819 von POUTET entdeckt[3]) und wird oft noch

[1]) Die Angaben sind zum größten Teil der Tabelle in LEWKOWITSCH: Ch. Technol., 6. ed. Bd. 1, S. 580 entnommen.

[2]) Der Schmelzpunkt der Bromverbindung fällt praktisch mit dem des α-Linolsäuretetrabromids zusammen. Zur Unterscheidung dient die Schmelzpunktsdepression bei der Mischprobe und die Entbromung, bei welcher die bei 71° schmelzende β-Eläostearinsäure erhalten wird.

[3]) Nach LAURENT: Ann. Chim. Phys. Bd. 65, S. 149; s. bes. auch BOUDET: Ann. Bd. 4, S. 1. 1832. Nach LEWKOWITSCH: Ch. Technol., 6. ed. Bd. 1, Seite 472, dürfte schon BOYLE 1661 das Festwerden von Oliven- und Mandelöl beim Behandeln mit salpetriger Säure beobachtet haben.

heute in ihrer ursprünglichen Ausführungsform zur Unterscheidung vorwiegend Ölsäure enthaltender Öle von Ölen mit viel mehrfach-ungesättigten Säuren verwendet.

10 g Öl werden mit 5 g Salpetersäure, spez. Gew. 1,38—1,41 und 1 g Quecksilber in einem Reagensglas etwa 3 Minuten lang bei ca. 25° geschüttelt und nach 20 Minuten langem Stehen wieder eine Minute geschüttelt. Öle, die wenig Glyceride von mehrfach-ungesättigten Säuren enthalten, werden nach mehr oder weniger langem Stehen fest, während sich andere bloß verfärben. Die Reaktion ist nur bei einigermaßen reinen und frischen Ölen, die namentlich nicht zu lange dem Sonnenlicht ausgesetzt waren, zuverlässig. Dasselbe gilt für die anderen Ausführungsformen, z. B. Einleiten von schwefliger Säure in Salpetersäure, spez. Gew. 1,42, die mit dem Öl oder den aus demselben abgeschiedenen Säuren überschichtet ist[1]), Verwendung von Kaliumnitrit[2]), von Natriumnitrit und Eisessig[3]), von Kupfer statt Quecksilber[4]) u. a. m. Besser bewährt sich Einleiten von nitrosen Gasen in das mit dem gleichen Volumen Aceton verdünnte Öl[5]).

Die Elaidinierung wird meistens nur zur Untersuchung von Ölen, besonders zur Prüfung von Olivenöl, benützt, mitunter aber auch zum Nachweis bzw. zur Isolierung einzelner Olefinsäuren[6]). Für diesen Zweck eignet sich die

Ausführungsform nach HOLDE[7]): Man unterschichtet die bei 30 bis 35° gehaltene Fettsäure mit 30proz. Salpetersäure, trägt so lange Natriumnitrit-Kryställchen ein, bis die Ölschicht erstarrt ist und wäscht sie hierauf mit warmem Wasser bis zum Verschwinden der NO_3'-Reaktion. Das Rohprodukt wird nach Aufkochen der petrolätherischen Lösung durch Umkrystallisieren aus absolutem Alkohol von den unverändert gebliebenen Säuren und den Nebenprodukten (N-Verbindungen) gereinigt. Die Ausbeute beträgt bei reinen Säuren etwa 90% der Theorie. Enthält das Untersuchungsmaterial nur wenig Olefinsäure, so kann man die elaidinierte Verbindung auch nach dem Vorgang von FARNSTEINER wie irgendeine andere feste Säure durch die Bleisalzmethode (S. 220) von den flüssig gebliebenen Säuren abtrennen. Zur Identifizierung der elaidinierten Säuren bestimmt man ihren Schmelzpunkt.

	Schmelzpunkt
Gaidinsäure	39°
Elaidinsäure	44,4° (korr.)
Petroselaidinsäure	54°
Brassidinsäure	60°
Ricinelaidinsäure	53°

Von mehrfach-ungesättigten Säuren kommt nur die α-Eläostearinsäure in Betracht, die sich in die bei 71° schmelzende β-Eläostearinsäure umlagern läßt. Die Umlagerung dieser Säure bzw. ihres Glycerids erfolgt auf andere Weise: durch Belichtung, Destillation des Esters oder durch Erwärmen mit geringen Mengen (ca. 1‰) Schwefel oder Jod.

---

1) ARCHBUTT: J. Soc. Ch. Ind. Bd. 5, S. 304. 1886.
2) DONATH, s. BENEDIKT-ULZER: Analyse der Fette und Wachsarten, 5. Aufl., S. 587.
3) LIDOFF: Ch. Ztg. Rep. Bd. 17, S. 7. 1893.
4) z. B. KLIMONT, MEISL und MAYER: Monatsh. Bd. 35, S. 1124. 1914.
5) TOMOW: Dissert. München 1914.
6) S. bes. FARNSTEINER: Z. Nahrgsm. Bd. 2, S. 1. 1899.
7) Ber. Bd. 57, S. 101. 1924.

d) ***Trennung über Salze.*** Ölsäure. Eine teilweise Abtrennung der Ölsäure von den stärker ungesättigten Säuren kann auf Grund der geringen Löslichkeit des ölsauren Baryums mit verschiedenen Mitteln erfolgen. Ursprünglich verwendete man Alkohol[1]); geeigneter ist eine Mischung von 95% Benzol und 5% 95proz. Alkohol[2]). Dieses Gemisch löst in der Wärme die Baryumsalze aller ungesättigten Säuren, in der Kälte bleiben aber nur die Salze der mehrfach-ungesättigten Säuren vollständig gelöst, dagegen von Baryumoleat nur geringe Mengen (bei 9° etwa 0,018 g in 100 ccm), während der größte Teil auskrystallisiert. An Stelle von Benzol-Alkohol soll auch wasserhaltiger Äther verwendbar sein[3]).

Sehr einfach ist auch die Trennung über die Lithiumsalze[4]): 100 g der nach der Bleisalzmethode abgeschiedenen flüssigen Säuren werden in 250 ccm absolutem Alkohol gelöst und mit der berechneten Menge Lithiumhydroxyd, gelöst in 250 ccm Wasser, neutralisiert. Beim Stehen der Seifenlösung krystallisiert das Lithiumoleat aus, es wird abgesaugt, mit verdünntem Alkohol gewaschen und mittels Mineralsäure zerlegt.

Hoch-ungesättigte Säuren. Diese Bestandteile der Trane lassen sich nach Bull[5]) auf Grund der Löslichkeit ihrer Natriumsalze in Äther nachweisen. Man verseift mit doppeltnormaler alkoholischer Kalilauge und läßt die Lösung krystallisieren, wobei sich die Kaliumsalze der gesättigten und der einfach-ungesättigten Säuren ausscheiden. Aus den gelöst gebliebenen Salzen scheidet man die Fettsäuren ab, führt sie in die Natriumsalze über und läßt diese zwecks Abscheidung der Salze doppelt-ungesättigter und des Restes der gesättigteren Säuren aus Alkohol krystallisieren. Die Mutterlauge wird eingedampft, der Rückstand mit trockenem Äther extrahiert, die ätherische Lösung mit Wasser ausgezogen und die Seifenlösung zerlegt. Die so abgeschiedenen Säuren zeigen Jodzahlen um 330—350, sind also vorwiegend vierfach-, vielleicht z. T. auch fünffach-ungesättigt. Das Verfahren ist somit brauchbar. Es wurde auch zu einer quantitativen Methode ausgestaltet[6]), die aber praktisch kaum in Betracht kommt, weil sie viel umständlicher ist als die Abtrennung über die Lithiumsalze mittels Aceton, die auch zur quantitativen Bestimmung dient (s. S. 245).

Feste ungesättigte Säuren. Diese Säuren können von den flüssigen ungesättigten Säuren auf Grund der geringeren Löslichkeit ihrer Bleisalze getrennt werden. Beim praktischen Arbeiten trennt man natürlich nicht erst die Gesamtmenge der ungesättigten Säuren von den gesättigten und dann erstere in feste und flüssige Säuren, sondern man trennt das ursprüngliche Fettsäurengemisch nach der Bleisalzmethode (S. 221), wobei die festen ungesättigten Säuren mit den gesättigten abgeschieden werden. Eine nennenswerte Jodzahl der aus den schwerlöslichen Bleisalzen erhaltenen Fettsäuren zeigt bereits an, daß feste ungesättigte Säuren vorhanden sind, was in vielen Fällen zum Nachweis genügt. Nötigenfalls trennt man das so erhaltene Fettsäurengemisch nach der Bromestermethode (S. 223). Von Säuren dieser Art kommen in natürlichen Fetten hauptsächlich in Betracht:

die Erucasäure, als Verbindung mit 22 C-Atomen auch durch ihre niedrige Verseifungszahl charakterisiert;

---

1) Gottlieb: Ann. Bd. 36. 1846.
2) Farnsteiner: Z. Nahrgsm. Bd. 1, S. 390. 1898.
3) Partheil: Ch. Ztg. Bd. 26, S. 746. 1902.
4) Moore: J. Soc. Ch. Ind. Bd. 38, S. 320. 1919.
5) Ch. Ztg. Bd. 23, S. 996. 1899. 6) Ch. Ztg. Bd. 24, S. 814. 1900.

die α-Eläostearinsäure; für diese ist die Umlagerung in die alloisomere β-Säure charakteristisch; man kann sie auch von ihren Polymerisationsprodukten auf folgende Weise trennen[1]): die Lösung der Säuren aus 5 g Öl in 50 ccm absolutem Alkohol wird bei 0° mit 14 bis 14,5 ccm Wasser tropfenweise unter Umschütteln versetzt, auf 5° erwärmt und dann bei 0° über Nacht stehen gelassen, wobei die α-Säure auskrystallisiert;

die Taririnsäure ist von den sehr ähnlichen festen Olefinsäuren durch die Bildung eines Tetrabromids (F. 125°) verschieden und kann auch durch Bestimmung der Hydrierzahl als Säure mit dreifacher Bindung charakterisiert werden;

die Hydnocarpus- und die Chaulmoograsäure sind allein schon durch ihr Drehungsvermögen $[\alpha]_D = + 68°$ bzw. 62° gekennzeichnet.

Außer diesen natürlichen Säuren kommen hauptsächlich in Betracht: in Destillatfettsäuren und in gehärteten Ölen die sog. Isoölsäure und Isoerucasäure (s. S. 26), sonst nur die Elaidinformen der Olefinsäuren, noch weniger die Säuren mit dreifacher Bindung.

Quantitative Bestimmung ungesättigter Säuren.

Bei der Trennung ungesättigter Säuren voneinander kann es sich entweder nur um die Isolierung homologer Verbindungen handeln (wie z. B. der Olefinsäuren des Butterfettes mit 10, 12, 14 usw. Kohlenstoffatomen), oder um die Trennung verschiedener Säuren gleicher Kohlenstoffzahl, aber verschiedenen Sättigungsgrades (wie der Öl-, Linol- und Linolensäure des Leinöles), schließlich kann die Trennung sowohl nach dem einen als auch nach dem anderen Gesichtspunkte erforderlich sein.

a) ***Trennung der Homologen voneinander.*** Die Trennung homologer ungesättigter Säuren voneinander gelingt im allgemeinen nur durch fraktionierte Destillation. Es ist aber, wie bereits S. 229 angegeben wurde, nicht ratsam, zuerst die ungesättigten Säuren abzuscheiden und für sich allein zu fraktionieren; in manchen Fällen ist dies sogar ganz unmöglich, wenn nämlich das zu untersuchende Fett von einzelnen ungesättigten Säuren nur sehr geringe Mengen enthält (manche Fette enthalten nur Zehntel-, selbst nur Hundertstelprozente einer solchen Säure). Man fraktioniert deshalb das Gemisch gesättigter und ungesättigter Säuren bzw. deren Ester. Dadurch erhält man Fraktionen, von denen zwar einzelne oder auch alle aus zwei Säuren bestehen, aber jede Mischfraktion besteht nur aus Säuren von gleicher Kohlenstoffzahl, nämlich aus einer gesättigten und einer ungesättigten Säure. Aus jeder so erhaltenen Fraktion wird die gesättigte Säure über die Bleisalze oder nach der Bromester-Methode abgetrennt. Auf diese Weise wird jede einzelne ungesättigte Säure fast quantitativ isoliert, sofern das Fett nicht mehrere ungesättigte Säuren von gleicher Kohlenstoffanzahl, aber von verschiedenem Sättigungsgrad enthält. In diesem Falle erhält man aus einzelnen Fraktionen nicht eine ungesättigte Säure, sondern ein Gemisch von mehreren, z. B. die einfach- und die doppelt-ungesättigte Verbindung. Dann handelt es sich eben nicht bloß um die Trennung homologer Säuren. Bei der Untersuchung solcher Fette trennt man die Säuren verschiedenen Sättigungsgrades entweder vor der Destillation nach b) (s. unten) oder man nimmt diese Trennung mit den einzelnen Fraktionen vor. Die Siedepunkte der wichtigsten ungesättigten Säuren und Ester sind in der folgenden Tabelle zusammengestellt:

---

[1]) Schumann: Eng. Bd. 8, S. 5. 1916. Z. ang. Bd. 29, S. 11, 242. 1916.

Tabelle[1]).

Name	Freie Säure	Methylester	Aethylester
α, β-Pentensäure .	bei 760 mm 195—200°	—	—
	„ 13,5 „ 100—102°	—	—
γ, δ-Pentensäure .	„ 738 „ 182--183°*)	—	bei 760 mm 142—144°
δ, ε-Hexensäure .	„ 760 „ 203°	—	—
α, β-Octensäure .	„ 760 „ 197—200°	—	—
ϑ, ι-Decensäure .	„ 20 „ 165-167,5°*)	bei 15 mm 117-118°*)	—
Dodecensäure . .	—	„ 15 „ 142°*)	—
Tetradecensäure .	—	„ 5 „ 143,5-144*)	—
Hypogäasäure (künstlich) . .	bei 10 mm 230°	—	—
Ölsäure	„ 15 „ 232,5°	„ 15 mm 212—213°	—
	„ 10 „ 223°	—	—
	„ 0,25 „ 166°	—	—
Elaidinsäure . .	„ 15 „ 234°	—	—
	„ 0,5 „ 185-186°*)	—	bei 0,75 mm 173-174°*)
Linolsäure	„ 15 „ 230—233°	bei 11 mm 207—208°	„ 180 „ 270—275°
	„ 1,2 „ 190°*)	„ 1 „ 160°*)	„ 3 „ 184°*)
Linolensäure . . .	„ 17 „ 230—232°	„ 14 „ 207°	—
Erucasäure . . .	„ 10 „ 254,5°	„ 10 „ 239—240°	bei 5 mm 229-230°*)
	—	„ 5 „ 221—222°	„ 0,5 „ 208-211°*
Clupanodonsäure .	—	„ 5 „ 222°	—
Hydnocarpussäure	—	„ (?)20 „ 200—203°	—
Chaulmoograsäure	bei 20 mm 247—248°	„ 20 „ 227°	bei 20 mm 230°

b) ***Bestimmung einzelner Säuren von verschiedenem Sättigungsgrad.*** Von den ungesättigten Säuren mit 18 Kohlenstoffatomen lassen sich Öl-, Linol- und Linolensäure sowohl für sich allein als auch nebeneinander annähernd quantitativ bestimmen. Die vierfach-ungesättigte Verbindung (früher als Clupanodonsäure bezeichnet) kann wenigstens zusammen mit der fünffach-ungesättigten Säure der C_{22}-Reihe bestimmt werden. Wieweit die für die C_{18}-Säuren ausgearbeiteten Methoden auf ihre Homologen anwendbar sind, z. B. auf die mehrfach-ungesättigten Säuren der Trane, ist noch nicht festgestellt.

Ölsäure. Enthält das untersuchte Fett keine andere ungesättigte Säure außer der Ölsäure, so kann man den Ölsäuregehalt der Fettsäuren aus der Jodzahl durch Multiplizieren mit dem Faktor 1,11 berechnen. (Der Faktor ergibt sich durch Division von 100 durch die theoretische Jodzahl der Ölsäure. In analoger Weise kann man natürlich auch den Prozentgehalt einer Fettsäuremischung an jeder anderen einzelnen ungesättigten Säure berechnen.)

Linolsäure. Wenn das abgeschiedene flüssige Fettsäurengemisch nur aus Linolsäure und Ölsäure besteht, so kann der Prozentgehalt an Ölsäure $= x$ und der Prozentgehalt an Linolsäure $= y$ aus der Jodzahl $= J$ durch folgende Gleichungen berechnet werden:

$$x + y = 100,$$

$$\frac{89{,}93\,x}{100} + \frac{181{,}12\,y}{100} = J.$$

Die α-Linolsäure kann auf Grund der Unlöslichkeit ihres Bromadditionsproduktes in Petroläther bestimmt werden. Nach FARNSTEINER[2]) wird eine 10proz. Lösung der Fettsäuren in Chloroform mit der gleichen Gewichtsmenge Brom, ebenfalls in Chloroform gelöst, behandelt und der Verdunstungsrückstand

[1]) Die Angaben sind zum größten Teile dem Handbuch der organischen Chemie von BEILSTEIN, 4. Aufl., Bd. 2 entnommen. Eigene Beobachtungen sind mit *) bezeichnet.

[2]) Z. Nahrgsm. Bd. 2, S. 1. 1899; Bd. 6, S. 161. 1903.

aus heißem Petroläther umkrystallisiert. Einfacher verfährt man in derselben Weise wie bei der Bestimmung der Hexabromidzahl, mit dem einzigen Unterschied, daß Petroläther an Stelle von Äther verwendet wird. Bei Gegenwart von Linolensäure wird daneben auch noch die normale Fällung der „Hexabromide" aus ätherischer Lösung vorgenommen[1]). Die Differenz der beiden Resultate ergibt die Menge des gefällten „Tetrabromids", aus dem man durch Multiplizieren mit 0,4667 das Gewicht der α-Linolsäure findet. — Die Bestimmung ist nicht ganz genau. Petroläther löst zwar höchstens 1—2 Hundertstelprozente „Tetrabromid", aber die Lösung des Ölsäurebromids hat ein größeres Lösungsvermögen, so daß selbst einige Prozente Linolsäure der Bestimmung entgehen können. — Wie Linolsäure kann auch die isomere Eläostearinsäure des Holzöls bestimmt werden.

Linolensäure. Diese wird durch die Hexabromidzahl (s. S. 198) bestimmt.

Hoch-ungesättigte Säuren (mit 4 oder mehr Doppelbindungen). Zu diesen gehören die Clupanodonsäuren, nämlich die ursprünglich so bezeichnete Säure $C_{18}H_{28}O_2$, die „neue Clupanodonsäure" $C_{22}H_{34}O_2$ und mehrere Homologen dieser Säuren, wie $C_{20}H_{30}O_2$. Die Bestimmung kann nach zwei ganz verschiedenen Methoden erfolgen. Entweder auf dem Wege über die Bromadditionsprodukte, wobei nur die hoch-ungesättigten Säuren selbst abgetrennt werden, oder über die Lithiumsalze, welche Methode sowohl auf die ursprünglichen Säuren als auch auf ihre Polymerisationsprodukte anwendbar ist.

α) Abtrennung über die Bromadditionsprodukte, sog. ***Octobromidreaktion***. Die Verbindung $C_{18}H_{28}O_2$ gibt ein Octobromid, die Verbindung $C_{22}H_{34}O_2$ ein Dekabromid, beide Bromide sind in siedendem Benzol unlöslich und können dadurch von den Bromiden der weniger ungesättigten Säuren getrennt werden. Die Bromgehalte sind wenig verschieden (69,85 bzw. 70,76%), so daß man das Gemisch der beiden Bromide bzw. dieser Bromide und homologer Verbindungen wie Arachidonsäure u. a. m. zuerst für das einheitliche Octobromid $C_{18}H_{28}Br_8O_2$ hielt, weshalb man die (von Lewkowitsch vorgeschlagene) Bestimmungsmethode als Octobromidreaktion bezeichnete, welcher Name beibehalten wurde.

Ausführung nach Marcusson und v. Huber[2]): Man schüttelt 10 ccm Fettsäuren mit 200 ccm einer Lösung aus 28 Vol. Eisessig, 4 Vol. Nitrobenzol und 1 Vol. Brom gut durch, saugt nach mehrstündigem Stehen den Niederschlag auf dichtes Filterpapier ab, wäscht ihn mit Äther weiß und kocht die mitgefällten Hexabromide mit viel Benzol aus. Ein bei 200° noch nicht schmelzender, sich schwärzender Rückstand zeigt hoch-ungesättigte Säuren an; man trocknet und wägt. Zur Kontrolle bestimmt man den Bromgehalt, der rund 70% betragen soll (vgl. oben). Demnach ergibt sich die Menge der hoch-ungesättigten Säuren, berechnet als „Clupanodonsäure", durch Multiplikation der Auswage mit 0,3. Gewöhnlich wird die Umrechnung unterlassen und nur die Menge der „Octobromide" in Prozenten der Einwage angegeben. Die höchsten Werte findet man bei Tranen, z. B. bei

Robbentran . .	bis	20%,
Waltran . . .	„	28%,
Dorschlebertran	„	30%,

ferner in den Fetten von Reptilien und Amphibien bis 37%. Aus anderen Fetten wurden bisher nur geringe Mengen erhalten, z. B. aus Knochen- und Schmalzölen, ferner kleine Mengen aus verschiedenen Phosphatiden.

[1]) Eibner: Farbenztg. Bd. 26, S. 1314. 1921.
[2]) Sfsz. Bd. 38, S. 249. 1911.

β) Abtrennung über die Lithiumsalze. Sie beruht darauf, daß die Lithiumsalze der hoch-ungesättigten Säuren (und ihrer Polymerisationsprodukte) in 95 volumproz. Aceton leicht löslich sind, während sich die Salze der übrigen Säuren wenig oder gar nicht lösen. Die Methode wurde von TSUJIMOTO[1]) ausgearbeitet, von GOLDSCHMIDT und WEISS[2]) durch Wiederholung der Fällung und längeres Absitzenlassen verbessert.

Ungefähr 5 g von Unverseifbarem befreite und in Kohlendioxydatmosphäre getrocknete Fettsäuren werden genau eingewogen, in 20 ccm trockenem Aceton gelöst und nach Zugabe eines Körnchens Phenolphthalein mit ca. 10proz. Lithiumhydroxydlösung unter Umschwenken neutralisiert, wobei etwa 12 ccm verbraucht werden. Die Lösung wird mit 170 ccm Aceton verdünnt und gut verkorkt 2 Stunden lang in Eis stehen gelassen. Man filtriert durch ein getrocknetes Filter im Eistrichter, läßt das Filtrat über Nacht stehen, wobei wieder eine erhebliche Ausscheidung erfolgt, filtriert dieselbe ab und dampft das Filtrat ein. Die zurückbleibenden Lithiumsalze der stark ungesättigten Säuren werden 20 bis 30 Minuten bei 105° getrocknet, dann mittels Salzsäure und Äther zerlegt, die Fettsäuren gesammelt und ungetrocknet in 25 ccm Aceton aufgenommen. Man setzt festes Phenolphthalein und 3 ccm Lithiumhydroxydlösung zu, verdünnt mit 25 ccm Aceton, läßt das Gefäß gut verkorkt 2 Stunden in Eis stehen, filtriert wie oben von der Ausscheidung und dampft das Filtrat ein. Der Rückstand wird in Wasser gelöst, dann werden die Fettsäuren durch Zusatz von Salzsäure abgeschieden und in Äther aufgenommen, die Lösung wird eingeengt, der Rückstand getrocknet und gewogen.

In verschiedenen Tranen (Herings- und Sardinentran usw.) wurden so rund 25% hoch-ungesättigte Säuren gefunden. Nach der ursprünglichen Ausführungsform untersucht, ergaben dagegen verschiedene Trane sehr verschiedene Mengen — 15 bis 40% — Säuren aus den acetonlöslichen Lithiumsalzen; die großen Unterschiede dürften zum Teil darauf zurückzuführen sein, daß bei nur einmaliger Fällung beträchtliche Mengen von Lithiumsalzen weniger ungesättigter Säuren in Lösung bleiben. Die Trennung ist übrigens auch bei zweimaliger Fällung keine vollständige, immerhin zeigen aber die isolierten Säuren dann Jodzahlen bis über 350, selbst bis 370. (Die aus den aceton-unlöslichen Lithiumsalzen abgeschiedenen Säuren zeigen Jodzahlen von 70—80, können also nur ganz unbedeutende Mengen mehrfach-ungesättigter Säuren enthalten.)

Besonders zu beachten ist, daß auch die Lithiumsalze der polymerisierten Säuren in Aceton löslich sind. Ob diese Verbindungen oder die ursprünglichen hoch-ungesättigten Säuren vorliegen, ergibt sich aus der Jodzahl.

c) ***Analysengang zur annähernden Bestimmung der Öl-, Linol-, Linolen- und der sog. Clupanodonsäure.***

Das vom Unverseifbaren und von den gesättigten Säuren abgetrennte Gemisch flüssiger Säuren wird in Petroläther gelöst und in der Kälte mit der aus der Jodzahl berechneten Menge Brom gesättigt. Man kann dabei nach der Vorschrift zur Bestimmung der Hexabromidzahl verfahren. Jedenfalls soll die Bromzufuhr so geregelt werden, daß etwa $^1/_2$ ccm in etwa 4 Minuten zufließt. Die Bromadditionsprodukte der Ölsäure und der β-Linolsäure, sowie etwa vorhandener Isomeren der α-Linolensäure bleiben in Lösung, die der übrigen Säuren fallen quantitativ aus, werden nach genügendem Stehen auf einem Filter gesammelt und mit Petroläther gewaschen („erste Fällung“).

[1]) J. Ch. Ind. Tokyo Bd. 23, Nr. 272. 1920; Z. D. Öl- u. Fettind. Bd. 40, S. 796. 1920.
[2]) Z. D. Öl- u. Fettind. Bd. 42, S. 19. 1922; s. a. GRIMME: Ch. Umschau Bd. 28, S. 17. 1921.

Die Lösung wird durch Waschen mit Natriumthiosulfat vom unverbrauchten Brom befreit, mit Wasser gewaschen, getrocknet, das Lösungsmittel vertrieben, der Rückstand gewogen und zunächst in Prozenten der Einwage ausgedrückt (R%). In einem aliquoten Teil des Rückstandes wird der Bromgehalt bestimmt, in einem zweiten prüft man, ob das Hexabromid eines Isomeren der gewöhnlichen Linolensäure zugegen ist. Diese Prüfung besteht darin, daß man das Gemisch entbromt (s. S. 225), die so erhaltenen Säuren wieder in der oben angegebenen Weise bromiert und die etwa entstehende Fällung von Tetra- und Hexabromid[1]) mit Äther auszieht. Dabei geht Tetrabromid in Lösung und das etwa vorhandene Hexabromid bleibt ungelöst. Ergibt sich, daß das Gemisch der in Petroläther löslichen Bromide kein Hexabromid enthält, so kann man den Prozentgehalt dieser Mischung an Dibromid (a) und den an Tetrabromid (b) aus dem Bromgehalt (B) mit Hilfe der folgenden Formeln berechnen[2]):

$$a + b = 100$$

$$\frac{36{,}18\,a}{100} + \frac{53{,}33\,b}{100} = B\,.$$

Aus den Werten a, b und R (s. oben) läßt sich selbstverständlich sehr einfach berechnen, wieviel Prozente Ölsäuredibromid und Prozente β-Linolsäuretetrabromid aus dem untersuchten Fettsäurengemisch erhalten wurden:

$$\%\ \text{Dibromid} = \frac{a\,R}{100}\,,$$

$$\%\ \text{Tetrabromid} = \frac{b\,R}{100}\,.$$

Aus den Prozenten Dibromid ergibt sich der Gehalt der untersuchten Fettsäuren an Ölsäure durch Multiplizieren mit 0,6382, aus den Prozenten Tetrabromid der Gehalt an β-Linolsäure durch Multiplizieren mit 0,4667.

Enthält das Dibromid-Tetrabromid-Gemisch auch Hexabromid beigemengt, so wird folgendermaßen verfahren. Das Gemisch wird, wie angegeben, durch Entbromen und Wiederbromieren zerlegt. Man erhält 2 Fraktionen, ein Dibromid-Tetrabromid-Gemisch und eine zweite Fraktion, bestehend aus Hexabromid oder einem Gemisch von Hexabromid mit Tetrabromid. Aus der Menge der ersten Fraktion und ihrem Bromgehalt ergibt sich wie oben ihre Zusammensetzung und damit der Gehalt der untersuchten Fettsäuren an Ölsäure, sowie ein Teil oder der Gesamtgehalt an β-Linolsäure. Die zweite Fraktion wird gewogen und in Prozenten der Einwage ausgedrückt (R'%); ferner wird ihr Bromgehalt bestimmt (B'). Aus B' ergibt sich der Prozentgehalt der Fraktion an Tetrabromid c und der Prozentgehalt an Hexabromid d aus den Gleichungen[3])

$$c + d = 100\,, \tag{1}$$

$$\frac{53{,}3\,c}{100} + \frac{63{,}3\,d}{100} = B'\,, \tag{2}$$

daraus folgt

$$d = 10\,(B' - 53{,}3)\,. \tag{3}$$

---

[1]) EIBNER und SCHMIDINGER geben nämlich an, daß das Leinöl eine Linolensäure enthält, die bei der ersten Bromierung ein in Petroläther lösliches Hexabromid gibt, aus dem durch Entbromung und Wiederbromieren ein unlösliches Hexabromid erhalten wird; Ch. Umschau Bd. 30, S. 297. 1923. — Bei der Entbromung wird aber auch lösliches Tetrabromid z. T. in α-Linolsäure verwandelt, die bei der neuerlichen Bromierung unlösliches Tetrabromid gibt (ROLLETT; ERDMANN: s. S. 20).

[2]) Zur Erklärung der Formeln: das Ölsäuredibromid enthält 36,18% Brom, das Linolsäuretetrabromid 53,33%.

[3]) Bezüglich der Gleichung 2: Linolensäurehexabromid enthält 63,3% Brom.

Bezieht man die gefundenen Mengen auf die Einwage (vgl. oben), so ergibt sich: das untersuchte Fettsäurengemisch gab

$$\frac{c\,R'}{100}\,\%\ \text{Tetrabromid}$$

und

$$\frac{d\,R'}{100}\,\%\ \text{Hexabromid.}$$

Zur Umrechnung der Prozente Tetrabromid auf Prozente Linolsäure multipliziert man, wie angegeben, mit 0,4667, zur Umrechnung von Hexabromid auf Linolensäure mit 0,367.

Das Gemisch der in Petroläther unlöslichen Bromide (erste Fällung) wird wie bei Bestimmung der Hexabromidzahl getrocknet, gewogen und durch Bestimmung des Schmelzpunktes auf Octobromid geprüft. Schmilzt die Probe ohne Schwärzung nicht über 180°, so ist kein Octobromid vorhanden. In diesem Falle besteht das Gemisch nur aus Tetra- und Hexabromid, seine Zusammensetzung wird somit in derselben Weise ermittelt, wie oben für das Tetra-Hexabromid-Gemisch der zweiten Fällung angegeben wurde. Ergibt die qualitative Prüfung, daß Octobromid zugegen ist, so trennt man dasselbe durch Auskochen eines aliquoten Teiles der Fällung mit Benzol quantitativ von den übrigen Bromiden, wägt den ungelösten Rückstand und rechnet auf die Gesamtmenge der ersten Fällung um. Die so gefundene Octobromidmenge kann direkt in Prozenten der Einwage oder, wie S. 244 angegeben, in Prozenten „Clupanodonsäure“ ausgedrückt werden. — Aus der Benzollösung der Tetra- und Hexabromide vertreibt man das Lösungsmittel, trocknet den Rückstand, wägt ihn und bestimmt seine Zusammensetzung in derselben Weise wie die einer octobromidfreien „ersten Fällung“.

Bestimmung der Oxyfettsäuren.

Zeigen die Gesamtfettsäuren bzw. die aus diesen oder direkt aus dem Fett dargestellten Ester (vgl. S. 87) eine Acetyl- oder Hydroxylzahl, so liegen Oxyfettsäuren vor. Aus der Größenordnung dieser Kennzahlen kann man auf die Menge der Oxyfettsäuren schließen; enthält das Fett nur eine bestimmte Oxyfettsäure, so gilt selbstverständlich:

$$\%\ \text{Oxysäure} = \frac{\text{gefund. Acetylzahl}}{\text{theoret. Acetylzahl}} \cdot 100$$

oder

$$= \frac{\text{gefund. Hydroxylzahl}}{\text{theoret. Hydroxylzahl}} \cdot 100;$$

man kann auch den Prozentgehalt x an Oxyfettsäure allgemein aus ihrem Molekulargewicht M und der Hydroxylzahl H nach der Formel: $x = \frac{H \cdot M}{561{,}1}$ berechnen. (Die Hydroxylzahl H bedeutet die Promille KOH, die das Fett nach Acetylierung zur Abspaltung der Acetylgruppe braucht; ist das Molekulargewicht M, so entsprechen den H-Promillen KOH: $H \cdot \frac{M}{56{,}11}\,‰ = \frac{H \cdot M}{561{,}1}\,\%$ Oxyfettsäure. Die Berechnung aus der Acetylzahl ist viel komplizierter.) Zum Nachweis der Oxyfettsäuren kann auch ihre Unlöslichkeit in viel kaltem Petroläther dienen (kleinere Mengen Petroläther werden von den Säuren gelöst), zur Trennung ungesättigter Oxysäuren von anderen ungesättigten Säuren die Unlöslichkeit der Bleisalze und der Bromadditionsprodukte[1]) in Petroläther.

[1]) Fahrion: Ch. Umschau Bd. 23, S. 60, 71. 1916.

Natürliche Oxyfettsäuren scheinen nur in sehr wenigen Fetten vorzukommen und zwar fast ausschließlich ungesättigte Oxysäuren, vor allem im Ricinusöl, das zum größten Teil aus dem Triglycerid der Ricinolsäure besteht, dann im Traubenkernöl, vielleicht auch im Paprikaöl und einigen anderen. Gesättigte Oxyfettsäuren finden sich in Wachsen, so die Sabininsäure und die Juniperinsäure in den Coniferenwachsen. Eine andere Oxypalmitinsäure, die Lanopalminsäure, kommt im Wollwachs vor.

Sogenannte oxydierte Säuren.

Die oxydierten Öle (wie Linoxyn u. dgl., geblasene Öle, Degras), ferner auch nicht besonders vorbehandelte ältere Öle und namentlich Abfallfette enthalten Autoxydationsprodukte der mehrfach-ungesättigten Säuren (Oxysäuren, Ketosäuren, vielleicht auch Ketooxysäuren) unbekannter Konstitution, die man auch zur Unterscheidung von den natürlichen Oxysäuren als „oxydierte Säuren" bezeichnet. Die freien oxydierten Säuren, dunkel gefärbte Massen von harz- oder linoxynähnlicher Beschaffenheit, sind in Petroläther unlöslich, allerdings lösen sie sich zum Teil in petrolätherischen Lösungen der Fettsäuren, besonders der ungesättigten. Um die oxydierten Säuren möglichst vollständig abzuscheiden, muß deshalb das Fett vollständig verseift und bei der Abtrennung möglichst viel Lösungsmittel verwendet werden. Die quantitative Bestimmung erfolgt am besten nach der

Methode von FAHRION[1]). Die Einwage von 3 bis 5 g, oder bei geringem Gehalt an oxydierten Säuren entsprechend mehr Fett, wird in der üblichen Weise mit alkoholischer Kalilauge verseift, der Alkohol vertrieben, die Seife in heißem Wasser gelöst, im Scheidetrichter zersetzt und die abgeschiedenen Fettsäuren noch warm mit etwa 50 ccm vorgewärmtem Petroläther ausgeschüttelt. Man läßt den Petroläther in dünnem Strahl unter Umschwenken des Gefäßes zufließen, damit sich die oxydierten Säuren nicht in schwere Klumpen zusammenballen, sondern an die Gefäßwand legen. Nach mehrstündigem Stehen, am besten über Nacht, wird das Sauerwasser abgezogen, die Petrolätherlösung abfiltriert und die ungelöst gebliebenen Säuren sowie das Filter mehrmals mit Petroläther abgespült. Wenn viel Rückstand blieb, der lösliche Säuren eingeschlossen enthalten kann, so löst man ihn mit Kalilauge, zersetzt die Seife mit Salzsäure und schüttelt wieder wie oben mit Petroläther aus. Im Sauerwasser können nennenswerte Mengen oxydierter Säuren gelöst bleiben; man dampft deshalb zur Trockne ein, nimmt den Rückstand in Alkali oder Ammoniak auf, zersetzt mit Salzsäure und schüttelt wieder mit Petroläther aus. Die ungelöst gebliebenen Säuren von allen Ausschüttlungen werden in warmem Alkohol oder, wenn nötig, in einem Gemisch aus gleichen Raumteilen Alkohol und Chloroform gelöst, die Lösung wenn nötig filtriert, in einem gewogenen Kölbchen das Lösungsmittel abdestilliert, der Rückstand zur Gewichtskonstanz getrocknet und gewogen. — Von besonderer Wichtigkeit ist, daß der Petroläther keine Benzolkohlenwasserstoffe und keine Olefine enthält. Sollen im Filtrat der oxydierten Säuren die nicht-oxydierten Fettsäuren bestimmt werden, so darf der verwendete Petroläther keine über 60° siedenden Bestandteile enthalten[2]).

Die oxydierten Säuren können übrigens auch so bestimmt werden, daß man die Abscheidung der Gesamtfettsäuren in der üblichen Weise (S. 208), aber

[1]) Z. ang. Bd. 4, S. 540. 1891; Bd. 11, S. 781. 1898; s. bes. GOLDSCHMIDT und WEISS: Sffbr. Bd. 38, S. 474. 1918.

[2]) Methode STIEPEL, vgl. Z. D. Öl- u. Fettind. Bd. 41, S. 700. 1921; s. a. STADLINGER: ebenda Bd. 40, S. 438. 1920.

zweimal, einmal mit Äther und das zweite Mal mit Petroläther vornimmt[1]). Eine zweite indirekte Bestimmung ist die aus der Differenz der Gesamtfettsäuren und der nach S. 330 bestimmten „nichtoxydierten" Säuren.

Der Gehalt der Fette an oxydierten Säuren schwankt je nach der Art und dem Alter bzw. der Vorbehandlung in sehr weiten Grenzen. Selbstverständlich finden sich besonders in Ölen mit viel mehrfach-ungesättigten Säuren und in Tranen häufig größere Mengen, in anderen Ölen und festen Fetten weniger. Jedoch ist auch für Abfallolivenöl (Sulfuröl) die Norm etwa 6%. Besonders reich an oxydierten Säuren sind Abfallprodukte, wie konzentrierter Seifenstock (Soapstock); s. Untersuchung technischer Fette und Fettsäuren S. 330 bzw. S. 462 ferner Untersuchung der oxydierten Öle S. 410.

Nachweis polymerisierter Säuren.

Solche Polymerisationsprodukte mehrfach-ungesättigter Säuren, die durch Aneinanderlagerung von zwei oder auch drei Molekülen unter Auflösung je einer Doppelbindung und Ausbildung eines Vierkohlenstoffrings, vielleicht auch eines Sechsrings, entstehen, sind in natürlichen Fetten noch nicht nachgewiesen. Die Glyceride dieser Säuren finden sich nur in gewissen Ölen — vor allem Leinöl, Holzöl und Safloröl — sowie in Tranen, die auf höhere Temperatur erhitzt oder elektrischen Glimmentladungen ausgesetzt waren. Zum Nachweis kann man das Molekulargewicht der Fettsäuren nach der kryoskopischen Methode bestimmen und mit dem aus der Neutralisationszahl berechneten Molekulargewicht, das den normalen Wert zeigt, vergleichen. Am besten bedient man sich der Methode von Rast[2]); sie beruht darauf, daß als Lösungsmittel Campher verwendet wird, dessen Gefrierpunktsdepression nicht weniger als 40° für eine Normalität beträgt. Man bereitet sich durch Zusammenschmelzen von einigen Milligrammen Substanz mit der 10—20fachen Menge Campher viertel- bis halbnormale Mischungen und bestimmt ihren Gefrierpunkt, sowie den des verwendeten Camphers einfach im Capillarröhrchen mit Hilfe eines gewöhnlichen Thermometers. Die Depressionen betragen 10 bis 20°, sind also so groß, daß man, obwohl die Ablesung höchstens auf ± 0,1° genau ist, durch die übliche Umrechnung mindestens ebenso genaue Werte für die Molekulargewichte findet, wie bei der umständlichen Bestimmung nach Beckmann. Die Ausführung ist die denkbar einfachste und schnellste, muß aber genau nach der Vorschrift (a. a. O.) erfolgen. Bei der Anwendung der Methode auf kondensierte Säuren[3]) wurden bei Verbindungen mit Molekulargewichten bis über 1000 genügend, z. T. sehr gut mit der Theorie übereinstimmende Werte erhalten.

Die Gegenwart polymerisierter Säuren wird übrigens meistens schon an der äußeren Beschaffenheit der betreffenden Fette erkannt, sie sind zähflüssiger als die ursprünglichen flüssigen Fette oder sogar gallertig fest. Die Jodzahlen der Fette und der Säuren sind niedriger, ebenso sind die Hexabromid- und die Octobromidzahlen — unter Umständen bis auf Null — erniedrigt, während die übrigen Kennzahlen keine Veränderung zeigen.

Sehr charakteristisch für Fettsäuren, die polymerisierte Säuren enthalten, ist das höhere spezifische Gewicht und die größere Zähigkeit. Zum Beispiel liegen die spezifischen Gewichte der Fettsäuren aus polymerisierten Tranen

---

[1]) Fahrion: Sfsz. Bd. 37, S. 746. 1910; s. a. Ch. Umschau Bd. 24, S. 89. 1917.

[2]) Mikro-Molekulargewichtsbestimmung im Schmelzpunktsapparat: Ber. Bd. 55, S. 1051. 1922; s. a. Rast: ebenda, S. 3727.

[3]) Wittka: Z. D. Öl- u. Fettind. Bd. 44, S. 375. 1924.

zwischen 0,931 und 0,937, die Zähigkeit bei 20° liegt um 20° Engler. Von den ebenfalls dichten und zähen Oxysäuren unterscheiden sich die polymerisierten Säuren durch die vollständige Löslichkeit in Petroläther und dadurch, daß sie nicht acetylierbar sind (Hydroxylzahl Null).

Bestimmung der Lactone und Estersäuren.

Lactone. Solche kommen in natürlichen Fetten nicht vor, dagegen in den unter bestimmten Bedingungen erhaltenen Einwirkungsprodukten von Schwefelsäure oder Chlorzink auf einige ungesättigte Säuren, wie Ölsäure, sie können sich deshalb auch in technischen Produkten finden, z. B. kann Stearin das Stearolacton enthalten. Besonders leicht geben Olefinsäuren mit endständiger Doppelbindung Lactone, so die ι, χ-Undecylensäure, die ϑ, ι-Decylensäure u. a. m. Die Bestimmung kann nach Benedikt[1]) sowohl titrimetrisch als auch gravimetrisch vorgenommen werden.

Maßanalytische Bestimmung: Sie beruht auf der Voraussetzung, daß die den Lactonen entsprechenden höheren Oxyfettsäuren vollkommen unbeständig sind (wie die γ-Oxysäuren), so daß sie beim Ansäuern der Lösungen ihrer Alkalisalze sofort unter Abspaltung von Wasser Lactone zurückbilden; dies ist wenigstens beim Stearolacton und angeblich beim Behenolacton der Fall. Ein lactonhaltiges Fettsäurengemisch muß folglich immer eine Differenz zwischen Verseifungszahl und Neutralisationszahl, eine Esterzahl, aufweisen und diese Esterzahl muß zum Unterschied von der durch einen etwaigen Neutralfettgehalt bedingten Esterzahl konstant sein; d. h. wenn man das Fettsäurengemisch mit überschüssiger Lauge verseift und aus der Seifenlösung die Fettsäuren mittels Mineralsäure abscheidet, so müssen diese dieselbe Esterzahl aufweisen wie vor der Verseifung. Man bezeichnet die nach der Verseifung und Wiederabscheidung der Fettsäuren gefundene Verseifungs-, Neutralisations- und Esterzahl als die „konstante" V.-Z., N.-Z. und E.-Z. Ist die Art des Lactons bekannt, so läßt sich natürlich seine Menge aus der „konstanten Esterzahl" berechnen.

Zum Beispiel ergäbe ein Stearolacton enthaltendes Fettsäurengemisch eine konstante Esterzahl = 50. Die Esterzahl des Stearolactons ist 198,75, folglich enthält die untersuchte Probe $\frac{50 \cdot 100}{198,75} = 25,2\%$ Stearolacton.

Gravimetrische Bestimmung: 10 bis 100 g Substanz werden mit überschüssiger alkoholischer Kalilauge verseift und aus der Seifenlösung nach Verdünnen mit ein wenig Wasser die unverseifbaren Bestandteile durch wiederholtes Ausschütteln mit Petroläther entfernt. Hierauf verdünnt man die Lösung stärker mit heißem Wasser, säuert sie mit Salzsäure an und vertreibt den Alkohol auf dem Wasserbad. Die obenauf schwimmende Fettschicht wird abgehoben, mit Wasser gewaschen und in alkoholischer Lösung vorsichtig mit Natronlauge neutralisiert. Zu diesem Zweck bestimmt man am besten in einem aliquoten Teil der Lösung den Alkaliverbrauch, setzt zum Rest etwas weniger als die zur vollständigen Neutralisation erforderliche Menge und fügt dann erst allmählich so viel verdünnte Natronlauge zu, bis Phenolphthalein eben gerötet wird. Dann extrahiert man die neutrale Lösung mit Petroläther, verdampft das Lösungsmittel, trocknet den Rückstand und wägt ihn. Zur Kontrolle bestimmt man die Neutralisations- und die Verseifungszahl; die erstere muß Null sein. — Wenn das zu untersuchende Produkt keine freien Oxyfettsäuren ent-

[1]) Monatsh. Bd. 11, S. 71. 1890.

hält, so kann man den Lactongehalt auch durch Bestimmung der Acetyl- oder Hydroxylzahl ermitteln.

Estersäuren (Estolide). Die höheren Oxyfettsäuren gehen bei der Anhydrisierung — entgegen der früheren Annahme — meistens nicht in Lactone über, vielmehr erfolgt in den meisten Fällen Abspaltung von 1 Molekül Wasser aus 2 Molekülen Oxysäure, von 2 Molekülen Wasser aus 3 Molekülen Säure usw. Aus 2 Molekülen Oxysäure entstehen so einfache Estersäuren, die vulgär auch kurz als „Di-säuren" bezeichnet werden:

$$C_nH_m\begin{matrix}\diagup OH \\ \diagdown CO-O-C_nH_m-COOH,\end{matrix}$$

aus 3 oder mehr Molekülen Oxysäure bilden sich kompliziertere Estersäuren, innere Ester der allgemeinen Formel

$$C_nH_m\begin{matrix}\diagup OH \\ \diagdown [CO-O-C_nH_m]_x-COOH\,,\end{matrix}$$

die man nach dem Vorgange von Bouvault und Bourdier[1]) als Estolide bezeichnet (s. S. 30, 31). Von den Naturprodukten enthalten nur die Coniferenwachse solche Estolide, und zwar speziell die der 12-Oxylaurinsäure (Sabininsäure) und der 16-Oxypalmitinsäure (Juniperinsäure). Dagegen finden sie sich häufig in oxydierten, insbesondere in geblasenen Ölen (s. S. 407) sowie in den Produkten der Einwirkung von Schwefelsäure auf Öle, besonders der Oxysäuren enthaltenden Öle, wie Ricinusöl, demnach auch in Türkischrotölen und ähnlichen Präparaten.

Ebenso leicht bilden sie sich aus Oxysäuren, wie Oxystearinsäure, Dioxystearinsäure, Trioxystearinsäure, schon durch bloßes Erhitzen[2]). Sie werden meistens fälschlich als „polymerisierte Säuren" bezeichnet, z. B. die Produkte aus Ricinusöl als Polyricinolsäuren. Die Lactide und Estolide sind sehr schwer verseifbar. Bei energischer Einwirkung von Alkali werden sie zu Alkalisalzen der entsprechenden Oxysäuren aufgespalten, aus denen beim Ansäuern mit Mineralsäuren ohne langes Kochen die freien, nicht anhydrisierten Oxysäuren erhalten werden. Um Estolide nachzuweisen, kann man in folgender Weise verfahren: Man bestimmt die Hydroxylzahl und die Neutralisationszahl der Probe, verseift hierauf gründlich, scheidet unter Vermeidung einer Anhydrisierung die Gesamtfettsäuren ab und bestimmt wieder die Hydroxylzahl und die Neutralisationszahl; liegen reine Estolide vor, so ist die zweite Hydroxylzahl ein Vielfaches, mindestens das Doppelte, der ersten, ebenso ist die Neutralisationszahl ein Vielfaches, mindestens das Doppelte der ersten Neutralisationszahl, und zwar wachsen beide Kennzahlen im gleichen Verhältnis. Aus der Differenz kann man auf die Menge der Estolide schließen bzw. dieselbe berechnen (vgl. Untersuchung von Türkischrotölen, S. 426).

Wie erwähnt, sind die Estolide schwer verseifbar. Die meisten sog. Polyricinolsäuren werden erst nach mehrstündigem Kochen mit überschüssigem alkoholischen Kali bei Gegenwart von Benzol oder besser Alkylbenzolen aufgespalten. Behandelt man ein Gemisch von Glyceriden und Estoliden mit einer nur zur Verseifung der ersteren reichenden Menge Alkali, so bleiben die Estolide vollkommen intakt. Man kann diese fraktionierende Verseifung zur Isolierung der Estolide verwenden. Nachdem die Glyceridverbindung viel leichter auf-

---

1) Compt. rend. Bd. 147, S. 1311. 1908; C. 1909, I, S. 450; II, S. 718. C. 1910, I, S. 1980.
2) S. z. B. Grün und Wetterkamp: Z. Farbenind. Bd. 8, S. 279. 1909.

gespalten wird als die innere Esterbindung, kann man die Glyceride von Estoliden (als Estersäuren können sie mit Alkoholen jeder Art verestert, also auch in Glyceride verwandelt werden) durch partielle Verseifung in Glycerin und die Salze der Estolide zerlegen, aus welchen die letzteren mittels Mineralsäure abgeschieden werden.

Zur schnellen und sicheren Charakterisierung von Estoliden ist die Molekulargewichtsbestimmung nach RAST (s. S. 249) gut geeignet[1]. Liegt das Molekulargewicht der zu untersuchenden Verbindung nicht weit über 1000, so kann man es noch mit vollkommen ausreichender Genauigkeit bestimmen. Von den übrigen Estoliden läßt sich auf Grund der RASTschen Bestimmung wenigstens der Kondensationsgrad nach der Größenordnung schätzen, also entscheiden, ob beispielsweise Tri- und Tetraricinolsäure oder Tetra- und Pentaricinolsäure vorliegt. Beispiel: Estolidgemisch, Molekulargewicht aus der Neutralisationszahl berechnet = 507, gefunden = 524. Estolidgemisch, Molekulargewicht aus der N. Z. berechnet = 1470, gefunden = 1330.

Untersuchung des Neutralfettes.

Für die Untersuchung des Neutralfettes kommen zwei verschiedene Gesichtspunkte in Betracht: erstens die Feststellung, ob das Fett nur aus Triglyceriden besteht oder ob es auch Mono- oder Diglyceride, etwa auch andere Ester (Alkylester der Fettsäuren) enthält, zweitens der Nachweis oder die Bestimmung einzelner Glyceride, wobei es sich im allgemeinen nur um Triglyceride handelt.

Monoglyceride und Diglyceride.

Diese kommen durchaus nicht so selten, wie bisher angenommen wird, vor; sie finden sich besonders in Fetten aus beschädigten Samen. Ihre Bestimmung ist in einzelnen Fällen für die technische Verwendung des Fettes nötig. Man kann sie nachweisen, indem man sowohl die Hydroxylzahl des Neutralfettes, als auch die der Gesamtfettsäuren bzw. besser die der Methylester der Fettsäuren bestimmt. Die Differenz ist der auf die Mono- und Diglyceride entfallende Anteil der Hydroxylzahl, aus dem man auf die Menge der Mono- oder der Diglyceride schließen kann. Man wird kaum fehlgehen, wenn man auf Diglyceride umrechnet, die unbeständigeren Monoglyceride dürften jeweilig höchstens in viel geringeren Mengen vorliegen.

Wird die Verseifungszahl (Esterzahl) des neutralen Fettes und die der Gesamtfettsäuren sowie das Unverseifbare sehr genau bestimmt, so kann man schon aus diesen Daten mit genügender Genauigkeit berechnen, ob und gegebenenfalls wieviel Mono- oder Diglyceride das Fett enthält. Man berechnet aus der Verseifungszahl der Gesamtfettsäuren deren mittleres Molekulargewicht und aus diesem die theoretischen Esterzahlen eines Triglyceridgemisches, sowie eines Diglycerid- und eines Monoglyceridgemisches. Andererseits berechnet man aus der Esterzahl des Neutralfettes und aus seinem Gehalt an Unverseifbarem die Esterzahl des vom Unverseifbaren freien Neutralfettes, also die Esterzahl der reinen Glyceride (vgl. „Glycerid-Esterzahl“ S. 151). Ist diese Zahl kleiner als die für das Triglyceridgemisch berechnete Esterzahl, so müssen Mono- oder Diglyceride bzw. vielleicht beide Arten von Glyceriden vorhanden sein. In diesem Falle lassen sich aus der experimentell gefundenen „Glycerid-Esterzahl“ und aus den theoretischen Esterzahlen durch Interpolieren die Prozent-

[1] WITTKA: Z. D. Öl- und Fettind. Bd. 44, S. 375. 1924.

gehalte an Triglyceriden und an Mono- oder Diglyceriden berechnen. Zu diesem Zweck muß übrigens das Neutralfett nicht erst isoliert werden.

Beispiel: Die Analyse eines Fettes (Robbentran) ergab

Säurezahl	= 22,26,
Verseifungszahl	= 186,44,
Esterzahl	= 164,18,
Neutralisationszahl der Fettsäuren .	= 194,93.

Das Fett enthält demnach 11,4% freie Säuren und 88,6% Neutralfett; die Verseifungszahl des Neutralfettanteils berechnet sich zu 185,3. Aus der Neutralisationszahl der Fettsäuren berechnen sich nach S. 152 für die Glyceride dieser Säuren folgende Werte:

Gemisch der Diglyceride:	Molekulargewicht = 631,68;	Verseifungszahl = 177,64,
„ „ Triglyceride:	„ = 901,51;	„ = 186,71.

Aus der Verseifungszahl des Neutralfettes von 185,3 berechnet sich durch Interpolation seine Zusammensetzung zu:

Diglyceride . . .	= 15,5%,
Triglyceride . . .	= 84,5%,

man kann diese Werte natürlich auch auf das Gesamtfett umrechnen. Dann ergeben sich:

11,4%	freie Säuren,
13,7%	Diglyceride,
74,9%	Triglyceride.

In manchen Fällen ist das einfachste und sicherste Mittel zur raschen Orientierung, ob ein Mono-, Di- oder Triglycerid vorliegt, die Bestimmung des Molekulargewichtes nach Rast (s. S. 249); die Methode hat sich besonders bei der präparativen Aufarbeitung der Reaktionsprodukte von Veresterungen und Umesterungen bewährt[1]). Dabei erhält man oft nebeneinander bzw. nacheinander Fraktionen von Mono-, Di- und Triglycerid, die sich — solange sie nicht vollständig rein sind — nicht einfach durch die Schmelzpunkte charakterisieren lassen, so daß man auf die umständliche Bestimmung der Verseifungszahlen angewiesen war. Viel schneller und schließlich auch billiger ist die Bestimmung des Molekulargewichts.

Beispiele:

Tristearin	ber.	890,	gef.	896
Distearin	„	624,	„	593
Monostearin . . .	„	358,	„	382
67 % Mono- + 33 % Distearin	„	448,	„	424

Nachweis einzelner Triglyceride.

Die systematische Forschung strebt die Ermittlung aller Glyceride an, die ein Fett zusammensetzen. Nun bestehen aber die Fette nicht ausschließlich aus einfachen (einsäurigen) Triglyceriden, sie sind mehr oder weniger komplizierte Gemische einsäuriger und mehrsäuriger Triglyceride, von denen in den meisten Fetten die letzteren überwiegen dürften. Die Bestimmung der einzelnen Fettsäuren eines Fettes sagt deshalb noch nicht aus, welche Glyceride in demselben enthalten sind, diese können nur durch Isolierung nachgewiesen werden. Die Bestimmung der einzelnen Glyceride, aus denen sich ein Fett zusammensetzt, oder wenigstens die Bestimmung eines bestimmten, charakteristischen oder

[1]) Wittka: a. a. O.

spezifischen Glycerides, ist auch vom praktischen Standpunkte als analytisches Hilfsmittel für den Nachweis oder die Identifizierung gewisser Fette wichtig. Derzeit kann man allerdings nur einige wenige Fette durch Nachweis bestimmter spezifischer Glyceride identifizieren.

Zur Abtrennung einzelner Triglyceride aus dem Neutralfett liegen drei Methoden vor: die fraktionierte Destillation im Hochvakuum, die fraktionierte Krystallisation und schließlich bei Glyceriden ungesättigter Säuren die Fällung von Halogenadditionsprodukten.

a) ***Fraktionierte Destillation von Triglyceriden.*** CHEVREUL hat bereits in natürlichen Fetten enthaltene Triglyceride im Hochvakuum ohne nennenswerte Zersetzung destilliert[1]). Später hat insbesondere KRAFFT[2]) die Destillation im Vakuum des Kathodenlichtes ausgestaltet, sie aber vornehmlich zur Reinigung von Triglyceridpräparaten benützt, während BÖMER[3]) die fraktionierte Destillation für analytische Zwecke einführte.

Zur Ausführung der Destillation kann die auf S. 231 skizzierte Apparatur dienen, wobei jedoch der Kolben durch ein kleineres Gefäß mit geringerer Steighöhe der Dämpfe zu ersetzen ist. Nach KRAFFT destillieren im Kathodenlichtvakuum

Trilaurin	bei etwa	260—275°,
Trimyristin	„ „	290—300°,
Tripalmitin	„ „	310—320°.

Die analogen mehrsäurigen Triglyceride zeigen entsprechende Siedepunkte; so destillieren aus dem Cocosöl Caprylo-lauro-myristin, Myristo-dilaurin und Lauro-dimyristin bis 285° ab, und zwar der größte Teil (Caprylo-lauro-myristin) bei 255—260°. Angeblich soll nach CHEVREUL auch Tristearin und Triolein noch unzersetzt destillieren, nach den Beobachtungen von KRAFFT steht dies aber nicht außer Zweifel.

b) ***Fraktionierte Krystallisation von Triglyceriden.*** Für die Fraktionierung können selbstverständlich alle Fettlösungsmittel oder Gemische derselben verwendet werden, die Auswahl hängt von der Beschaffenheit des Fettes bzw. der kritischen Fraktionen ab. Wahrscheinlich verwendete schon CHEVREUL, jedenfalls aber später DUFFY[4]) und HEINTZ[5]) zur Fraktionierung von Talg Äther, HEISE[6]) fällte die ätherische Lösung von Mkanyifett mit Alkohol, HOLDE[7]) konnte auch flüssige Fette, wie Olivenöl, durch Krystallisation aus ätherischer Lösung unter Kühlen bis —45° fraktioniert krystallisieren. FRITZWEILER[8]) benützte Mischungen von Chloroform und Äther, KLIMONT[9]) Aceton, SEITTER[10]) Chloroform-Aceton-Gemisch. Im allgemeinen empfiehlt es sich, das Fett in einem Gemisch von zwei oder mehr Solventien zu lösen, von denen das eine leichter flüchtig ist. Man kann dann auch durch Durchsaugen von Luft oder besser Blasen mit einem inerten Gas oder Evakuieren das leichter flüchtige Lösungsmittel mehr oder weniger vollständig vertreiben und so schrittweises Ausfällen einzelner Fraktionen erzielen[11]).

In manchen Fällen handelt es sich nur darum, ein Glycerid, und zwar das mit dem höchsten Schmelzpunkt und der geringsten Löslichkeit zu isolieren, weil man daraus bereits einen Schluß ziehen kann, ob ein bestimmtes Fett vor-

---

[1]) LEWKOWITSCH: Ch. Technol., 5. ed. Bd. 1, S. 658. [2]) Ber. Bd. 36, S. 4343. 1903.
[3]) BÖMER und BAUMANN: Z. Nahrgsm. Bd. 40, S. 97. 1920.
[4]) Quart. J. Ch. Soc. Bd. 5, S. 197; J. pr. (1) Bd. 57, S. 335. 1852.
[5]) J. pr. (1) Bd. 66, S. 1. 1855. [6]) Arb. Ges.-Amt. Bd. 13, S. 302. 1897.
[7]) Ber. Bd. 34, S. 2402. 1901. [8]) Arb. Ges.-Amt. Bd. 18, S. 371. 1902.
[9]) Monatsh. Bd. 23, S. 51. 1902. [10]) Z. Nahrgsm. Bd. 15, S. 486. 1908.
[11]) S. a. SEIDENBERG: Eng. Bd. 9, S. 855. 1917.

liegt oder nicht zugegen ist. (Zum Beispiel ist das am schwersten lösliche Glycerid des Rinder- und Hammeltalgs das Tristearin, das des Schweinefetts a-Palmito-distearin.) Das Triglycerid von geringster Löslichkeit läßt sich aus dem Gemisch natürlich am leichtesten isolieren; dagegen ist es schwierig, auch andere Glyceride durch Fraktionierung rein abzuscheiden und sie durch die Bestimmung des Schmelzpunktes zu identifizieren, denn viele Triglyceride sind einander in der Löslichkeit und im Schmelzpunkt sehr ähnlich. DUFFY gab (a. a. O.) für die Beurteilung der Einheitlichkeit einer Glyceridfraktion folgende Kriterien an: 1. Die fortgesetzte Krystallisation darf keine Änderung im Schmelzpunkt des Glycerids bewirken. 2. Der bei der letzten Krystallisation in Lösung gebliebene Teil muß, wenn er durch Vertreiben des Lösungsmittels isoliert und getrocknet wurde, praktisch denselben Schmelzpunkt zeigen wie der auskrystallisierte Teil. 3. Die durch Verseifung eines einsäurigen Triglycerids erhaltene Säure darf beim Umkrystallisieren ihren Schmelzpunkt nicht mehr ändern. Am wichtigsten ist die Erfüllung der zweiten Forderung; aber auch dies gibt nur dann eine Gewähr für die Einheitlichkeit, wenn in der Weise umkrystallisiert wird, daß das eine Mal der größte Teil der gelösten Substanz wieder ausgeschieden wird und das andere Mal nur ein kleiner Teil, während der größte Teil in Lösung bleibt.

Die fraktionierte Krystallisation der Glyceride wurde insbesonders von BÖMER[1]) systematisch ausgebildet:

1—2 kg Fett werden in der zwei- oder dreifachen Menge Äther, Benzol, Chloroform oder dgl. gelöst. Man teilt entweder durch allmähliche Erniedrigung der Temperatur oder durch Verminderung des Lösungsvermögens, durch Zusatz von Alkohol in 3 oder 4 Fraktionen. Jede Fraktion teilt man auf gleiche Weise in 3 oder 4 Unterfraktionen und vereinigt die ungefähr innerhalb 5° schmelzenden Unterfraktionen miteinander. Die Fraktionen, die Ölsäure oder eine andere ungesättigte Säure enthalten, löst man in Chloroform und behandelt sie nach dem Vorgang von KREIS und HAFNER[2]) mit WIJSscher Jodlösung, wobei die ölsäurehaltigen Glyceride in die entsprechenden Chloradditionsprodukte übergehen (vgl. unten Methode von HENRIQUES und KÜNNE). Die in Chloroform gelösten Teile werden dann aus Äther umkrystallisiert, bis sie absolut halogenfrei sind. Die gereinigten festen Glyceride werden einer sog. fraktionierten Lösung unterworfen. Man verwendet dabei nur soviel Lösungsmittel und hält eine so niedrige Temperatur ein, daß jeweilig der größte Teil der Substanz wieder ausgeschieden wird und wiederholt dies so oft, 20- bis 30mal, bis sich keine Krystalle mehr ausscheiden. Haben dann die in den einzelnen Mutterlaugen gelösten Glyceride und die zugehörigen Krystalle die gleichen Schmelzpunkte, so kann man annehmen, daß ein einheitliches Glycerid vorliegt. Man erhält auf diese Weise zunächst das am schwersten lösliche Triglycerid. Zur Isolierung weiterer Glyceride werden aus den einzelnen Mutterlaugen der ersten fraktionierten Lösung neue Gruppen gebildet, derart, daß man die Fraktionen von ähnlichen Schmelzpunkten vereinigt und weiter der fraktionierten Lösung unterwirft. Man gruppiert zuerst die Glyceride, deren Schmelzpunkte um ungefähr 2° auseinanderliegen, vermindert diesen Unterschied dann auf 1°, das dritte und nötigenfalls vierte Mal auf 0,5°.

Identifizierung: Die Glyceride werden charakterisiert durch ihre Schmelzpunkte (s. Tabelle 6, S. 47—49) und ihre Kennzahlen, sowie durch die Kennzahlen der aus ihnen abgeschiedenen Fettsäuren. In einzelnen Fällen kann die

[1]) BÖMER, SCHEMM und HEIMSOTH: Z. Nahrgsm. Bd. 14, S. 90. 1907; BÖMER und HEIMSOTH: ebenda Bd. 17, S. 353. 1909.

[2]) Z. Nahrgsm. Bd. 7, S. 641. 1904.

Identifizierung durch den Vergleich der isolierten Verbindung mit einem reinen Präparat des vermuteten Glycerids unter dem Mikroskop erleichtert werden. Wenn es sich um die Unterscheidung isomerer Triglyceride voneinander handelt, so ist die Identifizierung durch den Schmelzpunkt nicht genügend zuverlässig. Als wertvoll erwies sich für diesen Zweck die

Methode von Bömer[1]): Sie beruht darauf, daß von zwei Isomeren die Schmelzpunkte der Glyceride verschieden sind, während die aus den Glyceriden abgeschiedenen Fettsäurengemische identisch sind und folglich den gleichen Schmelzpunkt zeigen. Zum Beispiel ist der Schmelzpunkt des α-Palmitodistearins 68,5°, der des β-Palmito-distearins 63,3°, während die Fettsäurengemische aus beiden Glyceriden denselben Schmelzpunkt von 63,2° zeigen. Die Differenz (d) zwischen dem Schmelzpunkt des Glycerids (Sg) und dem Schmelzpunkt seiner Fettsäuren (Sf) beträgt somit im ersten Fall 5,3°, im anderen nur 0,1°. Wenn ein Fettgemisch vorliegt, das zwei isomere Glyceride enthält, lassen sich dieselben nur schwer rein isolieren. So ist es kaum möglich, aus einem Gemisch von Schweinefett, das α-Palmito-distearin enthält, und Rindertalg, enthaltend β-Palmito-distearin, das höher schmelzende Isomere bis zu solcher Reinheit zu fraktionieren, daß die theoretisch mögliche Differenz $d = 5{,}3°$ gefunden wird. Nach dem Vorschlag von Bömer berechnet man den Wert ($Sg + 2\,d$). Wenn z. B. bei der Prüfung einer Probe von Schweineschmalz der Wert ($Sg + 2\,d$) kleiner als 71 ist, so kann man annehmen, daß die Probe einen Zusatz von Talg enthält. (Nach Vitoux und Muttelet[2]) ist als untere Grenze 68° anzunehmen.) Weitere Angaben s. Abschnitt Speisefette S. 359.

Die festen Fette enthalten verhältnismäßig wenig Tristearin; auch aus Talgen erhält man durch fraktioniertes Krystallisieren nur einige Prozente, neben größeren Mengen mehrsäuriger Triglyceride und Mischfraktionen. Lassen sich große Mengen Tristearin, Schmelzp. 71°, abscheiden, so ist das Vorliegen gehärteter Öle anzunehmen. Lassen sich größere Mengen Behenodistearin oder Stearodibehenin isolieren, so liegt gehärtetes Rüböl vor; kleinere Mengen können auch aus gehärteten Tranen stammen.

c) ***Isolierung von Glyceriden ungesättigter Säuren als Halogenadditionsprodukte.*** Die Überführung in Halogenadditionsprodukte zum Zwecke der Isolierung und Charakterisierung von Glyceriden haben zuerst Henriques und Künne[3]) angewendet.

Sie ließen auf Oleo-distearin Hüblsche oder Wallersche Jodlösung 6 Stunden einwirken, versetzten hierauf allmählich mit Alkohol und krystallisierten das Produkt aus Äther-Alkohol um. Ebenso wurde durch Vermischen der ätherischen Lösung des Oleodistearins mit alkoholischer Chlorjodlösung das Additionsprodukt erhalten. Der Schmelzpunkt und die Löslichkeit sind von dem des Ausgangsproduktes wenig verschieden. Die Verbindung ist relativ beständig und verträgt Liegen an der Luft, selbst Kochen mit verdünnten Säuren; durch Kochen mit einem größeren Überschuß von Anilin oder Chinolin wird das Halogen abgespalten und das ursprüngliche Glycerid in einer Ausbeute von 75—80% regeneriert.

Die Überführung der ungesättigten Säuren in ihre Halogenadditionsprodukte bewährt sich, wie Kreis und Hafner (a. a. O.) zeigten, besonders auch bei der Isolierung der Glyceride ungesättigter Säuren aus Gemischen solcher mit gemischtsäurigen Glyceriden aus gesättigten und ungesättigten Säuren (s. oben).

---

[1]) Bömer und Limprich: Z. Nahrgsm. Bd. 25, S. 367. 1913.
[2]) Ann. Falsif. Bd. 13, S. 593. 1920; C. 1921, I, S. 666.
[3]) Ber. Bd. 32, S. 387. 1899.

Um aus flüssigen Fetten, die fast ausschließlich aus Gemischen von Glyceriden mehrfach-ungesättigter Säuren bestehen (trocknende Öle, Trane), einzelne Verbindungen oder Verbindungsgruppen zu isolieren, kann man wie bei der Trennung der freien Säuren die Bromadditionsprodukte herstellen. Eine exakte Ausführungsform dieses zuerst von HEHNER und MITCHELL[1]) vorgeschlagenen, von MARCUSSON und BÖTTGER[2]) u. a. variierten Verfahrens ist die von DAVIDSON[3]) beschriebene

Bestimmung der unlöslichen Ölbromide: Als Lösungsmittel verwendet man Äther vom spez. Gew. 0,717, der bei 0° mit gereinigtem „Ölbromid" gesättigt wurde. Man löst 4 g Öl im Rohr in 35 ccm dieser Lösung, läßt unter Rühren 1 ccm Brom aus einer in 0,1 ccm geteilten Bürette zutropfen, spült mit 5 ccm Äther nach, verkorkt das Rohr und läßt 2 Stunden bei 0° stehen. Hierauf zentrifugiert man 3 Minuten lang (2000 Touren in der Minute), wäscht den Rückstand mit 10 ccm Äther, kühlt, turbiniert wieder, wäscht mit 10 ccm Alkohol vom spez. Gew. 0,820, kühlt auf 0° ab und zentrifugiert wieder 3 Minuten, aber nur mit 1600 Touren in der Minute, weil sonst der Niederschlag zusammenbäckt. Nach dem Dekantieren wird der Rückstand erst an der Luft, dann eine halbe Stunde im Heißwasserbad getrocknet und gewogen.

Die Menge der so erhaltenen „Ölbromide" dient als Maß für den Gehalt des untersuchten Öles an Linolensäure enthaltenden Glyceriden. Richtige und vergleichbare Werte werden aber nur dann erhalten, wenn man immer dieselben Versuchsbedingungen einhält und die Operation möglichst rasch ausführt. Am wichtigsten ist die Einhaltung der Konzentration des Öles in der ätherischen Lösung bei der Fällung mit Brom. Zum Beispiel wurde bei der Untersuchung von baltischem Leinöl (Jodzahl = 198,5) gefunden, daß die Menge der Ölbromide bei Verwendung von 1 bis 5 g Öl auf je 40 ccm Äther von 63,6% bis 81,9% schwankte.

Aus den Ölbromiden können weiterhin auch einzelne Glyceride isoliert werden. So gibt die aus Leinöl erhaltene Fällung ein Gemisch, das schon bei 130° erweicht und bei 140—145° schmilzt, durch Umkrystallisieren aus Tetrachlorkohlenstoff eine bei 151° (korr.) schmelzende Substanz, die nach weiterem Umkrystallisieren maximal einen Bromgehalt von 59,24% aufweist. Dieser Wert stimmt mit dem für das Additionsprodukt des Linoleo-dilinolenin berechneten von 59,42% sehr gut überein. HEHNER und MITCHELL (a. a. O.) erhielten eine Verbindung mit 56,1% Brom, die sie als das Bromadditionsprodukt des Oleo-dilinolenins ansprechen; nach DAVIDSON konnte aber auch das Derivat des Linoleno-dilinolins vorliegen, das natürlich denselben Bromgehalt aufwiese.

Alkylester.

Die Fettsäureester machen sich, größere Mengen auch in Mischung mit Glyceriden, durch ihren charakteristischen Geruch und die bedeutend geringere Konsistenz und Viscosität bemerkbar.

Zur qualitativen Prüfung verseift man — nötigenfalls unter Zusatz eines hochsiedenden Alkohols — unter Rückflußkühlung, treibt den Alkohol ab und weist ihn im Destillat wie üblich nach, z. B. Methylalkohol durch Oxydation zu Formaldehyd, Äthylalkohol durch die Jodoformreaktion, beide auf dem Wege über die Jodalkyle usw.

Zur quantitativen Bestimmung der Äthylester kann man den Prozentgehalt an Alkohol im Destillat nach einer der bekannten Methoden ermitteln

[1]) Analyst Bd. 23, S. 310. 1898. [2]) Ch. Revue Bd. 21, S. 180. 1914.
[3]) Eng. Bd. 13, S. 801. 1921.

und mit Hilfe des mittleren Molekulargewichtes der Fettsäuren auf den Estergehalt umrechnen. Man kann auch die Ester aus Gemischen mit Glyceriden einfach im Vakuum abdestillieren und durch direkte Wägung des Destillats auf ca. 1% genau bestimmen. — Die Kennzahlen der Methylester fallen mit denen der entsprechenden Triglyceride fast zusammen; die Kennzahlen der Äthylester sind wesentlich kleiner als die der Triglyceride, und zwar betragen die Differenzen bei den Derivaten der Säuren mit 18 C-Atomen ca. 5% vom Wert der Triglycerid-Kennzahl.

Untersuchung der unverseifbaren Bestandteile.

Alle natürlichen Fette enthalten, wenn auch nur in geringer Menge, unverseifbare Begleitstoffe, nämlich Sterine und andere Alkohole, Kohlenwasserstoffe, mitunter Ketone und Aldehyde. In technischen Produkten können sich auch Zersetzungsprodukte der Fettsäuren, Kohlenwasserstoffe und Ketone finden. Schließlich können Fette unverseifbare Fremdstoffe enthalten, die zur Erzielung eines bestimmten technischen Effektes oder auch nur zur Verfälschung zugesetzt wurden, hauptsächlich flüssige Kohlenwasserstoffe. — Die Wachse enthalten unverseifbare Stoffe, höhere Alkohole und Kohlenwasserstoffe als integrierende Bestandteile, sie können aber auch absichtliche Zusätze von festen Kohlenwasserstoffen enthalten, Paraffin und Ceresin.

Für die Untersuchung verwendet man in den meisten Fällen die nach S. 204 zur quantitativen Bestimmung abgeschiedene Gesamtmenge des Unverseifbaren; in manchen Fällen wird der Nachweis oder die Bestimmung einzelner unverseifbarer Bestandteile direkt mit dem zu untersuchenden Fett ausgeführt.

Einen Anhaltspunkt, ob das Unverseifbare ausschließlich aus natürlichen Begleitstoffen besteht, gibt schon die Menge. Die meisten Fette enthalten unter 1% Unverseifbares oder wenig darüber, höchstens einige wenige Prozente. Auch die etwaige flüssige Beschaffenheit des isolierten Unverseifbaren läßt oft einen Schluß auf absichtliche Beimengungen oder auf einen Gehalt an höhersiedenden Kohlenwasserstoffen aus Extraktionsbenzin zu (abgesehen von gewissen Seetierfetten, deren unverseifbare Begleitstoffe flüssig sind). Der Schmelzpunkt des Unverseifbaren sagt aber in den meisten Fällen über die Zusammensetzung nichts aus. Die Schmelzpunkte der Fettalkohole und der als absichtliche Zusätze in Betracht kommenden festen Kohlenwasserstoffe, Paraffin und Ceresin, liegen einander nahe; die Sterine schmelzen zwar an sich sehr hoch, bei ungefähr 130 bis 150°, aber der Schmelzpunkt wird durch die übrigen Bestandteile des Unverseifbaren sehr erniedrigt. Dagegen gibt das Verhalten des Unverseifbaren gegen Essigsäureanhydrid eine Orientierung über die Zusammensetzung, so daß die systematische Untersuchung vereinfacht werden kann.

Vorprobe: Die Substanz wird mit dem gleichen Volumen Essigsäureanhydrid 2 Stunden lang am Rückflußkühler gekocht. Tritt völlige Auflösung ein und erfolgt auch nach dem Abkühlen keine Ausscheidung, so liegen hauptsächlich niedrigere Wachsalkohole vor (wie z. B. Cetylalkohol) oder olefinische Alkohole (Komponenten der flüssigen Wachse). Wenn das Unverseifbare in der Hitze löslich ist, beim Erkalten aber Ausscheidung höherschmelzender Verbindungen eintritt, so sind (auch) Sterine oder hochschmelzende aliphatische Alkohole (wie Myricylalkohol) vorhanden, vielleicht auch geringe Mengen von Olefinen. Ist das Unverseifbare auch in der Hitze nicht völlig löslich, so enthält es größere Mengen von Kohlenwasserstoffen; erstarrt die auf der Flüssigkeit schwimmende ölige Schicht beim Erkalten, so sind die Kohlenwasserstoffe Paraffin oder Ceresin. Die verbleibende Lösung wird mit Wasser gefällt, die Fällung gewaschen und mit heißem Alkohol behandelt. Sterinacetate lösen sich nur sehr schwer und krystallisieren beim Erkalten der Lösung aus. Aus dem Filtrat lassen sich etwa vorhandene aliphatische Alkohole durch Wasser fällen.

Die systematische Untersuchung umfaßt den Nachweis, die Bestimmung und Unterscheidung der Verbindungen folgender Klassen:

1. Sterine.
2. Aliphatische Wachsalkohole.
3. Kohlenwasserstoffe.
4. Ketone.

1. Sterine.

Qualitativer Nachweis durch Farbenreaktionen.

Reaktion nach HAGER-SALKOWSKI[1]): Man löst einige Zentigramme Substanz in Chloroform und schüttelt mit dem gleichen Volumen konzentrierter Schwefelsäure; die Chloroformlösung färbt sich bei Gegenwart von Cholesterin oder Phytosterin blutrot, dann kirschrot bis purpurn, während die Schwefelsäureschicht grün fluoresciert. Gibt man einige Tropfen der roten Chloroformlösung in eine Schale, so schlägt die Farbe über Blau und Grün nach Gelb um (sofortige Blaufärbung beim Vermischen der Chloroformlösung mit Schwefelsäure rührt nicht von Sterinen her, sondern von Lipochromen. Carotin und Xanthophyll, den farbigen Begleitstoffen vieler Fette).

Cholestolreaktion nach LIEBERMANN[2]): Man löst die Substanz in Essigsäureanhydrid und versetzt nach dem Abkühlen tropfenweise mit konzentrierter Schwefelsäure, wobei eine sterinhaltige Lösung erst rosenrot, dann blau wird. Eine genauere Vorschrift gab BURCHARD[3]). Die Substanz wird in 2 ccm Chloroform gelöst, 20 Tropfen Essigsäureanhydrid und 1 Tropfen konzentrierter Schwefelsäure zugegeben.

Reaktion nach NEUBERG[4]): In einer Lösung der Substanz in zirka 1,5 ccm abs. Alkohol wird ein Stückchen käuflicher Rhamnose von Stecknadelkopfgröße unter Erwärmen gelöst und nach dem völligen Erkalten mit dem gleichen Volumen konz. Schwefelsäure unterschichtet. An der Berührungsfläche entsteht beinahe sofort ein himbeerfarbener Ring; beim Vermischen färbt sich die Flüssigkeit intensiv rot. An Stelle von Rhamnose läßt sich das δ-Methylfurfurol verwenden, bzw. bloß 1—2 Tropfen seiner wässerigen Lösung, die durch Destillation von Rhamnose mit Schwefelsäure 1 : 4 erhalten wird[5]).

Reaktion nach TSCHUGAEFF[6]): Cholesterin in Eisessig gelöst und mit Acetylchlorid im Überschuß versetzt, gibt nach dem Zufügen einiger Stückchen Zinkchlorid und 5 Min. langem Erwärmen eine Rotfärbung mit eosinartiger Fluorescenz.

Reaktion nach HIRSCHSOHN[7]): Durch verflüssigte Trichloressigsäure wird Cholesterin nach 1 Stunde hellviolett, nach 12 Stunden intensiv rotviolett gefärbt; die Reaktion wird durch Erhitzen sowie durch Chlorwasserstoff beschleunigt.

---

[1]) Pflügers Archiv Bd. 6, S. 207; Z. anal. Ch. Bd. 11, S. 44. 1872; Bd. 26, S. 557. 1887; SALKOWSKI: Z. physiol. Ch. Bd. 57, S. 515. 1908.

[2]) Ber. Bd. 18, S. 1804. 1885.

[3]) Dissert. Rostock 1889. Über einen Vorschlag zur quantitativen Ausführung der Probe durch Verwendung von Vergleichslösungen s. GRIGANT: J. Pharm. Chim. Bd. 9, S. 146. 1914.

[4]) NEUBERG und RAUCHWERGER: Festschrift für Salkowski. 1904; Z. physiol. Ch. Bd. 47, S. 335. 1906.

[5]) Über eine Reaktion mit Furfurol s. HARDEN und ROBINSON: Bioch. J. Bd. 17, S. 115. 1923.

[6]) Z. ang. Bd. 13, S. 618. 1900. [7]) Pharm. Centralh. Bd. 43, S. 357.

Alle diese Reaktionen sind nicht eindeutig, weil auch Harzsäuren, Harzöle, zum Teil auch die Gallensäuren ähnliche Färbungen geben. Nach WHITBY[1]) sind die Reaktionen bei Mitverwendung von Formaldehyd charakteristischer:

2 ccm einer 1—2 mg Sterin enthaltenden Chloroformlösung werden zu 2 ccm eines Gemisches von 50 Vol. konz. Schwefelsäure und 1 Vol. Formalin gegeben und geschüttelt. Die obere Schicht ist kirschrot und wird nach Abtrennung mit 2—3 Tropfen Essigsäureanhydrid blau, nach 1 Stunde in Grün übergehend. Die untere Schicht ist braunrot mit intensiv grüner Fluorescenz.

Man löst 0,2—0,5 mg eines Sterins in 2 ccm Eisessig und gibt unter Schütteln 25 Tropfen einer Formalinschwefelsäure (1 : 50, s. oben) zu; es entsteht eine rosafarbene, fluorescierende Lösung, die beim Stehen allmählich gelbbraun wird.

Harzsäure gibt im ersten Falle keine charakteristische Reaktion, im zweiten eine wenig charakteristische grünbraune Färbung. Mit Amyrin wird bei der ersten Reaktion das Chloroform überhaupt nicht gefärbt, die Schwefelsäure erst orange, dann blutrot mit grüner Fluorescenz; bei der zweiten Reaktion wird eine kirschrote, stärker fluorescierende Lösung erhalten, die bei längerem Stehen braun wird.

Brauchbar ist auch die folgende Probe: Man erhitzt einige Milligramm Sterin mit 1 Tropfen Essigsäureanhydrid auf Porzellan, bis die Masse geschmolzen und das überschüssige Anhydrid verjagt ist, und befeuchtet nach vollständigem Abkühlen mit konz. Salpetersäure. Mit Cholesterin tritt in wenigen Sekunden eine Blau- oder Blaugrünfärbung auf, Phytosterin zeigt die Reaktion weniger scharf (WHITBY).

Durch die Farbenreaktionen können die einzelnen Sterine auch bis zu gewissem Grade voneinander unterschieden werden. In Arsentrichlorid löst sich Cholesterin unter Auftreten einer Rosafärbung, die später, schneller beim Erwärmen, in Kirschrot übergeht; Isocholesterin löst sich kobaltblau und die Farbe der Lösung geht über Violett, Purpur und Dunkelrot in Dunkelgrün über; die Lösung von Phytosterin bleibt farblos. Lösungsmittel wie Benzol, Chloroform und dgl. heben die Färbungen auf[2]).

Eine Spur Oxycholesterin in Eisessiglösung gibt beim Versetzen mit einigen Tropfen konz. Schwefelsäure eine intensiv rote bis blauviolette Färbung. Auf Zusatz eines Tropfens Eisenchloridlösung schlägt die Farbe in Grün um; durch 1—2 Tropfen Chromsäurelösung kann man die grüne Farbe zum Verschwinden bringen. Durch diese Reaktion läßt sich das Oxycholesterin vom Cholesterin unterscheiden[3]). Beim Befeuchten von Oxycholesterin mit technischem Dimethylsulfat (das wahrscheinlich Schwefelsäuremonomethylester enthält) gibt Oxycholesterin sofort Purpurfärbung, während Cholesterin erst allmählich, besonders beim Erwärmen, eine leuchtende Himbeerrotfärbung gibt[4]). Zusatz von Eisenchlorid verändert die Färbung bei Oxycholesterin zu Smaragdgrün, bei Cholesterin zu Purpurrot. In Chloroformlösung zeigen die Farbstoffe charakteristische Spektra, der Farbstoff aus Cholesterin zwei Bänder bei $\lambda = 560-550$ und bei $\lambda = 500-490$, der aus Oxycholesterin ein Band in Gelb, bei $\lambda = 600-580$. Die Reaktion geht auch in Tetrachlorkohlenstoff, Benzol, Toluol oder Xylol vonstatten, nur gehen die Färbungen dann mehr nach blau, sind weniger klar

[1]) Bioch. J. Bd. 17, S. 5. 1923.
[2]) KAHLENBERG: J. Biol. Ch. Bd. 52, S. 217. 1922; C. 1922, III, S. 382.
[3]) LIFSCHÜTZ: Bioch. Z. Bd. 48, S. 373. 1913; s. a. MARCUSSON: Ch.-Ztg. Bd. 41, S. 577. 1917.
[4]) ROSENHEIM: Bioch. J. Bd. 10, S. 176. 1916; C. 1916, II, S. 1192.

und fluorescieren stärker. — Der Einfluß von Luft und Licht auf Cholesterin äußert sich in der Weise, daß die Löslichkeit verändert wird, der Schmelzpunkt sinkt und die Farbenreaktionen unzuverlässig werden[1]). Über das Verhalten beim Hydrieren und die Reaktionen des Reduktionsproduktes s. S. 268.

Von aliphatischen Alkoholen lassen sich die Sterine durch ihre Schmelzpunkte (s. S. 34ff), Drehungsvermögen (s. S. 134) und Jodzahlen unterscheiden. Während die Jodzahl des Cholesterins 65,7 ist, zeigen die aliphatischen Alkohole mit wenigen Ausnahmen (flüssige Wachse) die Jodzahl 0. Für die Jodzahlbestimmung des Cholesterins soll sich die Pyridinsulfatdibromidmethode von ROSENMUND und KUHNHENN (s. S. 181) eignen. Ein sehr zuverlässiger Nachweis der Sterine beruht auf der Ausfällung ihrer Additionsverbindungen mit Digitonin; diese Reaktion wurde zur quantitativen Bestimmung ausgearbeitet.

Quantitative Bestimmung der Sterine.

Digitonidmethode. Auf älteren Beobachtungen über die Entgiftung von Saponinen durch Cholesterin fußend, hat WINDAUS[2]) eine ausgezeichnete Methode zur quantitativen Abscheidung der Sterine in Form ihrer Additionsverbindungen mit einem wohldefinierten Saponin, dem Digitonin, geschaffen. Digitonin $C_{55}H_{94}O_{28}$ oder $C_{54}H_{92}O_{28}$, das Tetraglucosid des Digitogenins ($C_{30}H_{48}O_6$ oder $C_{31}H_{50}O_6$) verbindet sich mit freiem Sterin beim bloßen Vermischen der Lösungen im molekularen Verhältnis 1 : 1 zum Digitonid, das auf Grund seiner Löslichkeitsverhältnisse leicht quantitativ isoliert werden kann. Wie Cholesterin, Phytosterin und Koprosterin gibt auch das β-Cholestanol (ein Dihydrocholesterin) ein schwerlösliches Digitonid, nicht aber Isocholesterin, sowie α-, δ- und ε-Cholestanol. Dagegen reagieren auch verschiedene aliphatische Alkohole, insbesondere auch gewisse Wachs- und Terpenalkohole mit Digitonin.

Die Reaktion ist sehr empfindlich, sie ist noch bei 0,0001 g Cholesterin in 1 ccm 90proz. Alkohol positiv und eignet sich deshalb vorzüglich zur Bestimmung, auch zum mikrochemischen Nachweis[3]) der Sterine. Sie wurde von MARCUSSON[4]) in die Fettanalyse eingeführt und durch ihn sowie durch KLOSTERMANN[5]) und andere[6]) zum quantitativen Verfahren ausgestaltet. Die einzelnen Ausführungsformen weichen zum Teil erheblich voneinander ab. Allerdings liegt es im Wesen der Reaktion, daß keine bestimmte Vorschrift für alle Fälle geeignet ist. Die Ausführung variiert je nach der Art des Fettes und je nachdem, ob das Gesamtsterin oder nur das freie Sterin bestimmt werden soll.

Nachdem in vielen Fetten ein Teil des Sterins — in manchen Fällen der weitaus größte Teil — in Form der nicht reaktionsfähigen Fettsäureester enthalten ist, muß man zur Bestimmung der Gesamtmenge das Fett verseifen und ent-

---

[1]) SCHULZE und WINTERSTEIN: Z. physiol. Bd. Ch. 53. S. 631. 1904; Bd. 48, S. 546. 1906.

[2]) Ber. Bd. 42, S. 238. 1909.

[3]) BRUNSWIK: Z. f. wiss. Mikroskopie Bd. 39, S. 316. 1922. Über die gravimetrische Mikrobestimmung s. SZENT-GYÖRGI: Bioch. Z. Bd. 136, S. 107, 112. 1923.

[4]) MARCUSSON und SCHILLING: Ch.-Ztg. Bd. 37, S. 1001. 1913; MARCUSSON und MEYERHEIM: Z. ang. Bd. 27, I, S. 201. 1914; MARCUSSON: Mitt. Mat. Prüf. Bd. 35, S. 252. 1918.

[5]) Z. Nahrgsm. Bd. 36, S. 433. 1913; KLOSTERMANN und OPITZ: Z. Nahrgsm. Bd. 27, S. 713. 1914; Bd. 28, S. 138. 1914.

[6]) KÜHN und WEWERINKE: Z. Nahrgsm. Bd. 28, S. 369. 1914; KÜHN, BENGEN und WEWERINKE: ebenda Bd. 29, S. 321. 1915; BERG und ANGERHAUSEN: Ch.-Ztg. Bd. 38, S. 978. 1914; Z. Nahrgsm. Bd. 27, S. 723. 1914; ebenda Bd. 28, S. 145. 1914; MATTHES und RATH: Arch. Pharm. Bd. 252, S. 694. 1914; FRITZSCHE: Z. Nahrgsm. Bd. 26, S. 644. 1913; OLIG: ebenda Bd. 28, S. 129. 1914.

weder die wie üblich (nach S. 84) mitsamt dem Unverseifbaren abgeschiedenen Fettsäuren verwenden, oder das nach S. 204 isolierte Unverseifbare. Letzteres ist besonders dann angezeigt, wenn auch das „sterinfreie Unverseifbare" untersucht werden soll. Zur Bestimmung des freien Sterins ist selbstverständlich nur das ursprüngliche Fett verwendbar. Die Einwage an Fett oder Fettsäure ist je nach dem mutmaßlichen Steringehalt zu wählen, ebenso ist die Menge des Digitonins verschieden zu bemessen, je nachdem das Untersuchungsmaterial viel oder wenig Sterin enthält und je nachdem nur das freie oder auch das als Ester vorliegende Sterin bestimmt werden soll. Schließlich ist die Temperatur bei der Reaktion dem Schmelzpunkt des Fettes oder der Fettsäuren anzupassen. — In den meisten Fällen wird man zur quantitativen Bestimmung der Gesamtmenge des Sterins in der folgenden Weise verfahren können.

Ausführung[1]): 10 g bis (bei vermutlich sterinarmen Fetten) 50 g Fettsäuren werden bei 60—70° mit einer Lösung von 0,2 g Digitonin in 20 ccm 96 proz. Alkohol vermischt[2]). Nach mindestens $^1/_4$stündigem Erwärmen gibt man wenigstens 25 ccm Chloroform, das den Digitoninüberschuß in Lösung hält, zu, ohne das Digitonid zu lösen. Man saugt sofort auf einer zuvor erwärmten Nutsche mit dicht anschließender Filterplatte schwach ab, wäscht zur Entfernung etwa erstarrter Fettsäuren 3—5 mal mit Chloroform oder einem anderen Chlorkohlenwasserstoff und dann öfter mit Äther bis der Niederschlag vollkommen fettfrei ist. Das Filtrat prüft man durch Zusatz von Digitoninlösung, ob nicht mangels genügenden Überschusses, der wenigstens 1,5‰ betragen soll[3]), Sterin ungefällt blieb. Die Digitonidkrystalle werden auf dem Filter 10 Minuten bei 100° getrocknet, nochmals mit Äther gewaschen und wieder getrocknet. Zur Reinigung kann man auch in 50 ccm heißem absoluten Alkohol lösen, der Lösung allmählich 10 Vol.-% Wasser, nach längerem Stehen abermals 10—15% Wasser zusetzen, nach einstündigem Stehen filtrieren, mit 90 proz. Alkohol waschen und dann trocknen. Aus dem Gewicht der Digitonide berechnet man durch Multiplizieren mit 0,2431 das Gewicht der Sterine[4]).

Um die Mengen des freien und des veresterten Sterins getrennt zu bestimmen, führt man zunächst die Fällung des freien Sterins aus, indem man wie oben verfährt, aber statt der Fettsäuren das ursprüngliche Fett verwendet. Aus dem Filtrat der Digitonidfällung wird hierauf das ungefällte Sterin abgeschieden. Nach Thaysen (a. a. O.) konzentriert man das Filtrat, schüttelt mit Äther, setzt hierauf Wasser zu und äthert vollständig aus. Die extrahierten Ester werden verseift, wobei, namentlich wenn Sterinester höherer gesättigter Fettsäuren vorliegen, zur Sicherheit vielstündiges Kochen mit Natriumalkoholat erforderlich sein soll. Die konz. Seifenlösung wird wiederum erst mit Äther geschüttelt, dann Wasser zugesetzt, worauf man die freien Sterine vollends ausäthert, die ätherische Lösung sorgfältig alkalifrei wäscht und dann konzentriert. Mit dem Rückstand wird die Digitonidfällung in gleicher Weise, wie oben angegeben, ausgeführt. Bei sorgfältiger Ausführung soll der Fehler für freies Cholesterin nicht mehr als 0,02%, für verestertes Sterin etwa 0,04% betragen. — Man kann aber auch zwei Bestimmungen nebeneinander ausführen, nämlich die des freien Sterins im ursprünglichen Fett und die der Gesamtmenge des Sterins; die Differenz der beiden Werte ergibt die Menge des gebundenen Sterins.

---

[1]) Eine brauchbare Apparatur beschrieb Wagner: Z. Nahrgsm. Bd. 30, S. 269. 1915.
[2]) Siehe auch Prescher: Z. Nahrgsm. Bd. 33, S. 77. 1916.
[3]) Thaysen: Bioch. Z. Bd. 62, S. 89. 1914.
[4]) Windaus: Z. physiol. Ch. Bd. 65, S. 110. 1910.

Fehlerquellen: Die Digitonide sind in den verwendeten Lösungsmitteln nicht völlig unlöslich, z. B. lösen vom Cholesterindigitonid 100 ccm 95proz. Alkohol 0,014 g, 100 ccm Äther 0,0007 g[1]); bei Proben mit sehr geringem Steringehalt ist deshalb zur Vermeidung verhältnismäßig großer Verluste die Menge der Waschflüssigkeiten auf das unbedingt Nötige zu beschränken. — Manche Digitoninpräparate versagen; jedes Präparat ist daher vor seiner erstmaligen Verwendung auf seine Wirksamkeit zu prüfen[2]), allenfalls krystallisiert man aus 85proz. Alkohol um. — Digitonin wird durch Basen gefällt, Spuren von Alkali sind deshalb sorgfältig auszuschließen.

Andere Bestimmungsmethoden: Das Cholesterin soll auch mit Lithiumchlorid eine Komplexverbindung geben, die sich beim Behandeln eines Öles mittels einer Lösung von Lithiumchlorid in Pyridin in Prismen vom Schmelzpunkt 140° vollständig abscheidet und nach Zusatz von Petroläther leicht filtriert werden kann[3]). Nach den bisher vorliegenden Kontrollversuchen kommt aber die Reaktion als Ersatz für die Digitonidfällung nicht in Betracht.

Die Bestimmung des Cholesterins kann auch mit Hilfe der zu diesem Zwecke ausgestalteten Cholestolreaktion spektrometrisch erfolgen. Auf dieselbe Weise kann auch das Oxycholesterin, das durch Digitonin nur sehr unvollständig gefällt wird, allein oder neben Cholesterin bestimmt werden[4]). Diese Methoden wurden aber noch nicht in die Fettanalyse eingeführt, ebensowenig die Bestimmung mittels der Bromthermalzahl[5]).

Unterscheidung der Sterine: Diese Reaktionen sind von besonderer Wichtigkeit zur Feststellung, ob ein Fett tierischer oder pflanzlicher Herkunft ist. Im ersten Falle enthält es nur Cholesterin, im anderen ein Phytosterin. Die Sterine unterscheiden sich charakteristisch durch ihre Krystallformen[6]), Schmelzpunkte (s. S. 36ff.) und Drehungsvermögen (s. S. 134), ebenso durch die ihrer Ester, besonders der Acetate.

Zur Isolierung des freien Sterins geht man entweder von der Gesamtmenge des Unverseifbaren aus, das nach S. 204 durch gründliche Verseifung von 100 g Fett und Extrahieren der Seifenlösung mit viel Äther erhalten wird, oder von dem ausgefällten Digitonid. Im ersten Falle wird das Unverseifbare in 95proz. Alkohol gelöst, durch Kochen mit Tierkohle entfärbt, das Filtrat eingedampft, die abgeschiedene Krystallmasse auf der Tonplatte abgepreßt, die Reinigung nötigenfalls wiederholt und das Sterin schließlich je nach seiner Menge in 5 bis 25 ccm absolutem Alkohol aufgenommen und die Lösung in einem Schälchen, das man anfänglich bedeckt hält, langsam krystallisieren gelassen. Liegt eine Mischung von Fett (fettem Öl) und Mineralöl vor, so entfernt man dieses vor Anstellung der Probe entweder — wenn es leicht flüchtig, petroleumartig ist, durch Abdestillieren mit überhitztem Wasserdampf oder — bei zäheren Schmierölen — durch Lösen der Mischung in 2 Teilen Äther und Fällen mit dem gleichen Volumen 96proz. Alkohol, Konzentrieren der klaren Alkohol-Ätherlösung und Dekantieren von der zweiten Ölabscheidung. Die Lösung enthält dann die höheren

---

[1]) Siehe auch MUELLER: J. Biol. Ch. Bd. 30, S. 39. 1917; C. 1918, I, S. 266.

[2]) Nach der „offiziellen Methode der amtlichen Nahrungsmittel-Kontrolle" zum Nachweis von Phytosterin in Fetten prüft man das Digitonin in der Weise, daß man die Reaktion ähnlich wie nach der oben gegebenen Vorschrift mit 50 g Schmalz, dem 2 g Baumwollsamenöl zugesetzt sind, ausführt. Z. öff. Ch., durch Sfsz. Bd. 48, S. 248. 1921.

[3]) ZWIKKER: Pharm. Weekbl. Bd. 54, S. 101. 1917.

[4]) LIFSCHÜTZ: Bioch. Z. Bd. 54, S. 212. 1913; SCHREIBER: Münch. med. Wochenschr. Bd. 60, S. 2001. 1913; C. 1914, I, S. 78.

[5]) KLAMROTH: Dissert. München 1911.

[6]) BÖMER: Z. Nahrgsm. Bd. 1, S. 21, 81, 532. 1898.

Alkohole neben wenig Kohlenwasserstoffen, ihr Rückstand wird verseift und die Seifenlösung wie oben weiterbehandelt[1]). Einfacher ist die Abscheidung aus dem Digitonid, das bei höherer Temperatur, z. B. durch Kochen in Xylol in seine Bestandteile zerlegt wird, worauf man das Sterin wie oben umkrystallisiert. Verdünnte Cholesterinlösungen bedecken sich beim Eindunsten gewöhnlich mit einer glänzenden Krystallhaut, konzentriertere Lösungen werden von großen, dünnen, kaum sichtbaren Tafeln durchsetzt. Bei verdünnten Phytosterinlösungen beginnt die Krystallisation meistens vom Rande, es scheiden sich bis 1 cm lange, verhältnismäßig starke Nadeln ab, während konzentriertere und unreine Lösungen gleichmäßig von sehr kleinen, feinen Nadeln erfüllt werden.

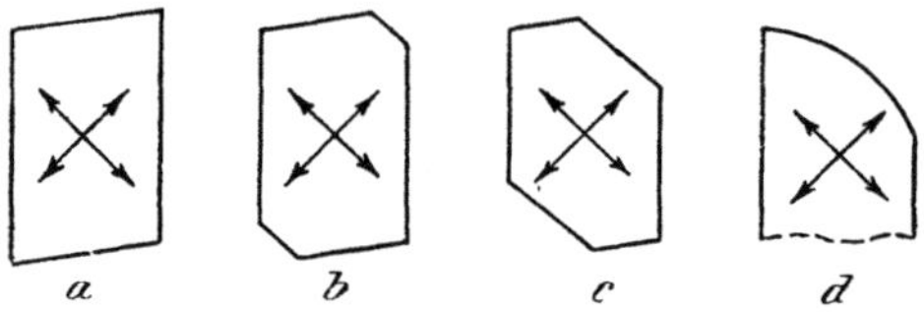

Abb. 52. Cholesterin-Krystalle.

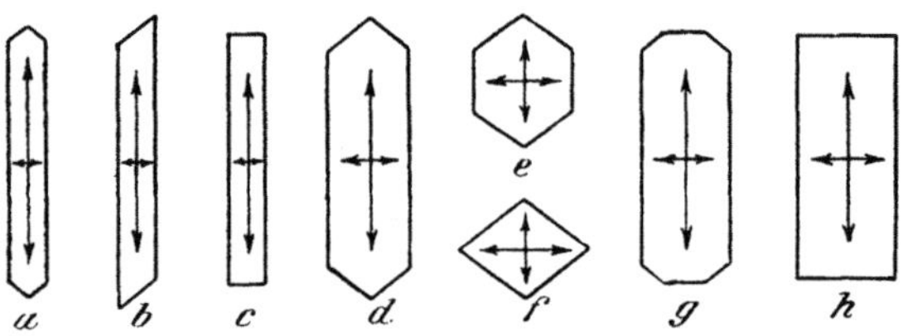

Abb. 53. Phytosterin-Krystalle.

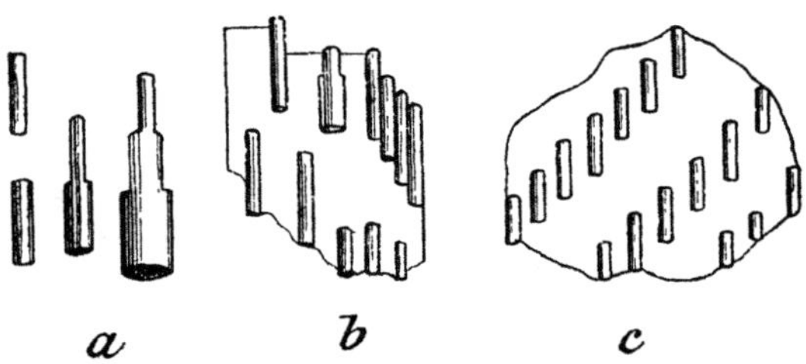

Abb. 54. Mischformen von Cholesterin und Phytosterin.

Cholesterin schmilzt bei 148,4 – 150,8° (korr.); die Phytosterine schmelzen bei 132—144° (korr.), die meisten zwischen 132 und 134°.

Zur mikroskopischen Untersuchung[2]) bringt man 1 Tropfen Lösung oder besser einige Kryställchen auf das Objektglas, bedeckt mit einem Deckgläschen und untersucht im stark konzentrierten Tageslicht, wenn möglich auch im polarisierten Licht.

Liegt nur Cholesterin vor, so sieht man die charakteristischen Formen nach Abb. 52, dünne rhombische Tafeln, die aber wahrscheinlich dem triklinen System angehören; am häufigsten ist die Form *a*, daneben auch *b* und *c*, selten *d*. Die Auslöschungsrichtungen (bei denen die Krystalle im Polarisationsmikroskop unter gekreuzten Nicols dunkel erscheinen) verlaufen, wie die eingezeichneten Pfeile zeigen, fast diagonal.

Auch die reinen Phytosterinkrystalle sind meistens leicht zu erkennen. Bei den ersten Krystallisationen erhält man zumeist dünne, aber breite Nadeln, an den Enden zweiseitig zugespitzt (Abb. 53 a), seltener abgeschrägt (Abb. 53 b); nach wiederholtem Umkrystallisieren entstehen größere, breite, sechsseitige Tafeln, in der Regel nach Abb. 53 d oder auch g und h, selten nach e und f. Die verschiedenen Formen treten auch nebeneinander auf. Die Auslöschungsrichtungen liegen parallel und senkrecht zur Längsrichlung der Krystalle.

[1]) MARCUSSON: Mitt. Kgl. Versuchsanstalt Berlin 1900, S. 261; 1901, S. 259.

[2]) BÖMER: a. a. O.; ZETSCHE: Pharm. Centralh. 1898, Nr. 49; s. a. LEWKOWITSCH: J. Soc. Ch. Ind. Bd. 18, S. 557. 1899.

Mischungen von Cholesterin mit sehr wenig Phytosterin lassen mitunter die Krystallformen der einzelnen Sterine nebeneinander erkennen, meistens bilden sie aber undeutliche Mischformen, feine, kurze Nädelchen (Abb. 54a, b, c). Wenn Cholesterin nicht überwiegt, sind die Krystalle der Mischungen von denen der reinen Phytosterine nicht zu unterscheiden. Der mikroskopische Befund ist zur Orientierung wertvoll, läßt aber in den wenigsten Fällen einen sicheren Nachweis von Cholesterin oder Phytosterin (Sitosterin) nebeneinander zu, insbesondere bei Anwesenheit anderer Sterine, wie Stigmasterin, Brassicasterin u. a.

Am zuverlässigsten erfolgt die Identifizierung der Sterine, wenigstens der Nachweis des Phytosterins, durch die Acetatprobe von BÖMER[1]: Die Essigsäureester der Sterine lassen sich leichter voneinander trennen als die freien Alkohole, weil die Acetylderivate der Phytosterine in Alkohol schwerer löslich sind als das Acetylcholesterin und sich schon in den ersten Fraktionen anreichern, auch liegen die Schmelzpunkte der Acetate genügend weit, um 10—20°, auseinander.

Zur Überführung des freien Sterins in das Acetat kocht man es kurz mit Essigsäureanhydrid, dampft den Überschuß ab und krystallisiert den Rückstand aus ein wenig absolutem Alkohol um[2]. Hat man aber das Digitonid gefällt, so kann man dasselbe direkt in das Acetat überführen[3]. Nach der offiziellen Vorschrift (s. oben) wird das Digitonid mit 3—5 ccm Essigsäureanhydrid 10 Minuten lang gekocht, die noch heiße Lösung mit dem vierfachen Volumen Alkohol von 50 Vol.-% versetzt und mit viel kaltem Wasser abgekühlt. Nach etwa 15 Minuten wird das ausgeschiedene Sterinacetat abfiltriert, mit 50proz. Alkohol gewaschen, in wenig Äther gelöst und die Lösung zur Trockenheit eingedampft[4]. Der Rückstand wird 3—4mal aus je 1 ccm absolutem Alkohol umkrystallisiert, wobei man jede Fraktion auf einer Tonplatte abpreßt und von der dritten Krystallisation ab jedesmal den Schmelzpunkt bestimmt. Man verwendet zweckmäßig ein abgekürztes Thermometer für das Intervall 100—150° und läßt es fast bis zum erwarteten Schmelzpunkt, wenigstens bis 116°, eintauchen. Im anderen Falle muß die Fadenkorrektur (S. 111) angebracht werden.

Cholesterinacetat schmilzt bei 114,3° (korr.), die Phytosterinacetate schmelzen durchwegs um wenigstens 10° höher; die Acetate der Sitosterine zwischen 125,6 und 137°, z. B. das Präparat aus Cocosöl bei 129°, das aus Leinöl bei 129,8°, das Acetat des Stigmasterins bei 141°, das des Brassicasterins bei 157—158°. Ist die bei der letzten Krystallisation erhaltene Fraktion bei 116° (korr.) völlig klar geschmolzen, so liegt reines Cholesterin vor, das untersuchte Fett ist somit tierischer Herkunft. Schmilzt die Fraktion bei 117° oder noch höher, so ist Phytosterin zugegen und das Untersuchungsmaterial muß Pflanzenfett sein oder solches wenigstens enthalten; eine sichere Entscheidung, ob reines Phytosterin oder eine Mischung mit Cholesterin vorliegt, ist nur bei Gegenwart beträchtlicher Mengen (über 50%) des letzteren möglich.

---

[1]) Z. Nahrgsm. Bd. 4, S. 1070. 1901; Bd. 5, S. 1018. 1902; WINTER: Dissert. Würzburg 1902; KLAMROTH: Dissert. München 1911.

[2]) Über die Abscheidung aus Fetten, die wenig alkohollösliche Glyceride enthalten, durch Auskochen derselben mit Alkohol, Verseifen des Auszuges und Acetylieren der unverseifbaren Anteile s. VAN LEENT: Ch. Weekbl. Bd. 12, S. 86. 1915; C. 1915, I, S. 1091.

[3]) WINDAUS: Z. physiol. Ch. Bd. 101, S. 276. 1918.

[4]) Eine andere Ausführungsform beschrieb LIFSCHÜTZ: Z. physiol. Ch. Bd. 101, S. 89. 1918.

Schmelzpunkte einiger Sterinacetat-Gemische[1]).

Cholesterinacetat vom Schmelzp. 112,8°	Phytosterinacetat vom Schmelzp. 129,2°	Schmelzpunkt des Gemisches
90%	10%	117°
80%	20%	120,5°
73,3%	26,7%	122,5°
60%	40%	125°
42,4%	57,6%	129°
20%	80%	129,1°
10%	90%	129,2°

Die angegebenen Werte sind selbstverständlich nicht allgemein gültig. Entsprechende Mengen höherschmelzender Phytosterinacetate ergeben auch höhere Mischschmelzpunkte, z. B. schmilzt das Acetat aus einem Gemisch von 90 Teilen Schweineschmalz und 10 Teilen Rüböl nicht bei 117°, sondern erst gegen 126°.

Fehlerquellen: Die Reaktion ist in sehr vielen Fällen außerordentlich scharf. Nach Bömer gestattet sie noch 1% Pflanzenfett in tierischem Fett nachzuweisen, es gibt aber Ausnahmen. Wenn das Unverseifbare neben Sterin viel andere, besonders flüssige Bestandteile enthält, können die durch direkte Acetylierung erhaltenen Präparate oft nur schwer oder selbst gar nicht zur Krystallisation gebracht werden. Ebenso wird die Reaktion erschwert durch die Gegenwart fester Kohlenwasserstoffe; deshalb hat man zuweilen mit Pflanzenölen verfälschten tierischen Fetten Paraffin zugesetzt, um die Phytosterinprobe zu stören. (Über die Bestimmung des Paraffins s. S. 273). In diesen Fällen reinigt man das Unverseifbare mittels Tierkohle oder man stellt das Acetat noch besser über das Digitonid her. Bei Gegenwart von Wollfett versagt die Reaktion, weil dieses neben Cholesterin auch Isocholesterin und andere nicht genau bekannte Alkohole enthält. Auch bei oxydierten (geblasenen) und bei hydrierten Ölen versagt die Probe fast immer, weil die Sterine durch Oxydation und Reduktion in nicht reaktionsfähige Derivate übergehen.

Nachweis des Cholesterins: Wie bereits angegeben, ist der Nachweis von Cholesterin neben einer großen Menge von Phytosterin und damit der von wenig tierischem Fett in viel pflanzlichem nicht möglich. In manchen Fällen gelingt dieser Nachweis auf Grund der verschiedenen Löslichkeit der Bromadditionsprodukte beider Sterine[2]). Man löst das durch Umkrystallisieren gereinigte Sterin in 10 Vol. Äther und setzt das gleiche Volumen einer Lösung von 5 g Brom in 100 ccm Eisessig zu. Bei Gegenwart von Cholesterin fällt das schwer lösliche „Dibromid" aus. Nach einstündigem Stehen wird der Niederschlag abfiltriert, mit Essigsäure, dann mit Wasser gewaschen, durch zweistündiges Kochen mit Eisessig und Zinkstaub entbromt, das so entstandene Gemisch von Cholesterin und Cholesterinacetat durch Eingießen der Lösung in Wasser gefällt und mit alkoholischer Lauge verseift. Das regenerierte Cholesterin wird durch die Krystallform und den Schmelzpunkt identifiziert. Bei Anwendung größerer Mengen (über 4 g) lassen sich 10% Cholesterin in einem Gemisch mit Phytosterin nachweisen (Windaus). Sind jedoch, wie meist im praktischen Falle, nur geringe Substanzmengen (wenige Zehntelgramme) zugegen, dann wird die Probe unzuverlässig und gestattet den Nachweis von Cholesterin nur bei einem Gehalte von mindestens 20—25% (Holde, Werner). Das am meisten verbreitete Phytosterin (vom Schmelzpunkt 136,5—137,5) gibt die Reaktion nicht, sein Dibromid ist in Äther-Eisessig

[1]) Jäger: Rec. trav. chim. Bd. 25, S. 349. 1906.

[2]) Wislicenus und Moldenhauer: Ann. Bd. 146, S. 178. 1868; Windaus: Ber. Bd. 39, S. 518. 1906; Ch.-Ztg. Bd. 30, S. 1011. 1906; s. dagg. Holde: Z. ang. Bd. 19, S. 1608. 1906; Werner: Dissert. Berlin 1911.

leicht löslich. Allerdings geben andere Phytosterine bzw. ihre Ester auch schwer lösliche Bromide, wenn diese aber, wie das Derivat des doppelt-ungesättigten Stigmasterins (s. S. 38) Tetrabromide sind[1]), so können sie vom Cholesterinbromid schon durch die Bestimmung des Halogengehaltes unterschieden werden.

Nachweis des Isocholesterins: Cholesterin und Isocholesterin können, wenn auch nicht vollständig, in Form ihrer Benzoesäureester getrennt werden[2]). Die isolierten Alkohole werden benzoyliert (nach der ursprünglichen Vorschrift durch 30stündiges Erhitzen mit der vierfachen Menge Benzoesäureanhydrid im Einschlußrohr auf 200°, besser mittels Benzoylchlorid in Pyridin[3]), das Reaktionsprodukt wird wiederholt mit Alkohol ausgekocht und der Rückstand aus Äther umkrystallisiert. Der Cholesterinester krystallisiert in dicken, rectangulären Tafeln, die bei 150—151° schmelzen, das Isocholesterinbenzoat scheidet sich als lockeres Krystallmehl ab, das bei 190—191° schmilzt. Liegt ein Gemisch beider Verbindungen vor, so läßt sich der Isocholesterinester leicht durch Dekantieren und Auslesen abtrennen. Zur Kontrolle werden die Ester verseift und die freien Alkohole durch den Schmelzpunkt (s. Tabelle S. 37) und die Bestimmung des Drehungsvermögens identifiziert. Auch die Benzoate unterscheiden sich charakteristisch durch das Drehungsvermögen:

Cholesterin $[\alpha]_D = -31{,}1$ bis $-36{,}6°$; Benzoat $-15{,}1$ bis $-15{,}4°$;
Isocholesterin $[\alpha]_D = +59{,}1$ bis $+60°$; „ $+73{,}3°$.

Die tierischen Fette, mit Ausnahme der Trane, enthalten weniger Sterin als die meisten Pflanzenfette, und zwar zum größten Teil als freien Alkohol. Der Steringehalt des Unverseifbaren beträgt bei tierischen Fetten etwa 10—38%, bei pflanzlichen Fetten zirka 40—63%[4]). Die Pflanzenfette sind sterinreicher, die Phytosterine sind teils frei, teils an Fettsäuren gebunden, wobei das Verhältnis von freiem Sterin zu Ester sehr verschieden sein kann; z. B. ist es im Leinöl fast 1 : 1, im Rüböl ungefähr 1 : 6. In der nachstehenden Tabelle sind die von Klostermann und Opitz[5]) bei der Untersuchung des Menschenfettes und einer Anzahl für die Ernährung wichtiger Fette gefundenen Werte zusammengestellt.

Steringehalte von Fetten in %.

	Frei	Verestert	Gesamtmenge
Menschenfett	0,158	0,017	0,175
Schweinefett	0,073	0,001	0,074
Butterfett	0,075	—	0,075
Gänsefett	0,039	0,002	0,041
Rindstalg	0,072	0,003	0,075
Hammeltalg	0,029	—	0,028
Oleomargarin	0,098	0,010	0,108
Lebertran	0,272	0,244	0,516
Olivenöl	0,092	0,041	0,134
Erdnußöl	0,192	0,056	0,248
Sesamöl	0,333	0,216	0,549
Rüböl	0,049	0,296	0,345
Mohnöl	0,226	0,022	0,248
Leinöl	0,197	0,219	0,416

[1]) Windaus: Ber. Bd. 39, S. 4378. 1906.
[2]) Schulze: J. pr. (2) Bd. 7, S. 163. 1872; Ber. Bd. 5, S. 1076. 1872; Bd. 6, S. 251, 571. 1873.
[3]) Dorée und Gardner: Proc. Roy. Soc. Bd. 80, S. 228. 1908; Bd. 81, S. 113. 1909; Dorée: Bioch. Z. Bd. 4, S. 75. 1909.
[4]) Marcusson und Meyerheim: Z. ang. Bd. 27, S. 201. 1914. Nach Stenart, Analyst Bd. 48, S. 155. 1923, dagegen nur 7% (bei Palmöl) bis 48% (bei Maisöl).
[5]) Z. Nahrgsm. Bd. 27, S. 713; Bd. 28, S. 138. 1914.

Bei der Härtung der Öle und Trane werden auch die in ihnen enthaltenen Sterine hydriert, wobei sie je nach den Reaktionsbedingungen primär 2 Atome Wasserstoff unter Sättigung der Doppelbindung aufnehmen, sekundär unter Abspaltung des Hydroxyls (Ersatz durch Wasserstoff) in die entsprechenden Kohlenwasserstoffe übergehen. Das so gebildete Dihydrocholesterin ist nicht identisch mit dem Koprosterin, sondern mit dem β-Cholestanol[1]). Bei der Reaktion von SALKOWSKI gibt das β-Cholestanol nur eine schwache Gelbfärbung, die allmählich in die Schwefelsäure übergeht, während sich die Chloroformschicht entfärbt. Gießt man diese ab und versetzt sie mit 1 Tropfen Essigsäureanhydrid, so tritt eine schwach kirschrote Färbung auf, die sich nach dem Zufügen einiger Tropfen Schwefelsäure vertieft und später langsam in ein schwaches Grün übergeht.

Nach ADAMLA[2]) wird Cholesterin mit Nickelkatalysator erst über 170° hydriert; gegen 200° wird bereits ein beträchtlicher Teil, bei 250° fast die gesamte Menge verharzt. Die Phytosterine sind beständiger; nach der Hydrierung bei 250° ist aber auch nur ein kleiner Teil mit Digitonin fällbar, die Hauptmenge ist in den Kohlenwasserstoff (Schmelzpunkt 102—103°, $[\alpha]_D = +48°$) verwandelt[3]).

2. Aliphatische Fett- und Wachsalkohole.

Ein einfacher Nachweis der Wachsalkohole und eine annähernde Ermittlung ihrer Menge besteht in der Bestimmung der Acetyl- oder Hydroxylzahl. Natürlich läßt sich aber auf Grund derselben nicht entscheiden, ob nur aliphatische Alkohole, nur Sterine oder Gemische beider vorliegen.

Die höheren aliphatischen Alkohole lassen sich qualitativ durch ihr Verhalten gegen Essigsäureanhydrid (s. Vorprobe S. 258) nachweisen. Bei Vermeidung eines zu großen Anhydrid-Überschusses können so die Alkohole auch zum Teil von den Kohlenwasserstoffen getrennt werden. Eine annähernde Trennung der aliphatischen Alkohole von den Sterinen ist möglich durch Behandeln des Gemisches der Acetate mit heißem 95proz. Alkohol, in dem die Sterinacetate wesentlich schwerer löslich sind. Man hat auch vorgeschlagen, das Gemisch hydroaromatischer und aliphatischer Alkohole mit konz. Schwefelsäure zu behandeln, wobei die ersteren in Kohlenwasserstoffe übergeführt werden, die anderen in Schwefelsäureester übergehen, die als Natriumsalze abgetrennt und durch Kochen mit Salzsäure in die ursprünglichen Alkohole verwandelt werden[4]). Das Verfahren ist aber zum mindesten nicht in allen Fällen (z. B. bei Wollfett) brauchbar und hat sich auch nicht eingebürgert. Dagegen sind die folgenden Methoden geeignet, die vornehmlich zur Bestimmung der Alkohole in Wachsen ausgearbeitet wurden, die aber — wenigstens die beiden letzten — auch zur Untersuchung des Unverseifbaren von Fetten dienen können. Für technische Analysen genügt die

Methode von LEYS[5]): Die aus 10 g Wachs abgeschiedenen unverseifbaren Substanzen werden mit 100 ccm Amylalkohol und dem gleichen Volumen konz. Salzsäure in einem Becherglas auf dem Asbestteller gekocht. Die Alkohole gehen in Lösung, die Kohlenwasserstoffe bleiben ungelöst und erstarren beim Abkühlen zu einem festen Kuchen, während die aus dem Amylalkohol teilweise

---

[1]) WILLSTÄTTER und ERWIN W. MAYER: Ber. Bd. 41, S. 2199. 1908.
[2]) Dissert. Freiburg 1912.
[3]) MARCUSSON und MEYERHEIM: Z. ang. Bd. 27, S. 201. 1914.
[4]) COCHENHAUSEN: J. Soc. Ch. Ind. Bd. 16, S. 447. 1897.
[5]) J. Pharm. Chim. Bd. 5, S. 577. 1912.

auskrystallisierenden Wachsalkohole lockere Flocken bilden. Der Kuchen wird abgehoben, nochmals mit 25 ccm Amylalkohol und 25 ccm Salzsäure gekocht und nach dem Erkalten wieder abgehoben und abgespült. Die amylalkoholischen Lösungen und die beim Erkalten aus denselben krystallisierenden Alkohole werden gewaschen, der Amylalkohol abgetrieben, der Rückstand in Benzol gelöst, das Benzol abdestilliert, der Rückstand getrocknet und gewogen.

Wenn aus Gemischen von Wachsalkoholen und Kohlenwasserstoffen die Alkohole zum Zwecke eingehenderer Untersuchung in größeren Mengen isoliert werden sollen, bedient man sich in manchen Fällen, besonders bei der Untersuchung von Wachsen, die keine Kohlenwasserstoffe vom höchsten Molekulargewicht enthalten, am besten der

Destillationsmethode[1]). Das Gemisch von Alkoholen und Kohlenwasserstoffen wird mit einer hochmolekularen Fettsäure erhitzt oder besser mit ihrem Anhydrid oder Chlorid, z. B. mit Stearinsäurechlorid (oder einem rohen Gemisch von Säurechloriden) im Überschuß behandelt, wobei die Alkohole quantitativ verestert werden. Die Siedepunkte der Ester liegen weit über denen der Kohlenwasserstoffe (und der überschüssigen Säure), so daß die letzteren im Hochvakuum leicht abfraktioniert werden können. Darauf verseift man den Rückstand und trennt die Alkohole von den fettsauren Salzen in der üblichen Weise. Das Verfahren hat sich namentlich bei der Untersuchung von Spermöl, hydriertem Spermöl und anderen technischen Produkten bewährt.

Methode von Hell-Buisine. Das von Hell[2]) ausgearbeitete, von A. und P. Buisine[3]) modifizierte Verfahren kann bei reinen Alkoholen oder Gemischen von bekannter Zusammensetzung zur quantitativen Bestimmung dienen, ist aber auch sonst, namentlich mit Hilfe der von Lewkowitsch angegebenen Ergänzungen (s. unten) zur annähernden Bestimmung des Gehaltes an aliphatischen Alkoholen verwendbar. Es beruht darauf, daß ein primärer Alkohol durch schmelzendes Alkali zur Carbonsäure oxydiert wird[4]), wobei die entsprechende Menge Wasserstoff entbunden wird und gemessen werden kann:

$$R-CH_2-OH + NaOH = R-COONa + 2\,H_2\,.$$

Ausführung: 2—10 g Substanz werden in einem Porzellantiegel geschmolzen, unter Rühren mit der gleichen Gewichtsmenge Ätzkali[5]) versetzt und bis zum Erkalten verrührt. Die erstarrte Masse wird mit der $1^1/_2$fachen Menge Kalikalk (1 Teil Kali, 2 Teile Kalk) fein verrieben. Mit dieser Mischung füllt man ein weites Reagensrohr oder einen kleinen birnförmigen Kolben möglichst voll an. Zur Erwärmung ist jedes auf mindestens 250° C heizbare Bad geeignet; ursprünglich wurde ein verschließbarer Eisenkessel verwendet (s. Abb. 55), in dessen Deckel der Hals des Reaktionsgefäßes, ein Thermometer, sowie ein eisernes Kühlrohr zur Verdichtung des als Heizflüssigkeit dienenden Quecksilbers befestigt waren.

Zum Auffangen und Messen des Wasserstoffes benützen A. und P. Buisine die von Dupré angegebene Vorrichtung, die nicht frei von Fehlerquellen ist; zu ihrer Vermeidung können selbstverständlich die bekannten Verfahrenselemente der Gasanalyse sinngemäßer zur Anwendung gelangen, wodurch die hier geschilderte rohe Methode zweckentsprechender ausgestaltet werden könnte. Das Reaktionsgefäß wird

---

[1]) Grün und Wittka: Unveröffentlichte Beobachtungen.

[2]) Ann. Bd. 223, S. 269. 1884. [3]) Monit. scient. 1890, S. 1127.

[4]) Dumas und Stas: Ann. Bd. 35. 1840.

[5]) Da pulverisiertes Ätzkali leicht Klumpenbildung veranlaßt, wodurch Substanzteile der Bestimmung entgehen könnten, empfehlen Ahrens und Hett: Z. öff. Ch. Bd. 5, S. 91. 1899, die Verwendung von gekörntem Kali.

mit einem englumigen Gabelrohr verbunden, dessen Hähne *A* und *B* anfangs geschlossen bleiben. Man füllt den Behälter *E* durch Heben der Flasche *F* vollständig mit Wasser an, bis ein Überschuß bei *C* austritt. Dann wird Hahn *D* geschlossen, *F* gesenkt, *A* geöffnet und das Bad angeheizt. Die Temperatur wird allmählich auf 250° C gesteigert, nachdem bei ca. 180° die Reaktion eingesetzt hatte. Befindet sich die Gasentwicklung in vollem Gang, so schließt man *A* und öffnet *B*, um den Verlauf des Prozesses beobachten zu können, der nach ca. 2 Stunden beendet ist. Hierauf wird *B* geschlossen, *A* geöffnet und vollständig erkalten gelassen. Das Gas wird nun in das Meßrohr übergeführt, indem man *F* hebt und Hahn *D* öffnet und die Ablesung

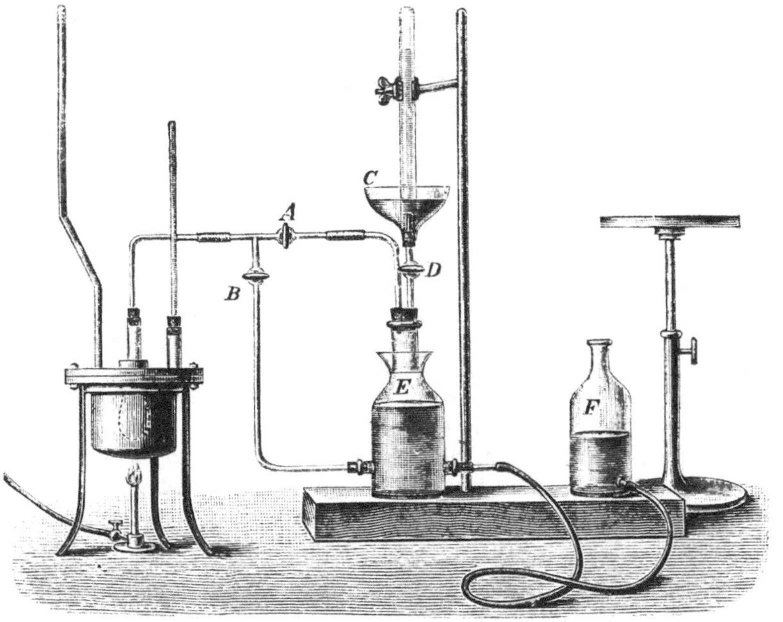

Abb. 55. Apparatur zur Bestimmung der Wachsalkohole.

unter Berücksichtigung von Temperatur und Druck vorgenommen. Das auf 760 mm und 0° C reduzierte Gasvolumen bezieht man auf 1 g Substanz.

Auf dem gleichen Prinzip wie das Hellsche Verfahren beruht die Methode von Lewkowitsch[1]). Die Änderung besteht darin, daß man statt den bei der Alkalischmelze auftretenden Wasserstoff zu messen, die entstandenen Säuren isoliert. Ein Vorteil des Verfahrens ist, daß es keine besondere Apparatur benötigt; selbstverständlich kann es aber auch mit der Hellschen Methode kombiniert, bzw. zur Ergänzung derselben ausgeführt werden. Die Methode soll insbesondere auch zur Unterscheidung der Wachsalkohole von den Sterinen verwendet werden, sie gibt jedoch nur Näherungswerte. Zur Ausführung wird der Rückstand der Kalischmelze pulverisiert und im Soxhletapparat mit trockenem Äther oder Petroläther extrahiert; hierbei werden Sterine und etwa vorhandene Kohlenwasserstoffe herausgelöst, deren Trennung voneinander mittels Essigsäure-

[1]) J. Soc. Ch. Ind. Bd. 11, S. 13. 1892; Bd. 15, S. 14. 1896.

anhydrid nach S. 258 vorgenommen werden kann. Der ungelöst gebliebene Anteil enthält die Kalisalze der aus den primären Alkoholen entstandenen Fettsäuren.

Die durch Schwefelsäure abgeschiedenen Säuren werden gesammelt, gereinigt und analysiert. Mitunter genügt die Identifizierung durch den Schmelzpunkt und die Kennzahlen. Im anderen Fall, wenn ein Gemisch verschiedener Säuren vorliegt, isoliert man die einzelnen Säuren. Die Säuren von geringerem Molekulargewicht, z. B. Palmitinsäure (aus Cetylalkohol) lassen sich von den hochmolekularen Säuren, z. B. Cerotinsäure (aus Cerylalkohol) oder Melissinsäure (aus Melissylalkohol) bereits leicht durch Behandlung des Gemisches der Natronseifen mit 40proz. Alkohol trennen. Im übrigen werden die S. 220 bis S. 252 beschriebenen Trennungsmethoden angewendet.

Bei Kontrollversuchen blieben 4—6% primärer Alkohol unverändert, [z. B. reagiert der Melissylalkohol zu 96%[1])], während von Cholesterin, das als sekundärer Alkohol unangegriffen bleiben soll, 7% verloren gingen. Ferner ist zu beachten, daß die aliphatischen Wachsalkohole, wenn auch vorwiegend, so doch nicht ausschließlich primär sind (s. S. 41).

	Formel	Schmelzpunkt °C	Jodzahl	Acetate		Gewichtszunahme beim Kochen mit Essigsäureanhydrid %
				Verseifungszahl	Schmelzpunkt °C	
Cetylalkohol	$C_{16}H_{34}O$	50	—	197,5	22—23	17,2
Octadecylalkohol	$C_{18}H_{38}O$	59	0	180,0	31	15,5
Cerylalkohol	$C_{26}H_{54}O$	79	0	132,3	65	11,0
Melissyl (Myricyl)alkohol	$C_{30}H_{62}O$	87,5	0	116,7	70	9,6
Cholesterin	$C_{27}H_{46}O$	148,5	(65,8)	131,1	114	10,9
Isocholesterin	$C_{27}H_{46}O$	137—138	(65,8)	131,1	unter 100	10,9
Phytosterin, Sitosterin	$C_{27}H_{46}O$	137—138	(65,8)	131,1	125,6—137	10,9
Stigmasterin	$C_{30}H_{48}O$	170	—	120,4	141	9,9
Walratölalkohole	—	25,5—27,5	64,6—65,8	161—190	—	—
Karnaubawachsalkohole	—	88—90	—	104,9	—	10,2
Wollwachsalkohole	—	44,4—48,9	36	136,2	—	10,84
Bienenwachsalkohole	—	75—76;	—	99—103;	—	6,5—7,7;
,,		65—66,1		94—102		3,8—4,1
Walratalkohole	—	46,7	—	148,9	—	15,64
Insektenwachsalkohole	—	78	—	123,5	—	8,12—8,87

3. Kohlenwasserstoffe.

Die normalen Fette, namentlich alle Pflanzenfette und alle Fette von Landtieren enthalten nur einige Hundertstel- bis höchstens Zehntelprozente Kohlenwasserstoffe. Größere Mengen von Kohlenwasserstoffen kommen in gewissen Seetierfetten vor, in einigen sogar als integrierende Bestandteile. Technische Fettsäuren, namentlich Elaine, können Kohlenwasserstoffe enthalten, die durch teilweise Zersetzung der Säuren bei der Destillation entstehen. Als Zusätze oder Verfälschungen können Fette und Fettsäuren sowohl feste Kohlenwasserstoffe, Paraffin und Ceresin enthalten, als auch flüssige Mineralöle, Harzöle und Teeröle, mitunter auch andere hydroaromatische sowie aromatische Kohlenwasserstoffe.

Der Nachweis der Kohlenwasserstoffe im Unverseifbaren und eine annähernde Abtrennung von den übrigen Bestandteilen desselben kann, wie oben angegeben, durch Kochen der Substanz mit Essigsäureanhydrid erfolgen, wobei die Kohlenwasserstoffe ungelöst bleiben. Zur genaueren Untersuchung bestimmt man die einzelnen Gruppen von Kohlenwasserstoffen nach den folgenden Methoden.

[1]) Ryan und Dillon: J. Ch. Soc. Bd. 110, I, S. 706. 1916; s. a. Ahrens und Hett: a. a. O.

a) *Kohlenwasserstoffe in Seetierfetten.*

Die Leberöle und andere Organfette gewisser Seetiere, besonders von Haifischen, enthalten — manche als Hauptbestandteile — flüssige Kohlenwasserstoffe[1]). (Solche kommen sonst nur in pathologischen Bildungen vor.) Der Hauptbestandteil ist das Squalen $C_{30}H_{50}$, eine sechsfach ungesättigte Verbindung mit verzweigter Kohlenstoffkette. Neben oder statt Squalen findet sich angeblich auch das niedere Homologe Spinacen $C_{29}H_{48}$, ferner andere Kohlenwasserstoffe, darunter gesättigte, wie ein Iso-octadecan.

Das Squalen ist ausgezeichnet durch seine geringe Dichte ($d_4^{15} = 0{,}8587 - 0{,}8591$) und den niedrigen Erstarrungspunkt (— 75°); charakteristisch ist ferner die hohe Jodzahl, berechnet 371,1 (gef. nach HÜBL: 398,7; nach WIJS: 388,1), dementsprechend die Fähigkeit durch Autoxydation zu trocknen, die Bildung eines Dodecabromids $C_{30}H_{50}Br_{12}$, das sich bei 170° schwärzt und bei 176—177° schmilzt. Besonders charakteristisch ist die Bildung von Hexahydrohalogeniden, die zum Nachweis verwendet werden.

Man löst das abgeschiedene Unverseifbare in trockenem Äther oder Aceton — etwa 1 Gewichtsteil in 5 Raumteilen — und leitet unter Kühlung mit Eis Halogenwasserstoff ein. Die ausfallenden weiß-seidenglänzenden Krystalle werden abfiltriert, mit Äther gewaschen und aus Aceton umkrystallisiert. Die Fällung ist nicht quantitativ, die Chlor- und die Jodverbindung erhält man in einer Ausbeute von ungefähr $^1/_3$ der Theorie, von der Bromverbindung erhält man etwa $^2/_3$ der Theorie. TSUJIMOTO[2]) empfiehlt trotzdem die Ausführung der Reaktion mittels Chlorwasserstoff. Zur Kontrolle bestimmt man den Schmelzpunkt (das Hexahydrochlorid sintert bei 112° und schmilzt bei 125° unter Abspaltung von Chlorwasserstoff) und den Chlorgehalt (Theorie für $C_{30}H_{50} \cdot 6\,HCl = 33{,}82\%$ Cl).

Zur quantitativen Bestimmung wurde vorgeschlagen, das zu untersuchende Öl im Vakuum (unter 10 mm) unter Einleiten eines indifferenten Gases zu destillieren. Das Destillat wird gewogen, titriert und vom Gewicht der Gehalt an Fettsäure (berechnet als Ölsäure) abgezogen. Die Bestimmung ist bei hohen Squalengehalten genügend genau, z. B. wurden statt 50% gefunden 48,8%, das ist 97,6% der Theorie, bei squalenarmen Ölen erhält man nur Näherungswerte, z. B. gefunden 8,4% statt 10%, entsprechend einem Fehler von 16% vom Wert.

Einige Leberöle bestehen zum größten Teile aus Squalen, sie enthalten daneben nur wenig andere unverseifbare Bestandteile und Triglyceride. Haifischleberöle mit einer Dichte von d_4^{15} unter 0,9 erwiesen sich bisher durchwegs als squalenhaltig. Die von TSUJIMOTO[3]) in verschiedenen Leberölen und einem Eieröl gefundenen Squalengehalte sind in der folgenden Tabelle zusammengestellt.

Leberöle	Squalengehalte in Proz.
Squalus mitsukurii (Ai-zamé)	84,8 82,4
Pristiurus pilosus (Imori-zamé)	79,4
Deania eglantina (Heratsuno-zamé)	58,3
Chlamydoselachus anguineus (Rabuka-zamé)	7,1
Zameus squamulosus (Birodo-zamé)	27,6 19,5
Lepidorhinus kinbei (Kinbei-zamé)	30,3
Dalatias licha (Kanatsubo-zamé)	29,9
Centroscymnus owstonii (Yume-zamé)	24,3
Centroscyllium ritteri (Kuroko-zamé)	13,5
Cetorhinus maximus (Uba-zamé)	26,0
Eieröl	
Chlamydoselachus anguineus	33,0

[1]) MASTBAUM: Ch.-Ztg. Bd. 39, S. 889. 1915; TSUJIMOTO: Eng. Bd. 8, S. 889. 1916; Bd. 12, S. 63, 73. 1920; CHAPMAN: J. Ch. Soc. Bd. 111, S. 56. 1917; Bd. 113, S. 458. 1918; Bd. 123, S. 769. 1923; MAJIMA und KUBOTA: Japan. Journ. of Chem. Bd. 1, S. 19. 1922; C. 1923, III, S. 734.

[2]) Eng. Bd. 12, S. 63. 1920.

[3]) Ebenda, S. 63, 73.

b) *Feste Kohlenwasserstoffe.*

Bestimmung in Fetten[1]). Zur quantitativen Bestimmung geringer Mengen von Paraffin oder Ceresin wird das, allenfalls von Sterinen befreite Unverseifbare aus 100 g Fett mit 5 ccm konz. Schwefelsäure in einem mit Glasstopfen und Gummikappe verschlossenen Gläschen eine Stunde auf 104—105° erhitzt, wobei man während der letzten halben Stunde zwei- bis dreimal schüttelt. Nach dem Erkalten wird dreimal mit je 10 ccm unter 50° siedendem Petroläther 1 Minute lang kräftig ausgeschüttelt. Die vereinigten Auszüge werden dreimal mit je 10 ccm Wasser gewaschen; dem zweiten Waschwasser werden einige Tropfen Chlorbaryumlösung zugesetzt. Dann wird in ein Wägegläschen filtriert, das Lösungsmittel abgedunstet, der Rückstand bei 100° getrocknet und gewogen.

Für annähernde Bestimmungen genügt allenfalls folgende Schnellmethode[2]): In ein Probierrohr von 15 ccm Fassung und 10 mm lichter Weite, das in $^1/_{10}$ ccm geteilt ist, werden genau 7 ccm Glycerin-α-dichlorhydrin abgemessen, dazu 1,2 ccm Wasser und 1,43 g Substanz (das ursprüngliche Fett oder die Fettsäuren). Man erwärmt auf 65°, schüttelt sanft durch, läßt 10 Minuten bei 65° absitzen und liest das Volumen des ungelöst Gebliebenen ab. $^1/_{10}$ ccm entspricht ungefähr 5% Mineralfett. Zur Identifizierung dient eine Bestimmung der kritischen Lösungstemperatur; man löst 0,2 g des in trockenem Dichlorhydrin ungelöst bleibenden Rückstandes in 10 ccm heißem Dichlorhydrin, erwärmt stark und läßt mit eingetauchtem Thermometer erkalten. Paraffin ergibt bei 88—92° eine Trübung, Ceresin erst bei 112—115°.

Zur Unterscheidung des Ceresins vom Paraffin dient ferner der höhere Schmelzpunkt 61—84° gegen 38—56°, die größere Dichte 0,910—0,943 gegen 0,867 bis 0,915 (d^{15}), auch die amorphe Struktur und die geringere Löslichkeit.

Zum Nachweis von Paraffin in Ceresin dient vor allem die Bestimmung des Schmelzpunktes und der Dichte, ein Schmelzpunkt unter 60° und ein spez. Gewicht unter 0,910 beweist, daß sicher Paraffin zugegen ist. Man hat zur Unterscheidung und selbst zur quantitativen Bestimmung auch die refraktometrische Untersuchung vorgeschlagen; im Butterrefraktometer wurden bei 90° für Paraffin 1,5—6,8 Sk.-T., für Ceresin 11,5—13,0 Sk.-T. gefunden[3]). Nach anderen Beobachtungen sind die Grenzen weniger eng gezogen, insbesondere kann Ceresin bis 19,2 Sk.-T. zeigen, so daß die Methode nicht zuverlässig ist[4]). Hingegen ist der Nachweis und sogar die annähernde quantitative Bestimmung nach dem von Graefe[5]) angegebenen und von Marcusson und Schlüter[6]) modifizierten Verfahren möglich.

3 g Unverseifbares werden unter Erwärmen in 30 ccm Schwefelkohlenstoff gelöst, dann wird auf 25° abgekühlt und mit 300 ccm einer Mischung von gleichen Teilen Äther und 96 proz. Alkohol versetzt. Reines, nicht über 54° schmelzendes Paraffin ergibt keine Fällung. Fällt ein Niederschlag, so wird er schnell abgenutscht, mit 25 ccm Alkoholäther gewaschen und an der Luft getrocknet. Dann bringt man die Hauptmenge mit dem Spatel in ein gewogenes Schälchen, spült den Rest mit heißem Benzol dazu, verdampft das Lösungsmittel und wägt den Rückstand. Die Fällung des Ceresins ist keine vollständige, man kann aber annehmen, daß im Mittel 60% ausfallen.

a g Niederschlag entsprechen folglich $\frac{100 \cdot a}{60} = 1{,}67$ g Ceresin, das ist bei einer Einwage von 3 g: $\frac{1{,}67 \cdot a \cdot 100}{3} = 55{,}3 \cdot a\%$ des Unverseifbaren. Die Bestimmung ist auf etwa 10% genau.

---

[1]) Polenske: Arb. Ges.-Amt Bd. 22, S. 576. 1905; Z. Nahrgsm. Bd. 19, S. 271. 1910; s. a. Lewkowitsch: Ch. Revue Bd. 14, S 51. 1907; Entwürfe zu Festsetzungen über Lebensmittel. Berlin 1912. S. 41.

[2]) Verona-Rinati: Ann. di Chim. appl. Bd. 2, S. 201. 1914.

[3]) Ulzer und Sommer: Ch.-Ztg. Bd. 30, S. 142. 1906.

[4]) Marcusson und Schlüter: Ch.-Ztg. Bd. 31, S. 348. 1907.

[5]) Ch.-Ztg. Bd. 27, S. 248. 1903. [6]) a. a. O.

Bestimmung in Wachsen. Zur annähernden Bestimmung genügt das Verfahren von LEYS (s. oben, Bestimmung der Alkohole): Nach zweimaligem Kochen des Unverseifbaren mit Amylalkohol und Salzsäure wird der ungelöst bleibende Anteil, der nach dem Erkalten des Reaktionsgemisches eine feste Scheibe bildet, mit Wasser gewaschen, getrocknet und gewogen. Zur Kontrolle auf vollständige Entfernung der Alkohole kann man die Acetylzahl, die praktisch Null sein muß, bestimmen.

Bienenwachs enthält maximal 14,5% Kohlenwasserstoffe, die zwischen 49 und 59° schmelzen. Von Paraffin und Ceresin unterscheiden sich die Kohlenwasserstoffe durch die verhältnismäßig hohen Jodzahlen, 20—22, gegen höchstens 4.

c) *Mineralöle.*

Die Gegenwart von Mineralölen wird häufig schon am Geruch erkannt, mitunter auch an der Fluorescenz. Fluorescierende Mineralöldestillate zeigen in einem Gefäß, dessen Boden eine Schicht Knochenkohle bedeckt, im auffallenden Lichte Blaufärbung. Diese optische Erscheinung tritt auch schon bei Fetten auf, die einige Prozente Vaselinöl oder andere fluorescierende Produkte enthalten[1]).

Zur Kennzeichnung der Mineralöle dient ihr spez. Gewicht 0,84—0,93, die niedrigen Jodzahlen (6—12), das geringe Drehungsvermögen (maximal +2 bis +3°), die Brechungsexponenten (1,490—1,507° bei 18°), ihre Schwerlöslichkeit in Alkohol, die Indifferenz gegen Schwefelsäure, Salpetersäure usw. (vgl. Tabelle S. 278).

Niedrig siedende Mineralöle können bei der üblichen Prüfung (S. 258) der Beobachtung entgehen. Zur Sicherheit prüfe man deshalb den Flammpunkt des ursprünglichen Öles. Zur quantitativen Bestimmung der leichtflüchtigen Mineralöle dient das

Verfahren von NORMANN und HUGEL[2]):

Möglichst viel, wenigstens 200—300 ccm Öl werden in einem Bodenrohrkolben oder auch bloß Fraktionierkolben mit Dampfeinleitungsrohr von 1 l Inhalt mit trockenem, nicht überhitztem Dampf behandelt, und zwar je nach der Flüchtigkeit $^1/_4$—$1^1/_2$ Stunden. (Natürlich darf kein Öl überspritzen.) Das Destillat wird durch einen Rückflußkühler geleitet und in einem 100 ccm Meßzylinder aufgefangen. Hierauf legt man eine zweite Vorlage vor und überzeugt sich, ob nichts mehr übergeht. Nach dem Absitzen liest man das Volumen des Kohlenwasserstoffs über dem kondensierten Wasser ab. Das Resultat wird in Volumprozenten erhalten. Man muß es aber zumeist in Gewichtsprozenten angeben; zu diesem Zweck muß man das spez. Gewicht bestimmen, oder man wägt das gesamte Destillat, zieht das Gewicht des Wassers ab und drückt die Differenz in Prozenten der Einwage aus. Die Genauigkeit ist $\pm^1/_2$%.—Wenn das untersuchte Fett ranzig ist, so können auch verseifbare Bestandteile, flüchtige Fettsäuren, in das Destillat mit übergehen. Man prüft es deshalb auf flüchtige Fettsäuren, schüttelt, wenn solche vorliegen, mit Lauge aus und destilliert allenfalls nach Zusatz von Chlorcalcium nochmals[3]).

In Fischölen lassen sich Zusätze von Mineralöl, Vaselin und Paraffin nach der gebräuchlichen Methode zur Abscheidung des Unverseifbaren (S. 204) oft nur sehr schwierig und unvollkommen bestimmen. Man kann bei der Verseifung Emulsionen erhalten, aus denen das Unverseifbare weder auf nassem noch auf trockenem Wege glatt extrahiert werden kann. In solchen Fällen ist das Verfahren von CONDELLI[4]) brauchbar.

---

[1]) SACHER: Farbenztg. Bd. 21, S. 1012. 1916; C. 1916, II, S. 703.
[2]) Ch. Umschau Bd. 26, S. 19. 1919. [3]) MARCUSSON: Sffbr. Bd. 39, S. 201. 1919.
[4]) Staz. sperim. agrar. ital. Bd. 50, S. 73. 1917; C. 1918, II, S. 867.

Ein weites Reagensglas mit flachem Boden von 20 cm Länge, oben verengt und mit $^1/_{10}$ ccm-Teilung versehen, wird mit 3 ccm Öl beschickt, dann setzt man allmählich 15 ccm Schwefelsäure von 66° Bé zu, erwärmt 45 Minuten im siedenden Wasserbad und gibt dann vorsichtig Wasser zu, bis das Mineralöl in den kalibrierten Teil des Gefäßes gelangt. Um auch eine genauere, gravimetrische Bestimmung zu ermöglichen, ist an das Gefäß oben ein Röhrchen rechtwinklig angeschmolzen, so daß man das Mineralöl durch Neigen des Glases ausgießen kann. Man spült mit Äther nach, vertreibt das Lösungsmittel und wägt.

d) *Harzöle.*

Sehr empfindlich ist die LIEBERMANN-STORCHsche Reaktion[1]). Man schüttelt 1—2 ccm Unverseifbares unter schwachem Erwärmen mit 1 ccm Essigsäureanhydrid und versetzt nach dem Abkühlen mit 1 Tropfen konz. Schwefelsäure, nach MORAWSKI[2]) besser mit Säure vom spez. Gewicht 1,53 (347 ccm konz. Schwefelsäure + 357 ccm Wasser). Bei Gegenwart von Harzöl tritt eine intensiv rotviolette Färbung auf, die zum Unterschied von der ähnlichen Färbung, die Sterine geben, bald in Braun umschlägt. Harzsäuren geben allerdings eine ganz ähnliche Färbung, sie können aber durch Lauge leicht abgetrennt werden.

Die Harzöle erkennt man häufig schon an ihrer äußeren Beschaffenheit. Sie zeigen charakteristischen Geruch, sind zähflüssiger als die meisten Mineralöle und verbrennen mit stark rußender Flamme. Zur Unterscheidung von Mineralölen dient ferner ihr spez. Gewicht: 0,96—1,91, das viel höhere Drehungsvermögen: +23 bis +50°, die höheren Brechungsexponenten: 1,535—1,549 bei 18° und die höheren Jodzahlen (zwischen 40—50).

Die Methoden zur Bestimmung von Harzöl neben Mineralöl bzw. der Nachweis von Mineralöl in Harzöl beruhen auf der Verschiedenheit der Löslichkeit beider Öle. Nach VALENTA[3]) verwendet man Eisessig, der bei 50° etwa 2,6—6,5% Mineralöl gegen fast 17% Harzöl löst; günstiger ist das fraktionierte Lösen nach WIEDERHOLD[4]) mittels einer Mischung von 10 Raumteilen Alkohol ($d^{15,5} = 0,818$) und 1 Raumteil Chloroform, die bei 15° etwa 6% Harzöl aufnimmt, während Mineralöl ungelöst bleibt. Mit Aceton ist Harzöl in jedem Verhältnis mischbar, Mineralschmieröle lösen sich erst in einem Mehrfachen ihres Volumens. Auch in Alkohol ist Harzöl wesentlich leichter löslich; im doppelten Volumen absoluten Alkohols lösen sich 50—100%, von Mineralschmierölen nur 2—25%, höchstens — sehr leichte Öle — bis zu 35%. Zum sicheren Nachweis auch kleiner Mengen von schwerem Mineralöl in Harzöl dient die Probe von HOLDE[5]):

10 ccm Öl werden im Meßzylinder mit 90 ccm 96gewichtsproz. Alkohol bei Zimmerwärme durchgeschüttelt. Löst sich fast alles auf, so wird die alkoholische Lösung allmählich mit so viel Wasser versetzt, bis eine starke, milchige Trübung auftritt. Beim längeren Stehen wird etwas Öl, aber nicht mehr als 1 ccm abgeschieden; man dekantiert die überstehende Lösung ab, wäscht das Öl mit einigen Kubikzentimetern 96proz. Alkohol, nimmt es unter Schütteln in 20 ccm 96proz. Alkohol auf und setzt wiederum Wasser zu, bis eine Trübung und nach längerem Stehen eine Abscheidung von Öl, diesmal aber höchstens 0,1 ccm, erfolgt. Die Abscheidung wird abgespült, mit heißem, absolutem Alkohol gewaschen, der Alkohol verdampft und von den verbleibenden Öltröpfchen der Brechungskoeffizient bestimmt. Liegt dieser unter 1,5330, so enthielt die Probe Mineralöl. — Wenn bei der ersten Ausschüttlung eine beträchtliche Ölmenge ungelöst bleibt, so ist wahrscheinlich eine größere Menge Mineralöl zugegen. Man bestimmt nach Absitzenlassen des Ungelösten und Dekantieren der Lösung den Brechungskoeffizienten, der bei Gegenwart von Mineralöl unter 1,5330 bei 18° liegt.

---

1) Ber. d. österr. Ges. z. Förd. d. chem. Ind. 1887, S. 93. Es sollen allerdings auch Harzöle im Handel vorkommen, die so weitgehend gereinigt sind, daß sie die LIEBERMANN-STORCHsche Reaktion nicht geben. LEWKOWITSCH: Ch. Technol. 6. ed. Bd. 1, S. 638.

2) Mitt. Techn. Gewerbe-Museum Wien 1888.

3) Dingl. Polyt. J. Bd. 258, S. 39. 4) J. pr. (2) Bd. 47, S. 394. 1893.

5) Untersuchung der Kohlenwasserstofföle und Fette, 5. Auflage. Berlin 1918. S. 290.

In Zweifelsfällen behandelt man das ungelöst Gebliebene wieder mit Alkohol und verfährt weiter wie oben angegeben.

Zur quantitativen Bestimmung von Harzöl neben Mineralöl dient die Methode von STORCH[1]): 10—15 g Substanz (frei von Fett) werden mit der fünffachen Menge 96 proz. Alkohol (*a*) schwach erwärmt und geschüttelt, dann wird auf Zimmertemperatur abkühlen gelassen. Man dekantiert die alkoholische Lösung vom Ungelösten, spült dieses mit einigen Kubikzentimetern 90 proz. Alkohol ab, dunstet die Lösung mitsamt dem Waschalkohol auf dem schwach-siedenden Wasserbad ein, bis der verbleibende Rückstand blasenfrei geworden ist, läßt erkalten und wägt. Dieser Rückstand (*A*), bestehend aus dem Harzöl mit einer Beimengung von Mineralöl, wird nun wiederum, dieses Mal mit der 10fachen Gewichtsmenge Alkohol (*b*) wie oben behandelt. Man erhält so einen Rückstand (*B*), das Harzöl mit nur noch wenig Mineralöl. Die Menge des letzteren läßt sich rechnerisch folgendermaßen ermitteln:

Bei der Behandlung der Einwage mit *a* g Alkohol wurden *A* g gelöst, bei der Behandlung der isolierten Menge *A* mit *b* g Alkohol wurden *B* g gelöst. Die Gewichtsdifferenz $(A - B)$ ist die Menge des von Alkohol bzw. von der alkoholischen Harzöllösung gelösten Mineralöles. Daraus kann man die Löslichkeit des Mineralöles im Alkohol berechnen. $(a - b)$ g Alkohol lösen $(A - B)$ g Mineralöl. Die Menge des bei der 2. Ausschüttlung von den *b* g Alkohol gelösten Mineralöles (*m*) ergibt sich folglich aus der Proportion:

$$m : b = (A - B) : (a - b)$$

$$m = \frac{(A - B)\, b}{a - b}.$$

Diese Menge ist von der des zweiten Rückstandes abzuziehen; die in der Einwage enthaltene Harzölmenge ist folglich $(B - m)$.

e) *Steinkohlenteeröle.*

Die Gegenwart von Teerölen wird zumeist schon an deren charakteristischem Geruch erkannt, größere Mengen auch am hohen spez. Gewicht, über 1,0. In Alkohol sind sie sehr leicht löslich. Mit konz. Schwefelsäure geben sie beim Erwärmen im Wasserbad wasserlösliche Sulfosäuren, mit konz. Salpetersäure (1,45) unter starker, oft explosionsartiger Temperaturerhöhung Nitroprodukte.

Die quantitative Bestimmung beruht darauf, daß die Teeröle mit Dimethylsulfat in jedem Verhältnis mischbar sind, während sich die Mineralöle, mit Ausnahme der ganz leichten, in der Kälte überhaupt nicht, die Harzöle nur sehr wenig lösen[2]). Man schüttelt die Probe in einem Meßzylinder 1 Minute lang bei 20° mit dem 1,5fachen Volumen Dimethylsulfat, läßt absitzen und liest das Volumen der unteren Dimethylsulfatschicht ab. Aus der Volumenzunahme ergeben sich die Volumprozente Teeröl. Die Bestimmung ist je nach der Zusammensetzung der Proben bis auf 1—2% vom Wert genau. Größere Differenzen ergeben sich bei Gegenwart leichter Mineralöle, so sind z. B. selbst 20 Teile Benzin durch Dimethylsulfat nicht mehr nachweisbar[3]). — In solchen Fällen führt man die Bestimmung gravimetrisch aus. Man schüttelt eine gewogene Menge der Substanz mit Dimethylsulfat, trennt die Dimethylsulfatschicht ab, kocht sie mit Lauge, neutralisiert das überschüssige Alkali, äthert die Lösung aus, verdampft den Äther und wägt den Rückstand. Dabei können sich unter Umständen allerdings auch leichtsiedende Teerbestandteile verflüchtigen.

f) *Braunkohlenteeröle.*

Die Teeröle aus Braunkohlen zeigen ähnlichen kreosotartigen Geruch wie die aus Steinkohlen, auch hohes spez. Gewicht (0,89—0,97) und große Löslichkeit in Alkohol (im doppelten Volumen absoluten Alkohols lösen sich 20—60%). Mit Salpetersäure 1,45 reagieren sie energischer als Mineralöle, aber schwächer als Steinkohlenteeröle. Von diesen unterscheiden sie sich auch charakteristisch durch die hohen Jodzahlen (40—80). Wenn sie, wie es meistens der Fall ist, nicht sorgfältig mit Lauge oder Alkohol raffiniert wurden, enthalten sie Phenole und können durch die Kupplung derselben zu Azofarbstoffen nachgewiesen

---

[1]) Ber. d. österr. Ges. z. Förd. d. chem. Ind. 1887, S. 93.

[2]) VALENTA: Ch.-Ztg. Bd. 30, S. 266. 1906.

[3]) Siehe auch GRAEFE: Ch. Revue Bd. 14, S. 112. 1907.

werden[1]): 5 ccm Öl werden mit 5 ccm Normalkalilauge 5 Minuten lang gekocht. Die wässerige Schicht wird abfiltriert und nach dem Erkalten mit einigen Tropfen einer frisch bereiteten Lösung von Benzoldiazoniumchlorid (aus eisgekühlter salzsaurer Lösung von Anilinchlorhydrat und Kaliumnitrit) versetzt; bei Gegenwart von Phenol entsteht eine Rotfärbung.

g) *Kohlenwasserstoffe aus Fettsäuren.*

In destillierten Fettsäuren finden sich durch teilweise Zersetzung der Säuren gebildete Kohlenwasserstoffe oft in beträchtlichen Mengen, beim Pressen der Säuren gehen sie vollständig in den flüssigen Anteil über, die Destillatelaine enthalten mitunter bis 10% Kohlenwasserstoffe, Wollfettelaine können zur Hälfte aus solchen bestehen. Von Mineralöl unterscheiden sie sich durch hohe Jodzahlen (60—80) und durch größeres Drehungsvermögen: $[\alpha]_D$ bei Kohlenwasserstoffen aus Destillatelainen +3,6 bis +10°, bei solchen aus Wollfettelainen +18 bis 28°[2]). Die Kohlenwasserstoffe der Wollfettelaine enthalten Zersetzungsprodukte von Sterinen und geben daher scharf die Reaktionen von HAGER-SALKOWSKI und LIEBERMANN (s. S. 259). Von Harzölen unterscheiden sie sich durch viel niedrigere Brechungsexponenten (1,497—1,501), durch die geringere Löslichkeit in Alkoholen, die ungefähr der der Mineralöle entspricht und durch die geringere Dichte (0,900—0,909), s. auch Tabelle S. 278. Sie sind relativ zähe, $E_{20} = 15 - 20$.

Über die Bestimmung flüchtiger Kohlenwasserstoffe und anderer unverseifbarer Bestandteile, die in Erzeugnissen der Fettindustrie, Lacken usw. vorkommen können, s. die betreffenden Abschnitte.

4. Ketone.

Ob in den unverseifbaren Bestandteilen der Fette und der pflanzlichen und tierischen Wachse auch Ketone enthalten sind, ist noch fraglich. Dagegen wurde im Montanwachs Keton gefunden, insbesondere enthält das raffinierte Wachs beträchtliche Mengen von Montanon, dem Keton der Montansäure[3]) und vermutlich homologe Ketone. Im Braunkohlenteeröl, im Schwelparaffin und in schweren Mineralölen wurden Ketone, vielleicht Montanon und seine Homologen, indirekt nachgewiesen[4]). Höchstwahrscheinlich enthält das Unverseifbare von Destillatfettsäuren und das Stearinpech Ketone.

Die üblichen Carbonylreaktionen sind zum Nachweis der hochmolekularen Ketone ungeeignet. Hingegen bewährt sich, auch zur quantitativen Bestimmung, die auf der Reduktion der Carbonylverbindung beruhende

Methode von GRÜN und ULBRICH[5]): Das Verfahren beruht darauf, daß man das Keton mit Natrium und Amylalkohol zum sekundären Alkohol reduziert, der nach der Hydroxylzahlmethode (S. 162) bestimmt wird. Nachdem die zu untersuchende Substanz auch Wachsalkohole enthalten kann, führt man auch mit der ursprünglichen Probe eine Hydroxylzahlbestimmung aus und zieht den allenfalls gefundenen Wert von der Hydroxylzahl der reduzierten Substanz ab. Die Differenz der beiden Hydroxylzahlen ergibt die Menge des neu gebildeten Alkohols, die praktisch mit der ursprünglich vorhandenen Ketonmenge identisch ist.

---

[1]) GRAEFE: Ch.-Ztg. Bd. 30, S. 298. 1906. [2]) MARCUSSON: Ch. Revue Bd. 12, S. 2. 1915.

[3]) GRÜN und ULBRICH: Ch. Umschau Bd. 23, S. 57. 1916; Bd. 24, S. 45. 1917. Schon früher hatte EISENREICH die Vermutung geäußert, daß eine ketonartige Substanz vorliegen könnte (Ch. Revue Bd. 16, S. 211. 1909).

[4]) MARCUSSON und PICARD: Z. ang. Bd. 34, S. 201. 1921; s. a. GRÜN: ebenda, S. 355; MARCUSSON: Z. ang. Bd. 37, S. 35. 1924. [5]) a. a. O.

Eigenschaften flüssiger unverseifbarer Stoffe[1]).

Öle	Äußere Merkmale	Spez. Gewicht bei 15° C	Brechungsexponent bei 18° C	Optisches Drehungsvermögen $[\alpha]_D$	Jodzahl	Löslichkeit im doppelten Vol. absol. Alkohol	Löslichkeit im 1,5-fachen Vol. kaltem Dimethylsulfat	Verhalten beim Erwärmen mit konz. Schwefelsäure und nachfolgendem Eingießen in Wasser	Färbung beim Behandeln mit Schwefelsäure 1,62	Färbung beim Behandeln mit Essigsäureanhydrid und Schwefelsäure 1,53
Harzöle	hellgelb bis dunkelbraun, Harzgeruch und harziger Geschmack	0,970—0,980 (harzreiche Öle bis gegen 1,0)	1,535—1,549	+30 bis +50°	43—48	50—73% löslich	sehr wenig löslich	starke milchige Trübung	tiefrot	violett bis blutrot
Mineralschmieröle	fluorescierend, hellgelb, rötlichgelb bis schwarz, Geruch schwach	0,840—0,930	1,490—1,507 (helle Öle)	+0,3 bis +2,2°	0—12	2—25% löslich	fast unlöslich	desgl.	schwach hellgelb bis schmutzigrotbraun	nicht charakteristisch, schmutzig-grün bis braunrot
Braunkohlenteeröle	rötlichgelb bis bräunlichrot, dünnflüssig, teeriger Geruch	0,889—0,974	—	+0,2 bis +0,9°	40—80	22—62% löslich	merklich löslich	desgl.	braun	desgl.
Steinkohlenteeröle	schwarzgrün, undurchsichtig, dünnflüssig, Kreosotgeruch	1,086—1,097	—	—	—	mit dunkler Farbe völlig löslich	völlig löslich	klare Lösung	desgl.	—
Kohlenwasserstoffe aus Fettsäuren (3—10%)	mäßig zähflüssig, rotbraun, grün fluorescierend, schwacher Geruch	—	—	+3,6 bis +10°	62—69	—	wenig löslich	starke milchige Trübung	—	anfangs rot, dann moosgrün
Kohlenwasserstoffe aus Wollfettsäuren (39—58%)	desgl.	0,90—0,909	1,497—1,501	+18 bis +28°	59—79	—	desgl.	desgl.	—	desgl.

[1]) Nach MARCUSSON in UBBELOHDE und GOLDSCHMIDT: Handbuch Bd. I, S. 297.

Zur Reduktion löst man eine genügend große Menge — wenigstens einige Gramme — in der 5—10fachen Menge Amylalkohol, neutralisiert nötigenfalls mit amylalkoholischer Natronlauge, erhitzt zum Sieden der Lösung und trägt Natrium — wenigstens die Hälfte vom Gewicht der verwendeten Substanz — in Anteilen ziemlich schnell ein. Nach dem Aufhören der Wasserstoffentwicklung läßt man ein wenig abkühlen, neutralisiert die Lösung durch Zutropfen von verdünnter Schwefelsäure (1 : 5), zieht die wässerige Lösung ab, wäscht die amylalkoholische Lösung mit Wasser und treibt den Amylalkohol durch Destillation mit schwachgespanntem Dampf (ca. 120—130°) quantitativ ab. Der Rückstand wird auf verdünnter Schwefelsäure, dann auf Wasser abgekocht und getrocknet. Hierauf bestimmt man die Hydroxylzahl.

Liegt nur ein Keton oder ein Gemisch mehrerer Ketone von bekannter Zusammensetzung vor, so kann man selbstverständlich aus der Hydroxylzahl der reduzierten Substanz bzw. aus der Differenz der Zahlen vor und nach der Reduktion, auf Grund der theoretischen Hydroxylzahl die Menge des Ketons berechnen. Z. B. enthält das raffinierte Montanwachs als einzigen oder zum mindesten weitaus überwiegenden Bestandteil seines Unverseifbaren Montanon, $(C_{28}H_{57})_2CO$, das bei der Reduktion Montanol $(C_{28}H_{57})_2CHOH$, Hydroxylzahl = 68,7 gibt[1]).

Unterscheidung einzelner Gruppen von Fetten.

Die Fette werden teils nach ihrer Herkunft, teils nach ihren Eigenschaften geordnet. Man unterscheidet zwei Hauptgruppen: Pflanzenfette und Tierfette.

Die Pflanzenfette teilt man ein in feste und in flüssige Fette, Öle. Die festen Pflanzenfette unterscheiden sich in solche, in denen von gesättigten Säuren Palmitinsäure und Stearinsäure überwiegen, Pflanzentalge, und in solche, die vorwiegend Glyceride der Myristin-, Laurinsäure und noch niederer Homologer enthalten (Cocosöl- und Muskatbuttergruppe). Die fetten Öle werden in drei Gruppen unterschieden: trocknende, halbtrocknende und nichttrocknende, ohne daß sich jedoch zwischen den halbtrocknenden Ölen und den trocknenden einerseits, den nichttrocknenden andererseits, scharfe Grenzen ziehen ließen. Die große Gruppe der nichttrocknenden Öle ist nicht systematisch geordnet. Man faßt so weit als möglich einzelne Öle nach der Herkunft zu Klassen zusammen. Manche Öle aus verwandten Pflanzen zeigen untereinander auch chemische Verwandtschaft, besonders ausgeprägt ist dies bei den Cruciferenölen, Rüböl, Senföl usw., bei anderen weniger.

Bei den tierischen Fetten ergibt sich eine natürliche Einteilung in solche von Landtieren und solche von Seetieren. Bei den Landtierfetten wird auch zwischen trocknenden, halbtrocknenden und nichttrocknenden unterschieden, doch ist diese Einteilung von geringer Bedeutung; eine besondere Klasse von Landtierfetten sind die Milchfette der Säugetiere. Bei den Fetten der Seetiere, meistens als Trane bezeichnet, unterscheidet man die Körperfette von Fischen (Fischöle), die von Seesäugetieren (Trane im engeren Sinne) und die Leberöle (Lebertrane). Eine Klasse für sich bilden die großenteils oder hauptsächlich aus Kohlenwasserstoffen bestehenden Organfette gewisser Seetiere, besonders mehrerer Haifischfamilien.

[1]) Grün und Ulbrich (a. a. O.) formulierten Montanon und Montanol $(C_{27}H_{55})_2CO$ bzw. $(C_{27}H_{55})CHOH$, entsprechend der damals geltenden Montansäureformel $C_{28}H_{56}O_2$, die aber inzwischen in $C_{29}H_{58}O_2$ geändert werden mußte (s. S. 15).

Auch die Wachse werden in vegetabilische und animalische eingeteilt; die animalischen wieder in die flüssigen Wachse von Seetieren und in die festen Insektenwachse.

Pflanzliche und tierische Fette.

Pflanzenfette enthalten nur Phytosterin, tierische Fette nur Cholesterin. Durch die Methoden zur Unterscheidung der Sterine, vor allem die Acetatprobe (S. 265), ist es möglich, Cholesterin bei Abwesenheit anderer Sterine nachzuweisen; man kann dadurch folglich ein reines Tierfett als solches erkennen. Ferner läßt sich die Anwesenheit von Phytosterin, auch bei Gegenwart von Cholesterin nachweisen, also auch feststellen, ob die zu untersuchende Probe Pflanzenfett enthält. Nachdem aber das Cholesterin durch Phytosterin verdeckt wird, läßt sich, wenn durch die Sterinprobe Phytosterin gefunden wird, kein sicherer Schluß ziehen, ob reines Pflanzenfett oder ein Gemisch desselben mit tierischem Fett vorliegt.

Zur Unterscheidung beider Gruppen dient auch die früher — nach der amtlichen Anweisung zur Untersuchung von Fetten und Käsen v. J. 1898 — offiziell vorgeschriebene

WELMANSsche Reaktion[1]). Sie beruht auf der Reduktion von Phosphormolybdänsäurelösung durch die in Pflanzenölen enthaltenen reduzierenden Bestandteile. Das Reagens wird folgendermaßen bereitet: Eine Lösung von molybdänsaurem Ammonium wird mit Natriumphosphat gefällt, filtriert, der Niederschlag gewaschen und in der Wärme in Sodalösung aufgenommen. Die Phosphormolybdatlösung wird zur Trockne eingedampft, der Rückstand erhitzt und nachdem Blaufärbung eingetreten ist, mit einigen Tropfen Salpetersäure versetzt und wieder kurz erhitzt. Dann nimmt man in siedendem Wasser auf, säuert mit Salpetersäure stark an und verdünnt auf eine Konzentration von 10%. Das Reagens wird nötigenfalls filtriert. Zur Ausführung wird 1 g Öl in 5 ccm Chloroform gelöst und mit 2 ccm einer frisch bereiteten Lösung des Reagens geschüttelt. Bei Gegenwart von Pflanzenölen oder Dorschlebertran färbt sich die wässerige Schicht smaragdgrün: beim Alkalischmachen tritt Blaufärbung ein. — Die Reaktion ist nicht genügend zuverlässig. Abgesehen von Dorschlebertran, können auch andere tierische Fette, besonders ranzige, positiv reagieren[2]). Andererseits kann die Reaktion bei alten oder mit Schwefelsäure raffinierten Pflanzenölen versagen[3]).

Eine praktische Abänderung der Welmansschen Probe ist die Reaktion von Serger[4]). Das Reagens muß immer frisch bereitet werden, und zwar durch 2 Minuten langes Schütteln von 0,1 g feinstgepulvertem Natriummolybdat mit 10 ccm konz. Schwefelsäure. Man löst 5 ccm Öl in 10 ccm Äther, unterschichtet vorsichtig mit 1 ccm Reagens und schüttelt ganz kurz kräftig durch. Nach dem Absitzen wird die untere Schicht binnen einer Viertelstunde grün, später dunkelgrün bis (z. B. bei Baumwollsamenöl) blau. Ranzige oder durch chemische Mittel gebleichte Öle geben die Reaktion nicht, sonst lassen sich noch 10% Pflanzenöl mit Sicherheit nachweisen.

Seetierfette (Trane).

Die Fette von Seetieren unterscheiden sich meistens schon durch den charakteristischen Geruch nach den Oxydationsprodukten der Clupanodonsäure und ihrer Homologen von den anderen Fetten. Ferner geben (abgesehen von den praktisch kaum in Betracht kommenden Amphibien- und Reptilienfetten) nur die Fette der Seetiere größere Octobromidzahlen (vgl. S. 244). Beide Erkennungs-

---

[1]) WELMANS: Pharm. Ztg. Bd. 36, S. 798. 1891; Z. öff. Ch. Bd. 6, S. 127. 1900; s. a. GEUTHER: ebenda, S. 328.

[2]) LEWKOWITSCH: J. Soc. Ch. Ind. Bd. 11, S. 548. 1892; Bd. 13, S. 619. 1894.

[3]) SERGER s. UTZ: Ch. Revue Bd. 19, S. 128. 1912.

[4]) Ch.-Ztg. Bd. 35, S. 581. 1911; s. a. UTZ: Ch. Revue Bd. 19, S. 72. 1912.

merkmale fehlen bei den geruchlos gemachten (polymerisierten) und den gehärteten Tranen. Zum Nachweis verwendet man meistens die

Reaktion von Tortelli und Jaffe[1]): 1 ccm sorgfältig entwässertes Fett wird in einem kleinen Meßzylinder in 6 ccm Chloroform und 1 ccm eiskalter Essigsäure gelöst (von Hartfetten 5 ccm in 10 ccm Chloroform und 1,5 ccm Eisessig), 40 Tropfen einer frisch bereiteten 10 proz. Lösung von Brom in Chloroform zugesetzt, schnell durchgemischt und das Gefäß auf eine weiße Unterlage gestellt. Bei Gegenwart von Tranen, auch sog. veredelten (geruchlos gemachten, polymerisierten) und nicht vollständig hydrierten Tranen tritt eine Rosafärbung auf, die bald in eine etwa 1 Stunde lang anhaltende Grünfärbung umschlägt. Wenn die Reaktion wie bei alten, sehr dunklen Tranen undeutlich oder negativ ausfällt, kann man dem in den meisten Fällen durch Vorreinigung der Probe mit Entfärbungskohlen oder Bleicherden abhelfen, bei ganz verdorbenen Tranen versagt jedoch dieses Mittel[2]). Andererseits wurde aber auch in mehreren Fällen bei tranfreien Fetten positive Reaktion beobachtet[3]). Die Reaktion ist somit nicht ganz zuverlässig. Immerhin ist sie zur Orientierung brauchbar. Nach UENO wird Kambaraerde (ein japanisches, zum Entfärben dienendes Mineralmehl) durch Trane blaugrün gefärbt[4]).

Die übrigen allgemeinen Farbenreaktionen auf Trane und gehärtete Trane[5]) kommen praktisch nicht in Betracht.

Eine Klasse von Seetierfetten, die **Leberöle**, zeigt besondere, aber nicht sehr scharfe Farbenreaktionen. Bei der Hager-Salkowskischen Cholesterinprobe (S. 259) verursachen die Leber-Lipochrome anfänglich eine violette oder violettblaue Färbung, später treten die typischen, durch das Cholesterin bedingten Färbungen nacheinander auf. Ferner geben Leberöle beim Versetzen ihrer Lösung in 20 Teilen Schwefelkohlenstoff oder in niedrigsiedendem Petroläther mit einem Tropfen konz. Schwefelsäure (nach DE KADT[6]) mit solcher vom spez. Gewicht 1,72) an der Berührungsstelle eine blaue bis violette, bei ranzigen Ölen eine purpurrote Färbung. Die Reaktion ist aber nicht streng spezifisch, sie tritt auch bei den Ölen aus den Lebern von Landtieren und selbst vom Menschen auf[7]). Übrigens wird die chromogene Substanz von einigen Entfärbungsmitteln aufgenommen, so daß mit diesen behandelte Leberöle die Reaktion nicht geben. Über die Reaktionen einzelner Leberöle s. S. 289 f.

Fette von Landtieren.

Von wenigen Ausnahmen, wie dem Pferdefett, abgesehen, unterscheiden sich die Fette der Landsäugetiere von denen der Seetiere dadurch, daß sie sehr wenig oder überhaupt keine mehrfach-ungesättigten Säuren enthalten. Daher liegen die Jodzahlen, selbst bei den sog. Tierölen, meistens unter 90.

Flüssige Fette: Unter den flüssigen tierischen Fetten ist eine Klasse, die Eieröle, von den anderen, den Knochen- und Klauenölen, leicht zu unterscheiden durch den Gehalt an Phosphatiden (Lecithine und Kephaline), die als solche oder durch Bestimmung des Phosphorgehaltes (S. 311) nachgewiesen werden.

---

[1]) Ch.-Ztg. Bd. 39, S. 14. 1915; Ann. di Chim. appl. Bd. 2, S. 80. 1914.

[2]) GRÜN und JANKO: Sffbr. Bd. 35, S. 253. 1915; ebenda, S. 603.

[3]) GRÜN: Z. D. Öl- u. Fettind. Bd. 43, S. 729. 1923; s. a. AUERBACH: ebenda, Bd. 44, S. 37. 1924.

[4]) Sfsz. Bd. 42, S. 783. 1915.

[5]) Siehe z. B. GRIMME: Ch. Revue Bd. 20, S. 129. 1913.

[6]) Pharm. Weekbl. Bd. 57, S. 756. 1920.

[7]) DRUMMOND und WATSON: Analyst Bd. 47, S. 341. 1922; s. a. ROSENHEIM und DRUMMOND: Lancet Bd. 198, S. 862. 1920; C. 1920, III, S. 206.

Feste Tierfette: Die festen tierischen Fette zeigen keine besonderen charakteristischen Merkmale, sie sind von vegetabilischen Fetten oder Fettgemischen gleicher Konsistenz, abgesehen von der Cholesterinprobe, oft nicht zu unterscheiden.

Die Milchfette unterscheiden sich von den übrigen, den sog. Körperfetten, durch ihren hohen Gehalt an Säuren von niedrigem Molekulargewicht, und werden durch die Reichert-Meißl-Zahl, die B-Zahl und die ähnlichen Kennzahlen identifiziert.

Für die Fette der wirbellosen Tiere ist anscheinend der hohe Gehalt an unverseifbaren Bestandteilen charakteristisch.

Feste Pflanzenfette.

Pflanzentalge: Unter den Säuren überwiegen die Palmitin-, Stearin- und Ölsäure; die Fette zeigen daher Verseifungszahlen gegen 190 bis 200 oder wenig darüber. Die Reichert-Meißl- und Polenske-Zahlen sind sehr niedrig.

Fette der Cocosgruppe: Unter den Säuren überwiegen Laurin- und Myristinsäure, daneben sind oft auch größere Mengen niedrigere Säuren enthalten; die Verseifungszahlen der Fette liegen deshalb beträchtlich über 200, manchmal über 250. Die Polenskezahl und die A-Zahl sind hoch.

Pflanzenöle.

Die Pflanzenöle werden nach ihrem Verhalten gegen den Luftsauerstoff eingeteilt. Sie nehmen zwar alle, infolge ihres Gehaltes an ungesättigten Säuren, Sauerstoff aus der Luft auf, aber die Menge desselben, die Geschwindigkeit der Oxydation und namentlich die Beschaffenheit der Endprodukte ist je nach Art und Menge der ungesättigten Säuren sehr verschieden[1]). Man unterscheidet trocknende Öle, die sich verhältnismäßig schnell zu festen, trockenen Massen oxydieren, schwach- oder halbtrocknende Öle, die träger reagieren, aber zuletzt auch fest werden, und nichttrocknende, die sich sehr langsam oxydieren[2]). Zwischen den trocknenden und den halbtrocknenden Ölen, sowie zwischen diesen und den nichttrocknenden läßt sich keine scharfe Grenze ziehen, es gibt kon-

---

[1]) Die ungesättigten Säuren und ihre Glyceride (ebenso andere Ester) sind autoxydabel, d. h. sie addieren molekularen Sauerstoff unter Bildung von Peroxyden, wahrscheinlich Moloxyden mit koordinativ gebundenem Sauerstoff $\begin{matrix}-CH\\ \Vert\\ -CH\end{matrix}\rangle(O_2)$. Diese unbeständigen Verbindungen lagern sich in echte Valenzverbindungen um, wobei sich auch ein Teil des Superoxydsauerstoffs abspaltet und der atomare Sauerstoff sekundäre Oxydation bewirkt, indem der nicht — oder nicht vollständig oxydierte Teil des Öles als Acceptor im Sinne der ENGLERschen Theorie auftritt. (Auch die Bildung von Wasserstoffsuperoxyd im Sinne der Theorie von TRAUBE ist in Betracht zu ziehen, obwohl unter den Produkten der Autoxydation die normalen Polyoxysäuren, die durch Hydroxylierung der ungesättigten Säuren entstehen, nicht gefunden werden.) Vermutlich entstehen zuerst Oxysäuren bzw. deren Anhydride (Estolide), Ketosäuren, Oxyketosäuren u. a. m., weiterhin erfolgt zum Teil Spaltung der Kohlenstoffkette und Bildung von Aldehyden und Aldehydsäuren, flüchtigen Säuren, Dicarbonsäuren bzw. deren Glyceriden, während ein Teil vollständig bis zu Essigsäure, Ameisensäure und Kohlensäure abgebaut werden kann. Glyceridspaltung tritt nur in untergeordnetem Maße ein, das Glycerin bleibt wenigstens zum größten Teil erhalten. Selbstverständlich sind die mehrfach-ungesättigten Säuren und ihre Glyceride leichter oxydierbar als die einfach-ungesättigten, es kommt aber nicht nur die Zahl der Doppelbindungen, sondern auch (worauf besonders FAHRION hinwies) ihre gegenseitige Lage in der Kohlenstoffkette der Säure in Betracht. Die Carboxylgruppen haben vielleicht ebenfalls Einfluß, der sechsfach-ungesättigte Kohlenwasserstoff Squalen trocknet unvergleichlich langsamer als die dreifach-ungesättigte Linolensäure.

[2]) In jüngster Zeit zeigte EIBNER, daß auch die sog. nichttrocknenden Öle selbst bei gewöhnlicher Temperatur, wenngleich äußerst langsam, so doch vollständig trocknen und nicht mehr erweichende Filme geben. Bayr. Ind. und Gewerbebl. Bd. 54, S. 105. 1922.

tinuierliche Übergänge, aber die Öle der ersten und der dritten Gruppe lassen sich doch leicht und sicher unterscheiden.

Trocknende Öle.

Die stark trocknenden Öle enthalten entweder neben viel Linolsäure auch beträchtliche Mengen an Linolensäure, wie Leinöl und Perillaöl, oder sie enthalten, wie das Holzöl, fast nur doppelt-ungesättigte Säuren. Im ersten Falle zeigen sie hohe Hexabromidzahlen (s. Tabelle S. 199), in jedem Falle hohe Jodzahlen, bis gegen 200. Auch die Thermozahl und die Bromthermozahl dienen zur Unterscheidung. Manche Fischöle und Lebertrane zeigen zwar fast ebenso hohe Jodzahlen und Thermozahlen wie gut trocknende Öle, sie lassen sich aber von diesen durch die Octobromidprobe unterscheiden. Von größter Wichtigkeit für die Erkennung der trocknenden Öle als solche und für ihre Wertprüfung[1]) ist aber natürlich die

Bestimmung des Trocknungsvermögens. Zur Prüfung eines Öles auf sein Trocknungsvermögen bestimmt man die Zeit, innerhalb welcher es in dünnster Schicht eintrocknet (Trockenzeit) und die dabei eintretende Gewichtszunahme[2]). Die maximale Gewichtsvermehrung, ausgedrückt in Prozenten der angewandten Ölmenge, bezeichnet man nach FAHRION[3]) auch als die Sauerstoffzahl des Öles. Die Gewichtszunahme ist aber nicht gleichbedeutend mit der Sauerstoffaufnahme. Sie verläuft erst langsam, steigt dann plötzlich auf ein Maximum, dann tritt allmählich eine Gewichtsabnahme ein, denn es erfolgt Abspaltung von Wasser und anderen flüchtigen Verbindungen. Die Reaktionen, die eine Gewichtsverminderung bedingen, setzen aber nicht erst nach Beendigung der Sauerstoffaufnahme ein, sie laufen zum Teil parallel mit dieser, so daß eine genaue Bestimmung der wahren Sauerstoffaufnahme kaum möglich

---

[1]) Das Trockenvermögen der Öle geht wenigstens bei den einzelnen Ölsorten, z. B. Leinölen, parallel mit der Jodzahl. Mitunter zeigen aber Öle mit durchaus normalen Kennzahlen und namentlich genügend hoher Jodzahl ein auffallend geringes Trockenvermögen. Vielleicht enthalten solche Öle antikatalytische Stoffe. Tatsächlich wird die Autoxydation durch gewisse Stoffe wie Jod und Jodverbindungen, namentlich aber mehrwertige Phenole wie Brenzkatechin, Hydrochinon, Pyrogallol u. a. m. verzögert. Diese „Antioxydantien" wirken verhältnismäßig viel stärker als die Beschleuniger, Mengen von 0,1 bis 0,01%, in manchen Fällen 0,005% können die Oxydation vollständig hemmen, noch kleinere Mengen merklich verzögern. BIGELOW, LUMIÈRE, siehe SEYEWITZ und SISLEY: Bull. Soc. Chim. (4) Bd. 31, S. 672. 1922; MOUREU und DUFRAISSE: Compt. rend. Soc. Biol. Bd. 86, S. 321. 1921; Compt. rend. Bd. 176, S. 624, 797. 1923; Bd. 178, S. 824. 1924.

[2]) Die ersten einschlägigen Bestimmungen scheinen die von DE SAUSSURE (Ann. 1832) gewesen zu sein, der Öle in mit Luft gefüllten Röhren unter Quecksilberverschluß brachte und die Menge des verbrauchten Sauerstoffs sowie die des gebildeten Kohlendioxyds bestimmte. (Auf dem gleichen Prinzip beruht die Bestimmung mit dem später von WIEDERHOLD konstruierten „Absorptiometer".) Die Ergebnisse waren unzulänglich, ebenso die späterer Versuche, bei denen die Gewichtsvermehrung der auf Baumwolle verteilten (VOGEL) oder auch nur in Schalen (CLOËZ) der Luft ausgesetzten Öle beobachtet wurde. MULDER („Die Chemie der austrocknenden Öle", 1867) erkannte die Unzweckmäßigkeit des Arbeitens mit dicken Ölschichten, weil diese an der Oberfläche trocknen und die unteren Teile von der Luft abschließen. Er verwendete als erster Aufstriche auf Blechtafeln und erhielt, weil die Tafeln zu schwer, namentlich aber die Schichten noch immer zu dick waren (15 mg pro qcm), zwar keine genauen, aber immerhin in der Größenordnung stimmende Werte; LIVACHE (Compt. rend. Bd. 96, S. 260. 1883; Bd. 102, S. 1167. 1886) verteilte das Öl in Tropfen auf lockerem Bleipulver, wodurch Vergrößerung der Oberfläche und katalytische Beschleunigung erzielt wurde, doch ist die Methode mangelhaft, ebenso sind es die späteren Abänderungen, wie die Verwendung von Kupferpulver (HÜBL), Einhaltung höherer Temperatur (FOX, Z. anal. Ch. Bd. 23, S. 434. 1884) u. a. m. Auch die Verteilung des Öles in Sämischleder (FAHRION: Ch. Ztg. Bd. 17, S. 1453. 1893) hat sich nicht bewährt.

[3]) a. a. O.

ist, man findet nur „scheinbare“ Sauerstoffzahlen. Die Gewichtszunahme ist übrigens, ebenso wie die Geschwindigkeit des Trocknens, von den Versuchsbedingungen abhängig, von der Temperatur, der Belichtung, dem Feuchtigkeitsgehalt der Luft, insbesondere aber von der Gegenwart katalytischer und antikatalytischer Stoffe. Jedenfalls erhält man bei der Bestimmung des Trockenvermögens keine absoluten Werte, sondern selbst bei sorgfältiger Einhaltung gleicher Bedingungen nur Vergleichswerte. — Zur Ausführung ist am geeignetsten das von WEGER[1]) und von LIPPERT[2]) ausgearbeitete

Glastafelverfahren. Auf einer reinen, trockenen Glasplatte von 75 qcm Fläche und 2 mm Dicke, die etwa $2^1/_2$ bis $3^1/_2$ g wiegt, verteilt man 10—12 Tropfen Öl möglichst gleichmäßig, wobei man an einem Rande einen etwa 1 cm breiten Streifen freiläßt. Die Schicht darf nicht dicker sein, als einer Menge von höchstens 1 mg und mindestens 0,3 mg Öl pro qcm entspricht. Dann stellt man die Tafel, mit dem freien Rande nach oben, unter 30° geneigt, 10 Minuten lang auf, so daß der Ölüberfluß gleichmäßig abläuft und von einem untergelegten Stück Filtrierpapier aufgesaugt wird. (Horizontal gelegte Aufstriche bleiben immer ungleichmäßig.) Man wischt dann die Ränder sorgfältig mit Filtrierpapier ab, stellt die Tafel, mit dem freien Rande nach unten, auf die Wage und wägt schnell. Man läßt die Tafel bei ungefähr 15° an einer vor direkter Sonnenbestrahlung und vor Staub geschützten Stelle stehen und prüft zuerst in längeren, dann in kürzeren Zeitabschnitten, bis das Öl völlig durchgetrocknet ist, d. h. eine zusammenhängende, elastische, beim Betupfen mit dem Finger oder besser beim Auflegen von Papierstreifen nicht anklebende Haut bildet. So ergibt sich die Trockenzeit. Zur Bestimmung der scheinbaren Sauerstoffzahl wird die Tafel nach einigem Stehen, dann in möglichst kurzen Intervallen gewogen, bis das Maximum der Gewichtszunahme erreicht bzw. durch Wiederabnahme des Gewichtes sichergestellt ist.

Die Gefahr, das Gewichtsmaximum zu versäumen, ist nicht groß, denn das Gewicht bleibt ziemlich lange konstant. Gefährlicher sind die übrigen Fehlerquellen; deshalb ist auf möglichste Gleichmäßigkeit aller Versuchsausführungen zu achten, namentlich in Bezug auf die Verteilung des Öles, die Temperatur und die Belichtung. Wegen der ungleichmäßigen Belichtung kann z. B. ein abends angesetzter Versuch ein anderes Resultat ergeben, als ein am Morgen angesetzter. Man setzt deshalb häufig wenigstens zwei Versuche, einen abends und einen morgens, an. Die durch Verschiedenheit der Belichtung und der Temperatur möglichen Fehler vermeidet die Versuchsausführung nach DAVIDSOHN: Man stellt die Glastafeln in einen innen geschwärzten Trockenschrank, hält diesen konstant auf 30° und läßt einen schwachen Luftstrom durchstreichen.

Nachdem die Trockenzeit und namentlich die bis zur maximalen Gewichtszunahme erforderliche Beobachtungszeit auch bei den am besten trocknenden Ölen verhältnismäßig lang ist (s. Tabelle S. 286), versetzt man oft das Öl mit dem später bei der Verarbeitung anzuwendenden Prozentsatz Sikkativ[3]), man prüft also statt des Öles einen daraus erzeugten Firnis (s. S. 286).

---

1) Ch. Revue Bd. 4, S. 315. 1897; Bd. 5, S. 213. 1898; Z. ang. Bd. 11, S. 490. 1898; Bd. 12, S. 297. 1899.

2) Z. ang. Bd. 11, S. 412. 1898; Bd. 12, S. 540. 1899; Bd. 18, S. 95. 1905.

3) Andererseits kann durch Verdünnen des Öles mit einem Lösungsmittel eine größere Sauerstoffaufnahme erreicht werden, weil dann die vorzeitige Bildung des undurchlässigen Häutchens verhindert wird. Je höher der Siedepunkt des Zusatzes ist, desto größer ist die Wirkung. Selbstverständlich ist bei der Wahl des Lösungsmittels zu berücksichtigen, ob dasselbe nicht selbst autoxydabel ist. (Es wurde Petroleum, Chloroform, auch Terpentinöl u. a. m. vorgeschlagen.) WOODMANSEY: J. Soc. Ch. Ind. Bd. 36, S. 1253. 1917.

Wenn die Autoxydation quantitativ und ohne sekundäre Spaltungsreaktionen verliefe, müßten die Sauerstoffzahlen zu den Jodzahlen im Verhältnis der Molekulargewichte beider Elemente stehen. Die theoretischen Sauerstoffzahlen ergäben sich dann aus den Jodzahlen durch Multiplizieren mit dem Faktor 0,1260; z. B. für Leinöl mit der Jodzahl 180 zu r u n d 22,7. Tatsächlich hat auch GENTHE durch volumetrische Bestimmung der Sauerstoffzahl im zerstreuten Tageslicht den Durchschnittswert 22,6 gefunden[1]). Dieser Wert wird aber nach dem Glastafelverfahren nie erreicht, andererseits überschreitet die Sauerstoffzahl immer den Wert, der sich auf Grund des Verhältnisses 1 O : 2 J, durch Multiplizieren der Jodzahl mit dem Faktor 0,063 $\left(=\frac{16}{253,84}\right)$ berechnet[2]). Die höchste beobachtete Sauerstoffzahl des Leinöls ist 20,6, meistens findet man viel niedrigere Werte, so daß als Mittelwert 18 angenommen wird.

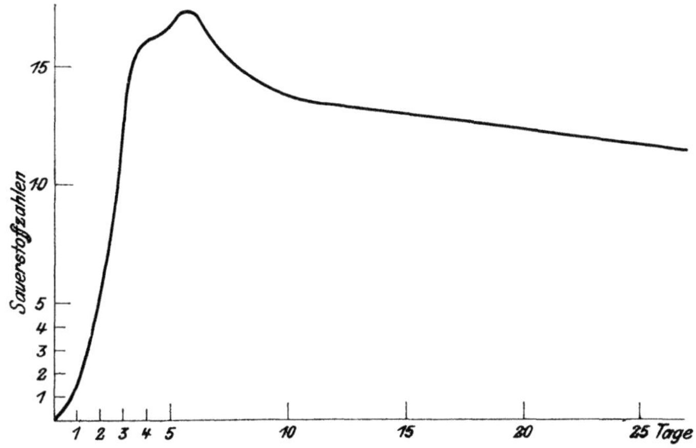

Abb. 56. Zeitlicher Verlauf der Sauerstoffaufnahme.

Sauerstoffzahlen trocknender Öle (Höchstwerte).

Perillaöl	20,9
Leinöl	20,6
Sardinentran (J. Z. 183,4)	19,9
Sojabohnenöl	16,9
Holzöl	15,9
Hanföl	13,6
Mohnöl	13,4
Nußöl	9,5.

Bei rohen Leinölfettsäuren wurde ein Maximum von 14,4, nach dem Abfiltrieren der bei 18° festen Bestandteile 15,6 beobachtet, bei Äthylestern aus Leinölsäuren 13,6. Die Werte sind aber nicht als allgemein gültig anzusehen.

Den zeitlichen Verlauf des Trockenprozesses zeigt am besten die graphische Darstellung, bei der die Zeiten als Abszissen, die Gewichtszunahmen als Ordinaten aufgetragen werden (WEGER). Abb. 56 zeigt am Beispiel der Schaulinie eines indischen Leinöls den typischen Verlauf: zunächst langsames, dann rasches Ansteigen, wieder langsamer Übergang zu einem mehr oder weniger abgeflachten Maximum, hieraus erst jäher, dann langsamer werdender Abfall der Kurve.

[1]) Ebenso wurde für Linolsäure der Wert 24,4 gefunden, entsprechend der Bildung des Di-peroxyds; für Linolensäure dagegen 51,4, entsprechend der primären Bildung des Tri-peroxyds der Säure und einem weiteren Verbrauch von 3 Atomen Sauerstoff zur partiellen Spaltung und zu teilweisem Abbau unter Bildung von Essigsäure und Kohlensäure. COFFEY: J. Ch. Soc. Bd. 119, S. 1152, 1306, 1408. 1921. Siehe auch HYLAND und LLOYD, I. Soc. Ch. Ind. Bd. 34, S. 62. 1915.

[2]) Vgl. ENGLER und WEISSBERG: Ber. Bd. 33, S. 1097. 1900.

Zur praktischen Prüfung eines trocknenden Öles bestimmt man gewöhnlich nicht seine Sauerstoffzahl, sondern nur seine Trockenzeit (oder die Trockenzeit eines daraus hergestellten Firnisses). Wie schon angegeben, sind die Trockenzeiten auch bei Ölen gleicher Art und bei durchaus gleichmäßiger Versuchsausführung oft sehr verschieden.

Beispiele für Trockenzeiten von Ölen:

Holzöle	1—2 Tage
Leinöle.	3—4 „
Perillaöle.	6 „
Hanföle	4—8 „
Mohnöle	$6^1/_2$—8 „
Nigeröle	8 „
Sonnenblumenöle	8 „

Das Glastafelverfahren hat den großen Nachteil, daß nur sehr geringe Ölmengen verwendet werden können, so daß die Wägefehler stark ins Gewicht fallen. Diese Fehlerquelle vermeidet die

Baumwollgarnmethode von FAHRION[1]). Das mit verdünnter Lauge ausgekochte, mit siedendem Wasser gewaschene und hierauf an der Luft getrocknete Garn wird in Stückchen von 2—5 mm Länge zerschnitten. Man wägt einige Gramm Öl in einer samt Glasstab tarierten Schale und verdünnt mit Petroläther; dann wird die ungefähr gleiche Gewichtsmenge Garn in die Lösung gebracht und möglichst gleichmäßig verteilt; der Petroläther verdunstet rasch, man läßt einfach an der Luft stehen und wägt alle 24 Stunden oder in kürzeren Zeiträumen. Nach jeder Wägung dreht man das Garn mit Hilfe des Glasstabes um. Man findet so im allgemeinen um einige Einheiten niedrigere Sauerstoffzahlen als nach dem Glastafelverfahren, bei welchem wahrscheinlich mehr von den flüchtigen Oxydationsprodukten im trockenen Film gelöst bleiben.

Beispiele:

	Gewichtszunahme	Trockenzeit
Holzöle	11,3 und 11,8	13 und 9 Tage
Leinöle	13,1 „ 13,2	10 „ 6 „

Ein wesentlicher Nachteil der Methode ist die Hygroskopizität der Baumwolle, die leicht Gewichtsdifferenzen von über 1% bewirken kann. Wenn trockene und geölte Baumwolle sich in dieser Beziehung annähernd gleich verhalten, könnte man den Fehler allerdings nach dem Vorschlage FAHRIONS durch einen blinden Versuch ausschalten.

An Stelle von Sauerstoff kann man auch Ozon bzw. ozonisierten Sauerstoff auf die Öle einwirken lassen. Die Einwirkung von Ozon auf Öle wurde zuerst durch ein technisches Verfahren bekannt[2]), später von HARRIES zu strukturchemischen Untersuchungen verwendet (s. S. 17), während MOLINARI und SONCINI, auf Grund der Reaktion eine analytische Methode ausarbeiteten[3]): Man wägt das Öl in einen LIEBIGschen Absorptionsapparat, verdünnt es mit Petroläther und leitet bei 10—40° einen ozonisierten Luft- oder Sauerstoffstrom mit einer Geschwindigkeit von etwa 180 Gasblasen in der Minute durch. Die Absorption ist in einer halben Stunde vollständig, jede Doppelbindung lagert ein Molekül O_3 an. Man trocknet im Vakuum bei 60° und wägt; die Gewichtszunahme, ausgedrückt in Prozenten der Einwage, ist die Ozonzahl. Die Werte stimmen, wie die Beispiele zeigen, mit den aus den Jodzahlen berechneten vorzüglich überein, aber eben deshalb ist ihre Bestimmung im Grunde genommen überflüssig.

Ozonzahlen nach FENAROLI[4])

Öle	aus der Jodzahl berechnet	gefunden
Leinöl	33,5	34,0
Maisöl	21,6	21,6
Olivenöl	15,9	16,0

[1]) Z. ang. Bd. 23, S. 722. 1910. [2]) D. R. P. 56 392 vom 17. 1. 1890.
[3]) Ber. Bd. 39, S. 2735. 1906.
[4]) 6. Intern. Kongr. f. ang. Ch. Rom; Ref. Ch. Ztg. Bd. 30, S. 450. 1906.

Die starktrocknenden Öle lassen sich auch von den übrigen durch das Verhalten ihrer Oxydationsprodukte unterscheiden. Die aus den reinen starktrocknenden Ölen entstehenden Filme schmelzen beim Erhitzen im Capillarrohr nicht, sondern verkohlen bei 240—260° langsam. Die anderen schmelzen zwischen 120—140° unter Aufschäumen[1]).

Halbtrocknende Öle.

Diese enthalten größere Mengen doppelt-ungesättigter Säuren, vermutlich zumeist Linolsäure und keine oder nur wenig Linolensäure; ihre Jodzahlen liegen um 130—140, die Hexabromidzahlen betragen höchstens wenige Einheiten.

Nichttrocknende Öle.

Sie enthalten höchstens geringe Mengen mehrfach ungesättigter Säuren und zeigen daher Jodzahlen und selbst innere Jodzahlen unter oder wenig über 100. Infolge des Überwiegens der einfach-ungesättigten Säuren bzw. ihrer Glyceride, die einer Umlagerung in höherschmelzende Stereoisomere fähig sind, lassen sich die nichttrocknenden Öle durch die Elaidinreaktion (S. 239) erkennen. Allerdings wird auch ein trocknendes Öl (Holzöl) elaidiniert, es ist aber schon durch die äußeren Merkmale, die Jodzahl und durch spezifische Reaktionen leicht zu identifizieren. — Bei der Elaidinierung gibt reines Olivenöl eine feste, weiße oder gelbliche Masse; gleicherweise verhalten sich Erdnußöl, Mandelöl und Specköl. Klauenöle, Senföl, Rüb- und Ravisonöl, Sesam-, Baumwollsamenöl und andere halbtrocknende Öle geben eine mehr oder weniger halbfeste oder pastenartige und gefärbte Masse. Aus trocknenden Ölen erhält man flüssige, gelb bis orangefarbene und braune Produkte.

Neben der Klassifizierung der Öle nach ihrer Trockenfähigkeit werden sie auch nach ihrem Vorkommen in den pflanzlichen Organen eingeteilt in

Samenöle und Fruchtfleischöle.

Zur Untersuchung dient die

BELLIERsche Reaktion auf Samenöle[2]). 1 Vol. farblose Salpetersäure (40° Bé = d_4^{15} : 1,383) wird bei höchstens 35° mit 1 Vol. Öl oder geschmolzenem Fett und 1 Vol. einer gesättigten (= 1,5 proz.) Lösung von Resorcin in Benzol vorsichtig überschichtet, worauf man einmal kräftig durchschüttelt. Bei Gegenwart eines Samenöls tritt sofort oder längstens binnen 5 Sekunden eine rasch vorübergehende Färbung auf, die beim Absetzen in die benzolische Schicht übergeht (bei späterem Auftreten der Färbung gilt die Probe nicht als positiv). Die meisten Samenöle färben sich rot- bis blauviolett, die Säureschicht gelb; Sesamöl gibt eine blauschwarze oder violette Färbung, die Säureschicht wird grün. Fruchtfleischöle, insbesondere das bei der Untersuchung der Speiseöle praktisch allein in Betracht kommende Olivenöl, bleiben farblos. Allerdings sollen tunesische Öle mitunter leicht violette oder rotviolette Färbungen geben[3]). Auch wird das Chromogen durch Alkali sowie durch Sauerstoff angegriffen, so daß die Reaktion bei alten, ranzigen Samenölen, vielleicht auch bei schlecht raffinierten, versagen kann. Zu beachten ist schließlich, daß auch Dorschlebertran reagiert, allerdings erhält man nur eine orangerote Färbung. Die Zuverlässigkeit der Reaktion wird daher bestritten[4]), sie ist aber in Deutschland als offizielle

[1]) EIBNER: Farbenztg. Bd. 26, S. 2402. 1921; Ch. Umschau Bd. 31, S. 69. 1924.
[2]) Ann. Chim. anal. Bd. 4, S. 217. 1899.
[3]) MALACARNE: Giorn. Farm. Chim. Bd. 62, S. 153. 1913; C. 1913, I, S. 2183.
[4]) ROYER: Ann. Falsif. 1910, S. 380; s. a. OLIG und BRUST: Z. Nahrgsm. Bd. 17, S. 561. 1909; STEINER: Z. Nahrgsm. Bd. 45, S. 154. 1923.

Methode zum Nachweis von pflanzlichen Ölen in Schweineschmalz vorgeschrieben und wurde auch in das schweizerische Lebensmittelbuch[1]) aufgenommen.

Zur Bereitung des Reagens kann statt Resorcin auch Phloroglucin[2]) verwendet werden; die anderen Dioxy- und Trioxybenzole, sowie Phenol geben die Reaktion nicht[3]).

Allgemeine Farbenreaktionen.

Neben den zur Kennzeichnung ganzer Gruppen von Fetten bestimmten Farbenreaktionen gibt es eine Unzahl Reaktionen zum Nachweis einzelner Fette, von denen allerdings nur verhältnismäßig wenige brauchbar sind. Man hat sich früher vielfach bemüht, die einzelnen Fette und namentlich die Öle auf Grund der Verschiedenheit ihres Verhaltens gegenüber einem und demselben Reagens voneinander zu unterscheiden. Als Reagenzien wurden namentlich verwendet Chlorgas (Fauré 1839), konz. Schwefelsäure (Heydenreich 1842), Bichromatschwefelsäure (Penot), Salpeterschwefelsäure (Behrens), dann Salpetersäure, sirupöse Phosphorsäure und Königswasser (Crace-Calvert 1854), Wasserstoffsuperoxyd (Hauchecourt-Yvetot) u. dgl. m. Diese allgemeinen Reaktionen haben sich wenig bewährt, hingegen gelang es später, wenigstens für einige der wichtigsten Öle besondere, strenger spezifisch wirkende Reagenzien zu finden.

Von den Farbenreaktionen der ersten Klasse ist noch an manchen Orten in Gebrauch die

Schwefelsäurereaktion von Heydenreich[4]). Man gibt 10 Tropfen Öl in eine Porzellanschale, versetzt ohne Rühren mit 1—2 Tropfen konz. Schwefelsäure und beobachtet die auftretende Färbung; daneben führt man eine zweite Probe unter Umrühren aus. Um teilweise Verkohlung des Öles zu vermeiden, kann man es nach dem Vorgang von Flückiger[5]) mit Schwefelkohlenstoff verdünnen. Die bei den wichtigsten Pflanzenölen und Tierfetten beobachteten Färbungen sind in der folgenden Tabelle zusammengestellt. Die Färbungen sind in vielen Fällen undeutlich und einige sind miteinander leicht zu verwechseln. Die Reaktion ist also durchaus nicht zuverlässig; nach Lewkowitsch[6]) kann sie höchstens zur Erkennung trocknender Öle dienen.

Reaktionen nach Heydenreich.

Öl	Färbung ohne Rühren	Nach dem Rühren
Pflanzenöle:		
Olivenöl	Lebhaft gelb, in Grün übergehend	Hellbraun oder schmutzigolivgrün
Olivenöl mit Sesamöl	Rot oder rosa, entsprechend der Qualität des Sesamöls	Hellbraun oder schmutzigolivgrün
Mandelöl	Anfangs farblos, dann schmutziggelb mit orangefarbenem Kern	Dunkelgelb, dann olivenfarbig marmoriert
Erdnußöl	Gelb mit schmutzig grauem Ton	Schmutziggelb oder braun
Rüböl	Gelb oder grün mit himmelblauem oder grünlichem Rand oder mit gelben radialen Strahlen	Himmelblau, grünlich oder braun
Schwarzmeerraps-(Ranson-)öl	Graublauer Rand in schmutziggrau übergehend, im Zentrum graurot, dann dunkelbraun	—

[1]) Dritter Abschnitt, 3. Auflage. Bern 1915.

[2]) Kreiss: Revue chim. ind. 1903, S. 31, 162. [3]) Malacarne: a. a. O.

[4]) Rev. Scient. 1842, S. 230; s. a. Lefèbre: Méth. d'anal. des mat. grasses. Allen: Comm. organ. Analysis. De Negri und Fabris: Gli Olii, I, S. 14. 1891. Ausführung nach L'industria degli Olii e dei Grassi II, Nr. 3, S. 26.

[5]) Flückiger: Z. analyt. Ch. Bd. 10, S. 235. 1871.

[6]) Ch. Technol. 5. ed. I. Bd., S. 495.

Reaktionen nach HEYDENREICH (Fortsetzung).

Öl	Färbung ohne Rühren	Nach dem Rühren
Pflanzenöle:		
Sesamöl	Lebhaft rot	—
Baumwollsamenöl	Gelb oder rotbraun gefleckt	Gelblich grau oder dunkel rotbraun
Senföl	Himmelblau-grünlich	Himmelblau-grünlich
Nigeröl	Gelb mit braunen Klumpen	Rötlich oder grünlich braun
Ricinusöl	Gelb oder hellbraun	Fast farblos oder hellbraun
Leindotteröl	Gelb, dann lebhaft orangefarbig	Gelblich grau
Bucheckernöl	Grauer Rand, dann grünlich mit dunklen Streifen; nach Verlauf einer halben Stunde mit schwarzen Punkten bestreut	—
Hanföl	Gelb, wo die Säure zufließt, sonst grünlichblau bis smaragdgrün	
Leinöl	Tief rotbraun, dann braunschwarz mit braunen und harten Klumpen	Dunkelbraun gefleckt
Mohnöl	Gelber Fleck mit gelben Streifen oder Ringen	Oliv bis rotbraun
Nußöl	Gelbe veränderliche Flecken, die orangefarbene Häutchen bilden	Dunkle Streifen und Gasentwicklung
Tierfette:		
Schweineschmalz	Gelbgrünlich mit braunen Streifen oder braunem Ring	—
Talg	Gelber Fleck mit rosafarbenen Streifen, die sich verbreitern	Orangefarben oder rotbraun
Klauenöl	Gelb-grünlich, später mit braunem Kern	Braun mit marmorierten Streifen
Rinderklauenöl	Hellgelb im Zentrum, dann schmutzig braun	—
Walfischtran	Roter Mittelfleck, dann rotbraun, schließlich rotviolett	Rotbraun bis tiefbraun, violett oder schwärzlich
Seehundstran	Orangefarbener Fleck mit purpurfarbenen Streifen	Hellrot, in Braun umschlagend
Dorschlebertran	Rotbraun mit anfangs dunkelgelbem, später hellgelbem Zentrum, von dem purpurfarbene Streifen ausgehen	Purpurn, dann in Dunkelbraun übergehend
Rochenlebertran	Mitte anfangs mit violetten Streifen, dann rot mit braunen Streifen, schließlich grauer Rand.	

Eine allgemeiner verwendbare Farbenreaktion neueren Datums ist die LIEBERMANN-VOGTsche Probe[1]). Die Ausführung ist dieselbe wie die der Cholesterinreaktion von LIEBERMANN: 3 Tropfen Öl werden mit einer eisgekühlten Mischung von 20 Tropfen Chloroform, 40 Tropfen Essigsäureanhydrid und 3 Tropfen Schwefelsäure geschüttelt. Dabei treten folgende Färbungen auf[2]):

	Färbung:
a) Pflanzenöle:	
Olivenöl	blaugrün, später smaragdgrün
Sesamöl	grün
Baumwollsamenöl	olivgrün
Hanföl	blaugrün
Maisöl	„
Leinöl	grün
b) Schweinefett	orange, bald blutrot

[1]) VOGT: Schweiz. Wochenschr. f. Pharm. Bd. 43, S. 674. 1905.
[2]) Nach Beobachtungen von GRIMME, von UTZ und von VOGT.

c) Fischöle und Trane:

	Färbung:
Delphintran	rosa
Robbentran	„
Waltran	„
Japantran	rosa bis rot
Neufundlandtran	rotbraun
Spermöl	„
Dorschlebertran	blau bis blaugrün
Specktrane	rotbraun bis gelbbraun oder grünlich
Schellfischtran	rotviolett bis bräunlich oder grün, blaßblau
Brosmenlebertran	blau bis grün
Seifischlebertran	violett

Bei der BELLIERschen Reaktion (s. oben) gibt Dorschlebertran eine bleibende Orangerotfärbung. Wenig zuverlässig scheint die

Reaktion nach KREMEL: 10 Tropfen Öl werden auf einem Uhrglas mit 1—2 Tropfen rauchender Salpetersäure verrührt; reiner Dorschlebertran färbt sich feurigrosa, bald citronengelb, mitunter auch schmutzigbräunlichgelb. Seileberöl wird intensiv braungelb.

Reaktionen einzelner Pflanzenöle.

Olivenöl. Das Olivenöl gibt weder eine spezifische Reaktion, noch die allgemeinen Reaktionen der Samenöle[1]). Darauf beruht die Prüfung des Öles auf Reinheit. Man verwendet insbesondere die BELLIERsche Reaktion (S. 287), daneben auch die

Reaktion von HAUCHECORNE[2]). Nach der Vorschrift des Schweizerischen Lebensmittelbuches werden gleiche Raumteile Öl und reine (d. h. von nitrosen Gasen freie) Salpetersäure (1 : 4) 1 Minute lang geschüttelt und dann 15 Minuten stehen gelassen. Olivenöl bleibt fast unverändert, während andere Öle mehr oder weniger intensive gelbe bis braune Färbungen annehmen. Am undeutlichsten — schwachrosa — ist die Färbung des Erdnußöles, von dem deshalb merkliche Mengen der Beobachtung entgehen können. Aber auch Mandel-, Haselnuß- und Aprikosenkernöl reagieren nur sehr schwach, was jedoch wenigstens in der technischen Analyse nicht stört, weil diese Öle teurer sind als Olivenöl und daher nicht zu dessen Verfälschung benützt werden. Man hat auch vorgeschlagen, die Reaktion unter Zusatz von Eiweiß (Albumin) auszuführen[3]), doch scheint die Komplikation kaum nötig.

Pfirsich- und Aprikosenkernöl. Zur Identifizierung oder zum Nachweis der Öle — praktisch kommt nur der Nachweis in Mandelöl in Betracht — dient die

Reaktion von BIEBER[4]): Man schüttelt 5 Teile Öl mit 1 Teil einer frisch bereiteten Mischung aus gleichen Gewichtsteilen konz. Schwefelsäure, rauchender Salpetersäure und Wasser; die Öle färben sich erst schwach rosa und werden dann allmählich dunkelorange, während Mandelöl unverändert bleibt. Von frischen Ölen werden noch 15—25% angezeigt[5]), ältere Öle sind weniger empfindlich.

Reaktion von MABEN[6]): Wenn 10 Tropfen Öl mit 5 Tropfen gesättigter Zinkchloridlösung verrührt werden, färbt sich das Gemisch bei Pfirsichkernöl purpurbraun, bei Aprikosenkernöl schmutzigbraun mit einem Stich ins Rötliche, während Mandelöl ungefärbt bleibt.

---

[1]) Nach DICKHART geben gleiche Raumteile Olivenöl und 20proz. alkoholische Schwefelsäure, mit etwas alkoholischer Furfurollösung geschüttelt, dann auf 95° erwärmt und schließlich mit Wasser auf das Doppelte des Gesamtvolumens verdünnt, nach einigem Stehen eine Rotfärbung. Cotton Oil Press Bd. 7, S. 34. 1923; C. 1924, I, S. 836. Bei Gegenwart von Sesamöl versagt die Probe, sie ist also nur sehr bedingt anwendbar.

[2]) Z. analyt. Ch. Bd. 3, S. 512. 1864. [3]) BRULLÉ: Compt. rend. Bd. 106, S. 1017. 1888.

[4]) Z. analyt. Ch. Bd. 17, S. 264. 1878.

[5]) DE NEGRI und FABRIS: ebenda Bd. 33, S. 556. 1894; LEWKOWITSCH: Analyst Bd. 29, S. 105. 1904. [6]) Pharm. J. (3) Bd. 16, S. 199. 1886.

Teesaatöl. Zur Unterscheidung von Olivenöl wurde folgende Reaktion vorgeschlagen[1]): Man erhitzt 10 ccm Öl mit 10 ccm einer Mischung aus gleichen Teilen konz. Schwefelsäure, Salpetersäure und Wasser unter häufigem Schütteln auf dem kochenden Wasserbad. Teesaatöl zeigt hierauf eine Schwärzung. Dadurch sollen noch Zusätze von 20% des Öles in anderen Ölen erkennbar sein.

Sesamöl. Die gebräuchlichste Methode, die auch offiziell zur Prüfung von Margarine auf den vorgeschriebenen Sesamölgehalt verwendet wird, ist die zuerst von CAMOIN[2]) gefundene, sog. BAUDOUINsche Reaktion[3]): Sesamöl gibt infolge seines Gehaltes an Oxyhydrochinonmethylenäther (Sesamol) mit Furfurol und Salzsäure eine intensive Rotfärbung. Nach der Ausführungsform von VILLAVECCHIA und FABRIS[4]) versetzt man 10 ccm Öl mit dem gleichen Volumen Salzsäure (spez. Gewicht 1,19) und 0,1 ccm einer 2proz. absolut-alkoholischen Furfurollösung, schüttelt 1/2 Minute lang kräftig durch und läßt absitzen. Noch bei Gegenwart von 1% Sesamöl färbt sich die wässerige Schicht deutlich carmoisinrot. In Ermangelung von Furfurol wird die Reaktion in der ursprünglichen Form ausgeführt durch Übergießen von 0,1 g Rohrzucker mit Salzsäure vom spez. Gewicht 1,18 und Schütteln mit dem doppelten Volumen Öl, wobei Furfurol gebildet wird und mit dem Sesamol reagiert. Bei ranzigen Ölen ist die Reaktion wesentlich schwächer, ebenso tritt sie bei Ölen, die einige Zeit hoch erhitzt waren — z. B. etwa 1/2 Stunde auf 250° — nur mehr schwach oder überhaupt nicht mehr auf[5]); auch bei mit Tierkohle vorbehandeltem Öl kann sie infolge Adsorption des Sesamöls durch die Kohle versagen[6]). Die BAUDOUINsche Reaktion ist in den meisten Staaten offiziell zur Prüfung der Margarine auf den vorgeschriebenen Minimalgehalt an Sesamöl (s. Abschn. Speisefette, S. 353). Das zur Margarineerzeugung verwendete Öl muß die Reaktion noch in der Verdünnung 1:200 zeigen. Bei der Prüfung eines Öls auf die Intensität der Reaktion ist zu beachten, daß dieselbe durch gewisse in ranzigen Ölen enthaltene Verbindungen abgeschwächt wird; man verwende deshalb zur Verdünnung sicherheitshalber überhaupt kein fettes Öl, sondern Paraffinöl[7]). Andererseits ist wiederum zu beachten, daß algerische, tunesische und portugiesische Olivenöle ebenfalls positiv reagieren können.

Nachdem durch Teerfarbstoffe, die schon mit Salzsäure allein eine Rotfärbung geben, die Sesamolreaktion vorgetäuscht werden kann, müssen nach der amtlichen Anweisung zur chemischen Untersuchung von Fetten und Käsen vom 1. April 1898, die zu prüfenden Öle vor Anstellung der Reaktion solange mit Salzsäure vom spez. Gewicht 1,125 ausgeschüttelt werden, bis sich die Säure nicht mehr färbt; dabei kann aber auch Sesamol dem Öl entzogen werden[8]).

SOLTSIENsche Reaktion[9]). 2—3 Vol. Öl werden im doppelten Volumen Benzin, Siedepunkt 70—80°, gelöst, mit 3 Vol. BETTENDORFschem Reagens (kon-

[1]) COFMAN-NICORESTI: Pharm. J. Bd. 104, S. 139. 1920; C. 1920, II, S. 611.

[2]) Siehe LEWKOWITSCH: Ch. Technol. 6. ed., Bd. 2, S. 227.

[3]) Zeitschr. f. d. chem. Großgew. 1878, S. 771; Monit. scient. 1889, S. 1169; s. a. SOUCHÈRE: ebenda 1881, S. 790; Ann. Chim. anal. 1909, S. 102; Über den Träger der Reaktion s. MERKLING: Arch. Pharm. Bd. 10, S. 440; VILLAVECCHIA und FABRIS: Ann. Lab. Gabelle Bd. 3, S. 13.

[4]) a. a. O.; Z. ang. Bd. 6, S. 17. 1893; s. a. MORPURGO: Ch.-Ztg. Rep. Bd. 17, S. 305. 1893.

[5]) Über den „Ringtest" zur Erkennung ranziger Öle s. Nachtrag S. 553.

[6]) SOLTSIEN: Z. öff. Ch. Bd. 5, S. 15. 1899; BÖMER: Z. Nahrgsm. Bd. 2, S. 708. 1899; s. a. HELLER: Farbenztg. Bd. 28, S. 1528. 1923.

[7]) GRAVENHORST: Eng. Bd. 16, S. 47. 1924.

[8]) SOLTSIEN: Z. öff. Ch. Bd. 6, S. 1019. 1900; SIEGFELD: Milch-Ztg. 1899, S. 243; FENDLER: Ch. Revue Bd. 12, S. 10. 1905.

[9]) Z. öff. Ch. Bd. 3, S. 63. 1897; Pharm. Ztg. Bd. 48, S. 524. 1903; Ch. Revue Bd. 13, S. 138. 1906; s. a. POLENSKE: Arb. Ges. Amt 1905, S. 570; SPRINGMEYER und WAGNER: Z. Nahrgsm. Bd. 10, S. 348. 1905; GERBER: ebenda Bd. 13, S. 67. 1906.

zentrierte Zinnchlorürlösung mit Chlorwasserstoff gesättigt) bis zur gleichmäßigen Mischung geschüttelt, in 40° warmem Wasser absitzen gelassen und dann bis zur Höhe der Zinnchlorürlösung in Wasser von 80° getaucht. Bei Gegenwart von Sesamöl färbt sich die untere Schicht rot.

Die Reaktion hat gegenüber der von BAUDOUIN den Vorzug, daß ihr Träger dem Öl durch Schütteln mit Salzsäure nicht entzogen wird, sie ist also namentlich auf solche Öle anzuwenden, die eines Gehalts an Salzsäure rötenden Teerfarbstoffen verdächtig sind und vor Anstellung der Probe ausgeschüttelt werden müssen, wobei aber wiederum das Sesamol entfernt werden kann. Bei der SOLTSIENschen Reaktion tritt zwar, wenn solche Farbstoffe zugegen sind, auch bei Abwesenheit von Sesamöl eine Rotfärbung auf; aber sie ist nicht beständig, weil die Teerfarbstoffe durch das Zinnchlorür zu ihren Leukoverbindungen reduziert werden. Bei Gegenwart von Sesamöl tritt dagegen nach dem Entfärben wieder Rotfärbung auf. Die Gegenwart freier Fettsäuren stört, man erhält Braunfärbungen[1]).

Die BAUDOUINsche Reaktion wurde von verschiedenen Seiten für überflüssig erklärt; man hat einerseits die ausschließliche Verwendung der SOLTSIENschen Reaktion empfohlen[2]), andererseits wurde auch das BELLIERsche Reagens, das ja mit Sesamöl eine charakteristische Färbung gibt, als Ersatz vorgeschlagen[3]). — Zu beachten ist, daß auch das Kakaofett infolge seines Gehaltes an Kakaorot sowohl die SOLTSIENsche als die BAUDOUINsche Reaktion gibt, allerdings eine mehr braunrote Färbung. Bei der Prüfung von Kakao- oder Schokoladefetten auf Sesamöl muß deshalb das Kakaorot vorher entfernt werden[4]).

BISHOPsche Reaktion[5]). 1 Teil Öl wird mit 1,5 Teilen Salzsäure von 21—22° Bé (1,171—1,180) einige Minuten lang geschüttelt; läßt man mehrere Tage im Sonnenlichte stehen, so färbt sich die Säureschicht bei Gegenwart von Sesamöl grün. Wird die Einwirkung von Luft und Licht noch länger fortgesetzt, so nimmt die grüne Farbe an Tiefe zu und schließlich kommt es zur Abscheidung blauvioletter Flocken. Beim Zufügen von Wasser entfärbt sich die Salzsäurelösung zunächst rasch, dann färbt sie sich rosa.

TOCHERsche Reaktion[6]). Man schüttelt die Lösung von 1 g Pyrogallol in 14 ccm Salzsäure von 20—21° Bé (ca. 1,17) mit dem gleichen Volum Öl, läßt absitzen und dekantiert die Säure in ein Reagensrohr ab. Nach HALPHEN[7]) wird dieses Rohr etwa zur Hälfte in ein Becherglas mit siedender Kochsalzlösung getaucht und darin 10 bis 15 Minuten belassen. Sind 5% Sesamöl zugegen, so tritt nach spätestens 15 Minuten deutliche Fluorescenzfärbung auf; die Nüance ist purpurviolett in der Durchsicht, blau in der Aufsicht. Im Laufe einer halben Stunde wird die Flüssigkeit schwarzblau, dann rotbraun und verfärbt sich schließlich. Die Reaktion gestattet den Nachweis von ungefähr 1—2% Sesamöl in Mischungen und hat vor der BAUDOUINschen den Vorzug strengerer Spezifität, indem Olivenöle algerischer, tunesischer und portugiesischer Herkunft (s. oben) negativ reagieren; sie geben höchstens eine zwiebelrote Färbung.

Baumwollsamenöl. HALPHENsche Reaktion[8]). Je 2 ccm Öl, 1 proz. Lösung von Schwefel in Schwefelkohlenstoff [oder in Pentachloräthan[9])] und entweder

---

[1]) Ch. Revue Bd. 8, S. 202. 1901; Bd. 13, S. 29. 1906.
[2]) UTZ: Ch. Umschau Bd. 25, S. 13. 1918.
[3]) STEINER: Z. Nahrgsm. Bd. 45, S. 154. 1923.
[4]) SOLTSIEN: Ch. Revue Bd. 13, S. 138. 1906.
[5]) J. Pharm. Chim. Bd. 2, S. 244. 1889. [6]) Ann. Chim. anal. 1899, S. 218.
[7]) Huiles et graisses végétales comestibles. Paris 1912, S. 246.
[8]) J. Pharm. Chim. 1894, II, S. 241; Bd. 6, S. 390. 1897. Eine Zusammenstellung der Literatur und eine Klärung des Chemismus der Reaktion gibt HALPHEN: Huiles et graisses végétales comestibles. Paris 1912; s. bes. HOLDE und PELGRY: Ch. Revue Bd. 9, S. 57. 1902; s. a. SOLTSIEN: Z. öff. Ch. Bd. 7, S. 25, 140. 1901; Pharm. Ztg. Bd. 48, S. 19. 1903. Über den Träger der Reaktion s. KÜHN und BENGEN: Z. Nahrgsm. Bd. 12, S. 145. 1906; Ch. Revue Bd. 13, S. 254. 1906 u. a. m.
[9]) UTZ: Ch. Revue Bd. 20, S. 291. 1913.

Amylalkohol oder besser Pyridin[1]) werden im Kochsalzbad $^1/_4$—$^1/_2$ Stunde lang erhitzt, wobei selbstverständlich für Kondensation des abdestillierenden Schwefelkohlenstoffs Sorge zu tragen ist. Bei Gegenwart von noch 1% Baumwollsamenöl tritt eine charakteristische Rotfärbung ein, bei Verwendung von Pyridin erhält man ein sehr beständiges Weinrot. Um vergleichbare Färbungen zu erhalten, soll die Reaktion immer unter ganz gleichen Bedingungen, am besten im geschlossenen Rohr, das man in einer Salzlösung erhitzt, ausgeführt werden[2]). Stark erhitzte Öle geben die Reaktion schwach oder gar nicht[3]). Vorsichtige Behandlung mit Entfärbungsmitteln, wie Tierkohle, wirkt vorteilhaft. Bei zu energischer Bleichung kann aber der Träger der Reaktion von der Kohle fast völlig adsorbiert werden, so daß das Öl die Reaktion nurmehr ganz schwach gibt.

BECCHIsche Reaktion[4]). Diese wird am einfachsten in der von TORTELLI und RUGGERI vorgeschlagenen Ausführungsform angestellt[5]). Man löst 5 g der flüssigen Säuren des Fettes (s. S. 220) in 10 ccm 95 proz. Alkohol, setzt 1 ccm einer 5 proz. Silbernitratlösung zu und erhitzt auf 70—80°. Bei Gegenwart von Baumwollsamenöl färben sich die Säuren infolge Reduktion des Silbernitrats durch aldehydische Ölbestandteile dunkel.

Salpetersäurereaktion[6]). Diese ist im allgemeinen am wenigsten zuverlässig, kann aber, weil sie auch bei erhitzt gewesenen Ölen eintritt, als Vorprobe zum Nachweis größerer Zusätze dienen. Man schüttelt die Probe mit dem gleichen Volumen Salpetersäure (spez. Gewicht 1,375) und läßt einige Zeit, bis 24 Stunden, stehen. Es tritt eine rot- bis kaffeebraune Färbung auf.

Kapoköl. Dieses gibt die HALPHENsche Reaktion sogar noch intensiver als Baumwollsaatöl, ebenso reagieren die übrigen Malvaceenöle, so das Baobab- und das Pappelrosenöl[7]). Zur Unterscheidung prüft man die Chloroformlösung mit 2 proz. absolut-alkoholischer Silbernitratlösung, wobei Kapoköl eine kaffeebraune, Baumwollsamenöl eine gelbe Färbung gibt[8]).

Rüböl. Zur Prüfung von Olivenöl auf einen Gehalt an Rüböl verwendet man die

SCHNEIDERsche Reaktion[9]). 1 Vol. Öl löst man in 2 Vol. Äther, schüttelt tüchtig mit 20—30 Tropfen einer alkoholischen, gesättigten Silbernitratlösung und läßt die Mischung an einem dunklen Ort 12 Stunden stehen. Bei Gegenwart von Rüböl wird die Mischung bzw. die untere Schicht dunkel bis schwarz. Die gereinigten, nicht schwefelhaltigen Rüböle geben die Reaktion nicht. Die Reaktion ist nicht eindeutig, denn Baumwollsamenöl verhält sich ähnlich (s. oben).

Sojaöl. Beim Schütteln seiner 50 proz. Chloroformlösung mit dem gleichen Volumen 2 proz. Uranylnitrat oder -acetatlösung soll Sojaöl eine charakteristisch citronengelb gefärbte Emulsion geben, während bei anderen Ölen keine Fär-

---

[1]) Auch Anilin, Chinolin, konz. Ammoniak, Natron oder Kali; GASTALDI: Ann. Lab. Gabelle Bd. 6, S. 601. 1912; s. a. KUEVER: Ref. in Olien en Vetten 1921, S. 303.

[2]) MARCILLE: Ch. Revue Bd. 17, S. 221. 1910; s. a. CONDELLI: Staz. sperim. agrar. ital. Bd. 47, S. 368. 1914; C. 1914, II, S. 87.

[3]) HOLDE und PELGRY: Ch. Revue Bd. 6, S. 67, 94. 1899; UTZ: Ch. Revue Bd. 9, S. 125. 1902.

[4]) Monit. scient. 1884, S. 431; s. a. HEHNER: Analyst Bd. 13, S. 165. 1888.

[5]) Z. ang. Bd. 11, S. 464. 1898; Gazz. chim. Bd. 28, I, S. 310. 1898. Betr. anderer Vorschriften s. MILLIAU: Compt. rend. Bd. 106, S. 550. 1888; DEL TORRE: Z. analyt. Ch. Bd. 33, S. 561. 1894.

[6]) Siehe LEWKOWITSCH: Ch. Technol. 6. ed., Bd. 2, S. 211.

[7]) Betr. Kapok- und Baobaböl: HALPHEN: J. Pharm. Chim. 1897, II, S. 391; DURAND und BAUD: Ann. Chim. anal. 1903, S. 329; betr. Pappelrosenöl: HILTNER und FELDSTEIN: Eng. Bd. 13, S. 635. 1921.

[8]) MILLIAU: Ann. Chim. anal. 1905, S. 9. [9]) Dingl. Polyt. J. Bd. 161, S. 465. 1861.

bung auftrete[1]). Die Reaktion ist sowohl in dieser Form, wie auch bei Zusatz von arabischem Gummi[2]) nicht spezifisch und praktisch unbrauchbar[3]).

Noch nicht genügend erprobt sind die neueren Reaktionen: die Orangerotfärbung von Oliven- und Sonnenblumenöl mit Nitrobenzoldiazoniumchlorid[4]), die Citronengelbfärbung von Traubenkernöl mit Urannitrat[5]), die Grünfärbung von Leinöl und die Rotfärbung von Holzöl nach Erhitzen mit Essigsäureanhydrid auf Zusatz von Dimethylsulfat[6]) u. a. m.

Von den Ölen, die keine Farbenreaktionen geben, lassen sich einige durch andere Reaktionen nachweisen, z. B. das Ricinusöl durch den charakteristischen Geruch, der beim Erhitzen mit Lauge entstehenden Seife. Die übrigen Reaktionen sind nicht streng spezifisch, ausgenommen die Reaktionen auf

Holzöl. Die Mc. ILHINEYsche Reaktion[7]), die auf der Unlöslichkeit des Triglycerids der β-Eläostearinsäure in Petroläther beruht, wird nach WARE und SCHUMANN[8]) folgendermaßen ausgeführt:

5 g Öl werden in 25 ccm niedrigsiedendem (bis 60° C) Petroläther gelöst, auf 0° abgekühlt und mit 5 ccm einer kalten gesättigten Lösung von Jod in Petroläther versetzt. Dann läßt man 1 Stunde lang am Licht stehen, fügt noch etwas Petroläther hinzu und filtriert. Das Filtrat wird nochmals mit ein wenig Jodlösung versetzt, wieder belichtet und filtriert. Dieser Vorgang wird mit dem zweiten Filtrat wiederholt. Das letzte Filtrat wird eingedampft (nötigenfalls vorher mit Jod und Kaliumlösung jodfrei gewaschen), der Rückstand gewogen. Liegt reines Holzöl vor, so dürften höchstens 7% in Lösung geblieben sein.

Zum Nachweis anderer Öle im Holzöl dient die von HOEPFNER[9]) und WOLFF[10]) verbesserte

Reaktion von BACON[11]). Sie beruht darauf, daß die Gerinnung des Holzöles durch Gegenwart fremder Öle verzögert wird. 10 ccm Öl werden in einem Reagensglas von 1,9 cm Durchmesser und 10 cm Länge in einem Ölbad 12 Minuten auf 310° erhitzt. Reines Öl gibt eine feste Masse mit glattem Schnitt. Bei 5% fremdem Öl erhält man schon ein weicheres Produkt mit rauherem Schnitt, bei 10% eine weiche, dehnbare Masse, bei noch größeren Zusätzen bleibt das Öl flüssig. Freie Fettsäuren verzögern ebenfalls die Reaktion, das Öl ist deshalb nötigenfalls vorher zu entsäuern[12]). Die Reaktion ist nicht unbedingt sicher, weil schon Spuren von Alkali aus ungeeignetem Glas Verzögerungen bewirken.

Nachweis und Bestimmung artfremder organischer Säuren.

Harzsäuren.

(Harze.)

Der Nachweis und die Bestimmung von Harzen spielen bei der Untersuchung der Fette selbst keine große Rolle, dagegen bei der Analyse von Erzeugnissen der Fettindustrie, insbesondere von Seifen und Lacken. Die wichtigsten Harze sind das Kolophonium, die Kopale und andere Edelharze; weniger in Betracht kommen rohe Coniferenharze, Abfallharze von der Zellstoffindustrie u. dgl. Vielleicht

---

1) SETTINI: Ann. Lab. Gabelle Bd. 6, S. 461. 1912; Sffbr. Bd. 41, S. 35. 1921.
2) NEWHALL: Eng. Bd. 12, S. 1174. 1920; Bd. 13, S. 574. 1921.
3) BONNEY und WHITESCARVER: Eng. Bd. 13, S. 574. 1921; UTZ: Ch. Umschau Bd. 29, S. 29. 1922.
4) SISLEY und FREHSE: Ann. Falsif. Bd. 7, S. 130. 1914.
5) DELL'AQUA: Ann. di Chim. appl. Bd. 2, S. 295. 1914.
6) MORELL: J. Soc. Ch. Ind. Bd. 34, S. 105. 1915; C. 1915, I, S. 1187.
7) Eng. Bd. 4, S. 4. 1912.
8) Proc. Am. Soc. for Testing Materials 1914.
9) HOEPFNER und BURMEISTER: Ch.-Ztg. Bd. 37, S. 39. 1913.
10) Farbenztg. Bd. 27, S. 929. 1922.
11) J. Soc. Ch. Ind. Bd. 31, S. 997. 1912.
12) JAMESON: Analyst, Bd. 45, S. 328. 1920.

wird auch das Montanharz technische Bedeutung erlangen. Von Ersatzprodukten sind die Cumaronharze und die Kunstharze zu erwähnen, die durch Kondensation von Phenolen mit Formaldehyd, aus Acetaldehyd, Vinylderivaten u. a. m. erzeugt werden.

Kolophonium.

Kolophonium ist der nichtflüchtige Bestandteil des Kiefernharzes, der nach dem Abtreiben des Terpentinöles mit Wasserdampf zurückbleibt. Es besteht zum weitaus überwiegenden Teil aus Harzsäuren, den Rest bilden Harzalkohole (Resinole) bzw. deren Ester, Kohlenwasserstoffe (Resene) und Produkte der Autoxydation: Superoxyde, die aus diesen gebildeten Oxysäuren und Ketoxysäuren, Anhydride (innere Ester) der Oxysäuren und ihre Spaltungsprodukte. Die wichtigsten Sorten sind das amerikanische, das österreichische, das französische und das spanische Kolophonium aus verschiedenen Pinusarten[1]). Ähnlich, aber nicht gleichwertig sind die Harze von Fichten und anderen Coniferen.

Die Verschiedenheit der Kolophoniumsorten ist bedingt durch die ihrer integrierenden Bestandteile, der Säuren. Diese sind Produkte der Kondensation und Oxydation von Terpenen, wahrscheinlich der Pinene; α-Pinen und Nopinen sind ja neben den Harzsäuren Hauptbestandteile des Harzbalsams, und dieser enthält auch Sesquiterpene, Diterpene, Harzalkohole und Harzaldehyd, welche Verbindungen als Zwischenprodukte angesehen werden können[2]). Die Säuren stehen untereinander in nahen strukturellen Beziehungen, die meisten sind Isomere — zum Teil Stereoisomere — von der Formel $C_{20}H_{30}O_2$[3]); sie enthalten einen hydrierten Phenanthrenring, eine Isopropylgruppe und zwei Lückenbindungen oder auch nur eine Doppelbindung und eine Brückenbindung. Aus der Bildung von Reten beim Destillieren der Abietinsäure (s. unten) mit Schwefel[4]) hat man den Schluß gezogen, daß die Stellungen der Isopropylgruppe und einer Methylgruppe dieselben sind wie im Reten und hat dementsprechend die Säure als Methyl-dekahydroreten-carbonsäure bezeichnet[5]). Es wurden auch verschiedene Strukturformeln aufgestellt, von denen die einen die Beziehung zum Reten[6]), andere zugleich auch die zum Pinen[7]) bzw. anderen Terpenen[8]) mit Brückenbindung zum Ausdruck bringen. Sie sind aber alle noch durchaus hypothetisch. Vielleicht bestehen auch Beziehungen zum Fichtelit, der jedoch entgegen der früheren Annahme kein Perhydroreten sein soll[9]). Man muß selbstverständlich in Betracht ziehen, daß sich vom Reten Dutzende von struktur-isomeren und stereo-isomeren Methyl-dekahydroreten-carbonsäuren ableiten lassen, daß aber andererseits auch die Zahl der Harzsäuren vorläufig noch gar nicht abzuschätzen, jedenfalls aber groß ist. Daher könnten auch verschiedene aufgestellte Formeln zu Recht bestehen, d. h. bestimmten Harzsäuren entsprechen.

Die bisher aus Harzen und speziell aus Kolophoniumsorten isolierten Säuren werden bezeichnet als Abietinsäure, Sylvinsäure, Pimarsäure, Sapinsäure, Pinabietinsäure, Kolophonsäure usw. Man unterscheidet sie ferner nach der Drehungsrichtung, z. B. eine linksdrehende Säure aus französischem Kolophonium ($[\alpha]_D = -80°$) als Laevopimarsäure, eine rechtsdrehende aus amerikanischem Kolophonium ($[\alpha]_D = +80°$) als Dextropimarsäure[10]). Die Benennungen wurden aber vielfach vertauscht, auch wurden verschiedene Namen für

---

[1]) Amerikanisches Harz: von der Besenkiefer Pinus palustris Mill (P. australis Michaux), der Weihrauchkiefer P. Taeda (var. heterophylla Ell.), P. echinata und von der Weymuthkiefer P. Strobus L. Österreichisches: von der Schwarzkiefer, P. Laricio Poir (var. austriaca Endl). Französisches und spanisches: von der Seestrandkiefer P. Pinaster Sol (P. maritima Poir) und der Aleppoföhre, P. halepensis.

[2]) Bruhn: Ch.-Ztg. Bd. 24, S. 1105. 1900; Grün: Z. D. Öl- u. Fettind. Bd. 41, S. 49. 1921; Jonas: Z. ang. Bd. 35, S. 322. 1922; s. a. Frankforter: Am. J. Pharm. Bd. 85, S. 53. 1913; C. 1913, II, S. 1687.

[3]) Trommsdorf und Rose: Ann. Bd. 13, S. 169. 1835. Bischoff und Nastvogel: Ber. Bd. 23, S. 1919, 1980. 1890; Levy: Z. ang. Bd. 18, S. 1739. 1905; Ber. Bd. 39, S. 3043, 3658. 1906; Köhler: J. pr. (2) Bd. 85, S. 560. 1912.

[4]) Vesterberg: Ber. Bd. 36, S. 4200. 1903; Bd. 40, S. 120. 1907.

[5]) Tschirch: „Harze und Harzbehälter.“ Leipzig 1906.

[6]) Tschirch: a. a. O.; Ruzicka und Meyer: Helv. Bd. 5, S. 315, 581. 1922; Klingemann: Z. ang. Bd. 36, S. 317. 1923.

[7]) Grün: a. a. O. Dupont: Compt. rend. Bd. 178, S. 1560. 1924.

[8]) Virtannen: Ber. Bd. 53, S. 1880. 1920. [9]) Jonas: a. a. O.

[10]) Knecht und Hibbert: J. Soc. of Dyers and Colourists Bd. 35, S. 221. 1919; Bd. 37, S. 221. 1922. Neben diesen Säuren enthalten beide Kolophoniumsorten noch mehrere andere, z. B. besteht das amerikanische nach Köhler (s. unten) aus mindestens 4 Säuren, einer inaktiven Form und drei optisch-aktiven.

eine und dieselbe Verbindung verwendet und verschiedene Harzsäuren wiederum mit demselben Namen bezeichnet. Eine zweckmäßige Einteilung und Nomenklatur hat ASCHAN vorgeschlagen[1]). Man hat vor allem, nach dem Vorgange von KLASON und KÖHLER[2]) drei Hauptgruppen zu unterscheiden: die ursprünglichen Säuren (native Harzsäuren), die aus ihnen durch Umlagerung beim Erhitzen entstehenden Kolophonsäuren und die Produkte der Umlagerung durch chemische Mittel, die Sylvinsäuren[3]). Von den nativen Säuren werden die hochschmelzenden, schwerlöslichen und nicht autoxydablen als Pimarsäuren bezeichnet, die anderen als Sapinsäuren, von denen wieder zwei Untergruppen unterschieden werden, Pinin- und Isopininsäuren. Die beim mäßigen Erhitzen entstehenden Kolophonsäuren werden Isopimarsäuren genannt, während die Bezeichnung Abietinsäuren für die beim starken Erhitzen gebildeten Verbindungen dieser Gruppe vorbehalten bleibt. Unter den Sylvinsäuren sind vielleicht die durch Umlagerung der nativen Harzsäuren mittels Mineralsäuren entstehenden „eigentlichen Sylvinsäuren" von den übrigen, den Isosylvinsäuren, zu unterscheiden (s. Tabelle S. 297).

Eigenschaften des Kolophoniums: Glasig glänzend, durchscheinend, spröde, muschliger Bruch; goldgelb bis braunschwarz; typischer Geruch und typische Klebrigkeit, besonders beim Erwärmen; schwerer als Wasser, $d^{15} = 1{,}045 - 1{,}108$, im Mittel 1,100. Erweicht bei 70°, wird in siedendem Wasser fließend, aber nicht klar und schmilzt unscharf, die härtesten Sorten bei etwa 135—140°. — In Alkoholen leicht löslich, z. B. schon in 10 Teilen 70proz. Äthylalkohol, ferner in sämtlichen Fettlösungsmitteln, mit Ausnahme der superoxydischen Beimengungen auch in Petroläther (die Menge dieser Beimengungen kann aber bis auf 50% ansteigen). In verdünnten Alkalien sowie in Alkalicarbonaten unter Bildung von Salzen, Resinaten, löslich. Das Natronresinat ist in Alkohol und Alkoholäther leicht-, selbst in nicht ganz alkoholfreiem Äther noch merklich (zu 1—2‰) löslich. Die Resinate von Silber, Kupfer, Mangan und Zink sind in Äther löslich, das Kalksalz wird zuerst von Äther aufgenommen, fällt dann aber wieder aus.

Bei stärkerem Erhitzen unter normalem Druck erfolgt wie beim Erhitzen der Salze trockene Destillation unter Zersetzung, und zwar Abspaltung von CO_2: Bildung von Harzölen — darin Abietin, $C_{19}H_{30}$; weiterhin Methyl- und Wasserstoffabspaltung: Bildung von Reten, $C_{18}H_{18}$; Krackung: Bildung von Harzessenz, Pinolin. — An der Luft oxydiert sich das Kolophonium ähnlich wie trocknende Öle, wobei das Gewicht erst zunimmt (z. B. fand FAHRION in 14 Tagen 7,6% Zunahme), dann wieder abnimmt. Bei dieser Autoxydation entstehen in Petroläther unlösliche Peroxysäuren, die sich in petrolätherlösliche Oxysäuren umlagern, die ihrerseits wieder Kondensationen und weiteren Oxydationen, zum Teil unter Spaltung, Abbau zu flüchtigen Verbindungen, unterliegen[4]).

Das Kolophonium bzw. seine Harzsäuren lassen sich nur schwer verestern (und die Ester dementsprechend schwer verseifen), worauf die Trennung von den Fettsäuren beruht. Beim langandauernden Kochen mit viel konzentrierter Schwefelsäure in Methylalkohol entstehen jedoch Methylester[5]). Überschüssige Schwefelsäure allein wirkt analog wie auf Olefinsäuren ein, es erfolgt — jedenfalls unter intermediärer Anlagerung von H_2SO_4—Hydratation, wobei sich aber nicht die freien Oxysäuren bilden, sondern ihre Estolide, wie $C_{19}H_{30}(OH)COO$ $-C_{19}H_{30}COOH$ u. dgl.[6]).

Analyse: Ähnlich wie bei der Untersuchung technischer Fette bestimmt man vor allem: die Menge etwaiger unlöslicher Beimengungen (besonders bei Scharr-

[1]) Ch.-Ztg. Bd. 48, S. 149. 1924.
[2]) Arkiv f. Kemi Bd. 2, Nr. 3, S. 12. 1904. KÖHLER: ebenda, Bd. 4, Nr. 5, S. 10. 1911.
[3]) Übereinstimmend mit dem Vorschlag von WIENHAUS: Z. ang. Bd. 34, S. 256. 1921.
[4]) FAHRION: Z. ang. Bd. 14, S. 1121, 1197. 1901; Bd. 17, S. 239. 1904.
[5]) FAHRION: Z. ang. Bd. 22, S. 582. 1909; SCHULZ: Ch. Revue Bd. 19, S. 291. 1912.
[6]) GRÜN und WINKLER: Ch. Umschau Bd. 26, S. 77. 1919.

Einteilung und Eigenschaften von Harzsäuren.

Bezeichnung	Vorkommen und Bildung	Verhalten gegen Luftsauerstoff	Additionsfähigkeit	Löslichkeit in organ. Solventien	Schmelztemperatur
Native Harzsäuren.					
a) Pimarsäuren	—	beständig	addieren 2 H (Katalysator: Platinschwarz)	schwer löslich	hoch (höher bei der d- als bei der l-Modifikation)
b) Sapinsäuren	—	—	—	—	—
Pininsäuren	(im ursprüngl. Terpentin)	sehr unbeständig	unbekannt	sehr leicht löslich	niedrig (z. B. 137—139°)
Isopininsäuren	(in schwach erhitztem Kolophonium)	sehr unbeständig	unbekannt	sehr leicht löslich	niedrig
Kolophonsäuren.					
a) Isopimarsäuren	beim Erhitzen der Sapinsäuren auf etwa 200° (beim höheren Erhitzen tritt Umlagerung ein)	unbeständig	addieren 2 H bzw. 4 H (?)	in der Kälte ziemlich, in der Hitze leicht löslich	etwa 150—160°
b) Abietinsäuren	auf etwa 250° (beim Erhitzen nicht isomerisierbar)	unbeständig	addieren 2 H bzw. Br_2 bzw. 2 HBr (Umlagerung?)	ziemlich schwer löslich	gegen 200°
Sylvinsäuren.	aus anderen Harzsäuren:				
a) Eigentliche Sylvinsäuren	durch Salzsäure bzw. Schwefelsäure	beständig	addieren 4 H bzw. 4 OH	relativ schwer löslich	ziemlich hoch, z. B. 170°
b) Isosylvinsäuren	durch HCl- oder H_2O-Abspaltung aus den entsprechenden Additionsprodukten	unbekannt	unbekannt	relativ leicht löslich	niedrig

harzen: Rinden und Holzteilchen, Sand u. dgl.), die flüchtigen Bestandteile (meistens 0,1—0,5%), den Gehalt an Unverseifbarem. Wichtig ist ferner die Säurezahl, auch die Verseifungszahl, weniger die Jodzahl, die Acetyl-, Methyl- und Carbonylzahl.

Der Gehalt an Unverseifbarem schwankt beträchtlich, meistens beträgt er 6—8%, doch kommen auch Gehalte von bloß 2% und andererseits 10—15% und darüber vor[1]); er dürfte hauptsächlich von der Art der Harzgewinnung und der Terpentinabtreibung abhängen, indem je nach den Umständen: Beheizung, Temperatur, Dauer, mehr oder weniger von den ursprünglichen unverseifbaren Stoffen aus dem Rohharz beim Kolophonium verbleiben können und mehr oder weniger durch Zersetzung der Harzsäure neu gebildet werden. Ein Teil des Unverseifbaren ist leicht, schon unter 100° flüchtig.

Zur Bestimmung der Säurezahl wird vielfach wie bei Fetten verfahren. MARCUSSON und WINTERFELD[2]) empfehlen folgende Ausführung: Man erwärmt 3—4 g feingepulvertes Harz in 200 ccm eines Gemisches aus gleichen Teilen Benzol und neutralem absoluten Alkohol kurze Zeit am Rückflußkühler; nach dem Erkalten titriert man, ohne von etwa ungelöst gebliebener Substanz abzufiltrieren, mit $^n/_{10}$-Lauge, am besten mit Alkaliblau 6 b als Indicator. — Die Säurezahlen liegen meistens um 160.

Die Bestimmung der Verseifungszahl ist weniger zuverlässig. Einerseits erfordern die Harzester eine sehr energische Verseifung, andererseits treten aber bei großem Alkaliüberschuß und längerer Einwirkungsdauer wenigstens in der Wärme Nebenreaktionen ein; die Verseifungszahl steigt kontinuierlich an. Die Verseifungszahlen liegen zwischen 170 und 180 (Theorie für $C_{20}H_{30}O_2$: Säurezahl = Verseifungszahl = 185,6); durch die Oxysäuren von höherem Molekulargewicht (340—350) wird aber die Verseifungszahl mehr oder weniger erniedrigt[3]). Zwischen den Qualitäten der Sorten und ihren Säure- und Verseifungszahlen besteht keine Beziehung.

Säure-, Verseifungs- und Esterzahlen von Harzen[4]).

Herkunft	Säure-zahl	Verseifungs-zahl	Ester-zahl	Konstante Esterzahl[5])
Österreich .	130—163	147—175	16—21	—
Amerika . .	154—181	165—194	6—30	—
Frankreich .	139—171	175—179	8—36	6—12

Die Esterzahl ist zum Teil auf die Gegenwart von Resinolestern zurückzuführen, zum Teil (die konstante Esterzahl) auf die von inneren Estern, angeblich Lactonen[6]); vielleicht liegen aber auch Lactide, wahrscheinlicher Estolide der oxydierten Harzsäuren vor.

Die Bestimmung der Jodzahl erfordert besondere Aufmerksamkeit. Nachdem die Harzsäuren 2 Doppelbindungen oder 1 Doppelbindung und eine durch Halogen aufspaltbare Brückenbindung enthalten, addieren sie 2 Moleküle Halogen. Für die Verbindungen $C_{20}H_{30}O_2$ berechnet sich demnach die theoretische Jodzahl zu rund 168. Die Bestimmung der Jodzahl wird aber dadurch erschwert,

[1]) Von 43 Proben enthielten z. B. drei über 13%, darunter eine 30% Unverseifbares. WOLFF und SCHOLZE: Ch. Ztg. 38, S. 382. 1914.

[2]) Ch. Revue Bd. 16, S. 104. 1909.

[3]) Deutsche Harze enthalten viel Oxydationsprodukte, s. a. FAHRION: Ch. Umschau Bd. 25, S. 3. 1918.

[4]) Nach v. SCHMIDT und ERBAN, ULZER, FAHRION, SMETHAM und DODD, LEWKOWITSCH, RUDDING, WEGER.

[5]) Vgl. Lactone und Estersäuren S. 250.

[6]) HENRIQUES: Ch. Revue Bd. 6, S. 106. 1899; SMETHAM und DODD: J. Soc. Ch. Ind. Bd. 19, S. 101. 1900.

daß ein Molekül Halogen sehr schnell, das andere langsamer aufgenommen wird[1]), dann werden die Harzsäuren als cyclische Verbindungen leichter substituiert als die aliphatischen Säuren. Schließlich enthalten die Harze, abgesehen von den unverseifbaren Bestandteilen, deren Jodzahl kleiner ist als die der Säuren, auch immer mindestens geringe, oft auch beträchtliche Mengen Oxysäuren, die weniger Halogen verbrauchen. Am zuverlässigsten ist die Bestimmung mittels Hüblscher Lösung; man erhält nach etwa 20stündiger Einwirkung Jodzahlen von 160—170, höchstens um 180, und auch bei übertrieben langer Reaktionsdauer nicht viel höhere Werte[2]). Bei Verwendung Wijsscher Lösung hängen die Resultate in weit höherem Maße von der Einwirkungsdauer, der Konzentration der Jodlösung und dem angewandten Halogenüberschuß ab; man findet Zahlen bis über 250, entsprechend einem Verbrauch von 3 Molekülen Halogen (Theorie 253,2), es tritt also auch Substitution ein. Die mit Alkohol und Mineralsäure dargestellten Ester sind bemerkenswerterweise nicht substituierbar, man erhält unter den gleichen Bedingungen Jodzahlen, die der Anlagerung von 2 Molekülen Halogen gut entsprechen[3]) (weil bei der Behandlung mit Mineralsäure eine Umlagerung der Harzsäure erfolgt).

Bei der Titration mit Bromlösung nach der Methode von McIlhiney (S. 187) werden 4 Moleküle Brom verbraucht und 4 Moleküle Bromwasserstoff entwickelt[4]). Daraus hat man den Schluß gezogen, daß überhaupt keine Anlagerung, sondern nur Substitution von 4 H-Atomen durch Brom eintritt, als ob die Reaktion der Harzsäure mit Brom von der mit Chlorjod ganz wesensverschieden sein könnte. Man kann aber die Erscheinung ungezwungen in folgender Weise erklären: primär erfolgt Anlagerung von 2 Molekülen Brom; sekundär wird von je 2 angelagerten Bromatomen eines mit einem Wasserstoffatom einer benachbarten CH- oder CH_2-Gruppe als BrH abgespalten, wobei wieder eine doppelt-ungesättigte Verbindung entsteht, in der aber an jeder Lückenbindung ein Halogenatom sitzt, so daß keine neuerliche Halogenaddition eintreten kann; schließlich kann dieses Produkt mit 2 Brommolekülen unter direkter Substitution und Entbindung von 2 Molekülen BrH reagieren[5]):

$$C_{20}H_{30}O_2 + 2\,Br_2 = C_{20}H_{30}Br_4O_2\,,$$
$$C_{20}H_{30}Br_4O_2 = 2\,HBr + C_{20}H_{28}Br_2O_2\,,$$
$$C_{20}H_{28}Br_2O_2 + 2\,Br_2 = 2\,HBr + C_{20}H_{26}Br_4O_2\,.$$

Bei der Wertbestimmung kommt vor allem auch die Farbe in Betracht. Die Sorten werden im Handel nach der Farbe klassifiziert und mit Buchstaben von A (dunkelste Sorte) bis WW (wasser-weiß) bezeichnet. Zur Bestimmung der Verwertbarkeit in der Seifensiederei dient die

Stearinmethode von Goldschmidt und Weiss[6]): Man trägt 10 g Harz und 5 g weißes Stearin allmählich in $^1/_4$ l heiße 1proz. Natronlauge ein, kocht 20 Minuten lang unter Ersetzen des verdampfenden Wassers, setzt noch 5 g Stearin zu und kocht weitere 5 Minuten. Ist die Lösung darauf noch alkalisch, so fügt man weitere 5 g Stearin zu. Nach Zugabe von 25 g Kochsalz wird noch 5 Minuten gekocht und dann erkalten gelassen. Man prüft, ob die Unterlauge noch leimig ist, läßt in diesem Falle wieder aufsieden, gibt 3 g Stearin zu und kocht 5 Minuten. Die Unterlauge wird nun abfiltriert, der Kern mit kalter 10proz. Kochsalzlösung gewaschen, in destilliertem Wasser gelöst, mit heißer

[1]) Dieselbe Erscheinung wurde beim Pinen, das eine Doppelbindung und eine Brückenbindung enthält, beobachtet. Grün: Habil.-Schrift Zürich 1908. S. 20.

[2]) Siehe bes. Smetham und Dodd: a. a. O.

[3]) Grün und Janko: Ch. Umschau Bd. 26, S. 20, 35. 1919.

[4]) J. Am. Ch. Soc. Bd. 16, S. 275. 1894; Bd. 24, S. 1109. 1902.

[5]) Grün und Janko: a. a. O.

[6]) Sffbr. Bd. 39, S. 49. 1919.

Salzsäure zersetzt und der Fettsäure-Harzkuchen wie üblich getrocknet und gewogen. Aus dem Sauerwasser extrahiert man die wasserlöslichen Bestandteile des Harzes durch zweimaliges Ausschütteln mit je 100 ccm Äther, konzentriert den Auszug, trocknet den Rückstand und wägt. Das Gewicht des Harz-Fettsäurekuchens zuzüglich Ätherextrakt, vermindert um die verbrauchte Menge Stearin und multipliziert mit 10 gibt die Prozente an „seifensiederisch verwertbarer" Harzsubstanz. Beispiel: Es wurden 10 g Harz und 13 g Stearin angewendet und 21,2 g Fettsäure-Harzkuchen + Ätherextrakt erhalten. Verwertbare Harzsubstanz = (21,2 − 13) × 10 = 82%.

Die Methode gibt natürlich keine sehr genauen Werte, kann aber praktisch gute Dienste leisten. Nach KRIST[1]) ist das Verfahren zu langwierig, man könnte mit Verseifungslauge von üblicher Konzentration (ungefähr 1 Teil NaOH auf 2 Teile Wasser) verseifen, aus der in der Unterlauge bleibenden Harzseife die freien Säuren abscheiden, sammeln, wägen und von der angewendeten Harzmenge abziehen.

Zur Bewertung des Kolophoniums für gewisse Verwendungszwecke ist auch sein Gehalt an Oxysäuren maßgebend. Man bestimmt dieselben am einfachsten nach der von FAHRION für die Bestimmung der oxydierten Säuren in Fetten angegebenen Petroläthermethode (S. 248). Die Abtrennung der Oxysäuren auf Grund der Löslichkeit ihrer Natronsalze in Kochsalzlösung[2]) ist nicht zu empfehlen; auch beim wiederholten Auslaugen des verseiften Harzes mit Kochsalzlösung erzielt man nur eine teilweise Scheidung.

Rohe Coniferenharze.

Es sind dies die am Stamme erhärteten Harze von Nadelhölzern, besonders von Kiefern und Fichten, wie das österreichische Scharrharz und das französische Galipot. In Substanz sind sie schon an ihren Beimengungen, meistens beträchtlichen Mengen von Rindenfragmenten u. dgl., kenntlich. In der Zusammensetzung unterscheiden sie sich von Kolophonium hauptsächlich durch den Gehalt an Terpentinöl — meistens nur wenige Prozente. Der Gehalt an unverseifbaren Bestandteilen ist gewöhnlich größer als beim Kolophonium. Nachweis und Bestimmung erfolgen in der gleichen Weise.

Abfallharze.

Am wichtigsten sind die bei der Zellstofferzeugung abfallenden Harze aus dem Stammholz verschiedener Coniferen, z. B. das Kiefernstammharz, welches den Hauptbestandteil des schwedischen Tallöles bildet, ferner die aus Scharrharzrückständen mit Lauge ausgekochten und mit Säure wieder gefällten Harze. Ihre qualitative Zusammensetzung ist dieselbe wie die der Kolophoniumsorten, sie enthalten aber gewöhnlich bedeutend mehr unverseifbare Bestandteile und viel größere Mengen von Autoxydationsprodukten, zeigen also niedrigere Säurezahl, Verseifungszahl und Jodzahl[3]).

Edelharze (Lackharze).

Diese kommen neben fetten Ölen fast nur in Öllacken vor. In Seifen oder gleichwertigen Erzeugnissen der Fettindustrie muß nach solchen Harzen nicht erst gefahndet werden, weil sie nicht als Ersatz für andere Harze oder Fettsäuren verwendet werden bzw. nicht verwendet werden können.

Die Erkennung dieser Harze in Substanz und ihre Bewertung erfolgt meistens nicht auf Grund von Analysen, sondern nach praktischen Merkmalen, wie dem

---

1) Sfsz. Bd. 46, S. 186. 1919. 2) ASCHAN: Ber. Bd. 54, S. 867. 1921.
3) Siehe z. B. FAHRION: Ch. Umschau Bd. 25, S. 3. 1918.

charakteristischen Geruch. Immerhin können, besonders auch zum Nachweis in technischen Produkten und zur Unterscheidung von minderwertigen Harzen, einige Kennzahlen, Löslichkeiten und Reaktionen herangezogen werden, die in der Tabelle (s. S. 302) geordnet sind.

Zur Unterscheidung der Edelharze vom Kolophonium bzw. zu dessen Abtrennung kann auch die Eigenschaft des Kolophoniums dienen, sich in kaltem Essigsäureanhydrid sowie in 70 proz. Weingeist leicht zu lösen.

Gewisse Kopale sollen sich nach Verseifen des Öl-Harzgemisches aus der alkoholfreien Seifenlösung (zusammen mit dem Unverseifbaren) durch Benzin ausschütteln lassen, Manila-, Kongo- und Brasilkopale, deren Seifen weniger leicht hydrolysieren, verhalten sich aber anders und bleiben bei den gewöhnlichen Harzsäuren. Noch komplizierter ist die Trennung bei Anwesenheit von Dammarharz, von dem ein Teil leicht-, ein anderer schwer verseifbar und von letzterem wieder ein Teil in Petroläther, ein anderer nur in Äther löslich ist; wird Dammarharz vermutet, so soll deshalb die wässerig-alkoholische Seifenlösung zuerst mit Benzin, dann nochmals mit Äther ausgeschüttelt werden. Geht ein helles, durchsichtiges Harz in den Äther, so ist es wahrscheinlich Dammar[1]).

Montanharz (Erdharz)

ist ein Bestandteil des Bitumens der Schwel- und Braunkohlen. Es findet sich in diesem oft in Mengen von 10—60% neben Montanwachs und asphaltartigen Stoffen, von denen es auf Grund seiner Löslichkeit in kaltem Alkohol getrennt werden kann. Das Bitumen mancher Braunkohlen besteht fast ausschließlich aus Harz. Das Montanharz gleicht äußerlich und in den Löslichkeiten dunklen, weicheren Kolophoniumsorten und dürfte auch direkt aus dem Harz verkohlter Coniferen stammen. Es unterscheidet sich von den rezenten Coniferenharzen durch den hohen Gehalt an unverseifbaren Bestandteilen.

Eine Probe vom Unverseifbaren abgetrennter Harzsäuren zeigte die Säurezahl 111,5 und die Verseifungszahl 148,5.

Kennzahlen von Montanharzen.

Abgeschieden mit	Tropfpunkt	Säurezahl	Verseif.-Zahl	Acetylzahl	Jodzahl	Unverseifbares %
Alkohol[2])	—	43	73	30	23	49
Alkohol[3])	—	27—44	71—83	—	48	—
Benzol[2])	64°	18	58	39	40	50
Toluol[2])	67,5°	5	49	44	35	63

Nachweis und Bestimmung von Harz neben Fetten.

Qualitativer Nachweis.

Am meisten verwendet man die Liebermann-Storchsche Probe in der Ausführungsform nach Morawski (S. 275). Noch bei Gegenwart von 1 mg Harz[4]), besonders Kolophonium, färbt sich das Reaktionsgemisch vorübergehend rotviolett, wird dann braungelb und fluorescierend. Ein positiver Ausfall der Reaktion beweist aber noch nicht die Gegenwart von Harzsäuren, weil ja die

[1]) Smit-Addens: Olien en Vetten Bd. 2, S. 23, 58, 80. 1917.
[2]) Nach Marcusson (abgerundete Zahlen). [3]) Nicht veröffentlichte Untersuchung.
[4]) Malacarne: Giorn. Farm. Chim. Bd. 52, S. 193. 1903; C. 1903, I, S. 1440.

I. Kennzahlen und Eigenschaften der wichtigsten Edelharze[1]).

Harz	Ursprüngliches Harz				Nach Erhitzen auf 300° [2])				Löslichkeit der ursprünglichen Harze in					Sonstige charakteristische Eigenschaften
	Säurezahl	Verseif.-Zahl	Unverseifbar. %	Jodzahl	Säurezahl	Verseif.-Zahl	Unverseifbar. %	Jodzahl	Alkohol	Äther	Petroläther	Aceton	Terpentinöl	
Sansibarkopal	35—95	83—91	—	—	—	—	—	—	fast unlöslich	zum Teil löslich	unlöslich	unlöslich	zum Teil löslich	In Cajeputöl größtenteils löslich. Liebermann-Storch: braun.
Kaurikopal	37—66	54—74	20	91	17	61	10	68	ist leichter löslich als Sansibarkopal					In Cajeputöl größtenteils löslich. Liebermann-Storch: rot.
Manilakopal	127—142	175—188	16	138	68	136	23	133	ist leichter löslich als Sansibarkopal					Wie bei Sansibarkopal.
Dammar	20—35	33—42	76	127	11	60	86	127	größtenteils löslich	löslich	löslich	größtenteils löslich	löslich	Liebermann-Storch: rot.
Sandarak	95—155	134—178	13—17	112—125	65—106	137	10—14	126	löslich	löslich	—	löslich	—	In Benzol fast unlöslich. Liebermann-Storch: braun.
Mastix	50—70	73—106	51	176	23	50	49	165	zum Teil löslich	löslich	unlöslich	zum Teil löslich	zum Teil löslich	Liebermann-Storch: bräunlichrot.
Elemi	18—30	25—93	6—7	96—105	9	59	—	106	löslich	löslich	löslich	löslich	löslich	Liebermann-Storch: kalt gelöst keine, warm gelöst nichtcharakteristische Färbg.
Schellack	61—66	194—212	3	35	—	—	—	—	löslich	unlöslich	unlöslich	fast unlöslich	fast unlöslich	Die Säuren sind durch alkoholische Salzsäure esterifizierbar.
Bernstein	11—35	86—145	7—19	55	10	99	16	74	fast unlöslich	wenig löslich	wenig löslich	wenig löslich	zum Teil löslich	Liebermann-Storch: kalt gelöst höchstens rosa, warm violettrot, fast unlöslich in Cajeputöl.

1) Mit Benützung von HOLDE: Untersuchung usw., 5. Aufl., S. 664—665; MARCUSSON: Laboratoriumsbuch S. 123 und LEWKOWITSCH: Ch. Technol. 6. ed., III, S. 178.

2) Nach Versuchen von LEWKOWITSCH: a. a. O. (Zahlen abgerundet).

ihnen strukturell verwandten Sterine ganz ähnliche Färbungen geben[1]). Die fossilen Harze wie Montanharz und die Edelharze zeigen die Farbenumschläge weniger rein. In zweifelhaften Fällen empfiehlt es sich, die zu untersuchenden Fette oder Fettsäuren vor Anstellung der Farbenreaktion zur Entfernung von Farbstoffen mehrmals mit siedendem Wasser zu waschen. Andere Reaktionen beruhen auf der Oxydation des Harzes mit Salpetersäure[2]), auf der Extraktion mit Benzin[3]), auf der Trennung von den Fettsäuren über die Magnesiumseifen[4]) oder über die Baryumseifen[5]); sie sind heute überholt.

Das Harz macht sich übrigens schon durch seinen Geruch und seinen Geschmack bemerkbar, ferner durch die Veränderung der Kennzahlen und der physikalischen Konstanten der Fette oder Fettsäuren, denen es beigemengt ist, wie Erhöhung des spezifischen Gewichtes, des Brechungsvermögens[6]), durch die optische Aktivität u. a. m.

Von Harzöl und den meisten anderen Harzen unterscheidet sich das Kolophonium schon durch Säure- und Verseifungszahl und durch die Konsistenz sowie durch die Löslichkeitsverhältnisse.

Quantitative Bestimmung.

Trennung von Harzsäuren und Fettsäuren.

Zur exakten Ermittlung des Harzgehaltes in Mischungen mit Fetten oder Fettsäuren müßten sowohl die Harzsäuren als auch die unverseifbaren Harzbestandteile bestimmt werden. Man begnügt sich jedoch mit der Bestimmung der Harzsäuren allein und rechnet die gefundenen Werte unter Veranschlagung des durchschnittlichen Gehaltes der Harze an Unverseifbarem auf die Gesamtmenge des Harzes um.

Isolierung nach HOLDE. Aus Mischungen mit neutralen Fetten kann man das Harz einfach mit heißem 70proz. Alkohol oder die Harzsäuren mit Alkalicarbonatlösung ausziehen. Auch Mischungen von festen Fettsäuren und Kolophonium lassen sich auf Grund der größeren Löslichkeit der Harzsäuren in verdünntem Alkohol und anderen Lösungsmitteln leicht abtrennen, doch kommt dies praktisch kaum in Betracht, nachdem fast immer auch leichterlösliche, flüssige Fettsäuren zugegen sind.

Trennung über Salze. Die älteren Verfahren, welche die Löslichkeit des harzsauren Natrons in Ätheralkohol[7]) und des harzsauren Silbers in Äther[8]) zur Trennung der Harzsäuren von den Fettsäuren benützten, sind sämtlich ungeeignet[9]). Ein späteres Verfahren, das auf der Löslichkeit der harzsauren Natronsalze und der Unlöslichkeit bzw. der Schwerlöslichkeit von fettsauren Natronsalzen in wässerigem Aceton[10]) beruht, ist noch nicht genügend erprobt.

[1]) Z. B. fand SCHWARZ (Ch.-Ztg. Bd. 37, S. 752. 1913) unter 10 Sulfurölen 4 mit positiver Harzreaktion und 3—15% scheinbarem Harzgehalt.

[2]) SUTHERLAND: Z. anal. Ch. Bd. 6, S. 259. 1867.

[3]) VOHL: Dingl. Polyt. J. Bd. 204, S. 53. [4]) BARFOED: Z. anal. Ch. Bd. 14, S. 29. 1875.

[5]) JEAN: Ch. News Bd. 26, S. 207; REMONT: Z. anal. Ch. Bd. 20, S. 469. 1881.

[6]) Bei der Bestimmung der Brechungsindices von 39 Harzen wurden die n_D^{18}-Werte, bezogen auf die Schmelzpunkte der Harze, zwischen 1,525 und 1,670 gefunden. GREGER: Ch.-Ztg. Bd. 44, S. 28. 1920.

[7]) BARFOED: a. a. O.

[8]) GLADDING: Z. anal. Ch. Bd. 21, S. 585. 1882; s. a. WRIGHT und THOMPSON: Ch. News Bd. 53, S. 165; GRITTNER und SZILASI: Ch.-Ztg. Bd. 10, S. 325. 1886.

[9]) Siehe a. LEWKOWITSCH: J. Soc. Ch. Ind. Bd. 12, S. 503. 1893.

[10]) LEISTE und STIEPEL: Sfsz. Bd. 40, S. 1233. 1913; s. a. MAURANTONIO: Mat. grasses Bd. 12, S. 5339. 1920. Über Fällung der Harzsäure mit Quecksilberacetat und Titration der Säure nach VOTOČEK (Ch.-Ztg. Bd. 42, S. 257. 1918) s. SCHULZ und LANDA: Bull. Soc. Chim. (4) Bd. 31, S. 1253. 1922; C. 1923, IV, S. 729.

Brauchbar sind bisher nur die auf der Verschiedenheit der Esterifizierungsgeschwindigkeiten von Fettsäuren und Harzsäuren beruhenden

Veresterungsmethoden. Methode von TWITCHELL[1]) (Konventionsmethode für die Bestimmung von Harz in Seifen).

In die Lösung von etwa 2—3 g Substanz (z. B. des „Gesamtfettes" einer Seife) in der zehnfachen Menge absoluten Alkohols wird unter Kühlung mit Eiswasser trockener Chlorwasserstoff bis zur Sättigung (etwa $^3/_4$ Stunden) eingeleitet. Dann spült man das Einleitungsrohr mit ein wenig absolutem Alkohol in den Kolben ab und läßt ihn verschlossen 1 Stunde bei Zimmertemperatur stehen, setzt hierauf das fünffache Volumen Wasser zu und erhitzt bis zum Klarwerden der sauren Lösung. Der abgekühlte Kolbeninhalt wird in einen Scheidetrichter entleert und mit 75 ccm Äther [oder Petroläther[2])], mit denen vorher der Kolben ausgespült wurde, geschüttelt. Die wässerige Schicht wird abgelassen und die ätherische, welche die Fettsäureäthylester und die freien Harzsäuren enthält, bis zur Neutralität gegen Lackmus mineralsäurefrei gewaschen. Hierauf verdünnt man die Ätherlösung mit 50 ccm Alkohol, setzt etwas Phenolphthalein zu und titriert mit $^n/_2$-alkoholischer Kalilauge. Der Harzgehalt wird meistens unter der Annahme eines Äquivalentes von 346 berechnet; dann entspricht 1 ccm verbrauchte $^n/_2$-Lauge = 0,173 g Harz. Die mitunter zu findende Angabe, 1 ccm Lauge entspräche 0,173 g Harzsäure, ist nicht korrekt; nachdem das Molekulargewicht der Säure $C_{20}H_{30}O_2$ rund 302 ist, entspricht 1 ccm $^n/_2$-Lauge nur 0,151 g dieser Säure und auch für die oxydierten Harzsäuren berechnet sich wenig mehr. Das Harz enthält aber neben der freien Säure auch neutrale Bestandteile, Unverseifbares und Ester, die bei der Bestimmung verlorengehen. Zur Kompensation des Verlustes nimmt man bei der Berechnung der Harzsäure aus dem Alkaliverbrauch ein „mittleres Molekulargewicht" von 346, folglich 0,173 g Harz für 1 ccm $^n/_2$-Lauge an.

Statt die Harzsäure zu titrieren, kann man sie isolieren und wägen:

Nach dem Auswaschen der Salzsäure aus der Lösung der Fettsäureester und Harzsäuren werden diese durch Schütteln mit Lauge (5 g Ätzkali in 5 ccm Alkohol und 50 ccm Wasser) ausgezogen. Die Harzseifenlösung wird abgelassen und die ätherische Lösung mit Wasser gewaschen[3]). Man vereinigt Waschwasser und Seifenlösung, scheidet die Harzsäuren mittels Salzsäure wieder ab, nimmt sie in Äther auf, verdunstet das Lösungsmittel, trocknet den Rückstand bei 110—115° und wägt.

Die wesentlichsten Mängel der Methode sind[4]): Unvollständige Veresterung der Fettsäuren, insbesonders der oxydierten Säuren (Fehler nach oben); Abtrennung der neutralen unverseifbaren Bestandteile des Harzes mit den Fettsäureestern und Kompensation dieses Verlustes durch einen willkürlichen Zuschlag, Löslichkeit der Oxyabietinsäuren in verdünntem säurehaltigen Alkohol, so daß sie — wenn der Alkohol nach der Veresterung nicht weggekocht wird — verloren gehen (Fehler nach unten); schließlich die Möglichkeit der Bildung wasserlöslicher Spaltungsprodukte, die bei der gravimetrischen Aufarbeitung verloren gehen, also einen Fehler nach unten bedingen, während sie bei der

[1]) J. Soc. Ch. Ind. Bd. 10, S. 894. 1891.

[2]) Siehe a. LANDIN: Ch.-Ztg. Bd. 21, S. 25. 1897.

[3]) Nach EVANS und BEACH: Z. anal. Ch. Bd. 34, S. 763. 1895, soll erst wiederholt mit verdünnter Kalilauge gewaschen werden, was aber wegen der Möglichkeit einer Verseifung von Fettsäureester nicht unbedenklich ist.

[4]) Siehe insbes. FAHRION: Ch. Revue Bd. 18, S. 239. 1911; ferner LEWKOWITSCH: a. a. O.; HOLDE: s. unten; EVANS und BEACH: a. a. O.; WILSON: Ch. News Bd. 61, S. 255. 1890.

— im allgemeinen genaueren — titrimetrischen Bestimmung durch Mehrverbrauch von Alkali den entgegengesetzten Fehler verursachen; solche von 4—8% sind nicht selten.

Genauere Resultate erhält man durch die von HOLDE und MARCUSSON[1]) ausgearbeitete Kombination der Methode mit dem Verfahren von GLADDING[2]), doch ist die Ausführung ziemlich langwierig und bei Anwesenheit von oxydierten Harzsäuren völlig unzuverlässig[3]).

Von allen übrigen Mängeln der TWITCHELLschen Methode abgesehen, ist die Veresterung durch Einleiten von Chlorwasserstoff in die alkoholische Lösung der Säuren von überflüssiger Umständlichkeit. Auch die später vorgeschlagene Verwendung von konzentrierter alkoholischer Salzsäure und von Zinkchlorid[4]) ist noch zu kompliziert. Sehr einfach ist dagegen die

Methode von WOLFF[5]). 2—5 g Fettsäure werden in 10—20 ccm Methylalkohol gelöst und mit 5—10 ccm einer Mischung von 1 Vol. Schwefelsäure und 4 Vol. Methylalkohol (oder auch Äthylalkohol) 2 Minuten am Rückflußkühler gekocht. Nach Zusatz der 5—10fachen Menge 10proz. Kochsalzlösung wird das Gemisch der Harzsäuren und der Fettsäureester mit Äther ausgeschüttelt, die wässerige Schicht abgelassen und noch 1—2mal mit Äther ausgezogen. Die vereinigten ätherischen Auszüge werden mit Kochsalzlösung mineralsäurefrei gewaschen und nach Zusatz von Alkohol mit alkoholischer $^{n}/_{2}$-Kalilauge titriert.

Aus der Anzahl der verbrauchten Kubikzentimeter $^{n}/_{2}$-Lauge (a) und der Einwage (b) berechnet man den Harzgehalt annähernd nach der Formel

$$\% \text{ Harz} = \frac{a \cdot 17{,}5}{b}.$$

Der Faktor 17,5 entspricht einem Harzsäureäquivalent von 350. (Nach der Vorschrift von WOLFF setzt man den Faktor 17,76 ein, der einem Harzäquivalent von 355,2 entspricht, und zieht von dem so berechneten Wert 1,5% für unverestert gebliebene Fettsäure ab. Es ist einfacher, den Faktor um 1,5% zu erniedrigen.) Die Berechnung ist selbstverständlich nicht genau, weil die Neutralisationszahlen der Harzsäuren und noch mehr die der Harze mehr oder weniger große Schwankungen zeigen. Enthält das Fett-Harzsäuregemisch auch oxydierte Säuren, so werden einerseits 5—6% der Fett-Oxysäuren nicht verestert, andererseits aber werden 5—6% der anwesenden Harz-Oxysäuren esterifiziert, so daß sich diese Fehler kompensieren[3]).

Genauere Resultate erhält man durch doppelte Veresterung. Aus der wie oben angegeben erhaltenen ätherischen Lösung werden die Harzsäuren und die unverestert gebliebenen Fettsäuren durch Schütteln mit schwach alkalischem Wasser ausgezogen. Seifenlösung und Waschwasser werden auf ein kleines Volumen eingedampft, angesäuert und nach Zufügen der gleichen Menge konzentrierter Kochsalzlösung 2—3mal mit Äther ausgezogen. Die ätherische Lösung wird mit geschmolzenem Natriumsulfat getrocknet und eingedampft, der Rückstand nach dem Erkalten in 10 ccm absolutem Alkohol gelöst und nach Zusatz von 5 ccm einer Mischung von 1 Vol. Schwefelsäure und 4 Vol. Alkohol

---

1) Mitt. Mat. Prüf. 1902, S. 46. 2) a. a. O.

3) WOLFF: Ch. Umschau, Bd. 31, S. 87. 1924.

4) DIVINE: Ch. Engineer Bd. 1, Nr. 4. 1905; s. a. WALKER: Sfsz. Bd. 35, S. 1021. 1908.

5) WOLFF und SCHOLZE: Ch.-Ztg. Bd. 38, S. 369, 382, 430. 1914; s. a. WOLFF: Farbenztg. Bd. 16, S. 323. 1910; FAHRION: Ch. Revue Bd. 18, S. 239. 1911; Sfsz. Bd. 38, S. 578. 1911; BESSON: Ch.-Ztg. Bd. 37, S. 453. 1913.

$1^1/_2$—2 Stunden bei Zimmertemperatur stehen gelassen. Nach Zusatz der 7—10fachen Menge 10proz. Kochsalzlösung äthert man 2—3mal aus, neutralisiert die Ätherauszüge mit alkoholischer Kalilauge und zieht sie mehrmals mit Wasser unter Zusatz einiger Tropfen Kalilauge aus. Den vereinigten wässerig-alkoholischen Extrakten werden nach Verjagen des Alkohols, Ansäuern und Kochsalzzusatz die Harzsäuren durch mehrfaches Ausäthern entzogen, die Ätherauszüge werden 2 mal mit verdünnter Kochsalzlösung gewaschen, mit geschmolzenem Natriumsulfat getrocknet, der Äther abdestilliert und der Rückstand gewogen. Der gefundene Harzsäuregehalt wird durch Multiplizieren mit dem Faktor 1,07 (entsprechend dem durchschnittlichen Gehalt der Seifenharze an Unverseifbarem) auf den Harzgehalt umgerechnet. Die Methode gibt bei kleinen Harzmengen meistens weniger genaue Werte.

Nach einem Vorschlag von NICOLL[1]) verwendet man eine 4proz. Lösung von β-Naphthalinsulfosäure in Methylalkohol und erhitzt 30 Minuten zum Sieden. Neben dem Hauptversuch wird eine blinde Probe ausgeführt und titriert; aus der Differenz der beiden Werte berechnet man den Harzgehalt unter Zugrundelegung des Molekulargewichtes 346.

Ist ein Öl-Harzgemisch zu untersuchen, das nur wenig freie Fettsäuren enthält, so kann man die Bestimmung noch vereinfachen: man läßt die Lösung der Substanz in methylalkoholischer Schwefelsäure einige Stunden stehen, worauf die Fettsäureester (Glyceride und Methylester) wie oben abgetrennt und die Harzsäuren gewogen oder titriert werden.

Anhang:

Cumaronharze sind Polymerisationsprodukte von Bestandteilen der bei 168—175° siedenden Ölfraktionen des Steinkohlenteeres, des Cumarons (α, β-Benzofurans), vielleicht auch homologer Methylcumarone und des Indens, die sich aus den Stammsubstanzen zum kleinen Teil beim längeren Stehen, reichlicher bei Einwirkung konzentrierter Schwefelsäure (Teerreinigung!) bilden; je nach der Temperatur tritt eine mehr oder weniger weitgehende (4—8fache) Polymerisation ein[2]).

Die Cumaronharze bestehen zum größten Teil aus unverseifbaren Verbindungen, Kohlenwasserstoffen und neutralen Sauerstoffverbindungen; daneben enthalten sie etwa 3—9% Säuren. Die Cumaronharze bilden je nach dem Kondensationsgrad zähflüssige bis spröde „springharte“ amorphe Massen von hellbrauner bis schwarzer Farbe und charakteristischem Geruch; sie lösen sich gewöhnlich in Benzol und anderen aromatischen Kohlenwasserstoffen, in Chloroform, Tetrachlorkohlenstoff und Aceton; in Alkohol lösen sich nur Spuren, in Benzin bloß 3—11%, dagegen lösen sie sich in Alkohol-Benzingemischen [Verhältnis 1 Alkohol zu 4 Benzin bis 1 Benzin zu 4 Alkohol[3])].

Kennzahlen von Cumaronharzen[4]):

Sorte	Säurezahl	Verseif.-Zahl	Isolierte Säuren					
			Menge	Veresterbare Säuren		Nicht veresterbar		
				Säurezahl	Verseif.-Zahl	Säurezahl	Verseif.-Zahl
Hellbraun, spröde	1,2	5,1	3,2%	161	163	143	144
Dunkelbraun, hart	7,0	7,2	8,8%	125	126	129	130
Dunkelbraun, weich	5,8	11,8	5,7%	171	171	137	138

[1]) J. Soc. Ch. Ind. Bd. 40, S. 124. 1921.

[2]) KRÄMER und SPILKER: Ber. Bd. 33, S. 2257. 1900; Bd. 34, S. 1887. 1901; KRÄMER: Ber. Bd. 36, S. 645. 1903.

[3]) WOLFF: Farbenztg. Bd. 22, S. 917. 1917.

[4]) WOLFF: Farbenztg. Bd. 23, S. 307. 1918; Ch. Umschau Bd. 25, S. 17. 1918.

Die Säuren (vielleicht Cumaronsäurederivate, auch Sulfosäuren) sind in Petroläther an sich schwer löslich, lösen sich aber bei Gegenwart von Fettsäuren leichter, oft sogar vollständig. Beim Verestern mit alkoholischer Schwefelsäure bleiben je nach der Sorte 20—40% unverestert, 5—10% gehen unter Bildung wasserlöslicher Säuren verloren. Bei einstündigem Erhitzen sinkt die Säurezahl sehr stark, die Verseifungszahl wird kaum verändert; dadurch werden die Säuren in Petroläther unlöslich, so daß man sie von normalen Harzsäuren und Fettsäuren, jedoch nicht von oxydierten Fettsäuren trennen kann.

Nachweis: Mit Essigsäureanhydrid und Schwefelsäure gibt Cumaronharz eine rosa bis blauviolette Färbung, Viel sicherer ist folgendes Verfahren:

Bei der analytischen Trennung von Fett-Harzgemischen bleibt das Cumaronharz fast vollständig bei den nicht flüchtigen unverseifbaren Bestandteilen. Werden dieselben trocken destilliert, so tritt teilweise Depolymerisierung des Cumaronharzes ein; gegen 20% zersetzen sich unter Bildung von Cumaron und Inden, daneben entsteht Phenol und freier Kohlenstoff. Cumaron und Inden gehen mit der zwischen 160 und 220° siedenden Fraktion über und werden durch weitere Fraktionierung angereichert. (Siedepunkte: Cumaron 173—175°, Inden 180°.)

Zur Erkennung dient der charakteristische Geruch, die schnelle Polymerisation zu viscosen bis festen Massen bei Versetzen mit einigen Tropfen Schwefelsäure, die Bildung charakteristischer Derivate wie Cumaronpikrat, Schmelzpunkt 102—103°; Indenpikrat, Schmelzpunkt 98°.

Unterscheidung von pechigen Destillationsrückständen: Cumaronharz ist in Aceton völlig oder fast völlig löslich, die Peche lösen sich nur wenig.

Unterscheidung von Kunstharz: Nach Behandlung mit Natronkalk gibt der wässerige Auszug beim Ansäuern mit Mineralsäure keine Fällung von Phenol und die alkalische Lösung gibt mit Diazobenzolchloridlösung keinen roten Azofarbstoff[1]).

Eine exakte quantitative Bestimmung ist nicht möglich.

Naphthensäuren.

Die Naphthensäuren kommen in Erdölen, namentlich im kaukasischen Rohöl vor und werden bei der Reinigung derselben mit Laugen als Nebenprodukte erhalten. Ihre allgemeine Formel ist $C_nH_{2n-2}O_2$; die Namen werden nach der Anzahl der Kohlenstoffatome der Verbindung oder des Alkyls gebildet, z. B. $C_7H_{13}COOH$ = Oktanaphthensäure oder Heptanaphthencarbonsäure. Sie wurden früher als hydroaromatische Verbindungen aufgefaßt, die neuere Konstitutionsforschung hat aber ergeben, daß die meisten keine Derivate des Cyclohexamethylens sein können, sondern andere Ringsysteme enthalten, unter denen vielleicht der Fünfring überwiegt[2]). — Bei der Analyse von Fetten und Fettprodukten spielen die Naphthensäuren keine große Rolle, immerhin können sie, namentlich in Seifen und Schmierfetten, vorkommen.

Nachweis. Die Naphthensäuren sind schon an ihrem charakteristischen, in großer Verdünnung sehr widerwärtigen und lang anhaftenden Geruch kenntlich. Die Ester riechen dagegen angenehm, fruchtartig, aber nicht eigenartig, sondern ähnlich wie die der Cocosfettsäuren. Die Naphthensäuren sind in Wasser ein wenig löslich und mit Wasserdämpfen zum größten Teil flüchtig.

Sie unterscheiden sich von den Fettsäuren auch durch ihre wesentlich höheren spezifischen Gewichte, z. B.

Ölsäure	$d^{15} = 0{,}898$,
Linolsäure	$d^{15} = 0{,}920$,
Naphthensäure aus Kerosin	$d^{15} = 0{,}998$,
Dieselbe gereinigt	$d^{15} = 0{,}963$.

Dementsprechen dsind auch die Lichtbrechungszahlen höher als bei den Fettsäuren.

[1]) MARCUSSON: Ch.-Ztg. Bd. 43, S. 109. 1919.

[2]) Siehe bes. ASCHAN: Ber. Bd. 23, S. 867. 1890; Bd. 24, S. 2710. 1891; Bd. 25, S. 3661. 1892; Bd. 31, S. 1801. 1898; Bd. 32, S. 1764. 1899; MARKOWNIKOFF: J. Russ. Phys. Ch. Ges. Bd. 24, S. 556. 1892; Bd. 25, S. 631, 639. 1893. ZELINSKY: Ber. Bd. 57, S. 42, 51. 1924. ASCHAN: ebenda S. 636.

Vielfach verwendet man zum Nachweis die Reaktion von CHARITSCHKOFF[1]): Die zu untersuchenden Säuren werden aus der neutralen Lösung ihrer Alkalisalze mit Kupfersulfatlösung gefällt, die Fällung wird mit Benzin ausgeschüttelt, das Kupfernaphthenat löst und sich grün färbt. Die Reaktion ist aber in dieser Form nicht zuverlässig, weil auch die Kupfersalze der ungesättigten Fettsäuren und Harzsäuren in Benzin mehr oder weniger löslich sind; nach DAVIDSOHN[2]) ist es zweckmäßig, den Niederschlag vor dem Ausschütteln zu trocknen, nach TÜTÜNNIKOFF[3]) macht man die ungesättigten Säuren unschädlich, indem man sie oxydiert, wobei Oxysäuren und gesättigte Fettsäuren von niedrigem Molekulargewicht entstehen, deren Kupfersalze in Benzin unlöslich sind. Man versetzt etwa 3 g Säuren mit 4 ccm Kalilauge, spez. Gewicht 1,29 (29,5% KOH), füllt auf 200 ccm auf und gibt bei Zimmertemperatur unter Umrühren 200 ccm 1,5 proz. $KMnO_4$-Lösung allmählich zu. Nach $^1/_2$ Stunde wird eine Probe filtriert, mit Kupfersulfatlösung gefällt und der Niederschlag nach Zugabe von etwas Benzin energisch aufgerüttelt; dann wird filtriert. Eine grüne Färbung des Filtrats beweist die Anwesenheit von Naphthensäuren. Es können aber auch bei negativem Ausfall der Reaktion Naphthensäuren vorliegen[4]), und zwar dürften es in solchem Falle die Derivate des c-Hexamethylens sein, deren Kupfersalze im Gegensatz zu denen der c-Pentamethylensäuren, in Benzin unlöslich sind[5]).

Die Naphthenate geben mit Eisensalzen rotbraune Lösungen, beim Schütteln mit Petroläther nimmt derselbe diese Färbung an. Die Reaktion ist aber nur bei Abwesenheit von Harzsäuren, deren Eisensalze sich ähnlich verhalten, anwendbar[6]).

Fällt man die neutralisierte Lösung eines naphthensäurehaltigen Säurengemisches mit Magnesiumsalzen, so bleibt Magnesiumnaphthenat in Lösung; filtriert man von den unlöslichen Magnesiumsalzen (Stearat, Oleat usw.) und säuert das eingeengte Filtrat an, so fällt freie Naphthensäure als weißer Niederschlag[1]). Capron-, Capryl- und Caprinsäure, deren Magnesiumsalze ebenfalls wasserlöslich sind, können in Mengen, die praktisch in Betracht kommen (z. B. in Cocosseifen), nicht stören; man erhält keine Fällung[7]).

Für die ungesättigten Naphthensäuren ist die Formolitreaktion charakteristisch[8]): Die Probe wird vorsichtig mit dem gleichen Volumen konzentrierter Schwefelsäure übergossen, die Hälfte des Volumens an 40 proz. Formaldehyd zugesetzt und einige Zeit unter Kühlung mit Wasser geschüttelt. Nach halbstündigem Stehen wird mit Wasser verdünnt und mit Äther behandelt, wobei das Naphthensäurederivat als fester, unlöslicher Niederschlag zurückbleibt. — Harzsäuren geben allerdings auch hochschmelzende, wenig lösliche Formolite, sie sind aber von den Naphthensäuren sonst leicht zu unterscheiden.

Zur quantitativen Trennung von Naphthen- und Fettsäuren wurde erst die Bleisalz-Äthermethode (S. 220) vorgeschlagen, die aber, abgesehen von den allgemeinen Mängeln der Methode, für diesen speziellen Zweck erst recht ungeeignet ist. Nach TÜTÜNNIKOFF[9]) lassen sich die Säuren auf dem Weg über die Kupfersalze quantitativ abscheiden: Etwa 5 g der vom Unverseifbaren befreiten Fettsäuren werden mit 6 ccm Lauge in 350 ccm Wasser und 350 ccm Permanganatlösung oxydiert; dann säuert man mit viel verdünnter Schwefelsäure an, extrahiert die ausgeschiedenen Säuren mit Äther, führt sie nach dem

[1]) Sfsz. Bd. 34, S. 509. 1907.
[2]) Sfsz. Bd. 36, S. 1591. 1909.
[3]) Sfsz. Bd. 50, S. 591, 603. 1923; s. a. Sfsz. Bd. 51, S. 17. 1924.
[4]) DAVIDSOHN: Sfsz. Bd. 51, S. 2. 1924.
[5]) TÜTÜNNIKOFF: Sfsz. Bd. 51, S. 198. 1924.
[6]) DAVIDSOHN: Sfsz. Bd. 50, S. 2. 1923.
[7]) DAVIDSOHN: Sfsz. Bd. 50, S. 651. 1923.
[8]) MARCUSSON: Z. ang. Bd. 30, I, S. 292. 1917.
[9]) a. a. O.

Vertreiben des Lösungsmittels in die Kalisalze und dann in die Kupfersalze über; diese werden mit Leichtbenzin erschöpfend extrahiert, die Benzinauszüge gesammelt, eingeengt, der Rückstand wird mit Salzsäure zerlegt und die ausgeschiedene Säure gewogen. Die Bestimmung soll auf 1% genau sein. Angaben über die praktische Bewährung der Methode liegen noch nicht vor. — Die quantitative Bestimmung der Naphthensäuren neben Fettsäuren ließe sich vielleicht einfacher und genauer in der Weise ausführen, daß man, statt die ungesättigten Säuren zu oxydieren, das Säurengemisch hydriert und die gesättigten Fettsäuren von den Naphthensäuren über die Kupfersalze trennt. Allerdings dürfte die Hydrierung der ungesättigten Säuren bei Gegenwart von Naphthensäuren infolge des Schwefelgehaltes derselben weniger glatt verlaufen als sonst.

Die äußere Beschaffenheit technischer Naphthensäuren verschiedener Herkunft, sowie ihre Verseifungszahlen und Jodzahlen sind in der nachstehenden Tabelle angegeben[1]).

Herkunft der Säuren	Äußere Beschaffenheit	Verseif.-zahl	Jodzahl[2]) nach	
			WALLER	WIJS
„Saponaphtha“	Zähflüssig, dunkelbraun, charakteristischer Geruch	145,8	28,4	42,3
Russisches Schmieröl .	Dickölig, fadenziehend, braunschwarz, charakteristischer Geruch	118,3	5,5	21,8
Galizisches Schmieröl .	Weichharzartig, fadenziehend, braunschwarz, charakteristischer Geruch	87,6	30,7	51,5
Rumänisches Schmieröl	Weichharzartig, fadenziehend, braunschwarz, charakteristischer Geruch	157,4	4,0	—

Elementaranalyse von Fetten.

(Bestimmung der organogenen Elemente, der anderen Metalloide und Metalle.)

Kohlenstoff und Wasserstoff.

Die Bestimmung dieser Elemente, die Elementaranalyse im engeren Sinne, hat für die Untersuchung von Fetten geringe Bedeutung, nachdem ja die meisten Fette im Gehalt an Kohlenstoff, Wasserstoff und Sauerstoff nur sehr wenig verschieden sind, während sie konstitutionelle Verschiedenheiten zeigen, die ihre Unterscheidung mit Hilfe von Atomgruppenbestimmungen sehr leicht machen.

Beispiele[3]):

Fett	% C	% H	% O .	Jodzahl
Rindertalg	76,50	11,91	11,59	32—47
Schweinefett . . .	76,54	11,94	11,52	46—77
Leinöl	76,80	11,20	12,00	169—192

Auch bei den meisten Fetten, die größere Abweichungen in der Elementarzusammensetzung zeigen, wie denen mit Säuren von sehr hohem oder sehr niedri-

[1]) DAVIDSOHN: Bd. 50, S. 4. 1923.

[2]) In Anbetracht der Substitutionsfähigkeit cyclischer Verbindungen läßt sich aus der Jodzahl eines Naphthensäurengemisches nicht auf den Gehalt an ungesättigten Säuren schließen.

[3]) Aus BENEDIKT-ULZER: Analyse usw., 5. Aufl., 1908, S. 106.

gem Molekulargewicht (Rübölgruppe, Cocosgruppe) und denen mit großem Gehalt an Oxysäuren, ist die Atomgruppenbestimmung der sogenannten Verbrennung weitaus vorzuziehen. Nur bei den oxydierten Ölen, die das Mehr an Sauerstoff nicht bloß in Form leicht bestimmbarer freier Hydroxylgruppen enthalten, ist die Elementaranalyse sehr wertvoll. Sie ist oft ein geeignetes Mittel, um den Oxydationsgrad festzustellen. So ergaben aus Baumwollsamenöl isolierte Oxysäuren folgende Zahlen[1]):

	Jodzahl	% C	% H	% O
In Petroläther löslicher Anteil .	96,9	75,78	11,64	12,58
„ „ unlöslicher „ .	44,1	63,54	6,52	27,99

Das für die Fette Angegebene gilt auch für die Wachse.

Selbstverständlich ist die Elementaranalyse bei der Untersuchung isolierter oder synthetisch dargestellter Verbindungen der Fettreihe, wenigstens zur Kontrolle, anzuwenden. Die Fette und ihre Komponenten können natürlich sehr leicht nach jeder der bekannten Ausführungsformen verbrannt werden[2]).

Stickstoff.

Zum qualitativen Nachweis aller N-Verbindungen dient die bekannte LASSAIGNEsche Probe (s. unten), zur quantitativen Bestimmung die Methode von KJELDAHL[3]) (s. S. 317), evtl. verwendet man auch die Verbrennung nach DUMAS[4]).

Ammoniak und Amine, die sich mitunter in Abfallfetten, Tranen usw. finden, entzieht man dem Fett durch Ausschütteln mit verdünnter Säure und bestimmt quantitativ durch Abdestillieren aus der alkalisch gemachten Lösung und Titrieren des Destillates. Über die Bestimmung des Ammoniaks in Seifen und Rotölen s. S. 427.

Schwefel.

Organische Schwefelverbindungen (Senföle, d. s. Alkylisorhodanate) kommen in den Cruciferenölen, wie in Rüböl und fettem Senföl, vor. Der Nachweis wird durch die Heparreaktion (s. unten) erbracht.

Zur quantitativen Bestimmung ist die sonst viel angewendete allbekannte Methode von CARIUS[5]), besonders bei sehr kleinen Schwefelgehalten, nicht zu empfehlen. Ist die zu untersuchende Substanz nicht zu leichtflüchtig, so verwendet man am besten die Methode von LIEBIG[6]): Man schmilzt zunächst gleiche Teile sulfatfreies Kaliumhydroxyd und Kaliumnitrat mit ein wenig Wasser in einem geräumigen Silber- oder Nickeltiegel. Nach dem Erkalten wird die gewogene Substanz hinzugefügt und wieder bis zur völligen Oxydation der organischen Substanz erhitzt, wobei man mit einem Silberdraht öfters umrührt. Die erkaltete

---

[1]) Nach Analysen von FRITZ SCHWARZ aus dem Laboratorium der Georg Schicht A.-G.

[2]) Diese Methoden sind nicht beschrieben, da sie als allgemein bekannt angesehen werden können bzw. in jedem einschlägigen analytischen Werk zu finden sind. Dasselbe gilt für die Methoden zur Bestimmung der übrigen organogenen Elemente und für die Methoden der Mineral-Analyse, soweit es sich nicht um spezielle Ausführungsformen für die Anwendung der Methoden auf Fette handelt.

[3]) Z. anal. Ch. Bd. 22, S. 366. 1883. [4]) Ann. Chim. Phys. Bd. 2, S. 198. 1831.

[5]) Ann. Bd. 116, S. 1. 1860; Bd. 136, S. 129. 1865; Ber. Bd. 3, S. 697. 1870.

[6]) LIEBIG und DU MÉNIL: Arch. Pharm. Bd. 52, S. 67. 1835.

Schmelze wird in Wasser gelöst, mit Salzsäure angesäuert, die Schwefelsäure in bekannter Weise mit Baryumchlorid gefällt und bestimmt.

Zur Bestimmung sehr kleiner Schwefelmengen eignet sich die Methode von ALLEN[1]), in der von HEUSLER, KISSLING und ENGLER[2]) verbesserten Form. Sie besteht in der Verbrennung des mit Alkohol oder schwefelfreiem Petroleum gemischten Öles (ca. 5 g in 45 g) in einer kleinen Lampe, Absaugen der Verbrennungsgase durch einen Aspirator, Absorption dieser Gase durch eine Lösung von unterbromigsaurem Kalium (aus Brom und Kaliumcarbonat), die vorher durch Lufteinleiten entfärbt wurde, und Fällen der gebildeten Schwefelsäure als Baryumsulfat. Zur Ausführung dient der Apparat Abb. 57.

Das Lämpchen *A*, der Lampenzylinder *B* auf angeschmolzenem Rohr *b* und das mit erbsengroßen Glaskugeln und 20 ccm Lösung beschickte Absorptionsgefäß *C* sind mittels Korken luftdicht verbunden. Das von der Hülse *a* gehaltene Dochtende ist etwa 9 cm vom Gefäßboden entfernt. Die durch die beiden Röhrchen der Metallkapsel *d* eintretende Luft wird durch das mit der Strahlpumpe verbundene Ansatzrohr *c* abgesaugt. — Nach SCHULZ[3]) verwendet man als Absorptionsflüssigkeit 3 proz. Wasserstoffsuperoxydlösung, durch welche schweflige Säure ebenfalls vollkommen oxydiert wird.

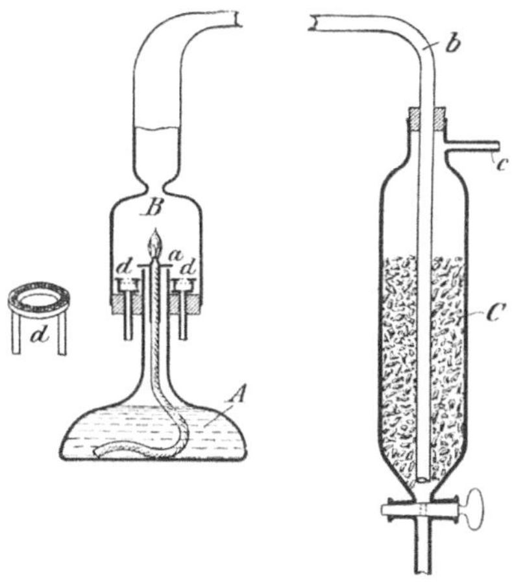

Abb. 57. Apparat zur Schwefelbestimmung nach HEUSLER-ENGLER.

Über die Bestimmung des Schwefels in Faktis s. S. 418. Über die Bestimmung von freiem Schwefel und Schwefelverbindungen in medikamentösen Seifen s. S. 503.

Phosphor.

Der Phosphor kann in Fetten sowohl als Phosphorsäureester enthalten sein (in Form von Phosphatiden, Lecithinen und Kephalinen oder deren Zersetzungsprodukten) als auch in elementarer Form. (Phosphoröle wie Oleum phosphoratum, oder Oleum jecoris phosphoratum können bis über 1% Phosphor enthalten.)

Bestimmung in Phosphatiden: Etwa 0,2 g Einwage und etwa 15 g eines Gemenges aus 1 Teil Soda und 3 Teilen Salpeter werden im Platintiegel mit Hilfe eines starken Platindrahtes vermischt, mit einigen Grammen des Gemenges überschichtet (man spült damit zugleich den Draht ab) und hierauf zum klaren Schmelzfluß erhitzt. Nach dem Erkalten wird der Tiegelinhalt mit heißem Wasser ausgelaugt, die Lösung von Platinspuren abfiltriert, mit Salzsäure angesäuert, die Phosphorsäure nach SCHMITZ[4]) als Magnesiumammoniumphosphat gefällt und als Pyrophosphat gewogen. Nebenher kann auch die Bestimmung kleiner Mengen von Schwefel durchgeführt werden, die als $BaSO_4$ zur Wägung gelangen[5]). Nach JONES und PERKINS[6]) wird das Material wie bei der KJELDAHL-Bestimmung mit konz. Schwefelsäure, Kaliumsulfat und Kupfersulfat aufgeschlossen, hierauf fällt man mit Ammoniummolybdatlösung in der Siedehitze. Nach dem Vorgange von LIMPÄCHER[7]) wird die Bestimmung des Phosphors mit der des Stickstoffs kombiniert; die Aufschließung erfolgt nur mit Schwefelsäure und etwas Kupferoxyd, die Fällung der Phosphorsäure wird direkt nach SCHMITZ[4]) vorgenommen. Für die Untersuchung von Substanzen, in denen sowohl Phosphor als auch Stickstoff bestimmt werden sollen, bedeutet dieses

[1]) Analyst Bd. 13, S. 43. 1888.
[2]) ENGLER: Ch.-Ztg. Bd. 20, S. 197. 1896.
[3]) Petroleum Bd. 8, S. 585. 1912.
[4]) Z. anal. Ch. Bd. 44, S. 333. 1895.
[5]) HEYL und FULLERTON: J. Am. Pharm. Assoc. Bd. 12, S. 617. 1923.
[6]) J. Biol. Ch. Bd. 55, S. 343. 1923.
[7]) Unveröffentlichte Untersuchung aus dem Laboratorium der Georg Schicht A. G.

Verfahren eine wesentliche Vereinfachung. — Die Zwischenfällung mit Molybdänreagens ist im allgemeinen nicht nötig, dagegen ist die Ausführung eines Blindversuchs zur Ausschaltung der Fehlerquellen, die durch Verunreinigung der Reagenzien bedingt werden, unerläßlich.

Der Phosphorgehalt wird gewöhnlich in Prozenten P_2O_5 angegeben. Eine Umrechnung desselben in Lecithin (Stearinsäurelecithin enthält 9,00% P_2O_5) ist nur dann statthaft, wenn man sich überzeugt hat, daß die untersuchte Substanz keine anderen Phosphorsäurederivate, wie Diglyceridphosphorsäure, Cholinphosphorsäure oder sonstige Zersetzungsprodukte von Phosphatiden enthält.

Bestimmung des elementaren Phosphors.

Der Phosphor wird als Kupferphosphid gefällt und dann zu Phosphorsäure oxydiert[1]). Man schüttelt 10 g Phosphoröl mit 20 ccm einer 5 proz. wässerigen Kupfernitratlösung in einem Scheidetrichter bis zur Bildung einer bleibenden schwarzen Emulsion. Hierauf versetzt man mit 50 ccm Äther und läßt allmählich anteilweise Wasserstoffsuperoxydlösung bis zur völligen Entfärbung zufließen. Nach dem Ablassen der wässerigen Lösung wird die Ätherschicht dreimal mit 10—20 ccm Wasser ausgeschüttelt, die erhaltenen wässerigen Lösungen werden vereinigt, mit etwas Salzsäure angesäuert und auf dem Wasserbad auf ca. 10 ccm eingeengt. Man fällt die Phosphorsäure in der nötigenfalls filtrierten Lösung auf die übliche Weise. — Zur Bestimmung der Menge des oxydierten Phosphors in einem Phosphoröle wird mit kohlendioxydgesättigtem Wasser ausgeschüttelt und der Phosphorgehalt sowohl im wässerigen Auszug als auch im Öl ermittelt. Nachdem die Wasserstoffsuperoxydlösung Phosphorsäure enthalten kann, ist auf diese zu prüfen; allenfalls wird sie quantitativ bestimmt und der für das Öl gefundene Phosphorgehalt entsprechend korrigiert.

Halogene.

Die Bestimmung kommt in Betracht für halogenierte Fettsäuren und Glyceride, für die Halogenhydrinester der Fettsäuren, die als Zwischenprodukte bei der Fettsynthese dienen, und für die Untersuchung von Lebertran.

Kleinste Mengen von organisch gebundenem Halogen werden durch die Beilsteinsche Reaktion[2]) nachgewiesen: Ein wenig Kupferoxyd, in einer Platindrahtschlinge befestigt, wird ausgeglüht bis die Flamme farblos geworden ist, dann läßt man es abkühlen, bringt eine Spur Substanz darauf und hält es vorsichtig, so daß die Substanz nicht wegdampfen kann, an den äußeren Rand einer Bunsenflamme. Bei Gegenwart von Halogen tritt, wenn der Kohlenstoff verbrannt und die Flamme wieder nichtleuchtend ist, eine grüne oder blaugrüne Färbung auf, je nach der Menge mehr oder weniger intensiv und dauernd. Die Reaktion ist so empfindlich, daß man oft keinen Schluß ziehen kann, ob eine Halogenverbindung vorliegt oder bloß eine geringe Beimengung. Bessere Abschätzung der Halogenmengen und Erkennung der Art derselben erlaubt der Nachweis durch die Natriumschmelze, mit der zugleich Stickstoff und Schwefel nachgewiesen werden können[3]).

Man schmilzt ein erbsengroßes Stückchen Natrium im Probierrohr, läßt 1 ccm Öl zutropfen, erhitzt auf Rotglut, läßt ein wenig abkühlen und taucht dann den noch heißen Gefäßboden vorsichtig in 15 ccm Wasser; das Glas springt und der Inhalt löst sich. Man kocht auf und filtriert. In 5 ccm des Filtrats wird nach Ansäuern mit verdünnter Salpetersäure und Kochen mit 2 ccm Silbernitratlösung auf Halogen geprüft. — 5 ccm Filtrat werden mit 1 ccm gesättigter Eisensulfatlösung und einigen Tropfen Natronlauge gekocht, dann setzt man 2 Tropfen Ferrichloridlösung zu und säuert mit konz. Salzsäure an; bei Gegenwart von Stickstoff tritt je nach dessen Menge eine Färbung oder Fällung von Berlinerblau auf (Lassaignesche Probe[4]). — 5 ccm Filtrat werden mit einigen Tropfen Nitroprussidnatrium-Lösung versetzt. Bei Gegenwart von Schwefel tritt Violettfärbung auf; ebenso erzeugt in diesem Fall 1 Tropfen der Lösung auf Silberblech einen braunen bis schwarzen Fleck (Heparreaktion).

---

[1]) Katz: Arch. Pharm. Bd. 224, S. 121. 1904. [2]) Ber. Bd. 5, S. 620. 1872.

[3]) Siehe auch Fryer und Weston: Technical Handbook of Oils, Fats and Waxes Bd. 2, S. 20. Cambridge 1920.

[4]) Compt. rend. Bd. 16, S. 387. 1843; Ann. Bd. 48, S. 367. 1843.

Die quantitative Bestimmung der Halogene kann in analoger Weise wie die Bestimmung des Schwefels vorgenommen werden, nach LIEBIG durch Kalischmelze, Ansäuern der Lösung mit verdünnter Salpetersäure, Entfernung der salpetrigen Säure und Fällen mit Silbernitrat, nach CARIUS durch Oxydieren der Substanz mit Salpetersäure bei Gegenwart von festem Silbernitrat im Einschmelzrohr, nach BENEDIKT und ZIKES[1]) durch Glühen mit Kalk im Verbrennungsrohr. Diese energische Aufschließung ist aber bei Halogenhydrin-Estern nie, bei substituierten Fettsäuren in den seltensten Fällen nötig. Auch die Abspaltung des Halogens nach KEKULÉ[2]) mittels Natriumamalgam ist entbehrlich, man kann sie nach dem Vorgang von GRÜN[3]) einfach durch Verseifen der Substanz durchführen und in der Lösung das Chlor wie üblich bestimmen. Nach STEPANOW[4]) verseift man mit Natriumäthylat.

Die Lösung der eingewogenen Substanz in Alkohol wird allmählich mit einem großen Überschuß an Natrium (bis zum 25fachen der Theorie) versetzt und eine Stunde lang unter Rückfluß zum schwachen Sieden erhitzt; dann wird mit Wasser verdünnt, der Alkohol abgetrieben, mit verdünnter Salpetersäure angesäuert und die Lösung direkt oder nach Abfiltrieren und sorgfältigem Auswaschen der ausgeschiedenen Fettsäuren nach VOLHARD titriert. (Versetzen mit einem Überschuß $^{n}/_{10}$-Silbernitratlösung, Zurücktitrieren mit $^{n}/_{10}$-Rhodanammoniumlösung mit Eisenammoniumalaun als Indicator.) Der Fehler soll nicht mehr als $\pm 0{,}1\%$ betragen[5]).

Zur Bestimmung sehr kleiner Mengen Halogen, wie z. B. von Jod in Lebertran, ist keines der angeführten Verfahren geeignet, man benützt in diesem Falle die Methode von FENDLER[6]): Das Öl wird verseift, die Seife verkohlt, der wässerige Auszug oxydiert, das Jod extrahiert und titriert.

Man verseift 25 g Öl mit 50 ccm Kalilauge (15 g Hydroxyd + 70 ccm Alkohol mit Wasser auf 100 ccm gefüllt) in der Platinschale, verjagt den Alkohol, läßt die Seife über einem Pilzbrenner vorsichtig verkohlen, zerreibt die Kohle, erhitzt vorsichtig weiter bis der größte Teil verbrannt ist, zieht den Rückstand mit heißem Wasser aus, filtriert durch ein gehärtetes Filter und wäscht, bis der Ablauf alkalifrei ist. Das Filtrat (ca. 150 ccm) wird mit 50 ccm 24 gew.-proz. Schwefelsäure und 20 ccm 10 proz. Kaliumbichromatlösung versetzt und das freiwerdende Jod mit kleinen Mengen Tetrachlorkohlenstoff ausgeschüttelt, bis dieser nicht mehr gefärbt wird. (Bei Lebertran genügen 15 ccm.) Die Jodlösung wird mit Wasser gewaschen und das Waschwasser wieder mit einigen Kubikzentimetern Tetra ausgezogen. Die vereinigten Tetrachlorkohlenstofflösungen werden mit $^{n}/_{100}$-Thiosulfatlösung aus einer in $^{1}/_{50}$-ccm geteilten Bürette ohne Indicator auf farblos titriert.

Metalle.

Der Nachweis von Metallen kommt natürlich nur bei unreinen technischen Fetten und bei Erzeugnissen der Fettindustrie in Betracht. (Nähere Angaben s. in den betreffenden Abschnitten, besonders S. 369, S. 391, S. 487.) Die metallhaltigen Beimengungen — in den meisten Fällen fettsaure Salze — werden durch Mineralsäure zerlegt; man schüttelt das Fett oder seine Lösung in einem geeigneten Mittel mit verdünnter Salzsäure oder (wenn Blei zugegen sein kann) mit verdünnter Salpetersäure aus und prüft die wässerige Lösung nach den bekannten Methoden der Mineralanalyse.

In den meisten Fällen kann man auch eine größere Menge des Fettes verbrennen und die Asche untersuchen, wobei man das Verbrennen des Fettes zweckmäßig mit Hilfe eines Dochtes aus Filtrierpapier vornimmt (s. S. 325).

[1]) Ch.-Ztg. Bd. 18, S. 640. 1894. [2]) Ann. Suppl. Bd. 1, S. 340. 1861.
[3]) Ber. Bd. 38, S. 2287. 1905. [4]) Ber. Bd. 39, S. 4056. 1907.
[5]) DAVIDSON: Eng. Bd. 13, S. 803. 1921.
[6]) FENDLER und STÜBER: Z. physiol. Ch. Bd. 89, S. 123. 1914.

Untersuchung technischer Fette und der Erzeugnisse aus Fetten.

Rohstoffe und Nebenprodukte der Ölmüllerei[1]).

(Ölsaaten, Ölkuchen und Extraktionsmehle.)

Rohstoffe der Ölmüllerei sind die Ölsamen und -früchte, Nebenprodukte die Ölkuchen und Extraktionsmehle. Ölkuchen (Preßkuchen, Ölpreßkuchen) sind die beim Auspressen des Öles aus Samen und Früchten verbleibenden Rückstände, Extraktionsmehle sind die Rückstände von der Gewinnung der Öle nach dem Extraktionsverfahren. Die Ölkuchen kommen vielfach auch zerkleinert als Kuchenmehle in den Handel, umgekehrt werden auch Extraktionsmehle zu Kuchen geformt.

Die Untersuchung der Ölsamen beschränkt sich meist auf die Bestimmung des Reinheitsgrades (fremde Saaten), des Fettgehaltes und die Ermittlung der Qualität des Fettes, also insbesondere die der Säurezahl.

Die Ölkuchen und Extraktionsmehle dienen mit wenigen Ausnahmen vorwiegend als Futtermittel und werden folglich nach den für diese geltenden Normen untersucht und bewertet. Zur vollständigen chemischen Untersuchung wird bestimmt: Fett, freie Fettsäuren, Rohprotein, Reinprotein, verdauliche Stickstoffsubstanz, Rohfaser, stickstoffreie Extraktstoffe (vorwiegend Kohlehydrate), Asche, Salze und Wasser. In den meisten Fällen wird aber höchstens Fett, Rohprotein und Rohfaser bestimmt. Ist die Kuchengattung bekannt bzw. festzustellen (die gewöhnlichen Arten, wie Lein-, Raps-, Koprahkuchen u. a. m. erkennt man an äußeren Merkmalen wie Farbe, Form der Samenfragmente, Geruch usw., seltener vorkommende Sorten durch Untersuchung unter dem Mikroskop), so ist neben der mikroskopischen Prüfung auf Reinheit und Unverdorbenheit[2]) von chemischen Analysen nur die Bestimmung des Fettes und etwa der freien Fettsäuren im Fett nötig. Bei der Betriebskontrolle in der Ölfabrik wird nur der Fettgehalt — evtl. auch der Wassergehalt — bestimmt.

Probeentnahme: Das Musterziehen von Ölsaaten erfolgt nach Übereinkommen, z. B. wird jedem Sack, oder von einer größeren Sendung jedem zweiten, dritten usw. Sack eine bestimmte Menge entnommen; nach anderen Vorschriften ist bei Partien bis zu 20 Säcken aus jedem Sack eine Probe zu nehmen, bei 21—100 Säcken aus mindestens 10—20 Säcken. Die Menge soll 100—200 g betragen[3]). Die Einzelmuster werden gut durchgemischt und zusammen zerkleinert, oder es wird ein Durchschnittsmuster von mindestens 500 g gezogen und zerkleinert. Beim Mischen der Einzelproben ist darauf zu achten, daß keine Entmischung der verschiedenartigen Teile (feiner Grieß, leichte Spreu, Sand u. dgl.) erfolgt. Je nach Über-

---

[1]) Vgl. Grün, Erzeugnisse der Fettindustrie in Lunge-Berl's Chem.-techn. Unters.-Methoden Bd. 3, S. 617.

[2]) Siehe besonders Böhmer: Die Kraftfuttermittel.

[3]) Über Probenahme von Saatgut siehe besonders Plaut: Ch.-Ztg. Bd. 44, S. 333. 1920.

einkommen bestimmt man auch durch Abzählen und Wägen das „Tausend-Korn-Gewicht". Ebenso wird die Zahl der sogenannten Beischlüsse, der fremden Öl- und Unkrautsamen durch Auszählen bestimmt.

Von Ölkuchen sind bei größeren Lieferungen von verschiedenen Stellen mindestens 12 ganze Kuchen zu nehmen. Man schlägt sie in walnußgroße Stücke und nimmt nach gründlicher Durchmischung ein Muster von 2 kg, das grob geschrotet wird.

Muster, in denen die Feuchtigkeit bestimmt werden soll, müssen luftdicht verpackt sein. Für die spätere Bestimmung der Keimfähigkeit ist eine luftdurchlässige Packung erforderlich, also kein Glas mit Stöpsel oder Korkstopfen.

Die Untersuchung der Ölsaaten einerseits und der ausgepreßten Ölkuchen und der Extraktionsmehle andererseits ist im wesentlichen dieselbe. Die Prüfung der äußeren Beschaffenheit, mit freiem Auge, unter der Lupe und die mikroskopische Prüfung[1]) umfaßt vor allem die Bestimmung der Samenart, deren Reinheitsgrad (d. h. die Mengen der Verunreinigungen wie fremde Ölsaaten, Unkrautsamen, etwaige absichtliche Zusätze wie Kornausputz, Sägemehl, in besonderen Fällen die wertlosen Abfälle der Steinnuß), ferner die Feststellung, ob Schalen oder Hülsen vorhanden[2]) (Kuchen aus geschälten Samen sind natürlich wertvoller, s. Tabelle), schließlich die Prüfung auf Pflanzenparasiten, besonders Schimmelpilze. Ein gewisser Gehalt an fremden Samen ist, weil unvermeidlich, erlaubt, und zwar je nach der Samenart bis zu einem mehr oder weniger hohen Prozentsatz; z. B. bei Leinsaat 4% Unkrautsamen oder 8% fremde Ölsamen, bei anderen Saaten 2—5% Unkraut- bzw. das doppelte an fremden Ölsamen[3]). Von absichtlich zugesetzten Unkrautsamen — im Kornausputz — unterscheiden sich die aus der Ölsaat stammenden dadurch, daß sie infolge des Pressens verletzt sind.

Besondere Aufmerksamkeit erfordert die Prüfung, ob nicht Rückstände von gesundheitsschädliche Stoffe enthaltenden Samen vorliegen oder beigemengt sind, weil solche Kuchen höchstens nach Entgiftung durch Auskochen mit Wasser oder Salzlösungen verfüttert werden dürfen. Es sind dies namentlich Ricinussamen, die das Toxin Ricin[4]) und das Alkaloid Ricinin[5]) enthalten, dann Crotonsamen, Holznüsse, Bankoulnüsse, Bilsenkrautsamen u. a. m.

Bilsenkrautsamen kann insbesondere dem Mohn beigemengt sein; in russischem Mohn wurden über 10% gefunden. Zulässig sind höchstens 10 Samen in 1 kg. Der Nachweis erfolgt makroskopisch, mikroskopisch, chemisch (Isolierung von Hyoscyamin) oder physiologisch: ein Teil des Materials wird mit 5 Teilen 1 proz. Salzsäure abgekocht und 1 Tropfen der Abkochung in das Auge einer Katze geträufelt: Es tritt sofort Erweiterung und Erstarrung der Pupille[6]) ein. Nicht ausgesprochen giftig, aber doch infolge von Nebenwirkungen schädlich sind die Samen bzw. Rückstände von indischem Raps[7]), Senf, Mowrah, ungeschälten Bucheckern und verschiedene andere Samen wildwachsender Pflanzen.

---

[1]) Über die mikroskopische Untersuchung von Ölsamenrückständen, ihren Verfälschungsmitteln und Parasiten siehe insbesondere König: Die Untersuchung landwirtschaftlich und gewerblich wichtiger Stoffe, 4. Aufl. Berlin 1911.

[2]) Die quantitative Bestimmung erfolgt durch Auslesen oder auch auf chemischem Wege. Diesbezüglich siehe Fraps: J. Soc. Ch. Ind. Bd. 28, S. 590. 1909; Grimme: Ch.-Ztg. Bd. 38, S. 137. 1914.

[3]) Sehr geringe Mengen fremder Samen können noch durch die auf der Spezifität der Eiweißkörper beruhende Präcipitinmethode nachgewiese werden. S. König: Chemie der menschlichen Nahrungs- und Genußmittel, 4. Aufl. Bd. 3, 1. Teil, S. 328ff.

[4]) Pfeiler und Engelhardt: Landw. Jahrb. Bd. 53, S. 561. 1919.

[5]) Über die Konstitution des Ricinins siehe Winterstein, Keller, Weinhagen: Arch. Pharm. Bd. 255, S. 513. 1917; Böttcher: Ber. Bd. 51, S. 673. 1918. S. bes. Späth: Ber. Bd. 56, S. 880, 2425. 1924.

[6]) Joachimowitz: Z. Nahrgsm. Bd. 37, S. 183. 1918.

[7]) Sinapis glauca Roxb., S. dichotoma Roxb. und S. ramosa Roxb., Rapskuchen oder -kuchenmehle ohne Herkunftsbezeichnung dürfen nur aus Samen von Brassica Napus oder von B. Rapa stammen.

Chemische Untersuchung.

Die Vorbereitung der Durchschnittsproben zur Analyse erfolgt nach den auf S. 70 angegebenen Grundsätzen. Größere Mengen von Ölsamen u. dgl. werden am besten in einer kleinen Mühle, z. B. in einer Kaffeemühle, zermahlen[1]). Großstückiges Material, wie Koprah, zerschlägt man mit dem Hammer in Stücke von Haselnußgröße oder zerschneidet die möglichst kalten Stücke mit dem Messer und zerkleinert dann ein Durchschnittsmuster in der Mühle oder auch einfach auf einem weitmaschigen Reibeisen. — Zur analytischen Kontrolle in der Ölfabrikation nimmt man meistens das schon im Betrieb, z. B. auf dem Walzenstuhl, zerkleinerte Material. Nach der ursprünglichen Vorschrift zerkleinert man auf 1 mm Siebfeinheit.

1. Fett. Die Bestimmung wird durch Extraktion im Soxhletapparat in derselben Weise ausgeführt wie bei der Untersuchung nicht entfetteter Samen (S. 74), wobei bloß entsprechend dem geringeren Fettgehalt der Rückstände eine größere Menge eingewogen werden sollte[2]). Aus dem Fettgehalt ergibt sich, ob das Untersuchungsmaterial ein Preß- oder Extraktionsrückstand ist. Extraktionsrückstände enthalten um 1%, höchstens gegen 2% Fett[3]), Preßkuchen mindestens 4—5%, meistens beträchtlich mehr. Der Fettgehalt von Preßkuchen ist je nach der Gattung sehr verschieden (s. Tabelle S. 319), aber auch Kuchen gleicher Gattung können sehr verschiedene Fettgehalte aufweisen; je nach dem Preßverfahren, der Herkunft und Qualität der ausgepreßten Samen usw., können die Unterschiede im Fettgehalt größer sein als bei Kuchen verschiedener Gattung.

2. Freie Fettsäuren. Der bei 1. erhaltene und 1—2 Stunden bei 100° getrocknete Ätherauszug wird in alkoholisch-ätherischer Lösung mit $^{n}/_{10}$ Alkali gegen Phenolphtalein titriert und die verbrauchten Kubikzentimeter Lauge durch Multiplizieren mit 0,0282 auf Gramme Ölsäure umgerechnet (vgl. S. 143). Die Ölsäuremenge wird auf das extrahierte Fett oder auf das ursprüngliche Material bezogen.

Durch das Trocknen des Ölkuchens und weiterhin des ätherischen Ätherauszuges bei 100° geht ein gewisser Teil der flüchtigen Säuren verloren. Zur Bestimmung desselben extrahiert man nach Loges[4]) eine nicht vorgetrocknete Probe mit Äther und titriert den Ätherauszug direkt mit $^{n}/_{10}$-Alkali. Die Differenz im Alkaliverbrauch beider Titrationen wird durch Multiplizieren mit 0,0088 auf Buttersäure umgerechnet.

Die Mengen freier Fettsäuren sind je nach dem angewendeten Verfahren der Ölgewinnung, dem Alter, der Aufbewahrung der Kuchen oder Mehle, insbesondere aber je nach der Gattung, d. h. dem mehr oder weniger lipasenreichen Ölsamen, von dem der Rückstand stammt, außerordentlich verschieden. Z. B. enthalten die Ölkuchen von Leinsaat, Raps, Kürbiskernen, Sonnenblumen und Cocoskuchen gewöhnlich wenig freie Säure, während die von Erdnüssen, Mohn und den meisten Sesamsorten immer reich an Säure sind[5]). Dementsprechend stellt man bei der Beurteilung der Acidität an die ersteren von vornherein höhere Ansprüche als an die letzteren. Z. B. wird ein Rapskuchen mit über 20% freier Säure (auf Öl bezogen) als säurereich bezeichnet, während ein gleichsaurer Sesamkuchen (verhältnismäßig) säurearm genannt werden muß.

---

[1]) Eine praktische Mühle für den Laboratoriumsgebrauch liefert das Alexanderwerk, Abteilung Remscheid, Katalog 1910, Nr. 1065.

[2]) Über die Vorbehandlung mit Salzsäure zum Aufschließen der Zellwände siehe S. 75.

[3]) Absichtlich unvollständige Extraktion, um dem Rückstand den gleichen Fettgehalt wie ihn Preßkuchen aufweisen, zu belassen, kommt kaum mehr vor.

[4]) Landw. Vers.-Stationen Bd. 38, S. 314. 1891.

[5]) Siehe auch Beneschowsky: Z. landw. Versuchswesen Österr. Bd. 19, S. 103. 1916.

Klassifizierung von Ölkuchen nach WILK[1]).
Freie Säuren als Ölsäure berechnet, bezogen auf den Fettgehalt:

Kuchengattung	Relativ säurearm	Normal	Relativ säurereich
Kürbiskerne	0—5%	bis 5%	über 10%
Sonnenblumenkerne . .	0—5%	5—10%	„ 15%
Raps	0—5%	5—10%	„ 20%
Leinsaat	0—5%	5—20%	„ 30%
Erdnüsse.	unter 20%	20—60%	„ 80%
Sesamsaat	„ 30%	30—75%	„ 80%

Auch bei den Ölkuchen derselben Gattung schwankt demnach der Säuregehalt sehr stark. Er nimmt nämlich mit der Zeit — zwar unregelmäßig aber ständig — zu. Alte, namentlich verdorbene, schimmelige Kuchen sind besonders säurereich. Übrigens enthalten Kuchenmehle relativ mehr freie Säure als die entsprechenden Kuchen, wie die Acidität in einem pulverförmigen Futtermittel überhaupt schneller ansteigt als in einem dichten Kuchen.

Die neutralen oder schwach-sauren Futterkuchen werden höher bewertet als die stark-sauren, obwohl die Schädlichkeit der freien Säuren nicht unbestritten ist. Dagegen ist die Minderwertigkeit der ranzigen Ölkuchen außer Zweifel; sie sind infolge ihres Gehaltes an freien flüchtigen Säuren (Fettsäuren, Milchsäure u. a. m.), wegen des üblen Geruchs und Geschmacks unbekömmlich.

In Extraktionsmehlen ist das Verhältnis von freien Fettsäuren und Gesamtfett dasselbe wie in den extrahierten Ölen. Beim Pressen bleibt dagegen relativ mehr freie Säure als neutrales Fett in den Kuchen zurück; die so erhaltenen Öle, insbesondere die erster Pressung, enthalten deshalb viel weniger freie Säure als das Ölkuchenfett. (Z. B. wurden in Ölen aus demselben Mohn folgende Säuregehalte gefunden: im Extraktöl 6,82%, im Öl 1. Pressung 1,92%, 2. Pressung 15,37%, im Ölkuchenfett 38,32%.)

3. Rohprotein. Man bestimmt den Stickstoffgehalt nach KJELDAHL[2]) und berechnet daraus den Proteingehalt des Untersuchungsmaterials.

1—5 g Substanz werden mit 20 ccm stickstoffreier konzentrierter Schwefelsäure unter Zusatz von 0,1 g Kupferoxyd bis zur Auflösung erhitzt. (Das Erhitzen erfolgt auf einem kleinen Sandbad in einem „KJELDAHL-Kolben“ aus Jenaer Glas, der mit einer hohlen Glaskugel mit ausgezogener Spitze lose verschlossen ist.) Nach längerem Kochen wird die Flüssigkeit klar; man läßt etwa 10 Minuten lang stehen, spült in einen 250 ccm-Meßkolben und füllt zur Marke auf. In einem aliquoten Teil wird das aus dem vorhandenen Eiweißstickstoff bei der Reaktion gebildete Ammoniak nach der Destillationsmethode bestimmt. Man versetzt mit 80 ccm stickstoffreier Natronlauge vom spez. Gew. ca. 1,35, verbindet den Kolben rasch und ohne umzuschütteln mit dem Kühler und der Vorlage, die mit 50 ccm $^{n}/_{10}$-Schwefelsäure pro Gramm Ausgangssubstanz beschickt ist. Nachdem etwa 100 ccm Flüssigkeit überdestilliert sind, wird der Schwefelsäureüberschuß zurücktitriert.

1 ccm $^{n}/_{10}$-Säure = 0,0014 g N.

Die Umrechnung von Stickstoff auf Protein geschieht häufig noch immer durch Multiplizieren der Prozente N mit 6,25, indem angenommen wird, daß die Proteine ungefähr 16% N enthalten. Das gilt aber nur für die tierischen Proteine, die pflanzlichen enthalten alle mehr, 16,4—18,7% N. Außerdem ist der Stickstoffgehalt der Proteine von Samen verschiedener Gruppen verschieden groß.

[1]) Z. landw. Versuchswesen Österr. Bd. 18, S. 485. 1915.

[2]) Z. anal. Ch. Bd. 22, S. 366. 1883. — Das Verfahren wurde vielfältig abgeändert. Ist das Untersuchungsmaterial besonders schwer aufschließbar, wie Baumwollsaatmehl, Erdnußmehl usw., so setzt man der Schwefelsäure mit Vorteil etwas Phosphorsäureanhydrid oder ein Oxydationsmittel (Wasserstoffsuperoxyd, Kaliumpermanganat oder dgl.) zu.

Man muß daher zur Umrechnung der Stickstoffgehalte von Proteinen verschiedener Samenarten verschiedene, und zwar durchwegs kleinere „Proteinfaktoren" benützen. Nach RITTHAUSEN sind dies folgende[1]):

für Preßkuchen von Lein-, Hanf-, Erdnuß-, Sesam-, Baumwollsamen, Steinobstkernen, Sonnenblumen- und Kürbiskernen, Cocosnuß u. a. m. . . . . = 5,50
für Candlenuß . . . . = 5,70
für Raps-, Rübsen und Sojabohnen . . . . = 6,00

4. Reinprotein wird gewöhnlich nach der Methode von STUTZER[2]) bzw. nach der von BARNSTEIN[3]) verbesserten Ausführungsform durch Fällen mit aufgeschlemmtem Kupferhydroxyd und Kjeldahlisieren des Niederschlags bestimmt.

5. Verdauliche Stickstoffsubstanzen bzw. das unverdauliche Nuclein durch Verdauung mit künstlichem Magensaft oder Pepsinsalzsäure und Kjeldahlisieren des Rückstandes[4]).

6. Rohfaser (Holzfaser) wird am besten nach dem Verfahren von KÖNIG bestimmt, durch Herauslösen der übrigen Bestandteile mittels einer Lösung von Glycerinschwefelsäure in überschüssigem Glycerin[5]); es hat gegenüber den zahlreichen anderen Verfahren den Vorteil, eine praktisch pentosanfreie Faser zu geben.

7. Stickstoffreie Extraktstoffe. Man bestimmt gewöhnlich nur die Gesamtmenge, indem man die Summe der Prozente Rohprotein, Fett, Rohfaser, Asche und Wasser von 100 abzieht. Mitunter ist aber auch die Bestimmung einzelner Verbindungsklassen dieser Gruppe nötig, insbesondere ist der Gehalt an löslichen Kohlehydraten, Dextrinen und Zucker, für die Beurteilung der Qualität wertvoll[6]). Die Bestimmung erfolgt nach den üblichen Methoden[7]).

8. Wasser wird durch Trocknen von 5—10 g Substanz unter Luftabschluß bei 105—110° bestimmt. Kuchen mit mehr als 12% Feuchtigkeit neigen zur Schimmelbildung.

9. Asche bestimmt man durch Verbrennen von 5—10 g, wobei man aus aschenreichen verkohlten Rückständen die Salze auslaugt und sie dem Rückstand erst nach dem Weißbrennen desselben wieder zufügt.

10. Sand und ähnliche mineralische Beimengungen werden annähernd durch Sedimentieren in einer schweren Flüssigkeit, Chloroform[8]) oder gesättigter Zinksulfatlösung bestimmt, genauer in der Asche, durch Herauslösen der übrigen Bestandteile mit verdünnter Salzsäure. Die Angaben über die zulässigen Sandmengen schwanken von $^1/_2$—1%. Ein Gehalt von über 1% ist jedenfalls schon zu beachten.

Die Übereinkommen bzw. gesetzlichen Regelungen über den Analysenspielraum und die Auswertung der analytischen Daten bei der Untersuchung von Ölkuchen zum Zwecke der Preisberechnung sind in den einzelnen Staaten verschieden. Für Deutschland gelten die „allgemeinen Grundsätze für den Handel mit käuflichen Futtermitteln"[9]).

---

[1]) Landw. Vers.-Stationen Bd. 47, S. 391. 1896.
[2]) Journ. f. Landwirtsch. Bd. 29, S. 473. 1881; ebenda Bd. 54, S. 237. 1906.
[3]) Landw. Vers.-Stationen Bd. 54, S. 327. 1900.
[4]) Verfahren von STUTZER, von WEDEMEYER u. a. m., siehe KÖNIG: Untersuchung usw. 4. Aufl. S. 258. Berlin 1911.
[5]) Z. Nahrgsm. Bd. 1, S. 1. 1898; Bd. 6, S. 769. 1903.
[6]) VAN KAMPEN: Ch. Weekbl. Bd. 12, S. 902. 1915; C. 1915, II. 1154.
[7]) KÖNIG: Untersuchung usw. S. 267.
[8]) Über eine ähnliche Vorschrift zum Nachweis von Steinnuß siehe GERUM: Z. Nahrgsm. Bd. 27, S. 392. 1914.
[9]) Landw. Vers.-Stationen Bd. 40, S. 330. 1892. Siehe BÖHMER: Die Kraftfuttermittel.

Durchschnittliche Zusammensetzung der wichtigsten Ölkuchen[1]).

	Wasser	Roh-protein	Rohfett	Stickstoff-freie Extrakt-stoffe	Rohfaser	Asche
Leinkuchen	11,8	28,7	10,7	32,1	9,4	7,3
Rapskuchen	11,5	30,9	9,6	29,8	11,0	7,2
Rübsenkuchen	10,4	31,4	9,0	33,8	8,2	7,2
Senfkuchen (hell)	10,5	35,8	11,8	26,5	9,1	6,3
Mohnkuchen	11,4	36,5	11,5	18,4	11,2	11,0
Maiskeimkuchen	11,3	19,5	9,0	44,8	8,8	6,6
Traubenkernkuchen . . .	10,4	15,4	10,6	20,5	36,5	6,6
Kürbiskernkuchen . . .	9,5	36,1	22,7	11,8	14,1	5,8
Cocoskuchen	10,3	19,7	11,0	38,7	14,4	5,9
Palmkernkuchen	10,4	16,8	9,5	35,0	24,0	4,3
Sesamkuchen (hell) . .	9,9	39,5	10,5	22,0	8,5	9,6
Erdnußkuchen (geschält)	9,8	49,0	8,0	23,5	4,1	5,6
Erdnußkuchen (ungesch.)	9,2	31,6	8,9	20,7	22,7	6,9
Baumwollsaatkuchen (geschält)	9,6	43,9	12,9	20,5	5,7	7,4
Baumwollsaatkuchen (ungeschält)	10,8	24,7	6,4	26,6	24,9	6,6

Technische Fette.

(Rohstoffe der Fettindustrie.)

Für die Untersuchung eines Fettes im Hinblick auf seine Verwendung als Rohstoff für eine technische Verarbeitung sind andere Gesichtspunkte maßgebend als für die systematische, die sogenannte „wissenschaftliche" Untersuchung.

Man bestimmt in erster Linie den Gesamtfettgehalt, dann die Menge und die Art der Nichtfette, d. h. der Beimengungen, Verunreinigungen oder absichtlichen Zusätze wie Wasser, Trübstoffe (Schmutz), Asche, fettähnliche organische Stoffe. Das Reinfett selbst muß oft nur so weit untersucht werden, als zur Feststellung seiner Verwendbarkeit für diesen oder jenen Zweck und zur Qualitätsbestimmung erforderlich ist. Freilich ist auch häufig genug festzustellen, welches Fett vorliegt bzw. ob der als ein bestimmtes Fett bezeichnete Rohstoff rein, unverfälscht, oder mit anderen Fetten vermengt ist. Aber auch in solchen Fällen ist kaum jemals eine systematische Untersuchung nötig, die Identifizierung wird in der Regel durch gewisse Anhaltspunkte erleichtert, vereinfacht. Solche Anhaltspunkte sind zunächst der Preis des Fettes und die Preise der ähnlichen Fette. Irgendein Material wird selbstverständlich nur mit einem wohlfeileren Material verfälscht. So wird z. B. eine als Olivenöl deklarierte Ware nach menschlichem Ermessen kein süßes Mandelöl enthalten, wohl aber ist eine Beimischung von Sesamöl, Erdnußöl u. dgl. möglich.

Weitere Anhaltspunkte zur Identifizierung geben die organoleptischen Proben auf Geruch und Geschmack, ferner einzelne Farbenreaktionen. In Mischungen aus zwei natürlichen Fetten lassen sich die einzelnen Fette, wenn sie nicht sehr ähnlich sind, fast immer nachweisen, in Mischungen von drei oder mehr Fetten nur selten. Noch schwieriger, in vielen Fällen unmöglich, ist die analytische Trennung von Gemischen natürlicher und künstlich veränderter, besonders hydrierter Fette.

[1]) Auszug einer Tabelle aus HEFTER: Technologie der Fette und Öle Bd. 1, S. 441. Berlin 1906.

Probeentnahme.

Beim Probenziehen kann gar nicht genug Sorgfalt aufgewendet werden. Wird kein richtiges Durchschnittsmuster gezogen, so muß ja die Analyse von vornherein falsche Resultate geben. Das gilt besonders für alle viel Wasser, Schleimstoffe u. dgl. enthaltenden flüssigen oder breiigen Fette, weil sich solche beim Lagern mit der Zeit entmischen. Flüssige Fette werden gründlich durchgemischt, worauf man die Proben wie bei anderen Flüssigkeiten üblich, zieht. Bei nicht-flüssigen Fetten verfährt man am besten nach dem Vorschlag von TATE, D'ENVILLE und CUTHLEERT folgendermaßen:

Man nimmt aus der Mitte eines jeden Fasses mit dem Probestecher ein etwa 20 cm langes und 2,5 cm dickes Probestück. Von jedem Probestück wird ein dem Nettogewicht des betreffenden Fasses entsprechender Teil abgeschnitten. Die Abschnitte werden in 3 ungefähr gleich große Teile — je etwa 100 g — geteilt, 2 Teile werden bei höchstens 60° unter beständigem Umrühren zusammengeschmolzen, dann wird, ohne weiter zu erwärmen, das letzte Drittel unter fortwährendem Rühren zugesetzt und weiter gerührt, bis die ganze Masse erkaltet und erstarrt ist. Auf diese Weise verhindert man Absetzen von Wasser und Schmutz, sowie das Entmischen fester und flüssiger Bestandteile. Fette und Fettsäuren, die sich besonders leicht entmischen, gießt man am besten noch in dickbreiigem Zustande in gekühlte flache Schalen, wobei sie sofort erstarren.

Äußere Beschaffenheit.

In vielen Fällen kann man schon am Geruch erkennen, ob ein bestimmtes Fett vorliegt oder beigemengt ist, so bei Tranen, Holzöl, Leinöl, Palmöl, Knochenfett. Ist der Geruch wenig ausgeprägt, so erwärmt man die Probe oder vermischt sie mit Schwefelsäure. Bei besseren Fetten, insbesondere bei Rohstoffen für die Speisefetterzeugung, prüft man auf den Geschmack, Nicht für die Erkennung, aber für die Wertbestimmung wichtig ist die Farbe. Im allgemeinen sind helle Fette wertvoller als dunkel gefärbte. Zur Beurteilung der Farbe von Ölen bedient man sich zweckmäßig einer Vergleichs-Skala. Sehr praktisch ist die Färbungs-Skala nach KNAUTH und WEIDINGER[1]), 18 Vergleichslösungen in zugeschmolzenen Glasröhren, die in einem Reagenzrohrgestell montiert sind. Es kommt aber nicht nur auf die Intensität der Färbung an, sondern auch auf ihre Beständigkeit. Ein dunkleres, aber leicht bleichbares Fett ist in den meisten Fällen einem helleren, jedoch nicht oder nur unvollkommen bleichbaren vorzuziehen. Dasselbe gilt mut. mut. für den Geruch. Man prüft durch Probebleichen bzw. Desodorieren mit Bleicherde, Bleichkohlen oder durch chemisches Bleichen mit Luft, Superoxyden, Bichromatgemisch usw., kurz mit dem nachher praktisch anzuwendenden Bleichmittel.

Wasser.

Reine natürliche Fette können kaum mehr als etwa 1% Wasser enthalten; große Mengen lassen sich zwar mechanisch in Fett verteilen, setzen sich aber beim Lagern ab. Anders bei Gegenwart von Mono- und Diglyceriden, Lecithin, Eiweiß- oder Schleimstoffen, Seifen (z. B. in Raffinationsabfällen) und anderen wasserlöslichen oder hygroskopischen Stoffen: Fette, denen in betrügerischer Absicht Kleister u. dgl. beigemengt ist, können auch noch bei einem Gehalt von 35% Wasser äußerlich homogen erscheinen.

Zur Orientierung erhitzt man eine Probe im Reagensglas, dessen Wände vorher mit dem schwach erwärmten Fett benetzt wurden. Reine Fette schmelzen klar; bei Gegenwart von Wasser trübt sich die Gefäßwand infolge Emulsionsbildung.

---

[1]) Bezugsquelle: Firma HUGO KEYL, Dresden-A.

Größere Mengen Wasser verursachen je nach den übrigen Beimengungen Schäumen, oder sie scheiden sich in Tröpfchen ab und knattern und zischen beim Wegkochen. Auch die Anfärbung von wasserfreiem Kupfersulfat läßt sich zum Nachweis von Wasser verwenden.

Das Wasser wird häufig rechnerisch, nach Bestimmung von Gesamtfett, Schmutz und Asche, aus der Differenz bestimmt. Dabei werden andere flüchtige Beimengungen, die etwa vorhanden sind, auch als Wasser in Rechnung gestellt. Für die praktische Analyse zum Zwecke der Wertbestimmung ist dies meistens kein Nachteil. Dasselbe gilt für die gravimetrischen Bestimmungen, bei denen ebenfalls nicht das Wasser allein, sondern das Gesamtflüchtige ermittelt wird. Den wahren Wassergehalt kann man fast in allen Fällen mit Sicherheit volumetrisch bestimmen.

Gravimetrische Bestimmungen. a) Schnellmethode[1]: Ein flaches Porzellanschälchen oder ein Platintiegel wird mit einem Glasstäbchen austariert, etwa 5 g Fett eingewogen, auf dem Asbestteller unter häufigem Umrühren bis zum Aufhören des Schäumens (auf 102—105°) erhitzt und nach dem Erkalten zurückgewogen. Zur Beschleunigung kann man auch zuerst etwa 5 ccm absoluten Alkohol zusetzen und auf dem Wasserbad wegkochen, wobei die Alkoholdämpfe den größten Teil des Wassers mit sich führen. Das Verfahren ist natürlich ungenau, besonders wenn das Fett flüchtige oder mehrfach-ungesättigte Säuren enthält. Die letzteren bzw. ihre Glyceride oxydieren sich beim Erhitzen an der Luft, besonders wenn viel Wasser zugegen ist und deshalb lang erhitzt werden muß; es entstehen dann Peroxysäuren, die sich weiterhin unter Bildung von Wasser, Kohlendioxyd, flüchtigen Säuren usw. spalten. Die Bildung der primären Oxydationsprodukte bedingt eine Gewichtszunahme, andererseits bewirkt zwar die Verflüchtigung der sekundären Oxydationsprodukte (und etwa schon im ursprünglichen Fett vorhandener flüchtiger Bestandteile) eine Gewichtsabnahme, aber diese Fehler kompensieren sich natürlich höchstens zufällig[2].

b) Genauere Bestimmung[3]: Ein niedriges, breites Wägegläschen wird mit etwa 20 g reinem, frisch ausgeglühtem Seesand, Bimssteinkörnchen oder dgl. beschickt und 10—12 g Fett eingewogen. Man befördert die Verteilung des Fettes zwischen den Körnchen — bei festen Fetten natürlich nach vorhergehendem Aufschmelzen — durch vorsichtiges Umschwenken oder Rühren mit einem mitgewogenen Glasstäbchen. Dann wird im Kohlendioxydtrockenschrank (am besten mit sorgfältig regulierter Kochsalzbad-Heizung) bis zur Gewichtskonstanz auf 105° erwärmt. Man kann auch zuerst die Hauptmenge des Wassers mit Hilfe von Alkohol auf dem Wasserbad entfernen. Gewöhnlich genügt es, zu trocknen, bis das Gewicht in einer Stunde nur mehr um 2 mg abnimmt.

Abänderungen: Hat man keinen Trockenschrank mit Kohlendioxydatmosphäre zur Verfügung, so verwende man ein geschlossenes Wägefläschchen

---

[1]) Fahrion: Ch.-Ztg. Bd. 30, S. 267. 1906.

[2]) Eine „thermische Methode" zur schnellen Bestimmung des Wassers besteht darin, daß man eine gewogene Menge des Fettes oder seiner 50 proz. Lösung in einem wasserfreien Solvens mit einem geeigneten Substanzgemisch wie wasserfreiem Magnesiumsulfat und Kieselgur, vermischt, die Temperaturerhöhung mißt und den ihr entsprechenden Wassergehalt einer Vergleichstabelle entnimmt. Örtel: Ch.-Ztg. Bd. 44, S. 854. 1920. Über andere Schnellmethoden siehe auch Shrewsbury: Analyst, Bd. 39, S. 529. 1914; Monhaupt: Ch.-Ztg. Bd. 43, S. 385. 1919; Frank: Ch.-Ztg. Bd. 45, S. 314. 1921.

[3]) Vgl. Sonnenschein: Z. anal. Bd. 25, S. 372. 1886; Henzold: Milchztg. Bd. 20, S. 71. 1891.

nach Abb. 58. Der eingeschliffene Stopfen ist mit einem unten trichterförmig erweiterten Zuleitungsrohr und einem kurzen Ableitungsrohr versehen, durch welche trockenes Kohlendioxyd oder ein anderes indifferentes Gas über das Fett geleitet wird. Man läßt im Gasstrom oder im Vakuum erkalten, füllt wieder mit Luft, verschließt die Röhrchen mit den aufgeschliffenen Kappen und wägt. Für Fette mit viel flüchtigen Säuren verwendet man die Ausführungsform bzw. die Apparatur nach STIEPEL[1]): Ein doppelttubulierter Kolben; durch den einen Tubus führt ein Gaseinleitungsrohr, in den anderen ist ein SCHRÖTTERscher Absorptionsaufsatz eingesetzt. In dem Aufsatz, der mit Wasser gefüllt ist, sammeln sich die beim Erhitzen unter Durchleiten von Kohlendioxyd ausgetriebenen Säuren; ihre Menge wird durch Titrieren bestimmt und vom Gesamtflüchtigen, das sich aus der Gewichtsabnahme des Kolbens ergibt, abgezogen.

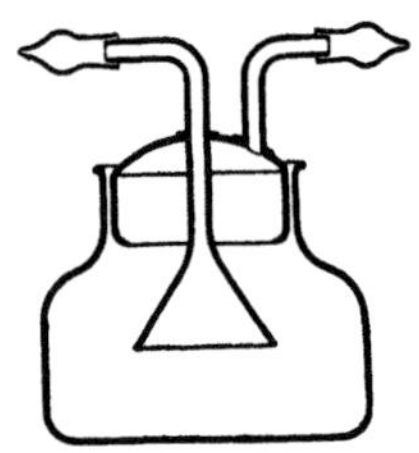
Abb. 58. Wägefläschchen für die Wasserbestimmung.

Die genaue Bestimmung des Wassers bzw. Gesamtflüchtigen ist dann schwierig oder wenigstens langwierig, wenn das Fett flüchtige Bestandteile enthält, die über 100° sieden, wie Rückstände von Extraktionsbenzin u. dgl., oder wenn ihm größere Mengen von Stoffen beigemengt sind, die Kohlenwasserstoffe und andere organische Lösungsmittel hartnäckig zurückhalten, wie z. B. die Kalkseifen der Knochenfette. (Man denke an die Starrschmieren aus Fett, Kalkseife und Mineralöl!) Die Temperatur darf auch in diesen Fällen nicht über 102°, höchstens 105°, gesteigert werden, weil sonst Fettverluste eintreten könnten; man muß deshalb das Erhitzen länger, mitunter 12—15 Stunden, fortsetzen.

Größere Wassergehalte bestimmt man besser volumetrisch.

a) Volumetrische Schnellmethode: Man löst die gewogene Probe in einem unten verjüngten Meßzylinder nach Abb. 59 in Petroläther, erwärmt sehr vorsichtig, läßt erkalten und liest nach völligem Absitzen der Schichten das Volumen des ausgeschiedenen Wassers ab.

b) Destillationsmethode von MARCUSSON [Xylolmethode[2])]: Ein 1-Liter-Erlenmeyerkolben wird durch ein kurzes Knierohr mit einem kurzen absteigenden Kühler verbunden, an dessen unterem Ende ein Vorstoß angebracht wird. Unter den Vorstoß stellt man einen 100-ccm-Meßzylinder nach Abb. 59, der unten verengt und in $^1/_{10}$ ccm geteilt ist.

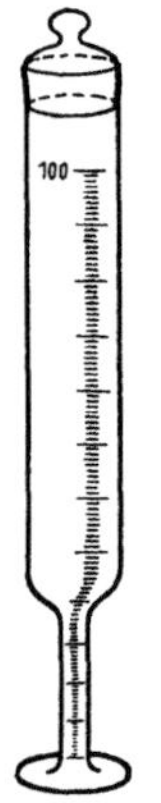

Abb. 59. Meßzylinder zur Wasserbestimmung.

Man wägt 20—100 g Fett ein — so viel, daß das Volumen des Wassers mindestens einige Zehntel Kubikzentimeter und höchstens 10 ccm beträgt. Dann werden 100 ccm Xylol und einige Stückchen Bimsstein zugesetzt. Um den Fehler zu kompensieren, der durch das übrigens sehr geringe Lösungsvermögen des Xylols für Wasser bedingt würde, verwendet man ein Xylol, das vorher mit Wasser destilliert und nach

[1]) Einheitsmethoden S. 18. Berlin 1910.

[2]) Mitt. Mat. Prüf. Bd. 22, S. 48. 1904; Bd. 23, S. 58. 1905; siehe auch KREIS: Ch.-Ztg. Bd. 32, S. 1042. 1908; SCHOLL und STROHECKER: Z. Nahrgsm. Bd. 32, S. 493. 1916; MAI und RHEINSBERGER: ebenda Bd. 24, S. 125. 1912. Die Apparatur kann auch fertig von den Vereinigten Fabriken für Laboratoriumsbedarf, Berlin, bezogen werden.

Eigene Apparate konstruierten SCHAFFER und GURY: Mitt. Lebensmittelunters. u. Hyg. Bd. 7, S. 394. 1917 (Bezugsquelle E. F. Büchy, Optisches Institut, Bern); AUFHÄUSER: Ch.-Ztg. Bd. 46, S. 1149. 1922; LIESE: Ch.-Ztg. Bd. 47, S. 438. 1923. (Bezugsquelle: C. Gerhardt, Bonn); NORMANN: Ch. Umschau Bd. 30, S. 249. 1923. Am geeignetsten sind die — im Prinzip übereinstimmenden — Konstruktionen von NORMANN und LIESE.

Klärung der Schichten abgetrennt wurde; bei seifenhaltigen Fetten wird zur Vermeidung des Schäumens ein wenig Ölsäure zugesetzt. Man erhitzt im Ölbad bis das Xylol fast vollständig übergegangen ist, was ungefähr $^1/_2$ Stunde dauert, spült im Kühler haftende Wassertröpfchen mit etwas Xylol in den Meßzylinder und stellt denselben in warmes Wasser, bis sich die Schichten klar getrennt haben. Die dann etwa noch an der Zylinderwand haftenden Wassertröpfchen stößt man mit einem Glasstab nach unten, läßt auf 15° abkühlen und liest das Volumen des Wassers ab. Die Methode ist vorzüglich, sie gibt, auch wenn andere flüchtigere Substanzen als Wasser zugegen sind, oder solche, die wie Seifen das Wasser sonst hartnäckig zurückhalten, meistens auf 0,2 % stimmende Werte.

Flüchtige organische Stoffe.

Bei technischen Fetten kommen kaum flüchtige Begleitstoffe (ätherische Öle) in Betracht, höchstens zur Denaturierung zugesetztes Rosmarinöl u. dgl. Häufiger finden sich Reste von Extraktionsmitteln, wie Benzin, „Tri" oder „Tetra", schließlich kann auch in betrügerischer Absicht Mineralöl zugesetzt sein. Man bestimmt das Gesamtflüchtige gravimetrisch und zieht davon das volumetrisch bestimmte Wasser ab.

Zum Nachweis von Petroläther kann nach Aida[1]) die Formolitreaktion (vgl. S. 308) dienen. Bei Gegenwart von Petroläther bildet sich auf der Oberfläche ein rötlichbraunes Häutchen. Gibt man einige Tropfen des mit Schwefelsäure und Formaldehyd behandelten Destillates in Wasser, so entsteht an der Oberfläche ein glänzender Interferenzring, der allmählich schwächer wird und meistens — nur bei Sojaöl nicht — beim Erhitzen verschwindet.

Trübstoffe (Schmutz).

Trübstoffe, unlösliche Fremdstoffe, mechanische Verunreinigungen oder auch kurzweg Schmutz nennt man alle in Fetten oder deren Lösungen unlöslichen Beimengungen mit Ausnahme von Seifen[2]). Sie haften den Fetten entweder schon von der Abscheidung aus den pflanzlichen oder tierischen Organen her an, wie Gewebeteilchen, Hautfragmente, Zelltrümmer, Pflanzenschleime, Kalkseifen usw., oder sie sind zufällig hineingelangt, wie der eigentliche, undefinierbare „Schmutz", oder endlich absichtlich zur Beschwerung oder Wasserbindung zugesetzt, wie Ton, Kreide, Holzmehl, Stärke usw.

Gesamtbestimmung: 5—20 g Fett werden in etwa 100 ccm eines niedrigsiedenden Extraktionsmittels gelöst. Man verwendet als solches meistens Petroläther (Siedep. etwa 60°), bei Ölen von der Beschaffenheit des Ricinusöles oder bei Fetten, die in Petroläther unlösliche Oxydationsprodukte enthalten, nimmt man Äther, Tetrachlorkohlenstoff oder dgl. Anstatt Petroläther kann oft auch Schwefelkohlenstoff verwendet werden; er ist insofern vorteilhafter, als er ein wohldefiniertes, einheitliches Lösungsmittel und auch billiger ist. Im allgemeinen soll man nicht das Lösungsmittel verwenden, das zur Herstellung (Extraktion usw.) des Produktes gedient hat[3]). Die Lösung wird durch ein gewogenes, aschenarmes Filter filtriert, das Filter mit dem betreffenden Lösungsmittel fettfrei gewaschen, dann etwa 1 Stunde lang bei 105° getrocknet und gewogen. Man verfährt auch

[1]) J. Soc. Ch. Ind. Bd. 39, S. 1521. 1920.

[2]) Die Seifen können entgegen vereinzelten Vorschlägen nicht zu den Verunreinigungen gezählt werden, weil ja ihre Fettsäuren verwendbar sind. Sie sind aber nicht direkt verwendbar, folglich ist es nicht gerechtfertigt, sie wie das Fett selbst zu bewerten. Deshalb sollte in allen Fällen, insbesondere bei Knochenfetten, die viel Kalk enthalten können, der Seifengehalt gesondert bestimmt werden.

[3]) Metodi unitari d'analisi (aus Bolletino degli Olii e Grassi, 1922). Milano 1924.

in der Weise, daß man das Fett direkt in ein trockenes, gewogenes Faltenfilter oder in eine Soxhlethülse einwägt, diese in einen Soxhlet- oder einen Graefeschen Apparat einsetzt, erschöpfend extrahiert, trocknet und wägt. Enthält das Fett Seifen, die sich ja in Äther und Petroläther nicht lösen, so ist eine Nachbehandlung mit heißem Elain nötig:

Das Filter wird nach dem Auswaschen des Fettes nicht getrocknet, sondern nur bis zum Verdunsten des anhaftenden Lösungsmittels liegen gelassen und wieder in den Trichter gesetzt. Dann wird mehrmals siedendheißes Elain aufgegossen und ablaufen gelassen. Nach zwei- bis dreimaligem Aufgießen von Elain sind die Seifen sicher herausgelöst. Man läßt völlig abtropfen, extrahiert den Rest des Elains mit Petroläther, trocknet Filter samt Rückstand wie oben und wägt. Durch Veraschen der abgeschiedenen Trübstoffe bestimmt man ihren Gehalt an anorganischen Bestandteilen, die Differenz ergibt die Menge der organischen Verunreinigungen. Die Schmutzbestimmung gibt bei stärkehaltigen Fetten leicht ein wenig zu hohe Werte, weil Stärkemehl hartnäckig Fett zurückhält; in solchen Fällen wird sich vorhergehendes Aufschmelzen mit alkoholischer Lauge empfehlen.

Bestimmung einzelner Trübstoffe.

Die Zusammensetzung der Trübstoffe läßt sich häufig schon durch den bloßen Augenschein oder durch die mikroskopische Prüfung des entfetteten Rückstandes feststellen.

Stärke wird unter dem Mikroskop, sowie durch die Jodreaktion erkannt. Zur quantitativen Bestimmung verkleistert man den mit Äther und Wasser gewaschenen Extraktionsrückstand durch Kochen mit Wasser, invertiert mit verdünnter Salzsäure und titriert den Traubenzucker mit Fehlingscher Lösung.

Schleimstoffe finden sich in rohen oder schlecht raffinierten Ölen, Leinöl, Rüböl usw. Schüttelt man gleiche Teile Öl und Wasser, mäßig erwärmt, so entsteht bei Gegenwart von Schleimstoffen eine weißliche Trübung, die sich auch durch wiederholtes Filtrieren nicht beseitigen läßt. Nach längerem Stehen bildet sich eine flockige Mittelschicht oder auch ein Bodensatz. Bei Gegenwart von Seife entsteht zwar eine ähnliche Trübung, die aber beim Schütteln mit Äther und Mineralsäure verschwindet, während sich durch Schleim erzeugte Emulsionen nicht klären.

Zum Nachweis kleinster Schleimmengen dient die Erhitzungsprobe: Man erhitzt 50—100 g Öl auf 250°. Die Schleimstoffe scheiden sich mit etwa vorhandenem Eiweiß in Flocken von froschlaichartigem Aussehen ab (sog. Brechen des Leinöls). Zur Auslösung der Reaktion ist die Gegenwart von Feuchtigkeitsspuren notwendig. Das Brechen kann deshalb auch unterbleiben, wenn man das Öl so langsam erhitzt, daß es dabei vollständig getrocknet wird. Als Vorsichtsmaßregel wird auch empfohlen, vor Ausführung der Reaktion in das Reagenzglas zu hauchen.

Zur Bestimmung der Schleimstoffe filtriert man das Öl nach Verdünnen mit niedrigsiedendem Petroläther, wäscht den Rückstand und trocknet ihn bei 105°. Dann kocht man mit verdünnter Salzsäure, wobei die Schleimstoffe hydrolysiert werden und zu etwa 60% Traubenzucker geben. Der Traubenzucker wird nach Fehling titriert; 10 Teile entsprechen 16,72 Teilen Schleim. Selbstverständlich ist diese Methode nur bei Abwesenheit von Stärke und Zuckerarten anwendbar[1]).

[1]) Über die Bestimmung des Schleimes durch Verseifen des Leinöles, Zentrifugieren der wässerigen Seifenlösung nach Zusatz von Petroläther und Messen der Höhe des abgesetzten Niederschlages siehe Mat. grasses Bd. 11, S. 5134. 1919; Ch. Umschau Bd. 26, S. 229. 1919.

Eiweißstoffe (häufig bei Abfallfetten, schlechten Tranen und Fischölen, aber auch in Pflanzenölen vorkommend) werden im entfetteten Rückstand durch Bestimmung des Stickstoffgehaltes nach KJELDAHL (gegebenenfalls nach Abziehen des Ammoniakstickstoffes) und Umrechnung mittels des Proteinfaktors (s. S. 318) ermittelt.

Asche. (Alkali, Alkalicarbonate, Kochsalz, Sulfat, Kalk, Kreide, Ton u. a. m.) Der Aschengehalt soll nicht über $1/_2$—1% betragen; Abfallfette enthalten mitunter mehr als das Zehnfache dieser Menge.

Konventionsmethode des Verbandes der Seifenfabrikanten Deutschlands[1]): Etwa 5 g Substanz werden im Tiegel oder in der Platinschale vorsichtig erhitzt, bis sich die Dämpfe entzünden und die Oberfläche ohne Wärmezufuhr weiter brennt. Nach dem Erlöschen erhitzt man bis zur Verkohlung und glüht schließlich den Rückstand. Dieses Veraschen hat die Nachteile, daß bei lebhafter Verbrennung leicht Aschenteilchen fortgerissen werden, daß wasserhaltige Öle leicht überschäumen und daß flüchtige Salze der Alkalien überhaupt verloren gehen können. Die beiden ersten Fehler vermeidet man durch Verwendung eines Dochtes[2]). Eine Scheibe aschenfreies Filtrierpapier von 9 cm Durchmesser wird zusammengerollt, in einer Platindrahtschlinge befestigt und in das geschmolzene Fett gesenkt. Nachdem der Docht vollgesogen, wird er angezündet. Das Fett brennt langsam aber ruhig und fast vollständig ab. Der kleine Rückstand wird direkt erhitzt und weißgebrannt.

Bei Gegenwart flüchtiger Alkalisalze, die sich durch Sintern der Asche anzeigt, wird die Substanz zunächst nur verkohlt (will man besonders vorsichtig sein, in der Muffel), dann mit heißem Wasser ausgelaugt, der wässerige Auszug wird filtriert, Filter und kohliger Rückstand zusammen getrocknet und geglüht. Nun gibt man die filtrierte Lösung der Alkalisalze in die Schale zurück, dampft zur Trockene ein, glüht ganz kurze Zeit und wägt nach dem Erkalten[3]). Das vorgeschriebene Befeuchten der Asche vor dem Glühen mit Ammoniumcarbonat ist nach MARCUSSON nicht nur überflüssig, sondern oft sogar schädlich[4]). Zu beachten ist, daß die in den Fetten enthaltenen Metalloxyde nicht als solche, sondern als Carbonate in der Asche bleiben, so daß deren Menge um das Gewicht des Kohlendioxyds vermehrt wird. Das Kohlendioxyd kann durch Glühen der Asche mit Ammoniumnitrat ausgetrieben oder es kann direkt bestimmt und seine Menge von der Auswage abgezogen werden.

Bei der Zusammenstellung der Analysenwerte ist zu vermeiden, daß die Asche oder ein Teil der Asche doppelt gezählt wird: einmal als Bestandteil der Trübstoffe, dann in der Gesamtasche. Andererseits darf man nicht annehmen, daß die Trübstoffe und unlöslichen Seifen die gesamte Asche enthalten müssen, das Fett kann ja auch Asche (Basen von Schwermetallseifen) gelöst enthalten.

Auf einzelne Basen wie Kalk, ganz besonders auf Eisen und Kupfer, prüft man im Glührückstand nach den Regeln der Mineralanalyse, auf freie Alkalien und Ammoniak muß dagegen selbstverständlich direkt im Fett geprüft werden.

Freies Alkali kann in seifenhaltigen Fetten vorkommen, es wird in einem absolutalkoholischen Auszug des Fettes oder in alkoholisch-ätherischer Lösung durch Phenolphthalein nachgewiesen bzw. durch Titrieren mit Salzsäure quanti-

---

[1]) Einheitsmethoden S. 19. Berlin 1910.

[2]) Delecoeullerie, siehe JEAN: Rev. int. Falsif. Bd. 11, S. 126. 1898.

[3]) Vereinbarungen zur einheitlichen Untersuchung und Beurteilung von Nahrungs- und Genußmitteln für das Deutsche Reich.

[4]) UBBELOHDE und GOLDSCHMIDT: Handbuch der Chemie und Technologie der Öle und Fette Bd. I, S. 194. Leipzig 1908.

tativ bestimmt. (Die Rötung eines wässerigen oder wässerig-alkoholischen Auszuges durch Phenolphthalein ist nicht beweiskräftig, sie kann auch schon von abdissoziiertem Seifenalkali herrühren.) Lackmus ist als Indicator unverwendbar.

Ammoniak findet sich mitunter in Abfallfetten. Sehr minderwertige Öle und Trane, z. B. aus Fischen (Abfällen der Konservenerzeugung), deren Eiweißstoffe sich vor der Entfettung schon zu zersetzen begannen, können beträchtlich viel Ammoniak enthalten. Man isoliert durch Ausschütteln mit verdünnter Säure und bestimmt es wie üblich durch Abdestillieren aus der alkalisch gemachten Lösung.

Freie Mineralsäuren schüttelt man gewöhnlich mit warmem Wasser aus oder man turbiniert mit siedendem Wasser. Im Wasser prüft man mittels der üblichen Einzelreaktionen auf die Säuren, nicht nur mit Methylorange, weil dieses auch wasserlösliche Fettsäuren anzeigt. Bei technischen Fetten kommt in erster Linie Schwefelsäure in Betracht. Sehr kleine Mengen werden selbst von siedendem Wasser nicht aus dem Fett gelöst, wohl aber bei Zusatz einer Spur Salzsäure. Quantitative Bestimmung: Titrimetrisch oder als $BaSO_4$ bzw. AgCl.

Alkaliseifen. Ein Gehalt an Alkaliseifen wird meistens schon daran erkannt, daß das Fett mit Wasser eine weiße Emulsion bildet, die auf Zusatz von Mineralsäure wieder verschwindet. Seifenhaltige Fette lösen sich gewöhnlich auch nicht klar in Fettlösungsmitteln. Abfallfette können aber bis zu 10% enthalten und trotzdem in Äther, Petroläther und in alkoholhaltigem Benzol klar löslich sein. Zum qualitativen Nachweis verascht man eine solche Lösung: ein Aschenrückstand kann nur von Seife, nicht von rein-anorganischen Substanzen herrühren; oder aber, man behandelt 2—3 g Substanz mit 15—20 ccm Aceton: noch 1% Alkaliseife verursacht eine deutliche Trübung der Fettlösung. (Die Fällung kann auch freie Fettsäuren enthalten[1]).

Quantitative Bestimmung.

a) Durch direkte Titration: Seife bzw. das Alkali der Seife kann bei Gegenwart von Methylorange direkt mit Mineralsäure titriert werden. Man löst das Fett in Benzin, setzt zur Lösung heißes Wasser und den Indicator und titriert unter Erwärmen und Umschütteln auf rot. Aus dem Säureverbrauch läßt sich bei Kenntnis des mittleren Molekulargewichtes der Seifen deren Menge berechnen. Das mittlere Molekulargewicht der Seifen ergibt sich aus dem der Fettsäuren und dem Atomgewicht des Alkalimetalls.

b) Durch indirekte Titration[2]): Man bestimmt zuerst den etwaigen Gehalt an freier Säure in der ursprünglichen Probe (die Säurezahl). Dann wird das Fett in ätherischer Lösung mit Salzsäure behandelt, wodurch die Fettsäuren aus der vorhandenen Seife in Freiheit gesetzt werden. Nachdem die Mineralsäure sorgfältigst ausgewaschen ist, wird vom zurückbleibenden Öl abermals der Gehalt an freien Fettsäuren, der nunmehr um die Menge der Seifenfettsäuren erhöht ist, bestimmt. Aus der Differenz ergibt sich die Menge der Seifen.

Kalkseifen. Die Bestimmung der Kalkseifen, die besonders bei Knochenfetten wichtig ist, muß schon bei der Abscheidung des Fettes berücksichtigt werden. Sind die Fette trocken, so gehen selbst bei der Extraktion mit Äther (besonders bei Leinöl und Klauenöl) und Aceton (besonders bei Ricinusöl) beträchtliche Mengen Kalkseife mit dem Neutralfett in Lösung, noch mehr beim Extrahieren mit Schwefelkohlenstoff oder Petroläther [s. a. Bestimmung des Gesamtfettes, S. 328, Fußnote 2]. Man wird in solchen Fällen sowohl den Extrakt als auch den unlöslichen Rückstand auf Kalkseifen prüfen.

---

[1]) Stiepel: Sfsz. Bd. 40, S. 199, 551. 1913.

[2]) Holde: Untersuchung usw. 5. Aufl. S. 283.

Qualitativ: Die Anwesenheit größerer Mengen Kalkseife erkennt man meistens schon an der Konsistenz des Fettes, es ist dann zähe, fadenziehend.

Quantitativ: Man verfährt wie bei Bestimmung von Alkaliseifen oder nach der Konventionsmethode[1]): Die Bestimmung wird im Anschluß an die der unlöslichen Trübstoffe (die Schmutzbestimmung) ausgeführt. Der in Petroläther unlösliche Rückstand wird in diesem Falle selbstverständlich nicht mit Elain ausgewaschen, er wird vom Filter gespült, mit ein wenig Salzsäure zerlegt, dann wird ausgeäthert, die nach Abdestillieren des Äthers verbleibende Fettsäure gewogen und auf Kalkseife umgerechnet; 14 Teile Fettsäure von gewöhnlichen Kernfetten entsprechen ungefähr 15 Teilen Kalkseife. Zur genaueren Umrechnung auf Kalkseife titriert man die ausgewogene Fettsäure, berechnet aus dem Alkaliverbrauch die äquivalente Menge Calcium und schlägt sie zum Fettsäuregewicht:

Z. B. Ausgewogen . . . . a g Fettsäure.
Zur Neutralisation derselben verbraucht . . . . b ccm $^{n}/_{1}$-Lauge
Kalkseifenmenge $= (a + 0{,}01902\, b)$ g.

Man könnte die Bestimmung der Kalkseife auch in der Weise mit der Schmutzbestimmung kombinieren, daß der petrolätherunlösliche Rückstand vor und nach dem Behandeln mit Elain gewogen wird. Die Differenz der Gewichte ergäbe die Menge der Kalkseife.

Gesamtfett (Ätherextrakt oder Reinfett).

Das Gesamtfett wird vielfach bloß durch Abziehen des Prozentgehaltes an Nichtfett von Hundert berechnet. Diese indirekte Bestimmung genügt bei nicht sehr stark verunreinigten Fetten; es darf aber nicht (wie da und dort vorgeschrieben wird) Wasser, Schmutz und die gesamte Asche abgezogen werden, weil sonst die im Schmutz enthaltene Aschenmenge doppelt gezählt wird. Man ziehe bloß Wasser, Schmutz und die etwa im Ätherextrakt enthaltene Aschenmenge ab. Zuverlässiger ist die direkte Bestimmung.

Bei guten, seifenfreien Fetten ist der Äther- oder Petrolätherextrakt praktisch reines Fett. Man kann seine Bestimmung mit jener der Trübstoffe verbinden, indem man einfach die bei der Trübstoff- oder Schmutzbestimmung anfallende ätherische oder petrolätherische Fettlösung nach Filtrieren über wasserfreiem Natriumsulfat einengt, den Rückstand trocknet und wägt. Das Trocknen ist wie bei der Wasserbestimmung mit aller Vorsicht vorzunehmen; bei Gegenwart von flüchtigen Säuren oder von Glyceriden derselben bei niedrigerer Temperatur im Vakuum, bei Gegenwart trocknender Säuren in Kohlendioxyd- oder Wasserstoffatmosphäre. (Über die Schnellmethode zur Bestimmung des Gesamtfettes s. S. 71f.)

Bei Fetten, die viel Schleimstoffe, Asche, mehlartige Beimengungen oder dgl. enthalten, verfährt man besser wie bei der Abscheidung von Fett aus fetthaltigen Stoffen, indem man einige Gramme Substanz mit niedriger siedendem Petroläther, Äther oder in den oben erwähnten Ausnahmefällen mit Tetrachlorkohlenstoff oder dgl. im Soxhlet- oder Graefe-Apparat extrahiert; s. S. 74. Enthält das Fett gar keine festen Beimengungen, so empfiehlt es sich, vor der Extraktion feste Substanz zur besseren Verteilung zuzumischen. Früher verwendete man dazu feingemahlenen Gips. Besser ist Sulfitzellstoff; man verfährt bei Verwendung desselben folgendermaßen[2]).

3 g extrahierter Sulfitzellstoff werden zur Gewichtskonstanz getrocknet und gewogen. Dann mischt man 5 g Fett zu und trocknet $1^{1}/_{2}$ Stunden. Die

---

[1]) Einheitsmethoden S. 20.

[2]) GANTHER: Z. anal. Ch. Bd. 26, S. 677. 1887.

Gewichtsabnahme ergibt den Wassergehalt des Fettes, die darauffolgende Extraktion der getrockneten Masse im Soxhletapparat das Gesamtfett.

Seifenhaltige Fette behandelt man vorher mit verdünnter Salzsäure; sind wasserunlösliche Seifen (namentlich Kalkseifen) vorhanden, oder anorganische Stoffe, die hartnäckig Fett einschließen, so ist eine energischere Behandlung mit Säure nötig. Nach GOLDSCHMIDT[1]) werden 100 Teile Fett mit 25 Teilen Wasser und 7—10 Teilen 36 proz. Salzsäure (22° Bé) $^1/_2$ Stunde lang unter Einleiten von Wasserdampf zum Sieden der Säurelösung erhitzt, dann setzt man $^1/_2$ Teil Aluminiumsulfat zu und kocht noch 1 Stunde lang. Das Sauerwasser muß erschöpfend extrahiert werden. Man kann auch nach der Klärung mittels Salzsäure eindampfen, Sand zumischen und das Fett extrahieren[2]).

Manche Rückstandfette, wie die Gemenge von Fett und Fettsäuren aus dem Raffinationsabfall (Soapstock) von Baumwollsamenöl, minderem Olivenöl und dgl., enthalten beträchtlich viel Beimengungen, die sich in Äther, Petroläther usw., sowie in Laugen lösen, aber doch keine Fette sind; es sind vielmehr in der äußeren Beschaffenheit durchaus nicht fettähnliche, hochschmelzende Substanzen, die eine gewisse Ähnlichkeit mit Harzen und Gummen zeigen. [Ihre Abstammung ist nicht sichergestellt, vielleicht sind es Eiweißderivate, wahrscheinlich stammen sie aber wenigstens zum Teil aus dem Fett[3])].

Bei der Bestimmung des Reinfettes in solchen Abfallfetten müssen diese Nichtfette natürlich ausgeschaltet werden. Dies geschieht auf Grund ihrer Eigenschaft, sich schwerer als die im Abfallfett enthaltenen freien Fettsäuren zu verestern.

Methode von STIEPEL[3]), modifiziert:

5 g Substanz werden mit Methylalkohol im Chlorwasserstoffstrom in der Kälte (oder einfacher unter Zusatz von ein wenig Schwefelsäure durch kurzes Erhitzen) verestert; das Reaktionsprodukt wird in Wasser gegossen und mit Petroläther ausgeschüttelt. Die Petrolätherauszüge schüttelt man mit 50 ccm Kalilauge von 50° Bé aus. Die nichtveresterten Nichtfette lösen sich größtenteils in der Lauge, ein Teil, der durch die Behandlung alkaliunlöslich wurde, scheidet sich als kohlige Masse zwischen den beiden Flüssigkeitsschichten ab. Die Laugenschicht wird nach dem Ablassen noch mehrmals mit Petroläther ausgeschüttelt, die Petrolätherauszüge werden vereinigt, das Lösungsmittel wird abdestilliert und das zurückbleibende Fett gewogen[4]).

---

[1]) Z. D. Öl- u. Fettind. Bd. 41, S. 228. 1921.

[2]) Kalkseifen lösen sich, wenn viel Fett und kein Wasser zugegen ist, fast in allen Extraktionsmitteln. und zwar sind sie in Benzol und Tetrachlorkohlenstoff vollständig, in Äther reichlich und selbst in Petroläther einigermaßen löslich. (SALM und PRAGER: Ch.-Ztg. Bd. 42, S. 463. 1918.) Man könnte also auch das Fett mitsamt den Kalkseifen extrahieren, im Extrakt den Kalk bestimmen und seine Menge von der des Fettes abziehen.

[3]) STIEPEL: Sffbr. Bd. 29, S. 1185. 1909; s. a. Sfsz. Bd. 36, S. 1223. 1909; HELLER: Sffbr. Bd. 30, S. 107. 1910; KNIGGE: ebenda S. 481, 578.

[4]) Nach der ursprünglichen Vorschrift von STIEPEL verestert man mit Äthylalkohol. Das nach Abtrennung der Nichtfette verbleibende Fett ist dann ein Gemisch von Glyceriden und Äthylestern, das um einige Prozente mehr wiegt, als das ursprünglich vorhandene reine Fett. Man darf es deshalb nicht direkt auswägen, sondern muß den ganzen Rückstand verseifen, den Alkaliverbrauch auf die Rohstoffeinwage beziehen und aus der so gefundenen Verseifungszahl und der Verseifungszahl der reinen Fettsäuren den Gehalt an reinen Fettsäuren im Rohfett berechnen. Verwendet man dagegen, wie oben vorgeschlagen, Methylalkohol, so erspart man die beiden Verseifungszahlbestimmungen und die umständlichere Berechnung, denn man erhält ein Gemisch von Glyceriden und Methylestern, dessen Gewicht mit dem des ursprünglich vorhandenen Reinfettes praktisch übereinstimmt. (Z. B. Triolein = 884,83, 3 Mol. Methyloleat = 889,85; vgl. a. S. 160.)

Verseifbares Fett („Verseifbarkeit").

Für die Bewertung eines Fettes ist natürlich nur der Gehalt an verseifbaren Bestandteilen maßgebend. Das Unverseifbare ist für viele Verwendungszwecke nicht nur wertlos, sondern sogar schädlich.

Man hat die Bewertung der technischen Fette nach ihrer „Verseifbarkeit" eingeführt[1]). Der Begriff „Verseifbarkeit" ist aber durchaus nicht klar. Man kann die Verseifbarkeit zahlenmäßig sowohl auf die Fettsäuren als auch auf das Fett beziehen. Daraus ergeben sich Schwierigkeiten. Z. B. sind reine Fettsäuren selbstverständlich zu 100% verseifbar. Man bezeichnet aber auch das entsprechende reine Neutralfett als zu 100% verseifbar. Für die praktische Verwendung sind aber reine Fettsäuren und reines Neutralfett nicht gleichwertig, man erhält ja aus 100 Teilen Fettsäure mehr Seife als aus 100 Teilen Neutralfett. Die Fachgruppe für Fettchemie des Vereins deutscher Chemiker hat daher mit Fug und Recht vorgeschlagen, Begriff und Bezeichnung „Verseifbarkeit" fallen zu lassen und sie durch die Angabe des Gehaltes an Gesamtfettsäuren zu ersetzen. Der Glyceringehalt muß ohnehin besonders bestimmt werden. Für die Bewertung eines Fettes ist anzugeben, wieviel Prozent Fettsäuren und wieviel Prozent Glycerin aus demselben erhalten werden[2]).

Der Begriff „Fettsäuren" bzw. „Gesamtfettsäuren" wird sehr verschieden definiert: Manchmal werden darunter die Fettsäuren allein verstanden, manchmal die Fettsäuren samt dem Unverseifbaren[3]), dann wieder die wasserunlöslichen Säuren mit oder ohne Unverseifbarem, schließlich sogar die wasserunlöslichen Fettsäuren mit Ausschluß der oxydierten Säuren. Je nach der Art des Fettes und je nach seiner Verwendung ist zur Ermittlung des Gebrauchswertes eine oder die andere Bestimmung vorzuziehen, jedenfalls soll man aber bei der Wahl der Methode im Klaren sein, was man bestimmen will und was man mit der betreffenden Methode bestimmen kann.

1. Gesamtfettsäuren. Die Gesamtfettsäuren sind die Summe aller im Fett vorhandenen Säuren, sowohl der freien als auch der an Glycerin gebundenen gesättigten, ungesättigten und oxydierten Fettsäuren.

Die Bestimmung erfolgt in derselben Weise wie bei der systematischen Analyse eines Fettes (S. 207) in der bei Bestimmung des Unverseifbaren anfallenden Seifenlösung; sie ist nur bei annähernd reinen Fetten für die Bewertung maßgebend.

2. Hehnerzahlfettsäuren; der Definition der Hehnerzahl entsprechend, ist darunter der Gehalt des Fettes an wasserunlöslichen Säuren und Unverseifbarem zu verstehen. Die Bestimmung erfolgt nach Vorschrift S. 154; der Gehalt an Hehnerzahlfettsäuren ist für die Bewertung eines Fettes maßgebend, wenn es nur wenig Unverseifbares enthält (qualitative Proben), wenn wenig oder keine flüchtigen und oxydierten Säuren vorhanden sind, oder wenn diese bei der Verwendung bzw. Verarbeitung des Fettes nicht stören.

---

[1]) Zur Definition s. bes. Davidsohn: Sfsz. Bd. 43, S. 165. 189. 1916; Bd. 48, S. 926, 951. 1921. Zur Bestimmung stellt man nach Goldschmidt (Z. D. Öl- u. Fettind. Bd. 42, S. 233. 1922; s. a. ebenda S. 207) zunächst eine Vorprobe an: Schütteln mit der 4—5fachen Menge Wasser, dessen eine Hälfte dann mit Phenolphthalein, die andere mit Methylorange geprüft wird, und verfährt je nach der beobachteten Reaktion folgendermaßen: ist die Probe gegen Phenolphthalein alkalisch, so kocht man sie auf verdünnter Salzsäure ab, wäscht die Mineralsäure aus und bestimmt dann die Verseifungszahl, wobei man auf die ursprüngliche Einwage bezieht. Ist die Probe sauer, so wäscht man mit lauwarmem Wasser bis zur Neutralität gegen Methylorange und bestimmt dann die Verseifungszahl. Reagiert die Probe neutral, so prüft man durch Veraschen oder durch ihre Löslichkeit in Äther auf Seife; ist solche vorhanden, so verfährt man wie im ersten Fall.

[2]) Ch.-Ztg. Bd. 48, S. 86. 1924. S. a. einen entsprechenden Vorschlag von v. Nabell; Sfsz. Bd. 51, S. 139, 1924.

[3]) Z. B. geben die meisten Handbücher bei der Beschreibung der einzelnen Fette als Kennzahlen der „Fettsäuren" entweder die Kennzahlen des Gemenges von Fettsäuren und Unverseifbarem, wie es aus dem verseiften Fett durch Zerlegen mit Mineralsäure abgeschieden wird, oder sogar die Kennzahlen des Gemisches von wasserunlöslichen Säuren und Unverseifbarem.

3. Nichtoxydierte Fettsäuren sind die Gesamtfettsäuren abzüglich der oxydierten Säuren, wobei unter oxydierten Säuren nur die harzigen, linoxysäureähnlichen Autoxydationsprodukte der mehrfach ungesättigten Säuren verstanden werden. (Die in den Fetten vorgebildeten Oxysäuren und die durch planmäßige Oxydation oder Hydratation erzeugten Dioxystearinsäuren, Oxystearinsäuren und dgl. gehören nicht dazu.)

Die oxydierten Säuren, die in gewissen Abfallfetten vorkommen, sind wegen ihrer Konsistenz, ihrer dunklen Farbe, der Löslichkeit ihrer Salze in Laugen und Salzlösungen und anderer schlechter Eigenschaften wegen minderwertig; für viele Verwendungszwecke sind sie sogar ganz unbrauchbar; die Verwendbarkeit eines Fettes für solche Zwecke bemißt man deshalb nach seinem Gehalt an nichtoxydierten, „seifensiederisch verwertbaren" Fettsäuren.

Die Bestimmung beruht auf der Abtrennung der oxydierten Säuren mittels Petroläther, ist also eine Übertragung der Methode zur Analyse oxydierter Öle von FAHRION[1]), s. S. 248. Nur die freien oxydierten Säuren sind in Petroläther unlöslich, die Glyceride und sogenannten Anhydride lösen sich; das mit Petroläther extrahierte Gesamtfett enthält deshalb die oxydierten Säuren mit Ausnahme jenes Teiles, der schon im Rohfett in freier Form enthalten ist.

Ausführungsformen: Die Methode von STIEPEL[2]) wird nach der Art der „Kuchenmethode" (S. 155) in seinem „Fettanalysator"[3]) ausgeführt. Sonst verfährt man nach STIEPEL im großen und ganzen wie bei der Bestimmung der Gesamtfettsäuren (S. 208) mit der Abänderung, daß nach Zerlegung der vom Unverseifbaren befreiten Seifenlösung durch Mineralsäure nicht mit Äther, sondern mit niedrigsiedendem Petroläther (Siedep. mindestens unter 80°, wenn möglich unter 60°) ausgeschüttelt wird, der die oxydierten Fettsäuren nicht aufnimmt[4]). Oder man behandelt die Gesamtfettsäuren in Petroläther, filtriert die Lösung von den ausgeschiedenen oxydierten Säuren, titriert das Filtrat mit $^{n}/_{1}$-Kalilauge, dampft ein, trocknet und wägt die Seife[5]) (vgl. S. 209). Hat man keinen niedrigsiedenden Petroläther, so verfährt man nach der modifizierten

Methode von GOLDSCHMIDT und WEISS[6]): Etwa 3 g ätherlösliches Gesamtfett werden mit 50 ccm etwa $^{n}/_{1}$ alkoholischer Kalilauge verseift. Enthält das Fett keine unverseifbaren Bestandteile, oder sollen dieselben nicht berücksichtigt werden, so destilliert man den Alkohol ab und löst die Seife in warmem Wasser. Im anderen Falle verdünnt man mit dem gleichen Volumen Wasser und schüttelt das Unverseifbare mit Petroläther von beliebigem Siedepunkt aus. Die Seifenlösung wird hierauf im Scheidetrichter mit Salzsäure zersetzt. Nach dem Erkalten wird erst mit 50 ccm, dann nochmals mit 25 ccm Äther ausgeschüttelt, die ätherische Lösung gewaschen und nach dem Ablassen in einen Philippsbecher der Äther abdestilliert. Der zur Gewichtskonstanz getrocknete Ätherextrakt ergibt die Summe der normalen und der oxydierten Fettsäuren. (Über das Trocknen von Fettsäuren vgl. S. 84). Die geschmolzene Fettsäure wird dann mit 50 ccm Petroläther von beliebigem Siedepunkt (bis 150°) übergossen und umgeschwenkt, wobei die normalen Fettsäuren in Lösung gehen und die oxydierten Säuren als unlösliche Flocken abgeschieden werden. Nachdem die Lösung klar geworden, filtriert man sie, wäscht die am Glas haftenden oxydierten Säuren zweimal mit je 10 ccm Petroläther nach, wodurch auch das Filter abgespült wird. Dann löst man die oxydierten Säuren in

---

[1]) Z. ang. Bd. 4, S. 540. 1891; Bd. 11, S. 781. 1898. [2]) Sffbr. Bd. 28, S. 1047. 1908.
[3]) STIEPEL: Grundzüge usw. S. 155. Augsburg 1907. [4]) Sfsz. Bd. 40, S. 585. 1913.
[5]) STIEPEL: Z. D. Öl- und Fettind. Bd. 41, S. 700. 1921.
[6]) Sffbr. Bd. 37, S. 579. 1917.

möglichst wenig Alkohol, nötigenfalls in einer Mischung gleicher Raumteile Alkohol und Chloroform, gießt die Lösung durch das bereits benützte Filter in ein gewogenes Kölbchen, wäscht nach, destilliert den Alkohol ab, trocknet mit allen Vorsichtsmaßnahmen und wägt die oxydierten Säuren. Die Differenz beider Wägungen ergibt die Menge der normalen, nicht oxydierten Fettsäuren.

Nach einem dritten Vorschlag[1]) wird das wie üblich verseifte Fett mit verdünnter Schwefelsäure versetzt, zur Bindung des Wassers und der überschüssigen Schwefelsäure trockenes Natriumsulfat — etwa das Zehnfache der Fettmenge — zugesetzt, worauf die Masse auf dem Dampfbad ein wenig nachgetrocknet und dann im Soxhletapparat 6 Stunden mit Petroläther extrahiert wird. Der Extrakt enthält die nichtoxydierten Säuren und das Unverseifbare. Durch Nachextrahieren mit Schwefeläther können auch noch die oxydierten Säuren bestimmt werden.

Unverseifbares.

Häufig genügt es, durch die qualitative Reaktion (S. 204), bei identifizierten Fetten auch durch Bestimmung der Verseifungszahl, festzustellen, daß das Fett nur die normale Menge unverseifbarer Begleitstoffe enthält. Ist nach dem Ausfall der qualitativen Reaktionen eine quantitative Bestimmung nötig, so verfährt man im allgemeinen nach SCHICHT und HALPERN (S. 204). In zweifelhaften Fällen, wenn in Petroläther unlösliche, unverseifbare Stoffe vorhanden sein könnten (wie bei einigen Abfallfetten), schüttelt man das verseifte Fett mit Äther aus, muß dann aber die Menge der vom Äther aufgenommenen Seife nach Vorschrift (S. 326) bestimmen und vom Gewichte des Ätherextraktes abziehen. Enthält das Fett Kalkseifen, so empfiehlt es sich, dieselben vor der Bestimmung des Unverseifbaren zu entfernen.

Die meisten Fette enthalten nicht mehr als höchstens 1,5% unverseifte Begleitstoffe. Ausnahmen bilden nur das Wollfett (richtiger Wollwachs), einige Trane, die leicht durch ihre spezifischen Reaktionen erkannt werden und verschiedene Abfallfette, wie z. B. das Extraktöl aus den Wasch- und Walkwässern der Textilfabriken, die sog. Graxe aus den Abfällen der Fischkonservenerzeugung u. a. m. Ein größerer Gehalt an Unverseifbarem in anderen Fetten deutet auf Mineralöl; Harzöl und Teeröl finden sich seltener. Man prüft darauf durch die S. 275ff. angegebenen Reaktionen. Ein kleinerer Mineralölgehalt von einigen wenigen Prozenten, der in Knochenfett, Pflanzenölen und anderen durch Extraktion abgeschiedenen Fetten gefunden wird, muß keine absichtliche Verfälschung sein; er ist oft nur ein schwerer flüchtiger Rest von Extraktionsbenzin.

Untersuchung des Gesamtfettes.

Für diese Untersuchung verwendet man das von Asche und Trübstoffen befreite, getrocknete Gesamtfett; beigemengte Seifen werden nicht entfernt, sondern durch Behandeln des Rohfettes mit Säure zerlegt, so daß die Fettsäuren der Seifen beim Gesamtfett verbleiben. Verschiedene Bestimmungen können statt mit dem Gesamtfett ebensogut oder besser mit den Gesamtfettsäuren ausgeführt werden. Bei der Vielfältigkeit der Materialien und der Verwendungszwecke lassen sich keine allgemein gültigen Vorschriften für die Untersuchung aufstellen, man wendet fallweise die einen oder die anderen Methoden an, wie sie sich aus der Art des Fettes und aus seiner Verwendung bzw. aus seinen Verwendungsmöglichkeiten als nötig ergeben. Am häufigsten sind die folgenden Bestimmungen auszuführen:

---

[1]) THIEME: Sfsz. Bd. 43, S. 897. 1916.

1. Die Bestimmung des Erstarrungspunktes nach S. 112. Man prüft zweckmäßig nicht das Fett, sondern die Gesamtfettsäuren oder die Hehnerzahlfettsäuren. Ausführlicheres s. bei technischen Fettsäuren.

2. Die Bestimmung des Lichtbrechungsvermögens.

3. Die Bestimmung der Gehalte an Neutralfett und freien Fettsäuren. Man berechnet sie aus der Esterzahl des Gesamtfettes oder aus den Säurezahlen des Gesamtfettes und der Gesamtfettsäuren (S. 203). Häufig wird der Gehalt an freier Fettsäure auch nur aus der Säurezahl allein berechnet oder — richtiger ausgedrückt — geschätzt, indem man annimmt, daß der Prozentgehalt an freier Säure ungefähr der halben Säurezahl gleich ist. Liegt die Verseifungszahl des Fettes nahe bei 200, so stimmt die Schätzung genügend. Betreffs der Umrechnung der Säurezahl auf Säuregrade oder auf Prozente freie Ölsäure s. S. 144. Ein Fett ist im allgemeinen um so wertvoller, je weniger freie Fettsäure es enthält. Bei der Kalkulation ist aber auch der höhere Gehalt saurer Fette an wasserunlöslichen Säuren in Betracht zu ziehen[1]).

4. Die Bestimmung des Glyceringehaltes. Praktisch kommt nur das gebundene Glycerin in Betracht; etwa vorhandenes freies Glycerin wird gewöhnlich überhaupt nicht bestimmt. Man berechnet den Prozentgehalt an Glycerin durch Multiplizieren der Esterzahl des Fettes mit 0,0547 (Ableitung s. S. 210). Bei sehr unreinen, stark sauren Abfallfetten und oxydierten Fetten ist aber die Berechnung aus der Esterzahl ganz unzuverlässig, in solchem Material bestimmt man das Glycerin nach der Bichromatmethode (S. 215) oder — wenn zu befürchten ist, daß sich die oxydierbaren Verunreinigungen nicht völlig entfernen lassen — nach der Acetin- oder Jodidmethode (S. 211).

5. Zusammensetzung der Fettsäuren. Vor allem ist die Ermittlung des Verhältnisses von gesättigten und ungesättigten bzw. festen und flüssigen Fettsäuren wichtig. Bei Fetten wie Talg, Knochenfett und dgl., die keine andere ungesättigte Säure als Ölsäure enthalten, bestimmt man einfach die Jodzahl und berechnet aus derselben durch Multiplizieren mit 0,9 den Ölsäuregehalt. Sind andere ungesättigte Säuren vorhanden, so muß man allenfalls feste und flüssige Säuren nach S. 220 trennen und die innere Jodzahl bestimmen, die Hexabromid- und Oktobromidzahl ermitteln usw. Bei festen talgartigen Fetten gibt übrigens der Erstarrungspunkt zumeist schon Aufschluß über das Mengenverhältnis von festen und flüssigen Säuren; auch das Brechungsvermögen und die Löslichkeit in 60proz. Alkohol geben Anhaltspunkte[2]).

Die Prüfung von Fetten für die Seifenerzeugung ist mehr oder weniger eingehend, je nachdem nur die allgemeine Brauchbarkeit eines Fettes oder seine spezielle Eignung als Rohstoff für eine bestimmte Seifengattung festzustellen ist. Die allgemeine Brauchbarkeit ist gegeben, wenn das Fett in Farbe und Geruch genügt und nicht zu viel Unverseifbares enthält (Bestimmung des verseifbaren Gesamtfettes). Die spezielle Eignung eines Fettes für eine bestimmte Seifengattung hängt ab vom mittleren Molekulargewicht, also von der Verseifungszahl, ferner vom Gehalt an Oxysäuren, an oxydierten Säuren, sowie an mehrfach ungesättigten Säuren.

Fette mit Verseifungszahlen von etwa 190—220, entsprechend mittleren Molekulargewichten der Fettsäuren von etwa 300—250, wie Talg, Palmöl usw., werden als Kernfette bezeichnet; Fette mit Verseifungszahlen um 250, einem mittleren Molekulargewicht von etwa 230 entsprechend, bezeichnet man, sofern die hohe Verseifungszahl nicht durch einen beträchtlichen Gehalt an wasser-

[1]) Eisenstein u. Rosauer: Ch. Revue Bd. 16, S. 28, 45. 1909.
[2]) Davidsohn: Sffbr. Bd. 35, S. 321. 1915.

löslichen Säuren bedingt wird, als Leimfette (Öle der Cocosgruppe). Erstere eignen sich zur Erzeugung von Kernseifen, letztere für Kern- und Leimseifen. Liegt die Verseifungszahl eines Fettes wesentlich unter 180, so ist es für die Seifenerzeugung minderwertig oder ganz ungeeignet.

Ein größerer Gehalt an mehrfach ungesättigten Säuren ist insofern von Belang, als solche Fette nur zur Schmierseifenerzeugung geeignet sind (es ist aber nicht richtig, daß umgekehrt nur solche Fette, also besonders die trocknenden Öle, zur Schmierseifenerzeugung brauchbar wären).

Von Oxysäuren enthaltenden Fetten kommt praktisch nur Ricinusöl in Betracht. Es ist nur in beschränkter Menge als Zusatz für Schmierseifen und transparente Seifen brauchbar. Noch weniger eignen sich die oxydierten Fettsäuren; sie sind besonders zum Sieden von Kernseifen ganz unbrauchbar, weil ihre Natronsalze in Kochsalzlösungen verhältnismäßig leicht löslich sind und beim Aussalzen des Kerns in die Unterlauge gehen. Für die Bewertung eines Fettes als Rohstoff zur Erzeugung von Kernseifen ist daher, abgesehen von den allgemeinen Anforderungen, sein Gehalt an nichtoxydierten Säuren maßgebend, der nach einer der oben angegebenen Methoden bestimmt wird[1]).

Speisefette und Speiseöle[2]).

Die für uns wichtigsten Nahrungsfette sind Butter bzw. Butterfett, Schweineschmalz, Margarine, feste Pflanzenfette, besonders solche der Cocosölgruppe, und die sog. Kunstspeisefette. Als Speiseöle dienen vor allem Olivenöl, Erdnuß-, Sesamöl und andere Öle dieser Gruppe. Die Untersuchungsmethoden teilt man zweckmäßig ein in solche, die bei allen zur Ernährung bestimmten Fetten im wesentlichen gleich sind, wie die Prüfung auf Genußfähigkeit oder etwaige Verdorbenheit, auf Konservierungsmittel u. a. m. und in die Methoden zur Identifizierung der einzelnen Fette und zur Prüfung, ob sie den Begriffsbestimmungen und den speziellen gesetzlichen Anforderungen entsprechen[3]).

Vor allem sind die folgenden „Verbote zum Schutze der Gesundheit" zu beachten: Für Genußzwecke dürfen nicht in den Verkehr gebracht werden:

Butter aus der Milch kranker Tiere;

Margarine, zu deren Herstellung Milch kranker Tiere verwendet wurde;

Fett von gefallenen Tieren oder bei der Fleischbeschau als untauglich erkannten Teilen geschlachteter Tiere;

alle Fette und Öle, deren Unschädlichkeit für den Menschen nicht feststeht.

Fette, denen unzulässige Konservierungsmittel zugesetzt worden sind (sowie solche, die merkliche Mengen von Schwermetallsalzen enthalten).

Es sind einige wenige Fette bekannt, die an sich, auch im nichtverdorbenen Zustande gesundheitsschädlich oder sogar ausgesprochen giftig sind, wie die Hydnocarpusfette insbesondere das Cardamomenfett, das Öl der roten Hollunderbeeren.

---

[1]) Über ein praktisches Verfahren zur Bestimmung des Gehaltes an Kernseife bildenden Fettsäuren s. Stiepel: Sffbr. Bd. 36, S. 565. 1916.

[2]) Vgl. Grün, Abschnitt Speisefette in chem.-techn. Untersuchungsmethoden, 7. Aufl. Bd. 3, S. 620 ff.

[3]) Der Handelsverkehr mit Speisefetten und Speiseölen ist fast in allen Staaten durch Gesetze oder Verordnungen geregelt. Demgemäß bestehen auch mehr oder weniger bindende Vorschriften für die Untersuchung sowie Richtlinien für die Beurteilung der Fette. Von diesen sind hier vor allen berücksichtigt: die deutschen „Entwürfe zu Festsetzungen über Lebensmittel", herausgegeben vom K. Gesundheitsamt, Berlin 1912; der „Codex alimentarius Austriacus", Wien 1917, und die Sammlung „Schweizerisches Lebensmittelbuch", 3. Aufl. Bern 1915.

Infolgedessen muß jedes Fett, das erstmalig zu Genußzwecken verwendet werden soll, vorher physiologisch, durch Tierversuche, geprüft werden, selbst wenn es sich um ein bereits bekanntes Fett handelt.

Ferner dürfen irgendwie verfälschte Fette nicht in den Verkehr gebracht werden, und schließlich darf die Ware nicht unrichtig oder irreführend bezeichnet werden.

Als Verfälschungen gelten Zusätze von Mineralölen, Wachs, Mehl, Stärkekleister, Kreide, Ton oder ähnlichen Füllstoffen, kohlensauren Alkalien und Erdalkalien u. a. m. Auch eine Überschreitung des zulässigen Wasser- und Kochsalzgehaltes gilt als Verfälschung.

1. Allgemeine Methoden zur Untersuchung von Speisefetten.

Probeentnahme.

Von festen Fetten entnimmt man an verschiedenen Stellen des Vorrates, Oberfläche, Boden und Mitte, mittels eines Stechbohrers (Butterstechers) aus Stahl Probestücke im Gesamtgewichte von etwa 250 g, die dann zusammengeknetet werden. Halbfeste Fette sind schon vor der Probeentnahme gründlich durchzumischen; läßt sich keine genügende Durchmischung erzielen, so muß man den ganzen Inhalt des Gebindes durch Stehen in einem warmen Raum aufschmelzen lassen und hierauf wie von anderen Flüssigkeiten Probe nehmen. Wenn sich die einzelnen Probestücke nicht leicht zusammenkneten lassen, so schmilzt man sie vorsichtig in einer Porzellanschale auf dem Wasserbad, läßt unter Umrühren abkühlen und gießt noch vor dem Erstarren in das Aufbewahrungsgefäß. Solche Stücke, die charakteristische Entmischungen, an einzelnen Stellen Verfärbungen, Pilzvegetationen u. dgl. zeigen, dürfen jedoch nicht zusammengeknetet oder geschmolzen werden, sondern sind in unverändertem Zustand zu verpacken. Von geformter Butter und Margarine sind Proben aus zwei oder drei Einzelstücken oder -packungen zu entnehmen, allenfalls nimmt man auch zwei oder drei ganze Stücke. Man bewahrt und versendet die Muster in sorgfältig gereinigten breithalsigen Behältern aus Porzellan, Steingut, dunklem Glas oder in verzinnten Blechdosen, die möglichst vollständig gefüllt und luft- und lichtdicht verschlossen werden.

Sinnenprüfung.

Man entnimmt die Kostprobe mit einem Spatel oder Löffel aus Horn, Holz oder Silber, keinesfalls mit einer Messerklinge. Die Probe soll eine Temperatur von 12—18° haben.

Vor allem prüft man, ob das Fett wohlschmeckend ist oder ranzig, kratzend, bitter oder sonstwie unangenehm oder fremdartig schmeckt.

Der Geruch tritt bei in Stücken verpackter Ware am deutlichsten beim Zurückschlagen der enganliegenden Umhüllung hervor, sonst an einer frischen Schnittfläche. Er darf nicht ranzig, sauer, schimmelig, faulig, dumpfig oder auch nur talgig oder ölig sein. Etwa zugesetzte künstliche Riechstoffe werden sicherer erkannt, wenn man das Fett erst zwischen den Handflächen verreibt. Die mit Wasserdämpfen flüchtigen Riechstoffe treibt man gegebenenfalls durch vorsichtiges Destillieren mit Wasserdampf ab.

Die Färbung darf nicht fremdartig oder ungleichmäßig sein.

Bei der Konsistenzprüfung stellt man fest, ob das Fett weich, plastisch, streichbar, hart, körnig oder glatt, der Butter, dem Butterschmalz oder dem Schweineschmalz ähnlich ist. Man beurteilt das Gefüge wie auch die Farbe und den Glanz außen und auf einer frischen Schnittfläche. In Butter macht man mit dem Messer Eindrücke und beobachtet, ob sich klare Wasser- oder trübe Buttermilchtröpfchen zeigen. Schließlich prüft man, ob beim gelinden Erwärmen eine klare oder trübe Schmelze entsteht, ob sie beim stärkeren Erwärmen spratzt und, wenn erforderlich, schäumt und sich bräunt. In zweifelhaften Fällen nimmt man einen Koch-, Brat- oder Backversuch vor.

Mit irgendwie bedenklichen Proben stellt man die Reaktion auf Verdorbenheit an und prüft allenfalls mikroskopisch auf Schimmelpilze, Bakterien und Hefen[1]).

Prüfung auf Verdorbenheit (Ranzigkeit).

Fast alle Fette erleiden beim bloßen Lagern früher oder später Veränderungen, die ihren Geschmack und ihren Geruch beeinträchtigen und sie schließlich praktisch ungenießbar machen (obwohl in den meisten Fällen nur ein geringer Teil der Fettsubstanz angegriffen wird). Die schädlichen Veränderungen oder teilweisen Zerstörungen der Fettsubstanz werden durch Licht, Luftsauerstoff und Feuchtigkeit, auch durch Berührung mit Metallen usw., namentlich aber durch die Tätigkeit von Mikroben hervorgerufen bzw. befördert. Inwieweit jede dieser Ursachen für sich allein wirken kann oder mehrere zusammenwirken müssen, ist nicht klargestellt. Nach älteren Beobachtungen zeigen Fette nach andauernder Belichtung auch bei Abschluß von Luft und Feuchtigkeit typisch ranzigen Geruch und kratzenden Geschmack[2]). Neuerdings wird aber angegeben, daß Fett bei vollständigem Luftabschluß, trotz Licht- und Wärmeeinwirkung, selbst bei Gegenwart von Metallen, nicht ranzig wird[3]); auch stimmen verschiedene Beobachtungen darin überein, daß das Ranzigwerden auf einer Oxydation beruht, wobei jedoch nach den einen die Oxydation proportional der Lichtstärke verläuft[4]), während sie nach anderen auch im Dunkeln vor sich geht[5]). Andererseits unterliegt es keinem Zweifel, daß gewisse Ranzigkeitserscheinungen nur durch Mikroben (und zwar durchwegs Aerobier) hervorgerufen werden, die „eigentliche Ranzigkeit", die Geruch und Geschmack am ungünstigsten beeinflußt, hauptsächlich durch Schimmelpilze, Bakterien und Hefen, wie Penicillium glaucum, Cladosporium butyri und verwandte Arten[6]), besonders auch Cl. herbarium[7]), durch Aspergillusarten, Oidium lactis, Bact. fluorescens, Bact. prodigiosum u. a. m.; die sog. Parfumranzigkeit des Cocosöls, die Neubildung der den charakteristischen Geruch des Rohöls bedingenden Methylketone, soll wiederum durch ein spezifisches Enzym bewirkt werden, das die Hefe mit der Lipase absondere[8]). (Vielleicht handelt es sich um eine Carboligase.) — Die Widersprüche in den Angaben über die Ursachen des Ranzigwerdens sind wenigstens zum Teil darauf zurückzuführen, daß der Begriff überhaupt nicht definiert ist. Die einen verstehen darunter anscheinend nur bestimmte, aber auch nicht gut definierte Änderungen jener Eigenschaften, die bei den durch Mikroben infizierten Fetten beobachtet werden, und nennen den dadurch hervorgerufenen Zustand die eigentliche Ranzigkeit (vgl. oben), andere nennen auch die infolge einer teilweisen Oxydation, vielleicht auch infolge intramolekularer Lichtreaktionen, im Geruch und namentlich im Geschmack verschlechterten Fette ranzig[9]). Selbstverständlich werden die verschiedenen Ursachen, auch wenn jede für sich allein das Ranzigwerden bewirken kann, häufig zusammenwirken.

Was die chemischen Veränderungen der Fette beim Ranzigwerden anbelangt, so spielt die Spaltung dabei wahrscheinlich nur eine untergeordnete Rolle, wenn sie auch häufig dem eigentlichen Ranzigwerden vorangeht. Viel wichtiger sind jedenfalls die Umwandlungen der ungesättigten Säuren, Bildung von Oxydations- und Spaltungsprodukten, doch scheint auch die Oxydation des Glycerinrestes von Belang. Bei Butter und Margarine, die infolge

---

[1]) Über die bakteriologische Untersuchung, namentlich von Butter, siehe auch Codex a. A., Bd. III, S. 124.

[2]) Wagner, Walker und Ostermann: Z. Nahrgsm. Bd. 25, S. 704. 1913.

[3]) Emery und Henley: Eng. Bd. 14, S. 937. 1922; Kerr: Cotton Oil Press Bd. 5, S. 45. 1924.

[4]) Salkowski: Z. Nahrgsm. Bd. 34, S. 305. 1917.

[5]) Canzoneri und Bianchini: Ann. di Chim. appl. Bd. 1, S. 24. 1914.

[6]) Jacobson: Folia Microbiologica 5. Teil.

[7]) Boekhout und de Vries: Centralbl. f. Bakt. u. Parasitenk. 2. Abt. Bd. 52, S. 39. 1920.

[8]) Stokoe: J. Soc. Ch. Ind. Bd. 40, S. 75. 1921.

[9]) Nach dem Codex A. A. ist zwischen Talgigwerden und Ranzigwerden zu unterscheiden. Ersteres bestehe in einer Oxydation der Fettsäuren, die sich unter dem Einfluß des Lichtes und der Luft vollzieht, das Ranzigwerden sei dagegen auf die Tätigkeit von Mikroben unter gleichzeitiger Einwirkung der Luft zurückzuführen.

ihres Gehaltes an Casein und Milchzucker noch bessere Nährböden für Mikroben sind als die anderen Speisefette, kommt natürlich hinzu, daß sich auch Zersetzungs- und Oxydationsprodukte dieser Begleitstoffe bilden. Die so entstehenden Verbindungen zeigen zum Teil stark ausgeprägten scharfen Geruch und Geschmack, den wir eben als ranzig bezeichnen. Neben der Neubildung von Riechstoffen, durch welche der Wohlgeruch natürlicher Aromastoffe, z. B. solcher der Butter, verdeckt wird, kann aber auch die Entfernung resp. Zerstörung dieser wohlriechenden Fettbestandteile eine Art Ranzigkeit hervorrufen. Wenigstens wurde gefunden, daß Butterfett auch beim vorsichtigen Destillieren im Vakuum des Kathodenlichts sein Aroma verliert und dann dumpfen, talgigen Geruch aufweist[1]).

Die bei der Oxydation und beim Ranzigwerden der Fette entstehenden Stoffe sind vor allem Oxyfettsäuren und deren Anhydrisierungsprodukte, Carbonylverbindungen, Aldehyde und Ketone, vielleicht auch in Form der Acetale, Alkohole und insbesondere Fettsäuren von niedrigem Molekulargewicht und ihre Ester, schließlich auch anscheinend superoxydische Verbindungen. [In bezug auf die Esterbildung ist interessant, daß Buttersäure bei Belichtung in Gegenwart eines Wasserstoffacceptors, vielleicht unter intermediärer Bildung ihres Anhydrids, in den Propylester übergeht[2]).]

Bei der Oxydation und beim Ranzigwerden eines Fettes werden hauptsächlich folgende Kennzahlen verändert: das spezifische Gewicht wird erhöht; die Jodzahl sinkt ein wenig — auch nach mehrmonatigem Lagern erst um einige Einheiten; die Fähigkeit zur Elaidinierung wird vermindert, die Thermozahl wird erhöht; die Reichert-Meißl-Zahl wird erhöht. Z. B. war in einem (allerdings 30 Jahre alten) Baumwollsamenöl der Wert von 0,7 auf 10,5 gestiegen[3]); in Butterfetten wurden nach fünfjährigem Lagern Erhöhungen der R.-M.-Z. um 1—2 Einheiten gefunden. Andererseits wurde aber bei Butter auch ein Verlust an flüchtigen Säuren festgestellt, besonders bei der Aufbewahrung im offenen Gefäß, z. B. hatten sich die R.-M.-Zahlen nach fünfjähriger Lagerung um etwa 9—12 Einheiten erniedrigt[4]). Die Säurezahl ranziger Fette ist oft beträchtlich erhöht, und zwar geht in vielen Fällen das Auftreten freier Säure dem Ranzigwerden voraus. In anderen Fällen zeigt sich wiederum ausgeprägte Ranzigkeit ohne vorhergehende oder gleichzeitige Erhöhung des Gehaltes an freien Säuren. Das Ranzigwerden ist somit nicht notwendigerweise mit einer Spaltung des Fettes verbunden (es sei denn, daß die freiwerdenden Säuren sogleich wieder verestert, an neu gebildete Oxysäuren oder Alkohole gebunden werden).

Die Prüfung auf Verdorbenheit besteht, abgesehen von der selbstverständlich in erster Linie vorzunehmenden Sinnenprüfung und der etwaigen mikroskopischen Untersuchung auf Pilzvegetationen, in der Bestimmung des Säuregrades und in der Bestimmung der Ranzigkeit.

Bestimmung des Säuregrades.

Man verfährt wie bei der Bestimmung der Säurezahl, indem 5—10 g der Probe in 25—50 ccm einer neutralen Mischung von gleichen Teilen Alkohol und Äther gelöst und nach Zusatz von 1 proz. Phenolphthaleinlösung mit $^{n}/_{10}$-Alkali titriert werden. Die Menge der freien Fettsäuren wird in Säuregraden (s. S. 144) ausgedrückt.

Ein hoher Säuregrad erweckt den Verdacht, daß das Fett verdorben sein kann, ist aber für sich noch nicht beweisend. Der Säuregrad feiner Butter für Brotaufstrich ist unter 5, Butter mit höherem Säuregrad läßt sich aber noch zum Kochen verwenden. (Nach Duclaux enthält normale Butter nur 0,005 bis 0,01‰ freie Säure und Mengen von 0,02—0,03‰ bedingen schon einen schlechten Geschmack.) Die Anforderungen sind je nach Art und Qualität der Ware verschieden. Z. B. darf nach dem Schweizer. Lebensmittelbuch Tafelbutter höchstens mit 5 Säuregraden, andere Buttersorten dürfen mit 1—18 Säure-

[1]) Grün und Wirth: Unveröffentlichte Beobachtungen.
[2]) Paternò: R. Accad. Lincei (5) Bd. 24, I, S. 674. 1915.
[3]) Salkowski: a. a. O. [4]) Swaving: Z. Nahrgsm. Bd. 1, S. 759. 1898.

graden in den Handel gebracht werden; sonst soll Kochfett, wie Rindsfett oder Schweineschmalz, höchstens 5 Säuregrade, Cocosfett weniger als 2, Speiseöl höchstens 5 Säuregrade aufweisen.

Ranzigkeitsproben.

Stark ranzige Fette werden natürlich durch die bloße Sinnenprüfung als solche erkannt. Eine geringe, beginnende Ranzigkeit läßt sich aber auf diese Weise nicht mit Sicherheit feststellen, geschweige denn auch nur annähernd dem Grade nach bestimmen; für diesen Zweck dienen die folgenden Methoden:

Reaktion von KREIS[1]). 1 ccm Öl oder geschmolzenes Fett und 1 ccm Salzsäure (1,19) werden während einer Minute geschüttelt, dann mit 1 ccm kaltgesättigter benzolischer Resorcinlösung versetzt und einmal kräftig durchgeschüttelt. Talgig gewordene oder gebleichte Fette und Öle färben die Säure stark rotviolett. Bei Verwendung von 1 prom. ätherischer Phloroglucinlösung an Stelle der Resorcinlösung erhält man rosa bis leuchtendrote Färbungen. Unter den gleichen Bedingungen wie Resorcin und Phloroglucin reagieren auch andere mehrwertige Phenole, und zwar erhält man mit Pyrogallol violette, mit Oxyhydrochinon, dessen Methylenäther (Sesamol) und mit Naphthoresorcin grüne Färbungen. Zur Bestimmung der Intensität der Reaktion verdünnt man die zu untersuchende Probe soweit mit einem nicht reagierenden Öl, z. B. weißem Mineralöl, bis diese Mischung eben noch eine positive Reaktion [Rosafärbung] gibt [schwache Orange- oder Gelbfärbung gilt als negative Reaktion[2])]. Die Intensität der Reaktion soll jedoch nicht dem Grade der Ranzigkeit proportional sein, sondern dem Oxydationsgrad, andererseits wird aber angegeben, daß sie auch bei nichtoxydierten, in sauerstoffreier Atmosphäre belichteten Ölen auftreten kann[3]). Auch nach anderen Angaben soll die Reaktion nicht genügend spezifisch sein. Einerseits wurde sie bei frischen, rohen Baumwollsamenölen beobachtet, andererseits erhält man auch bei Gegenwart von ungesättigten Aldehyden wie Crotonaldehyd und aromatischen Aldehyden eine, allerdings rasch verschwindende, Rotfärbung. Die Färbungen lassen sich aber spektroskopisch unterscheiden: Die von Crotonaldehyd u. dgl. zeigen allgemein Absorption im Grün-Blau-Violett, aber keine lokalisierten Banden, die der ranzigen Fette dagegen ein deutliches schmales Absorptionsband im Gelb-Grün[4]).

Die Träger der KREISschen Probe sollen Aldehyde oder Ketone mit einer Allylgruppe sein[5]). Es ist aber zu beachten, daß man eine Rotfärbung erhält, die mit der bei der Prüfung ranziger Fette erhaltenen spektroskopisch identisch ist, wenn eine sehr verdünnte Acroleinlösung mit einem Tropfen 3 proz. Wasserstoffsuperoxyd versetzt und dann wie bei der KREISschen Probe mit gleichen Teilen Salzsäure und ätherischer Phloroglucinlösung geschüttelt wird[4]).

Bestimmung der Oxydationszahl. Beim Ranzigwerden der Fette entstehen Permanganat-reduzierende Stoffe, vor allem Aldehyde und superoxydische Verbindungen. Nachdem zuerst MAYRHOFER[6]) versuchte, die flüchtigen reduzierenden Verbindungen durch Titration mit Permanganat in alkalischer Lösung zu bestimmen, hat ISSOGLIO[7]) eine quantitative Methode ausge-

[1]) Ch.-Ztg. Bd. 26, S. 897, 1014. 1902; Bd. 28, S. 956. 1904; s. a. WIEDMANN: Z. Nahrgsm. Bd. 8, S. 136. 1904; Schweizerisches Lebensmittelbuch, 3. Aufl., S. 7.
[2]) KERR und SORBER: Eng. Bd. 15, S. 383. 1923.
[3]) HOLM und GREENBANK: Eng. Bd. 15, S. 1051. 1923; Bd. 16, S. 518. 1924.
[4]) POWICK: Eng. Bd. 15, S. 66. 1923. [5]) KOBERT: Z. anal. Ch. Bd. 46, S. 711. 1907.
[6]) Z. Nahrgsm. Bd. 1, S. 552. 1898.
[7]) Giorn. Farm. Chim. Bd. 65, S. 241, 281, 321. 1916; Bd. 66, S. 245, 273. 1917; Ann. di Chim. appl. Bd. 22, S. 117. 1917.

arbeitet, die auf der Oxydation in saurer Lösung beruht. Die Milligramme Sauerstoff, die zur Oxydation der in einem Dampfstrom aus 100 g Fett destillierenden Bestandteile nötig sind, bezeichnet man als die Oxydationszahl.

20—25 g Fett werden mit 100 ccm Wasser übergossen und mit Wasserdampf in der Weise behandelt, daß in 10 Minuten etwa 100 ccm Flüssigkeit abdestillieren. 10 ccm des gut durchgemischten Destillats werden mit 50 ccm Wasser, 10 ccm 20proz. Schwefelsäure und 50 ccm $^{n}/_{100}$-Permanganatlösung in einem Kolben mit aufgeschliffenem Kühler 5 Minuten zum Sieden erhitzt, nach dem Abkühlen mit 50 ccm $^{n}/_{100}$-Oxalsäure versetzt und mit der Permanganatlösung austitriert. Daneben wird ein blinder Versuch ausgeführt. Statt zu destillieren, kann man nach dem Vorschlag von KERR[1]) 25 g Fett mit 100 ccm Wasser 2 Stunden unter gelegentlichem Schütteln auf dem Dampfbad erhitzen, durch ein feuchtes Filter gießen, das Filtrat auf 100 ccm auffüllen und davon 10 ccm nach Vorschrift titrieren.

Ist die Zahl der verbrauchten Kubikzentimeter Permanganatlösung beim Hauptversuch N, beim Blindversuch n, das Gewicht des Fettes P, so ist die Oxydationszahl $x = \frac{(N - n)\,80}{P}$.

Die Oxydationszahlen normaler Fette liegen zwischen 3 und 10, bei ranzigen Fetten können sie bis 75 steigen. Die Methode ist vorwiegend zur Untersuchung medizinisch verwendeter Fette bestimmt, auf Öle mit einem Gehalt von Alkohol, Äther, Campher oder dgl. ist sie aber natürlich nicht anwendbar.

Nachweis der Superoxyde. Nach verschiedenen Beobachtern kann die Verdorbenheit eines Fettes durch den Nachweis der bei der Oxydation entstehenden superoxydischen Verbindungen erkannt werden. PASTROVICH[2]) prüfte mittels der Titansulfatreaktion und mittels Jodkaliumstärke, LEGLER[3]) mit ammoniakalischer Bleiacetatlösung.

Neuerlich haben VINTILESCU und POPESCU[4]) für diesen Zweck die Peroxydasenreaktion herangezogen. Die Reaktion wird im wesentlichen wie die Terpentinöl-Blutreaktion ausgeführt, doch verwendet man statt Blut besser Hämoglobin: 3 g Hämoglobinum medicinale werden mit 100 ccm Wasser in einem weithalsigen Kolben unter häufigem Umschütteln an der Luft stehengelassen, bis Lösung erfolgt ist. Die Guajaclösung wird durch Auflösen von 5 g des Harzes in 100 ccm heißem 70proz. Alkohol bereitet. 10 g flüssiges Fett, 4—5 Tropfen Blut- oder Hämoglobinlösung, 10 Tropfen frische Guajaclösung und 10 ccm Wasser werden 1 Minute lang kräftig geschüttelt. Ranzige Fette färben sich blau. Verdünnt man die Flüssigkeit nach dem Schütteln mit dem gleichen Volumen 96proz. Alkohol, so wird die Reaktion deutlicher. Freie Säure stört nicht; vorhergehendes Erhitzen auf 120° hebt die Reaktion nicht auf, dagegen Erhitzen auf 200°. Bei negativem Ausfall der Reaktion und positiver Kreisreaktion ist anzunehmen, daß ein ranzig gewesenes, raffiniertes Fett (wie „aufgefrischte Butter") vorliegt[5]).

Zur Prüfung der Fette auf Ranzigkeit wurden noch verschiedene andere, aber weniger bewährte Methoden vorgeschlagen, wie der Nachweis von Aldehyden im Wasserdampfdestillat mittels ammoniakalischer Silberlösung, fuchsinschwefliger Säure, m-Phenylendiamin (Gelbfärbung), p-Bromphenylhydrazin

---

[1]) Eng. Bd. 10, S. 471. 1918. [2]) BENEDIKT-ULZER: Analyse der Fette, 5. Aufl., S. 445.
[3]) HALPHEN: Huiles et graisses végétales comestibles, S. 29. Paris 1912.
[4]) Buletinul de Chimie Bd. 17, S. 145. 1915; C. 1916, I, S. 235; Ann. Chim. anal. Bd. 21, S. 226. 1916.
[5]) PRESCHER: Z. Nahrgsm. Bd. 36, S. 162. 1918.

(braune Fällung) usw., ferner die Bestimmung der flüchtigen Säuren und der Ester im Wasserdampfdestillat, die Vergleichung der Refraktion und anderer Kennzahlen der ursprünglichen und der mit siedendem Alkohol und mit Wasser gewaschenen Probe u. a. m.[1]).

Prüfung auf Konservierungsmittel[2]).

Einen Analysengang zur Aufsuchung der wichtigsten Konservierungsmittel hat Vollhase[3]) angegeben: 50 g Fett werden mit 100 ccm siedendem Wasser, das 1—2 Tropfen 15proz. Natronlauge enthält, und 10 g geschmolzenem Paraffin geschüttelt, in Eis abgekühlt, die wässerige Lösung abfiltriert. In $^1/_3$ der Lösung prüft man auf Formaldehyd und auf schweflige Säure, $^2/_3$ werden mit aufgeschwemmtem Aluminiumhydroxyd geschüttelt, zum Sieden erhitzt und filtriert; in 3—5 ccm des Filtrats prüft man auf Salicylsäure, der Rest wird mit Salzsäure angesäuert, mit Äther ausgeschüttelt und der Rückstand des Ätherextraktes nach Aufnehmen in 5 ccm Wasser mit 2 Tropfen 10proz. Ammoniak, mittels Eisenchlorid auf Benzoesäure geprüft. Die ausgeätherte wässerige Lösung wird mit Natronlauge versetzt und auf 15 ccm eingeengt; in 3 ccm prüft man mit Essigsäure und Chlorcalcium auf Fluorion, den Rest der Lösung nach Eindampfen und Ansäuern mit Salzsäure mit Curcuminpapier auf Borsäure. Dann versetzt man mit Silbernitrat, filtriert vom Chlorsilber und prüft die Lösung auf Chlorsäure. Auf diese Weise sollen sich noch 0,01% jedes Konservierungsmittels nachweisen lassen. Zum exakten Nachweis bzw. zur quantitativen Bestimmung der einzelnen Konservierungsmittel verfährt man genau nach den offiziellen Vorschriften[4]).

Borsäure und Borate. „50 g Fett werden in einem Kolben auf dem Wasserbade geschmolzen und mit 30 ccm Wasser von etwa 50° und 0,2 ccm Salzsäure vom spez. Gewicht 1,124 $^1/_2$ Minute lang kräftig durchgeschüttelt. Dann wird der Kolben so lange auf dem Wasserbade erwärmt, bis sich die wässerige Flüssigkeit abgeschieden hat. Die von dem Fette abfiltrierte Flüssigkeit wird nach Zusatz von Phenolphthalein mit $^n/_{10}$-Natronlauge schwach alkalisch gemacht. 5 ccm dieser Flüssigkeit werden mit 0,5 ccm Salzsäure vom spez. Gewicht 1,124 angesäuert, filtriert und mit Curcuminpapier[5]) folgendermaßen geprüft: Ein etwa 8 cm langer und 1 cm breiter Streifen geglättetes Curcuminpapier wird bis zur halben Länge mit der angesäuerten Flüssigkeit durchfeuchtet und auf einem Uhrglase von etwa 10 cm Durchmesser bei 60—70° getrocknet. Zeigt sich keine sichtbare Veränderung der ursprünglichen gelben Farbe, so enthält das Fett keine Borsäure. Ist dagegen eine rötliche oder orangerote Färbung entstanden, dann betupft man das in der Farbe veränderte Papier mit einer 2proz. Lösung von wasserfreiem Natriumcarbonat. Entsteht hierdurch ein rotbrauner Fleck, der sich in seiner Farbe nicht von dem rotbraunen Fleck unterscheidet, der durch die Natriumcarbonatlösung auf reinem Curcuminpapier erzeugt wird, oder eine rotviolette Färbung, so enthält das Fett ebenfalls keine Borsäure. Entsteht dagegen durch die Natriumcarbonatlösung ein blauer Fleck, so ist die Gegenwart von Borsäure oder Boraten nachgewiesen. Bei blauvioletten Färbungen und in Zweifelsfällen ist der Ausfall der Flammenreaktion ausschlaggebend.

Die Flammenreaktion ist in folgender Weise auszuführen: Weitere 5 ccm der alkalischen Flüssigkeit werden in einer Platinschale zur Trockne verdampft und verascht. Zur Her-

---

1) Eine Versuchsanordnung zur Bestimmung der relativen Geschwindigkeit des Ranzigwerdens verschiedener Fette haben Bailey und Ebert beschrieben. Cotton Oil Press Bd. 7, S. 35. 1923; nach Mat. grasses Bd. 16, S. 6842. 1924.

2) Im Deutschen Reich sind als Konservierungsmittel, außer Kochsalz, Benzoesäure bzw. Benzoat erlaubt, in Österreich und in der Schweiz ist die Verwendung von Konservierungsmitteln, außer Kochsalz, verboten.

3) Ch.-Ztg. Bd. 37, S. 312. 1913.

4) Im folgenden wiedergegeben nach „Entwürfe“, S. 45ff.

5) Das Curcuminpapier wird durch einmaliges Tränken von weißem Filtrierpapier mit einer Lösung von 0,1 g Curcumin in 100 ccm 90proz. Alkohol hergestellt. Das getrocknete Curcuminpapier ist in gut verschlossenen Gefäßen, vor Licht geschützt, aufzubewahren.

stellung der Asche wird der zuvor verkohlte Rückstand mit etwa 20 ccm heißem Wasser ausgelaugt. Nachdem die Kohle bei kleiner Flamme vollständig verascht worden ist, fügt man die ausgelaugte Flüssigkeit hinzu und dampft sie zunächst auf dem Wasserbade, dann bei etwa 120° zur Trockne ein. Die so erhaltene lockere Asche wird mit einem erkalteten Gemische von 5 ccm Methylalkohol und 0,5 ccm konzentrierter Schwefelsäure sorgfältig zerrieben und unter Benutzung weiterer 5 ccm Methylalkohol in einen Erlenmeyerkolben von 100 ccm Inhalt gebracht. Man läßt den verschlossenen Kolben unter mehrmaligem Umschütteln $^1/_2$ Stunde lang stehen; alsdann wird der Methylalkohol aus einem Wasserbade von 80—85° vollständig abdestilliert. Das Destillat wird in ein Gläschen von 40 ccm Inhalt und etwa 6 cm Höhe gebracht, durch dessen Stopfen 2 Glasröhren in das Innere führen, die eine bis auf den Boden des Gläschens, die andere nur bis in den Hals. Das verjüngte äußere Ende der letzteren Röhre wird mit einer durchlochten Platinspitze, die aus Platinblech hergestellt werden kann, versehen. Durch die Flüssigkeit wird hierauf ein getrockneter Wasserstoffstrom derart geleitet, daß die angezündete Flamme 2—3 cm lang ist. Ist die bei zerstreutem Tageslichte zu beobachtende Flamme grün gefärbt, so ist der Nachweis von Borsäure oder Boraten im Fett erbracht."

Noch empfindlicher soll der Nachweis mittels Mimosablütentinktur sein: in 1 ccm Lösung seien noch 0,0004 mg, beim Einengen der Flüssigkeit im Vakuum sogar noch 0,00027 mg Borsäure nachweisbar[1]), doch wird die Überlegenheit des Reagens gegenüber Curcumin angezweifelt[2]). Eine andere Verschärfung des Nachweises wurde von HALPHEN[3]), eine Schnellmethode zur Bestimmung von HAWLEY[4]) vorgeschlagen.

Fluorwasserstoff und Fluoride[5]). „30 g geschmolzenes Fett werden mit etwa der gleichen Menge Wasser in einem mit Rückflußkühler versehenen Kolben von etwa 500 ccm Inhalt vermischt. In das Gemisch wird $^1/_2$ Stunde lang Wasserdampf eingeleitet, der wässerige Auszug nach dem Erkalten filtriert und das Filtrat ohne Rücksicht auf eine etwa vorhandene Trübung mit Kalkmilch bis zur stark alkalischen Reaktion versetzt. Nach dem Absetzen und Abfiltrieren wird der Rückstand getrocknet, zerrieben, in einem Platintiegel mit etwa 3 Tropfen Wasser befeuchtet und 1 ccm konzentrierte Schwefelsäure hinzugefügt. Sofort nach dem Zusatze der Schwefelsäure wird der Platintiegel mit einem Erlenmeyerkölbchen bedeckt, das auf der Unterseite mit einer stellenweise durch Einritzen unterbrochenen Wachsschicht überzogen ist. Der Tiegel wird auf einer Asbestplatte etwa 1 Stunde lang schwach erwärmt, unter Kühlung des Kölbchens durch fließendes Wasser, und dann noch längere Zeit stehengelassen. Zeigt sich nach Ablösung der Wachsschicht das Glas an den vorher wachsfreien Stellen angeätzt, so ist der Nachweis von Fluorwasserstoff oder Fluoriden erbracht."

Schweflige Säure, Sulfite und Thiosulfate[6]). „30 g Fett und 5 ccm 25proz. Phosphorsäure werden möglichst auf dem Boden eines Erlenmeyerkölbchens von 100 ccm Inhalt gemischt und das Kölbchen sofort mit einem Korke verschlossen. In einem Spalt des Korkes ist ein Streifen Kaliumjodatstärkepapier[7]) so befestigt, daß sein unteres, etwa 1 cm lang mit Wasser befeuchtetes Ende ungefähr 1 cm über der Mitte der Fettmasse sich befindet.

Zeigt sich innerhalb 10 Minuten keine Bläuung des Streifens, so stellt man das Kölbchen bei etwas loserem Korkverschluß auf das Wasserbad. Tritt auch jetzt innerhalb von 10 Minuten keine vorübergehende oder bleibende Bläuung des Streifens ein, so läßt man das wieder fest verschlossene Kölbchen an der Luft erkalten. Während des Erwärmens und auch während des Erkaltens wird der Kolben wiederholt vorsichtig geschüttelt. Macht sich auch jetzt innerhalb $^1/_2$ Stunde keine Blaufärbung des Papierstreifens bemerkbar, dann ist das Fett als frei von schwefliger Säure zu betrachten. Tritt dagegen eine Bläuung des Papierstreifens ein, so ist der entscheidende Nachweis der schwefligen Säure durch nachstehendes Verfahren zu erbringen:

a) 50 g geschmolzenes Fett werden in einem Destillierkolben von etwa 500 ccm Inhalt mit 50 ccm Wasser vermischt. Der Kolben wird mit einem Stopfen verschlossen, durch den drei Glasröhren in das Innere führen, zwei bis auf den Boden, die dritte nur bis in den Hals. Die letztere Röhre ist durch einen Kühler mit einer Absorptionsvorlage verbunden.

Man leitet durch die eine der bis auf den Boden des Kolbens führenden Glasröhren reines (von Schwefelverbindungen freies) Kohlendioxyd, bis alle Luft aus dem Apparate

---

[1]) ROBIN: Bull. Soc. Chim. (4) Bd. 13, S. 602. 1913; C. 1913, II, S. 539.
[2]) KRZIZAN: Z. öff. Ch. Bd. 19, S. 90. 1913; C. 1913, I, S. 1714.
[3]) Ann. Falsif. Bd. 8, S. 1. 1915; C. 1915, II, S. 758.
[4]) Analyst Bd. 40, S. 150. 1915; C. 1915, I, S. 1387.
[5]) „Entwürfe", S. 47. [6]) ebenda, S. 48.
[7]) Die Lösung zur Herstellung des Jodatstärkepapiers besteht aus 0,1 g Kaliumjodat und 1 g löslicher Stärke in 100 ccm Wasser.

verdrängt ist, bringt dann in die Vorlage 50 ccm Jod-Jodkaliumlösung[1]), lüftet den Stopfen des Destillationskolbens und läßt, ohne das Einströmen des Kohlendioxyds zu unterbrechen, 10 ccm einer wässerigen 25 proz. Lösung von Phosphorsäure hinzufließen. Dann leitet man durch die dritte Glasröhre Wasserdampf ein und destilliert unter stetigem Durchleiten von Kohlendioxyd 50 ccm über. Man bringt nunmehr die Jodlösung, die noch braun gefärbt sein muß, in ein Becherglas, spült die Vorlage mit Wasser aus, setzt etwas Salzsäure zu, erhitzt kurze Zeit und prüft mit Baryumchloridlösung auf Schwefelsäure. Entsteht ein Niederschlag, so ist das Fett als mit schwefliger Säure, Sulfiten oder Thiosulfat behandelt zu betrachten. Das Baryumsulfat kann auf die übliche Weise zur Wägung gebracht werden.

Liegt ein Anlaß vor, festzustellen, ob die schweflige Säure Thiosulfaten entstammt, so ist in folgender Weise zu verfahren:

b) 50 g Fett werden mit der gleichen Menge Wasser in einem mit Rückflußkühler versehenen Kolben von etwa 500 ccm Inhalt vermischt. In das Gemisch wird $^1/_2$ Stunde lang Wasserdampf eingeleitet, der wässerige Auszug nach dem Erkalten filtriert und das Filtrat mit Salzsäure versetzt. Entsteht hierbei eine in Äther schwer lösliche Abscheidung so wird diese abfiltriert, gewaschen, in 25 ccm 5 proz. Natronlauge gelöst und mit 50 ccm gesättigtem Bromwasser bis zum Sieden erhitzt. Nunmehr wird mit Salzsäure angesäuert und filtriert. Das vollkommen klare Filtrat gibt bei Gegenwart von Thiosulfaten im Fett auf Zusatz von Baryumchloridlösung sofort eine Fällung von Baryumsulfat."

Formaldehyd[2]). „50 g Fett werden in einem Kolben mit 50 ccm Wasser und 10 ccm 25 proz. Phosphorsäure erwärmt. Nachdem das Fett geschmolzen ist, destilliert man unter Einleiten eines Wasserdampfstroms 50 ccm Flüssigkeit ab. 5 ccm des filtrierten Destillats werden mit 2 ccm frischer Milch[3]) und 7 ccm Salzsäure vom spezifischen Gewicht 1,124, die auf 100 ccm 0,2 ccm einer 10 proz. Eisenchloridlösung enthält, in einem geräumigen Reagensglase erhitzt und 1 Minute lang in lebhaftem Sieden erhalten. Die Gegenwart von Formaldehyd bewirkt Violettfärbung. Tritt eine solche nicht ein, so bedarf es einer weiteren Prüfung nicht.

Im anderen Falle wird der Rest des Destillats mit Ammoniakflüssigkeit im Überschusse versetzt und in der Weise, unter zeitweiligem Zusatz geringer Mengen Ammoniakflüssigkeit, zur Trockne verdampft, daß die Flüssigkeit immer eine alkalische Reaktion behält. Bei Gegenwart von nicht zu geringen Mengen von Formaldehyd hinterbleiben charakteristische Krystalle von Hexamethylentetramin. Der Rückstand wird in etwa 4 Tropfen Wasser gelöst, von der Lösung 1 Tropfen auf einen Objektträger gebracht und mit 1 Tropfen einer gesättigten Quecksilberchloridlösung versetzt. Entsteht hierbei sofort oder nach kurzer Zeit ein regulärer krystallinischer Niederschlag (drei- und mehrstrahlige Sterne, später Oktaeder), so ist der Nachweis von Formaldehyd erbracht." Empfindlichkeitsgrenze 1:100000.

In gleicher Weise werden Verbindungen des Formaldehyds, die bei ihrer Verwendung freien Aldehyd abspalten, nachgewiesen.

Benzoesäure und Benzoate[4]). Nachweis: „50 g Fett werden in einem verschlossenen Kolben auf dem Wasserbade geschmolzen und mit 100 ccm (bei Fett mit sehr hohem Säuregrad entsprechend mehr) einer erwärmten, etwa $^1/_{10}$ normalen wässerigen Natriumbicarbonatlösung 1 Minute lang kräftig durchgeschüttelt. Dann wird der Kolben auf dem Wasserbade so lange erwärmt, bis sich die wässerige Flüssigkeit klar oder milchigtrüb abgeschieden hat. Die von dem Fette abgegossene Flüssigkeit wird mit verdünnter Schwefelsäure stark angesäuert, bis zum Sieden erhitzt und nach dem Erkalten filtriert. Das klare Filtrat wird in einem Scheidetrichter mit 25 ccm Äther kräftig ausgeschüttelt, die ätherische Lösung zweimal mit 5 ccm Wasser gewaschen und mit 2 ccm $^n/_2$ Alkalilauge ausgeschüttelt. Der alkalische Auszug wird in einem Reagensrohr bei 110—115° zur Trockne eingedampft.

Den erkalteten Rückstand erhitzt man mit 8—10 Tropfen (nicht mehr) konzentrierter Schwefelsäure und etwa 0,1 g Kaliumnitrat 10 Minuten lang im Glycerinbade auf 120—130°. Nach dem Erkalten fügt man etwa 1 ccm Wasser hinzu, macht deutlich ammoniakalisch und erhitzt zum Kochen. Auf die Oberfläche der wieder erkalteten Lösung läßt man vorsichtig 1 Tropfen Schwefelammoniumlösung fließen. Waren Benzoesäure oder Benzoate vorhanden, so entsteht dabei ein rotbrauner Ring, der bei längerem Kochen der Flüssigkeit wieder verschwindet."

---

[1]) Erhalten durch Auflösen von 5 g reinem Jod und 7,5 g Kaliumjodid in Wasser zu 1 Liter; die Lösung muß sulfatfrei sein.

[2]) „Entwürfe", S. 46.

[3]) Durch Vorversuche ist festzustellen einerseits, daß die Milch frei von Formaldehyd ist, andererseits, daß sie auf Zusatz von Formaldehyd die Reaktion gibt.

[4]) „Entwürfe", S. 49.

Zur quantitativen Bestimmung in Margarine haben KÖPKE und BODLÄNDER[1]) ein Verfahren von POLENSKE[2]) übertragen und ausgestaltet:

50 g der gut durchgemischten Substanz werden in eine weithalsige 300 ccm-Pulverflasche mit eingeschliffenem Stopfen gebracht und 100 ccm 0,1 normaler Natriumbicarbonatlösung zugefügt. Man erwärmt die Flasche mit leicht aufgesetztem Stopfen im Wasserbade von etwa 60° unter wiederholtem Umschwenken bis zum Schmelzen der Probe und schüttelt dann kräftig unter mehrfachem Lüften des Stopfens mindestens 2 Minuten lang. Nach Einschieben eines Stückchens Papier in den Flaschenhals läßt man erkalten bis die Fettschicht erstarrt ist, durchsticht sie und gießt die Lösung durch ein trockenes Faltenfilter in ein trokkenes Gefäß. Vom Filtrat werden 75 ccm in einem 100 ccm Meßkolben mit etwa 30 g reinem Ammoniumsulfat versetzt; nach kräftigem Umschütteln läßt man den Kolben etwa $^1/_2$ Stunde bis zur Lösung des Ammoniumsulfats stehen, füllt unter Schwenken des Kolbens (um Ansammeln der entstandenen Flocken an der Oberfläche zu vermeiden), auf 100 ccm und filtriert durch ein trockenes Faltenfilter in einen trockenen Kolben. 80 ccm des Filtrats werden in einem Scheidetrichter von etwa 200 ccm Inhalt mit etwa 3 ccm verdünnter Schwefelsäure angesäuert und sodann fünfmal mit je 40 ccm einer Mischung von gleichen Raumteilen Äther und unter 60° siedendem Petroläther ausgeschüttelt. Man wäscht die vereinigten ätherischen Auszüge dreimal mit je 5 ccm Wasser, bringt sie in ein weithalsiges Kölbchen, das einige Körnchen Bimssteinpulver enthält und destilliert das Lösungsmittel auf einem schwach siedenden Wasserbade langsam und tropfenweise ab; die letzten Spuren verjagt man bei Zimmertemperatur durch Darüberleiten eines Luftstromes. Der Rückstand wird mit etwas Wasser aufgenommen, nach Zusatz von Phenolphthalein mit $^n/_{10}$-Lauge bis zur starken, bleibenden Rotfärbung versetzt, zum Sieden erhitzt, mit $^n/_{10}$-Säure bis zur Entfärbung und nun wieder mit $^n/_{10}$-Lauge bis zur ersten Rotfärbung titriert.

Bei der Berechnung der Benzoesäure ist der vorher bestimmte Wassergehalt der Margarine zu berücksichtigen, weil er ja das Volumen der Bicarbonatlösung vermehrt. Wurden z. B. 50 g einer Margarine mit q Prozent Wassergehalt angewandt und zur Titration der Benzoesäure im ganzen a ccm $^n/_{10}$-Lauge verbraucht, so ist der Prozentgehalt der Margarine an Benzoesäure

$$= a \cdot 0{,}012208 \, \frac{100 + \frac{w}{2}\,100}{75 \cdot 80} \cdot 2 = a \cdot 0{,}012228 \, \frac{100 + \frac{w}{2}}{30} \, .$$

Salicylsäure[3]). Zum Nachweis mischt man in einem Reagensrohr 4 ccm Alkohol von 20 Vol.-% mit 2—3 Tropfen einer frisch bereiteten 0,05 proz. Eisenchloridlösung, fügt 2 ccm des geschmolzenen Fettes hinzu und mischt die Flüssigkeiten durch andauerndes kräftiges Umschütteln. Bei Gegenwart von Salicylsäure färbt sich die untere Schicht violett. In Gegenwart von Verbindungen, die Ferriionen fällen oder Komplexsalze bilden, versagt die Reaktion; in diesem Falle muß die Salicylsäure erst isoliert werden.

Zur quantitativen Bestimmung entzieht man der Probe die Salicylsäure durch Ausschütteln mit Wasser, dem ganz wenig Alkali zugesetzt wird, schüttelt die wässerige Lösung nach Ansäuern mit Petroläther oder Äther-Petroläthergemisch aus, vertreibt das Lösungsmittel und nimmt den Rückstand wieder in Wasser auf. In der wässerigen Lösung kann die Salicylsäure durch Destillation bestimmt werden oder besser nach der Methode von FREYER, in der Ausführungsform von STEENBERGEN[4]): Überführung in die Bromverbindung mittels Bromid-Bromatlösung und Salzsäure, Umsetzen des unverbrauchten Broms wie üblich mit Jodkalium und Zurücktitrieren mit Thiosulfatlösung. 1 $C_6H_4OHCOOH$: 6 Br.

Prüfung auf fremde Farbstoffe.

Margarine, manche Pflanzenspeisefette, mitunter auch Butter, werden künstlich gelb gefärbt. Es können nur fettlösliche Farbstoffe verwendet werden, die selbstverständlich nicht gesundheitsschädlich sein dürfen. In einigen Ländern ist nur die Verwendung von Pflanzenfarbstoffen erlaubt, wie von Annatto, Curcuma, Gelbholz u. a. m. oder der Zusatz des intensiv gefärbten rohen Palmöls. Im all-

---

[1]) Z. Nahrgsm. Bd. 43, S. 345. 1922. Über weitere Angaben betr. Bestimmung oder Nachweis von Benzoesäure s. insbes. ROBIN: Ann. Falsif. Bd. 6, S. 277. 1913; FLEURY: J. Pharm. Chim. (7) Bd. 8, S. 460. 1913; BAUMANN und GROSSFELD: Z. Nahrgsm. Bd. 29, S. 397. 1915; SCHMATOLLA: Ch.-Ztg. Bd. 40, S. 1074. 1916; STADLIN: Ch.-Ztg. Bd. 40, S. 770. 1916; LASCH: Ch.-Ztg. Bd. 42, S. 4. 1918.

[2]) Arb. Ges.-Amt Bd. 38, S. 149. 1911. [3]) „Entwürfe", S. 49.

[4]) Ch. Weekblad Bd. 14, S. 914. 1917; C. 1918, I, S. 239.

gemeinen können aber auch Teerfarbstoffe verwendet werden, namentlich Azofarbstoffe, wie das vom Reichs-Gesundheitsamt empfohlene Dimethylaminoazobenzol.

Nach der offiziellen Vorschrift werden 50 g geschmolzenes Fett mit 75 ccm absolutem Alkohol in der Wärme behandelt, unter Umschütteln in Eis abgekühlt und die filtrierte Lösung in einem 18—20 mm weiten Reagensrohr im durchfallenden Lichte beobachtet. Deutliche gelbe oder rötlichgelbe Färbung rührt von fremden Farbstoffen her. Nach ARNOLD[1]) behandelt man einfach mit Zinnchlorürlösung, wobei die künstliche Färbung verschwindet, während die von Lipochromen (Carotin, Xanthophyll, Oxydationsprodukten usw.) herrührende Farbe bestehen bleibt. Nach GILMOUR wird ein nicht über 100° erhitzt gewesenes Fett beim langsamen Erwärmen im Ölbad auf zuletzt 185° (wobei man das Gefäß häufig aus dem Bade nimmt und umschüttelt), sofern es keine Teerfarben enthält, binnen 10 Minuten farblos[2]).

Pflanzenfarbstoffe[3]). Schüttelt man die Lösung von 20 g Fett in 50 ccm Äther mit verdünnter Natronlauge, so färbt sich die Laugenschicht bei Gegenwart eines Pflanzenfarbstoffes gelb. Zur weiteren Differenzierung schüttelt man die Lösung von 20 g Fett in 50 ccm Petroläther heftig mit 10 ccm eines Gemisches aus 10 ccm Eisessig und 1 ccm konzentrierter Schwefelsäure. Curcumafarbstoff gibt so eine ziemlich beständige violette, Orleansfarbstoff (Annatto) im Falle genügender Konzentration eine zuerst grüne, dann schnell in braun übergehende Färbung der sauren Schicht. Azofarbstoffe färben dagegen die saure Schicht zumeist rot, manche auch gelb, braun oder blau. Zum schärferen Nachweis kleiner Mengen von Annatto filtriert man den alkalischen Auszug der ätherischen Fettlösung (oder die Ausschüttlung von 30 g Fett mit 60 ccm 2proz. Lauge) mehrmals, wäscht das Filter fett- und alkalifrei und befeuchtet es mit angesäuerter Zinnchlorürlösung; es tritt schnell Rotfärbung ein[4]). — Zur Prüfung auf Palmöl verwendet man das frisch filtrierte, nicht überhitzte und überhaupt möglichst wenig veränderte Fett; man löst davon 100 ccm in 300 ccm Petroläther und schüttelt mit 50 ccm 0,5 proz. Natronlauge aus. Die wässerige Schicht säuert man mit Salzsäure an, worauf man mit 10 ccm Tetrachlorkohlenstoff ausschüttelt. Einige Kubikzentimeter der Tetralösung werden mit 2 ccm einer Mischung von 1 Teil krystallisierten Phenol und 2 Teilen Tetra, sowie 5 Tropfen Bromwasserstoffsäure (1,19) verrührt. Die Gegenwart von Palmöl zeigt sich durch eine blaugrüne Färbung an[5]).

Teerfarbstoffe. 5 g Fett werden in 10 ccm Äther oder Petroläther gelöst, die eine Hälfte der Lösung wird mit Salzsäure, spez. Gewicht 1,124, die andere mit solcher vom spez. Gewicht 1,19 kräftig durchgeschüttelt. Bei Gegenwart gewisser Azofarbstoffe färbt sich die salzsaure Schicht in dem einen oder anderen Falle deutlich rot[6]). Sind Nitrofarbstoffe zugegen, so kann die Rotfärbung auch erst nach dem Verdünnen der Säure eintreten oder die wässerige Schicht bleibt farblos und wird erst nach Neutralisieren mit Natronlauge gelb[7]).

Erkennung einzelner Farbstoffe. Nach dem Vorgange von BIANCHI[8]) wird der Farbstoff durch einstündiges Kochen von 25—30 g Fett mit 50—60 ccm

---

[1]) Z. Nahrgsm. Bd. 26, S. 654. 1913. [2]) Zit. nach Mat. grasses Bd. 13, S. 5745. 1921.

[3]) Siehe bes. LUBS: Eng. Bd. 10, S. 436. 1917.

[4]) Andere von CORNELISON, von BARTHEL und CUTOLO-VETERE vorgeschlagene Reaktionen zur Erkennung von Pflanzenfarbstoffen sind nach BIANCHI (Boll. Chim. Farm. Bd. 55, S. 257. 1916) nicht zuverlässig.

[5]) CRAMPTON und SIMONS: J. Am. Ch. Soc. Bd. 27, S. 270. 1905; Z. Nahrgsm. Bd. 11, S. 298. 1906.

[6]) „Entwürfe", S. 50. [7]) Schweizer. Lebensmittelbuch, 3. Aufl., S. 6.

[8]) Ann. di Chim. appl. Bd. 5, S. 1. 1916; C. 1917, II, S. 327.

Methylalkohol ausgezogen und die alkoholische Lösung nach 1/4 Stunde Stehen in Eiswasser filtriert; je 10 Tropfen des Filtrats werden in kleinen Porzellanschälchen eingedampft. Die trockenen Rückstände, mit je 1 Tropfen konzentrierter Schwefelsäure, Salpetersäure und Salzsäure versetzt, geben folgende Färbungen:

Farbstoff:	Schwefelsäure	Salpetersäure	Salzsäure
Unverfälschte Butter . . .	schwach carmoisinrot	schwach rosa	nach längerem Stehen schwach rosa
Saflor	grün, blau, zuletzt violett	flüchtig blau, über hellgelb in farblos	keine Reaktion
Curcuma . .	rotviolett	vorübergehend rotviolett	rotviolett, mit Ammoniak rotbraun
Safran	dunkelblau, schnell über rotviolett nach rotbraun	blau, plötzlich über grün in rötlich	keine Reaktion
Karotten . .	braunviolett, purpurn, violettbraun	dunkelgelb, dann hell	hellbraun
Martiusgelb .	gelb übergehend in rot	gelb mit roten Tröpfchen	gelber Niederschlag mit Ammoniak orangerot
Viktoriagelb .	braun, mit Ammoniak gelb	braun mit Ammoniak gelb	farblos, auf Zusatz von Ammoniak gelb
Anilingelb . .	keine Reaktion	—	—
Sudangelb . .	carmoisinrot	carmoisinrot	rot
Methanilgelb .	carmoisinrot	carmoisin bis violett	carmoisinrot
Buttergelb . .	rot, plötzlich in gelb übergehend. Auf Zusatz von Wasser wieder rot	carmoisinrot	carmoisinrot

Zur Abscheidung des Teerfarbstoffes aus dem Fett wird dasselbe auch in Schwefelkohlenstoff gelöst und die Lösung mit 50volumproz. Alkohol ausgeschüttelt, der fast alle in Betracht kommenden Farbstoffe aufnimmt. Die Identifizierung erfolgt durch Spezialreaktionen[1]).

Bestimmung des Reinfettes.

Die Bestimmung des Fettgehaltes kommt im allgemeinen nur bei Butter und Margarine in Betracht. Meistens wird aber auch bei diesen der Fettgehalt bloß indirekt bestimmt, indem man den Gehalt an Wasser und den an „wasserfreien, nicht-fetten Bestandteilen“ von der Gesamtmenge abzieht.

Zur direkten Bestimmung des Fettes verfährt man wie bei der Untersuchung technischer Fette nach S. 327. Für Reihenbestimmungen wurden verschiedene Methoden ausgearbeitet und eigene Apparate konstruiert, wie von Kreis[2]), Jungkunz[3]), Rieter[4]) u. a. m. Bei Massenbestimmungen kann man auch praktisch nach dem Vorschlage von Besson[5]) die Probe (etwa 5 g Einwage) mit Salzsäure 2 : 1 vorbehandeln, im Sapometer (s. S. 485) lösen und wie bei der Bestimmung des Gesamtfettes von Seifen in einem aliquoten Teil der Fettlösung den Gehalt bestimmen. Eine praktische Schnellmethode ist auch die von Kropat[6]), welcher das Wasser und die festen Stoffe mittels Tragant abtrennt. Im übrigen kann die Fettbestimmung auch nach Grossfeld (s. S. 72) vorgenommen werden.

[1]) Über den Nachweis einzelner Farbstoffe s. a. Palmer und Thrun: Eng. Bd. 8, S. 614. 1916; C. 1921, II, S. 232; über die Unterscheidung von Azofarbstoffen s. a. Lubs: a. a. O.

[2]) Schweiz. Lebensmittelbuch, 3. Aufl., S. 10.

[3]) Ch.-Ztg. Bd. 38, S. 91. 1914. [4]) Ebenda, S. 898.

[5]) Ch.-Ztg. Bd. 39, S. 770. 1915. [6]) Arch. Pharm. Bd. 252, S. 76. 1914.

Die Untersuchung des Fettes (abgeschieden durch Schmelzen der Butter bei 50—60°, Dekantieren von der wässerigen Schicht und dem Casein und Filtrieren) erfolgt nach den allgemeinen Methoden. Der Nachweis grober Verfälschungen, wie z. B. von Mineralölen und dgl. durch Bestimmung des Unverseifbaren kommt nur sehr selten in Betracht. Zumeist handelt es sich um die Identifizierung des Fettes; die für diesen Zweck auszuwählenden Methoden sind unter „Allgemeine Methoden der Fettanalyse", S. 64ff., ausführlich beschrieben. Überdies wird bei jedem einzelnen Speisefett auf die speziell für dieses in Betracht kommenden Prüfungsmethoden verwiesen.

Zur Bestimmung des Schmelzpunktes und des Erstarrungspunktes von Speisefetten wird offiziell die Ausführung nach POLENSKE, S. 111 bzw. 115 empfohlen. Charakteristischer als der Schmelzpunkt und der Erstarrungspunkt ist die Differenz der beiden Werte. Diese Größe, die Polenskesche „Differenzzahl", ist nämlich für das Fett einer Tierart ziemlich konstant[1]). Eine andere charakteristische Differenz ist die zwischen dem Schmelzpunkt der aus einem Fett isolierten spezifischen Glyceride und dem Schmelzpunkt der aus diesen Glyceriden abgeschiedenen Fettsäurengemische (Verfahren von BÖMER, S. 255 f.)

Rohstoffe für die Erzeugung von Margarine, Kunstspeisefetten u. dgl., die sich nicht mit einem der bekannten Fette identifizieren lassen, prüft man vorsichtshalber auch durch Bestimmung des Drehungsvermögens darauf, ob ein Fett der Chaulmoogra-Gruppe vorliegt (vgl. S. 133).

Bestimmung der nichtfetten Bestandteile.

Wasser. Zur genauen Bestimmung wird im Deutschen Reich die Xylolmethode (S. 322) offiziell vorgeschrieben[2]), während der Codex alimentarius Austriacus das Erhitzen in offener Schale auf Bimssteinpulver (vgl. S. 321) empfiehlt. Für Massenbestimmungen, z. B. zur Betriebskontrolle in Margarinefabriken, verwendet man vielfach das nach Art der Schnellmethode von FAHRION (s. S. 321) auszuführende sog.

Aluminiumbecherverfahren: Man wägt in den tarierten Becher 10 g Substanz und erhitzt über kleiner Flamme unter Umschwenken, bis alles Wasser ausgetrieben ist, was an dem Aufhören des knisternden Geräusches und der Bildung eines feinen Schaumes, bei Butter und manchen Margarinesorten auch an der Bräunung, erkannt wird. Die Gewichtsdifferenz, multipliziert mit 10, gibt den Prozentgehalt an Wasser. Das Verfahren ist im allgemeinen recht brauchbar (es gibt meist um einige Promille zu hohe Werte), wenn aber das Wasser nicht gut „gebunden" ist, so kann beim Erhitzen infolge explosionsartiger Dampfentwicklung Fett verspritzt werden. Das ist namentlich der Fall, wenn die Margarine Kartoffelmehl enthält, das mit dem Salz zusammenbäckt und Wasser einschließt[3]). Zur Vermeidung des Spritzens setzt man nach dem Vorschlag von FRANK[4]) für 10 g Einwage etwa $2^1/_2$ g ausgeglühte, gut abgesiebte Bimssteinstückchen von 2 mm Korngröße zu. Für Schnellbestimmungen werden ferner eigene Vorrichtungen verwendet, z. B. der „Butterprüfer" von PODA[5]), der auf demselben Prinzip beruht, wie das Acidbutyrometer von GERBER (s. S. 80),

---

[1]) Arb. Ges.-Amt, Bd. 26, S. 444. 1907; Bd. 29, S. 272. 1908.
[2]) „Entwürfe", S. 51. [3]) Siehe auch PRESCHER: Z. Nahrgsm. Bd. 56, S. 70. 1918.
[4]) Ch.-Ztg. Bd. 43, S. 314. 1919.
[5]) Z. Nahrgsm. Bd. 4, S. 492. 1901; Bezugsquellen J. W. Rohrbeck's Nachfolger, Wien V., Lenoir & Forster, Wien IV.

die „Butterwasserwage“ von WÖRNER[1]), die „Butterwage“, die „Perplexwage“, die „Marga“[2]) u. a. m., die sich recht gut bewähren.

Der Höchstgehalt an Wasser ist für die einzelnen Nahrungsfette gesetzlich festgelegt. Butter darf in ungesalzenem Zustande nicht mehr als 18%, in gesalzenem nicht mehr als 16% Wasser enthalten. Ebenso ist für Margarine der Höchstgehalt an Wasser mit 16% bzw. 18% festgesetzt (von 1916—1920 wurden ausnahmsweise 20% toleriert); Schweineschmalz und Kunstspeisefett dürfen höchstens 0,3% Wasser enthalten. Bei der Untersuchung zahlreicher Margarinesorten verschiedenster Herkunft wurden mittlere Wassergehalte von 9—15% gefunden. Zu beachten ist, daß bei in Würfeln verpackter älterer Ware infolge der Verdunstung des Wassers durch die Papierhülle die äußeren Teile wasserärmer sein können als das Innere des Stückes[3]). Die Wasserabgabe beim Lagern ist besonders bei nichtgesalzenen oder konservierten Margarinen groß. Die Unterschiede können sehr beträchtlich sein. Z. B. wurde gefunden:

	A	B
Probe vom Außenrand	12,14%	5,28%
Probe aus der Mitte	17,22%	14,38%
Durchschnittsprobe	15,76%	12,27%

Das Wasserbindungsvermögen der Fette ist verschieden, es hängt zum Teil von dem Gehalt an Cholesterin und Oxycholesterinen ab und kann dementsprechend durch Zusatz dieser Stoffe erhöht werden. Dann binden auch einige Sorten gehärteter Fette mehr Wasser als natürliche feste Fette[4]).

Wasserfreie, nichtfette Bestandteile. Zur Bestimmung der wasserfreien, nichtfetten Bestandteile in Butter und Margarine werden 5—10 g unter häufigem Umschütteln im Trockenschrank bei 100° vorgetrocknet, das Fett in absolutem Alkohol und Äther gelöst, durch ein gewogenes Filter filtriert, der Rückstand mit Äther nachgewaschen und getrocknet. Man erhält so die Summe von Casein, Milchzucker, Asche und sonstigen nichtfetten Bestandteilen; durch Veraschen derselben, Wägen der Asche und Abziehen vom Rückstandsgewicht ergibt sich die Menge der organischen Nichtfette.

Casein. Man scheidet aus einer zweiten, gleich großen Menge die Nichtfette ab und ermittelt den Stickstoffgehalt nach KJELDAHL. Durch Multiplikation der Prozente Stickstoff mit dem Faktor 6,37 erhält man den Prozentgehalt an Casein. Man kann auch aus dem „Nichtfett“ die Hauptmenge der anorganischen Salze und den Milchzucker mit ganz verdünnter Essigsäure ausziehen, den Rückstand, bestehend aus Casein und ungelöst gebliebenen Salzen, trocknen und wägen und hierauf veraschen. Das Gewicht des Rückstandes, vermindert um das der Asche, ergibt die Menge des Caseins. Bei Butter erweckt ein auffällig hoher Caseingehalt den Verdacht, daß ihr Quark zugesetzt wurde.

Milchzucker. Der Milchzuckergehalt wird häufig nur rechnerisch aus der Differenz von organischen „Nichtfetten“ und Casein ermittelt. Zur genauen Bestimmung empfiehlt der Codex alim. Austr.[5]) speziell für die Margarineuntersuchung an erster Stelle folgendes Verfahren:

10 g Substanz werden mit 60 ccm warmer 1 proz. Sodalösung verrieben und das Gemisch einige Stunden in lauwarmem Wasser stehen gelassen; dann läßt man erkalten, durchbohrt die Fettschicht, gießt die wässerige Lösung ab, säuert

[1]) Ch.-Ztg. Bd. 36, S. 1352. 1912; Bezugsquelle Paul Altmann, Berlin.

[2]) Bezugsquelle Paul Funke & Co., Berlin N 4.

[3]) BRAUER: Ch.-Ztg. Bd. 46, S. 834. 1922.

[4]) Siehe zum Beispiel BRAUER: Z. öff. Ch. Bd. 22, S. 200. 1916; Ch.-Ztg. Bd. 46, S. 793. 1922; GRONOVER und BOLEN: ebenda, S. 933.

[5]) Bd. III, S. 164.

50 ccm zwecks Ausscheidung des gelösten Caseins mit Salzsäure an, füllt auf 100 ccm und filtriert. In 25 ccm des Filtrats bestimmt man den Milchzuckergehalt nach der Methode von SOXHLET-SCHEIBE[1]).

Man verdünnt mit 400 ccm Wasser, versetzt mit 10 ccm Kupfervitriollösung (69,28 g im Liter), hierauf mit 3,5—4 ccm $^{n}/_{1}$-Natronlauge, bis die Flüssigkeit nurmehr schwach sauer reagiert und schließlich mit 20 ccm kaltgesättigter Fluornatriumlösung (zwecks Ausfällung der Kalksalze); nach halbstündigem Stehen füllt man auf 500 ccm, filtriert und kocht 100 ccm Filtrat 6 Minuten mit 50 ccm Fehlingscher Lösung. Das ausgeschiedene Kupferoxydul wird auf einem Asbestfilter gesammelt, nachgewaschen, getrocknet und im Wasserstoffstrom reduziert; zur Umrechnung auf Milchzucker dient die SOXHLETsche Tabelle. Anstatt das Kupferoxydul gravimetrisch zu bestimmen, kann man es auf dem Filter mit der eben hinreichenden Menge schwefelsaurer Ferrisulfatlösung (50 g $Fe_2(SO_4)_3$ und 200 g H_2SO_4 im Liter) auflösen, mit warmem Wasser gut nachwaschen und das gebildete, dem Kupferoxydul äquivalente Ferrosulfat mit $^{n}/_{10}$-Permanganat titrieren[2]).

Rohrzucker. Ein aliquoter Teil des nach der obigen Vorschrift aus 100 g Substanz erhaltenen caseinfreien Filtrats wird mit Citronensäure [welche Milchzucker nicht angreift[3])] invertiert und die Bestimmung in üblicher Weise zu Ende geführt.

Asche. Die Gesamtmenge der nichtfetten Bestandteile wird mit dem Filter in einer Platinschale über kleiner Flamme verkohlt; die Kohle wird wie bei der Bestimmung der Asche in technischen Fetten (S. 325, 3. Absatz) mit Wasser ausgezogen, die Lösung eingedampft, der Rückstand geglüht und gewogen.

Kochsalz. Nach der offiziellen Vorschrift[4]) wird Chlorion in der wässerigen Lösung der Asche gravimetrisch oder maßanalytisch bestimmt. Selbstverständlich kann das Kochsalz auch direkt in einem wässerigen Auszug der zu untersuchenden Probe bestimmt werden; nach dem Schweiz. Lebensmittelbuch verwendet man zweckmäßig den zur Prüfung auf Konservierungsmittel nach VOLLHASE (s. S. 339) bereiteten Auszug.

Alkali- und Erdalkalihydroxyde und -carbonate[5]). „a) 30 g geschmolzenes Fett werden mit der gleichen Menge destilliertem Wasser in einem mit Kühlrohr versehenen Kolben von etwa 500 ccm Inhalt (Kolben und Kühlrohr aus Jenaer Geräteglas) vermischt. In das Gemisch wird $^{1}/_{2}$ Stunde lang aus destilliertem Wasser erzeugter Wasserdampf durch ein Rohr aus Jenaer Geräteglas eingeleitet. Die Verbindungsschläuche sind vorher längere Zeit mittels Durchleitens von Wasserdampf zu reinigen. Nach dem Erkalten wird der wässerige Auszug durch ein möglichst aschefreies Filter filtriert.

b) Das zurückbleibende Fett sowie das unter a) benutzte Filter werden gemeinsam nach Zusatz von 5 ccm Salzsäure vom spezifischen Gewicht 1,124 und 25 ccm destilliertem Wasser in gleicher Weise, wie unter a) angegeben, behandelt. Das Filtrat bringt man in einen Schütteltrichter, fügt etwa 3 g Kaliumchlorid hinzu und schüttelt mit etwa 10 ccm Petroläther einige Minuten lang aus. Nach dem Abscheiden der wässerigen Flüssigkeit filtriert man diese durch ein angefeuchtetes, möglichst aschefreies Filter. Nötigenfalls wird das anfangs trübe ablaufende Filtrat so lange zurückgegossen, bis es klar abläuft.

[1]) Z. anal. Ch. Bd. 40, S. 13. 1901.

[2]) SONNTAG: Arb. Ges.-Amt Bd. 19, S. 447. 1903; BERTRAND: Bull. Soc. Chim. Bd. 35, S. 1285. 1906.

[3]) MECKE: Z. öff. Ch. Bd. 5, S. 496. 1899.

[4]) „Entwürfe", S. 52. [5]) ebenda S. 50.

Das klare Filtrat von a) wird auf 25 ccm eingedampft und nach dem Erkalten mit verdünnter Salzsäure angesäuert. Bei Gegenwart von Alkaliseife scheidet sich Fettsäure aus, die mit Äther auszuziehen und als solche zu kennzeichnen ist. In diesem Falle ist das Fett als mit Alkalihydroxyden oder -carbonaten behandelt anzusehen. Entsteht jedoch beim Ansäuern eine in Äther schwer lösliche oder gelblichweiße Abscheidung, so ist diese gegebenenfalls nach der beim Nachweis von Thiosulfaten angegebenen Vorschrift auf Schwefel weiter zu prüfen.

Das klare Filtrat von b) wird durch Kochen mit Ammoniakflüssigkeit und Ammoniumcarbonatlösung in einem Gefäß aus Jenaer Geräteglas auf alkalische Erden geprüft. Tritt eine deutliche Fällung von Calciumcarbonat ein, so ist das Fett als mit Calciumhydroxyd oder -carbonat behandelt anzusehen.

Tritt keine deutliche Fällung ein, dann ist die filtrierte Flüssigkeit in einer Platinschale auf etwa 25 ccm einzudampfen und durch Zusatz von etwa 10 ccm Ammoniakflüssigkeit und etwa 1 ccm Natriumphosphatlösung auf Magnesium zu prüfen. Entsteht hierbei innerhalb 12 Stunden eine deutliche krystallinische Ausscheidung von Magnesiumammoniumphosphat, so ist das Fett als mit Magnesiumhydroxyd oder -carbonat behandelt anzusehen. Zur Prüfung der Reagenzien und Geräte auf Reinheit ist ein blinder Versuch ohne Fett in genau gleicher Weise auszuführen."

Stärkemehl[1]). Stärke kann im „wasserfreien Nichtfett" nach den üblichen Methoden bestimmt werden. Nach dem Schweiz. Lebensmittelbuch löst man bei Verdacht auf Stärkezusatz 20 g Fett in Äther, filtriert, wäscht den Rückstand mit Äther und mikroskopiert. VAN AERDE[2]) empfiehlt die quantitative Bestimmung der Stärke nach dem Verfahren von SCHOORL durch Überführen in Glykose und Titrieren mit Fehlingscher Lösung (vgl. S. 324).

Luft. Die Speisefette, die Emulsionen von wässerigen Lösungen in Fetten darstellen, wie Butter und Margarine, enthalten immer auch Gase, vor allem Luft eingeschlossen. Z. B. enthält frische Butter nach einer Angabe[3]) ungefähr 40 Vol.-% Gase, davon 33% Stickstoff, 20% Sauerstoff und 47% durch Lauge absorbierbare Gase. Auffällig ist, daß demnach das Verhältnis $O_2 : N_2$ mehr als doppelt so groß wäre als das in der Luft. Beim Lagern nimmt der Sauerstoffgehalt ab, der Kohlendioxydgehalt nimmt bis zu einem Maximum zu und fällt dann wieder[4]). Quantitative Bestimmungen des Luftgehaltes, richtiger des Gasgehaltes, haben auch RAHN und MOHR[5]) versucht. Die Methode beruht darauf, daß die Ausdehnung der in einer Probe vorhandenen Gasmenge nach dem Aufschmelzen des Fettes durch Verminderung des Druckes bestimmt wird. Bisher wurde nur eine etwas rohe Ausführungsform beschrieben, die bloß Näherungswerte gibt; der Fehlerbereich ist nämlich $\pm$ 10 bis 20% vom Wert.

2. Untersuchung einzelner Speisefette.

Butter.

Nach der offiziellen Begriffsbestimmung[6]) ist Butter „das durch schlagende, stoßende oder schüttelnde Bewegung (Buttern) aus dem Rahm der Kuhmilch oder auch unmittelbar aus Kuhmilch abgeschiedene innige Gemisch von Milchfett und wässeriger Milchflüssigkeit, das durch Kneten zu einer gleichmäßigen, zusammenhängenden Masse verarbeitet und von der anhaftenden Buttermilch

[1]) Um Margarine als solche kenntlich zu machen, ist im Deutschen Reich seit der Zeit des größten Fettmangels statt Sesamöl ein Zusatz von Kartoffelmehl erlaubt. In einigen anderen Staaten ist von jeher ein solcher Mehlzusatz Vorschrift.

[2]) Journ. Pharm. de Belgique Bd. 5, S. 629. 1923; C. 1923, IV, S. 890.

[3]) ROGERS, BERG, POTTEIGER und DAVIS: U. S. Department of Agric., Bureau of Animal Industry, zit. nach C. 1913, II, S. 800.

[4]) DYER: Journ. of Agric. Research Bd. 6, S. 927; C. 1917, I, S. 111.

[5]) Milchwirtsch. Forschungen Bd. 1, S. 213. 1924; Marg.-Zeitschr. Bd. 17, S. 218. 1924.

[6]) „Entwürfe", S. 5.

sowie dem etwa zum Kühlen und Waschen verwendeten Wasser möglichst befreit, vielfach auch mit Kochsalz versetzt ist".

Für die Beurteilung sind folgende Grundsätze maßgebend: Die Butter muß der Begriffsbestimmung entsprechen, sie darf somit kein anderes Fett als das der Kuhmilch enthalten. Dementsprechend dürfen auch Ziegenbutter, Schafbutter usw. nicht schlechtweg als Butter bezeichnet werden. Der Fettgehalt soll mindestens 80% betragen, der Wassergehalt bei ungesalzener Ware höchstens 16%, bei gesalzener höchstens 18%, der Kochalzgehalt höchstens 3%, bei Dauerbutter höchstens 5%. (Nach dem Schweiz. Lebensmittelbuch ist schon eine Butter, die mehr als 0,1% Kochsalz enthält, ausdrücklich als gesalzen zu bezeichnen.) Die Butter darf keine Frischhaltungsmittel außer Kochsalz und Benzoesäure oder Benzoat (s. S. 339) und nur kleine Mengen unschädlicher Farbstoffe enthalten.

Untersuchung der Butter.

Zur vollständigen Untersuchung prüft man einerseits nach den allgemeinen Methoden der Speisefettuntersuchung, bestimmt die „nichtfetten" Bestandteile und die etwaigen Zusätze (s. S. 339—348), andererseits wird das quantitativ abgeschiedene Fett durch Bestimmung der charakteristischen Kennzahlen und Vergleich derselben mit denen reiner Butterfette, sowie durch Reaktionen auf etwaige Beimengungen bestimmter fremder Fette geprüft.

Die mittlere Zusammensetzung ungesalzener Butter ist ungefähr

	Mittel	Grenzwerte
Fett	84,5%	80 —90%
Wasser	14,0%	10 —18%
Casein	0,7%	0,8— 2%
Milchzucker	0,4%	
Milchsäure	0,1%	
Salze	0,2%	0,1— 0,3%

Von qualitativen Proben zur Beurteilung der Reinheit bzw. der Beschaffenheit der Butter ist außer der Sinnenprüfung (S. 334) die sog. Schmelzprobe und die mikroskopische Prüfung wertvoll.

Schmelzprobe: 10—20 g Butter werden in einem Glasgefäß bei etwa 80° langsam schmelzen gelassen. Aus reiner Butter scheidet sich das Fett klar ab, Mischungen mit Margarine geben eine trübe Schmelze. Sog. Vorbruchbutter verhält sich aber wie Margarine.

Mikroskopische Untersuchung[1]). „Man legt nach WINKLER[2]) einen ganz dünnen Schnitt Butter, ohne ihn zu verschmieren, auf einen Objektträger in einen Tropfen reinen Glycerins und beobachtet bei etwa 300—600 maliger Vergrößerung. Das mikroskopische Bild zeigt, daß die Butter ganz aus aneinandergefügten Fettkügelchen mit dazwischen eingestreuten einzelnen Serum- und Plasmatropfen besteht. Die durch das Glycerin durchsichtig gewordenen Fettkügelchen sind unter normalen Verhältnissen vollkommen erhalten; ihre Hülle tritt in Gestalt meist etwas geschrumpfter Häutchen deutlich hervor. Letztere verhindern, daß die Fettkügelchen beim Buttern zusammenfließen oder sich verschmieren und bedingen das eigentümlich körnige Gefüge der guten Butter auch dann, wenn sie aus pasteurisiertem Rahm bereitet wurde. Bei überarbeiteter, zu schnell oder zu warm bereiteter Butter treten neben den Fettkügelchen und ihren Hüllen große hüllenlose, mit Serum- oder Plasmatropfen durchsetzte Fettropfen und Fettmassen auf. In älterer, besonders bei höherer Temperatur aufbewahrter Butter sind die Grenzen der Fettkügelchen mehr verwischt;

---

1) Codex alim. Austr. Bd. III, S. 123. 2) Österr. Molkereizeitung Bd. 15, S. 213. 1908.

das Fett erscheint zusammengeflossen. Immerhin läßt sich aber auch hier noch ein Teil der Fettkügelchen deutlich unterscheiden und die verschmolzenen Hüllen bleiben als solche erkennbar. Die einzelnen Fettkügelchen oder ihre Hüllen sind das sicherste Kennzeichen der Butter; für gewöhnlich haben sie keine vollkommen runde, sondern eine etwas unregelmäßige Gestalt, jedenfalls infolge des gegenseitigen Druckes während des Erstarrens. Sauerrahmbutter unterscheidet sich von der frischen Süßrahmbutter durch die Gegenwart feiner Caseinkörnchen zwischen den Fettkügelchen und durch jene verstreuter Eiweißflöckchen. Größe und Zahl dieser Eiweißflöckchen sind bei den einzelnen Buttersorten verschieden; Molkenbutter enthält in der Regel größere Flöckchen, Kristallbildungen finden sich in normaler Butter nicht vor, sie treten nur beim Erstarren geschmolzener Fette auf und kennzeichnen somit geschmolzene und wieder erstarrte Butter, das Butterschmalz und die aufgefrischte Butter."

Erkennung aufgefrischter Butter: Wie oben angegeben, zeigt aufgefrischte Butter unter dem Mikroskop Krystallbildungen, die sich in normaler Butter nicht vorfinden, weil sie nur beim Erstarren geschmolzener Fette auftreten. HESS und DOOLITTLE[1]) führten die Untersuchung im polarisierten Licht ein, die auch von BÖMER[2]) zur Feststellung geringer Mengen aufgefrischter Butter in frischer empfohlen wird. Ferner weist auch positive Kreisreaktion bei gleichzeitiger negativer Superoxydreaktion auf aufgefrischte Butter hin (vgl. S. 338). Übrigens erweckt auch schon ein auffällig niedriger Säuregrad einer in Geruch und Geschmack mangelhaften Ware den Verdacht, daß aufgefrischte Butter vorliegt. Es ist aber wohl zu beachten, daß die angeführten Kriterien mehr oder weniger auch für Margarine zutreffen; sie sind daher nur dann beweisend, wenn die Kennzahlen mit denen des Butterfettes vollkommen übereinstimmen.

Untersuchung des Butterfettes.

Von Kennzahlen bestimmt man die in der untenstehenden Tabelle angeführten, vor allem den Brechungsindex, die Reichert-Meißl- und die Polenske-Zahl, zudem die A- und die B-Zahl, prüft auf Pflanzenfett durch die Phytosterinprobe und speziell auf einzelne Öle mittels der Farbenreaktionen.

Die Kennzahlen der Butterfette zeigen je nach der Rasse der Milchkühe, nach der Fütterung, also auch nach der Jahreszeit, ferner nach der Lactationsperiode u. a. m. oft nicht unbeträchtliche Abweichungen. Daher lassen sich auch schwer Grenzwerte festsetzen, selbst die amtlichen Anleitungen stimmen in dieser Beziehung nicht überein.

	„Entwürfe"	Codex alim. Austriacus	Schweiz. Lebensmittelbuch
Schmelzpunkt	30—41° n. POLENSKE	28—36°	—
Erstarrungspunkt	19—26° n. POLENSKE	19—24°	—
Differenzzahl	12,5—15,9	—	—
Spez. Gewicht bei 100°	—	0,865—0,868	0,866—0,868
Butterrefraktometer-Skalenteile bei 40°	39,4—46,0	40—44,4	42—45
Jodzahl	26—46	—	—
Verseifungszahl	219—233	223—233	224—235
Reichert-Meißl-Zahl	24[3])—34	24—36	25—34
Polenske-Zahl	1,5—3,5	1,3—3,5	1,5—3,5
Hehner-Zahl	87,5		

[1]) J. Am. Ch. Soc. Bd. 29, S. 358. 1903. [2]) Z. Nahrgsm. Bd. 16, S. 27. 1908.
[3]) Ausnahmsweise darf die R.-M.-Z. auch niedriger sein.

Nachweis einzelner Fette.

Talg und bis zur Talgkonsistenz gehärtete Öle können durch fraktionierte Krystallisation aus der ungefähr dreifachen Menge Äther bei 15° nachgewiesen werden; Zusätze unter 10—12% entziehen sich aber der Beobachtung.

Gehärtete Fette können zum Teil nach den S. 371 angegebenen Methoden erkannt werden.

Schweineschmalz, ebenso auch Talg, kann man auch durch den Nachweis der spezifischen Glyceride mittels der Differenzmethode von BÖMER (s. S. 256 und 359 erkennen.

Pflanzenfette werden im allgemeinen durch die Phytosterinacetatprobe nachgewiesen. Der Nachweis gilt als erbracht, wenn das nach S. 265 isolierte Acetat bei 117° (korr.) oder noch höher schmilzt. Sind V.-Z. und P.-Z. ungewöhnlich hoch und ist die R.-M.-Z. ungewöhnlich niedrig, so ist auch schon bei einem Acetatschmelzpunkt von 116—117° eine Beimengung von Cocos- oder Palmkernöl anzunehmen. Betr. Unterscheidung von Cocos- und Palmkernöl s. S. 362.

Besonders wichtig ist zum Zwecke der Erkennung eines Zusatzes von Margarine die Prüfung auf Sesamöl durch die Reaktionen von BAUDOUIN und SOLTSIEN (S. 291), ferner der Nachweis von Baumwollsamenöl durch die HALPHENsche Reaktion (S. 292). Nachdem aber bei Fütterung der Kühe mit viel Sesamkuchen oder Baumwollsamenmehl die Träger der Farbenreaktionen zum Teil in das Milchfett übergehen, ist ein positiver Ausfall der Reaktionen allein noch nicht beweiskräftig; er ist durch die Phytosterinprobe zu ergänzen.

Auswertung der Analysenergebnisse.

Refraktion. Eine abnorm hohe Refraktionszahl deutet auf Beimengung von Tierfetten, eine abnorm niedrige auf Cocosöl oder dgl. Vielfach werden Anzeigen unter 40, selbst unter 42, bereits als auffällig angesehen. Zu beachten ist, daß die Butter im Sommer und im Herbst stärkere Lichtbrechung zeigt als im Winter. Andererseits beweist ein normaler Brechungsindex (bei 40°: 1,4520 bis 1,4566) noch nicht die Reinheit der Probe, weil ja zugleich ein Fett von größerem und eines von kleinerem Brechungsvermögen, deren Wirkungen sich kompensieren, zugesetzt werden kann. Für die Beurteilung der Reinheit kommt auch die im Refraktometer zu beobachtende Färbung der Grenzlinie in Betracht. Bei reinem Butterfett ist die Linie meistens bräunlich gefärbt.

Verseifungszahl. Ein zu hoher Wert deutet auf die Anwesenheit von Palmfetten, ein zu niedriger auf feste tierische Fette wie Rindertalg, Oleomargarin, Schweinefett, bzw. diese Fette enthaltende Margarine.

Reichert-Meißl-Zahl (s. Auswertung S. 167). Nachdem die meisten Fette eine verschwindend kleine R.-M.-Z. aufweisen und selbst Cocos- und Palmkernöl nur Werte von 6—8,5 bzw. 4—7 zeigen, wird die R.-M.-Z. der Butter durch den Zusatz eines jeden fremden Fettes erniedrigt (s. a. Tabelle S. 352). Es ist aber zu berücksichtigen, daß auch reines Butterfett, je nach der Jahreszeit, der Fütterung, der Rasse, der Lactationsperiode der Kühe, nach der Art der Zubereitung usw. abnorm niedrige R.-M.-Zahlen aufweisen kann. Z. B. wurde gefunden[1]), daß die Werte bei friesischer Butter von September bis November regelmäßig sinken (niedrigster Wert 19,9) und im Mai—Juni wieder steigen (höchster beobachteter Wert 32,8).

Verseifungszahl und R.-M.-Zahl. Unter dem Einfluß der oben angeführten Faktoren ändert sich die V.-Z. im gleichen Sinne wie die R.-M.-Z. Um die Beziehung zwischen V.-Z. und R.-M.-Z. auszudrücken, bildet man nach JUCKENACK und PASTERNACK die Differenz: (V.-Z. — 200) — R.-M.-Z. Diese

[1]) SIEGFELD: Z. Nahrgsm. Bd. 25, S. 689. 1913.

ist im allgemeinen bei reinem Butterfett nahezu Null, meistens zwischen +4 und —4. Bei Cocosfett beträgt die Differenz etwa —40 bis —60. Je nach der „Differenz“ des reinen Butterfettes lassen sich daher mehr oder minder große Zusätze von Cocosfett erkennen, mit einiger Sicherheit aber erst Mengen von 25—30%. Nach SPITZER und EPPLE[1]) kann aus dem Verhältnis von V.-Z. und R.-M.-Z. mit Hilfe eines Konzentrationsdreieckes der Gehalt des Butterfettes an fremden Zusätzen (Ölen der Cocosgruppe einerseits, und den übrigen in Betracht kommenden Fetten andererseits) ermittelt werden.

Polenske-Zahl. (Über die Auswertung s. a. S. 169.) Eine abnorm hohe P.-Z. weist auf Zusatz von Ölen der Cocosfettgruppe hin. Merkliche Erhöhungen werden aber bereits durch Fütterung der Kühe mit Cocos-, Palmkern- und Babassukuchen, sowie mit Rübenabfällen und Hefe hervorgerufen. Auch Ziegenmilchbutter zeigt höhere Pol.-Zahlen. Zum sicheren Nachweis von Cocosöl und dgl. in Butterfett, ebenso wie von jeder anderen Art Pflanzenfett muß daher die Phytosterinacetatprobe ausgeführt werden. Cholesterinacetat aus Butterfett schmilzt bei 114—114,2°, Phytosterinacetat aus Cocosfett bei 125°. Zusatz von 10% Cocosöl bedingt bereits Erhöhung des Acetat-Schmelzpunktes auf 115,5°.

R.-M.-Zahl und P.-Zahl. Zur Auswertung der Reichert-Meißl-Zahlen und der Polenske-Zahlen dient die nachstehende Tabelle:

Nr.	Reichert-Meißl-Zahl	Polenske-Zahl	(Reichert-Meißl-Zahl)	Polenske-Zahl	Reichert-Meißl-Zahl	Polenske-Zahl	Reichert-Meißl-Zahl	Polenske-Zahl
	Reines Butterfett		Dasselbe Butterfett, mit 10% Cocosöl versetzt		Dasselbe Butterfett, mit 15% Cocosöl versetzt		Dasselbe Butterfett, mit 20% Cocosöl versetzt	
1	19,9	1,35	18,7	2,4	18,1	2,9	17,6	3.3
2	21,1	1,4	19,7	2,3	19,2	3,0	18,5	3,6
3	22,5	1,5	21,0	2,5	20,4	2,9	19,8	3,5
4	23,3	1,6	22,0	2,5	21,5	3,1	21,0	3,7
5	23,4	1,5	22,3	2,4	21,7	3,1	21,2	3,7
6	23,6	1,7	22,5	2,5	21,9	3,3	21,4	4,0
7	24,5	1,6	23,3	2,5	22,4	3,1	21,7	3,7
8	24,7	1,7	23,8	2,9	22,9	3,5	22,1	3,9
9	24,8	1,7	23,5	2,7	22,7	3,2	—	—
10	24,8	1,6	23,4	2,5	22,8	3,0	22,1	3,6
11	25,0	1,8	23,0	2,7	23,3	3,1	21,8	3,6
12	25,1	1,6	23,5	2,5	33,1	3,0	22,5	3,8
13	25,2	1,6	23,4	2,6	22,9	3,0	22,3	3,7
14	25,3	1,8	24,0	2,9	23,5	3,5	22,6	4,1
15	25,4	1,9	24,2	3,0	23,7	3,6	22,6	4,1
16	25,6	1,7	24,1	2,7	23,3	3,1	22,7	3,7
17	25,4	1,7	23,8	2,6	23,0	3,1	—	—
18	26,2	1,9	25,0	3,1	24,2	3,6	23,6	4,0
19	26,5	1,9	25,0	2,9	24,1	3,5	23,2	4,1
20	26,6	1,8	25,4	2,9	24,6	3,3	23,9	3,8
21	26,7	2,0	25,2	3,2	24,5	3,6	23,7	4,2
22	26,8	2,0	24,8	3,0	24,2	3,4	23,5	4,0
23	26,9	2,1	25,2	2,9	24,1	3,6	23,2	4,2
24	26,9	1,9	24,9	2,9	24,0	3,3	23,3	4,0
25	27,5	1,9	25,7	2,7	24,9	3,3	24,0	3,9
26	27,8	2,2	26,0	3,1	25,0	3,7	—	—
27	28,2	2,3	26,1	3,1	25,1	3,8	24,5	4,4
28	28,4	2,3	26,5	3,5	25,7	4,0	25,1	4,5
29	28,8	2,2	26,8	3,3	26,0	3,9	—	—
30	28,8	2,5	27,1	3,5	26,3	4,0	25,4	4,7
31	29,4	2,6	27,6	3,8	26,9	4,2	—	—
32	29,6	2,8	27,5	3,8	26,2	4,2	25,5	4,9
33	,29,5	2,5	27,4	3,5	26,6	4,1	25,4	4,7
34	30,1	3,0	27,8	3,8	26,9	4,4	26,2	5,0

[1]) Eng. Bd. 16, S. 828. 1924.

Beispiel: Eine Probe ergab die R.-M.-Z. 24,5 und die P.-Z. 3,0. Nach der Tabelle entspricht reinem Butterfett von der R.-M.-Z. 24,5 eine P.-Z. von nur 1,6; die gefundene P.-Z. ist folglich um 1,4 zu hoch und, nachdem je 0,1 Polenske-Einheiten 1% zugesetztem Cocosöl entsprechen, würde die Probe hiervon 14% enthalten. (Vorausgesetzt, daß keine Butter vorliegt, deren P.-Z. aus den oben angeführten Gründen — Verfütterung von Cocoskuchen und dgl. — über den normalen Wert erhöht ist.)

Die Beziehungen zwischen Reichert-Meißl-Zahl R und Polenske-Zahl P sollen sich für Butter und Gemische aus Butter und anderen Fetten außer Cocosöl durch folgende Formel ausdrücken lassen[1]):

$$R \cdot 0{,}033 - 0{,}6155 = \log 10\,(P - 0{,}48)\,.$$

Kirschner-Zahl, A-Zahl, B-Zahl. (Über die Auswertung s. S. 170 und 172.)

Polenske-Zahl und Kirschner-Zahl. Für reine Butter soll die Formel gelten[1]): $P = (K - 14) \cdot 0{,}26$. Ist die gefundene P.-Z. größer als die aus der Kirschnerzahl berechnete, so ist sicher Cocosöl zugegen.

Margarine.

Nach der offiziellen Begriffsbestimmung gilt als Margarine jede der Butter oder dem Butterschmalz ähnliche Zubereitung, deren Fettgehalt nicht oder nicht ausschließlich der Milch entstammt.

Die wichtigsten gesetzlichen Bestimmungen über die Erzeugung bzw. den Handelsverkehr mit Margarine im Deutschen Reich sind:

Zur Herstellung dürfen keine verdorbenen, für den menschlichen Genuß untauglichen Fette oder Öle verwendet werden, auch keine unverdorbenen Fette, sofern sie bisher noch nicht zu Genußzwecken verwendet wurden und ihre Unschädlichkeit nicht einwandfrei festgestellt wurde;

es darf nicht die Milch kranker Tiere verwendet werden;

die Margarine darf keine Zusätze von Mineralölen und Mineralfetten, von Wachs oder von Stärke, Mehl[2]) und anderen Füllstoffen enthalten;

es dürfen keine anderen Konservierungsmittel als Kochsalz und Benzoesäure zugemischt werden;

die Margarine muß wenigstens 80% Fett enthalten; das Schweiz. Lebensmittelbuch schreibt einen Mindestgehalt von 85 % Fett vor;

der Wassergehalt darf bei ungesalzener Ware nicht mehr als 18%, bei gesalzener nicht mehr als 16% betragen, der Kochsalzgehalt nicht mehr als 3%, bei Dauermargarine nicht mehr als 5%.

Besonders wichtig sind auch folgende Bestimmungen: „Als gesetzwidrig hergestellt ist anzusehen:

Margarine, zu deren Herstellung Butter oder Butterschmalz oder mehr als 100 Gewichtsteile Milch oder eine dementsprechende Menge Rahm auf 100 Gewichtsteile der nicht der Milch entstammenden Fette verwendet worden sind (in der Schweiz ist der Zusatz von Butter oder Butterfett gestattet);

Margarine, die in 100 Gewichtsteilen der angewandten Fette und Öle nicht mindestens 10 Gewichtsteile Sesamöl von der vorgeschriebenen Beschaffenheit enthält."

---

[1]) Richmond: Analyst Bd. 44, S. 166. 1919. [2]) Über die Änderung dieser Vorschr. s. S. 348.

Bei der Untersuchung von Margarine werden dieselben Methoden verwendet, wie bei der von Butter (s. S. 348). Die Auswahl der Methoden, zum Teil auch die Reihenfolge, in der sie angewendet werden, hängt natürlich davon ab, ob es sich um eine Qualitätsprüfung, eine Wertbestimmung handelt, oder um eine amtliche Kontrolle, ob die Ware den gesetzlichen Vorschriften entspricht. In diesem Falle wird vor allem ausgeführt: die Prüfung auf Verdorbenheit, auf den vorgeschriebenen Sesamölgehalt (s. S. 291), auf zu hohen Gehalt an Wasser (s. S. 345) oder Kochsalz (s. S. 347), auf einen die gesetzliche Menge überschreitenden Gehalt an Milchfett, auf Konservierungsmittel (s. S. 339ff.) und Farbstoffe (s. S. 342), auf sonstige fremde Zusätze.

Was die Prüfung auf den Gehalt an Milchfett anbelangt, so kann eine R.-M.-Z. über 3 bereits den Verdacht erwecken, daß mehr als die erlaubte Menge zugegen ist; die Erhöhung der R.-M.-Z. kann aber auch von Fetten der Cocosölgruppe herrühren. Zur Entscheidung dient die Bestimmung der P.-Z., die im letzteren Falle höher gefunden wird[1]), ferner gibt auch die Erhöhung der V.-Z. und die Erniedrigung der Jodzahl Aufschluß. Kleine Mengen Butterfett und Cocosöl lassen sich leichter erkennen durch Auskochen der Probe mit Alkohol, in welchem die genannten Fette leichter löslich sind als die übrigen Margarinefette. Sie werden somit im „Alkoholfett" angereichert und dieses zeigt viel beträchtlichere Erhöhungen der charakteristischen Kennzahlen als das ursprüngliche Fett. Beispiele[2]):

Margarine mit Butterzusatz.

Kennzahl	Ursprüngl. Fett	„Alkoholfett"
V.-Z.	194 —200	190 —207
R.-M.-Z.	0,7— 2,5	1,5— 12
P.-Z.	0,5— 0,6	0,5— 1,1

Auch die Bestimmung des mittleren Molekulargewichtes der wasserlöslichen Fettsäuren gibt einen Anhaltspunkt; bei Gegenwart von Palmfetten ergeben sich Werte über 130—144. Besonders wertvoll zur Erkennung von Fetten der Palmölgruppe und von Butterfett sind aber die neueren Kennzahlen, die A- und die B-Zahl. Zur Auswertung dient das Diagramm S. 173. Über die Unterscheidung von Cocos- und Palmkernöl s. S. 362.

Bei der Prüfung einer Margarine vom technischen Standpunkt beurteilt man vor allem die äußere Beschaffenheit, den Geruch und Geschmack und das Verhalten beim Erhitzen (Spratzen, Bräunen). Dann untersucht man den Fettansatz und prüft auf spezielle Zusätze. Man untersucht vor allem, ob eine Pflanzenfettmargarine oder sog. „tierische Margarine" vorliegt (s. Unterscheidung von Pflanzen- und Tierfetten S. 263). Gehärtete Fette lassen sich durch den Nachweis der Isoölsäure nach S. 371 erkennen. Sehr schwierig ist es, speziell gehärteten Tran nachzuweisen; die S. 372 angegebene Prüfungsmethode ist nicht zuverlässig, weil eine Mischung von gehärtetem Rüböl und einem Fett der Cocosölgruppe gleiches Verhalten zeigt. Ein etwaiger Gehalt an Fettsäureäthylestern macht sich manchmal schon durch den Geruch, analytisch auch durch die niedrigere Verseifungszahl bemerkbar. Zum Nachweis kann das Fett oder dessen Alkoholauszug, in dem die Ester angereichert sind, mit wässeriger oder Glycerin lauge verseift und im Wasserdampfdestillat der Alkohol wie üblich bestimmt werden.

---

[1]) Nach Elsdon (Analyst Bd. 42, S. 295. 1917) gibt die P.-Z. nur bei Gegenwart von Cocosöl zuverlässige Resultate.

[2]) Nach Arnold: Z. Nahrgsm. Bd. 27, S 379. 1914.

Die Bestimmung von Casein, Zucker und Stärke erfolgt nach den S. 346 ff. angegebenen Methoden.

Der Nachweis von Eigelb beruht auf der Löslichkeit des Dotter-Eiweißes in Kochsalzlösung: Zur Ausführung[1]) erwärmt man 300 g Margarine 2—3 Stunden in einem Wasserbade von 50°, füllt in einen angewärmten Scheidetrichter um, schüttelt mit 150 ccm 2 proz. Natriumchloridlösung und läßt noch 2 Stunden bei 50° stehen. Dann wird die Salzlösung abgelassen, so weit gekühlt, daß das suspendierte Fett ertsarrt, worauf man möglichst klar filtriert. Einige Kubikzentimeter der Lösung versetzt man mit dem gleichen Volum rauchender Salzsäure und erhitzt. Nach 1 Minute langem Kochen trübt sich die Flüssigkeit bei Anwesenheit von Eigelb und sondert schließlich an der Oberfläche eine weiße Haut ab. — Weitere 10 ccm der Salzlösung erhitzt man mit 1 ccm 1 proz. Schwefelsäure zum Sieden, kühlt gut ab und schüttelt mit 2 ccm Äther einige Minuten kräftig durch. Gelbfärbung der Ätherschicht deutet auf die Gegenwart von Eidotter; allerdings gehen auch wasserlösliche Farbstoffe, die der Margarine zugesetzt sein können, bei dieser Behandlung in die Ätherschicht über. — Zur Prüfung auf Eier-Eiweiß (Vitellin) kann man auch 50 ccm der klaren Salzlösung während 5—6 Stunden dialysieren. Wird die Flüssigkeit allmählich infolge Herausdiffundierens von NaCl deutlich trüb und erst auf erneuten Zusatz von Kochsalz wieder klar, so ist Eiweiß zugegen.

Ein Zusatz von Lecithin wird gewöhnlich durch die Bestimmung des Phosphorgehaltes nach S. 311 nachgewiesen. Wachs oder Paraffin bestimmt man nach den üblichen Methoden (S. 268 und 273).

Margarinschmalz

wird definiert[2]) als „ein dem Butterschmalz ähnliches Erzeugnis, dessen Fettgehalt nicht ausschließlich der Milch entstammt". Es wird aus den gleichen Fetten wie die Margarine hergestellt und gewöhnlich durch Digestion mit Stoffen, die an das Fett Geruchsträger abgeben, wie Käse, Gewürzkräuter u. dgl., aromatisiert. Der Wassergehalt von Margarinschmalz soll 1% nicht übersteigen, im übrigen gelten dieselben gesetzlichen Vorschriften wie für Margarine, insbesondere auch die Kennzeichnung durch Zusatz von Sesamöl. Dementsprechend wird die Untersuchung in derselben Weise ausgeführt wie die von Margarine.

Schweineschmalz.

Schweinefett, Schweineschmalz, auch kurzweg Schmalz, ist das aus fettreichen Teilen geschlachteter Schweine gewonnene Fett. Schmalzöl oder Specköl ist das aus Schweineschmalz bei niedriger Temperatur durch Pressen erhaltene Öl; Schmalzstearin oder Solarstearin ist der dabei verbleibende Preßrückstand. Was die gesetzlichen Bestimmungen anbelangt, so sind außer jenen, welche schon in den „Verboten zum Schutze der Gesundheit" S. 333 enthalten sind, noch besonders zu beachten:

Eine als Schweineschmalz bezeichnete Ware darf keine fremden Fette enthalten, ebensowenig andere fremde Stoffe, keine Farbstoffe, Konservierungsmittel und nicht mehr als 0,3% Wasser. Man prüft vor allem auf Verdorbenheit, auf zu hohen Wassergehalt, auf Zusätze einschließlich der Konservierungsmittel und insbesondere auf fremde Fette.

---

[1]) FENDLER: Z. Nahrgsm. Bd. 6, S. 977. 1903. [2]) Codex a. A. Bd. III, S. 143

Verdorbenheit: Bei der Sinnenprüfung ist zu beachten, daß Schweineschmalz auch ohne fremde Zusätze einen ungewöhnlichen Geruch und Geschmack annehmen kann, so infolge ungewöhnlicher Fütterung der Tiere, z. B. mit Fischen, gewissen Abfällen u. a. m., infolge gewisser Krankheiten an sich, sowie der dadurch bedingten Verabreichung von Medikamenten. Der Säuregrad liegt meistens zwischen 0,5 und 1,5, er soll jedenfalls weniger als 5 betragen.

Wassergehalt: Schweineschmalz, das nicht mehr als die zulässige Menge von 0,3% Wasser enthält, gibt, nur wenig über den Schmelzpunkt erwärmt, ein klares Öl. Ist die Schmelze nicht klar, so kann das Schmalz einen höheren Wassergehalt oder andere trübende Bestandteile (z. B. Gewebereste) enthalten. Zum Nachweis und zur annähernden Bestimmung geringer Mengen von Wasser dient das Verfahren von POLENSKE[1]):

Ein starkwandiges Reagensglas von 9 cm Länge, das 18 ccm faßt, wird mit 10 g der gut gemischten Probe beschickt und ein bis 100° reichendes Thermometer mittels Kautschukstopfen so eingesetzt, daß sich der Quecksilberbehälter in der Mitte der Fettschicht befindet. Man erwärmt vorsichtig auf 70°; ist das Fett dann klar, so enthält es weniger als 0,3% Wasser. Ist es trüb oder sind Wassertröpfchen sichtbar, so erwärmt man allmählich auf 95° und schüttelt 2 Minuten lang kräftig durch, läßt unter mäßigem Schütteln in der Luft abkühlen und beobachtet, bei welcher Temperatur eine deutliche Trübung eintritt. Das Erwärmen, Schütteln und Abkühlenlassen wird so oft wiederholt, bis sich die Trübungstemperatur nicht mehr erhöht. Ist das Schmalz bei 95° nicht klar, so enthält es mehr als 0,45% Wasser oder unlösliche Stoffe und ist als verfälscht bzw. verunreinigt zu betrachten. Enthält das Schmalz keine unlöslichen Beimengungen, so kann man aus der Trübungstemperatur auf den Wassergehalt schließen.

Trübungstemperatur . .	40,5°	53,0°	64,5°	75,2°	85,0°	90,8°	95,5°
Wassergehalt in % . . .	0,15	0,20	0,25	0,30	0,35	0,40	0,45

Bei höheren Wassergehalten und bei Gegenwart anderer Trübstoffe bestimmt man das Wasser nach den sonstigen, allgemein anwendbaren Methoden.

Frischhaltungsmittel und andere Zusätze. Man prüft nach den S. 339 angegebenen Methoden.

Neutralisationsmittel. Zum Nachweis derselben und damit zur Erkennung von „aufgefrischtem Schmalz“ prüft man nach S. 347ff. auf Alkali- und Erdalkalihydroxyde und -carbonate.

Fremde Fette. Zur Orientierung bedient sich der Praktiker vielfach der sog. Wulstprobe: Man läßt 30—50 g Schmalz in einer halbkugelförmigen Porzellanschale bei gelinder Wärme schmelzen und dann rasch erstarren. Reines Schweinefett zeigt feinkrystallinische Struktur und matte gefaltete Oberfläche; die Mitte ist muldenförmig eingesenkt und häufig von einem ringförmigen Wulst umgrenzt, während radiale Wülste nach der Peripherie gehen. Mit Talg oder anderen fremden Fetten versetztes Schweineschmalz zeigt dagegen gröbere Krystallbildung und glatte Oberfläche, ohne Einsenkung und Wülste.

Zur chemischen Untersuchung bestimmt man die Kennzahlen und vergleicht sie mit den Grenzwerten. Auf bestimmte fremde Fette prüft man durch die Spezialreaktionen. Die Kennzahlen von Schweinefetten können je nach der Herkunft, insbesondere auch wegen der Verschiedenheit des Futters usw. in ziemlich weiten Grenzen schwanken. Die zulässigen Grenzwerte werden selbst in den amtlichen Anweisungen einigermaßen verschieden angegeben.

---

[1]) Arb. Ges.-Amt Bd. 25, S. 505. 1907.

	„Entwürfe“	Schweiz. Lebensmittelbuch	Österr. Handelsbedingungen[1])
Schmelzpunkt	nach POLENSKE 41—51°	—	36—48°
Erstarrungspunkt	nach POLENSKE 22—31°	—	25—32°
Differenzzahl	nach POLENSKE 19—21°	—	—
Spez. Gewicht	—	bei 100° C: 0,860—0,862	bei 15° C: 0,931—0,938
Refraktionszahl (Zeiss) bei 40° C	48,5—52 (1,4583—1,4607)	49—52	49—51
Jodzahl[2])	46—77	55—65	49—64
Verseifungszahl	193—198	—	193—200
Reichert-Meißl-Zahl	0,3—0,9	—	0,3—0,9
Fettsäuren:			
Schmelzpunkt	35—47°	—	—
Erstarrungspunkt	34—42°	—	34—42
Flüssige Fettsäuren:			
Jodzahl	89—116	—	—

Für die Verfälschung und Nachahmung kommen hauptsächlich in Betracht: Talg, Baumwollsamenöl und -stearin, Erdnuß-, Sesam-, Cocos- und Palmkernöl, gehärtete Öle verschiedener Art.

Zum Nachweis von Pflanzenölen jeder Art wird die Reaktion nach WELMANS-SERGER (S. 280), zu dem von Samenölen die BELLIERsche Reaktion (S. 287) herangezogen; man prüft ferner auf Sesamöl nach BAUDOUIN (S. 291), auf Baumwollsamenöl nach HALPHEN (S. 292). Alle diese Farbenreaktionen sind aber nicht ausschlaggebend, weil einerseits auch das Fett von Schweinen, die mit den betreffenden Ölkuchen gefüttert wurden, positive Reaktion gibt, übrigens auch reines Schweinefett, das mit Zwiebeln u. dgl. behandelt wurde, während andererseits den Pflanzenölen, besonders dem Baumwollsamenöl, die spezifische Reaktionsfähigkeit durch geeignete Vorbehandlung genommen werden kann. Zuverlässig ist nur die Phytosterinprobe. Wenn diese positiv ausfällt, kann man allerdings aus den Farbenreaktionen schließen, welche fremden Fette vorliegen. Zum Nachweis von Erdnußöl dient die Arachinsäureprobe (S. 236 und Nachtrag S. 553); sie ist aber nur zuverlässig, wenn das Schmalz keinen Zusatz von gehärtetem Tran enthält.

Palmfette, wie Cocosöl, bewirken Erniedrigung der Jodzahl und Erhöhung der Verseifungszahl, der Reichert-Meißl- und Polenske-Zahl und insbesondere der A-Zahl. Nach den „Entwürfen“ ist der Zusatz von Cocosöl als erwiesen anzusehen, wenn die Vers.-Z. über 200, die R.-M.-Zahl und die Polenske-Zahl über 1, die Jodzahl unter 45 liegt. Zu beachten ist, daß bei Gegenwart nicht zu großer Mengen Cocosöl, das arm an Phytosterinen ist, die Acetatprobe versagen kann.

Von besonderer Wichtigkeit ist der Nachweis von Talg. Zu diesem Zweck dienen 3 Methoden; sie beruhen auf der Verschiedenheit der höchstschmelzenden, am schwersten löslichen Glyceride der zu unterscheidenden Fette: im Schweineschmalz α-Palmitodistearin, im Rinds- und Hammeltalg β-Palmitodistearin neben wenig Tristearin.

[1]) Aus den Ergänzungen zu „Besondere Bedingungen für den Handel in Fettwaren und Ölen an der Wiener Börse“.

[2]) In einigen Fällen wurden Jodzahlen bis zu 84,7 festgestellt.

Mikroskopische Untersuchung[1]). Die Lösung von 1 ccm geschmolzenem Fett in 10 ccm Äther wird bei 9—10° stehen gelassen, bis sich Krystalle ausgeschieden haben. Der Äther wird abgegossen und ein kleiner Teil der Krystalle in Öl (z. B. farblosem Erdnußöl oder dgl.) bei 50—100facher Vergrößerung untersucht. Sollten sich auch beim längeren Stehen keine Krystalle abscheiden, was bei sehr weichen Schmalzen vorkommen kann, so wiederholt man den Versuch mit einer Lösung von 2 g Fett in 10 ccm Äther. Aus der Lösung von Schmalz krystallisiert das α-Palmitodistearin in sehr dünnen, langen und schmalen Tafeln mit schief abgeschnittenen Enden (Abb. 60). Aus der Lösung von Talg krystallisieren zuerst feine Nadeln in charakteristischer Weise zu „pferdeschweifähnlichen“ Gruppen vereinigt (Abb. 61). Die Talge enthalten allerdings auch Tristearin, dessen Krystallform der des α-Palmitodistearins ähnelt, aber seine Menge ist nur gering und die Krystalle treten bei der mikroskopischen Untersuchung weniger deutlich hervor als die von β-Palmitodistearin.

Abb. 60. α-Palmitodistearin aus Schweinefett[2])

Abb. 61. β-Palmitodistearin aus Hammeltalg[3])

Differenzzahl nach Polenske. Die Bestimmungen des Schmelzpunktes und des Erstarrungspunktes, deren Differenz den charakteristischen Wert ergibt, müssen genau nach den Vorschriften von POLENSKE (S. 111 und 115) erfolgen.

Die Grenzwerte der Differenzzahlen des Schweinefettes und der als Verfälschungen in Betracht kommenden tierischen Fette sind nach POLENSKE:

[1]) Vorschrift des Schweizerischen Lebensmittelbuches, 2. Aufl. 1909, S. 26, zitiert nach KÖNIG: Chemie der menschlichen Nahrungs- und Genußmittel Bd. III, Teil 2, S. 444. Daselbst siehe auch die übrigen Literaturangaben.

[2]) Nach BÖMER; in KÖNIG: Chemie der menschlichen Nahrungs- u. Genußmittel Bd. III, Teil 2, S. 443. Von KREIS und HAFNER ursprünglich als Heptadekyldistearin angesprochen.

[3]) Nach BÖMER: a. a. O.

Art des Fettes	Schmelzpunkt in °C	Erstarrungspunkt[1]) in °C	Differenzzahl
Schweineschmalz	42,2—49,0	22,8—29,0	19,0—21,0
Rindstalg	41,2—50,0	28,4—35,4	12,8—14,6
Hammeltalg	47,8—52,0	23,8—37,3	13,0—15,0
Premier jus, amerikanisch	46,5—49,7	32,0—35,2	14,4—14,6
Kalbsfett	40,0—44,0	27,0—30,0	12,3—14,2
Oleomargarin, amerikanisch	30,2—39,5	19,0—26,3	11,2—13,2
Preßtalg	54,2—56,0	41,5—43,5	12,5—12,7
Cocosfett	24,5—26,0	19,0—22,5	4,8—6,0
Sheabutter	45,0	25,0	20,0
Borneotalg	48,5	40,0	8,5

Nach anderen Autoren sind die Grenzen noch etwas weiter zu ziehen. Die Differenzzahl ist aber jedenfalls bei reinem Schweinefett am höchsten und wird durch Zusatz eines anderen Fettes erniedrigt. Bei Mischungen aus 90 Teilen Schweineschmalz und 10 Teilen Rindstalg wurden von manchen Beobachtern Differenzzahlen von 17,1—18,9, von anderen wieder Zahlen zwischen 18,6 und 20,1 gefunden; bei Mischungen aus 80 Teilen Schmalz und 20 Teilen Talg fand man Differenzzahlen von 17,4—19,0. Nach den „Entwürfen" ist Schweineschmalz mit einer Differenzzahl unter 18 als mit fremden Fetten verfälscht anzusehen.

Differenzmethode von Bömer. Über das Prinzip des Verfahrens siehe S. 256. Zur Ausführung verfährt man folgendermaßen:

50 g geschmolzenes und klar filtriertes Fett werden in einem 150 ccm-Becherglas in 50 ccm Äther gelöst und die Lösung, mit einem Uhrglas bedeckt, bei etwa 15° unter häufigem Umrühren krystallisieren gelassen. Nach 1 Stunde werden die ausgeschiedenen Krystalle abgesaugt — am besten verwendet man dazu eine Glasnutsche mit porösem Boden — und möglichst gut abgepreßt. Sind die so erhaltenen Krystalle trocken und körnig, so genügt es, sie zwecks Reinigung in das Becherglas zurückzubringen, in 50 ccm Äther zu verteilen und nach 5 bis 10 Minuten langem Stehen der wiederholt aufgerührten Suspension wieder abzusaugen und die Mutterlauge abzupressen. Sind die Krystalle schmierig, so krystallisiert man nochmals aus 50 ccm Äther wie oben. Das Umkrystallisieren wird nötigenfalls wiederholt, bis der Schmelzpunkt über 61° gestiegen ist; aus reinen Schweinefetten erhält man aber schon nach ein- bis zweimaliger Krystallisation bei 63—64° schmelzende Glyceride. — Sehr weiche oleinreiche Fette, die unter den angegebenen Bedingungen zu wenig oder gar keine Krystalle geben, läßt man bei 5—10° aus Äther krystallisieren oder zuerst aus Ätheralkohol (3 : 1) oder aus Aceton, dann nochmals aus Äther.

Ein kleiner Teil der Glyceride, etwa 0,1—0,2 g, wird zu einem vollkommen gleichmäßigen Pulver verrieben. Von der einen Hälfte bestimmt man den Schmelzpunkt; die andere Hälfte verseift man mit alkoholischer Lauge, scheidet die Fettsäuren wie üblich aus der wässerigen Lösung der Seifen mit Salzsäure ab, nimmt sie in Äther auf, wäscht die ätherische Lösung, dampft sie nach Filtrieren in einem Schälchen auf dem Wasserbade ein, trocknet die zurückbleibenden Fettsäuren $^1/_2$ bis 1 Stunde bei 100° und verreibt sie nach dem Erstarren zu einem feinen gleichmäßigen Pulver. Hierauf bestimmt man wenn möglich sofort den Schmelzpunkt. Im anderen Falle müssen die Fettsäuren über

[1]) Prüft man auf Zusätze wie Talg in Schweineschmalz, so muß bei der Bestimmung des Erstarrungspunktes das Kühlwasser eine Temperatur von 18° haben. Bei der Prüfung von weicheren Fetten, Gänseschmalz und Butter, auf einen Schweineschmalzzusatz, wird das Kühlwasser auf 16° gehalten.

Schwefelsäure aufbewahrt werden, weil sie sonst Ammoniak aus der Laboratoriumsluft anziehen, so daß ihr Schmelzpunkt durch die gebildeten Ammoniumseifen erhöht werden könnte.

Zur Bestimmung der Schmelzpunkte verfährt man nach der Vorschrift von POLENSKE S. 111, nur wählt man nach BÖMER besser Schmelzröhrchen von bloß $^3/_4$ mm lichter Weite, die nur 2—3 mm hoch gefüllt werden. Man führt die Bestimmung der Schmelzpunkte der Fettsäuren und des Glycerids gleichzeitig nebeneinander aus und wiederholt sie mit frischen Substanzmengen. Die Kontrollbestimmungen müssen sowohl bei den Fettsäuren wie beim Glycerid auf je 0,2° übereinstimmen, die Schmelzpunktsdifferenzen von Glycerid und Fettsäuren $(S_g - S_f) = d$ dürfen bei den Parallelbestimmungen um nicht mehr als 0,1° voneinander abweichen.

Zur Auswertung berechnet man den Wert $S_g + 2\,d$. Ist derselbe kleiner als 71, so enthält die Probe sicher einen Zusatz von Talg oder gehärtetem Öl. Andererseits kann man aber aus Werten über 71 nicht mit Sicherheit schließen, daß reines Schweinefett vorliegt. Z. B. wurden bei der Untersuchung von reinen und von mit verschiedenen Talgen vermischten Schweinefetten Glyceride gefunden, die bei 61—65° schmolzen und folgende Werte für $S_g + 2\,d$ ergaben[1]):

	$S_g + 2\,d$
Reine Schweinefette	73,4—78,1
Rindstalge	62,8—67,1
Hammeltalg	63,9—66,0
Preßtalg	65,6—67,0
Schweinefett mit 10% Rindstalg	67,7—75,4
„ „ 10% Hammeltalg	67,9—70,1
„ „ 10% Preßtalg	64,4—66,0
„ „ 20% Rindstalg	65,3—73,9
„ „ 20% Hammeltalg	64,0—66,0
„ „ 20% Preßtalg	63,9—66,2

Wenn der Wert $S_g + 2\,d$ nur wenig über oder unter 71 liegt, so ist es ratsam, die Glyceride nochmals umzukrystallisieren. Findet man dann einen Wert unter 71, so kann man mit größerer Sicherheit auf Zusatz von Talg oder gehärtetem Öl schließen. — Das Verfahren gestattet in den meisten Fällen noch 10%, mitunter 5% und noch weniger Talg nachzuweisen[2]). Je härter der Talg ist, um so geringere Mengen lassen sich noch erkennen; dasselbe gilt für gehärtete Öle. Die Anwesenheit von Pflanzenölen, auch Palmfetten, stört nicht; das Verhalten von Pflanzentalgen, wie Mowrahbutter u. dgl., ist noch nicht genügend geprüft.

Nachdem das Schweinefett kein über 68,5° schmelzendes Glycerid enthält, kann man, wenn der Schmelzpunkt der isolierten Glyceride merklich höher, etwa um 69,5° oder darüber liegt, auch unabhängig von der Schmelzpunktsdifferenz schließen, daß die untersuchte Probe kein reines Schweinefett ist.

Sonstige tierische Speisefette.

R i n d e r t a l g ist das aus fettreichen Teilen geschlachteter Rinder ausgeschmolzene Fett. Das aus frischen, ausgewählt guten Teilen bei höchstens 55—60° ausgeschmolzene Fett heißt P r e m i e r j u s (Feintalg), mindere Sorten bezeichnet man als Speisetalg, durch Auspressen des Talges bei mäßiger Temperatur erhaltene, niedriger schmelzende Anteile nennt man O l e o m a r g a r i n, den dabei

[1]) BÖMER: a. a. O.

[2]) FISCHER und WEWERINKE: Z. Nahrgsm. Bd. 27, S. 361. 1914; ARNOLD: ebenda Bd. 31, S. 377. 1916.

als Rückstand verbleibenden höherschmelzenden Teil Preßtalg (auch Rinderstearin). In gleicher Weise wird aus den Fettgeweben von Schafen Hammeltalg, Hammeloleomargarin usw. gewonnen. Gänsefett ist das aus fettreichen Teilen geschlachteter Gänse ausgeschmolzene Fett. — Die Rinderfette sind hauptsächlich als Rohstoffe für die Erzeugung von Margarine und Kunstspeisefett wichtig.

Die Untersuchung erfolgt im großen ganzen in gleicher Weise wie beim Schweineschmalz durch Prüfung auf Verdorbenheit, Bestimmung der charakteristischen Kennzahlen und Anstellung der Spezialreaktionen zum Nachweis artfremder, insbesondere pflanzlicher Fette.

Grenzwerte der Kennzahlen tierischer Speisefette[1]).

	Rindertalg	Oleomargarin	Preßtalg	Hammeltalg	Gänsefett
Spez. Gewicht . .	bei 15° 0,943—0,952**	0,859—0,862	0,937—0,952**	—	bei 15° 0,909—0,930
Schmelzpunkt[2]) .	43—51°	28—40°	35—52°** 56,2°*	48—52°	32—38°
Erstarrungspkt.[2])	30—38°	17—27°	35—50°**	34—38°	17—22°
Differenzzahl[2]) . .	13—15	—	—	13—15	14—16
Brechungsindex bei 40°	1,4566—1,4583	1,4577—1,4590	—	1,4566—1,4583	1,4593—1,4620
Butterrefraktometer-Sk.-T.b.40°	46—48,5	47,5—49,5	um 49**	46—48,5	50—54
Jodzahl	32—46	42—53	18—21** 14,1*	35—46	59—81
Verseifungszahl. .	193—198	193—198	195—198** 201,1*	192—198	184—198
R.-M.-Zahl. . . .	0,1—0,6	0,1—0,7	0,1—1,3*	0,1—1,2	0,2—1,0
Fettsäuren:					
Schmelzpunkt .	41—47°	42—45°	49—53°	41—57°	35—41°
Erstarrungspkt.	39—47°	40—43°	47—51°*	39—52°	31—40°
Flüss. Fettsäuren:					
Jodzahl	89—92,4	—	—	92,7	—

Die in der Tabelle angeführten Zahlen sind nicht die äußersten Grenzwerte. — Zur Verfälschung von Rinderfetten kommen, abgesehen von Wasser (mit Emulgierungsmitteln), hauptsächlich in Betracht: Hammeltalg, Palmfette, Cottonstearin, weniger Knochenfett, Fischtalg oder gar Wollfett, Paraffin u. dgl. Ein sicherer Nachweis von Hammeltalg ist nicht möglich. Pferdefett bedingt eine Erhöhung der Jodzahl, dasselbe gilt aber natürlich auch für Pflanzenöle (Unterscheidung durch die Phytosterinprobe). Palmfette werden wie in Butter und Schweinefett an der charakteristischen Änderung der Verseifungszahl, R.-M.-Zahl, Polenskezahl, A-Zahl und Jodzahl erkannt, Cottonstearin durch die Reaktionen auf Baumwollsamenöl, die wie alle Spezialreaktionen auf Pflanzenöle durch die Phytosterinprobe zu bestätigen sind. Auf Fischtalg und teilweise gehärteten Tran kann man nur bei stark positivem Ausfall der TORTELLIschen Reaktion, und auch dann nicht mit absoluter Sicherheit, schließen, weil auch reine Talge von mit Fischmehl u. dgl. gefütterten Tieren die Reaktion aufweisen können.

[1]) Nach „Entwürfe" S. 18 und 19 (Zahlen ohne Stern); BÖMER in KÖNIG: Nahrungs- und Genußmittel Bd. III, Teil 2, S. 459 (Zahlen mit *); Codex alimentarius Austriacus Bd. III, S. 131 (Zahlen mit **).

[2]) Mit Ausnahme der durch ** bezeichneten Zahlen sind die Schmelzpunkte und Erstarrungspunkte nach POLENSKE bestimmt.

Ein (kaum mehr vorkommender) Zusatz von Wollfett wird an dem abnorm hohen Gehalt an Unverseifbarem und an dessen Beschaffenheit erkannt.

Die Unterscheidung von Talg, schmalzartigen Fetten und Stearin ist zolltechnisch wichtig. Man bestimmt vor allem den Erstarrungspunkt nach Finkener (S. 115); liegt er unter 30°, so gilt das Fett als schmalzartig, liegt er zwischen 30 und 45°, so gilt es als Talg und erstarrt es über 45°, so wird es als Kerzenstoff behandelt. Im Zweifelsfalle entscheidet die Jodzahl; über 42°: schmalzartiges Fett, zwischen 30 und 42: Talg, unter 30: Kerzenstoff.

Bei Gänsefett kommt hauptsächlich eine Verfälschung mit Schweineschmalz in Betracht, und zwar soll eine Differenzzahl über 17 eine Beimengung von Schweinefett beweisen.

Kunstspeisefette.

Kunstspeisefette werden definiert als „dem Schweineschmalz ähnliche Zubereitungen, deren Fettgehalt nicht oder nicht ausschließlich aus Schweinefett besteht". Unverfälschte und unvermischte Fette bestimmter Tier- und Pflanzenarten, die ihrem Ursprung entsprechend bezeichnet sind, fallen aber selbstverständlich nicht unter den Begriff. Kunstspeisefette können die verschiedensten Fette und Öle enthalten, z. B. Rindertalg, Oleomargarin, Preßtalg, gehärtete Öle und Trane, Palmfette, Baumwollsamenöl und -stearin, Erdnußöl, Sesamöl, Rüböl u. a. m. Sie zeigen meistens schweineschmalzähnliche Konsistenz und sind ungefärbt.

Man untersucht die Kunstspeisefette nach den allgemeinen Prüfungsmethoden für Speisefette, prüft die äußere Beschaffenheit zur Feststellung der Ähnlichkeit mit Schweineschmalz oder Butterfett, prüft auf Verdorbenheit, bestimmt den Wassergehalt (Höchstmenge 0,3%), etwaige Konservierungsmittel, Farbstoffe usw. Die Ermittlung der Zusammensetzung erfolgt, ähnlich wie bei der Untersuchung von Margarine und Schweineschmalz, durch Bestimmung der Kennzahlen und Nachweis einzelner Fette durch Spezialreaktionen.

Pflanzenspeisefette.

Diese sind im allgemeinen die reinsten Nahrungsfette, die überhaupt kein „Nichtfett" enthalten, weder Wasser, noch Kochsalz und andere Konservierungsmittel, Aromastoffe u. dgl., höchstens Spuren von gelben Farbstoffen. Sie bestehen meistens aus Cocosöl oder Palmkernöl, Babassuöl oder anderen Palmfetten oder Mischungen derselben. Liegt ein unvermischtes Fett vor, so läßt es sich meistens durch Bestimmung der Kennzahlen leicht identifizieren (siehe untenstehende Tabelle). Die Palmfette werden bereits durch die Verseifungszahl charakterisiert, Cocos-, Palmkern- und Babassuöl durch die Jodzahl und die A-Zahl. Cocos- und Palmkernfett unterscheiden sich namentlich durch die Refraktion, die Polenskezahlen und durch die Beschaffenheit der „Polenskesäuren": die des Cocosöls sind bei gewöhnlicher Temperatur flüssig, die des Palmkernöls fest (vgl. S. 168); das mittlere Molekulargewicht dieser Säurefraktion ist bei Cocosöl 168—171, bei Palmkernöl 180—184. Ein Molekulargewicht der flüchtigen, unlöslichen Säuren über 171 deutet auf Palmkernöl, ebenso eine Refraktionszahl über 35,5. In Gemischen beider Fette sind schon etwa 20% Cocosöl durch die starke Erniedrigung der Polenskezahl nachweisbar, dagegen lassen sich erst große Mengen von Palmkernöl (nicht unter 40%) mit Sicherheit erkennen.

Wird ein pflanzliches Speisefett unter einer destimmten Herkunftsbezeichnung in den Handel gebracht, z. B. als Cocosnußfett, so darf es keine anderen

Fette enthalten. Ein Gehalt des Cocos- und Palmkernöles an fremden Fetten wird schon an der Erniedrigung der Verseifungszahl, der R.-M.-Zahl und der Polenskezahl erkannt.

Grenzwerte der Kennzahlen von Pflanzenspeisefetten.

	Cocosnußfett[1]	Palmkernöl[1]	Baumwollsamenöl-stearin[2]	Mowrahfett und Sheabutter[2]
Spez. Gewicht bei 15°	0,920—0,925[2])	um 0,930[2])	um 0,920	um 0,920
Schmelzpunkt	nach POLENSKE 24—27°	27—30°	26—39°	25—42°
Erstarrungspunkt	nach POLENSKE 19—23°	20—23°	16—32°	17—36°
Brechungsindex bei 40°	1,4477—1,4497	1,4495—1,4517	—	—
Butterrefraktometer-Skalenteile bei 40°	33,5—36,3	36—39	—	39—49
Jodzahl[3])	8—10	13—17	89—104	50—67
Verseifungszahl	254—262	242—252	194—195	188—192
R.-M.-Zahl	6—8,5	4—7	<1	1—2
Polenskezahl	16,8—18,2	8,5—11	—	—
Fettsäuren: Schmelzpunkt	24—27°	26—27°	27—30°	39—55°
Fettsäuren: Erstarrungspunkt	16—23°	21—23°	21—23°	38—50°

Kakaobutter.

Kakaobutter ist das in den Kakaobohnen enthaltene, durch Abpressen gewonnene Fett. Die rohen Bohnen enthalten über 50% Fett, gute Kakaopulver 22—30%, solche mit weniger als 20% Fett gelten als stark entölt. Über die Bestimmung s. S. 75.

Kakaobutter und Erzeugnisse wie Schokolade, deren ausschließlichen Fettbestandteil sie bilden soll, werden häufig mit anderen billigeren Fetten verfälscht. Als Ersatzfette, sog. Schokoladenfette, dienen hauptsächlich durch Abpressen der niedriger schmelzenden Glyceride erhaltenes Cocosöl- und Palmkernölstearin, hydriertes Cocosöl, Illipéfett, auch Dikafett, Borneotalg, selbst Japantalg, auch Rindstalg, vereinzelt sogar Bienenwachs und Paraffin. Zur Reinheitsprüfung bestimmt man vor allem Schmelzpunkt, Refraktion, Verseifungszahl und Jodzahl, den Gehalt an Unverseifbarem, insbesondere auch die kritische Lösungstemperatur. Eine sichere Entscheidung auf Grund der Kennzahlenbestimmung ist nicht immer möglich, weil durch geschicktes Mischen verschiedener Schokoladenfette Produkte erhalten werden können, deren Kennzahlen mit denen der Kakaobutter (s. untenstehende Tabelle) genügend übereinstimmen.

Grenzwerte der Kennzahlen von Kakaobutter.

$d^{99}_{15,5}$	Schmelz-punkt	Refraktions-zahl bei 40°	Verseifungs-zahl	Reichert-Meißl-Zahl	Jodzahl	Schmelzpunkt der Fettsäuren
0,8575	28—34°	46—47[4]) 46—48[5])	192—202[4,5])	0,2—0,8	33—38[4]) 33—42[5])	48—53°[5])

Die Identifizierung wird dadurch erschwert, daß sich die Kakaobutter beim Rösten der Bohnen — entgegen früheren Angaben — doch einigermaßen zu ver-

[1]) Nach „Entwürfe" S. 25 und 26. [2]) Nach dem Codex a. A. Bd. III, S. 131.

[3]) Cocos- und Palmkernfette aus den äußeren Teilen der Koprah bzw. der Kerne, mit der ölsäurereichen Rinde, können wesentlich höhere Jodzahlen aufweisen.

[4]) Aus dem Codex alimentarius Austriacus Bd. I, S. 288.

[5]) Aus dem Schweiz. Lebensmittelbuch, 3. Aufl., S. 46.

ändern scheint; die Verseifungszahl und die Jodzahl können abnehmen, das (angeblich charakteristische) „höckerige" Erstarren zeigt sich nicht mehr[1]).

Die meisten Ersatzfette erhöhen die Verseifungszahl und erniedrigen die Jodzahl und den Schmelzpunkt der Fettsäuren. Fette der Cocosölgruppe werden speziell auch durch die R.-M.-, Polenske- und A-Zahl nachgewiesen. Bienenwachs, das aber kaum mehr zugesetzt werden dürfte, erhöht den Gehalt an Unverseifbarem, ebenso den an freien Säuren — es gibt aber auch echte Kakaobutter, namentlich solche aus Schalen, die fast zu $^1/_3$ gespalten ist. Die speziell zum Nachweis von Rindstalg vorgeschlagene Krystallisationsprobe: Feststellung der Zeit, innerhalb welcher sich eine Lösung in der doppelten Gewichtsmenge Äther bei 0° trübt[2]), scheint auch nicht durchaus zuverlässig[3]), ebensowenig ist es die Isolierung von Glyceriden aus Äther-Alkohollösung. Zuverlässiger ist die Bestimmung der kritischen Lösungstemperatur, besonders die in Eisessig. Lösungen reiner Fette in gleichen Raumteilen Eisessig zeigten kritische Temperaturen von 65—69°, solche von Ersatzfetten, die sich weder im Aussehen noch durch die Kennzahlen von reinen Fetten merklich unterschieden, bloß 35°[4]). Wertvoll ist auch die Bestimmung der Mischbarkeitskurven nach LOUISE (s. S. 139). Die Kurve der Mischbarkeit von reiner Kakaobutter mit Anilin zeigt einen charakteristischen Verlauf; schon geringe Beimengungen von fremden Fetten werden durch Abweichungen im Kurvenverlauf erkannt[5]). — Ein in letzter Zeit vorgeschlagenes Schmelzpunktsverfahren ist noch nicht genügend erprobt[6]). — Wie S. 292 angegeben, ist bei etwaiger Prüfung auf Sesamöl bzw. gehärtetes Sesamöl zu beachten, daß auch reine Kakaobutter bei der Prüfung nach Soltsien und nach Baudouin infolge ihres Gehaltes an Kakaorot eine braunrote Färbung gibt, die leicht eine positive Sesamolreaktion vortäuschen kann. Deshalb muß vor Anstellung der Reaktionen der Farbstoff entfernt werden.

Bei der Untersuchung von Milchschokolade ist neben der Bestimmung der Kakaobutter auch die des Milchfettes nötig. (Mindestgehalt nach den derzeitigen Vereinbarungen 3,1%.) Dieses soll durch Bestimmung der R.-M.-Zahl und Auswertung derselben nach der Formel $\frac{\text{R.-M.-Z.} \times \text{Fettgehalt}}{30}$ ermittelt werden[7]). Bei Gegenwart von Cocosfett u. dgl. ist dieses Verfahren nicht angängig, dann dürfte sich die Bestimmung der B-Zahl empfehlen[8]).

Speiseöle.

Speiseöle im weitesten Sinne sind „alle zum menschlichen Genuß geeigneten, bei einer Temperatur von über 15° flüssigen Fette tierischen und pflanzlichen Ursprungs"[9]). Praktisch kommen für uns als Speiseöle (Tafelöl, Salatöl, Bratöl, Backöl, Konservenöl) nur Pflanzenöle in Betracht, vor allem Olivenöl, Erdnuß-, Sesamöl, weniger Mohnöl, Maisöl, Baumwollsamen-, Soja- und Rüböl, Sonnenblumenöl, Kürbis- und Traubenkern-, Bucheckern-, Leindotter- und selbst Leinöl.

Die Speiseöle müssen den allgemeinen Bestimmungen zum Schutze der Gesundheit entsprechen (s. S. 333), sie dürfen weder künstlich gefärbt noch mit

---

[1]) VAUBEL: Z. ang. Bd. 37, S. 222. 1924. [2]) BJÖRKLUND: Z. anal. Ch. Bd. 3, S. 233. 1864.
[3]) Vgl. dagegen BOHRISCH und KÜRSCHNER: Pharm. Centralh. Bd. 55, S. 191. 1914.
[4]) GRIMME: Ebenda, S. 285.
[5]) MARANGE: Compt. rend. Bd. 177, S. 191. 1923; ROSSET, MARANGE und VINTER: Ann. Falsif. Bd. 16, S. 454. 1923.
[6]) PICHARD: Ebenda, S. 197. [7]) HÄRTEL und JAEGER: Z. Nahrgsm. Bd. 44, S. 291. 1922.
[8]) Über Kakaobutterverfälschung s. a. LÜHRS: Z. ang. Bd. 38, S. 30. 1925.
[9]) Codex a. A. Bd. III, S. 195.

Konservierungsmitteln versetzt sein und dürfen, wenn die Bezeichnung auf eine bestimmte Pflanzenart hinweist, keine anderen Fette irgendwelcher Art enthalten.

Wichtig ist vor allem die Sinnenprüfung auf Geruch, Geschmack, Farbe, Klarheit bzw. genügende Kältebeständigkeit. Die Anforderungen sind je nach der Verwendung verschieden; in bezug auf Geruch, Geschmack und Aussehen sind sie natürlich bei den Salatölen am höchsten. Von Brat- und Kochölen wird weniger Klarheit verlangt, dafür sollen sie beim Erhitzen in der Pfanne nicht zu stark schäumen.

Von chemischen Prüfungen ist in erster Linie die Bestimmung des Säuregrades (nach dem Schweiz. Lebensmittelbuch maximal 15) und des Gehaltes an Unverseifbarem (etwaige Verfälschung mit Mineralöl) wichtig. Grobe Verfälschungen, wie gelbgefärbte wässerige Lösungen von Pflanzenschleimen u. dgl., die schon am Einkochen beim Erhitzen oder an der Unlöslichkeit in Äther erkannt werden, kommen jetzt kaum mehr vor. Eine genauere chemische Untersuchung ist besonders dann erforderlich, wenn die Ware als ein bestimmtes Öl, wie Olivenöl, Erdnußöl, bezeichnet ist. Man bestimmt dann die Kennzahlen (vgl. Tabelle S. 366) und prüft namentlich durch die Spezialreaktionen, ob ein anderes Öl vorliegt oder beigemischt ist. Dabei ist zu beachten, daß mitunter auch ein unverfälschtes Öl die für ein anderes Öl spezifische Farbenreaktion mehr oder weniger deutlich gibt; die Saat, aus der das Öl gepreßt wurde, konnte ein wenig fremde Saat enthalten, auch können in Ölmühlen, die verschiedene Öle in derselben Apparatur erzeugen, leicht kleine Mengen fremden Öls aus den Pressen, Preßtüchern, Rohrleitungen usw. aufgenommen werden. (Aus dem gleichen Grunde lassen sich auch die Grenzwerte der Kennzahlen für den Zweck der praktischen Untersuchung nicht genau festlegen.) Andererseits können aber die Farbenreaktionen bei Ölen, die auf hohe Temperatur erhitzt oder einer gewissen Behandlung mit Säuren unterworfen waren, ausbleiben. Aus dem negativen Ausfall einer Farbenreaktion kann man deshalb nicht mit Sicherheit schließen, daß das betreffende Öl nicht zugegen ist. Neben den auf S. 290ff. beschriebenen Reaktionen zum Nachweis einzelner Pflanzenöle wird man sich künftig vielleicht auch einer serologischen Methode, der Präcipitinreaktion, bedienen können, um festzustellen, ob ein Pflanzenöl rein oder mit einem bestimmten anderen Öl vermischt ist[1]). Bei der Auswahl der Reaktionen gibt der Preis des zu untersuchenden Öles einen Anhaltspunkt. So kommt z. B. für Olivenöl (Jungfernöl, Provenceröl usw.) keinesfalls das teurere Mandelöl als Verfälschungsmittel in Betracht, aber alle billigeren, für den gleichen Zweck verwendbaren Öle.

Olivenöl. Für die zollamtliche Prüfung bei der Einfuhr ist vorgeschrieben: die Bestimmung des spez. Gewichts, des Brechungsvermögens und der Jodzahl, die Ausführung der Elaidinprobe (S. 239) und der Reaktionen auf Sesamöl, Erdnußöl und Baumwollsamenöl. Auf Sesamöl prüft man nach Soltsien (S. 291), auf Erdnußöl durch die S. 236 beschriebene Bestimmung der Arachin- und Lignocerinsäure[2]), auf Baumwollsamenöl nach Halphen (S. 292). Rüböl wird angezeigt durch Erniedrigung des spez. Gewichtes, der Verseifungszahl, des Erstarrungspunktes der Fettsäuren und durch die Verringerung der Löslichkeit in

---

[1]) Popoff und Konsuloff: Zentralbl. f. Bakt. u. Parasitenkunde II., Abt. 44, S. 658. 1915; C. 1916, I, S. 271. Vgl. auch S. 315, Fußnote [3]).

[2]) Zum qualitativen Nachweis der Arachin- und Lignocerinsäure liegen verschiedene Verfahren vor, von denen die in allerletzter Zeit von Fachini und Dorta ausgearbeiteten Methoden am geeignetsten sein dürften (s. Nachtrag S. 552). Es ist aber zu beachten, daß das Vorkommen der beiden Säuren im Erdnußöl nicht streng spezifisch ist, kleine Mengen sollen auch in reinen Olivenölen vorkommen.

Eisessig; die Refraktion und die Jodzahl werden erhöht. Trocknende und halbtrocknende Öle werden durch die Jodzahl und die Hexabromidzahl, speziell Leinöl auch durch die Erhöhung der Dichte und der Refraktion nachgewiesen, Fischöle durch die Octobromidprobe (s. S. 244), Schmalzöl durch den Geruch beim Erwärmen und durch den niedrigeren Schmelzpunkt des Sterinacetats, Mineralöle durch die Bestimmung und Untersuchung des Unverseifbaren (S. 274). — In grüngefärbten Ölen prüft man auf Kupfer durch Verbrennen einer größeren Menge im Porzellantiegel und Untersuchung der Asche oder durch Ausschütteln der ätherischen Lösung mit verdünnter Salpetersäure.

Erdnußöl. Für dieses Öl ist der verhältnismäßig beträchtliche Gehalt an Arachin- und Lignocerinsäure — ungefähr $4^1/_2$ bis $5^1/_2$% — charakteristisch. Als Verfälschungsmittel dienen namentlich Sesamöl, Baumwollsamenöl, Mohnöl und Rüböl, die wie oben angegeben nachgewiesen werden.

Sesamöl. Man prüft auf Zusätze von Baumwollsamenöl, Rüböl und trocknenden Ölen.

Baumwollsamenöl. Dieses kann zur Verbesserung mit Sesamöl verschnitten sein, es kann aber auch Maisöl, Leinöl u. dgl. enthalten.

Rüböl. Für reines Öl ist die niedrige Verseifungszahl — bei normalem Gehalt an Unverseifbarem — charakteristisch; die Verfälschungen bestehen hauptsächlich in trocknenden Ölen und Tran, seltener Harzöl oder Paraffinöl, die nach S. 275 bzw. 274 bestimmt werden.

Grenzwerte der Kennzahlen von Speiseölen[1]).

Öle	Spezifisches Gewicht bei 15°	Refraktometerzahl bei 25°	Jodzahl	Verseifungszahl	Reichert-Meißl-Zahl	Fettsäuren	
						Schmelzpunkt	Erstarrungspunkt
Olivenöl	0,915—0,923	62—65,5	79—92	188—195	0,3—1,5	19,2—29,3°	20—23,5°
Erdnußöl . . .	0,911—0,926	62—68	83—103	185—197	0,4—1,6	27—35,5°	22—32,5°
Sesamöl	0,920—0,926	66—69	102—114	188—190	0,1—0,4	24—26°	20—22°
B'wollsamenöl .	0,921—0,926	66—70	101—112	191—196	0,5—1,0	32—46°	32—35°
Kürbiskernöl. .	0,920—0,926	70—72	113—131	188—190	—	26—30°	um 24,5°
Maisöl.	0,922—0,924	um 72	119—125	188—193	0,2—0,6	16—23°	14—16°
Sonnenblumenöl	0,920—0,927	72—73	104—135	188—198	—	17—24°	17—18°
Leindotteröl . .	0,924—0,933	66	132—135	um 188	—	18—20°	13—14°
Sojaöl.	0,924—0,927	72—74	125—134	192—193	—	27—29°	21—25°
Mohnöl	0,924—0,937	72—75	131—143	192—198	0—0,6	20—21°	15—17°
Leinöl.	0,931—0,937	81—86	170—190	187—195	0—0,9	13—24°	13—21°
Rüböl.	0,911—0,919	68—72	94—122	167—178	0,2—0,8	11—22°	8—18°
		bei 40°:					
Schmalzöl . . .	0,913—0,918	um 41	60—82	189—198	—	32—38°	31—36°
Robben- und Waltranöl . .	0,916—0,936	um 75	120—150	180—196	0,1—0,3	15—27°	16—23°

Anhang.

Bemerkungen über die Untersuchung der in zubereiteten Nahrungsmitteln enthaltenen Fette. Die Abscheidung und quantitative Bestimmung des Fettes erfolgt nach einer der S. 74ff. beschriebenen Methoden. Backwaren werden ähnlich wie Mehle aufgeschlossen. Z. B. trägt man in einen Literkolben so viel Gebäck ein, als 25 g Fett entspricht, setzt 20 ccm Salzsäure, spez. Gewicht 1,124, zu und erhitzt im Wasserbad 2 Stunden lang unter Rückfluß. Nach dem Erkalten wird der Kolbeninhalt neutralisiert, mit Petroläther

[1]) Nach dem Codex a. A. Bd. III, S. 203.

extrahiert und der Lösungsrückstand in Kohlendioxydatmosphäre getrocknet[1]). Ist die Art des Fettes zu ermitteln, handelt es sich z. B. um die Feststellung, ob ein als Buttergebäck bezeichnetes Probestück mit Butter oder einem anderen Fett zubereitet wurde, so bestimmt man Refraktion, Verseifungszahl, R.-M.-Zahl, Polenskezahl, Jodzahl, stellt die BAUDOUINsche und die HALPHENsche Reaktion an usw. Beim Backen des Fettes mit Mehl erfolgt eine geringe Spaltung, es tritt auch teilweise Oxydation ein unter Bildung oxydierter, auch flüchtiger Säuren, die Veränderung der Kennzahlen und der spezifischen Reaktionsfähigkeit ist aber nicht so groß, als daß sich das zur Zubereitung verwendete Fett nicht erkennen und Verfälschungen nicht nachweisen ließen[2]). Tiefergreifende Veränderungen, wie Erhöhung der Polenskezahl, treten erst beim Überhitzen oder beim Erhitzen in dünner Schicht auf. Z. B. fand KREIS bei der Analyse einer Margarine im ursprünglichen Zustand und nach Ausziehen aus dem Gebäck folgende Werte[3]):

	Ursprüngliches Fett	Extrahiertes Fett
Säuregrad	1,7	3,5
Refraktionszahl bei 40°	51,0	52,0
Reichert-Meißl-Zahl	0,30	1,1
Polenskezahl	0,50	0,60
HALPHENsche Reaktion	positiv	positiv

Aus den Kennzahlen des ausgezogenen Fettes läßt sich aber natürlich nur dann auf das verwendete Fett schließen, wenn nicht durch andere Bestandteile, z. B. Milch und Eigelb (oder ölreiche Samen wie Nüsse u. dgl.) auch andere Fette in das Gebäck gelangten[4]).

Beispiel: Vergleich eines Butterfettes und des aus einem Kuchen extrahierten Fettes, der mit derselben Butter unter Mitverwendung von Milch und Eiinhalt gebacken wurde[5]).

	Ursprüngliches Fett	Extrahiertes Fett
Säuregrad	7,9	8,9
Refraktionszahl bei 40°	43,0	47,5
Reichert-Meißl-Zahl	29,0	20,5
Polenskezahl	2,3	1,9
Jodzahl	43,5	52,2

Die Refraktion und die Jodzahl des extrahierten Fettes sind somit höher, die R.-M.-Zahl niedriger als die Grenzwerte der entsprechenden Kennzahlen reinen Butterfettes.

Zur Bestimmung des Fettes in Wurstwaren (vgl. S. 76) mischt man die Probe mit der doppelten Menge Sand oder Bimsstein, trocknet, verreibt nochmals auf das feinste und extrahiert. Bei der Bestimmung der freien Säure ist zu beachten, daß mit Äther extrahiertes Wurstfett fast immer einen höheren Säuregrad aufweist, als das mit Wasser ausgeschmolzene. Die Analyse des ausgeschmolzenen Fettes ist maßgebend. Im Fett von Würsten kann der Säuregrad sehr hoch ansteigen, z. B. nach mehrmonatigem Lagern bis gegen 50, ohne daß Geruch und Geschmack und überhaupt die Genießbarkeit selbst leidet[6]). Die gesetzlichen Bestimmungen sind aber strenger, z. B. ist für die Einfuhr in die Schweiz ein Säuregrad über 12 unzulässig.

---

[1]) KÖNIG und BURBERG: Z. Nahrgsm. Bd. 27, S. 775. 1914.
[2]) MASTERS und SMITH: Analyst Bd. 39, S. 347. 1914; s. a. KÖNIG und BURBERG: a. a. O.
[3]) Ch. Umschau Bd. 25, S. 42. 1918. [4]) KREIS: a. a. O. [5]) KREIS: a. a. O.
[6]) POLENSKE: Arb. Ges.-Amt Bd. 38, S. 556. 1912; PRAGER: Z. öff. Ch. Bd. 20, S. 244. 1914.

Gehärtete Fette.

(Gehärtete Öle, hydrierte Öle.)

Die Analyse und die Wertbestimmung gehärteter Fette erfolgen selbstverständlich nach denselben Methoden und Gesichtspunkten wie die der natürlichen Fette, sie machen keinerlei Schwierigkeiten besonderer Art. Hingegen ist die Erkennung gehärteter Öle als solche, die Unterscheidung von natürlichen Fetten gleicher Konsistenz, naturgemäß oft schwierig; in vielen Fällen ist sie sogar unmöglich, besonders bei schwach gehärteten Ölen und bei Mischungen von hydrierten und nichthydrierten Fetten, sofern sie nicht Katalysatorspuren enthalten oder Härtungsgeruch zeigen. Ebenso ist es in vielen Fällen unmöglich, die Rohstoffe solcher Hartfette zu ermitteln. Nur vollständig gehärtete Fette sind als solche sofort kenntlich, weil es keine natürlichen Fette gibt, die praktisch nur aus Glyceriden gesättigter Fettsäuren bestehen und die Konsistenz von Stearin aufweisen.

Veränderung der Eigenschaften und Kennzahlen durch das Hydrieren.

Der Schmelzpunkt und der Erstarrungspunkt des Fettes (sowie dementsprechend des Fettsäurengemisches aus dem Fett) steigen, wobei aber das Ansteigen dem Sinken der Jodzahl nicht in allen Phasen der Hydrierung parallel geht. Der Erstarrungspunkt erreicht bei den meisten Ölen, wenn sie vollständig hydriert sind, 60—70° (je nach dem Gehalt an Palmitinsäure und anderen Säuren von niedrigerem Molekulargewicht als Stearinsäure mehr oder weniger); vollständig hydriertes Ricinusöl erreicht einen Schmelz- und Erstarrungspunkt gegen 80°.

Das spezifische Gewicht wird erhöht. NORMANN und HUGEL[1]) fanden bei vollständig gehärtetem Baumwollsamenöl $d_{15} = 0{,}9999$.

Die Löslichkeit wird selbstverständlich vermindert, folglich steigt die Crismerzahl.

Das Brechungsvermögen sinkt mit fortschreitender Hydrierung. Eine Ausnahme macht nur das Ricinusöl, weil bei der technischen Hydrierung desselben eine teilweise Abspaltung der alkoholischen Hydroxylgruppe eintreten kann.

Beispiele für die Änderung des Lichtbrechungsvermögens nach ELLIS[2])

Werte für n_D^{55}	Vor der Hydrierung	Nach der Hydrierung
Maisöl	1,4615	1,4514 (Schmp. 55,7°)
Waltran	1,4603	1,4550 („ 41,5°)
Sojaöl	1,4617	1,4538 („ 50,3°)
Cocosöl-Elain	1,4429	1,4425 („ 24,7°)
Palmöle	1,4523	1,4517 („ 38,7°)
	1,4523	1,4494 („ 44,8°)
Erdnußöl	1,4567	1,4547 („ 34,7°)
Leinöl	1,4730	1,4610 („ 42,3°)

Die Jodzahl wird erniedrigt, sie kann bis auf Null sinken, im Handel kommen aber selten vollständig gehärtete Fette vor. Die Hexabromidzahl wird noch schneller erniedrigt und sinkt bald gegen Null.

1) Ch.-Ztg. Bd. 37, S. 815. 1913. 2) Hydrogenation of oils. S. 124. New York 1914.

Die Säurezahl bleibt unverändert oder wird infolge teilweiser Fettspaltung ein wenig erhöht.

Die Verseifungszahl bleibt unverändert; nur beim Ricinusöl kann sie infolge teilweiser Abspaltung der Hydroxylgruppe (Substitution von OH durch H), wodurch das Molekulargewicht kleiner wird, erhöht werden.

Die Acetylzahl bleibt praktisch unverändert mit Ausnahme von Ricinusöl, wo sie wegen teilweiser Abspaltung der Hydroxylgruppe (vgl. oben) erniedrigt werden kann. Gehärtete Ricinusöle zeigen häufig bloß Acetylzahlen von 100 oder noch weniger.

Die Reichert-Meißl-Zahl und die Polenskezahl bleiben unverändert.

Beispiele für die Kennzahlen gehärteter Öle.

Gehärtetes Fett aus	Schmelzpunkt	Erstarrungspunkt	Differenzzahl	Refraktionszahl	Säurezahl	Verseifungszahl	Jodzahl (Wijs)
Gambia-Erdnußöl, schmalzig[1]	44,2°	30,2°	14,0	bei 40° 52,3	1,3	188,3	50,5
„ talgig[1]	53,5°	38,8°	14,7	„ 40° 49,0	1,2	189,0	42,2
Sesamöl, schmalzig[1]	47,8°	33,4°	14,4	„ 40° 51,5	0,5	190,6	54,8
„ talgig[1]	62,1°	45,3°	16,8	„ 50° 38,4	4,7	188,9	25,4
Baumwollsamenöl, schmalzig[1]	38,5°	25,4°	13,1	„ 40° 53,8	0,6	195,7	69,7
Leinöl, vollständig gehärtet[2]	68,0°	—	—	—	—	189,6	0,2
Waltran, schmalzig[3]	38,5°	32,8°	5,7	n_D^{50} 1,4569	3,7	188,8	56,7
„ talgig[3]	48,0°	42,0°	6,0	n_D^{50} 1,4530	2,2	189,3	23,2

Die wichtigsten Prüfungsmethoden sind folgende:

Prüfung auf katalytische Metalle.

Nickel: Nach Normann und Hugel[4]) verascht man 100—200 g Fett, nimmt die Asche mit 3—5 ccm sehr verdünnter Salzsäure auf, übersättigt die Lösung mit Ammoniak, dampft nach dem Filtrieren ein und fügt zum Rückstand 1 ccm 1 proz. alkoholische Dimethylglyoximlösung und nötigenfalls Ammoniak. Noch geringe Nickelspuren (bis 0,01 mg Ni in 100 g Fett, d. i. bis 0,00001%) werden durch Bildung des rot- bzw. rosafarbigen Komplexsalzes angezeigt[5]). Noch empfindlicher als die Dimethylglyoximprobe ist die analoge Reaktion mit α-Benzildioxim[6]). Es können auch die anderen Reagenzien, die mit Nickelsalzen innere Komplexsalze bilden, verwendet werden, wie Dicyandiamidin, 1,2-Diaminoanthrachinon-3-sulfosäure (Grünfärbung der Lösung, die sich bald in eine obere, gelbe und eine untere, tiefblaue Schicht trennt[7]).

Während bei der qualitativen Prüfung auf Nickel vollkommene Zerstörung der organischen Substanz durch Veraschen ratsam ist, weil auch der Mineralsäure-

[1]) Bömer: Z. Nahrgsm. Bd. 24, S. 104. 1912.

[2]) Mannich und Thiele: Ber. D. Pharm. Ges. Bd. 26, S. 36. 1916.

[3]) Grimme: Ch. Revue Bd. 20, S. 158. 1913.

[4]) Sfsz. Bd. 40, S. 959. 1913; s. a. Kerr: Eng. Bd. 6, S. 207. 1914.

[5]) Tschugaeff: Ber. Bd. 38, S. 2520. 1905. Eine Verschärfung der Reaktion hat Feigl gefunden: kocht man die Nickellösung mit dem Reagens, einer Messerspitze PbO_2 und einigen Tropfen verdünnter Natronlauge kurz auf, so bildet sich das Komplexsalz des vierwertigen Nickels und das Filtrat zeigt noch eine tiefrote bis rotgelbe Färbung, wenn auch nur $^1/_4$ der sonst zur Erkennung des Nickels erforderlichen Mindestmenge vorliegt. Ber. Bd. 57, S. 758. 1924.

[6]) Atack: Z. anal. Ch. Bd. 53, S. 620. 1914.

[7]) Malatesta u. di Nola: Boll. Chim. Farm. Bd. 53, S. 6. 1914; C. 1914. II, 173.

auszug gewisser nickelfreier Fette (z. B. von Baumwollsaatölen) mit Dimethylglyoxim eine verwechselbare Rotfärbung geben soll[1]), wird bei der quantitativen Bestimmung zur Vermeidung von Nickelverlusten (nach Beobachtungen bis fast 2 mg beim Abbrennenlassen von 200 g Fett) besser nicht verascht.

Nach ATACK[2]) wird eine große Menge Fett — soviel als möglich — mit dem gleichen Volumen reiner konzentrierter Salzsäure 1—2 Stunden auf dem Wasserbade unter häufigem Umschütteln erhitzt. Die Säure wird dann im Scheidetrichter abgezogen, filtriert und in einer Porzellanschale eingedampft. Den Rückstand löst man in 50 ccm heißem absoluten Alkohol, macht mit Ammoniak gerade alkalisch und setzt 50 ccm einer heißen gesättigten Lösung von α-Benzildioxim zu. Dann erwärmt man noch einige Minuten auf dem Wasserbad, filtriert durch ein gewogenes Filter, wäscht den Niederschlag mit heißem Alkohol, trocknet ihn bei 110° und wägt. Durch Multiplizieren der Auswage mit dem Faktor 0,1093 erhält man das Gewicht des Nickels[3]).

Beispiel[4]):

Eingewogene Fettmenge . . . . = 253,57 g
Ausgewogene Benzildioxim-Verbindung . . . . = 0,0948 g

$$\text{Nickel im Fett} \;.\;.\;.\;.\;.\;.\;.\; = \frac{0{,}0948 \times 0{,}1093 \times 100}{253{,}57} = 0{,}0041\,\%\,.$$

Eine annähernde Bestimmung kann auch in der Weise vorgenommen werden, daß man den Eindampfrückstand des salzsauren Auszuges in 100 ccm Wasser löst, mit 1 ccm Reagens versetzt und nach längerem Stehen der Lösung ihre Färbung mit einer Standardlösung, die gleich viel Reagens enthält, im Colorimeter vergleicht. — Die gehärteten Fette enthalten gewöhnlich nur Bruchteile von Milligrammen, höchstens einige Milligramm Nickel pro Kilogramm. Durch die Mikroanalyse können aber schon Mengen von 2 mg auf 0,05% genau bestimmt werden[5]).

Handelt es sich um die Bestimmung größerer Nickelmengen, wie in Katalysatorpräparaten, Filterpreßkuchen usw., so bedient man sich mit Vorteil der rascher ausführbaren Methode von MOORE[6]). Sie beruht darauf, daß eine schwach ammoniakalische Nickellösung beim Versetzen mit Cyankalium unter Bildung von Nickelkaliumcyanür entfärbt wird. Der Überschuß an Cyankaliumlösung wird mittels Silbernitratlösung zurücktitriert, wobei Jodsilber als Indicator wirkt.

10 ccm ungefähr 0,1 g Nickel enthaltende Lösung werden bis zur schwach alkalischen Reaktion mit Ammoniak versetzt[7]), dann auf 100 ccm verdünnt und 6 Tropfen einer 10 proz. Jodkaliumlösung und etwa 1 ccm 0,5 proz. Silbernitratlösung hinzugefügt. Hierauf läßt man unter beständigem Rühren titrierte Cyankaliumlösung[8]) zufließen, bis das Jodsilber sich klar gelöst hat, fügt wieder Silberlösung bis zur bleibenden schwachen Opalescenz und dann Cyankaliumlösung bis zur völligen Klärung der Flüssigkeit zu; zwecks sicherer Beobachtung des Umschlages verwendet man schwarzes Glanzpapier als Unterlage. Die Berechnung erfolgt aus der Differenz der verbrauchten Anzahl Kubikzentimeter Cyankaliumlösung und der verbrauchten Kubikzentimeter Silbernitratlösung, die aufeinander eingestellt sind.

$$1\,\text{Ag} = 2\,\text{CN} = {}^1/_2\,\text{Ni}\,.$$

---

[1]) KNAPP: Analyst Bd. 38, S. 102. 1913.

[2]) Analyst Bd. 38, S. 316. 1913; s. a. Ch.-Ztg. Bd. 37, S. 773. 1913.

[3]) Ähnlich verfährt RIESS (Arb. Ges.-Amt Bd. 51, S. 521. 1919): Man schüttelt 200 g Fett mit 100 ccm 12,5 proz. Salzsäure und etwas Kaliumchlorat 1 Stunde auf dem Wasserbad, dampft nach dem Abkühlen einen aliquoten Teil ein, nimmt in 20 ccm Wasser auf, fällt mit Dimethylglyoxim, wäscht den Niederschlag, trocknet und wägt; Umrechnungsfaktor = 0,2032.

[4]) Aus „Oils, Fats and Waxes“ von FRYER and WESTON S. 157. Cambridge 1920.

[5]) STREBINGER: Öst. Ch.-Ztg. Bd. 21, S. 73. 1918. [6]) Ch. News Bd. 72, S. 92. 1895.

[7]) Sollte das zu untersuchende Material eisenhaltig sein, so versetzt man zur Verhinderung der Fällung von Hydroxyd die ursprüngliche Lösung mit Weinsäure; die Temperatur während der Titration soll 20° C nicht überschreiten.

[8]) 10—15 g reinstes, insbesondere S-freies KCN im Liter; die Lösung wird mit der Silberlösung, diese gegen Kochsalz eingestellt.

Platin wird wie üblich durch Veraschen der Substanz, Glühen und Auswaschen des Rückstandes, als Metall bestimmt.

Palladium kann aus der Lösung des Glührückstandes mit einer gesättigten Lösung von α-Nitroso-β-Naphthol in 50 proz. Essigsäure als Nitrosonaphtholat gefällt werden: $(C_{10}H_6O \cdot NO)_2Pd$, rotbrauner, voluminöser Niederschlag. Die Reaktion ist sehr empfindlich (bis 0,001 mg Pallado-ammoniumchlorid in 1 ccm), so daß selbst kleine Mengen neben viel Platin nachgewiesen werden können[1]).

Erkennung gehärteter Fette.

Schlecht raffinierte Produkte erkennt man oft schon daran, daß sie Spuren von Katalysatormetall enthalten, als gehärtete Fette, häufiger jedoch an ihrem eigenartigen „blumigen" Geruch, der besonders beim Kosten deutlich wird. Sehr hoch gehärtete Fette, deren Konsistenz zwischen der von Preßtalg und Stearin steht oder die des Stearins erreicht, sind schon dadurch allein kenntlich.

Die Jodzahl und die Refraktion sind bei schwächer gehärteten Fetten im Verhältnis zur Konsistenz oft auffällig hoch, bei stärker gehärteten niedriger als bei natürlichen Fetten gleicher Konsistenz, doch sind diese Kennzahlen namentlich bei Fettgemischen nicht ausreichend, um gehärtetes Fett nachzuweisen. — Gehärtete Fette von Talgkonsistenz geben beim Umkrystallisieren, am besten aus Aceton, bedeutend größere Fraktionen von hochschmelzenden Triglyceriden (Tristearin und gemischte Glyceride der Stearin-, Arachin- und Behensäure) als natürliche Talge, während Fettanteile mit relativ hohen Jodzahlen in der Mutterlauge bleiben[2]). Solche Fette enthalten nämlich im Gegensatz zu den natürlichen Talgen merkliche Mengen doppelt ungesättigter Säuren; die aus nicht allzuhoch gehärteten Fetten abgetrennten flüssigen Säuren zeigen Jodzahlen über 100, während z. B. die innere Jodzahl von Rindertalg um 90 liegt, jedenfalls 100 nicht überschreitet[3]). Bei stärker gehärteten Fetten, namentlich denen aus Tranen, ist der im Verhältnis zur Gesamtmenge des Unverseifbaren geringe oder sogar ganz fehlende Steringehalt auffällig; die Sterine — anscheinend besonders leicht Cholesterine — werden nämlich bei längerer Hydrierung über die entsprechenden gesättigten Alkohole zu den Stammkohlenwasserstoffen reduziert[4]).

Abnahme des Steringehaltes im Waltran mit fortschreitender Hydrierung[3]):

	Jodzahl	Freies Sterin
Ursprüngl. Tran:	114	0,13%
	67	0,10%
	36	0,07%
	20	0,05%
	13	0,02%.

Je höher der Härtungsgrad der Fette, um so geringer ist auch die Drehung der aus ihnen isolierten Sterine. Auch das sterinfreie Unverseifbare zeigt nur eine geringe Rechtsdrehung.

Der Nachweis der gehärteten Fette auf Grund der angeführten Erkennungsmerkmale ist aber durchaus nicht sicher. Dagegen kann man sie nach dem Vorschlage von GRÜN[5]) auf Grund ihres Gehaltes an festen ungesättigten Säuren erkennen. Die festen ungesättigten Säuren: die sog. Isoölsäure, Isoerucasäure

---

[1]) SCHMIDT: Z. anorg. Ch. Bd. 80, S. 335. 1913.

[2]) KLIMONT u. K. MAYER: Z. ang. Bd. 27, S. 645. 1914; BUTTENBERG u. ANGERHAUSEN: Z. Nahrgsm. Bd. 38, S. 199. 1919.

[3]) MARCUSSON u. MEYERHEIM: Z. ang. Bd. 27, I, S. 201. 1914.

[4]) MARCUSSON u. MEYERHEIM: a. a. O., VAN LEENT: Ch. Weekblad Bd. 53, S. 725. 1916: C. 1916. II, 526.

[5]) Ch.-Ztg. Bd. 47, S. 866. 1923.

(und vielleicht Analoga derselben) sind nämlich spezifische Bestandteile der neutralen gehärteten Fette, die bei der Hydrierung durch Umlagerung der entsprechenden natürlichen Olefinsäuren oder durch partielle Hydrierung mehrfach-ungesättigter Säuren gebildet werden. (Ein Gehalt an solchen Säuren in Gemischen von freien Fettsäuren beweist natürlich nicht, daß dieselben aus gehärteten Ölen stammen. Vgl. S. 459.) Die festen ungesättigten Säuren können nun indirekt durch die Bestimmung der Jodzahl der nach der Bleisalz-Alkohol-Methode abgeschiedenen festen Säuren (S. 221) nachgewiesen werden; bei den natürlichen Fetten ist die Jodzahl, soweit die Beobachtungen reichen, höchstens 4—5 (Talg), meistens sogar nur 1—2. Dagegen liegt die Jodzahl der in gleicher Weise abgetrennten festen Säuren aus gehärteten Ölen und Tranen von schmalz- bis talgartiger Konsistenz wenigstens um 20, oft gegen 40 und selbst darüber; anscheinend ist sie um so größer, je höher die Temperatur bei der Hydrierung gehalten wurde. Mit Hilfe der Bromestermethode (S. 223) können die festen ungesättigten Säuren auch von den festen gesättigten Säuren getrennt und so direkt nachgewiesen werden.

Unterscheidung gehärteter Fette:

Hartfette aus Pflanzenölen werden durch die Phytosterinacetatprobe charakterisiert. Überdies werden von tierischen Fetten praktisch ohnehin nur Trane hydriert und deren Härtungsprodukte können von denen der Pflanzenöle leicht unterschieden werden.

T r a n e. Die nicht vollständig gehärteten Trane zeigen die Reaktion nach Tortelli und Jaffe (S. 281); die speziell für gehärtete Trane angegebenen Farbenreaktionen sind dagegen unbrauchbar. Charakteristisch für gehärtete Trane ist ihr hoher Gehalt an Arachin- und Behensäure, bis 20% und darüber. Die Säuren werden nach S. 235 nachgewiesen[1]). Zur Unterscheidung von gehärtetem Erdnußöl und gehärteten Cruciferenölen, die ebenfalls Arachinsäure bzw. Behensäure enthalten (gehärtetes Rüböl sogar bis über 40%), soll die Sterinacetatprobe dienen[2]). Diese ist aber bei gehärteten Fetten wenig zuverlässig. (Vgl. oben.) Sicherer ist der Nachweis nach dem Vorgange von Grün[3]):

Er beruht darauf, daß gehärtete Trane jeder Konsistenz sowohl Säuren von höherem Molekulargewicht als Stearinsäure wie auch Säuren von niedrigerem Molekulargewicht als Palmitinsäure enthalten; in einzelnen Pflanzenölen und deren Härtungsprodukten kommen dagegen beide Gruppen von Säuren nebeneinander nicht vor. Zu ihrer Abtrennung verwandelt man das Fett durch Umestern (S. 87) in das Gemisch der Methylester seiner Fettsäuren, fraktioniert von demselben im Vakuum etwa $^1/_4$ ab und destilliert dann die Hauptmenge bis auf einen kleinen, höchstens ebenfalls $^1/_4$ der Gesamtmenge betragenden Rückstand. Die erste Fraktion wird nochmals destilliert und wiederum nur das erste Viertel, in dem die niedrigeren Fettsäuren sehr angereichert sind, aufgefangen; man bestimmt die Verseifungszahl der Fraktion oder scheidet die Fettsäuren ab und bestimmt deren Neutralisationszahl, die bei Tranen zu 230—240 (entsprechend Gemischen von Myristin- und Palmitinsäure) gefunden wird. Der Rückstand von der ersten Destillation, in dem die Säuren von höherem Molekulargewicht angereichert sind, wird ebenfalls verseift, die Fettsäuren abgeschieden und nach ein- bis zweimaligem Umkrystallisieren Schmelzpunkt und Neutralisationszahl bestimmt. Selbstverständlich dürfen die Fettsäuren kein Unverseifbares ent-

---

[1]) Normann u. Hugel: Ch.-Ztg. Bd. 37, S. 815. 1913; Ch. Umschau Bd. 23, S. 131. 1916.
[2]) Prescher: Z. Nahrgsm. Bd. 30, S. 357. 1915.
[3]) Ch. Umschau Bd. 26, S. 101. 1919.

halten oder der Gehalt an diesem muß quantitativ bestimmt und die gefundene Neutralisationszahl entsprechend korrigiert werden. Vgl. S. 142. Der Schmelzpunkt wird bei Tranen einige Grade über dem der Stearinsäure gefunden, die Neutralisationszahl entspricht Gemischen von Behensäure und Arachinsäure, evtl. von diesen mit Stearinsäure.

Pflanzenöle. Von gehärteten Pflanzenölen sind nur die aus Cruciferenölen (Rüböl, Senföl usw.) leicht zu erkennen. Die Verseifungszahlen sind wie bei den ursprünglichen Ölen niedrig, sie enthalten je nach dem Härtungsgrad mehr oder weniger (bis über 40%) Behensäure. Von den gehärteten Tranen unterscheiden sie sich dadurch, daß einerseits der Gehalt an Behensäure relativ viel höher ist (ungefähr die Hälfte der gesättigten Säuren), andererseits Säuren von niedrigerem Molekulargewicht als Stearinsäure fehlen; die aus der ersten Methylesterfraktion abgeschiedene Fettsäure zeigt eine Neutralisationszahl um 200. Die Behensäure kann durch Abfraktionieren der anderen Säuren in Form der Ester oder durch fraktionierte Krystallisation der freien Säuren aus verschiedenen Lösungsmitteln oder auch durch fraktionierte Fällung des Bleisalzes isoliert bzw. angereichert und durch Schmelzpunkt und Neutralisationszahl nachgewiesen werden[1]).

Die Unterscheidung anderer Hartfette aus Pflanzenölen ist nur in besonderen Fällen leicht durchführbar, wenn das Rohöl eine charakteristische Farbenreaktion zeigt und nicht vollständig gehärtet wurde. Besonders unbeständig ist der farbegebende Körper des Baumwollsamenöls und des Kapoköles[2]), nur sehr schwach gehärtete Öle zeigen noch die HALPHENsche Reaktion, selbst bei solchen mit Jodzahlen um 40 ist sie bereits negativ[3]). Bloß die BECCHIsche Reaktion bleibt länger bestehen. Hingegen verschwinden die spezifischen Reaktionen des Sesamöles bei der Härtung weniger schnell, sowohl die BAUDOUINsche als auch die SOLTSIENsche Reaktion bleiben selbst bei ziemlich hoch gehärteten Ölen erhalten[4]). — Gehärtetes Erdnußöl läßt sich wie das unbehandelte Öl durch die Bestimmung der Arachinsäure nachweisen, doch ist der Nachweis natürlich weniger zuverlässig[5]).

Gehärtetes Ricinusöl ist ohne weiteres schon an der äußeren Beschaffenheit zu erkennen, es kann auch durch die hohe Acetylzahl nachgewiesen werden, die gewöhnlich geringer ist als im ungehärteten Öl, aber meistens immer noch um 100 oder darüber. Vollständig gehärtetes Ricinusöl zeigt den hohen Schmelzpunkt von 80°. Zu beachten sind die Schmelzpunktsanomalien, z. B. schmolz ein gehärtetes Ricinusöl bei 43°, das wieder erstarrte Fett erst bei 67,5°[6]).

Polymerisierte Öle.

Als polymerisierte Öle bezeichnet man eine Anzahl ohne Einwirkung chemischer Agenzien verdickter Öle. Die Konsistenzänderung ist größtenteils eine Folge intramolekularer Reaktionen, die zwar erst zum kleinsten Teil aufgeklärt sind, unter denen aber neben Umlagerungen und Kondensationen jedenfalls Polymerisationserscheinungen eine wesentliche Rolle spielen dürften[7]).

---

1) NORMANN u. HUGEL: a. a. O.
2) MELLANA: Ann. di Chim. appl. Bd. 1, S. 381. 1914; C. 1917. II, 436.
3) VAN LEENT: Ch. Weekblad Bd. 53, S. 725. 1916.
4) KREIS u. ROTH: Z. Nahrgsm. Bd. 25, S. 81. 1913.
5) KREIS u. ROTH: Ch.-Ztg. Bd. 37, S. 58. 1913; vgl. auch NORMANN u. HUGEL: a. a. O.
6) BACKER: Ch. Weekblad Bd. 13, S. 954. 1916; C. 1916. II, 703.
7) FAHRION: Z. ang. Bd. 5, S. 172. 1892.

Technisch werden bisher nur einige wenige vegetabilische Öle durch Polymerisation verdickt: vor allem Leinöl, Holzöl, Ricinusöl, Rüböl und Trane. Wie die Rohstoffe, so sind auch die polymerisierten Öle in der chemischen Zusammensetzung ganz verschieden, jedes bildet eine Klasse für sich.

a) Polymerisiertes Leinöl.

(Standöl, Dicköl, Lithographenfirnis, gebrannter Firnis.)

Die Polymerisierung des Leinöls beruht nach FAHRION auf einem Aneinanderlegen verschiedener Moleküle ungesättigter Säure unter Auflösung je einer Doppelbindung[1]). Vielleicht treten je 2 Moleküle nach Art der Truxillsäure zu einem Vierringsystem zusammen. Der Reaktionsverlauf (sehr rasches Sinken der Hexabromidzahl) zeigt, daß die Linolensäure bzw. das Linolensäureradikal in den Glyceriden des Leinöls weitaus reaktiver ist als die Linolsäure. Vielleicht reagiert überhaupt nur eine Doppelbindung der Linolensäure energisch — vermutlich wäre diese dann die $\triangle^{15}$-Bindung, während die $\triangle^{12}$-Bindung weniger, die $\triangle^{9}$-Bindung, welche Linolen-, Linol- und Ölsäure gemeinsam haben, überhaupt nicht reagierte. Der Affinitätswert der einzelnen Lückenbindungen kann ja recht verschieden sein. Andererseits ist es möglich, daß sich die eine reaktive Doppelbindung des Linolensäureradikals an jede beliebige Doppelbindung in einem zweiten Molekül ungesättigter Säure anlagern kann, so daß bei der gegenseitigen „Neutralisation der Doppelbindungen" immer nur eine reaktive Bindung verbraucht wird. Das (mittlere) Molekulargewicht von Dickölen wurde nach der kryoskopischen Methode bei Verwendung von Fettlösungsmitteln zwischen dem Doppelten und dem Dreifachen[2]), in Stearinsäurelösungen nahe dem Doppelten[3]) des normalen Wertes gefunden. Es ist aber zu berücksichtigen, daß auch unverdickte Öle und Fette das doppelte Molekulargewicht zeigen können[4]). Bei der Verseifung und der Abscheidung der Fettsäuren aus verdicktem Leinöl wird die Fettsäure nicht depolymerisiert. Über die unzweifelhaft stattfindenden Nebenreaktionen ist nichts Sicheres bekannt, vermutlich werden auch Anhydride, innere Ester, gebildet.

Die Standöle werden durch Erhitzen von Leinöl unter Luftausschluß auf 250—300° dargestellt; früher erhitzte man auch bis zur Entzündung der Dämpfe und ließ abbrennen, bis die gewünschte Konsistenz erreicht war.

Beispiele für die Kennzahlen von Stand- und Dicköլen.

	$d^{15,5}$	Verseifungszahl	Jodzahl	Hehnerzahl	Hexabromidzahl	Freie Säuren	Oxydierte Säuren	Unverseifbares	Säuren $d_{15,5}$	Säuren E. P.	Säuren Neutralisat.-Zahl
Gewöhnliche Handelsware[5])	0,9691	193,0	125,3	94,8	2,0	—	0,34	0,13	—	—	—
„Extra starker" Lithographenfirnis[6]) . . .	0,9780	188,9	83,5	—	—	2,5	7,5	0,91	0,955	23°	207,9
Gebrannter Firnis[5])	0,9912	178,6	102,7	93,5	0,0	—	9,1	1,14	—	—	—
Festes Polymerisationsprodukt[7]) . . .	—	192,3	71,1	—	—	10,0	—	—	—	—	—

[1]) Nach SALWAY (J. Soc. Ch. Ind. Bd. 39, S. 324. 1920) wäre auch folgender Reaktionsverlauf möglich: Das Öl erfährt eine teilweise Spaltung in Diglycerid und freie Säure; diese lagert ihre Carboxylgruppe an die Doppelbindung eines Säurerestes im Diglycerid und schließlich kann aus dem Diglycerid durch Abspaltung von Wasser der entsprechende Äther gebildet werden.

[2]) FOKIN: J. Russ. Phys. Ch. Ges. Bd. 39, S. 310. 1907.

[3]) BARRIES: Inaug.-Dissert. Leipzig 1902; NORMANN: Ch. Ztg. Bd. 31, S. 188. 1907; SEATON und SAWYER: Eng. Bd. 8, S. 490. 1916. Auch bei der Bestimmung in Campher (s. S. 249) zeigte hochviskoses Standöl beinahe ein doppelt so hohes Molekulargewicht als das ursprüngliche Leinöl.

[4]) GRÜN: Ber. Bd. 45, S. 3691. 1912; s. a. GRÜN und SCHACHT: Ber. Bd. 40, S. 1778. 1907.

[5]) LEWKOWITSCH: Analyst Bd. 29, S. 2. 1904.

[6]) LEEDS: J. Soc. Ch. Ind. Bd. 13, S. 204. 1894. [7]) KITT: Ch. Revue Bd. 8, S. 40. 1901.

Eigenschaften: Beim „Dickkochen“ steigt das spezifische Gewicht, die Viscosität, das Brechungsvermögen, der Gehalt an freien und an oxydierten Säuren. Die Jodzahl sinkt erst sehr schnell, dann langsam, die Hexabromidzahl fällt rasch bis gegen Null. Die Verseifungszahl, die Hehnerzahl und der Gehalt an Glycerin und an Unverseifbarem verändern sich im allgemeinen wenig, bei dem veralteten Verfahren des Abbrennenlassens etwas mehr. Die dünneren Standöle trocknen fast ebensogut wie die Leinöle selbst, die stark eingedickten Öle und namentlich auch die gebrannten Öle trocknen erheblich schlechter. Die ganz stark eingekochten Dicköle geben auf Papier keinen Fettfleck mehr.

Untersuchung: Beim Nachweis von Standölen handelt es sich natürlich in erster Linie um ihre Unterscheidung von Ölen gleicher Konsistenz, das sind geblasene Öle und Ricinusöl. Diese sind von den Standölen vor allem durch den hohen bzw. den ausschließlichen Gehalt an Glyceriden von Oxysäuren und damit durch ihre hohen Acetylzahlen und ihre teilweise oder völlige Unlöslichkeit in Petroläther charakteristisch verschieden. Die Standöle sind ferner in Alkohol nur teilweise löslich; in der 20fachen Menge Alkohol lösen sich von harzfreien Standölen bei Zimmertemperatur weniger als 20%[1]), während geblasene Öle in diesem Verhältnis vollständig löslich sind und Ricinusöl mit Alkohol sogar mischbar ist. Beim Kochen mit Laugen geben die Standöle helle Seifen, während die Seifen aus oxydierten Ölen intensiv braun bis (bei Linoxyn u. dgl.) blutrot gefärbt sind.

Unter den Ölen von gleicher Konsistenz zeigen die Standöle im allgemeinen die höchsten Refraktionszahlen: bei 25° rund 90—100 bzw. Brechungsindices bis über 1,491; Werte, die nur von außerordentlich lange bei mindestens 150° geblasenen Ölen erreicht werden. Die übrigen physikalischen und chemischen Zahlen sind wenig oder gar nicht charakteristisch. Bei dünnen Standölen wird zur Unterscheidung von rohem Leinöl vor allem die Hexabromidzahl bestimmt, die höchstens einige wenige Einheiten betragen darf.

Die Standöle dienen zur Erzeugung von Druckerschwärze, Steindruckfarben, plastischen Massen, sog. künstlichem Holz u. a. m. Sie werden mit Sikkativen, Harz, Harzöl, Terpentin, Mineralöl und Verdickungsmitteln vermischt bzw. verfälscht, auf welche Zusätze also nach S. 301, S. 275, und S. 274 zu prüfen ist.

Mit Harz, Harzseife und Harzöl bereitete Produkte, sog. Kompositionsfirnisse, sind minderwertig. Auch der Zusatz von Sikkativ gilt im allgemeinen als Verschlechterung, weil sich die Lettern schwerer reinigen lassen. Mineralöl scheint weniger schädlich zu sein. Zeitungsfirnisse können außer den genannten Zusätzen auch Stearinpech, Petrolpech und Brauereiabfallpech enthalten bzw. aus Mischungen dieser Peche mit Harz und Mineralöl bestehen. Für die Bestimmung der Viscosität ist der Apparat von Valenta (s. S. 99) besonders geeignet.

Viscositäten von Lithographenfirnissen bei 20°, nach Valenta[2]):

Qualität	Fallzeiten	
	Wasser = 1	Ricinusöl = 1
Dünn	68	2,06
Mittel	341	10,33
Stärker	390	11,81
Strengflüssig . .	ca. 2000	60—61
Blattgoldfirnis .	2640	80

[1]) Amsel: Z. ang. Bd. 8, S. 77. 1895; siehe besonders Weger: Z. ang. Bd. 12, S. 297. 1899.
[2]) Ch. Ztg. Bd. 30, S. 583. 1906.

b) Polymerisiertes Holzöl.

Das Holzöl kann durch zwei ganz verschiedene intramolekulare Reaktionen verdickt bzw. festgemacht werden:

Die erste wird durch Belichtung oder durch die katalytische Wirkung von Schwefel, Jod, Brom u. a. m. ausgelöst; sie besteht in der Umlagerung der α-Eläostearinsäure in die geometrisch-isomere β-Eläostearinsäure bzw. in der Umlagerung des Glycerids der einen Säure in das der anderen. Polymerisation tritt dabei nicht ein[1]).

Die zweite, durch Erhitzen über 150° hervorgerufene Reaktion ist viel komplizierter. Bei dieser spielen Polymerisationserscheinungen die Hauptrolle[2]); die Produkte zeigen fast das doppelte, die abgeschiedenen Fettsäuren das doppelte bis dreifache Molekulargewicht[3]). Jedenfalls erfolgen aber auch andere Umlagerungen, Spaltungen und Kondensationen. Nach der einen Version tritt zuerst Bildung eines noch in Öl löslichen dimeren Triglycerids der Eläostearinsäure ein, bei der die Hälfte der Doppelbindungen verschwindet[4]). Jedenfalls bilden sich verschiedene Produkte, darunter Abbauprodukte, Fettsäuren mit niedrigerem Molekulargewicht, auch flüchtige Säuren und Umwandlungsprodukte des Glycerins, innere Ester von Säuren oder andere Kondensationsprodukte[5]). Die Reaktionsprodukte bleiben je nach ihrer Menge, nach der Temperatur und anderen Umständen (Gegenwart von stabilisierend wirkenden Zusätzen, wie Fett, Harz- oder Naphthensäuren, im unveränderten Öl kolloid gelöst und verdicken es (sog. Holzöl-Standöl). Ist der kritische Punkt erreicht, so gelatiniert die kolloide Lösung, das Holzöl „gerinnt"[6]).

Das dem verdickten Leinöl entsprechende polymerisierte Holzöl wird durch mehrstündiges Erhitzen des Rohöls auf 210—220° erzeugt, wobei man durch sorgfältiges Einhalten der Temperatur, Rühren, kleine Zusätze von Alkalien, Alkalicarbonaten, Kalk, Zinkstaub u. a. m. zu verhindern sucht, daß das Öl plötzlich gerinnt.

Nachweis: Alle Produkte aus Holzöl sind schon an ihrem charakteristischen Geruch kenntlich. Die Endprodukte der Verdickung sind leicht zu unterscheiden.

Umlagerungsprodukt: Das durch Belichtung entstehende, zu über 90% aus β-Eläostearin bestehende feste Produkt ist nach der Darstellung krystallinisch, schmilzt bei 32° und löst sich in den Fettlösungsmitteln. Durch Verseifen usw. wird die bei 72° schmelzende β-Eläostearinsäure abgeschieden. Ihr Cersalz ist im Gegensatz zu dem der α-Säure in Äther unlöslich.

Polymerisationsprodukt: Dieses ist eine amorphe Masse, gallertig-schnittfest oder härter, zerreiblich. Es schmilzt selbst bei 200° noch nicht. In Fettlösungsmitteln, wie Äther, Alkohol, Schwefelkohlenstoff, ist es nur unvollständig löslich; das unveränderte Holzöl wird extrahiert und bringt das polymerisierte zum Teil in Lösung; in Eisessig löst es sich in der Hitze und scheidet sich in der Kälte wieder aus.

Beim Dickkochen des Holzöls sinkt die Jodzahl, jedoch weniger schnell als beim Leinöl; z. B. in 4 Stunden von 159,2 bloß auf 134,1[7]). Der Brechungsindex kann sinken (anscheinend besonders bei Holzölen mit hohem Index und

---

1) Maquenne: Compt. rend. Bd. 135, S. 696. 1902; s. a. Fahrion: Farbenztg. Bd. 17, Nr. 47—50. 1912.

2) Jenkins: Analyst, Bd. 23, S. 113. 1898.

3) Normann: Ch. Ztg. Bd. 31, S. 188. 1907; Morrell: J. Soc. Ch. Ind. Bd. 34, S. 140. 1914; Farbenztg. Bd. 20, S. 799. 1915.

4) Schumann: Eng. Bd. 8, S. 5. 1916; vgl. v. Schapringer: Inaug.-Dissert., Karlsruhe 1912; s. a. Marcusson: Z. ang. Bd. 33, S. 231. 1920. Nach Cloëz (bei Fahrion: a. a. O.) polymerisiert sich nicht die α- oder β-Eläostearinsäure, sondern das intermediär gebildete dritte Isomere, die Eläolinsäure.

5) Kitt: Ch. Revue Bd. 12, S. 241. 1905; Meister: ebenda Bd. 17, S. 151. 1910; Wolff: Farbenztg. Bd. 18, S. 1171. 1913.

6) Vgl. Wolff: a. a. O.; Marcusson: a. a. O. Beim Polymerisieren des Leinöls bleiben dagegen die bimeren Glyceride meistens als Sole im unveränderten Teil des Öles gelöst, weil die in größerer Menge entstehenden freien Säuren stabilisieren. Entfernt man sie beim Dickkochen kontinuierlich, z. B. durch Evakuieren oder Durchleiten eines inerten Gases, so erfolgt auch Abscheidung der unlöslichen Gele, das Öl gerinnt.

7) v. Schapringer: a. a. O.

beim Erhitzen unter Luftzutritt) oder umgekehrt steigen[1]); er kommt also für eine Unterscheidung von rohem und polymerisiertem Öl nicht in Betracht. Die Verseifungszahl kann sinken oder steigen[2]), in jedem Falle ändert sie sich wenig. Gegenüber dem polymerisierten Leinöl zeigt sich auch der charakteristische Unterschied, daß der Gehalt an freier Säure nicht zu-, sondern abnimmt, weil das Holzöl eher gerinnt. Der Glyceringehalt nimmt beim Gerinnen bis um $^1/_3$ ab. Die Reichert-Meißl-Zahl steigt um einige Einheiten. Ein wesentlicher Unterschied gegenüber den Standölen ist der, daß verdickte Holzöle fast ebensoviel Sauerstoff aufnehmen wie die Rohöle.

c) Polymerisiertes Ricinusöl:

Das Ricinusöl wird sowohl bei der destruktiven Destillation oder beim Erhitzen unter Druck infolge intramolekularer Reaktionen verdickt, als auch bei der Einwirkung gewisser chemischer Agenzien. Beim Erhitzen auf etwa 300° erfolgt unter Umlagerung der alkoholischen Hydroxylgruppe und Sprengung der Kohlenstoffkette erst Spaltung in Önanthol und Undecylensäureglycerid bzw. gemischte Ricinolsäure-Undecylensäureglyceride. Weiterhin spaltet sich unter tiefergreifender Zersetzung Undecylensäure ab und polymerisiert sich zur „einbasischen Biundecylensäure“[3]) $C_{22}H_{40}O_4$ (vermutlich bildet sich unter Addition einer Carboxylgruppe an die Lückenbindung eines zweiten Moleküls der Undecanolsäure-undecylensäureester); angeblich entstehen auch Derivate einer zweibasischen Triundecylensäure, und zwar ein Anhydrid $C_{33}H_{58}O_5$ und das Glycerid $(C_3H_5)_2\,(C_{33}H_{58}O_6)_3$[4]). Neben diesen Reaktionen läuft auch noch die Sebacinsäure-Oktylalkoholspaltung und vermutlich auch noch die Kondensation von Ricinolsäure zu inneren Estern einher.

Eine andere, noch nicht völlig aufgeklärte Verdickung, bei der neben Kondensationen auch Polymerisationserscheinungen mit zugrunde liegen können, findet bei der Einwirkung wasserentziehender Mittel, wie Zinkchlorid, Aluminiumchlorid und Phosphorpentoxyd, statt[5]).

Die Produkte der destruktiven Destillation, die man mit mehr oder weniger Berechtigung als polymerisierte Ricinusöle anspricht, verwechsle man nicht mit den sog. polymerisierten Ricinolsäuren und ihren Derivaten, den Estoliden, die durch innere Veresterung von Ricinolsäure entstehen (s. Türkischrotöle S. 425).

Eigenschaften und Untersuchung: Die Produkte, dickflüssige bis elastisch-feste Massen, sind im Gegensatz zu Ricinusöl mit Mineralölen mischbar (worauf zum Teil ihre Verwendung beruht). Dagegen sind sie in absolutem Alkohol und in 90proz. Essigsäure fast unlöslich. Die festen Produkte lösen sich selbst in Äther, Chloroform u. dgl. nur zum geringen Teil; sie können nur durch intensive Einwirkung von alkoholischen Laugen aufgeschlossen werden.

Kennzahlen einer Handelsware von „polymerisiertem“ Ricinusöl[6]):

d_{15}	Verseifungszahl	Jodzahl	Acetylzahl
0,9505	191,8	101,0	67,4

Zur Unterscheidung von Ricinusöl genügt schon die verschiedene Löslichkeit, zur Unterscheidung von verdickten Ölen anderer Abstammung der charakteristische, an Oenanthol und Oktylalkohol erinnernde Geruch, evtl. der Nachweis

[1]) v. Schapringer; Fahrion: Ch. Umschau Bd. 25, S. 39. 1918; Wolff: Farbenztg. Bd. 21, S. 1302. 1916; Fahrion: Ch. Umschau Bd. 25, S. 63. 1918.

[2]) Normann: a. a. O. [3]) Krafft und Brunner: Ber. 17. S. 2985. 1884.

[4]) Thoms und Fendler: Ber. Bd. 9, S. 2034. 1876.

[5]) Alder Wright: J. Soc. Ch. Ind. Bd. 6, S. 326. 1887; Grün und Woldenberg: J. Am. Ch. Soc. Bd. 31, S. 490. 1909; Akselrod: D. R. P. 150 882; Fokin: J. Russ. Phys. Ch. Ges. Bd. 46, S. 1027. 1914; C. 1915, I, 935.

[6]) Fendler: Ber. pharm. Ges. Bd. 135. 1904. Das Produkt ist sog. „Dericin“, früher „Floricin“, dargestellt nach D. R. P. 104 499 durch Erhitzen von Ricinusöl auf 300° bis etwa 10% vom Gewicht abdestilliert sind. Ein ähnliches Produkt wird nach E. P. 24 935/1905 auch durch bloßes (allerdings bedeutend längeres) Erhitzen unter Druck erhalten.

von unveränderter Ricinolsäure oder von Undecylensäure (fraktionierte Destillation der Säuren oder Ester). Von Standölen unterscheiden sich die Produkte zudem durch die relativ hohe Acetylzahl, von geblasenen Ölen, welche Acetylzahlen und Jodzahlen in derselben Größenordnung aufweisen können, durch die niedrigere Verseifungszahl und das Fehlen flüchtiger Säuren.

d) Polymerisiertes Javamandelöl.

Das Javamandelöl zeigt von allen Ölen die größte Polymerisationsfähigkeit. Beim Erhitzen auf 240—245° wird es plötzlich unter beträchtlicher Wärmeentbindung fest [größere Mengen Öl können bei ungenügender Ableitung der Wärme durch und durch verkohlen[1])].

Der Reaktionsverlauf ist noch völlig unbekannt; das Öl gehört zu den nichttrocknenden, es enthält auch keine Oxysäuren, so daß keine Analogieschlüsse aus dem ähnlichen Verhalten von Ricinus- und Holzöl möglich sind. Das polymerisierte Öl ist gallertig oder kautschukähnlich; es ist in Äther, Chloroform, Tetrachlorkohlenstoff, Alkohol und Eisessig unlöslich. Die Verseifungszahl 185 und die Jodzahl 76 liegen innerhalb des Bereichs der betreffenden Zahlen beim ursprünglichen Öl. — Ein Polymerisationsprodukt von gleicher äußerer Beschaffenheit, gleicher Löslichkeit und derselben Verseifungszahl und Jodzahl wird durch Erhitzen von Javaolivenöl (Sterculiaöl) erhalten[2]).

e) Polymerisiertes Safloröl.

Durch Dickkochen oder Abbrennen von Safloröl analog der Erzeugung von Standöl aus Leinöl hergestellt[3]).

	Spez. Gewicht	Jodzahl
Rohöl	0,9274	147,3
6 Stunden auf 300° erhitzt	0,9395	121,7
6 Minuten gebrannt	0,9548	99,3

Das in Indien aus Safloröl erzeugte Afridawachs oder Roghan scheint nicht polymerisiertes, sondern geblasenes Öl zu sein.

f) Polymerisierte Trane.

(Veredelte, geruchlos gemachte Trane).

Polymerisierte Trane oder richtiger Polymerisationsprodukte enthaltende Trane werden technisch durch Erhitzen von Tranen, häufig unter Durchleiten eines indifferenten Gasstromes, erzeugt. Wie der rasche Rückgang und das verhältnismäßig schnelle Verschwinden der Oktobromidreaktion zeigt, tritt vor allem Polymerisation der vierfach- und fünffach-ungesättigten Säuren ein, d. h. der Clupanodonsäureradikale enthaltenden Glyceridmoleküle, doch polymerisieren sich vielleicht auch drei- und zweifach-ungesättigte Säuren, wenigstens sinkt die innere Jodzahl oft bis gegen 100. Neben den Polymerisationen erfolgt eine teilweise Spaltung des Fettes; Akrolein und niedrige Fettsäuren werden abgetrieben, abgespaltene nichtflüchtige Säuren kondensieren sich möglicherweise zum Teil, jedenfalls bleibt aber ein Teil, wie die Erhöhung der Säurezahl zeigt, unverbunden. Nachdem die flüchtigen Riechstoffe entfernt sind (die Amine werden bei der Vorreinigung abgeschieden) und infolge der Polymerisation der höchst-ungesättigten Säuren keine neuen Riechstoffe gebildet werden können, sind die polymerisierten Trane dauernd geruchlos.

Nachweis: In Ermangelung des Geruches und der Oktobromidreaktion können die Produkte nur durch die Reaktion von Tortelli und Jaffe (s. S. 281) als Tranabkömmlinge gekennzeichnet werden. In Mischungen kann man so manchmal noch 10—20% polymerisierten Tran nachweisen. Zur Unterscheidung von Ölen und Fetten ähnlicher Beschaffenheit dienen vor allem spezifisches Gewicht und Zähigkeit[4]). Die übrigen Konstanten sind wenig charakteristisch.

Spezifisches Gewicht: Die spezifischen Gewichte liegen nach den bisherigen Feststellungen zwischen 0,938 und 0,949, bei den Fettsäuren zwischen 0,931 und 0,937. Dagegen zeigen die fetten Öle mit Ausnahme von Ricinusöl, Holzöl und Leinöl, die ja leicht als solche charakterisiert werden, spezifische Gewichte

---

[1]) Wedemeyer: Z. Nahrgsm. Bd. 12, S. 210. 1906.

[2]) Wedemeyer: D. R. P. 211 043 nach Lewkowitsch: Ch. Technol., 6. ed. Bd. 3, S. 141.

[3]) Lewkowitsch: a. a. O. S. 139. [4]) Marcusson und v. Huber: a. a. O.

unter 0,928. Speziell Knochen- und Klauenöle sowie Pferdefett, mit denen die veredelten Trane (zum Teil nach dem Geruch) am leichtesten verwechselt werden können, haben spezifische Gewichte von 0,914—0,922.

Zähigkeit: Die veredelten Trane zeigen bei 20° etwa 30—50 Englergrade, die der Fettsäuren liegen um 20, also bedeutend höher als bei fetten Ölen, mit Ausnahme von Ricinusöl, Holzöl und geblasenen Ölen. Von den geblasenen Ölen und dem Ricinusöl unterscheiden sich die Tranprodukte durch ihre geringe Löslichkeit in Alkohol und die vollständige Löslichkeit ihrer Fettsäuren in Petroläther. Von polymerisierten fetten Ölen (Standöl usw.), die ebenfalls große Zähigkeit und hohe Dichte besitzen, sowie von Holzöl werden sie als Öle animalischen Ursprungs durch die Sterinprobe unterschieden.

Spezifische Gewichte und Flüssigkeitsgrade polymerisierter Trane[1]):

	d_4^{15}	Englergrade bei 20° (Wasser = 1)
Handelsprodukt „Neutraline" . .	0,9473	49,5
Polymerisierte Robbentrane . . .	0,9425—0,9494	38,1—38,4
Handelsprodukt unbekannter Herkunft	0,9384	31,7
Fettsäuren von „Neutraline" . .	0,9310	18,1
Fettsäuren von polymerisierten Tranen unbekannter Herkunft	0,9314—0,9373	18,4—23,3

Auf einer Kombination von Polymerisation und Hydrierung beruht die Verdickung von Ölen und Tranen durch Glimmentladungen[2]). Der Reaktionsverlauf wurde von Eichwald und Vogel[3]) auf Grund der Ionenstoßtheorie aufgeklärt: von einzelnen Molekülen wird Wasserstoff abgeschleudert, der sich an die Doppelbindungen anderer Moleküle anlagert, während die intermediär gebildeten, stärker ungesättigten Reste zusammentreten, und zwar sowohl innerhalb eines Moleküls, als auch unter Verkettung von zwei und mehr Glyceridmolekülen. Die Reaktion wird technich vorwiegend auf Rüböl und Trane angewendet. Die Produkte kommen nicht als solche, sondern verdünnt mit Mineralölen als sog. Voltolöle in den Handel. Die Untersuchung erfolgt wie bei anderen Schmiermitteln, s. S. 440.

Ölfirnisse.

(Firnisse, Anstrichfirnisse.)

Ölfirnisse sind präparierte Öle, die in dünner Schicht an der Luft genügend schnell und gut trocknen. Meistens versteht man unter Ölfirnissen nur die Anstrichfirnisse. Diese sind nach Fahrion[4]) „sikkativhaltige Leinöle, welche in weniger als 24 Stunden trocknen." Die Beschränkung der Bezeichnung Firnisse oder Anstrichfirnisse auf die Produkte aus Leinöl ist aber nicht gerechtfertigt[5]). (Von einer speziell als Leinölfirnis bezeichneten Ware muß aber natürlich verlangt werden, daß sie tatsächlich aus Leinöl ohne Zusatz eines anderen Öles erzeugt wurde.) Die Lithographenfirnisse, durch Erhitzen unter Luft-

[1]) Marcusson und v. Huber: a. a. O.
[2]) de Hemptinne: S. besonders D. R. P. 234 543 und 251 591.
[3]) Z. ang. Bd. 35, S. 505. 1922. [4]) Farbenztg. Bd. 19, S. 1804. 1914.
[5]) Siehe auch Wolff: Farbenztg. Bd. 29, S. 894. 1924.

abschluß polymerisierte Leinöle, werden von den einen, wie schon der Name besagt, zu den Firnissen gezählt, von den anderen ausgeschlossen. Jedenfalls bilden sie sowohl nach ihrer chemischen Eigenart, als auch nach ihrer Verwendung eine Klasse für sich[1]).

Für die meisten praktischen Verwendungen genügt es, wenn das Trocknen des Firnis binnen 12—24 Stunden erfolgt, also etwa 5—10mal schneller als bei rohem Leinöl. Je schneller der Firnis trocknet, um so besser ist er, vorausgesetzt, daß er auch gut trocknet, d. h. eine nichtklebende, feste und doch elastische, glänzende, durchsichtige und gegen die Atmosphärilien möglichst widerstandsfähige Haut gibt. Firnisse für Außenanstriche sollen namentlich schnell antrocknen (vgl. unten), weil sich während des Antrocknens Staub ansetzen kann, der haften bleibt und den Anstrich mißfarbig macht. Ein Ölfirnis soll weiterhin ganz klar, hellfarbig und nicht dickflüssig sein.

Den allgemeinen Anforderungen entsprechen am besten die aus reinem Leinöl, durch Auflösen löslicher Sikkative bei möglichst niedriger Temperatur, höchstens 150°, dargestellten Firnisse (Linolat- und Resinatfirnisse). Die mit unlöslichen Sikkativen bei höherer Temperatur gekochten sogenannten Oxydfirnisse stehen im allgemeinen hinter den ersten zurück, denn längeres und stärkeres Erhitzen verschlechtert den Firnis (früher glaubte man das Gegenteil). Nach diesen kommen die sikkativfreien Firnisse: schwach geblasenes oder ozonisiertes Öl. Den Leinölfirnissen wenigstens gleichwertig sollen die aus Perillaöl und, nach neueren Feststellungen, die aus Fichtensamenöl sein. Dann folgen die Firnisse aus Holzöl, in weiterem Abstand die aus Nußöl, Mohnöl, Hanföl, Sojabohnen-, Sonnenblumen- und Nigeröl. Viele Ersatzprodukte enthalten überhaupt keine trocknenden Öle, sondern im besten Falle präparierte Trane, oft auch nur geblasene oder polymerisierte, mit Trockenmitteln versetzte nichttrocknende Öle, dann Harze, Harzöle und Teeröle oder Mischungen dieser Stoffe, Cumaronharz, selbst Wollfett u. dgl., gewöhnlich verdünnt mit Mineralöl, Terpentin- oder Kienöl. Selbstverständlich ist die nichtdeklarierte Beimengung solcher Ersatzstoffe zu Ölfirnissen als Verfälschung anzusehen.

Die speziellen Anforderungen sind sehr verschieden. Die größten Ansprüche werden im allgemeinen an Firnisse für die Erzeugung weißer oder hellfarbiger Lacke gestellt. Von diesen wird auch gefordert, daß sie „bleifrei" sind, d. h. ohne bleihaltige Sikkative hergestellt werden. In anderen Fällen werden wiederum bestimmte Mindest- oder Höchstmengen an Sikkativ vorgeschrieben. Z. B. darf Leinölfirnis nach der Definition der Berliner Handelskammer nicht mehr als 2% Trockenstoff, bei Verwendung von harzsauren Verbindungen nicht mehr als 5% enthalten.

Beispiele für spezielle Anforderungen:

Lieferungsbedingungen der württembergischen Eisenbahnverwaltung 1904:

Äußere Beschaffenheit: Hell, Geruch und Geschmack leinölähnlich, nicht brenzlich oder unangenehm. Spezifisches Gewicht bei 15°: 0,935—0,943. Sonstige Eigenschaften: Aus reinem, bestqualifiziertem Leinöl, gut abgelagert, soll getrocknet Glanz behalten. Beim Stehen kein Bodensatz, Farbe soll je nach Anwendung von Oxydationsmitteln (Blei- oder Braunsteinverbindungen) klar durchscheinend, rotgelb bis rötlichbraun sein, dunkelbraun oder schwarz ausgeschlossen. Nach 24 Stunden anziehend, nach 48 Stunden eingetrocknet. Frei von Harz, Harzöl, Hanföl, Rüböl und Fischtran.

Bedingungen der V. St. A.-Flottenverwaltung: Aus reinem Leinöl mit Blei- und Manganoxyd zu kochen. Spezifisches Gewicht bei 15,5°: mindestens 0,938; Gewichts-

[1]) Siehe Abschnitt Polymerisierte Öle, S. 374. Die Verwirrung bezgl. des Begriffs „Firnis' wird noch dadurch erhöht, daß Verwechslungen mit dem französischen „vernis" und dem englischen „varnish" unterlaufen, welche Worte aber Lack bedeuten. Unser „Firnis" heißt französisch: huile cuite, englisch: boiled oil.

verlust in Wasserstoff bei 100°: 0,0; Jodzahl nach HANUS: mindestens 178; Unverseifbares: höchstens 1,5 %; Bleioxyd: mindestens 0,20 %; Manganoxyd: 0,04 %. Auf der Glasscheibe von 30° Neigung soll der Firnis bei 15,5—26,5° in 12 Stunden klebfrei trocknen.

Physikalische Prüfung.

Das spezifische Gewicht sagt wenig über die Art und den Reinheitsgrad eines Firnis aus. Es liegt bei Leinölfirnissen meistens zwischen 0,935—0,945 (bei 15°). Einerseits zeigen aber auch andere Ölfirnisse spezifische Gewichte in der gleichen Größenordnung, z. B. Saflorölfirnis[1]) 0,934—0,950, Holzöl schon roh 0,940, andererseits sind stark gekochte Leinölfirnisse spezifisch schwerer, z. B. zeigten sog. doppelt gekochte Öle 0,949—0,962, Standöle bis gegen 1,00. Fette Öle, Trane und Mineralöle erniedrigen das spezifische Gewicht, Harz und Harzöl erhöhen es. Durch geschickte Auswahl verschiedener Zusätze kann man also einen verschnittenen Firnis auf das normale spezifische Gewicht von reinem Leinölfirnis einstellen.

Die Refraktion kann bei vorsichtiger Auswertung der Zahlen in Kombination mit anderen Analysenergebnissen für die Beurteilung wertvoll sein. Man nimmt die Bestimmung im Butterrefraktometer vor; dabei sollten immer dieselben Bedingungen eingehalten werden, z. B. 15° und Natriumlicht[2]). Stark lichtbrechende Firnisse, wie solche mit mehr als 10% Harz, erhellen das ganze Gesichtsfeld im Apparat. Man verdünnt die Untersuchungsprobe in solchen Fällen mit dem gleichen Gewicht Terpentinöl von bekanntem Brechungsexponenten ($= N_t$), bestimmt den Brechungsexponenten des Gemisches ($= N_g$) und berechnet aus beiden Werten den Exponenten des Firnis aus der Gleichung[3]):

$$x = 2{,}09\, N_g - 1{,}093\, N_t + 0{,}003\,.$$

Bei der Firnisbildung wird das Brechungsvermögen erhöht, es nimmt mit der Dauer des Erhitzens durch die Bildung von Oxysäuren usw. zu. Auch Harz, Harzöl und Mineralöl erhöhen die Refraktion; schon wenige Prozente Harzsäure, die z. B. durch das Sikkativ in den Firnis gebracht werden, können eine Erhöhung der Refraktionszahl bis gegen 90 bewirken. Eine höhere Refraktometeranzeige wird aber im allgemeinen schon den Verdacht auf absichtlichen Zusatz von Harz und Harzöl oder dgl. erwecken. Natürlich ist aber zu berücksichtigen, daß auch Holzöl ein hohes Lichtbrechungsvermögen besitzt. Allenfalls bestimmt man die Verseifungszahl; eine mäßige Erniedrigung weist auf Zusatz von Rüböl oder Harz, eine beträchtliche auf den von Harzöl oder Mineralöl hin. Zu beachten ist, daß ein Zusatz von Mineralöl sich nicht unbedingt durch Erhöhung der Refraktion bemerkbar machen muß, nachdem ja gewisse Mineralöle selbst nur niedrige Refraktionszahlen um 70 zeigen.

Beispiele.

Refraktionszahlen im ZEISSschen Butterrefraktometer bei 25° bestimmt[4]):

	Leinöl, Rohstoff für a) bis e)	80,2°
a)	Leinöl, 25 Stunden bei 150° geblasen	95,0°
b)	Firnis, aus Leinöl mit 1% Pb-Mn-Resinat	81,6°
c)	„ „ „ „ 3% „ „	83,6°
d)	„ „ „ „ 5% „ „	85,8°
e)	„ d) 1 Stunde auf 150° erhitzt	86,7°
f)	„ aus Leinöl mit 4% Mn-Resinat	85,0°
g)	„ f) nach 12 Monaten, verschlossen im Dunkeln	85,7°
h)	„ f) „ 12 „ offen, im Licht	94,0°
i)	„ 18 Monate aufbewahrt,	bis 99,7°

[1]) LEWKOWITSCH: Ch. Technology, 6. ed. Bd. 3, S. 153.
[2]) WOLFF: Z. ang. Bd. 12, S. 297. 1899.
[3]) WOLFF: a. a. O., siehe auch FAHRION: Trocknende Öle, S. 238.
[4]) WEGER: Z. ang. Bd. 12, S. 298. 1899; NEANDER: Ch. Ztg. Bd. 27, S. 52. 1903.

Refraktionszahlen im ZEISSschen Butterrefraktometer bei 15° im Natriumlicht bestimmt[1]):

Firnisse, harzfrei, Mittel von 20 Sorten[2])	. . . .	88°
„ mit 3% Harz, Mittel von 12 Sorten	. . . .	90°
„ „ 5% „ „ „ 12 „	. . . .	92,5°
„ „ 10% „ „ „ 15 „	. . . .	97,5°
„ „ 15% „ „ „ 10 „ ; n_D	. . . .	1,4920°
„ „ 20% „ „ „ 5 „ ; „	. . . .	1,4980°

Drehungsvermögen: Firnisse aus Leinöl oder den anderen gebräuchlichen trocknenden Ölen haben praktisch kein Drehungsvermögen. Zeigt ein Firnis optische Aktivität, so enthält er höchstwahrscheinlich Harz, Harzöl oder Terpentinöl, denn die Gegenwart eines der wenigen optisch-aktiven fetten Öle ist viel weniger wahrscheinlich. Z. B. wurden bei harzölhaltigen Firnissen Drehungen von + 25 bis 30° gefunden[3]). Firnisse mit Resinatsikkativ zeigen natürlich auch eine Drehung, die aber nur unbedeutend ist.

Zur Ausführung der Bestimmung ist der große Halbschattenapparat von SCHMIDT und HAENSCH geeignet. Wegen der meistens dunklen Farbe dicker Schichten verdünnt man 1 Volumen Firnis mit 2 Volumen Chloroform und 1 Volumen absolutem Alkohol und polarisiert im 50 mm-Rohr; die abgelesene Drehung entspricht der Drehung unverdünnter Substanz im 200 mm-Rohr[4]). Natürlich darf der untersuchte Firnis kein Terpentinöl enthalten.

Die Zähflüssigkeit von Firnissen ist selbstverständlich größer als die der zugrunde liegenden Öle. Zur genauen Bestimmung und insbesondere für Vergleichsbestimmungen benütze man bei dicken Firnissen das Viscosimeter von ENGLER mit „Zehntelgefäß" oder den Apparat von VALENTA oder COCHIUS (S. 99). Für dünnere Firnisse nimmt man als Vergleichsflüssigkeit Wasser, für dickere — Standöle u. dgl. — bezieht man sich besser auf Ricinusöl.

	Fallzeit bei 20° C	
	Wasser = 1	Ricinusöl = 1
Ricinusöl	33	1
Leinölfirnis, dünn, geblasen	48	1,45
„ gekocht . . .	54	1,64

Chemische Untersuchung:

Analysengang nach FAHRION[5]): Etwa 10 g Firnis werden in 100 ccm Petroläther gelöst, die Lösung wird zweimal mit verdünnter Salzsäure durchgeschüttelt und dann einmal mit Wasser gewaschen. Die wässerigen Lösungen werden vereinigt, eingedampft und im Rückstand die Metalle der Trockenmittel (gegebenenfalls auch Borsäure usw.) bestimmt.

Die Petrolätherlösung der öligen Bestandteile wird von etwa ungelöst gebliebenen oxydierten Fettsäuren abgegossen, mit 50 ccm Alkohol vermischt und bis zur Rötung von Phenolphthalein mit Normallauge neutralisiert. Darauf setzt man so viel Wasser zu, daß seine Gesamtmenge (mit dem Wasser der Lauge) etwa 50 ccm beträgt, schüttelt kräftig durch und zieht nach einer Stunde die

[1]) WOLFF: Farbenztg. Bd. 16, S. 268. 1910.
[2]) Verschiedene Öle und verschiedene Harze.
[3]) FILSINGER: Ch. Ztg. Bd. 18, S. 1867. 1894. [4]) FILSINGER: a. a. O.
[5]) Die Chemie der trocknenden Öle, Berlin 1911, S. 243: Der Analysengang ist speziell für eine Untersuchung von Leinölfirnis vorgeschlagen, aber ohne Zweifel ebenso für irgendwelche andere Ölfirnisse geeignet.

wässerig-alkoholische Seifenlösung ab. Die Seifenlösung wird zweimal mit je 50 ccm Petroläther ausgeschüttelt, die Petrolätherauszüge werden vereinigt, mit 20 ccm 50 proz. Alkohol gewaschen und der Waschalkohol zur Seifenlösung gegeben.

Die Petrolätherlösung, die das neutrale Öl, evtl. Harzester und die unverseifbaren Bestandteile, das sind das Unverseifbare aus dem Öl und dem Harz, sowie etwa zugesetztes Terpentin-, Harz- oder Mineralöl enthält, wird eingedunstet; im Rückstand werden die einzelnen Bestandteile bestimmt. Niedrigsiedende Verdünnungsmittel können dabei teilweise verlorengehen; man bestimmt sie in einer anderen Probe für sich allein (nach S. 395) oder auch in der gleichen Substanz vor der Zerlegung mit Salzsäure.

Die wässerig-alkoholische Lösung enthält die im Firnis als freie Säuren und als Metallseifen (Sikkative) vorhanden gewesenen Fettsäuren und die freien Harzsäuren als Alkaliseifen. Man setzt noch ein wenig Lauge zu, dampft zur Trockenheit ein, nimmt mit Wasser auf, säuert mit Salzsäure an und schüttelt mit Petroläther aus. Dabei kann eine kleine Menge oxydierter Fettsäuren ungelöst bleiben. Die in Lösung gegangenen Fett- und Harzsäuren werden identifiziert bzw. getrennt.

Sikkativ:

Man prüft den im Analysengang erhaltenen salzsauren Auszug, sonst wegen der Schwerlöslichkeit des Bleichlorids einen Salpetersäureauszug[1]) oder die Asche des Firnis auf Blei und Mangan, dann auf Kobalt, Zink, Kalk und Eisen, etwa auch auf Borsäure. Mangan und Kobalt können auch direkt nachgewiesen werden: Mangan gibt beim Schütteln mit Wasserstoffsuperoxyd einen braunen Niederschlag, Kobalt mit Rhodanammoniumlösung eine charakteristische Blaufärbung, mit Nitroso-β-Naphthol eine rote, im Gegensatz zu Nickel- und Eisenfärbungen gegen verdünnte Schwefelsäure beständige Färbung oder Fällung (Empfindlichkeit: 1 mg im Liter).

Zur quantitativen Bestimmung kann man direkt veraschen (wobei aber die Flüchtigkeit des Bleis zu berücksichtigen ist) oder man titriert das Metalloxyd: 20 g Firnis in 50 ccm Äther gelöst, werden in Gegenwart von 30 ccm warmem Wasser unter stetem Schütteln tropfenweise mit $^{n}/_{2}$-Salzsäure bis zur Rötung von Methylorange versetzt. Aus dem Säureverbrauch kann man die Menge des Metalloxyds, aus dieser die Menge des Resinats, Linolats oder Borats berechnen. Für die Bestimmung von Blei wird auch die maßanalytische Molybdatmethode von SCHINDLER vorgeschlagen[2]).

Ölige Bestandteile.

Fettes Öl: Das im Analysengang abgeschiedene Neutralfett prüft man, gegebenenfalls nach Trennung vom Unverseifbaren, durch die Spezialreaktionen und Kennzahlenbestimmung, ob reines Leinöl vorliegt oder ob andere trocknende oder halbtrocknende Öle (Sojabohnenöl, Rüböl, Baumwollsaatöl usw.) beigemengt sind. Tran wird durch die Oktobromidprobe und durch die Reaktion von TORTELLI und JAFFE nachgewiesen. Sehr dunkle Firnisse kocht man vorher mit Alkohol und Tierkohle.

Die Verseifungszahl ändert sich durch das Kochen und durch den Sikkativzusatz auch nur wenig. Bei normalen Leinölfirnissen liegt sie zwischen 185—195. Zahlen von 175—185 lassen Zusatz von Rüböl oder Harz, noch niedrigere Zahlen Zusätze von unverseifbaren Stoffen (Harzöl, Mineralöl) vermuten.

[1]) FRESENIUS und SCHATTENFROH: Z. anal. Ch. Bd. 34, S. 381. 1895.
[2]) Modifikation von SACHER: Ch. Ztg. Bd. 33, S. 1257. 1909.

Die Jodzahlen können in sehr weiten Grenzen schwanken: kaltbereitete Leinölfirnisse mit wenig Trockenmittel können fast ebenso hohe Jodzahlen wie die Leinöle selbst, also um 170, zeigen; in gekochten und geblasenen Firnissen kann die Jodzahl bis unter 150, in verdickten Leinölen (Standölen, linoxynartigen Produkten) sogar bis gegen 70 erniedrigt sein[1]). Niedrige Jodzahlen können aber auch von Zusätzen wie Mineralöl oder Harzöl herrühren. Andererseits beweisen auch hohe Jodzahlen allein nichts, denn gewisse Fischöle haben so hohe Jodzahlen wie Leinöl; auch Terpentinölzusatz erhöht die Jodzahl. Die zulässige untere Grenze für reine Leinölfirnisse wird sehr verschieden, von 160 bis 130, angegeben[2]).

Die Hexabromidzahlen von kaltbereiteten Leinölfirnissen sind nur um ein weniges geringer als die der rohen Leinöle[3]), etwa 40—50; beim Erhitzen sinkt die Zahl bekanntlich. In „doppeltgekochten" Firnissen wurden Hexabromidzahlen von 10—20 gefunden. Natürlich ist auch auf evtl. Bildung von Oktobromiden (Tran) Rücksicht zu nehmen.

Freie Säure. Die Menge ist gewöhnlich gering, meistens ist die Säurezahl unter 6, höchstens 12. Höhere Zahlen deuten auf eine Verfälschung mit Harz.

Direkte Titration der alkoholisch-ätherischen Firnislösung ist unzulässig, weil dabei 80—100% der in den Sikkativen enthaltenen Säuren mittitriert würden[4]). Im Analysengang wird die freie Säure des Firnis, einschließlich der Harzsäure, zusammen mit der Säure, die im Sikkativ an Metall gebunden war, abgeschieden. Man kann dieses Säuregemisch quantitativ isolieren und wägen; zieht man von der so gefundenen Menge das Gewicht der ursprünglich als Metallseife vorhandenen Säure ab, so ergibt sich die Menge der freien Säure.

Oxydierte Fettsäuren[5]). Die Bestimmung mittels der Acetylzahl ist unzuverlässig. Man verwendet die Methode von FAHRION (S. 248). Die Menge schwankt nach der Qualität sehr stark. Z. B. fand FAHRION in dünnflüssigem Firnis 0,5%, in mittelstark gekochtem 4,1 und in stark gekochtem 7,6%. Geringe Mengen können auch aus dem Harz eines Resinatsikkativs stammen. Gut gekochte Ölfirnisse sollen nur wenig oxydierte Säuren enthalten.

Harz. Auch unverfälschte Ölfirnisse enthalten meistens etwas Harz in Form von Resinat und zum Teil als freie Harzsäure. Die Menge der Harzsäuren soll aber nicht mehr betragen als 1,5% Mangan-Resinat oder 2,5% Bleiresinat entspricht[6]). Ein höherer Harzgehalt macht sich schon bei der praktischen Erprobung, bei der Bestimmung der Säurezahl, der Refraktion und des Drehungsvermögens bemerkbar. Die qualitative Prüfung nach STORCH-MORAWSKI (s. S. 275) führe man nicht mit dem Firnis selbst, sondern besser nach Abscheidung des Metalls und der oxydierten Säuren mit den petrolätherlöslichen Säuren aus. Gewisse Oxysäuren geben nämlich eine ähnliche Farbenreaktion[7]). Natürlich ist auch die ähnliche Reaktion der Trane zu berücksichtigen.

---

[1]) FAHRION: Z. ang. Bd. 5, S. 173. 1892; Ch. Ztg. Bd. 17, S. 1849. 1893.

[2]) HEFELMANN und MANN: Pharm. Zentralh. Bd. 36, S. 685. 1895; CHARITSCHKOFF: Ch. Revue Bd. 7, S. 1. 1900.

[3]) EIBNER und MUGGENTHALER, nach HOLDE: „Untersuchung usw.", 4. Aufl., S. 453; die von LEWKOWITSCH (Analyst Bd. 29, S. 2. 1904) angegebenen Zahlen scheinen unzuverlässig.

[4]) WARE und CHRISTMAN: Eng. Bd. 8, S. 996. 1916.

[5]) Siehe besonders FAHRION: Z. ang. Bd. 4, S. 540. 1891; Bd. 5, S. 171. 1892; Bd. 11, S. 782. 1898; Bd. 15, S. 129. 1902; ferner „Trocknende Öle", S. 78, 132.

[6]) NIEGEMANN: Sfsz. Bd. 37, S. 1040. 1910; SELIGMANN und ZIEKE: Handbuch der Lack- und Firnisindustrie, Berlin 1910, S. 670.

[7]) ULZER: Mitt. Techn. Gewerbe-Museum, Wien 1896; GROSSER: Ch. Ztg. Bd. 30, S. 330. 1906; WOLFF: Farbenztg. Bd. 16, S. 268. 1910; FAHRION: Trocknende Öle, S. 239.

Zur quantitativen Bestimmung der Harzsäuren wird das im Analysengang abgeschiedene Gemisch von freien Fettsäuren und Harzsäuren am besten nach WOLFF analysiert oder das nach Abtrennen der Sikkativmetalle erhaltene Öl-Harzgemisch nach der Methode S. 306. Sollte die Beschaffenheit des Neutralfettes den Verdacht auf Vorhandensein von Harzestern erwecken, so muß man natürlich entweder auch darin das Harz bestimmen oder eine gewogene Probe Firnis direkt verseifen, das Säurengemisch abscheiden und in diesem die gesamten Harzsäuren bestimmen. Man verestert wie üblich (s. S. 305), trennt die Fettsäureester von den Harzseifen, wäscht aber die Ester mit 10 ccm 60proz. Alkohol und gibt den Waschalkohol zur Harzseifenlösung, aus der dann die Harzsäuren quantitativ abgeschieden werden. Bei dieser Abscheidung gehen die Neutralkörper des Harzes und oxydierte Harzsäuren verloren. Der Verlust dürfte durchschnittlich 14—15% betragen; zur Korrektur soll man den gefundenen Wert, wenn er über 4% liegt, mit 1,17 multiplizieren[1]).

Über den Nachweis von Cumaronharz durch trockene Destillation des Unverseifbaren s. S. 307.

Unverseifbares. Reine Ölfirnisse enthalten nicht mehr Unverseifbares als schon im Öl und allenfalls im Sikkativ vorhanden war[2]). Oxydfirnisse sollten demnach kaum über 1%, Resinatfirnisse höchstens 1,5—2% enthalten. (Z. B. wurden von ULZER in Oxydfirnissen 0,50—0,92%, von BACH 0,43—0,74%, bei Resinatfirnissen 0,95—1,71% gefunden[3]). Beim Nachweis und der Bestimmung des Unverseifbaren nach den üblichen Methoden können etwa vorhandene leichtflüchtige Bestandteile verloren gehen. Man bestimmt daher das nichtflüchtige Unverseifbare und das flüchtige (Verdünnungsmittel) getrennt.

Nichtflüchtige Bestandteile: Zur qualitativen Prüfung auf Zusätze von Mineral- oder Harzöl dient die Wasserprobe (s. S. 204): 6—8 Tropfen Firnis werden mit 5 ccm alkoholischer Kalilauge im Reagensglas gekocht. Beim Auffüllen mit Wasser muß sich die Seife klar lösen (sog. Waterproof-Firnis). Eine geringe Trübung kann auch von Schwermetallseife aus dem Sikkativ herrühren. Man prüft deshalb besser das vom Sikkativmetall befreite Öl.

Die quantitative Bestimmung ist die übliche[4]). Das abgeschiedene Unverseifbare muß, wenn der Firnis nicht außerordentlich stark oxydiert war, die Eigenschaften des Unverseifbaren von trocknenden Ölen zeigen (s. daselbst). Z. B. speziell bei Leinöl: Wachsartige Konsistenz, vollständige Löslichkeit in warmem 90proz. Alkohol, Jodzahl 83—97 (Phytosterin 68,3); dementsprechend soll die Jodzahl des Unverseifbaren von Leinölfirnis nicht unter 70—80 sinken. Stimmt die Menge und die Beschaffenheit des Unverseifbaren mit den Angaben nicht überein, so prüft man es auf Cumaronharz (s. oben) und nach S. 274 f. auf Harzöl und Mineralöl.

Flüchtige Bestandteile (Verdünnungsmittel). Diese sind die mit Wasserdampf bei gewöhnlichem Druck flüchtigen Stoffe, wie Benzin, Petroleum, Terpentinöl u. dgl. (Firnisse lassen sich mit Mineralölen vom spez. Gew. etwa 0,85 in gewissen Verhältnissen mischen, ohne wesentlich an Trockenfähigkeit zu verlieren.) Zur schnellen Bestimmung (Orientierung) streicht man den Firnis, evtl. auch seine Äther- oder Äther-Chloroformlösung auf eine Glasplatte. Bei 30—35°

---

[1]) FAHRION: Ch. Revue Bd. 20, S. 150. 1913.

[2]) FAHRION: Z. ang. Bd. 11, S. 782. 1898; THOMS: Ch. Ztg. Bd. 28, S. 841. 1904; Bd. 30, S. 832. 1906; FENDLER: Ber. d. pharm. Ges. Bd. 14, S. 149. 1904.

[3]) Z. öff. Ch. Bd. 4, S. 167. 1898.

[4]) Wegen Ausführung der MORAWSKI-DEMSKIschen Analyse als Schnellmethode siehe BARANY: Z. anal. Ch. Bd. 53, S. 684. 1917.

sind die Verdünnungsmittel binnen 2 Stunden praktisch vollständig verflüchtigt, worauf man zurückwägt[1]). Das Resultat ist natürlich schon wegen der Gewichtsveränderung infolge Oxydation des Firnis ungenau.

Zur exakten Bestimmung destilliert man mit Wasserdampf[2]): 3—4 g Substanz, unter Kohlendioxyd in einen 200 ccm-Kolben eingewogen, werden mit 60—70 ccm Wasser auf kleiner Flamme erhitzt, bis die Dämpfe nicht mehr nach einem flüchtigen Lösungsmittel riechen. Dies dauert etwa 5 Minuten. Nach dem Erkalten des Rückstandes wird das Wasser abgegossen und der Rückstand in der Weise getrocknet, daß man nacheinander kleine Mengen von Alkohol, dann von Aceton bis zum Klarwerden zusetzt und sie dann wieder wegkocht. Der Rest des Acetons wird durch Einblasen von Luft (besser ist Kohlendioxyd) entfernt. Der Rückstand kann für die Ausführung aller übrigen Bestimmungen, auch für den Analysengang, verwendet werden. Das Destillat prüft man durch Bestimmung der Dichte, der Jodzahl, des Drehungsvermögens usw.

Ermittlung der Herstellungsart. Bei reinen Ölfirnissen, z. B. Leinölfirnis ohne Zusatz von Harzöl u. dgl., läßt sich aus den Analysenergebnissen auf die Herstellungsart schließen.

Firnisse mit hohem spezifischen Gewicht, hoher Refraktion, niedriger Sauerstoffzahl, niedriger Jodzahl und höherer Säurezahl wurden bei der Erzeugung hoch erhitzt oder mit Luft geblasen. Die geblasenen Öle unterscheiden sich von den stark gekochten Firnissen durch einen charakteristischen Geruch; meistens sind sie auch heller, während die starkgekochten dunkel gefärbt sind. Ferner ist die Säurezahl bei den geblasenen Firnissen höher als bei den dickgekochten. Je niedriger die Hexabromidzahl ist, um so stärker bzw. auf um so höhere Temperatur wurde der Firnis erhitzt.

Firnisse mit hoher Refraktion, hoher Jodzahl, hoher Hexabromidzahl, niedrigem spezifischen Gewicht, niedriger Säurezahl müssen „kaltbereitet“ worden sein. Ist nur die Hexabromidzahl im Verhältnis zu den übrigen Kennzahlen auffällig hoch, so kann dies darauf beruhen, daß gekochter Firnis mit rohem Leinöl vermengt wurde. (Firnis mit genügend großem Sikkativgehalt verträgt 25% Leinöl, ohne merklich an Trockenvermögen einzubüßen.)

Praktische Prüfung.

1. Äußere Beschaffenheit. Der Firnis soll möglichst hell (eine dunklere Färbung zeigt an, daß er länger erhitzt wurde), er muß klar und frei von Schleiern sein[3]). Zur Prüfung der Farbintensität bedient man sich eines Colorimeters (s. S. 123) oder einfach einer Vergleichsskala (s. S. 320). Der Geruch, der am deutlichsten beim Erwärmen oder Verreiben zwischen den Handflächen hervortritt, soll mild, leinölähnlich, nicht brenzlich und keinesfalls tranig sein. Es ist zu beachten, daß ein tranähnlicher Geruch nicht immer auf einem Tranzusatz beruht, auch stark gekochte Leinöle zeigen ihn mitunter. Der Firnis soll nicht dickflüssig sein, weil er sonst langsam trocknet und weniger Farbzusatz verträgt, also teuere und weniger haltbare Ölfarben gibt.

---

[1]) Boughton: Ch. News Bd. 114, S. 75. 1916; C. 1916. II. 1196.

[2]) de Waele und Smith: Analyst Bd. 42, S. 170. 1917; Z. ang. Bd. 30. III, S. 624. 1917.

[3]) Der „Firnistrub“ besteht großenteils aus Bleisalzen gesättigter Fettsäuren, namentlich auch der oxydierten Säuren. Diese Salze können sich leicht durch Neutralisation der freien Säuren des Öles oder durch partielle Verseifung desselben beim Kochen mit Bleioxyden bilden; sie können aber auch aus neutralen Ölen und oxydfreien Sikkativen, z. B. sauren Resinaten, entstehen, weil bei der Bereitung eines Firnis nicht einfach Lösung des Sikkativs im Öl eintritt, sondern auch Umsetzungen erfolgen, Acylaustausch zwischen Glyceriden und Salzen. Wolff und Dorn: Farbenztg. Bd. 27, S. 26. 1921.

Um schnell zu entscheiden, ob Firnis oder unbehandeltes Leinöl vorliegt (z. B. bei der zollamtlichen Behandlung) wird Schütteln der Probe mit der gleichen Menge Kalkwasser vorgeschlagen; bei Leinöl soll eine Emulsion entstehen, bei Firnis eine glatte Trennung der Schichten eintreten. Die Reaktion ist nicht zuverlässig, weil sich einerseits auch ein vollständig neutrales Leinöl absetzt, andererseits auch Firnis bei Gegenwart freier Fettsäure emulgiert wird. Sicherer ist die Erkennung des Firnis durch Nachweis der Sikkativmetalle. Ausschütteln der Probe mit verdünnter Salzsäure und Versetzen des Auszuges mit Ammoniak und Schwefelammonium.

2. Trockenzeit. Über die Ausführung der Bestimmung s. S. 284. Der Firnis wird in dünner Schicht exponiert, bis er „anzieht“ oder antrocknet und dann durchtrocknet. Der Firnis ist angetrocknet, wenn sich eine Haut gebildet hat, die sich nur mehr schwach klebrig anfühlt und einem leichten Druck der Fingerspitzen widersteht; hält die Firnishaut einen stärkeren Druck aus, ohne anzukleben, oder besser: lassen sich aufgelegte Papierstreifen glatt abheben, ohne daß Firnisteilchen haften bleiben[1]), so ist der Firnis durchgetrocknet.

Die Zeitspanne zwischen Antrocknen und Durchtrocknen, also die eigentliche Trockendauer, ist bei allen Firnissen nur kurz (höchstens 2 Stunden) und kommt für die praktische Prüfung nicht oder nur indirekt in Betracht; für die Qualität ist die Gesamttrockenzeit maßgebend. Man bestimmt sie nach S. 286, wie bei trocknenden Ölen[2]). Die Trockenzeit schwankt bei Leinölfirnissen von etwa 6 bis fast 24 Stunden. Im Handel kommen auch Produkte, z. B. Zinkweißfirnisse vor, die bis 36 Stunden zum Trocknen benötigen.

Beispiele für Trockenzeiten von Firnissen[3]):

Firnis aus:	Stunden
Perillaöl mit 3% Pb-Mn-Resinat bei 150° gelöst	6
„ „ 5% „ „ „ 150° „	4½
Leinöl mit 2% Mn-Resinat	8
Sojabohnenöl mit 2% Mn-Resinat	13
Holzöl mit 5% Pb-Mn-Resinat	12
Mohnöl, roh, mit 2% Mn-Resinat	25
„ geblasen, mit 2% Mn-Resinat	34
Hanföl, roh, mit 2% Mn-Resinat	25
„ geblasen, mit 2% Mn-Resinat	20
Fichtensamenöl mit Pb-Mn-Resinat	24
Sonnenblumenöl, roh, mit 2% Manganresinat	15
„ geblasen, mit 2% Manganresinat	25
3 Teile Leinöl, 1 Teil Sojabohnenöl mit 5% Pb-Mn-Resinat	8
100 Teile Holzöl, 8 Teile Leinöl mit 4% Pbn-Resinat	8½.

[1]) Bannow: Ch. Ztg. Bd. 29, S. 990. 1905.

[2]) Die Trockenzeit kann auch nach der Capillaritätsmethode von Steensdrup (Ch. Revue Bd. 13, S. 143, 226. 1906) indirekt bestimmt werden: Filtrierpapierstreifen werden durch parallele Horizontallinien graduiert, auf einer Leiste befestigt und über Schälchen mit Firnis so aufgehangen, daß die Enden eintauchen. Solange der Firnis noch keinen bestimmten Grad von Trockenheit erlangt hat, wird er aufgesogen. Je schneller er trocknet, um so geringer ist die erreichte Steighöhe. Die Geschwindigkeit des Aufsaugens und des Ansteigens ist aber vor allem auch von der Viscosität des Firnis abhängig; ein viscoser, schlecht trocknender Firnis kann also eine geringere Steighöhe zeigen als ein dünnflüssiger, schnell trocknender Firnis. Man kann deshalb nach der Capillaritätsmethode nur Firnisse von vollkommen gleicher Viscosität vergleichen. Übrigens muß nicht nur die Temperatur genau eingehalten, es muß auch immer dasselbe Papier, in derselben Richtung geschnitten, verwendet werden. Die Methode könnte allenfalls für die Betriebskontrolle dienen, zur Prüfung von Produkten, die nach demselben Verfahren aus den gleichen Rohstoffen erzeugt werden.

[3]) Meister: Farbenztg. Bd. 15, S. 1486. 1910; Fahrion: „Die Chemie der trocknenden Öle“. Berlin 1911; Eibner: Ch. Umschau Bd. 25, S. 22. 1918.

Nachdem es nicht möglich ist, bei der Versuchsausführung den Einfluß aller äußeren Bedingungen, namentlich Wassergehalt und zufällige Verunreinigungen der Luft vollkommen auszuschalten bzw. gleichzumachen, kann ein Firnis an verschiedenen Tagen oder an verschiedenen Orten ziemlich verschiedene Trockenzeiten zeigen. Differenzen um $^1/_4$ der Trockenzeit und darüber sind nicht selten. Daraus ergibt sich einerseits, daß man die Trockenzeit eines Firnisses nur aus mehreren, an verschiedenen Tagen angestellten Trockenproben und auch dann nur annähernd schätzen kann und andererseits, daß zwei Firnisse nicht auf Grund der von verschiedenen Beobachtern, an verschiedenen Orten gefundenen Trockenzeiten mit Sicherheit verglichen werden können, sondern nur auf Grund von Parallelproben[1]). Man hat deshalb auch schon längst erwogen, einen Normalfirnis zu wählen (der sehr haltbar sein oder sich leicht und schnell frisch bereiten lassen müßte), um bei jeder Firnistrockenprobe auch einen Aufstrich von Normalfirnis trocknen zu lassen[2]). Die Einführung eines solchen Normalfirnisses wäre sehr wichtig, bis jetzt ist sie aber noch nicht gelungen.

3. Gewichtszunahme (vgl. S. 283 ff.). Die Sauerstoffzahlen der nichtgeblasenen Ölfirnisse sind ein wenig kleiner, die der Tranfirnisse dagegen größer als die der entsprechenden Öle bzw. Trane ohne Sikkativ. Sie liegen am höchsten bei Perillaölfirnis, bei Leinölfirnissen meistens zwischen 12 und 16, nur ausnahmsweise bis etwa 18, bei anderen Ölfirnissen niedriger, bei gewissen Tran- und Harzölfirnissen höher.

Z. B.	bei einem	Perillaöl	mit	3%	Pb-Mn-Resinat	. . . . .	21,8%[3])
	„ „	Leinöl	„	3%	„ „	. . . . .	15,1%
	„ „	„	„	2%	„ „	. . . . .	18,1%
	„ „	Bohnenöl	„	2%	„ „	. . . . .	15,4%
	„ „	Holzöl	„	5%	„ „	. . . . .	14,3%
	„ „	Sardinentranfirnis				. . . . .	19,8%
	„ „	Harzölfirnis				. . . . .	23,3%

Während das Gewicht von rohem Leinöl beim Trocknen erst ein wenig abnimmt, nimmt das Gewicht des Firnis sofort, wenn auch in den ersten Stunden sehr langsam, dann plötzlich schnell zu, bis das Maximum erreicht ist, bleibt dann eine Weile konstant, um hierauf allmählich wieder abzunehmen.

4. Beschaffenheit der Firnishaut (Film). Man prüft die bei der Bestimmung der Trockenzeit erhaltenen Firnishäutchen vor allem, ob sie glatt, glänzend, hart und nicht klebrig sind.

Eine ganz geringe Klebrigkeit — schwaches Klebegefühl und Hinterlassen einer mäßigen Spur beim Auflegen eines Fingers — ist, namentlich bei normaler Trockenzeit, noch kein Zeichen von Verfälschung (es ist auch nicht zu befürchten, daß ein solcher Firnis bei der praktischen Verwendung klebrige Anstriche gibt, weil dann die zugemischten Farben oder Verdünnungsmittel die Klebrigkeit aufheben). Stärkeres Kleben weist auf freies Harz, Harzöl, auch Ricinusöl, Ölsäure oder auf echte Trane. Dagegen kann besondere Härte auf einem Zusatz von harzsaurem Kalk beruhen. Fischöle, wie z. B. Sardinen- und Menhadentran geben eine feste Haut (Film), die sich aber im Gegensatz zu Linoxyn in Chloroform und Äther vollständig löst. Runzeln und matte Stellen können durch einen Gehalt an Holzöl bedingt sein. Bei Gegenwart von viel Mineralöl zeigt sich auf dem trockenen Film eine fettige, abwischbare Schicht. Mineralöle und minderwertige fette Öle (auch Bohnenöl) machen den Film weich, er läßt sich auch verschieben, ein Zeichen, daß unter der trockenen Haut eine flüssige

[1]) Siehe auch Fahrion: a. a. O. S. 216. [2]) Weger: Z. ang. Bd. 10, S. 561. 1897.
[3]) Der Wert ist wahrscheinlich noch zu niedrig, Weger; siehe Fahrion: a. a. O. S. 289.

Schicht geblieben ist. Am unteren Ende der Trockenplatte, wo sich beim Ablaufenlassen eine dickere Firnisschicht sammelte, bilden sich bei gut trocknenden Firnissen schnell vertikale Hautrunzeln, bei schlecht trocknenden erst nach längerer Zeit.

Die Dauerhaftigkeit wird durch 24stündiges Erhitzen auf 100° bestimmt. Dabei dürfen sich keine Risse bilden. Beim Schaben mit einem Messer müssen sich Späne loslösen.

Zur Prüfung auf Elastizität läßt man Häutchen auf Streifen von Zeichenpapier bilden, indem man sie 2—3mal mit Firnis bestreicht und gut trocknet. Dann werden die Streifen je zweimal rückwärts und vorwärts gekniffen, mit einer Glasplatte bedeckt, diese mit einem 2 kg-Gewicht beschwert und so 24 Stunden gepreßt. Danach dürfen die Kniffstellen keine Risse zeigen.

Von besonderer Wichtigkeit für die Beurteilung des Firnis ist das Verhalten des Films beim Erhitzen[1]). Man kann nämlich daraus bereits schließen, ob der Firnis nur aus Leinöl oder einem gleichwertigen trocknenden Öl bereitet ist. Die Filme aus stark trocknenden Ölen schmelzen im Capillarrohr nicht, sie werden bei 160° geblich bis braun, bei 240—260° verkohlen sie langsam. Mohnölfilme schmelzen zwischen 120 und 140° unter Aufschäumen. Durch diese Probe wird schon ein Zusatz von 5% nicht starktrocknenden Öles, von Mineralöl oder Harz zu Leinöl angezeigt, indem der Film beim Erhitzen wenigstens sintert und sich unter Aufschäumen und Blasenbildung zersetzt.

5. Verhalten gegen Erdfarben. Besonders sorgfältig müssen Firnisse geprüft werden, die zur Erzeugung weißer Farbenpasten bestimmt sind. Ein Firnis, der mit Bleiweiß verarbeitet werden soll, darf z. B. keine Schwefelverbindung enthalten oder andere Bestandteile, die mit Bleiverbindungen dunkel gefärbte Produkte geben. Auch Harzgehalte über 3—4% wirken schon schädlich, indem solche Firnisse beim Anrühren mit Bleiweiß stocken[2]). Für ein besonders reines Weiß ist ein Mangangehalt schädlich, weil sich mit der Zeit höhere Manganoxyde bilden und der Anstrich einen bräunlichen Ton annimmt. Für solche Farben sind also nur Firnisse mit Bleisikkativ zulässig. Die praktische Prüfung erfolgt durch Vermischen von Farbe und Firnis, Aufstreichen der Paste und Exponieren wie bei der Bestimmung der Trockenzeit.

Anhang:

Sikkative (Trockenstoffe).

Sikkative sind Substanzen, welche die Trockenzeit der Öle abkürzen[3]). Als Sikkative verwendet man in der Firnis- und Lackfabrikation die Oxyde und solche Salze von Blei, Mangan und Kobalt[4]), die sich in den trocknenden Ölen in einem für den praktischen Zweck ausreichenden Maße lösen oder sich

---

[1]) Eibner: Farbenztg. Bd. 26, S. 2402. 1921.

[2]) Wolff: Farbenztg. Bd. 16, S. 268. 1910.

[3]) Definition nach Fahrion: Farbenztg. Bd. 19, S. 1804. 1914; Weger: Ch. Revue Bd. 4, S. 285. 1897; Mackey und Ingle: J. Soc. Ch. Ind. Bd. 35, S. 454. 1916 definieren als Sikkative „die Metalle mit mehreren Oxydationsstufen, von denen die niedrigeren beständiger sind, in einer öllöslichen Form.“

[4]) Wirksam sind auch die Oxyde von Ce, Th, U, Zn, Ca, Cu, Fe, Pt, Ag, Sr, Cd, Ni, Au, Al, Mg, Ba, Sn, Cr, Hg und Bi (Meister: Farbenztg. Bd. 14, S. 153, 731, 1908; Ingle: l. c.) Nach Fokin (J. Russ. Phys. Ch. Ges. Bd. 39, S. 307. 1907; Bd. 40, S. 276. 1908) wäre die Reihenfolge der Metalle nach ihrer Wirksamkeit anders, was aber mit den praktischen Erfahrungen nicht übereinstimmt. Am wirksamsten sollen die Vd-Verbindungen sein (Rhodes und Chen: Eng. Bd. 14, S. 222. 1922).

mit den Ölen unter Bildung löslicher Verbindungen umsetzen können[1]). Die bei der Untersuchung zu berücksichtigenden allgemeinen Anforderungen an ein Sikkativ sind[2]): Es soll das Öl nicht oder doch wenigstens nicht wesentlich dunkler färben, soll in demselben weder Trübungen noch Satz erzeugen, darf Erdfarben nicht zum Stocken bringen und soll die Trockenzeit des sikkativhaltigen Leinöls auf höchstens 12 Stunden, meistens aber auf nur 8 Stunden oder sogar auf noch weniger abkürzen.

In praktischer Beziehung unterscheidet man:

1. Die sogenannten unlöslichen, richtiger schwerlöslichen Sikkative, die sich erst beim längeren Erhitzen auf höhere Temperaturen, meist über 200—250°, im Öl lösen; 2. die schon in der Kälte oder beim mäßigen Erwärmen löslichen und 3. die flüssigen Sikkative.

1. Schwerlösliche (sog. unlösliche) Sikkative:

Diese Verbindungen sind nicht Fettprodukte, sie werden deshalb nur summarisch angeführt. Es sind die Oxyde und Hydroxyde von Blei und Mangan, auch von Kobalt und anderen Sikkativmetallen, sowie eine Reihe von Mangansalzen, wie Borat, Nitrat usw., Mangansalze organischer Säuren von niedrigem Molekulargewicht, wie Oxalat usw. Auch Ammonnitrat soll ein gutes Sikkativ sein.

Zur analytischen Kontrolle bestimmt man den Metallgehalt, allenfalls die Oxydationsstufe aus dem aktiven Sauerstoff, die groben Beimengungen und bei den Salzen die Anionen; durch Bestimmung des spezifischen Gewichtes, des Wassergehaltes und evtl. Beimengungen an Kalk und Chloriden oder Sulfaten, sowie durch die Beobachtung unter dem Mikroskop unterscheidet man die künstlich durch Umsetzung dargestellten Hydroxyde von den natürlichen. Die künstlichen sind wegen ihrer größeren Feinheit in Öl leichter löslich und deshalb trotz der Beimengungen bessere Sikkative.

Die Präparate haben häufig keine einheitliche Zusammensetzung. Bleiglätte enthält oft etwas metallisches Blei, das aber in geringeren Mengen nicht schadet; die Manganoxydhydrate sind Mischungen verschiedener Oxydationsstufen; auch das Manganborat ist gewöhnlich nicht nach einfachen stöchiometrischen Verhältnissen zusammengesetzt, sondern z. B. nach der Formel $2\,MnO \cdot 3\,B_2O_3 \cdot 3\,H_2O$. Es darf auch 10—12% Kochsalz, Glaubersalz und einige Prozente Gips oder Calciumborat enthalten. Man prüfe aber auf absichtlichen Zusatz von Gips.

2. Leichtlösliche Sikkative (Firnispräparate).

Die leichtlöslichen Sikkative sind Bleiseifen, Manganseifen oder gemischte Blei-Manganseifen, und zwar fast ausschließlich solche aus Fettsäuren trocknender Öle (besonders Leinöl, weniger Holzöl, in neuerer Zeit auch Perillaöl) und Harzsäuren; die aus anderen Fettsäuren und aus Naphthensäuren kommen daneben kaum in Betracht. Ferner sind noch der Bleizucker, das Manganacetat und einige ähnliche Verbindungen zu den leichtlöslichen Sikkativen zu zählen. Auch das Benzoylsuperoxyd wirkt als Sikkativ. Es gibt *geschmolzene* Firnispräparate, durch einfaches Zusammenschmelzen von Säure und Oxyd erzeugt und *gefällte*, durch Fällung einer Blei- oder Mangansalzlösung mit einer Seifenlösung dargestellt. Die gefällten Resinate lösen sich zumeist schon bei gewöhnlicher Temperatur, sind also die besten Sikkative, die geschmolzenen Resinate lösen sich erst beim Erwärmen, ebenso die Präparate aus Leinölfettsäuren, die meistens eine Temperatur von etwa 140—150° erfordern.

Vorprüfung.

Die gefällten Präparate sind leichte, weiße oder nur schwach gefärbte Pulver, die geschmolzenen Resinate dunkelfarbige glasige Stücke, die wie dunkles Harz aussehen. Man prüft zuerst, ob ein Resinat oder ein sogenanntes Linoleat[3]) vor-

---

[1]) Ob die Sikkative bzw. die gelösten Metalle die Übertragung des Luftsauerstoffs auf die trocknenden Öle kontinuierlich katalysieren oder (wahrscheinlicher) als Pseudokatalysatoren wirkend, die Bildung von Peroxyden der ungesättigten Säuren hervorrufen, welche die eigentlichen Katalysatoren wären (GENTHE: Z. ang. Bd. 19, S. 2087. 1906), ist noch nicht entschieden.

[2]) WEGER: Z. ang. Bd. 9, S. 531. 1896; Bd. 10, S. 401, 542. 1897.

[3]) Die Anwendung dieses Ausdruckes, der ein Salz der Linolsäure bezeichnet, auf eine Mischung von Salzen der Leinölsäuren ist üblich, aber nicht korrekt.

liegt. Resinate erkennt man am Geruch, besonders beim Verbrennen, bei Stücken auch an Glanz und Härte. Die Anstellung der üblichen Harzreaktionen ist kaum nötig[1]). Hat man ein Linoleat festgestellt, so prüft man, ob es sich vollständig in Äther löst, während ein Resinat auf die Löslichkeit in Chloroform oder in warmem Terpentinöl geprüft wird.

Unterscheidung von geschmolzenen und gefällten Präparaten: Gepulverte geschmolzene Sikkative, die von den pulvrigen gefällten Präparaten nicht schon durch den Augenschein zu unterscheiden sind, zeigen gewöhnlich zum Unterschied von diesen unter dem Mikroskop durchsichtige Teilchen von freiem Harz; ferner sind sie wasserfrei und gewöhnlich frei von Neutralsalzen, während die gefällten immer einiges Wasser (bis zu 6%), meistens auch etwas Carbonat und Spuren von Kochsalz oder Glaubersalz enthalten.

Organische Bestandteile.

Eine Abscheidung und Untersuchung der Säuren ist gewöhnlich nicht nötig. Ergibt die Vorprüfung, daß das Sikkativ Fettsäure und Harzsäure enthält, so zerlegt man mit Salzsäure, schüttelt mit Petroläther aus und trennt dessen Rückstand vorschriftsmäßig nach S. 305. In den seltensten Fällen ist die Fettsäure durch ihre Kennzahlen zu identifizieren. Ebenso ist die Bestimmung der freien Säure gewöhnlich ganz überflüssig[2]); die geschmolzenen Resinate müssen zudem freie Harzsäure enthalten, weil sich die sauren Resinate leichter in Öl lösen. Ein Gehalt von etwa 30—40% freier Harzsäure im Sikkativ — der ja nur etwa $^1/_2$—$1^1/_2$% Harzsäure im Firnis entspricht — ist von Ausnahmsfällen (wie Darstellung von Ölfarben) abgesehen, noch unbedenklich. Von sonstigen organischen Bestandteilen kann noch Harzester vorhanden sein, der wie in Öllacken nachgewiesen wird.

Metalle.

Qualitative Prüfung: Eine kleine Menge Substanz wird mit Mineralsäure ausgezogen oder sie wird verascht und die Asche mit Salzsäure behandelt; die Lösung prüft man auf Blei, Mangan, evtl. Kobalt[3]) oder andere Sikkativmetalle, dann auch auf Calcium, Strontium, Baryum, Magnesium, Aluminium, Zink und Kupfer, Eisen und Nickel. Erdalkalimetalle können als Resinate, die zur Härtung der Anstriche zugesetzt werden, in das Produkt gelangen; einige Prozente sind erlaubt. Größere Mengen weisen auf eine selbstverständlich unerlaubte Beschwerung mit kohlensaurem Kalk bzw. Schwerspat hin. Zinkresinat wird oft zur Hintanhaltung des Nachdunkelns der Firnisse beim Erwärmen zugesetzt, Kupferresinat als Rostschutzmittel.

Quantitative Bestimmung: Ein leichtlösliches Sikkativ soll naturgemäß möglichst viel Metall in Form öllöslicher Verbindungen und möglichst wenig in Form unlöslicher, d. h. schwerlöslicher Verbindungen enthalten. Man bestimmt den Gesamtmetallgehalt und das unlösliche Metall.

Ausführung: Etwa 5 g Substanz werden verascht. Aus der Lösung der Asche fällt man erst das Blei mit Schwefelwasserstoff oder Schwefelsäure, dann

---

[1]) Die von BOUGHTON (J. Franklin Inst. Bd. 181, S. 267. 1916; Z. ang. Bd. 29, II, S. 540. 1916) vorgeschlagenen Proben auf Harz sind unzweckmäßig.

[2]) Eine direkte Titration der freien Säuren (in ätherisch-alkoholischer Lösung) geht übrigens nicht an, weil die Schwermetallseifen zu 80—100% dissoziiert sind (WARE und CHRISTMAN: Eng. Bd. 8, S. 996. 1916.

[3]) Über den Nachweis dieser Metalle siehe besonders VOLLMANN: Farbenztg. Bd. 27, S. 1943. 1922.

das Mangan. Hat die qualitative Prüfung viel Kalk ergeben, so bestimmt man Mangan und Calcium als Carbonate in neutraler Lösung, titriert dann das Mangan allein und berechnet den Kalk aus der Differenz.

Eine zweite Substanzprobe wird nun extrahiert, und zwar wenn sie nur Mangan enthält, mit wasserfreiem Äther, enthält sie Blei oder beide Metalle, mit kaltem Chloroform oder mit warmem Terpentinöl. (Diese Lösungsmittel haben nämlich dasselbe Lösungsvermögen für die Metallseifen wie warmes Leinöl.) Der unlösliche Rückstand kann Bleioxyd, Manganoxyd, Mangansuperoxyd, Mangancarbonat, Kalk usw. enthalten. Man verascht und bestimmt in der Asche Blei und Mangan wie in der Gesamtasche. Die Differenz in den Metallgehalten der auf gleiche Substanzmengen bezogenen Aschen gibt den Gehalt des Sikkativs an „löslichem" Blei und Mangan. Zur Kontrolle kann man das „lösliche" Mangan in einem aliquoten Teile der ätherischen Lösung direkt bestimmen. Eine direkte Bestimmung des „löslichen" Bleis ist dagegen wegen der Fehlerquellen (Verflüchtigung von Blei beim Abtreiben der letzten Chloroformreste usw.) keine geeignete Kontrolle.

Die Bestimmung der übrigen Metalle erfolgt nach den bekannten Methoden.

Auswertung: Will man sich ein Bild von der Zusammensetzung des Präparates machen, so rechnet man das „lösliche" Metall auf Linoleat bzw. Resinat um. Nimmt man die Neutralisationszahl der Leinölsäuren zu 198, die des Kolophoniums zu 170 an, so enthält:

Leinölsaures Manganoxydul	etwa	8,9%	Mn
„ Manganoxyd	„	6,1%	„
harzsaures Manganoxydul	„	7,7%	„
„ Manganoxyd	„	5,3%	„
leinölsaures Blei	„	26,9%	Pb
harzsaures Blei	„	24,0%	„

Hat man z. B. in einem Resinat a% „lösliches" Blei gefunden, so berechnet sich der Gehalt an Bleiresinat aus der Formel

$$x = \frac{100a}{24}.$$

Nachdem die Säurezahlen von Leinölsäuren und noch mehr die von Harzen verschiedener Herkunft schwanken, erhält man so nur Näherungswerte, die aber für den Zweck vollkommen genügen. Um den Linoleat- und Resinatgehalt des Sikkativs genau zu berechnen, müßte man in jedem Fall die organischen Säuren abscheiden, trocknen, ihre Säurezahlen bzw. die mittleren Molekulargewichte bestimmen und daraus den theoretischen Metallgehalt ihrer Blei- und Mangansalze berechnen.

Z. B. wurde in einem geschmolzenen Blei-Manganresinat gefunden[1]):

9,90% lösliches Blei,
0,00% unlösliches Blei,
1,43% lösliches Mangan,
0,10% unlösliches Mangan

und daraus berechnet:

ca. 41% Bleiresinat,
„ 27% Manganresinat,
„ 30—35% freies Harz.

Diese Zusammensetzung ist typisch für die Blei-Manganresinate; die Blei-Manganlinoleate sind nach sehr stark wechselnden Verhältnissen gemischt.

Geschmolzene Manganresinate enthalten meistens 2,5—3% Mn = ca. 45 bis 55% harzsaures Mangan[2]), nach WEGER sogar bis 4,5% Mn[3]), gefällte Mangan-

[1]) WEGER, nach FAHRION: Trocknende Öle S. 193.
[2]) MEISTER: Farbenztg. Bd. 12, S. 1614. 1907.
[3]) WEGER: Ch. Revue Bd. 5, S. 4. 1898.

resinate 5,7—6,5% Mn = ca. 80% harzsaures Mangan. Gefällte Bleiresinate enthalten 20—23% Pb = bis über 90% harzsaures Blei[1,2]); geschmolzenes Bleiresinat ca. 20% Blei = ca. 80% harzsaures Blei. — Geschmolzene Bleilinoleate enthalten bis über 30% lösliches Blei, geschmolzene Manganlinoleate bis 11% lösliches Mangan, also basische Salze.

Ein flüssiges Sikkativ eigener Art besteht aus einer Lösung von Manganborat in Glycerin[3]).

Praktische Prüfung:

Etwa 100 g reines, nicht brechendes Leinöl werden mit dem bei der praktischen Firniserzeugung angewendeten Prozentsatz an Präparat in einem weithalsigen Kolben auf dem Sandbade kurze Zeit auf höchstens 120—150° erhitzt. Man beobachtet, ob sich das Untersuchungsmaterial vollständig löst und prüft nach erfolgter Auflösung den Firnis auf Farbe, Klarheit, Konsistenz, Absatz und Trockenzeit (vgl. S. 387). Man kann auch in der Weise prüfen, daß man das Sikkativ in möglichst wenig warmem Terpentinöl löst, von dieser Lösung $2^1/_2$, 5, 10% usw. dem Leinöl in der Kälte zusetzt und nach Stehenlassen über Nacht wie oben prüft.

3. Flüssige Sikkative.

Diese Art Sikkative dient hauptsächlich zur Erzeugung von Lacken und Ölfarben. Es sind fast durchwegs hochkonzentrierte Lösungen leichtlöslicher Sikkative in Terpentinöl, Kienöl, Benzol, Benzin, aber auch in Leinöl, z. B. Manganlinoleat-Leinöllösung. Meistens enthalten sie leinölsaures oder harzsaures Blei oder Blei-Mangan [harzsaures Bleizink soll noch besser sein[4])]; manchmal ist auch harzsaurer Kalk als Füllstoff vorhanden[5]). Das Verhältnis von fester Substanz zu Lösungsmittel kann von 1 : 4 bis 4 : 5 schwanken[6]).

Zur Untersuchung treibt man zunächst das Lösungsmittel ab und bestimmt es nach Art und Menge wie bei verdünnten Firnissen oder Lacken (S. 395). Der nichtflüchtige Rückstand wird wie ein leichtlösliches Sikkativ analysiert.

Besonders wichtig ist die Prüfung auf freies Harz, denn dieses darf nicht in größeren Mengen enthalten sein, weil es die Ölfarben verdickt: Man verreibt 18 g chemisch reines Bleiweiß mit 5 g Leinöl und vermischt dann mit 5 g Untersuchungsmaterial, 2 g Terpentinöl und einigen Tropfen Wasser. Auch nach mehrstündigem Stehen darf keine käsige Verdickung eintreten.

Öllacke.

(Fette Lacke.)

Öllacke sind Lösungen von Firnissen oder trocknenden Ölen mit Sikkativen und harten Harzen in Terpentinöl oder dessen Ersatzstoffen. Nach dem Mengenverhältnis von Öl und Harz teilt man sie in fette Lacke, die mehr Öl, magere Lacke, die mehr Harz und halbfette Lacke, die ungefähr gleich viel Öl und Harz enthalten[7]).

1) Meister: Farbenztg. Bd. 12, S. 1614. 1907.

2) Die von Amsel (Z. ang. Bd. 9, S. 429. 1896) angegebenen Zahlen scheinen ausnehmend hoch.

3) Rütgers: D. R. P. 88 616. 4) Meister: Farbenztg. Bd. 14, S. 731. 1909.

5) Blackler: Farbenztg. Bd. 15, S. 1598. 1910.

6) Siehe auch Fawsitt: J. Soc. Ch. Ind. Bd. 22, S. 538. 1903.

7) Siehe besonders Heupel: Ch. Revue Bd. 10, S. 125. 1903; auch Herbig: „Über einheitliche und zweckmäßige Benennung der Lacke“, in Seeligmann und Ziecke: Handbuch der Lack- und Firnisindustrie, 2. Aufl., S. 605.

Die geeignetsten Rohstoffe für Öllacke sind kaltgepreßtes, vollkommen schleimfreies Leinöl, am besten aus baltischer Saat, als Harz ein Kopal, als Verdünnungsmittel Terpentinöl. Statt Leinöl werden auch andere trocknende Öle verwendet, besonders Holzöl, ferner verdickte Öle (Standöl, aber nicht geblasene Öle). Die Kopale ersetzt man zum Teil oder auch gänzlich durch minderwertigere Hartharze, durch Schellack, Bernstein usw., durch gehärtetes Kolophonium (Kalk-, Baryt-, Magnesium-, Zinkresinate, Harzester), Oxydationsprodukte des Wollfett-Unverseifbaren, selbst durch Asphalt, Pech, Cumaronharz, Kunstharze, wie Bakelit u. dgl. Statt Terpentinöl verwendet man auch Methyl-, Äthyl- oder Amylalkohol, Amylacetat, Aceton, Benzin, aromatische, hydroaromatische und chlorierte Kohlenwasserstoffe, Harzessenzen, Teeröle; dazu kommen noch die Trockenstoffe. Nachdem ein Lack natürlich verschiedene Öle, Harze und Lösungsmittel nebeneinander enthalten kann, so findet man mitunter außerordentlich komplizierte Zusammensetzungen. Der genaue Nachweis und die quantitative Bestimmung aller Bestandteile eines Öllackes ist deshalb in vielen Fällen unmöglich. Die edleren Harze sind einander (besonders nach der tiefgreifenden Veränderung durch das Schmelzen und Lackkochen) in ihrem chemischen Verhalten zu ähnlich, als daß sie sich mit Sicherheit differenzieren oder gar aus Mischungen abtrennen ließen; dasselbe gilt in geringerem Maße für die verschiedenen trocknenden Öle und ihre Oxydationsprodukte; übrigens ist für die Wertbestimmung von Öllacken die praktische Prüfung maßgebend.

Physikalische Prüfung.

Farbe. Um die Farbe, die Klarheit und Durchsichtigkeit zu beurteilen, hält man ein mit dem Lack angefülltes flaches Glasgefäß gegen das Licht oder legt es auf eine weiße Unterlage. Die Färbung allein prüft man noch sicherer durch direktes Auftragen des Lacks auf eine weiße Fläche, z. B. ein geweißtes Blech oder Brett und Vergleichen mit Typmustern, z. B. einer Reihe, beginnend mit einem Lack aus weißem Dammar und endigend mit dem dunkelsten Handelsprodukt. Für genaue Messungen wie beim Einstellen auf ein Muster, verwendet man ein Colorimeter, von denen für diesen Zweck besonders das Farbenmaß von Stammer eingebürgert ist[1]). Als Vergleichsskala kann man eine Reihe Lösungen von Kaliumbichromat in konz. Schwefelsäure benützen. Für die erste Stufe ist eine Vergleichslösung nicht nötig, für die 9 übrigen nimmt man 0,10, 0,25, 0,35, 0,50, 1,00 1,50, 2,00, 4,00 und 8,00 g Bichromat in je 100 ccm Säure[2]).

Spezifisches Gewicht. Man bestimmt es mit dem Aräometer oder mit der Westphalschen Wage; d_{15} soll bei Schleiflacken ungefähr zwischen 0,900 bis 0,950, bei Überzugslacken etwa um 0,950 liegen.

Zähflüssigkeit. Lacke müssen einen solchen Flüssigkeitsgrad besitzen, daß sie sich einerseits noch bei 12—15° mit dem Pinsel leicht auftragen und so verstreichen lassen, daß die Striche nicht sichtbar bleiben, aber andererseits auf geneigten Flächen auch nicht abrinnen. Man bestimmt am besten sowohl den Flüssigkeitsgrad des Gesamtlackes, als auch den des mit Wasserdampf nichtflüchtigen Rückstandes. Auf diese Weise kann man abschätzen, ob die Schwerflüssigkeit mehr von einer hohen Konzentration der im Lack gelösten festen Bestandteile oder von deren besonderer Zusammensetzung (wie z. B. Gehalt an Standöl) hervorgerufen wird. Für Näherungsbestimmungen benützt man das Viscosimeter von Cochius, Präzisionsbestimmungen werden, wenn möglich, im Engler-Holdeschen Apparat ausgeführt, wo dieser nicht anwendbar ist, mit dem Apparat von Valenta (s. S. 99).

---

[1]) Bezugsquelle Schmidt & Haensch, Berlin. [2]) Wertz: Eng. Bd. 10, S. 475. 1918.

Refraktion und Dispersion. Diese Konstanten sind besonders für den Nachweis von Holzöl wichtig; ferner empfiehlt es sich, sie bei der Untersuchung der flüchtigen Lackbestandteile, namentlich wenn nur wenig Untersuchungsmaterial vorhanden, zu bestimmen.

Chemische Prüfung.

Trennung der flüchtigen und nichtflüchtigen Bestandteile.

Eine genügende Menge, bis 50—100 g Substanz, wird mit Wasserdampf destilliert, bis sich nur mehr Wasser kondensiert. Das Destillat wird in einem größeren HOLDEkolben (Abb. 62) aufgefangen und das Volumen des überdestillierten Lösungsmittels im Kolbenhals direkt abgelesen; man kann auch in einen Scheidetrichter destillieren, das Destillat zur vollständigen Trennung der Schichten mit Kochsalz versetzen, die wässerige Schicht ablassen, das Lösungsmittel durch ein trockenes Filter abfiltrieren und wägen. Die Bestimmung ist nicht genau, weil ein Teil des Terpentinöls verharzt und zurückbleibt. — Den Rückstand kann man zur Entwässerung erst mit Alkohol, dann mit Benzol-Alkohol (3 : 1) in der Wärme behandeln, bis er klar geworden ist, und nach Vertreiben des Lösungsmittels durch Einblasen von Luft wägen. Aus der Differenz ergibt sich die Menge der flüchtigen Lackbestandteile[1]).

Enthält der Lack wasserlösliche flüchtige Bestandteile, wie Alkohol und Aceton, so kann man sie auch trocken, am besten im Kohlendioxydstrom, abdestillieren. Dabei darf aber die Temperatur nicht über 200° steigen, weil sonst Zersetzungen eintreten können.

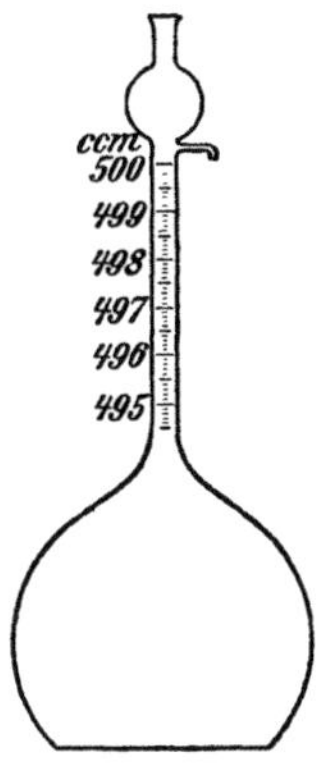

Abb. 62. Meßkolben nach HOLDE.

Untersuchung der flüchtigen Bestandteile.

Vorproben: Stehen nur kleine Mengen Material zur Verfügung, so bestimmt man nach WOLFF und DORN[2]) vor allem die Refraktion, Dispersion, die Verdunstungszeit und den Siedebeginn in der Capillare, für welchen Zweck wenige Tropfen genügen; dann stellt man auch die Peroxydreaktion an. Die einzelnen Gruppen von Lösungsmitteln zeigen Dispersionen in einem bestimmten Bereich; innerhalb dieses Bereiches können die Refraktionen zur weiteren Differenzierung dienen. (Siehe Tabelle S. 400.)

Die Verdunstungszeit der Substanz bestimmt man nach dem Vorgang von WOLFF und DORN relativ zu der einer Vergleichssubstanz, indem man je einen Tropfen aus der gleichen Capillare auf Filtrierpapier bringt und die Zeit bis zum Verschwinden der entstehenden Flecke bei Durchsicht mißt. Die Verdunstungszeit eines Gemisches ist keine lineare Funktion der Gehalte an den einzelnen Bestandteilen, der Einfluß des schwerer verdunstenden Lösungsmittels überwiegt bereits, wenn davon mehr als 30—40% zugegen sind.

Verdunstungszeiten, bezogen auf Rein-Xylol = 1.

Benzol	0,2	4 Vol. Terpentinöl + 6 Vol. Benzol	1,2
Leichtbenzin	0,1—0,6	1 „ „ + 1 „ „	2,0
Schwerbenzin	0,4—1,5	1 „ „ + 1 „ Schwerbenzol	5,0
Testbenzin	1,5—3,0	3 „ „ + 5 „ „	6,5
Solventnaphtha	3,0—5,0	1 „ „ + 1 „ Xylol	1,7
Schwerbenzol	7,0—8,0	3 „ „ + 3 „ „	1,2
Tetralin	über 30		

Zur Bestimmung des Siedebeginns verfährt man ähnlich wie bei der Bestimmung des Siedepunktes nach EMICH. Ein Schmelzpunktsröhrchen von ca. 1 mm Durchmesser und

[1]) DE WAELE und SMITH: Analyst Bd. 42, S. 170. 1917; DE WAELE: Analyst. Bd. 43, S. 408. 1918.

[2]) Farbenztg. Bd. 28, S. 330. 1922.

10 mm Länge wird 3 mm hoch gefüllt, mit einem Glashaar versehen und langsam erwärmt, bis sich eine große Dampfblase bildet. — Die Vorproben sind zuverlässig, man kann aus ihnen sogar Schlüsse auf die quantitative Zusammensetzung ziehen.

Zur Untersuchung der für Öllacke gebräuchlichen Lösungsmittel hat WOLFF[1]) einen Analysengang ausgearbeitet, der natürlich auch auf die Untersuchung der aus den Lacken abgeschiedenen flüchtigen Bestandteile angewendet werden kann.

Wurde ohne Wasserdampf destilliert, so nimmt man zunächst zur Abtrennung der in Wasser löslichen Solventien eine Ausschüttlung mit 10 proz. Kochsalzlösung vor. Aus dem wässerigen Auszug werden mittels einer Mikrokolonne Methyl- und Äthylalkohol, sowie Aceton abdestilliert und wie üblich (z. B. Jodoformreaktion, Indigoreaktion usw.) nachgewiesen bzw. bestimmt. (Wurde das Lösungsmittel mit Wasserdampf abgetrieben, so prüft man natürlich im kondensierten Wasser auf diese Verbindungen.) Vom wasserunlöslichen Teil bestimmt man zuerst Dichte, Brechungsindex und Dispersion, prüft auf Terpenkohlenwasserstoffe, Chlorverbindungen und (durch die Xanthogenatreaktion) auf Schwefelkohlenstoff. Hierauf fraktioniert man und fängt den über 200° destillierenden Anteil gesondert auf. Dieser wird auf Tetralin u. dgl. geprüft (Dichte, Refraktion, Dispersion u. a. m.). Den unter 200° siedenden Anteil schüttelt man im Mikroscheidetrichter vorsichtig mit Schwefelsäure 1,8; höhere Alkohole und alle Ester werden gelöst, auch Terpentinöl; Kienöl zum größten Teil unter starker Verfärbung und Erwärmung. Die Schwefelsäureschicht wird abgetrennt, in viel Wasser gegossen, destilliert, das Destillat ausgesalzen und wieder destilliert, worauf man es wie üblich auf die höheren Alkohole und Ester prüft (Acetylzahl, Verseifungszahl, Nachweis der Säuren wie Essigsäure in der verseiften Lösung usw.; die Amylderivate werden übrigens schon am Geruch erkannt).

In vielen Fällen ist keine systematische Untersuchung nötig, oft handelt es sich nur darum, zu entscheiden, ob reines oder mit anderen Kohlenwassertoffen verschnittenes Terpentinöl vorliegt.

Terpentinöl.

Man prüft den Geruch und bestimmt mit je einem Tropfen Destillat die Dichte nach der Schwimmethode, Siedepunkt, Brechungsindex, Dispersion und Drehung. Stimmen die Werte mit den in der Tabelle (S. 400) angegebenen überein, so können kaum Petroleum- oder Benzolkohlenwasserstoffe vorhanden sein. Man prüft in diesem Fall nur auf Kienöl und Harzessenz, sonst auch auf Benzin und auf die cyclischen Verbindungen.

Charakteristisch für Terpentinöle ist ferner die hohe Jodzahl: bei reinen Ölen 360—380 (Pinen 372,5) bei Holzterpentinölen und echten Kienölen niedriger, aber über 200, bei Harzessenzen um 180, bei Harzölen gegen 100, während Benzine höchstens ganz geringe, aromatische Kohlenwasserstoffe überhaupt keine Jodzahl zeigen. Die Bestimmung der Jodzahlen von Terpentinölen gibt aber nur bei Einhaltung genau gleicher Bedingungen vergleichbare Werte[2]); ist die Jodlösung zu schwach oder die Einwirkungsdauer zu kurz, so wird nämlich die Brückenbindung des Pinens nicht aufgespalten und nur 1 Molekül Jod addiert, ist die Einwirkung zu energisch, so kann Substitution eintreten und es können mehr als 2 Moleküle Jod verbraucht werden. (Vgl. das Verhalten von Kolophonium bzw. Abietinsäure.) Zuverlässig dürfte deshalb nur die Bestimmung nach MC ILHINEY sein[3]).

[1]) Z. D. Öl- u. Fettind. Bd. 42, S. 710, 728. 1922; siehe auch WOLFF: „Die Lösungsmittel der Fette, Öle, Wachse und Harze". Stuttgart 1922.

[2]) Siehe z. B. WORSTALL: J. Soc. Ch. Ind. Bd. 23, S. 302. 1904: 0,1 g Öl + 40 ccm HÜBLsche Lösung, 4—6 Stunden stehen lassen.

[3]) Für die zollamtliche Prüfung von Terpentinölen ist die Bestimmung einer sog. „Bromzahl" vorgeschrieben, das sind die Gramme Brom, die von 1 ccm Terpentinöl bei etwa 20° aufgenommen werden. Die Bezeichnung ist unglücklich gewählt, weil man unter Bromzahl (analog der Jodzahl) die von einer Substanz aufgenommenen Prozente Brom zu verstehen hat; überhaupt ist die Maßeinheit unpraktisch, die Zahlen fallen sehr klein aus, z. B. bei reinen Terpentinölen wenig über 2, bei (russischen) Kienölen etwa 1,7. Siehe auch EVERS: Z. öff. Ch. Bd. 4, S. 211. 1898; Pharm. Ztg. Bd. 43, S. 578. 1898; SCHREIBER und ZETSCHE: Ch. Ztg. Bd. 23, S. 686. 1899; BÖHME: Ch. Ztg. Bd. 30, S. 633. 1906; MARCUSSON: Ch. Ztg. Bd. 33, S. 966, 978, 985. 1909.

Charakteristisch sind auch die Thermozahlen. Man bestimmt sie statt mit Schwefelsäure allein mit einem Gemisch von Schwefelsäure und Amylalkohol[1]). Reine Terpentinöle geben Zahlen von etwa 77—86, Kienöle höchstens 47, Harzessig 30, Benzin 0.

Kienöl.

Es verrät sich schon, auch in Mischungen mit Terpentinöl, durch den typischen brenzlichen Geruch.

Probe nach UTZ: Mit offizineller Zinnchlorürlösung (5 Teile krystallisiertes Salz mit 1 Teil 25proz. Salzsäure verrührt und mit Chlorwasserstoff gesättigt) geben Kienöle und kienölhaltige Mischungen himbeerrote Färbungen der Substanz oder der Lösung, während sich reine Terpentinöle höchstens orangegelb färben[2]).

Probe nach PIEST[3]): Man schüttelt 5 ccm Öl mit 5 ccm Essigsäureanhydrid, gibt unter Abkühlen 10 Tropfen konz. Salzsäure, dann nach dem Abkühlen noch 5 Tropfen zu, schüttelt um und läßt bis zur Klärung stehen. Kienöle werden schwarz, reines Terpentinöl bleibt farblos. Ein Zusatz von 5% Kienöl bedingt schon Dunkelfärbung. Alte Öle müssen vor der Probe nötigenfalls destilliert werden.

Probe nach WOLFF[4]): Zu einer Mischung von je 4 ccm einer 0,2proz. Ferricyankaliumlösung und einer 0,4‰ Ferrichloridlösung werden unter kräftigem Schütteln 3—5 Tropfen der zu untersuchenden Probe gegeben. Je nach dem Gehalt an Kienöl tritt nach kürzerer oder längerer Zeit, spätestens nach 3 Minuten, eine intensive Blaufärbung oder ein Niederschlag von Berlinerblau auf, während Terpentinöle bei dieser Behandlung nur eine schwache Grünfärbung zeigen. Zur Sicherheit wird je eine Kontrollprobe mit reinem und verschnittenem Terpentinöl ausgeführt[4]).

Auch mit Kaliumhydroxyd, mit schwefliger Säure, mit Essigsäureanhydrid und Schwefelsäure, mit Nitrobenzol und Salzsäure[5]) geben Kienöle mehr oder weniger charakteristische Färbungen. Kienöl und Terpentinöl geben ferner als leicht autoxydable Substanzen die Peroxydreaktion. Um den Peroxydgehalt zu vermehren (der besonders bei den aus Lacken abdestillierten Lösungsmitteln sehr gering ist), stellt man die Reaktion nach WOLFF und DORN[6]) folgendermaßen an: Man schwenkt einen Tropfen Substanz in einem Reagensgläschen unter Erwärmen um und versetzt nach dem Erkalten mit angesäuerter Jodkaliumlösung. Bei Gegenwart von Terpenen tritt bald Braunfärbung ein. Allerdings gibt auch Tetralin eine, wenn auch bedeutend schwächere Färbung.

Harzessenz.

Erwärmt man gleiche Volumina Öl und konz. Salzsäure mit ein wenig Zinn, so entsteht beim Abkühlen eine smaragdgrüne Färbung[7]). Die Reaktion ist bei Terpentinölen bis auf 5%, bei Kienölen bis 10% Zusatz positiv. Nach ZUNE[8]) destilliert man $^3/_4$ des zu prüfenden Materials ab und bestimmt den Brechungsindex des ersten Viertels des Destillats und des Rückstandes. Bei

1) GRIMALDI und PRUSSIA: Ch. Ztg. Bd. 37, S. 657. 1913.
2) Ch. Revue Bd. 12, S. 100. 1905.
3) Ch. Ztg. Bd. 36, S. 198. 1912.
4) Z. ang. Bd. 36, S. 233. 1923.
5) WOLFF: Farbenztg. Bd. 17, S. 21. 1912.
6) a. a. O.
7) GRIMALDI: Ch. Ztg. Bd. 31, S. 1145. 1907.
8) HOLDE: Untersuchung usw. 5. Aufl. S. 452.

reinen Terpentinölen soll die Differenz der Indices bloß 0,0035—0,004, bei Anwesenheit von Harzöl schon 0,006 betragen.

Benzin.

Reine Terpentinöle lösen sich schon im gleichen Volumen 99 proz. Essigsäure. Je mehr Benzin (Petroleum) zugegen, um so geringer ist die Löslichkeit[1]). Zur vollständigen Lösung folgender Gemische sind erforderlich:

Teile Petroleum . . . . ccm:	1	2	3	4	5	7	8
„ Terpentinöl . . . . ccm:	9	8	7	6	5	3	2
Teile 99proz. Essigsäure ccm:	40	60	80	110	150	230	270

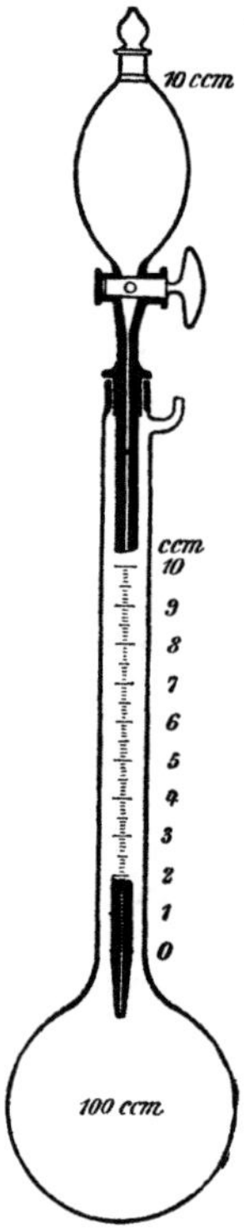

Abb. 63. Apparat zur Bestimmung von Benzin in Terpentinöl.

Reine Terpentinöle lösen sich im Gegensatz zu mineralölhaltigen auch in 5—12 Teilen 90 proz. Alkohol. Die Reinheitsprüfung auf Grund der Löslichkeit von Terpentinöl und der Unlöslichkeit der Mineralöldestillate in Anilin [steueramtlich zum Nachweis von „Patentterpentinöl" verwendet[2])] ist dagegen nicht zuverlässig[3]).

Bestimmung der Menge und der Herkunft des Benzins: Die quantitative Bestimmung beruht darauf, daß reine Terpentinöle in kalter Salpetersäure vollständig löslich sind, während sich vom Benzin nur ein kleiner Teil löst, nämlich die olefinischen und die aromatischen Kohlenwasserstoffe[4]).

Ausführung[5]): In den Kolben des Apparates[6]) (Abb. 63) füllt man 30 ccm Salpetersäure 1,52 und kühlt durch Einstellen in eine 15 proz. Kochsalzlösung, die wiederum in eine Eis-Salzmischung gestellt wird, auf —10° ab. Dann läßt man 10 ccm des Untersuchungsmaterials unter Umschütteln zutropfen. Bei größerem Benzingehalt läßt man schneller einlaufen, bei geringerem langsamer, im allgemeinen etwa $^1/_2$—1 Stunde. Nach viertelstündigem Stehen füllt man soviel auf —10° abgekühlte Salpetersäure nach, bis die etwa ungelösten, auf der Säure schwimmenden Benzinanteile in den Kolbenhals gedrängt sind. Scheidet sich auf der Säure keine über 2 mm hohe Ölschicht ab, so ist die Probe praktisch benzinfrei[7]); anderenfalls wartet man, bis der Inhalt des Kolbenhalses etwa Zimmertemperatur angenommen haben mag und liest dann das Volumen ab.

---

1) Dunwody: Am. Pharm. J. Bd. 62, S. 288. 1890; C. 1890, II, S. 241; s. a. Conradson: J. Soc. Ch. Ind. Bd. 16, S. 519. 1897.

2) Ch. Ztg. Bd. 22, S. 834. 1898; siehe auch Frey: J. Am. Ch. Soc. 1908, S. 420.

3) Evers: Ch. Ztg. Bd. 23, S. 312. 1899.

4) Burton: Am. Ch. J. Bd. 12, S. 102. 1890; siehe auch Allen: C. 1890, II, S. 125. Auf demselben Prinzip beruht die Bestimmung mittels Mercuroacetat (Nicolardot und Clément: Bull. Soc. Chim. IV, Bd. 7, S. 173. 1910; siehe auch Tausz: Ch. Ztg. Bd. 42, S. 349. 1918) und die mittels Schwefelsäure (siehe besonders Eibner und Hue: Ch. Ztg. Bd. 34, S. 643, 657. 1910; v. Wielen: Ch. Weekbl. Bd. 8, Nr. 35. 1911).

5) Marcusson: Ch. Ztg. Bd. 33, S. 966. 1909; Ch. Revue Bd. 17, S. 6. 1910; Ch. Ztg. Bd. 36, S. 413. 1912.

6) Apparat von Rothe, modifiziert von Marcusson und Winterfeld. Bezugsquelle: Vereinigte Fabriken für Laboratoriumsbedarf, Berlin N.

7) Liegt n_D^{17} des untersuchten Destillats über 1,48, so ist noch eine Abscheidung von 5 mm Schichthöhe toleriert.

Bei quantitativen Bestimmungen dürfen die in der Salpetersäure gelösten Benzinanteile, die ja bis 40% betragen können, nicht vernachlässigt werden. Man trennt die ungelösten Kohlenwasserstoffe im Scheidetrichter von der Salpetersäure. Erstere wäscht man mit Wasser und bestimmt spezifisches Gewicht, Siedepunkt und Brechungsexponent. Die Salpetersäureschicht läßt man in 150 ccm Wasser einfließen (starke Erwärmung, Abscheidung von Öltropfen) und erhitzt unter dem Abzug eine Viertelstunde auf dem siedenden Wasserbad, um die ausgeschiedenen Terpentinharze wieder möglichst in Lösung zu bringen. Nach dem Erkalten schüttelt man mit 100 ccm Äther aus, wäscht die ätherische Lösung mit Wasser, dann mit Lauge (aus 50 g Ätzkali, 50 ccm Alkohol und 500 ccm Wasser) und wieder mit Wasser, trocknet mit Chlorcalcium, destilliert den Äther ab und wägt den Rückstand. Der Rückstand ist ein rotbraunes Öl, er besteht größtenteils aus aromatischen Nitroverbindungen, deren charakteristischen Geruch er auch zeigt. Das spezifische Gewicht der in Betracht kommenden Verbindungen (Nitrobenzol bis Nitrocymol) ist durchschnittlich 1,15; man dividiert folglich das gefundene Gewicht durch 1,15, addiert das so erhaltene Volumen zum direkt abgelesenen Volumen der unlöslichen Benzinanteile und erhält so das Gesamtvolumen des in 10 ccm Untersuchungsmaterial enthaltenen Benzins. Die Korrektur ist natürlich ungenau, immerhin erhält man auf $\pm$ 3% stimmende Resultate.

Die in Salpetersäure unlöslichen Anteile der Benzine unterscheiden sich wieder je nach der Herkunft durch ihre spezifischen Gewichte.

Benzin	In Salpetersäure unlösliche Teile	
	Menge in %	spezifisches Gewicht
Galizisches und rumänisches (spez. Gew. (0,760)	83	0,74—0,75
Russisches (0,789—0,790)	90—92	0,78
Amerikanisches (0,734)	90	0,72—0,73
Sumatrabenzin (0,782—0,803)	60—78	0,76—0,77

Zur Unterscheidung des Lackbenzins vom Leuchtpetroleum dient die Löslichkeit in 96 proz. Alkohol. Benzin löst sich in 3 Teilen klar auf, Leuchtöle geben Trübungen[1]).

Aromatische Kohlenwasserstoffe.

Zusätze von solchen werden natürlich wie die aromatischen Bestandteile der Benzine bestimmt. Qualitativ wird Benzol in Benzin durch die Dracorubinreaktion nachgewiesen[2]) oder durch die Nickelcyanür-Ammoniak-Reaktion[3]). Größere Mengen von etwa 10% und darüber lassen sich übrigens auch durch Fraktionieren des Untersuchungsmaterials und Nachweis hoher Brechungsexponenten (über 1,476) in einzelnen Fraktionen nachweisen.

[1]) Holde: Ch. Ztg. Bd. 37, S. 610. 1913.

[2]) Mit einer Lösung von „Drachenblut" getränktes Papier wird durch Benzol und seine Homologen rot gefärbt; allerdings zeigen auch die Lösungen des Harzes in Äthyl- und Methylalkohol, Äther, sowie Aceton, eine rötliche Färbung. Dieterich: Motorfahrer 1915, Nr. 18. Nach Formanek, Knop und Korber ist eine analoge colorimetrische Prüfung mit Indanthrenviolett RT sicherer. Ch. Ztg. Bd. 41, S. 713, 730. 1917. Daselbst siehe auch die charakteristischen Unterschiede in den Erstarrungspunkten von Benzinen und von Benzol.

[3]) Verbesserte Ausführung nach Pritzker und Jungkunz: Ch. Ztg. Bd. 48, S. 455. 1924. Die Homologen des Benzols reagieren nicht.

Dichten, Siedepunkte, Brechungsindices, Dispersionen und Drehungsvermögen von Terpentinölen und deren Ersatzstoffen:

	Kohlenwasserstoffe	d^{15}	Kp_{760}	n_D^{15}	Dispersion $n_F - n_C$	$[\alpha]_D$
vorwiegend hydroaromatisch	Terpentinöle[1])	0,860 bis ca. 0,880 ± 0,00085 für 1° C	Hauptmenge: 155—162° Rest: bis 185°	1,471 bis 1,474 ± 0,00037 für 1° C	ca. 0,011	amerikanisch: +9° bis +14° österreichisch: +3° bis +4° französisch: —20° bis —40°
	Terpentinöl regeneriert[2])	0,856—0,874	164—175°	1,476—1,479	—	bisher festgestellt: bis + 6,7°
	Harzessenz[3])	0,858—0,865	Hälfte bis ca. 160°, Rest bis 240°	1,482—1,484	—	schwankend, +2° bis —2,5°
	Kienöle[4])	deutsch: 0,865—0,870 polnisch: 0,862—0,872	155—180°	1,467—1,482	0,0105 bis 0,0108	deutsch: +18° bis +22° polnisch: +15° bis +24°
hydroaromatisch	Tetralin technisch[5])	0,976—0,980	205—209°	1,548	um 0,018	0,0
	Tetralin reinst[6])	d_4^{20} = 0,9712	206,5 bis 207,0°	n_D^{20} = 1,5428	0,0173	0,0
	Hexalin[7])	0,95	um 160°	1,468	0,009	0,0
	Methylhexaline[8])	d_4^{20} = 0,918 bis 0,934	166—175°	n_D^{20} = 1,455 bis 1,459	—	0,0
	Dekalin technisch[9])	um 0,90	185—195°	1,50—1,51	um 0,014	0,0
	Dekalin reinst[6])	d_4^{20} = 0,8942 d^{15} (ber.) 0,8977	190,5 bis 191,5° korr.	n_D^{20} = 1,4795 n_D^{15} (ber.) 1,4775	—	0,0
vorwiegend aliphatisch	Benzin	0,734—0,803	100—180°	1,419—1,450	0,0075 bis 0,0090	0,0
	„Patent-Terpentinöl[10])"	< 0,820	160—200°	—	0,0105 bis 0,0108	Minimale Drehung
aromatisch	Benzol	0,885	80°	1,502	0,016 bis 0,017	0,0
	Toluol	0,870	111°	1,489		
	Xylol	0,868	130°	1,496		
	Schwerbenzol	0,920—0,945	100—140°	1,525	—	0,0
	Solventnaphtha	0,869—0,882	140—200°	1,498—1,501	—	0,0

[1]) Hauptmenge Pinen, daneben Dipenten, Camphen, Fenchen und Polymere, Spuren von freien Säuren.

[2]) Pinen und Limonen, daneben Terpinen, Terpinolen und Cymol.

[3]) Auch „Harzspiritus", „Harzgeist", „Pinolin" usw., das sind die niedrigst siedenden Kolophoniumdestillate, bestehend aus Cymol, α-Pinen, Camphen, Dipenten u. a. m.

[4]) d-Pinen, d-Sylvestren, Dipenten, Toluol, Cymol u. a. m.

[5]) Tetrahydronaphthalin. Konstanten nach Wolff: Z. D. Öl- u. Fettind. Bd. 42, S. 728. 1922.

[6]) Konstanten nach Willstätter und Seitz: Ber. Bd. 56, S. 1393. 1923.

[7]) Cyclohexanol. Konstanten nach Wolff: a. a. O.

[8]) Sechs Isomere (o, m, p; cis und trans-Formen).

[9]) Dekahydronaphthalin. Konstanten nach Wolff: a. a. O.

[10]) Auch: „Canadisches Terpentinöl", „Larixolin" u. a. m. Petroleumfraktionen, mitunter auch mit Zusätzen von Terpentin- oder Campheröl.

Untersuchung der nichtflüchtigen Bestandteile (Lackgrundlagen).

Die äußere Beschaffenheit des Rückstandes von der Wasserdampfdestillation zeigt bereits, ob ein Öllack oder ein reiner Harzlack vorliegt. Im ersten Fall ist er dickflüssig, im anderen fest und spröde. Die Bestandteile können sein: fettes Öl, Fettsäuren, Harzsäuren, Harzester, Unverseifbares aus dem Öl, dem Harz oder Zusätze dieser Art, Sikkativmetalle. Die zur Trennung und annähernd quantitativen Bestimmung der einzelnen Bestandteile anwendbaren Methoden hat WOLFF zu einem systematischen Analysengang zusammengefaßt[1]). Er ist im folgenden eingehalten und z. T. ergänzt.

Man löst den Rückstand von der Wasserdampfdestillation oder direkt 15—20 g Lack in Äther und schüttelt zunächst mit alkoholisch-wässeriger Lauge aus. Die freien Fettsäuren und Harzsäuren gehen in die Lauge und werden aus derselben wie üblich isoliert. Dann schüttelt man die Ätherlösung mit Salzsäure; dadurch werden die Sikkative und etwa vorhandener harzsaurer Kalk, Baryt usw. zerlegt, die Metalle gehen als Chloride in Lösung (das schwerlösliche Bleichlorid scheidet sich direkt aus).

In der wässerigen Lösung prüft man vor allem auf Mangan und Blei, auf Calcium, Baryum, Magnesium, Zink usw. und bestimmt die Metalle gegebenenfalls quantitativ. Natürlich kann auch die Gesamtasche im ursprünlichen Lack oder im nichtflüchtigen Rückstand wie üblich bestimmt werden. Etwa vorhandene rein anorganische Bestandteile (Metalloxyde oder anorganische Salze) weist man durch Kochen des Rückstandes mit Benzol-Alkohol 9 : 1 nach, wobei sie ungelöst bleiben. Der Öllack soll nur wenig Asche, und zwar außer den Sikkativmetallen höchstens eine geringe Menge Calcium enthalten. Größere Mengen rühren meistens von gewöhnlichem Harzkalk, d. h. abietinsaurem Calcium her, doch werden mitunter auch schlechtere Kopale mit Kalk gehärtet. 1% Ca entspricht durchschnittlich 25% Harzkalk.

Nach dem Ausziehen der Metalle wird die ätherische Lösung mineralsäurefrei gewaschen, dann schüttelt man sie wieder mit Lauge aus, welche die freigewordenen, ursprünglich an Metalle gebundenen Harzsäuren aufnimmt. Sie werden aus der Seifenlösung abgeschieden, gesammelt und gewogen. Die ätherische Lösung wird hierauf eingedampft und der Rückstand (wegen der Harzester sehr energisch) verseift. Aus der alkoholischen Lösung werden die unverseifbaren Bestandteile wie üblich ausgezogen und quantitativ bestimmt. Die Untersuchung des Unverseifbaren nach S. 258 ergibt, ob es nur aus dem Öl und dem Harz stammt, oder ob auch Cumaronharz, Teeröl usw. vorhanden ist, die dem Lack zugesetzt waren. Über den Nachweis von Stearinpech s. S. 471.

Die zurückbleibende Seifenlösung enthält die Fettsäuren aus dem ursprünglichen Neutralfett, die Harzsäuren aus den Estern, allenfalls Phenole aus Kunstharzen und das Glycerin. Man säuert mit Salzsäure an und treibt etwa vorhandene (am Geruch erkennbare) Phenole ab. — Im Sauerwasser kann man das Glycerin bestimmen und aus demselben den Gehalt an fettem Öl berechnen. Ist der Glyceringehalt größer als der vorhandenen Fettsäuremenge entspricht, so ist (vorbehaltlich der Fehler, die sehr beträchtlich sein können) damit bewiesen, daß der Lack Harzester (Glyceride) enthält. Ein Übereinstimmen mit dem Fettsäurengehalt oder ein Mindergehalt an Glycerin bewiese aber nicht immer das Gegenteil, weil Glycerin auch zerstört worden sein könnte. — Das unverseifte Öl soll sich übrigens, auch mit nur wenig Harz vermischt, direkt isolieren lassen,

[1]) Farbenztg. Bd. 29, S. 74. 1923. Einen Analysengang zur Untersuchung von Lacken hat bereits früher MC ILHINEY angegeben. Proc. Am. Soc. for Testing Materials Bd. 8. Philadelphia 1908.

indem man den Lack auf unter 0° abkühlt und mit Petroläther extrahiert[1]) oder indem man ihn nach dem Entfernen des Flüchtigen mit Amylalkohol auszieht[2]).

Die wie oben in Freiheit gesetzten Fett- und Harzsäuren werden gesammelt und mit Petroläther ausgezogen, wodurch Abtrennung der oxydierten Fett- und Harzsäuren von den nichtoxydierten erfolgt. Die einen wie die anderen werden gesammelt und gewogen, worauf man durch Veresterung nach WOLFF die Fettsäuren von den Harzsäuren und die oxydierten Fettsäuren von den Harzoxysäuren trennt[3]).

Die Fettsäureester werden verseift und die abgeschiedenen Säuren nach den bekannten Methoden geprüft (insbesondere Erstarrungspunkt, Refraktion, Jodzahl), wobei namentlich das Vorliegen von Eläostearinsäure zu berücksichtigen ist. Die Abtrennung von Eläostearinsäure kann auch auf Grund der Unlöslichkeit ihres Natriumsalzes in eiskaltem Alkohol erfolgen. Man kann so auch Eläostearin- und Harzsäure direkt abtrennen[4]). Ein Holzöllack ist übrigens häufig schon an der Beschaffenheit des beim Eintrocknen des Aufstriches entstehenden Häutchens zu erkennen; Holzöl, das nicht besonders präpariert und nicht sehr verdünnt in dünnster Schicht aufgestrichen wird, gibt keine glatte, mattglänzende Haut, sondern einen matten Aufstrich mit charakteristischer „Eisblumen"- oder „Moirée"-artiger Zeichnung[5]).

Die Harzsäuren werden mit viel 85 proz. Alkohol behandelt, wobei die Säuren aus Kopalen und Bernstein ungelöst bleiben. Von den so erhaltenen Fraktionen bestimmt man physikalische Konstanten und Kennzahlen und vergleicht sie mit den für Kolophonium und für Edelharz (s. Tabelle S. 302) angegebenen Werten. Kolophonium läßt sich auch in dem auf Glas getrockneten Probeanstrich (s. unten) durch einige einfache Proben nachweisen. Legt man die Probe in 5 proz. Kalilauge, so löst sich das Häutchen schon nach wenigen Minuten ab und wird weich, während gute Kopallacke auch nach $^1/_4$—$^1/_2$ Stunde unverändert sind. — Das Kolophonium läßt sich auch aus der trockenen Lackhaut durch kochenden Alkohol ausziehen und in der Lösung bestimmen. — Wird die Anstrichprobe im Trockenschrank 6 Stunden auf 110—115° erhitzt, so lassen sich bei Kopallacken mit dem Messer immer noch Späne ablösen, während gewöhnliche Harzlacke splittern und zu Staub zerfallen.

Die Differenzierung der abgeschiedenen Kopale oder sonstigen Edelharze durch Vergleich ihrer Eigenschaften und Konstanten mit denen der verschiedenen Sorten (s. Tabelle S. 302) ist außerordentlich schwer, weil einerseits die Abtrennung zu unvollkommen ist, andererseits die Kopale beim Schmelzen mehr oder weniger tiefgreifende Veränderungen erleiden (durch Neubildung von Unverseifbarem, Sinken von Säure-, Verseifungs- und Jodzahl), welche Veränderungen aber zu ungleichmäßig sind, als daß man sie in Rechnung stellen könnte.

Zur Untersuchung kleiner Mengen von Öllacken hat WOLFF einen sehr brauchbaren Gang ausgearbeitet[6]).

---

[1]) SCOTT: Farbenztg. Bd. 7, S. 43. 1902.

[2]) COFFIGNIER: Monit. scient. (4) Bd. 20, I, S. 106. 1906.

[3]) Nach HEUPEL (Ch. Revue Bd. 10, S. 125. 1903) tritt eine allerdings sehr unvollständige Trennung schon beim Zersetzen der sehr verdünnten Seifenlösung mit verdünnter Säure ein. Die Fettsäuren steigen an die Oberfläche oder bleiben suspendiert, die Harzsäuren sinken zu Boden.

[4]) SCHUMANN: Eng. Bd. 8, S. 5. 1916; s. auch FAHRION: Ch. Umschau Bd. 24, S. 77. 1917.

[5]) Über die Erklärung der Erscheinung siehe FAHRION: Farbenztg. Bd. 17, S. 2536. 1912; EIBNER, MERZ und MUNZERT: Ch. Umschau Bd. 31, S. 69. 1924; insbes. siehe WOLFF: Farbenztg. Bd. 29, S. 1105. 1924.

[6]) Ch. Umschau Bd. 30, S. 233. 1923.

Praktische Prüfung.

Trockenzeit.

Man beobachtet, in welcher Zeit ein Aufstrich „anzieht", dann „staubtrocken" und schließlich vollkommen trocken wird. Der Lack „zieht an", wenn das Lösungsmittel zum größten Teil weggedunstet ist, der Aufstrich aber noch klebt; er ist staubtrocken, wenn man mit dem Handrücken über die Fläche gleiten kann, ohne sie zu beschädigen; dann bleiben auch Staubteilchen nicht mehr haften. Der Lack ist vollkommen trocken, wenn die warme Handfläche auch beim längeren Auflegen nicht mehr kleben bleibt und keinen Eindruck zurückläßt.

Größenordnung der Trockenzeiten in Stunden:

Lacke	Anziehen	Staubtrockenheit	Vollständige Trockenheit
Innenlacke	1	2—8	15—20
Außenlacke	2—5	6—10	20—30
Wagenlacke	3—7	10—12	48—72

Man macht den Aufstrich, wenn irgend möglich, auf einem Untergrunde von gleicher Beschaffenheit wie bei der praktischen Verwendung des speziellen Lacks, also auf nicht zu fett präparierten Holzbrettchen oder Blechplatten und daneben auf Glastafeln. Der Lack ist nicht maschinell, sondern mit dem Pinsel von Hand aufzutragen. Vergleichsversuche sind nur dann zuverlässig, wenn die Lacke auf gleichartigen Unterlagen (am besten auf demselben Untergrund nebeneinander), in demselben Raum, zur gleichen Zeit, mit demselben Pinsel von demselben Manne aufgestrichen werden. (Derselbe Lack kann, von zwei verschiedenen Leuten aufgestrichen, ein ganz verschiedenes Verhalten zeigen, schon wegen des Unterschiedes in der Schichtendicke, die sich aus der Verschiedenheit der Pinselführung und des Ablaufenlassens des Lackes vom Pinsel ergibt.)

Man läßt die Aufstriche im Tageslichte bei 12—20° C stehen und prüft sie ab und zu auf Klebefreiheit, bis sie trocken sind.

Beschaffenheit der trockenen Lackhaut.

Man prüft den Glanz, die Härte, die Widerstandsfähigkeit gegen Abnutzung, gegen Feuchtigkeit und gegen Atmosphärilien.

Glanz[1]: Der in 24 Stunden bei 12° C getrocknete Anstrich soll neben einem frischen, möglichst gleich stark aufgetragenen Anstrich auf dem gleichen Untergrunde nach 2 Stunden einen möglichst gleich hohen Glanz aufweisen. Nach Wolff wird die Art und die Stärke des Glanzes einer Oberfläche durch zwei Faktoren bedingt, durch ihre Ebenheit und ihr Reflexionsvermögen; zur Messung beider kann man sich einfacher Vorrichtungen bedienen[2].

Härte und Zähigkeit: Zur Prüfung auf Härte und Zähigkeit dienen verschiedene mechanische Apparate, wie der mechanische Lackprüfungsapparat von Laurie und Baily[3], der Lackprüfer von Clemen[4] oder der auf dem gleichen Prinzip beruhende (ältere, aber erst später bekannt gewordene) Apparat von

[1] Vorschlag der „Kommission zur Bekämpfung von Mißständen in der Herstellung, im Handel und in der Verarbeitung der Farben und Malmaterialien" zur Prüfung von bestem Fußbodenlack, siehe Farbenztg. Bd. 13, S. 865. 1907.
[2] Farbenztg. Bd. 29, S. 277. 1923.
[3] J. of the Roy. Scott. Soc. of Arts Bd. 17, S. 101. 1906 und E. P. 3486/1906.
[4] Siehe auch Ch. Umschau Bd. 26, S. 32. 1919; Bezugsquelle: Fa. Hugo Keyl, Dresden-A., Marienstr. 24.

Wolff[1]) u. a. m. Man ermittelt den Druck bzw. das Gewicht, mit dem bei dem einen Apparat ein abgerundeter Stahlstift, bei den anderen eine Messerschneide belastet werden muß, um die Lackschicht zu durchbrechen und einen Ritz zu erzeugen. Auch die Art des Ritzes, die Breite, das Splittern usw. geben bei der Betrachtung unter dem Mikroskop Anhaltspunkte zur Beurteilung der Härte und der Zähigkeit des Lackes. Man erhält so nur Werte zum Vergleichen mit denen von Mustern. Selbstverständlich können aber immer nur die mit demselben Apparat erhaltenen Werte verglichen werden.

Elastizität: Die Probe auf genügende Elastizität ist bei Blechlacken, Papierlacken u. a. m. wichtig. Man führt mit den lackierten Blechen auf kleinen Stanz- und Riffelmaschinen Stanz- und Biegeproben aus. Einen einfachen und praktischen Apparat hat Wolff konstruiert[2]).

Beständigkeit gegen Abnutzung [gegen das Abreiben[3])]: Der auf klebfreiem hartgetrockneten Untergrunde oder auf einer reinen Glasscheibe bei mindestens 12° C getrocknete Anstrich darf nach 24 Stunden beim Reiben mit trockenen Fingern nicht abpulvern und muß sich mit Bimsstein und Wasser glattschleifen lassen, ohne aufzuweichen oder auszureißen. Kolophoniumlacke werden schon völlig zu Pulver verrieben, wenn man nur 1—2 dutzendmal über ihre Oberfläche hinwegfährt. Bei solchen ist natürlich jede weitere Beständigkeitsprüfung überflüssig.

Beständigkeit gegen feuchte Witterung und nasses Aufwaschen[3]): Der wie oben hergestellte Anstrich wird 48 Stunden lang mit einem reinen, naßgehaltenen Tuch teilweise bedeckt. Hierauf darf der bedeckt gewesene Teil gegenüber dem unbedeckten Teil noch 18 Stunden lang eine starke Veränderung in Farbe, Glanz und Härte zeigen, nach weiteren 6 Stunden soll er aber völlig trocken sein und die ursprüngliche Farbe, den früheren Glanz und die frühere Härte wieder erreicht haben. Man setzt auch Wassertropfen auf den trockenen Anstrich und beobachtet, ob dadurch Wasserflecken entstehen.

Über die Beständigkeit gegen Lauge und Alkohole s. S. 402.

Beständigkeit gegen Atmosphärilien: Man hat kein anderes Mittel, als die kunstgerecht angefertigten Anstriche einfach monatelang oder noch länger allen Einflüssen der Witterung, der Rauchgase usw. auszusetzen. Um die lange Probezeit zu verkürzen, läßt man auch die Lackierungen bei höherer Temperatur so weit austrocknen, wie es bei gewöhnlicher Temperatur an der Luft vielleicht erst nach Monaten der Fall ist, und exponiert sie dann erst.

Verhalten gegen Farben.

Man verreibt z. B. 8 g Bleiweiß mit 12 g Lack und 2 g Leinöl und spritzt einige Tropfen Wasser hinzu. Enthält der Lack zuviel freie Harzsäure, so stockt das Gemisch, es verdickt sich zu einer körnigen Masse (vgl. flüssige Sikkative S. 393).

Offizieller Prüfungsvorschlag für Ia Bodenlacke [wörtlich[4])]: 1 Teil Bleiglättepulver mit 4 Teilen Lack, sowie 2 Teile gepulvertes Zinkweiß und 1 Teil Lack müssen sich je zu nicht mattrocknenden Anstrichfarben miteinander verreiben lassen und diese Mischungen sollen bei luftdichtem Verschluß mindestens 2 Monate flüssig bleiben.

---

[1]) Farbenztg. Bd. 27, S. 2555. 1922.

[2]) Ch. Umschau Bd. 29, S. 218. 1922. Bezugsquelle Fa. Dr. Schmiedel und Gunzert, Stuttgart.

[3]) Vorschlag der „Kommission zur Bekämpfung usw.", siehe Farbenztg. Bd. 13, S. 865.

[4]) Von der „Kommission zur Bekämpfung usw.", siehe S. 403.

Ölfarben.

Die Ölfarben sind homogene Mischungen von trocknendem Öl, Firnis oder Öllack mit Erdfarben oder Ruß, Indigo u. a. m., sie können auch Beschwerungsmittel, fäulnishemmende Verbindungen oder Rostschutzmittel enthalten.

Zur chemischen Untersuchung wird der ölige Anteil von den übrigen Bestandteilen getrennt und jeder Teil für sich analysiert.

Flüchtige Bestandteile: Sind solche zugegen, so destilliert man zunächst mit Wasserdampf; das Destillat wird wie bei der Untersuchung von Lacken auf Terpentinöl usw. geprüft, der Rückstand wird auf einem feuchten Filter abgesaugt, getrocknet und entölt.

Abscheidung der öligen Bestandteile: Man extrahiert — bei Anwesenheit von Metallseifen nach Behandlung mit Mineralsäure — mit Äther, Petroläther und Äther, Chloroform oder Chlorkohlenstoffen. Man verteilt z. B. die eingewogene Substanz in viel Äther, läßt im schräggestellten Erlenmeyerkolben absitzen und dekantiert wiederholt durch ein Filter. Sind die Mineralstoffe so fein verteilt, daß sie durch das Filter gehen, so zentrifugiert man vor dem Dekantieren, wodurch eine vollständige Trennung erzielt wird, oder man zieht zuerst mit Petroläther aus, der immer klare Lösungen gibt und erschöpft hierauf den Rückstand mit Äther.

Zur quantitativen Bestimmung verfährt man ebenso oder nach dem Vorgange von SACHER[1]: Etwa 2 g Substanz läßt man mit 10 ccm reinem Chloroform (Tetrachlorkohlenstoff, Trichloräthylen oder dgl.) stehen. Wenn keine Substanz mehr an den Gefäßwandungen haftet, gibt man 40—50 ccm abs. Alkohol zu, rührt einigemal um, läßt absitzen und filtriert. Geeignete Filter geben ganz reine Filtrate. Die extrahierte Masse wird nochmals in der gleichen Weise mit Chloroform und Alkohol behandelt, der Rückstand getrocknet, aus den vereinigten Auszügen werden die Lösungsmittel abgetrieben und der Extrakt gewogen. — Für schnell auszuführende Ölbestimmungen wurde vorgeschlagen, die Substanz durch halbstündiges Erwärmen mit Alkohol-Äther zu entölen und den Ölgehalt aus der Differenz von Einwage und fettfrei gewaschenem Rückstand zu berechnen[2].

Der ölige Anteil wird wie der von Öllacken untersucht (s. S. 401). Bei Malerfarben ist gewöhnlich auch auf Mohnöl oder Nußöl zu prüfen. Als das maltechnisch wertvollste Öl galt lange Zeit das Mohnöl, neuere Untersuchungen ergaben aber, daß Aufstriche von Farben, die Mohnöl oder ein ähnliches Öl enthalten, zur Schwundrißbildung neigen; die Farben aus Leinöl und diesem verwandten Ölen zeigen dagegen weder auf neutraler Unterlage noch auf einer katalysierenden Leinölfarben-Grundierung Frühsprungbildung[3]. Die Fortsetzung der einschlägigen Untersuchungen dürfte zuverlässige Kriterien für die Beurteilung der maltechnischen Eignung der als Farbbindemittel verwendeten Öle geben; einstweilen ist aber eine sichere Bewertung auf Grund der chemischen Analyse, namentlich der Bestimmung von Kennzahlen, nicht möglich.

Zur Prüfung auf Harzöl kann man mit Alkohol-Chloroform extrahieren, mit Blutkohle klären und polarisieren. Im unlöslichen Rückstand bestimmt man den Farbstoff. Dann prüft man auf Beschwerungsmittel, wie Kreide, Gips, Baryt, Kaolin u. dgl. (von denen besonders die ersteren den Wert mindern)

---

[1]) Farbenztg. Bd. 16, Nr. 48. 1911.

[2]) MAZZA: Ann. Falsif. Bd. 7, S. 210. 1914. Weitere Ausführungsformen siehe auch NICOLARDOT: ebenda Bd. 6, S. 39. 1913.

[3]) EIBNER u. WIBELITZ: Ch. Umschau Bd. 31, S. 109, 121. 1924.

und gegebenenfalls auf fäulnishemmende Zusätze, wie Kupfersalze, Quecksilberoxyd u. dgl.

Für die Wertbestimmung sind die praktischen Methoden ausschlaggebend. Anstrichfarben prüft man auf folgende Eigenschaften[1]): Streichfähigkeit (einen Anhaltspunkt gibt die Bestimmung der Zähigkeit), Deckvermögen, Farbaufwand, Trockenfähigkeit, Elastizität des Anstrichs, Verhalten gegen Wasserdampf, Gase und Säuren, Rostschutzvermögen.

Ölkitte.

Die Ölkitte sind plastische Mischungen von Ölen mit festen trockenen Substanzen, die mit der Zeit erhärten. Der in den weitaus größten Mengen verbrauchte Fenster- oder Glaserkitt wird am besten aus Leinöl oder Leinölfirnis und gut geschlämmter Kreide hergestellt. Leinöl und Firnis werden aber auch zum Teil oder vollständig ersetzt durch andere fette Öle, Trane, Firnissatz, Harze und Harzöl, Wollfett und Mineralöl, selbst Teer; man verwendet auch Standöl und vereinzelt Zusätze von Ricinusöl, Asphalt und Kautschuklösung. Das „magere" Material kann auch enthalten: Ton, Schwerspat, Asbestpulver, Kieselgur, bituminösen Kalkstein, Tonerdeseife, Graphit, Mehl, Holz- und Strohmehl, Papierfasern und, zur Beschleunigung des Trocknens, Bleiglätte, Bleiweiß, Mennige, Braunstein, Zinkweiß u. a. m. Das Verhältnis zwischen Öl und festem Material (auch Füllmittel oder „Körper" genannt) kann je nach der Beschaffenheit der Bestandteile sehr verschieden sein; Kreide saugt am meisten Öl auf, am wenigsten der Schwerspat, andererseits braucht man am wenigsten von Leinöl und Firnis, fast das doppelte an Harzöl. — Harzöl und insbesondere Mineralöl vermindern im allgemeinen die Qualität; durch besondere Verfahren, wobei teilweise Verseifung des fetten Öles erfolgt, sollen sich aber auch einwandfreie Kittfette mit 30—40% Mineralöl herstellen lassen[2]).

Kittöle werden erhalten, indem man ein Mineralfettsäurengemisch mit Ätzalkali neutralisiert und darauf Leinölfirnis beimengt, oder durch Vermischen von leichtem Mineralöl mit konsistentem Kittfett. — Ein Spezialkitt, der besonders auch für optische Instrumente verwendet wird, besteht aus einer Mischung von Glycerin und Bleiglätte, die nach einigen Stunden unter Bildung von Bleiglycerat erhärtet. An Stelle von Glycerin kann auch Glykol verwendet werden.

Die Analyse von Kitten kann in ähnlicher Weise wie die von Ölfarben ausgeführt werden. Zur Bestimmung des neutralen Öles und der an Metall gebundenen Fettsäuren verfährt man zweckmäßig nach FÖRSTER[3]): 10 g Kitt werden auf einen 5 cm breiten Streifen von entfettetem Filtrierpapier dünn aufgestrichen und mit Äther extrahiert. In Lösung gehen unverändert gebliebenes fettes Öl, Harzöl, Mineralöl usw., die wie üblich nachgewiesen und quantitativ bestimmt werden. Der Papierstreifen mit dem Extraktionsrückstand wird mit Wasser verrührt, die Suspension erwärmt und mit verdünnter Salzsäure bis zur schwach sauren Reaktion gegen Methylorange versetzt. Nach dem Eindampfen zur Trockene extrahiert man die freie Fettsäure mit Äther, dampft den Auszug ein, trocknet und wägt. Das gefundene Fettsäurengewicht kann auf Neutralöl umgerechnet werden.

Der ätherunlösliche Rückstand wird zur Bestimmung etwa vorhandenen Asphalts mit heißem Chloroform ausgezogen. Linoxyn kann man durch Kochen mit alkoholischer Lauge löslich machen und bestimmen.

---

[1]) BANDOW: Ch. Ztg. Bd. 29, S. 989. 1905.
[2]) WELWART: Sfsz. Bd. 41, S. 418. 1914. [3]) Sfsz. Bd. 49, S. 498. 1922.

Nach der erschöpfenden Extraktion und nötigenfalls wiederholter Behandlung mit Mineralsäure prüft man den Rückstand auf organische Füllmittel. Die Gesamtmenge der anorganischen Bestandteile wird durch Veraschen bestimmt, die Asche nach den Regeln der Mineralanalyse untersucht.

Oxydierte Öle.

Zur Darstellung verdickter Öle durch Oxydation verwendet man naturgemäß fast nur halbtrocknende und trocknende Öle sowie Trane, obwohl auch nichttrocknende Öle durch energische Oxydation (bes. über 130°) verdickt werden können[1]).

Die Zusammensetzung ist noch nicht völlig aufgeklärt. Die oxydierten Öle enthalten — zum weitaus größten Teil in Form von gemischten Glyceriden, zum geringeren Teile frei — die unveränderten gesättigten und einfach-ungesättigten Fettsäuren des ursprünglichen Öles, die aus den mehrfach-ungesättigten Säuren entstandenen oxydierten Säuren, das sind die primär gebildeten Peroxysäuren und insbesondere ihre Umwandlungsprodukte: echte Oxysäuren und deren Anhydride (innere Ester, Äther, vielleicht auch Lactone), wahrscheinlich auch Ketosäuren, Ketooxysäuren u. dgl., ferner durch oxydative Spaltung entstandene flüchtige Fettsäuren und eine mehr oder weniger große Menge unverändert gebliebener mehrfach-ungesättigter Säuren, schließlich die unveränderten unverseifbaren Bestandteile der Rohstoffe. Die quantitative Zusammensetzung schwankt in sehr weiten Grenzen.

Man teilt die oxydierten Öle nach der Herkunft in 3 Klassen: die Produkte aus halbtrocknenden Ölen, aus starktrocknenden und aus Tranen. Diese Einteilung fällt praktisch mit der Einteilung nach der Beschaffenheit und Verwendung zusammen: die halbtrocknenden Öle, wie Baumwollsaatöl, Mais- oder Rüböl, oxydiert man gewöhnlich nur mäßig durch mehrstündiges Blasen mit heißer Luft, gewöhnlich bei 70 bis 120°, bis sie dickflüssig werden, in welcher Form sie sich für Schmierzwecke eignen; die starktrocknenden Öle (fast ausschließlich Leinöl) werden höher oxydiert, bis sie fest sind, d. h. elastische, kautschukartige Konsistenz annehmen. Man kann aber auch aus halbtrocknenden Ölen durch energischere Oxydation feste, sowie aus starktrocknenden Ölen durch mäßige Oxydation flüssige Produkte erhalten. Die dritte Gattung bilden die oxydierten Trane.

a) Oxydierte halbtrocknende Öle.

(Geblasene Öle.)

Von den ursprünglichen, nichtoxydierten Ölen unterscheiden sich die Oxydationsprodukte durch folgende Veränderungen der Konstanten und Kennzahlen: Erhöhung des spezifischen Gewichtes, des Brechungsindex, der Viscosität, des Fettsäurentiters, der Säurezahl, der Verseifungszahl, durch die Erhöhung bzw. durch Auftreten einer Acetyl- (oder Hydroxyl-) Zahl und einer Reichert-Meißl-Zahl, durch die Erhöhung des Sauerstoffgehaltes; ferner durch die Erniedrigung der Jodzahl, der Hexabromidzahl, der Hehnerzahl sowie des Kohlenstoff- und Wasserstoffgehaltes.

Die Veränderung der Kennzahlen ist selbstverständlich je nach dem Oxydationsgrad größer oder kleiner. Beispiele von Kennzahlen stärker oxydierter Öle sind in der Tabelle (S. 408) den Kennzahlen der betreffenden ursprüng-

---

[1]) Über den Chemismus der Oxydation s. S. 282.

lichen Öle gegenübergestellt. Die Zahlen können aber weder als Normal- noch als Grenzwerte angesehen werden.

Untersuchung: 1. Erkennung: Das spezifische Gewicht, die Viscosität (Bestimmung nach VALENTA, S. 99), die Säurezahl, Jodzahl und die Hexabromidzahl liegen innerhalb derselben Grenzen wie bei anderen verdickten Ölen, sind also nicht speziell für geblasene Öle charakteristisch; sie können deshalb wohl zur Wertbestimmung und zur Feststellung des Oxydationsgrades bei der Betriebskontrolle dienen, aber nicht zur Unterscheidung eines geblasenen Öles von anderen dickflüssigen Ölen. Für diesen Zweck prüft man den Geruch, die Löslichkeit, den Gehalt an flüchtigen und an oxydierten Säuren.

	Spezifisches Gewicht bei 15° C	Verseifungszahl	Jodzahl	Hehnerzahl	Reichert-Meißl-Zahl	Freie Säuren als Ölsäure berechnet	Oxydierte Säuren
Olivenöle	0,915—0,918	188—196	79—90	95,1—95,8	0,3—0,8	1—20 %	—
Geblasene Olivenöle	bei 40°: 0,939—0,972	210—240	30—50	80—90	2,8—6,6	5—15 % (urspr. Öl 1,2%)	—
Rüböle	0,913—0,917	170—179	94—106	94,8—95,5	0,2—0,4	0,3—6 %	
Geblasene Rüböle	0,967—0,977	195—270	47—65	84,9—88,6	3,8—8,8	5—8 %	20,7—27,6 %
Baumwollsamenöle	0,922—0,925	190—198	105—111	94,2—95,9	—	0,3—1 %	—
Geblasene Baumwollsamenöle .	0,972—0,979	214—228	46—65	84	—	1—7 %	26,5—29,4 %
Walratöl	0,8799	130,4	82,1	—	—	2,0 %	—
Geblasenes Walratöl	0,8989	142,3	67,1	—	—	3,3 %	—

Die geblasenen Öle zeigen, auch wenn der ursprüngliche Ölgeruch noch durchschlägt, meistens einen scharfen charakteristischen Geruch. Sie lösen sich im Gegensatz zu Ricinusöl schwer in Alkohol (wenn auch leichter als die ursprünglichen Öle, z. B. geblasene Baumwollsaatöle in etwa 10—20 Teilen abs. Alkohol), während sie in Benzin, Petroläther u. dgl., besonders in den russischen Sorten, leicht löslich sind. Noch charakteristischer ist die teilweise Unlöslichkeit der abgeschiedenen Säuren, d. h. des oxydierten Teiles in Petroläther. Charakteristisch ist auch die dunkle Färbung der Alkalisalze und ihre Löslichkeit in Kochsalzlösung; die Seifen lassen sich schwer aussalzen. Von der Ricinolsäure unterscheiden sich die künstlich oxydierten Säuren zur Genüge durch die äußere harzige Beschaffenheit und durch die Kennzahlen.

Zur Bestimmung der flüchtigen Fettsäuren dient die Reichert-Meißl-Zahl, zur Kontrolle kann die Verseifungszahl und die Hehnerzahl bestimmt werden. Siehe obige Tabelle. Für den Gehalt an oxydierten Säuren gibt die Bestimmung der Acetylzahl oder der Hydroxylzahl einen Anhaltspunkt; nachdem die oxydierten Säuren im geblasenen Öl zum Teil als innere Ester enthalten sind, findet man bei unmittelbarer Acetylierung der Probe zu niedrige Werte und acetyliert deshalb besser die abgeschiedenen Fettsäuren oder deren Ester. Dabei ist allerdings zu beachten, daß sich die hochoxydierten Säuren ähnlich wie die Harzsäuren schwer verestern. Sicherer ist die direkte Bestimmung der oxydierten Säuren nach FAHRION (S. 248). Schließlich kann man die oxydierten Säuren durch die Elementaranalyse als solche kennzeichnen (s. S. 310).

2. Unterscheidung geblasener Öle voneinander. In manchen Fällen handelt es sich um die Entscheidung, ob ein Produkt aus Baumwollsaatöl oder Rüböl vorliegt; die Farbenreaktionen versagen, aus den Konstanten lassen sich selbstverständlich keine Schlüsse ziehen. Dagegen können der Geruch, die Konsistenz der abgeschiedenen Fettsäuren und das Verhalten der aus den petrolätherlöslichen Fettsäuren dargestellten Bleiseifen Anhaltspunkte geben[1]).

Der Geruch eines geblasenen Öles oder seiner Fettsäuren erinnert immer noch an den des ursprünglichen Öles. Die Fettsäuren von geblasenem Rüböl sind flüssig und zeigen nur geringe feste Abscheidungen, während die Fettsäuren aus geblasenem Baumwollsaatöl infolge des Gehaltes an gesättigten Fettsäuren talgig sind. Diese lassen sich auch durch die Bleiseifenreaktion nachweisen: man scheidet die petrolätherlöslichen Fettsäuren von den unlöslichen ab, führt sie in die Bleisalze über und behandelt sie mit Äther in der Wärme. Bleiseifen aus geblasenem Rüböl lösen sich vollständig auf, beim Erkalten scheiden sich nur Spuren wieder ab. Von Bleiseifen aus Baumwollsaatöl bleibt ein beträchtlicher Teil (gefunden 14—18%) ungelöst. Die Fettsäuren aus den unlöslichen Bleiseifen sind durch hohen Schmelzpunkt (bis gegen 60°) charakterisiert. Geblasenes Ricinusöl kann wie das ursprüngliche Ricinusöl selbst durch den ausnehmend hohen Gehalt an Oxysäuren bzw. an der Höhe der Hydroxylzahl erkannt werden.

Der Kuriosität wegen sei der Vorschlag erwähnt, die Jodzahl des ursprünglichen Öls aus dem Anwachsen des spezifischen Gewichts zu berechnen[2]). Einer Zunahme der Dichte ($d_{15,5}^{15,5}$) um 0,001 soll eine Abnahme der Jodzahl um 0,8 entsprechen. Nachdem man aber doch gerade das ursprüngliche Öl ermitteln will, also sein spezifisches Gewicht nicht kennt, muß man dafür willkürlich einen Mittelwert einsetzen, wodurch allein schon Fehler von fast 10 Einheiten entstehen können, während die niedrigste beobachtete Jodzahl von Baumwollsamenöl und die höchste von Rüböl nur um 3 Einheiten voneinander abweichen.

b) Oxydierte trocknende Öle.

Die schwachoxydierten, trocknenden Öle gehören nach ihrer Beschaffenheit und ihrer Verwendung nicht zu den verdickten Ölen, sondern zu den Ölfirnissen, werden demnach auch wie die übrigen Firnisse analysiert und bewertet (s. S. 379 ff).

Von durch Oxydation verdickten trocknenden Ölen kommt für die technische Untersuchung in erster Linie das Produkt der fast vollständigen Oxydation und teilweisen Polymerisation von Leinöl oder richtiger von Leinölfirnis, das technische Linoxyn[3]) in Betracht, sowie die aus demselben erzeugten Halbfabrikate und Waren: Linoleumzement, Linoleum, Lincrusta, Wachstuch.

Technisches Linoxyn: Es besteht der Hauptmenge nach aus dem eigentlichen Linoxyn[4]), das ist der Komplex von Umwandlungsprodukten des Leinöls: Glyceride und Anhydride (innere Ester, Äther, Lactone) der oxydierten Säuren (Oxysäuren, Keto- und Ketooxysäuren), der flüchtigen Säuren und etwa unveränderten Leinölsäuren, sowie die

---

[1]) Marcusson: Ch. Revue Bd. 12, S. 290. 1905; Bd. 16, S. 45. 1909.

[2]) Sherman und Falk: J. Am. Ch. Soc. Bd. 25, S. 711. 1903; Bd. 27, S. 605. 1905.

[3]) Erzeugung: Gekochter und voroxydierter Firnis wird durch oft wiederholtes Rieseln über Gewebe bei kaum 40° langsam fertig oxydiert (Alt-Walton-Verfahren) oder mit Sauerstoff geblasen (späteres Walton-Verfahren) oder es wird unter Erhitzen durch Einblasen heißer Luft voroxydiert und bei Luftabschluß dickgekocht (Verfahren nach Parnacott, sog. Taylorprozeß). Man bezeichnet dieses Produkt meistens schlechtweg als Linoxyn. Diese Bezeichnung kommt aber nur dem Oxydationsprodukt des reinen Leinöls zu, das weder Sikkativ noch unverändertes Leinöl enthält (s. a. Fahrion: Die Chemie der trocknenden Öle, Berlin 1911, S. 244).

[4]) Über den Chemismus der Oxydation des Leinöls und die Zusammensetzung des Linoxyns s. bes. Fahrion: Trocknende Öle S. 158 ff.; Farbenztg. Bd. 17, Heft 47—50. 1912. Nach den eigenen Untersuchungen von Fahrion ist besonders die Bildung einer Dioxylinolsäure, einer Tetraoxylinolensäure, eines Anhydrids der Hexaoxylinolensäure und die von Di- und Tetraoxylinolsäure wahrscheinlich.

entsprechenden freien Säuren (der Gehalt an diesen kann bis gegen 20% betragen); außerdem enthält das technische Linoxyn (besonders viel das „Schwarzöl“ vom Taylorprozeß), Polymerisationsprodukte, ferner unvollständig oxydiertes Leinöl und Sikkativ, nach einigen Verfahren auch geringere Mengen von polymerisiertem Holzöl oder Ricinusöl. Die Mischungsverhältnisse sind natürlich je nach der Herstellung verschieden.

Beschaffenheit: Das technische Linoxyn ist je nach dem Oxydationsgrad eine feste elastische, nicht klebende, auch in der Wärme trocken bleibende Masse oder es ist noch klebrig, zäh und schmelzbar[1]). Die Farbe ist meistens goldgelb, der Geruch ähnlich dem anderer oxydierter Öle, aber eigenartig, mitunter säuerlich und stechend, sonst süßlich. Das spezifische Gewicht ist größer als das des Wassers, ungefähr 1,01 bis 1,10.

Für die analytische Untersuchung ist das Verhalten gegen Lösungsmittel von Wert. Das technische Linoxyn ist praktisch unlöslich in Äther, Schwefelkohlenstoff und Chloroform, dagegen fast vollständig löslich in siedendem Eisessig, in einer Mischung von Benzol, Aceton und Methylalkohol, in Tetralin, Hexalin, ihren Homologen und Estern, in Anilin, unter Zersetzung auch in Nitrobenzol, bei 150° (also unter Druck) selbst in Benzol. Das technische Linoxyn löst sich ferner unter charakteristischer Rotfärbung in Laugen, natürlich besonders leicht in alkoholischen Laugen und ist auch in schwacher alkoholischer Salzsäure unter Umesterung löslich. Petroläther und ebenso Alkohol lösen bei kurzer Einwirkung wenig, bei sehr lange dauernder Behandlung viel auf. Z. B. lösen sich von einem normalen „Waltonöl“ bei vierwöchiger Behandlung mit kaltem Petroläther 18 bis 20%, mit kaltem Alkohol sogar 55%. Natürlich lösen sich in erster Linie die nichtoxydierten Bestandteile des Linoxyns; diese bringen dann aber auch Oxydationsprodukte in Lösung, so daß die Bestimmung des Oxydationszustandes bzw. des Verhältnisses von Oxydiertem zu Nichtoxydiertem durch Ausziehen des Linoxyns mit Petroläther, Äther usw. ziemlich ungenau ist. Hingegen sind solche Auszüge zur Prüfung auf Zusätze, wie Ricinusöl, Standöl u. dgl., geeignet.

Zur Ermittlung des Oxydationsgrades bestimmt man wie bei der Analyse oxydierter halbtrocknender Öle nach Verseifung des Linoxyns und Abscheidung der Fettsäuren die oxydierten Säuren nach der Methode von Fahrion. Die bei der ersten Ausschüttlung in der wässerigen Lösung verbleibenden Oxysäuren schüttle man nach Fritz[2]) statt mit Petroläther mit Äther aus, dampfe die wässerige Lösung ein und extrahiere den Salzrückstand nochmals mit Äther. Auf diese Weise erhält man die wasserlöslichen Oxysäuren freilich vollständiger, obwohl die Säuren des Linoxyns auch in Äther nicht völlig löslich sind, aber jedenfalls vermengt mit einem mehr oder weniger großen Teil der flüchtigen Säuren. Allerdings gehören die flüchtigen Säuren in gewissem Sinne als sekundäre Spaltungsprodukte der oxydierten Säuren zu diesen. Zur Orientierung über den Gehalt an oxydierten Säuren kann auch die Bestimmung der Refraktion dienen.

Man bestimmt ferner das spezifische Gewicht, die Verseifungszahl, die Jodzahl, etwa auch die Acetylzahl und vor allem den Aschengehalt (die Sikkativmetalle). — Aus der folgenden Tabelle sind die Größenordnungen der wichtig-

---

[1]) Beim jahrelangen Liegen an der Luft wird das Linoxyn durch „Überoxydation“ wieder flüssig und ätherlöslich. Dabei sollen an den Kohlenstoffketten Spaltungen unter Bildung der Glyceride von Dicarbonsäure-peroxyden eintreten. Z. B.

$$C_3H_5[OCO-(CH_2)_n-\underset{\displaystyle O\!-\!\!-\!\!-}{\underset{|}{CH}}\!-\!\!-\!\underset{\displaystyle O}{\underset{|}{CH}}-(CH_2)_m-COOH]_3.$$

Ingle und Woodmansey: J. Soc. Ch. Ind. Bd. 38, S. 101. 1920.

[2]) Fritz: Ch. Revue Bd. 20, S. 49. 1913.

sten analytischen Daten handelsüblicher Linoleumsorten zu entnehmen. Die Zahlen sind keine Grenzwerte; der Gehalt an oxydierten Fettsäuren — ohne die wasserlöslichen — kann z. B. auf über 60% ansteigen.

Technische Linoxyne	Beschaffenheit	Spezifisches Gewicht bei	Asche	Verseif.-Zahl	Jodzahl	Nichtoxydierte Säuren	Oxydierte Säuren		Fettsäuren	
							unlöslich	wasserlöslich	Jodzahl	Acetylz.
Waltonöl[1] .	weich	14,5° : 1,0791	1,40%	272	59,1	32,2%	39,7%	17,4%	—	—
Waltonöl[1] .	normal	17° : 1,0727	0,92%	294	60,7	33,2%	34,1%	20,9%	—	—
Waltonöl[1] .	stark oxydiert	18,5° : 1,0430 (?)	1,27%	307	48,7	36,5%	36,7%	12,6%	—	—
Unbekannte[2] Herkunft .	fest	—	—	287	52,2	—	53%	53%	60	55

Dem Linoxyn sehr ähnlich ist das „Tungoxyn", das Oxydationsprodukt des Holzöls[3]. Es ist eine weiße, feste, wenig elastische, trockene Masse. Die „Tungoxysäure" ist ein zäher Syrup, der sich in alkoholischer Kalilauge wie die Linoxysäure mit tiefroter Farbe löst.

Die Untersuchung wird natürlich in derselben Weise ausgeführt wie die des Linoxyns, ebenso die der „Oxyne" anderer trocknender Öle.

Linoleumzement, Linoleum.

Linoleumzement ist eine im wesentlichen durch Zusammenschmelzen von technischem Linoxyn mit Korkpulver, Kolophonium, Kaurikopal und Erdfarben erzeugte Mischung. Nach verschiedenen Verfahren macht man auch Zusätze von Standöl, polymerisiertem Holzöl, gewissen Ölpechen, Erdalkaliseifen, Harzöl, Terpentin, Holzmehl; zum Unverbrennlichmachen oder auch nur zum Beschweren setzt man auch anorganische Füllstoffe wie Magnesit, gefällte Kieselsäure und Natriumbicarbonat u. a. m. zu. Durch Aufpressen der Masse auf Gewebe, gewöhnlich Jute, und „Reifenlassen", wobei eine Nachoxydation eintritt, erhält man das Linoleum. Durch Aufpressen einer ähnlichen Masse, die bloß statt Korkpulver Holzmehl enthält, auf Papier die Linkrusta.

Für die Bewertung von Linoleum kommen vor allem praktische Prüfungsmethoden in Betracht[4]; man bestimmt das spezifische Gewicht, das Gewicht pro Quadratzentimeter, die Gesamtdicke und die Schichtendicke, Festigkeit, Biegsamkeit, Dehnung, Widerstandsfähigkeit gegen Abnutzung durch Behandeln mit verdünnten Säuren, Alkalien, Seifenlösungen, Mineralölen, Terpentinöl und besonders auch die Wasserdurchlässigkeit oder das Aufnahmevermögen für Wasser.

Zur Bestimmung des Wasseraufnahmevermögens trocknet man ein Stück von 50 qcm Oberfläche nach Entfernung des Gewebes, wägt, läßt es geraume Zeit in Wasser liegen, trocknet zwischen Filterpapier und wägt zurück[5]. Bei großer Porosität wird viel Wasser aufgenommen. Die Zahlen variieren in weiten Grenzen: nach 24 Stunden etwa 2—8%, nach 48 Stunden 3—26%, nach 15 Tagen 7—37%.

Chemische Prüfung: Man behandelt die Substanz zunächst mit Äther; löst sich eine nennenswerte Menge Leinöl, so war die Oxydation ungenügend. Zur annähernden Trennung von Linoxyn und Harz einerseits, von Kork und Füllstoffen andererseits dient die

[1] Fritz: Ch. Rev. Bd. 20, S. 49. 1913.
[2] Lewkowitsch: Analyst Bd. 27, S. 140. 1902.
[3] Fahrion: Farbenztg. Bd. 17, Heft 47/50. 1912.
[4] S. a. Burchartz: Mitt. Techn. Vers.-Anst. Berlin Bd. 17, S. 285. 1899; Ingle: J. Soc. Ch. Ind. Bd. 23, S. 1197. 1904.
[5] Ingle: a. a. O.

Methode von ULZER und BADERLE[1]: 2 g fein geschabtes Linoleum werden mit 25 ccm Benzol im Einschlußrohr 1 Stunde auf 150° erhitzt. Der Rohrinhalt wird mit Benzol ausgespült, durch ein gewogenes Filter filtriert, mit Benzol gewaschen und der Rückstand samt Filter bei 110° zum konstanten Gewicht getrocknet. Der Rückstand, bestehend aus organischer Korksubstanz und den Mineralstoffen wird nach der Wägung verascht und die Asche gewogen. Die Differenz ergibt die organische Korksubstanz. Aus dem Filtrat wird das Benzol abdestilliert; der Rückstand wird im Kohlendioxydstrom getrocknet und gewogen. Dieser Benzolextrakt enthält aber außer dem Linoxyn und dem Harz auch noch gelöste Korksubstanz, und zwar löst das Benzol rund 4% vom Kork. Zur Korrektur kann man daher zum gefundenen Korkgewicht 4% zuschlagen und ebensoviel von der gefundenen Extraktmenge abziehen. In ähnlicher Weise sollte eine Korrektur für die Korkasche vorgenommen werden, die von der Gesamtasche abzuziehen und zur organischen Korksubstanz zu zählen wäre.

Zur Trennung des Linoxyns vom Harz könnte man die Umesterung benützen. Man behandelt die Substanz mit verdünnter alkoholischer Salzsäure nach S. 87, bis alles in Lösung gegangen ist, verdünnt mit dem gleichen Volumen Wasser, macht mit Carbonat alkalisch, setzt Äther zu und schüttelt aus. Die Harzsäuren bleiben als Seifen in der wässerigen Lösung, die Ester der Fettsäuren des Linoxyns und die unverseifbaren Bestandteile gehen in den Äther und werden wie üblich getrennt und untersucht.

Die Asche setzt sich aus der des Firnis (Trockenstoffe) und des Korks, den Erdfarben und etwa vorhandenen Füllstoffen zusammen. Aschengehalte von über 20% machen das Linoleum brüchig, es kommen aber trotzdem solche von $^1/_3$ des Gewichtes und darüber vor.

Wasser: Man trocknet 1 Stunde im Wasserbad, wobei durchschnittlich 2—3% Wasser, selten mehr, gefunden werden. Der Feuchtigkeitsgehalt soll auch ein Maß für die Porosität des Linoleums sein[2]).

Beispiele für die Zusammensetzung von Linoleumsorten nach ULZER und BADERLE (nicht korrigiert):

Sorte	Wasser	Gesamtasche	Organische Korksubstanz	Benzolextrakt
Deutsches Fabrikat	2,8%	20,3%	53,0%	24,0%
Taylor Terrakotta	2,7%	10,0%	71,5%	15,5%
Taylor hellgrün	2,6%	19,3%	64,7%	13,2%

c) Oxydierte Trane.

(Lederfett, Weißbrühe, Moëllon, Degras, Sodoil.)

Die oxydierten Trane spielen eine große Rolle in der Gerberei. Sie sind im Sämischleder als Gerbstoffkomponenten enthalten und dienen andererseits zum Einfetten und Zurichten von lohgarem und chromgarem Leder[3]).

---

[1]) BENEDIKT-ULZER, Analyse etc. 5. Aufl. S. 541. [2]) INGLE: a. a. O.

[3]) Bei der Sämischgerbung wird Tran, insbesondere Dorschlebertran in die Haut eingewalkt und in dieser feinen Verteilung autoxydiert und „fermentiert". Die poröse Haut wirkt als Träger, ähnlich wie Gewebe bei der Oxydation trocknender Öle zu Linoxyn. Die stark ungesättigten Transäuren, wie Jecorin- und Clupanodonsäure bilden Peroxysäuren, die sich zum Teil mit der anoxydierten Hautfaser salzartig zu Leder verbinden, zum Teil frei bleiben und sich zu verschiedenen Oxydations- und Kondensationsprodukten umlagern, die keinen aktiven Sauerstoff mehr enthalten. S. bes. FAHRION: Neuere Gerbemethoden und Gerbetheorien, Braunschweig 1915; s. a. FAHRION: Z. ang. Bd. 3, S. 172, 634. 1890; Bd. 4, S. 446. 1891; ferner SOMMERHOFF: Collegium 1915, S. 26.

Der aus dem sämischgaren Leder zurückgewonnene Tranüberschuß, in dem diese Umlagerungsprodukte gelöst sind, heißt je nach der Sorte Moëllon, Degras, Weißgerberdegras.

Moëllon ist die durch wiederholtes Auspressen des zuerst mit warmem Wasser, dann mit Sodalösung vorbehandelten sämischgaren Leders erhaltene feine Fettemulsion; Moëllon enthält meist etwa noch 0,5—0,7% Seife.

Degras ist in der ursprünglichen Bedeutung des Wortes identisch mit Moëllon[1]). Sowohl Moëllon als auch Degras halten oft Haut- oder Lederteilchen in Suspension.

Weißgerberdegras wird aus stark gegerbten Häuten, aus denen sich nichts abpressen läßt, auf andere Weise gewonnen: das anhaftende Fett wird abgestrichen, dann werden die Häute mit Soda- oder Pottaschelösung gewaschen, in der erhaltenen Emulsion wird das Carbonat zum größten Teil mit Schwefelsäure abgestumpft, die Alkalisulfatlösung wird abgezogen und das Fett-Seifengemisch mit dem abgestrichenen Fett vereinigt.

Der Weißgerberdegras ist trotz seines großen Wassergehaltes von gewöhnlich 30—40% eine viel sämigere Emulsion als gewöhnlicher Degras; er gleicht mehr einer Wollfettemulsion und zeigt mitunter eine fast vogelleimartige Konsistenz, denn er enthält oft 3—4% Seife, viel Asche (Alkalisulfat) und bis 5% Lederfasern.

Degrasextrakt oder Moëllonessenz ist entwässerter Moëllon. Er bildet eine halbfeste Masse oder ein rötliches Öl von größerer Viscosität und höherem spezifischen Gewicht als das des ursprünglichen Tranes (bis 0,945—0,955).

Sogenannter „künstlicher“ Degras wird zumeist in derselben Weise wie der Degras beim Sämischgerben erzeugt, wobei nur zur Verteilung und Fermentierung statt der zu gerbenden Häute bloß Hautabfälle oder fertig gegerbte Lederabschnitzel dienen, die oftmals verwendet werden können. Ein so erzeugter Degras hat natürlich dieselbe Zusammensetzung wie der „echte“, er ist sogar meistens besser, er ist gleichmäßiger zusammengesetzt und enthält gewöhnlich weniger oder gar keine aus der tierischen Haut aufgenommene Substanzen. Die Bezeichnung künstlicher Degras ist bei solchen Produkten nicht gerechtfertigt.

Etwas anderes sind die vielfach auch künstlicher Degras benannten Ersatzstoffe: emulgierte Mischungen aus Tranen, Wollfett (auch geblasenem) und Ölen, Elain, Harz, Mineralöl, Harzöl, Verdickungsmitteln wie Magnesiumchloridlösung u. a. m. (z. B. gehen auch Wollfett-Vaseline-Emulsionen, sog. Corroine, und geblasene Harzöle, sog. Ärisine, als künstlicher Degras).

Die Eigenschaften, welche die oxydierten Trane wertvoll machen, sind: sie dringen leicht in halbfeuchte Häute, verdrängen das Wasser und verteilen sich regelmäßig in den Poren, konservieren das Leder, verhindern Flecken- und Schimmelbildung, ohne wie andere Öle später auszuschlagen oder auszuharzen und verleihen dem Leder einen vollen, weichen, „molligen“ Griff. — Zur Degraserzeugung verwendet man besonders viel Dorschleber-, Walfisch- und (in Amerika) Menhadentran, es kann aber auch jeder andere Tran mit nicht zu niedriger Jodzahl und nicht zu großem Gehalt an Alkoholen zu brauchbarem Degras oxydiert werden.

Zusammensetzung: Die charakteristischen Bestandteile von Moëllon und Degras sind die Oxydationsprodukte des Tranes, insbesondere die hochoxydierten Säuren, die man deshalb auch als Degrasbildner bezeichnet[2]). Neben diesen Verbindungen könnte zur Erklärung der spezifischen Wirksamkeit der oxydierten Trane im Vergleich zu der geringeren Wirkung oxydierter vegetabilischer Öle auch noch der Gehalt an Cholesterin oder Oxycholesterin in Betracht kommen. Diese Stoffe wirken ja emulgierend und machen Emulsionen haltbarer. Von Oxydationsprodukten sind bisher nachgewiesen: Mono- und Dioxyjecorinsäuren, $C_{18}H_{30}O_3$ und $C_{18}H_{30}O_4$, ferner höher oxydierte Jecorin-

[1]) In Amerika versteht man unter Degras das Wollfett.

[2]) Ursprünglich bezeichnete Jean (Monit. scientif. Bd. 15, S. 889. 1880) als „Dégragène“ die höchstoxydierten Säuren, deren Alkalisalze beim Aussalzen des verseiften Degras gelöst bleiben und beim Ansäuern der Kochsalzlösung als harzige Masse ausfallen. Simand (Z. ang. Bd. 3, S. 185. 1890), Bögh u. a. hielten dagegen die Degrasbildner für stickstoffhaltige Produkte einer Reaktion des Trans mit der Hautsubstanz, bis Fahrion nachwies, daß die Degrasbildner tatsächlich Oxydationsprodukte der ungesättigten Transäuren sind, denen nur bei mangelhafter Isolierung stickstoffhaltige Abbauprodukte der Hautsubstanz beigemengt sein können. (Z. ang. Bd. 3, S. 172, 634. 1891; Ch. Ztg. Bd. 17, S. 524. 1893.)

säurederivate, zum Teil als freie Säuren, größtenteils aber als Glyceride (d. h. als Komponenten von Glyceriden) und als Anhydride wie $C_{18}H_{24}O_5$ und $C_{18}H_{26}O_7$ [1]). Ebenso enthalten die oxydierten Trane selbstverständlich auch analoge Oxydations- und Kondensationsprodukte der Clupanodonsäuren.

Die neutralen, d. h. veresterten Oxydationsprodukte, die sog. „Oxyjecorine", können durch Versetzen der oxydierten Trane mit Ölen, wie Klauenöl u. dgl., als pechartige Massen abgeschieden werden. In Petroläther sind sie dagegen löslich; vermutlich sind die oxydierten, petrolätherunlöslichen Säuren mit nichtoxydierten, löslichen Säuren in gemischten Glyceriden vereinigt. Neben den oxydierten Säuren enthält der Degras nämlich mehr oder weniger große Mengen unveränderter Transäuren und flüchtige Fettsäuren (Buttersäure, Valerian- und Capronsäuren usw.), die durch Aufspaltung der ungesättigten Säuren gebildet werden. — Die charakteristischen Kennzahlen reiner Degrassorten sind in folgender Tabelle den Kennzahlen der betreffenden ursprünglichen Trane gegenübergestellt.

Kennzahlen reiner Degrassorten.

Sorten		Dichte	Brechungsexponent	Säurezahl	Verseifungszahl	Acetylzahl[2])	Jodzahl	In Petroläther unlösliche oxydierte Säuren
Sardinentran[3])	ursprüngl.	—	—	20,6	—	—	193,2	0,7 % (0,2 % feste)
	Degras	—	—	29,6	—	—	75,4	23,0 % (7,3 % feste)
Waltran	ursprüngl.[4])	0,9270	1,4755	10,6	190,4	14,0	85,0	3,4 %
	Degras	0,9423	1,4758	10,6	181,5	22,0	71,0	6,2%
Robbentran	ursprüngl.[4])	0,9258	1,4760	6,1	193,8	25,6	96,5	2,7 %
	Degras	0,9465	1,4790	26,1	190,5	47,9	68,4	14,4 %
Dorschtran	ursprüngl.[4])	0,9274	1,4755	13,6	187,9	19,4	148,0	0,9 %
	Degras	0,9836 (?)	1,4780	28,3	183,4	28,3	100,5	19,4%

Anforderungen: Die Ansprüche an Moëllon oder Degras sind je nach dem Verwendungszweck sehr verschieden; im allgemeinen soll ein guter Handelsdegras über 15% Degrasbildner enthalten, doch genügt für manche Verwendungszwecke ein viel geringerer Gehalt; der Gehalt an Wasser darf höchstens 20%, der an Asche nicht mehr als 3% betragen. Der Eisengehalt der Asche darf 0,05% nicht übersteigen.

Untersuchung: Man bestimmt vor allem Wasser, Asche und Gesamtfett, bei „echtem" Degras, der Haut- oder Lederfragmente suspendiert enthält, auch diese Beimengungen. Die Bestimmung dieser Bestandteile läßt sich in einem Analysengang fortlaufend ausführen[5]). Im öligen Anteil bestimmt man die in Betracht kommenden Kennzahlen, wie Säurezahl, Verseifungszahl und Jodzahl — die Bestimmung der Acetylzahl hat weniger Wert —, insbesonders werden aber die oxydierten Fettsäuren, die etwa zugesetzten fremden Fette und unverseifbaren Substanzen nach Art und Menge festgestellt. Die quantitative Zusammensetzung der handelsüblichen Degrassorten wechselt sehr stark, weil die Ansprüche, wie erwähnt, je nach dem Verwendungszweck sehr verschieden sind. Eine Anzahl Analysenergebnisse von Handelsprodukten verschiedener Herkunft ist in folgender Tabelle geordnet.

[1]) Fahrion: a. a. O. [2]) Unzuverlässig. [3]) Fahrion: Ch. Ztg. Bd. 17, S. 524. 1893. [4]) Eitner: Der Gerber 1893. S. 257. [5]) S. a. Last, Kollegium Nr. 653, S. 329. 1924.

Zusammensetzung handelsüblicher Degras-Sorten[1]).

Moëllon- und Degrassorten	Wasser %	Asche %	Unverseifbares %	Oxydierte Säuren %	Gesamtfett			
					Menge in %	Säurezahl	Verseif.-Zahl	Jodzahl
3 deutsche Produkte . . .	17,7 bis 22,9	0,1 bis 0,6	1,1 bis 15,8	4,3 bis 9,7	—	11—17	105 bis 172	39,6 bis 69,0
7 französische Produkte .	7,6 bis 25,5	0,05 bis 0,58	14,0 bis 40,6	1,8 bis 6,0	73,2 bis 91,8	31—40	93 bis 206	50—102
7 englische Produkte. . .	1,5 bis 17,3	0,06 bis 0,70	0,9 bis 3,4	0,9 bis 16,7	82,3 bis 97,7	29 bis 119	170 bis 208	53—122
12 amerikanische Produkte	1,0 bis 40,6	0,05 bis 1,0	0,4 bis 42,6	1,1 bis 26,5	56,6 bis 96,6	32 bis 34[2])	—	—

Wasser, Asche, suspendierte Stoffe und Gesamtfett: 10—20 g Substanz werden im Platintiegel über kleiner Flamme erhitzt, bis alles Wasser ausgetrieben ist[3]). Sogenannter französischer Degras enthält meistens 10—25%, Weißgerberdegras 20—40% Wasser. Der wasserfreie Rückstand wird nach dem Auswägen mit unter 75° siedendem Petroläther verdünnt, durch ein gewogenes Filter (Glasrohr mit Baumwollpfropf) filtriert, zur Lösung der oxydierten Säuren mit Äther nachgewaschen und der entölte Rückstand getrocknet. Einengen des Filtrats, Trocknen und Wägen des Rückstandes ergibt das Gesamtfett. Der ungelöste Rückstand wird ebenfalls gewogen; er kann aus suspendierten Haut- und Lederfragmenten, Seife und Mineralsubstanzen bestehen. Die Seife wird durch Waschen mit Wasser, dann mit Alkohol entfernt; der Rückstand wird wieder gewogen, dann verascht und die Asche gewogen. Die Differenz der beiden letzten Wägungen ergibt die Menge der im Degras suspendierten Haut- oder Lederteilchen. — Zur direkten Aschenbestimmung wägt man je nach der Sorte 5—25 g ein, treibt das Wasser ab, läßt das Fett mit einem Papierdocht (vgl. S. 325) abbrennen und verascht wie üblich. Eigentliche Moëllon und Degras enthalten nur einige Hundertstel Prozente Asche, Weißgerberdegras bis 3%.

Prüfung der Asche: Alkalicarbonat wird durch Titrieren des filtrierten, wässerigen Auszugs bestimmt und auf Seife umgerechnet, Eisen wird durch die Tanninreaktion nachgewiesen, Mengen unter 0,03% Fe_2O_3 gelten als unbedenklich; evtl. prüft man auch auf Alkalisulfat, Kreide, Gips und auf Verdickungsmittel, wie Magnesiumchlorid. Schließlich kann ein Degras auch Sikkativmetalle enthalten, die wie in den Firnissen nachgewiesen und bestimmt werden.

Freie Säuren: Reagiert der Degras gegen Lackmus sauer, so kocht man etwa 25 g mit $^1/_4$ Liter Wasser aus und trennt die Schichten. Man prüft die wässerige Lösung qualitativ auf Mineralsäuren und titriert dieselben gegebenenfalls mit Methylorange als Indicator, setzt hierauf Phenolphthalein zu und titriert die wasserlöslichen organischen Säuren. Zur Bestimmung der Gesamtmenge an

[1]) Nach Analysen von Tortelli; Schmitz-Dumont; Hopkins, Coburn und Spiller u. a. m. [2]) % freie Säure.

[3]) Fahrion: Z. ang. Bd. 3, S. 174. 1891. Diese Bestimmung ist als Konventionsmethode anerkannt. Für Einzelbestimmungen empfiehlt es sich auch, bloß einige Gramme Degras in einem mit Bimssteinstückchen beschickten Erlenmeyerkölbchen mit der fünffachen Menge Alkohol zu verdünnen, auf dem Wasserbad einzudampfen und den Rückstand 2 Stunden bei 100° zu trocknen. Weisz: Der Gerber, Nr. 474. Über Bestimmung des Wassers in Degras s. a. Alden: J. Am. Leather Ch. Assoc. 1907, S. 12; 1908, S. 335; Fahrion: Kollegium 1908, S. 21.

freien Fettsäuren titriert man den Degras direkt wie üblich in ätherisch-alkoholischer Lösung und zieht vom Alkaliverbrauch die der Mineralsäure entsprechende Menge ab. Die meisten Sorten enthalten 10—25% freie Säure, als Ölsäure berechnet.

Oxydierte Säuren: Für die technische Analyse kommen nur die in Petroläther unlöslichen Säuren, die Degrasbildner, in Betracht. Man bestimmt sie wie in den oxydierten vegetabilischen Ölen nach der Methode von FAHRION (S. 248). Die in Petroläther löslichen Oxysäuren und damit die Gesamtmenge der oxydierten Säuren läßt sich nicht genau bestimmen. Die Bestimmung der Acetylzahlen der Fettsäuren ist unzuverlässig, auch lassen sich die Zahlen nicht exakt auswerten. Sie liegen gewöhnlich um 30—40. Die höheroxydierten Säuren bilden eine zähe, klebrige, seltener eine pulvrige Masse, die sich in Äther und Benzol nur teilweise, in Alkohol und Chloroform vollständig löst. Auch in Wasser, besonders in heißem, angesäuertem Wasser lösen sie sich nicht unbeträchtlich. Zu ihrer weiteren Differenzierung kann das Verhalten ihrer Seifen gegen Kochsalz dienen: die Alkalisalze der schwächer oxydierten Säuren werden ausgesalzen, die der stärker oxydierten Säuren bleiben gelöst. Diese Säuren stellen ein braunes Harz dar, das gegen 70° schmelzen soll.

Nichtoxydierte Fettsäuren bleiben bei der Abscheidung der oxydierten Säuren mit dem Unverseifbaren in der Petrolätherlösung und können nach Abtrennung des Unverseifbaren quantitativ aus der Lösung isoliert werden.

Fremde Fette: Anhaltspunkte geben das spezifische Gewicht des Gesamtfettes und der Erstarrungspunkt der Fettsäuren. Die Dichte reiner Degrasextrakte liegt etwa bei 0,945—0,955, Dichten unter 0,920 weisen auf Zusätze fremder Fette, wie Ölsäure, Talg, Wollfett u. dgl. Die Schmelzpunkte der Fettsäuren von Lebertran, Walfisch- und Japantran liegen bei etwa 18—19° bzw. 25° bzw. 30—31°; ein höherer Schmelzpunkt der Degrassäuren deutet auf Talgzusatz.

Wollfett verrät sich oft schon durch den Geruch (bes. den des Unverseifbaren), durch den Oberflächenglanz des Gesamtfettes und der abgeschiedenen Fettsäuren. Nachweis von Wollfett nach SIMAND: 5—6 g Degras werden verseift, angesäuert und die Fettsäuren mit Äther ausgezogen. Nach Vertreiben des Äthers kocht man den Rückstand mit der anderthalbfachen Menge Essigsäureanhydrid, wäscht das acetylierte Produkt, trocknet und läßt 3mal aus der 15fachen Menge Alkohol krystallisieren. Man erhält so Cholesterinacetat mit dem charakteristischen Schmelzp. 114,3° (korr.). Aus der Menge des Acetates kann man den Gehalt des Degras an Wollfett nur ganz roh abschätzen, indem man die mittlere Acetatausbeute aus Wollfett zu etwa 34% annimmt.

Harz wird in dem Fettanteil, welcher bei Bestimmung der oxydierten Fettsäuren in der Petrolätherlösung verbleibt, nach S. 305 bestimmt.

Unverseifbare Substanzen (Mineralöl, Vaselinöl, Harzöl). Die Bestimmung der unverseifbaren Bestandteile schließt sich ebenfalls am besten an die der oxydierten Säuren an. Nach Abscheidung derselben bleiben in der Petrolätherlösung das Unverseifbare, die nichtoxydierten Fettsäuren und evtl. die Harzsäuren. Die Säuren schüttelt man mit alkoholisch-wässeriger Lauge aus, das Unverseifbare bleibt zurück; es wird wie üblich isoliert und, wenn es mehr als 1—2% beträgt, auf Harzöl, Mineralöl usw. geprüft. Selbstverständlich kann man das Unverseifbare auch direkt bestimmen, wobei man statt die Lösung der verseiften Substanz auszuschütteln, besser mit Bicarbonat abstumpft, mit Sand vermengt und nach scharfem Trocknen im Soxhletapparat extrahiert.

Vulkanisierte Öle.

(Faktis.)

Eine größere Anzahl fetter Öle reagiert mit Schwefel und mit Schwefelchlorür ähnlich wie Kautschuk bei der Vulkanisierung und gibt feste, halbwegs elastische Produkte, die man zweckmäßig unter der Bezeichnung vulkanisierte Öle zusammenfaßt[1]). Die Handelsprodukte heißen Faktis, und zwar die geschwefelten Öle dunkle oder braune, die anderen weiße Faktis. Die dunklen Faktis kommen als gelb- bis rotbraune elastische Platten oder Pulver in den Handel; sie sind zerreiblicher als Kautschuk. Die weißen bilden rein weiße oder gelbstichige, elastische, krümelige Massen. Beide Sorten werden auch künstlich gefärbt. In den organischen Lösungsmitteln sind sie fast unlöslich.

Zusammensetzung und Eigenschaften[2]): Die braunen Faktis zeigen niedrige Jodzahlen, Sulfhydrylgruppen lassen sich nicht nachweisen, bei der Verseifung wird nur ein Teil des Schwefels als Schwefelwasserstoff bzw. Sulfid unter Bildung ungesättigter Verbindungen abgespalten. (Auch bei der Darstellung entweicht wenig oder gar kein Schwefelwasserstoff.) Zur Erklärung dieser Eigenschaften wird cyclische Bindung des Schwefels angenommen[3]). Die Schwefelverbindungen wären demnach Derivate des Diäthylendisulfids oder (nach der offiziellen Nomenklatur) des 1,4-Dithians:

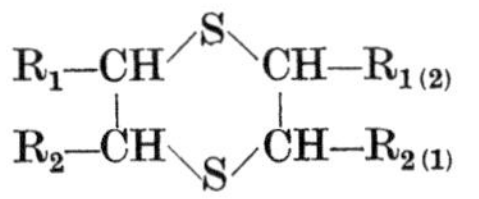

Vielleicht sind die geschwefelten Öle Analoga der geblasenen Öle. (Nach ERDMANN bildet ja auch der Schwefel mit Ölen den Ozoniden analoge Thiozonide.)

Auch bei der Bildung der weißen Faktis werden Schwefel und Chlor zum großen Teil an die Doppelbindungen der Öle angelagert[4]). Nach HENRIQUES[5]) bilden sich Disulfide mit der Atomgruppe —CHCl—CH—S—S—CH—CHCl—. Es erfolgt aber auch teilweise Substitution, denn bei der Reaktion entweicht Chlorwasserstoff. Bei der Verseifung mit alkoholischer Lauge wird das Chlor bis auf Spuren abgespalten, es bilden sich Sulfide ungesättigter Säuren[6]).

Die Schwefel- und Chlorgehalte der Faktis sind sehr verschieden (siehe Tabelle), weil die einzelnen Öle zur Verdickung je nach ihrer Zusammensetzung und Vorbehandlung ganz verschiedene Mengen Schwefel oder Schwefelchlorür erfordern. Z. B. brauchen Baumwollsamen und Rüböl je 26%, Maisöl angeblich 41% Schwefel; an Chlorschwefel sollen Baumwollsamenöl 45% erfordern, Oliven-, Lein- und Rüböl ungefähr je 25%, Ricinusöl nur 20%, oxydiertes sowie geschwefeltes Leinöl gar nur 10—12%.

[1]) Bei der technischen Erzeugung wird Rüböl oder Maisöl, Leinöl, Baumwollsamenöl, Erdnußöl, Ricinusöl u. a. m. im ursprünglichen Zustande, oder besser durch Blasen voroxydiert, mit Schwefel auf 150—160° erhitzt (nach amerikanischen Verfahren angeblich auf 250°) oder in Tetrachlorkohlenstofflösung mit Schwefelchlorür vermischt. Man kann auch mit Schwefel vorbehandeln und dann noch Schwefelchlorür einwirken lassen. Die Produkte dienen als Kautschukersatzstoffe, zum Gelatinieren von Nitroglycerin usw.

[2]) ALTSCHUL: Z. ang. Bd. 8, S. 535. 1895; HENRIQUES: Z. ang. Bd. 8, S. 691. 1895; s. a. MICHAEL: Ber. Bd. 28, S. 1633. 1895.

[3]) HENRIQUES: a. a. O.

[4]) ULZER und HORN: Mitt. Techn. Gewerbe-Museum Wien Bd. 4, S. 43. 1890.

[5]) a. a. O. In derselben Weise erklärte Weber die Vulkanisierung des Kautschuks. Z. ang. Bd. 6, S. 112, 130. 1893.

[6]) ULZER und HORN: a. a. O.

Die Faktis enthalten meistens noch unveränderte fette Öle, Zusätze von Mineralöl oder Paraffin oder von anorganischen Bestandteilen.

Beispiele für die Zusammensetzung von Faktissorten (nach HENRIQUES).

	Schwefel %	Chlor %	Wasser %	Asche %	Fettsäuren %	Jodzahl	Acetylzahl	Fettsäuren: Schwefel %	Fettsäuren: Chlor %	Fettsäuren: Jodzahl[1])
Weiße Leinölfaktis, aus ursprünglichem Öl .	9,3	8,8	3,0	—	79,6	56,3	21,0	9,9	Spur	160,3
Weiße Leinölfaktis, aus geblasenem Öl . .	4,8	4,8	0,8	81,7	81,7	52,6	19,6	4,0	0,6	121,0—141,2
Weiße Rübölfaktis, aus ursprünglichem Öl .	8,3	7,6	—	—	86,9	32,5	31,0	8,3	Spur	101,5
Weiße Rübölfaktis, aus geblasenem Öl . .	6,6	5,9	—	—	87,9	26,9	—	6,5	„	102,8
Ricinusölfaktis, mit dem Minimum an S_2Cl_2	4,8	6,7	—	—	85,3	35,2	—	5,3	„	136,2—152,1
Ricinusölfaktis, mit dem Maximum an S_2Cl_2	10,6	8,9	—	—	—	21,9	105,6	—	0,2	105,6
Braune Faktis (Handelsprodukte). . . .	15,5—17,7	0,7—0,4	—	—	—	42,0	—	14,1—15,2	—	125,6—129
Weiße Faktis (Handelsprodukte)	6,4—9,2	5,0—8,9	0,8—1,0	0,1—5,5	73,6—90,5	30,9—32,6	—	6,1—8,1	0,4—0,8	91,2—102,3

Gute Faktis sollen nach FRANK und MARCKWALD höchstens 20% acetonlösliche Bestandteile, 3% Asche, 1% freien Schwefel und wenig Mineralöl enthalten. Beträchtlichere Zusätze an Paraffinkohlenwasserstoffen müssen deklariert sein[2]). Ferner werden meistens folgende Anforderungen gestellt: Der Faktis darf an kaltes Wasser höchstens geringe Spuren von Mineralsäure abgeben (Prüfung der Ausschüttlung mit Kongopapier). Bei halbstündigem Digerieren einer Probe mit der 20fachen Menge Alkohol bei 50—60° dürfen sich höchstens 0,4% lösen, darunter praktisch keine Chloride. Der Faktis darf nach 1stündigem Erhitzen auf 100—110° keine Zersetzungserscheinungen zeigen, insbesondere keine Säuredämpfe abgeben.

Untersuchung: Man extrahiert 2—4 g Substanz im Soxhletapparat mit Aceton. Unverändertes Öl, Mineralöl und freier Schwefel gehen in Lösung, der eigentliche Faktis bleibt ungelöst. Im Extrakt werden fettes Öl und Unverseifbares wie üblich getrennt und der Schwefel nach S. 310 bestimmt.

Im unlöslichen Rückstand bestimmt man vor allem Asche, Schwefel, Chlor, Fettsäuren, dann deren Jodzahl, Acetylzahl usw.

Zur Bestimmung des gebundenen Schwefels ist die Methode von CARIUS nicht geeignet, es ist eine doppelte Aufschließung nötig. Die Probe wird mit

[1]) Beachtenswert ist, daß die Jodzahlen der aus Ricinusölfaktis abgeschiedenen Säuren bedeutend höher sind als die des ursprünglichen Öles. Offenbar werden bei der Vulkanisation von Ricinusöl auch alkoholische Hydroxylgruppen durch Chlor substituiert, so daß bei der späteren Verseifung unter Abspaltung von Kohlenwasserstoff doppelt-ungesättigte Säuren entstehen.

[2]) LUNGE-BERL: Chem.-techn. Unters.-Meth. 7. Aufl., 3. Bd., S. 1210.

der 15—20fachen Menge Salpetersäure 1,4 unter Zusatz eines Tropfens Brom zunächst in der Kälte, dann bei allmählich bis auf 100° erhöhter Temperatur behandelt, eingedampft, noch 2 mal mit Salpetersäure abgeraucht, der syrupöse Rückstand in Alkohol aufgenommen, mit Soda-Salpeter-Gemisch verrührt, das Gemenge bei 120—130° getrocknet, worauf geschmolzen und die Analyse in der üblichen Weise zu Ende geführt wird[1]). Auch zur Bestimmung des Chlors empfiehlt sich dieselbe Aufschließung. Am besten wird die Bestimmung mit der des Schwefels kombiniert, wobei man einfach bei der Behandlung mit Salpetersäure Silbernitrat (und selbstverständlich kein Brom) zusetzt[2]).

Bei der Jodzahlbestimmung können erhebliche Fehler unterlaufen. Nachdem die Faktis in Chloroform wenig löslich sind, muß man die Jodlösung wenigstens 12 Stunden unter häufigem Umschütteln einwirken lassen. Dabei kann aber auch schon Substitution eintreten, andererseits hält auch der Faktis Jod sehr hartnäckig zurück, so daß man beim Zurücktitrieren oft und andauernd schütteln muß. Es empfiehlt sich jedenfalls, HÜBLsche Lösung anzuwenden. Sicherer ist die Bestimmung der Brom-Addition und -Substitution nach McILHINEY [s. S. 187[3])].

Die Bestimmung der Acetylzahl muß nach der Modifizierung von LEWKOWITSCH ausgeführt werden, weil die Lösung des verseiften Produktes zu dunkel ist, als daß sie direkt titriert werden könnte.

Die Bestimmung der Säurezahl sowie der Verseifungszahl ist weniger zur Untersuchung von Faktis als zum Nachweis desselben in Kautschukwaren geeignet[4]): Man kocht eine feingeraspelte Probe 3 Stunden mit einem höchstens 5fachen Überschuß an $^{n}/_{1}$ alkoholischer Kalilauge und titriert mit Salzsäure zurück. Dabei soll die alkoholische Lauge heiß zum warmen Kautschukleim gegeben werden, weil andernfalls sofort eine Ausscheidung stattfindet und das Alkali nicht eindringen kann. Die Grenzwerte für die Verseifungszahlen werden ziemlich verschieden angegeben: z. B. 110—282[5]) und 52—218[4]).

Sulfurierte Öle.

(Türkischrotöle und verwandte Produkte.)

Die Türkischrotöle sind seifenleimartige Lösungen von Gemengen der Alkali- oder Ammoniumsalze gewisser Oxyfettsäuren, besonders der Ricinolsäure oder der 10-Oxystearinsäure, deren Schwefelsäureestern und inneren Estern (sog. Polyricinolsäuren), sowie von Glyceriden (unverändertes neutrales Öl, Diglyceride und Salze von Schwefelsäureestern der Glyceride). Ferner enthalten alle Rotöle Neutralsalze (Alkalisulfat oder Ammoniumsulfat), geringe Mengen unverseifbarer organischer Stoffe und oft Glycerin. Manche Rotöle aus Ricinusöl enthalten auch Dioxystearinsäure bzw. deren Schwefelsäureester, während das Vorkommen des Ricinolsäureäthers (der sog. einbasischen Diricinolsäure) und des Ricinolsäurelaktids nicht sichergestellt ist[6]).

Mit den Rotölen nächstverwandt sind konzentriertere Mischungen von qualitativ gleicher Zusammensetzung, aber ganz anderem Mischungsverhältnis der Bestandteile, insbesondere höherem Gehalt an Polyricinolsäuren bzw. anderen Estoliden, die unter Phantasienamen, wie Monopolseife und Isoseife in den

[1]) HENRIQUES: Ch. Ztg. Bd. 16, S. 411. 1892. [2]) ULZER und HORN: a. a. O.
[3]) Vgl. VAUBEL: Gummiztg. Bd. 27, S. 1254. 1913.
[4]) VALLERY: Monit. scient. (5) Bd. 3, I. 82. [5]) Vgl. VAUBEL: a. a. O.
[6]) Literatur s. GRÜN im Handbuch der Öle und Fette von UBBELOHDE und GOLDSCHMIDT, Leipzig 1910, Bd. III, S. 337.

Handel kommen[1]). Ferner werden Emulsionen und Lösungen dieser Substanzen in flüchtigen Lösungsmitteln (Tetrapol, Verapol usw.) erzeugt.

Eine vollkommene, systematische Untersuchung setzt sich aus folgenden Bestimmungen zusammen[2]):

Vorprüfung,
Bestimmung des Gesamtfettes,
,, der Fettschwefelsäuren,
,, der freien Säuren (nicht sulfurierten Säuren),
,, des Neutralfettes,
,, des Unverseifbaren,
,, der „polymerisierten" Säuren (des Kondensationsgrades der Fettsäuren),
,, der Abstammung des Öles,
,, von Alkali und Ammoniak,
,, der Neutralsalze,
Prüfung auf Schwermetallsalze,
Bestimmung des Wassers,
,, des Glycerins,
Prüfung der Beständigkeit gegen Säuren, Erdalkalien, Salze,
,, des Lösungsvermögens für flüchtige Lösungsmittel,
,, des Emulgierungsvermögens,
,, der Verwendbarkeit in der Färberei, Appretur, Gerberei usw.

In den meisten Fällen prüft man aber nur die äußere Beschaffenheit, die Löslichkeit und das Emulgierungsvermögen, den Neutralisationszustand, prüft auf schädliche Verunreinigungen und bestimmt den Gesamtfettgehalt und den Gehalt an organisch-gebundener Schwefelsäure.

Vorprüfung:

Die normalen Rotöle stellen hellgelb bis höchstens braun gefärbte viscose Flüssigkeiten dar. Die Spezialpräparate, wie Monopolseife, Isoseife usw., sind fest, mehr oder weniger durchscheinend. Die Rotöle sollen klar sein und sich auch bei saurer Reaktion in nicht allzu hartem Wasser klar lösen. Niedrig sulfurierte Produkte, die sich beim Schütteln mit der ungefähr 10fachen Menge Wasser bloß emulgieren, sollen wenigstens auf Zusatz von etwas Ammoniak oder Lauge klar in Lösung gehen. Mäßige Zusätze von Säure, Natronlauge, Soda, Pottasche sollen keine Ausscheidung hervorrufen. Bleibt eine Rotölemulsion auch nach Zusatz von etwas Lauge milchig und scheidet sie beim

[1]) Es ist aber nicht möglich, für bestimmte Qualitäten bestimmte analytische Grenzwerte anzugeben. Gute Rotöle sind meistens mittel- oder hochsulfuriert, d. h. mit 25—30 Tl. Schwefelsäure auf 100 Teile Ausgangsmaterial; als solches dient meistens Ricinusöl, seltener ranzige Olivenöle (Tournante-, Gallipoliöle) oder deren freie Fettsäuren u. a. m. Solche enthalten etwa 5—10% organisch gebundenes SO_3. Es gibt aber auch Öle mit minimalem Schwefelsäuregehalt, die sich trotzdem für manche Verwendungszwecke vollkommen bewähren. Ebenso schwankend ist der Gehalt an Estoliden, den kondensierten Oxyfettsäuren; in manchen Präparaten sind die Oxyfettsäuren praktisch vollständig kondensiert, in anderen, den meisten Rotölen, nur zu etwa einem Drittel bis zur Hälfte. Auch der Neutralfettgehalt der Rotöle ist, je nach der Erzeugung, sehr verschieden. Manche Rotöle enthalten gar kein Neutralfett — wie die aus Fettsäuren erzeugten Produkte — es scheint aber, als ob ein gewisser Gehalt an Neutralfett, höchstwahrscheinlich an Diglyceriden (vermutlich als Schwefelsäureester) für verschiedene Anwendungen der Rotöle vorteilhaft wäre.

[2]) Eine sehr ausführliche Beschreibung der analytischen Methoden und eine theoretische Anleitung zur vollständigen, möglichst genauen Auswertung der analytischen Daten gab Erban: Sffbr. Bd. 34, S. 493, 525, 556, 585, 1038, 1062. 1914; Bd. 35, S. 47, 72, 578, 598, 846, 861. 1915.

Stehen Öltröpfchen ab, so ist das Produkt ganz ungenügend sulfuriert. — Das Türkischrotöl soll sich auch in Weingeist klar lösen; entspricht ein Produkt dieser Anforderung nicht, so ist es aus einem anderen Material als Ricinusöl erzeugt und enthält zudem eine größere Menge von unzersetztem Triglycerid. — Ist ein Rotöl hoch sulfuriert, so sind die Gesamtfettsäuren in Wasser löslich, weil die wasserlöslichen Fettschwefelsäureester beträchtliche Mengen von nichtsulfurierten Ölen und Fettsäure in wässerige Lösung bringen. Man prüft darauf in der Weise, daß man eine Probe im Reagensglas mit verdünnter Schwefelsäure versetzt und ganz schwach erwärmt, bis sich die Ölschicht über der nur mehr wenig trüben wässerigen Schicht gesammelt hat, trennt die beiden Schichten möglichst sorgfältig und setzt zum Öl das 10—20fache Volumen Wasser; das Öl löst sich klar auf.

Man prüft ferner, ob das Rotöl, wie erforderlich, gegen Methylorange neutral reagiert. (Anscheinend wird angenommen, saure Reaktion beweise die Gegenwart freier Schwefelsäure. Das ist aber nicht der Fall, auch die Schwefelsäureester der Oxyfettsäuren reagieren gegen Methylorange sauer[1]). Die Prüfung auf freie Fettsäuren und die quantitative Bestimmung erfolgt wie üblich. Bei der Titration von „Ammonölen" mit alkoholischer Lauge verbrauchen natürlich nicht nur die freien Säuren, sondern auch die Ammonseifen Alkali. (Der Farbenumschlag ist bei Verwendung von Phenolphthalein nicht sehr scharf; man verwendet für diese Titrationen viel besser Thymolphthalein.) Zur Bestimmung der freien Säuren rechnet man die nach der Destillationsmethode gefundene NH_3-Menge (s. unten) auf Alkali um und zieht vom Alkaliverbrauch ab; die Differenz ergibt die zur Neutralisation der freien Säure verbrauchte Alkalimenge.

Das Rotöl soll weder freie Mineralsäure noch freies Alkali enthalten. Die Gegenwart von Zusätzen (Terpentinöl, Benzin, Tetrachlorkohlenstoff usw.) wird fast immer schon an der Konsistenz und dem Geruch der Substanz erkannt. Nötigenfalls destilliert man eine Probe mit Wasserdampf.

Chemische Prüfung.

Gesamtfett.

Definition: Ursprünglich definierte man als Gesamtfett das Gemenge von Fettsäuren, Fettschwefelsäureestern und Neutralfett, welches beim Ansäuern des Rotöls abgeschieden wird. Diese Definition, die auch heute noch da und dort festgehalten wird[2]), ist einerseits unrichtig, andererseits auch höchst

---

[1]) Ricinolschwefelsäureester verhält sich beim Titrieren gegen Methylorange als einbasische, gegen Phenolphthalein als zweibasische Säure. Im ersten Fall erfolgt der Umschlag nach Bildung des sauren Salzes $C_{17}H_{32}(OSO_3Na)COOH$, im zweiten Fall natürlich erst nach Neutralisation der Carboxylgruppen. Man kann die Verbindung auch bei Gegenwart von freien Fettsäuren oder bei Gegenwart von Schwefelsäure durch zwei Titrationen bestimmen. Sind freie Fettsäuren und freie Schwefelsäure zugegen, so ist auch noch die Bestimmung der Gesamtschwefelsäure nötig, die gravimetrische Bestimmung der gebundenen Schwefelsäure ist aber entbehrlich. Man wird vielleicht die Bestimmung der Schwefelsäureester in Rotölen rein titrimetrisch ausführen können, indem man die Substanz ansäuert, die überschüssige Mineralsäure mit Natriumsulfatlösung auswäscht und aliquote Teile des Gemisches von Fettsäuren und Fettschwefelsäuren mit Methylorange und Phenolphthalein titriert. Es muß aber erst festgestellt werden, ob sich der Fettschwefelsäureester mit Natriumsulfat nicht teilweise zum Natriumsalz des Esters und zu freier Schwefelsäure umsetzt. Mit Kochsalz findet nämlich eine solche Umsetzung statt. (Unveröffentlichte Beobachtungen.)

[2]) Z. B. sollen nach einem Beschluß Deutscher Türkischrotöl-Fabrikanten die Angebote unter der Bezeichnung „Türkischrotöl (Appreturöl) x-prozentig handelsüblich" erfolgen, wobei sich die Prozentangabe auf den Gehalt an „sulfuriertem und gewaschenem" Ricinusöl beziehen soll. Der Fettgehalt des „Sulfonates" kann zwischen 72 bis 76 % „Fettsäurehydrat" schwanken, also der Gehalt der handelsüblichen 50proz. Ware zwischen 36 und 38%.

unpraktisch, weil sich ein so definiertes Gesamtfett nicht genau bestimmen läßt[1]). Eine zweite Definition nennt Gesamtfettgehalt jene Menge ursprüngliches neutrales Öl, die zur Erzeugung von 100 Teilen Rotöl verbraucht wurde. Auch diese Definition ist falsch; praktischen Wert hat sie höchstens für den Erzeuger, der den Fettgehalt bloß rechnerisch feststellen will. Heute versteht man unter Gesamtfett meistens das Gemisch von Fettsäuren, Neutralfett und Unverseifbarem (soweit dies aus dem als Rohstoff verwendeten fetten Öl stammt), das bei vollständiger Abspaltung der organisch gebundenen Schwefelsäure erhalten wird. Diese analytisch gefundene Gesamtfettmenge ist allerdings ein wenig geringer als die im Rotöl tatsächlich enthaltene Fettmenge, weil sich die Fettschwefelsäureester beim Kochen auf Säure zum Teil anhydrisieren (s. unten). Am besten bezieht man sich deshalb überhaupt nicht auf „Gesamtfett", sondern auf „Gesamtfettsäuren als freie, nicht kondensierte Säuren". Die so definierten Gesamtfettsäuren lassen sich mit aller analytischen Genauigkeit bestimmen (s. nächste Seite).

Prinzip: Die gebundene Schwefelsäure wird durch Kochen der Substanz mit Salzsäure abgespalten und das Öl nach Entfernung der Mineralsäure gesammelt[2]). Der Schwefelsäureester der Ricinolsäure zerfällt dabei zum Teil in Schwefelsäure und Ricinolsäure:

$$C_{17}H_{32}(OSO_3H)COOH + H_2O = C_{17}H_{32}(OH)COOH + H_2SO_4,$$

zum Teil aber in Schwefelsäure und Diricinolsäure[3]):

$$2\,C_{17}H_{32}(OSO_3H)COOH + H_2O = C_{17}H_{32}(OH)COOC_{17}H_{32}COOH + 2\,H_2SO_4.$$

Analoges Verhalten zeigen die anderen in Rotölen vorkommenden Schwefelsäureester. Der Gehalt an polymerisierten Säuren wird also bei der Schwefelsäureabspaltung vermehrt. Etwa vorhandenes Neutralfett wird während der kurzen Salzsäureeinwirkung kaum gespalten, hingegen das sulfurierte Neutralfett, die Di- oder Triglyceride von Fettschwefelsäureestern.

Ausführung: a) Volumetrische Bestimmung[4]): In einen Kolben von 150 ccm Balloninhalt mit 50 ccm fassendem, in $^1/_{10}$ ccm geteiltem Hals werden genau 30 g Substanz eingewogen, in 70 ccm heißem Wasser gelöst, 25 ccm Schwefelsäure von 66% zugesetzt und bis zur klaren Abscheidung der Fettsäuren gekocht. Man füllt mit heißem Wasser oder Glaubersalzlösung nach, bis die Fettsäure in den Hals des Kolbens gestiegen ist, läßt dann das Kölbchen im Trockenschrank stehen und erhitzt hierauf die Fettschicht zur Entwässerung direkt mit dem Brenner. Nach dem Erkalten liest man das Volumen der Fettsäule ab. Nimmt man das spez. Gewicht der Fettsäure im Durchschnitt mit 0,945 an, so entspricht 1 ccm Fettsäure = 3,33% Gesamtfett. Infolge der spezifischen Gewichtsdifferenzen und des unvollkommenen Entwässerns der Fettsäuren sind Fehler über 1% möglich. Die Methode eignet sich nur für die Betriebskontrolle, bei der immer Produkte aus gleichem Fettansatz von bekanntem spezifischen Gewichte untersucht werden.

---

[1]) Z. B. Prüfung nach der „Schüttelzylindermethode" der Höchster Farbwerke: Zerlegung von 100 ccm Rotöl im Meßzylinder mit 20 ccm konz. Salzsäure, Füllen mit Kochsalzlösung auf 500 ccm, Erwärmen und Schütteln, Ablesen des Volumens der klar gewordenen Ölschicht. Die Resultate können um 10—20% zu hoch ausfallen, denn die Schwefelsäureester sind ganz besonders hydrophil und halten beträchtliche Mengen von Wasser zurück. — Auch ältere Methoden von Stein, Depiette, Finsler usw. sind unbrauchbar.

[2]) Benedikt: Z. f. chem. Ind. 1887, S. 325.

[3]) Grün und Wetterkamp: Z. Farbenind. Bd. 7, S. 375. 1908.

[4]) Finsler-Breindl; s. Erban: a. a. O S. 287; Herbig: Ch. Revue Bd. 13, S. 187. 1906.

b) Präzisionsmethode[1]): Etwa 10 g Rotöl werden in einem Erlenmeyerkolben oder besser in einer Porzellanschale mit 50 ccm Wasser bis zur Lösung erwärmt, 15 ccm konzentrierte Salzsäure zugesetzt und wenigstens $^1/_4$ Stunde gekocht, jedenfalls aber so lange, bis sich die ölige und die wässerige Schicht vollständig klar getrennt haben. Nach einigem Abkühlen spült man mit Wasser und etwa 100 ccm Äther in einen Scheidetrichter, schüttelt nach Zusatz von 0,5 ccm Alkohol durch, läßt nach dem Absitzen die wässerige Schicht ablaufen und wäscht die ätherische dreimal mit je 15 ccm Wasser. Wenn man aber nach dem ersten Durchschütteln längere Zeit, wenigstens über Nacht, stehen läßt, so trennen sich die beiden Schichten quantitativ und man erspart das Auswaschen der ätherischen Lösung. Die wässerige Schicht und die Waschwässer werden für die anzuschließende Bestimmung der Gesamtschwefelsäure vereinigt, die ätherische Fettlösung wird im gewogenen Kolben eingeengt, der Rest des Äthers abdunsten gelassen, der Rückstand 1—2 Minuten über freier Flamme, dann $^1/_2$ Stunde bei 105° getrocknet und gewogen.

Man kann die Bestimmung auch nach Art der „Wachskuchenmethode" zu Ende führen, indem man vor oder nach der Zersetzung eine genau gewogene Menge, ca. 10—20 g, Wachs oder Stearin zugibt und weiter nach der Angabe S. 155 verfährt[2]).

Fehlerquellen: Wie erwähnt, wird beim Kochen mit Mineralsäure das Gewicht der im Rotöl als Schwefelsäureester enthaltenen Oxyfettsäuren, soweit sie sich dabei zu Poly-Oxyfettsäuren[3]) kondensieren, um das Gewicht des abgespaltenen Wassers verringert; z. B. beträgt die Gewichtsabnahme bei quantitativem Übergang von Ricinolsäure in Diricinolsäure rund 3%. Allerdings geht die Kondensation während des viertelstündigen Abkochens lange nicht so weit, auch bilden die mit Schwefelsäure veresterten Oxysäuren nur einen Teil des Gesamtfettes, gewöhnlich nicht über 20—30%, so daß sich der Fehler auf einige Zehntel Prozent reduziert. Längeres Trocknen ist unbedingt zu vermeiden, weil dies eine noch beträchtlichere Anhydrisierung und somit einen größeren Fehler verursacht[4]). Bei der Kuchenmethode ist die Anhydrisierung während des Trocknens geringer, aber durch die übrigen Fehler der Methode wird dieser Vorteil überkompensiert. — Am einfachsten und genauesten ist, wenigstens bei der Analyse von Ricinusrotölen, die folgende Bestimmung der

Gesamtfettsäuren in Form der freien (nicht zu inneren Estern kondensierten) Säuren:

Das mineralsäurefrei gewaschene Gesamtfett wird nach dem Abtreiben des Äthers ohne Trocknen und Wägen direkt wie bei Bestimmung der Verseifungszahl mit einem großen Überschuß alkoholischer Lauge verseift und der Überschuß zurücktitriert. Der Alkaliverbrauch kann direkt auf Ricinusölsäure umgerechnet werden, denn es kommt in diesem Falle nicht in Betracht, wieviel Fettsäure frei oder als Glycerid oder als innerer Ester vorliegt, die Ricinolsäure verbraucht ja in jeder Form dieselbe Menge Alkali zur Neutralisation.

Beispiel: Einwage 10,00 g Rotöl;
Alkaliverbrauch 38,48 ccm $^n/_2$-Lauge = 1,0787 g KOH;
0,1880 g KOH = 1 g Ricinolsäure;
1,0787 g KOH = 5,7410 g Ricinolsäure;
Gesamtfettsäure in Form freier, nicht kondensierter Säuren = 57,41%.

---

1) Herbig: Ch. Revue Bd. 13, S. 243. 1906; Fahrion: Sffbr. Bd. 35, S. 415. 1915.
2) Krüger: Ch. Ztg. Bd. 30, S. 123. 1906; s. a. Z. D. Öl- u. Fettind. Bd. 41, S. 329. 1921.
3) Die gewöhnliche Schreibweise „Polyoxyfettsäuren" ist nicht richtig, weil so die mehrfach-hydroxylierten Säuren bezeichnet werden.
4) Erban: Sffbr. Bd. 34, S. 1063. 1914.

Fettschwefelsäuren (organisch gebundene Schwefelsäure).

Die Fettschwefelsäureester berechnet man aus der organisch gebundenen Schwefelsäure, diese ergibt sich wiederum als Differenz von Gesamtschwefelsäure und an Alkali gebundener Schwefelsäure.

a) Bestimmung der Gesamtschwefelsäure: Die wässerige Lösung und die Waschwässer von der Gesamtfettbestimmung werden vereinigt, vorsichtig erwärmt, bis der gelöste Äther ausgetrieben ist, dann angesäuert, zum Sieden erhitzt und die Schwefelsäure wie üblich als Baryumsulfat gefällt. Man rechnet gewöhnlich auf SO_3, seltener auf SO_4 oder H_2SO_4 um.

b) An Alkali gebundene Schwefelsäure[1]: Zu 5 ccm gesättigter Kochsalzlösung und 25—50 ccm Äther, die sich in einem Scheidetrichter befinden, bringt man die Einwage von etwa 3 g Substanz, schüttelt kräftig durch und läßt stehen, wobei sich die wässerige Salzlösung, die das Sulfat aufgenommen hat, der ungelöst bleibende Anteil des Rotöls und die ätherische Fettlösung in 3 Schichten übereinander absetzen[2]. Man zieht die Salzlösung ab, schüttelt den Scheidetrichterinhalt noch zweimal mit Kochsalzlösung aus, säuert die vereinigten wässerigen Auszüge mit Salzsäure an, kocht und fällt mit Baryumchlorid.

Auswertung: Der Ricinolschwefelsäureester $C_{17}H_{32}(OSO_3H)COOH$ enthält in 378 Teilen 80 Teile SO_3, der Oxystearinschwefelsäureester $C_{17}H_{34}(OSO_3H)COOH$ enthält 80 Teile SO_3 in 380 Teilen. Man findet also den Prozentgehalt des Rotöls an Fettschwefelsäureester, indem man die Prozente organisch gebundene, als SO_3 berechnete Schwefelsäure mit 4,725 multipliziert.

Um den sog. Sulfurierungsgrad zu bestimmen, addiert man Gesamtfett- und SO_3-Gehalt und berechnet den Prozentsatz dieser Summe (Fettsäure plus Fettschwefelsäureester) an Schwefelsäure.

Freie (nicht sulfurierte) Fettsäuren.

Zur Ermittlung derselben berechnet man aus der gebundenen Schwefelsäure die äquivalente Menge Oxyfettsäure und zieht den gefundenen Wert von der Menge der Gesamtfettsäuren ab.

378 Teile Ricinolschwefelsäure enthalten 80 Teile SO_3 und 298 Teile Ricinolsäure. Ist der Prozentgehalt des Rotöls an Gesamtfettsäure $= a$, der Prozentgehalt an $SO_3 = b$, so ergibt sich der Gehalt an mit Schwefelsäure verbundener Fettsäure zu $\frac{298}{80} \cdot b = 3{,}725 \cdot b$ und der Gehalt an nichtsulfurierten Fettsäuren aus der Formel: $\%$ freie Säuren $= a - 3{,}725 \cdot b$. Die Formel gilt annähernd auch für die Produkte aus Tournanteöl, Elain usw., in welchen Schwefelsäure an Oxystearinsäure gebunden ist. Sie gilt aber nur unter der Voraussetzung, daß keine schwefelsäurereicheren Verbindungen vorhanden sind, wie z. B. Dioxystearinsäure-Dischwefelsäureester. Solche dürften jedoch nicht in nennenswerten Mengen vorkommen.

Neutralfett und Unverseifbares.

Die Lösung von 30 g Substanz in 50 ccm Wasser, 20 ccm Ammoniaklösung und 30 ccm Glycerin wird dreimal mit je 100 ccm Äther oder einem anderen nicht chlorhaltigen Fettlösungsmittel ausgeschüttelt; die vereinigten Ätherextrakte wäscht man mehrmals mit Wasser, destilliert das Lösungsmittel ab,

---

[1] Siehe Fahrion: Sffbr. Bd. 35, S. 416. 1915.

[2] Kern (Eng. Bd. 12, S. 785. 1920) empfiehlt 20—40 g Rotöl mit 100 ccm einer 10proz. Lösung von sekundärem Natriumphosphat auszuziehen.

trocknet den Rückstand bei 100° und wägt ihn; er besteht aus dem Neutralfett und den unverseifbaren Stoffen. Ist nur wenig aus dem Rohmaterial stammendes Unverseifbares zugegen, so kann man direkt den Gehalt an Diglyceriden durch Bestimmung der Verseifungszahl des Rückstandes und der Verseifungszahl der aus demselben abgeschiedenen Fettsäuren ermitteln (vgl. S. 252). Man bestimmt dann das Unverseifbare; aus der Differenz ergibt sich der Gehalt an Neutralfett[1]). Bei einem Gehalt von mehr als 2—3% Unverseifbarem sollte dieses näher untersucht werden.

Größere Mengen flüchtiger unverseifbarer Stoffe, wie solche gewissen Spezialpräparaten zugesetzt werden, bestimmt man vor Ausführung aller übrigen Analysen durch Destillation mit Wasserdampf (s. S. 395).

Polyricinolsäuren und andere Estolide
(Kondensationsgrad der Fettsäuren).

In den normalen Rotölen ist nur ein kleinerer Teil der Oxyfettsäuren, in einigen Spezialpräparaten dagegen die Hauptmenge im Zustande mehr oder weniger weit vorgeschrittener innerer Veresterung. Z. B. bestehen die Fettsäuren normaler Ricinusrotöle aus Ricinolsäure und „Diricinolsäure", d. h. Ricinolsäure-Ricinolester, die von Isoseife und Monopolöl zum weitaus größten Teil aus Diricinolsäure; andere Produkte enthalten höher kondensierte Polyricinolsäuren.

Zur Ausführung der Bestimmung wird die nach dem Ausäthern des Neutralfettes und des Unverseifbaren verbleibende ammoniakalische Lösung (s. oben) mit verdünnter Salzsäure versetzt und zwecks Spaltung der Schwefelsäureester möglichst kurze Zeit gekocht. Haben sich die Fettsäuren klar abgeschieden, so nimmt man sie in Äther auf, wäscht sie mineralsäurefrei, vertreibt den Äther, löst den Rückstand in neutralem Alkohol und bestimmt (evtl. in einem aliquoten Teil der Lösung) die Esterzahl. Zu diesem Zweck müssen die Fettsäuren nicht erst getrocknet und gewogen werden, man kann ihr Gewicht aus der Einwage, dem Gehalt an Gesamtfett, Neutralfett und Unverseifbarem berechnen[2]).

Für die Auswertung der Analysen von Rotölen aus Olivenöl usw. kann man die Esterzahlen der Polyricinolsäuren zugrunde legen, weil die „polymerisierten" Säuren dieser Rotöle größtenteils aus kondensierten Oxystearinsäuren bestehen, deren Molekulargewichte von denen der entsprechenden Ricinolsäurederivate nur ganz unwesentlich, um zwei Einheiten, abweichen.

Fehlerquellen: Die Esterzahlen werden immer etwas zu hoch gefunden, weil ja bei der Abspaltung der gebundenen Schwefelsäure eine gewisse Menge von innerem Ester neu gebildet wird. Deshalb ist auch, wie schon angegeben, keine genaue Bestimmung des ursprünglichen Polyricinolsäuregehaltes möglich.

---

[1]) Die Bestimmung des Neutralfettes mit Hilfe von Aceton (Herbig: Färberztg. Bd. 25, S. 169. 1914) ist, wie Welwart (Sfsz. Bd. 42, S. 239. 1915) zeigte, ungeeignet.

[2]) Auf diese Weise vermeidet man den beim Trocknen infolge teilweiser Anhydrisierung der Fettsäuren entstehenden Fehler, der in diesem Falle besonders groß wäre. Übrigens läßt sich das Gewicht der abgeschiedenen Fettsäuren leicht kontrollieren oder nachträglich feststellen: Man berechnet aus der Summe des zum Neutralisieren und des zum Verseifen der Fettsäuren verbrauchten Alkali und aus dem Molekulargewicht der freien Fettsäuren das Gewicht, das die abgeschiedenen Fettsäuren im freien, d. h. nicht partiell kondensierten Zustande hätten. Um von diesem Gewicht zu dem der tatsächlich vorliegenden Mischung von freien und kondensierten Säuren zu gelangen, muß man das Gewicht des bei der Kondensation abgespaltenen Wassers subtrahieren. Dieses läßt sich wieder aus der (unkorrigierten) Esterzahl genügend genau berechnen: 1 g Ricinolsäure oder Oxystearinsäure spalten beim Rückgang der Säurezahl um eine Einheit, also beim Wachsen der Esterzahlen um eine Einheit, 0,34 mg Wasser ab.

Der Fehler kann aber nicht so groß werden, daß er die Größenordnung der Esterzahlen, nach welcher der Kondensationsgrad geschätzt wird, verändern würde. — Eine zweite Fehlerquelle wäre die Bildung bzw. die Vermehrung innerer Ester beim Trocknen der abgeschiedenen Fettsäuren, die bei den neutralfettfreien Fettsäuren noch schneller vonstatten geht als beim Gesamtfett. Das Trocknen dürfte deshalb keinesfalls länger als $^1/_2$ bis 1 Stunde dauern.

Bei den Fettsäuren aus Ricinusrotölen kann der Kondensationsgrad auch durch Bestimmung der Acetylzahl oder noch besser der Hydroxylzahl kontrolliert werden. Bei der Kondensation der Ricinolsäure zu Diricinolsäure geht die Hydroxylzahl annähernd auf die Hälfte des Wertes zurück, bei der Bildung von Triricinolsäure etwa auf ein Drittel, bei der von Tetraricinolsäure auf ein Viertel usw. Es ist aber zu beachten, daß bei zu energischer Einwirkung von Essigsäureanhydrid auf Ricinolsäure zunächst Kondensation, dann erst Acetylierung erfolgt und statt Acetylricinolsäure die Acetyldiricinolsäure entsteht, so daß die Acetyl- oder Hydroxylzahl um die Hälfte zu niedrig gefunden werden kann[1]). Die Vorschrift ist deshalb peinlich genau einzuhalten.

Auswertung: Esterzahlen der Ricinolsäure und der Polyricinolsäuren:

Ricinolsäure,	$C_{18}H_{34}O_3$,	Mol.-Gewicht	298,0	Esterzahl	= 0,0
Diricinolsäure,	$C_{36}H_{66}O_5$,	„	578,7	„	= 96,95
Triricinolsäure,	$C_{54}H_{98}O_7$,	„	859,0	„	= 130,6
Tetraricinolsäure,	$C_{72}H_{130}O_9$,	„	1139,3	„	= 147,8

Ist demnach die Esterzahl der Gesamtfettsäuren kleiner als 100, so liegt höchstwahrscheinlich ein Gemisch von Ricinolsäure und Diricinolsäure vor (die Anwesenheit von Triricinolsäure ist dann unwahrscheinlich), liegt die Esterzahl wesentlich über 100, so bestehen die Fettsäuren aus Di- und Triricinolsäure oder auch Di- und Tetraricinolsäure usw. Den Prozentgehalt an Diricinolsäure berechnet man aus der Esterzahl E nach der Formel

$$\frac{100\,E}{96{,}95},$$

der Gehalt an höher kondensierten Polyricinolsäuren wird analog berechnet[2]). Weist die Esterzahl auf Mischungen von Di- und Tri- bzw. Tetraricinolsäure hin, so kann man den Gehalt an den einzelnen Säuren einigermaßen schätzen. Z. B. zeigen die Fettsäuren guter Rotöle Esterzahlen von etwa 30—40, die von Monopolseife 50—60, bestehen also aus Mono- und Diricinolsäure; die Fettsäuren von Isoseife haben Esterzahlen über 80, bestehen demnach größtenteils aus Diricinolsäure.

Bestimmung der Abstammung des Öles.

Gewöhnlich handelt es sich nur um die Feststellung, ob das untersuchte Rotöl aus Ricinusöl erzeugt ist oder aus einem anderen Material, wie Abfallolivenöl (Tournanteöl), bzw. aus dem Elain solcher Öle. Häufig genügt die Bestimmung des spezifischen Gewichtes der abgeschiedenen Fettsäuren. Ist d_{15} kleiner als 0,96, so liegt kein reines Ricinusrotöl vor. Weiterhin geben die Acetyl- bzw. Hydroxylzahl und die Jodzahl der Säuren oder des isolierten Neutralfettes Auskunft. Selbstverständlich muß berücksichtigt werden, daß die Acetyl- und Hydroxylzahl von Ricinusöl bei der Sulfurierung infolge der Kondensation mehr

[1]) Grün: Ber. Bd. 42, S. 3763. 1909.

[2]) Erban hat auf Grund einer außerordentlich umständlichen Ableitung Formeln für die genaue Berechnung der einzelnen Bestandteile aus den Säure- und Verseifungszahlen der Rotöle aufgestellt. Eine genaue Berechnung des Kondensationsgrades ist aber im allgemeinen nicht nötig bzw. nutzlos, weil die experimentelle Bestimmung nicht mit entsprechender Genauigkeit ausgeführt werden kann.

oder weniger zurückgeht; ebenso kann die Jodzahl infolge teilweiser Addition von Schwefelsäure an die Doppelbindung der Ricinolsäure sinken. Für die Kennzahlen des Gesamtfettes eines echten Ricinusrotöles gelten im allgemeinen eine Acetyl- (Hydroxyl-) Zahl von 125—140 und eine Jodzahl von etwa 70 als untere Grenzen; kleinere Zahlen weisen auf die Verwendung anderer Öle als Ausgangsmaterialien hin, zu deren Ermittlung man weitere Kennzahlen, auch den Erstarrungspunkt, die Refraktion u. a. m. bestimmt und die Spezialreaktionen anstellt; aber auch bei Rotölen aus freier Ricinussäure, bei deren Sulfurierung größere Mengen Dioxystearinsäuren bzw. deren innere Ester entstehen, können sich Jodzahlen von 50 und darunter ergeben[1]). Ebenso können echte Ricinusrotöle und insbesondere Spezialpräparate aus Ricinusöl, die zum größten Teil oder ausschließlich sog. polymerisierte Säuren enthalten, auch Acetylzahlen aufweisen, die weit unter der angegebenen Grenze liegen. Es würde sich deshalb empfehlen, nicht die Acetylzahl des Gesamtfettes zu bestimmen, sondern die der regenerierten Gesamtfettsäuren, die man aus dem Gesamtfett durch Aufspaltung der inneren Ester mit alkoholischer Lauge und vorsichtige Wiederabscheidung der freien Säuren erhält; sie muß bei Ricinusrotöl 140—150 betragen.

Wurden größere Mengen von Neutralfett abgeschieden, so kann man auch dieses zur Untersuchung zwecks Ermittlung der Abstammung des Öles verwenden. Dabei darf jedoch nicht außer acht gelassen werden, daß das Neutralfett eines Rotöles mehr oder weniger Diglyceride enthalten kann; die Konstanten, insbesonders die Acetylzahl, sind dann von denen des ursprünglichen Öles verschieden.

Bei der Prüfung auf Harz ist das anormale Verhalten der polymerisierten Ölsäuren bei der Veresterung zu berücksichtigen. Man verwendet auch für diesen Zweck am besten die regenerierten, d. h. aufgespaltenen Fettsäuren.

Alkalien und Ammoniak.

7—10 g der Probe werden mit Äther versetzt und viermal mit je 5 ccm Schwefelsäure (1: 6) ausgeschüttelt. Liegt ein Ammoniakrotöl vor, so destilliert man den sauren Auszug mit so viel überschüssiger Natronlauge, daß die Seife ausgesalzen ist und die Lösung nicht schäumt, im gebräuchlichen Apparat, fängt das übergehende Ammoniak in $^{n}/_{2}$-Schwefelsäure auf und titriert zurück. Natürlich kann das Ammoniak auch aus dem Sauerwasser von der Bestimmung des Gesamtfettes abdestilliert werden oder direkt aus dem mit Lauge und Chlorcalcium versetzten Rotöl. — Enthält das Rotöl kein Ammoniak, so ist es in den meisten Fällen ein Natronrotöl; Kalirotöle kommen seltener vor. Zur Bestimmung des Natrons wird die saure Flüssigkeit in einer Platinschale auf dem Wasserbad eingedampft, der Schwefelsäureüberschuß auf dem Sandbade verjagt, der Rückstand mit Ammonsulfat vermischt, geglüht, gewogen und das Natriumsulfat auf Na_2O umgerechnet. — Kali wird in derselben Weise bestimmt. Bei Natronammoniakrotölen bestimmt man beide Basen in aliquoten Teilen des schwefelsauren Auszuges wie oben.

Salze.

Man digeriert 6—10 g Substanz, am besten nach vorhergehendem Trocknen mit absolutem Alkohol, filtriert die ungelöst bleibenden Salze ab, wäscht sie mit heißem Alkohol, löst den Rückstand in heißem Wasser, dampft die Lösung ein, trocknet und wägt. Man prüft auf Sulfat und Chlorid, bestimmt allenfalls Schwefelsäure und Chlorjon und berechnet daraus den Gehalt an Sulfat und Chlorid (meistens Natriumsulfat und Kochsalz). Über die quantitative Sulfatbestimmung siehe auch oben S. 424.

[1]) Grün: Ber. Bd. 39, S. 4400. 1906; Erban: Sffbr. Bd. 37, S. 652. 1917.

Zum Nachweis von Eisen- und Kupfersalzen, die bei der Verwendung der Rotöle schaden, schüttelt man das Öl mit verdünnter Schwefelsäure, versetzt mit Äther und einigen Tropfen Ferrocyankaliumlösung und schüttelt nochmals durch; die Bildung einer blauen Zone an der Grenze beider Schichten zeigt Eisen an, eine braune Zone Kupfer. Geringste Spuren von Eisen werden nachgewiesen, indem man auf ein Stückchen Filterpapier nebeneinander einen Tropfen vom Schwefelsäureauszug des Rotöles und einen Tropfen verdünnter Blutlaugensalzlösung setzt: wo die Tropfen ineinander diffundieren, entsteht ein himmelblauer Fleck.

Wasser.

Man bestimmt es nach der Schnellmethode von FAHRION (s. Technische Fette S. 321) oder genauer nach der Xylolmethode von MARCUSSON (s. S. 322). Ammoniakrotöle geben zwar bei diesem Verfahren auch einen Teil des Ammoniaks ab, der aber im Destillat titriert und bei der Auswertung berücksichtigt werden kann. Meistens wird der Wassergehalt von Rotölen nur aus der Differenz berechnet.

Glycerin.

In niedrig sulfurierten, nicht gewaschenen Rotölen ist freies Glycerin enthalten, dessen Bestimmung aber nicht nötig ist, da das freie Glycerin kaum Bedeutung für den Wert des Rotöles hat. Man bestimmt es nötigenfalls im wässerigen Auszug in derselben Weise wie den Glyceringehalt von Seifen.

Flüchtige Lösungsmittel.

Für technische Untersuchungen genügt folgende Methode[1]: 500 g Substanz werden mit Salzsäure schwach angesäuert und mit Wasserdampf destilliert. Als Vorlagen dienen ein Scheidetrichter, in dessen Öffnung ein Stopfen mit Zu- und Ableitungsrohr eingesetzt ist und zwei mit Mineralöl beschickte, gewogene Absorptionsgefäße. Das kondensierte Lösungsmittel wird mit dem Wasser im Scheidetrichter aufgefangen und nach völligem Absitzen des Wassers abgelassen und gemessen; die geringen Mengen nichtkondensierter Dämpfe werden von Mineralöl absorbiert und durch Zurückwägen der Gefäße bestimmt.

Ist keine genauere Untersuchung des Destillates nötig, wie z. B. bei quantitativer Bestimmung eines einzigen, bereits bekannten oder leicht diagnostizierbaren Zusatzstoffes, so kann man noch einfacher verfahren[2]: 10—20 g Substanz werden mit Wasserdampf destilliert und das Destillat in einem Meßzylinder oder in einer Bürette — z. B. in einem Sapometer — aufgefangen. Für 10 ccm Einwage genügt ein 100-ccm-Zylinder, oben und unten auf etwa 4—5 ccm in $^1/_{10}$-ccm-Teilung graduiert. Das abdestillierte Lösungsmittel wird durch Bestimmung des spezifischen Gewichtes, des Siedepunktes, durch den Geruch usw. identifiziert. (Nachweis und Bestimmung einer Reihe von Lösungsmitteln ist im Abschnitt Öllacke beschrieben.) Die Siedepunkte und Dichten der hauptsächlich in Betracht kommenden Zusatzstoffe sind:

	Siedepunkt		Dichte
Tetrachlorkohlenstoff	78,5°	bei 21°:	1,582
Acetylendichlorid	52°		1,278
Trichloräthylen	85°		1,471
Perchloräthylen	119°		1,628
Acetylentetrachlorid	144°		1,600
Benzol	80°	bei 20°:	0,880
Terpentinöl.	158°		0,860—0,870

[1] STOCKHAUSEN und TRAISER: s. Handbuch von UBBELOHDE und GOLDSCHMIDT Bd. III, S. 375.

[2] GOLDBERG und ZIPPER: Ch. Ztg. Bd. 41, S. 401. 1917.

Eine Mischung von mehreren solchen Lösungsmitteln läßt sich nur schwierig durch fraktionierte Destillation und Analyse der Einzelfraktionen differenzieren. Bei Mischungen von chlorhaltigen und chlorfreien Verbindungen bestimmt man den Chlorgehalt der Mischung und den der isolierten Chlorverbindung, woraus man das Mischungsverhältnis berechnen kann. Analog wird bei Mischungen anderer Verbindungen verfahren, z. B. kann man das Terpentinöl in einer Mischung mit Schwerbenzin durch Ermittlung der Jodzahl des Gemisches und der Jodzahl einer reinen Fraktion bestimmen.

Aus dem Destillationsrückstand von der Bestimmung der zugesetzten Lösungsmittel wird das Gesamtfett abgeschieden und untersucht, sowie der Schwefelsäuregehalt bestimmt. Siedet der Zusatzstoff unter 100°, so kann die Abscheidung der Fettsäuren, das Ausschütteln der Sulfate usw. auch direkt mit der nicht vorbehandelten Substanz vorgenommen werden.

Praktische Prüfung.

Beständigkeit gegen das Aussalzen: Um vergleichbare Resultate zu erhalten, muß man selbstverständlich Proben von gleicher Konzentration und gleichem Neutralisationszustand bei derselben Temperatur prüfen. Zur Prüfung des Verhaltens gegen Säure neutralisiert man bis zur eben beginnenden Rötung von Phenolphtalein, stellt auf 5, 10 oder 20% Fettsäuregehalt ein und tropft zu einer gemessenen Menge solcher Lösung titrierte Säure bis zur Trübung. Der Säureverbrauch wird auf 1 g Fettsäure umgerechnet. — In analoger Weise prüft man die Beständigkeit gegen Alkalien und Alkalisalze, indem man allmählich steigende Mengen von Lösungen der betreffenden Substanzen zufügt, solange noch keine Trübung erfolgt, und dann die Konzentration des Zusatzes in der eben noch klaren Lösung bestimmt. Die Anforderungen sind je nach der Verwendung des Rotöles verschieden; Rotöle für die Altrotfärberei müssen in 4 bis 5proz. Soda- bzw. Pottaschelösung noch vollständig löslich sein, von Ölen für andere Färbeprozesse wird hauptsächlich Beständigkeit gegen Kochsalz, Glaubersalz, Schwefelnatrium, Hydrosulfit u. a. m. verlangt, von Ölen für die Bleicherei Beständigkeit gegen Hypochlorit.

Die besonders wichtige Kalkbeständigkeit erprobt man durch Zusatz von klarem Kalkwasser zur Rotöllösung bis zur Trübung derselben oder direkt mit dem zu verwendenden kalkhaltigen Wasser: Man fügt zu einem Liter kalten Wasser 5 ccm 10proz. Rotöllösung und stellt fest, ob und gegebenenfalls nach welcher Zeit eine Trübung eintritt. Ist das Rotöl so weit beständig, so prüft man durch Zusatz von 50 ccm Kernseifenlösung, ob es auch die Bildung von Kalkseifen verhindern kann, und wenn es auch diese Probe besteht, ob man durch Zusatz von Rotöl zu dem mit Seifenlösung versetzten und durch ausgeschiedene Kalkseife getrübten Wasser die Kalkseife wieder in Lösung bringen kann. Fällt diese Probe in der Kälte positiv aus, so wiederholt man sie in der Wärme. Schließlich prüft man, ob der Neutralisationszustand des Rotöles die Beständigkeit beeinflußt. — Zur Prüfung der Beständigkeit gegen essigsauren Kalk wird 1 Liter Wasser mit 12,5 ccm 10proz. Essigsäure und 5 ccm Calciumacetatlösung von 18° Bé versetzt, $^1/_2$ ccm Rotöl zugefügt, zum Sieden erhitzt und abkühlen gelassen; minderwertige Öle scheiden klebrige Flocken von Kalkseife ab. Ähnlich prüft man das Verhalten gegen Calciumsulfat durch einstündiges Erhitzen von 1 Liter Gipslösung mit etwa 2 g Schwefelsäure, 4—5 g Glaubersalz und 1 ccm 10proz. Rotöllösung. — Eine Probe 5proz. Rotöllösung darf ferner nach Zusatz von 4 Raumteilen Magnesiumsulfatlösung (1:4) nur leicht getrübt sein, aber keine Flocken abscheiden.

Man stellt ferner einen Beiz - Ansatz her, der im Liter 100 g Fettsäure und 250 ccm Natriumaluminatlösung von 20° Bé enthält. Wird diese Lösung nicht klar, so versucht man durch Laugenzusatz zu klären oder wiederholt die Zubereitung mit vorher neutralisiertem Rotöl. Für diesen Zweck sind nur Natronrotöle verwendbar. Erhält man keine klare, auch beim Stehen und Erwärmen klar bleibende Lösung, sondern Ausscheidungen, so ist das Rotöl für Aluminatrotbeizen unverwendbar.

Lösungsvermögen für flüchtige Zusatzstoffe: 100 g konzentriertes, am besten auf 50% Fettsäuregehalt eingestelltes Rotöl werden mit 25 g Zusatzstoff (Tetrachlorkohlenstoff, Terpentinöl usw.) gut verrührt. Erhält man keine klare Mischung, so versucht man, ob ein wenig Alkali klärend wirkt. Dann wird geprüft, ob sich die Mischung, evtl. nach Alkalizusatz, in Wasser klar auflöst. Bei günstigem Ausfall dieser Prüfung wiederholt man sie mit steigenden Mengen an Zusatzstoffen so lange, bis die Grenze der Löslichkeit erreicht ist. In der gleichen Weise wird eine vollständig neutralisierte und eine bis zur beginnenden Trübung angesäuerte Rotölprobe auf das Verhalten gegen die verschiedenen Lösungsmittel geprüft.

Emulgierungsvermögen[1]): Türkischrotöle, die sich auch bei saurer Reaktion nicht klar in Wasser lösen, müssen wenigstens mit Wasser beständige Emulsionen bilden. Andererseits müssen Rotöllösungen fette Öle und Ölsäuren zu emulgieren vermögen.

Emulgierung mit Wasser: Man stellt die Probe erforderlichenfalls mit verdünnter Essigsäure auf gegen Lackmus schwach saure Reaktion ein und verrührt sie allmählich erst mit wenig, zuletzt mit 10 Raumteilen warmem Wasser. Das Verhalten der entstehenden Emulsion vergleicht man mit dem einer zweiten, aus einem einwandfreien Rotöl in ganz gleicher Weise hergestellten Emulsion.

Emulgierung von Ölen durch Rotöllösung: 100 ccm 10proz. Rotöllösung werden in unverändertem Neutralisationszustand mit 75 ccm Wasser verdünnt und 5 g reines Olivenöl eingerührt. Man beobachtet die Haltbarkeit der Emulsion, verrührt sie dann noch mit 20 ccm Pottaschelösung von 38° Bé und prüft auf die Haltbarkeit beim Stehen und beim Erwärmen. Dieselbe Probeemulgierung wird hierauf noch mit einer durch Alkali neutralisierten und mit einer bis zum Opalisieren angesäuerten Rotölprobe wiederholt.

Verwendbarkeit zum Färben und Drucken[2]): Man tränkt ein Stück Baumwollgewebe mit dem etwa 1:15 bis 20 verdünnten Rotöl und ein gleich großes Stück mit einem Vergleichsöl von bekannter Qualität, trocknet die Stoffe, beizt sie mit Tonerde und stellt einen Alizarinrosadruck her (der gegen Verunreinigungen des Öles besonders empfindlich ist), oder man färbt mit Paranitranilinrot. Die im kleinen Maßstabe ausgeführten Probefärbungen sind aber nie ganz zuverlässig.

Eine indirekte Wertbestimmung beruht auf der Ermittlung des „Tonerdebindungsvermögens". Für die Alizarinrotfärberei ist nämlich ein Rotöl aller Wahrscheinlichkeit nach um so wertvoller, je größer sein Tonerdebindungsvermögen ist; dieses läßt sich quantitativ bestimmen[3]): Man löst die Ölprobe, die selbstverständlich kein überschüssiges Alkali enthalten darf, in einem 250-ccm-Meßkolben, erwärmt auf 60° und läßt einen Überschuß titrierter Alaunlösung

[1]) Siehe Erban: Die Anwendung von Fettstoffen, Halle 1911, S. 306.

[2]) Gnehm: Taschenbuch, Berlin 1902, S. 59; Erban und Mebus: Z. Farbenind. Heft 19/20. 1907; Heft 19. 1908; Färberztg. 1907. S. 226; Z. Textilind. Heft 48/50. 1908; Wolff: Ch. Revue Bd. 4, S. 103. 1897.

[3]) Herbig: in Hefters Technologie der Fette und Öle Bd. III, S. 505.

zufließen. Die Mischung wird bis zum Erkalten öfters geschüttelt, dann aufgefüllt, filtriert und in einem aliquoten Teil des Filtrats die Tonerde zurücktitriert (Natronlauge, Korallin) oder gravimetrisch bestimmt. Rotöle können bei gleichem Fettsäurengehalt ziemlich verschiedene Tonerdebindungsvermögen aufweisen; z. B. wurden bei 50proz. Ölen Werte von ca. 2,6 bis 3,5 gefunden.

Zur Prüfung von Rotöl für saure Wollfärbebäder kocht man in der schwefelsauren Gips-Glaubersalzlösung (s. S. 429) erst 50 g Wolle aus, setzt dann nochmals die Hälfte der von jedem Zusatz angewendeten Menge zur Lösung, fügt dann das Rotöl zu und beobachtet, ob nicht durch die Anwesenheit der Extraktivstoffe aus der Wolle Seifenniederschläge entstehen.

Verwendbarkeit zum Appretieren: Zur Prüfung von Appretur-Rotölen löst man 500 g krystallisiertes Magnesiumsulfat oder -chlorid zum Liter, versetzt 60 ccm der Lösung mit 10 ccm Rotöllösung und stellt fest, ob die entstehenden Magnesiaseifen flüssig, gallertig oder fest sind und wie sie sich in der Kälte sowie beim Erwärmen verhalten. — Man imprägniert Stücke von gebleichtem Baumwollgewebe mit 3,5 bis 10proz. Lösungen des Rotöles, die sich in unverändertem Neutralisationszustand befinden oder mit Lauge neutralisiert bzw. bis zur Trübung angesäuert sind. Die Gewebe werden ausgequetscht, einerseits mit Luft bei 60°, andererseits auf der mit Dampf geheizten Kupfertrommel getrocknet; dann werden verschiedene Probestücke je 5 Minuten und 1 Stunde ohne Druck und 2 Stunden bei 2 Atm. gedämpft, hierauf mit $^1/_2$proz. kochender Seifenlösung geseift. Man beobachtet die Reinheit des Weiß, das Nachgilben bei längerem Liegen und die Einwirkung auf die Faser.

Verwendbarkeit zur Ledererzeugung[1]): Türkischrotöl, das als Zusatz in das Gerbfaß oder im Gemisch mit anderen Fetten zur Bereitung von Lickern dient, soll neutral sein. Zum Lickern von Chromoberleder ohne anderen Fettzusatz soll wieder saures, jedoch nur schwach sulfuriertes Rotöl am besten sein. Als Narbenöl und als Zusatz zu Appreturen wird ein stark sauer reagierendes, hochsulfuriertes Rotöl empfohlen. Selbstverständlich dürfen aber die Rotöle keine freie Schwefelsäure enthalten. Ebenso dürfen keine Eisenverbindungen zugegen sein. — Was die zur Neutralisation verwendete Base anbelangt, so soll Kalirotöl mehr den „Schwund“ hindern und weicheres Oberleder geben, Natronrotöl dagegen volleres Oberleder. Ammoniakrotöl wird angeblich mehr zum Lickern von Chromleder mitverwendet und soll sich, besonders wegen seiner Verträglichkeit mit den Farbstoffen, speziell auch für dichtes, schwefelhaltiges Leder eignen.

Zur Bewertung von Rotölen für die Zwecke der Lederindustrie sollte man nach Kobert[2]) ein biochemisches Verfahren ausarbeiten können. Die Rotöle vermögen nämlich ähnlich wie die Saponine rote Blutkörperchen aufzulösen und ihre Wirkung auf die tierische Haut soll mit der hämolytischen Wirkung parallel gehen.

Sulfurierte Trane

unterscheiden sich von den Türkischrotölen besonders durch die Beschaffenheit ihrer Oxysäuren, die sie teils frei, teils anhydrisiert als innere Ester enthalten[3]). Die Verbindungen sind keine normalen Oxyfettsäuren, sie gleichen vielmehr den durch Autoxydation mehrfach-ungesättigter Säuren entstehenden „oxydierten Säuren“, namentlich den „Degrasbildnern“ der oxydierten Trane (vgl. S. 413).

[1]) Stadler: Collegium 1923, S. 284. [2]) Collegium 1916, S. 261, 305.
[3]) Siehe Stadler: a. a. O.

Sie werden auch analytisch wie diese bestimmt. Im übrigen erfolgt die Untersuchung der sulfurierten Trane nach denselben Methoden wie die der Türkischrotöle. Bei der Bewertung ist der Gehalt an oxydierten Säuren, den charakteristischen die Gerbung befördernden Bestandteilen, in erster Linie zu berücksichtigen.

Wollschmälzmittel.

(Wollschmälzen, Schmälzöle, Wollspickmittel, Spinnöle.)

Zum Schmälzen oder Spicken, d. i. Einfetten der Schafwolle vor dem Verspinnen und Weben, sowie beim Krempeln der Lumpen in der sog. Kunstwollfabrikation, werden sehr verschiedenartige Mittel angewendet: fette Öle oder deren Fettsäuren, meistens in wässerig-alkalischer oder alkoholisch-ammoniakalischer Emulsion bzw. Lösung, dann Seifen, am besten Kaliseifen, Rotöle und ähnliche Präparate, ferner Mischungen dieser Substanzen mit oder ohne Zusätze von Mineralölen, Harzölen, oxydierten Harzölen, Glycerin, sowie Verdickungsmitteln wie Gummi, Dextrin, Leim und Pflanzenschleimen. Manchmal sind die Öle oder Mischungen mit Terpentinöl, Lavendelöl, Rosmarinöl o. dgl. parfümiert bzw. denaturiert.

Die allgemeinen Anforderungen an Schmälzmittel sind[1]):

1. Das Schmälzmittel muß einigermaßen kältebeständig sein;
2. es darf nicht beim längeren Lagern oder beim Erhitzen durch Selbsterwärmung eine Entzündung hervorrufen;
3. es darf nicht klebrig sein oder in Berührung mit der Wollfaser klebrig werden und diese verkitten;
4. es muß neutral sein und auf der Faser so bleiben, denn es darf nicht die Kratzenbeschläge der Krempelmaschinen oder andere Metallteile von Arbeitsmaschinen angreifen;
5. Es soll sich leicht und haltbar emulgieren und sich aus dem Gewebe leicht, d. h. mit Reinigungsmitteln, welche die Faser nicht angreifen, vollständig auswaschen lassen;
6. Es darf keinen anhaftenden Geruch zeigen, den es auf das Gewebe überträgt.

Die besten Schmälzmittel sind demnach Oliven-, Erdnuß-, Schmalz- und Klauenöl, sowie Öle gleicher resp. ähnlicher Zusammensetzung, die sehr wenig feste Fettsäuren sowie keine mehrfach-ungesättigten Säuren enthalten (Maximum der Jodzahl etwa 85) und sich auch leicht verseifen lassen. Weniger gut sind sowohl wegen der höheren Jodzahl als auch wegen der größeren Schwierigkeit beim Verseifen: Rüböl, Baumwollsaatöl u. dgl., noch schlechter Wollfett. Ganz untauglich sind trocknende, selbst schwachtrocknende Öle und Trane, die sich durch Autoxydation erhitzen und Entzündung der mit ihnen getränkten Wollfaser hervorrufen können; sie schädigen übrigens das Gewebe auch schon dadurch, daß sie es hart und glanzlos machen.

Nach den neutralen Ölen kommen die Fettsäuren derselben, die verschiedenen Elaine; sie sind natürlich aus dem oben angeführten Grunde geringerwertig und müssen wenigstens zum Teil neutralisiert sein, wie z. B. in den sog. „veredelten" Elainen, sauren Ammoniumseifen. Auch Ricinusölsäure wurde vorgeschlagen. Die Saponifikatelaine sind besser als die Destillatelaine, weil diese bis zu 10% Unverseifbares enthalten können, das sich nur schwer auswaschen läßt. Noch schlechter sind die Wollfettelaine mit ihrem oft ausnehmend hohen Gehalt an Kohlenwasserstoffen. Brauchbarer sind die aus den Walkwässern zurück-

[1]) Vgl. Herbig: Z. Textilind. 1897/98, S. 727.

gewonnenen Walkfette, die sogenannten Extraktöle und Preßöle, die aber auch viel Unverseifbares enthalten.

Bei den verwendeten Seifen gelten bezüglich der Fettsäurenkomponente selbstverständlich dieselben Bedingungen wie bei den Neutralölen und Elainen. Harzseifen sind absolut unbrauchbar, weil sie die Faser klebrig machen und verkitten; die Bildung von Harzkalkseife ist besonders schädlich. Kaliseifen wirken viel vorteilhafter als Natronseifen. Die für Schmälzen verwendeten Rotöle dürfen nicht zu hoch sulfuriert und nicht zu wenig neutralisiert sein, weil sie sonst ebenfalls das Verkitten der Fasern bewirken.

Für zusammengesetzte Schmälzen können Mineralöle, die frei von Harz bzw. zum Verharzen neigenden Bestandteilen sind und keinen niedrigen Flammpunkt zeigen, verwendet werden, und zwar je nach dem mitverwendeten fetten Öl in größeren oder geringeren Mengen. Olivenöl, Schmalz- und Klauenöl vertragen Zusätze von 50—60%, Baumwollsamenöl z. B. höchstens 25% Mineralöl. Die Höhe des Mineralölzusatzes richtet sich danach, ob sich die Schmälze noch leicht und vollständig aus dem Gewebe auswaschen läßt, weil schon geringe Reste von Mineralölen, die zurückbleiben, in den Geweben Flecken erzeugen. Hingegen ist die Beschränkung des Mineralölzusatzes wegen der sonst befürchteten Selbstentzündbarkeit der geschmälzten Faser nicht gerechtfertigt, sofern nur Mineralöle mit Flammpunkten über 150° verwendet werden; durch diese wird die Entzündbarkeit nicht erhöht.

Von Emulgierungsmitteln wirken Kaliseifen am besten; Alkohol wirkt ebenfalls gut, doch kann durch Verdunsten desselben leicht Entmischung der Emulsionen eintreten. Schädlich sind Pflanzenschleime, Leim, Traganth und ähnliche Verdickungsmittel, weil sie die Fasern verkleben.

Beispiele für die Verschiedenheit der Zusammensetzung gemischter Schmälzen[1]):

39,0%	Neutralfett,
50,4%	Ammoniumseife,
1,0%	Unverseifbares,
9,6%	Wasser.
8,4%	Seife,
16,8%	Unverseifbares (schweres Mineralöl),
4,5%	Kaliumcarbonat,
14,0%	Glycerin,
56,2%	Wasser.
33,4%	Wollfett,
7,4%	Mineralöl,
58,0%	Wasser,
1,0%	Verunreinigung (Eisenseife).

Die Prüfung der Wollschmälzen, die aus fetten Ölen bestehen, der Schmälzöle im engeren Sinne des Wortes, sowie der zum Schmälzen bestimmten Elaine ist sehr einfach, sie ergibt sich von selbst aus den Anforderungen; dagegen erfordern die zusammengesetzten Wollschmälzen eine eingehende Untersuchung, die bei den komplizierteren Mischungen einigermaßen schwierig ist.

Einfache Schmälzen (Schmälzöle und -elaine).

Vor allem beurteilt man den Geruch, prüft auf etwaige Mängel der Konsistenz (Klebrigkeit, zu hoher Stockpunkt), bestimmt den Gehalt an Reinfett

[1]) Nach Analysen von KALMANN: Z. Textilind. 1900, S. 429, und JOLLES: Ch. Ztg. Bd. 19, S. 428. 1895.

und an freier Säure[1]). Ferner bestimmt man die Jodzahl (maximal 90), gegebenenfalls den Gehalt an festen Fettsäuren, prüft auf trocknende Öle (Hexabromidzahl), auf Trane und Harz und bestimmt den Gehalt an Unverseifbarem, sowie an bei 100° flüchtigen Bestandteilen.

Ist die Schmelze nicht wasserlöslich, so prüft man zunächst die Emulgierbarkeit bzw. Haltbarkeit der Emulsion: Man schüttelt (je nach dem praktischen Verwendungszweck) ein 2—10 proz. Substanz-Wassergemisch in einem 100-ccm-Meßzylinder und liest nach mehrstündigem bis mehrtägigem Stehen die oben abgeschiedene ölige Schicht ab.

Besonders wichtig ist die Ermittlung des Flammpunkts und die Prüfung auf Selbstentzündbarkeit der auf einen Faserstoff aufgebrachten Probe.

Der Flammpunkt wird nach Vorschrift S. 120 bestimmt. Er soll nicht unter 150° liegen. Die Feuerversicherungsgesellschaften schreiben z. B. in Österreich einen Flammpunkt über 150°, in England einen von etwa 168° C (340° F) vor; bei Verwendung von Wollölen mit niedrigeren Flammpunkten müssen höhere Prämien gezahlt werden. Elaine entflammen bei etwa 160°, neutrale Oliven-, Baumwollsamen- und Klauenöle bei 240—260°.

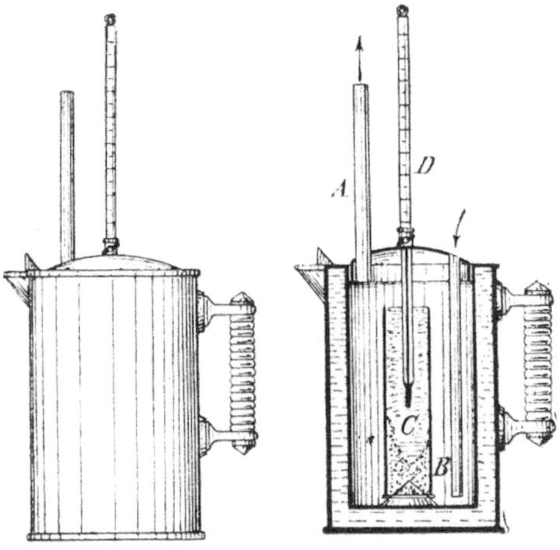

Abb. 64. Wollölprüfer von Mackey.

Die Selbstentzündbarkeit auf der Gewebefaser mißt man an der Temperaturerhöhung, die ein mit dem Untersuchungsmaterial geölter Faserstoff[2]) unter konventionell festgelegten Bedingungen zeigt. Meistens verwendet man für diesen Zweck den sog.

Wollölprüfer von Mackey[3]): Der Apparat, Abb. 64, besteht aus dem zylindrischen Wasserbad, dem Deckel mit den Luftein- und Ableitungsrohren *A* und *B* und dem mittels Schraube befestigten Thermometer *D*, sowie einem Zylinder *C* aus Drahtgaze, der auf die kegelförmige Erhöhung des Gefäßbodens gesetzt wird.

Man tränkt 7 g reine Baumwolle mit 14 g des zu prüfenden Öles und krempelt sie sorgfältig von Hand, damit das Öl ganz gleichmäßig verteilt ist. Die geölte Baumwolle wird in den Drahtzylinder um das Thermometer gestopft, so daß sie bis 12 cm über den Gefäßboden reicht. Hierauf bringt man das Wasser im Wasserbade zum Kochen, setzt den Drahtzylinder auf den Konus, zieht den

---

[1]) Die etwa vorhandenen Ammoniumseifen verhalten sich beim Titrieren der Probe mit alkoholischer Lauge gegen Phenolphthalein wie freie Fettsäuren. (Bei Verwendung von Thymolphthalein ist der Farbumschlag deutlicher.) Man berechnet deshalb gegebenenfalls aus der Ammoniakbestimmung die den Ammoniumseifen äquivalente Menge Alkali, zieht sie vom Gesamtalkaliverbrauch ab und rechnet den sich etwa ergebenden Rest auf freie Fettsäuren um.

[2]) Die Temperaturerhöhung ist nicht nur von der Natur des geprüften Öles, d. h. von seinem Gehalt an mehrfach-ungesättigten Säuren abhängig, sondern auch von der Art des Faserstoffes. Sie steigt in der Reihe: Hanf, Jute, Baumwolle, Wolle, Seide. Für Vergleichszwecke darf deshalb immer nur derselbe Stoff, nach Übereinkommen Baumwolle, verwendet werden.

[3]) J. Soc. Ch. Ind. Bd. 15, S. 90. 1896. Bezugsquelle: Reynolds und Branson, Leeds. Andere Versuchsanordnungen und Angaben s. bei Kissling: Z. ang. Bd. 8, S. 44. 1895; Ordway-Richards: J. Soc. Ch. Ind. Bd. 11, S. 547. 1892; Lippert: Z. ang. Bd. 10, S. 14. 1897; Gill: J. Soc. Ch. Ind. Bd. 26, S. 185. 1907; Schaper: Ch. Ztg. Bd. 43, S. 401. 1919.

Deckel über das Thermometer und justiert es durch Anziehen der Schraube. (Das Thermometer läßt man so weit herausragen, daß eine zu diesem Zweck auf seiner Skala angebrachte Marke gerade noch sichtbar ist.) Das Wasser wird im Sieden gehalten und die Temperatur wenigstens eine Stunde lang beobachtet. Steigt sie in dieser Zeit auf 100°, so ist das Öl feuergefährlich. Wenn die Temperatur schnell gegen 150° steigt, so bricht man den Versuch am besten ab, weil sich die Watte entzünden könnte. Man erhält gut übereinstimmende Resultate, wenn alle Vorschriften genau eingehalten werden und namentlich das Eindringen von Wasserdampf in das Gefäßinnere ausgeschlossen ist. Noch regelmäßiger sollen die Resultate sein, wenn man während des Versuches einen mäßigen Luftstrom von etwa 2 Liter in der Minute durch den Apparat leitet[1]).

Im Wollölprüfer beobachtete Temperaturen[2]):

Öl	Nach 1 Stunde	Nach 75 Minuten	Nach 90 Minuten	Maximum
Neutrale Olivenöle	97—98°	100°	101°	nach $4^1/_2$—$5^1/_4$ Std.: 228—235°
Olivenöl mit ca. 1% freier Säure	98°	102°	104°	nach ca. $3^1/_2$ Std.: 241°
Olivenöl-Fettsäuren	102—114°	135—177°	208°	nach ca. $1^1/_2$—2 Std.: 196—293°
Andere Oleine nicht bekannter Abstammung	98—103°	99—115°	100—191°	nach $1^1/_4$—$3^1/_4$ Std.: 110—230°
Baumwollsamenöle	112—139°	177—242°	194—282°	nach $1^1/_4$—$1^3/_4$ Std.: 194—284°
Leinöl	—	243°	—	—
9 Teile Olivenöl + 1 Teil Baumwollsamenöl	99°	102°	105°	—
3 Teile Olivenöl + 1 Teil Baumwollsamenöl	99°	105°	112°	—
1 Teil Olivenöl + 1 Teil Baumwollsamenöl	102°	117°	—	—

Schmälzseifen werden wie andere Seifen (s. S. 480 ff.), analysiert.

Zusammengesetzte Schmälzen.

Die besseren Schmälzen dieser Art sind im wesentlichen wasserlösliche oder emulgierbare Gemische aus Neutralölen, auch aus flüssigen Wachsen und Wachsalkoholen, ganz oder teilweise mittels Ammoniak neutralisierten Elainen oder anderen Seifen, seltener Rotölen, mit kleineren Mengen Mineralölen mittlerer Viscosität; die geringeren Sorten enthalten große Mengen solcher Mineralöle oder ähnliche Kohlenwasserstofföle, emulgiert oder gelöst mit Seifen, Salzen von sulfurierten Fetten oder Fettsäuren, Naphthensäuren, Harzsäuren u. dgl., manchmal Alkohol oder Benzin, häufig auch noch Verdickungsmittel, in verschiedener Kombination und in sehr stark wechselnden Mengenverhältnissen. — Die allgemeinen Anforderungen sind dieselben wie bei den einfachen Schmälzen, dementsprechend ist auch die Prüfung auf Emulgierbarkeit, Flammpunkt, Selbstentzündbarkeit dieselbe. Die chemische Untersuchung ist dagegen weniger einfach.

Zur annähernden Trennung der Bestandteile dient der

Analysengang[3]).

10 g Öl, in 100 ccm Petroläther gelöst, werden mehrmals mit 50proz. Alkohol ausgeschüttelt. In den Petroläther gehen Neutralfett, freie Fettsäuren und die

[1]) Archbutt: J. Soc. Ch. Ind. Bd. 18, S. 347. 1899. [2]) Mackey: a. a. O.
[3]) Marcusson: Z. ang. Bd. 30, I, S. 288. 1917.

unverseifbaren Stoffe. Die alkoholischen Auszüge, welche die Seifen enthalten, werden eingedampft, getrocknet und gewogen. (Beim Eindampfen und Trocknen von Ammoniumseifen bleiben nur die freien Fettsäuren zurück, das Gewicht muß in diesem Fall entsprechend korrigiert werden.) Die Seifen werden mit Salzsäure zerlegt. Im Sauerwasser prüft man, ob Kali- oder Natronseifen vorlagen. Die abgeschiedenen Säuren werden auf Fettsäuren, Fettschwefelsäuren, Naphthen- und Naphthensulfosäuren geprüft und namentlich auch auf Harzsäuren, die nicht zugegen sein dürfen. Den Petrolätherauszug prüft man durch Bestimmung der Säurezahl (s. Fußnote S. 434), der Löslichkeit in Alkalicarbonat und der Verseifbarkeit, ob fettes Öl oder Elain oder unverseifbare Stoffe oder eine Mischung vorliegt. Im letzteren Fall wird das Unverseifbare quantitativ bestimmt. Fettes Öl und Elain untersucht man wie bei der Analyse einer einfachen Schmälze. In derselben Weise werden die aus den etwa vorhandenen Seifen abgeschiedenen Fettsäuren untersucht. Die praktische Auswertung der Analyse ergibt sich aus den Anforderungen und den Angaben über die zum Schmälzen geeignetsten Öle (S. 432).

Die Bestimmung von Wasser, Weingeist, Amylalkohol, Glycerin, organischen Lösungsmitteln, Alkalien, freien Säuren u. a. m. erfolgt wie bei der Untersuchung von Türkischrotölen oder von Seifen.

Einzelbestimmungen:

Gesamtfett: Wegen des möglichen Gehaltes an Fettschwefelsäuren und an Verdickungsmitteln verfährt man nach ERBAN[1]) folgendermaßen: Man kocht 20—50 g Substanz wie bei der Bestimmung des Gesamtfettes von Rotölen mit verdünnter Salzsäure, wobei nicht nur die Fettschwefelsäureester zerlegt, sondern auch Stärke und Dextrin, die als Verdickungsmittel zugegen sein können, abgebaut werden. Nach dem Abkühlen wird mit je 50 ccm Äther bis zur Klärung des Sauerwassers ausgeschüttelt. Zeigt sich an der Trennungsfläche zwischen Äther und wässeriger Schicht eine flockig-gallertige Abscheidung von ungelösten Verdickungsmitteln, so läßt man sie zuerst mit dem wässerigen Anteil ab, schüttelt beide zusammen mit Äther aus, läßt hierauf das Wasser allein ab und filtriert die zurückbleibende Ätherschicht von der ungelösten festen Abscheidung durch ein tariertes Filter. Das ätherische Filtrat wird mit der Hauptmenge der Ätherausschüttelung vereinigt und nach Abdestillieren des Äthers und Trocknen des Rückstandes bei 110° das Gewicht des Gesamtfettes bestimmt. Das abfiltrierte Verdickungsmittel kann nach Trocknen des Filters ebenfalls gewogen werden. (Bezüglich der Untersuchung des Gesamtfettes siehe oben.)

Fettschwefelsäureester [sog. Sulfofettsäuren[2])]. Zum direkten Nachweis säuert man eine Lösung der Probe knapp bis zur Rötung von Methylorange an; größere Mengen Fettschwefelsäuren scheiden sich dabei als schweres Öl am Boden des Gefäßes aus und lösen sich erst beim Umschütteln. Schüttelt man nun schnell mit Äther aus, so gehen Unverseiftes, Unverseifbares und freie Fettsäuren in den Äther, die Fettschwefelsäureester bleiben in wässeriger Lösung. Man neutralisiert dieselbe, dampft sie ein und extrahiert aus dem Rückstand die fettschwefelsauren Salze mit Alkohol. Diese Abscheidung der Fettschwefelsäuren eignet sich weniger zu ihrer quantitativen Analyse, die vielmehr durch Bestimmung der gebundenen Schwefelsäure (s. S. 424) ausgeführt wird, als zur Isolierung zwecks weiterer Untersuchung, ob sulfuriertes Ricinusöl oder Elain vorliegt.

---

[1]) Mitt. techn. Vers.-Amt Wien Bd. 6, Heft 2. 1917. [2]) ERBAN: a. a. O.

Naphthensulfosäuren werden beim Abkochen auf Mineralsäure nicht aufgespalten. Sie lösen sich in freiem Zustande wie auch als Salze in Wasser, noch leichter in verdünntem Alkohol und werden aus ihren Lösungen durch Zusatz von Salzsäure abgeschieden.

Fettsäureamide oder -anilide kommen als stabile Emulsionsträger in Spezialpräparaten vor. Man trennt von den etwa vorhandenen Ammoniumsalzen, z. B. durch Ausziehen mit Alkohol oder Äther und bestimmt im ammoniakfreien Teil die Amido- bzw. Anilidgruppe nach bekannten Methoden[1]) oder man bestimmt bloß den Stickstoffgehalt.

Verdickungsmittel wie Stärke, Melasse, Leim, Pflanzenschleime wie von Carragheenmoos, Salep, Leinsamen u. dgl. werden durch dieselben Reaktionen wie in Seifen nachgewiesen (s. S. 498 ff.).

Lederfette.

Fette werden in der Ledererzeugung vielfach verwendet, einerseits zur reinen Fettgerbung, der Erzeugung von Sämischleder, andererseits zum Einfetten der nach den anderen Gerbeverfahren hergestellten Leder; ferner sind Fette zum Konservieren des Leders nötig, um es geschmeidig, weich und „zügig" zu erhalten und die Wasserdichtheit zu erhöhen. Für die Sämischgerbung sind die Trane bzw. deren stark ungesättigte Säuren am geeignetsten, doch sind bei Spezialverfahren auch andere Fette verwendbar, so ist z. B. für manche Zwecke Klauenöl am wertvollsten, während zur Erzeugung des Japanleders nur Rüböl dient. Zum Einfetten lohgarer Leder dienen Degras und andere Fette, z. B. wird Oberleder für derbe Schuhe reichlich mit Mischungen von Degras und Talg oder Tran und Talg eingefettet, während feinere Leder dieser Art wohl auch nur mit überfetteter Seifenlösung schwach gefettet werden. Zum Geschmeidigmachen von Treibriemen verwendet man feste Fette wie Rindstalg, Preßtalg, Stearin u. dgl. Für diese und sonstige Zwecke benützt man auch andere feste Fette wie Knochenfett, Pferdefett, Fischstearin, Hautfett und ähnliche Abfallfette, „regenerierte" Glyceride, Methyl- und Äthylester der Fettsäuren, gemischt mit Degras. Sehr ausgedehnt ist schließlich die Verwendung von Türkischrotölen: Als Zusatz bei der Schnellgerbung im Faß, als Narbenöl, zum „Lickern" von Chromleder, für Glacéleder u. a. m.; ebenso werden sulfurierte Trane angewendet, insbesondere aber auch Emulsionsöle aus Rotölen und sulfurierten Tranen mit Mineralölen, flüchtigen Lösungsmitteln, Glycerin u. a. m. Als Zusätze bzw. Verfälschungen der Lederfette kommen Wollfett, Vaselin, Paraffin, Harz, Harzöl, Mineralöl, Teeröl in Betracht.

Die Analyse der verschiedenen Fette und Fettpräparate erfolgt nach den in den betreffenden Abschnitten beschriebenen Methoden, wobei natürlich jeweilig die dem speziellen Verwendungszweck entsprechenden Anforderungen besonders zu berücksichtigen sind. So soll ein zum Schmieren von lohgarem Leder bestimmtes Fett oder Fettpräparat möglichst neutral sein, während bei der Sämischgerbung an Stelle von Tran mit Vorteil Tranfettsäuren verwendet werden können. Riemenleder wird, wie schon erwähnt, mit festen Fetten präpariert, sonst sind aber stearinreiche Fette oft, z. B. in der Chromlederfabrikation, wegen der Gefahr des Ausschlagens des Leders unverwendbar. (Deshalb sind die kältebeständigen Alkylester und noch mehr die Ester und Glyceride hochkondensierter Säuren besonders geeignet.) Auch Paraffin bedingt Ausschlagen, Bildung eines Fetthauches; Emulsionsöle sollen nicht einmal paraffinhaltiges

---

[1]) Hans Meyer: Lehrbuch der organ.-chem. Methodik, 4. Aufl., Berlin 1922.

Mineralöl enthalten, sonst sind sie, wenigstens für Chromlederlicker, unbrauchbar. Andererseits sollen für diesen Zweck auch keine Fette mit zu hohen Jodzahlen, die zum Verharzen neigen, verwendet werden. Ebenso schädlich sind Zusätze solcher Mineralöle, aus denen sich unter Umständen teerige oder asphaltartige Kondensationsprodukte abscheiden, die dunkel gefärbt sind und helle Leder selbstverständlich verderben. Überhaupt sollen Lederfette möglichst wenig Unverseifbares, besonders keine Zusätze von Mineralölpräparaten u. dgl. enthalten, weil sie das Leder hart (blechig) und brüchig machen können. Öle und Fettpräparate für die Erzeugung von Unterleder und naturfarbigem, vegetabilisch gegerbtem Oberleder sollen hell sein und keine Eisenverbindungen enthalten, die durch Umsetzung mit Gerbstoffen Verfärbung bewirken können. Von Emulsionsölen verlangt man auch, daß sie transparent sind und nicht zu intensiv riechen. Besonders wichtig ist die Emulgierbarkeit; die durch Schütteln einer Probe mit der ungefähr zehnfachen Menge destilliertem Wasser gebildete Emulsion (vgl. Abschnitt Schmälzöle, S. 434) soll wenigstens 6 Stunden beständig sein. Bei Ölen für Chromoberleder stellt man neben der gewöhnlichen, bei Zimmertemperatur ausgeführten Probe, auch eine bei 70° an[1]). Über die Anforderungen, die an oxydierte Trane und an Türkischrotöle gestellt werden und über die Untersuchung derselben siehe die betreffenden Abschnitte S. 414 und 420.

An die zum Einfetten fertiger Leder bestimmten Fette werden natürlich auch je nach der Art und der Verwendung des Leders verschiedene Anforderungen gestellt. Die allgemeinen Ansprüche haben Pritzker und Jungkunz zusammengestellt[2]):

1. Ein gutes Lederfett soll von gleichmäßiger Beschaffenheit, leicht streichbar sein und gut in das Leder eindringen.
2. Der Gehalt an flüchtigen Stoffen soll nur sehr gering sein, besonders der Wassergehalt nicht 1% übersteigen[3]).
3. Der ätherunlösliche Rückstand, der bei gefärbten Lederfetten zurückbleiben kann und dann meistens von benütztem Ruß herrührt, soll etwa 0,2% betragen. (Ein größerer Zusatz verstopft die Poren und verhindert dadurch das Eindringen des Lederfettes.)
4. Harz, Harzöl, Kolophonium und sonstige harzartige Stoffe sollen in Lederfetten nicht vorhanden sein.
5. Mineralstoffe (Salze, Sand usw.) sollen im allgemeinen in Lederfetten nicht vorkommen. Maximaler Aschengehalt = 0,2%.
6. Der Säuregehalt soll möglichst niedrig sein und darf nicht von harzartigen Stoffen oder Mineralsäuren herrühren. Lederfette mit einem Säuregrade von über 30 (s. S. 431) sind ungünstig zu beurteilen.
7. Eine Grenzzahl für das Unverseifbare läßt sich zur Zeit nicht aufstellen. Die verwendeten Mineralfette und Öle sollen säurefrei sein.
8. Je mehr Verseifbares ein Lederfett enthält, um so günstiger ist es zu beurteilen.
9. Entscheinungsmittel (wie Nitronaphtalin) dürfen zugesetzt werden.
10. Ledereinfettungspräparate, welche nach einer bestimmten Art bezeichnet sind, z. B. Juchtenfett oder Juchtenöl, müssen wirklich bestimmbare Mengen der betreffenden Stoffe enthalten.
11. Der Schmelzpunkt soll am besten 35—40° nicht übersteigen.

Aus den Anforderungen ergeben sich die vorzunehmenden Prüfungen. Zur Orientierung — auch über einen etwaigen Harzgehalt — dient die Refraktionszahl (bei genauer Untersuchung bestimmt man auch die Refraktionen des verseifbaren und des unverseifbaren Anteiles), dann beurteilt man Farbe und Konsistenz, bestimmt Dichte und Schmelzpunkt, Säure- und Verseifungszahl, die unverseifbaren, flüchtigen und harzartigen Bestandteile und gegebenenfalls die Mineralstoffe. — Riemenfette (Adhäsionsfette, Riemenschmieren), die eine Klasse für sich bilden, können Harz, wenigstens in Form von Harzseifen, enthalten.

---

[1]) Stadler: Collegium 1923, S. 284; Ch. Umschau Bd. 31, S. 99. 1924.
[2]) Schweiz. Ch. Ztg. 1920, Nr. 41 durch Sfsz. Bd. 18, S. 49. 1921.
[3]) Vgl. dagegen Oskauer: Sfsz. Bd. 41, S. 1095. 1914.

Bestimmung von Fett in Leder: Ungefähr 10 g feingeschnittenes Leder werden im SOXHLETschen Apparat extrahiert, wobei als Lösungsmittel meistens Petroläther dient. Statt Petroläther, der verschiedene Fette nicht vollständig löst (bes. die oxydierten Säuren bleiben ungelöst), verwendet man auch Äther, Schwefelkohlenstoff, Gemische von Äther und Tetrachlorkohlenstoff[1]), Chloroform[2]), Chloroform-Petroläther u. a. m. Der Soxhlet-Extraktion wird von manchen die einfache Ausschüttlung in der Kälte vorgezogen. Nach LEVI und ORTHMANN[3]) schüttelt man die fein zerkleinerte Einwage mit 200 ccm Äther-Tetrachlorkohlenstoff 24—72 Stunden lang, mißt 100 ccm Lösung ab, dunstet ein und wägt den Rückstand. Die Verwendung dieses Lösungsmittelgemisches (noch mehr die von Tetrachlorkohlenstoff allein und ähnlich hochsiedender Solventien) ist aber nicht bei allen Ledern und nicht unter allen Umständen anwendbar, weil manches Leder, z. B. lohgares, angegriffen und „Nichtfette" herausgelöst werden können[4]).

Der bei Verwendung von Petroläther infolge unvollständigen Lösens von oxydierten Säuren u. dgl. bedingte Fehler ist meistens verhältnismäßig nicht groß. Das Fett in Sämischleder kann allerdings zum größten Teil aus unlöslichen oxydierten Säuren bestehen (s. unten Tabelle). In diesem Falle kann man aber nach dem Vorgange von FAHRION[5]) verfahren: Die Probe — etwa 5 g — wird durch Erwärmen mit 8 proz. alkoholischer Natronlauge aufgeschlossen. Die Lösung dunstet man ein, löst den Rückstand in Wasser und schüttelt mit Äther aus, wobei die festen oxydierten Säuren ungelöst bleiben; man dampft darauf die Ätherlösung ein und nimmt den Rückstand mit Petroläther auf, die flüssigen oxydierten Säuren bleiben zurück, normale Fettsäuren und Unverseifbares lösen sich und werden wie üblich voneinander getrennt. (Man kann natürlich auch die Gesamtmenge der oxydierten Säuren nach der auf S. 248 angegebenen Vorschrift bestimmen.) Auf die vegetabilische Gerbstoffe enthaltenden Leder ist die Aufschließung mit alkoholischer Lauge nicht anwendbar.

Fettstoffe in sämischgarem Leder[6]).

Ledersorte	Gesamtfettsäuren und Unverseifbares	Zusammensetzung (Fettsäuren + Unverseifbares = 100)		
		Unverseifbares	Fettsäuren unveränderte	Fettsäuren oxydierte
Schafleder 1	5,54%	8,85	74,90	16,25
Schafleder 2	1,96%	5,11	59,69	35,20
Rehleder	6,47%	7,57	64,30	28,13
Ziegenleder	4,48%	67,63	6,25	26,12
Büffelleder	1,23%	8,13	37,40	54,47

Auch die Fettgehalte der übrigen Ledersorten schwanken in weiten Grenzen; selbst bei derselben Sorte kann der Fettgehalt außerordentlich verschieden sein, z. B. bei Oberleder ungefähr zwischen 10 und 30%.

[1]) WILSON und KERN: J. Am. Leather Ch. Assoc. Bd. 13, S. 138. 1918; Z. ang. Bd. 31, II, S. 469. 1918.

[2]) VEITCH und HUNT: J. Am. Leather Ch. Assoc. Bd. 14, S. 507. 1919; C. 1920, II, S. 53. VEITCH und CLARKE: J. Am. Leather Ch. Assoc. Bd. 16, S. 458. 1921; C. 1922, II, S. 53.

[3]) LEVI und ORTHMANN: J. Am. Leather Ch. Assoc. Bd. 13, S. 313. 1918; Z. ang. Bd. 31, II, S. 470.

[4]) LEVI und ORTHMANN: a. a. O.; ALSOP: J. Am. Leather Ch. Assoc. Bd. 17, S. 292. 1922; C. 1922, IV, S. 726.

[5]) Ch. Ztg. Bd. 19, S. 1000. 1895.

[6]) Aus Analysen von FAHRION (a. a. O.) umgerechnet.

Fetthaltige Schmiermittel.

Zum Schmieren bewegter Maschinenteile genügen in den meisten Fällen, wo keine besonderen Anforderungen gestellt werden, reine Mineralöle; für viele Zwecke ist aber ein Gehalt des Schmiermittels an fettem Öl vorteilhaft oder sogar unentbehrlich und für manche Schmierungen werden auch heute noch reine pflanzliche Öle oder tierische Fette verwendet.

Zum Schmieren feinster Präzisionsinstrumente, wie Uhren, verwendet man Klauenöl, auch kaltgepreßtes Knochenöl, Walratöl, weniger Talgöl, Schmalz-, Behen- oder Haselnußöl, Meerschwein- oder Delphintran. Klauenöl dient auch als Waffenöl, Mischungen von Knochen- und Rüböl als Torpedoschmieröl, Ricinusöl für Flugzeugmotoren; Rüböl soll auch noch als Maschinenöl dienen. Zur Schmierung sehr heißgehender Teile, Lager usw., gewisser Spezialmaschinen und Apparate, von denen manche Temperaturen von 300° und darüber erreichen, dienen außer den (unzulänglichen) Starrschmieren besonders präparierte fette Öle. — In viel größerem Maßstab werden Mischungen von fetten Ölen mit Mineralölen verwendet. Compoundmaschinenöl besteht aus Mineralöl und halbfestem Fett oder verdicktem Öl; verdickte Öle geben in Mischung mit Mineralmaschinenölen die besten Schmiermittel für die kaltgehenden Teile von Schiffsmaschinen (sog. Marineschmieröl) und die besten Schmieröle für Automobilmotoren. Mineralzylinderöle erhalten manchmal mäßige Zusätze von Klauenöl und Knochenöl, auch Talg und Talgöl.

Die besondere Schmierfähigkeit der Fette und der Fett enthaltenden Mischungen wurde empirisch festgestellt, eine befriedigende theoretische Erklärung steht aber noch aus. Welchen Einfluß die Konstitution der Glyceride im allgemeinen hat und worauf die größere Schmierfähigkeit gewisser Fette wie des Ricinusöles und der verdickten Öle im speziellen beruht, wurde noch nicht aufgeklärt. Für die Beantwortung dieser Fragen sind jedenfalls die Untersuchungen von LANGMUIR, HARKINS und anderen[1]) über die Beschaffenheit und das Verhalten dünnster Schichten von Fettsäuren, Estern und Glyceriden von großer Bedeutung. Sie ergaben, daß solche Ölhäutchen auf Wasser aus einer einzigen Lage von Molekülen bestehen, die senkrecht zur Unterlage gerichtet sind, und zwar mit den Carboxylgruppen gegen dieselbe, wobei die Moleküle der Wasseroberfläche und die Carboxylgruppen ihre Nebenvalenzen absättigen, also eine koordinative Bindung der Schichten erfolgt. Ähnlich wie auf Wasser dürften sich die Moleküle eines Ölhäutchens auf Metall orientieren; jedenfalls ist die Betätigung der Valenzreste von Oberflächenmolekülen ganz allgemein, auf ihr beruhen ja die Adsorptionserscheinungen. In den Häutchen ziehen sich die parallel gerichteten Kohlenstoffketten gegenseitig an, die Häutchen sind „kondensiert". Bei hoher Temperatur werden aber die seitlichen Anziehungskräfte überwunden und die Häutchen „gedehnt". Die Umwandlungstemperatur hängt einerseits von der Art der Unterlage ab, andererseits von der Länge der Kohlenstoffkette, ihrer Konfiguration, insbesondere aber auch von ihrem Sättigungszustand [auch WOOG gibt an, daß die Lückenbindungen die gesättigten Ketten anzögen[2])]. — Diese Vorstellungen können den Unterschied im Verhalten dünnster Schichten von Fetten und Mineralölen wohl erklären. Selbst wenn der Einfluß der Carboxylgruppen[3]) an sich wenig in Betracht käme, und wenn auch der Einfluß der Doppelbindungen auf die Dehnung der Häutchen gering wäre, so ist doch ein wesentlicher Unterschied der: das Mineralölhäutchen besteht nur aus einzelnen Kohlenwasserstoffketten, die bloß durch die seitlichen

[1]) Siehe bes. HARKINS: J. Am. Ch. Soc. Bd. 39, S. 354. 1917; LANGMUIR: ebenda S. 1848. Trans. Faraday Soc. Bd. 15, Teil 3, S. 62. 1920; HARKINS u. FELDMAN: J. Am. Ch. Soc. Bd. 44, S. 2665. 1922; ADAM: Proc. Roy. Soc. Serie A, Bd. 99, S. 336. 1921; ebenda Bd. 101, S. 452, 516. 1922; s. a. LABROUSTE: Ann. Phys. (9) Bd. 14, S. 164. 1920.

[2]) Compt. rend. Bd. 173, S. 387. 1921.

[3]) Darunter sind selbstverständlich auch die substituierten Carboxylgruppen der neutralen Fette zu verstehen. Allerdings wurde auch schon die Ansicht geäußert, daß die besondere Schmierfähigkeit fetter Öle nur auf die Gegenwart freier Fettsäuren zurückzuführen sei. WELLS und SOUTHCOMBE: J. Soc. Ch. Ind. Bd. 39, T. 51. 1920; Ch. News Bd. 121, S. 133. 1920; das ist natürlich unrichtig; vgl. z. B. BOYS: J. Soc. Ch. Ind. Bd. 39, S. 58—60. 1920.

Anziehungskräfte mehr oder weniger genähert sind; im Fetthäutchen sind dagegen je 3 Kohlenwasserstoffketten, die der 3 Säurereste jedes Triglycerids, durch die gemeinsame Bindung an den Glycerinrest vereinigt. Das Fetthäutchen besteht also sozusagen aus Bündeln von Ketten, die durch keine mechanische Einwirkung gelöst werden können. Solche Häutchen werden sich voraussichtlich anders verhalten, als die aus einfachen Ketten, und zwar dürften sie fester und beständiger sein, so daß die Schmierung ergiebiger wird. Diese Betrachtungsweise kann auch die besondere Schmierfähigkeit der verdickten Öle erklären. Alle diese Öle, auch die durch Oxydation (Blasen) erzeugten, enthalten als integrierende Bestandteile Glyceride polymerisierter Säuren, in den Häutchen sind also nicht nur einfache Bündel von 3 Kohlenwasserstoffketten vorhanden, sondern stärkere Bündel mit zwei- bis dreimal soviel (u. U. noch mehr) Ketten, sie werden also gegen Dehnung, Zerreißung usw. wesentlich widerstandsfähiger sein. Vielleicht spielt in dieser Richtung bei den geblasenen Ölen und insbesondere beim Ricinusöl auch die durch die Hydroxylgruppen bedingte Assoziation der Moleküle eine gewisse Rolle. (Ihre Beeinflussung der Zähigkeit, der Oberflächenspannung, des Adhäsionsvermögens usw. wird durch diese Anschauung natürlich ebensowenig in Frage gestellt, wie die Beziehungen zwischen diesen Eigenschaften eines Öles und seiner Schmierfähigkeit; vielmehr wird eine Erklärung dieser Beziehungen angebahnt.) — Nachdem bei feinsten Ölhäutchen die Schichtdicke von der Länge der Moleküle abhängt, ist auch noch zu erwägen, ob und in welchem Sinne konstitutionelle Unterschiede dieser Art die Schmierfähigkeit von Glyceriden beeinflussen. Es mag zweifelhaft sein, ob bereits kleine Unterschiede eine Rolle spielen, so daß etwa das Rüböl infolge seines Gehaltes an Glyceriden der Erucasäure eine Ausnahmestellung einnimmt. Dagegen ist es plausibel, daß eine wesentliche Verlängerung des Moleküls, wie sie z. B. bei der Kondensation von Oxysäuren, der Bildung von Estoliden eintritt, sich praktisch auswirkt. Tatsächlich zeigen Verbindungen dieser Art bei den höchsten praktisch in Betracht kommenden Temperaturen und Drucken ausnehmend große Schmierfähigkeit. — Daß eine Vergrößerung des Moleküls an sich (fraglich ob nach der einen oder nach der anderen Richtung) eine Erhöhung der Schmierfähigkeit bewirkt, wurde übrigens schon in anderem Zusammenhange ausgesprochen: Woog[1]) nimmt an, daß von den verschiedenen Eigenschaften eines Mittels, die seine Schlüpfrigkeit (oiliness, graissiveté, das eigentliche Maß der Schmierfähigkeit) beeinflussen, das Molekularvolumen den Ausschlag gibt, weil es den Widerstand der Moleküle gegen gewisse Bewegungen, die sog. Verkeilung, bedingt; die größere Schlüpfrigkeit der Fette beruhe demnach vorwiegend auf ihrem großen Molekular-volumen. Die vollständige Aufklärung der Beziehungen zwischen der chemischen Konstitution der Fette und ihrer Schmierfähigkeit erfordert noch eingehende systematische Untersuchungen, bei welchen die oben entwickelte Anschauung vielleicht als Arbeitshypothese dienen kann.

Auf die allgemeine Theorie der Schmierung, die für jede Art von reibungsvermindernden Mitteln gilt, kann hier nicht eingegangen werden[2]).

Allgemeine Anforderungen: Zum Schmieren von Maschinenteilen verwendete Öle müssen in erster Linie genügende Zähigkeit besitzen; sie müssen eine erhebliche Beständigkeit gegen Temperatureinflüsse aufweisen, d. h. einerseits kältebeständig sein, in der Kälte nichts ausscheiden, andererseits keine Bestandteile enthalten, die leicht verdampfen und deren Dämpfe sich leicht entzünden; sie dürfen weder feste Teilchen enthalten, noch durch Eintrocknen oder Verharzen solche bilden und dürfen chemisch in keiner Weise auf das geschmierte Metall einwirken. Trocknende Öle, dann solche, die viel feste oder viel flüchtige Fettsäuren enthalten, freie Säuren, namentlich Mineralsäuren, ferner Harze, Harzöl und Teeröle sind also schädlich.

An ein fettes Öl, das für sich allein zu Schmierzwecken verwendet werden soll, stellt man im wesentlichen noch folgende Anforderungen: das Öl muß gut raffiniert, klar, schleimfrei und vollständig trocken sein. Der Gehalt an freier

[1]) Compt. rend. Bd. 173, S. 303. 1921.

[2]) Diesbezügl. s. außer der einschlägigen Sammelliteratur insbesondere auch Dallwitz-Wegener: Petroleum Bd. 16, S. 259, 285. 1920; Bd. 17, S. 849, 885. 1921. Bericht der wissenschaftlich-technischen Abteilung der Mineralölversorgungs-Gesellschaft m. b. H. für die Zeit vom 1. 5. 1918 bis 28. 2. 1919, Ch. Umschau Bd. 27, S. 72. 1920. W. B. Hardy und J. K. Hardy: Philos. Mag. (6) Bd. 38, S. 32. 1919. W. B. Hardy: J. Soc. Ch. Ind. Bd. 38, T. 7. 1919. Archbutt: Chem. Trade Journ. and Chem. Eng. 1920 nach Z. ang. Bd. 33, II, S. 147. 1920.

organischer Säure darf in keinem Falle über 2%, berechnet als Ölsäure (entsprechend etwa 0,3% berechnet als SO_3), betragen; meistens wird ein noch wesentlich geringerer Säuregehalt gefordert, z. B. ist für Torpedoschmieröl 0,02%, berechnet als SO_3, die obere Grenze. Das Öl darf beim Abkühlen keine festen Bestandteile ausscheiden und muß zum mindesten bei 0° noch 1 Stunde flüssig bleiben; für bestimmte Verwendungszwecke wird noch weit größere Kältebeständigkeit gefordert, so soll Waffenöl nach einstündigem Stehen bei —10° noch flüssig sein, Torpedoschmieröl soll nach vierstündiger Abkühlung auf —10° noch klar fließen, nach 4 Stunden bei —15° noch fließend oder höchstens dünn salbig sein. Das Öl muß genügende Viscosität, und zwar bei 20° mindestens 12 Englergrade zeigen. Im übrigen muß das Öl selbstverständlich der Bezeichnung, unter der es gehandelt wird, entsprechen; d. h. es darf keine anderen Öle enthalten. Die Identifizierung und Reinheitsprüfung erfolgt wie üblich nach den allgemeinen Methoden, Bestimmung der Kennzahlen usw.; in manchen Lieferungsbedingungen werden zudem die Grenzwerte verschiedener physikalischer Konstanten und chemischer Kennzahlen vorgeschrieben, z. B. das spezifische Gewicht, die Verseifungszahl, die Jodzahl u. a. m. Namentlich für die Jodzahl wird häufig eine obere Grenze von 70—80 festgesetzt.

Die systematische Untersuchung der Mischungen von fetten Ölen mit Mineralölen ist naturgemäß komplizierter als die eines rein fetten Schmiermittels: es sind die Methoden der Fettanalyse und der Analyse von Kohlenwasserstofffölen zu kombinieren und durch praktische Prüfungsmethoden zu ergänzen. Für technische Zwecke genügt allerdings in den meisten Fällen, sofern z. B. nicht die Erfüllung bestimmter Lieferungsbedingungen festzustellen ist, eine einfachere Untersuchung. Man prüft vor allem die äußere Beschaffenheit, bestimmt die Viscosität, den Flammpunkt, die Kältebeständigkeit, den Gehalt an freier Säure, an verseifbarem Öl und etwa noch die Jodzahl.

Prüfung der äußeren Beschaffenheit.

Farbe. Obwohl die Färbung an sich ohne Bedeutung für den Gebrauchswert eines Schmieröles ist, wird bei manchen Lieferungsbedingungen eine bestimmte, z. B. höchstens hellgelbe Farbe vorgeschrieben, weil dies gewisse Verunreinigungen oder Beimengungen von vornherein ausschließt. Nach den Beschlüssen der internationalen Petroleumkommission 1912 beobachtet man die Färbung in einem Reagensglas von 15 mm Weite oder besser in einem Gefäß aus reinem weißen 5 mm starkem Glas von 10 cm Höhe, 10 cm Breite und 15 mm lichter Weite. Bei sehr hellen Ölen stellt man die Färbung einer 10 cm dicken Schicht fest.

Geruch. Man prüft wie üblich durch Verreiben einer Probe auf den Handflächen. Auf diese Weise werden zur Parfümierung zugesetzte Stoffe wie Nitrobenzol sofort erkannt, auch Teer, Teeröl und Harzöl und bestimmte fette Öle wie rohes Rüböl, Knochenöl oder Senföl.

Fremdkörper. Ist das Öl trüb, so stellt man durch Erhitzen fest, ob die Trübung nur durch Feuchtigkeit oder durch suspendierte Teilchen verursacht wird. Von dunklen Ölen, in denen sich Suspensionen nicht schon beim bloßen Umgießen erkennen lassen, gießt man wenigstens 250 ccm durch ein Sieb von $^1/_3$ mm Maschenweite. Kleine unlösliche Fremdkörper werden erkannt, indem man einen Tropfen Öl, nötigenfalls nach Erwärmen, auf gehärtetes Filtrierpapier setzt. Reine Öle geben einen — auch im durchscheinenden Licht — gleichmäßigen Fettfleck, bei Ölmischungen zeigen sich mehrere verschieden stark gefärbte, und zwar nach außen heller werdende Zonen; suspendierte Verunreinigungen wie asphaltartige Stoffe setzen sich als schwarze, undurchsichtige Punkte ab.

Die quantitative Bestimmung wird nach der Vorschrift von HOLDE[1]) ausgeführt: Man löst 5—10 g in 100—200 ccm Benzol, filtriert nach Stehenlassen über Nacht durch ein bei 105° gewichtskonstant getrocknetes Filter, wäscht mit Benzol ölfrei, mit Wasser salzfrei, trocknet bei 105° und wägt.

Physikalische Prüfung.

Die in Betracht kommenden Untersuchungsmethoden sind:

Die Bestimmung der Dichte und des Ausdehnungskoeffizienten (S. 89), der Zähigkeit (S. 97), und zwar am besten bei verschiedenen Temperaturen (Viscositätskurve), der Oberflächenspannung (S. 106), der Kältebeständigkeit (S. 117), des Flammpunktes (S. 120) und Brennpunktes (S. 122) und der Verdampfbarkeit.

Die Verdampfbarkeit von Ölen wird meistens nur nach der Höhe des Flammpunktes geschätzt. Ist der Flammpunkt eines Öles ungewöhnlich niedrig oder wird eine besonders hohe Temperaturbeständigkeit gefordert, so ist eine direkte Bestimmung der Verdampfbarkeit, d. h. der bei einer bestimmten Temperatur in einer bestimmten Zeit verdampfenden Ölmenge nötig. Das zuverlässigste Verfahren ist die offiziell eingeführte

Methode von Holde[2]). Der Apparat[3]) besteht aus einem äußeren Dampfbad mit Wasserkühler oder Steigrohr, in das 2 Tüllen für Thermometer und Schwimmer und 2 zylindrische Kessel von 55 mm Durchmesser und ebensolcher Tiefe eingelassen sind. Man füllt das Dampfbad je nach der einzuhaltenden Temperatur mit 33proz. Kochsalzlösung (Siedepunkt 107°), Toluol (110°), Anilin (184°), Nitrobenzol (209°), Anthracen (343°) oder dgl. Die Kessel werden für Bestimmungen bei 100—200° mit Glycerin, für solche bei 200—300° mit Dampfzylinderöl (Siedep. $>$ 300°) gefüllt.

Die Untersuchungsprobe wird in das Ölgefäß des PENSKY-MARTENSschen Flammpunktprüfers oder auch in einen Porzellantiegel von gleichen Dimensionen bis zur Marke, das ist etwa 3,5 cm hoch, eingefüllt. Sobald die Füllung des Dampfbades in vollem Sieden ist, werden die vorbereiteten Tiegel in das Glycerin- oder Ölbad eingesetzt. Nachdem das Untersuchungsmaterial die Temperatur des Heizbades niemals ganz erreichen kann, stellt man zur Kontrolle in je eine der Untersuchungsproben ein Thermometer, wischt nach Beendigung der Bestimmung die nach dem Herausnehmen des Thermometers noch anhaftende Ölmenge mit einem Stückchen Filtrierpapier, welches zusammen mit dem ölgefüllten Tiegel gewogen wurde, ab, trocknet das Papier und den in Wasser gekühlten Tiegel wenigstens $^1/_2$ Stunde im Exsiccator und wägt zurück.

Methode von CAMERMAN und NICOLAS[4]). Das Öl wird in ein zylindrisches Gefäß mit konischem Boden unter Quecksilberdruck eingetropft und ein Strom von überhitztem Wasserdampf durchgeleitet. Man bestimmt, wieviel in einer gewissen Zeit, z. B. in 50 Minuten, fortdampft. Je weniger mit Wasserdampf flüchtige Bestandteile das Öl enthält, um so mehr eignet es sich zur Zylinderschmierung.

---

[1]) Untersuchung der Kohlenwasserstofföle und Fette, 5. Aufl., S. 105.

[2]) Untersuchung usw., 5. Aufl., S. 266. Eine einfache und praktische Versuchsanordnung beschrieben auch DONATH und KARPINSKI: Öst. Ch.-Ztg. Bd. 21, S. 126. 1918.

[3]) Bezugsquelle: Paul Altmann, Berlin NW, Luisenstr. 21.

[4]) Mitt. Internat. Verein f. Materialprüf. 1910, S. 186.

Chemische Prüfung.

Freie Säure. Zum Nachweis wasserlöslicher Säuren schüttelt man etwa 100 ccm Substanz mit der gleichen bis doppelten Menge warmen Wassers aus, filtriert von der abgesetzten wässerigen Schicht 20—30 ccm durch ein feuchtes Filter und prüft das Filtrat mittels Methylorange. Fällt die Reaktion positiv aus, so muß auf die Mineralsäuren, besonders Schwefelsäure, noch durch die Fällungsreaktionen geprüft werden, weil auch niedrigere organische Säuren Methylorange röten.

Wasserunlösliche organische Säuren. Man wäscht das Öl mineralsäurefrei und wiederholt dann die Prüfung mit einem Phthalein-Indicator.

Quantitative Bestimmung organischer und anorganischer Säuren: Man löst 100 ccm der Probe in ca. 85 ccm einer Mischung von 2 Teilen Benzol und 1 Teil Alkohol, die nach Zusatz von 2 ccm einer 2 proz. alkoholischen Lösung von Alkaliblau 6 B mit $^{n}/_{10}$ alkoholischer Natronlauge neutralisiert wurden[1]). Nach Zugabe von 2 ccm Alkaliblaulösung titriert man mit $^{n}/_{10}$ alkoholischer Natronlauge bis zum Farbenumschlag über Violett nach (im durchfallenden Licht) deutlichem Rot.

Von dunkelfarbigen Ölen schüttelt man (nötigenfalls unter Erwärmen) 20 ccm mit 40 ccm absolutem Alkohol in einem Meßzylinder, gießt nach Stehenlassen über Nacht die Hälfte der alkoholischen Schicht ab, verdünnt mit absolutem Alkohol und titriert wie oben mit Alkaliblau als Indicator. Findet man über 0,03% freie Säure, so muß der Alkoholrest aus dem Zylinder abgegossen und die Ausschüttlung mit 40 ccm Alkohol und Titrierung der Hälfte des neuen Alkoholauszuges mehrfach wiederholt werden.

Die relative Menge der Säure, die bei der ersten Ausschüttlung im Öl zurückbleibt, ist erfahrungsgemäß konstant; statt die Ausschüttlung mehrmals zu wiederholen, kann man deshalb eine Korrektur anbringen. Diese beträgt für eine gefundene Menge von

0,015 — 0,025%	SO_3	=	0,005%
0,025 — 0,033%	„	=	0,010%
0,033 — 0,069%	„	=	0,015%
0,069 — 0,089%	„	=	0,020%
0,089 — 0,099%	„	=	0,025%
0,099 — 0,115%	„	=	0,030%
0,115 — 0,145%	„	=	0,035%

Öle mit weniger als 0,01% Säure, berechnet als SO_3, gelten als säurefrei.

Die gefundene Säuremenge wurde früher in Prozenten SO_3 angegeben oder als Säuregrade (1 Grad = 1 ccm $^{n}/_{1}$-Lauge pro 100 g Öl); in neuerer Zeit (nach den Deutschen Verbandsbeschlüssen) in Prozenten Ölsäure oder als Säurezahl.

Umrechnung: 1% SO_3 = 7,05% Ölsäure = Säurezahl 14.

Trennung von fettem Öl und Mineralöl.

Kleine Mengen von Mineralöl werden in fettem Öl durch die Holdesche Probe (S. 204) nachgewiesen. Auf kleine Mengen Fett in Mineralöl prüft man durch die auf S. 65 beschriebenen Reaktionen oder nach folgender Vorschrift[2]): 3—4 g Substanz werden im Reagensglas mit so viel Stangen-Ätznatron, daß es vom Öl etwa 1 cm hoch überdeckt wird, $^1/_4$ Stunde im Ölbad auf 250° erhitzt. Dunkle Mineralöle zeigen noch bei einem Gehalt von 2% fettem Öl, helle Maschinenöle sogar noch bei $^1/_2$%, nach dem Erkalten Gelatinierung oder Schaumbildung an der Oberfläche oder beide Erscheinungen. Zylinderöle zeigen noch bei Gehalten bis zu 1% fettem Öl nach dem Erkalten einen flockigen, blasigen Seifenschaum an der Oberfläche. — Gibt die Reaktion ein negatives Resultat,

---

[1]) Loebell: Ch.-Ztg. Bd. 35, S. 276. 1911.

[2]) Lux: Z. anal. Ch. Bd. 24, S. 357. 1885; Holde: Ch.-Ztg. Bd. 16, S. 1054. 1892; Ruhemann: Mitt. Techn. Vers.-Anst., Berlin, Bd. 10, S. 306. 1892.

so wiederholt man sie unter Anwendung einer entsprechenden Menge von metallischem Natrium an Stelle von Ätznatron.

Der Gehalt an fettem Öl läßt sich aus der Verseifungszahl schätzen, wobei für die als Bestandteile von Schmierölen in Betracht kommenden fetten Öle, sofern sie nicht geblasen sind, eine mittlere Verseifungszahl von 185, für Wollwachs etwa 100 angenommen werden kann; ist die Art des fetten Öles bekannt, so wird seine Menge aus der Verseifungszahl berechnet. Im anderen Fall bestimmt man das Unverseifbare nach S. 204 und den Fettgehalt aus der Differenz, unter Berücksichtigung der etwa vorhandenen Beimengungen, wie Wasser, Asche usw. Am sichersten verfährt man in der Weise, daß man nach dem Ausschütteln des Unverseifbaren aus der Lösung der unverseiften Substanz die Fettsäuren mittels Mineralsäure abscheidet, isoliert und wägt. Manche Schmieröle enthalten Wollwachs oder auch nur Wollwachsalkohole, was meistens schon am Geruch erkannt wird. In diesen Fällen müssen die Alkohole durch Auskochen der Probe mit Essigsäureanhydrid abgetrennt werden (vgl. S. 258). Ferner ist bei der Bestimmung des Unverseifbaren auf die Gegenwart niedrigsiedender Mineralöle Rücksicht zu nehmen. Zur Abtrennung derselben kann man vorteilhaft das Verfahren von Normann und Hugel (S. 274) heranziehen.

Kleine Mengen von nicht mehr als 1% Fett lassen sich auch durch Kochen mit alkoholischer Kalilauge, Umsetzen der entstandenen Seife mit Chlorcalcium, Isolieren und Veraschen der Kalkseife und Wägen des Kalkes bestimmen[1]). Für die Bestimmung größerer Mengen Fett eignet sich das Verfahren nicht.

Untersuchung des fetten Öles.

Die nach Abtrennung des Unverseifbaren abgeschiedenen Fettsäuren werden nach gründlichem Waschen und Trocknen wie üblich geprüft. Vor allem bestimmt man Erstarrungspunkt und Refraktion, Neutralisationszahl, Verseifungszahl und Jodzahl und prüft auf Harz- und Naphthensäuren. Enthält das Schmieröl geblasenes Öl, so ist auch bei der Prüfung auf Harzsäuren besondere Vorsicht nötig, weil die oxydierten Säuren sich nur sehr schwer verestern lassen und daher Harzsäuren vortäuschen können. Jedenfalls findet man bei der Harzbestimmung nach Twitchell immer zu hohe Werte[2]). Die oxydierten Säuren sollen durch 30proz. alkoholische Schwefelsäure verestert werden.

Besonders wichtig ist der Nachweis von verdicktem Öl. — Nach Marcusson erkennt man die Gegenwart geblasener Öle manchmal schon aus dem Verhältnis der Viscosität des ursprünglichen Schmieröles zu jener des isolierten Mineralöles[3]). Dasselbe gilt aber natürlich auch für die polymerisierten Öle. Die fetten Öle zeigen mit Ausnahme von Ricinusöl Viscositäten von höchstens 12—15 Englergraden bei 20°. Ist nun z. B. der Flüssigkeitsgrad eines Gemisches 30, der des abgeschiedenen reinen Mineralöles 20, so kann die Erhöhung um 10 Einheiten (bei Abwesenheit von Zusätzen wie Kautschuk u. dgl.) nur durch verdicktes Öl hervorgerufen sein.

Für geblasene Öle ist charakteristisch einerseits der Gehalt an oxydierten Säuren, die man auf Grund ihrer Unlöslichkeit in Petroläther erkennt und bestimmt, andererseits der Gehalt an flüchtigen Säuren, die durch die Reichert-Meißl-Zahl bestimmt werden. Diese Bestimmung muß mit der ursprünglichen Probe vorgenommen werden, weil bei der Trennung von fettem Öl und Mineralöl

---

[1]) Klimont: Ch.-Ztg. Bd. 17, S. 543. 1893.
[2]) Siehe auch Fahrion: Farbenztg. Bd. 18, S. 1227. 1913.
[3]) Marcusson: Ch. Revue Bd. 12, S. 291. 1905.

flüchtige Bestandteile verloren gehen können[1]): Man verseift soviel Substanz als etwa 5 g fettem Öl entspricht mit $^{n}/_{1}$ alkoholischer Kalilauge und dem gleichen Volumen Benzol, trennt das Unverseifbare ab, verdampft aus der Seifenlösung den Alkohol, verfährt mit der wässerigen Lösung wie bei der Bestimmung der Reichert-Meißl-Zahl üblich, und bezieht bei der Berechnung der Zahl die verbrauchten Kubikzentimeter Lauge auf das in der Substanz enthaltene fette Öl.

Die Bestimmung der in geblasenen Ölen und in manchen polymerisierten Ölen enthaltenen Estolide erfolgt nach S. 251, die Bestimmung der polymerisierten Säuren nach S. 249; über die Untersuchung polymerisierter Öle s. a. S. 373.

Untersuchung des Mineralöles.

Das nach S. 204 abgeschiedene Unverseifbare wird nach den Regeln der Mineralölanalyse geprüft. Vgl. die Angaben über allgemeine Anforderungen und die auszuführenden Bestimmungen S. 441 und 442. Ob das Mineralöl genügend raffiniert ist, ergibt sich schon aus dem Säure- und dem Aschengehalt der ursprünglichen Probe. Wenn die Beschaffenheit des unverseifbaren Anteils den Verdacht auf Zusätze von anderen Kohlenwasserstoffölen möglich erscheinen läßt, prüft man auf Harzöle, Steinkohlen- und Braunkohlenteeröle (s. S. 275 ff.), allenfalls auch auf Harz, Pech und Asphalt.

Bestimmung des Harzgehaltes: Es kommen weniger Zusätze von vegetabilischen Harzen in Betracht, deren Säuren übrigens mit denen des fetten Öles abgetrennt würden, als vielmehr die harzartigen Begleitstoffe der Mineralöle, die sich aus den ungesättigten Kohlenwasserstoffen bilden. Der Gehalt an diesen beträgt in hellen Mineralölen höchstens 0,6%, in dunklen über 1%, in schlecht raffinierten Ölen sogar mehrere Prozente. Man isoliert sie am besten nach HOLDE durch Adsorption mit Tierkohle[2]): auf 100 g Substanz 30—60 g Tierkohle und feinkörniger Kiessand, Abfiltrieren der Hauptmenge und Extrahieren der Reste des Mineralöles mit bis 50° siedendem Benzin, Wiedergewinnung der Harze durch aufeinanderfolgendes Ausziehen der Kohle mit höhersiedendem Benzin, Äther, Benzol und Chloroform.

Ein Teil der Harze ist in 70 proz. Alkohol löslich, er gleicht in Farbe und Durchsichtigkeit mehr den vegetabilischen Harzen. Den nichtlöslichen Teil bilden schwarze Asphalt- und Pechstoffe. Diesen Teil bestimmt man bei sorgfältiger Untersuchung direkt auf Grund seiner Unlöslichkeit in reinem Petroleumbenzin[3]): 5 g Substanz werden in einer Halbliterflasche mit 40 Raumteilen Benzin (spez. Gewicht 0,695—0,700) geschüttelt und wenigstens 24 Stunden im Dunkeln stehen gelassen, worauf man durch zwei Filter dekantiert und filtriert, mit Benzin wäscht, den Rückstand in Benzol aufnimmt, die Lösung einengt, eine Viertelstunde bei 105° trocknet und wägt. Bei paraffinhaltigen Ölen soll man den Rückstand vor dem Auflösen in Benzol und Alkohol auskochen, um das Paraffin zu entfernen, das sonst als Pech mitbestimmt wird[4]).

Bestimmung des Verharzungsvermögens: Die Neigung der Mineralöle, während des Schmiervorganges harz-, teer- und pechartige Stoffe neu zu bilden, ist

---

[1]) MARCUSSON: a. a. O.

[2]) HOLDE und EICKMANN: Mitt. Mat.-Prüf. Bd. 25, S. 148. 1907.

[3]) Siehe HOLDE: Mitt. techn. Vers.-Anst. Berlin 1895, S. 174; 1902, S. 253; 1903, S. 57. Der Gehalt an Paraffin muß bei Schmierölen im allgemeinen nicht bestimmt werden. Erforderlichenfalls wendet man das Alkohol-Ätherverfahren von HOLDE an. Ch. Revue Bd. 4, S. 21. 1897.

[4]) SCHREIBER: Z. ang. Bd. 18, S. 727. 1915.

mehr oder weniger von ihrem Gehalt an ungesättigten Kohlenwasserstoffen abhängig. Zur Bestimmung der Olefine ist die Jodzahl infolge der Gegenwart von cyclischen Kohlenwasserstoffen nicht geeignet. Eine annähernd vollständige Trennung der gesättigten Kohlenwasserstoffe und der Olefine kann aber durch Einwirkung von ganz schwachem Oleum, Schwefelsäure mit geringem Gehalt an Schwefelsäureanhydrid, erzielt werden. Beim Vermischen in der Eiskälte lösen sich die Olefine in der Säure auf, die gesättigten Kohlenwasserstoffe bleiben zurück. In den meisten Fällen wird has Verharzungsvermögen direkt bestimmt.

Qualitative Probe[1]): Man breitet einen Tropfen Öl auf einer Glasplatte (5×10 cm) aus und erhitzt je nach der Art des Öles verschieden hoch, z. B. Maschinenöle auf 50°, Dampfzylinderöle auf 100°. In gewissen Abständen, z. B. einmal täglich, läßt man erkalten und beobachtet die Konsistenz der Probe.

Quantitative Bestimmungen: Als Maße für die Veränderlichkeit der Kohlenwasserstofföle dienen u. a. die Teerzahl, die Kokzahl, die Verteerungszahl und die Verkokungszahl[2]).

Die Teerzahl ist die Prozentmenge der beim Erwärmen des Mineralöles mit alkoholischer Natronlauge in diese übergehenden und nach dem Ansäuern der alkoholischen Lösung durch Benzol herauslösbaren Stoffe. Die Kokzahl ist die Prozentmenge der nach Entfernung der teerartigen Bestandteile des Öles in Petroläther unlöslichen kokartigen Stoffe. Die Verteerungszahl ist nach der ursprünglichen Definition die Erhöhung der Teerzahl beim 50stündigen Erhitzen des Öles unter Durchleiten von Sauerstoff auf 150°, die Verkokungszahl ist die entsprechende Zunahme der Kokzahl.

Zur Bestimmung der Teerzahl werden 50 g Substanz mit 50 ccm einer Lösung aus gleichen Gewichtsteilen Alkohol und 7,5proz. Natronlauge auf ca. 80° erwärmt, dann wird das Gefäß verschlossen, 5 Minuten geschüttelt und in einen Scheidetrichter entleert. Nach dem Erkalten filtriert man möglichst viel von der Laugenlösung, welche die teerigen Bestandteile aufgenommen hat, in einen Meßzylinder, mißt einen aliquoten Teil ab, entfernt die mitgelösten neutralen Stoffe durch 5 Minuten langes Schütteln mit 50 ccm Petroläther, säuert an, schüttelt dann zweimal mit je 50 ccm Benzol aus, engt die Benzollösung ein und wägt den trockenen Rückstand. Das Gewicht gibt zunächst auf 50 ccm Laugenlösung, dann auf 100 g Öl umgerechnet, die Teerzahl.

Das nach obenstehender Vorschrift mit Lauge ausgeschüttelte Öl behandelt man mit 500 ccm eines Petroläthers, von dem 90% zwischen 30 und 80° destillieren. Nach Stehen über Nacht filtriert man das Ausgefällte durch ein bei 105° gewichtskonstant getrocknetes Filter, wäscht das anhaftende Öl mit Petroläther, dann das Alkali mit heißem Wasser aus, trocknet bei 105° und wägt; die Gewichtsdifferenz, auf 100 g Öl umgerechnet, ergibt die Kokzahl.

Zur Bestimmung der Verteerungs- und Verkokungszahl erhitzt man das Mineralöl 50 Stunden auf 150° und bestimmt dann wieder Teer- und Kokzahl wie oben. Eine einfachere Ausführungsform der Verteerungsprobe ist die von Schwarz und Marcusson[3]), bei welcher das Öl ohne Durchleiten von Sauerstoff einfach in einem Kolben von bestimmten Abmessungen 50 Stunden auf nur 120° erhitzt wird, wobei keine merkliche Kokbildung stattfindet, so daß nur die Bestimmung der Verteerungszahl nötig ist.

---

[1]) Holde: Untersuchung usw., 5. Aufl., S. 274.

[2]) Kissling: Ch.-Ztg. Bd. 30, S. 932. 1906; Bd. 31, S. 328. 1907; Ch. Revue Bd. 16, S. 3. 1909.

[3]) Z. ang. Bd. 26, S. 385. 1913; Petroleum Bd. 18, S. 741. 1922.

Fremdstoffe (Beimengungen und Zusätze).

Wasser: In hellen Mineralölen bemerkt man einen Wassergehalt schon an der Trübung, die beim Erhitzen verschwindet, und beim Abkühlen — im Gegensatz zu einer durch Paraffin verursachten Trübung — nicht wiederkehrt. Dunkle Öle erhitzt man in einem Reagensglas, dessen Wände vom Öl vollständig benetzt sind, auf 160—180°, wobei sich ein Wassergehalt durch Emulsionsbildung an der benetzten Wand, sowie durch Schäumen und Stoßen des Öles anzeigt.

Zur quantitativen Bestimmung wägt man in zwei 6—10 cm weite Glasschalen einerseits 10—12 g der gut durchmischten feuchten Ölprobe, andererseits eine ungefähr gleich große Menge durch Schütteln mit Chlorcalcium entwässertes Öl und erhitzt im kochenden Wasserbade, bis beim Rühren mit dem Glasstabe der Schaum an der Oberfläche verschwunden ist. Aus dem Unterschied der Gewichtsabnahmen ergibt sich die Menge des vom feuchten Öle abgegebenen Wassers. Von sehr wasserreichen Ölen wägt man nur 3—5 g ein und mischt sie innig mit 10—15 g des entwässerten Öles. — Für genaue Bestimmungen dient die Xylolmethode (S. 322).

Asche. Die Bestimmung ist besonders bei schon gebrauchten, wiedergewonnenen Ölen wichtig. Raffinierte Maschinenöle dürfen höchstens 0,01% Asche enthalten, Zylinderöle bis 0,1% alkalifreie Asche.

Man verdünnt das Öl mit Benzol und Benzin und läßt längere Zeit in der Wärme stehen[1]). Ein etwa abgeschiedenes Sediment wird mikroskopiert. Man kocht auch mit Salzsäure und mit Wasser aus und prüft den wässerigen Auszug auf einzelne Salze (Natriumsulfat usw.). Wenn das Öl in Benzol und Benzin vollständig löslich ist und der Salzsäure-Auszug beim Eindunsten keinen Rückstand hinterläßt, so kann man die Probe als praktisch aschenfrei ansehen.

Zur quantitativen Bestimmung verascht man etwa 20 g mit Hilfe des Filtrierpapierdochtes nach S. 325. Bei asphalthaltigen Ölen, die sich so nicht abbrennen lassen, kann man zweckmäßig nach Hviid und Severin verfahren[2]): In einem Porzellantiegel (Kgl. Porzellanmanufaktur Katalog Nr. 3620) ist in mittlerer Höhe ein Nickeldrahtnetz befestigt. Man wägt 5 g Substanz ein, erhitzt langsam und entzündet die über dem Drahtnetz schwebenden Dämpfe. Etwa mit fortgerissene Aschenteilchen werden von einem übergestülpten Trichter zurückgehalten.

Seife. Alkaliseifen verursachen beim Schütteln mit Wasser eine Trübung oder die Bildung einer Emulsion. Trennt man die Schichten, so reagiert infolge der hydrolytischen Spaltung der Seife der ölige Teil sauer und der wässerige alkalisch. Durch Säuren wird die Seifenemulsion im Gegensatz zu den durch andere Emulgierungsmittel hervorgerufenen sofort zerstört. Andere Seifen werden durch Nachweis des Metalls im sauren Auszug festgestellt.

Zur quantitativen Bestimmung wird bei Abwesenheit anderer alkalisch reagierender Zusätze eine Lösung von 10 g Substanz in Benzin direkt mit $^n/_2$-Salzsäure bei Gegenwart von Methylorange titriert. Meistens kann man auch nach Zerlegen der Seife mit einem gemessenen Überschuß an Mineralsäure und Trennen der Schichten, Fettsäuren und Metalloxyde titrimetrisch oder gravimetrisch bestimmen. Läßt sich die Seife durch Schütteln mit Salzsäure nicht zerlegen (wie bei naphthensulfosauren Salzen beobachtet wurde), so schüttelt man sie

[1]) Zur Vermeidung von Flüssigkeitswirbeln erwärmt man das Gefäß nicht bloß von unten, Donath und Karpinsky: Öst. Ch.-Ztg. Bd. 21, S. 129. 1918.

[2]) Petroleum Bd. 5, S. 1454. 1910.

mit verdünntem Alkohol aus[1]): 50 g Schmieröl im dreifachen Volumen Petroläther gelöst, schüttelt man mit je 20 ccm 50proz. Alkohol, bis dieser nichts mehr aufnimmt, entfernt aus den vereinigten Alkoholauszügen das mitgelöste Mineralöl durch Ausschütteln mit Petroläther, dampft die verbleibende Reinseifenlösung ein, trocknet bei 105° und wägt.

Leim. Ein aliquoter Teil des zur Prüfung auf Mineralsäure hergestellten wässerigen Auszuges wird eingedampft und der etwa verbleibende Rückstand mit heißem absoluten Alkohol digeriert, um Seifen auszuziehen. Der etwa verbleibende Rückstand wird gewogen und durch Erhitzen auf dem Platinblech und nach Lösen in 1—2 ccm Wasser mittels konzentrierter Gerbsäurelösung geprüft (vgl. S. 499).

Kautschuk. Etwa 10 g seifenfreie bzw. entseifte Substanz werden in 20 ccm Äther gelöst und mit soviel Alkohol versetzt, daß noch kein Öl, aber schon genügend feste Substanz ausfällt. Nach längerem Stehen wird die abgesetzte Fällung filtriert, mit Alkohol-Äther (1 : 2) gewaschen, getrocknet und gewogen. Die Probe ist als qualitativer Nachweis sehr zuverlässig, gibt aber bei quantitativer Ausführung nur Näherungswerte[2]).

Bestimmung als Tetrabromid[3]): Aus der Einwage wird der größte Teil des Öles mit Aceton herausgelöst; vom Rückstand werden 0,1 g mit 15 ccm Chloroform quellen und dann mit 10 ccm einer 5proz. chloroformischen Bromlösung 5 Stunden bei 0° reagieren gelassen. Man verdünnt hierauf mit Chloroform, fällt durch raschen Zusatz der vierfachen Menge Benzin das entstandene Tetrabromid des Kautschuks, wäscht mit Alkohol weiß, dann mit heißem Wasser, Alkohol und Äther. Der Niederschlag wird samt dem Filter mit Kaliumnatriumcarbonat geschmolzen und in der salpetersauren Lösung der Schmelze das Brom mit Silbernitrat gefällt. Die gefundene Brommenge wird durch Multiplizieren mit dem Faktor 0,425 auf Kautschuk umgerechnet.

Schönungsmittel[4]). Zur Verdeckung der Fluorescenz werden den Mineralölen oft sogenannte Entscheinungsmittel, vor allem α-Nitronaphthalin oder gelbe Anilinfarben zugesetzt, unangenehme Gerüche von minderwertigen fetten Ölen verdeckt man durch Nitrobenzol. Die aromatischen Nitroverbindungen geben bei der Reduktion mittels Zinn und Salzsäure Amine, die sich durch ihre Spezialreaktionen leicht charakterisieren lassen. Weniger zu empfehlen ist die Extraktion der Nitroverbindungen mit Dimethylsulfat.

Praktische Prüfung.

Man prüft einerseits die Beständigkeit des Öles unter Bedingungen, die denen bei der praktischen Verwendung möglichst ähnlich sind, andererseits wird die Schmierfähigkeit auf geeigneten Vorrichtungen oder im Betriebe erprobt (mechanische Prüfung).

Prüfung auf Beständigkeit.

Die schädlichen Veränderungen, denen ein Schmieröl während der Verwendung ausgesetzt ist, sind: die Oxydation durch den Luftsauerstoff, die Verharzung und Verteerung durch innere Kondensation der Kohlenwasserstoffe

[1]) Marcusson: Ch. Umschau Bd. 25, S. 2. 1918.
[2]) Holde: Untersuchung usw. 4. Aufl., S. 220.
[3]) Budde: Gummiztg. Bd. 24, S. 4. 1909; Hinrichsen und Kindscher nach Hinrichsen: Materialprüfungswesen, Stuttgart, S. 511.
[4]) Holde: Untersuchung usw., 4. Aufl., S. 221.

und Fettsäuren in der Wärme, die Spaltung der Glyceride durch den Wasserdampf und die Bildung von Metallseifen durch Einwirkung freier Säuren auf die Lagermetalle.

Zur Bestimmung der Oxydationsfähigkeit eines Fett-Mineralölgemisches sind die betreffenden Methoden der Mineralölanalyse, wie die Teerzahl, die Verteerungszahl usw. nicht anwendbar, weil ja beim Erhitzen der Substanz mit wässerig-alkoholischer Lauge das fette Öl verseift wird und nach dem Ansäuern die freien Fettsäuren in Benzol gehen, somit als verteerte Bestandteile bestimmt würden. Die Bestimmung des Trockenvermögens wie bei den fetten Ölen (S. 283) ist nur dann verläßlich, wenn das Mineralöl keine zu leicht flüchtigen Bestandteile enthält. Jedenfalls ist die größere Flüchtigkeit des Mineralöles zu berücksichtigen, z. B. durch neuerliche Bestimmung des Gehaltes an Verseifbarem und Unverseifbarem nach Ausführung der Trockenprobe.

Fettspaltung tritt bei Verwendung des Schmiermittels als Dampfzylinderöl auf. Die Prüfung auf Beständigkeit in dieser Hinsicht ist eingeschlossen in die Prüfung auf die Angriffsfähigkeit gegenüber Metallen.

Angriffsfähigkeit gegenüber Metallen: Diese hängt in erster Linie von der Menge der im Schmieröl enthaltenen bzw. der durch Fettspaltung und Oxydation sich anhäufenden freien Säuren ab. Mineralsäure wirkt natürlich viel stärker als organische Säure. Selbstverständlich spielen die Temperatur sowie Zutritt von Luft und von Feuchtigkeit eine große Rolle. Nach Donath ist die korrodierende Wirkung nicht unmittelbar vom Gehalt an freien Säuren abhängig, diese bewirken bloß, daß Luft und Feuchtigkeit das Metall rascher und energischer oxydieren[1]). Auch die chemische Natur des Metalls und seine Struktur kommen wesentlich in Betracht. Nach Redwood[2]) wirken verschiedene Fette, abgesehen von ihren Gehalten an freier Säure, auch an sich verschieden: Eisen wird durch Robbentran wenig, durch Talgöl stark angegriffen, Messing durch Rüböl gar nicht, durch Olivenöl wenig, durch Baumwollsamenöl stark angegriffen, Kupfer durch Spermöl stark, durch Talgöl am stärksten.

Zum Schmieren trockener Maschinenteile bestimmte Öle erhitzt man mit gewogenen, blanken Metallplättchen in der Größe $30 \times 30 \times 3$ mm lange Zeit auf 50°. Ab und zu werden die Plättchen aus dem Öl genommen, nach vorsichtiger Reinigung zurückgewogen und auf Korrosion untersucht, während das Öl auf etwa gelöstes Metall geprüft wird.

Prüfung von Dampfzylinderölen: Ein blankgeschmirgeltes Gußeisenplättchen der angegebenen Größe wird in einer Achatschale mit 25—30 g Schmieröl übergossen und die Schale, mit einem Kupferblech bedeckt, auf einen kupfernen Dreifuß in einen zur Hälfte mit Wasser gefüllten Autoklaven gestellt. Man heizt 4, 6 oder 10 Stunden lang auf den gewollten Druck, meistens 10 Atmosphären. Nach dem Abblasen des Autoklaven wägt man das gereinigte Eisenplättchen zurück und prüft seine Oberfläche. Das Öl wird auf seinen Gehalt an freien Fettsäuren und Eisenseifen untersucht. Der Gehalt der fetten Öle an freien Fettsäuren steigt natürlich sehr beträchtlich; bei Rübölen z. B. auf etwa 60—70%, berechnet als Ölsäure; hingegen sind Mischungen von fettem Öl und Mineralöl sehr beständig. Dementsprechend wird das Metall von unvermischten fetten Ölen sehr stark, von Mischungen auffallend wenig angegriffen.

---

[1]) Dingl. Polyt. J. Bd. 294, S. 186. 1895; Z. ang. Bd. 8, S. 245. 1895.

[2]) The Engineer 1886, S. 189.

Gewichtsabnahmen der Eisenplättchen bei sechsstündiger Einwirkung von Öl und Wasserdampf von 10 Atmosphären nach HOLDE:

Öl	Abnahme in mg
Rohe Rüböle	42—60
Verdickte Rüböle	197—224
Raffinierte Rüböle	7—276
2 Vol. Mineralöl + 1 Vol. Rüböl	0—1
4 Vol. Zylinderöl + 1 Vol. Rüböl	1,4—1,6
Mineralzylinderöl mit 6% Knochenöl	6

Diese Prüfungsmethoden haben den wesentlichen Nachteil, daß die wechselseitige Einwirkung von Metall und Öl in der Ruhe natürlich eine geringere ist als beim Schmiervorgang, bei dem die Berührungsfläche immer blank gescheuert wird, so daß sich keine schützende Kruste bilden kann.

Mechanische Prüfung.

Zur mechanischen Prüfung der Schmierfähigkeit dienen die sog. Ölprobiermaschinen, mit welchen die Reibungskoeffizienten, das sind die auf die Einheit des Druckes und der Geschwindigkeit reduzierten Reibungswiderstände, unmittelbar oder mittelbar gemessen werden sollen. Es gibt bereits eine größere Anzahl solcher Apparate verschiedener Systeme, deren Einrichtungen den Verhältnissen bei der betriebsmäßigen Verwendung des Schmiermittels mehr oder weniger angepaßt sind[1]). Immerhin werden nicht alle praktisch in Betracht kommenden Umstände berücksichtigt, so daß man aus den Resultaten keine bindenden Schlüsse auf den Gebrauchswert des geprüften Öles ziehen kann. Wird z. B. das Öl auf einem Apparat geprüft, in welchem sich eine Welle in einem Lager dreht, so kann man nicht ohne weiteres annehmen, daß das gleiche Ergebnis auch bei schwingender Bewegung, wie bei der von Kolben in Zylindern, bei Geradführungen auf Gleitbahnen usw., erzielt wird. Man kann selbst bei gleichartiger Bewegung des Versuchsapparates und der Arbeitsmaschine die Resultate nicht direkt übertragen bzw. auswerten, wenn die Art der Schmierung eine verschiedene ist, z. B. im ersten Fall Tropfschmierung angewendet wird, im anderen Fall aber ein Ringschmierlager, bei welchem das Schmiermittel immer im Überschuß vorhanden ist. Unter keinen Umständen sind die auf Probiermaschinen verschiedener Systeme erhaltenen Resultate miteinander direkt zu vergleichen. In der Praxis stellt man sich auch wohl verschiedene Prüfvorrichtungen zusammen, von denen jede einem bestimmten Verwendungszweck entspricht, so daß z. B. eine nur die drehende Bewegung wie bei der Lagerschmierung berücksichtigt, eine andere nur die schwingende oder beide Bewegungsarten usw.

Wichtige Kriterien für die Schmierfähigkeit eines Öles sind die folgenden:

Die Temperatur des geschmierten Maschinenteiles,

der Kraftverbrauch beim Anlaufen der Maschine,

der Kraftverbrauch im Beharrungszustande,

die Dauer des Auslaufens, d. h. die Zeit vom Ausschalten des Antriebes bis zum völligen Stillstand der Maschine.

Zur zahlenmäßigen Bestimmung dieser vier Faktoren dient im technischen Laboratorium der Firma Georg Schicht A.-G. ein verhältnismäßig sehr einfacher Apparat, die

[1]) Bezüglich dieser Apparate muß auf die Spezialliteratur verwiesen werden; s. bes. über die MARTENSsche Ölprobiermaschine bei HOLDE: Untersuchung usw., 5. Aufl., S. 260 und über die Maschine von DUFFING: Z. ang. Bd. 35, S. 607. 1922.

Ringschmierlager-Ölprobiermaschine, Bauart SCHNETZER[1]). In einem Ringschmierlager (System WÜLFEL) läuft ein Zapfen vom Durchmesser 145 mm, der an beiden Enden durch je ein Schwungrad gleichmäßig belastet ist. Der Antrieb erfolgt durch einen Elektromotor mittels Riemen. Die Umlaufgeschwindigkeit läßt sich durch einfache Umschaltung des Elektromotors erhöhen bzw. erniedrigen. Auf den Versuchszapfen ist gemäß der Bauart des Lagers ein Ring aufgepreßt, der in den unterhalb der Lagerschale befindlichen Ölbehälter taucht. Das an dem Ring haftende Öl wird bei der Rotation mitgenommen und oben durch einen Abstreicher durch zwei Löcher in der oberen Lagerschale den Schmiernuten zugeführt. In die beiden Löcher tauchen Thermometer mit $^1/_{10}$ °-Teilung, welche Anordnung es gestattet, die Temperatur des im Lager kreisenden Schmiermittels ständig zu beobachten. Zur Ermittlung der Reibung des Zapfens im Lager wird die Auslaufzeit bestimmt. Nach erreichtem Beharrungszustand wird der Treibriemen abgeworfen und die Zeit gemessen, die bis zum Eintritt des Stillstandes des Zapfens verfließt. Die Messungen erfolgen immer unter denselben Bedingungen, die Bauart der Maschine gestattet die Bedingungen immer genau einzuhalten, so daß die Versuche reproduzierbar sind und die Ergebnisse von Parallelbestimmungen zweier Öle von gleicher äußerer Beschaffenheit ohne weiteres miteinander vergleichbar sind. — Zur Bestimmung des Kraftverbrauchs wird ein Elektrizitätszähler eingeschaltet. Der Einfluß hochviscoser Öle auf den Kraftverbrauch kann nur bei höheren Lagerdrucken bestimmt werden. Die Erhöhung des Lagerdruckes wird durch Belastung der oberen Lagerschale in folgender Weise erreicht: ein einseitig eingespanntes Profileisen ist über die obere Lagerschale geführt, die es eben berührt. Bei einer Durchbiegung vom freischwebenden Ende aus wird die obere Lagerschale je nach dem Grade der Durchbiegung mehr oder weniger gegen den Zapfen gedrückt. Das freischwebende Ende des Profileisens trägt einen Zeiger, der an einer Skala spielt, an der man direkt die Lagerdrucke in kg pro cm^2 ablesen kann. Lagertemperatur, Kraftverbrauch, Auslaufzeit und Umlaufgeschwindigkeit werden dann der Beurteilung der Schmierfähigkeit zugrunde gelegt.

Zur vergleichsweisen Prüfung von Ölen für Kolbenschmierung benützt das technische Laboratorium der Firma Georg Schicht A.-G. die

Kolben-Ölprobiermaschine, Bauart SCHNETZER[1]). Diese besteht aus den wesentlichen bewegten Elementen eines Explosionsmotors, und zwar aus Zylinder mit Kolben, Kurbelwelle mit Schwungrad und Steuerung. Der Kühlmantel des Zylinders ist an Warmwasser-, Frischwasser- und Dampfleitung angeschlossen, so daß die Ölprüfung bei beliebig einstellbarer, konstanter Temperatur, z. B. bei 100°, erfolgen kann. Die Schmierung erfolgt genau wie beim arbeitenden Motor, und zwar werden die Wellenlager mittels Tropfschmierung von einem gemeinsamen Ölreservoir aus, Steuerung, Kurbellager und Zylinder durch Spritz- oder Tauchschmierung, versorgt. Der Antrieb des Motors erfolgt durch einen passenden Elektromotor. Die Stärke desselben ist so gewählt, daß der durchschnittliche Stromverbrauch seiner maximalen Leistungsfähigkeit nahekommt, weil so die Unterschiede zwischen verschiedenen Ölen deutlicher zum Ausdruck kommen. Natürlich muß darauf geachtet werden, daß die Stromlieferung während der genauen Beobachtungszeit möglichst konstant bleibt. Die Kraftübertragung erfolgt mittels einer Bandkuppelung; der Stromverbrauch des Elektromotors, der für die Bewertung des Öles maßgebend ist, wird zweckmäßig mit

[1]) Bisher nicht veröffentlicht. Mit freundlicher Bewilligung des Herrn Chefingenieur SCHNETZER, techn. Direktor der Firma Georg Schicht A.-G., nach der Beschreibung des Herrn Ing. DITTRICH, bekanntgegeben.

einem Kilowattstundenzähler gemessen. Dieser ist so geschaltet, daß er nur jenen Stromanteil mißt, der tatsächlich durch den Motor geht, nicht aber auch die im Regulierwiderstand als Wärme verlorengehende Energie, die bei ein- und demselben Versuch in meßbaren Grenzen schwankt und die Unterschiede im Stromverbrauch bei wechselnder Belastung verwischt. Dies ergibt sich durch den Vergleich des aus der Zählerablesung ermittelten Stromverbrauchs mit dem Gesamtstromverbrauch, den man durch die Kontrolle mittels Voltmeter und Ampèremeter aus dem Produkt [Spannung × Stromstärke] erhält. Die Differenzen sind auf unvermeidliche Ablesefehler am Volt- und Ampèremeter zurückzuführen. Da die Spannung und damit die Tourenzahl stets merklich schwankt, muß in Ermangelung einer Registriervorrichtung während einer längeren Zeit in kurzen Intervallen die Tourenzahl bestimmt und davon das Mittel genommen werden. Die Zählerablesung gibt direkt den mittleren Stromverbrauch an. Die Ablesungen erfolgen nach erreichtem Beharrungszustande, der je nach der Art des Öles in $^1/_2$—1 Stunde erreicht wird.

Zur besseren Hervorhebung der Unterschiede im Kraftverbrauche bei Schmierung mit verschiedenen Ölen empfiehlt es sich, den auf die Überwindung der Reibung des Kolbens entfallenden Anteil des Gesamtstromverbrauches hervorzuheben. Dies kann in folgender Weise geschehen: Man zieht vom Gesamtkraftverbrauch den Strombedarf des leerlaufenden Elektromotors ab. Weiters eliminiert man zweckmäßig den Kraftverbrauch, der zur Kompression der angesaugten Luft nötig ist. Der hierzu nötige Energieaufwand beeinträchtigt das gewonnene Bild insofern, als er doch von jeder Schmierung unabhängig ist und gleich dem Strombedarf des leerlaufenden Elektromotors, lediglich durch Erhöhung des Gesamtstromverbrauches den prozentuellen Anteil der Kolbenreibung und damit eben die dadurch bedingten Unterschiede im Kraftverbrauch bei Schmierung mit verschiedenen Ölen verringert. Da man den Elektromotor nicht immer auf die gleiche Umlaufzahl einstellen kann, eliminiert man diese, indem man den Quotienten aus Stromverbrauch durch Tourenzahl zur Darstellung der Versuchsergebnisse benützt. Er ist namentlich bei Ausschaltung der Kompression ein zuverlässiges Maß für den Stromverbrauch bei einer Umdrehung.

Die so gefundenen Zahlenwerte können nicht ohne weiteres miteinander verglichen werden. Man darf selbstverständlich die Werte für Öle von ganz verschiedener Viscosität nicht ohne weiteres miteinander vergleichen. Es ist auch zu beachten, daß verschiedene Öle meistens auch in der Abhängigkeit ihrer Viscosität von der Temperatur verschieden sind. Zwei Öle können bei 50° die gleiche Viscosität zeigen, aber bei 100° sehr verschieden viscos sein und umgekehrt. Die Bremswirkung der zähen Öle ist bekanntlich größer als die der weniger zähen, folglich muß der Kraftverbrauch bei Verwendung eines Öles im allgemeinen um so größer sein, je höher seine Viscosität ist. Diese Regel gilt im allgemeinen auch für Mischungen von Mineralölen mit fetten Ölen, es gibt aber auch Compoundöle mit hochkondensierten Fetten von hervorragender Schmierfähigkeit, die den sonst bei hochviscosen Ölen in Kauf zu nehmenden Nachteil nicht zeigen und gleichen oder kleineren Kraftverbrauch bedingen, als Öle von geringerer Viscosität.

Konsistente Schmiermittel.

(Starrschmieren und Zähschmieren, sog. konsistente Maschinenfette.)

Die Starrschmieren sind im wesentlichen kolloide Lösungen oder Aufquellungen von wasserarmen Seifen (besonders Kalk- und Alkaliseifen, aber auch Tonerde- und Magnesiumseifen u. a. m.) in Kohlenwasserstoffölen. Als seifenbildende Säuren verwendet man die billigsten, häufig solche von Abfallfetten, rohem Wollfett, Tranen, dann rohes Montanwachs, Naphthensäuren; als Kohlenwasserstofföle dienen neben Mineralölen, sog. Teerfettöle, Harzöl, Braunkohlen-Generatorteer oder Urteer, Nadelholzteer- und Pechdestillate, Erdölpech, Fettpech u. dgl. In fast allen Starrschmieren finden sich Beimengungen von unveränderten Rohmaterialien oder aus diesen stammende Stoffe wie Neutralfett, Fettsäuren, Wachsalkohole, Glycerin, Kalk, dann gelbe Farbstoffe, Parfümierungs- und Entscheinungsmittel. Manche Sorten enthalten erhebliche Zusätze von Talkum, Glimmer, Graphit, feingeschnittene Putzbaumwolle (für Heißwalzenfette), Stärke, Melasse, in neuester Zeit auch Sulfitzellstofflauge.

Die einzelnen Bestandteile finden sich in allen erdenklichen Kombinationen und Mischungsverhältnissen; die wichtigsten Kombinationen sind:

	Vorwiegende Verwendung
Wahre konsistente Fette[1]) (Talge, auch in Mischung mit Wachs usw.)	zum Tränken von Stopfbüchsenpackungen
Feste Fette und Alkaliseife, sog. Compoundfette	für Schiffsmaschinen
Natron- und Kalkseifen in Mineralöl, sog. Staufferfett[2]), Kalypsolfett	für Transmissionen, Kurbelzapfen, Walzenstraßen u. a. m.
Wollfettseifen mit Harzseifen und Harzöl (sog. Wollfettwalzenschmieren)	für Walzenstraßen
Natronseifen in Mineralöl (sog. Vaselinbriketts, auch als Compoundfette bezeichnet)	für gleiche Verwendung wie Staufferfett
Aluminium- und Natronseifen in Mineralöl	für gleiche Verwendung wie Staufferfett
Seifen-Mineralölmischungen mit Talkum beschwert	für Seil- und Kettenschmierung
Seifen-Mineralölmischungen mit Graphit	für Kammradschmierung, für Fahrradketten
Wollfett, Seifen, Harz, Harzöl und dgl. (sog. Riemenadhäsionsfette)	für die Innenseite von Treibriemen
Kalkseifen in Harzöl, Teeröl u. dgl.	für Wagenachsen
Eingekochte Sulfitzellstofflauge, neutralisiert mit Kalilauge, versetzt mit Paraffin, Mineralöl	für Treibriemen als Adhäsionsfett
Dieselbe mit Chlorcalcium oder Chlormagnesium und Carragheenabkochung	für Wagenachsen.

Allgemeine Anforderungen: Die konsistenten Schmiermittel dienen zur Schmierung von Reibungsstellen von geringer Umlaufgeschwindigkeit, an denen sich die gewöhnlichen Schmiervorrichtungen nicht anbringen lassen, für hochbelastete Lager u. dgl. Sie müssen daher zähe sein, am Lager adhärieren, nicht unter 70—80° schmelzen oder abtropfen; oft wird auch ein Tropfpunkt von 90° oder darüber verlangt. Sie sollen keine freien Säuren enthalten, homogen sein und sich beim Stehen oder beim Gebrauch weder entmischen noch durch Verdunstung oder Oxydation einzelner Bestandteile verändern. Je nach der Verwendung werden auch noch spezielle Lieferungsbedingungen vorgeschrieben, wie z. B.: kein Verharzen beim zehnstündigen Erhitzen auf 100°, Flammpunkt des verwendeten Mineralöles nicht unter 150°, spez. Gewicht maximal 1 (die Ware muß auf Wasser schwimmen), bestimmte untere Grenze für den Seifen- und obere Grenze für den Wassergehalt u. dgl. mehr.

[1]) Die häufig gebrauchte Bezeichnung „konsistente Fette“ für die ganze Gruppe, also z. B. auch für vollkommen fettfreie Mischungen von Harzseife in Mineral- oder Teeröl ist natürlich falsch.

[2]) Irrtümlich auch Tovotefette genannt.

Physikalische Prüfung.

Man prüft vor allem, ob das Produkt vollkommen homogen ist, keinen üblen Geruch zeigt oder ob ein solcher durch Nitrobenzol u. dgl. verdeckt wurde; ferner beurteilt man die Farbe, denn helle Produkte werden meistens höher bewertet als dunkle oder mißfarbene.

Die Konsistenz wird mit dem Konsistenzmesser von KISSLING (s. S. 95) geprüft, der Tropfpunkt nach S. 116 bestimmt. (Eine Bestimmung des Schmelzpunktes ist gewöhnlich nicht möglich, weil die meisten konsistenten Schmiermittel beim Erwärmen überhaupt keine klare Schmelze geben.) Der Tropfpunkt ist nicht nur vom Mengenverhältnis und von der Art der Seife und des Mineralöles und vom Wassergehalt abhängig, sondern auch von dem Verfahren bei der Darstellung der Seife und ihrer Auflösung im Öle. Die Tropfpunkte liegen meist um 80°, es gibt aber auch einige sehr hoch, gegen 200° schmelzende Spezialprodukte.

Chemische Prüfung.

Qualitative Untersuchung[1]): Man beobachtet zuerst, ob sich die Probe in Benzin oder Äther löst und ob sie Asche enthält. Ist sie aschenfrei, so enthält sie keine Seife und wird wie ein normales, flüssiges Schmiermittel untersucht. Bleibt bloß eine Trübung, die auf Zusatz von absolutem Alkohol verschwindet, so rührt dies nur von Wasser her. Ist die Probe unlöslich, so extrahiert man sie heiß mit einer Mischung von 90 Vol. Benzin und 10 Vol. absolutem Alkohol (bei sehr hochschmelzenden Proben nimmt man das Verhältnis 80 : 20 und setzt nötigenfalls noch Alkohol zu); in der Lösung wird dann auf Seife und Kohlenwasserstofföle, im Rückstand auf Kalk und Beschwerungsmittel geprüft.

Zur Prüfung, ob freie Fettsäure oder überschüssiger Kalk vorhanden, kocht man eine Probe mit 80proz. Alkohol bzw. schüttelt mit 40proz. Alkohol aus, setzt Phenolphthalein zu und beobachtet, ob sofort oder erst nach einigem Alkalizusatz Rötung erfolgt. Man kann auch einfach kleine Proben einerseits mit geröteter, andererseits mit farbloser, wässeriger, alkoholischer Phenolphthaleinlösung verkneten, die Lösungen wieder herausdrücken und beobachten, ob die rote Lösung gefärbt oder die farblose gerötet wird[2]).

Analysengang für die Trennung der Hauptbestandteile[3]).

Von den Bestandteilen der konsistenten Schmiermittel lösen sich die öligen Stoffe (Fette, Mineralöle, Harzöle usw., Glycerin) in Aceton, von den in Aceton unlöslichen Substanzen lösen sich die Seifen in Benzol-Alkohol, die anorganischen Stoffe bleiben als Rückstand. 10 g Substanz werden in einem Erlenmeyerkolben mit 100 ccm frisch destilliertem Aceton unter öfterem Zerdrücken der Knöllchen in der Kälte digeriert und dann mehrere Stunden, am besten über Nacht, stehen gelassen, bis sich die festen Bestandteile fein verteilt abgeschieden haben. Nötigenfalls dekantiert man und behandelt den Rückstand nochmals mit 50—100 ccm Aceton. Hierauf wird filtriert und mit Aceton, evtl. auch noch mit Aceton-Benzinmischung (3 : 1) restlos ausgewaschen.

Ölige Bestandteile: Die Acetonlösung (A) enthält das gesamte Fett, Harz, Mineralöl, Harzöl, Teeröl, Glycerin. Man dampft die Lösung ein und

[1]) HOLDE: Untersuchung usw., 5. Aufl., S. 315.
[2]) NORMANN: Ch. Revue Bd. 16, S. 99. 1909.
[3]) MARCUSSON: Ch. Revue Bd. 20, S. 43. 1913. Über einen Analysengang zur Untersuchung von Wagenfetten und Walzenschmieren s. a. KALETA: Ch.-Ztg. Bd. 47, S. 183. 1923.

bestimmt die einzelnen Bestandteile wie üblich. Der in Aceton unlösliche Rückstand (B) wird mit heißem Benzol-Alkohol (9 : 1) quantitativ in ein Kölbchen gespült (Durchstoßen des Filters) und kurze Zeit gekocht, wodurch alle Seifen in Lösung gehen. Die Seifenlösung wird vom unlöslichen Rückstand (*C*) heiß abfiltriert und eingeengt, wobei man, wenn viel Alkaliseifen zugegen sind, ausgeglühten Sand zusetzt. Man trocknet bei 105° gewichtskonstant und wägt die Gesamtseifenmenge.

Trennung der Alkali-, Kalk- und Tonerdeseifen: Aus den gewogenen Gesamtseifen werden durch Erwärmen mit 50proz. Alkohol die Alkaliseifen herausgelöst und bestimmt; der Rest ist die Summe der übrigen Seifen. Statt aus den Gesamtseifen kann man auch aus dem acetonunlöslichen Rückstand (*B*) die Alkaliseifen mit 50proz. Alkohol ausziehen und dann erst mit Benzol-Alkohol Kalkseifen und etwa vorhandene Aluminiumseifen extrahieren. Die Kalk- und Aluminiumseifen zerlegt man mit Salzsäure, bestimmt die Basen und rechnet auf die einzelnen Seifen um.

Harz: Die Fettsäuren werden namentlich auf Harz geprüft. Harzsaurer Kalk ist in Aceton nicht unlöslich; enthält die Probe Harzsäuren, so bestimmt man deshalb in der Acetonlösung (*A*) durch Veraschen den Kalkgehalt, rechnet ihn (unter Annahme des mittleren Molekulargewichtes der Harzsäure zu rund 300) durch Multiplikation mit 11,4 auf harzsauren Kalk um und schlägt die berechnete Menge zu den durch direkte Abscheidung bestimmten Kalkseifen.

Anorganische Bestandteile: Der in Benzol unlösliche Rückstand (*C*) enthält nur mehr anorganische Bestandteile; er kann entweder nur aus Kalk und Calciumcarbonat bzw. anderen überschüssigen Seifenbasen von der Herstellung des konsistenten Fettes bestehen oder auch Graphit, Ruß oder Beschwerungsmittel, wie Talk, Kieselgur, Glimmer, Gips, Schwerspat u. dgl. enthalten. Man bestimmt die einzelnen Bestandteile nach den Regeln der Mineralanalyse.

Fehlerquellen: Ein größerer Wassergehalt stört bei der Extraktion mit Aceton, gegebenenfalls muß die Probe erst getrocknet werden. Fettpech, Erdölpech u. dgl., die in den minderwertigen Sorten enthalten sind, lösen sich nur teilweise in Aceton, das Ungelöste geht in die benzolisch-alkoholische Seifenlösung über.

Einzelbestimmungen.

Wasser: Eine größere Menge wird nach dem Xylolverfahren (s. S. 322) destilliert. Die Werte liegen gewöhnlich zwischen 1 und 4, höchstens bei 6%.

Asche: 5 g Substanz werden weißgebrannt, der Glührückstand gewogen.

Freie Säure[1]): Man erhitzt 10 g Substanz mit 50—100 ccm einer Mischung von 90 Vol. Benzin (0,700) oder besser über 100° siedendem Benzin, Toluol, Xylol, Butylalkohol u. dgl.[2]) und 10 Vol. absolutem Alkohol, filtriert oder dekantiert nach längerem Absitzenlassen, wenn nötig noch warm, von Ungelöstem, versetzt die Lösung mit 30—50 ccm 50proz. Alkohol, läßt erkalten und titriert unter häufigem Schütteln ohne Erwärmen mit $^n/_{10}$ alkoholischer Natronlauge (Phenolphthalein), bis die alkoholisch wässerige Schicht rosa gefärbt bleibt.

Gesamtfett: 10 g Substanz werden mit 100 ccm Äther und etwa 10 ccm verdünnter Salzsäure unter Rückfluß bis zum Klarwerden der beiden Schichten erhitzt; das Ätherlösliche wird quantitativ gesammelt, mineralsäurefrei ge-

---

[1]) Siehe auch Marcusson: Laboratoriumsbuch S. 134.

[2]) Normann: Ch. Revue Bd. 16, S. 100. 1909.

waschen, bei 105° getrocknet und gewogen. Im Gesamtfett können hierauf unverseiftes Fett, Fettsäuren und Unverseifbares (Mineralöl) bestimmt werden. Zieht man von der gefundenen Fettsäurenmenge die freie Säure ab, so ergibt sich die in Form von Seife vorhandene Fettsäure.

Glycerin: Die Kenntnis des Glyceringehaltes, der höchstens 0,2—0,5% beträgt, ist an sich ohne Belang; man bestimmt das Glycerin im allgemeinen nur dann, wenn festgestellt werden soll, ob die untersuchte Ware aus Neutralfett erzeugt wurde. Man zerlegt die Probe mit Benzin und verdünnter Salzsäure und analysiert das Sauerwasser.

Sulfitzellstofflauge[1]): Auf Zusatz von Äther bilden sich eine wässerige und eine ätherische Schicht. Überschüssige Salzsäure erzeugt einen hellfarbigen Niederschlag von Ligninsulfosäure; er ist in Äther und Benzol unlöslich, zersetzt sich beim Erhitzen mit der Säure unter Verfärbung und Entwicklung von schwefliger Säure. Alkohol fällt ligninsulfosauren Kalk, der in Äther, Benzol und Chloroform unlöslich ist und mit Säuren schweflige Säure abspaltet. Fehlingsche Lösung wird stark reduziert. Charakteristisch ist auch der beim Verkohlen des trockenen Rückstandes auftretende Geruch, er erinnert an den Geruch, der beim Veraschen von Pfeffer auftritt und zugleich an Kohl. Weitere Reaktionen sind von PROCTER-HIRSCH, APPELIUS u. a. m. angegeben worden[2]).

Bohröle.

(Kühlöle.)

In der Maschinenschlosserei müssen beim Bohren, Drehen, Fräsen u. dgl. Bearbeitungen die Metallstücke fortwährend benetzt werden. Die Benetzung soll in erster Linie kühlend wirken und die bearbeiteten Stellen vor dem Rosten schützen. Man verwendet außer Seifenlösungen, die gewöhnlich mit Sodalösung versetzt werden, Lösungen oder Emulsionen von Bohrölen. Diese sind wasserlösliche oder emulgierbare Mischungen von Mineralölen, Harzölen, flüssigen Wachsalkoholen, gereinigtem Holzteer, Teerölen u. dgl. mit Seifen aus Harzsäuren, Ölsäuren, Fettschwefelsäuren oder Naphthensäuren, dann Alkaliphenolate, die einerseits zur Erhöhung der Löslichkeit Zusätze von Ammoniak, Alkohol, auch Amylalkohol, oder Benzin, Tetralin u. dgl., andererseits Verdickungsmittel wie Pflanzenschleime und Leim, in neuerer Zeit auch Sulfitcelluloselaugen, enthalten können.

Die qualitative Zusammensetzung ist also im allgemeinen dieselbe wie die von gemischten Schmälzen, mit dem Unterschied, daß Wollschmälzen weder Harzseifen noch Harzöl enthalten sollen, während diese Stoffe in Bohrölen durchaus nicht schaden, manche vorzüglich emulgierende Bohröle vielmehr einfach Lösungen von Harzöl in Harzseifen sind. Das Mengenverhältnis der einzelnen Bestandteile ist in den Bohrölen allerdings vielfach ein anderes als in Schmälzen, ebenso ist der Neutralisationszustand oft anders, nachdem die Bohröle selbstverständlich nur neutral oder alkalisch, niemals sauer reagieren sollen.

Anforderungen: Von einem Bohröl ist im allgemeinen zu verlangen, daß es eine mäßig hohe Viscosität, ein ausgezeichnetes Wärmeleitungsvermögen, eine große Benetzungsfähigkeit, hohen Flamm- und Zündpunkt, dagegen niedrigen Erstarrungspunkt zeigt; es soll das Metall nicht angreifen und nicht verdicken. Nach den „Richtlinien für den Einkauf und die Prüfung von Schmier-

[1]) MARCUSSON: Z. ang. Bd. 30, I, S. 288. 1917. [2]) Siehe Sfsz. Bd. 45, S. 70. 1918.

mitteln"[1]) soll ein Bohröl nicht mehr als 5% Wasser und 2% Asche enthalten. Die Bohrölemulsion soll beständig und ausgiebig sein, das heißt auch in hoher Verdünnung (1 : 10) noch ausreichende Rostschutz- und Benetzungseigenschaften zeigen.

Untersuchung: Einen einfachen Analysengang hat BRAUN[2]) beschrieben: Man versetzt die Einwage in einem Schütteltrichter mit etwa 100 ccm 60proz. Alkohol, macht deutlich alkalisch und schüttelt mit Petroläther (Siedepunkt 30—50°) aus. Aus der Lösung von Unverseifbarem und Unverseiftem vertreibt man vorsichtig das Lösungsmittel, bestimmt die Summe dieser Bestandteile, verseift dann, schüttelt nochmals mit Petroläther aus und bestimmt das Unverseifbare allein. Die Differenz beider Wägungen ergibt das verseifbare Fett. Aus der alkalischen Seifenlösung vertreibt man den Alkohol, löst den Rückstand in Wasser, zersetzt die Lösung im Schütteltrichter mit Salzsäure und äthert aus. Die Ätherlösung wird neutral gewaschen, über entwässertem Natriumsulfat filtriert, eingedampft, der Rückstand an Fettsäuren getrocknet und gewogen.

Von praktischen Proben ist wichtig die Bestimmung der Löslichkeit oder Emulgierbarkeit und die des Rostschutzvermögens.

Löslichkeit oder Emulgierbarkeit[3]): Das Öl soll sich im Verhältnis 1 : 10 lösen oder emulgieren und nicht über 5% Satz oder unverteilten Rahm hinterlassen. Man verteilt 10 g Öl in 100 ccm Wasser, filtriert durch gewogene Watteschеiben, trocknet den Rückstand in einer Schale bei 80° und wägt. Bei ammoniakhaltigen Produkten ist zu berücksichtigen, daß das Emulgierungsvermögen mit der Zeit zurückgeht. (Solche Öle greifen dann auch die Metalle stärker an.) Zur Beurteilung der Benetzungsfähigkeit werden gut gereinigte Metallstückchen kurze Zeit in die Emulsion getaucht; nach dem Herausnehmen soll die ganze eingetauchte Fläche benetzt sein.

Bestimmung des Rostschutzvermögens[4]): Man wägt blanke Schmiedeeisen- oder Gußeisenplättchen von bestimmten Dimensionen, z. B. 30×30×3 mm, übergießt sie mit dem Bohröl oder mit einer Lösung oder Emulsion desselben und stellt nach längerer Zeit, z. B. nach einer Woche, fest, ob sich Rostflecken gebildet haben und das Gewicht sich verändert hat. Z. B. verlieren Gußeisenplättchen der angegebenen Dimensionen in 1—2proz. Schmierseifenlösung binnen 3 Wochen bis 18 mg, Stahlplättchen 10—15 mg; dieselben Gußeisenplättchen verlieren in 2—5proz. Mischungen von sog. „wasserlöslichen Ölen" nur 6—8 mg, die Stahlplättchen verändern ihr Gewicht überhaupt nicht[5]).

Technische Fettsäuren.

Die technischen Fettsäuren werden zum überwiegenden Teil eigens durch Spaltung von Fetten erzeugt, daneben auch aus dem bei der Entsäuerung von Fetten mit Laugen abfallenden sogenannten Seifenstock (Soapstock) durch Zerlegen mit Schwefelsäure als Nebenprodukte gewonnen. Solcher „konzentrierter Seifenstock" enthält allerdings noch beträchtlich viel Neutralfett. Nach der Konsistenz unterscheidet man: 1. technische Fettsäuren schlechthin, das sind die nicht weiter zerlegten Gemische von festen und flüssigen Säuren; 2. Elaine, die beim Pressen von Fettsäuren talgiger Konsistenz oder auch direkt durch

[1]) Zit. nach V. D. HEYDEN und TYPKE: Ch. Ztg. Bd. 48, S. 571. 1924.
[2]) Ch.-Ztg. Bd. 46, S. 1016. 1922. [3]) LÖFFL: Sfsz. Bd. 45, S. 431. 1918.
[4]) MARCUSSON: Z. ang. Bd. 30, I, S. 288. 1917.
[5]) HOLDE: Untersuchung usw., 4. Aufl., S. 258.

Spaltung flüssiger Fette erhaltenen Säurengemische und 3. Stearine, die beim Abpressen der Elaine als Preßkuchen zurückbleibenden, festen Fettsäurengemische. Nach der Herstellung unterscheidet man: 1. Saponifikatfettsäuren (-elaine, -stearine), das sind die nicht destillierten Fettsäuren von der Fettspaltung im Autoklaven oder mit sog. Reaktiv[1]) (Twitchell-, Pfeilring-, Kontaktspalter) oder mit Ricinusferment bzw. die aus diesen Fettsäuren erzeugten Elaine und Stearine; 2. Destillatfettsäuren, meistens Produkte der Spaltung von Fetten mit Schwefelsäure oder mit Schwefelsäure nachbehandelte Saponifikatfettsäuren, die durch Destillation gereinigt wurden; durch Abpressen derselben werden die Destillatelaine und -stearine erhalten.

Nach dem Sprachgebrauch versteht man unter technischen Fettsäuren schlechthin gewöhnlich nur die nicht zerlegten Fettsäuren verschiedener Konsistenz.

Zusammensetzung: Die technischen Fettsäuren bestehen aus den wasserunlöslichen Fettsäuren des ursprünglichen Fettes oder Fettgemisches (die wasserlöslichen Säuren werden zum größten Teile mit dem Glycerin abgetrennt), den unverseifbaren Bestandteilen und ungespaltenem Neutralfett; ferner enthalten manche bei der Fettspaltung neugebildete Stoffe. Von den schon im ursprünglichen Fett enthaltenen Bestandteilen sind Stearin-, Palmitin- und Ölsäure, sowohl nach der Häufigkeit des Vorkommens als nach der Menge, in der sie sich meistens vorfinden, auch heute noch die wichtigsten. Sie spielen aber doch nicht mehr die Rolle wie früher; seit der immer mehr zunehmenden Verwendung von exotischen Fetten, Tranen und gehärteten Ölen findet man häufiger große Mengen von Laurin- und Myristin-, Arachin- und Behensäure, polymerisierte Transäuren usw.; überhaupt ist das Vorkommen keiner aliphatischen Säure bis zu denen mit 22—24 Kohlenstoffatomen ausgeschlossen. Zu diesen Fettsäuren aus den ursprünglichen Fetten treten die neugebildeten, zum Teil absichtlich erzeugten, zum Teil durch Nebenreaktionen entstehenden Säuren und die Anhydrisierungsprodukte der Oxysäuren:

1. Bei der Spaltung ölsäurehaltiger Fette mit Schwefelsäure und bei der Nachbehandlung von Saponifikaten mit Schwefelsäure entstehen intermediär Oxystearinschwefelsäureester und Oxystearinölsäureester; diese geben bei der Hydrolyse 10-Oxystearinsäure, bei der Wiederabspaltung von Schwefelsäure Stearolakton oder Estolide der Oxystearinsäure.

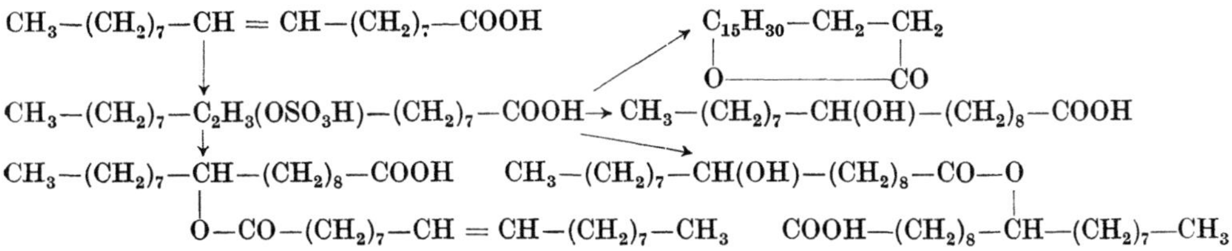

Völlig analoge Hydratations- und Kondensationsprodukte ergibt die Erucasäure, ähnliche, nur jedenfalls noch kompliziertere Produkte geben die mehrfach-ungesättigten Säuren. Die so entstehenden Oxysäuren sind fest, die kondensierten Säuren flüssig.

2. Bei der Destillation spaltet die 10-Oxystearinsäure Wasser ab, das Hydroxyl tritt mit einem Wasserstoffatom aus der Methylengruppe in der 9- oder in der 11-Stellung aus, und es entstehen ungefähr gleiche Mengen Öl- und Isoölsäure. Analoges Verhalten zeigen andere Oxysäuren, z. B. die Oxybehensäure aus Erucasäure.

3. Bei der Spaltung von oxyfettsäurehaltigen Glyceriden im Autoklaven, mit Schwefelsäure oder Reaktiv, entstehen durch Wasserabspaltung aus den freiwerdenden Oxysäuren Estolide, sogenannte polymerisierte oder kondensierte Säuren (vgl. 1).

4. Bei der Destillation erfolgt gewöhnlich auch eine — meistens nicht beträchtliche — Zersetzung der Fettsäuren, während das Neutralfett vollständig zersetzt wird. Die Fettsäuren spalten Wasser und Kohlendioxyd, das Neutralfett auch Acrolein ab, die Destillat-

[1]) Katalytische Spaltung mit künstlichen Fermenten. Als solche dienen fett-aromatische Sulfonsäuren oder Sulfone, dargestellt durch Einwirkung von Schwefelsäure auf ein Gemisch aus Benzol oder Naphthalin usw. und Ölsäure oder gehärtetem Ricinusöl (Twitchell-Reaktiv, Pfeilringspalter) oder bei der Mineralölreinigung abfallende Naphthensulfosäuren (Kontaktspalter) u. a. m.

fettsäuren enthalten infolgedessen Ketone und Kohlenwasserstoffe, unter diesen auch solche von niedrigem Molekulargewicht [angeblich sollen C_5H_{11} bis $C_{11}H_{24}$ überwiegen[1])], was darauf hinweist, daß auch eine Krackung der primär gebildeten Kohlenwasserstoffe eintritt. Auch niedrigere Fettsäuren von der Valeriansäure bis zur Caprylsäure sollen dabei neu gebildet werden.

Untersuchung: Für die Bewertung der zum Spalten bestimmten Rohfette sind maßgebend: der Gehalt an Reinfett, an Unverseifbarem, die Glycerinausbeute (Bestimmung der freien Säuren und Berechnung des Neutralfettgehaltes, direkte Glycerinbestimmung), die Ausbeute an festen Säuren (Jodzahl, Erstarrungspunkt der Gesamtfettsäuren) und schließlich die Farbe (weil die Säuren aus dunklen Fetten für die meisten Verwendungszwecke destilliert werden müssen). Siehe auch Bewertung von Rohfetten, S. 329.

Die Untersuchung der Produkte selbst ist bis auf einige Prüfungsmethoden, die nur bei Elain bzw. Stearin in Betracht kommen, bei den Fettsäuren jeder Art im wesentlichen gleich. Nach der Prüfung der äußeren Beschaffenheit und der Reinheit ist der Spaltungsgrad festzustellen, dann prüft man, ob ein Saponifikat oder ein Destillat vorliegt, ferner ist der Erstarrungspunkt und der Gehalt an unverseifbaren Stoffen zu bestimmen. Die weitere Untersuchung richtet sich nach dem Verwendungszweck und wird wie bei den technischen Fetten vorgenommen.

Äußere Beschaffenheit: Man prüft die Konsistenz, die Farbe, den Geruch. Nichtdestillierte Fettsäuren sind im allgemeinen dunkler als das ungespaltene Fett. Man vergleicht die Farbtiefen, indem man je 5 ccm sorgfältig getrocknete Fettsäuren so lange mit farblosem Paraffin versetzt, bis die Farbtiefe bei gleicher Temperatur dieselbe ist wie die des ungespaltenen Fettes. Setzt man die letztere = 1, so ist die der Fettsäuren[2]):

$$\frac{\text{ccm Fettsäuren} + \text{ccm Paraffin}}{\text{ccm Fettsäuren}}.$$

Zum Pressen bestimmte Säuren werden auch auf ihre Krystallisationsfähigkeit geprüft. Bei Fettsäuren unbekannter Herkunft, die gepreßt werden sollen, empfiehlt es sich, einen Preßversuch vorzunehmen. Man kann ihn im Laboratorium selbst ohne Versuchspresse mit Hilfe eines genügend großen Parallelschraubstockes ausführen[3]).

Reinheitsprüfung: Wasser, Asche und Trübstoffe sowie den Reinfettgehalt bestimmt man in derselben Weise wie bei technischen Neutralfetten (siehe S. 319ff.). Wasser kann namentlich bei Anwesenheit emulgierender Substanzen, wie von Seifen, Eiweißstoffen usw., also hauptsächlich in Abfallfettsäuren aus Seifenstock, in größeren Mengen zugegen sein[4]). Bei Gegenwart flüchtiger Fettsäuren wendet man die Xylolmethode (siehe S. 322) an, oder man bestimmt den Wassergehalt indirekt, durch zwei Säurezahlen, die eine mit der feuchten Probe ausgeführt, die andere mit einer (nötigenfalls in ätherischer Lösung) mit Natriumsulfat getrockneten Probe[5]). Ist die Säurezahl der feuchten Probe a und die der trockenen Probe b, so ist der Prozentgehalt an trockener Substanz $\frac{100\,a}{b}$ und der Wassergehalt $= 100 - \frac{100\,a}{b}\,\%$.

---

[1]) Cahours und Demarcay: Compt. rend. Bd. 80, S. 1568. 1875; Bd. 89, S. 331. 1879; Bd. 94, S. 610. 1882.

[2]) Ubbelohde und Röderer: Sffbr. Bd. 38, S. 452. 1918.

[3]) Über die Versuchsanordnung siehe Dubovitz: Sfsz. Bd. 37, S. 627. 1910.

[4]) Flüssige Fettsäuren trocknet man am besten im Vakuumtrockner von Gerber. Bezugsquelle: Fa. Rob. Muencke G. m. b. H., Berlin N.

[5]) Rosauer: Ubbelohde und Goldschmidt, Handbuch Bd. 3, S. 299.

Von anorganischen Substanzen können Kalk, Magnesia, Zinkoxyd usw., bzw. deren Seifen oder Sulfate vorhanden sein, oder freie Schwefelsäure aus den Spaltmitteln, Eisen und Kupferverbindungen aus den Apparaten u. a. m. Zu destillierende Fettsäuren dürfen höchstens Hundertstel-Prozente Asche enthalten. In den Handelsfettsäuren finden sich nur selten noch Spuren von Spaltmitteln. Man reinigt allenfalls vor der Ausführung der übrigen analytischen Bestimmungen durch Umschmelzen auf Wasser, nötigenfalls (zur Vermeidung von Kondensationen nur kurze Zeit) auf verdünnter Schwefelsäure und trocknet. Für gewisse annähernde Bestimmungen z. B. zur Ermittlung des Spaltungsgrades in der Betriebskontrolle ist kein vollständiges Trocknen nötig. Die Fettsäure muß nur klar sein. Säurezahl und Verseifungszahl werden dann wohl zu niedrig gefunden, aber das Verhältnis beider bleibt dasselbe.

Spaltungsgrad: Dieser ist der Bruchteil der theoretisch erreichbaren Spaltung, den das gespaltene Fett aufweist[1]), also unter der Voraussetzung, daß das Spaltungsprodukt wenig Unverseifbares und keine inneren Ester enthält, der Prozentgehalt an freien Säuren, genauer: der Gehalt an freien Fettsäuren, bezogen auf das Gesamtverseifbare. Nachdem jedes Fett unverseifbare Bestandteile enthält, kann der Spaltungsgrad, ausgedrückt in Prozenten der theoretisch möglichen Spaltung, mit den Prozenten Fettsäure im Spaltungsprodukt nie vollständig übereinstimmen. Je größer der Gehalt an Unverseifbarem, um so größer ist die Differenz zwischen den beiden Prozentzahlen; enthält das Fett z. B. 5% Unverseifbares, so ist der Gehalt des Spaltungsproduktes an freien Säuren bei 100proz. Spaltung wenig über 95%. Bei der analytischen Bestimmung spielt das keine Rolle, nachdem man das Spaltungsprodukt nicht mit den reinen Fettsäuren vergleicht, sondern mit dem bei vollständiger Spaltung erhaltenen Gemisch von Fettsäuren und Unverseifbarem (den „Hehnerzahlfettsäuren", siehe S. 144, 220). — Besonders zu beachten ist, daß die Spaltungsprodukte von Fetten auch Anhydride, Lactone und andere innere Ester von Oxysäuren enthalten können. In diesen Fällen ist die Menge der abgespaltenen Säuren nicht identisch mit der Menge der freien Säuren. Die Bestimmung des Spaltungsgrades erfolgt je nachdem, ob das Untersuchungsmaterial Anhydrisierungsprodukte enthalten kann und je nach der erforderlichen Genauigkeit mit Hilfe einer der folgenden Methoden.

1. Liegen Fettsäuren vor, die erfahrungsgemäß höchstens unbedeutende Mengen innerer Ester enthalten, so ist der Spaltungsgrad praktisch identisch mit dem Prozentgehalt an freien Fettsäuren. Man berechnet ihn folglich, wie S. 143 angegeben, aus der Säurezahl der Probe (S) und der Neutralisationszahl der reinen, d. h. neutralfettfreien Säuren (N) nach der Formel $x = \frac{100\,S}{N}$. Etwas weniger, aber immerhin noch genügend genau ergibt sich der Spaltungsgrad aus der Säurezahl und der Verseifungszahl des Spaltungsproduktes (V) nach der Formel[2]) $x = \frac{100\,S}{V}$.

---

[1]) Siehe z. B. FAHRION: Ch. Umschau, Bd. 28, S. 11, 68. 1921; KRIST: Sfsz. Bd. 48, S. 189. 1921. Über die Definition und die Bestimmung des Spaltungsgrades siehe auch DAVIDSOHN: Sfsz. Bd. 47, S. 935. 1920; HOLDE: Ch. Umschau Bd. 28, S. 113. 1921; WURSTER: Mat. grasses Bd. 14, S. 6229. 1922; FAHRION: Ch. Umschau Bd. 29, S. 54, 60, 66, 75, 88. 1922. Für die Betriebskontrolle wertvoll ist die kleine, leider nicht allgemein zugängliche Schrift „Over Fabriekscontrôle bij de vetsplitsing" von Dr. J. P. TREUB, Gouda.

[2]) Man findet so, wieviel Prozente der Gesamtsäuren in freier Form vorliegen, welcher Wert bei einem fast vollständig gespaltenen Fett mit dem Prozentgehalt der Probe an freien Säuren gut übereinstimmt. Siehe auch GOLDSCHMIDT: Z. D. Öl- u. Fettind. Bd. 44, S. 246. 1924.

Ist die Art des Fettes, aus dem die Säuren stammen, bekannt und somit auch die Neutralisationszahl seiner reinen, d. h. neutralfettfreien Säuren, so genügt selbstverständlich die Bestimmung der Säurezahl des Spaltungsproduktes allein. Hat man z. B. Hammeltalg gespalten, der bei vollständiger Spaltung Säuren mit der Neutralisationszahl 196 gibt, und wurde die Säurezahl des Spaltungsproduktes zu 183 gefunden, so ergibt sich der Spaltungsgrad aus der Proportion $x : 183 = 100 : 196$ zu 93,3%.

Im Fettspaltungsbetrieb kann man zur analytischen Kontrolle noch einfacher verfahren: eine nichtgewogene Menge Fettsäure, etwa 6—7 g, wird mit Lauge, deren Titer nicht bekannt sein muß, erst neutralisiert und dann verseift. Bei Fettsäuren aus Kernfetten, die aus 100 Teilen Neutralfett rund 95 Teile Fettsäure geben, berechnet sich der Neutralfettgehalt (N) aus der Zahl der Kubikzentimeter Lauge, die zur Neutralisation verbraucht wurden (a) und den zur Verseifung verbrauchten Kubikzentimetern Lauge (b), annähernd nach der Formel:

$$N = \frac{1{,}053\,b}{a + 1{,}053\,b}.$$

2. Enthält die Fettsäure neben Neutralfett auch Lacton, so sind die unter 1. angegebenen Methoden nicht anwendbar. In diesem Falle kann man das Neutralfett nach der Methode von STIEPEL[1]) bestimmen und durch Abziehen der gefundenen Menge vom Gesamtfett die Summe der abgespaltenen Fettsäuren, freie und lactonisierte, berechnen: Man bestimmt die Verseifungszahl (A) und die Säurezahl (B) der Fettsäuren; die Esterzahl $(A - B) = C$ entspricht in diesem Fall der Summe von Neutralfett und Lacton. Dann verseift man 20 bis 30 g Fettsäure, scheidet aus der Seife die Fettsäuren wieder ab und bestimmt deren Verseifungszahl (A_1) und Säurezahl (B_1). Die Differenz $(A_1 - B_1) = C_1$, die Esterzahl der glyceridfreien Fettsäuren (auch als konstante Esterzahl bezeichnet) ergibt den Lactongehalt, die Differenz $C - C_1$ den Gehalt an Neutralfett. — (Der Lactongehalt von Destillatfettsäuren, die ja kein Neutralfett enthalten können, läßt sich natürlich direkt aus der Esterzahl berechnen.)

Diese indirekte Bestimmung ist aber nur dann anwendbar, wenn bloß solche Lactone zugegen sind, die bei der Verseifung zu oxyfettsauren Salzen aufgespalten und beim Ansäuern aus den intermediär entstehenden Oxyfettsäuren sofort regeneriert werden. Manche Lactone und die anderen Arten von inneren Estern, die Lactide und Estolide, zeigen aber ein ganz anderes Verhalten[2]). Beim Verseifen werden die letzteren zwar auch (obwohl meistens viel schwieriger als Lactone) zu oxyfettsauren Salzen aufgespalten, aber beim Ansäuern der Seife entstehen beständigere Oxyfettsäuren, die sich erst beim andauernden Erhitzen oder Abkochen teilweise anhydrisieren. Bei Gegenwart solcher Verbindungen würde die Bestimmung nach STIEPEL einen zu geringen Spaltungsgrad ergeben.

3. In allen Fällen, in denen es nicht ausgeschlossen ist, daß die Fettsäuren auch noch andere Ester außer Neutralfett enthalten, kann man dasselbe nur durch Bestimmung des Glycerins mit Sicherheit ermitteln (siehe S. 209 ff.). Ist der gefundene Glyceringehalt der Probe a und der theoretische Glyceringehalt des ungespaltenen Fettes b, so ergibt sich der Neutralfettgehalt der Fettsäure aus der Formel: $x = \frac{100\,a}{b}\,\%$.

---

[1]) Sfsz. Bd. 39, S. 365. 1912.

[2]) Von den in technischen Fettsäuren aufgefundenen sog. Lactonen dürften sich bei näherer Untersuchung viele überhaupt als Lactide oder Estolide erweisen.

Den Glyceringehalt des ungespaltenen Fettes berechnet man aus dem mittleren Molekulargewicht und dieses aus der Verseifungszahl der Fettsäuren nach S. 147. Liegen charakterisierte Fettsäuren vor, z. B. Talg-, Leinöl-, Rübölfettsäuren, so ist eine Berechnung überflüssig, man setzt dann für *b* einfach den durchschnittlichen Glyceringehalt des betreffenden neutralen Fettes ein. Dabei beachte man aber eine gefährliche Fehlerquelle: Die Bestimmung aus dem Glyceringehalt ergibt zu hohe Werte, wenn das Neutralfett nennenswerte Mengen von Mono- oder Diglyceriden enthält. (Der Glyceringehalt von je 1% Diglycerid bzw. 1% Monoglycerid entspricht dem Glyceringehalt von rund 1,5% bzw. rund 2% Triglycerid).

Unterscheidung von Saponifikaten und Destillaten: 1. Die Saponifikate haben einen milden, die Destillate oft einen scharfen, sehr charakteristischen Geruch, der für den Praktiker schon allein genügt, um eine Fettsäure als Destillat zu erkennen.

2. Der Spaltungsgrad der Saponifikate liegt etwa um 90—95%[1]), d. h., sie enthalten 5—10% Neutralfett, die Fettsäuren von der fermentativen Spaltung gewöhnlich noch mehr. Dagegen können Destillatfettsäuren kein Neutralfett enthalten.

3. Destillatfettsäuren enthalten oft mehr Unverseifbares als die ursprünglichen Fette; das Mehr — bei Destillatelainen bis zu 10% — bilden Kohlenwasserstoffe und Ketone aus den Fettsäuren, die im Unverseifbaren des ursprünglichen Fettes und der Saponifikate nicht vorkommen (siehe unten bei Elain), doch kann man bei negativem Ausfall der Probe nicht auf Saponifikat schließen, weil bei sorgfältiger Destillation keine Vermehrung des Unverseifbaren eintritt. Saponifikate enthalten in allen Fällen nur so viel Unverseifbares wie die ursprünglichen Fette, zumeist (d. h. abgesehen von Wollfett und einigen Tranen) höchstens 1—2%; das Unverseifbare enthält Sterine und andere Alkohole, nur bei hoch gehärteten tierischen Fetten kann das Sterin zerstört sein. Über die Unterscheidung der Kohlenwasserstoffe siehe S. 271 ff.

4. Zur Unterscheidung von Destillat- und Saponifikat-Stearin konnte früher auch die Jodzahl dienen. Nur die Destillate enthielten Isoölsäure (aus der durch Einwirkung von Schwefelsäure aus Ölsäure gebildeten Oxystearinsäure entstanden) und zeigten daher Jodzahlen bis 15, während Saponifikate höchstens ganz kleine, von geringen Ölsäuremengen herrührende Jodzahlen zeigen. Dieses Unterscheidungsmerkmal ist heute nicht mehr zuverlässig, weil Saponifikate aus gehärteten Fetten ebenfalls Isoölsäure enthalten und deshalb höhere Jodzahlen aufweisen können.

Erstarrungspunkt (Talgtiter): Die Bestimmung wird am einfachsten im Apparate von Shukoff oder nach Wolfbauer (siehe S. 113) vorgenommen. Sie ist für die Bewertung in erster Linie maßgebend, besonders bei Fettsäuren, die gepreßt werden sollen, weil man aus dem Erstarrungspunkt den Gehalt der Probe an festen und flüssigen Säuren einigermaßen abschätzen kann. Die Jodzahl gibt keinen sicheren Anhaltspunkt, weil ja auch ungesättigte, feste Säuren vorhanden sein können. Wenn die qualitative Zusammensetzung bzw. die Abstammung und die Herstellung des Fettsäurengemisches bekannt ist, wie bei der Betriebskontrolle, kann man das Mengenverhältnis von festen und flüssigen Säuren aus dem Erstarrungspunkt ziemlich genau bestimmen. Nach

[1]) Häufig wird ein Spaltungsgrad bis etwa 98% angegeben, der aber praktisch nur in wenigen Ausnahmefällen erreicht wird; so weitgehende Spaltung wird gewöhnlich zur Schonung des Materials gar nicht angestrebt.

DE SCHEPPER und GEITEL[1]) mischt man Stearin und Elain, die aus dem im Betriebe regelmäßig verarbeiteten Rohmaterial und nach den betriebsmäßigen Verfahren hergestellt sind, in verschiedenen Verhältnissen, bestimmt von jeder Mischung den Erstarrungspunkt und erhält so ein für allemal die Vergleichswerte, die man tabellarisch ordnet. Selbstverständlich lassen sich nur Fettsäuren gleichen Spaltungsgrades vergleichen, denn Neutralfett erniedrigt den Erstarrungspunkt beträchtlich. Es empfiehlt sich deshalb, die zu prüfenden Fettsäuren wie bei der Untersuchung von neutralen Fetten zu verseifen und von den wieder abgeschiedenen, sorgfältig getrockneten, glyceridfreien Säuren den Erstarrungspunkt zu bestimmen.

Beispiele:

Erstarrungspunkte von Saponifikatfettsäuren (Mischungen aus Ia Stearin und doppelt gepreßtem Elain) nach PASTROVICH:

Erstarrungspunkt in °C	Stearin in %	Elain in %	Jodzahl nach HÜBL	Erstarrungspunkt in °C	Stearin in %	Elain in %	Jodzahl nach HÜBL
*54,00	100,0	0,0	5,44	43,30	47,5	52,5	—
*53,60	97,5	2,5	—	42,60	45,0	55,0	—
*53,25	95,0	5,0	—	41,75	42,5	57,5	—
*52,85	92,5	7,5	—	*40,85	40,0	60,0	46,91
*52,45	90,0	10,0	12,35	39,95	37,5	62,5	—
52,00	87,5	12,5	—	39,05	35,0	65,0	—
51,60	85,0	15,0	—	38,00	32,5	67,5	—
51,20	82,5	17,5	—	*37,05	30,0	70,0	53,28
*50,80	80,0	20,0	19,74	35,90	27,5	72,5	—
50,30	77,5	22,5	—	34,65	25,0	75,0	—
*49,80	75,0	25,0	—	33,35	22,5	77,5	—
49,30	72,5	27,5	—	*32,05	20,0	80,0	60,58
*48,80	70,0	30,0	26,28	30,60	17,5	82,5	—
48,30	67,5	32,5	—	28,80	15,0	85,0	—
47,80	65,0	35,0	—	27,00	12,5	87,5	—
47,25	62,5	37,5	—	*24,30	10,0	90,0	67,54
*46,70	60,0	40,0	33,16	21,60	7,5	92,5	—
46,10	57,5	42,5	—	18,90	5,0	95,0	—
*45,55	55,0	45,0	—	16,15	2,5	97,5	—
44,80	52,5	47,5	—	*13,35	0,0	100,0	76,46
*44,15	50,0	50,0	40,28				

Erstarrungspunkte von aus Palmöl und aus Talg durch Spaltung mit Schwefelsäure erzeugten Destillatfettsäuren, nach DE SCHEPPER und GEITEL: (Die Stearine von verschiedenen Schmelzpunkten sind durch verschieden starkes Auspressen bzw. durch Pressen bei verschieden hohen Temperaturen erhalten).

Erstarrungspunkt °C	Palmölfettsäuren enthalten Prozente Stearin vom Titer				Talgfettsäuren enthalten Prozente Stearin vom Titer			
	48° C	50° C	52° C	55,4° C	48° C	50° C	52° C	54,8° C
5	—	—	—	—	—	—	—	—
10	4,2	3,6	3,2	2,6	3,2	2,7	2,3	2,1
15	10,2	9,8	7,8	6,6	7,5	6,6	5,7	4,8
20	17,4	15,0	14,4	11,0	13,0	11,4	9,7	8,2
25	26,2	22,4	19,3	16,2	19,2	17,0	14,8	12,6
30	34,0	30,5	26,6	22,3	27,9	23,2	21,4	18,3

[1]) Dingl. Polyt. J. Bd. 245, S. 295. Die unter * stehenden Erstarrungspunkte wurden direkt bestimmt, die anderen aus der nach diesen Bestimmungen konstruierten Kurve abgelesen; die Daten von 30,6° C abwärts sind nicht ganz zuverlässig, da die Kurve die Koordinaten in sehr spitzen Winkeln schneidet.

Erstarrungspunkt °C	Palmölfettsäuren enthalten Prozente Stearin vom Titer				Talgfettsäuren enthalten Prozente Stearin vom Titer			
	48° C	50° C	52° C	55,4° C	48° C	50° C	52° C	54,8° C
35	45,6	40,8	35,8	29,8	39,5	34,5	30,2	25,8
36	48,5	43,2	38,0	31,8	42,5	36,9	32,5	27,6
37	51,8	45,5	40,4	33,6	46,0	40,0	34,9	29,6
38	55,5	48,8	42,6	35,8	49,5	42,6	37,5	32,0
39	59,2	51,8	45,6	38,2	53,2	45,8	40,3	34,3
40	63,0	55,2	48,6	40,6	57,8	49,6	43,5	37,0
41	66,6	58,7	52,0	43,0	62,2	53,5	47,0	40,0
42	70,5	62,2	55,2	45,5	66,2	57,6	50,5	42,9
43	74,8	66,0	58,8	48,5	71,8	62,0	54,0	46,0
44	79,2	70,2	62,0	51,4	77,0	66,2	58,4	49,8
45	84,0	74,5	66,0	54,3	81,8	71,0	62,6	53,0
46	89,4	78,8	69,8	57,8	87,5	75,8	67,0	56,8
47	94,3	83,0	74,0	61,0	93,3	80,9	71,5	60,8
48	100,0	88,0	78,6	65,0	100,0	87,2	76,6	65,0
49	—	94,2	83,5	69,1	—	93,0	84,7	69,5
50	—	100,0	89,0	73,4	—	100,0	87,0	74,5
51	—	—	94,5	78,0	—	—	93,5	79,8
52	—	—	100,0	82,8	—	—	100,0	84,8
53	—	—	—	87,6	—	—	—	90,1
54	—	—	—	92,2	—	—	—	95,3
55	—	—	—	97,5	—	—	(54,8°)	100,0
55,4	—	—	—	100,0	—	—	—	—

Kennzahlen: Man bestimmt vor allem die Verseifungszahl. Die Bestimmung der Neutralisationszahl ist zwar schneller auszuführen, aber weniger zuverlässig, weil bei der Abscheidung der Säuren, namentlich wenn sie auf verdünnter Mineralsäure umgeschmolzen werden, Anhydrisierungen eintreten können die eine Erniedrigung der Neutralisationszahl zur Folge haben. Ferner bestimmt man die Jodzahl, nach Bedarf auch die innere Jodzahl, die Hexabromid- und Octobromidzahl, das Verhältnis von festen und flüssigen Säuren usw. Bei der Auswertung der Kennzahlen für die Identifizierung von Fettsäuren ist zu beachten, daß die Fettsäuren bei der Spaltung der Fette mit Schwefelsäure, bei der Destillation und bei gewissen Reinigungsverfahren zum Teil verändert und daß wasserlösliche Fettsäuren abgetrennt werden. Die Kennzahlen einer Autoklavenfettsäure stimmen z. B. mit den Kennzahlen einer durch sog. schwefelsaure Verseifung aus dem gleichen Fett abgespaltenen Säure nicht vollständig überein.

Bestimmungen einzelner Fettsäuren — wie bei der systematischen Analyse — auszuführen, ist selten nötig. Bei der Fettspaltung mit Schwefelsäure ist allenfalls der Gehalt der Produkte an Oxystearinsäure und Stearolacton zu ermitteln. Zu diesem Zwecke bestimmt man häufig die Jodzahl vor und nach der Schwefelsäureeinwirkung und multipliziert die Differenz mit 0,9. Diese Bestimmung ist aber fehlerhaft, weil ja aus der Ölsäure, namentlich bei längerer Einwirkung der Schwefelsäure, auch andere gesättigte Verbindungen, flüssige Kondensationsprodukte, entstehen. Die Oxystearinsäure läßt sich nur durch Verestern der Fettsäure und Acetylieren des Esters genau bestimmen, das Stearolacton bestimmt man wie oben S. 250 angegeben. Die etwaige Bestimmung von Isoölsäure erfolgt nach S. 223.

Harzsäuren werden nach S. 301, Naphthensäuren nach S. 307 nachgewiesen und bestimmt.

Unverseifbares: Von unverseifbaren Bestandteilen können in technischen Fettsäuren vorkommen: 1. die schon im ursprünglichen Fett enthaltenen

Begleitstoffe, 2. bei der Destillation neugebildete Stoffe und 3. absichtliche Zusätze.

Von unverseifbaren Zusätzen kommen bei festen Fettsäuren, besonders bei Stearinen, in erster Linie Paraffin und Ceresin in Betracht, die schon bei der qualitativen Verseifungsprobe erkannt werden; bei weichen und flüssigen Fettsäuren können Mineral-, Teer- und Harzöle beigemengt sein. Über Nachweis, Bestimmung und Untersuchung des Unverseifbaren siehe S. 258 ff.

Der Nachweis, aus welchem Fett oder Öl eine technische Fettsäure stammt, wird im großen ganzen in derselben Weise ausgeführt wie die Identifizierung eines Fettes. Man kombiniert die äußeren Eigenschaften, die Kennzahlen, die Art und Menge der Beimengungen, prüft auf charakteristische Fettsäuren und Begleitstoffe (Farbenreaktionen). Bei Fettsäuren aus einzelnen Fetten ist der Nachweis der Abstammung kaum schwerer als die Identifizierung des betreffenden Fettes selbst, bei Gemischen ist die Differenzierung oft unmöglich, für den praktischen Zweck meistens aber auch nicht nötig.

Die Beurteilung technischer Fettsäuren auf ihre Eignung für bestimmte Verwendungszwecke, wie für die Erzeugung dieser oder jener Seifensorten, erfolgt nach denselben Gesichtspunkten und Methoden wie bei den technischen Neutralfetten.

Beispiele von Kennzahlen technischer Fettsäuren.

Fettsäuren von	E. P. in ° C	n_D^{60}	Vers.-Z.	Jod-Z.	Unverseifb. in %
Rindertalg	40—45	—	195—202	25—40	0,5—1,0
Hammeltalg	42—50	—	196—198	30—35	—
Knochenfett	36—43	—	200—207	48—56	0,5—2,5
Knochenfett, destill.	38—42	—	198—207	48—58	0,5—4,0
Sulfuröl	17—22	1,4410	190—196	86—90 (innere 89—100)	1,0—2,3
Rüböl	12—18	1,4991	173—184	96—105 (innere 121—125)	0,5—1,0
Chines. Talg	60	—	200	30—55	—
Sheabutter	47—54	—	182—194	54—57	3,0—5,5
Lebertran	13—24	1,4521	185—195	165—170	0,5—2,0
Walfischtran	14—34	—	188—203	130—132 (innere 145)	1,0—4,0

Elaine (Oleine).

Die Elaine, sowohl Saponifikate als Destillate, werden nach der Beschaffenheit unterschieden in kaltgepreßte, sog. weiche Elaine, die wenig feste Fettsäuren enthalten, und in warmgepreßte, harte Elaine, die entsprechend der größeren Löslichkeit fester Fettsäuren in warmer Ölsäure mehr Stearin — etwa 15—20% — enthalten; nach den Rohstoffen unterscheidet man auch Talgelain, Knochenfettelain usw., im Gegensatz zu den Sorten Tranelain (gewöhnlich aus polymerisierten Tranen erzeugt), Wollfettelain usw. Ferner unterscheidet man je nach der Farbe zwischen dunklen und hellen (sog. blonden) Elainen.

Zusammensetzung: Die Elaine enthalten als Hauptbestandteile Ölsäure oder andere einfach-ungesättigte Säuren; daneben wenig Linolsäure, keine stärker ungesättigten Säuren und wechselnde Mengen fester, gesättigter Fettsäuren. Saponifikatelain enthält außerdem noch das gesamte Neutralfett aus den gepreßten

Fettsäuren sowie alle unverseifbaren Stoffe aus dem ursprünglichen Fett. Destillatelain enthält kein Neutralfett, dafür häufig größere Mengen von Kohlenwasserstoffen, weil die bei der Destillation etwa entstehenden Kohlenwasserstoffe ebenfalls vollständig in das Elain gehen. (Vgl. Destillatfettsäuren.) Die besten Sorten, die wie weißes Elain aus reinen, sorgfältig destillierten Fettsäuren gepreßt werden, sind aber praktisch frei von Kohlenwasserstoffen. — Die Elaine aus halbtrocknenden Ölen und aus veredelten Tranen enthalten oft Derivate mehrfach-ungesättigter Säuren, polymerisierte Säuren oder auch Estolide. Wollfettelaine enthalten neben Ölsäure und wenig festen Säuren auch noch flüssige, gesättigte Säuren von niedrigem Molekulargewicht, sehr viel Kohlenwasserstoffe und Wachsalkohole.

Untersuchung: Die Untersuchung von Elainen ist selbstverständlich zum größten Teil dieselbe wie die der nicht zerlegten technischen Fettsäuren: man bestimmt den Wassergehalt, die Verunreinigungen, den Spaltungsgrad (Säurezahl 175—185), das Unverseifbare, verseifbare Zusätze von Naphthen- und Harzsäuren und — namentlich bei harten Elainen — den Titer (Erstarrungspunkt). Ist der Erstarrungspunkt hoch (für Schmälzen liege er nicht über 17°), so empfiehlt es sich, das Verhältnis von festen und flüssigen Säuren festzustellen.

Besonders wichtig ist die Bestimmung der Jodzahl; sie liegt gewöhnlich zwischen 70 und 90, die innere Jodzahl zwischen 90 und 110—120. Weist die innere Jodzahl darauf hin, daß das Elain Säuren trocknender Öle enthalten könnte, so stellt man — besonders bei Elainen für Schmälzöle — die Hexabromidprobe an; ebenso prüft man auf Transäuren, wenn sie sich nicht schon durch den Geruch verraten, durch die Octobromidprobe. Polymerisierte Transäuren werden nach S. 378 nachgewiesen.

Nächst diesen Bestimmungen ist für die Unterscheidung und die Bewertung der Elainsorten die Ermittlung und die Untersuchung der unverseifbaren Bestandteile am wichtigsten; nicht so sehr für die Unterscheidung von Saponifikat und Destillat, als für die von gewöhnlichem Destillat und Wollfettelain und namentlich für den Nachweis und die Kennzeichnung von Zusätzen. Bei der sonst üblichen qualitativen Probe können kleine Mengen der unverseifbaren Begleitstoffe, stark ungesättigte Kohlenwasserstoffe, unbemerkt bleiben. Beim Ausschütteln mit Petroläther werden aber auch diese quantitativ bestimmt. Größere Zusätze von Mineralöl oder Harzöl lassen sich schon qualitativ durch die Verseifungsprobe von HOLDE feststellen (siehe S. 204). Bei Wollfettelain genügt die Löslichkeitsprobe nach MARCUSSON:

5 ccm Substanz werden mit dem gleichen Volumen einer Mischung von 9 Teilen 96proz. Äthylalkohol und 1 Teil Methylalkohol bei 20° geschüttelt. Unverfälschte Wollfettelaine lösen sich mit Ausnahme einzelner, stark paraffinhaltiger, klar auf, während verfälschte eine milchige Trübung geben und beim Stehen Öltröpfchen abscheiden. Die Empfindlichkeit ist bei Mineralölen 10%, bei Harzölen 20%. Selbst ein nennenswerter Gehalt an Unverseifbarem darf nicht ohne weitere Untersuchung als zugesetztes Mineral- oder Harzöl angesehen werden. Manche Elaine enthalten ja schon an sich beträchtliche Mengen von Kohlenwasserstoffen, Destillatelaine bis 10% (solche für Schmälzen sollen höchstens 7% enthalten), Wollfettelaine bis über 50%. Diese Kohlenwasserstoffe sind äußerlich gewissen Mineralölen, Harz- und Teerölen sehr ähnlich, aber durch analytische Methoden lassen sie sich unterscheiden.

Zur Unterscheidung der Kohlenwasserstoffe der gewöhnlichen Destillatelaine, der Wollfettelaine, der Mineral- und Harzöle bestimmt man vor allem die Jodzahl und das Drehungsvermögen.

Jodzahl und Drehungsvermögen unverseifbarer Bestandteile von Elainen:

Kohlenwasserstoffe	Jodzahl	$[\alpha]_D$
Mineralöl	6—12	maximal + 2,2° [1])
Kohlenwasserstoffe der Destillatelaine	62—69	+ 4,8° bis + 9,6°
Kohlenwasserstoffe der Wollfettelaine[2]) . . .	50—80	+ 18° bis + 28°
Harzöl	43—48	+ 23° bis + 50°

Weitere Angaben über die Unterscheidung von Kohlenwasserstoffen siehe S. 271ff.

Erst nach der Abtrennung des Unverseifbaren prüft man die Fettsäuren auf Harz und Naphthensäuren und bestimmt gegebenenfalls den Gehalt.

Die Elaine dienen hauptsächlich zur Erzeugung von Seifen und Schmälzölen. Die speziellen Untersuchungsmethoden für Seifenelaine sind dieselben wie die für andere Seifenfettsäuren und Seifenfette (siehe S. 332 bzw. S. 460); die Prüfungsvorschriften und Untersuchungsmethoden für Schmälzelaine sind im Abschnitt Wollschmälzen, S. 432, angegeben.

Ergebnisse von Elain-Analysen.

Beispiele.

Elain aus	Konsistenz	Farbe	Freie Säuren in %	Neutralfett od. Lactone in %	Unverseifb. in %	Jodzahl
Talg, autoklaviert[3])	flüssig mit wenig Bodensatz	dunkelbraun	88,2	Neutralf. 11,5	—	80
Talg, Schwefelsäurespaltung, zweimal destilliert	—	weiß	96,9	Lactone 3,1	—	81,3
Talg u. Palmöl, Schwefelsäurespaltg., zweimal destilliert[3])	—	weiß	94,5	Lacton aus d. Diff. 1,3	4,02	82,3
Wollfett, destilliert[4])	—	—	54—77	4—27	10—42	—
Wollfett, deutschen u. französischen Ursprungs[5])	mäßig viscos	braun kann u. U. fluorescieren	43—60	—	40—57	—

Stearine.

Stearin nennt man das beim Abpressen des Elains als Preßkuchen zurückbleibende Gemisch fester Fettsäuren; die direkte Erzeugung von Stearin durch Spalten von sehr harten, z. B. durch vollständige Hydrierung erhaltenen Fetten wird praktisch kaum ausgeführt. Man unterscheidet nach der Erzeugung Saponifikat- und Destillatstearine. Zu beachten ist, daß das Wort „Stearin“ in Verbindung mit einem zweiten, die Abstammung bezeichnenden Wort meistens eine andere Bedeutung hat: Unter Baumwollstearin, Fischstearin usw. versteht man die halbfesten Glyceridgemische, die aus dem bei mittlerer Temperatur

[1]) In 4proz. Benzollösung.

[2]) Marcusson: Ch. Revue Bd. 12, S. 2. 1905; Mitt. Mat. Prüf. Bd. 22, S. 97. 1904; Bd. 28, S. 469. 1910. Sffbr. Bd. 35, S. 693. 1915.

[3]) Lewkowitsch: Ch. Technol. 4. Aufl. III. 239.

[4]) Lewkowitsch: Laboratoriumsbuch, S. 67.

[5]) Marcusson: Sffbr. Bd. 35, S. 714. 1915.

flüssigen Öl oder Tran bei mäßiger Temperaturerniedrigung allmählich auskrystallisieren[1]).

Zusammensetzung: Reine Stearine können alle festen Fettsäuren von der Palmitin- bis zur Lignocerinsäure enthalten, ferner Oxystearinsäure und Stearolacton, auch homologe Verbindungen (Oxybehensäure und Behenolacton), Isoölsäure und analoge feste ungesättigte Säuren. Neutralfett und unverseifbare Stoffe können in normalen Stearinen höchstens in Spuren vorkommen, weil sie sich beim Pressen im Elain lösen.

Anforderungen: Ein Stearin soll rein weiß sein, möglichst hoch schmelzen, keine mechanischen Verunreinigungen und höchstens Spuren von Asche, namentlich keinen Kalk, enthalten. Es soll keine allzu große Krystallisationsfähigkeit besitzen, andererseits aber auch nicht amorph und transparent sein. Selbstverständlich darf ein als Stearin bezeichnetes Produkt keine fremden Zusätze enthalten; die Untersuchung ist im allgemeinen einfacher als bei den anderen technischen Fettsäuren. Die Unterscheidung zwischen Destillat- und Saponifikatstearin kommt heute wenig in Betracht, weil Stearin meistens aus Destillatfettsäure erzeugt wird. (Destillatstearin ist minderwertig, weil es mit der Zeit Ölsäure ausschwitzt.) Man prüft die äußere Beschaffenheit: Farbe, Krystallisation, die Klarheit der geschmolzenen Masse, den Erstarrungspunkt, den Gehalt an Unverseifbarem und bestimmt höchstens einige wenige Kennzahlen der Fettsäuren, hauptsächlich die Jodzahl.

Untersuchung: Äußere Beschaffenheit: Die Farbe beurteilt man nicht nur nach der Oberfläche, sondern auch nach dem Bruch: ein grauer Bruch bei weißerer Oberfläche weist darauf hin, daß das Stearin ein Schönungsmittel enthält (komplementären Farbstoff wie Methylviolett u. dgl.). Man prüft ferner die Bruchfestigkeit und den Klang. Reines Stearin klingt hell, mit Paraffin oder Talg vermischtes gibt einen matten, dumpfen Klang.

Beim Probenehmen ist zu berücksichtigen, daß beim langsamen Abkühlen von geschmolzenem Stearin Entmischung erfolgt. Man soll deshalb aufschmelzen und gut durchmischen.

Asche: Man verascht wie üblich und prüft vor allem auf Kalk. Selbst Mengen unter 0,001% Kalk wirken bei der Verwendung des Stearins als Kerzenmasse noch sehr schädlich, indem sie das Abschmelzen des Dochtendes verhindern und damit Rußen und Ablaufen verursachen.

Neutralfett: In normalen, abgepreßten Stearinen kann Neutralfett nur von einem absichtlichen Zusatz herrühren. Früher wurden z. B. manchen Stearinen kleine Mengen Talg oder Cocosfett zur Verminderung der Krystallisationsfähigkeit zugesetzt. Solche Zusätze lassen sich durch direktes Ausziehen des Fettes mit Äther oder Petroläther nachweisen; Cocosfett auch durch Verseifen der Probe, Zerlegen der Seife und Ausziehen der Cocosfettsäuren mit 60 proz. Alkohol, in welchem Stearin selbst nur spurenweise löslich ist[2]). Ein nicht gepreßtes Saponifikatstearin aus hochgehärteten Fetten kann aber Tristearin enthalten, das in Äther viel schwerer löslich ist als Talg, geschweige denn Cocosfett. In diesem Fall müßte der Nachweis durch Bestimmung der Esterzahl oder des Glyceringehaltes erfolgen.

---

[1]) Eine Klasse für sich bildet das sog. Wollfettstearin, das durch Kaltpressen des bei der Wasserdampfdestillation über 310° destillierenden Anteils erhalten wird. Es enthält Fettsäuren von sehr hohem Molekulargewicht und viel Unverseifbares von hohem Drehungsvermögen. Von den eigentlichen Stearinen unterscheidet es sich schon äußerlich durch den wollfettähnlichen Geruch und das Fehlen krystallinischer Struktur.

[2]) Davidsohn: Sffbr. Bd. 35, S. 321. 1915.

Von den Kennzahlen ist die Jodzahl am wichtigsten, sie darf bei Saponifikaten nur wenige Einheiten, bei Destillaten höchstens 15—20 Einheiten betragen. In normalen Stearinen, die nur aus Palmitin-, Stearin- und ein wenig Ölsäure oder Isoölsäure bestehen, läßt sich das Mengenverhältnis der 3 Säuren aus dem mittleren Molekulargewicht und der Jodzahl des Gemisches leicht berechnen. Selbstverständlich ist die Berechnung des mittleren Molekulargewichtes aus der Säure- oder Verseifungszahl nur richtig, wenn kein Unverseifbares zugegen ist oder wenn seine Menge bestimmt und in Rechnung gesetzt wird.

Die Neutralisations- und Verseifungszahlen liegen normal um 200—210, niedrigere Werte weisen (bei normalem Gehalt an Unverseifbarem, d. i. höchstens 1%) auf Fettsäuren von höherem Molekulargewicht als Stearinsäure — aus gehärteten Tranen, Rüböl usw. — hin, die gegebenenfalls nach S. 235 bestimmt werden.

Oxystearinsäure wird durch die Acetylzahl nachgewiesen, Stearolacton durch die konstante Esterzahl.

Das Unverseifbare in Stearinen rührt fast ausschließlich von Zusätzen her. Es kann aus Paraffin, Ceresin und aus den unverseifbaren Bestandteilen von Wollfett, Pflanzenwachsen, Montanwachs bestehen. Zur quantitativen Bestimmung dient die Methode von Donath, S. 207. Die unverseifbaren Bestandteile von Wollfett werden allenfalls durch die Reaktionen von Liebermann und Hager-Salkowski und durch ihr hohes Drehungsvermögen nachgewiesen. Wachsalkohole aus Carnauba- und ähnlichen Wachsen lassen sich durch Auskochen mit Essigsäureanhydrid als Acetate ausziehen; quantitativ werden sie durch die Hydroxylzahl bestimmt. Das Unverseifbare von destilliertem Montanwachs, das Montansäureketon, wird nach Grün und Ulbrich durch Reduktion zu Montanol und Acetylieren des letzteren bestimmt (S. 277).

Erstarrungspunkt: Über die Ausführung der Bestimmung vgl. S. 113. Reine Saponifikatstearine zeigen Erstarrungspunkte von 52—55°, Destillatstearine von 48—53°, Stearine aus gehärteten Fetten aber auch 57° und darüber. Zusätze von Carnaubawachs erhöhen den Erstarrungspunkt beträchtlich, z. B. 5% schon um 10°[1]). Auch sog. Härtungsmittel, die den Schmelzpunkt nur scheinbar erhöhen, können in Stearinen, besonders in paraffinhaltigen oder sonst minderwertigen Proben vorkommen. Vgl. Abschnitt Kerzen, S. 476.

Mischungen von Stearin und Paraffin schmelzen tatsächlich tiefer als die Komponenten; beim Schmelzen im Capillarröhrchen wird aber eine Erhöhung des Schmelzpunktes vorgetäuscht, so daß die beobachteten Schmelzpunkte zwischen denen der einzelnen Bestandteile liegen. Dagegen sind die Erstarrungspunkte solcher Mischungen normal.

Beispiele: Schmelzpunkte von Mischungen aus Stearin (Schmelzp. 54°) mit Paraffinen (sächsischen) von niedrigeren Schmelzpunkten[2]):

Paraffingehalt in %	Schmelzpunkte in °C				
100	45	48,5	50,0	54,0	56,5
90	44	47,50	49,0	53,0	55,5
66,6	40,75	45,00	47,0	49,0	52,0
33,3	48,00	47,75	47,5	47,0	47,5
10,0	52,50	52,50	52,5	52,5	52,5

[1]) Scheithauer: Fabrikation der Mineralöle, Braunschweig 1895, S. 189.
[2]) Nach Scheithauer: a. a. O.

Ergebnisse von Stearin-Analysen.

Beispiele.

Sorte	Säurezahl	Verseifungszahl	Esterzahl	Jodzahl	Freie Säuren	Erstarrungspunkt
I	205,5	206,7	1,2	4,9	99,4%	53,6°
II	207,2	211,0	3,8	6,4	98,2%	54°
III	203,5	209,9	6,4	11,9	96,9%	52,2°

Fettpech.

(Ölpech, Stearinpech, Stearingoudron, Kerzenteer.)

Das Fettpech ist der bei der Fettsäuredestillation in der Destillierblase verbleibende Rückstand. Je nachdem die Destillation mehr oder weniger weit getrieben wird, ist der Rückstand braunschwarz bis tiefschwarz, teer-, pech- oder asphaltartig, doch ist die Beschaffenheit auch je nach der Art der ursprünglichen Fette ziemlich verschieden[1]). Die Fettpeche bestehen aus Neutralfett, freien Fettsäuren mit einem hohen Gehalt an Oxysäuren und deren Derivaten (Anhydriden, Lactonen, inneren Estern), Ketonen, Kohlenwasserstoffen, Asphaltenen, Fettalkoholen, Kupfer- oder Eisenseifen und Schwefelverbindungen.

Nachweis. Zur Unterscheidung von anderen Pechen dient der qualitative Nachweis des Neutralfettes durch die Acroleinreaktion sowie die Bestimmung der Säure- und Verseifungszahl (spezielle Ausführung s. S. 141, 146), welche Kennzahlen wesentlich höher sind als die anderer Peche.

Nach Mansbridge[2]) kocht man die Probe mit alkoholischer Natronlauge fast bis zur Trockenheit ein; ist sie ganz oder teilweise verseifbar, so liegt ein Fettpech vor, im anderen Falle Mineralöl-, Kohlenteer-, Holzteer-Pech oder Asphalt.

Nach Holde und Marcusson[3]) erhitzt man die Probe direkt oder mit überhitztem Wasserdampf. Die ersten Destillatanteile von Fettpechen enthalten den größten Teil der Fettreste als freie Säuren, während die Destillate anderer Peche fast säurefrei sind.

Zur Feststellung, ob reines Fettpech oder ein Gemisch mit Erdöl- oder Kohlenteerpech vorliegt, reichen die qualitativen Proben nicht aus; auch die Bestimmung der Verseifungszahl genügt nicht, weil die Werte bei reinen Fettpechen von ca. 30 bis über 100 schwanken, so daß man nur bei sehr hohen Verseifungszahlen einen Schluß auf die Reinheit der Probe ziehen kann. Dagegen ist die Quecksilberbromidreaktion zuverlässig[4]). Sie beruht darauf, daß Erdölpeche infolge ihres Gehaltes an organischen Sulfiden ätherunlösliche Additionsverbindungen geben, sich also wie natürliche Asphalte verhalten, während die Fettpeche nicht reagieren.

Die erkaltete Lösung von 10 g Substanz in 25 ccm Benzol wird mit 30 ccm $^{n}/_{2}$ alkoholischer Kalilauge geschüttelt, mit 200 ccm 96proz. Alkohol verdünnt, die Lösung abgegossen, der Rückstand im Kolben mit Alkohol gewaschen und der gelöst bleibende Alkohol im Wasserbad unter Absaugen entfernt; dann wird bei 105° getrocknet, in 100 ccm Äther unter Zusatz von etwas Chlorcalcium

[1]) Ebenso mannigfaltig ist die Verwendung: an Stelle von Asphalt bei der Erzeugung von geruchlosen Dachpappen, Kabelisolierstoffen, Heißwalzenschmieren, Isolierbändern, als schützende Schicht bei der Verzinnung und Verzinkung von Eisenblech, für verschiedene Zwecke als Kautschukersatz u. a. m.

[2]) J. Soc. Ch. Ind. Bd. 37, S. 182. 1918; C. 1919. IV. 236.

[3]) Mitteilungen techn. Versuchsanst. 1900, S. 147.

[4]) Marcusson: Z. ang. Bd. 24, S. 1300. 1911; Mitt. Mat. Prüf. Bd. 30, S. 186. 1912.

gelöst, wenn nötig filtriert, das Filtrat mit 20 ccm einer Lösung von 5 g Quecksilberbromid in 250 ccm Äther versetzt und über Nacht stehen gelassen. Ein etwaiger Bodensatz wird filtriert, mit Äther gewaschen und mit warmem Benzol vom Filter gelöst. Fettpeche mit nicht über 10% Zusatz geben keine Fällung.

Unterscheidung einzelner Fettpeche voneinander. Man prüft zunächst die Löslichkeit in Schwerbenzin, spez. Gewicht 0,785—0,807, Siedepunkt um 140°[1]). Etwa 0,5 g Substanz werden in 10 ccm des Lösungsmittels gekocht, nach einigen Minuten Stehen wird filtriert oder dekantiert und der etwa verbleibende Rückstand geprüft:

Die Substanz löst sich vollständig:

a) Stearinpech von allen nicht trocknenden Fetten.

b) Wollfettpech. Dieses kann identifiziert werden durch die Zähflüssigkeit seiner Schmelze und durch die Gegenwart von Cholesterin.

Die Substanz löst sich nur teilweise:

a) Pech von trocknenden und halbtrocknenden Ölen und Fetten, einschließlich weiches Baumwollsamen(Cotton)ölpech. Dieses wird bei der Bestimmung des Schmelzpunktes gewöhnlich oxydiert. Der unlösliche Rückstand bildet Schichten oder Schuppen, die beim Reiben zwischen den Fingern zu Pulver zerfallen.

b) Knochenteerpech; gibt beim Erhitzen einen charakteristischen Geruch nach Knochen.

Die Substanz ist unlöslich oder fast unlöslich:

a) Hartes Baumwollsamenölpech; schmilzt in der Flamme.

b) Elastisches Baumwollsamenölpech (mit größerem Gehalt an Neutralfett), manchmal Gummipech genannt. Schmilzt nicht in der Flamme, streckt sich und zieht sich zusammen.

Zur genaueren Prüfung verfährt man nach MARCUSSON[2]): Die Lösung von 10 g Fettpech in 15 ccm Benzol wird mit 200 ccm Petroläther (Siedepunkt bis 80°) versetzt, der Niederschlag abgenutscht, das Filtrat dreimal mit je 15 ccm konzentrierter Schwefelsäure geschüttelt, erst mit Wasser, dann mit alkoholisch-wässeriger Lauge mineralsäurefrei gewaschen. Nach dem Abdestillieren des Petroläthers bleiben an asphaltfreien, öligen Anteilen bei Stearinpech 3,3 bis 11,8% zurück, bei den Wollpechen 15,4—40%, bei weichpechartigen Erdölrückständen 40—60%; bei hartpechartigen geht der Gehalt an diesen Bestandteilen allerdings bis auf 26% herunter. Die Rückstände sind äußerlich wenig verschieden, die aus Fettpechen und Wollpechen zeigen aber höhere Jodzahlen und kleine Verseifungszahlen, die anderen keine. Zur Unterscheidung von Wollfettpechen und anderen Fettpechen dient auch die Probe von DONATH und MARGOSCHES[3]):

10 g Substanz werden mit 50 ccm $^n/_2$ alkoholischer Kalilauge $^1/_2$ Stunde am Rückflußkühler gekocht. Hat sich nach dem Erkalten oberhalb der unlöslichen Pechteile eine krystallinische Abscheidung (sie besteht aus Alkalisalz von Oxyfettsäure) gebildet, so liegt Wollpech vor. Dieses ist auch durch seinen hohen Cholesteringehalt charakterisiert.

Untersuchung: Man bestimmt die Löslichkeit in Petroläther, Benzol, Tetrachlorkohlenstoff, Schwefelkohlenstoff, evtl. auch in Leinöl und in Terpentinöl (in welchen sich die meisten Fettpeche lösen), bestimmt auch Säurezahl, Verseifungszahl und das Verseifbare[4]); man bestimmt ferner Brennpunkt und

---

[1]) MANSBRIDGE: a. a. O. [2]) a. a. O.

[3]) Ch. Industrie 1904, zit. nach Ch. Revue Bd. 11, S. 148. 1904.

[4]) DONATH: Ch. Revue Bd. 12, S. 42, 73. 1905. S. a. die erste analytische Untersuchung von Stearinpech: DONATH und STRASSER: Ch. Ztg. Bd. 17, S. 1788. 1893.

Flammpunkt, den Gewichtsverlust bei mehrstündigem Erhitzen auf 170—180°, den Schmelzpunkt oder Tropfpunkt und die Härte.

Säure- und Verseifungszahl: Man löst oder suspendiert ca. 20 g Pech in 80 ccm Äther, versetzt mit dem gleichen Volumen 96 proz. Alkohol und filtriert von den schwarzen Pechstoffen; das Filtrat kann bei Verwendung von Alkaliblau als Indicator titriert werden. Nach DONATH[1]) setzt man mehr Alkohol und ein wenig konzentrierte Baryumchloridlösung zu, wodurch praktisch vollständige Ausfällung der färbenden Bestandteile erzielt und weingelbe, mit Phenolphthalein titrierbare Lösungen erhalten werden. Ebenso wird bei der Bestimmung der Verseifungszahl vor dem Zurücktitrieren mit Salzsäure mittels Baryumchloridlösung aufgehellt.

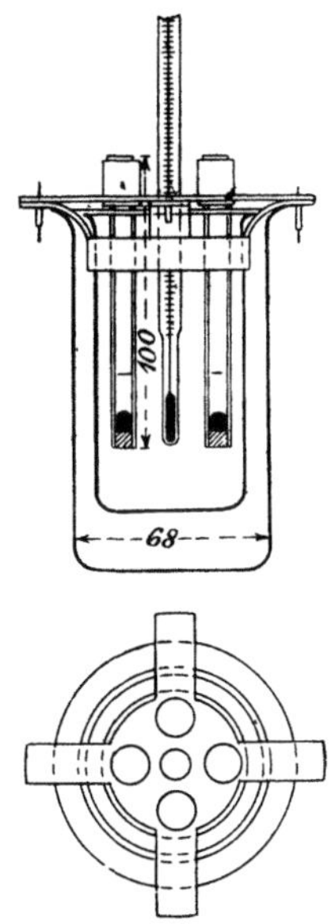

Abb. 65. Apparat zur Bestimmung d. Schmelzpunktes nach KRAEMER u. SARNOW.

Verseifbares: Die quantitative Trennung vom Unverseifbaren wird, wegen der Löslichkeit der Alkalisalze oxydierter Fettsäuren, nach MARCUSSON[2]) ähnlich wie bei Wachsen (S. 207) ausgeführt. Man verseift die benzolische Lösung von 5 g Substanz mit 25 ccm $^n/_1$ alkoholischer Lauge, neutralisiert annähernd mit $^n/_2$ Salzsäure, dampft unter Zusatz von Sand ein, trocknet den Rückstand und extrahiert mit Aceton, wobei alle unverseifbaren Bestandteile mit Ausnahme der Asphaltene gelöst werden; die Seifen werden durch wiederholtes Kochen mit 50 proz. Alkohol aus dem Rückstand gelöst, die Lösung konzentriert und die Fettsäuren abgeschieden, die Asphaltene werden durch Benzol von den anorganischen Bestandteilen des Pechs und dem zugesetzten Sand getrennt.

Glycerin wird nach DONATH[1]) im Ätherauszug der Substanz bestimmt.

Schmelzpunkt (Erweichungspunkt): Die Bestimmung erfolgt gewöhnlich nach der Methode von KRAEMER und SARNOW[3]): Etwa 25 g der Probe werden in einer kleinen Blechpfanne mit flachem Boden im Ölbad bei ungefähr 150° geschmolzen. In die Pechschicht, deren Höhe etwa 10 mm betragen soll, taucht man das eine Ende eines Glasröhrchens von 100 mm Länge und 6—7 mm lichter Weite, nimmt das Röhrchen — das sich etwa 5 mm hoch füllt — heraus, indem man das andere Ende mit dem Finger verschließt und läßt unter Drehen an der Luft, nötigenfalls durch Liegen auf Eis, erkalten. Nach BARTA verfährt man praktischer in der Weise, daß man ein nur 5 mm hohes, an beiden Enden abgeschliffenes Röhrchen, das man auf eine befeuchtete Glasplatte setzt, mit dem heißen Pech vollgießt, nach dem Erkalten die kleine Kuppe von Pech mit einem angewärmten Messer abschneidet und das Röhrchen an ein gleich weites, 10 cm langes Glasrohr mit Hilfe eines Gummischlauches, Glas an Glas, ansetzt. Nun beschickt man das Röhrchen noch mit 5 g Quecksilber und hängt es in ein doppeltes Bad (Abb. 65), bestehend aus zwei Bechergläsern, die mit Wasser, einer gesättigten Salzlösung oder Paraffinöl gefüllt sind. In das innere Becherglas läßt man ein Thermometer so weit eintauchen, daß das Quecksilbergefäß in gleicher Höhe mit der Pechschicht steht.

Man erhitzt mit mäßig großer Flamme, bis das Pech so weit erweicht ist, daß das Quecksilber die Schicht durchbricht und liest die Temperatur ab. Die

---

[1]) a. a. O.

[2]) Z. ang. Bd. 31, I, S. 119. 1918; Z. D. Öl- u. Fettind. Bd. 41, S. 225. 1921.

[3]) Ch. Industrie 1903, S. 55.

Schmelzpunkte oder richtiger Erweichungspunkte werden nach diesem Verfahren niedriger gefunden als nach den üblichen Methoden, sie werden auch durch die Rohrweite, die Höhe der Pechschicht und die der Quecksilbersäule beeinflußt. Bei genauer Einhaltung der Bedingungen stimmen aber die Resultate untereinander gut überein[1]).

Zähigkeit und Härte. Zur Prüfung dienen die sog. Penetrometer und Duktilometer, wie z. B. der Apparat von Dow: eine beschwerte Nadel wird in die auf bestimmte Temperatur erwärmte Probe gedrückt. Man bestimmt die Distanz in Zehntelmillimetern, welche die Nadel von bestimmtem Durchmesser mit 100 g Beschwerung in 5 Sekunden durchdringt.

Die Zusammensetzung der Fettpeche schwankt innerhalb ziemlich weiter Grenzen.

Ergebnisse von Fettpech-Analysen[2]).

Art des Peches	Schmelzpunkt (KRAEMER-SARNOW) °C	Freie Säure berechnet als		Verseifungszahl	Verseifbare Gesamtbestandteile	Unverseifbares
		Säurezahl	% Ölsäure			
Stearinpech a	74	25	13	102	87	13
„ b	41	23,1	11,6	55	38	62
„ c	—	17,2	8,8	50	24	76
Wollpech . . .	22	6,5	3,3	41	29	71

Kerzen.

Begriffsbestimmungen und Anforderungen. Unter Kerzen (Lichtern) versteht man zylindrische oder prismatische Gebilde aus einem bei nicht zu hoher Temperatur schmelzenden, brennbaren Stoff, deren Achse durch ein dünnes, poröses, aufsaugefähiges, gewöhnlich aus Gespinstfasern gefertigtes Strähnchen (Docht) gebildet ist[3]). Man unterscheidet die Kerzen einerseits, und zwar in erster Linie nach dem Material, aus dem sie erzeugt sind, andererseits nach dem Verwendungszweck (Kirchenkerzen, Wagenkerzen usw.) und nach der Form (einfache glatte Kerzen, Hohlkerzen, Barockkerzen usw.). Eine Kerze kann aus Stearin, Paraffin, Ceresin, Wachs, Walrat, Talg oder Mischungen dieser Stoffe bestehen.

Stearinkerzen. Unter dieser Bezeichnung sollen nur Kerzen in den Handel gebracht werden, die aus technisch reinem Stearin mit einem Schmelzpunkt von mindestens 50° bestehen. (Die noch immer anzutreffende Behauptung, daß ein kleiner Zusatz von Paraffin, etwa 2%, nötig wäre, um die Kerzen glatt aus den Formen heben zu können, ist unrichtig.)

Paraffinkerzen. Diese sollen aus Paraffin bestehen, dessen Schmelzpunkt nicht unter 48° liegt.

Ceresinkerzen sollen aus Ceresin bestehen, dessen Schmelzpunkt nicht unter 66° liegt. (Die Ceresinsorten des Handels schmelzen zwischen 61 und 78°).

Wachskerzen sollen aus reinem Bienenwachs bestehen; es werden aber nur mehr sehr wenig reine Wachskerzen erzeugt. Die Altarkerzen (nicht zu ver-

[1]) Über eine verfeinerte Ausführungsform der Methode siehe WENDRINER: Z. ang. Bd. 18, S. 622, 1946. 1905; Ch. Ztg. Bd. 46, S. 8. 1922.

[2]) MARCUSSON: Z. D. Öl- u. Fettind. Bd. 41, S. 225. 1921.

[3]) Nach HEFTER: Technologie der Öle und Fette Bd. 3, S. 812. Berlin 1910.

wechseln mit den gewöhnlichen Kirchenkerzen) mußten früher aus reinem Wachs erzeugt werden, während das Rituale Romanum jetzt Zusatz von $^1/_3$ oder mehr an anderen Kerzenstoffen erlaubt; nur in der russischen Kirche soll die ursprüngliche Forderung noch gelten.

Walratkerzen, die hauptsächlich für photometrische Messungen verwendet werden, sollen aus reinem, bei 45—46° schmelzendem Material mit einem Zusatz von wenigstens 3% und höchstens 4,5% gebleichtem, bei 62° schmelzendem Bienenwachs erzeugt sein.

Talgkerzen sollen aus neutralem Fett bestehen, dessen Titer, d. h. der Erstarrungspunkt der Fettsäuren, nicht unter 42,5° liegt.

Kompositionskerzen (Mischkerzen) bestehen im wesentlichen aus Gemischen von Stearin und Paraffin [1]). Der Höchstgehalt an Stearin ist 50%, der Mindestgehalt soll wenigstens 8—10% betragen.

Die Anforderungen betreffend Farbe, Glanz, Struktur, Härte, Festigkeit usw. sind natürlich je nach der Sorte sehr verschieden und richten sich nach der Art des Kerzenstoffs. Wesentlich ist die Beschaffenheit des Dochtes und das Verhalten beim Brennen. Der Docht soll gleichmäßig fest sein, seine Stärke (Fadenzahl) muß der Stärke der Kerze entsprechen, er muß zentral liegen. Die Kerze soll mit heller, ruhig stehender, nicht rußender Flamme ohne Ablaufen brennen, wobei sich der Docht krümmen muß. An der glühenden Spitze darf sich nicht Asche oder Kohle ansammeln, sie soll beim Auslöschen und Wiederanzünden nicht schwelen, sondern nur einige Sekunden nachglimmen.

Äußere Beschaffenheit: Die Beurteilung der äußeren Beschaffenheit erfolgt nach denselben Gesichtspunkten wie die von ungeformtem Kerzenmaterial, Stearin, Paraffin oder Wachs. Maßgebend sind also Farbe, Glanz, Transparenz, Krystallstruktur, Härte, Biege- und Bruchfestigkeit, Aussehen des Bruches, Sprödigkeit oder Knetbarkeit, Geruch. Auch der Klang beim Aneinanderschlagen dient zur Beurteilung; Kerzen aus Stearin und aus Schwelparaffin, besonders deutschem Hartparaffin, klirren hell, solche aus Petrolparaffin weniger, die aus Ceresin dumpf.

Die äußere Beschaffenheit läßt gewöhnlich keinen Zweifel übrig, ob eine Kerze vorwiegend aus Stearin, Paraffin oder Wachs, geschweige denn aus Talg besteht; dagegen ist zur Feststellung von Beimengungen oder zum Erkennen von Mischkerzen eine chemische Untersuchung des Materials erforderlich.

Probenahme: Vor allem ist zu berücksichtigen, daß beim Kerzengießen eine teilweise Entmischung des Materials eintreten kann, besonders bei Mischungen von Stearin und Paraffin [2]). Die Spitze kann um 3—4% mehr Stearin enthalten als der Fuß. Nach dem langsamen Erkalten durch bloße Luftkühlung kann die Randschicht einer Mischkerze sogar um 8% mehr Stearin enthalten als der Kern [3]). Man schmilzt deshalb eine Kerze, allenfalls auch mehrere zusammen, entfernt den Docht und entnimmt der gut durchgerührten Schmelze die Proben für die einzelnen Bestimmungen. Die nach älteren Verfahren durch Ziehen oder Tunken erzeugten Wachskerzen können aus mehreren Schichten von verschiedener Zusammensetzung bestehen. Gegebenenfalls ist der Kern und der Mantel gesondert zu analysieren.

Untersuchung: Die chemische Untersuchung erfolgt nach denselben Methoden wie die von Stearin (S. 468) bzw. Paraffin oder Wachs (S. 546). Stearinkerzen

[1]) Nach den „Bedingungen für den Handel mit Fettwaren und Ölen an der Wiener Börse“ müssen alle Kerzen, die nicht aus reinem Stearin, Paraffin, Ceresin oder Wachs bestehen, unter der Bezeichnung Kompositionskerzen in den Handel gebracht werden.

[2]) Krey: Journ. f. Gasbel. 1900, S. 430.

[3]) Graefe: Sfsz. Bd. 31, S. 512. 1904.

sind vor allem durch Bestimmung der Säurezahl auf einen etwaigen Paraffingehalt zu prüfen. Ebenso wird bei der Untersuchung von Mischkerzen zuerst die Säurezahl bestimmt und aus derselben das Verhältnis von Stearin und Paraffin berechnet. Dann prüft man auf Härtungs- und Trübungsmittel, die Paraffin- und minderwertigen Mischkerzen das Aussehen und zum Teil die Festigkeit von Stearinkerzen verleihen sollen (s. unten). Man bestimmt auch die Jodzahl und den Erstarrungspunkt der Mischung und allenfalls auch die des abgetrennten Stearins und des Paraffins für sich allein.

Wachskerzen werden häufig mit Stearin, Ceresin usw. verfälscht; sog. Wachskerzen enthalten oft überhaupt kein Bienenwachs, sondern bestehen aus einer Mischung von Stearin, Ceresin usw. mit Carnaubawachs (in Amerika auch Myrtenwachs), auf welche Stoffe somit in erster Linie zu prüfen ist. Mitunter haben solche Kerzen auch bloß einen Überzug von Bienenwachs.

Ceresinkerzen werden hauptsächlich mit Paraffin verfälscht. Über die Unterscheidung s. S. 273.

Bei Walratkerzen kommen als Zusätze bzw. Verfälschungen alle anderen Kerzenstoffe, mit Ausnahme von Bienenwachs, in Betracht.

Härtungsmittel: Diese sind hochschmelzende Substanzen, die vor dem Erstarren der geschmolzenen Kerzenmasse auskrystallisieren und nach dem Festwerden der ganzen Kerze in ihr eine Art tragendes Gerüst bilden; die Stabilität der Kerze wird durch dasselbe tatsächlich etwas erhöht. Als Härtungsmittel verwendete man bereits: Carnaubawachs, Montanwachs, Cerotinsäure, Oxystearinsäure, Stearinsäureanilid und analoge Verbindungen, ferner Reten und andere aromatische Kohlenwasserstoffe. Stearinsäureanilid läßt sich am schnellsten durch die LASSAIGNEsche Stickstoffreaktion nachweisen, im Zweifelsfalle durch Isolierung, Bestimmung des Schmelzpunktes = 93,6°, evtl. durch Spaltung und Anstellen der Anilinreaktionen. Reten ($C_{18}H_{18}$) dürfte am schnellsten durch den Schmelzpunkt, 98,5°, oder als Pikrat identifiziert werden; aus alkoholischer Lösung mit Pikrinsäure gefällt: orangegelbe Nadeln, Schmelzp. 123—124°. Die meisten Härtungsmittel bewirken auch Trübung der Kerzenmasse.

Trübungsmittel: Um transparentes Kerzenmaterial opak, „milchig" und damit stearinähnlicher zu machen, verwendete man anfänglich vorwiegend Alkohol, auch Butyl- und Amylalkohol, vielfach auch Vaselinöl, dann α- und β-Naphthol (sog. Lintrin), neuerdings Spezialpräparate wie Naphtholbenzoat (Benzonaphthol, Gnomin) u. a. m. Der Nachweis von Alkohol erfolgt durch die bekannten Reaktionen. Übrigens bemerkt man einen solchen Zusatz bei frischen Kerzen schon am Geruch (besonders im Falle der Verwendung von denaturiertem Spiritus), bei älteren dagegen daran, daß der Alkohol mit der Zeit aus der äußeren Schicht verdunstet, so daß die Kerze einen opaken Kern zeigt, der von einem durchsichtigen Mantel umgeben ist. Butyl- und Amylalkohol werden an ihrem Eigengeruch und dem ihrer Acetate erkannt. Naphthole sind ebenfalls am Geruch erkennbar und durch die Reaktion beim Erwärmen der alkoholischen Lösung mit Chloroform: berlinerblaue Färbung, die über Grün nach Braun umschlägt. Übrigens macht sich die Anwesenheit von Naphtholen oft schon durch die zunehmende Verfärbung der Kerzen beim Lagern bemerkbar.

Farben von Zierkerzen sind allenfalls auf die Abwesenheit von Arsen- und Quecksilberverbindungen und auf ihre Lichtbeständigkeit zu prüfen.

Von den physikalischen Prüfungsmethoden ist am wichtigsten die

Bestimmung des Erstarrungspunktes. Bei Stearinkerzen gilt ein Erstarrungspunkt über 53° als sehr gut, 49° bis fast 53° als gut, 45° bis fast

49° als eben noch gut, unter 45° als mittelmäßig. Bei Paraffinkerzen, die aus Mischungen von Hart- und Weichparaffin bestehen können und dann schon weit unter ihrem Erstarrungspunkte erweichen (namentlich Paraffine amerikanischen Ursprungs zeigen dieses Verhalten), ist auch der Tropfpunkt zu bestimmen (s. S. 116). Solche Gemische können nach dem Vorgange von Schwarz mittels Butanon mit einem Wassergehalt von 1,3% (spez. Gewicht 0,812) in das Hart- und das Weichparaffin zerlegt werden[1]).

Enthält das Kerzenmaterial Härtungsmittel, die beim Schmelzen der Hauptmasse noch fest bleiben, so wird ein wesentlich höherer Schmelzpunkt der Kerzenmasse vorgetäuscht, der Erstarrungspunkt wird dagegen richtig gefunden. Beispiele[2]):

	Schmelzpunkt in der Capillare	Erstarrungspunkt nach Shukoff
Weichparaffin ohne Zusatz	42,4°	42,0°
90% Weichparaffin mit 10% Montanwachs	61,2°	42,6°
90% „ „ 10% Stearinsäureanilid	70,5°	42,0°

Zur Bestimmung der Dochtbeize prüft man den wässerigen Auszug des entfetteten Dochtes vornehmlich auf Phosphorsäure, Borsäure, Schwefelsäure, Salpetersäure, Ammonium und Kalium. Auch Chlor, Kieselsäure und Wolframsäure dürfen zugegen sein, nicht aber Natrium und Calcium.

Praktische Prüfung: Man mißt die Länge, den Durchmesser und das Gewicht eines Stückes, prüft ob der Docht in der richtigen Länge (genau zentriert) ist, beobachtet das Brennen und das Verhalten des Dochtes beim Verlöschen und Wiederanzünden (etwaiges Schwelen, Rauchen usw.); ferner bestimmt man die Brenndauer der ganzen Kerze und den Materialverbrauch in der Stunde (Brennenlassen an zugfreiem Ort, Vor- und Nachherwägen).

Mit minderwertigen Kerzen stellt man die Biegeprobe an: Man spannt sie am Fuße in horizontaler Lage ein und beobachtet, ob bzw. um wieviel sie sich in der Zeit von einer Stunde oder mehreren Stunden unter ihrem Eigengewicht verbiegen. Sollen die Biegeproben zu Vergleichszwecken dienen können, so müssen die Kerzen selbstverständlich immer gleich weit herausragen (21 cm) und gleichmäßig durchgewärmt sein — sie müssen vor dem Versuch wenigstens 3 Stunden bei der Versuchstemperatur (gewöhnlich 22°) gelagert haben.

In besonderen Fällen ist der Lichtwert zu bestimmen, d. i. die Lichtausbeute pro Gramm Kerze. Man findet den Lichtwert, indem man die (wie üblich photometrisch bestimmte) Lichtstärke durch den einstündigen Materialverbrauch dividiert; dieser hängt vom Kerzenmaterial, von der Stärke der Kerze und der Dicke des Dochtes ab. Man soll deshalb nur gleichgroße, mit gleichen Dochten versehene Kerzen vergleichen[3]).

Lichtstärke und Brennstoffverbrauch von Kerzen[4]).

	Sphärische Lichtstärke in Hefnerkerzen	Brennstoffverbrauch in der Stunde
Wachs	1,00	6,90 g
Stearin	1,09	8,58 g
Paraffin	1,35	8,47 g
Mischkerzen (2 Paraffin : 1 Stearin)	1,23	8,54 g

1) Mitt. Mat.-Prüf. 1918, S. 241.
2) Ubbelohde und Goldschmidt: Handbuch usw. Bd. III, S. 322.
3) Genauere Angaben darüber s. Hefter: Technologie usw. Bd. III, S. 858.
4) Nach Lockemann: Z. ang. Bd. 19, S. 1763. 1906.

Seifen

(einschließlich Seifenpulver, Waschpulver u. dgl.).

Begriffsbestimmungen und Anforderungen.

Kernseifen. Die ursprüngliche offizielle Begriffsbestimmung des Verbandes der Seifenfabrikanten Deutschlands lautet: „Unter reinen Kernseifen versteht man alle nur aus festen und flüssigen Fetten sowie Fettsäuren auch unter Zusatz von Harz durch Siedeprozesse hergestellte, aus ihren Lösungen durch Salze oder Salzlösungen (auf Unterlauge oder Leimniederschlag) abgeschiedenen, technisch reinen Seifen mit einem Mindestgehalt von 60% Fettsäurehydraten einschließlich Harzsäure." Diese Begriffsbestimmung wurde später fallen gelassen Nach einem Beschluß des Fachausschusses für Seifen und Parfümerien der Berliner Handelskammer soll bis zur Festsetzung einer neuen Definition die folgende Bestimmung über den Handel mit Seifen (aus den Begriffsbestimmungen vom Jahre **1913**) gelten: „Unter der Bezeichnung ‚Kernseife' dürfen nur in den Handel gebracht werden alle lediglich aus festen oder flüssigen Fetten oder Fettsäuren, mit oder ohne Zusatz von Harz hergestellten, technisch reinen Seifen, die im frischen Zustande einen Gehalt von wenigstens 60% seifenbildenden Fettsäuren, einschließlich Harzsäuren, aufweisen[1]). Zusätze von Salzen, Wasserglas, Mehl oder ähnlichen Füllmitteln sind nicht gestattet." Kernseifen dürfen höchstens 0,15% freies Ätzalkali enthalten, gute Sorten nur Hundertstelprozente.

Harzkernseifen sollen gemäß einer Abmachung des Verbandes der Seifenfabrikanten mit der badischen Regierung betr. Qualitätsbedingungen für öffentliche Ausschreibung an Seifenlieferungen höchstens 20% Harz enthalten. Im übrigen müssen sie den obigen Anforderungen an Kernseifen genügen.

Halbkernseifen (Eschwegerseifen) sollen wenigstens 46% Fettsäure enthalten; sie können mit Wasserglas, Carbonaten, Talkum usw. gefüllt sein. Der Gehalt an freiem Ätznatron sollte 0,2% nicht übersteigen.

Feste Leimseifen werden mit den verschiedensten Fettsäuregehalten erzeugt. Die besten Sorten reichen an den Fettsäuregehalt von Kernseife heran, billigere Sorten gehen bis zu Gehalten von ca. 10% Fettsäuren herunter; sie sind natürlich gefüllt. Bei Harzleimseifen soll der Harzgehalt nicht über 50% der Gesamtfettsäuren betragen. (Der sog. Harzleim der Papierfabriken ist ein ausschließlich aus Harz hergestellter saurer Seifenleim.)

Schmierseifen (weiche Seifen, Kaliseifen). Unter reinen Schmierseifen versteht man nach der offiziellen Bestimmung solche, die mindestens 38% Fettsäurehydrate, vorwiegend an Kali gebunden, enthalten und technisch rein sind, d. h. Carbonate oder sonstige Salze nur in den zur Erzielung der Konsistenz unerläßlichen Mengen (meist 3—4% Pottasche) enthalten und frei von Füllstoffen sind. Gefüllte Schmierseifen sind solche, die weniger als 38% Fettsäure enthalten; sie sind meistensmit Stärkemehl, Caragheenmoos, Kaliwasserglas usw. gefüllt.

Feste Kaliseifen, ferner Kali-Natronseifen, sind hochwertige feste Seifensorten mit etwa 68—74% Fettsäure.

Feinseifen (Schmuckseifen, Toiletteseifen) sind reinste pilierte Kernseifen, kaltgerührte Leimseifen (Cocosseifen) oder auf halbwarmem Wege erzeugte Leimseifen (Transparentseifen). Sie dürfen nicht über 0,1% freies Alkali und nicht über 0,5% Carbonat enthalten; bei Transparentseifen ist, soweit nicht technische Reinheit garantiert wird, ein höherer Carbonatgehalt zulässig. — Reine

[1]) Nach den österreichischen Vorschriften dürfen höchstens $^1/_4$ der Fettsäuren durch Harzsäuren ersetzt sein. (Bedingungen für den Handel in Fettwaren an der Wiener Börse.)

pilierte Seifen sollten nicht über 15% bei 105° flüchtige Bestandteile, ferner Harz nur in Mengen von unter 5% des Ansatzes, sowie keinen Zucker enthalten; ihre Fettsäuren sollten nicht unter 37° schmelzen und zweckmäßig Säurezahlen von 203—212 zeigen. Unverseiftes Fett ist zu Überfettungszwecken in Gestalt kleiner Zusätze von Adeps lanae usw. zulässig. Für Toilettewaschpulver gilt im großen Ganzen dasselbe, doch dürfen diese auch ohne Deklaration Borax enthalten. — Geringwertige pilierte Seifen werden unter Zusatz mineralischer Streckmittel (Kaolin, Talkum) hergestellt.

Textilseifen sind keine eigenartigen Seifen, man verwendet sowohl Kernseifen wie auch Schmierseifen, ferner Faßseifen (Seifenleime) und sog. Softenings, häufig überfettete oder auch saure Seifenleime. Die Anforderungen sind je nach der Verwendung verschieden. Seifen für die Seidenfärberei sollen praktisch neutral sein (Gehalt an freiem Alkali unter 0,1%), keine Fettsäuren aus trocknenden Ölen oder Tranen sowie kein Harz enthalten und leicht und klar löslich sein. Seifen aus Olivenöl oder gutem Elain sind am zweckmäßigsten. Für die Wollwäscherei sind Seifen aus flüssigen Fetten oder Elain geeignet, am besten Kaliseifen, dann Ammoniak-, zuletzt Natronseifen. Für „schwere Walken" eignen sich Seifen aus stearinreichen Fetten mit einer Beimengung von Elain, aber ohne Leinöl, als Kern- oder noch besser als Schmierseife; für schwächere Kammgarnwalken Elain-Kaliseifen ohne Leinöl, Wollfett oder Harz mit geringem Alkaliüberschuß, auch Seifen aus Walkfett mit wenig Unverseifbarem, doch läßt sich — besonders für Streichgarne — jede ungefüllte harzarme Kernseife verwenden. Zum Entgerben geschmälzter Wolle dienende Seifen sollen kein Leinöl und nicht über 10% Harz enthalten; in Kaligerberseife sollen höchstens 3% freies Kali, in der Regel unter 1%, und 2—8% Pottasche, in Natrongerberseife nur $^1/_2$—1% Soda enthalten sein. Für das Auswaschen zusammengesetzter Schmälzen und Walköle eignen sich Kali- oder Ammoniumseifen aus Elain- und Ricinusschwefelsäuren besonders gut.

Arzneiliche Seifen, Sapones medicati, sind nach der Definition des Deutschen Arzneibuches „Arzneizubereitungen, deren Grundmasse aus Seife besteht. Sie können von fester, salbenartiger, halbflüssiger oder flüssiger Beschaffenheit sein". Man nennt sie meistens medikamentöse Seifen, häufig auch medizinische Seifen. Die letztere Bezeichnung ist aber mißverständlich.

Medizinische Seife, Sapo medicatus, ist eine nach bestimmtem Ansatz erzeugte, reinste gepulverte Seife ohne medikamentösen Zusatz.

Von den sonst noch im Arzneibuch angeführten Sorten ist Kaliseife, Sapo kalinus, eine besonders reine, aus Leinöl und Kalilauge erzeugte Schmierseife, während unter Sapo kalinus venalis die gewöhnliche käufliche Schmierseife verstanden wird.

Waschmittel in Pulverform sind Mischungen von Seife und Soda, die auch Wasserglas, Persalze wie Natriumperborat, dann Salmiak, Terpentin und andere Zusätze enthalten können. Seifenpulver (nicht zu verwechseln mit gepulverter Seife, die technisch-reine Kernseife ist) sind in der Regel mit Gehalten von 10—35% Fettsäuren in Verkehr; sie sollen kein freies Ätzalkali enthalten. Waschpulver (Waschextrakt) sollte mindestens 5% Fettsäuren enthalten.

Sauerstoff entwickelnde Waschmittel sollten nach früherer Vorschrift wenigstens 1% aktiven Sauerstoff enthalten; später wurde ein Mindestgehalt von 0,5% bleichendem Sauerstoff festgesetzt. — Salmiakwaschmittel sollten eine mindestens 0,5% Ammoniak entsprechende Menge Ammonsalz enthalten[1]).

[1]) Über die in den Vereinigten Staaten von Amerika geltenden Begriffsbestimmungen und Anforderungen betr. Seifen s. die Merkblätter, herausgegeben vom Bureau of Standards. Z. D. Öl- u. Fettind. Bd. 44, S. 473, 487, 503, 514, 529, 542, 558. 1924.

Probenahme.

Beim Musterziehen und Aufbewahren der Proben ist das rasche Eintrocknen der äußeren Teile eines Seifenstückes zu berücksichtigen. Bei Stückseifen gibt nur die folgende Art des Probenehmens richtige Durchschnittsmuster:

Man teilt das Stück nach der Breite (*a—b*) in zwei möglichst gleiche Teile, teilt eine Hälfte ebenso nach der Länge (*c—d*) und ein Viertel nach der Höhe (*e—f*) (s. Abb. 66). Man erhält so ein Achtel des ursprünglichen Stückes mit einem Achtel ursprünglicher Oberfläche.

Ist das Achtel zu groß, um es zur Gänze einzuwägen, so nimmt man von ihm wiederum einen richtigen Durchschnitt: Man raspelt das Achtelstück, wägt, trocknet bis zur Gewichtskonstanz und wägt wieder. Von der gut durchmischten getrockneten Seife wägt man einen aliquoten Teil ab und rechnet die Einwage auf das ursprüngliche Gewicht der geraspelten, wasserhaltigen Seife um. Ist das Seifenstück zu unregelmäßig geformt, als daß sich ein Achtel abteilen ließe, so muß man das ganze Stück raspeln, wägen, trocknen und von der eingewogenen, getrockneten Probe auf die wasserhaltige Seife umrechnen. — Von ovalen oder zylindrisch geformten Stücken schneidet man für die Untersuchung an Stellen extremer Dimension einen Keil (sog. erzeugenden Sektor) aus[1]).

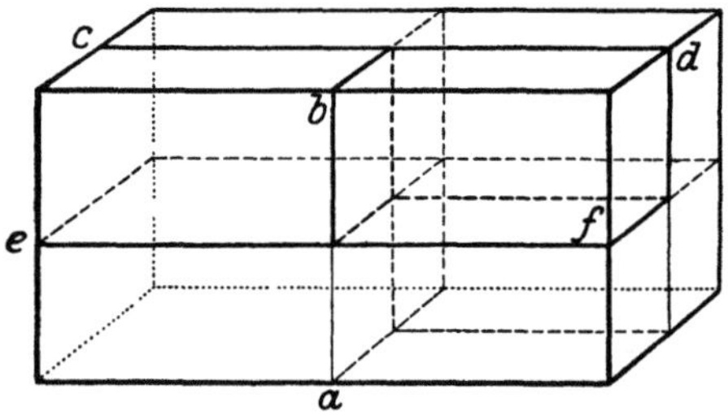

Abb. 66. Probenahme von Stückseife.

Bei Block- und Riegelseifen durchbohrt man das ganze Stück der Breite nach, am besten an verschiedenen Stellen, mit einem Stechbohrer. Nach LEDERER[2]) soll die Probenahme bei Riegeln durch einen Querschnitt senkrecht zur längsten Achse erfolgen. Will man die Zusammensetzung der Seife im schnittfrischen Zustande feststellen, so schneidet man die Enden des ausgebohrten Probestückes ab, soll aber die durchschnittliche Zusammensetzung im Zeitpunkte der Analyse bestimmt werden, so darf man natürlich die eingetrockneten Enden nicht entfernen.

Schmierseifen werden vor dem Probeziehen wenn möglich mit dem Spatel gut durcheinander gemengt; dann entnimmt man dem Behälter einen möglichst langen, schmalen Streifen von oben nach unten. Von Seifenpulvern u. dgl. streut man eine größere Menge auf einen Bogen Papier, nimmt an verschiedenen Stellen kleine Proben, ohne etwa Knöllchen auszuschließen, und mischt gründlich, nötigenfalls unter Zerreiben.

Gezogene Proben müssen in luftdicht schließenden Gefäßen verwahrt, ganze Seifenstücke mindestens in Stanniol verpackt werden. Für eine gründlichere Untersuchung sind wenigstens 100 g Material bereitzuhalten. Zur Analyse werden die Probestücke durch Kreuz- und Querschnitte in feine Lamellen geteilt, die sofort in ein Wägegläschen mit eingeschliffenem Stopfen gebracht werden müssen.

Untersuchung.

In systematischer Beziehung teilt sich die Seifenanalyse in die Bestimmung der Hauptbestandteile: Gesamtfett, Alkali und Wasser, und in die der Neben-

---

[1]) LEDERER: Z. ang., Bd. 37, S. 753. 1924. Über die theoretische Ableitung vgl. ebenda, S. 750, ferner Sfsz. Bd. 51, S. 779. 1924.

[2]) A. a. O.

bestandteile: Beimengungen, Füllmittel und Zusätze. Die Einhaltung eines systematischen Analysenganges, bei dem in einer Einwage alle Bestandteile der Reihe nach bestimmt werden[1]), ist nicht nötig, oft auch nicht möglich. Mitunter ist es angängig, ein Mehrfaches der für eine Einzelbestimmung nötigen Substanzmenge einzuwägen, auf ein bestimmtes Volumen zu bringen und die einzelnen Analysen mit aliquoten Teilen auszuführen[2]). Oft ist es aber nicht möglich, z. B. wegen zu geringer Löslichkeit der Seife, Unlöslichkeit von Beimengungen usw. Immerhin lassen sich die meisten der auszuführenden Bestimmungen so miteinander kombinieren, daß sich wenige Analysengruppen herausbilden, wie die Gruppen Gesamtfett — Gesamtalkali — Kennzahlen der Fettsäuren; gesamte Nebenbestandteile — wasserlösliche Salze — unlösliche Füllstoffe, u. a. m. Bei den Beschreibungen der einzelnen Methoden ist jeweils auf die Kombinationsmöglichkeit verwiesen.

Die Durchführung aller Bestimmungen in einem einzigen Analysengang ist übrigens kein dringendes Bedürfnis, weil in den seltensten Fällen eine vollständige Analyse verlangt wird. Man begnügt sich fast immer mit einigen Einzelbestimmungen, deren Zahl und Art je nach der Seifensorte und je nach den Umständen verschieden ist. In der Regel bestimmt man nur den Gesamtfettgehalt, die Kennzahlen der Fettsäuren, gegebenenfalls den einen oder den anderen Nebenbestandteil, und prüft qualitativ auf nicht erlaubte Beimengungen. — Vor der Analyse prüft man selbstverständlich die

äußere Beschaffenheit.

Die äußere Beschaffenheit einer Seife ist schon an sich für die Bewertung mitbestimmend, sie läßt aber auch gewisse Schlüsse auf die Reinheit der Seife und auf ihre Zusammensetzung zu. Man prüft die Konsistenz, den Griff, die Farbe, allenfalls auch die Lichtbeständigkeit der Farbe, den Geruch, den Geschmack (zu scharf abgerichtete Seifen geben bei der Berührung mit der Zungenspitze den „Stich"); bei Kernseifen ist festzustellen, ob sie keinen Beschlag zeigen, bei Feinseifen ist auch der Glanz und bei transparenten Seifen die Klarheit zu beurteilen.

1. Bestimmung der Hauptbestandteile von Seifen.

A. Bestimmung des Gesamtfettes (der Fettsäuren).

Als Gesamtfett bezeichnet man die Summe der Fettsäuren und Harzsäuren, des unverseiften Fettes und des fettähnlichen Unverseifbaren. Unter Fettsäuren sind immer die sog. Fettsäurehydrate [$R \cdot COOH$] zu verstehen; die Berechnung als Fettsäureanhydride [$(R \cdot CO)_2O$] ist veraltet. In guten Seifen ist der Gesamtfettgehalt mit dem Fettsäurengehalt praktisch identisch. In anderen Fällen ergibt sich der Fettsäuregehalt durch Abziehen des Unverseiften und des Unverseifbaren vom Gesamtfett. Die Bestimmung erfolgt volumetrisch, gravimetrisch oder titrimetrisch; in den beiden letzten Fällen kann sie mit der Alkalibestimmung verbunden werden.

a) Volumetrische Methoden.

Eine einfache Bestimmung ist mit Hilfe der LÜRINGschen Bürette ausführbar; man verfährt in der gleichen Weise wie bei der Bestimmung der Fettsäuren in Fetten (S. 207), mit dem einen Unterschied, daß die Verseifung entfällt. Bezüglich der Apparatur noch einfacher ist die

---

[1]) Siehe z. B. LECOQ: Bull. Soc. Pharm. Bd. 25, S. 100. 1918; C. 1918, III, S. 73.

[2]) Siehe auch LECOMTE: Ann. Falsif. Bd. 7, S. 30. 1914.

Bestimmung mit dem Fettsäurevolumeter[1]). Das Verfahren beruht auf dem Prinzip der GERBERschen Zentrifugiermethode. Abb. 67 zeigt die Bauart der Meßröhre; der untere weitere Teil faßt etwa 30 ccm, der Kropf etwa 1,4 ccm, der Hals ist in $^1/_{100}$ ccm geteilt. Von Kernseifen erhitzt man 50 g mit 200 ccm Wasser und 10 g Ätzkali (damit die Lösung beim Erkalten nicht erstarrt), hält 10 Minuten im Wasserbad und füllt nach dem Erkalten auf 500 ccm. Von Schmierseifen werden einfach 80 g auf 500 ccm gelöst. Man läßt 25 ccm Seifenlösung in die vorher durch Eintauchen in siedendes Wasser angewärmte und daher ansaugende Meßröhre fließen, gibt tropfenweise halbverdünnte Schwefelsäure zu, stellt in ein siedendes Wasserbad und füllt mit Wasser so weit nach, daß die Fettsäureschicht abgelesen werden kann. Nun zentrifugiert man 2 Minuten, stellt wieder ins Wasserbad (z. B. in einen Erlenmeyerkolben) und liest das Volumen ab. Zur Sicherheit nimmt man von mehreren Ablesungen das Mittel. Als Meniscuskorrektur werden 0,006 ccm zugeschlagen. Die Genauigkeit ist $\pm$ 0,01 ccm.

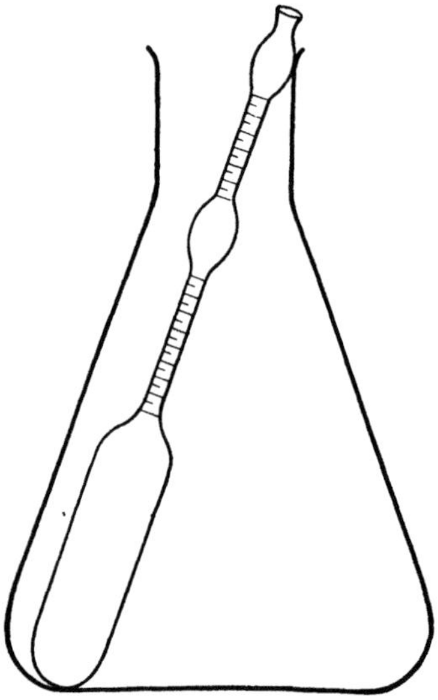

Abb. 67. Fettsäurevolumeter nach SCHÜTTE.

Beispiel für die Auswertung: 80 g Schmierseife wurden auf 500 ccm verdünnt; 25 ccm = 4 g Substanz zeigten im Mittel

1,757 ccm + 0,006 ccm = 1,763 ccm Fettsäuren,
spez. Gewicht = 0,8526

$$\text{Fettsäuregehalt} = \frac{1{,}763 \cdot 0{,}8526 \cdot 100}{4} = 37{,}58\% .$$

Die volumetrischen Methoden eignen sich besonders für die Betriebskontrolle, bei der das spezifische Gewicht der Fettsäuren von bestimmten Seifenansätzen ein für allemal festgestellt wird[2]).

b) Titrimetrische Methoden.

Methode von GOLDSCHMIDT[3]). Man bestimmt zunächst durch einen Vorversuch den Alkaliverbrauch einer beliebigen Menge der in üblicher Weise abgeschiedenen und mit wasserfreiem Natriumsulfat bei Zimmertemperatur getrockneten Fettsäuren. Sind dieselben fest, so trocknet man sie in ätherischer Lösung und treibt den Äther bei 45—50° ab. Hierauf wägt man 1—5 g Seife ein (bei fettsäurearmen Proben mehr), scheidet die Säuren ab, nimmt sie in Äther, Benzin oder Benzol auf, wäscht zweimal mit Wasser und bringt die Lösung quantitativ in ein Kölbchen. Man setzt ungefähr das gleiche Volumen Alkohol zu und titriert mit $^n/_2$-Lauge. Aus dem durch den Vorversuch bekannten Alkaliverbrauch einer bestimmten Menge Fettsäure und dem Alkaliverbrauch der aus der Seife abgeschiedenen Fettsäuren kann man natürlich die Menge der letzteren einfach durch eine Proportion berechnen. m g Fettsäure verbrauchten a ccm $^n/_2$-Lauge. Die Fettsäuren aus n g Seife verbrauchen b ccm $^n/_2$-Lauge.

$$\text{Prozente Fettsäuren in der Seife: } 100 \cdot \frac{b \cdot m}{a \cdot n} .$$

[1]) SCHÜTTE: Sfsz. Bd. 40, S. 551. 1913. Bezugsquelle: Firma Albert Dargatz, Hamburg I.

[2]) S. a. MORPURGO: Pharm. Post Bd. 50, S. 117. 1917.

[3]) Sffbr. Bd. 24, S. 201. 1904.

Diese außerordentlich einfache Methode ist für alle Arten von Seifen, in erster Linie für solche mit flüchtigen Fettsäuren, geeignet, und besonders praktisch erweist sie sich bei der ständigen Kontrolle einer immer aus dem gleichen Ansatz gesottenen Seife.

Ältere titrimetrische Methoden beruhen auf dem Prinzip der Wasserhärtebestimmung nach CLARK; die Lösung der Seife wird mit einer gegen eine Normalseife gestellten Lösung von Chlorcalcium[1]) oder von Baryum- oder Bleinitrat[2]) titriert. Die Verfahren sind veraltet und völlig wertlos.

c) Gravimetrische Methoden.

α) Schnellmethoden. Traganthverfahren[3]). Aus der Auflösung von 2 g Seife in 50 ccm heißem Wasser werden die Fettsäuren mit 10 ccm verdünnter Schwefelsäure abgeschieden und nach dem Abkühlen in etwa 20 ccm Petroläther gelöst. Man setzt die Schwefelsäure in einem Guß zu, damit bei Gegenwart von Wasserglas die Kieselsäure in den Solzustand übergeführt wird und in Lösung bleibt[4]). Die wässerige Schicht zieht man bis auf etwa 2 ccm ab, setzt dann 0,5 g Traganth zu und schüttelt, wobei der Traganth das Wasser unter Quellung vollständig aufnimmt; nun leert man die klare Fettsäurelösung in ein Kölbchen, spült dreimal mit je 5 ccm Petroläther nach, dunstet den Petroläther ab und trocknet den Rückstand bei 80°.

Sog. Wachskuchenmethode. Sie wird wie bei der Bestimmung der Hehnerzahl von Fetten (s. S. 155) ausgeführt, nur unterbleibt selbstverständlich die Verseifung. Man wendet etwa 10—20 g Seife an. Zur raschen Ausführung der Kuchenmethode hat STIEPEL einen Apparat, den „Seifenanalysator", kombiniert, der für Betriebskontrolle und Kalkulation ausreichend genaue Resultate gibt[5]). Auf dem gleichen Prinzip beruht das „Sapomètre" von GENET[6]) (nicht zu verwechseln mit dem Sapometer, S. 485).

Fehlerquellen der Wachskuchenmethode: Die wasserlöslichen Fettsäuren werden nicht mitbestimmt; auf Seifen, die Fettsäuren der Cocosölgruppe enthalten, ist die Methode daher von vornherein nicht anwendbar. Ebensowenig für gefüllte Seifen, weil der Kuchen zu leicht Füllstoffe einschließt. Ein Nachteil ist auch, daß die mit Wachs oder Stearin vermengten Fettsäuren nicht mehr für die weitere Untersuchung zur Ermittlung des Fettansatzes verwendet werden können.

β) Präzisionsmethoden. Konventionsmethode des Verbandes der Seifenfabrikanten Deutschlands. 5—10 g Seife bzw. bis 20 g Seifenpulver werden in ca. 100 ccm warmem Wasser gelöst und im Scheidetrichter mit einem gemessenen[7]) Überschuß an Normalschwefelsäure unter Zusatz einiger Tropfen Methylorangelösung zersetzt. Etwa vorhandenes Stärkemehl wird nach Zusatz der Säure durch Kochen löslich gemacht. Hierauf wird mit 100 ccm eines bis 65° siedenden Petroläthers geschüttelt. Wenn die Seife oxydierte Fettsäuren enthalten könnte, muß man mit Schwefeläther ausschütteln. Meistens dürfte die RÖHRIGsche Mischung von gleichen Teilen Äther und bei 35° siedendem Petroläther am geeignetsten sein, weil dieselbe nur sehr wenig Wasser löst und

---

[1]) PONS: Wagners Jahresber. 1865, S. 320. [2]) MEISTER: Ber. Bd. 7, S. 1742. 1874.

[3]) WENDE: Arch. Pharm. Bd. 253, S. 585. 1915; C. 1916, I, S. 773.

[4]) GROSSER: Sfsz. Bd. 43, S. 327. 1916.

[5]) Siehe STIEPEL: Die Grundzüge der allgemeinen Chemie usw., S. 190. Augsburg: Verlag für chem. Ind. 1907. Bezugsquelle des Apparates: Vereinigte Fabriken für Laboratoriumsbedarf, Berlin.

[6]) MORIDE: Traité pratique de Savonnerie, S. 388. Paris 1909.

[7]) Ist der Säureüberschuß gemessen, so kann die wässerige Lösung zur Bestimmung des Gesamtalkalis verwendet werden (s. S. 488).

deshalb sehr trockene Fettsäurelösungen gibt. Nach einigem Stehen (je länger, desto besser) läßt man die wässerige Schicht, die deutlich rot gefärbt sein muß, in einen zweiten Scheidetrichter ab und schüttelt sie nochmals mit 100 ccm Petroläther aus. Man wäscht beide Fettsäurelösungen mit Wasser mineralsäurefrei, vereinigt sie nach Filtration über etwas wasserfreiem Natriumsulfat in einem gewogenen Kölbchen, dunstet das Lösungsmittel bei höchstens 70° ab und trocknet wiederholt im Wassertrockenschrank (am besten in Kohlendioxydatmosphäre) wenigstens je 5—10 Minuten bis zum konstanten Gewicht. Sind die Fettsäuren merklich feucht, so setzt man beim Trocknen Alkohol zu, aber nur einige Tropfen, da größere Mengen schon einen Fehler, Gewichtsvermehrung durch Bildung von Äthylestern der Fettsäuren, hervorrufen können[1]). — Enthält das Fettsäuregemisch flüchtige oder wasserlösliche Säuren, so führt man es in das Gemisch der Alkalisalze über und wägt diese (s. S. 209).

Abänderung zur Untersuchung von Tonseifen:

Wenn Seifen, die beträchtliche Mengen von Ton, Talkum usw. enthalten, direkt mit Mineralsäure zerlegt werden, so hält das Silicat viel Fettsäure zurück. Der Fehler kann 20—30% betragen. Hingegen lassen sich die Fettsäuren quantitativ ausäthern, wenn die Seifenprobe einige Zeit mit alkoholischem Kali gekocht, der Alkohol zum größten Teil verdampft und der Rückstand dann erst mit Mineralsäure behandelt wird[2]). Kochen mit konzentrierter wässeriger Lauge genügt wohl auch in den meisten Fällen, aber doch nicht immer[3]). Ebenso sind auch die Aufschließungen mit Flußsäure[4]), mit Salzsäure[5]) und andere Abänderungen der Methode[6]) nicht absolut zuverlässig.

Abänderung bei der Untersuchung leimhaltiger Seifen[7]):

Man behandelt die Lösung von 25 g Seife 24 Stunden bei 40° mit 15 g „Burnus“ [ein Pankreasenzyme enthaltendes Präparat[8])]. Dann ist der Leim abgebaut, die vorhandenen Mineralstoffe haben sich abgesetzt und aus der klaren Lösung können die Fettsäuren wie üblich abgeschieden werden.

Bestimmung mit dem Sapometer. Eine Reihe von Ausführungsformen der Ausätherungsmethode beruht darauf, die Fettsäuren in ein meßbares Volumen Äther- oder Petrolätherlösung überzuführen und in einem aliquoten Teil desselben den Rückstand zu bestimmen. Man erspart dabei das lange Absitzenlassen und das Auswaschen der Ätherlösung, das Nachspülen usw. Auch erfolgt das Trocknen der kleineren Fettsäuremenge viel schneller. Am meisten verwendet man das Sapometer von Huggenberg[9]), verbessert von Huggenberg und Stadlinger[10]) und von Besson[11]). Es liegen aber auch andere brauchbare Apparate vor, wie insbesondere die Scheidetrichterbürette von Donath[12]) und der Apparat von Röhrig[13]); u. a. wurde auch die Verwendung des Apparats zur Milchfettbestimmung von Rieter vorgeschlagen[14]).

---

[1]) S. a. Emerson und Dumas: J. Am. Ch. Soc. Bd. 31, S. 949. 1909.

[2]) Scholze: Sffbr. Bd. 37, S. 419. 1917; s. a. Aufschließung mit alkoholischer Salzsäure, Grün und Janko: Sffbr. Bd. 36, S. 705. 1916.

[3]) Loebell: Sfsz. Bd. 43, S. 858. 1916. [4]) Apollowerk: Sfsz. Bd. 44, S. 19. 1917.

[5]) Bodinus: Sfsz. Bd. 44, S. 113. 1917.

[6]) Stiepel: Sffbr. Bd. 36, S. 493. 1916; Stadlinger: a. a. O. S. 654; Davidsohn: a. a. O. S. 807; Thieme: Sfsz. Bd. 43, S. 859. 1916.

[7]) Wegner: Ch. Umschau Bd. 24, S. 156. 1917.

[8]) Bezugsquelle: Firma Röhm & Haas, Darmstadt.

[9]) Z. öff. Ch. 1898, S. 163; Saupe: Pharm. Centralh. Bd. 31, S. 314. 1890; Pinette: Ch.-Ztg. Bd. 14, S. 1442. 1890; Watke: Ch.-Ztg. Bd. 20, S. 240. 1896; Späth: Z. ang. Bd. 8, S. 5. 1896.

[10]) Sffbr. Bd. 32, S. 653. 1912; s. a. Hildebrand: Ch.-Ztg. Bd. 36, S. 687. 1912.

[11]) Ch.-Ztg. Bd. 38, S. 686. 1914.

[12]) Ch. Revue Bd. 10, S. 102. 1903; Ch.-Ztg. Bd. 36, S. 1403. 1912. Bezugsquelle: Firma Franz Hugershoff, Leipzig.

[13]) Z. ang. Bd. 23, S. 2162. 1910. [14]) Ch.-Ztg. Bd. 38, S. 898. 1914.

Abb. 68 zeigt das modifizierte[1]) Sapometermodell II. Der Apparat wird mit 20—25 ccm Normalsäure und ein wenig Methylorangelösung beschickt. Die Einwage von 10 g harter bzw. 20 g Schmierseife wird in 70—75 ccm Wasser gelöst und quantitativ in den Apparat gebracht. Man achte darauf, daß das Volumen der Seifenlösung und das der Mineralsäure zusammen nicht mehr als 97 ccm betrage, weil sich die wässerige Schicht beim Ausschütteln durch Lösen von Äther vergrößert und die Grenzfläche über der Marke 100 zu stehen kommen kann. (Gefüllte Seifen oder Waschpulver muß man im Becherglas zersetzen, die Fettsäuren durch Zusatz von Äther lösen und durch Watte in das Sapometer filtrieren; etwa vorhandenes Stärkemehl muß man zuerst durch Kochen mit Salzsäure löslich machen.) Nach dem Abkühlen setzt man 100 ccm Äther zu, schüttelt kräftig um, bis die Fettsäuren gelöst sind, läßt zur Schichtentrennung stehen und gibt noch Wasser zu, bis die Grenzfläche der Schichten innerhalb der Graduierung steht. Das Sauerwasser muß selbstverständlich rötlich gefärbt sein. Nun gleicht man den Druck durch vorsichtiges Öffnen des Ventils aus, liest das Äthervolumen ab, entfernt das Sauerwasser aus der seitlichen Ausflußöffnung und mißt einen aliquoten Teil der Ätherlösung, am besten genau ein Viertel, in das gewogene Kölbchen ab. Trotz der Verwendung wasserhaltigen Äthers ist die Fettsäurelösung wasserfrei, weil Äther durch Schütteln mit sehr verdünnter Schwefelsäure getrocknet wird. Es genügt deshalb meistens, den Fettsäurerückstand nach dem Abtreiben des Äthers 1 Stunde bei 55° zu trocknen. Bei sehr genauem Arbeiten neutralisiert man die Fettsäurelösung und trocknet die Salze (s. S. 209).

Abb. 68. Sapometer von HUGGENBERG und STADLINGER.

Fehlerquellen. Schon geringe Verunreinigungen, die sich an der Grenzfläche sammeln, beeinträchtigen die Genauigkeit der Ablesung. Das abfließende Äthervolumen ist gewöhnlich etwas kleiner, als abgelesen wird, weil die Wandung der Bürette feucht ist und beim Abfließen des Äthers Wassertröpfchen an der Bürettenwand hängen bleiben. — Es können ferner Wassertröpfchen in die abgemessene Fettsäurelösung gelangen, was zur Verwendung höherer Temperaturen beim Trocknen zwingt, wodurch wiederum leicht Fettsäureverluste eintreten.

Das Neutralisieren und langwierige Trocknen der Seife kann nach einem Vorschlage von BESSON[2]) vermieden werden, indem man die Sapometerbestimmung in ähnlicher Weise wie nach dem Verfahren von GOLDSCHMIDT zu Ende führt: Man mißt zwei gleiche aliquote Teile ab, titriert den einen direkt mit $^{n}/_{2}$ alkoholischer Lauge (Verbrauch $= a$ ccm), destilliert aus dem anderen den Äther ab, trocknet die Fettsäuren, wägt sie und titriert (Auswage $= m$ g Fettsäuren, Laugenverbrauch $= b$ ccm). Die im aliquoten Teile enthaltene Fettsäuremenge ergibt sich aus der Formel (vgl. Methode von GOLDSCHMIDT, S. 482):

$$x = m \cdot \frac{a}{b}\,.$$

[1]) Bezugsquelle: Firma Paul Altmann, Berlin NW 6, Luisenstraße 47.

[2]) A. a. O. Die Berechnung des Alkaliverbrauchs der Gesamtfettsäuren aus dem eines aliquoten Teiles der getrockneten Fettsäuren ist nicht korrekt, weil beim Trocknen flüchtige Säuren verlorengehen können, so daß die Neutralisationszahl des aliquoten Teiles kleiner ist als die der Gesamtfettsäuren. Über einen Vorschlag zur Ausschaltung des Fehlers s. GROSSFELD: Z. D. Öl- u. Fettind. Bd. 44, S. 485, 499. 1924.

Seifenausbeute.

Die beim Seifensieden erzielte Ausbeute, bezogen auf die reinen Fettsäuren, ergibt sich durch Dividieren der gefundenen Prozente Fettsäure in 10 000.

Beispiel: Fettsäuregehalt = 62,5%, Ausbeute = 10 000 : 62,5 = 162%. Selbstverständlich ist dabei das Austrocknen der Seifen zu berücksichtigen. Von eingetrockneten Seifen kann man die Ausbeute nur bestimmen, wenn das ursprüngliche Gewicht des untersuchten Stückes im schnittfrischen Zustande bekannt ist, so daß man den Fettsäuregehalt umrechnen kann. Z. B. wiege ein als $^1/_4$-kg-Stück bezeichnetes Muster bei der Untersuchung nur mehr 242 g und enthalte 64% Gesamtfett; dann war der Fettgehalt des frischen Stückes $64 \cdot \frac{242}{250} = 61{,}9\%$ und die Ausbeute 161,5%. Die Ausbeute, bezogen auf den Fettansatz, der ja nicht aus reinen Fettsäuren besteht, ist natürlich entsprechend geringer. Man kann sie folgendermaßen berechnen[1]):

$$\text{Seifenausbeute} = \frac{\text{Proz. ausnutzbare Säuren des Ansatzes} \cdot 100}{\text{Proz. Fettsäuren in der Seife}}.$$

Untersuchung der Fettsäuren zur Ermittlung des Fettansatzes.

Das bei der quantitativen Bestimmung abgeschiedene Fett kann nach den allgemeinen und den im Abschnitt „Technische Fettsäuren" beschriebenen Methoden vollständig untersucht werden. Zumeist genügt es, die Art der Fettsäuren festzustellen, d. h. das Mischungsverhältnis von Kernfett und Leimfett, von festen und flüssigen Säuren, bei Schmierseifen von trocknenden und nichttrocknenden Ölen im Ansatz, sowie den Gehalt an Harzsäuren, an Unverseifbarem, evtl. auch an freien Fettsäuren oder an unverseiftem Neutralfett zu ermitteln.

Kern- und Leimfett. Wenn die Fettsäuren nur die normale Menge an unverseifbaren Begleitstoffen, wenig wasserlösliche Säuren und kein Harz enthalten, so kann man das Verhältnis von Kern- und Leimfetten aus der Verseifungszahl schätzen, wobei man für die Säuren der Kernfette den Durchschnittswert 190, für die der Leimfette (Cocosöl, Palmkernöl) 250 annimmt.

Zur genauen Ermittlung des Gehaltes an Cocos- oder Palmkernfettsäuren dient die Polenskezahl. Nach FRYER, der die Bestimmung dieser Kennzahl in die Seifenanalyse einführte[2]), werden 5 g der abgeschiedenen Gesamtfettsäuren nach der Originalvorschrift behandelt. Auf diese Weise müssen aber zu hohe Polenskezahlen erhalten werden; man wende entweder nach dem Vorschlag von ARNOLD[3]) eine 5 g Fett entsprechende Menge Fettsäuren an, d. s. für Cocosseifen etwa (0,94 · 5) g oder einfacher nach JUNGKUNZ[4]) eine 5 g Fett entsprechende — im Mittel 4,75 g Fettsäuren enthaltende — Menge der ursprünglichen Seife. Die Einwage wird mit 20 g Glycerin und 1 ccm Natronlauge (1 : 1) über kleiner Flamme erhitzt, bis das Schäumen nachläßt, dann läßt man abkühlen, löst in Wasser (90 ccm abzüglich der bereits in der Seife enthaltenen Menge Wasser), versetzt sofort mit 50 ccm verdünnter Schwefelsäure und 0,6 g grobem Bimsstein und verfährt weiter nach Vorschrift S. 167.

Der Nachweis und die Bestimmung von Harzsäuren werden nach S. 294ff. vorgenommen. Praktisch kommen für die Seifenerzeugung nur Kolophonium und das Harz des Holzfettes, des sog. Tallöles, in Betracht.

---

[1]) Siehe UBBELOHDE-GOLDSCHMIDT: Handbuch der Öle und Fette. Bd. III, S. 987.
[2]) J. Soc. Ch. Ind. Bd. 37, T. 262. 1918.
[3]) Sfsz. Bd. 47, S. 571. 1920. [4]) Sfsz. Bd. 47, S. 949. 1920.

Wie auf Harzsäuren, so ist, namentlich wenn der Geruch auffällt, natürlich auch auf Naphthensäuren zu prüfen (s. S. 307).

Freie Fettsäuren. Solche finden sich selten, nur in kaltgerührten Cocosseifen, dann in zu schwach abgerichteten oder überfetteten Seifen. Nach der Konventionsmethode werden 20 g Seife in neutralem, 60 volumproz. Alkohol gelöst und mit $^{n}/_{10}$ alkoholischer Lauge gegen Phenolphthalein titriert. 1 ccm entspricht 0,0282 g Ölsäure.

Neutralfett. Richtig angefertigte Seifen enthalten nur dann Neutralfett, wenn dieses absichtlich zum „Überfetten" zugesetzt wurde. Man schüttelt die erforderlichenfalls neutralisierte Lösung von ungefähr 10 g Seife in 50 proz. Alkohol mit Petroläther erschöpfend aus, wäscht die Petrolätherlösung seifenfrei, konzentriert sie, trocknet und wägt den Rückstand. Dieser besteht aus dem Unverseifbaren und etwa vorhandenem Neutralfett[1]). Zur Trennung der beiden Bestandteile wird abermals verseift und das Unverseifbare nach S. 204 abgeschieden. Die Differenz ergibt das Neutralfett. Statt den ersten Extrakt zu verseifen und das Unverseifbare zu extrahieren, kann man auch seine Verseifungszahl bestimmen und aus derselben den Neutralfettgehalt annähernd berechnen. Man nimmt dabei an, daß die Verseifungszahl des reinen (d. h. 100 proz.) Triglycerids um etwa 3% niedriger ist als die der freien Fettsäuren. Nach jeder dieser Ausführungsformen wird aber etwa vorhandenes Lacton als Neutralfett mitbestimmt. Um diesen Fehler zu vermeiden, muß man eine gewogene Menge der Seife oder des aus ihr abgeschiedenen Gesamtfettes in alkoholischer Lösung neutralisieren, die Lösung nach genügendem Verdünnen mit Wasser erschöpfend ausäthern und mit dem so erhaltenen Extrakt von Unverseifbarem und unverseiftem Fett wie oben verfahren. Natürlich kann das unverseifte Fett auch in dem durch Mineralsäure abgeschiedenen Gesamtfett durch eine Glycerinbestimmung ermittelt werden. — Von Lanolinseifen, die unverseiftes Wollfett enthalten, fällt man 10 g in wässeriger Lösung mit Chlorcalcium, trocknet die Kalkseife ohne vorheriges Auswaschen bei 60° und extrahiert mit Essigester. Vom Rückstand des Auszuges (Lanolin + Unverseifbares der Seifenfettsäuren) bestimmt man die Hydroxylzahl und berechnet daraus den Lanolingehalt[2]).

Unverseifbares. Man bestimmt es wie vorstehend angegeben oder erhitzt die eingewogene Probe mit alkoholischer Lauge und verfährt weiter nach S. 204; bei Gegenwart von Paraffin u. dgl. isoliert man das Unverseifbare nach S. 271.

Die quantitative Bestimmung ist bei Cocosseifen und analogen Produkten oft schwierig; man trocknet dann am besten die feinzerkleinerten Proben bei 100° und extrahiert im Soxhletapparat mit Petroläther. Um die Seife besser zu verteilen, löst man auch etwa 10 g in Alkohol, läßt denselben über der fünffachen Menge reinem Sand verdunsten, trocknet und extrahiert. Etwa vorhandene freie Fettsäuren gehen auch in den Extrakt und müssen durch Titrieren bestimmt werden.

B. Bestimmung der Seifenbasen.

1. Gesamtalkali. Als solches bezeichnet man die Summe des an Fettsäure und Kohlensäure (evtl. auch an Kieselsäure und Borsäure) gebundenen und des freien Alkalis. Man bestimmt das Gesamtalkali am einfachsten durch direktes

[1]) Nach KNIGGE (Z. D. Öl- u. Fettind. Bd. 44, S. 593. 1924) kann man Unverseifbares und unverseiftes Fett auch einfach aus der vollständig getrockneten, fein gemahlenen Seife mit Äther im Scheidetrichter quantitativ ausziehen, während bei der erschöpfenden Extraktion der trockenen Seife im Soxhletapparat viel zu hohe Werte erhalten würden.

[2]) BRAUN: Sffbr. Bd. 27, S. 257. 1907; das Verfahren ist eine Vereinfachung der Methode von KOCHS: Arb. a. d. Pharm. Inst. d. Univ. Berlin 1906.

Titrieren einer Lösung von 5—10 g Seife mit $^n/_2$-Schwefelsäure bei Gegenwart von Methylorange. Die Bestimmung wird aber meistens mit der des Gesamtfettes verbunden, indem man die Seife mit einem gemessenen Überschuß von Normalsäure zersetzt und mit Normallauge zurücktitriert, so auch nach der

Konventionsmethode: Die bei der Bestimmung des Gesamtfettes erhaltene wässerige Schicht und die Waschwässer werden vereinigt und nach Zusatz von Methylorange mit Normallauge zurücktitriert. Phenolphthalein ist wegen der wasserlöslichen Fettsäuren nicht anzuwenden. Aus der Differenz der zur Zerlegung der Seife angewendeten Kubikzentimeter Normalsäure und der zum Zurücktitrieren des Überschusses verbrauchten Kubikzentimeter Normallauge ergibt sich die Menge des Gesamtalkalis. Man rechnet es gewöhnlich bei Kernseifen auf Prozente Na_2O, bei Schmierseifen auf K_2O um, ohne die etwa vorhandene geringe Menge des anderen Alkalis zu berücksichtigen. 1 ccm $^n/_1$-Säure entspricht 0,03105 g Na_2O = 0,04715 g K_2O.

Wurde das Gesamtfett im Sapometer bestimmt, so kann man zur Bestimmung des Gesamtalkalis entweder alles Sauerwasser verwenden oder, um das Nachspülen zu ersparen, nur einen aliquoten Teil. In diesem Falle läßt man die Auslaufspitze sich mit Sauerwasser anfüllen, liest den Stand der Wasserschicht ab und läßt sie bis zur Marke 2 ausfließen.

Man kann die Seife auch veraschen und die Lösung der Asche mit Normalsäure zum Umschlag des Methylorange von Gelb auf Orangerot titrieren.

2. An Fettsäure gebundenes Alkali, auch kurz „gebundenes Alkali", nennt man das mit Fettsäure und Harzsäure (gegebenenfalls auch mit Naphthensäure) verbundene Alkali. Man berechnet es aus der Verseifungszahl der abgeschiedenen Fett- (und Harz-) Säuren. Die Berechnung aus der Säurezahl ist nicht zu empfehlen, weil bei der direkten Titration der Fettsäuren mit Lauge die beim Klarkochen mancher Fettsäuren entstehenden Estersäuren nicht aufgespalten werden, so daß der Alkaliverbrauch zu gering gefunden wird. Enthält die Seife unverseiftes Neutralfett oder freie Fettsäure, so muß man diese quantitativ bestimmen und die äquivalente Alkalimenge von der aus der Verseifungszahl berechneten abziehen.

Das gebundene Alkali wird meistens als Oxyd, Na_2O oder K_2O, berechnet. Praktischer ist die Berechnung als Alkalimetallrest [Na—H] bzw. [K—H], weil sich auf diese Weise der Reinseifengehalt einfach durch Summierung von Fettsäure und gebundenem Alkali ergibt.

1 ccm $^n/_1$-Lauge = 0,03105 g Na_2O = 0,02200 g [Na—H],
1 „ „ = 0,04715 „ K_2O = 0,03786 „ [K—H].

3. Freies Alkali. Qualitativer Nachweis: Man löst eine erbsengroße Probe in 10 ccm ausgekochtem, neutralen Alkohol, wobei Carbonat ungelöst bleibt, und prüft nach dem Erkalten, ob Zusatz von Phenolphthaleinlösung Rotfärbung bewirkt. Bei trockenen Seifen pflegt man auch einfach eine frische Schnittfläche mit etwas absolut-alkoholischer Phenolphthaleinlösung zu befeuchten, doch kann dabei auch Carbonat schon eine Rötung bewirken. Auch die Bildung eines gelben Ringes beim Auftupfen von Quecksilberchlorid[1]) und die Schwarzfärbung mit Mercuronitrat (eine Reaktion, die auch auf Harzseifen anwendbar ist) können zum Nachweis dienen.

Quantitative Bestimmungen. a) Konventionsmethode zur Bestimmung größerer Mengen: 10 g Seife werden mit 100 ccm absolutem Alkohol ausgekocht, die Lösung vom Alkalicarbonat und anderen unlöslichen Stoffen filtriert

[1]) Stein: Z. anal. Ch. Bd. 5, S. 292. 1866.

und mit $^n/_{10}$-Salzsäure bis zur ersten Entfärbung von Phenolphthalein titriert. Statt auszukochen, extrahiert man auch die bei 30—50° vorgetrocknete und bei 105° getrocknete Seife mit Alkohol im Soxhletapparat[1]) oder in der Kombination von SOXHLET- und GRAEFEschem Extraktor (Abb. 9), bei der die Extraktion im Dampfe des Lösungsmittels erfolgt. Diese Methoden haben aber die Nachteile, daß der Alkohol unter Umständen fettsäurereichere Seifen herauslösen und alkalireichere zurücklassen kann, sowie daß beim Filtrieren das Alkali carbonisiert werden und das Papier Alkali adsorbieren kann; bei hohem Wassergehalt der Seifen soll teilweise Auflösung von Carbonat einen noch größeren Fehler bedingen, so daß vorgeschlagen wurde, solche Proben vorher im kohlendioxydfreien Luftstrom — aber ohne Zusatz von Sand, der Alkali bindet — zu trocknen[2]).

In den meisten Fällen kann man aber viel einfacher verfahren: Man löst die eingewogene Seife in der wenigstens zehnfachen Menge neutralen Alkohols, setzt Phenolphthalein zu und titriert mit $^n/_{10}$-Salzsäure bis zur ersten Entfärbung. Bei der Untersuchung von Natronseifen genügt 96proz. Alkohol, bei der von Kaliseifen verwende man wegen der größeren Löslichkeit des Carbonats absoluten Alkohol.

Zur Bestimmung kleiner Mengen von freiem Alkali verwendet man vielfach die von HEERMANN[3]), DAVIDSOHN und WEBER[4]), zuletzt von BÄNNINGER[5]) modifizierte

b) Chlorbaryum-Methode[6]) nach welcher das Carbonat mit den fettsauren Salzen aus einer wässerigen Lösung der Seife gefällt wird. Man löst etwa 5 g Seife in 150 ccm 50volumproz. neutralen Alkohol, setzt nach dem Abkühlen unter Umschütteln 25 ccm 10proz. Chlorbaryumlösung zu und titriert, wenn sich die Lösung auf Zusatz von Phenolphthalein rot färbt, ohne zu filtrieren, mit $^n/_{10}$-Säure.

$$1 \text{ ccm } ^n/_{10}\text{-Säure} = 0{,}005611 \text{ g KOH} = 0{,}004001 \text{ g NaOH}.$$

Durch die Verwendung von 50proz. Alkohol statt Wasser wird vermieden, daß borsaurer oder kieselsaurer Baryt zum Teil gelöst bleibt und mit dem freien Alkali titriert wird. Enthält aber die Seife hauptsächlich Oleat, so ist die Fällung in rein wässeriger Lösung vorzuziehen, weil sich Baryumoleat in wässerigem Alkohol leichter löst als in Wasser[7]).

Von Seifen- und Waschpulvern extrahiert man 10 g $^1/_2$ Stunde mit 100 ccm 95proz. Alkohol, fällt den Auszug mit Chlorbaryum und titriert wie oben angegeben.

DIVINE[8]) schlug vor, statt mit Salzsäure mit $^n/_{10}$ alkoholischer Stearinsäurelösung zu titrieren. Nach BOSSHARD und HUGGENBERG[9]) titriert man mit $^n/_{40}$-Stearinsäurelösung unter Verwendung von α-Naphtholphthalein. Dieser Indicator ist tatsächlich geeigneter als Phenolphthalein, dagegen bietet die Verwendung von Stearinsäurelösung keinen Vorteil.

4. Kohlensaures Alkali. Wurde das freie Alkali, wie oben angegeben, durch Extraktion mit Alkohol abgetrennt, so löst man den Rückstand in Wasser und titriert in der Lösung das Carbonat. Es ist aber ganz überflüssig, das freie Alkali vor der Bestimmung des Carbonats zu extrahieren, man kann einfach

---

[1]) SPAETH: Z. ang. Bd. 19, S. 5. 1896. [2]) HURST: Rev. Int. Fals. Bd. 10, S. 134.
[3]) Ch. Ztg. Bd. 28, S. 53, 60. 1904.
[4]) Sfsz. Bd. 34, S. 61. 1907; Z. D. Öl- u. Fettind. Bd. 44, S. 569. 1924.
[5]) Sffbr. Bd. 34, S. 866. 1914; s. a. „Beschlüsse über Einheitsmethoden usw.".
[6]) WALTKE u. Co.: Ch. Ztg. Bd. 21, S. 137. 1897.
[7]) KLING, GENIN und FLORENTIN: Ann. Falsif. Bd. 7, S. 81. 1914. Über die Fällung mit Chlorbaryum s. a. IZMAILSKI: J. Soc. Ch. Ind. Bd. 26, S. 295. 1917.
[8]) J. Am. Ch. Soc. Bd. 22, S. 693. 1900. [9]) Z. ang. Bd. 27, S. 11, 456. 1914.

folgendermaßen verfahren[1]): 5 g Seife (die weder Silicat noch Borat enthalten darf) werden in 150 ccm 50 proz. Alkohol gelöst, rasch völlig abgekühlt und direkt mit $^n/_{10}$-Salzsäure gegen Phenolphthalein titriert. Der Säureverbrauch zeigt das freie Alkali und die Hälfte des Carbonats an. Wurden a ccm $^n/_{10}$-Säure verbraucht und bei der Titration des freien Alkalis (s. oben, S. 489) b ccm $^n/_{10}$-Säure, so ist der Säureverbrauch für das Carbonat $2(a - b)$.

$$1 \text{ ccm } ^n/_{10}\text{-Säure} = 0{,}0053 \text{ g } Na_2CO_3 = 0{,}0069 \text{ g } K_2CO_3 .$$

Die Bestimmung des freien Alkalis und die des Carbonats können auch in einer Operation ausgeführt werden: Man löst die Seife in absolutem Alkohol und titriert bis zur ersten Entfärbung des zugesetzten Phenolphthaleins, verdünnt die Lösung mit so viel Wasser, daß sie nur mehr ungefähr 50% Alkohol enthält und titriert zu Ende.

Bei Anwesenheit von Silicat und insbesondere von Borat bestimmt man den Kohlensäuregehalt, z. B. mit dem Apparat von FINKENER[2]), und berechnet aus demselben das Carbonat. Man kann auch das Silicat-Alkali aus dem Kieselsäuregehalt (unter Annahme der Formel $Na_2O \cdot 4\,SiO_2$ bzw. $K_2O \cdot 4\,SiO_2$) berechnen sowie gegebenenfalls das Borat-Alkali aus der gefundenen Borsäure und beide Werte mit dem freien und dem an Fettsäure gebundenen Alkali vom Gesamtalkali abziehen[3]).

5. Bestimmung der einzelnen Alkalien. Kalium und Natrium. Man bestimmt das Kalium nach der Platin- oder nach der Perchloratmethode. Zur Ausführung der ersten zerlegt man die Seife mit Salzsäure und fällt im eingedampften Sauerwasser das Kalium in der üblichen Weise als Kaliumplatinchlorid. Für technische Analysen ist die Perchloratmethode vorzuziehen[4]):

5 g Seife werden mit Salzsäure zerlegt, die Fettsäuren nach der Kuchenmethode abgetrennt und die wässerige Lösung mit den Waschwässern zum Sieden erhitzt. Man setzt 2 ccm 10 proz., mit 5% HCl angesäuerte Chlorbaryumlösung zu und filtriert wenn nötig. Dann werden 25 ccm Überchlorsäure (spez. Gewicht 1,12) zugefügt und auf dem Wasserbad bis zum Verschwinden des Salzsäuregeruches eingedampft. Der Rückstand wird wiederholt in wenig Wasser aufgenommen und mit Überchlorsäure abgeraucht[5]), dann wird er mit etwa 20 ccm 96 proz. Alkohol sorgfältig verrieben, durch ein bei 105° getrocknetes Filter dekantiert und das Verreiben und Dekantieren mit 0,1—0,2% Überchlorsäure enthaltendem Alkohol zweimal wiederholt; hierauf bringt man den Rückstand vollends auf das Filter, wäscht ihn mit reinem Alkohol säurefrei, trocknet bei 70—80° und wägt. (Sicherer ist es bekanntlich, den Niederschlag auf dem Filter in heißem Wasser zu lösen und die Lösung in einer gewogenen Porzellanschale einzudampfen. Umrechnung des Kaliumchlorats auf Kaliumoxyd oder -hydroxyd:

$$\text{Faktoren } \frac{K_2O}{2\,KClO_4} = \frac{94{,}20}{277{,}02} = 0{,}3400; \quad \frac{KOH}{KClO_4} = \frac{56{,}11}{138{,}56} = 0{,}4050.$$

---

[1]) S. a. BÄNNINGER: a. a. O.

[2]) Mitt. Mat.-Prüf. Bd. 7, S. 156. 1889. Mit dem Apparat von GEISSLER erhält man nach DAVIDSOHN (a. a. O.) immer zu niedrige Werte.

[3]) In manchen Fällen genügt die konventionelle, sog. Carbonisationsmethode (HEERMANN: Z. Nahrgsm. Bd. 9, S. 244. 1905): Die trockene Seife wird in Alkohol gelöst, mit Kohlendioxyd gesättigt, das Carbonat abfiltriert, mit heißem Alkohol gewaschen, in Wasser aufgenommen und mit $^n/_{10}$-Salzsäure gegen Methylorange titriert. Von der Menge verbrauchter Säure subtrahiert man die bei der Titration des freien Alkalis verbrauchte Säuremenge und gegebenenfalls die auf Silicat- und Borat-Alkali entfallende Menge. Die Differenz wird auf Carbonat umgerechnet.

[4]) S. bes. DAVIDSOHN: Sffbr. Bd. 35, S. 231. 1915.

[5]) Einmaliges Abrauchen genügt nicht nach GOOCH und BLAKE: Am. Journ. Science, Silliman [4] Bd. 44, S. 381. 1917.

Ist auch das Natriumoxyd zu bestimmen, so rechnet man einfach die gefundene Kalimenge auf Natriumoxyd um und zieht dieses von dem titrimetrisch gefundenen, als Natriumoxyd berechneten Gesamtalkali ab.

Faktoren zur Umrechnung: $\frac{NaOH}{KOH} = 0{,}7130$; $\frac{Na_2O}{K_2O} = 0{,}6582$.

Beispiel: 5 g Seife geben 0,7616 g $KClO_4$

$$0{,}7616 \cdot 0{,}34 = 0{,}2589 \text{ g} = 5{,}18\% \ K_2O$$

oder

$$0{,}7616 \cdot 0{,}405 = 0{,}3084 \text{ g} = 6{,}17\% \ KOH.$$

Ergab diese Seife bei der titrimetrischen Bestimmung z. B. 9,04% Gesamtalkali, berechnet als Na_2O, so berechnet sich der wahre Natriumoxydgehalt wie folgt: Die direkt gefundene Kalimenge, 5,18% K_2O, entspricht

$$5{,}18 \cdot 0{,}6582 = 3{,}41\% \ Na_2O; \quad 9{,}04 - 3{,}41 = 5{,}63\% \ Na_2O.$$

Selbstverständlich kann man Kalium und Natrium auch nach der indirekten Methode bestimmen: das Sauerwasser von der Zerlegung der Seife wird mit Schwefelsäure eingedampft, der Rückstand abgeraucht und durch Zusatz von Ammoncarbonat und Glühen in das Gemisch der Sulfate verwandelt. Man bestimmt nun den Schwefelsäuregehalt des Gemisches und berechnet aus demselben das Verhältnis der beiden Alkalien.

Ammoniak, das in Textilseifen, Salmiakwaschpulvern u. dgl. enthalten sein kann, wird wie in Rotölen bestimmt (s. S. 427).

Kalk. Der Kalkgehalt kann im Sauerwasser von der Zerlegung der Seife oder besser nach Veraschen, Lösen des Rückstandes in Mineralsäure und Neutralisieren mit Ammoniak in üblicher Weise bestimmt werden.

C. Bestimmung des Wassergehaltes.

a) Schnellmethode von Fahrion[1]). Man wägt in einem Platintiegel 2—4 g Seife, wägt dazu die mindestens dreifache Menge eines Elains, das durch Erhitzen auf 120° von allen flüchtigen Bestandteilen befreit ist, und erhitzt vorsichtig mit kleiner Bunsenflamme, bis das Wasser entwichen und die Seife im Olein klar gelöst ist. Die Seife darf dabei nicht anbrennen. Nach dem Erkalten wägt man zurück. Die Gewichtsabnahme wird als Wasser berechnet.

Das Verfahren gibt in 15 Minuten ein auf mindestens ± 0,5%, meistens noch viel besser stimmendes Resultat und erfüllt somit seinen Zweck als Schnellmethode vollkommen. Auf carbonathaltige Seifen ist das Verfahren selbstverständlich nicht anwendbar. Natürlich werden so auch etwa vorhandene andere flüchtige Bestandteile als Wasser mitbestimmt.

b) Konventionsmethode. 5—8 g gut zerkleinerter, z. B. in dünne Scheiben geschnittener Seife werden in einer flachen, mitsamt einem Glasstab gewogenen Schale (am besten einer Platinschale, wie solche für Weinanalysen gebraucht werden) unter Umrühren 1 Stunde bei 60—70° vorgetrocknet, dann bei 100—105° bis zur Gewichtskonstanz, mindestens aber 6 Stunden, getrocknet[2]). Sehr wasserreiche Seifen, die bei 100° schmelzen und sich darauf mit einem Häutchen überziehen, vermengt man vorher mit ausgeglühtem Sand oder Bimsstein oder man erwärmt sie mit Alkohol auf dem Wasserbad. Man kann auch die alkoho-

[1]) Z. ang. Bd. 19, S. 385. 1905; s. a. Simand: Der Gerber 1891, S. 388; Walker: Sfsz. Bd. 35, S. 997. 1908.

[2]) Nach einem praktischen Vorschlag von Knigge: Sffbr. Bd. 40, S. 147. 1920, wägt man einen Glasstab mit nicht abgerundetem Ende mit und zerdrückt die Seife, sobald sie einigermaßen spröde geworden ist, zu Pulver, wodurch das weitere Trocknen erleichtert wird.

lische Lösung einer solchen Seife über Sand eindampfen und dann trocknen[1]). — Enthält die Seife freies Alkali, so nimmt sie bei dieser Art der Trocknung Kohlendioxyd aus der Luft auf, wodurch eine Gewichtsvermehrung eintritt[2]). Seifen, welche nennenswerte Mengen freies Alkali enthalten, wie Schmierseifen und gewisse Leimseifen, trocknet man deshalb in einem Kölbchen mit Zu- und Ableitungsrohr, durch das kohlendioxydfreie Luft gesaugt wird[3]). Auch nach dieser Methode werden natürlich andere flüchtige Bestandteile, wie z. B. Alkohol, ätherisches Öl u. dgl., als Wasser bestimmt. Zur Bestimmung des Wassergehaltes von Seifen, die solche Stoffe enthalten, verwendet man die

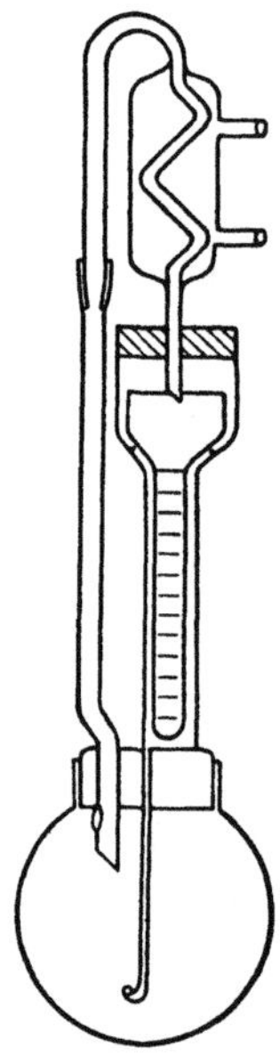

Abb. 69. Apparat zur volumetrischen Wasserbestimmung.

c) volumetrische Methode. Als solche dient, wie bei der Bestimmung von Wasser in technischen Fetten, das Xylolverfahren. Man wägt so viel Seife ein, daß nicht mehr als 5—10 ccm Wasser übergehen können, setzt etwa die dreifache Menge Elain zu und verfährt weiter nach S. 322. Von den verschiedenen Abänderungen der Methode und von den Spezialapparaten zur Ausführung derselben, sind außer denen, die dort angeführt wurden, noch zu erwähnen: Die Ausführungsform nach Besson[4]) mit einer recht praktischen Apparatur[5]), die Versuchsanordnung von Utz[6]) und insbesondere der nachstehend beschriebene Apparat von Schaefer[7]) (Abb. 69).

Die Handhabung des Apparates ergibt sich aus der Abbildung. Ein besonderer Vorteil desselben ist, daß das Meßgefäß mit den übrigen Apparatenteilen nicht fest verbunden ist, sondern bloß eingesetzt wird. Zu jedem Apparat gehören mehrere Meßgefäße, von denen jeweilig nach der zu erwartenden Wassermenge ein größeres oder kleineres gewählt wird. Wird nach Beendigung einer Wasserbestimmung das Meßgefäß ausgewechselt, so ist der Apparat wieder sofort für die nächste Bestimmung gebrauchsfertig.

2. Bestimmung der Nebenbestandteile von Seifen.

(Beimengungen, Füllstoffe, Zusätze.)

Die Unterscheidung der Nebenbestandteile in Beimengungen, Füllstoffe und Zusätze ist keine absolute Einteilung dieser Stoffe. Dieselbe Substanz kann in einer Seifensorte als bloße Beimengung enthalten sein, d. h. als geringe Menge, die nur zufällig durch den Fabrikationsprozeß hineingelangt, in einer anderen Sorte in größerer Menge als wesentlicher, absichtlich zugesetzter Bestandteil. So sind z. B. die wasserlöslichen Salze in Kernseifen bloß unvermeidliche Beimengungen, in Leimseifen Füllstoffe; Glycerin ist in Kernseifen eine Beimengung, in Transparentseifen ein wesentlicher Bestandteil. Es läßt sich naturgemäß auch keine scharfe Grenze ziehen, bei welchem Prozentgehalt ein Nebenbestandteil aufhört, eine Beimengung, und anfängt

---

1) Gladding: Ch.-Ztg. Bd. 7, S. 568. 1883; s. a. Bohrisch: Ch.-Ztg. Bd. 25, S. 395. 1901.
2) Braun: Z. ang. Bd. 18, S. 573 1905.
3) Shukoff und Nogin: Ch. Revue Bd. 6, S. 205. 1899.
4) Ch.-Ztg. Bd. 41, S. 346. 1917.
5) Bezugsquellen: Firma Dr. H. Goeckel, Berlin NW und Firma Werthemann, Botty & Co., Basel.
6) Sffbr. Bd. 39, S. 225. 1919.
7) Ch.-Ztg. Bd. 48, S. 761. 1924. Bezugsquelle: Firma Dr. Heinrich Goeckel, Berlin NW6.

ein Füll- oder Zusatzstoff zu sein. Für die analytische Bestimmung der einzelnen Bestandteile kommt eine solche begriffliche Unterscheidung selbstverständlich ohnehin nicht in Betracht.

Die Nebenbestandteile können eingeteilt werden in anorganische und organische Stoffe. Bei den anorganischen unterscheidet man weiterhin zweckmäßig die in Wasser löslichen und die unlöslichen, bei den organischen Nebenbestandteilen die leichtflüchtigen einerseits und die nicht- resp. schwerflüchtigen andererseits. Bei der praktischen Analyse wird man selbstverständlich oft von jeder systematischen Einteilung absehen, und wenn es zweckmäßig ist, Nebenbestandteile, die ganz verschiedenen Gruppen angehören, zusammen bestimmen. So genügt z. B. zwecks Bewertung gewisser Seifensorten die Bestimmung der

Gesamtmenge der anorganischen und nichtflüchtigen organischen Füllstoffe: sie beruht darauf, daß alle diese Bestandteile (Füllstoffe von Schmierseifen u. dgl.) in Alkohol unlöslich sind. Am besten verfährt man nach der

Konventionsmethode[1]). Die Einwage wird in einem oben und unten durchlöcherten, mit Asbest- und Filtrierpapier bedeckten Filterwägegläschen erst bei 30—50°, zuletzt bei 105° getrocknet und dann im Soxhletapparat mit 98 proz. Alkohol 6 Stunden in der Hitze extrahiert. Das Gewicht des hierauf abermals getrockneten Wägegläschens abzüglich des Leergewichts ergibt die Summe der anorganischen und der nichtflüchtigen organischen Nebenbestandteile.

A. Anorganische Nebenbestandteile.

a) Bestimmung der Gesamtmenge.

Konventionsmethode: Etwa 5 g Substanz werden in der Platinschale durch eine nicht zu heiße Flamme, die öfters für kurze Zeit entfernt wird, verkohlt. Man verreibt die nach mäßigem Erhitzen etwa noch verbliebene Kohle mit einem kleinen Pistill, verrührt auf dem Wasserbad mit heißem Wasser, filtriert durch ein aschenfreies Filter und wäscht dasselbe aus. Das Filter mit dem Kohlenrückstand wird in die Platinschale zurückgebracht, getrocknet und vollständig verascht. Das Filtrat des wässerigen Aschenauszuges wird zugegeben, unter Zusatz von etwas Ammoncarbonat eingedampft, die Schale mit dem Rückstand im Trockenschrank getrocknet, schwach geglüht und gewogen. Man pflegt vom Aschengehalt die Summe der ursprünglich vorhandenen und der bei der Veraschung aus den fettsauren Alkalien (den „Reinseifen") entstandenen Carbonate abzuziehen und bezeichnet die Differenz als

Summe der anorganischen Zusatzstoffe.

(Das durch Verbrennung der Reinseife gebildete Carbonat berechnet man aus dem „an Fettsäure gebundenen Alkali", s. S. 488.)

b) Anorganische wasserunlösliche Stoffe.

Zur annähernden Bestimmung verascht man die Seife und laugt mit heißem Wasser aus; der Rückstand von unlöslichen Füllstoffen wie Sand, Bimsstein, Kaolin, Kieselgur, Asbestpulver, Talkum, Kreide, auch Erdfarben usw. wird abfiltriert, getrocknet und gewogen. Dieses Verfahren ist namentlich bei Anwesenheit von Wasserglas ungenau. Man verbindet die Bestimmung besser mit der Abscheidung der wasserlöslichen Salze: Etwa 10 g Seife werden 2 Stunden getrocknet, dann mit 98 proz. Alkohol heiß extrahiert; der Rückstand wird mit heißem Wasser ausgezogen (der Auszug dient zur Bestimmung der wasserlöslichen

---

[1]) Späth: Z. ang. Bd. 9, S. 5. 1896.

Salze, s. unten), bei 100° zum konstanten Gewicht getrocknet und gewogen. Bei Anwesenheit von Wasserglas wird es sich zur Vermeidung einer Kieselsäureabscheidung empfehlen, das Waschwasser wenigstens anfänglich mäßig alkalisch zu halten.

Die zurückbleibenden Füllstoffe werden gewöhnlich nur nach der äußeren Beschaffenheit, gegebenenfalls auch unter dem Mikroskop, bestimmt. Zur chemischen Untersuchung wird in der bei Mineral-, speziell Silicatanalysen üblichen Weise verfahren.

c) Anorganische wasserlösliche Stoffe.

In Betracht kommen bei Kernseifen vor allem Kochsalz und Soda, bei Schmierseifen Chlorkalium und Pottasche, ferner die Sulfate und Silicate der Alkalien, auch Borax, Natriumphosphat u. a. m.

Zur Bestimmung der Gesamtmenge dampft man den nach b) (s. voranstehenden Absatz) erhaltenen wässerigen Auszug ein, trocknet und wägt. Die einzelnen Salze bzw. ihre Anionen bestimmt man in aliquoten Teilen des wässerigen Auszuges oder direkt in der Seife.

Carbonate. Die Methoden sind bereits unter denen zur Bestimmung der Seifenbasen (s. S. 489) angeführt.

Chloride. Ein aliquoter Teil des wässerigen Auszuges wird mit Salpetersäure angesäuert, mit überschüssiger $^{n}/_{10}$-Silbernitratlösung versetzt und mit $^{n}/_{10}$-Rhodankalium unter Verwendung von Eisenammonalaun als Indicator in bekannter Weise zurücktitriert.

Man kann auch die Bestimmung mit der des Gesamtfettes verbinden (s. S. 483), indem man die Seife mit verdünnter Salpetersäure zersetzt und einen aliquoten Teil der nach dem Ausäthern der Fettsäuren verbleibenden wässerigen Lösung, wie oben angegeben, nach VOLHARD titriert oder in demselben das Chlor gravimetrisch bestimmt. BENETT[1]) zerlegt die Seife mit Schwefelsäure, setzt zur Ausfällung etwa vorhandener Füllstoffe Magnesiumsulfat zu und titriert, ohne zu filtrieren, mit Silbernitrat unter Verwendung von Kaliumchromat als Indicator.

Sulfate. Die Bestimmung der Schwefelsäure erfolgt wie üblich durch Fällung mit Chlorbaryum in einem aliquoten Teil des Auszuges der wasserlöslichen Salze oder nach Zerlegung der Seife mit Salz- oder Salpetersäure im Sauerwasser oder in einem aliquoten Teil desselben.

Silicate (Wasserglas). Der qualitative Nachweis erfolgt durch direkte Ausfällung der Kieselsäure beim Zerlegen der wässerigen Seifenlösung mit Mineralsäure oder durch Prüfung der Asche in der Phosphorsalzperle (Kieselsäureskelett). Neuere Reaktionen, wie die Fällung mit wässerig-acetonischer Natriumaluminatlösung[2]), sind umständlich und auch nicht sicherer.

Zur quantitativen Bestimmung verfährt man bei Abwesenheit unlöslicher Silicate nach der

Konventionsmethode: Die Asche wird unter Beobachtung der üblichen Vorsichtsmaßregeln zweimal mit Salzsäure zur Trockenheit abgeraucht und mit verdünnter Salzsäure, dann mit Wasser digeriert, hierauf 3—4 mal dekantiert, filtriert und sorgfältig ausgewaschen, das Filter verbrannt und die Kieselsäure geglüht und gewogen. Umrechnung von Kieselsäureanhydrid auf handelsübliches Natron- oder Kaliwasserglas:

$$1 \text{ g } SiO_2 = 1{,}257 \text{ g } Na_2Si_4O_9 = 3{,}77 \text{ g Wasserglas von } 38^\circ \text{ Bé} = 1{,}390 \text{ g } K_2Si_4O_9 .$$

---

[1]) Eng. Bd. 13. S. 813. 1921.

[2]) LEITCH: Eng. Bd. 6, S. 811. 1913; s. ferner ISNARD: Ann. di Chim. appl. Bd. 19, S. 98. 1914.

Enthält die Seife auch freie Kieselsäure oder unlösliche Silicate, so trennt man diese Füllstoffe durch Abfiltrieren von der schwach alkalischen Seifenlösung und bestimmt in derselben das Wasserglas zugleich mit dem Gesamtfett[1]), z. B. nach der Methode von HEHNER: Die Seifenlösung wird angesäuert, Fettsäure und Kieselsäure scheiden sich ab und werden zusammen abfiltriert; die Fettsäure löst man mit Äther vom Filter. Die wässerige Lösung, die auch noch ein wenig kolloid gelöste Kieselsäure enthält, wird (gegebenenfalls nach dem Austitrieren zur Bestimmung des Gesamtalkalis) zweimal mit Salzsäure zur Trockenheit eingedampft; der Rückstand von nunmehr unlöslicher Kieselsäure wird mit saurem Wasser aufgenommen und zur Hauptmenge auf das Filter gebracht, worauf dieses ausgewaschen und verascht, der Rückstand geglüht und gewogen wird.

Borate. Von Boraten findet sich Borax in einigen Spezialseifen und Waschpulvern, Natriumperborat und dessen Zersetzungsprodukt Natriummetaborat in Seifenpulvern. Zum qualitativen Nachweis prüft man die salzsaure Lösung der Asche mit Curcumapapier oder durch die Grünfärbung einer Wasserstoffflamme.

Quantitative Bestimmung der Borsäure[2]). 15—20 g Substanz werden in einem 400-ccm-Kolben mit verdünnter Salzsäure (3 : 1) bis zur Methylorange-Rotfärbung versetzt und nach Abscheidung der Fettsäuren 1 Stunde mit 100 ccm Alkohol geschüttelt. Der Kolben wird zur Ermittlung der Flüssigkeitsmenge gewogen, ein Teil der Lösung filtriert, 50 ccm Filtrat in einem 100-ccm-Kolben eingewogen, mit Wasser verdünnt (wobei sich die noch gelösten Fettsäuren abscheiden), zur Marke aufgefüllt, mit 0,5—1 g ausgeglühter Kieselgur geschüttelt und wieder filtriert. Man neutralisiert 20 ccm Filtrat mit $^{n}/_{4}$-Natronlauge, setzt 1,5—2 g Mannit und Phenolphthaleinlösung zu, titriert die Borsäure und rechnet auf die Gesamtmenge an Flüssigkeit um. — Sehr kleine Mengen Borat bestimmt man colorimetrisch nach HEBEBRAND[3]) oder nach PARTHEIL[4]). Vgl. Abschnitt Speisefette, S. 339.

Persalze. Von solchen Zusätzen finden sich in Waschmitteln am häufigsten Natriumperborat, seltener Percarbonat und Persulfat.

Qualitativer Nachweis[5]). Beim Auflösen der Probe, insbesondere in destilliertem Wasser, findet bei Anwesenheit von Perborat oder Percarbonat eine Gasentwicklung statt, die sich beim Erwärmen verstärkt. Von den Spezialreaktionen ist die Entfärbung von Permanganatlösung nicht zuverlässig, brauchbar sind die Überchromsäure- und die Pertitansäurereaktion: 2 g Substanz werden mit 20 ccm Wasser geschüttelt, mit verdünnter Schwefelsäure angesäuert und die Fettsäuren in 1 ccm Chloroform aufgenommen. Etwa 10 ccm der wässerigen Lösung überschichtet man mit 2—3 ccm Äther und setzt einige Tropfen verdünnter Bichromatlösung zu. Beim Umschütteln färbt sich der Äther blau. — Die angesäuerte Lösung der Probe färbt sich auf Zusatz einiger Tropfen einer Lösung von Titansäure in konzentrierter Schwefelsäure orangegelb. — Zur Unterscheidung zwischen Perborat und anderen Persalzen prüft man wie oben oder nach S. 339 auf Borsäure.

Zur Prüfung auf Persulfate[6]) werden 2 g Substanz mit verdünnter Salzsäure durchgeschüttelt und schwach erwärmt, die Fettsäuren abfiltriert und in einem Teil des Filtrats auf Schwefelsäure geprüft, im anderen mittels der Jod-

---

[1]) Beim längeren Lagern der Seife wird das Wasserglas zum Teil unlöslich, so daß nach diesem Verfahren zu niedrige Werte gefunden werden.

[2]) JUNGKUNZ: Sfsz. Bd. 41, S. 4, 26. 1914.

[3]) Z. Nahrgsm. Bd. 5, S. 55, 721, 1044. 1902. [4]) Z. Nahrgsm. Bd. 5, S. 1049. 1902.

[5]) Konventionsmethoden. [6]) FUHRMANN: Sfsz. Bd. 36, S. 122. 1909.

oder der Berlinerblaureaktion auf Überschwefelsäure: Zusatz von Jodzink-Stärkelösung ruft eine Blaufärbung hervor. — Wird die Lösung mit ein wenig oxydfreiem Ferroammonsulfat kurze Zeit aufgekocht und nach dem Erkalten mit Ferrocyankalium versetzt, so fällt sofort ein dunkelblauer Niederschlag aus, oder es tritt eine ebensolche Färbung auf. Es empfiehlt sich mit den Reagenzien einen blinden Versuch anzustellen.

Quantitative Bestimmung des aktiven Sauerstoffs. Enthält das Waschmittel Perborat oder Percarbonat, so wird mit Schwefelsäure zerlegt und das frei gewordene Wasserstoffsuperoxyd mit Permanganat oder nach Umsetzen mit Jodkalium mit Thiosulfat titriert.

Konventionsmethode: 2 g Substanz werden in 100 ccm Wasser gelöst, mit 20 ccm Schwefelsäure (1 : 3) und 5 ccm Chloroform geschüttelt und nach dem Absetzen der Schichten mit $^{n}/_{10}$-Kaliumpermanganat auf Rosa titriert[1]). Das Resultat wird in Prozenten Sauerstoff oder Persalz ausgedrückt. 1 ccm $^{n}/_{10}$-Permanganatlösung = 0,8 mg Sauerstoff = 7,704 mg $NaBO_3 \cdot 4\,H_2O$.

Das Verfahren hat den Nachteil, daß das Chloroform und die darin gelösten ungesättigten Fettsäuren sowie manche Beimengungen der Seifen Permanganat verbrauchen, so daß man um einige Prozente (vom Wert) zuviel Sauerstoff finden kann[2]). Eine wesentliche Verbesserung wird erzielt, wenn man, statt mit Chloroform auszuschütteln, die Fettsäuren nach dem Vorschlag von LITTERSCHEID und GUGGIARI[3]) durch geglühte Kieselgur adsorbieren läßt (Schütteln mit $^1/_{10}$ bis $^1/_5$ vom Gewichte der Einwage). Es bleibt dann aber immer noch der durch die wasserlöslichen oxydablen Beimengungen hervorgerufene Fehler. Für genaue Bestimmungen eignet sich deshalb besser die

jodometrische Methode[4]): Man säuert die nicht zu verdünnte Lösung der Probe an, schüttelt mit Kieselgur, löst im Filtrat (oder in einem aliquoten Teil) einen Überschuß von Jodkalium auf und titriert nach $^1/_2$stündigem Stehen das ausgeschiedene Jod mit $^{n}/_{10}$-Thiosulfatlösung.

$$1\,NaBO_3 = 2\,J = 2\,Na_2S_2O_3;\quad 1\text{ ccm } ^{n}/_{10}\ Na_2S_2O_3 = 7{,}704\text{ mg } NaBO_3\,.$$

Der Perborat- und Percarbonatgehalt von Waschmitteln kann schließlich auch mittels der Titanchloridmethode[5]) oder gasvolumetrisch, durch Messung des bei der Braunsteinkatalyse entwickelten Sauerstoffs[6]), oder colorimetrisch mittels der Ammonmolybdatreaktion[7]) bestimmt werden.

Konventionsmethode zur Bestimmung von Persulfat[8]): Man verteilt die Einwage von etwa 2 g Substanz in 100 ccm Wasser, säuert mit verdünnter Schwefelsäure an und setzt 10 ccm Ferroammonsulfatlösung zu. Dann wird unter Umrühren erhitzt, bis die Fettsäuren klar abgeschieden sind. Nach dem Abkühlen füllt man in eine Titrierflasche um, spült mit 5—10 ccm Chloroform nach und titriert den Überschuß an Ferrosalz mit $^{n}/_{10}$-Permanganat zurück. In einem blinden Versuch werden 10 ccm Ferrosalzlösung mit $^{n}/_{10}$-Permanganat titriert. Die Differenz im Permanganatverbrauch bei der Analyse und beim Blindversuch wird auf Sauerstoff oder Persulfat umgerechnet.

$$1\text{ ccm } ^{n}/_{10}\text{-Permanganatlösung} = 0{,}8\text{ mg Sauerstoff} = 11{,}95\text{ mg } Na_2S_2O_8\,.$$

---

[1]) Zur Ausführung der Analyse ist die EYDAMsche Flasche mit eingeschliffenem Entlüftungsstopfen geeignet. Ch.-Ztg. Bd. 38, S. 391. 1914.

[2]) GRÜN und JUNGMANN: Sffbr. Bd. 36, S. 53, 753. 1916.

[3]) Ch.-Ztg. Bd. 37, S. 677, 691. 1913; offizielle schweizerische Methode s. „Beschlüsse".

[4]) THOMS: Arch. Pharm. Bd. 238, S. 301. 1900; RUPP und MIELCK: ebenda, Bd. 245, S. 7. 1907; JUNGKUNZ: a. a. O.

[5]) MOSER und SEELIG: Z. anal. Ch. Bd. 52, S. 73. 1912.

[6]) BOSSHARD und ZWICKY: Z. ang. Bd. 23, S. 1153. 1910.

[7]) JUNGKUNZ: Sfsz. Bd. 51, S. 463. 1924. [8]) FUHRMANN: Sfsz. Bd. 36, S. 178. 1909.

Um den Fehler auszuschalten, der durch den Permanganatverbrauch ungesättigter Säuren hervorgerufen wird, wird es sich empfehlen, die in der angesäuerten Lösung der Substanz suspendierten Fettsäuren vor der Titration, am besten schon vor dem Zusatz der Ferroammonsulfatlösung, durch Schütteln mit Kieselgur zu entfernen.

B. Organische Nebenbestandteile.

a) Nichtflüchtige Stoffe.

Die nichtflüchtigen organischen Bestandteile sind mit Ausnahme des Glycerins (das übrigens eine Art Mittelstellung zwischen den nichtflüchtigen und den leicht flüchtigen Beimengungen einnimmt) in Alkohol unlöslich. Ihre Gesamtmenge ergibt sich demnach, wenn man von der nach S. 493 bestimmten „Summe der anorganischen und nichtflüchtigen organischen Füllstoffe" ihren Aschengehalt abzieht und gegebenenfalls das gesondert bestimmte Glycerin zuzählt. (Die mehr oder weniger übliche Benennung „organische Füllstoffe" ist übrigens nicht korrekt. Man kann zwar Stärke und Pflanzenschleime als Füllmittel von Schmierseifen, Rohrzucker als Füllmittel von Transparentseifen, aber nicht werterhöhende Zusätze wie Glycerin, Lanolin u. a. m. schlechthin als Füllmittel bezeichnen.)

Glycerin. Kernseifen enthalten nur ganz geringe Mengen, oft nur Spuren von Glycerin, dagegen aus Neutralfett gesottene Schmierseifen, Cocosseifen und feinere Transparentseifen mehrere Prozente. Die einzuwägende Menge ist somit je nach der Seifensorte sehr verschieden.

Zur genauen Bestimmung wendet man, wenn möglich, die Bichromatmethode an und bereitet die Probe in folgender Weise vor[1] (vgl. S. 215): Etwa 20 g Seife oder Seifenpulver werden in destilliertem Wasser gelöst. Aus der Lösung scheidet man die Fettsäuren mit der eben nötigen Menge von reinem Eisessig ab, bringt die wässerige Lösung quantitativ in einen 250-ccm-Meßkolben, macht sie schwach alkalisch und versetzt mit basischem Bleiacetat in 10proz. Lösung, bis nichts mehr ausfällt. Man füllt zur Marke auf, setzt noch darüber hinaus 0,15 ccm Wasser für je 10 ccm verwendeter Bleilösung als Niederschlagskorrektur zu, schüttelt um, filtriert und oxydiert 25 ccm klares Filtrat in der auf S. 528 angegebenen Weise.

Enthält die Seife auch Zucker, Dextrin oder andere Substanzen, die bei der Vorreinigung nicht entfernt und von der Chromsäure mitoxydiert würden, so kann man zur annähernden Bestimmung das Extraktionsverfahren anwenden; man dampft das Sauerwasser von der Abscheidung der Fettsäuren nach Reinigung mit Kalkmilch oder Baryumcarbonat ein und isoliert das Glycerin aus dem Rückstand mit Aceton nach S. 213. Ein wenig genauer ist die Trennung von Glycerin und Zucker nach der Saccharatmethode[2]: die saure Lösung wird mit so viel Kalk versetzt, daß aller Zucker als Calciumsaccharat gebunden ist; dann vermischt man mit der gleichen Menge Sand, dampft zum Sirup ein, läßt erkalten, pulvert den Rückstand und extrahiert aus demselben das Glycerin im geschlossenen Kolben mit Alkohol (1 : 1). In den so erhaltenen Extrakten soll das Glycerin nach der Acetinmethode (s. S. 529) bestimmt werden[3]. — Zur exakten Bestimmung kann man nach dem Vorgange von Hoyt und Pemberton[4]) verfahren: Man oxydiert einen aliquoten Teil nach dem Bichromatverfahren

---

[1]) Steinfels: Sfsz. Bd. 34, S. 721. 1915; s. „Beschlüsse".
[2]) Donath und Mayrhofer: Z. anal. Ch. Bd. 20, S. 383. 1881.
[3]) S. a. Lewkowitsch: Ch.-Ztg. Bd. 13, S. 659. 1889.
[4]) Eng. Bd. 14, S. 54. 1922.

S. 215 und 528; in einem anderen aliquoten Teil wird der Rohrzucker nach Invertierung mittels Fehlingscher Lösung (s. unten) bestimmt. Man berechnet aus der so gefundenen Menge den auf die Oxydation des Rohrzuckers entfallenden Anteil des verbrauchten Bichromats [0,01142 g Invertzucker = 0,01084 g Rohrzucker = 1 ccm der angewendeten Bichromatlösung von 74,552 g im Liter] durch Abziehen desselben vom gesamten Bichromatverbrauch ergibt sich der auf die Oxydation des Glycerins entfallende Anteil.

Rohrzucker. Transparentseifen können beträchtliche Mengen, bis 30%, enthalten. Zum Nachweis wird eine Lösung der Seife mit überschüssiger Salzsäure 15 Minuten auf dem Wasserbade erhitzt. Nach dem Abkühlen filtriert man die Fettsäure ab und kocht das Filtrat 2 Minuten mit dem gleichen Volumen Fehlingscher Lösung.

Zur quantitativen Bestimmung kleinerer Mengen zerlegt man die Seife mit Salzsäure, kocht das Sauerwasser wenigstens $^1/_2$ Stunde um den Rohrzucker zu invertieren, neutralisiert nach dem Abkühlen, verdünnt die Lösung genügend und bestimmt den gebildeten Traubenzucker mit Fehlingscher Lösung gravimetrisch. Größere Mengen bestimmt man polarimetrisch[1]):

16,28 g Seife werden in 50—100 ccm Wasser auf dem Wasserbade gelöst, die Lösung wird unter Umrühren mit 10proz. Chlorbaryumlösung gefällt[2]) und auf 260 ccm gefüllt. (Das Niederschlagsvolumen wird auf 10 ccm geschätzt.) Das Filtrat wird auf reduzierenden Zucker geprüft, polarisiert, mit 5 ccm Salzsäure, spez. Gewicht 1,125, invertiert und hierauf nochmals polarisiert. Ist nur Rohrzucker vorhanden, so stimmt die vor der Invertierung beobachtete Rechtsdrehung mit der nachher beobachteten Linksdrehung im Verhältnis 100° rechts zu 31,7° links überein (wobei die größere Verdünnung der invertierten Lösung zu berücksichtigen ist). Ist die auf die ursprüngliche Verdünnung umgerechnete Linksdrehung wesentlich geringer, so sind außer Rohrzucker noch andere Zuckerarten, z. B. Stärkezucker, zugegen.

Dextrin. Der alkoholunlösliche Rückstand (S. 493) wird mit wenig kaltem Wasser ausgezogen und die wässerige Lösung in einem gewogenen Becherglas mit Alkohol vorsichtig gefällt. Man rührt kräftig um, damit sich das Dextrin an die Gefäßwand anlegt, wäscht mit Alkohol aus, trocknet bei 100° und wägt. Nachdem bei der Fällung auch organische Salze mit ausgeschieden werden können, verascht man und zieht gegebenenfalls das Gewicht der Asche ab. Das Dextrin kann auch durch Kochen der angesäuerten Lösung hydrolysiert und als Traubenzucker bestimmt werden.

Stärke. Enthält die Seife keine anderen organischen Füllstoffe als Stärke, so ergibt sich deren Menge als Differenz vom alkoholunlöslichen Rückstand (der erst mikroskopisch oder mit der Jodreaktion auf Stärke geprüft wird) und dessen Aschengehalt. Zuverlässiger und bei Anwesenheit anderer organischer Zusatzstoffe am geeignetsten ist die Bestimmung nach der

Konventionsmethode. Sie beruht auf der Unlöslichkeit der Stärke in alkoholischer Kalilauge, in welcher Seife, Eiweiß und Casein löslich sind[3]). 5 bis 10 g Seife und 60—80 ccm 2proz. alkoholische Kalilauge werden in einem weithalsigen Erlenmeyerkolben mit Steigrohr auf dem Wasserbad erhitzt. Dann wird heiß filtriert und wiederholt mit je 50 ccm siedendem Alkohol nachgewaschen,

---

[1]) Freyer: Öst. Ch.-Ztg. Bd. 3, S. 25. 1900; s. a. Stift: Wochenschr. d. Centralvereins f. Rübenzuckerind. i. d. öst.-ung. Mon. Bd. 38, S. 537. 1900.

[2]) Wilson: Ch. News Bd. 64, S. 28. 1891, empfahl die Ausfällung der Fettsäuren als Magnesiaseife und Klärung der Lösung mit Bleiessig.

[3]) Mayrhofer: Forschungsberichte 1896/1897.

bis das Filtrat neutral abläuft. Man bringt das Filtrat mit dem Rückstand in den Kolben zurück, erwärmt $^1/_2$ Stunde unter häufigem Umrühren oder Schütteln mit 60 ccm 6proz. Kalilauge, wobei sich die Stärke löst, säuert nach dem Erkalten schwach mit Essigsäure an (Phenolphthalein), bringt das Volumen der Flüssigkeit, unter Vernachlässigung des Filters, auf 100 ccm und filtriert durch Baumwolle, bis das Filtrat nur mehr schwach opalisiert. 25 oder 50 ccm Filtrat werden mit 2—3 Tropfen Eisessig, dann allmählich unter Rühren mit 30 bzw. 60 ccm 96proz. Alkohol versetzt. Nach mehreren Stunden wird die abgeschiedene Stärke durch ein gewogenes Filter abfiltriert und mit 50proz. Alkohol gewaschen, bis das Filtrat nichts mehr gelöst enthält. Der verdünnte Alkohol wird durch absoluten, dieser durch Äther verdrängt, das Filter im Gläschen bei 100° getrocknet und gewogen. Zur Kontrolle, ob die Stärke keine mitgefällte Kieselsäure enthält, verascht man und zieht die evtl. gefundene Asche vom Gewicht der Auswage ab.

Die Stärke kann natürlich auch — wie z. B. bei Speisefetten (S. 348) — durch Verzuckern bestimmt werden: man kocht das Sauerwasser von der Abscheidung der Fettsäuren oder den wässerigen Auszug des alkoholunlöslichen Rückstandes mit verdünnter Schwefelsäure, neutralisiert die Lösung mit Baryumcarbonat, titriert im Filtrat den gebildeten Traubenzucker mit Fehlingscher Lösung und rechnet ihn auf Stärke um. 1 Teil Traubenzucker entspricht 0,9 Teilen Stärke. — Als Füllstoff wird nicht reine Stärke verwendet, sondern rohes Kartoffelmehl, das etwa 20% Beimengungen enthält. Man findet also den Mehlzusatz der Seife annähernd, indem man zur gefundenen Stärke 25% zuschlägt.

Pflanzenschleime (von Leinsamen, Salep, Carragheenmoos usw.). Alkohol fällt sie aus, die Fällungen quellen in heißem Wasser langsam zu schleimigen, schwer filtrierbaren Lösungen. Bleiessig gibt eine gallertige Fällung; Fehlingsche Lösung wird direkt nicht reduziert, wohl aber von den zuvor mit Schwefelsäure gekochten Lösungen. Bleiessig fällt Gallerten. Manchmal kann man Pflanzenschleim auch direkt, besonders nach dem Anfärben mit Jod, durch Erkennung von Pflanzenzelltrümmern unter dem Mikroskop feststellen.

Leim und Gelatine werden durch die Tanninfällung nachgewiesen, auch durch den charakteristischen Geruch nach verbrannten Haaren beim Veraschen. Auch einige Pflanzenschleime reagieren mit Tannin, sie unterscheiden sich aber dadurch genügend vom Leim, daß sie weniger oder gar keinen Stickstoff enthalten, dann durch die Fällung mit Bleiessig, welche Leim nicht gibt, schließlich durch das Ausbleiben der Biuretreaktion, die Leim ebenso wie ein Eiweißkörper zeigt.

Eiweißkörper. Solche werden mitunter pilierten Seifen zur vollständigen Neutralisierung und Erhöhung der Schaumkraft zugesetzt. Zum Nachweis dienen die üblichen Reaktionen, z. B. die Biuretprobe, in folgender Ausführung: Eine frische Schnittfläche Seife wird erst mit Kupfersulfatlösung, dann mit Kalilauge betupft; nach dem Abspülen der Stelle mit destilliertem Wasser zeigt sich eine violette Färbung[1]). — Casein wird auch aus dem alkoholunlöslichen Rückstand durch Schütteln mit starker Salzsäure ausgezogen und scheidet sich beim Verdünnen des Auszuges mit viel Wasser in Flocken ab, die beim Trocknen eine hornartige Masse geben[1]). Es koaguliert nicht beim Kochen der wässerigen Lösung.

Zur quantitativen Bestimmung fällt man das Eiweiß mitsamt den Fettsäuren durch Mineralsäure und trennt es hierauf von den Fettsäuren mittels Alkohol,

---

[1]) Wolf: Sfsz. Bd. 32, S. 382. 1905.

oder man führt eine Kjeldahlbestimmung aus und berechnet aus den gefundenen Prozenten Stickstoff den Gehalt an Casein (als dem gebräuchlichsten Eiweißzusatz) durch Multiplikation mit 6,25 (vgl. Bestimmung in Speisefetten, S. 346).

Eigelb läßt sich bei Abwesenheit von Phosphaten nach JUCKENACK aus dem Phosphorsäuregehalt der Asche berechnen[1]); Eidotter soll 1,28% P_2O_5 enthalten.

Lanolin und Bestandteile desselben (Wollfettalkohole, Eucerin) werden im unverseiften Fett (S. 487) bzw. im Unverseifbaren nachgewiesen.

Saponin. Die Prüfung auf Saponin kommt praktisch nur bei seifenfreien Waschmitteln in Betracht. In diesen erkennt man eine Beimengung von Saponin oft schon an der Tatsache und an der Art des Schäumens der wässerigen Lösung; von den verschiedenen Erkennungsreaktionen ist insbesondere die Reaktion von KOBER, Rotfärbung bei sehr (bis 12 Stunden) langer Einwirkung von konzentrierter Schwefelsäure brauchbar. Ausführung nach SERGER und ALPERS[2]): 20 g feingepulverter Masse werden mehrmals auf dem Wasserbad mit verdünntem Alkohol ausgezogen. Aus den eingeengten Auszügen wird nach dem Abkühlen das Saponin mit Alkohol-Äthermischung gefällt. Der unreine Niederschlag wird in wenig Wasser aufgenommen und mit Isobutylalkohol ausgeschüttelt. Nach dem Verdunsten des Butylalkohols bleibt ein Rückstand, der mit Wasser stark schäumt und mit starker Schwefelsäure zunächst Rotfärbung, nach längerem Stehen vom Rande her Violettfärbung gibt. Bei seifenhaltigen Waschmitteln ist aber selbst diese Reaktion unsicher, auch nach quantitativer Abscheidung des Fettes und Anreicherung des Saponins mit Essigester[3]). Der ganz sichere Nachweis von Saponin mittels Hämolyse[4]) wurde auf Waschmittel noch nicht angewendet.

b) Leichtflüchtige, organische Zusatzstoffe.

Gesamtmenge: Enthält die Seife außer Wasser auch noch andere flüchtige Bestandteile, so bestimmt man durch Erhitzen bis zum konstanten Gewicht die Gesamtmenge der flüchtigen Bestandteile und bestimmt daneben das Wasser nach dem Destillationsverfahren. Die Differenz gibt die Summe der flüchtigen organischen Zusätze. Von flüchtigen Zusatzstoffen kommen vor allem in Betracht: Mineralöle, aromatische und hydroaromatische Kohlenwasserstoffe, besonders Terpentinöl u. dgl., chlorierte Kohlenwasserstoffe, Alkohole, besonders auch cyclische (Cyclohexanol und seine Homologen).

Der Nachweis und die Bestimmung der einzelnen Stoffe erfolgt in analoger Weise wie bei Öllacken (S. 395ff.) und bei Präparaten aus sulfurierten Ölen (S. 428).

Schwerer flüchtige Petroleum-Kohlenwasserstoffe, Vaseline u. dgl. zieht man mit Äther aus, oder man isoliert sie mit den nichtflüchtigen, unverseifbaren Bestandteilen (s. S. 487). Ist die Seife schwerlöslich, so setzt man sie bessser zu Kalkseife um, trocknet dieselbe, extrahiert sie mit Ligroin und destilliert aus dem Auszug das Lösungsmittel bei möglichst niedriger Temperatur ab. Die Extraktion mit Aceton ist dagegen nicht zu empfehlen, weil auch harzsaurer Kalk in Aceton löslich ist.

Zur Abscheidung des Alkohols aus Transparentseifen oder Seifenspiritus mischt man 50—60 g Seife mit Bimsstein und destilliert zuerst bei 110°, dann bei

---

[1]) Z. Nahrgsm. Bd. 2, S. 905. 1899.

[2]) Veröffentl. Militär-Sanitätsw. 1917, H. 66, S. 57.

[3]) Über die Anreicherung im Schaum s. MÜLLER-HÖSSLY: Mitt. Lebensmittelunters. u. Hyg. Bd. 8, S. 113. 1917.

[4]) KOBERT: Ber. Pharm. Ges. Bd. 22, S. 205. 1912; s. a. RÜHLE: Z. Nahrgsm. Bd. 23, S. 571. 1912.

120°, oder man destilliert nach Abscheidung der Fettsäuren mit Phosphorsäure das Sauerwasser. Zum qualitativen Nachweis prüft man das Destillat mittels der Jodoformprobe, am besten in der Ausführungsform nach HAGER: Man erwärmt ein wenig Destillat mit 5—6 ccm 10proz. Kalilauge auf etwa 50°, gibt bis zur Gelbfärbung Jodjodkaliumlösung zu, schüttelt um und entfärbt nötigenfalls mit Kalilauge. Spuren von Alkohol werden so bereits durch den Jodoformgeruch angezeigt, größere Mengen durch Abscheidung gelber Krystalle (unter dem Mikroskop sechsstrahlige Sterne oder sechseckige Tafeln). Die quantitative Bestimmung erfolgt in der üblichen Weise, z. B. durch Bestimmung der Dichte des auf ein bestimmtes Volumen gefüllten Destillats mit dem Pyknometer. Dabei dürfen aber selbstverständlich keine anderen flüchtigen wasserlöslichen Stoffe im Destillat enthalten sein.

Höhere Alkohole treibt man nach Aussalzen oder Ansäuern der Seifenlösung mittels Wasserdampf ab, schüttelt die wässerige Schicht des Destillats aus, vereinigt den Auszug mit der in Substanz abgeschiedenen Hauptmenge und bestimmt die Hydroxylzahl. Eine genaue Vorschrift zur Bestimmung von Hexalin und Methylhexalin gab JAKEŠ[1]): Man wägt eine schätzungsweise 4 g des Zusatzstoffes enthaltende Menge Seife in einen $^1/_4$ Liter-Kolben, versetzt mit einem geringen Überschuß verdünnter Schwefelsäure und destilliert mit Wasserdampf erst langsam, dann schneller [wobei man zum Schlusse das Wasser aus dem Kühler abläßt], bis der Kolbeninhalt nicht mehr nach Hexalin riecht. Das Destillat — wenigstens 250 ccm — mischt man gründlich, macht schwach alkalisch, setzt ein wenig Chlorcalcium zu und destilliert ohne Wasserdampf in einen Scheidetrichter. Die wässerige Schicht wird von der Hexalinschicht abgetrennt, mit ca. 5 ccm Xylol ausgeschüttelt und hierauf wieder destilliert. Das Destillat versetzt man mit Pottasche, schüttelt es mit Xylol, trennt die Xylolschicht ab und destilliert die wässerige Schicht nochmals. Das letzte Destillat wird wiederum nach Zusatz von Pottasche mit Xylol ausgeschüttelt. Die Xylolauszüge und die zum Nachspülen verwendeten Xylolmengen werden mit der nach der zweiten Destillation abgetrennten Hauptmenge des Hexalins vereinigt. Das Gemisch wird mit 6 g Essigsäureanhydrid und $^1/_2$ g Natriumacetat im Ölbad bei 145° acetyliert. Das Zersetzen des Anhydridüberschusses mit Wasser, Neutralisieren der Essigsäure und quantitative Verseifen des Acetylderivats erfolgt in der üblichen Weise. 1 ccm Normallauge = 100,1 mg Cyclohexanol = 114,1 mg Methylcyclohexanol.

Acetylzahlen: c-Hexanol = 561, Methyl-c-hexanole = 492.

Die Resultate fallen um einige Prozente vom Wert zu niedrig aus, die Methode genügt aber für praktische Zwecke.

Zur Unterscheidung der höheren Alkohole voneinander bestimmt man die physikalischen Konstanten, besonders den Siedepunkt.

Riechstoffe.

Der Nachweis einzelner Riechstoffe, namentlich aber die quantitative Bestimmung, ist bei den sehr geringen Mengen, die in Betracht kommen, in den meisten Fällen nicht genau durchzuführen. Immerhin kann man wenigstens die Gesamtmenge der flüchtigen Riechstoffe — ätherische Öle und synthetische Verbindungen, wie z. B. Nitrobenzol, Terpineol, Jonon usw. — annähernd feststellen und aus den Destillationsrückständen die nichtflüchtigen Riechstoffe durch Extrahieren mehr oder weniger vollzählig isolieren. Die Differenzierung

[1]) Sfsz. Bd. 51, S. 859, 877. 1924; s. a. Tetralingesellschaft: Ch.-Ztg. Bd. 48, S. 477. 1924.

der Einzelbestandteile geschieht dann meistens durch Sinnenprüfung. Zur annähernden quantitativen Bestimmung dient die

Isolierung der flüchtigen Riechstoffe. Konventionsmethode: Man löst 30—40 g Seife in 150 ccm Wasser, zersetzt mit Schwefelsäure (1 : 3), gibt etwas Bimsstein zu und destilliert langsam, solange noch Öl übergeht, in eine Bürette, aus der man ab und zu das kondensierte Wasser abläßt. Das abgelesene Ölvolumen wird auf 100 g Seife umgerechnet. Das Verfahren gibt nur Näherungswerte; genauer ist das

Verfahren von MANN[1]): 20 g Seife werden in 150 ccm Wasser und 20 g 90proz. Alkohol gelöst, die Lösung wird ganz wenig, nur bis zur schwachen Opalisierung, angesäuert, mit Kochsalz übersättigt, 1,5 g Tannin zugesetzt und mit Wasserdampf destilliert. Das Destillat wird wieder ausgesalzen und mit 50 ccm niedrigst siedendem Benzin (sog. Rhigolen, Siedep. 20/25°) ausgeschüttelt und das Volumen des Auszuges auf 50 ccm ergänzt; 25 ccm (entsprechend 10 g Seife) werden eindunsten gelassen und der Rückstand gewogen. Das Rückstandgewicht, multipliziert mit 10, gibt den Prozentgehalt der Seife an flüchtigen Riechstoffen.

Isolierung der nichtflüchtigen Riechstoffe: Im Destillationsrückstand verbleiben die harzigen Stoffe (Benzoe, Styrax, Tolubalsam usw.), die Rückstände der tierischen Riechstoffe Ambra, Moschus, Zibeth, ferner die der Iriswurzel u. dgl. und die mit Wasserdampf nichtflüchtigen, synthetischen Verbindungen, wie z. B. Cumarin, Vanillin, Nerolin, künstlicher Moschus. Man extrahiert, nötigenfalls nach Ausfällen der Seife, mit Äther oder anderen brauchbaren Lösungsmitteln.

Die Differenzierung der Riechstoffe durch Abtrennung und Identifizierung der einzelnen Komponenten mittels chemischer Reaktionen wird nur in wenigen Fällen gelingen. Sie erfolgt fast ausschließlich durch empirische Verfahren, die auf der verschieden großen Flüchtigkeit der Riechstoffe beruhen. Man läßt die Gerüche statt miteinander, mehr oder weniger gesondert nacheinander hervortreten, so daß die einzelnen Stoffe leichter erkannt und sogar ihre Menge aus der Identität des Geruches (unter Berücksichtigung der relativen Geruchsstärke der verschiedenen Körper) geschätzt werden kann. Der Fachmann mit sehr empfindlichem geschulten Geruchssinn und vieler Erfahrung kann auf diese Weise, wenn auch alle wissenschaftlichen Methoden versagen, noch sehr gute Resultate erzielen.

Verflüchtigungsmethode: Man läßt die feingeschabte Seife auf dem Wasserbad schmelzen und stellt die während des Schmelzens auftretenden Gerüche fest. Genügt dieses Verfahren nicht, so scheidet man flüchtige und nichtflüchtige Riechstoffe wie oben angegeben, läßt den Äther vorsichtig bis auf die letzte Spur verdunsten, nimmt den Rückstand in wenig Alkohol auf und läßt ihn auf Papier oder auf einer Glasplatte eindunsten oder auf einem Uhrglas über einem mit siedendem Wasser gefüllten Kolben verdampfen[2]). Ebenso wird mit dem Auszug der nichtflüchtigen Stoffe verfahren. Bei dieser Prüfung stört der Alkoholdampf durch rasche Ermüdung der Geruchsnerven. Diesen Fehler vermeidet die

Dispersionsmethode: Die vollkommen trockene, zur Staubfeinheit zerriebene Seife wird mit der gleichen Gewichtsmenge Magnesiumcarbonat gemischt und die Mischung durch ein Emailsieb abgesiebt. Nach $^1/_2$stündigem

---

[1]) Arch. Pharm. Bd. 240, S. 149, 161. 1902. Über ein einschlägiges Verfahren s. a. SCHINDELMEISER: Sfsz. Bd. 30, S. 294. 1903.

[2]) MANN: Die Schule des modernen Parfumeurs. Augsburg 1912. S. 211.

Stehenlassen beginnt man mit der olfactorischen Prüfung. Statt Seife wird auch nur der Riechstoffauszug auf Magnesiumcarbonat oder Talkum dispergiert und nach dem Absieben geprüft.

C. Antiseptica.

Als Zusätze zu arzneilichen, sog. medikamentösen Seifen kommen außer Borax, Persalzen, Glycerin, Alkohol und anderen Stoffen, deren Nachweis bereits beschrieben wurde, besonders noch in Betracht: Schwefel, Jod, Quecksilber, dann Formaldehyd, Benzoesäure, Salicylsäure, Phenole, Teer und andere Antiseptica.

Man stellt die qualitativen Reaktionen auf das gesuchte Element, die Atomgruppe oder die Verbindung direkt mit der wässerigen oder alkoholischen Seifenlösung an oder tüpfelt auf einer frischen Schnittfläche des Seifenstückes.

Bei den quantitativen Bestimmungen ist zu beachten, ob die Gesamtmenge des Zusatzes bestimmt werden soll oder die Menge des unverändert, also sicher wirksam gebliebenen Arzneimittels. Im ersten Falle wird die Probe einfach gelöst und der Zusatzstoff (evtl. ein Ion desselben) in der Lösung — nötigenfalls nach Abscheidung der Fettsäuren — wie üblich bestimmt. Im zweiten Falle ist zu berücksichtigen, daß bei Auflösen der Probe oder beim Zusetzen von Reagenzien zur Lösung Umsetzungen der Zusatzstoffe eintreten können, durch welche diese gebunden (z. B. Jod, freie Säuren) bzw. sonst verändert werden (z. B. Sublimat). Man trennt deshalb Seife und Arzneistoffe durch solche Lösungsmittel, die nur den einen oder den anderen Bestandteil aufnehmen. Vorher muß die Probe sorgfältig getrocknet oder mit entwässertem Natriumsulfat verrieben werden. Bei der Analyse medikamentöser Seifen ist auch zu beachten, daß sie meistens „Überfett“ und häufig auch freie Fettsäuren enthalten.

Schwefel.

Gesamtschwefel wird nach Oxydation zu Schwefelsäure als Baryumsulfat bestimmt. Man löst 0,5 g Seife in 20 ccm Eisessig, setzt unter allmählichem Erwärmen 5 g Permanganat (oder ein gleichwertiges Oxydationsmittel) zu, läßt 4 Stunden unter Rückfluß sieden, versetzt mit 15 ccm Salzsäure 1,19 und erhitzt bis zur Entfärbung. Nach dem Erkalten wird von den nichtoxydierten Fettsäuren filtriert, ausgewaschen und das Filtrat mit Baryumsalz gefällt[1]). Die Oxydation auf trockenem Wege mit Soda-Salpeter[2]) ist weniger zuverlässig.

Elementarer Schwefel: Die Probe wird mit der etwa zehnfachen Menge heißen Wassers digeriert; nach Auflösung der Reinseife setzt man das gleiche Volumen Alkohol zu und filtriert heiß vom ungelösten Schwefel, der mit Alkohol gewaschen, getrocknet und gewogen, zuletzt mikroskopiert wird[3]).

Man kann auch die sorgfältig getrocknete oder mit Natriumsulfat vermengte Probe mit Äther extrahieren, wobei das etwa vorhandene unverseifte Fett und ein Teil des Schwefels in Lösung gehen, den Rest des Schwefels mit Schwefelkohlenstoff oder Tetrachlorkohlenstoff ausziehen, die Rückstände der beiden Auszüge vereinigen und das „Überfett“ mit kaltem Petroläther entfernen, worauf der reine Schwefel zurückbleibt[4]).

Schwefelwasserstoff und Sulfide: Man bestimmt den Gesamtschwefel wie angegeben und daneben den zweiwertigen Schwefel colorimetrisch[5]): 5 g Seife

---

[1]) Gradenwitz: Ubbelohde-Goldschmidt, Handbuch d. Öle u. Fette, Bd. III, S. 972.
[2]) Stephan: Apoth.-Ztg. 1898, S. 895.
[3]) Schrauth: Die medikamentösen Seifen S. 120. Berlin 1914.
[4]) Gradenwitz: a. a. O.
[5]) Deite: Handbuch der Seifenfabrikation, 3. Aufl., Bd. II, S. 445.

werden in 50 ccm Wasser und 50 ccm Alkohol unter Zusatz von Ätzkali gelöst, mit Wasser auf 400 ccm verdünnt, die Seife wird mit Chlorcalcium oder Magnesiumsulfat gefällt. Das Filtrat wird auf 500 ccm gebracht und in aliquoten Teilen der Sulfidgehalt mit Nitroprussidnatrium oder Bleiessig colorimetrisch bestimmt.

Organisch gebundener Schwefel (von Ichthyol und seinen Ersatzstoffen). Man bestimmt den Gesamtschwefelgehalt, den freien und den anorganisch gebundenen (Sulfid-)Schwefel; die Differenz ergibt die Menge des organisch gebundenen Schwefels.

Jod.

Freies Jod bestimmt man, indem über die im Rohr langsam auf 100° erhitzte Probe mehrere Tage lang ein Luftstrom geleitet wird und die entweichenden Dämpfe in Jodkaliumlösung absorbiert werden, worauf man mit Thiosulfat titriert[1]). Ionogenes Jod wird direkt als Jodsilber bestimmt; organisch gebundenes Jod muß erst durch Reduktion (mittels Natriumamalgam, Zink usw.) oder durch Oxydation der organischen Substanz nach bekannten Verfahren abgespalten werden[2]). Enthält die Seife Kochsalz, so fällt Chlorsilber mit, weshalb in einem aliquoten Teil der Silberfällung der Gehalt an Chlor und Jod wie üblich aus der Gewichtsabnahme beim Verdrängen des Jods durch Chlor zu bestimmen ist.

Quecksilber[3]).

5—10 g werden mit etwa 30 ccm konzentrierter Salpetersäure erhitzt, bis sich keine nitrosen Dämpfe mehr entwickeln; der erkaltete Rückstand wird nach Verdünnen mit etwa 50 ccm Wasser schwach ammoniakalisch gemacht und in 150—200 ccm 95proz. Alkohol aufgenommen. Man erwärmt die klare, rotgelbe Lösung auf 60°, leitet einen mäßig schnellen Strom von Schwefelwasserstoff ein, filtriert das ausfallende Quecksilbersulfid durch einen Goochtiegel oder besser Prausnitztiegel, wäscht mit warmem 95proz. Alkohol, dann mit heißem Wasser, trocknet bei 120°, wägt und rechnet die gefundene Quecksilbermenge auf den deklarierten Zusatzstoff um. Auf diese Weise kann natürlich nur die ursprünglich zugesetzte, nicht die unverändert gebliebene Menge der Quecksilberverbindung festgestellt werden. Will man die Zusatzstoffe als solche bestimmen, z. B. die Verbindungen mit organisch gebundenem Quecksilber, wie Afridol u. a. m., so zerlegt man den nach der Behandlung mit Extraktionsmitteln ungelöst bleibenden Seifenkörper mit $^{n}/_{1}$-Schwefelsäure, nimmt die Fettsäuren in Alkohol auf und identifiziert den Rückstand durch die Spezialreaktionen auf quecksilberorganische Verbindungen. Gewisse Quecksilberpräparate, wie das Oxycyanid oder Sublamin, bleiben bei der Abscheidung der Fettsäuren mit Mineralsäure in der wässerigen Lösung und müssen in dieser durch ihre spezifischen Reaktionen nachgewiesen werden.

Andere Metalle wie Silber, Zink, Eisen, Aluminium werden am besten nach Zerstörung des Seifenkörpers wie sonst bestimmt.

Formaldehyd.

Man fällt die Seife mit Baryumchlorid, säuert das Filtrat mit Phosphorsäure an und destilliert. Wenn eine Probe des Filtrats fuchsinschweflige Säure rötet, so ist Formaldehyd zugegen. Zur Kontrolle wird der Rest des Filtrats mit über-

---

[1]) Gradenwitz: a. a. O. S. 980.

[2]) Siehe z. B. Hans Meyer: Analyse organischer Verbindungen, 3. Aufl., S. 211ff. Berlin 1916.

[3]) Schrauth: a. a. O.

schüssigem Ammoniak eingedampft und ein etwa verbleibender Krystallisationsrückstand (wie bei der Prüfung von Speisefetten auf Konservierungsmittel, S. 341) als Hexamethylentetramin identifiziert.

Zur quantitativen Bestimmung oxydiert man mit einem Überschuß von Permanganat- oder von Jodlösung zu Ameisensäure und titriert mit Oxalsäure bzw. Thiosulfat zurück[1]); von Formaldehyd-Seifenlösungen werden 20 g mit 120 ccm Wasser verdünnt, mit 25 ccm 5proz. Chlorcalciumlösung versetzt, auf 200 ccm gefüllt und filtriert. In 20 ccm des Filtrats wird der Formaldehyd jodometrisch bestimmt[2]).

Organische Säuren.

Benzoesäure und Salicylsäure werden wie in Fetten nachgewiesen.

Pikrinsäure (in Haar- und Kopfseifen) kann durch das Fixieren auf Wolle erkannt werden, auch durch Isolieren wie bei anderen Säuren und Bestimmung des Schmelzpunktes (122°), das Verpuffen beim Verbrennen usw.

Phenol und Kresole.

Abgesehen vom charakteristischen Geruch erkennt man die in Betracht kommenden Phenole an der Eisenchloridreaktion der (am besten schwach salzsauren) Lösung: Phenol gibt Violett-, die Kresole geben Blaufärbung.

Bestimmung der Gesamtphenole[3]). Die heiße Lösung von etwa 100 g Substanz wird mit Natronlauge stark alkalisch gemacht und mit festem Kochsalz ausgesalzen, die Seife abfiltriert und mit Salzlösung gewaschen, die Filtrate werden eingeengt, nochmals ausgesalzen und filtriert. Die konzentrierte Lösung der Phenolate übersättigt man in einem Meßzylinder mit Kochsalz, säuert mit Schwefelsäure an und liest das Volumen der abgeschiedenen Phenole ab; 1 ccm = rund 1 g. Die Methode gibt nur Näherungswerte, so bleiben z. B. jene Oxysäuren, deren Seifen nicht aussalzbar sind, bei den Phenolen[4]). Ihre Menge ist allerdings sehr gering. Genaue Resultate gibt eine Analyse nach Art der Kresolbestimmung (s. unten).

Bestimmung des Phenols: Aus der Lösung von 5—10 g Substanz in 100 bzw. 200 ccm Wasser fällt man erst die Seife mit Chlorcalcium oder Magnesiumsulfat, dann aus dem Filtrat das Phenol mit Brom. Das Tribromphenol wird abfiltriert, etwas gewaschen, bei 100° getrocknet und gewogen. Umrechnungsfaktor $\frac{C_6H_5OH}{C_6H_2Br_3OH} = 0{,}2840$.

Kresole. Der offizinelle Liquor Cresoli saponatus soll wenigstens 47,5% Rohkresol enthalten, davon mindestens die Hälfte m-Kresol. Analyse[5]): 50 g Substanz verdünnt man mit 150 ccm Wasser, säuert mit Schwefelsäure bis zur Rötung von Dimethylaminoazobenzol an, destilliert mit Wasserdampf, versetzt das Destillat mit 50 g Kochsalz, äthert mit 80 g Äther aus, spült mit 20 g nach, destilliert den Äther ab und trocknet den Rückstand im aufrechtstehenden Kolben. Nach anderen Vorschlägen trocknet man wenigstens 1 Stunde[6]), und zwar im Vakuum[7]). Der Rückstand soll 23,5 g wiegen.

---

[1]) S. bes. ALLEMANN: Z. anal. Ch. Bd. 49, S. 265. 1910.
[2]) KREIS und WERMUTH: Schweiz. Apoth.-Ztg. Bd. 61, S. 145. 1923.
[3]) LEWKOWITSCH: Ch. Technol. 6. ed., Bd. III, S. 368.
[4]) MEYER, J.: Ber. der wiss.-techn. Abt. der Mineralölversorgungs-Ges. m. b. H. 1919.
[5]) Vorschrift des D. Arzneibuches, modifiziert von HERZOG und KLEINMICHEL: Apoth.-Ztg. Bd. 29, S. 402. 1914.
[6]) LANG: Centralbl. Bakter.- u. Parasitenkde. Bd. 76, S. 206. 1915.
[7]) HELLRIEGEL: Apoth.-Ztg. Bd. 27, S. 893. 1912.

Prüfung des Kresols: Beim Destillieren sollen zwischen 199 und 204° rund 92% übergehen. 10 g sollen bei der Nitrierung mindestens 7,4 g Trinitro-m-Kresol, Schmelzp. 105°, geben und 10 ccm sollen nach Schütteln mit 50 ccm Wasser und 50 ccm Natronlauge bei halbstündigem Stehen noch kein Naphthalin abscheiden.

In derselben Weise können auch Gemische von Phenol und Kresolen sowie ihre Substitutionsprodukte isoliert und durch Wägen oder colorimetrisch bestimmt werden[1]).

Neuerdings wurden zur Vermeidung des Destillierens Adsorbieren der Fettsäuren durch Schütteln der angesäuerten Seifenlösung mit Talkum und Titrieren des Filtrats mit Bromid-Bromat[2]) und andere Bestimmungen[3]) vorgeschlagen.

Resorcin[4]). Man verreibt mit entwässertem Natriumsulfat, zieht „Überfett" und Resorcin mit Äther aus und trennt beide mittels Chloroform, in dem Resorcin unlöslich ist.

Naphthol[4]). Man extrahiert wie vorstehend angegeben und schüttelt dann das Naphthol aus der Ätherlösung mit verdünnter Kalilauge aus. Resorcin, Naphthol, Pyrogallol, Tannin usw. können nach Ausfällung der Reinseife mit Chlorcalcium auch colorimetrisch bestimmt werden. Diese Bestimmung sowie die voranstehende geben nur Näherungswerte, die Fehler können — besonders bei längere Zeit getrockneten oder bereits benützten Seifen — leicht bis 25% vom Wert betragen.

Teer.

5—8 g Seife werden erst bei 60—70°, dann bei 100—105° getrocknet, mit Sand verrieben und mit Benzol im Soxhletapparat extrahiert. Der Auszug enthält neben dem Teer auch das in der Seife etwa enthaltene unverseifte Fett und die freien Fettsäuren, deren Menge in einer besonderen Probe bestimmt und vom Extraktgewicht abgezogen wird[5]). Enthalten die Seifen reine Naturteere oder solche Teerfraktionen, die fast nur aus Kohlenwasserstoffen bestehen, so kann man auch einfach in Alkohol lösen, durch Zusatz konzentrierter alkoholischer Chlorcalciumlösung fettsaure Kalksalze und Alkalichloride fällen und aus der filtrierten Lösung durch Abdestillieren des Alkohols den Teer isolieren[6]).

Zur Bestimmung von Schwefel und Teer nebeneinander zieht man die bereits mit Benzol extrahierte Seife noch mit Tetrachlorkohlenstoff aus und trennt aus dem Abdampfrückstand der vereinigten Auszüge den Teer vom Schwefel durch Ausziehen mit kaltem Benzin[6]).

Verschiedene Arzneimittel, die wie Campher Riechstoffe sind, werden auch nach den für diese (S. 501) angegebenen Methoden nachgewiesen.

3. Physikalische und praktische Prüfung[7]).

Der Gebrauchswert eines Waschmittels wird von der Waschkraft, der Ausgiebigkeit und von der Unschädlichkeit gegenüber den zu reinigenden Gegenständen bestimmt. Daneben spielen aber für die Wertbemessung auch die

---

[1]) THOMS: Arb. a. d. pharm. Inst. der Univ. Berlin Bd. 2, S. 378; SCHNEIDER: Pharm. Centralh. 1893, S. 716.

[2]) GOERLICH: Pharm. Ztg. Bd. 59, S. 580. 1914.

[3]) WATERMANN: Ch. Weekbl. Bd. 10, S. 972. 1913; s. bes. a. FRANK: Ch.-Ztg. Bd. 46, S. 390. 1922.

[4]) GRADENWITZ: a. a. O. S. 975. [5]) GRADENWITZ: a. a. O. S. 974.

[6]) SCHRAUTH: a. a. O. S. 114.

[7]) Vgl. GRÜN: Bestimmung des Gebrauchswertes von Seifen, in LUNGE-BERL: Chem.-techn. Untersuchungsmethoden, 7. Aufl. Bd. 3, S. 680.

äußeren Eigenschaften, wie Konsistenz, Farbe, Geruch usw., in vielen Fällen eine Rolle. Exakte Meßmethoden, die eine direkte Vergleichung der Gebrauchswerte verschiedener Sorten ermöglichen würden, gibt es nicht; es lassen sich aber immerhin, abgesehen von der chemischen Analyse, auch andere Daten zur Beurteilung des Gebrauchswertes zahlenmäßig feststellen: einerseits durch physikalische Messungen wie Bestimmung des Emulgierungsvermögens, der Auflösungsgeschwindigkeit und der Härte, andererseits durch konventionelle, praktische Prüfungsmethoden, wie Bestimmung der Schaumfähigkeit und des sog. Waschwertes. Bei der Beurteilung des Gebrauchswertes einer Seife ist selbstverständlich auch der Verwendungszweck maßgebend; man stellt z. B. an eine Textilseife ganz andere Anforderungen als an eine Seife, die zur Körperpflege dient; an Seifen, mit denen in heißem Wasser gewaschen werden soll, stellt man andere Anforderungen als an Kaltwasserseifen usw. Überhaupt muß die Auswertung der Ergebnisse einer jeden Prüfung dieser Art mit größter Vorsicht geschehen.

Bestimmung des Emulgierungsvermögens.

Die Waschkraft einer Seifenlösung wird zum großen Teil durch ihr Benetzungs- und Emulgierungsvermögen bedingt, die wiederum hauptsächlich von der Oberflächenspannung abhängen[1]); das Emulgierungsvermögen ist proportional der durch das Waschmittel hervorgerufenen Erniedrigung der Oberflächenspannung des Wassers gegen Öl. Nach HILLYER[2]) kann man deshalb die bei einer stalagmometrischen Bestimmung der Oberflächenspannung gefundene Tropfenzahl direkt als Maß für das Reinigungsvermögen der Seife benützen.

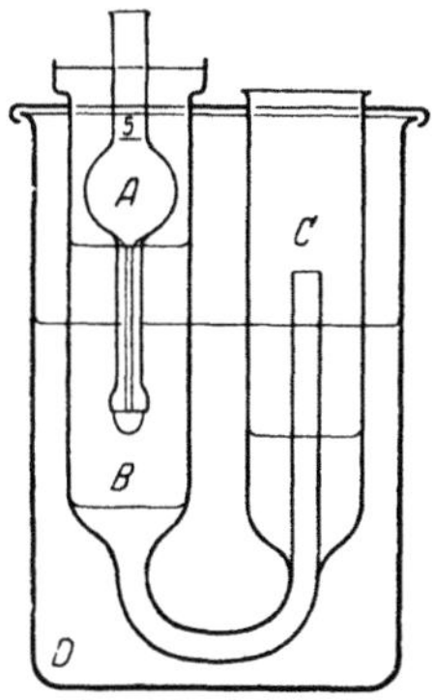

Abb. 70. Stalagmometrische Prüfung von Seifenlösungen.

Der Apparat, Abb. 70, besteht aus dem Stalagmometer A, einer 5 ccm fassenden Kugelpipette mit 3 mm weitem Hals, 0,5 mm weiter Auslaßcapillare und einer horizontalen Abtropffläche von 10 mm Durchmesser und dem Ölbehälter, der aus den kommunizierenden Röhren B und C gebildet wird. Die Pipette ist mittels Kork in den Ölbehälter eingesetzt, dieser durch einen übergreifenden Metalldeckel in das als Wasserbad dienende Becherglas D. Die Seifen werden als 0,5proz. Lösungen, je nach ihrer Verwendung in siedendem, lauwarmem oder kaltem Bad geprüft. Man regelt die Temperatur des Bades, füllt in B 2—3 ccm Wasser, dann 20 ccm einer bestimmten Petroleum- (Kerosin-) Sorte ein, spült die Pipette mit der zu prüfenden Seifenlösung zweimal aus, füllt sie sorgfältig an, läßt die 5 ccm ausfließen und zählt dabei die Tropfen.

Zum Vergleich dient die unter denselben Versuchsbedingungen festgestellte Tropfenzahl von Standardlösungen. Als solche dient für Bestimmungen in der Wärme eine $^1/_2$proz. Natriumpalmitatlösung (durchschnittlich 268 Tropfen), für Bestimmungen in der Kälte $^1/_2$proz. Natriumoleatlösung (153 Tropfen). (Reines Wasser gibt warm 19, kalt 11 Tropfen.) Die Tropfenzahl der geprüften Seifenlösung, in Prozenten der Tropfenzahl der Vergleichslösung ausgedrückt,

[1]) HILLYER: J. Am. Ch. Soc. Bd. 25, S. 511, 524. 1903; s. a. DONNAN: Z. phys. Ch. Bd. 31, S. 42. 1899; STIEPEL: Sffbr. Bd. 22, S. 1210. 1901; SHORTER and ELLINGWORTH: Proc. Roy. Soc. Bd. 92 A, S. 231. 1916; WHITE and MARTIN: J. Phys. Chem. Bd. 24, S. 617. 1920; MILLARD: Eng. Bd. 15, S. 810. 1923.

[2]) J. Am. Ch. Soc. Bd. 25, S. 1256. 1903; Sfsz. Bd. 31, S. 354. 1904; s. a. ELLEDGE und ISHERWOOD: Sfsz. Bd. 43, S. 936. 1916. Über die praktische Ausführung der Methode s. insbes. GOLDSCHMIDT: Sffbr. Bd. 38, S. 545. 1918. Eine Bestimmung der Oberflächenspannung durch Messung der Capillarelevation in Cuvetten hat LUKSCH vorgeschlagen. Öl- u. Fettind. Wien, Bd. 2, S. 532. 1920.

wird als „Waschwert“ bezeichnet; die Bezeichnung ist aber nicht korrekt, denn man kann aus den Versuchsergebnissen keine bindenden Schlüsse ziehen.

Beispiele[1]).

Seifensorte	Versuch in der Kälte		Versuch in der Wärme	
	Tropfen	Waschwert	Tropfen	Waschwert
Talgkernseife	104	30	277	106
Cocosseife (kaltgerührt)	121	37	90	31

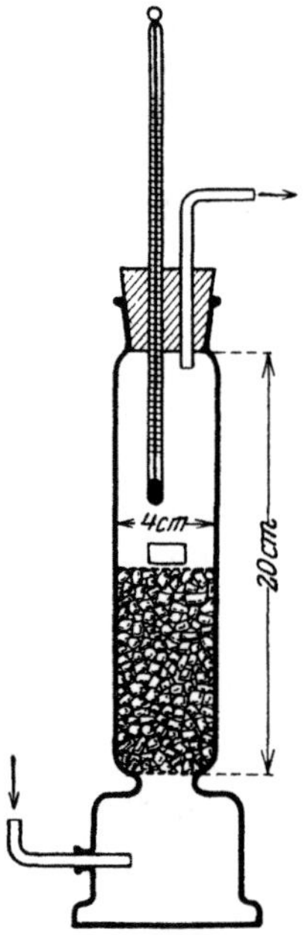

Abb. 71. Bestimmung der Auflösungsgeschwindigkeit.

Bestimmung der Auflösungsgeschwindigkeit [2]).

Für die Ausgiebigkeit, die „Sparsamkeit“ fester, in ungelöstem Zustande verwendeter Seifen ist die Auflösungsgeschwindigkeit wesentlich. Vergleichbare Werte erhält man nur bei der Auflösung von Probestücken gleicher Form und gleicher Größe in fließendem Wasser von konstanter Temperatur.

Als Apparat verwendet man einen kleinen Gastrockenturm nach Abb. 71, mit Zu- und Ableitungsrohr und Thermometer, zur Hälfte mit Glasperlen gefüllt, die mit einem Stückchen Drahtnetz bedeckt werden.

Auf das Drahtnetz legt man die Seifenprobe im Gewicht von 1 g, die mit einem Korkbohrer von 1,5 cm Durchmesser gezogen worden ist. Hierauf wird von unten ein konstant auf 45° gehaltener Warmwasserstrom (den man z. B. in der Heizvorrichtung des Butterrefraktometers erzeugen kann) in der Geschwindigkeit von 200 ccm in der Minute durchgeleitet, bis das Probestück vollständig gelöst ist.

Unter diesen Versuchsbedingungen braucht z. B. Talgseife über 8 Stunden, Talg-Cocosseife etwa 2 Stunden, Marseiller Seife etwa $^1/_2$ Stunde, kaltgerührte Cocosseife weniger als $^1/_4$ Stunde zur völligen Auflösung.

Bestimmung der Härte.

Die Härte einer Seife gibt einen weiteren Anhaltspunkt zur Beurteilung ihrer Ausgiebigkeit oder Sparsamkeit. Man definiert die Härte durch das Gewicht, welches zur Belastung eines Stahldrahtes von bestimmter Stärke nötig ist, um mit demselben ein Stück Seife von bestimmtem Querschnitt, bei einer bestimmten Temperatur, in einer bestimmten Zeit zu durchschneiden[3]), oder man nimmt die zum Durchschneiden unter sonst gleichen Bedingungen erforderliche Zeit als Maß[4]).

Apparat[5]) Abb. 72: Ein Tragbrett A, auf welches ein durchschlitztes Tischchen B von L-förmigem Querschnitt aufgesetzt ist; hinter demselben ein galgenförmiger Balken C, der einen Draht oder eine Sehne D von 0,5 mm Durchmesser, belastet mit 5 oder 10 kg, trägt. Die Belastung kann durch die Arretierung E ausgeschaltet werden. Auf das Tischchen B wird das auf den Quer-

---

[1]) Nach Hillyer: a. a. O.
[2]) Shukoff und Schestakoff: Sfsz. Bd. 38, S. 982. 1911.
[3]) Merklen: Die Kernseifen. Halle 1907. S. 65.
[4]) Leimdörfer: Kolloidchemische Beihefte Bd. 2, S. 396. 1911.
[5]) Leimdörfer: a. a. O., s. a. Stiepel: Seifenindustrie-Kalender 1916, S. 93.

schnitt 50 · 50 mm gehobelte Seifenstück *F* gelegt, der Draht darübergelegt und das Gewicht so arretiert, daß der Draht die vordere obere Kante des Seifenstückes über dem Schlitz des Tischchens berührt. Selbstverständlich müssen ausgetrocknete harte Ränder der Seife vollständig entfernt werden. Auch muß die Temperatur bei allen Messungen ungefähr dieselbe sein. Hierauf läßt man die Arretierung zugleich mit einer Stoppuhr los und bestimmt die Zeit, in welcher der Draht die Seife durchschnitten und sich straff gespannt hat.

Statt bei bestimmter Belastung die Zeit zu messen, kann man auch die zum völligen Durchschneiden in einer bestimmten Zeit erforderliche Belastung feststellen. Nach MERKLEN (a. a. O.) dient als Maß für die Seifenhärte das Gewicht, welches nötig ist, damit ein Draht von 0,6 mm Durchmesser ein Stück von 5 qcm Querschnitt in 30 Sekunden durchschneidet. Die entsprechenden Zahlen sind z. B. für auf Unterlauge gesottene Kernseifen

aus Sulfuröl	(Unterlauge von 12,50° Bé)	bei 25° =	400 g
„ Talg	(„ „ 14° „)	„ 28° =	1750 g
„ Saponifikatelain	(„ „ 10,25° „)	„ 24° =	770 g
„ Saponifikatstearin	(„ „ 8,25° „)	„ 25° =	7600 g

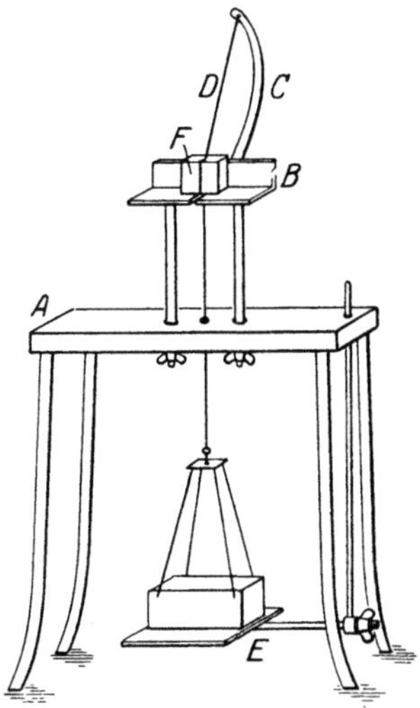

Abb. 72. Bestimmung der Härte von Seifen.

Bestimmung der Trübungstemperatur.

Die Temperatur, bei der eine Seifenlösung von bestimmter Konzentration sich infolge Ausscheidung fettsaurer Salze zu trüben beginnt, ist für die Verwendung beim Färben und Appretieren von Bedeutung. Je höher sie liegt, um so leichter kann sich die Seife, namentlich wenn das Fasergut mit kaltem Wasser gespült wird, ausscheiden, die Faser verschmieren und so Störungen hervorrufen. Deshalb wird oft für Marseiller Seifen eine niedrige Trübungstemperatur verlangt.

Zur Bestimmung der Trübungstemperatur (des Trübungspunktes) nach HERBIG[1]) dient eine einfache Apparatur, ähnlich der für Schmelzpunktsbestimmungen verwendeten: sie besteht aus einem weithalsigen Reagensrohr, in das ein Thermometer eingesetzt ist, und einem Becherglas als Heizbad mit einem Rührer. Man bringt in das Reagensrohr 1 g Seife, genau gewogen, dann 49 ccm Wasser und füllt das Becherglas bis zur gleichen Höhe an. Hierauf wird unter Rühren bis zur Auflösung erwärmt, die Heizung abgestellt und weiter gerührt, bis sich die erste Trübung zeigt. — Die Trübungstemperatur ist selbstverständlich nicht nur von der Art der Seife, sondern auch von der Konzentration abhängig. (Deshalb sollten nicht Lösungen von gleicher Konzentration an Seife, sondern von gleicher Fettsäurenkonzentration verglichen werden.

Beispiel: Trübungstemperatur von Marseiller-Seifenlösungen.

1 proz. Lösung	51 —52°
2 „ „	53,5—54°
3 „ „	55 —55,5°
4 „ „	56,5—57°
5 „ „	58 —59°

[1]) Z. D. Öl- u. Fettind. Bd. 42, S. 393. 1922. Über die Bestimmung des Trübungspunktes s. a. MELSBACH: Färberztg. Bd. 28, S. 161. 1917.

Zur Feststellung, ob eine Seife bei entsprechender Temperatur einen für gewisse Verwendungszwecke, z. B. zum Walken, genügend zähen Seifenleim gibt, dient die Spinnprobe[1]): Man löst 10 g Seife im Wasserbade in 100 ccm Wasser, stellt in kaltes Wasser ein, rührt mit dem Thermometer um und beobachtet, bei welcher Temperatur die Lösung zu spinnen beginnt, d. h. zähflüssig und fadenziehend wird. Walkseifen sollen bei möglichst hoher Temperatur noch spinnen. Der Wassergehalt der Seife spielt dabei eine geringere Rolle, dagegen ist die Spinntemperatur in hohem Maße vom Schmelzpunkt der Fettsäuren abhängig. Bei Talgkernseifen liegt sie ungefähr in der Höhe des Schmelzpunktes der Fettsäuren, bei Seifen aus niedriger schmelzenden Fettsäuren sinkt aber die Spinntemperatur wesentlich unter den Fettsäurenschmelzpunkt.

Bestimmung der Schaumfähigkeit.

Bei der praktischen Verwendung der Seifen in mehr oder weniger hartem Wasser ist die Schaumbildung von zwei Faktoren abhängig: einerseits und hauptsächlich von der eigentlichen Schaumfähigkeit, die sich auch in reinem bzw. enthärtetem Wasser zeigt, andererseits von der sog. „wasserweichmachenden Kraft". Diese ist z. B. bei Cocosseifen gering, während die eigentliche Schaumfähigkeit besonders groß ist, so daß die Lösungen zwar sehr gut schäumen, aber relativ viel Seife zur Enthärtung des Wassers verbraucht wird.

Als Maß für die Schaumfähigkeit einer Seife beim Waschen mit hartem Wasser ist der „Schaumgrad"[2]) geeignet, weil bei der Bestimmung desselben die Enthärtung berücksichtigt wird. Die Methode beruht nämlich auf dem Prinzip der Clarkschen Wasserhärtebestimmung. Ähnlich ist die Bestimmung der „Schaumkraft"[3]). Als Vergleichsmaß für die Schaumbildung beim Waschen unter Verwendung von reinem bzw. weichem Wasser kann wiederum die „Schaumzahl"[4]) dienen. Schaumgrad, Schaumkraft und Schaumzahl sind keine direkten Maße für den Waschwert, können aber annähernd über denselben orientieren.

Schaumgrad. Als Meßflüssigkeit dient die Clarksche Härtelösung von zehnfacher Stärke: 2,287 g $CaCO_3$ in möglichst wenig Salzsäure gelöst, gekocht, mit Ammoniak neutralisiert und zum Liter gefüllt. 10 ccm dieser Lösung, verdünnt mit 90 ccm Wasser, werden in einer 300-ccm-Flasche nach und nach mit 1 proz. Seifenlösung versetzt, bis nach kräftigem Schütteln der Schaum 5 Minuten stehen bleibt. Die Zahl der verbrauchten Kubikzentimeter Seifenlösung ist der Schaumgrad. Statt wässeriger Seifenlösung kann auch eine alkoholisch-wässerige Lösung angewendet werden, statt der Chlorcalciumlösung das natürliche harte Wasser, das zum Waschen mit der zu prüfenden Seife verwendet werden soll.

Reine Kernseifen aus Talg und aus Elain geben die höchsten, Harz-, Wollfett- und Leinölseifen die niedrigsten Schaumgrade. Die Temperatur soll keinen wesentlichen Einfluß ausüben, ebensowenig Zusätze von Soda, Sulfat oder Silicat, es wird sich aber empfehlen, bei allen Bestimmungen dieselbe Temperatur einzuhalten.

Schaumkraft. Man löst eine 10 g Reinseife entsprechende Seifenmenge zu 1 l, mißt von der 15° warmen Lösung 25 ccm in einen 100-ccm-Erlenmeyerkolben und läßt aus einer Bürette gesättigte Kochsalzlösung (bei Kaliseifen gesättigte Chlorkaliumlösung) zutropfen, bis kein bleibender Schaum mehr entsteht.

[1]) Morawski und Demski: Dingl. Polyt. J. Bd. 267, S. 530.
[2]) Richardson und Jaffe: J. Soc. Ch. Ind.; Sfsz. Bd. 30, S. 39ff. 1903.
[3]) Leimdörfer: Kolloidchem. Beihefte Bd. 2, S. 395. 1911.
[4]) Stiepel: Sfsz. Bd. 41, S. 347. 1914; s. a. Steffan: Sfsz. Bd. 42, S. 1ff. 1915.

Die Einhaltung der Temperatur ist sehr wichtig. Z. B. soll die Schaumkraft von Stearinseife bei 100° um 75% mehr betragen als bei 35°.

Schaumzahl. Als Schüttel- und Meßgefäß dient ein Zweiliterkolben mit eingeschliffenem, abgeplattetem Stopfen und einem langen graduierten Hals, der wenig unterhalb des Schliffs zu einem etwa 50 ccm fassenden Kropf erweitert ist.

Von der zu prüfenden Seife bereitet man eine etwa 0,6% Fettsäure enthaltende Lösung in ausgekochtem destillierten Wasser (entsprechend einer 1proz. Lösung normaler Kernseife mit 60% Fettsäure). Die Temperatur der Lösung sei bei der Prüfung in der Kälte 17—20°, in der Wärme 50—55°. Man gießt 100 ccm unter möglichster Vermeidung von Schaumbildung in den Kolben, verschließt ihn, stellt ihn auf den Stopfen und liest nach 1—2 Minuten den Flüssigkeitsstand ab. Nun wird 30 Sekunden lang geschüttelt, eine gewisse Zeit, z. B. 3 Minuten, absitzen gelassen und wieder abgelesen. Die Differenz beider Ablesungen gibt an, wieviel Prozent der Seifenlösung in Schaum verwandelt wurden; sie wird als Schaumzahl bezeichnet. Die Ergebnisse sind nur mit Vorsicht auszuwerten. Lösungen von verschiedener Konzentration, z. B. eine 1proz. und eine $^1/_2$proz. Lösung können dieselbe Schaumzahl zeigen.

Nach einem späteren Vorschlage von FRANCOIS[1]) soll zur Wertbestimmung von Seifen, speziell von Schmierseifen, die Beständigkeit des Schaumes auf folgende einfache Weise ermittelt werden: Je 25 ccm 1proz. Seifenlösung werden in 3 Fläschchen von 45 mm äußerem Durchmesser und 100 mm Höhe 2 Minuten lang durch 40 Stöße von rechts nach links geschüttelt; nach 30 Minuten Stehen liest man die Schaumhöhe ab und wiederholt die Ablesung noch viermal nach je 30 Minuten. Wenn h die zuerst und h' die zuletzt abgelesene Schaumhöhe bezeichnet, so ergibt sich die Beständigkeit des Schaumes aus der Formel $P = \frac{100\,h'}{h}$. Man nimmt das Mittel aus den 3 Versuchen. Cocosseife ergibt z. B. den Wert 96.

Von den sonst noch zur indirekten Prüfung der reinigenden Wirkung von Seifen vorgeschlagenen Methoden sind besonders zu erwähnen:

Die Bestimmung des Quellungsvermögens[2]): Man schneidet einen Würfel von 1 cm Kantenlänge aus der zu prüfenden Seife, wägt, und läßt ihn, an einem Draht befestigt, 1 Stunde lang in Wasser von 10—12° hängen, worauf er abtropfen gelassen und zurückgewogen wird.

Die Bestimmung der „Kohlenstoffzahl" ist eine Art quantitativer Ausgestaltung des klassischen Versuches von SPRING, bei welcher die Menge feinverteilten Kohlenstoffs bestimmt wird, die eine Seifenlösung unter bestimmten Bedingungen durch ein Filter mitführen kann[3]). — Schließlich wurde auch eine indirekte, angeblich sogar besonders sichere Bestimmung der Waschkraft auf bakteriologischem Wege vorgeschlagen[4]).

Wertprüfung durch Waschversuche.

Bei vergleichenden Waschversuchen müssen selbstverständlich immer dieselben Bedingungen eingehalten werden. Man verwende ein für allemal dasselbe Gewebe und halte die Konzentration der Seifenlösung (soweit es sich um den

---

[1]) J. Pharm. Chim. (7) Bd. 12, S. 81. 1915; C. 1916, I, S. 1099.

[2]) LEIMDÖRFER: Sfsz. Bd. 46, S. 296. 1919.

[3]) MC BAIN, HARBORNE und KING: J. Soc. Ch. Ind. Bd. 42, S. 373. 1923; s. a. Z. D. Öl- u. Fettind. Bd. 44, S. 376, 389. 1924.

[4]) KÜHL: Sffbr. 37, S. 637. Bd. 1917; vgl. dagegen HERBIG: Sffbr. Bd. 38, S. 118. 1918.

Vergleich mehrerer Seifen handelt), das Verhältnis von Seife zu Waschgut, die Temperatur, die Einwirkungsdauer usw. ganz gleich. Ebenso soll auch die Beschmutzung des Waschgutes möglichst gleichmäßig sein; man verwendet dazu eine Aufschlämmung feiner Kohle in einem Mineralöl oder dgl. Mechanische Einwirkungen auf die Faser durch Reiben, Winden usw. sind tunlichst zu vermeiden. Zur Ausführung von Waschversuchen im kleinen Maßstab soll der sog. Waschtestapparat von SCHIEWE und STIEPEL[1]) dienen, der aber noch nicht genügend erprobt ist[2]).

Die gewaschenen Gewebe prüft man auf Reinheit (Weiße bzw. unveränderten Farbton und Glanz), auf den Griff (Inkrustation, Fasernabschuppung usw.) und auf die Zugfestigkeit. Man bestimmt die Festigkeit des Gewebes vor und nach dem Waschen; die Differenz der gefundenen Festigkeitswerte dient als Maß für die Schädigung der Wäschefaser. Die Bestimmungen sind bei genauer Einhaltung aller gegebenen Vorsichtsmaßregeln zuverlässig[3]). — Eine Waschseife soll das Gewebe auch bei 20—30maliger Heißwäsche nicht merklich angreifen, d. h. die Festigkeit darf höchstens um einige wenige Prozente herabgesetzt werden.

Metallseifen.

Unter Metallseifen versteht man im allgemeinen die technisch verwendeten Salze der Fettsäuren und Harzsäuren mit Ausnahme der Alkalisalze, insbesondere aber die Schwermetallsalze der Fettsäuren. Zu dieser Klasse von Seifen gehören vor allem die Sikkative (S. 389), die Bleipflaster (vorwiegend Bleioleat), die Kalkseifen, welche zur Herstellung von Starrschmieren dienen, die Aluminiumseifen, die teilweise zum gleichen Zweck, hauptsächlich aber zur Erzeugung wasserdichter Gewebe verwendet werden, die Zink-, Eisen-, Chrom- und Kupferseifen, die als Rostschutzmittel Verwendung finden, Magnesiumoleat, das zur Verhütung elektrischer Funkenbildung dem Benzin zugesetzt wird, Zinkstearat, als Antisepticum und Adstringens dienend, u. a. m.

Die analytische Untersuchung ist im wesentlichen dieselbe wie die der Sikkative. Man zerlegt die Metallseifen mit verdünnter Mineralsäure, und zwar verwendet man meistens für Bleiseifen Salpetersäure, während sonst Salzsäure oder Schwefelsäure benutzt wird. Vollständig eingetrocknete Metallseifen zeigen aber eine sehr geringe Benetzungsfähigkeit gegen wässerige Lösungen und werden deshalb nur sehr schwer angegriffen. In solchen Fällen empfiehlt sich die Verwendung alkoholischer Salzsäure; durch Digerieren mit derselben kann man auch die Bleiseifen der gesättigten Fettsäuren mühelos zerlegen. In diesem Falle muß aber die vom Bleichlorid filtrierte alkoholische Lösung mit Alkali versetzt und erhitzt werden, um die während des Auflösens gebildeten Äthylester der Fettsäuren zu verseifen. Die in Freiheit gesetzten Fettsäuren werden in Äther oder Petroläther aufgenommen — häufig werden auch die Metallseifen durch Schütteln mit Petroläther und verdünnter Mineralsäure zerlegt. Die wässerige Lösung wird auf die in Betracht kommenden Metalle geprüft, die Lösung der Fettsäuren engt man ein und untersucht den Rückstand in gleicher Weise wie die aus Alkaliseifen abgeschiedenen Säuren. — Auch die quantitativen Bestimmungen werden in analoger Weise wie bei den Alkaliseifen durchgeführt.

---

[1]) Sffbr. Bd. 36, S. 737, 754. 1916; s. a. DAVIDSOHN: Sffbr. Bd. 37, S. 89. 1917.

[2]) Siehe z. B. NIEGEMANN: Sfsz. Bd. 44, S. 375, 397. 1917.

[3]) Bezüglich der zweckmäßigsten Versuchsanordnung und des Apparates zur Festigkeitsprüfung s. GRÜN und JUNGMANN: Sffbr. Bd. 36, S. 801, 917. 1916.

Glycerin.

Begriffsbestimmungen und Anforderungen.

Die im Handel erhältlichen Glycerine teilt man ein in Rohglycerine und gereinigte (raffinierte und destillierte) Glycerine; die Rohglycerine werden nach der Herkunft klassifiziert, die gereinigten Glycerine nach den Herstellungsverfahren und nach der Verwendung (wie Dynamitglycerin, pharmazeutisches Glycerin usw.). Glycerinhaltige Rohstoffe sind die bei den technischen Fettspaltungsverfahren anfallenden Glycerinwässer, die Unterlaugen vom Versieden der Neutralfette auf Kernseifen und die Schlempen von Gärungsprozessen.

1. Rohstoffe.

Autoklaven - Glycerinwässer: Sie enthalten 6—16%, durchschnittlich 10% Glycerin, wenig anorganische, von den verwendeten Spaltmitteln herrührende Bestandteile wie Zink- oder Magnesium-, Calciumverbindungen usw.

Krebitzwässer: Ungefähr 6—8% Glycerin, beträchtlicher Kalkgehalt.

Twitchellwässer: Ungefähr 12—16% Glycerin, wenig Verunreinigungen.

Fermentglycerinwässer von der Fettspaltung mit Ricinussamenferment: 12—19% Glycerin, wenig anorganische, mehr organische Beimengungen (Eiweißstoffe).

Seifensiederunterlaugen: Sehr stark wechselnder Gehalt an Glycerin, häufig 5—10%; sehr beträchtliche Mengen von organischen und anorganischen Verunreinigungen (Salze).

Schlempen: Sehr stark wechselnder Gehalt an Glycerin; bei Sulfitgärung ein Vielfaches der normalen Menge. — Der Gehalt der Glycerinwässer und Unterlaugen an Reinglycerin wird am besten nach der Bichromatmethode (S. 526) bestimmt. Eine Untersuchung der Beimengungen ist meistens überflüssig; sie erfolgt nur, wenn die Herkunft eines Materials festgestellt werden soll.

2. Rohglycerine.

Saponifikationsglycerin. Dieses wird bei der Spaltung der Fette im Autoklaven erhalten und auf 28° Bé konzentriert. Die Farbe kann hellgelb bis dunkelbraun, der Geschmack soll rein süß sein, das spez. Gewicht 1,24 betragen, der Glyceringehalt wenigstens 85%, der Gehalt an nichtflüchtigen organischen Beimengungen höchstens 1%, der Aschengehalt höchstens 0,5%; es soll im Kölbchen unter Rückfluß konstant bei 138° sieden. Mit Bleiessig darf es nur einen geringen leichten Niederschlag, mit verdünnter Salzsäure keine Trübung geben. Zur Bewertung bestimmt man den Wassergehalt, den Aschengehalt, die organischen Verunreinigungen und das Reinglycerin (s. unten); schließlich prüft man auf Chlor, Schwefelsäure und Arsen.

Destillationsrohglycerin[1]). Es wird aus dem Sauerwasser von der Spaltung der Fette mit Schwefelsäure erhalten und gewöhnlich auf 28° Bé eingedampft. Die Farbe ist meistens gelb, mitunter braun, der Geschmack scharf, zusammenziehend, der Geruch beim Verreiben auf der Handfläche unangenehm. Das spez. Gewicht sei 1,24, der Glyceringehalt ist gewöhnlich 80—85%, der Aschengehalt bei guten Sorten 0,4—1,5%, bei schlechten bis zu 5%, die organischen Beimengungen betragen bis über 2%, der Siedepunkt liegt selten über 125°, oft tiefer. Basisches Bleiacetat gibt eine voluminöse Fällung, Salzsäure

[1]) Wird auch als Acidifikationsglycerin bezeichnet.

eine starke Trübung von abgeschiedenen Fettsäuren. Die Analyse wird wie die von Saponifikatglycerin ausgeführt.

Eine Abart der durch Säurespaltung erhaltenen Rohglycerine ist das Glycerin von der Fettspaltung mit TWITCHELLS Reaktiv, das aber in der Qualität den Saponifikationsglycerinen gleichsteht. Ebenso ist das bei der fermentativen Fettspaltung erhaltene Rohglycerin diesen Sorten gleichzustellen.

Unterlaugenrohglycerin (Salzlaugenglycerin). Dieses Rohglycerin wird aus den Unterlaugen der Seifen erhalten und bis 35° Bé konzentriert. Die Farbe ist bei guten Sorten gelb bis braunrot, der Geschmack süß und salzig zugleich, bei schlechten Sorten aber leimig, auch widerwärtig lauchartig. Das spez. Gewicht soll nicht unter 1,3 liegen, der Gehalt an Reinglycerin 78—82% betragen, der Aschengehalt nicht über 10,5% und der an organischen Beimengungen nicht über 3%. Wertbestimmung wie bei Saponifikationsglycerin.

Das durch Kalkverseifung erhaltene „Krebitzglycerin" zeigt meistens hellgelbe Farbe, eigenartigen seifigen Geschmack und geringeren Aschengehalt, gewöhnlich nicht über 1,5%.

Gärungsrohglycerin. Die aus den Schlempen erhaltenen Rohglycerine sind je nach der Betriebsführung in der Qualität sehr verschieden; schlechte Sorten sind dunkel gefärbt, trübe, zeigen bis gegen 50° Bé und fast 20% Asche. Das Schlempenglycerin enthält meistens viel Natriumsulfat, Chlorid, Lactat, Acetat und andere Salze von Nebenprodukten der Gärung.

Man bestimmt den Gesamtrückstand, den Aschengehalt und prüft besonders auf Natriumsulfid und -sulfit, die nicht zugegen sein dürfen. Wegen der Art und Menge der Beimengungen, die sich durch die Vorreinigung nicht vollständig entfernen lassen, können die Bichromat- und die Acetinmethode versagen. Man bestimmt daher den Glyceringehalt bzw. die bei der technischen Aufarbeitung zu erwartende Ausbeute durch eine Probedestillation (S. 530).

3. Gereinigte Glycerine.

Raffiniertes Glycerin. Unter raffiniertem Glycerin versteht man gewöhnlich nichtdestillierte Sorten, die aus dem Rohmaterial — zumeist Saponifikationsglycerin — durch Ausfällen der Kalksalze, Bleichen mit Entfärbungskohlen und Konzentrieren auf die handelsüblichen Stärken von 24—28° Bé erhalten werden[1]). Der Aschengehalt soll nicht über 0,3—0,5% betragen. Man unterscheidet meistens zwei Qualitäten: Ia farblos, kalk- und säurefrei, 24 bis 28° Bé; IIa gelblich, kalk- und säurefrei, meistens 24grädig, doch wird auch eine IIIa Sorte, dunkelgelb bis braun, in Stärken von 16—18° Bé, namentlich zum Füllen von Gasuhren und in einer Stärke von 24° Bé für die Verwendung in der Textilindustrie usw. gehandelt. Zur Bestimmung von Wasser, Trockenrückstand, Asche, Reinglycerin, verfährt man wie bei Saponifikationsrohglycerin, auf Beimengungen sowie Glycerinersatzmittel prüft man wie unten S. 533 angegeben.

Destillierte Glycerine. Man unterscheidet nach Qualität und Verwendungszweck Dynamitglycerin, das gewöhnlich nur einmal destilliert ist, und das meistens doppeltdestillierte chemisch reine Glycerin für pharmazeutische und kosmetische Zwecke[2]).

---

[1]) Die Glycerinsorten werden vielfach noch immer nach Baumégraden gehandelt, wobei man für raffinierte und destillierte Sorten eine Abweichung im spezifischen Gewicht gestattet, die ungefähr —1° Bé entspricht; so muß z. B. ein „28grädiges Glycerin" statt minimal $d_{15} = 1{,}241$ nur $d_{15} = 1{,}230$ zeigen. [2]) Konstanten des Glycerins s. a. S. 4.

Dynamitglycerin: Die Gehaltbestimmung und die Qualitätsprüfung unterliegen besonderen Vereinbarungen zwischen Käufer und Verkäufer, häufig wird die Einhaltung der Bestimmungen des Nobeltest gefordert. Die wichtigsten Anforderungen desselben sind folgende:

1. Das spez. Gewicht darf bei 15,5° nicht weniger als 1,262 betragen.

2. Der Glyceringehalt muß mindestens 98,5% betragen (in Österreich genügen 97%); zur Bestimmung wird die Acetinmethode anstatt der zuverlässigeren Bichromatmethode vorgeschrieben.

3. Der maximale Aschengehalt ist 0,05%; Kalk, Magnesium und Tonerde dürfen nicht vorhanden sein.

4. Der Chloriongehalt darf nicht mehr betragen als 0,01% NaCl entspricht. Mit dem gleichen Volumen Wasser verdünntes Dynamitglycerin darf auf Zusatz von Salpetersäure und Silbernitrat höchstens opalisieren, aber keine Fällung geben.

5. Arsen ist nur in Spuren zulässig.

6. Reduzierende Substanzen dürfen nur in minimalen Spuren zugegen sein. Wenn man 10 ccm einer 10proz. Lösung des Glycerins mit 10 ccm einer 10proz. Ammoniaklösung und 10 ccm 10proz. Silbernitratlösung versetzt, die Mischung auf 60° erhitzt und hierauf 10 Minuten im Dunkeln stehen läßt, so darf keine wahrnehmbare Reduktion zu Silber eintreten. (Nach einer anderen Vorschrift sollen 5 ccm Glycerin mit 2 ccm einer 5proz. Silbernitratlösung versetzt, in 12 Minuten höchstens gebräunt werden, dürfen aber keine Silberabscheidung geben.)

7. Der Gehalt an nichtflüchtigen organischen Substanzen darf 0,1% nicht übersteigen.

8. Das Glycerin muß praktisch neutral reagieren, blaues Lackmuspapier darf bei kurzer Einwirkung nicht gerötet werden. Der Verseifungswert darf nicht über 0,1% Na_2O betragen.

9. Die Probenitrierung (Ausführung S. 543) muß eine Mindestausbeute von 205% Nitroglycerin geben, wobei die Scheidung desselben von der Abfallsäure höchstens 28 Minuten dauern darf.

Chemisch reines Glycerin (sog. doppeltdestilliertes Glycerin) wird in verschiedenen Konzentrationen gehandelt, gewöhnlich als solches von 28° Bé (spez. Gewicht 1,23), 29° Bé (1,24), 30° Bé (1,25) und 31° Bé (1,26). Es muß absolut farblos und geruchlos sein, darf nicht mehr als 0,03% Gesamtrückstand (Asche und Polyglycerine) enthalten, wobei der Aschengehalt allein 0,005% nicht übersteigen darf. Es darf kein Arsen, keine reduzierenden Substanzen, keine flüchtigen Säuren und kein Schönungsmittel enthalten. Die Untersuchung besteht in der Bestimmung des Glyceringehaltes, in der Prüfung auf die angegebenen Verunreinigungen, allenfalls auch im Nachweis und in der Bestimmung von Glycerinersatzmitteln. Für pharmazeutisches Glycerin, sog. Pharmakopöeware, sind die Bestimmungen der Arzneibücher maßgebend; die des D. A. B. 5 sind im Abschnitt über den qualitativen Nachweis von Beimengungen des Glycerins (S. 533) angeführt.

Probeentnahme.

Das Probeziehen soll besonders bei Rohglycerinen möglichst gleich nach dem Einfüllen in die Fässer, jedenfalls vor der Ausscheidung von Salz vorgenommen werden. Hat sich bereits Salz ausgeschieden, so darf das Muster nicht einfach mit dem Glasrohr gezogen werden; auch sonst ist die Verwendung von Probestechern zu empfehlen. Das Internationale Komitee schlägt einen Probenehmer nach Abb. 73 vor[1]; er ist dem Probestecher für Flüssigkeiten von GAWALOWSKI[2] sehr ähnlich: Zwei konzentrische Messingröhren mit Böden, von denen jede im Boden und in der Seitenwand eine Anzahl Schlitze so eingeschnitten hat, daß durch eine Drehung des Griffes ein zusammenhängender Schlitz gebildet wird, durch welchen das Glycerin gleichzeitig aus allen Lagen in das Rohr tritt. Durch Zurückdrehen des Griffes werden alle Schlitze geschlossen (bei größeren Instrumenten lassen sich durch eine dritte Drehung die Bodenschlitze allein öffnen und schließen.

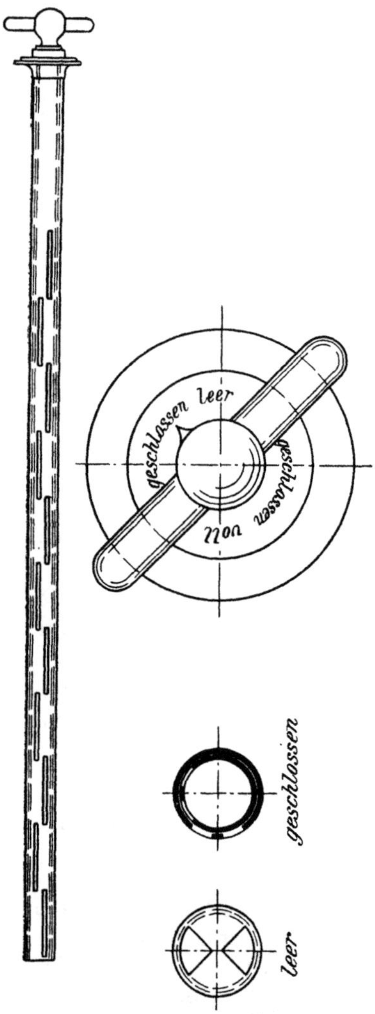

Abb. 73. Standard-Probenehmer für Rohglycerin.

Man führt den Probenehmer geschlossen ein und öffnet, sobald der Boden berührt ist (oder bei Salzausscheidungen schon bei Berührung mit diesen) für einige Sekunden, schließt und zieht hoch. Der kleinere Probenehmer von $^5/_8$ Zoll Durchmesser gibt ein Muster von etwa 140 ccm, der größere einzöllige ein solches von etwa 280 cm.

1. Nachweis und Bestimmung von Glycerin.

A. Qualitativer Nachweis.

Ist die zu prüfende Substanz eine Lösung, so konzentriert man bis zur Verdickung. Scheiden sich dabei zuletzt feste Stoffe (meistens Salze) ab, so dampft man auf dem Wasserbad bis zur breiartigen Konsistenz ein und prüft direkt oder man extrahiert mit Alkoholäther oder Aceton, dekantiert, verjagt das Lösungsmittel und untersucht den Rückstand. Fettstoffe, die nur wenig Glycerin bzw. Glycerid enthalten könnten, z. B. Festtsäureester, Wachse, werden in der S. 84 angegebenen Weise verseift, aus der Seifenlösung scheidet man die Fettsäuren ab und dampft die wässerige Lösung nach dem Abstumpfen der Mineralsäure ein. In zweifelhaften Fällen wird es sich empfehlen, wie bei der quantitativen Isolierung von Glycerin nach SHUKOFF (S. 213) zu verfahren.

Eine spezifische Reaktion auf freies wie auf gebundenes Glycerin, Bildung von Acrolein bei Einwirkung wasserabspaltender Mittel, ist bereits beim Nachweis von Fetten, S. 65, beschrieben.

Einige Reaktionen beruhen auf der Oxydation des Glycerins zu Glycerose (Glycerinaldehyd, $CH_2OH \cdot CHOH \cdot CHO$, und Dioxyaceton $CH_2OH \cdot CO \cdot CH_2OH$), die mit gewissen Phenolen farbige Kondensationsprodukte geben. Am sichersten ist die folgende

[1]) Z. ang. Bd. 24, S. 869. 1911. Lieferfirma: Young & Co., Glasgow, Kinning Park.

[2]) Österr. Chem. u. techn. Zeitschr. Bd. 6, S. 197. 1888; s. a. LUNGE-BERL: Chem.-techn. Untersuchungsmethoden, 7. Aufl., Bd. 1, S. 22.

Reaktion von DENIGÈS[1]): Man erhitzt einige Tropfen der zu prüfenden Flüssigkeit, die etwa 0,01 g Glycerin enthalten soll, mit 10 ccm frisch bereitetem Bromwasser 10 Minuten im kochenden Wasserbad, kocht dann das Brom weg, läßt abkühlen und versetzt mit 0,1 ccm 4 promill. Bromkaliumlösung und 0,1 ccm alkoholischer Salicylsäurelösung, dann mit 2 ccm konzentrierter Schwefelsäure und beobachtet nach 2 Minuten die Färbung. Bei Gegenwart von Glycerin ist sie rotviolett, Glyhol gibt nur eine gelbliche Färbung. Statt Salicylsäure verwendet man auch Kodein (grünlichblaue Färbung), β-Naphthol (gelbgrün bis smaragdfarbig), Resorcin (rotgelb bis blutrot), Thymol (rosa bis weinrot) u. a. m., die aber nicht durchwegs zuverlässig sind; sehr geringe Mengen Glycerin geben nämlich nur blasse Färbungen, die in gleicher Intensität auch bei Gegenwart größerer Mengen Glykol auftreten.

Reaktion von NEUBERG und MANDEL[2]): 2—3 ccm einer 1 promill. bis 1 proz. wässerigen Lösung werden zweimal mit je 3 Tropfen n-NaOCl je 1 Minute gekocht. Man versetzt dann mit 3 Tropfen Salzsäure (1,124), kocht $^1/_2$ bis 1 Minute, setzt nun das gleiche Volumen rauchende Salzsäure und eine kleine Messerspitze Orcin (3,5 Dioxytoluol) zu und kocht wieder auf. Es tritt violette oder grünblaue Färbung auf. Die Lösung, und noch deutlicher ein Amylakoholauszug derselben, zeigt einen Absorptionsstreifen im Gelb. (Zur Darstellung der sehr beständigen Hypochloritlösung leitet man nach RASCHIG[3]) in ein Gemisch von 180 g 35 proz. technischer Lauge und 600 g Eis 71 g Chlor ein, füllt auf 1 l und filtriert.) Auch gebundenes Glycerin — wie Calciumglycerophosphat — gibt die Reaktion, aber auch Zuckeralkohole und Zucker geben Färbungen.

Die sonst vorgeschlagenen Proben sind nicht spezifisch; so die REICHELsche Reaktion mit Phenol und Schwefelsäure (Bildung der karmoisinroten Glycereïne), die Violettrotfärbung mit Pyrogallol, 50 proz. Schwefelsäure und Zinnchlorid, die Grünfärbung der Bunsenflamme durch eine mit Glycerinlösung befeuchtete Boraxperle, die Reduktion der Salze von Silber, Gold, Quecksilber und Platinmetallen durch ätzalkalische Glycerinlösung u. a. m.

B. Quantitative Bestimmung des Glycerins[4]).

Bei reinen oder sehr wenig verunreinigten Glycerinen genügt in den meisten Fällen die Bestimmung aus dem spezifischen Gewicht oder nach einem anderen physikalischen Verfahren. Rohglycerine werden unter genauer Einhaltung der Reinigungsvorschriften nach der Bichromatmethode analysiert oder, wenn die internationale Vereinbarung berücksichtigt werden muß, nach der Acetinmethode. Für Fermentglycerine ist die Jodidmethode vorzuziehen. Bei manchen Rohglycerinen und Glycerinwässern, insbesonders bei solchen aus Gärungsschlempen, versagen alle Methoden zur Vorreinigung, man kann deshalb bei der Analyse nach jeder der angeführten Methoden falsche, meistens zu hohe Resultate erhalten (s. a. Bestimmung des Trimethylenglykols, S. 542). In solchen Fällen wird der Gehalt an Reinglycerin bzw. die bei der technischen Aufarbeitung zu erwartende Ausbeute nach der Destillationsmethode festgestellt. Die Vornahme einer Probedestillation ist übrigens auch neben der chemischen Analyse zur Bestimmung des sog. Destillationseffektes und der Rückstandsbildung empfehlenswert.

---

[1]) Compt. rend. Bd. 148, S. 570. 1909.
[2]) Zeitschr. Ver. Dtsch. Zuckerind. Jg. 1916. S. 4.
[3]) Ber. Bd. 40, S. 4586. 1907. [4]) Über die Bestimmung in Fetten s. S. 209.

a) Physikalische Methoden.

1. Bestimmung des Glyceringehalts aus dem spezifischen Gewicht.

Dieses Verfahren ist das einfachste, es ist aber selbstverständlich nur auf reine Glycerine oder Glycerinlösungen, die außer Wasser höchstens Spuren anderer Stoffe enthalten, anwendbar[1]).

Für genaue Messungen bedient man sich des Pyknometers oder der hydrostatischen Wage (s. S. 90 ff), meistens, insbesonders für die Betriebskontrolle, genügt die Senkspindel. Hochkonzentrierte Glycerine schließen beim Einfüllen in das Meßgefäß oder beim Einsenken der Spindel leicht Luftblasen ein, die nur sehr langsam aufsteigen (namentlich bleibt auch in der Öse des Senkkörpers der Westphalschen Wage gern eine Luftblase zurück), man läßt deshalb das Glycerin langsam an der Wand des schräg gehaltenen Meßgefäßes einfließen und führt die Spindel sehr vorsichtig ein. Die Pyknometer werden am besten durch Einsaugen von luftfreiem, warmen Glycerin gefüllt und dann in Wasser abgekühlt. Auf genaue Temperaturmessung ist ganz besonders zu achten, weil etwaige Fehler bei derselben viel mehr ins Gewicht fallen, als die üblichen Wägefehler. Man hält am besten genau die Temperatur von 15° ein, auf welche sich die Vergleichswerte beziehen. Zur Auswertung der Befunde kann man dann einfach der nachstehenden Tabelle die den gefundenen Dichten entsprechenden Prozentzahlen entnehmen.

Spezifische Gewichte von Glycerinlösungen nach GERLACH[2]):

Gewichts-Prozente Glycerin	d_{15}^{15}	Gewichts-Prozente Glycerin	d_{15}^{15}	Gewichts-Prozente Glycerin	d_{15}^{15}	Gewichts-Prozente Glycerin	d_{15}^{15}
100	1,2653	87	1,2319	74	1,1962	62	—
99	1,2628	86	1,2292	73	1,1934	61	—
98	1,2602	85	1,2265	72	1,1906	60	1,1570
97	1,2577	84	1,2238	71	1,1878	59	—
96	1,2552	83	1,2211	70	1,1850	58	—
95	1,2526	82	1,2184	69	—	57	—
94	1,2501	81	1,2157	68	—	56	—
93	1,2476	80	1,2130	67	—	55	1,1430
92	1,2451	79	1,2102	66	—	54	—
91	1,2425	78	1,2074	65	1,1711	53	—
90	1,2400	77	1,2046	64	—	52	—
89	1,2373	76	1,2018	63	—	51	—
88	1,2346	75	1,1990				

[1]) Der Praktiker schätzt aber auch den Gehalt von Rohglycerinen bekannter Herkunft aus dem spezifischen Gewicht. Nach SMETHAM (J. Soc. Ch. Ind. Bd. 18, S. 331. 1899) soll sich, wenn nur wenig organische Beimengungen zugegen sind, der Glyceringehalt aus dem spez. Gewicht bei 15,6° (= G) und der Asche (= A) nach der Formel berechnen lassen:

$$\text{Glycerin} = \frac{(G - 1{,}000) - A \cdot 8{,}8}{2{,}66}.$$

Die Formel ist nicht allgemein gültig, höchstens für die Betriebskontrolle brauchbar, dort aber kaum nötig.

Einfacher ist die Berechnung nach STIEPEL (Sfsz. Bd. 31, S. 818. 1904): 1% Asche soll nach SMETHAM das spezifische Gewicht um so viel erhöhen, wie 3,3% Glycerin. Man multipliziert also die Prozente Asche mit 3,3 und subtrahiert das Produkt von den Prozenten Glycerin, die dem gefundenen spezifischen Gewichte (nach den Tabellen für reine Glycerinlösungen) entsprechen.

[2]) Chem. Ind. Bd. 7, S. 277. 1877. Es liegen auch noch andere Vergleichstabellen von LENZ, NICOL, STROHMER und SKALWEIT vor. Die oben angegebene Tabelle von GERLACH ist, wie GRÜN und WIRTH (Z. ang. Bd. 32, I, S. 59. 1919) fanden und wie auch LANGMUIR sowie BOSART (Eng. Bd. 13, S. 944. 1921) bestätigen, die zuverlässigste. Am nächsten kommt ihr die Tabelle von SKALWEIT (vgl. S. 520), die übrigen sind nicht richtig. Auch eine zweite Tabelle von GERLACH, die spezifischen Gewichte bei 20°, ist ungenau; ihre Zahlen stimmen annähernd mit den wahren Dichten bei 25° (BOSART: a. a. O., vgl. dagegen BEIN, nach VERBEEK: Sfsz. Bd. 48, S. 67. 1921).

Über die Ausführung der Dichtenbestimmung s. a. S. 88. Wird die Bestimmung bei einer Temperatur über oder — was kaum je der Fall ist — unter 15° ausgeführt, so korrigiert man die gefundenen Werte, und zwar ist die Korrektur für ± 1° C: nach Richmond ± 0,00058; nach Comey und Backus ± 0,00061 bei 20° und ± 0,000615 bei 25°.

Genauer ist die Umrechnung nach Gerlach:

Ist das spezifische Gewicht bei 15°, bezogen auf Wasser von 15° = s_1, das spezifische Gewicht bei 20°, bezogen auf Wasser von 20° = s_2, so ergibt sich das spezifische Gewicht s_t bei t°, bezogen auf Wasser von t°, wenn t in der Nähe von 15—20° liegt, aus der Formel:

$$s_t = s_1 + \frac{t - 15}{5}(s_2 - s_1)\,.$$

Die Korrekturen können auch aus folgender Tabelle genommen bzw. durch Interpolation gefunden werden.

Änderungen des Volumens wässeriger Glycerinlösungen in der Wärme[1]).

Volumen bei 0° = 10 000.

Prozente Glycerin	Volumen bei 0° C	Volumen bei 10° C	Volumen bei 20° C	Volumen bei 30° C
0	10 000	10 001,3	10 016,0	10 041,5
10	10 000	10 010	10 030	10 059
20	10 000	10 020	10 045	10 078
30	10 000	10 025	10 058	10 097
40	10 000	10 030	10 067	10 111
50	10 000	10 034	10 076	10 124
60	10 000	10 038	10 084	10 133
70	10 000	10 042	10 091	10 143
80	10 000	10 043	10 092	10 144
90	10 000	10 045	10 095	10 148
100	10 000	10 045	10 100	10 150

Die Vergleichswerte beziehen sich auf Wasser von 15° = 1. Um die auf Wasser von bestimmter Temperatur bezogene Dichte auf Wasser von anderer Temperatur zu beziehen, multipliziert man mit dem Quotienten aus der Dichte des Wassers bei der Beobachtungstemperatur und der Dichte des Wassers bei der gewollten Temperatur.

Bei exakter Bestimmung des spezifischen Gewichtes mit dem Pyknometer oder mit der hydrostatischen Wage beträgt der Fehler höchstens eine Einheit der fünften Dezimalstelle, bei Verwendung des Aräometers einige Einheiten. Dabei ist allerdings vorausgesetzt, daß die Spindel auf Glycerin oder eine Flüssigkeit von gleicher Oberflächenspannung geeicht ist; im anderen Falle sind Fehler von 2—4 Einheiten der dritten Dezimale möglich. Fehler von 0,00001—0,00005 entsprechen etwa 0,004—0,02% Glycerin, die Bestimmungen sind also sehr genau.

2. Bestimmung des Glyceringehaltes aus dem Lichtbrechungsvermögen.

Diese Bestimmung ist natürlich am schnellsten auszuführen. Für Lösungen, die weniger als 28 g Glycerin in 100 ccm enthalten, kann das Eintauchrefrakto-

[1]) Gerlach: a. a. O.

meter von PULFRICH benutzt werden, sonst verwendet man das gebräuchlichere Refraktometer von ABBE. Über die Handhabung desselben s. S. 126. Zweckmäßig führt man die Bestimmung bei 15° aus, so daß der dem gefundenen Brechungsexponenten entsprechende Glyceringehalt direkt aus der untenstehenden Tabelle der Vergleichswerte abgelesen werden kann.

Prozentgehalte, spezifische Gewichte und Brechungsexponenten wässeriger Glycerinlösungen[1]).

Glycerin %	d^{15}	n_D bei 15°	Glycerin %	d^{15}	n_D bei 15°	Glycerin %	d^{15}	n_D bei 15°
0	1,0000	1,3330	34	1,0858	1,3771	68	1,1799	1,4265
1	1,0024	1,3342	35	1,0885	1,3785	69	1,1827	1,4280
2	1,0048	1,3354	36	1,0912	1,3799	70	1,1855	1,4295
3	1,0072	1,3366	37	1,0939	1,3813	71	1,1882	1,4309
4	1,0096	1,3378	38	1,0966	1,3827	72	1,1909	1,4324
5	1,0120	1,3390	39	1,0993	1,3840	73	1,1936	1,4339
6	1,0144	1,3402	40	1,1020	1,3854	74	1,1963	1,4354
7	1,0168	1,3414	41	1,1047	1,3868	75	1,1990	1,4369
8	1,0192	1,3426	42	1,1074	1,3882	76	1,2017	1,4384
9	1,0216	1,3439	43	1,1101	1,3896	77	1,2044	1,4399
10	1,0240	1,3452	44	1,1128	1,3910	78	1,2071	1,4414
11	1,0265	1,3464	45	1,1155	1,3924	79	1,2098	1,4429
12	1,0290	1,3477	46	1,1182	1,3938	80	1,2125	1,4444
13	1,0315	1,3490	47	1,1209	1,3952	81	1,2152	1,4460
14	1,0340	1,3503	48	1,1236	1,3966	82	1,2179	1,4475
15	1,0365	1,3516	49	1,1263	1,3981	83	1,2206	1,4490
16	1,0390	1,3529	50	1,1290	1,3996	84	1,2233	1,4505
17	1,0415	1,3542	51	1,1318	1,4010	85	1,2260	1,4520
18	1,0440	1,3555	52	1,1346	1,4024	86	1,2287	1,4535
19	1,0465	1,3568	53	1,1374	1,4039	87	1,2314	1,4550
20	1,0490	1,3581	54	1,1402	1,4054	88	1,2341	1,4565
21	1,0516	1,3594	55	1,1430	1,4069	89	1,2368	1,4580
22	1,0542	1,3607	56	1,1458	1,4084	90	1,2395	1,4595
23	1,0568	1,3620	57	1,1486	1,4099	91	1,2421	1,4610
24	1,0594	1,3633	58	1,1514	1,4104	92	1,2447	1,4625
25	1,0620	1,3647	59	1,1542	1,4129	93	1,2473	1,4640
26	1,0646	1,3660	60	1,1570	1,4144	94	1,2499	1,4655
27	1,0672	1,3674	61	1,1599	1,4160	95	1,2525	1,4670
28	1,0698	1,3687	62	1,1628	1,4175	96	1,2550	1,4684
29	1,0724	1,3701	63	1,1657	1,4190	97	1,2575	1,4968
30	1,0750	1,3715	64	1,1686	1,4205	98	1,2600	1,4712
31	1,0777	1,3729	65	1,1715	1,4220	99	1,2625	1,4728
32	1,0804	1,3743	66	1,1743	1,4235	100	1,2650	1,4742
33	1,0831	1,3757	67	1,1771	1,4250			

Werden die Brechungsexponenten bei einer anderen Temperatur als 15° bestimmt, so müssen sie selbstverständlich korrigiert werden. Die Korrektur ist einigermaßen vom Glyceringehalt bzw. von der Dichte der untersuchten Probe abhängig; die Änderung des Brechungsindex beträgt für je 1° Temperaturerhöhung[2]) bei einer Dichte von

[1]) Nach SKALWEIT: Rep. d. anal. Ch. Bd. 5, S. 18. Es liegen auch noch andere Tabellen über die Beziehungen zwischen Brechungsexponenten und Dichten vor, die Tabelle von SKALWEIT ist aber wegen ihrer Übereinstimmung mit der von GERLACH (s. S. 518, Fußnote) als die richtige anzusehen; s. a. WOLFF: Z. ang. Bd. 32, I, S. 148. 1919.

[2]) Die vier ersten Zahlen nach VAN DER WILLIGEN, die letzte nach LISTING.

1,00000 (Wasser)	0,00008
1,11463	0,00021
1,16270	0,00022
1,19296	0,00023
1,24049	0,00025
1,25350	0,00032

Die Beobachtungen am großen Refraktometer stimmen auf einige Einheiten in der vierten Dezimale überein. Die mittlere Differenz der Brechungsindices von Glycerinlösungen beträgt für je 1% Glycerin 0,00135, die Bestimmung des Glyceringehaltes aus der Refraktion ist daher nur auf $^1/_4$—$^1/_2$% genau. Genauer ist die Bestimmung nach dem Differenzverfahren von LENZ[1]): Man bestimmt die Refraktion der zu untersuchenden Probe, unmittelbar nachher, bei derselben Temperatur, die Refraktion von reinem Wasser und kann dann der folgenden Tabelle den Glyceringehalt entnehmen, welcher der beobachteten Differenz der Brechungsindices entspricht. Die Genauigkeit dieser Bestimmung wird durch Temperaturschwankungen weniger beeinflußt und ist natürlich auch von den individuellen Beobachtungsfehlern weniger abhängig.

Differenzen zwischen den Brechungsindices wässeriger Glycerinlösungen und reinen Wassers nach LENZ:

Differenz	Gewichtsprozente Glycerin	Differenz	Gewichtsprozente Glycerin	Differenz	Gewichtsprozente Glycerin	Differenz	Gewichtsprozente Glycerin
0,1424	100	0,1061	75	0,0673	50	0,0318	25
0,1410	99	0,1046	74	0,0659	49	0,0305	24
0,1395	98	0,1032	73	0,0645	48	0,0292	23
0,1381	97	0,1018	72	0,0630	47	0,0278	22
0,1366	96	0,1003	71	0,0616	46	0,0265	21
0,1352	95	0,0987	70	0,0601	45	0,0251	20
0,1337	94	0,0970	69	0,0587	44	0,0238	19
0,1323	93	0,0952	68	0,0572	43	0,0225	18
0,1308	92	0,0933	67	0,0556	42	0,0212	17
0,1294	91	0,0915	66	0,0541	41	0,0199	16
0,1279	90	0,0897	65	0,0526	40	0,0186	15
0,1264	89	0,0879	64	0,0510	39	0,0173	14
0,1250	88	0,0861	63	0,0495	38	0,0160	13
0,1235	87	0,0842	62	0,0479	37	0,0146	12
0,1221	86	0,0824	61	0,0464	36	0,0133	11
0,1206	85	0,0806	60	0,0451	35	0,0120	10
0,1191	84	0,0792	59	0,0438	34	0,0108	9
0,1177	83	0,0780	58	0,0424	33	0,0096	8
0,1162	82	0,0768	57	0,0411	32	0,0083	7
0,1148	81	0,0757	56	0,0398	31	0,0071	6
0,1133	80	0,0745	55	0,0385	30	0,0058	5
0,1119	79	0,0731	54	0,0372	29	0,0046	4
0,1104	78	0,0717	53	0,0358	28	0,0033	3
0,1090	77	0,0702	52	0,0345	27	0,0021	2
0,1075	76	0,0688	51	0,0332	26	0,0008	1
						0,0000	0

HENKEL und ROTH[2]) bestimmten die Differenzen der Ablesungen an der Skala des Eintauchrefraktometers zwischen Glycerinlösungen von 1—20% und Wasser; sie stellten folgende Tabelle zusammen, aus welcher man die den Ablesungsdifferenzen entsprechenden Brechungsindices und Glyceringehalte direkt entnehmen kann.

[1]) Z. anal. Ch. Bd. 19, S. 302. 1894. [2]) Z. ang. Bd. 18, S. 1940. 1905.

Prozente Glycerin	N	n_D	Prozente Glycerin	N	n_D
0	15,00	1,33320	11	50,04	1,34651
1	18,07	1,33438	12	53,36	1,34774
2	21,16	1,33557	13	56,72	1,34900
3	24,28	1,33677	14	60,09	1,35024
4	27,41	1,33797	15	63,48	1,35150
5	30,58	1,33918	16	66,91	1,35275
6	33,76	1,34039	17	70,35	1,35401
7	36,97	1,34161	18	73,82	1,35527
8	40,21	1,34283	19	77,30	1,35653
9	43,46	1,34405	20	80,82	1,35780
10	46,74	1,34527			

N = Differenz der Ablesung zwischen Wasser und Lösung auf der Skala des Eintauchrefraktometers.

3. Bestimmung des Glyceringehaltes aus der Dampfspannung bzw. aus dem Siedepunkt.

Von allen physikalischen Konstanten des Glycerins wird die Dampfspannung bzw. der Siedepunkt durch kleine Mengen Wasser am sinnfälligsten beeinflußt. Gerlach hat denn auch vorgeschlagen, zur Analyse von Glycerinen die Dampfspannung zu bestimmen und hat für diesen Zweck folgende Tabelle angelegt, in der aber wenigstens die Werte der Glycerine von 99—95% zu hoch sind.

Dampfspannungen und Siedepunkte von Glycerinlösungen[1]):

Gewichtsteile Glycerin in 100 Teilen der Lösung	Siedetemperatur bei 760 mm Barometerstand ° C	Spannkraft der Dämpfe von Glycerinlösungen bei 100° C und 760 mm mm	Gewichtsteile Glycerin in 100 Teilen der Lösung	Siedetemperatur bei 760 mm Barometerstand ° C	Spannkraft der Dämpfe von Glycerinlösungen bei 100° C und 760 mm mm
100	290	64	78	119	419
99	239	87	77	118,2	430
98	208	107	76	117,4	440
97	188	126	75	116,7	450
96	175	144	74	116	460
95	164	162	73	115,4	470
94	156	180	72	114,8	480
93	150	198	71	114,2	489
92	145	215	70	113,6	496
91	141	231	65	111,3	553
90	138	247	60	109	565
89	135	263	55	107,5	593
88	132,5	279	50	106	618
87	130,5	295	45	105	639
86	129	311	40	104	657
85	127,5	326	35	103,4	675
84	126	340	30	102,8	690
83	124,5	355	25	102,3	704
82	123	370	20	101,8	717
81	122	384	10	100,9	740
80	121	396	0	100	760
79	120	408			

Zur Ausführung der Methode hat Gerlach ein Vaporimeter konstruiert[2]), das aber keine praktische Verwendung gefunden hat. Das Verfahren zur Be-

[1]) Gerlach: Z. anal. Ch. Bd. 10, S. 110. 1885.

[2]) Chem. Ind. Bd. 7, S. 277. 1877. Der Apparat wurde von der Firma F. Müller, Dr. Geißlers Nachfolger, in Bonn hergestellt.

stimmung der Dampfspannung hat überhaupt keinen Eingang in die analytische Praxis gefunden, es ist offenbar zu umständlich. Einfacher ist die

Bestimmung des Glyceringehaltes aus dem Siedepunkt, die von GRÜN und WIRTH anstatt der Dampfspannungsmessung vorgeschlagen wurde[1]). Selbstverständlich ist die Siedepunktsbestimmung bloß zur Untersuchung hochkonzentrierter Glycerine anzuwenden, bei denen ein Unterschied im Wassergehalt von 0,1% schon eine Siedepunktsdifferenz von mehreren Graden bedingt. Zur praktischen Ausführung ist die langwierige Destillationsmethode, die überdies eine größere Menge Substanz erfordert, natürlich nicht brauchbar. Man bediene sich vielmehr eines der sehr schnell ausführbaren Verfahren zur Bestimmung des Siedepunktes kleinster Mengen, von denen besonders das von SCHLEIERMACHER[2]) geeignet befunden wurde. Handelt es sich nicht um eine Präzisionsbestimmung wie bei Schiedsanalysen, so kann man den Siedepunkt auch einfach wie einen Schmelzpunkt im Capillarröhrchen bestimmen[3]). Im anderen Falle bedient man sich nach dem Vorgange von GRÜN und WIRTH des Verfahrens von SCHLEIERMACHER in folgender Weise:

Eine mit Chromsäure gereinigte, trockene und staubfreie Glasröhre von 6—7 mm lichter Weite und nicht weniger als 1 mm Wandstärke wird zu einer haarfeinen Capillare ausgezogen und nach dem Zuschmelzen der Capillare zu einem U-Rohr, dessen Form und Abmessungen die Abb. 74 zeigt, umgebogen und zugeschnitten.

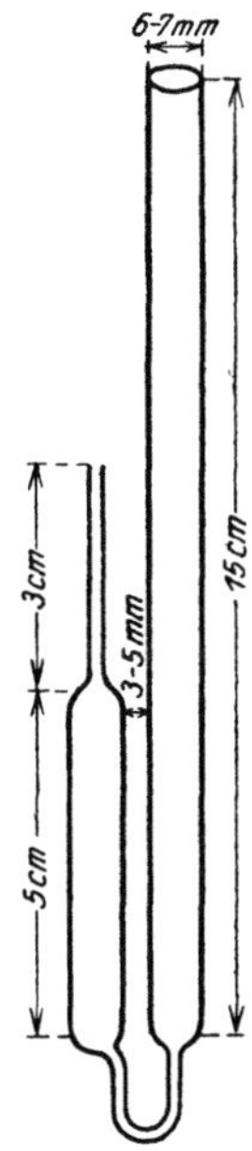

Abb. 74. U-Rohr zur Siedepunkts-Bestimmung.

Zum Füllen des Siederohres wird die Spitze der Capillare abgebrochen, das Rohrknie schwach angewärmt und mittels einer dünneren Glasröhre (die vorher ebenfalls vorsichtig, d. h. ohne etwaige Anfeuchtung durch Flammengase zu erwärmen ist) 4 bis 5 Tropfen Glycerin in das untere Ende des langen Schenkels gebracht, wobei man die Benetzung der Wand möglichst vermeidet. Hierauf wird das Siederohr stark geneigt und so viel reines, trockenes Quecksilber hineingleiten (nicht fallen!) gelassen, bis der kurze Schenkel etwa zu zwei Drittel damit gefüllt und im langen Schenkel noch etwas mehr Quecksilber verbleibt, als nötig ist, um den noch freien Raum im kürzeren Schenkel vollständig zu füllen. Das Glycerin sammelt sich über dem Quecksilber; verbleibt ein wenig im längeren Schenkel, so schadet das nichts. Man zieht noch einige Male durch eine Flamme und bewirkt durch Klopfen, daß Luftbläschen, die etwa an der Wandung des kürzeren Schenkels haften, sich loslösen und über dem Glycerin sammeln. An staubfreien Rohrwänden haften niemals Luftblasen. Nun neigt man die Röhre vorsichtig immer mehr, bis das Glycerin in die Capillare eintritt und nur mehr etwa 2 mm von ihrer Spitze entfernt ist. In diesem Augenblick schmilzt man die Capillare am äußersten Ende mit einer winzigen Stichflamme zu, ohne das Glycerin zu erhitzen. Bei richtiger Ausführung darf nur eine minimale Luftblase in der Spitze der Capillare bleiben. Das Füllen der Sideröhren muß wegen der außerordentlich großen Hygroskopizität des Glycerins möglichst schnell erfolgen. Die gefüllten Sideröhren können dagegen selbstverständlich beliebig lange aufbewahrt werden.

Als Heizbad verwendet man wie bei den Schmelzpunktbestimmungen im Capillarrohr ein Becherglas, am besten aus Quarzglas, als Heizflüssigkeit ab-

[1]) Z. ang. Bd. 32, S. 59. 1919. [2]) Ber. Bd. 24, S. 994, 2251. 1891.
[3]) EMICH: Monatsh. Bd. 38, S. 219. 1917.

gerauchtes Paraffin oder ein säurefreies, fettes Öl. Das Siederohr, in eine Muffe gespannt, wird so tief in die Heizflüssigkeit eingesenkt, daß auch die Capillare vollständig bedeckt ist. Das Thermometer (am besten ein abgekürztes, dessen Faden nicht aus dem Bade herausragt) wird so befestigt, daß seine Kugel ungefähr bis zur Mitte des kleinen Schenkels der Siederöhre in das Bad taucht. Man erwärmt unter beständigem Rühren ziemlich rasch, bis sich unter der Capillare eine Dampfblase zu bilden beginnt. Dann wird mit kleiner Flamme vorsichtig weiter erwärmt; der Dampfraum vergrößert sich, das Quecksilberniveau im kleinen Schenkel sinkt, das im großen Schenkel steigt entsprechend. Sobald Gleichheit der Niveaus erreicht ist, zeigt das Thermometer die dem herrschenden Barometerstande entsprechende Siedetemperatur an. Um jedoch die Siedetemperatur bei 760 mm zu bestimmen, erwärmt man vorsichtig weiter, bis das Quecksilberniveau im großen Schenkel um so viel über das Quecksilberniveau im kleinen Schenkel gestiegen ist, als der Differenz: 760 mm minus Barometerstand in Millimetern entspricht; der Einfluß einer kleinen Verschiedenheit im Druck ist so gering, daß für diesen Zweck eine Schätzung der Niveaudifferenz genügt.

Bei der Bestimmung ist besonders darauf zu achten, daß vom Moment der Dampfbildung an die Temperatur so langsam gesteigert wird, daß sich das Quecksilberniveau nur langsam verschiebt; hat es den Stand, der dem Druck von 760 mm entspricht, erreicht, so soll bei 5 Minuten langem Konstanthalten der Temperatur (kleine Flamme!) keine Änderung des Quecksilberstandes erfolgen. Man läßt auch zweckmäßig durch Wegnehmen der Flamme und Wiedererwärmen das Quecksilberniveau schwach steigen und fallen und vermerkt den mittleren Stand desselben. Dieser zeigt dann den richtigen Siedepunkt der Glycerinprobe.

Nachdem die erste Bestimmung ausgeführt ist, läßt man so lange abkühlen, bis der kurze Schenkel des Siederohres wieder fast völlig gefüllt ist und bestimmt dann die Siedetemperatur in gleicher Weise noch einmal. Die Siedepunkte werden so auf ein bis höchstens zwei Grade genau bestimmt.

Siedepunkte höchstkonzentrierter Glycerine nach GRÜN und WIRTH[1]):

Glyceringehalt	Siedepunkt bei 760 mm
100%	290°
99,95%	283—284°
99,5%	243—244°
99%	224—225°
98,5%	207—208°
98%	195—196°
97,5%	185—186°
97%	178—179°
96,5%	171—172°
96%	167—168°
95,5%	163—164°
95%	160—161°

b) Chemische Methoden.

Von den chemischen Methoden zur quantitativen Bestimmung freien Glycerins werden (abgesehen von zwei technischen Verfahren, s. S. 530) nur drei angewendet: die Jodidmethode, die Bichromatmethode und die Acetinmethode (s. unten). Außer diesen Verfahren liegt noch eine ganze Reihe anderer vor, die aber größtenteils veraltet bzw. sonst ungeeignet oder wenigstens unnötig sind:

[1]) a. a. O. Die in der Tabelle von GERLACH S. 522 für Glycerine von 95—99% angegebenen Siedepunkte sind zu hoch.

Oxydation mittels Permanganat in alkalischer Lösung[1]),
Oxydation mittels Permanganat in saurer Lösung[2]),
Oxydation mittels Jodsäure[3]),
Überführung in Bleiglycerat[4]),
Überführung in Phosphorsäureester[5]),
Überführung in Benzoesäureester[6]),
Kalischmelze[7]),
Verkohlung mittels Schwefelsäure[8]),
Bestimmung des Lösungsvermögens für Kupferoxyd[9]),
Bestimmung der Löslichkeit von Wasser in einer Phenollösung des Glycerins[10]).

1. Jodidmethode.

Eine Ausführungsform des Verfahrens ist zur direkten Bestimmung des in Fetten gebundenen Glycerins vorzüglich geeignet, die Methode ist deshalb bereits im betreffenden Abschnitt, S. 214, beschrieben. Sie ist auch zur Gehaltsbestimmung der meisten Glycerinsorten sehr geeignet, namentlich in der Ausführungsform als sog. Halbmikromethode, bei welcher nur wenig Jodwasserstoffsäure verbraucht wird. Man hat auch schon verschiedentlich vorgeschlagen, dieses Verfahren als offizielle Standardmethode an Stelle der Bichromat- und der Acetinmethode einzuführen[11]). Verschiedene Fehlerquellen dieser Methoden lassen sich aber auch beim Jodidverfahren nicht völlig ausschalten. Bei Gegenwart von Trimethylenglykol erhält man zu hohe Werte, und zwar weil sein Umwandlungsprodukt, das α, α'-Dijodpropan, obwohl es erst bei 227° siedet, mit dem Isopropyljodid übergehen kann, 1% desselben könne so 2,42% Glycerin vortäuschen. Größere Mengen Trimethylenglykol sollen dagegen bei längerer Reaktionsdauer auch zu Propan reduziert werden[12]). Die Jodidmethode ist also wenigstens auf glykolreiche Gärungsglycerine nicht anwendbar. Polyglycerine geben mit Jodwasserstoffsäure keine flüchtigen Alkyljodide; setzt man aber dem Reaktionsgemisch organische Säuren wie Essig-, Propion-, Bernstein- oder Weinsäure zu, so sollen die Polyglycerine aufgespalten werden[13]).

---

[1]) BENEDIKT und ZSIGMONDY: Ch.-Ztg. Bd. 9, S. 975. 1885; s. a. JOLLES: Z. f. chem. Ind. Bd. 9, S. 22. 1887; FOX und WANKLYN: Ch. News Bd. 53, S. 15. 1885; JOHNSTONE: J. Soc. Ch. Ind. Bd. 10, S. 204. 1891; MANGOLD: Z. ang. Bd. 4, S. 400. 1891; HERBIG: Dissert. Leipzig 1890; s. a. Ch. Revue Bd. 10, S. 9. 1903.

[2]) PLANCHON: Compt. rend. Bd. 107, S. 246. 1888; s. bes. HENKEL und ROTH: Z. ang. Bd. 18, S. 1938. 1905.

[3]) CHAUMEILLE: Ch.-Ztg. Bd. 26, S. 453. 1902. Neuerdings wurde eine Bestimmung durch Oxydation mittels Kaliumjodat und Schwefelsäure wieder vorgeschlagen durch STREBINGER und STREIT: Z. anal. Ch. Bd. 64, S. 136. 1924.

[4]) MORAWSKI: J. pr. (2) Bd. 22, S. 416; Ch.-Ztg. Bd. 13, S. 431. 1889; s. a. LEWKOWITSCH: Ch.-Ztg. Bd. 13, S. 94. 1889.

[5]) BOULEZ: Ch.-Ztg. Bd. 16, Rep., S. 263. 1892.

[6]) DIEZ: Z. physiol. Ch. Bd. 11, S. 472. 1887.

[7]) BUISINE: Compt. rend. Bd. 136, S. 1082, 1204. 1903.

[8]) LABORDE: Ann. Chim. anal. (4) Bd. 76, S. 110. 1899; JEAN: Rev. Chim. ind. Bd. 11, S. 34. 1900.

[9]) MUTER: Z. anal. Ch. Bd. 21, S. 130. 1896; s. a. BERTRAM: Ch. Weekblad Bd. 10, S. 237. 1913.

[10]) DEISS: Ch.-Ztg. Bd. 26, S. 452. 1902.

[11]) Z. B. VERBEEK: Sfsz. Bd. 46, S. 732. 1919.

[12]) ROJAHN: Ber. Bd. 52, S. 1454. 1919. Nach GRÜN und BOCKISCH (Ber. Bd. 41, S. 3478. 1908) gibt Propylenglykol mit Jodwasserstoff unter den gleichen Versuchsbedingungen rund die Hälfte der berechneten Menge Propyl- oder Isopropyljodid. Ebenso wird Äthylenglykol ungefähr zur Hälfte in Äthyljodid übergeführt, zur Hälfte zu Äthan reduziert; s. a. MEISENHEIMER: Ber. Bd. 41, S. 1015. 1908.

[13]) MARCHI: Staz. sperim. agrar. ital. Bd. 56, S. 231. 1924.

2. Bichromatmethode.

Diese Methode ist derzeit die zuverlässigste; sie wird in wenig abweichenden Ausführungsformen vom „Verband der Seifenfabrikanten Deutschlands“[1]), vom „Internationalen Komitee zur Festsetzung einheitlicher Methoden zur Glycerinbestimmung“[2]) sowie von den Beauftragten des schweizerischen Vereins analytischer Chemiker und des Verbandes schweiz. Seifenfabrikanten[3]) empfohlen.

Prinzip: Glycerin wird in saurer Lösung von Chromsäure vollständig zu Kohlendioxyd und Wasser verbrannt:

$$3\,C_3H_8O_3 + 7\,K_2Cr_2O_7 + 28\,H_2SO_4 = 9\,CO_2 + 7\,Cr_2(SO_4)_3 + 7\,K_2SO_4 + 40\,H_2O\,,$$

der Überschuß des Oxydationsmittels wird zurücktitriert:

$$K_2Cr_2O_7 + 14\,HCl + 6\,KJ = 8\,KCl + 2\,CrCl_3 + 7\,H_2O + 6\,J$$
$$6\,J + 6\,Na_2S_2O_3 = 6\,NaJ + 3\,Na_2S_4O_6\,.$$

Vorbereitung der Probe: Selbstverständlich müssen alle oxydierbaren Beimengungen sorgfältigst entfernt werden; die sicherste, zwar nicht in allen Fällen aber bei sehr verunreinigten Proben unbedingt nötige Vorreinigung, ist folgende: Etwa 2 g Glycerin, Rohglycerin oder eine entsprechende Menge Glycerinwasser, genau gewogen[4]), werden ein wenig verdünnt, allenfalls mit verdünnter Essigsäure bzw. Kalilauge neutralisiert und je nachdem ob Ester oder flüchtige Säuren beigemengt sein können, mit 2 ccm 10proz. Kalilauge oder mit verdünnter Säure $^1/_2$ Stunde mäßig unter Rückfluß gekocht. Hierauf wird mit Essigsäure genau neutralisiert, in einen 250 ccm Meßkolben gespült, nötigenfalls filtriert und nachgewaschen. (Sehr stark verunreinigte Proben, z. B. Unterlaugen, die viel Bleilösung verbrauchen, fällt man im 500-ccm-Kolben und mißt später zur Analyse 50 ccm ab.) Nun versetzt man mit einer Aufschlämmung von Silbercarbonat (aus 140 ccm 0,5proz. Silbersulfatlösung durch Fällen mit 5 ccm n-Sodalösung und zweimaliges Dekantieren bereitet). Man schüttelt wiederholt um und setzt nach 10 Minuten carbonatfreie basische Bleilösung vorsichtig zu (dargestellt durch 1stündiges Kochen von 1 Liter 10proz. Bleiacetatlösung mit 100 g Bleioxyd, Abkühlen und Filtrieren), bis kein weiterer Tropfen einen Niederschlag erzeugt, und füllt auf 250 ccm. Zur Kompensierung des Volumens der Silber- und Bleisalze läßt man noch aus einer Bürette 0,15 ccm plus je 0,15 ccm Wasser für je 10 ccm verbrauchter Bleilösung zufließen, schüttelt kräftig um und filtriert nach 10 Minuten durch ein trockenes Filter. Die ersten, oft noch trüben Anteile werden verworfen, vom klaren Filtrat pipettiert man 25 ccm (= $^1/_{10}$ der Einwage) in einen mit Bichromat-Schwefelsäure gereinigten 250 bis 300 ccm fassenden Erlenmeyerkolben und setzt zur Ausfällung von Silber- und Bleispuren je einige Tropfen verdünnter Schwefelsäure und 10proz. Kochsalzlösung zu. Bei Rohglycerinen, die keine reduzierenden Substanzen und höchstens Spuren von Chlor enthalten, kann der Silbercarbonatzusatz entfallen.

Weniger verunreinigte Proben können statt mit Bleilösung mit 20—25 ccm 10proz. Zinksulfatlösung gefällt werden; diese Reinigung ist bequem, aber nicht zuverlässig; meistens bleibt auch die Glycerinlösung noch gelblich, während die

---

[1]) „Einheitsmethoden“, S. 76. Berlin 1910.

[2]) Siehe Grünewald: Z. ang. Bd. 24, S. 865. 1911.

[3]) Beschlüsse über Einheitsmethoden zur Untersuchung von Seifen, Seifenpulvern und Waschpulvern und deren Begutachtung in der Schweiz s. Bänninger: Sfsz. Bd. 43, S. 935, 969, 987, 1023. 1916.

[4]) Die Einwage darf nicht viel über 2 g Glycerin enthalten, andernfalls muß mit 50 ccm statt 25 ccm Bichromat oxydiert werden.

Bleilösung vollständig entfärbt. — Nach GOLDSCHMIDT[1]) kann auch schon durch eine Behandlung der angesäuerten Lösung mit Entfärbungskohle, die er zum Aufhellen von Unterlaugen vor der Bestimmung der Alkalität empfiehlt (s. S. 539), eine genügende Reinigung erzielt werden.

Über die Vorbereitung des aus einem Fett abgeschiedenen Glycerins für die Bichromatreaktion s. S. 215.

Titerlösungen[2]). 74,564 g reinstes, bei 110—120° in reiner Luft getrocknetes Kaliumbichromat und 150 ccm Schwefelsäure vom spez. Gewicht 1,84 werden bei genau 15° zum wahren Liter $E + \frac{15^\circ}{4^\circ}$ gelöst. Etwa 95—100 g reines Natriumthiosulfat werden auf 5 l gelöst und 1—2 Wochen, vor Kohlendioxydzutritt geschützt, aufbewahrt. Zur Einstellung der Thiosulfatlösung werden 25-ccm-Normalmeßkölbchen mit vorher genau auf 15° C gebrachter Bichromatlösung gefüllt, jedes Kölbchen in einen 250—300-ccm-Erlenmeyerkolben entleert und mit 25 ccm Wasser, dann mit 50 ccm Schwefelsäure, spez. Gewicht 1,230, nachgespült[3]). Man bedeckt den Erlenmeyerkolben mit einem kleinen Bechergläschen und erhitzt ihn 2 Stunden im (nicht auf dem) siedenden Wasserbad. Nach einiger Abkühlung spült man in einen 500-ccm-Meßkolben und füllt nach völligem Erkalten auf. Nun löst man in einem Becherglas 2 g Jodkalium in 20 ccm Salzsäure 1 : 2, pipettiert dazu 50 ccm aus dem 500-ccm-Kolben und titriert unter lebhaftem Rühren mit der Thiosulfatlösung. Man korrigiert die Thiosulfatlösung durch Zusatz kohlensäurefreien Wassers, bis bei der nächsten Titration genau 50 ccm verbraucht werden. Bei sehr genauem Arbeiten muß man die Thiosulfatlösung auf 15° C halten oder das abgelesene Volumen mittels der SCHLÖSSERschen Tabellen[4]) für $^n/_{10}$-Lösungen auf diese Normaltemperatur korrigieren.

---

[1]) Z. D. Öl- u. Fettind. Bd. 53, S. 36. 1923.

[2]) Nach der ersten Ausführungsform der Methode von HEHNER (J. Soc. Ch. Ind. Bd. 8, S. 16. 1889) verwendet man zur Oxydation eine Lösung von 74,86 g Kaliumbichromat und 150 ccm Schwefelsäure im Liter, reduziert den Überschuß mit einem gemessenen Volumen schwefelsaurer Ferroammonsulfatlösung und titriert mit (1 : 10) verdünnter Bichromatlösung zurück; s. a. RICHARDSON und JAFFÉ: ebenda Bd. 17, S. 331. 1898. BRAUN (Ch.-Ztg. Bd. 29, S. 763. 1905) empfahl als erster die wichtigste Vereinfachung der Methode: Umsetzen des Bichromatüberschusses mit Jodkalium und Titrieren des ausgeschiedenen Jods in üblicher Weise mit Thiosulfat. Mit Hilfe dieser Verbesserung und weiteren Verfeinerungen hat STEINFELS (Sfsz. Bd. 41, S. 1257. 1914; Bd. 42, S. 721. 1915) die beste Ausführungsform der Methode geschaffen. Die später erschienene „abgeänderte Dichromatmethode" von LITTLE und FENNER (J. Am. Leather Assoc. Bd. 12, S. 254. 1917) stimmt bis auf geringe und nicht vorteilhafte Änderungen mit der Ausführungsform von STEINFELS überein.

LEGLER (Repet. d. anal. Ch. Bd. 6, S. 631); CROSS und BEVAN (Ch. News Bd. 55, S. 3. 1887) und GANTTER (Z. anal. Ch. Bd. 34, S. 421. 1895) schlugen vor, statt des Bichromatverbrauches das entwickelte Kohlendioxyd zu messen, ebenso HENKEL und ROTH (Z. ang. Bd. 18, S. 1936. 1905), die statt Bichromat konzentriertere Chromsäurelösung verwenden. Vgl. a. FACHINI und SOMAZZI, S. 542.

Nach NICLOUX (Bull. Soc. Chim. Bd. 17, S. 455, 1872) wird die oxydierte Lösung colorimetrisch untersucht. Siehe ferner SCHULZE: Z. f. landw. Versuchsw. Österr. Bd. 8, S. 155; STRAUSS: Ch.-Ztg. Bd. 29, S. 1099. 1905; eine besonders gründliche Untersuchung der einschlägigen Verfahren, insbesondere der Bichromatmethode ist die von TORTELLI und CECCHERELLI: Ch.-Ztg. Bd. 37, S. 1505, 1573. 1913; Bd. 38, S. 3, 28, 46, 359. 1914.

[3]) STEINFELS schrieb (a. a. O.) Schwefelsäure vom spez. Gewicht 1,175 vor. KELLNER zeigte dagegen, daß eine Säure vom spez. Gewicht 1,230 verwendet werden muß; bei Verwendung schwächerer Säure verläuft die Oxydation nicht sicher quantitativ, während stärkere Säure wiederum bewirken kann, daß gewisse, durch die Vorbehandlung nicht entfernbare Beimengungen mitoxydiert werden, so daß zuviel Glycerin gefunden wird. Z. D. Öl- u. Fettind. Bd. 41, S. 751. 1921; Bd. 44, S. 13. 1924.

[4]) Siehe z. B. LUNGE-BERL: Chem.-techn. Untersuchungsmethoden, 7. Aufl. Bd. 1, S. 73.

50 ccm Thiosulfatlösung entsprechen 2,5 ccm Bichromatlösung; 1000 ccm Bichromatlösung = 74,564 g $K_2Cr_2O_7$ oxydieren 10,000 g Glycerin, 1 ccm Bichromatlösung = 0,0100 g Glycerin, 1 ccm Thiosulfat = 0,0005 g Glycerin.

Die Thiosulfatlösung kann selbstverständlich auch in der sonst üblichen Weise mit Jod eingestellt und mit dieser Lösung die Bichromatlösung gestellt werden[1]). Man kann auch die gebräuchliche $^{n}/_{10}$-Thiosulfatlösung anwenden; von dieser entspricht 1 ccm = 0,6575 mg Glycerin.

Oxydation des Glycerins. 25 ccm der vorbereiteten Lösung werden mit 25 ccm Bichromatlösung und 50 ccm Schwefelsäure, spez. Gewicht 1,230, im Erlenmeyerkolben vermischt, wie bei der Titerstellung 2 Stunden erhitzt, die Lösung auf 500 ccm gebracht und 50 ccm hiervon mit Thiosulfat zurücktitriert. Daneben wird ein blinder Versuch (bzw. die Titerstellung) mit 25 ccm Bichromatlösung + 25 ccm Wasser + 50 ccm Schwefelsäure ausgeführt. Wenn eine Genauigkeit von 0,1—0,2% genügt, ist nicht jedesmal ein blinder Versuch nötig. Sehr praktisch ist der Vorschlag von STEINFELS, eine größere Zahl 25-ccm-Meßkölbchen, die bei genau 15° mit Bichromatlösung gefüllt wurden, vorrätig zu halten[2]). Dann erspart man, jedesmal den Temperaturausgleich auf 15° abzuwarten oder die Temperaturkorrektion anzubringen. Im anderen Falle korrigiert man das Volumen mit Hilfe nachfolgender Tabelle: ein bei *t*° abgemessenes Volumen dividiert man durch den in der gleichen Horizontalreihe angegebenen Faktor *F* und erhält so das Volumen bei 15° C.

t	F	log F	t	F	log F
11° C	0,9980 ccm	99 913	18° C	1,0015 „	00 065
12° C	0,9985 „	99 935	19° C	1,0020 „	00 087
13° C	0,9990 „	99 956	20° C	1,0025 „	00 108
14° C	0,9995 „	99 978	21° C	1,0030 „	00 130
15° C	**1,0000** „	**00 000**	22° C	1,0035 „	00 152
16° C	1,0005 „	00 022	23° C	1,0040 „	00 173
17° C	1,0010 „	00 043			

Berechnung. Die Differenz der verbrauchten Kubikzentimeter Thiosulfatlösung multipliziert mit 0,0005 gibt die Gramme Glycerin im zurücktitrierten aliquoten Teil; folglich ist in den gesamten 25 ccm oxydierter Glycerinlösung die zehnfache, in der Einwage die hundertfache Menge enthalten.

Beispiel: 2,200 g Rohglycerin werden auf 250 ccm gefüllt, davon 25 ccm oxydiert, auf 500 ccm gefüllt und 50 ccm zurücktitriert.

Zum blinden Versuch verbraucht	50,00 ccm Thiosulfat
Bei der Analyse zum Zurücktitrieren verbraucht . .	18,50 ccm „
Differenz:	31,50 ccm Thiosulfat

$$\frac{31{,}50 \cdot 0{,}0005 \cdot 100 \cdot 100}{2{,}200} = 71{,}59\% .$$

Fehlerquellen: Sind nicht fällbare Verunreinigungen zugegen, so werden sie mitoxydiert und es wird zuviel Glycerin gefunden. Dies ist besonders bei Glycerinen aus Gärungsrückständen der Fall. Ebenso werden etwa vorhandene Polyglycerine als Glycerin bestimmt. Immerhin ist die Bichromatmethode noch am zuverlässigsten.

---

[1]) DAVIDSOHN: Sfsz. Bd. 41, S. 1194, 1301. 1914; s. a. STEINFELS: ebenda S. 1257.

[2]) Wegen der starken Adhäsion der Bichromatlösung ist das Meßgefäß nachzuspülen.

3. Acetinmethode[1]).

Prinzip: Das Glycerin wird durch Kochen mit Essigsäureanhydrid quantitativ acetyliert, das entstandene Triacetin verseift und der Alkaliverbrauch auf Glycerin umgerechnet:

$$C_3H_5(OH)_3 + 3\,(CH_3CO)_2O = C_3H_5(OCOCH_3)_3 + 3\,CH_3COOH\,,$$
$$C_3H_5(OCOCH_3)_3 + 3\,NaOH = C_3H_5(OH)_3 + 3\,CH_3COONa\,.$$

Erforderliche Reagenzien: a) Reinstes Essigsäureanhydrid. Es darf höchstens Spuren von freier Essigsäure enthalten (Prüfung nach Vorschrift a. a. O. durch Verseifung und Anilidbildung), darf sich beim 1stündigen Kochen mit Natriumacetat nur wenig verfärben, soll beim Blindversuch nicht mehr als 0,1 ccm Normallauge verbrauchen und sich nur schwach färben; b) reines Natriumacetat; das käufliche Salz wird in einer Platin-, Quarz- oder Nickelschale unter Vermeidung einer Verkohlung geschmolzen, schnell gepulvert und in verschlossener Flasche im Exsiccator aufbewahrt; c) carbonatfreie, ungefähr halbnormale Natronlauge zur Neutralisierung; d) carbonatfreie Normallauge zur Verseifung; e) Normalsäure und f) $^1/_2$proz., neutrale alkoholische Phenolphthaleinlösung.

Blinder Versuch: Man kocht die gleichen Mengen Acetanhydrid und Natriumacetat wie bei der Analyse, neutralisiert hierauf ebenso vorsichtig wie bei dieser, setzt etwa 5 ccm Normallauge d) zu (welche Menge ungefähr dem Alkaliüberschuß beim Hauptversuch entspricht) und titriert nach $^1/_4$stündigem Kochen mit der Normalsäure zurück.

Ausführung der Bestimmung: 1,25—1,5 g Rohglycerin (das nicht mehr als 50% Wasser enthalten darf) werden möglichst rasch und genau in einem ca. 120 ccm fassenden Rundkolben abgewogen. Man setzt 3 g Natriumacetat, dann 7,5 ccm Essigsäureanhydrid zu und verbindet das Kölbchen mit dem Rückflußkühler. Kühler und Kölbchen sollten durch Glasschliffe verbunden sein; verwendet man Gummistopfen, so müssen sie vorher mit heißen Acetanhydriddämpfen gereinigt bzw. erprobt sein — faktishaltiger Gummi verursacht enorme Fehler. Man erhitzt 1 Stunde lang zum gelinden Sieden, wobei die Salze nicht an der Kolbenwand eintrocknen dürfen. Nach dem Abkühlen läßt man durch den Kühler 50 ccm ausgekochtes Wasser von etwa 80° vorsichtig zufließen und bringt den Kolbeninhalt unter einigem Drehen des Gefäßes und Erwärmen — aber nicht über 80° — zur Auflösung. Nach dem Erkalten wird die Innenwand des Kühlrohrs mit Wasser in den Kolben abgespült, dann erst der Kühler abgenommen und sein Schliff oder Stopfen ebenfalls in den Kolben abgespült. Nunmehr filtriert man durch ein mit Säure extrahiertes Filter in einen weithalsigen 1-l-Kolben aus Jenaer Glas, wäscht mit ausgekochtem kalten Wasser gründlich nach, versetzt mit 2 ccm Phenolphthaleinlösung f) und neutralisiert mit der Lauge c) oder d) bis zur schwach rötlich-gelblichen Färbung. Der Laugenzusatz muß selbstverständlich sehr vorsichtig, zuletzt Tropfen für Tropfen vorgenommen werden. Hieraufläßt man 50 ccm (oder einen noch größeren, genau gemessenen Überschuß) Normallauge d) einlaufen, setzt ein Kühlrohr auf und hält die Lösung 15 Minuten in schwachem Sieden, läßt dann möglichst schnell abkühlen und titriert mit Normalsäure e) bis zum Farbenumschlag nach rötlich-gelblich. Von den verbrauchten Kubikzentimetern Normallauge ist

[1]) Benedikt und Cantor: Monatshefte Bd. 9, S. 521. 1889; s. a. Hehner: J. Soc. Ch. Ind. Bd. 8, S. 4. 1889; Ch.-Ztg. Bd. 13, S. 213. 1889; Lewkowitsch: ebenda, S. 93. Ausführung nach Vorschrift des „Internationalen Komitees". Wenn der Glyceringehalt von Rohglycerinen nur nach einer Methode bestimmt werden soll, so ist nach Beschluß des Internationalen Komitees immer diese anzuwenden.

der Verbrauch für den blinden Versuch abzuziehen und die Korrektur für die Volumenänderung der Lösungen mit der Temperatur anzubringen. (Ausdehnungskoeffizient der Normallösungen für 1 ccm und 1° = 0,00033.)

Berechnung:

$$1 \text{ ccm Normallauge} = \frac{0{,}09206}{3} = 0{,}03069 \text{ g Glycerin.}$$

Beispiel: *a* g Substanz verbrauchten *b* ccm Normallauge (korrig.)

$$\text{Glyceringehalt} = \frac{3{,}069 \cdot b}{a} \%.$$

Fehlerquellen und Korrekturen: Zu großer Wassergehalt des Glycerins (erlaubtes Höchstmaß 50%), Gegenwart acetylierbarer Beimengungen, teilweise Hydrolyse des Triacetins. Der durch die nichtflüchtigen Verunreinigungen bedingte Fehler kann in folgender Weise festgestellt und korrigiert werden: Nachdem der Gesamtrückstand des untersuchten Glycerins bei seiner quantitativen Bestimmung nach S. 537 gewogen wurde, löst man ihn in 1—2 ccm Wasser, spült in einen Acetylierungskolben, läßt das Wasser verdunsten, acetyliert den Kolbeninhalt und verfährt auch weiter wie beim Hauptversuch. Den Alkaliverbrauch rechnet man auf Glycerin um, die so berechnete (fiktive) Glycerinmenge wird auf die Einwage des Hauptversuchs bezogen und vom Ergebnis desselben abgezogen. Bei Unterlaugenglycerinen muß die Korrektur erst vorgenommen werden, wenn sie mehr als 2,5% organischen Rückstand enthalten, bei Saponifikat- und Destillatglycerinen auch schon dann, wenn der Rückstand über 1% beträgt. — Enthält die untersuchte Probe Trimethylenglykol, so wird dieses mitbestimmt; 1% desselben entspricht, als Glycerin berechnet, 0,807% Glycerin. Der Fehler, den etwaige bis 160° flüchtige Beimengungen verursachen, läßt sich nicht korrigieren, ebensowenig der durch teilweise Hydrolyse des Triacetins bedingte Fehler. Die Methode gibt daher fast immer zu niedrige Werte[1]), sie hat aber den Vorzug, daß die Polyglycerine nicht als Glycerin mitbestimmt werden, was beim Bichromatverfahren der Fall ist.

c) *Technische Methoden.*

1. Sogen. Hamburger Methode.

Man bestimmt den Gesamtrückstand nach S. 537 durch Abrauchen von 5 g Glycerin in einer flachen Platinschale bei 180° bis zum konstanten Gewicht und bestimmt den Wassergehalt nach S. 537. Die Summe der Prozente Rückstand und Wasser wird von 100 abgezogen und die Differenz als „Reinglycerin" angesehen[2]). Das Verfahren ist selbstverständlich ungenau, denn alle über 105° flüchtigen Bestandteile werden als Glycerin gerechnet, während andererseits je nach der Menge des Rückstandes kleine Mengen Glycerin in demselben verbleiben können; es ist aber für Rohglycerin, zur Orientierung über die zu erwartende Destillationsausbeute, oft ganz brauchbar.

2. Destillationsmethode.

Das Verfahren besteht darin, daß die Probe im Vakuum mit Wasserdampf destilliert und das Destillat gleich in der Vorlage soweit als möglich konzentriert wird, worauf man wägt, das spezifische Gewicht bestimmt und aus Auswage und Dichte die Menge des wasserfreien Glycerins berechnet. Die Bestimmung wird am besten nach der Vorschrift des ehem. Militärversuchsamtes (nunmehr

1) Siehe bes. Tortelli und Ceccherelli: Ch.-Ztg. Bd. 37, S. 1573. 1913; Normann und Hugel: Ch. Umschau Bd. 23, S. 45. 1916.

2) Filsinger: Ch.-Ztg. Bd. 14, S. 1730. 1890.

Chemisch-technische Reichsanstalt) ausgeführt[1]). An Stelle der ein wenig komplizierten Apparatur[2]) kann in den meisten Fällen eine einfachere Versuchsanordnung nach Abb. 75 verwendet werden.

Sie ist zusammengestellt aus dem Dampfentwickler *D*, dem Überhitzer- und Einleitungsrohr *U*, einem Claisenkolben *C* von 1 l Inhalt, einem Viertelliterrundkolben *V* als Vorlage, 2 Kühlern, einer Saugflasche, Manometer und Saugpumpe. Der Dampfkessel ist mit einem Lüftungshahn h_1 versehen; der mittlere Tubus trägt das Steigrohr, in den seitlichen Tubus ist ein Gewinde geschnitten,

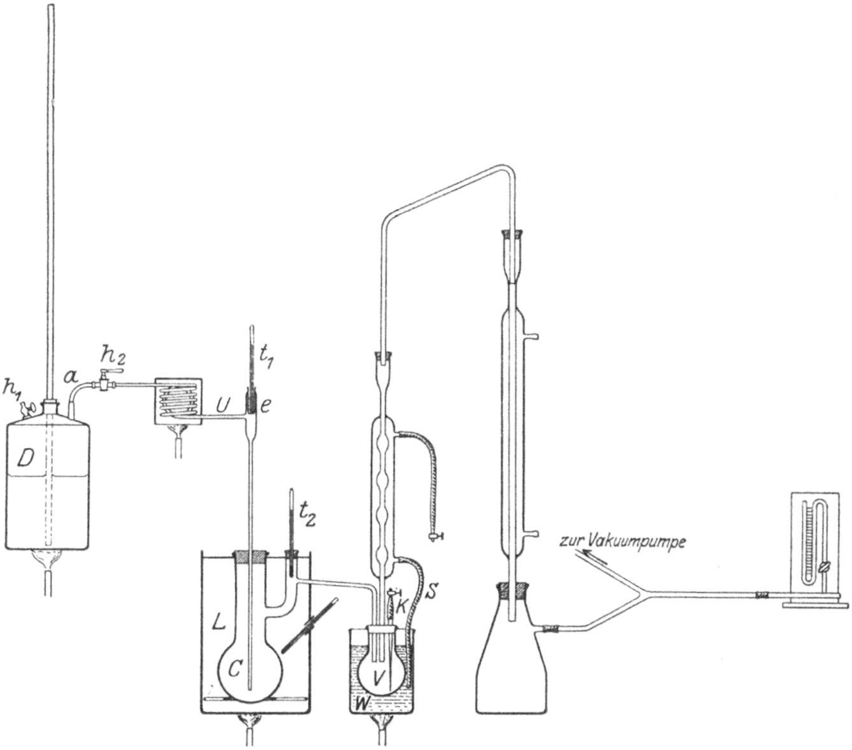

Abb. 75.

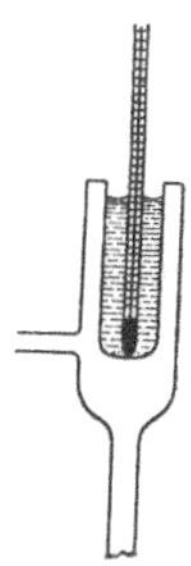

Abb. 76.

Abb. 75 und 76. Quantitative Destillation von Glycerin.

in welches das Ableitungsrohr *a* unter Dichtung mit einem Bleiring eingeschraubt ist. Das Ableitungsrohr ist durch den Hahn h_2 mit dem aus einem Stück bestehenden kupfernen Überhitzer- und Einleitungsrohr verbunden. Dieses hat hinter der Spirale eine zylinderförmige, einen Dampfmantel bildende Erweiterung *e* (vergrößert in Abb. 76) zur Aufnahme des Thermometers t_1, die zur besseren Wärmeübertragung mit Öl gefüllt wird. Das Einleitungsrohr wird durch einen mit Kollodium oder Gips gedichteten Korkstopfen bis etwa 4 cm vom Boden des Claisenkolbens geführt. In den engen Hals des Kolbens ist das Thermometer t_2

[1]) Z. D. Öl- u. Fettind. Bd. 40, S. 373. 1920; s. a. Zerner: Ber. Bd. 53, S. 326. 1920. Über ältere Vorschriften zur Probedestillation von Rohglycerin s. Heller: Ber. d. pharm. Ges. Bd. 4, S. 17. 1894 (Vorschrift der „Einheitsmethoden"); Jaffe: Ber. Bd. 23, S. 123. 1893 und Janssens: Sfsz. Bd. 33, S. 286. 1906.

[2]) Bezugsquelle Firma Paul Altmann, Berlin NW 6.

eingesetzt. Das Ableitungsrohr des Kolbens ist abgebogen und direkt in die Vorlage eingeführt. In die Vorlage ist ferner das untere Ende des Kugelkühlers und eine Lüftungscapillare K eingeführt. Der Destillierkolben sitzt auf einem Ring in einem Luftbad L (würfelförmiger Kasten, Kanten aus Eisenband, Wände und durchlochter Deckel aus Asbestpappe, hölzerner Handgriff), die Vorlage in einem Wasserbad W (Becherglas), in welches der am unteren Tubus des Kühlermantels angesetzte Schlauch s eintaucht. Der Schlauch am oberen Tubus ist mit einem Quetschhahn versehen. Die übrigen Verbindungen ergeben sich aus der Abbildung.

Die Vorlage, allenfalls auch der Destillierkolben, wird auf Hundertstelgramme genau gewogen und der Destillierkolben mit einer etwa 10—12 g Glycerin enthaltenden Substanzmenge beschickt. Nach dem Verbinden und Abdichten der einzelnen Teile des Apparates evakuiert man auf etwa 30—40 mm Druck. Der Dampfhahn h_2 und die Capillare K bleiben zunächst geschlossen. Man heizt das Luftbad auf ungefähr 150—170°, das Wasserbad auf 50—60° und zieht das warme Wasser in den Kugelkühler ein; die Temperatur in diesem wird während der Destillation immer auf 50—60° gehalten, indem man zeitweilig Wasser abfließen und aus dem Bad nachziehen läßt. Ist der größte Teil des Wassers der Probe verdampft — was z. B. bei 100 g eines 10 proz. Glycerinwassers 30—40 Minuten dauert —, so öffnet man h_2, erhitzt den Überhitzer, so daß t_1 etwa 160° zeigt, und leitet aus dem mittlerweile angeheizten Dampfentwickler einen Dampfstrom in den Kolben C. Das überdestillierende Glycerin wird im Rundkolben und im Kugelkühler kondensiert, während der Wasserdampf erst im zweiten, von kaltem Wasser umflossenen Kühlrohr verdichtet wird. Wenn kein Glycerin mehr übergeht, leitet man noch 5 Minuten lang Dampf durch und zieht in den Kugelkühler kaltes Wasser ein; der Dampf kondensiert sich im Kühler, und das abfließende Wasser spült etwa noch am Kühlrohr haftendes Glycerin in den Kolben.

Die Destillation dauert etwa 1 Stunde; dann stellt man den Dampfstrom ab, löscht die Flammen unter Dampfentwickler, Überhitzer und Luftbad, erhitzt nur mehr das den Rundkolben umgebende Wasserbad zum starken Sieden und saugt auch in den Kugelkühler siedendes Wasser. Nun wird die Capillare so weit geöffnet, daß ein mäßiger Luftstrom eintritt. Man wärmt noch einige Zeit unter Durchsaugen von Luft, das mit dem Glycerin kondensierte Wasser verdampft und kondensiert sich im zweiten Kühler. In 10—15 Minuten ist das Glycerin konzentriert. Man läßt erkalten, trocknet die Vorlage und wägt sie zurück; das Glycerin enthält noch 1—3% Wasser, man bestimmt deshalb sein spezifisches Gewicht im Pyknometer oder refraktometrisch und berechnet daraus den Gehalt an wasserfreiem Glycerin. Den getrockneten Destillationskolben kann man zurückwägen und so die Menge des Destillationsrückstandes ermitteln. — Man findet bei der Destillation gewöhnlich, ziemlich unabhängig von der absoluten Menge des Glycerins, um rund 1 g zu wenig. Um den Fehler zu korrigieren, sollen nach ZERNER[1]) zum experimentell ermittelten Wert 10% zugeschlagen werden. Die Methode ist somit nicht genau; bei Rohglycerinen mit Verunreinigungen, die sich nicht vollständig entfernen lassen, wie solchen aus Gärungsschlempen, schlechten Fischölen u. dgl., geben aber die Bestimmungen nach den chemischen Methoden noch fehlerhaftere Resultate. Für die Wertbestimmung dieser Produkte ist die Destillationsmethode folglich trotz ihrer Mängel vorzuziehen.

---

[1]) a. a. O.

2. Bestimmung der Beimengungen.

Die Glycerinsorten des Handels können zahlreiche Beimengungen enthalten, die entweder aus den Rohstoffen oder den zur Fettspaltung verwendeten Chemikalien stammen, durch Zersetzung des Glycerins entstanden sind oder auch absichtlich, als Streckungsmittel, zugesetzt wurden. Art und Menge der Beimengungen sind natürlich nach der Glycerinsorte ganz verschieden, und zwar sind gewisse Verunreinigungen für bestimmte Sorten charakteristisch. Daraus und aus den Anforderungen, die bei der Beschreibung der einzelnen Handelssorten angegeben sind, ergibt sich, auf welche Verunreinigungen in jedem Einzelfalle zu prüfen ist und welche Beimengungen zu bestimmen sind.

A. Qualitativer Nachweis der Beimengungen.

Metalle: Man prüft durch die üblichen Reaktionen je nach Erfordernis direkt in der wässerigen Lösung des Glycerins oder in der mineralsauren Lösung der Asche insbesonders auf Alkalimetalle, Calcium, Magnesium, Zink, Aluminium, Eisen, Blei usw., die in Form ihrer Oxyde oder Salze vorliegen können.

Vorschriften des Deutschen Arzneibuches[1]): Die wässerige Lösung 1 : 5 wird mit Schwefelwasserstoffwasser versetzt; es darf keine Färbung oder Fällung durch Bildung von Schwermetallsulfiden erfolgen. Zum Nachweis von Eisen säuert man an und fügt eine Lösung von gelbem Blutlaugensalz zu; es darf nicht sogleich Blaufärbung eintreten. Calcium wird mittels Ammonoxalatlösung nachgewiesen, Ammoniak durch den beim Erhitzen von 1 ccm unverdünntem Glycerin mit 1 ccm Natronlauge auftretenden Geruch.

Säuren können im Glycerin ungebunden oder als Salze, aber auch als Ester, welche keine Ionenreaktionen geben, enthalten sein. Zwecks sorgfältiger Prüfung, insbesonders bei der auf arsenige Säure[2]), kocht man deshalb das Glycerin vorher mehrere Stunden mit dem doppelten Volumen 1 proz. Schwefelsäure, wobei die Ester aufgespalten werden.

Chloride werden direkt in der verdünnten salpetersauren Glycerinlösung durch Silbernitrat angezeigt. 0,01% (als Kochsalz berechnet) gibt noch eine milchige Trübung.

Sulfide[3]): Die Probe wird auf etwa 10% Glyceringehalt verdünnt und bei 60—70° mit 2—3% Blut- oder Tierkohle entfärbt. Bis zu Gehalten von 0,01% Sulfid gibt die Lösung auf Bleinitratpapier einen dunkelgelben Fleck; kocht man die Lösung nach Zusatz von 4—5 Tropfen reiner Salzsäure und wenig Bicarbonat vorsichtig, so färbt sich ein in den Dampf gehaltenes Bleinitratpapier noch bei Anwesenheit von weniger als 0,001% Sulfit gelb. — Bei Gegenwart von Thiosulfat setzt man den Schwefelwasserstoff unter Zusatz von Marmor mit Salzsäure in der Kälte oder mit Essigsäure in mäßiger Wärme in Freiheit[4]).

Thiosulfate und Sulfite[5]): Die verdünnte Lösung wird mit Baryumchlorid versetzt. Das Sulfit fällt mit etwa vorhandenem Sulfat und Carbonat aus. Die allenfalls mehrmals filtrierte, klare Lösung wird, wenn auch nur 0,001% Thiosulfat zugegen, auf Zusatz von je 2—3 Tropfen Salzsäure und Permanganatlösung getrübt. Der Baryumniederschlag wird ausgewaschen, mit wenig Wasser

---

[1]) D. A. B. 5, S. 253.

[2]) Siehe auch Galimard und Verdier: J. Pharm. Chim. (6) Bd. 23, S. 183.

[3]) Ferrier: Ch.-Ztg. Bd. 16, S. 1840. 1892.

[4]) Taurel: Monit. scient. Bd. 18, S. 574. 1904.

[5]) Ferrier: a. a. O. Über den Nachweis von Sulfid, Sulfit und Thiosulfat s. a. Browning und Howe: Z. anorg. Ch. Bd. 18, S. 371. 1898.

und 2—3 Tropfen sehr verdünnter, mit Stärke gebläuter Jodjodkaliumlösung angerührt; bei Gegenwart von Sulfit tritt Entfärbung ein.

Sulfate: werden in der mit Salzsäure versetzten verdünnten Lösung mit Chlorbaryum nachgewiesen. Zu beachten ist, daß kleine Mengen Baryumsulfat bei Gegenwart von viel Thiosulfat löslich sind[1]).

Arsenige Säure: Nach Vorschrift des Arzneibuches darf eine Mischung von 1 ccm Glycerin und 3 ccm Zinnchlorürlösung innerhalb 1 Stunde keine dunklere Färbung annehmen[2]).

Die Reaktion ist nicht unbedingt zuverlässig[3]), dagegen ist es die GUTZEITsche Arsenprobe[4]). Sie beruht auf der Umsetzung von Arsenwasserstoff mit Silbernitrat zum charakteristischen gelben Arsenid-Nitratdoppelsalz, das durch Spuren von Feuchtigkeit unter Abscheiden von metallischem Silber zerfällt. Man beschickt ein Reagensglas mit 2 ccm sulfidfreiem Glycerin, einem Körnchen arsenfreiem Zink und einigen Kubikzentimetern reinster verdünnter Schwefelsäure, verschließt lose mit einem Wattepfropfen, auf den man einige angefeuchtete Silbernitratkryställchen legt oder bedeckt mit einer Kappe aus mehreren Lagen Filtrierpapier, deren unterste mit einer 50proz. Silbernitratlösung befeuchtet ist. Daneben wird ein blinder Versuch ohne Glycerin angesetzt. Enthält das Glycerin Arsenik, so tritt binnen 10 Minuten eine Gelbfärbung der Krystalle oder des Papiers auf, die mehr oder weniger schnell in eine Schwärzung übergehen kann. Die Empfindlichkeitsgrenze liegt nach FLÜCKIGER[5]) erst bei 0,001—0,0001 mg.

Nachdem die GUTZEITsche Probe fast zu empfindlich ist, hat man vorgeschlagen bei der Prüfung technischer Glycerine das Silbernitrat durch Quecksilberchlorid (in konzentrierter Lösung) zu ersetzen, wobei zur Wasserstoffentwicklung statt verdünnter Schwefelsäure offizinelle Salzsäure zu verwenden ist[6]). Bei Gegenwart von wenigstens 0,002 mg As_2O_3 bildet sich gelbes $AsH(HgCl)_2$, bei größeren Mengen rotbraunes $As(HgCl)_3$.

Ein empfindlicheres Reagens ist das Goldchlorid[7]). Man tränkt Leinwand mit einer 1proz. Lösung von Goldchlorwasserstoffsäure, im übrigen wird nach der voranstehenden Vorschrift verfahren. Der benetzte Teil färbt sich bei Gegenwart von 0,0001% As_2O_3 in 5 Minuten, bei 0,00001% in 15 Minuten blaurot; selbst 0,000005% sind nach 1stündigem Stehen noch durch die Färbung der nach innen gekehrten Leinwandseite kenntlich.

Selbstverständlich müssen vor Anstellung der Arsenproben etwa vorhandene Sulfide entfernt bzw. zu Sulfaten oxydiert werden; man behandelt mit Permanganat, oder besser mit Wasserstoffsuperoxyd und zerstört den Überschuß an diesem durch Kochen.

Arsensäure: Man verfährt wie zum Nachweis von arseniger Säure, läßt dabei aber längere Zeit reagieren oder setzt zur Beschleunigung der Reduktion ein wenig Zinnchlorürlösung zu.

Salze organischer Säuren: Das neutral reagierende, d. h. nötigenfalls vorsichtig neutralisierte Glycerin wird verascht. Enthält das Glycerin organischsaure Salze, so reagiert die Asche alkalisch.

---

1) DOBBIN: Pharm. Journ. Jg. 1900, S. 182. 2) D. A. B. 5, S. 253.
3) HELLRIEGEL: Apoth.-Ztg. Bd. 28, S. 42. 1913.
4) Pharm. Ztg. 1879, S. 263. 5) Arch. Pharm. Bd. 27, S. 1. 1889.
6) Siehe auch MERCERON und BERGERET: Compt. rend. Bd. 79, S. 118. 1874; sowie FLÜCKIGER: a. a. O. Eine Ausführungsform der Reaktion mit Sublimat beschreiben VIZERN und GUILLOT: Ann. Chim. anal. Bd. 9, S. 248. 1904.
7) WINKLER: Z. ang. Bd. 30, S. 114. 1917.

Flüchtige Fettsäuren: Man verreibt ein wenig Glycerin auf dem Handrücken und prüft den Geruch. Stärker tritt der Geruch beim Erwärmen mit Schwefelsäure hervor. Speziell Buttersäure läßt sich am besten wahrnehmen, wenn man die Probe mit absolutem Alkohol und einiger konzentrierter Schwefelsäure erhitzt, wobei der charakteristische Geruch des Buttersäureäthylesters auftritt.

Vor der Prüfung auf Ameisen- und Essigsäure[1]) entfernt man etwa vorhandene Aldehyde, versetzt einige Gramme Glycerin mit überschüssiger Schwefelsäure, destilliert $^3/_4$ des Volumens ab, übersättigt das Destillat mit Calciumcarbonat, dampft ohne zu filtrieren ein und destilliert den trockenen Rückstand in 1—2 ccm Wasser. Ameisensäure gibt dabei Formaldehyd, der mit fuchsinschwefliger Säure nachgewiesen wird (s. Acetaldehyd), Essigsäure gibt Aceton, nachgewiesen durch die LEGALsche Probe: mit 1 proz. Nitroprussidnatriumlösung und einigen Tropfen Alkali rubinrote Färbung, die durch Essigsäureüberschuß über Purpur nach Blau umschlägt[2]).

Höhere Fettsäuren geben beim Ansäuern der mit 3 Teilen Wasser verdünnten Probe mit konzentrierter Salzsäure eine Trübung.

Kleine Mengen von Ölsäure kann man durch Einleiten von nitrosen Gasen in Form einer gelben flockigen Fällung von Nitrosit nachweisen.

Milchsäure[3]): Besonders zuverlässig ist die Probe nach DENIGÈS[4]): 0,2 ccm der zu prüfenden Lösung, die nicht mehr als 0,2% Milchsäure enthalten soll, werden mit 2 ccm konzentrierter Schwefelsäure 2 Minuten im Wasserbad erhitzt, dann läßt man erkalten und setzt 1—2 Tropfen 5 proz. alkoholischer Guajacollösung zu. Bei Gegenwart von Milchsäure entsteht eine tief rosenrote, beständige Färbung.

Oxalsäure wird in der verdünnten Lösung wie üblich mittels Chlorcalciumlösung nachgewiesen (zugleich Vorschrift des D. A. B. 5).

Rhodanwasserstoffsäure[5]) wird durch das charakteristische blutrote, in Äther lösliche Ferrisalz nachgewiesen.

Alkohol: Man verdünnt mit 1—2 Volumen Wasser, destilliert 5—10 ccm ab und prüft das Destillat mittels der LIEBENschen Jodoformprobe (gelindes Erwärmen, Zusetzen eines Körnchens Jod, Entfärben mit der eben nötigen Menge Kalilauge) ob sich ein hellgelber Niederschlag abscheidet und — besonders beim Erwärmen — der charakteristische Geruch zeigt. Ist die Reaktion zweifelhaft, so erwärmt man nochmals mit einer Prise Resorcin: schon bei Spuren von Alkohol tritt dann der Jodoformgeruch schärfer hervor und die Lösung wird weinrot, im anderen Falle bläulich gefärbt.

Von den Verbindungen, die ebenfalls die Jodoformprobe geben, kommen nur Aldehyde in Betracht, die leicht durch andere Reaktionen differenziert werden.

Äthylenglykol[6]): Die Reaktionen dieser Verbindung sind nicht spezifisch, sondern denen verdünnterer Glycerinlösungen ähnlich. Dagegen geben die physikalischen Konstanten Anhaltspunkte, ob Glycerin, Glykol oder ein Gemisch beider vorliegt. Sind spez. Gewicht und Brechungsexponent der untersuchten Probe kleiner als dem Wassergehalt (auf Glycerin berechnet) entspricht,

---

[1]) Konzentrierte Lösungen von Zinkacetat und Alkaliacetat wurden bereits als Glycerinersatz in den Handel gebracht.

[2]) BONNES: Bull. Sciences Pharm. Bd. 20, S. 99. 1913.

[3]) Lösungen des Natrium- und des Kaliumsalzes dienten unter den Namen „Perglycerin" bzw. „Perkaglycerin" als Ersatzmittel für Glycerin.

[4]) Z. Nahrgsm. Bd. 20, S. 722. 1910; s. a. HARTWIG und SAAR: Ch.-Ztg. Bd. 43, S. 322. 1921.

[5]) Die Alkalisalze können als Streckungsmittel dienen.

[6]) Wurde zeitweilig als Glycerinersatz verwendet.

so liegt Verdacht auf eine Beimengung von Glykol vor; reines Glykol zeigt die Dichte $d_0^0 = 1{,}125$ entsprechend ca. 45 proz. Glycerin, und den Brechungsexponenten $n_D^{20} = 1{,}4273$, entsprechend etwa 70 proz. Glycerin. Hat der Abdampfrückstand der Probe eine Refraktion unter 1,428 (im Butterrefraktometer geprüft: unter 15 Sk.-T.), so ist sicher Glykol zugegen, liegt sie über 1,464 (über 55 Sk.-T.), so ist nur Glycerin vorhanden[1]). Größere Mengen von Glykol lassen sich auch durch Abfraktionieren (Siedepunkt 197,5°) isolieren.

Trimethylenglykol. Diese Verbindung kann als Produkt einer bakteriellen Zersetzung des Glycerins gebildet werden. Sie gibt keine spezifischen Reaktionen. Enthält das Glycerin nennenswerte Mengen, so lassen sie sich durch Herausfraktionieren isolieren oder wenigstens anreichern (Siedepunkt 210°). Ein sicherer Nachweis kleiner Mengen ist nur durch die indirekte quantitative Bestimmung nach S. 542 möglich.

Acroleïn, Acetaldehyd und andere reduzierende Stoffe. Vorschrift des Deutschen Arzneibuches[2]): 1 ccm Glycerin und 1 ccm Ammoniakflüssigkeit werden im Wasserbad auf 60° erwärmt, wobei sich die Mischung nicht gelb färben darf (Acrolein); nimmt man dann vom Wasserbad und versetzt sofort mit 3 Tropfen Silbernitratlösung, so darf innerhalb 5 Minuten weder eine Verfärbung noch eine braunschwarze Ausscheidung erfolgen (reduzierende Stoffe verschiedener Art). Acrolein unterscheidet sich von anderen Aldehyden durch seinen Geruch.

Acetaldehyd gibt mit Nesslerschem Reagens einen braunen bis schwarzen Niederschlag und färbt fuchsinschweflige Säure rot bis violett: 5 ccm Glycerin, überschichtet mit 5 ccm einer Lösung von fuchsinschwefliger Säure (1 g Diamantfuchsin in 800 ccm Wasser + 100 ccm 10 proz. Natriumbisulfitlösung + 15 g 25 proz. Salzsäure auf 1 l gefüllt), sollen nach 5 Minuten langem Stehen keine violette Zone, nach längerem Stehen bei Luftabschluß höchstens eine schwache Rosafärbung zeigen.

Glycerose gibt außer den allgemeinen Aldehydreaktionen ohne Oxydation mit Hypochlorit die Orcinreaktion von Mandel und Neuberg (s. qualitativer Nachweis des Glycerins, S. 517). Von Aldehyd und Acroleïn ist diese Verbindung auch durch die geringere Flüchtigkeit unterschieden.

Zuckerarten: Kocht man 105 Tropfen der 1 : 20 verdünnten Glycerinlösung mit 1 Tropfen Salpetersäure (1,30) und 30—40 mg Ammonmolybdat, so färbt sich die Lösung bei Gegenwart von Zucker intensiv blau[3]). Ferner prüft man die erforderlichenfalls mit Bleiessig geklärte Glycerinlösung im Polarisationsapparat. Eine Drehung zeigt Zucker an, da andere optisch aktive Beimengungen kaum in Betracht kommen.

Geben die Reaktionen auf Zuckerarten keine sicheren Resultate, so versucht man die Trennung von Glycerin und Zucker nach S. 497.

Die Unterscheidung von Traubenzucker und Rohrzucker erfolgt in der üblichen Weise: Enthält das Glycerin Traubenzucker, so scheidet die Lösung beim Erhitzen mit Fehlingscher Lösung rotes Kupferoxydul ab; ist dem Glycerin Rohrzucker beigemengt, so schwärzt es sich beim Vermischen mit konzentrierter Schwefelsäure und gibt beim Erwärmen mit verdünnter Schwefelsäure (1 : 4) eine rotgelbe Färbung. Über die Unterscheidung durch Bestimmung der direkten und der Inversionspolarisation s. a. S. 498 u. 543.

Vorschriften des Deutschen Arzneibuches: 5 ccm Glycerin müssen, in offener Schale bis zum Sieden erhitzt und angezündet, bis auf einen dunklen Anflug

[1]) Wolff: Sffbr. Bd. 40, S. 245. 1920.
[2]) a. a. O. Vgl. auch die Prüfung von Dynamitglycerin nach dem Nobel-Test.
[3]) Böttger: Z. anal. Ch. Bd. 16, S. 508. 1891.

verbrennen (Prüfung auf fremde Beimengungen, spez. Rohrzucker); die Mischung von 1 ccm Glycerin und 1 ccm Natronlauge darf sich beim Erwärmen im Wasserbad nicht färben (Prüfung auf Traubenzucker).

Dextrine können wie Zucker abgeschieden und zum Teil durch die äußerliche Beschaffenheit, durch ihre erheblich größere Rechtsdrehung, zum Teil auch durch die Rotviolettfärbung mit Jodlösung erkannt werden.

Eiweißstoffe, Leimsubstanzen. (Glycerine aus gewissen Fischölen können auch beträchtliche Mengen von Abbauprodukten der Eiweißkörper bzw. der Aminosäuren enthalten, vielleicht Pyridinbasen, deren Siedepunkte dem des Glycerins naheliegen und die daher in das Glycerin übergehen.) Man prüft durch die bekannten Fällungsreaktionen mit Gerbsäure, Pikrinsäure, Phosphorwolfram- oder Phosphormolybdänsäure, stellt die Biuretreaktion an usw. Nach Vorschrift des Deutschen Arzneibuches darf sich beim Erwärmen des Glycerins mit Natronlauge kein Geruch nach leimartigen Stoffen entwickeln.

Pflanzenschleime werden nach S. 499 nachgewiesen[1]).

Schönungsmittel. Nach Vorschrift des Deutschen Arzneibuches werden 5 ccm Glycerin mit 5 ccm 20proz. Schwefelsäure gekocht. Die Flüssigkeit darf sich nicht gelb färben. — Ein einfacher und sicherer Nachweis besteht darin, das Glycerin unter Verwendung eines Heißwassertrichters durch rein weißes Papier zu filtrieren. Spuren von Schönungsmitteln (blaue, violette oder rote Farbstoffe) färben das Papier an.

B. Quantitative Bestimmung der Beimengungen.

Wasser.

Von 28grädigem Glycerin werden 4—5 g, von konzentrierteren Sorten entsprechend mehr in einem Wägeglas abgewogen. Man bedeckt mit einer gutschließenden Kappe von Filtrierpapier (ein Blättchen feuchtes Papier wird straff gezogen) und erhitzt im Trockenschrank bis zum konstanten Gewicht auf 105°. Dabei geht kein Glycerin verloren. Nach dem Erkalten im Exsiccator verschließt man das Gläschen mit dem Deckel, wischt die anklebenden Papierfasern sorgfältig ab und wägt.

Die Einheitsmethoden schreiben vor, 4—5 g Substanz in einem mit Wattebausch verschlossenen kleinen Philipsbecher 4 Stunden bei 100—105° zu trocknen.

Nach Vorschrift des „Internationalen Komitees" läßt man 1—1,5 g Glycerin im Wägegläschen von 2—3 g reinstem, voluminösen Asbest aufsaugen und läßt über Schwefelsäure oder Phosphorpentoxyd im Vakuumexsiccator unter 1—2 mm Druck bis zur Gewichtskonstanz, d. i. bei 15° etwa 48 Stunden stehen[2]).

Gesamtrückstand.

Schnellmethode von Leop. Mayer[3]): Die Probe wird in einer Platinschale, die man auf eine Asbestplatte oder in eine Muffel stellt, mit kleiner Flamme auf 160—170° erhitzt. Das Glycerin und die flüchtigen Beimengungen verdampfen dabei ziemlich schnell, besonders wenn man ab und zu einige Tropfen Wasser zusetzt. Man läßt im Exsiccator erkalten und wägt.

Konventionsmethode des „Internat. Komitees": 10 g Rohglycerin[4]) werden in einem 100-ccm-Kölbchen mit etwas Wasser verdünnt, mit Soda bzw.

[1]) Siehe auch Apoth.-Ztg. Bd. 31, S. 215. 1916.

[2]) Zur Ermittlung des Wassergehaltes von Handelsglycerinen wurde die Bestimmung der Entmischungstemperatur einer Lösung aus gleichen Teilen Anilin und Glycerin vorgeschlagen. Kolthoff: Ch. Weekbl. Bd. 14, S. 1081. 1917; C. 1918, 1, S. 190.

[3]) Siehe auch Filsinger: Ch.-Ztg. Bd. 14, S. 1730. 1890.

[4]) Bei sehr unreinen Glycerinen weniger; der Rückstand soll höchstens 30—40 mg wiegen.

mit Normalsalzsäure schwach alkalisch gemacht [die Alkalinität darf höchstens 0,2% Na_2O betragen[1])] auf 100 ccm gefüllt und 10 ccm in eine gewogene Petrischale von 6 mm Durchmesser und 12 mm Tiefe pipettiert. Man verdampft den größten Teil des Wassers auf dem Wasserbad, stellt dann in einen Trockenschrank (Abmessungen 30 · 30 · 30 cm, 2 mm starke eiserne Bodenplatte, in halber Höhe ein mit Asbest belegter Zwischenboden), verdampft die Hauptmenge, indem man die Türe halb offen läßt, bei 130—140°, den Rest fast vollständig bei 160°. Der Rückstand wird nach dem Erkalten in 0,5—1 ccm Wasser gelöst, die Lösung erst auf dem Wasserbad oder auf dem Trockenschrank, dann in demselben genau 1 Stunde bei 160° eingedampft, und dieses Verfahren wiederholt. Nach dem Erkalten über Schwefelsäure wägt man und wiederholt das Aufnehmen des Rückstands in Wasser, Wiedereindampfen und Trocknen so lange, bis die Gewichtsabnahme in der Stunde nur mehr 1—1,5 mg beträgt.

Bei sauren Glycerinen muß das Gewicht des zur Neutralisation zugesetzten Alkalis abgezogen werden, d. i. 0,022 g für 1 ccm n-Soda. Ebenso wird die Gewichtszunahme bei Umwandlung von NaOH und Na_2CO_3 in NaCl berechnet und abgezogen. Das korrigierte Gewicht des Gesamtrückstandes (von 1 g Glycerin) multipliziert mit 100 ergibt den Prozentgehalt.

Asche.

Schnellmethode: Der Gesamtrückstand wird bei so niedriger Temperatur, daß die Platinschale nie rotglühend wird, eingeäschert. — Das Abrauchen der verkohlten Probe mit Schwefelsäure[2]) und Umrechnen der ausgewogenen Sulfate durch Multiplizieren mit 0,8 ist nicht empfehlenswert[3]).

Konventionsmethode des „Internat. Komitees", im wesentlichen übereinstimmend mit der für Unterlaugenglycerine vorgeschriebenen „Einheitsmethode[4]):

2—5 g Glycerin werden in einer Platinschale auf der Asbestplatte vorsichtig abgeraucht. Während das Glycerin verdampft, soll die Flamme die Platte nicht berühren, erst dann wird stärker erhitzt. Der kohlige Rückstand wird fein zerrieben, mit wenig heißem Wasser ausgezogen, filtriert und gewaschen. Man verascht Filter und Kohle in der Platinschale, gibt das Filtrat und das Waschwasser dazu, dampft auf dem Wasserbad ein und trocknet. Hierauf wird schwach, zur Vermeidung von Kochsalzverlusten nicht über 400°, geglüht.

In der Lösung der Asche können die etwa als Oxyde oder Salze vorhandenen Metalle wie üblich bestimmt werden. Kalk kann man auch aus der verdünnten Lösung des Glycerins direkt als Oxalat fällen.

Organischer Rückstand[5]).

Durch Abziehen der Prozente Asche von den Prozenten Gesamtrückstand ergibt sich der Prozentgehalt an organischem Rückstand. Dabei ist zu beachten, daß beim Veraschen der Alkalisalze organischer Säuren Alkalicarbonate gebildet werden; das Kohlendioxyd dieser Carbonate fehlt aber im Gesamtrückstand.

---

[1]) Ist das Glycerin sauer, so gehen natürlich organische Säuren verloren, ist es stärker alkalisch als oben angegeben, so können sich Polyglycerine bilden, die im Rückstand bleiben.

[2]) Richmond: J. Soc. Ch. Ind. 1889, S. 7.

[3]) Vizern: J. Pharm. Chim. (5) Bd. 20, S. 392. 1889.

[4]) Ähnlich verfuhren bereits Ferrier: Z. anal. Ch. Bd. 14, S. 391. 1889; und Vizern: Monit. scient. (4) Bd. 14, S. 808. 1900.

[5]) Vorschrift des „Internationalen Komitees".

Alkali[1]).

a) Gesamtalkali (= freies Alkali, Carbonat und an organische Säuren gebundenes Alkali): Man löst die gewogene Asche und titriert in der Kälte mit Methylorange oder in der Siedehitze mit Lackmus als Indicator. — Zur Bestimmung der Alkalität dunkelgefärbter Rohglycerine kann man besser nach GOLDSCHMIDT[2]) verfahren: Man versetzt 50 g in einem 200-ccm-Meßkölbchen mit 50 ccm $^n/_2$-Säure, gibt eine Messerspitze Entfärbungskohle zu, schwenkt mehrmals um, läßt bis zum Aufhören der Kohlensäureentwicklung stehen, worauf man zur Marke füllt, einen aliquoten Teil durch ein trockenes Filter filtriert und mit $^n/_2$-Lauge zurücktitriert.

b) Freies Ätzalkali: 20 g Glycerin werden im 100-ccm-Kölbchen mit 50 ccm frisch ausgekochtem Wasser verdünnt, ein Überschuß neutraler Chlorbaryumlösung und 1 ccm Phenolphthaleinlösung zugesetzt, zur Marke aufgefüllt und durchgeschüttelt. Nach dem Absitzen des Niederschlages mißt man 50 ccm der klaren Lösung, titriert mit Normalsäure und rechnet den so gefundenen Alkaligehalt auf Prozente Na_2O um.

c) Als Carbonat vorhandenes Alkali: Man verdünnt 10 g mit 50 ccm Wasser, setzt einen Überschuß von Normalsäure zu [der aus dem Ergebnis von a) geschätzt werden kann], kocht 15—20 Minuten unter Rückfluß, spült das Kühlrohr ab und titriert die Lösung mit Phenolphthalein als Indicator zurück. Man berechnet den Alkaligehalt in Prozenten Na_2O, zieht die Prozente freies Alkali ab und erhält so das als Carbonat vorhandene Alkali, ausgedrückt in Prozenten Na_2O.

d) An organische Säuren gebundenes Alkali: Zieht man vom Gesamtalkali a) die Mengen freies Alkali b) und Carbonatalkali c) ab, so ergibt der Rest die Menge des an organische Säuren gebundenen Alkalis, ausgedrückt in Prozenten Na_2O.

Freie Säure.

Man titriert 10 g Glycerin in 50 ccm Wasser mit normaler Natronlauge (Phenolphthalein) und berechnet die zur Neutralisation von 100 g Substanz nötigen Gramme Na_2O.

Mineralsäuren.

Chlor. Man wägt von besseren Glycerinsorten eine große, von Rohglycerinen — insbesondere solchen aus Unterlaugen — eine kleinere Menge in einer Platinschale ab, erwärmt und entzündet das Glycerin, läßt ruhig abbrennen, zieht den Rückstand mit Wasser aus, filtriert und bestimmt im Filtrat das Chlor gravimetrisch oder durch Titration mit $^n/_{10}$-Silbernitratlösung.

Schwefelwasserstoff[3]): 50 g Rohglycerin werden (nötigenfalls nach Neutralisation mit Salzsäure) mit CO_2-freiem Wasser auf 500 ccm verdünnt; die Lösung wird bei 60—70° mit 2—3% gereinigten Blutlaugensalzrückständen oder Entfärbungskohle behandelt und filtriert. Man bereitet eine $^n/_1$-Bleinitratlösung durch Lösen von 13,36 g reinem $PbCO_3$ in verd. Salpetersäure, Neutralisieren mit Soda und Auffüllen zum Liter; 25 ccm Glycerinlösung werden unter stetem Rühren tropfenweise mit der Bleilösung versetzt, bis beim Tüpfeln auf Bleinitratpapier kein gelber Fleck mehr entsteht. 1 ccm Bleilösung = 0,01036 g Pb = 0,003903 g Na_2S.

Schweflige Säure und Thioschwefelsäure[3]): Man titriert, wie vorstehend beschrieben, das Sulfid mit Bleinitrat, filtriert vom Bleisulfid, setzt zur

---

[1]) Vorschriften des „Internationalen Komitees".
[2]) Z. D. Öl- und Fettind. Bd. 53, S. 36. 1923.
[3]) FERRIER: Ch.-Ztg. Bd. 16, S. 1840. 1892.

Lösung einiges Natriumcarbonat sowie ein paar Tropfen Stärkelösung und titriert mit $^n/_{10}$-Jodlösung auf Blau. Man erhält so den Gesamtjodverbrauch für H_2SO_3 und $H_2S_2O_3$ (a). Nun fällt man in weiteren 25 ccm Glycerinlösung abermals mit Bleinitrat, filtriert, setzt zum Filtrat 3—4 ccm konz. Strontiumchloridlösung, wobei Carbonat, Sulfat und Sulfit ausfallen, filtriert dieselben nach 10 Minuten langem Stehen ab und titriert die Lösung, die nur mehr das Thiosulfat enthält, mit $^n/_{10}$-Jodlösung (b). Die Differenz (a — b) ergibt den Jodverbrauch für $H_2S_2O_3$.

Fehlerquelle: Enthält das Glycerin noch andere jodverbrauchende Verbindungen, so wird zuviel $H_2S_2O_3$ gefunden.

Korrektur: Man fällt in 25 ccm Glycerinlösung das Sulfid mit $^n/_1$-alkalischer Bleilösung (die Lösung von 13,36 g $PbCO_3$ in verd. Salpetersäure wird mit konz. Kalilauge bis zur Wiederauflösung des Hydroxyds versetzt und auf 1 l gefüllt), zersetzt im Filtrat die Thioschwefelsäure durch Erhitzen mit 2 ccm konz. Salzsäure auf 100°, fällt das Sulfit aus der neutralisierten Lösung mit Strontiumchlorid, filtriert nach $^1/_4$stündigem Stehen und titriert mit Jodlösung (c). Die Differenz (b — c) gibt den wahren Jodverbrauch für $H_2S_2O_3$.

Organische Verbindungen.

Milchsäure: Man oxydiert nach Entfernung der flüchtigen Säuren mit Chromsäure, wobei die Milchsäure in Essigsäure übergeht, treibt diese ab und bestimmt sie im Destillat acidimetrisch,

$$CH_3 \cdot CHOH \cdot COOH + 2\,O = CH_3COOH + H_2O + CO_2 .$$

5 g Substanz werden auf 50 ccm verdünnt, mit Schwefelsäure angesäuert und mit 0,5 proz. Silbersulfatlösung versetzt, bis kein Niederschlag mehr entsteht. Das Chlorsilber wird durch Schütteln zusammengeballt, abfiltriert und ausgewaschen. Das Filtrat wird mit Wasserdampf behandelt, bis nur mehr neutrales Destillat übergeht, und die rückständige Lösung nach dem Erkalten zwecks Oxydation etwa vorhandener schwefliger Säure tropfenweise mit $^n/_{10}$-Permanganatlösung versetzt, bis die Rosafärbung $^1/_2$ Minute bestehen bleibt. Hierauf setzt man 15 g krystallisiertes Kaliumbichromat und 50 ccm 50 proz. Schwefelsäure zu, kocht $^1/_2$ Stunde unter Rückfluß und destilliert mit Wasserdampf bis wenigstens 2 l übergegangen sind, die mit $^n/_2$-Kalilauge titriert werden. 1 ccm $^n/_2$-Kalilauge entspricht 0,045 g Milchsäure. — Die Bestimmung kann natürlich mit der des Glycerins kombiniert werden: man verfährt bei der Oxydation nach der offiziellen Bichromatmethode und bestimmt den Gesamtverbrauch, berechnet aus dem acidimetrisch gefundenen Milchsäuregehalt den Anteil der Säure am Oxydationswert der Einwage und zieht ihn vom Gesamtverbrauch ab. Die Differenz ergibt den auf das Glycerin entfallenden Anteil.

Von Glycerinen, die mit Alkalilactat verschnitten sind, oder von sehr unreinen Gärungsglycerinen ist entsprechend weniger Substanz einzuwägen.

Oxalsäure. Man neutralisiert das verdünnte Glycerin mit Ammoniak, macht schwach essigsauer und fällt mit Chlorcalcium.

Fettsäureester[1]). 50 ccm Glycerin werden mit 50 ccm Wasser und 10 ccm $^n/_{10}$-Kaliumhydroxyd $^1/_4$ Stunde im Wasserbade erwärmt und nach dem Abkühlen mit $^n/_{10}$-Salzsäure (Phenolphthalein) zurücktitriert. Es müssen mindestens 4 ccm $^n/_{10}$-Säure zur Neutralisation des zugesetzten Alkalis verbraucht werden.

Alkohol und Aldehyd. Die Bestimmung kann erforderlichenfalls nach der Anleitung der Chemisch-technischen Reichsanstalt (ehem. Militärversuchs-

[1]) Vorschrift des D. A. B. 5.

amt) zur Untersuchung vergorener Maischen erfolgen. Man bestimmt den Sauerstoffverbrauch der beiden Verbindungen bei ihrer Oxydation zu Essigsäure, bestimmt dann den Aldehyd allein durch Titrieren mit Hydroxylaminchlorhydrat, berechnet daraus den Sauerstoffverbrauch des Aldehyds und zieht ihn vom Gesamtverbrauch an Sauerstoff ab. Die Differenz ergibt den Sauerstoffverbrauch des Alkohols und damit dessen Menge.

Je nach dem Ausfall der qualitativen Reaktionen wägt man eine größere oder kleinere Menge Glycerin ein, verdünnt auf 250—500 ccm und destilliert aus einem 2 l-Kolben, zuletzt im Chlorcalciumbad, bis die Temperatur der Lösung auf etwa 120° gestiegen ist. Das Destillat wird in einer mit Wasser beschickten, eisgekühlten Vorlage, deren Einleitungsrohr bis auf den Boden reicht, aufgefangen und auf ein bestimmtes Gewicht gefüllt. Ein aliquoter Gewichtsteil des Destillats wird mit 2n-Bichromatlösung und ebensoviel 50 proz. Schwefelsäure versetzt (z. B. 10 g Destillat + 50 ccm Lösung + 50 ccm Säure), $^1/_4$ Stunde stehen gelassen, dann $^1/_2$ Stunde unter Rückfluß gekocht, nach dem Abkühlen auf 250 ccm gefüllt, 25 ccm abgemessen, verdünnt, Jodkalium und Salzsäure zugegeben und mit $^n/_{10}$-Thiosulfatlösung zurücktitriert.

$$CH_3CHO + O = CH_3COOH\,,$$
$$1\text{ ccm } 2\,n\,K_2Cr_2O_7 = 0{,}016\text{ g } O = 0{,}044\text{ g } CH_3CHO\,,$$
$$CH_3CH_2OH + 2\,O = H_2O + CH_3COOH\,,$$
$$1\text{ ccm } 2\,n\,K_2Cr_2O_7 = 0{,}016\text{ g } O = 0{,}023\text{ g } C_2H_5OH\,.$$

Ein zweiter aliquoter Teil des Destillats wird mit normaler Hydroxylaminchlorhydratlösung versetzt (z. B. 50 g mit 25 ccm) und nach halbstündigem Stehen mit Normallauge (Methylorange) titriert. Daneben wird der geringe Alkaliverbrauch des gleichen Volumens Hydroxylaminlösung, der je nach dem Präparat verschieden sein kann, durch einen Blindversuch ermittelt und abgezogen.

$$CH_3CHO + NH_2OH \cdot HCl = CH_3CH : NOH + H_2O + HCl\,,$$
$$1\,CH_3CHO = 1\,HCl = 1\,KOH\,,$$
$$1\text{ ccm } ^n/_1\text{ KOH} = 0{,}044\text{ g } CH_3CHO\,.$$

Berechnungsbeispiel:

10 g Destillat verbrauchten a ccm 2n-$K_2Cr_2O_7$ . . . . (A)
50 g „ „ b „ n-KOH . . . . (B)

50 g Destillat enthalten folglich 0,044 · b g Aldehyd. Für die Destillation von 50 g Destillat berechnet sich aus

(A): Gesamtverbrauch an Bichromatlösung = 5 a ccm
(B): nur für Aldehyd-Oxydation = b „

(Der Aldehyd verbraucht nämlich bei der Oxydation so viel Kubikzentimeter 2n-Bichromatlösung, als er bei der Bestimmung mittels Hydroxylamin an Kubikzentimeter Normallauge verbraucht.)

Die Differenz (5 a — b) ist der Verbrauch an Bichromatlösung für die Oxydation des Alkohols. Die 50 g Destillat enthalten folglich (5 a — b) · 0,023 g Alkohol.

Nach Neuberg und Hirsch[1]) wird zur Bestimmung von Alkohol in Gegenwart von Aldehyd die Substanz mit überschüssigem m-Phenylendiaminchlorhydrat erst $^1/_2$ Stunde in der Kälte digeriert, dann 1 Stunde am Rückflußkühler gekocht, wobei der Aldehyd quantitativ kondensiert wird. Der Alkohol bleibt frei, er wird quantitativ abdestilliert und bestimmt.

Glykole. Nach der Anleitung des „Internat. Komitees" schätzt man den Gehalt an Trimethylenglykol annähernd aus der Differenz der Glyceringehalte, die sich einerseits nach der Bichromat-, andererseits nach der Acetinmethode

[1]) Bioch. Z. Bd. 98, S. 141. 1919; s. a. Neuberg und Reinfurth: ebenda Bd. 89, S. 365. 1918.

ergeben[1]); Trimethylenglykol gibt, nach der ersten Methode analysiert und als Glycerin berechnet 138,3%, nach der zweiten 80,69%. Zur genaueren Bestimmung von Trimethylenglykol und Glycerin nebeneinander dient das

Verfahren von FACHINI und SOMAZZI[2]): Man oxydiert wie üblich mit Bichromat, aber in geschlossener Apparatur (für welche sich die Verwendung eines LUNGE-BERLschen Kölbchens empfehlen würde), so daß man außer dem Sauerstoffverbrauch auch die Menge des gebildeten Kohlendioxyds bestimmen kann; die Absorption desselben und die Wägung erfolgt wie bei der Elementaranalyse. Aus den beiden Werten lassen sich die Gehalte an beiden Verbindungen auf Grund folgender Ableitung berechnen: Beide Verbindungen geben pro Molekül je 3 Mol CO_2. Dabei verbraucht aber Trimethylenglykol mehr Bichromat als Glycerin (8 O gegen 7 O).

A g Substanz hätten B g Bichromat verbraucht und C g CO_2 gegeben. Aus der gefundenen CO_2-Menge berechnet sich, unter der Annahme, daß nur Glycerin vorhanden wäre, ein Gehalt von $C \cdot 0{,}69745$ g Glycerin ($= G$). Wären wirklich G g Glycerin oxydiert worden, so hätte man $G \cdot 7{,}4564$ g Bichromat verbrauchen müssen ($= B_1$). Stimmt die Menge mit der tatsächlich verbrauchten, so ist nur Glycerin zugegen. Ist der tatsächliche Verbrauch an Bichromat (B) aber größer, so liegt auch Trimethylenglykol vor, und zwar entspricht der Mehrverbrauch $B - B_1$ dem Gehalt an Trimethylenglykol. Nachdem 1 g Bichromat-Überschuß 0,7748 g Trimethylenglykol entspricht, ist der Gehalt an diesem $y = (B - B_1) \cdot 0{,}7748$. Folglich ist der Gehalt an Glycerin x gleich dem Wert G (siehe oben) vermindert um die dem gefundenen Trimethylenglykol äquivalente Glycerinmenge

$$y \cdot \frac{92{,}064}{76{,}014}; \quad \text{also} \quad x = G - \frac{y \cdot 92{,}064}{76{,}014} = C \cdot 0{,}69745 - \frac{(B - B_1) \cdot 0{,}7748 \cdot 92{,}064}{76{,}014}.$$

Die Mengen werden wie üblich in Prozente der Einwage A umgerechnet. — Die Methode erfordert sehr sorgfältige Ausführung (weil etwaige Fehler bei der Bestimmung des Kohlendioxyds mehr ins Gewicht fallen als bei der Elementaranalyse), gibt dann aber sehr gute Resultate. — Der Trimethylenglykolgehalt von Glycerinen aus schlechten Tranen und Gärungsschlempen kann 2% und darüber betragen.

In Gemischen von Glycerin und Äthylenglykol kann man den Glykolgehalt p annähernd aus dem Brechungsindex n und der Dichte d des Rückstandes vom Alkohol-Ätherextrakt nach der Formel von WOLFF[3]) berechnen:

$$p = 100 \frac{n - 1 - 0{,}37\, d}{0{,}045\, d}.$$

Polyglycerine. Enthält das Glycerin noch andere nichtflüchtige organische Beimengungen, so ist eine quantitative Bestimmung kaum möglich. Von reineren Glycerinsorten dampft man eine genau gewogene Menge allmählich bei 160° ab. (Bei schnellem Abdampfen bilden sich aufs neue Polyglycerine.) Der Rückstand, vermindert um den Aschengehalt, wird als Polyglycerin angesehen[4]).

Traubenzucker. 25 ccm Substanz werden, wenn erforderlich, mit Bleiessig geklärt, sonst direkt mit 25 ccm Wasser verdünnt, 1 Minute im bedeckten Gefäß gekocht und polarisiert.

---

[1]) Z. ang. Bd. 24, S. 869. 1911. Über die Bestimmung aus dem Acetinwert und dem spez. Gewicht einer Fraktion des Glycerins, in der das Glykol angereichert ist, s. SALWAY: Sfsz. Bd. 45, S. 459. 1918.

[2]) L'industria degli olii e dei grassi Bd. 3, H. 6 u. 10. 1923; Z. D. Öl- u. Fettind. Bd. 44, S. 109. 1924.

[3]) Sffbr. Bd. 40, S. 245. 1920. [4]) LEWKOWITSCH: Yearbook of Pharm. 1890, S. 382.

Aus der Drehung D und dem spezifischen Gewicht S der Lösung berechnet sich der Prozentgehalt an Glykose nach der Formel:

$$p = \frac{11{,}254\, D}{S}.$$

Rohrzucker. 25 ccm Substanz in 25 ccm Wasser werden mit 5 ccm konz. Salzsäure versetzt, genau 15 Minuten auf 70—75° erwärmt, rasch abgekühlt und in einem 2 dm-Rohr polarisiert. Ist D die wegen des Salzsäurezusatzes um $^1/_{10}$ vergrößerte Drehung, S die Dichte des Gemisches von gleichen Raumteilen der Glycerinprobe und Wasser, t die Beobachtungstemperatur, so ergibt sich der Prozentgehalt p aus der Formel:

$$p = \frac{12{,}719\,[D + 0{,}025\, D\,(15 - t)]}{S}.$$

Beimengungen unbekannter Art. Die Gegenwart sehr kleiner Mengen von undefinierten organischen Verbindungen, die nach den Vorschriften zur Bestimmung der Beimengungen nicht gefunden werden, verrät sich mitunter in der Viscosität des Glycerins. Wie KELLNER[1]) feststellte, gibt es destillierte Glycerine, die allen Vorschriften des Arzneibuches entsprechen, die wohl auch keine, die Zähigkeit erhöhenden Polyglycerine enthalten und trotzdem viscoser sind als nicht entsprechende Destillate. KELLNER hat deshalb vorgeschlagen, bei der Untersuchung von chemisch reinem Glycerin und Dynamitglycerin auch die Zähigkeit zu bestimmen. Die Ausführung kann mittels des ENGLERschen Apparates in der üblichen Weise vorgenommen werden (s. S. 100).

Viscosität wässeriger Glycerinlösungen nach KELLNER[2]):

Prozente Glycerin	Englergrade bei 24° C	Prozente Glycerin	Englergrade bei 24° C	Prozente Glycerin	Englergrade bei 24° C
100	105,00	89	14,70	79	5,00
99	77,00	88	12,85	78	4,62
98	64,75	87	11,30	77	4,28
97	53,75	86	10,00	76	3,95
96	45,00	85	8,90	75	3,65
95	38,00	84	7,90	74	3,40
94	32,35	83	7,20	73	3,15
93	27,65	82	6,50	72	2,95
92	23,50	81	5,90	71	2,75
91	20,00	80	5,40	70	2,61
90	17,00				

Es empfiehlt sich, eine Vergleichstabelle anzulegen, zu welchem Zweck man die Viscosität eines mit besonderer Sorgfalt dargestellten Glycerins vom höchsten Reinheitsgrad und die seiner wässerigen Lösungen bestimmt und die Ergebnisse in ENGLER-Graden und in absoluten Zähigkeiten angibt.

Zur Wertbestimmung von Dynamitglycerinen muß häufig eine Probenitrierung ausgeführt werden.

Probe-Nitrierung.

Sehr einfach ist die Versuchsausführung nach der Vorschrift der „Einheitsmethoden"[3]). Man füllt das Glycerin in eine Bürette und bestimmt zunächst

[1]) Z. D. Öl- u. Fettind. Bd. 40, S. 677. 1920.
[2]) DEITE-KELLNER: Das Glycerin. S. 375. Berlin 1923.
[3]) Siehe auch CHAMPION und PELLET: Z. anal. Ch. Bd. 14, S. 391. 1875; LEWKOWITSCH: Ch.-Ztg. Bd. 19, S. 1423. 1895.

genau das Volumen von 20 g. Unter die Bürette stellt man ein flaches Becken von 15—20 cm Tiefe und etwa 45 cm Durchmesser, das mit möglichst kaltem Wasser gefüllt ist. Kontinuierlicher Zu- und Ablauf des Kühlwassers ist wünschenswert, aber bei Temperaturen von höchstens 5—6° nicht nötig. In das Becken stellt man ein Becherglas von etwa 12 cm Höhe und 8 cm Breite und befestigt an demselben ein Thermometer so, daß es fast zum Boden reicht. Man steckt das Thermometer durch einen weichen, am besten paraffinierten Kork, macht in denselben unten einen tiefen Einschnitt in Form des Becherrandes und setzt den Kork auf das Becherglas. Das Becherglas wird mit 150 g gut gekühlter Nitriersäure (aus 1 Teil rauchender Salpetersäure 1,5 und 2 Teilen reiner Schwefelsäure 1,845) beschickt. Man läßt nun das Glycerin unter stetem vorsichtigen Schwenken des Glases tropfenweise in dem Maße einfließen, daß die Temperatur nach jedem Tropfen kaum über 20°, keinesfalls gegen 30° C steigt und vor Zusatz des nächsten wenigstens auf 12—13° zurückgegangen ist. Nach Zusatz der ersten Glycerinhälfte wird die Reaktion träger und ungefährlicher. Nachdem das 20 g Glycerin entsprechende Volumen zugetropft ist, leert man das Reaktionsgemisch nach sorgfältigem Trocknen der Außenseite des Becherglases vorsichtig in einen Meßzylinder, den man in kaltes Wasser stellen kann, und liest nach einiger Zeit das Volumen der oberen Nitroglycerinschicht ab. Das Volumen multipliziert mit dem spezifischen Gewicht (bei 15°: 1,6009) ergibt das Gewicht des Nitroglycerins. Die Ausbeute soll nach LEWKOWITSCH mindestens 207—210%, jedenfalls nicht unter 200% betragen. (Die theoretische Ausbeute von 246,7% ist bei dieser Versuchsanordnung schon wegen der Löslichkeit des Produktes in Nitriersäure unerreichbar.) Je schneller die Abscheidung erfolgt, um so geeigneter ist das Glycerin, sie soll in längstens 10 Minuten beendigt sein. Tritt eine wolkige Zwischenschicht auf oder zeigen sich Flocken und Schleier, so ist das Glycerin unbrauchbar. — Das erzeugte Nitroglycerin darf nicht weggegossen und fortgeschwemmt, sondern muß mit größter Vorsicht zerstört werden. Man trennt es in einem trockenen Scheidetrichter von der Nitriersäure, läßt sowohl die Säure als auch das Nitroglycerin in mehreren Anteilen in mit viel Kieselgur gefüllte Porzellanschalen fließen, vermischt durch vorsichtiges Rühren mit dem Glasstab und entzündet die Mischungen im Freien, wobei sie ohne Explosion versprühen.

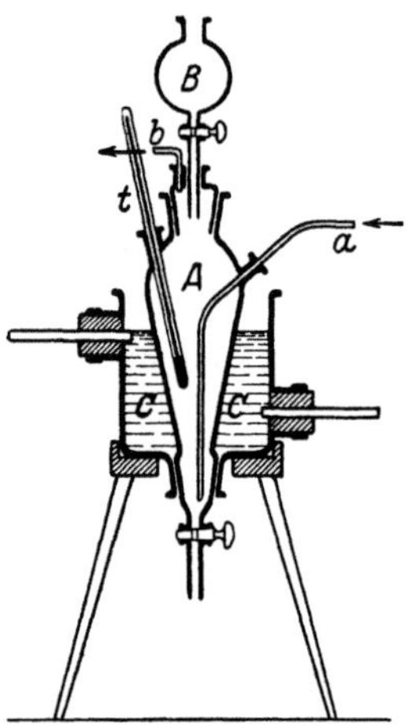

Abb. 77. Nitrierapparat von SCHLEGEL.

In den Sprengstoffabriken verwendet man zu Probenitrierungen eigene Apparate, meistens den von NOWAK verbesserten Apparat von SCHLEGEL[1]). Er besteht aus einem dreifach tubulierten Scheidetrichter *A*, der mit einem Fülltrichter für den Glycerineinlauf *B*, Zu- und Ableitungsröhren für Preßluft *a* und *b* und einem Thermometer *t* montiert und in ein Bad von stark abgekühltem Wasser oder Kältemischung *CC* eingesetzt wird. Die Handhabung des Apparates bei der Nitrierung ergibt sich aus der Abb. 77[2]).

Zur Bestimmung der Ausbeute wird die Säure sorgfältig abgezogen, das Nitroglycerin mehrmals mit 40—50° warmem Wasser, dann mit lauwarmer 2 proz.

[1]) Z. f. d. ges. Schieß- u. Sprengstoffwesen Bd. 1, S. 191. 1906; Bezugsquelle: Ephraim Greiner, Stützerbach.

[2]) Nach KAST: in LUNGE-BERL, Chem.-techn. Untersuchungsmethoden, 7. Aufl., Bd. II, S. 1221.

Sodalösung, zuletzt mit kaltem Wasser in der Weise gewaschen, daß im ganzen nur 1 l Wasser verbraucht wird. Dann bringt man das Nitroglycerin in eine Bürette, liest nach halbstündigem Stehen das Volumen ab und rechnet wie oben um.

Anhang: Bestimmung des Glycerins in alkoholischen Flüssigkeiten.

Wein. Man verbindet die Bestimmung des Glycerins am besten mit der des Alkohols: die zum Abdestillieren desselben abgemessene Menge wird mit den nötigen Mengen Baryumacetat und Tannin versetzt, nach der Entgeistung auf das ursprüngliche Volumen verdünnt, filtriert (wobei das Filtrat allerdings kaum blank zu erhalten ist, was aber nicht weiter zu schaden scheint) und ein aliquoter Teil nach der Jodidmethode behandelt[1]). Das Verfahren liefert höhere, und zwar richtigere Werte als das sonst übliche Kalkverfahren. (Nach diesem wird die Flüssigkeit bis zur alkalischen Reaktion mit Kalk versetzt, dann eingedampft, der so erhaltene Brei mit heißem Alkohol ausgezogen, der filtrierte Auszug wieder eingedampt, der Rückstand mit Alkoholäther extrahiert, die Lösung eingedunstet und ihr Rückstand nach längstens einstündigem Stehen gewogen[2]).

Ein neueres Verfahren beruht darauf, daß das Glycerin nach dem Vorgange von Wohl und Neuberg in Acrolein übergeführt und dieses mit konz. Ammoniak kondensiert wird, worauf man den Aldehydammoniak durch Reduktion von $^{n}/_{10}$-ammoniakalischer Silbernitratlösung bestimmt[3]). Die Methode gibt etwas niedrigere Werte als das Kalkverfahren und die Jodidmethode.

Bei Süßweinen, die durch Aufguß von Wein auf Rosinen erzeugt sind, kann die Glycerinbestimmung irreführen, weil gewisse stickstoffhaltige Stoffe, die im Aussehen und im analytischen Verhalten Glycerin vortäuschen, mitextrahiert werden[4]). — Das Glycerin kann auch mikroanalytisch bestimmt werden[5]).

Bier. Der Codex alimentarius Austriacus empfiehlt das von Prior modifizierte Borgmannsche Verfahren[6]): man dampft 50 ccm Bier mit 5 g Seesand bis zur Syrupdicke ein, versetzt unter beständigem Umschütteln mit 20 ccm absolutem Alkohol in ganz kleinen Anteilen und erwärmt dann 3 Stunden im Wasserbad unter Rückfluß. Der alkoholische Auszug wird in ein Erlenmeyerkölbchen dekantiert und der Rückstand dreimal mit je 3—4 ccm absol. Alkohol gewaschen. Der alkoholische Auszug und der Waschalkohol werden vereinigt und die so erhaltene Lösung, etwa 35 ccm, wird nach und nach mit 50 ccm Äther versetzt. Nach Stehen über Nacht bringt man die Lösung in ein Erlenmeyerkölbchen, wäscht die an der Gefäßwand haftenden Ausscheidungen mit Alkohol-Äther (1 : 2), vereinigt die Waschflüssigkeiten mit der Hauptmenge und destilliert das Lösungsmittel vorsichtig ab. Der glycerinhaltige Rückstand wird mit dickem Kalkbrei, enthaltend 1 g CaO, vermischt, auf dem Wasserbad fast bis zur Trockenheit eingedampft und der noch feuchte Rückstand mit 25 ccm absolutem Alkohol 3 Stunden lang ausgezogen. Nach dem Erkalten füllt man in ein 100 ccm-Meß-

[1]) Schindler und Svoboda: Z. Nahrgsm. Bd. 17, S. 735. 1909; betr. Anwendung der Klemencschen Modifizierung des Jodidverfahrens bei Weinanalysen s. Wohack: Z. f. landw. Versuchsw. Österr. Bd. 17, S. 684.

[2]) Siehe auch Codex alimentar. Austr. Bd. I, S. 383.

[3]) Heiduschka und Englert: Z. anal. Ch. Bd. 60, S. 161. 1921.

[4]) Bardach und Silberstein: Ch.-Ztg. Bd. 36, S. 1401. 1912; s. a. Bertainchaud: C. 1913, II, S. 373.

[5]) Ripper und Wohack: Z. f. landw. Versuchsw. Österr. Bd. 19, S. 372. 1916; C. 1916 II, S. 696. Weitere Literaturangaben über die Bestimmung des Glycerins in alkoholischen Flüssigkeiten s. Biochem. Handlexikon, Bd. I, S. 504; ferner Rothenfusser: Z. Nahrgsm. Bd. 23, S. 332. 1912.

[6]) Ch.-Ztg. Bd. 8, S. 877. 1884); Prior: Chemie und Physiologie des Malzes und des Bieres 1896, S. 560.

kölbchen um, spült mit etwa 15 ccm Alkohol nach und füllt mit Äther bis zur Marke auf. Nach 12—15 Stunden filtriert man durch ein trockenes Faltenfilter, mißt 50 ccm des Filtrats ab (entsprechend 25 ccm Bier), dunstet die Lösungsmittel ab, trocknet das zurückbleibende Glycerin 3—4 Stunden im Wassertrockenschrank und wägt. Bei sehr extraktreichen Bieren wird der Aschengehalt des Rückstandes bestimmt und abgezogen.

In Essig wird der Glyceringehalt wie in Wein nach der Jodidmethode ermittelt[1]).

Wachswaren.

Die wichtigsten Wachswaren, die in gewerblichen Betrieben erzeugt werden, sind Kirchenkerzen und Zierkerzen, Bohnerwachs und wachshaltige Zubereitungen wie Appreturen, Lederputzmittel u. dgl.

Prüfung von Bienenwachs[2]).

Das rohe Wachs ist gelb bis bräunlichrot, in der Kälte hart und spröde, bei mittlerer Temperatur knetbar, riecht oft nach Honig, unter dem Mikroskop sind fast immer eingebettete Pollenkörner erkennbar, der Bruch ist feinkörnig; das auf Wasser umgeschmolzene, durch Belichtung oder chemisch gebleichte Wachs ist weiß, geruch- und geschmacklos, spröder und schwerer als gelbes Wachs und zeigt meist glatten Bruch. Für den Praktiker ist auch die Kauprobe, bei der das Wachs nicht an den Zähnen kleben darf, von Wert. Das Bienenwachs fühlt sich nicht fettig an, seine Schmelze erzeugt aber auf Papier einen durchscheinenden Fleck wie von Fetten. Es löst sich, besonders beim Erwärmen, in Äther, Chlorkohlenwasserstoffen und anderen Fettlösungsmitteln, Alkohole lösen in der Kälte nicht, in der Siedehitze gehen die freien Säuren in Lösung und diese nimmt auch ein wenig von den Estern auf.

Wachse und Wachswaren werden mit den verschiedensten Zusätzen vermengt bzw. verfälscht, am meisten mit Stearin, Paraffin, Ceresin, Walrat, Talg, Palmöl, Harz, selbst mit Pech, Schwefel, Stärke; auch Knochenmehl, Sägemehl, Ocker u. dgl. werden mit Wasser eingerührt. Die groben Verunreinigungen oder Verfälschungen werden schon an ihrer Unlöslichkeit in Chloroform erkannt, Schwefel auch durch den Geruch beim Verbrennen, Stärke durch die Jodreaktion des wässerigen Auszuges.

Zur Reinheitsprüfung dienen verschiedene Vorproben, die Bestimmung der physikalischen Konstanten, besonders der Dichte und des Schmelzpunktes, die

---

[1]) Brode und Lange: Arb. Ges. Amt, Bd. 30, S. 1. 1909; über die Bestimmung des Glycerins in anderen Gärflüssigkeiten s. a. Oppenheim: Z. physiol. Ch. Bd. 89, S. 45. 1914.

[2]) Das Wachs der Honigbiene, Apis mellifica, enthält als wesentliche Bestandteile Palmitinsäure-Melissylester, Cerotinsäure, Neocerotinsäure, Melissinsäure und andere Säuren, teils verestert, teils — etwa 14% — frei, Cerylalkohol und andere Wachsalkohole, sowie Kohlenwasserstoffe, wie Heptacosan, Hentriacontan u. a. m. Das Wachs der indischen Bienenarten, A. indica, A. florea und A. dorsata, gewöhnlich als Gheddawachs bezeichnet, enthält u. a. auch Gheddasäure und zwei Oxymargarinsäuren, von Alkoholen angeblich nur Cerylalkohol; gleiche Zusammensetzung zeigen die japanischen und koreanischen Wachse. Das Hummelwachs enthält als einen Hauptbestandteil Incarnatylalkohol. Wesentlicher unterscheidet sich vom Bienenwachs das der Trigona (Meliponenwachs); es gleicht mehr dem Vorwachs der Bienen (Klebwachs, Propolis, ein Gemisch von echtem Wachs mit harzartigen und sirupösen Stoffen, Propolisbalsam). Über die Bestandteile der Wachse siehe auch Tabelle der Säuren S. 6ff., Tabelle der Alkohole S. 33ff., Tabelle der Kohlenwasserstoffe S. 45ff. und Tabelle der Wachsester S. 60.

Kennzahlen, namentlich Säure- und Verseifungszahl, jedoch auch die Jodzahl u. a. m., die Bestimmung und Differenzierung der verseifbaren Bestandteile und verschiedene Spezialmethoden.

Das spezifische Gewicht bestimmt man annähernd mittels Volummessung nach S. 92, genauer nach der offiziellen Alkoholschwimm-Methode S. 93, oder wie bei festen Fetten. Nach Vorschrift des Deutschen Arzneibuches soll d_{15} zwischen 0,968 und 0,973 liegen.

Der Schmelzpunkt liegt um 63°.

Auch die Viscosität gibt Anhaltspunkte zur Beurteilung der Reinheit. Im OSTWALDschen Viscosimeter mit 3 g Substanz bei 100° bestimmt, wurden Werte von 15,2—17,5 gefunden, während die Ersatzprodukte wesentlich verschiedene Zahlen geben[1]); z. B. Paraffin 3,5—6,7, Ceresin 4,6—5,7, Stearin 8,3 bis 8,9, Spermaceti 6,7—7,4, Talg 12,4—13, Karnaubawachs 42—43.

Auch die Bestimmung des Brechungsindex, bei 75° zwischen 1,4398 und 1,4451, ist zur analytischen Kontrolle brauchbar[2]); weniger die Bestimmung des Drehungsvermögens[3]): die 5proz. Lösung von gelbem Wachs in Chloroform zeigt im 200-mm-Rohr eines Saccharimeters + 0,15° Rechtsdrehung.

Die Bestimmung der Verseifungszahl erfolgt nach S. 146. Nach BENEDIKT und MANGOLD[4]) bestimmt man statt der Verseifungszahl besser die „Gesamtsäurezahl", das ist die Säurezahl des durch Verseifen des Wachses und Zerlegen der Seife mit Mineralsäure erhaltenen Gemisches von Fettsäuren und Wachsalkoholen (auch als „aufgeschlossenes Wachs" bezeichnet). Die Säurezahlen und die Verseifungszahlen bzw. Gesamtsäurezahlen reiner Bienenwachse schwanken in wenn auch nicht allzuweiten Grenzen (s. Tabelle); v. HÜBL hat aber gezeigt, daß eine Parallelität zwischen Säurezahl und Verseifungszahl bzw. Säurezahl und Esterzahl besteht, die höheren und die niedrigeren Werte kommen meistens zusammen vor, so daß der Quotient Esterzahl : Säurezahl ziemlich konstant ist[5]). Der Quotient, gewöhnlich als v. HÜBLsche Verhältniszahl bezeichnet, kann bei rohen Wachsen zu 3,6—3,8, im Mittel zu 3,7 angenommen werden. Bei weißem Wachs sind die Grenzen etwas weiter. In der folgenden Tabelle sind die Durchschnittswerte der Säure-, Verseifungs- und Verhältniszahlen von reinen Wachsen und den gebräuchlichsten Verfälschungsmitteln zusammengestellt[6]).

	Säurezahl	Verseifungszahl	Verhältniszahl
Bienenwachs, gelbes	19—21	91—97	3,62—3,84
„ weißes	19,7—24	93,5—107	2,96—3,97
Karnaubawachs	2	80	39
Chinesisches (Insekten-) Wachs	0	80	—
Japantalg	20	227	10,8
Myrtenwachs	3	208	68,3
Walrat	0	130	—
Talg und Preßtalg	4—10	195	18,5—48
Stearinsäure (technisch)	200	200	—
Kolophonium	130—170	146,8—194	—
Paraffin und Ceresin	0	0	0

1) FABRIS: Staz. sperim. agrar. ital. Bd. 48, S. 595. 1914.
2) FELDSTEIN: Eng. Bd. 4, S. 498. 1912.
3) ENGLER: Ch.-Ztg. Bd. 30, S. 711. 1906. 4) Ch.-Ztg. Bd. 15, S. 15. 1891.
5) Nach BENEDIKT: Analyse der Fette. 3. Aufl. S. 629.
6) Nach Tabellen von v. HÜBL und von ALLEN, in BENEDIKT: Analyse der Fette. 3. Aufl. S. 360.

Liegt die Verseifungszahl einer Probe unter 92 und ist dabei die Verhältniszahl die des reinen Wachses, so ist wahrscheinlich Paraffin oder Ceresin beigemengt. Ist die Verhältniszahl größer als 3,8, so sind Verfälschungen mit anderen Wachsen oder Fetten, z. B. Japantalg, Rindertalg wahrscheinlich. Eine zu hohe Säurezahl (kleine Verhältniszahl) läßt auf Stearin oder Harz schließen. Komplizierte Fälschungen lassen sich aber auf diese Weise nicht erkennen, z. B. würde ein Gemisch von 37,5% Japantalg, 6,5% Stearinsäure und 56% Ceresin, das also überhaupt kein Wachs enthält, normale Zahlen ergeben[1]).

Die Jodzahl von reinen gelben Bienenwachsen liegt meistens zwischen 9 und 11, die von weißem Wachs um 4.

Bei der Auswertung der Kennzahlen ist zu beachten, daß die Wachse nichteuropäischer Bienenarten wesentliche Unterschiede in der Zusammensetzung gegenüber den europäischen Wachsen zeigen (vgl. S. 547) und dementsprechend ihre Kennzahlen in weiteren Grenzen schwanken. Am ähnlichsten sind noch die afrikanischen Wachse[2]), immerhin ergeben sich bei diesen schon Verhältniszahlen von 4—4,5. Viel größer ist die Verschiedenheit der ostasiatischen Bienenwachse, wie der aus Indien, China, Japan, Korea und von den Philippinen. Sie enthalten weniger freie Säure und meistens weniger Olefine, daher sind ihre Verhältniszahlen viel größer, ihre Jodzahlen häufig niedriger. Beim Trigonenwachs ist weniger die Verhältniszahl als die außerordentlich hohe Jodzahl charakteristisch.

	Säurezahl	Verseifungszahl	Verhältniszahl	Jodzahl
Indische Bienenwachse[3]) (Gheddawachs)	5,3—12,2	81,8—110,4	7,4—18,8	4,8—11,4
Chinesische Bienenwachse . . .	5,3— 9,7	82,1—120,2	11,0—17,9	—
Trigonen-(Meliponen-)wachs[4]) . .	16,1—22,9	73,7—150,0	4,4— 5,6	30,2—49,6

Übrigens können auch europäische Bienenwachse je nach der Vorbehandlung — Bleichung, Extraktion aus Preßrückständen usw. — ziemlich anormale Kennzahlen zeigen. Dies ist namentlich bei Proben der Fall, die durch Extraktion mit ungeeigneten Lösungsmitteln wie Benzin, wobei fraktionierende Lösung eintritt, erhalten wurden[5]).

Die quantitative Bestimmung des Unverseifbaren (in reinen Proben rund 48—53%) erfolgt nach der auf S. 206 gegebenen Vorschrift. Zur annähernden Trennung der unverseifbaren Bestandteile in Wachsalkohole und Kohlenwasserstoffe dient die Methode von Leys, S. 268, zur quantitativen Bestimmung der aliphatischen Wachsalkohole die Methode von Hell-Buisine, S. 269, allenfalls in der Ausführungsform von Lewkowitsch, S. 270. Über die Bestimmung der Sterine s. S. 259ff. Die Alkohole werden durch den Schmelzpunkt und die Acetyl- oder Hydroxylzahl identifiziert (s. Tabelle S. 271). Man kann übrigens die Alkohole durch Acetylieren des Unverseifbaren indirekt bestimmen; bei der Berechnung aus der Acetylzahl wird für die reinen Bienenwachsalkohole eine Acetylzahl von rund 122 angenommen[6]). In europäischen Wachsen wurden Alkoholgehalte von 38—40% gefunden, in indischen rund 46—48%[7]).

[1]) Benedikt: a. a. O. S. 634. [2]) Siehe z. B. Buchner: Ch.-Ztg. Bd. 42, S. 373. 1918.
[3]) Hooper: Agricultural Ledger Bd. 7, S. 93, Calcutta 1904, zitiert nach Buchner: Ch.-Ztg. Bd. 30, S. 529. 1906.
[4]) Hooper: Agricultural Ledger Bd. 7, S. 73. 1904. [5]) Buchner: a. a. O.
[6]) Buchner und Deckert: Z. öff. Ch. Bd. 19, S. 447. 1913.
[7]) Kuhn-Kovacs und Casimir, zit. nach Buchner: Ch.-Ztg. Bd. 42, S. 373. 1918.

Die Kohlenwasserstoffe identifiziert man durch die Jodzahlen; sie liegen bei Bienenwachs-Kohlenwasserstoffen um 20—22.

Paraffin und Ceresin. Reines Bienenwachs enthält nicht mehr als 14,5% Kohlenwasserstoffe; meistens nur 11—12%, indische Wachse manchmal sogar nur 3—5%. Ein höherer Gehalt weist, namentlich bei niedrigerer Jodzahl, auf eine Beimengung von Paraffin oder Ceresin hin. Zur qualitativen Prüfung dient auch die WEINWURMsche Probe[1]): 5 g Substanz werden mit 25 ccm alkoholischer Kalilauge verseift, nach dem Vertreiben des Alkohols wird die Seife in 20 ccm warmem Glycerin aufgenommen und die Lösung mit 100 ccm kochendem Wasser verdünnt. War die Probe nicht verfälscht, so ist die Lösung klar oder höchstens so schwach getrübt, daß man durch eine 15 mm dicke Schicht noch Druck von normaler Letterngröße lesen kann. Schon 5% Zusatz von Paraffin oder Ceresin macht die Lösung zu trüb, 8% Zusatz bedingt bereits eine deutliche Fällung. Bei Gegenwart größerer Mengen Hartwachs wie Karnauba u. dgl. tritt aber auch eine sehr starke Trübung ein.

Stearinsäure. Ein Zusatz von Stearin, der sich übrigens auch schon durch die Erhöhung der Säurezahl verrät, kann durch Auskochen der Probe mit der 10fachen Menge 80volumproz. Alkohols und Vermischen des nach dem Erkalten auf 20° filtrierten Auszugs mit Wasser erkannt werden. Noch bei Gegenwart von 1% Stearin erfolgt Abscheidung in Flocken, während sonst wegen der geringeren Löslichkeit der Wachssäuren höchstens geringe Trübung eintritt[2]). Harzgehalt des Wachses verursacht zwar ebenfalls eine Abscheidung, die aber anders — milchig — aussieht. Wenn die Reaktion nicht sehr stark positiv ausfällt, isoliert man die abgeschiedene Säure und überzeugt sich durch Bestimmung des Schmelzpunktes, der Neutralisationszahl usw., ob nicht Palmitinsäure oder ein anderer normaler Bestandteil des Wachses vorliegt. (Technische Stearinsäure Schmelzp. 52—57°, Molekulargewicht um 280; Cerotinsäure Schmelzp. um 80°, Molekulargewicht um 400.)

Eine quantitative Bestimmung des Wachses in Mischungen auf Grund der Löslichkeit der artfremden freien Säuren in 80proz. Alkohol hat BÜCHNER[3]) vorgeschlagen: Man kocht die Substanz 5 Minuten mit der 5fachen Menge des Alkohols, läßt abkühlen und längere Zeit — nach BERG[4]) 12 Stunden lang — stehen, setzt 80proz. Alkohol zur Ergänzung auf das ursprüngliche Gewicht zu, filtriert durch ein Faltenfilter, mißt 50 ccm Lösung ab und titriert sie mit $^{n}/_{10}$-Kalilauge. Von reinem Wachs geht nur wenig Säure in Lösung, man findet so Säurezahlen von 3,6—4,1, bei Gegenwart artfremder Säuren, wie von Stearin, Harz usw. entsprechend mehr. Unter Veranschlagung des auf das Wachs entfallenden Anteils der Säurezahl von 3,8 im Mittel soll sich der Wachsgehalt mit genügender Genauigkeit berechnen lassen[5]).

Harz. Die Gegenwart von Harz wird gewöhnlich schon an Geruch und Geschmack der Probe sowie an ihrer Klebrigkeit bemerkt. Zum qualitativen Nachweis von Harzsäuren dient die LIEBERMANN-STORCHsche Reaktion (S. 301). Nachdem aber Cholesterin eine ganz ähnliche Reaktion gibt, prüft man, falls Wollfett zugegen ist, nicht das ursprüngliche Wachs, sondern die nach Abtrennung des Unverseifbaren verbleibenden Wachssäuren oder man verwendet die DONATHsche Reaktion, am besten in der Ausführungsform von SCHMIDT[6]): Die Substanz wird mit der 5fachen Menge Salpetersäure, spez. Gew. 1,32—1,33,

[1]) Ch.-Ztg. Bd. 21, S. 519. 1897.
[2]) FEHLING: Dingl. Polyt. J. Bd. 147, S. 227. RÖTTGER: Ch.-Ztg. Bd. 14, S. 606. 1890.
[3]) Ch.-Ztg. Bd. 19, S. 1422. 1895. [4]) Ch.-Ztg. Bd. 27, S. 754. 1903.
[5]) KISSLING: Ch.-Ztg. Bd. 19, S. 1682. 1895. [6]) Ber. Bd. 18, S. 835. 1885.

1 Minute lang gekocht, die Flüssigkeit wird abgekühlt, mit dem gleichen Volumen Wasser verdünnt und stark mit Ammoniak übersättigt. Reines Wachs gibt eine gelbe, harzhaltiges eine rotbraune Flüssigkeit. An Stelle des ursprünglichen Wachses kann auch der durch 50 proz. Alkohol ausgezogene Anteil verwendet werden. Durch Wägen des Rückstandes von der Alkoholextraktion kann man auch die Menge des Harzes annähernd bestimmen, weil der verdünnte Alkohol keine anderen Säuren als die des Harzes löst. Das Verfahren gibt bis auf 1% genaue Werte[1]). Zur genaueren Bestimmung der Harzsäuren verfährt man nach S. 305.

Fette. Die Beimischung verschiedener Fette wie Talg oder Palmöl erkennt man schon am Geruch und am Geschmack; ferner ist eine Fett enthaltende Probe weicher als reines Wachs, weniger spröde, sie fühlt sich fettig an, wird beim Reiben mit Leinwand nicht glänzend und zeigt auch eine matte Schnittfläche[2]). Natürlich kann ein Gehalt an Neutralfett, insbesondere auch sog. Japanwachs, auch durch Nachweis bzw. quantitative Bestimmung des Glycerins im wässerigen Auszug der verseiften Probe ermittelt werden. Dabei ist aber zu beachten, daß Gheddawachs und andere exotische Wachse immer Spuren von Glyceriden enthalten, so daß eine positive Acroleinreaktion noch nicht auf eine Verfälschung zu schließen berechtigt.

Karnaubawachs erhöht das spez. Gewicht und den Schmelzpunkt, es ist auch im Gegensatz zu gelbem Bienenwachs in Chloroform nicht vollständig löslich und gibt die Weinwurmsche Probe.

Der Nachweis von Zusätzen anderer Wachse, sowie die Identifizierung reiner Proben solcher Wachse erfolgt durch Bestimmung der Kennzahlen und Vergleich mit den in der untenstehenden Vergleichstabelle angegebenen Werten Die einwandfreie Bestimmung erfordert eine vollständige systematische Analyse.

Wachsart	d_{15}	Erstarrungspunkt	Schmelzpunkt	Säurezahl	Verseifungszahl	Jodzahl	Reichert-Meissl-Zahl	Acetylzahl
Walratöl. . . .	0,8750—0,8900	—	—	—	123—147	81—84	1,3	—
Döglingtran . .	0,8760—0,8850	—	—	—	121—130	80—85	1,4	—
Walrat	0,945 —0,970	43—48	42—49	0—6	125—131	4—10	—	—
Insektenwachs (Chin. Wachs)	0,9260—0,9700	80—81	81—83	—	63—93	1,4	—	—
Karnaubawachs	0,990 —0,999	80—81	83—91	4—10	79—86	10,1—13,5	—	55,2
Candellilawachs	0,936 —1,002	63,8—68	67—82	12—21	46—64	12—20	—	9—21
Wollwachs (roh)	—	—	38,5	10,7—15,5	77—108	10—29	5,9—9,9	—
Wollwachs (gereinigt) . . .	0,9410—0,9700	30—40	31—42	0,3—4,3	82—130	15—28	4,7—12,3	Acetyl-Vers.-Z. 108—122

Walrat (Spermaceti) ist ebenso wie durch seine Kennzahlen auch in der äußeren Beschaffenheit von allen anderen Wachsen charakteristisch verschieden. Er bildet glänzende, weiße, durchscheinende Krystallblätter, die sich in heißem Alkohol leicht lösen. Er enthält neben dem Hauptbestandteil Cetylpalmitat und einer geringeren Menge homologer Ester, darunter auch solcher des Cholesterins, fast keine freien Säuren, aber immer ein wenig Glyceride und gibt daher die Acroleinreaktion. Walrat wird selten verfälscht, weil sich fast jeder Zusatz in der äußeren Beschaffenheit der Probe verrät. [Nur das Hydrierungsprodukt von Walratöl ist verwechselbar ähnlich[3]), es wäre aber kaum als

[1]) Röttger: Ch.-Ztg. Bd. 15, S. 45. 1891; Buchner: Ch.-Ztg. Bd. 17, S. 918. 1893.
[2]) Chateau, nach Benedikt: Analyse. 3. Aufl. S. 640.
[3]) Unveröffentlichte Beobachtung.

Ersatzmittel, sondern als synthetischer Walrat anzusehen.] Der Nachweis von Zusätzen erfolgt in derselben Weise wie bei Bienenwachs.

Über den Nachweis von Montanwachs durch Bestimmung des Ketons s. S. 277, über den Nachweis von Estoliden der Oxyfettsäuren (die Estolide der Sabinin- und der Juniperinsäure sind integrierende Bestandteile der Coniferenwachse) s. S. 251.

Bei der Untersuchung von Wachskerzen wird zur Prüfung des Materials in der oben beschriebenen Weise verfahren, die praktische Prüfung ist im Abschnitt Kerzen angegeben.

Prüfung von Bohnerwachs und ähnlichen Zubereitungen.

Bohnerwachse, Lederputzmittel u. dgl. sind Mischungen von Wachsen oder wachsähnlichen Stoffen mit Terpentinöl oder dessen Ersatzmitteln. Man trennt zunächst das Lösungsmittel von den festen Bestandteilen durch Abdestillieren mit Wasserdampf. Nach BESSON und JUNGKUNZ[1]) destilliert man zweckmäßig aus einem Kjeldahlkolben etwa 80 g Substanz mit Wasserdampf bis einschließlich Lösungsmittel 500 ccm Flüssigkeit übergingen, trennt im Destillat das Wasser möglichst vollständig vom Lösungsmittel, trocknet und wägt oder mißt dieses. Hierauf bestimmt man das spez. Gewicht, den Siedepunkt, Brenn- und Flammpunkt, die Refraktion, die Jodzahl, fraktioniert nötigenfalls nochmals und prüft durch die Spezialreaktionen auf Terpentinöl, Kienöl, aliphatische und aromatische Kohlenwasserstoffe (s. Abschnitt „Öllacke"). Der nichtflüchtige Destillationsrückstand wird mit heißem Wasser aus dem Kolben gespült, zu einem Kuchen zusammengeschmolzen, getrocknet und gewogen. Die weitere Untersuchung auf Wachs, Ceresin, Paraffin usw. wird wie oben angegeben ausgeführt. Zu beachten ist, daß die Destillationsrückstände noch Stoffe aus den Lösungsmitteln enthalten können; dadurch werden insbesondere die Refraktionszahlen beeinflußt, so daß sie nicht als maßgebend angesehen werden können.

---

[1]) Ch.-Ztg. Bd. 38, S. 1141, 1173, 1182. 1914.

Nachtrag.

1. Zur Bestimmung der Jodzahl.

Die Schnellmethode von MARGOSCHES, S. 180, läßt sich unter geringer Änderung der Versuchsbedingungen auch auf die höchstschmelzenden, in kaltem Alkohol nicht oder nicht vollständig löslichen Fette anwenden.

Nach CZERNY[1]) setzt man zur Einwage statt der vorgeschriebenen Menge neutralen Alkohols das gleiche Volumen 1—2 proz. alkoholischer Salzsäure und erhitzt zum Sieden bis Umesterung erfolgt und damit eine auch beim Abkühlen klarbleibende Lösung entstanden ist. Hierauf wird nach Vorschrift weiter verfahren.

Nach MARGOSCHES, HINNER und FRIEDMANN[2]) läßt man die warme Lösung des festen Fettes (0,2—0,4 g Einwage) in absolutem Alkohol nur bis ungefähr 25° erkalten, so daß sie noch klar bleibt, fügt dann 20 ccm $^{n}/_{5}$ alkoholische Jodlösung zu — bei Fetten mit sehr niedriger Jodzahl nur 10 ccm —, läßt nach Umschwenken 200 ccm Wasser einfließen und titriert die erhaltene Emulsion nach Vorschrift.

2. Zur Trennung der festen von den flüssigen Säuren.

Die auf der fraktionierten Krystallisation der freien Säuren beruhenden Methoden wurden neuerdings von FACHINI und DORTA[3]) vereinfacht und verbessert.

Trennung mittels Petroläther. Zur Isolierung der flüssigen Säuren aus ihren Gemischen mit festen Säuren löst man die Substanz in soviel bei 30—50° siedendem Petroläther, daß die Lösung etwa 1% feste Säuren enthält und läßt zunächst nur auf 0° abkühlen. Dabei scheidet sich die Hauptmenge der festen Säuren ab. Das Filtrat kühlt man auf —40 bis —45° ab, läßt 1 Stunde stehen und saugt durch einen mit Kältemischung gefüllten Eistrichter ab. Nach dem Vertreiben des Lösungsmittels und dem Trocknen im Kohlensäurestrom verbleiben die reinen flüssigen Säuren.

Um Arachin- und Lignocerinsäure von ihren niedrigeren Homologen und von den flüssigen Säuren zu trennen, werden die Fettsäuren aus 10 g Öl in 100 ccm Petroläther (Siedeintervall 30—50°) gelöst und $^{1}/_{2}$ Stunde auf —18 bis —20° abgekühlt. Die Krystalle saugt man im Eistrichter ab, wäscht zweimal mit auf —20° abgekühltem Petroläther, löst dann in 50 ccm Alkohol bei höchstens 60°, fügt einen Tropfen Normalsalzsäure zu und läßt auf Zimmertemperatur abkühlen. Hierauf krystallisiert man aus Alkohol (spez. Gew. 0,883) um und wäscht mit Alkohol (0,889) nach den Angaben von RENARD.

Trennung mittels Aceton. Enthält das zu untersuchende Säurengemisch große Mengen fester Säuren, so verreibt man zunächst mit der gleichen

---

[1]) Z. D. Öl- u. Fettind. Bd. 44, S. 605. 1924. [2]) Z. ang. Bd. 37, S. 982. 1924.
[3]) L'Industria degli olii e dei grassi Bd. 4, S. 33. 1924.

Menge 95 proz. Aceton bei 0°, nutscht bei der gleichen Temperatur ab, wäscht mit kleinen Anteilen Aceton und krystallisiert aus Aceton um. Bei dieser Arbeitsweise kann das Filtrat noch Palmitinsäure und ihre niederen Homologen enthalten. Ein Filtrat, das praktisch frei von festen Säuren ist, erhält man durch Krystallisation der Fettsäuren aus der 10fachen Menge 95 proz. Acetons bei 0°, Absaugen und Waschen wie oben.

Zur Isolierung der Arachin- und Lignocerinsäure löst man die Fettsäuren aus 20 g Öl unter schwachem Erwärmen in 150 ccm Aceton und läßt aus einer Bürette destilliertes Wasser zufließen, bis 1 Tropfen eine leichte Trübung erzeugt. Beim Abkühlen auf 15° krystallisieren die hochmolekularen Säuren aus; sie werden abfiltriert und aus Alkohol (spez. Gew. 0,883) umkrystallisiert.

3. *Zur Baudouinschen Reaktion auf Sesamöl.*

Zur Prüfung ranziger Öle, bei welcher die auf S. 291 angegebenen Ausführungsformen versagen können, empfiehlt HOYT[1]) den folgenden „Ringtest“: Zu einem Gemisch von 1 ccm Salzsäure (spez. Gew. 1,20) und 2 Tropfen einer 2 proz. alkoholischen Furfurollösung gibt man vorsichtig 2—3 ccm des zu prüfenden Öles. An der Trennungsfläche beider Schichten erscheint ein lebhaft rosa gefärbter Ring, der 1 Stunde bestehen bleibt. Dieser Nachweis gelingt auch bei ranzigen Ölen oder Ölgemischen, selbst wenn nicht mehr als 0,5% Sesamöl zugegen sind.

[1]) Cotton Oil Press Bd. 7, S. 37. 1924.

Namenverzeichnis.

Sachverzeichnis.

GPSR Compliance

The European Union's (EU) General Product Safety Regulation (GPSR) is a set of rules that requires consumer products to be safe and our obligations to ensure this.

If you have any concerns about our products, you can contact us on ProductSafety@springernature.com

In case Publisher is established outside the EU, the EU authorized representative is:

Springer Nature Customer Service Center GmbH
Europaplatz 3
69115 Heidelberg, Germany

Batch number: 10683525

Printed by Printforce, the Netherlands